Hochschultext

S. Brandt H. D. Dahmen

Physik

Eine Einführung in Experiment und Theorie

Band 2 Elektrodynamik

Zweite, überarbeitete Auflage

Mit 219 Abbildungen

Springer-Verlag Berlin Heidelberg New York
London Paris Tokyo

Dr. rer. nat. Siegmund Brandt
o. Professor der Physik

Dr. phil. nat. Hans Dieter Dahmen
o. Professor der Theoretischen Physik

Universität Siegen, Fachbereich Physik, Adolf-Reichwein-Str. 2,
D-5900 Siegen

ISBN 3-540-16979-2 2. Auflage Springer-Verlag Berlin Heidelberg New York
ISBN 0-387-16979-2 2nd edition Springer-Verlag New York Berlin Heidelberg

ISBN 3-540-09947-6 1. Auflage Springer-Verlag Berlin Heidelberg New York
ISBN 0-387-09947-6 1st edition Springer-Verlag New York Heidelberg Berlin

CIP-Kurztitelaufnahme der Deutschen Bibliothek
Brandt, Siegmund
Physik : e. Einf. in Experiment u. Theorie / S. Brandt ; H. D. Dahmen. –
Berlin ; Heidelberg ; New York ; London ; Paris ; Tokyo : Springer
(Hochschultext)
Teilw. mit d. Erscheinungsorten Berlin, Heidelberg, New York. – Teilw. mit d. Erscheinungsorten Berlin, Heidelberg, New York, Tokyo
NE: Dahmen, Hans D.:
Bd. 2. Elektrodynamik. – 2., überarb. Aufl. – 1986.
ISBN 3-540-16979-2 (Berlin ...)
ISBN 0-387-16979-2 (New York ...)

Repro- und Druckarbeiten: Druckhaus Beltz, 6944 Hemsbach/Bergstr.
Bindearbeiten: J. Schäffer OHG, 6718 Grünstadt
2153/3130-543210

Vorwort zur zweiten Auflage

In der zweiten Auflage wurde der Aufbau des Bandes nicht verändert. Es wurde aber eine größere Zahl von Korrekturen und Verbesserungen ausgeführt. Einige Abschnitte wurden ergänzt. So wurde insbesondere die Energiedichte des Magnetfeldes sorgfältiger und ausführlicher dargestellt.

Vielen Studenten und Kollegen danken wir für Korrekturen und Anregungen. Besonders nennen möchten wir die Herren Dr. E. Neugebauer, Dr. D. Wähner, J. Knipprath, T. Stroh und R. Stücher.

Siegen, Juni 1986 *S. Brandt* *H.D. Dahmen*

Vorwort

Dieser zweite Band des Physikkurses behandelt einerseits die grundlegenden Experimente und theoretischen Methoden des Elektromagnetismus und andererseits wesentliche Anwendungsgebiete wie zum Beispiel die Halbleiterelektronik, elektrische Hochfrequenzleitungen, Erzeugung, Ausbreitung und Nachweis elektromagnetischer Wellen. Auch in diesem Band wurde Wert auf eine gleichgewichtige Behandlung von Grundlagenexperimenten und technischen Anwendungen sowie der theoretischen Beschreibung gelegt.

Der Stoffumfang entspricht einer einsemestrigen vierstündigen Vorlesung mit dreistündigen Ergänzungen und Übungen. Ein Teil des Stoffes wird auch im Physikalischen Praktikum sowie einem besonderen Elektronik-Praktikum mit Proseminar behandelt. Die Mehrzahl der im Buch vorgestellten Experimente wird quantitativ behandelt. Oft zeigen Oszillogramme die funktionalen Abhängigkeiten physikalischer Größen voneinander. Felder werden mit Computerzeichnungen quantitativ illustriert.

Der Band ist in sich abgeschlossen, lediglich einige Ergebnisse der Relativitätstheorie werden aus Band I* übernommen. Vorausgesetzt werden Kenntnisse der Vektoralgebra, etwa wie in Band I dargestellt, und der Differential- und Integralrechnung von reellen Funktionen einer Variablen. Die für jede Darstellung des Elektromagnetismus unentbehrliche Vektoranalysis wird im 2. Kapitel mit allen später wichtigen Beispielen entwickelt.

Der Zusammenhang der einzelnen Abschnitte ist in einem Schema (s.S. XX) skizziert. Beim ersten Durcharbeiten genügt es, den in der Mitte des Schemas skizzierten Haupttrakt zu studieren. In ihm wird die Elektrodynamik auf Grundlagenexperimenten aufbauend entwickelt: Beginnend von den elektrischen Feldern statischer Ladungen und den magnetischen Feldern stationärer Ströme werden zunächst die Beschreibung langsam veränderlicher Vorgänge und schließlich die Maxwellschen Gleichungen gewonnen, die beliebige elektromagnetische

---

* S. Brandt, H.D. Dahmen: *Physik*, Bd. I: Mechanik (Springer, Berlin, Heidelberg, New York 1977). Im Nachfolgenden immer mit "Bd. I" abgekürzt.

Vorgänge beschreiben, insbesondere auch Wellenvorgänge, denen das letzte Kapitel gewidmet ist. Mit einem Stern * gekennzeichnete Abschnitte enthalten schwierigere Passagen und längere Rechnungen, die beim ersten Durcharbeiten überschlagen werden können.

Ein wesentliches Merkmal der Maxwellschen Gleichungen sind ihre Symmetrieeigenschaften in bezug auf Transformationen in Raum und Zeit, die Lorentz-Transformationen. Stellt man diese Symmetrie in den Vordergrund der Betrachtungen, so gewinnt man den Magnetismus als notwendige Konsequenz der Elektrostatik und erhält die Maxwell-Gleichungen als relativistische Verallgemeinerungen der Feldgleichungen der Elektrostatik auf einem sehr kurzen Wege. Dieser Weg wird in einigen mit $^\times$ gekennzeichneten Abschnitten beschritten, er ist der linke Trakt im Schema.

Im Haupttrakt sind die Eigenschaften von Materie in Feldern aus Experimenten abgelesen und phänomenologisch in den Zusammenhang eingeführt. Diese Beschreibung reicht jedoch für ein Verständnis einer Reihe technisch wichtiger Erscheinungen, wie Materialeigenschaften oder Halbleitereigenschaften nicht aus. Hier muß man auf den mikroskopischen atomaren Aufbau eingehen. Das ist in den Abschnitten des rechten Traktes ausgeführt, die mit $^+$ gekennzeichnet sind. Hier wird, soweit das ohne Quantenmechanik möglich ist, die Fermi-Statistik und das Bändermodell des Festkörpers entwickelt, das dann die Grundlage für das Verständnis von wichtigen Bauelementen der Elektronik bildet, z.B. der Diode und des Transistors. Ebenso werden die im Haupttrakt empirisch gewonnenen elektrischen und magnetischen Materialeigenschaften aus dem atomaren Aufbau begründet.

Die Gliederung erlaubt es dem Leser, sich die Elektrodynamik nach eigener Wahl auf verschiedenen Wegen zu erarbeiten. Er kann sich an die Reihenfolge des Buches halten. Er kann aber auch zuerst nur den Haupttrakt bearbeiten, um sich erst anschließend der relativistischen Formulierung der Theorie und den mikroskopischen Eigenschaften der Materie zuzuwenden. Um den zweiten Weg zu erleichtern, sind die Seiten des Haupttraktes (und die entsprechenden Abschnitte des Schemas) durch senkrechte Markierungen am Rand hervorgehoben. Wichtige Formeln werden durch Linienumrandung betont.

Das Buch wird ergänzt durch fünf Anhänge. Im Anhang A werden die einfachsten Aussagen über Wahrscheinlichkeitsrechnung und Verteilungen zusammengestellt, wie sie für die Kapitel 7 und 8 benötigt werden. Anhang B gibt elementare Definitionen der Theorie der Distributionen wieder, mit denen sich Ladungsdichten und Felder von Punktladungen und Stromdichten und Induktionsfelder von Elementarströmen direkt beschreiben lassen. Der folgende Anhang C enthält eine Formelsammlung, die im Gegensatz zum Text des Buches deduktiv aufgebaut ist. Hier werden die Maxwell-Gleichungen an die Spitze der Diskussion gestellt und die wesentlichen Gleichungen der Elektrodynamik aus ihnen abgeleitet. Die Formelsammlung kann damit nicht nur zum Nachschlagen sondern auch zur Wiederholung und Prüfungsvorbereitung dienen. Zwei kurze Tabellenanhänge über Dimensionen und SI-Einheiten der Elektrodynamik und über wichtige physikalische Konstanten schließen sich an.

Die Computerzeichnungen von Feldern wurden mit einem Programm berechnet, das von Professor Dr. H. Schneider entwickelt wurde. Viele Zeichnungen wurden von Professor Schneider beigetragen. Weitere Computerzeichnungen wurden von Dr. P. Janzen bearbeitet. Herr Dr. Simon hat bei der Entwicklung von Experimenten mitgewirkt. Herr Ing. grad. W. Greiten hat die in Kapitel 13 beschriebenen experimentellen Apparaturen gebaut. Aufbau und Durchführung der Vorlesungsexperimente wurden von Herrn M. Euteneuer besorgt, er wurde nachdrücklich von den Herren O. Hartmann, A. Heide, K. Kämper und K. Schmeck unterstützt. Herrn Priv.-Doz. Dr. D. Schiller verdanken wir eine Reihe von Anregungen und Verbesserungen. Die Korrekturen wurden von den Herren Priv.-Doz. Dr. D. Schiller und Dr. B. Scholz mitgelesen. Wir danken Ihnen allen.

Frau G. Kreuz, die das Manuskript auf der Maschine schrieb und Herrn M. Euteneuer, der die Zeichnungen und zusammen mit Herrn Kämper die Photographien herstellte, danken wir ganz besonders für Ihren ausdauernden Einsatz.

Dem Springer-Verlag und insbesondere Herrn Dr. H. Lotsch danken wir für gedeihliche und vertrauensvolle Zusammenarbeit und wertvolle Anregungen zur verlegerischen Gestaltung des Bandes.

Siegen, Mai 1980 *S. Brandt* *H.D. Dahmen*

Inhaltsverzeichnis

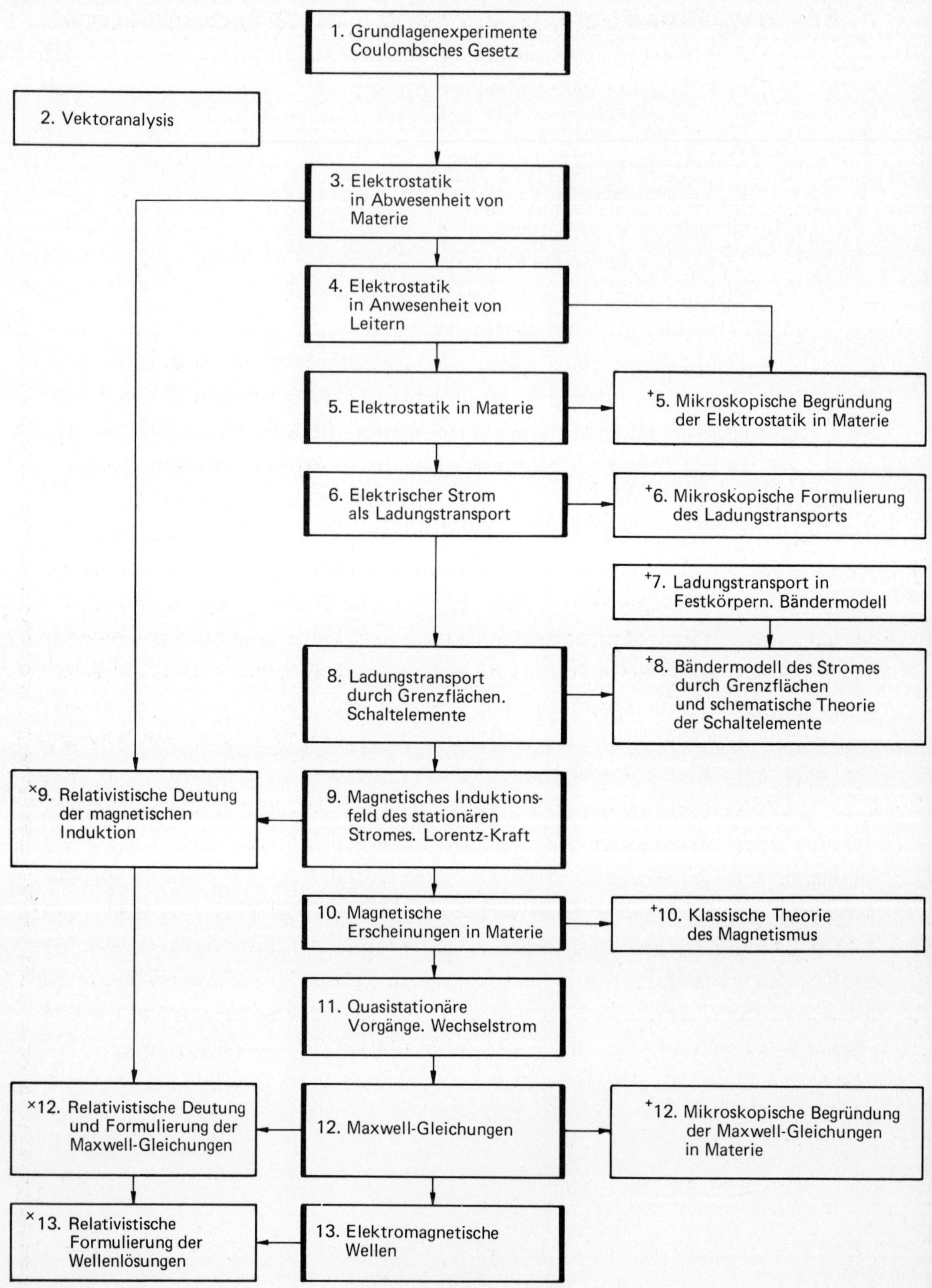

Kapitel dieses Bandes in ihrer logischen Abhängigkeit

1. Einleitung. Grundlagenexperimente. Coulombsches Gesetz

Bei der Einführung der Grundbegriffe und Grundgrößen der Mechanik (Kraft, Masse, Länge, Zeit, usw.) konnten wir unmittelbar auf unsere Erfahrung, die Empfindlichkeit unserer Sinnesorgane und unser Vermögen, Zeitabläufe wahrzunehmen, zurückgreifen. Auch der Temperaturbegriff der Wärmelehre baut auf einer Sinneswahrnehmung auf. Mechanik und Wärmelehre sind also quantitative und theoretisch durchdrungene Beschreibungen eines Bereichs der Naturvorgänge, den wir in vielen Teilen – wenigstens qualitativ – unmittelbar und ohne Zuhilfenahme von Meßinstrumenten oder Nachweismethoden wahrnehmen können.

Im Gegensatz dazu gehören die elektrischen Erscheinungen nicht zu unserem ursprünglichen Erfahrungsbereich. Wir haben keine Sinnesorgane für Strom, Spannung oder ähnliche Größen. Alle elektrischen Vorgänge müssen wir daher mit speziellen Geräten studieren, die zunächst die Existenz dieser Vorgänge nachweisen und es außerdem gestatten, sie möglichst quantitativ zu erfassen. Dieser Sachverhalt erschwert dem Anfänger die Entwicklung einer unmittelbaren Anschauung.

In den folgenden beiden Abschnitten dieses Einführungskapitels werden wir zunächst an sehr einfachen Experimenten einige grundlegende elektrische Erscheinungen qualitativ kennenlernen und anschließend das Coulombsche Gesetz, die Grundlage aller elektrischen Vorgänge, aus einem Experiment gewinnen. In den beiden letzten Abschnitten dieses Kapitels geben wir kurze Überblicke über die Einteilung der Elektrizitätslehre in Teilgebiete und den Aufbau dieses Bandes, bevor wir uns in Kapitel 2 den mathematischen Vorbereitungen zuwenden und von Kapitel 3 ab in die Einzeldiskussion der Teilgebiete eintreten.

1.1 Erste Experimente

Wie viele Einführungen wollen auch wir zunächst die elektrischen Wirkungen geriebener Glas- bzw. Hartgummistäbe betrachten, da sie sich experimentell mit geringstem Aufwand an technischen Hilfsmitteln untersuchen lassen.

Experiment 1.1 Elektrische Ladungen und Kräfte

Für unser erstes Experiment benutzen wir 4 oberflächenmetallisierte leichte Kunststoffkugeln (Tischtennisbälle), die an langen Kunststoffäden aufgehängt sind, einen Glas- und einen Hartgummistab, einen Seidenlappen und ein Stück Katzenfell. Wir reiben den Glasstab zunächst mit dem Seidenlappen und berühren dann eine der Kugeln mit dem Stab (Abb.1.1a). Sie wird unmittelbar darauf vom Stab abgestoßen (Abb.1.1b). Erst wenn man den Glasstab weit entfernt, verschwindet die abstoßende Kraft. Die Kugel hängt wieder senkrecht unter ihrem Aufhängepunkt. Wiederholen wir den Versuch mit einer zweiten Kugel und nähern dann die Aufhängepunkte der beiden Kugeln einander an, so stellen wir eine gegenseitige Abstoßung beider Kugeln fest (Abb.1.1c). Wiederholen wir den Versuch mit dem am Katzenfell geriebenen Hartgummistab und zwei weiteren Kugeln, so ergeben sich die gleichen Resultate (Abb.1.1d-f). Nähern wir jetzt jedoch eine der mit dem Hartgummistab berührten Kugeln einer der mit dem Glasstab berührten, so beobachten wir eine gegenseitige Anziehung (Abb.1.1g).

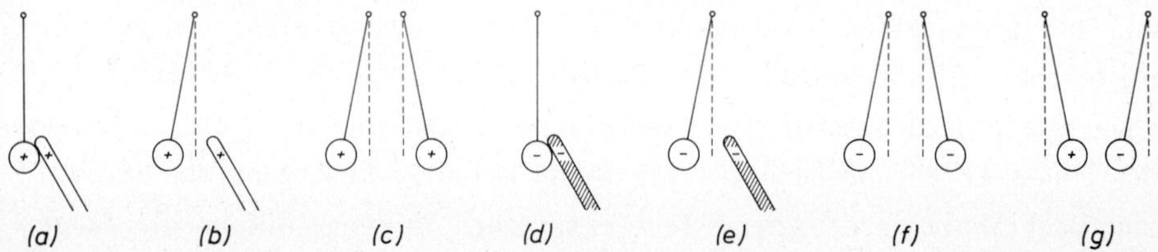

Abb.1.1. Demonstration der elektrostatischen Kräfte. (a) Übertragung positiver Ladung von einem geriebenen Glasstab auf eine metallisierte Kugel. (b) Abstossung zwischen Stab und Kugel. (c) Abstoßung zwischen zwei positiv geladenen Kugeln. (d) Übertragung negativer Ladung von einem geriebenen Hartgummistab auf eine Kugel. (e) Abstoßung zwischen Stab und Kugel. (f) Abstoßung zwischen zwei negativ geladenen Kugeln. (g) Anziehung zwischen einer positiv und einer negativ geladenen Kugel

Zur Beschreibung dieser Befunde führen wir den Begriff der *elektrischen Ladung* ein. Wir sagen, daß sich als Ergebnis des Reibungsvorganges auf dem Glasstab positive elektrische Ladung und auf dem Hartgummistab negative Ladung angesammelt hat. Durch Berührung wurde ein Teil der Ladung auf die Kugeln übertragen. Die Versuche mit den Kugeln zeigten, daß zwischen Ladungen gleichen Vorzeichens eine abstoßende Kraft auftritt, zwischen Ladungen verschiedenen Vorzeichens jedoch eine anziehende Kraft.

Die Aufladung durch "Reibung" deuten wir wie folgt: Aus vielen (später zu diskutierenden) Experimenten wissen wir, daß alle Materie aus Atomen besteht, deren Bestandteile elektrisch geladen sind. Es sind die (positiven)

Atomkerne und die (negativen) Elektronen. Bei der Zerlegung eines elektrisch neutralen Stücks Materie können auf den Teilen resultierende Ladungen auftreten, wenn vor der Trennung auf jedem der Teile ein Überschuß einer Ladungssorte bestand. Die Aufladung, d.h. die Manifestation von Überschuß-Ladungen geschieht durch Trennung von Glasstab und Seidenlappen nach deren vorheriger durch Reibung begünstigter enger Berührung.

Experiment 1.2 Leiter und Nichtleiter

Wir befestigen an einem großen metallischen Objekt (etwa einer Kugel, deren Durchmesser groß gegen den der Kugeln des Experiments 1.1 ist, oder – besser – der Wasserleitung) je ein Ende eines Kunststoffadens und eines Metalldrahtes. Dann bringen wir zunächst das zweite Ende des Kunststoffadens mit einer der aufgeladenen Kugeln aus Abb.1.1c in Berührung, stellen aber keine Änderung der Kraft zwischen den Kugeln fest. Berühren wir statt dessen eine der Kugeln mit dem Draht, so fallen beide Kugeln in die senkrechte Lage: Die Kraft zwischen ihnen ist verschwunden.

Wir schließen daraus, daß die elektrische Ladung der Kugel (vollständig oder zum größten Teil) durch den Metalldraht auf den großen Metallkörper übertragen wurde. Substanzen, in denen ein Transport elektrischer Ladung stattfinden kann, heißen *Leiter*, solche die keinen Ladungstransport ermöglichen, *Nichtleiter* oder *Isolatoren*. (Quantitative Untersuchungen zeigen, daß alle Substanzen in gewissem Umfang einen Ladungstransport zulassen. Allerdings ist ihre spezifische Leitfähigkeit sehr stark verschieden (Tabelle 6.1), so daß die Bezeichnungen Leiter bzw. Nichtleiter für Substanzen sehr hoher bzw. niedriger Leitfähigkeit gerechtfertigt sind.) Gute Leiter sind insbesondere die Metalle; gute Isolatoren sind Glas, Porzellan, Kunststoffe und trockene Luft. Destilliertes Wasser ist ein Isolator, Leitungswasser oder Wasser in natürlichen Gewässern oder in geologischen Schichten enthält immer ein gewisses Maß gelöster Salze und ist ein (mäßig guter) Leiter.

Mit Hilfe der bisherigen Ergebnisse können wir uns nun leicht ein Bild von der Verteilung der elektrischen Ladung auf einer Metallkugel machen. Wir haben festgestellt, daß Ladungen gleichen Vorzeichens sich abstoßen und daß Ladungen in Leitern beweglich sind. Enthält eine Metallkugel vom Radius R die Gesamtladung Q, so wird sich diese Ladung in Form einer gleichmäßigen *Flächenladungsdichte*

$$\sigma = Q/(4\pi R^2) \qquad (1.2.1)$$

auf der *Oberfläche* ansammeln, da nur in dieser Konfiguration jeder einzelne Ladungsträger einen maximalen mittleren Abstand von allen anderen Ladungsträgern hat, wie er sich unter der gegenseitigen Abstoßung der Ladungsträger einzustellen sucht (Abb.1.2a). In ihrer Fähigkeit, Ladung zu tragen, besteht damit kein Unterschied zwischen metallischen Voll- oder Hohlkugeln oder Kugeln aus nichtleitendem Material mit metallisierter Oberfläche. Bringen wir jetzt die Kugel über einen Leiter in Berührung mit einem sehr viel größeren Leiter, auf dem sich keine oder nur eine geringe Flächenladungsdichte befindet, so werden sich die Einzelladungen derart auf der gesamten Oberfläche des Gebildes verbundener Leiter einstellen, daß sie wiederum einen maximalen mittleren Abstand haben. Dabei verbleibt nur eine sehr geringe Ladung auf unserer Kugel. Benutzen wir als großen Leiter die wasserführenden Schichten der Erde, d.h. berühren wir mit unserer Kugel die Wasserleitung oder eine spezielle Erdungsleitung, so wird sie praktisch völlig entladen. (Entladung durch *Erdung*).

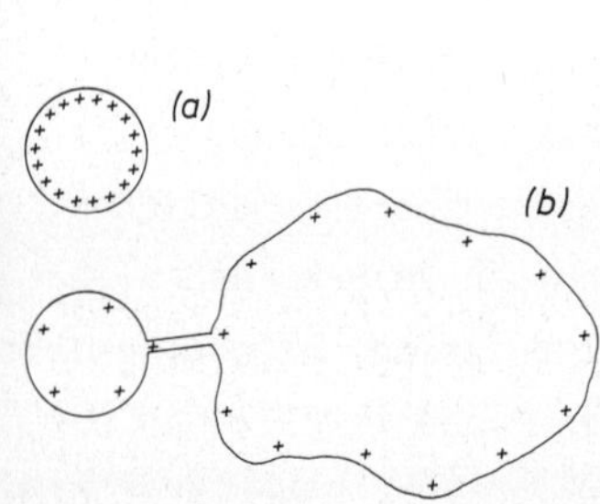

Abb.1.2. Gleichmäßige Ladungsverteilung auf der Oberfläche einer leitenden Kugel (a). Entladung der Kugel durch leitende Verbindung mit einem sehr viel größeren Leiter (b)

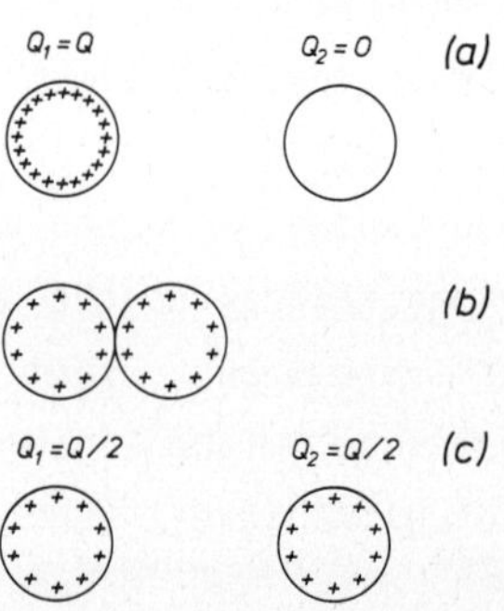

Abb.1.3. Halbierung der Ladung einer leitenden Kugel durch kurzzeitige Berührung mit einer zuvor ungeladenen leitenden Kugel gleicher Größe

Wir können jetzt eine Methode zur definierten Teilung *elektrischer Ladungen* angeben. Befindet sich auf einer leitenden Kugel die Ladung Q und bringen wir sie kurz in Berührung mit einer zuvor durch Erdung ladungsfrei gemachten zweiten Kugel gleichen Durchmessers, so wird sich durch die gegenseitige Abstoßung der einzelnen Ladungsträger die Ladung auf beide Kugeln verteilen. Aus Symmetriegründen stellt sich auf jeder der beiden Kugeln die Ladung Q/2 ein. Werden die Kugeln wieder getrennt, verbleibt diese Ladung auf jeder der Kugeln (Abb.1.3a-c).

1.2 Das Coulombsche Gesetz

Nach den Vorbereitungen des letzten Abschnitts wollen wir jetzt direkt die Kraft zwischen zwei Ladungen Q_1 und Q_2 messen, die den Abstand r voneinander haben.

Experiment 1.3. Nachweis des Coulomb-Gesetzes

Wir messen jetzt die Kraft zwischen den Ladungen auf zwei leitenden Kugeln gleichen Durchmessers. Dazu benutzen wir die in Abb.1.4 skizzierte Torsionsdrehwaage (vgl. Messung der Gravitationskonstanten in Bd.I, Experiment 4.13). Ein senkrecht eingespannter Torsionsdraht trägt eine waagerecht hängende isolierende Stange, an deren einer Seite eine leitende Kugel angebracht ist. Die andere Seite trägt eine Platte, die in ein mit Wasser oder Öl gefülltes Gefäß taucht und so die Schwingung des Torsionspendels rasch dämpft. Stellt man der Kugel eine zweite ortsfeste Kugel gleichen Durchmessers gegenüber und gibt man beiden eine elektrische Ladung, so bewirkt die Kraft $\vec{F}$ zwischen beiden ein Drehmoment vom Betrag

$$D = \ell F$$

auf das Drehpendel. Nach dem Abklingen der Drehschwingung ist das Pendel um einen Winkel

$$\varphi = \frac{D}{k}$$

gegenüber seiner Ruhelage ausgelenkt, die es bei ungeladenen Kugeln einnimmt. Die Proportionalitätskonstante k zwischen Drehmoment D und Auslenkwinkel φ heißt Richtmoment. Sie ist durch die Abmessungen und das Material des Drahtes vollkommen bestimmt. Der Winkel φ kann bequem mit einem Lichtzeiger gemessen werden. Mit den Bezeichnungen der Abb.1.4b und für kleine Winkel φ gilt offenbar

$$\varphi = \frac{d}{\ell} = \frac{S}{2L} \quad , \quad d = \frac{S\ell}{2L}$$

und damit

$$F = \frac{D}{\ell} = \frac{\varphi k}{\ell} = \frac{Sk}{2L\ell} = \frac{kd}{\ell^2} \quad .$$

Die Lichtzeigerauslenkung S ist damit der Kraft direkt proportional. Ist r_0 der Abstand der unbeweglichen Kugel von der Ruhelage des Drehpendels, so ist der Abstand beider Kugeln voneinander für kleine Winkel

$$r = r_0 + d \quad .$$

Zur Messung erhalten zunächst beide Kugeln die gleiche Ladung $Q_1 = Q_2 = Q$. Dazu werden beide Kugeln durch Erdung entladen, dann wird eine durch Berührung mit dem geriebenen Glasstab aufgeladen und schließlich durch kurze Berührung beider Kugeln miteinander die Ladung zu gleichen Teilen zwischen beiden aufgeteilt. Die gemessene Auslenkung für verschiedene Abstände r zwischen den Kugeln ist in Tabelle 1.1 und Abb.1.5a dargestellt. Man liest ab, daß die Auslenkung und damit die Kraft umgekehrt proportional zum Quadrat des Abstandes ist, d.h.

$$F \sim \frac{1}{r^2} \quad .$$

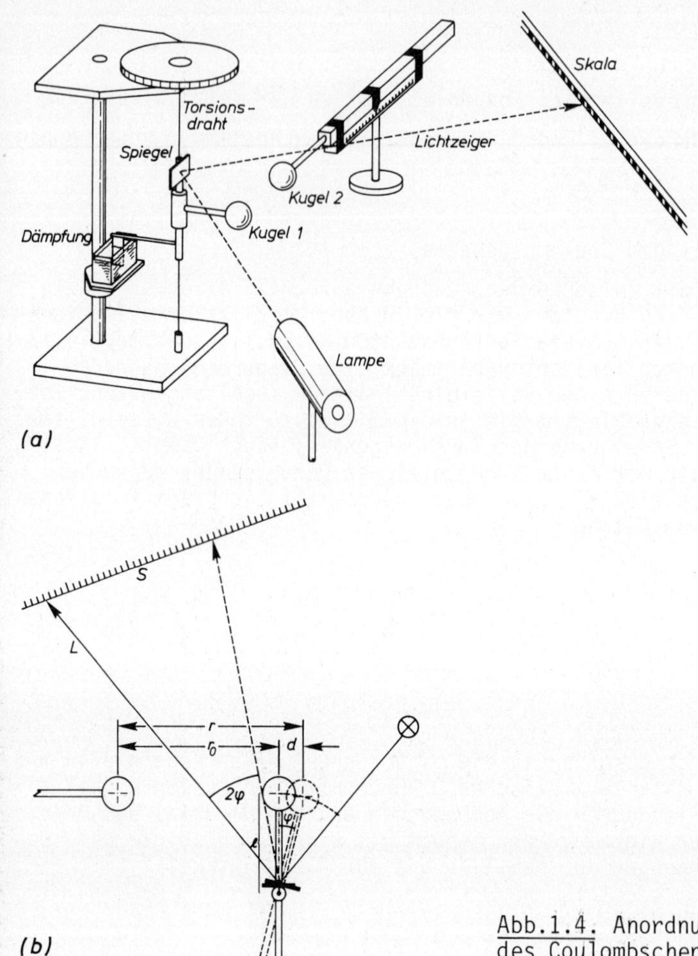

Abb.1.4. Anordnung zur Demonstration des Coulombschen Gesetzes

Tabelle 1.1. Meßwerte zur Bestimmung des Zusammenhangs zwischen der elektrostatischen Kraft zwischen zwei Ladungen und deren Abstand

r_0 [cm]	S [cm]	$d=S\ell/(2L)$ [cm]	$r=r_0+d$ [cm]	$1/r^2$ [cm^2]
8.0	45.3	0.623	8.623	0.0137
13.0	18.6	0.256	13.256	0.0057
18.0	9.5	0.131	18.131	0.0031
22.9	5.5	0.076	22.976	0.0019

$L = 2$ m, $\ell = 5{,}5$ cm

In einer zweiten Meßreihe untersuchen wir den Einfluß der Ladungen auf die Kraft. Durch Berührung mit einer weiteren an einem Kunststoffstab befestigten Kugel gleichen Durchmessers, die vorher durch Erdung entladen wurde, kann die Ladung auf beiden Kugeln nacheinander halbiert werden. Die Meßergebnisse sind

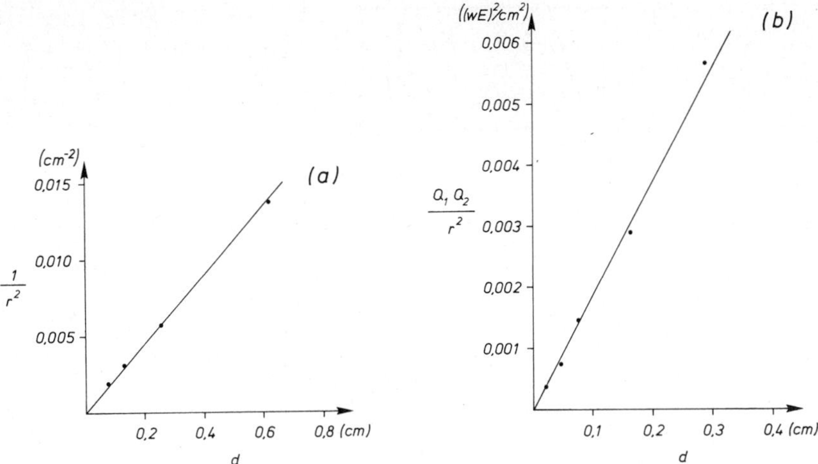

Abb.1.5. Darstellung der Meßergebnisse aus Experiment 1.3

Tabelle 1.2. Meßwerte zur Bestimmung des Zusammenhangs zwischen den Beträgen zweier Ladungen im Abstand r und der Kraft zwischen ihnen

Q_1 [wE]	Q_2 [wE]	S [cm]	$d=S\ell/(2L)$ [cm]	$r=r_0+d$ [cm]	Q_1Q_2/r^2 ([wE]^2/cm^2)
1	1	21.0	0.289	13.289	0.00566
0.5	1	11.9	0.164	13.164	0.00289
0.5	0.5	5.6	0.077	13.077	0.00146
0.25	0.5	3.4	0.047	13.047	0.00073
0.25	0.25	1.6	0.022	13.022	0.00037

$L = 2$ m, $\ell = 5{,}5$ cm, $r_0 = 13$ cm

Die Ladungen sind in willkürlichen Einheiten [wE] gemessen.

in Tabelle 1.2 und Abb.1.5b zusammengefaßt. Danach ist der Betrag der Kraft für gegebenen Abstand r jeder der beiden Ladungen Q_1 und Q_2 proportional

$$F \sim \frac{Q_1 Q_2}{r^2} \quad . \tag{1.3.1}$$

Wir schreiben die Proportionalitätskonstante in der scheinbar unpraktischen Form $1/(4\pi\varepsilon_0)$ und erhalten für den Betrag der Kraft

$$F = \frac{1}{4\pi\varepsilon_0} \frac{Q_1 Q_2}{r^2} \quad . \tag{1.3.2}$$

Um das Kraftgesetz auch vektoriell formulieren zu können, bezeichnen wir die Ortsvektoren der beiden Ladungen Q_1 und Q_2 mit $\vec{r}_1$ bzw. $\vec{r}_2$ (Abb.1.6). Die abstoßende Kraft $\vec{F}_{21}$, die die Ladung Q_1 auf die Ladung Q_2 ausübt, wirkt dann in Richtung des Differenzvektors $\vec{r} = \vec{r}_2 - \vec{r}_1$. Sie ist

$$\boxed{\vec{F}_{21} = \frac{1}{4\pi\varepsilon_0} \frac{Q_1 Q_2}{r^2} \hat{\vec{r}} = \frac{1}{4\pi\varepsilon_0} \frac{Q_1 Q_2}{|\vec{r}_2 - \vec{r}_1|^2} \frac{\vec{r}_2 - \vec{r}_1}{|\vec{r}_2 - \vec{r}_1|}} \quad . \tag{1.3.3}$$

Das ist das *Coulombsche Gesetz*.

Die Konstante ε_0 heißt *elektrische Feldkonstante* (früher absolute Dielektrizitätskonstante oder Influenzkonstante). Durch ihre Wahl wird die Einheit der elektrischen Ladung festgelegt. In SI-Einheiten ist

$$\boxed{\varepsilon_0 = 8{,}854 \cdot 10^{-12} \frac{C^2}{m^2 N}} \quad . \tag{1.3.4}$$

Die *Einheit der elektrischen Ladung* ist damit

$$1 \text{ Coulomb} = 1 \text{ C} \quad .$$

Sie ist diejenige Ladung, die auf eine gleich große Ladung, die sich im Abstand 1 m befindet, eine Kraft vom Betrag

$$\frac{1}{4\pi\varepsilon_0} \text{ N} = 8{,}988 \cdot 10^9 \text{ N}$$

ausübt.

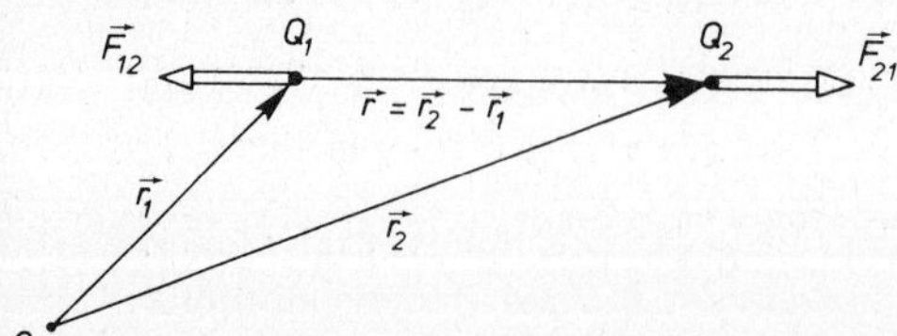

Abb.1.6. Vektorielle Darstellung der Coulomb-Kräfte, die zwei Ladungen aufeinander ausüben

Für rasche Ladungsmessungen in Demonstrationsexperimenten benutzen wir nicht die Drehwaage, sondern ein sehr einfaches Instrument, das auf der Anordnung der Abb.1.1f beruht.

Experiment 1.4. Qualitative Größenbestimmung von Ladungen mit dem Elektroskop

Abb.1.7a zeigt ein einfaches *Elektroskop*. Es besteht aus einem isoliert aufgestellten Metallstift, auf den man eine Kugel oder andere metallische Gegenstände aufstecken kann und an dem ein Metallzeiger angebracht ist. Dessen Schwerpunkt liegt unterhalb des Drehpunkts. Bringt man Ladung auf die Kugel, so verteilt diese sich auch auf Stift und Zeiger. Die Abstoßung beider führt zu einem Zeigerausschlag. Nach einem Einschwingvorgang stellt sich die Zeigerstellung so ein, daß die Abstoßung gerade durch das Drehmoment kompensiert wird, das die Schwerkraft auf den Schwerpunkt des Zeigers bewirkt. Damit be-

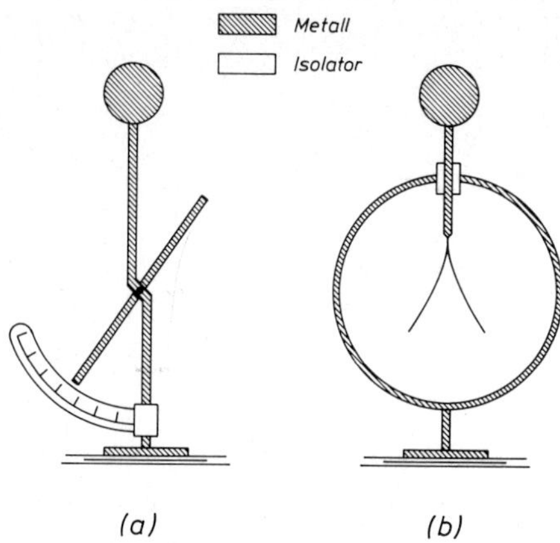

Abb.1.7. Zeigerelektroskop (a) und Blättchenelektroskop (b)

wirken größere Ladungen auch größere Zeigerausschläge. Ein empfindlicheres Elektroskop erhält man durch Anordnung zweier leichter Metallblättchen an einem isolierten Stift, wie in Abb.1.7b. Bei Aufladung des Instruments spreizen sich die Blättchen. Der Winkel zwischen ihnen ist ein Maß für die aufgebrachte Ladung.

Aufgabe

1.1: Im Experiment 1.3 wurde die Gültigkeit des Coulombschen Gesetzes nur für Ladungen gleichen Vorzeichens gezeigt. Entwickeln Sie eine Methode, das Gesetz auch für Ladungen verschiedenen Vorzeichens zu demonstrieren. Beginnen Sie mit der Konstruktion eines Verfahrens zur Herstellung positiver und negativer Ladungen gleichen Betrages.

2. Vektoranalysis

Wie in der Mechanik beschreiben wir im Elektromagnetismus viele physikalische Größen durch Vektoren. Zusätzlich zu den Rechenregeln der Vektoralgebra [Bd.I, Kap.2] benutzen wir jetzt die Differential- und Integralrechnung mit Vektoren, die *Vektoranalysis*. Die wichtigsten Rechenregeln und Sätze der Vektoranalysis sind im folgenden zusammengestellt. Alle werden an Beispielen erläutert.

2.1 Felder

Ein Feld f ist eine ortsabhängige Größe

$$f = f(\vec{r}) \quad . \tag{2.1.1}$$

Sie ordnet jedem Raumpunkt $\vec{r}$ den Wert $f(\vec{r})$ der physikalischen Größe zu. (Im allgemeinen können Felder orts- und zeitabhängig sein. Wir betrachten hier nur die Ortsabhängigkeit.) Je nach ihrem Transformationsverhalten unter Rotationen, die jedem Ortsvektor $\vec{r}$ einen zweiten Ortsvektor $\vec{r}\,' = \underline{\underline{R}}\vec{r}$ zuordnen [Bd.I, Abschnitt 7.2] unterscheiden wir

I) *Skalarfelder*

$$s(\vec{r}\,') = s(\underline{\underline{R}}\vec{r}) = s(\vec{r}) \quad . \tag{2.1.2}$$

(Beispiel: Potentielle Energie eines Massenpunktes im Gravitationsfeld eines anderen)

II) *Vektorfelder*

$$\vec{v}(\vec{r}\,') = \vec{v}(\underline{\underline{R}}\vec{r}) = \underline{\underline{R}}\vec{v}(\vec{r}) \quad . \tag{2.1.3}$$

(Beispiel: Kraft auf einen Massenpunkt im Gravitationsfeld)

III) *Tensorfelder*

$$\underline{\underline{T}}(\vec{r}\,') = \underline{\underline{T}}(\underline{\underline{R}}\vec{r}) = \underline{\underline{R}} \otimes \underline{\underline{R}}\underline{\underline{T}}(\vec{r}) = \underline{\underline{R}}\underline{\underline{T}}(\vec{r})\underline{\underline{R}}^{+} \quad . \tag{2.1.4}$$

(Beispiel: Feldstärketensor, Abschnitt 9.4)

Dabei steht der Vektor $\vec{r}$ im Argument der Feldfunktion im allgemeinen für die Differenz zwischen dem Ortsvektor $\vec{r}_A$ des Aufpunkts P_A und dem Ortsvektor $\vec{r}_Q$ des Quellpunktes P_Q:

$$\vec{r} = \vec{r}_A - \vec{r}_Q \quad .$$

Der Quellpunkt ist z.B. im Fall des Newtonschen Gravitationsfeldes (γ: Gravitationskonstante)

$$\vec{F}(\vec{r}) = \gamma \frac{M_A M_Q}{|\vec{r}_A - \vec{r}_Q|^3} (\vec{r}_A - \vec{r}_Q)$$

der Ort der Masse M_Q, die das Gravitationsfeld verursacht, der Aufpunkt $\vec{r}_A$ der Ort an dem die Kraft $\vec{F}$ wirkt.

2.2 Gradient und Laplace-Operator

Wenn man ein Skalarfeld $s(\vec{r})$ in der Umgebung eines Punktes $\vec{r}_0$ linear approximieren kann, so gilt mit $\Delta\vec{r} = \vec{r} - \vec{r}_0$

$$\begin{aligned} s(\vec{r}) &= s(\vec{r}_0) + \Delta\vec{r} \cdot \vec{\sigma}(\vec{r}_0) && + \text{Terme höherer Ordnung} \\ &= s(\vec{r}_0) + |\Delta\vec{r}|\,|\vec{\sigma}(\vec{r}_0)|\cos(\vec{\sigma},\Delta\vec{r}) && + \text{Terme höherer Ordnung} \quad . \end{aligned} \tag{2.2.1}$$

Die Richtung im Raum, für die der Ausdruck auf der rechten Seite von (2.2.1) maximal wird, ist die, für die $\cos(\Delta\vec{r},\vec{\sigma}) = 1$ wird; d.h. die Richtung von $\vec{\sigma}$. Man nennt $\vec{\sigma}(\vec{r}_0)$ den *Gradienten* der Funktion $s(\vec{r})$ am Ort $\vec{r}_0$ und bezeichnet ihn für beliebiges $\vec{r}$ durch

$$\vec{\sigma}(\vec{r}) = \vec{\nabla}s(\vec{r}) = \text{grad}[s(\vec{r})] \quad . \tag{2.2.2}$$

Das Symbol $\vec{\nabla}$ heißt *Nabla-Operator*.

Stellt man den Ortsvektor in einer kartesischen Basis $\vec{e}_1$, $\vec{e}_2$, $\vec{e}_3$ durch

$$\vec{r} = \sum_{\ell=1}^{3} x_\ell \vec{e}_\ell \quad , \tag{2.2.3}$$

$$\vec{r}_0 = \sum_{\ell=1}^{3} x_{\ell 0} \vec{e}_\ell$$

dar, so gilt

$$\begin{aligned} s(\vec{r}) - s(\vec{r}_0) &= s\Big(\sum_{\ell=1}^{3} x_\ell \vec{e}_\ell\Big) - s\Big(\sum_{\ell=1}^{3} x_{\ell 0} \vec{e}_\ell\Big) \\ &= s(x_1\vec{e}_1 + x_2\vec{e}_2 + x_3\vec{e}_3) - s(x_{10}\vec{e}_1 + x_2\vec{e}_2 + x_3\vec{e}_3) \\ &\quad + s(x_{10}\vec{e}_1 + x_2\vec{e}_2 + x_3\vec{e}_3) - s(x_{10}\vec{e}_1 + x_{20}\vec{e}_2 + x_3\vec{e}_3) \\ &\quad + s(x_{10}\vec{e}_1 + x_{20}\vec{e}_2 + x_3\vec{e}_3) - s(x_{10}\vec{e}_1 + x_{20}\vec{e}_2 + x_{30}\vec{e}_3) \\ &= \Delta x_1 \frac{\partial s}{\partial x_1} + \Delta x_2 \frac{\partial s}{\partial x_2} + \Delta x_3 \frac{\partial s}{\partial x_3} + \text{Terme höherer Ordnung} \\ &= \Delta\vec{r} \cdot \Big(\vec{e}_1 \frac{\partial s}{\partial x_1} + \vec{e}_2 \frac{\partial s}{\partial x_2} + \vec{e}_3 \frac{\partial s}{\partial x_3}\Big) + \text{Terme höherer Ordnung} \quad . \end{aligned} \tag{2.2.4}$$

Der Gradient von s läßt sich somit in *kartesischen Koordinaten* durch die drei partiellen Ableitungen $\partial s/\partial x_i$, $(i=1,2,3)$, darstellen

$$\vec{\sigma}(\vec{r}) = \sum_{\ell=1}^{3} \vec{e}_\ell \frac{\partial s}{\partial x_\ell} \quad . \tag{2.2.5}$$

Ein Vergleich mit (2.2.2) liefert die formale Darstellung des Nabla-Operators $\vec{\nabla}$ in kartesischen Koordinaten

$$\boxed{\vec{\nabla} = \sum_{\ell=1}^{3} \vec{e}_\ell \frac{\partial}{\partial x_\ell} = \vec{e}_1 \frac{\partial}{\partial x_1} + \vec{e}_2 \frac{\partial}{\partial x_2} + \vec{e}_3 \frac{\partial}{\partial x_3}} \quad . \tag{2.2.6}$$

Zweimalige Anwendung des Nabla-Operators liefert

$$\vec{\nabla} \cdot \vec{\nabla} s = \sum_{\ell=1}^{3} \frac{\partial^2 s}{\partial x^2} \quad . \tag{2.2.7}$$

Das Skalarprodukt des Nabla-Operators mit sich selbst nennt man *Laplace-Operator*, er wird allgemein mit dem großen griechischen Delta (Δ) bezeichnet

$$\boxed{\Delta := \vec{\nabla} \cdot \vec{\nabla}} \quad . \tag{2.2.8}$$

In kartesischen Koordinaten hat er also die Darstellung

$$\boxed{\Delta = \sum_{i=1}^{3} \frac{\partial^2}{\partial x_i^2} = \frac{\partial^2}{\partial x_1^2} + \frac{\partial^2}{\partial x_2^2} + \frac{\partial^2}{\partial x_3^2}} \quad . \tag{2.2.9}$$

Eine bildhafte Vorstellung von der Bedeutung des Gradienten gewinnt man besonders leicht für Funktionen, die nur von 2 Variablen (z.B. x und y) abhängen. Man kann dann $s(\vec{r}) = s(x\vec{e}_x + y\vec{e}_y)$ als Fläche im dreidimensionalen x,y,s-Raum darstellen (Abb.2.1). Die Richtung $\vec{\sigma}(\vec{r}_0)$, längs der die Funktion s am stärksten wächst, also die Richtung des Gradienten, ist die *Richtung des steilsten Anstiegs* auf der Fläche. In Abb.2.1 sind auf der Fläche *Koordinatenlinien* eingezeichnet, die durch die Gleichungen $s_y(x) = s(x,y_0)$, $s_x(y) = s(x_0,y)$ gegeben sind. Auf ihnen ist also jeweils der Wert einer Koordinate festgehalten. Die partiellen Ableitungen

$$\frac{\partial s}{\partial x} = \left.\frac{ds(x,y)}{dx}\right|_{y=y_0} \quad , \quad \frac{\partial s}{\partial y} = \left.\frac{ds(x,y)}{dy}\right|_{x=x_0}$$

sind die Steigungen längs der Koordinatenlinien. Der Gradient der zweidimensionalen Funktion s ist der Vektor

$$\vec{\sigma} = \frac{\partial s}{\partial x}\vec{e}_x + \frac{\partial s}{\partial y}\vec{e}_y \quad ,$$

dessen Komponenten diese partiellen Ableitungen sind.

Während sich die Funktion $s(\vec{r})$ in Richtung ihres Gradienten $\vec{\sigma}$ maximal ändert, bleibt sie in der dazu senkrechten Richtung konstant, da dort das Skalarprodukt $\Delta\vec{r}\cdot\vec{\sigma}$ in (2.2.1) verschwindet. Senkrecht zur Gradientenrichtung verlaufen daher Linien $s = \mathrm{const}$, die wir *Niveaulinien* oder *Höhenlinien* der durch $s(\vec{r})$ beschriebenen Fläche nennen wollen. Statt durch Koordinatenlinien

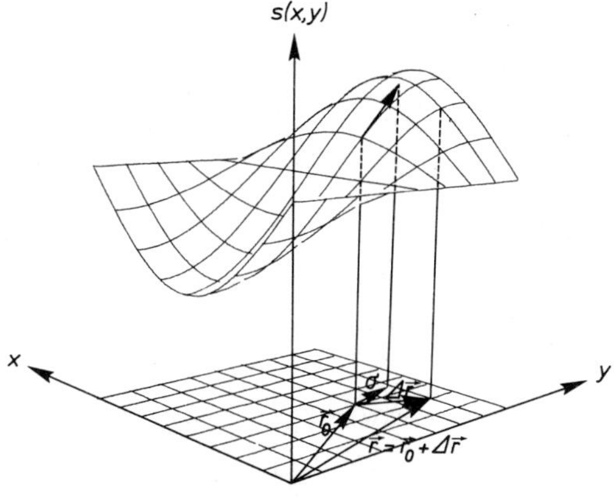

Abb.2.1. Darstellung der skalaren Funktion $s(\vec{r}) = s(x\vec{e}_x + y\vec{e}_y)$ als Fläche im x,y,s-Raum. Der Gradient von s zeigt in Richtung des steilsten Anstiegs der Fläche

wie in Abb.2.1 kann $s(\vec{r})$ auch durch die Niveaulinien und dazu senkrechten Linien dargestellt werden, die in Richtung des Gradienten zeigen. Letztere heißen *Fallinien*, weil sie in Richtung größter Steigung bzw. steilsten Abfalls der Fläche verlaufen. Ein Beispiel ist Abb.2.2a. Dort ist die Funktion

$$s = -\ln(r) = -\ln\sqrt{x^2+y^2}$$

durch Fallinien im x,y,s-Raum dargestellt. Die Höhenlinien erhält man durch Verbindung der entsprechenden Kreuze auf benachbarten Fallinien. Sie entsprechen natürlich den Schnittlinien der Fläche mit einer Ebene $s = \text{const}$. Durch Projektion der Fall- und Höhenlinien – für unser Beispiel in Abb.2.2b dargestellt – läßt sich die Funktion auch in der x,y-Ebene allein graphisch anschaulich machen: Die Projektion der Fallinien, die *Feldlinien*, verlaufen in Richtung des Gradienten von s, die Höhenlinien kennzeichnen die Linien

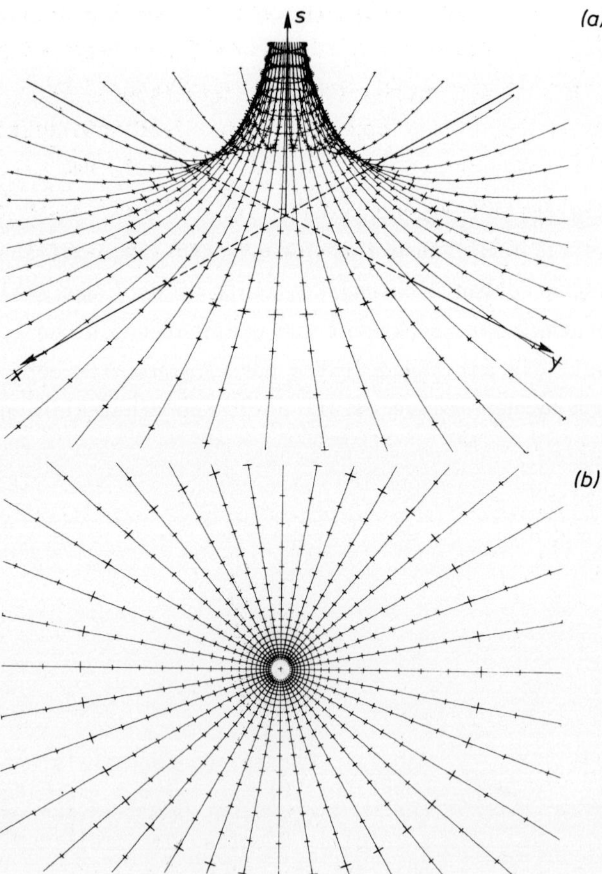

Abb.2.2. Darstellung einer skalaren Funktion [hier $s=-\ln(r)=-\ln(\sqrt{x^2+y^2})$] durch Fallinien im x,y,s-Raum. Durch Verbindung entsprechender Kreuze auf benachbarten Fallinien erhält man die Niveau- oder Höhenlinien $s = \text{const}$ (a). Durch Projektion der Fallinien in die x,y-Ebene erhält man eine Feldliniendarstellung (b). Sie kann auch als Schnitt durch die Feldliniendarstellung des dreidimensionalen Feldes $s=-\ln(r)=-\ln\sqrt{x^2+y^2+z^2}$ aufgefaßt werden

$s = \mathrm{const}$. Feldlinien können nun auch zur Veranschaulichung dreidimensionaler Felder dienen. Es sind dann Linien im Raum, die stets in Richtung des Gradienten zeigen. Die Orte $s = \mathrm{const}$, die für zweidimensionale Felder Niveaulinien sind, sind im dreidimensionalen Fall *Niveauflächen*, die stets senkrecht zu den Feldlinien verlaufen. Als Beispiel betrachten wir das dreidimensionale Feld

$$s = -\ln(r) = -\ln\sqrt{x^2+y^2+z^2} \quad .$$

Seine Feldlinien verlaufen in Richtung des Gradienten

$$\vec{\nabla}s(\vec{r}) = \left(\frac{\partial}{\partial x}\vec{e}_x + \frac{\partial}{\partial y}\vec{e}_y + \frac{\partial}{\partial z}\vec{e}_z\right)s(\vec{r}) = -\frac{1}{r^2}(x\vec{e}_x+y\vec{e}_y+z\vec{e}_z) = -\frac{\vec{r}}{r^2} \quad ,$$

also von allen Seiten in Richtung auf den Ursprung zu. Die Niveauflächen sind Kugeln um den Ursprung. Abb.2.2b ist dann ein ebener Schnitt durch dieses Feld, der den Ursprung enthält.

Die Größe $\vec{\nabla}s(\vec{r}) = \mathrm{grad}[s(\vec{r})]$ ist ein ortsabhängiger Vektor, beschreibt also ein Vektorfeld $\vec{v}(\vec{r}) = \mathrm{grad}[s(\vec{r})]$. Ein Feldlinienbild wie Abb.2.2b eignet sich daher auch zur graphischen Darstellung eines beliebigen Vektorfeldes, das nicht Gradient eines Skalarfeldes ist. Die (Tangente an die) Feldlinie zeigt an jedem Punkt des Raumes in Richtung des Feldes $\vec{v}(\vec{r})$. Während alle Vektorfelder durch Feldlinien veranschaulicht werden können, haben Niveauflächen im allgemeinen nur für solche Vektorfelder eine Bedeutung, die sich als Gradienten eines Skalarfeldes schreiben lassen.

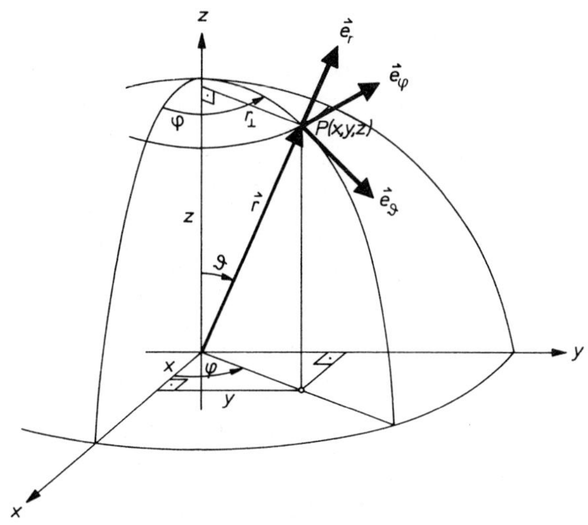

Abb.2.3. Kugelkoordinaten

In *Kugelkoordinaten* (Abb.2.3) [Bd.I, Abschnitt 2.5.1] leitet man aus der Darstellung

$$\vec{r} = r\vec{e}_r(\vartheta,\varphi) \tag{2.2.10}$$

sofort die Formel

$$\begin{aligned}\vec{r} = r\vec{e}_r(\vartheta,\varphi) &= r_0\vec{e}_r(\vartheta_0,\varphi_0) + (r-r_0)\vec{e}_r(\vartheta_0,\varphi_0)\\ &\quad + r\left[\vec{e}_r(\vartheta,\varphi_0)-\vec{e}_r(\vartheta_0,\varphi_0)\right] + r\left[\vec{e}_r(\vartheta,\varphi)-\vec{e}_r(\vartheta,\varphi_0)\right]\end{aligned} \tag{2.2.11}$$

ab. Mit Hilfe von

$$\frac{\partial\vec{e}_r}{\partial\vartheta} = \vec{e}_\vartheta \quad \text{und} \quad \frac{\partial\vec{e}_r}{\partial\varphi} = \sin\vartheta\ \vec{e}_\varphi \tag{2.2.12}$$

folgt dann in linearer Näherung

$$\vec{r} - \vec{r}_0 = \Delta\vec{r} = \Delta r\vec{e}_r + r_0\Delta\vartheta\vec{e}_\vartheta + r_0 \sin\vartheta_0\ \Delta\varphi\vec{e}_\varphi \quad . \tag{2.2.13}$$

Für die Differenz $s(\vec{r}) - s(\vec{r}_0)$ finden wir

$$\begin{aligned}s(\vec{r}) - s(\vec{r}_0) &= s[r\vec{e}_r(\vartheta,\varphi)] - s[r_0\vec{e}_r(\varphi_0,\vartheta_0)]\\ &= s(\vec{r}_0+\Delta r\vec{e}_r+r_0\Delta\vartheta\vec{e}_\vartheta+r_0\Delta\varphi\vec{e}_\varphi\ \sin\vartheta_0) - s(\vec{r}_0)\\ &= s(\vec{r}_0+\Delta r\vec{e}_r+r_0\Delta\vartheta\vec{e}_\vartheta+r_0\Delta\varphi\vec{e}_\varphi\ \sin\vartheta_0)\\ &\quad -s(\vec{r}_0\qquad\quad +r_0\Delta\vartheta\vec{e}_\vartheta+r_0\Delta\varphi\vec{e}_\varphi\ \sin\vartheta_0)\\ &\quad +s(\vec{r}_0\qquad\quad +r_0\Delta\vartheta\vec{e}_\vartheta+r_0\Delta\varphi\vec{e}_\varphi\ \sin\vartheta_0)\\ &\quad -s(\vec{r}_0\qquad\qquad\qquad\quad +r_0\Delta\varphi\vec{e}_\varphi\ \sin\vartheta_0)\\ &\quad +s(\vec{r}_0\qquad\qquad\qquad\quad +r_0\Delta\varphi\vec{e}_\varphi\ \sin\vartheta_0) - s(\vec{r}_0)\\ &= \frac{\partial s}{\partial r}\Delta r + \frac{\partial s}{\partial\vartheta}\Delta\vartheta + \frac{\partial s}{\partial\varphi}\Delta\varphi + \text{Terme höherer Ordnung} \quad .\end{aligned}$$

Sie kann mit (2.2.13) in die Form

$$s(\vec{r}) - s(\vec{r}_0) = \left(\vec{e}_r\frac{\partial s}{\partial r} + \vec{e}_\vartheta\frac{1}{r}\frac{\partial s}{\partial\vartheta} + \vec{e}_\varphi\frac{1}{r\sin\vartheta}\frac{\partial s}{\partial\varphi}\right)\cdot\Delta\vec{r} + \ldots \tag{2.2.14}$$

gebracht werden.

Damit haben wir als Darstellung des Nabla-Operators in Kugelkoordinaten

$$\boxed{\vec{\nabla} = \vec{e}_r \frac{\partial}{\partial r} + \vec{e}_\vartheta \frac{1}{r}\frac{\partial}{\partial \vartheta} + \vec{e}_\varphi \frac{1}{r\sin\vartheta}\frac{\partial}{\partial \varphi}} \quad . \tag{2.2.15}$$

Zweimalige Anwendung des Nabla-Operators auf eine Funktion f liefert

$$\begin{aligned} \vec{\nabla}\cdot(\vec{\nabla} f) &= \left(\vec{e}_r \frac{\partial}{\partial r} + \vec{e}_\vartheta \frac{1}{r}\frac{\partial}{\partial \vartheta} + \vec{e}_\varphi \frac{1}{r\sin\vartheta}\frac{\partial}{\partial \varphi}\right) \cdot \left(\vec{e}_r \frac{\partial f}{\partial r} + \vec{e}_\vartheta \frac{1}{r}\frac{\partial f}{\partial \vartheta} + \vec{e}_\varphi \frac{1}{r\sin\vartheta}\frac{\partial f}{\partial \varphi}\right) \\ &= \frac{\partial^2 f}{\partial r^2} + \frac{2}{r}\frac{\partial f}{\partial r} + \frac{1}{r^2}\frac{\partial^2 f}{\partial \vartheta^2} + \frac{\cos\vartheta}{r^2\sin\vartheta}\frac{\partial f}{\partial \vartheta} + \frac{1}{r^2\sin^2\vartheta}\frac{\partial^2 f}{\partial \varphi^2} \quad . \end{aligned} \tag{2.2.16}$$

Bei der Herleitung dieses Resultates ist zu beachten, daß die Basisvektoren $\vec{e}_r$, $\vec{e}_\vartheta$, $\vec{e}_\varphi$ von ϑ und φ abhängen und nach den Regeln (2.2.12) und

$$\begin{aligned} &\frac{\partial \vec{e}_\vartheta}{\partial r} = 0 \quad , \quad \frac{\partial \vec{e}_\vartheta}{\partial \vartheta} = -\vec{e}_r \quad , \quad \frac{\partial \vec{e}_\vartheta}{\partial \varphi} = \vec{e}_\varphi \cos\vartheta \\ &\frac{\partial \vec{e}_\varphi}{\partial r} = 0 \quad , \quad \frac{\partial \vec{e}_\varphi}{\partial \vartheta} = 0 \quad , \quad \frac{\partial \vec{e}_\varphi}{\partial \varphi} = \vec{e}_3 \times \vec{e}_\varphi \end{aligned} \tag{2.2.17}$$

mitdifferenziert werden müssen. Die Darstellung (2.2.16) des Laplace-Operators in Kugelkoordinaten, die wir so gewonnen haben, läßt sich noch mit Hilfe von

$$\frac{\partial^2 f}{\partial r^2} + \frac{2}{r}\frac{\partial f}{\partial r} = \frac{1}{r^2}\frac{\partial}{\partial r} r^2 \frac{\partial f}{\partial r} = \frac{1}{r}\frac{\partial^2}{\partial r^2}(rf)$$

und

$$\frac{1}{r^2}\frac{\partial^2 f}{\partial \vartheta^2} + \frac{\cos\vartheta}{r^2\sin\vartheta}\frac{\partial f}{\partial \vartheta} = \frac{1}{r^2\sin\vartheta}\frac{\partial}{\partial \vartheta}\left(\sin\vartheta\frac{\partial f}{\partial \vartheta}\right) \tag{2.2.18}$$

vereinfachen, so daß man

$$\boxed{\Delta = \frac{1}{r}\frac{\partial^2}{\partial r^2} r + \frac{1}{r^2\sin\vartheta}\frac{\partial}{\partial \vartheta}\sin\vartheta\frac{\partial}{\partial \vartheta} + \frac{1}{r^2\sin^2\vartheta}\frac{\partial^2}{\partial \varphi^2}} \tag{2.2.19}$$

erhält.

Ganz analog findet man die Darstellung des Nabla-Operators für *Zylinderkoordinaten*, Abb.2.4 und [Bd.I, Abschnitt 2.5.2],

$$\boxed{\vec{\nabla} = \vec{e}_\perp \frac{\partial}{\partial r_\perp} + \vec{e}_\varphi \frac{1}{r_\perp}\frac{\partial}{\partial \varphi} + \vec{e}_z \frac{\partial}{\partial z}} \quad . \tag{2.2.20}$$

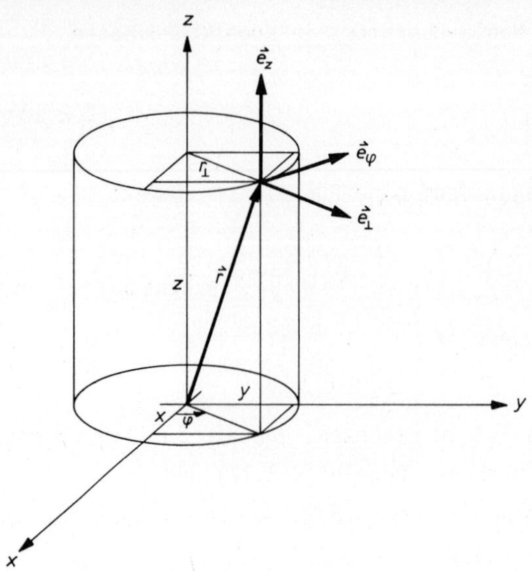

Abb.2.4. Zylinderkoordinaten

Der Laplace-Operator in Zylinderkoordinaten ist dann durch

$$\Delta = \frac{1}{r_\perp}\frac{\partial}{\partial r_\perp} r_\perp \frac{\partial}{\partial r_\perp} + \frac{1}{r_\perp^2}\frac{\partial^2}{\partial \varphi^2} + \frac{\partial^2}{\partial z^2} \tag{2.2.21}$$

gegeben.

Durch Rotation beweist man sofort , daß $\vec{\nabla}$ die Eigenschaften eines Vektors hat

$$\vec{\nabla}' = \sum_{\ell=1}^{3} \vec{e}'_\ell \frac{\partial}{\partial x_\ell} = \sum_{\ell=1}^{3} \underline{\underline{R}}\vec{e}_\ell \frac{\partial}{\partial x_\ell} = \underline{\underline{R}}\sum_{\ell=1}^{3} \vec{e}_\ell \frac{\partial}{\partial x_\ell} = \underline{\underline{R}}\vec{\nabla} \quad .$$

Unter Spiegelung hat $\vec{\nabla}$ dasselbe Verhalten wie der Ortsvektor

$$\vec{\nabla}' = \sum_{\ell=1}^{3} \vec{e}'_\ell \frac{\partial}{\partial x_\ell} = \sum_{\ell=1}^{3} \underline{\underline{S}}\vec{e}_\ell \frac{\partial}{\partial x_\ell} = -\sum \vec{e}_\ell \frac{\partial}{\partial x_\ell} = -\vec{\nabla} \quad .$$

Damit lassen sich mit $\vec{\nabla}$ alle Operationen ausführen, die man mit einem Vektor vorrechnen kann: Skalar-, Vektor- und Tensorprodukte mit sich selbst and anderen Vektoren. Sie haben dieselben Eigenschaften unter Rotation und Spiegelungen wie bei der Bildung mit gewöhnlichen Vektoren. Insbesondere ist der Laplace-Operator als Skalarprodukt des Nabla-Operators mit sich selbst ein Skalar. Als Beispiel für die Berechnung des Gradienten betrachten wir folgende Funktionen:

I) *Homogenes Skalarfeld*

$$s(\vec{r}) = s_0 \quad . \tag{2.2.22}$$

Der Gradient dieses Feldes verschwindet offenbar

$$\vec{\nabla}s(\vec{r}) = 0 \quad . \tag{2.2.23}$$

II) *Lineares Zentralpotential*

$$s(\vec{r}) = \alpha r \quad , \quad \alpha = \text{const.} \tag{2.2.24}$$

Der Gradient ist am einfachsten in Kugelkoordinaten zu berechnen, d.h.

$$\vec{\nabla}s(\vec{r}) = \vec{e}_r \frac{\partial}{\partial r}(\alpha r) = \alpha\vec{e}_r = \alpha\frac{\vec{r}}{r} \quad . \tag{2.2.25}$$

Der Gradient des linearen Zentralpotentials ist ein radiales Vektorfeld konstanter Stärke.

III) *Allgemeines Zentralpotential*

$$s(\vec{r}) = f(r) \quad . \tag{2.2.26}$$

Der Gradient ist

$$\vec{\nabla}s(\vec{r}) = \vec{e}_r \frac{\partial f(r)}{\partial r} = \frac{df(r)}{dr}\frac{\vec{r}}{r} \quad . \tag{2.2.27}$$

Wieder ergibt sich ein Radialfeld, jedoch mit dem variablen Betrag df/dr. Für den Spezialfall $f(r) = \alpha/r$ erhalten wir natürlich ein Feld

$$\vec{\nabla}s(\vec{r}) = -\frac{\alpha}{r^2}\frac{\vec{r}}{r} \quad , \tag{2.2.28}$$

das die Gestalt des Gravitations- und des Coulomb-Feldes hat.

IV) *Linearpotential*

$$s(\vec{r}) = \alpha(\hat{\vec{n}}\cdot\vec{r}) \quad . \tag{2.2.29}$$

Der Gradient berechnet sich am einfachsten in kartesischen Koordinaten, wenn man z.B. $\hat{\vec{n}}$ in die z-Richtung legt ($\hat{\vec{n}}=\vec{e}_z$)

$$s(\vec{r}) = \alpha z \quad . \tag{2.2.30}$$

Man erhält sofort

$$\vec{\nabla}s(\vec{r}) = \vec{e}_z\alpha = \alpha\hat{\vec{n}} \quad , \tag{2.2.31}$$

ein homogenes Feld der Richtung $\hat{\vec{n}}$ und der Feldstärke α.

2.3 Divergenz

Wir bilden ein Skalarprodukt aus dem Nabla-Operator, dessen Vektorcharakter wir soeben nachgewiesen haben, und einem Vektorfeld $\vec{v}(\vec{r})$

$$\boxed{\vec{\nabla}\cdot\vec{v}(\vec{r}) = \mathrm{div}[\vec{v}(\vec{r})]} \quad . \tag{2.3.1}$$

Das aus dieser Operation resultierende skalare Feld nennt man die *Divergenz* des Vektorfeldes $\mathrm{div}(\vec{v})$. Sie ist durch (2.3.1) koordinatenunabhängig definiert. Wollen wir sie in einer bestimmten Darstellung berechnen, so benötigen wir die Darstellungen des Nabla-Operators und des Vektorfeldes $\vec{v}$ in diesen Koordinaten:

I. *Kartesische Koordinaten*

$$\vec{v} = \sum_{k=1}^{3} v_k\vec{e}_k \quad , \tag{2.3.2}$$

$$\boxed{\mathrm{div}(\vec{v}) = \vec{\nabla}\cdot\vec{v} = \sum_{k=1}^{3}\frac{\partial v_k}{\partial x_k}} \quad . \tag{2.3.3}$$

II. *Kugelkoordinaten*

$$\vec{v} = v_r\vec{e}_r + v_\vartheta\vec{e}_\vartheta + v_\varphi\vec{e}_\varphi \quad , \tag{2.3.4}$$

$$\mathrm{div}(\vec{v}) = \vec{\nabla}\cdot\vec{v} = \left(\frac{2}{r}+\frac{\partial}{\partial r}\right)v_r + \left(\frac{\cos\vartheta}{r\sin\vartheta}+\frac{1}{r}\frac{\partial}{\partial\vartheta}\right)v_\vartheta + \frac{1}{r\sin\vartheta}\frac{\partial}{\partial\varphi}v_\varphi \quad ,$$

$$\boxed{\vec{\nabla}\cdot\vec{v} = \frac{1}{r^2}\frac{\partial}{\partial r}(r^2 v_r) + \frac{1}{r\sin\vartheta}\frac{\partial}{\partial\vartheta}(\sin\vartheta\, v_\vartheta) + \frac{1}{r\sin\vartheta}\frac{\partial}{\partial\varphi}v_\varphi} \quad . \tag{2.3.5}$$

In der Rechnung wird ebenso wie bei der Herleitung von (2.2.16) ausgiebig Gebrauch von den Relationen (2.2.12) und (2.2.17) gemacht.

III. *Zylinderkoordinaten*

$$\vec{v} = v_\perp \vec{e}_\perp + v_\varphi \vec{e}_\varphi + v_z \vec{e}_z \quad , \tag{2.3.6}$$

$$\boxed{\operatorname{div}(\vec{v}) = \vec{\nabla} \cdot \vec{v} = \frac{1}{r_\perp} \frac{\partial}{\partial r_\perp}(r_\perp v_\perp) + \frac{1}{r_\perp} \frac{\partial}{\partial \varphi} v_\varphi + \frac{\partial}{\partial z} v_z} \quad . \tag{2.3.7}$$

Wir betrachten einige Beispiele:

I) *Homogenes Vektorfeld*

$$\vec{v}(\vec{r}) = \vec{v}_0 \quad . \tag{2.3.8}$$

Der Feldvektor des homogenen Feldes ist nicht ortsabhängig. Seine Divergenz verschwindet

$$\vec{\nabla} \cdot \vec{v} = 0 \quad . \tag{2.3.9}$$

II) *Radiales Vektorfeld*

$$\vec{v}(\vec{r}) = g(r)\, \vec{r} = g(r)\, r\vec{e}_r \quad . \tag{2.3.10}$$

Ein solches Vektorfeld, dessen Betrag nur von r abhängt und das die Richtung $\vec{e}_r$ hat, wird durch ein Feldlinienbild wie in Abb.2.2b veranschaulicht. Die Divergenz dieses Feldes berechnet man am einfachsten über die Kugelkoordinatendarstellung für $\vec{v}$. Es gilt

$$v_r = g(r)\, r \quad , \quad v_\vartheta = 0 \quad , \quad v_\varphi = 0 \quad , \tag{2.3.11}$$

so daß wir nach (2.3.5)

$$\vec{\nabla} \cdot \vec{v} = \frac{1}{r^2} \frac{\partial}{\partial r}(r^2 v_r) = \frac{1}{r^2} \frac{\partial}{\partial r}(r^3 g(r)) = 3g(r) + r \frac{\partial}{\partial r} g(r) \tag{2.3.12}$$

finden.

Für die spezielle Wahl

$$g(r) = \frac{\alpha}{r^3} \quad , \quad \text{d.h.} \quad \vec{v}(\vec{r}) = \alpha \frac{\vec{r}}{r^3} \quad , \tag{2.3.12a}$$

ist dann

$$\vec{\nabla} \cdot \vec{v} = \mathrm{div}(\vec{v}) = 0 \quad , \quad \text{für } \vec{r} \neq 0 \quad . \tag{2.3.12b}$$

Das Feld ist, außer im Ursprung, wo es nicht differenzierbar ist, überall divergenzfrei.

III) *Azimutales Vektorfeld*

$$\vec{v}(\vec{r}) = h(r_\perp, \hat{\vec{\omega}}\cdot\vec{r})\hat{\vec{\omega}} \times \vec{r} \quad . \tag{2.3.13}$$

Dabei ist $h(r_\perp, \hat{\vec{\omega}}\cdot\vec{r})$ eine beliebige Funktion von $r_\perp$ und der Projektion $\hat{\vec{\omega}}\cdot\vec{r}$ auf den festen ortsunabhängigen Vektor $\hat{\vec{\omega}}$. Legen wir die z-Achse eines Zylinderkoordinatensystems in die $\hat{\vec{\omega}}$-Richtung, so gilt

$$\hat{\vec{\omega}} \times \vec{r} = r_\perp \vec{e}_\varphi \quad . \tag{2.3.14}$$

Damit zeigt der Feldvektor $\vec{v}$ immer in azimutale Richtung. Die Darstellung von $\vec{v}$ in Zylinderkoordinaten ist

$$\vec{v} = h(r_\perp, z) r_\perp \vec{e}_\varphi \quad , \tag{2.3.15}$$

d.h.

$$v_\perp = 0 \quad , \quad v_z = 0 \quad , \quad v_\varphi = h(r_\perp, z) r_\perp \quad . \tag{2.3.16}$$

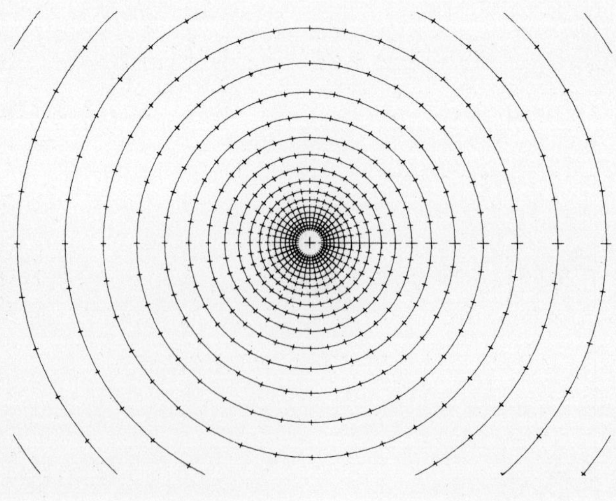

Abb.2.5. Feldlinien eines azimutalen Vektorfeldes in einer Ebene senkrecht zur z-Achse

Die Feldlinien zeigen immer in azimutale Richtung, sie sind Kreise um die z-Achse (Abb.2.5). Die Divergenz des azimutalen Feldes

$$\vec{\nabla}\cdot\vec{v} = \frac{1}{r_\perp}\frac{\partial}{\partial\varphi}\vec{v}_\varphi = \frac{1}{r_\perp}\frac{\partial}{\partial\varphi}[r_\perp h(r_\perp,z)] = 0 \tag{2.3.17}$$

verschwindet also.

2.4 Rotation

Das Vektorprodukt eines Nabla-Operators und eines Vektorfeldes nennt man *Rotation* des Feldes

$$\boxed{\vec{\nabla}\times\vec{v} = \mathrm{rot}(\vec{v})}\ . \tag{2.4.1}$$

Die Rotation ist ein Vektorfeld, das wieder koordinatenunabhängig definiert ist. Für viele Rechnungen ist es jedoch zweckmäßig, sie in verschiedenen Koordinaten darzustellen.

I) *Kartesische Koordinaten*

$$\boxed{\vec{\nabla}\times\vec{v} = \vec{e}_x\left(\frac{\partial}{\partial y}v_z - \frac{\partial}{\partial z}v_y\right) + \vec{e}_y\left(\frac{\partial}{\partial z}v_x - \frac{\partial}{\partial x}v_z\right) + \vec{e}_z\left(\frac{\partial}{\partial x}v_y - \frac{\partial}{\partial y}v_x\right)}\ . \tag{2.4.2}$$

II) *Kugelkoordinaten*

$$\boxed{\begin{aligned}\vec{\nabla}\times\vec{v} &= \vec{e}_r\frac{1}{r\sin\vartheta}\left\{\frac{\partial}{\partial\vartheta}(v_\varphi\sin\vartheta) - \frac{\partial}{\partial\varphi}v_\vartheta\right\}\\ &+ \vec{e}_\vartheta\frac{1}{r\sin\vartheta}\left\{\frac{\partial}{\partial\varphi}v_r - \frac{\partial}{\partial r}(rv_\varphi\sin\vartheta)\right\} + \vec{e}_\varphi\frac{1}{r}\left\{\frac{\partial}{\partial r}(rv_\vartheta) - \frac{\partial}{\partial\vartheta}v_r\right\}\end{aligned}}\ . \tag{2.4.3}$$

III) *Zylinderkoordinaten*

$$\boxed{\begin{aligned}\vec{\nabla}\times\vec{v} &= \vec{e}_\perp\frac{1}{r_\perp}\left[\frac{\partial}{\partial\varphi}v_z - \frac{\partial}{\partial z}(r_\perp v_\varphi)\right]\\ &+ \vec{e}_\varphi\left[\frac{\partial}{\partial z}v_\perp - \frac{\partial}{\partial r_\perp}v_z\right] + \vec{e}_z\frac{1}{r_\perp}\left[\frac{\partial}{\partial r_\perp}(r_\perp v_\varphi) - \frac{\partial v_\perp}{\partial\varphi}\right]\end{aligned}}\ . \tag{2.4.4}$$

Wir betrachten als Beispiel die gleichen Felder wie in Abschnitt 2.3:

I) *Homogenes Vektorfeld*

$$\vec{v}(\vec{r}) = \vec{v}_0 \quad .$$

Die Rotation des homogenen Vektorfeldes verschwindet

$$\vec{\nabla} \times \vec{v} = 0 \quad . \tag{2.4.5}$$

II) *Radiales Vektorfeld*

$$\vec{v}(\vec{r}) = g(r)\vec{r} = g(r)r\vec{e}_r \quad .$$

Wieder berechnet man die Rotation am einfachsten in Kugelkoordinaten

$$\vec{\nabla} \times \vec{v} = \vec{e}_\vartheta \frac{1}{r\sin\vartheta}\frac{\partial}{\partial\varphi} v_r - \vec{e}_\varphi \frac{1}{r}\frac{\partial}{\partial\vartheta} v_r = 0 \tag{2.4.6}$$

und findet, daß sie verschwindet.

III) *Azimutales Vektorfeld*

$$\vec{v}(\vec{r}) = h(r_\perp, z)\hat{\vec{\omega}} \times \vec{r} \quad .$$

Die Rotation dieses Feldes ergibt sich wieder unter Verwendung von (2.4.4) am einfachsten mit der Zylinderkoordinatendarstellung der Rotation. Wir finden

$$\begin{aligned}\vec{\nabla} \times \vec{v}(\vec{r}) &= -\vec{e}_\perp \frac{1}{r_\perp}\frac{\partial}{\partial z}(r_\perp v_\varphi) + \vec{e}_z \frac{1}{r_\perp}\frac{\partial}{\partial r_\perp}(r_\perp v_\varphi) \\ &= -\vec{e}_\perp \frac{1}{r_\perp}\frac{\partial}{\partial z}\left[r_\perp^2 h(r_\perp, z)\right] + \vec{e}_z \frac{1}{r_\perp}\frac{\partial}{\partial r_\perp}\left[r_\perp^2 h(r_\perp, z)\right] \quad .\end{aligned} \tag{2.4.7}$$

Falls die Funktion $h(r_\perp, z)$ nicht von z abhängt, hat die Rotation die Richtung $\vec{e}_z = \hat{\vec{\omega}}$.

2.5 Einfache Rechenregeln für den Nabla-Operator

Aus den Gesetzen der Vektoralgebra [Bd.I, Abschnitt 2.2] ergeben sich sofort einfache Regeln für das Rechnen mit dem Nabla-Operator. Die einfachsten dieser Regeln führen wir hier auf:

$$\mathrm{div}\,\mathrm{grad}\,(s) = \vec{\nabla}\cdot\vec{\nabla}s = \Delta s \quad , \tag{2.5.1}$$

$$\mathrm{rot}\,\mathrm{grad}(s) = \vec{\nabla}\times(\vec{\nabla}s) = (\vec{\nabla}\times\vec{\nabla})s = 0 \quad , \tag{2.5.2}$$

$$\mathrm{div}\,\mathrm{rot}(\vec{v}) = \vec{\nabla}\cdot(\vec{\nabla}\times\vec{v}) = (\vec{\nabla}\times\vec{\nabla})\cdot\vec{v} = 0 \quad , \tag{2.5.3}$$

$$\begin{aligned}\mathrm{rot}\,\mathrm{rot}(\vec{v}) &= \vec{\nabla}\times(\vec{\nabla}\times\vec{v}) = \vec{\nabla}(\vec{\nabla}\cdot\vec{v}) - (\vec{\nabla}\cdot\vec{\nabla})\vec{v} \\ &= \vec{\nabla}(\vec{\nabla}\cdot\vec{v}) - \Delta\vec{v} = \mathrm{grad}\,\mathrm{div}(\vec{v}) - \Delta\vec{v} \quad .\end{aligned} \tag{2.5.4}$$

Besonders bemerkenswert sind die Formeln (2.5.2) und (2.5.3). Aus (2.5.2) folgt, daß jedes Vektorfeld, das sich als Gradient eines Skalarfeldes schreiben läßt, rotationsfrei ist. Analog besagt (2.5.3), daß jedes Vektorfeld, das sich als Rotation eines anderen Vektorfeldes darstellen läßt, divergenzfrei ist.

2.6 Linienintegral

Das Linienintegral ist der Limes ($N \to \infty$) der Summe

$$\sum_{i=1}^{N} \vec{f}(\vec{r}_i)\cdot\Delta\vec{r}_i \tag{2.6.1}$$

entlang einer Folge von Vektoren $\vec{r}_i$, die alle auf einem Kurvenstück C mit den Endpunkten $\vec{r}_1$ und $\vec{r}_2$ liegen (Abb.2.6)

$$\int_{\vec{r}_1,C}^{\vec{r}_2} \vec{f}(\vec{r})\cdot d\vec{r} \quad . \tag{2.6.2}$$

Dabei hängt der Wert des Integrals im allgemeinen von der Wahl des Weges C zwischen $\vec{r}_1$ und $\vec{r}_2$ ab. Falls das Integral wegunabhängig ist, definiert das Wegintegral eine skalare Funktion $F(\vec{r})$ mit

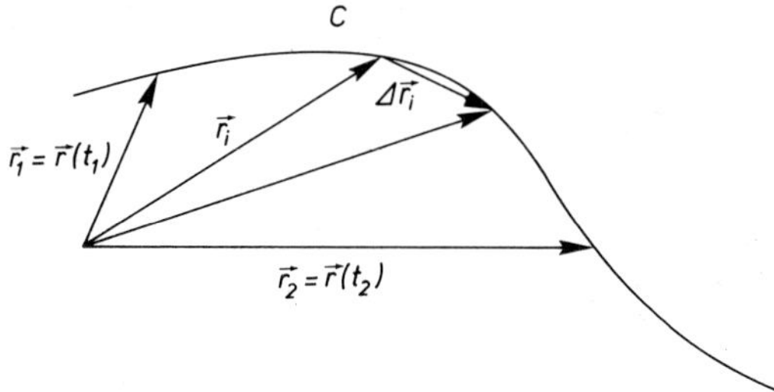

Abb.2.6. Integrationsweg C eines Linienintegrals

$$\boxed{F(\vec{r}_2) - F(\vec{r}_1) = \int_{\vec{r}_1}^{\vec{r}_2} \vec{f}(\vec{r}) \cdot d\vec{r}} \quad . \tag{2.6.3}$$

Der Gradient von F ist wieder durch die lineare Approximation von F definiert

$$F(\vec{r}+\Delta\vec{r}) - F(\vec{r}) = \vec{\nabla}F \cdot \Delta\vec{r} + \text{Glieder höherer Ordnung},$$

$$F(\vec{r}+\Delta\vec{r}) - F(\vec{r}) = \int_{\vec{r}_0}^{\vec{r}+\Delta\vec{r}} \vec{f}(\vec{r}\,')d\vec{r}\,' - \int_{\vec{r}_0}^{\vec{r}} \vec{f}(\vec{r}\,')d\vec{r}\,' = \int_{\vec{r}}^{\vec{r}+\Delta\vec{r}} \vec{f}(\vec{r}\,')d\vec{r}\,' \quad .$$

Für kleine $\Delta\vec{r}$ kann das Integral durch einen Term linear in $\Delta\vec{r}$ bis auf Glieder höherer Ordnung in $\Delta\vec{r}$ approximiert werden

$$F(\vec{r}+\Delta\vec{r}) - F(\vec{r}) = \vec{f}(\vec{r}) \cdot \Delta\vec{r} + \text{Glieder höherer Ordnung} \quad .$$

Somit finden wir für den Gradienten

$$\boxed{\vec{\nabla}F(\vec{r}) = \vec{\nabla} \cdot \int_{\vec{r}_0}^{\vec{r}} \vec{f}(\vec{r}\,') \cdot d\vec{r}\,' = \vec{f}(\vec{r})} \quad . \tag{2.6.4}$$

Die Gradientenbildung erweist sich also als die Umkehrung der Linienintegration.

Falls

$$\vec{r} = \vec{r}(t)$$

eine Darstellung der Kurve in Abhängigkeit von einem Parameter t ist, gewinnt man durch Substitution $[\vec{r}_1=\vec{r}(t_1), \vec{r}_2=\vec{r}(t_2)]$

$$\boxed{\int_{\vec{r}_1, C}^{\vec{r}_2} \vec{f} \cdot d\vec{r} = \int_{t_1}^{t_2} \vec{f} \cdot \frac{d\vec{r}}{dt}\, dt} \tag{2.6.5}$$

aus dem Linienintegral über $d\vec{r}$ zwischen den Grenzen $\vec{r}_1, \vec{r}_2$ ein gewöhnliches Integral über dt zwischen den Grenzen t_1 und t_2.

Beispiele für die Berechnung von Linienintegralen in kartesischen Koordinaten finden sich in Bd.I, Abschnitt 4.8. Wir berechnen hier einige Beispiele in Zylinder- und Polarkoordinaten.

I) *Kreisumfang als Linienintegral*

Ein Kreis vom Radius R um die z-Achse eines Zylinderkoordinatensystems hat die Darstellung (Abb.2.7)

$$\vec{r}(\varphi) = R\vec{e}_{\perp}(\varphi) \quad . \tag{2.6.7}$$

Für das vektorielle Differential gilt

$$\boxed{d\vec{r} = R\,\frac{d\vec{e}_{\perp}}{d\varphi}\,d\varphi = R\vec{e}_{\varphi}\,d\varphi} \quad . \tag{2.6.8}$$

Der Kreisumfang ergibt sich durch Aufintegration der Tangentialkomponenten

$$dr = \vec{e}_{\varphi} \cdot d\vec{r} = R\,d\varphi$$

über den vollen Kreisumfang (k), d.h. über den Variationsbereich $0 \leqq \varphi < 2\pi$ des Winkels φ

$$\oint_{(k)} \vec{e}_{\varphi} \cdot d\vec{r} - \int_{0}^{2\pi} R\,d\varphi - 2\pi R \quad .$$

II) *Wegelement in Kugelkoordinaten*

Die allgemeine Parameterdarstellung eines Weges in Kugelkoordinaten hat die Form

$$\vec{r} = r[\vartheta(\varphi),\varphi]\,\vec{e}_r[\vartheta(\varphi),\varphi] \quad , \tag{2.6.9}$$

wenn wir φ als den Parameter der Kurve wählen. Ein Kreis vom Radius R in der Äquatorebene ist dann durch

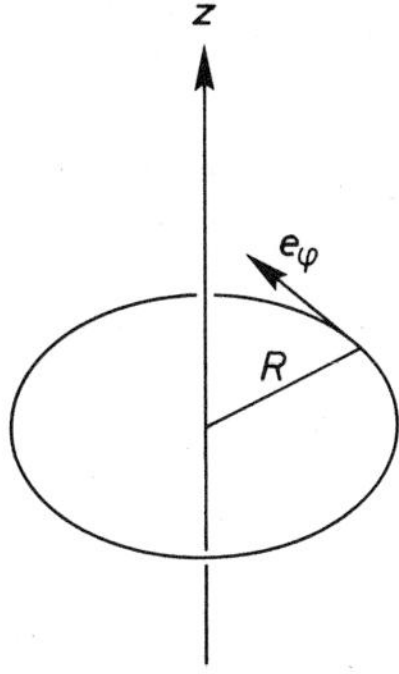

Abb.2.7. Ein Kreis um die z-Achse eines Zylinderkoordinatensystems

$$\vartheta(\varphi) = \pi/2$$

und

$$r(\vartheta(\varphi),\varphi) = R$$

für alle φ charakterisiert, was auf das vorhergehende Beispiel zurückführt.

Für das Wegelement eines beliebigen Weges gilt

$$\begin{aligned} d\vec{r} &= \left(\frac{\partial r}{\partial\vartheta}\vec{e}_r + r\frac{\partial\vec{e}_r}{\partial\vartheta}\right)\frac{d\vartheta}{d\varphi}d\varphi + \left(\frac{\partial r}{\partial\varphi}\vec{e}_r + r\frac{\partial\vec{e}_r}{\partial\varphi}\right)d\varphi \\ &= \vec{e}_r\left(\frac{\partial r}{\partial\vartheta}\frac{d\vartheta}{d\varphi} + \frac{\partial r}{\partial\varphi}\right)d\varphi + \vec{e}_\vartheta r\frac{d\vartheta}{d\varphi}d\varphi + \vec{e}_\varphi r\sin\vartheta\, d\varphi \quad . \end{aligned} \tag{2.6.10}$$

III) *Radiales Vektorfeld*

$$\vec{v} = g(r)\vec{r} = g(r)r\vec{e}_r \quad .$$

Das Linienintegral über ein beliebiges Wegstück (zwischen den Punkten $\vec{r}_1$ und $\vec{r}_2$) hat die Gestalt

$$\int_{\vec{r}_1,C}^{\vec{r}_2} \vec{v}\cdot d\vec{r} = \int_{\vec{r}_1,C}^{\vec{r}_2} g(\vec{r})\vec{r}\cdot d\vec{r} \quad . \tag{2.6.11}$$

Das Skalarprodukt läßt sich mit der Gleichung (2.6.10) für das Differential $d\vec{r}$ in Kugelkoordinaten explizit so darstellen

$$\vec{r}\cdot d\vec{r} = \left(\frac{\partial r}{\partial\vartheta}\frac{d\vartheta}{d\varphi} + \frac{\partial r}{\partial\varphi}\right)r d\varphi = \frac{dr}{d\varphi}\, r\, d\varphi \quad . \tag{2.6.12}$$

Dabei haben wir ausgenutzt, daß in der Klammer gerade die totale Ableitung von $r[\vartheta(\varphi),\varphi]$ nach φ steht. Damit nimmt das Linienintegral die Gestalt

$$\int_{\vec{r}_1,C}^{\vec{r}_2} \vec{v}\cdot d\vec{r} = \int_{\varphi_1}^{\varphi_2} g(r)\, r\,\frac{dr}{d\varphi}\, d\varphi \tag{2.6.13}$$

an, die durch eine Variablensubstitution in

$$\int_{\vec{r}_1,C}^{\vec{r}_2} \vec{v}\cdot d\vec{r} = \int_{r_1}^{r_2} g(r)\, r\, dr \tag{2.6.14}$$

übergeht. Das Wegintegral zwischen zwei Punkten $\vec{r}_1$ und $\vec{r}_2$ ist für radiale Vektorfelder vom Weg zwischen den beiden Punkten unabhängig.

Das Umlaufintegral in einem radialen Vektorfeld verschwindet für alle Wege

$$\oint \vec{v} \cdot d\vec{r} = \int_{r_1}^{r_1} g(r)\, r\, dr = 0 \quad . \qquad (2.6.15)$$

IV) *Azimutales Vektorfeld*

$$\vec{v}(\vec{r}) = h(r_\perp, z)\, r_\perp \vec{e}_\varphi \quad .$$

Wir wählen den Integrationsweg aus Beispiel I), nämlich einen Kreis vom Radius R um die z-Achse

$$r_\perp = R \quad , \quad z = z_0 \quad , \quad 0 \leqq \varphi \leqq 2\pi$$

und erhalten mit (2.6.8)

$$\oint_{(K)} \vec{v}(\vec{r}) \cdot d\vec{r} = \int_0^{2\pi} h(R,z_0) R^2 d\varphi = 2\pi R^2 h(R,z_0) \quad , \qquad (2.6.16)$$

ein von Null verschiedenes Ergebnis, das vom Integrationsweg abhängt.

2.7 Oberflächenintegral

Ganz analog zum Linienintegral, das als Grenzwert einer Summe aus Skalarprodukten des Feldvektors $\vec{v}$ mit dem Linienelement $d\vec{r}$ in Richtung der Tangente einer Kurve definiert war, kann das Oberflächenintegral eingeführt werden, wenn man bedenkt, daß die *Flächenelemente* einer Oberfläche als Vektoren in Richtung des Normalenvektors auf der Fläche eingeführt werden. Diese Definition des vektoriellen Flächenelementes $d\vec{a}$ entspricht genau der Definition des vektoriellen Flächeninhaltes $\Delta\vec{a}^{\ell}$ eines Parallelogramms, das von den Vektoren $\Delta\vec{r}_2^{\ell}$ und $\Delta\vec{r}_1^{\ell}$ aufgespannt wird, durch das Vektorprodukt (Abb.2.8)

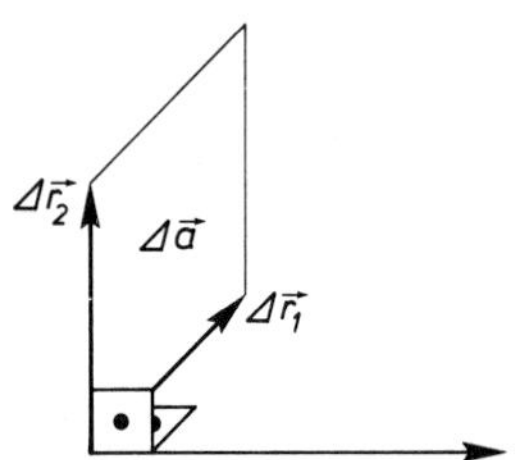

Abb.2.8. Definition des orientierten Flächenelementes $\Delta\vec{a}$

$$\Delta \vec{a}^{\ell} = \Delta \vec{r}_1^{\ell} \times \Delta \vec{r}_2^{\ell} \quad . \tag{2.7.1}$$

Damit ist das Oberflächenintegral durch eine Summe

$$\sum_{\ell=1}^{N} \vec{v}(\vec{r}^{\ell}) \cdot \Delta \vec{a}^{\ell} = \sum_{\ell=1}^{N} \vec{v}(\vec{r}^{\ell}) \cdot \left(\Delta \vec{r}_1^{\ell} \times \Delta \vec{r}_2^{\ell}\right)$$

näherungsweise beschrieben. Durch Übergang zum Grenzfall verschwindender Flächenelemente haben wir damit die Definition des Oberflächenintegrals

$$\boxed{\int_a \vec{v} \cdot d\vec{a} = \int_a \vec{v} \cdot (d\vec{r}_1 \times d\vec{r}_2)} \quad . \tag{2.7.2}$$

Ein Oberflächenstück kann im dreidimensionalen Raum durch eine Funktion von zwei Parametern u_1 und u_2 beschrieben werden (Abb.2.9)

$$\vec{r} = \vec{r}(u_1, u_2) \quad . \tag{2.7.3}$$

Für feste Werte des einen Parameters, etwa $u_2 = u_{20}$ beschreibt die Funktion

$$\vec{r}_1(u_1) = \vec{r}(u_1, u_{20}) \tag{2.7.4}$$

eine Linie auf der Fläche. Das Linienelement an diese Kurve ist durch

$$d\vec{r}_1 = \frac{d\vec{r}_1}{du_1} du_1 = \left.\frac{\partial \vec{r}(u_1, u_2)}{\partial u_1}\right|_{u_2 = u_{20}} du_1 \tag{2.7.5}$$

gegeben. Die runden Differentialzeichen ∂ deuten die partielle Differentiation an, bei der hier nur u_1 variiert, während u_2 beim Wert u_{20} festgehalten wird. Entsprechende Formeln gelten für die Kurven

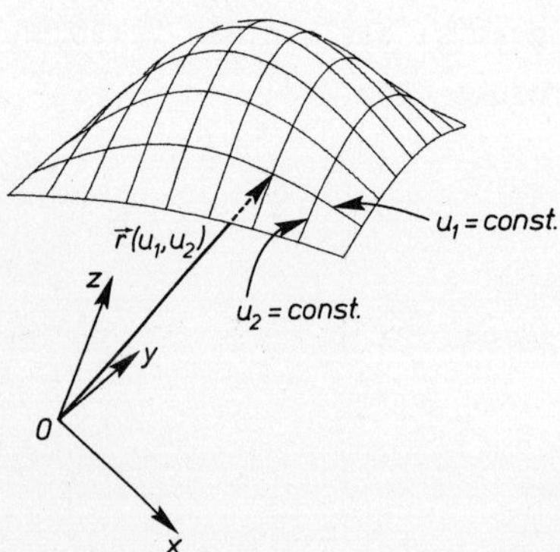

Abb.2.9. Flächenstück im Raum als Darstellung einer Funktion $\vec{r}(u_1, u_2)$ zweier Parameter. Die Linien auf der Fläche entstehen, wenn jeweils ein Parameter festgehalten bleibt

$$\vec{r}_2(u_2) = \vec{r}(u_{10},u_2)$$

und das Linienelement $d\vec{r}_2$. Das vektorielle Flächenelement $d\vec{a}$ ist dann einfach durch das Vektorprodukt der beiden Linienelemente gegeben

$$d\vec{a} = d\vec{r}_1 \times d\vec{r}_2 = \frac{\partial \vec{r}_1}{\partial u_1} \times \frac{\partial \vec{r}_2}{\partial u_2} du_1 du_2 \quad . \tag{2.7.6}$$

So gewinnen wir für das Integral die Darstellung

$$\boxed{\int_a \vec{v} \cdot d\vec{a} = \int_a \vec{v} \cdot (d\vec{r}_1 \times d\vec{r}_2) = \iint_G \vec{v} \cdot \left(\frac{\partial \vec{r}}{\partial u_1} \times \frac{\partial \vec{r}}{\partial u_2}\right) du_1 du_2} \quad , \tag{2.7.7}$$

wobei die Integration in u_1 und u_2 über das Gebiet G zu erstrecken ist, das dem Flächenstück a in dieser Parametrisierung entspricht.

Wählen wir für $\vec{v}$ und $\vec{r}$ kartesische Koordinatendarstellungen

$$\vec{v} = v_1\vec{e}_1 + v_2\vec{e}_2 + v_3\vec{e}_3 \tag{2.7.8}$$

und

$$\frac{\partial \vec{r}}{\partial u_i} = \frac{\partial x}{\partial u_i}\vec{e}_1 + \frac{\partial y}{\partial u_i}\vec{e}_2 + \frac{\partial z}{\partial u_i}\vec{e}_3 \quad , \quad i = 1,2 \tag{2.7.9}$$

so gewinnt das Oberflächenintegral in den Parametern u_1, u_2 die Darstellung

$$\int_a \vec{v} \cdot d\vec{a} = \iint_G \vec{v} \cdot \left(\frac{\partial \vec{r}}{\partial u_1} \times \frac{\partial \vec{r}}{\partial u_2}\right) du_1 du_2 = \iint_G \left[v_1\left(\frac{\partial y}{\partial u_1}\frac{\partial z}{\partial u_2} - \frac{\partial z}{\partial u_1}\frac{\partial y}{\partial u_2}\right)\right.$$
$$\left. + v_2\left(\frac{\partial z}{\partial u_1}\frac{\partial x}{\partial u_2} - \frac{\partial x}{\partial u_1}\frac{\partial z}{\partial u_2}\right) + v_3\left(\frac{\partial x}{\partial u_1}\frac{\partial y}{\partial u_2} - \frac{\partial y}{\partial u_1}\frac{\partial x}{\partial u_2}\right)\right] du_1 du_2 \ . \tag{2.7.10}$$

Mit der formalen Regel für die Berechnung des Kreuzproduktes [Bd.I,Gl.(2.3.23)]

$$\frac{\partial \vec{r}}{\partial u_1} \times \frac{\partial \vec{r}}{\partial u_2} = \begin{vmatrix} \vec{e}_1 & \vec{e}_2 & \vec{e}_3 \\ \frac{\partial x}{\partial u_1} & \frac{\partial y}{\partial u_1} & \frac{\partial z}{\partial u_1} \\ \frac{\partial x}{\partial u_2} & \frac{\partial y}{\partial u_2} & \frac{\partial z}{\partial u_2} \end{vmatrix} \quad ,$$

erkennt man die drei Klammerausdrücke im obigen Doppelintegral als die Unterdeterminanten dieser Dreierdeterminante wieder.

Wieder betrachten wir eine Reihe von Beispielen:

I) *Flächenelement auf der Kugeloberfläche. Raumwinkelelement. Allgemeines Flächenelement in Kugelkoordinaten*

Die Parameterdarstellung der Kugelfläche vom Radius R um den Ursprung lautet

$$\vec{r}(\vartheta,\varphi) = R\vec{e}_r(\vartheta,\varphi) \quad . \tag{2.7.11}$$

Das Oberflächenelement $d\vec{a}$ für die Kugeloberfläche gewinnen wir durch das Vektorprodukt der beiden Tangentenvektoren (Abb.2.10)

$$d\vec{r}_\vartheta = \frac{\partial\vec{r}}{\partial\vartheta}\,d\vartheta = R\,\frac{\partial\vec{e}_r}{\partial\vartheta}\,d\vartheta = R\vec{e}_\vartheta d\vartheta \quad ,$$

$$d\vec{r}_\varphi = \frac{\partial\vec{r}}{\partial\varphi}\,d\varphi = R\,\frac{\partial\vec{e}_r}{\partial\varphi}\,d\varphi = R\sin\vartheta\,\vec{e}_\varphi\,d\varphi \tag{2.7.12}$$

als

$$\boxed{d\vec{a} = d\vec{r}_\vartheta \times d\vec{r}_\varphi = R^2\sin\vartheta\,\vec{e}_r\,d\vartheta d\varphi = -R^2\,\vec{e}_r\,d\cos\vartheta\,d\varphi} \quad . \tag{2.7.13}$$

Die Komponente des Oberflächenelementes in Richtung der äußeren Normalen ist einfach

$$\vec{e}_r \cdot d\vec{a} = R^2\sin\vartheta\,d\vartheta d\varphi = -R^2\,d\cos\vartheta\,d\varphi \quad .$$

Durch Aufsummation aller dieser Beträge berechnet man die Oberfläche (K) der Kugel

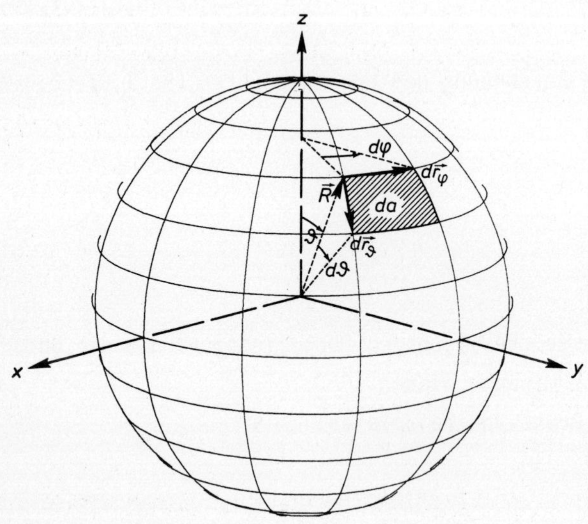

Abb.2.10. Flächenelement auf der Kugeloberfläche

$$\oint_{(K)} \vec{r} \cdot d\vec{a} = \oint_{(K)} da = -R^2 \int_0^{2\pi} \int_1^{-1} d\cos\vartheta \, d\varphi = R^2 \int_0^{2\pi} \int_{-1}^{1} d\cos\vartheta \, d\varphi = 4\pi R^2 \quad . \tag{2.7.14}$$

Aus dem Oberflächenelement (2.7.13) gewinnt man das orientierte *Raumwinkelelement* durch Division durch R^2

$$\boxed{d\vec{\Omega} = d\vec{a}/R^2 = \vec{e}_r \sin\vartheta \, d\vartheta \, d\varphi = -\vec{e}_r \, d\cos\vartheta \, d\varphi} \quad . \tag{2.7.15}$$

Es hat den Betrag

$$d\Omega = da/R^2 = \sin\vartheta \, d\vartheta \, d\varphi = -d\cos\vartheta \, d\varphi \quad . \tag{2.7.15}$$

Der *Raumwinkel* Ω, den ein beliebig geformter vom Ursprung ausgehender Kegel einschließt, ist dann als Quotient aus der Fläche a, die dieser Kegel aus einer Kugel um den Ursprung ausstanzt und dem Quadrat des Kugelradius definiert (Abb.2.11a)

$$\int d\Omega = \iint_G \frac{da}{R^2} = \iint_G d\Omega = \iint_G d\cos\vartheta \, d\varphi \quad , \tag{2.7.15a}$$

in Analogie zur Definition der ebenen Winkel als Quotient aus Kreisbogen und Kreisradius (Abb.2.11b). Dabei ist das Gebiet G der Bereich von ϑ und φ innerhalb des Kegels. Entsprechend (2.7.14) ist das Integral über den "vollen Raumwinkel"

$$\oint d\Omega = \int_0^{2\pi} \int_{-1}^{1} d\cos\vartheta \, d\varphi = 4\pi \quad . \tag{2.7.16}$$

Wir betrachten nun das Oberflächenelement einer beliebigen Oberfläche

$$\vec{r} = \vec{r}(\vartheta,\varphi) = r(\vartheta,\varphi)\vec{e}_r(\vartheta,\varphi) \tag{2.7.17}$$

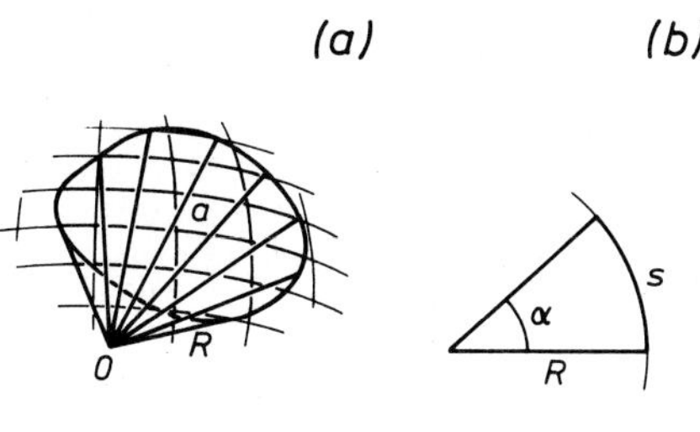

Abb.2.11. Raumwinkel und ebener Winkel

parametrisiert in Kugelkoordinaten. Die Normale auf dieser Oberfläche ist durch das Vektorprodukt der Tangentialvektoren

$$d\vec{r}_1 = \frac{\partial\vec{r}}{\partial\vartheta}\,d\vartheta = \left(\frac{\partial r}{\partial\vartheta}\vec{e}_r + r\frac{\partial\vec{e}_r}{\partial\vartheta}\right)d\vartheta = \left(\frac{\partial r}{\partial\vartheta}\vec{e}_r + r\vec{e}_\vartheta\right)d\vartheta$$

$$d\vec{r}_2 = \frac{\partial\vec{r}}{\partial\varphi}\,d\varphi = \left(\frac{\partial r}{\partial\varphi}\vec{e}_r + r\frac{\partial\vec{e}_r}{\partial\varphi}\right)d\varphi = \left(\frac{\partial r}{\partial\varphi}\vec{e}_r + r\sin\vartheta\,\vec{e}_\varphi\right)d\varphi \qquad (2.7.18)$$

gegeben. Man erhält als Flächenelement mit äußerer Normale

$$d\vec{a} = d\vec{r}_1 \times d\vec{r}_2 = \left(\frac{\partial r}{\partial\vartheta}\vec{e}_r + r\vec{e}_\vartheta\right) \times \left(\frac{\partial r}{\partial\varphi}\vec{e}_r + r\sin\vartheta\,\vec{e}_\varphi\right)d\vartheta d\varphi$$

$$= \left(\vec{e}_r\, r^2\sin\vartheta - \vec{e}_\vartheta\, r\sin\vartheta\frac{\partial r}{\partial\vartheta} - \vec{e}_\varphi\, r\frac{\partial r}{\partial\varphi}\right)d\vartheta d\varphi \quad . \qquad (2.7.19)$$

II) *Radiales Vektorfeld*

$$\vec{v}(\vec{r}) = g(r)\,\vec{r} \quad .$$

Das Integrationsgebiet sei eine der Einfachheit halber konvexe geschlossene Oberfläche a, die durch

$$\vec{r} = \vec{r}(\vartheta,\varphi) \qquad (2.7.20)$$

parametrisiert ist. (ϑ,φ) variieren im Raumwinkelgebiet Ω. Das Oberflächenintegral ist

$$\int_a \vec{v}(\vec{r})\cdot d\vec{a} = \iint_\Omega g(r)\vec{r}\cdot\left(\vec{e}_r\, r^2\sin\vartheta - \vec{e}_\vartheta\, r\sin\vartheta\frac{\partial r}{\partial\vartheta} - \vec{e}_\varphi\, r\frac{\partial r}{\partial\varphi}\right)d\vartheta d\varphi$$

$$= \iint_\Omega g(r)r^3\sin\vartheta\, d\vartheta d\varphi = -\iint_\Omega g(r)r^3\, d\cos\vartheta\, d\varphi \quad . \qquad (2.7.21)$$

Die Integrationsgrenzen in ϑ und φ entscheiden darüber, ob der Aufpunkt $\vec{r}=0$ innerhalb oder außerhalb der geschlossenen Oberfläche liegt. Für

$$0 \leqq \vartheta \leqq \pi \quad \text{und} \quad 0 \leqq \varphi \leqq 2\pi \qquad (2.7.22)$$

ist der Ursprung eingeschlossen, sonst, d.h. wenn eine der vier Ungleichungen

$$\begin{array}{ll} 0 < \vartheta_0 \leqq \vartheta & 0 < \varphi_0 \leqq \varphi \\ \vartheta \leqq \vartheta_1 < \pi & \varphi \leqq \varphi_1 < 2\pi \end{array} \qquad (2.7.23)$$

erfüllt ist, liegt der Ursprung außerhalb oder auf dem Rand der einfach geschlossenen Fläche.

Wir betrachten den besonders einfachen aber wichtigen Fall

$$g(r) = \alpha \frac{1}{r^3} \quad , \quad \vec{v}(\vec{r}) = \alpha \frac{\vec{r}}{r^3} \quad , \tag{2.7.24}$$

für den sich die Integration ausführen läßt. Für das Integral (2.7.21) erhalten wir für allgemeine Grenzen

$$-\int_{\varphi_0}^{\varphi_1}\int_{\vartheta_0(\varphi)}^{\vartheta_1(\varphi)} d\cos\vartheta\, d\varphi = \int_{\varphi_0}^{\varphi_1}\left[\cos\vartheta_0(\varphi)-\cos\vartheta_1(\varphi)\right]d\varphi \quad . \tag{2.7.25}$$

Wir müssen nun die drei verschiedenen Fälle, in denen der Ursprung innerhalb, außerhalb oder auf der geschlossenen Fläche liegt (Abb.2.12), getrennt betrachten:

a) Ursprung liegt innerhalb der Fläche a.

$$\oint_a \vec{v}(\vec{r}) \cdot d\vec{a} = \alpha\int_0^{2\pi} (\cos 0-\cos\pi)d\varphi = \alpha\int_0^{2\pi} 2\, d\varphi = 4\pi\alpha \quad . \tag{2.7.26}$$

Das Oberflächenintegral über eine geschlossene Fläche, die den Ursprung umschließt, ist für

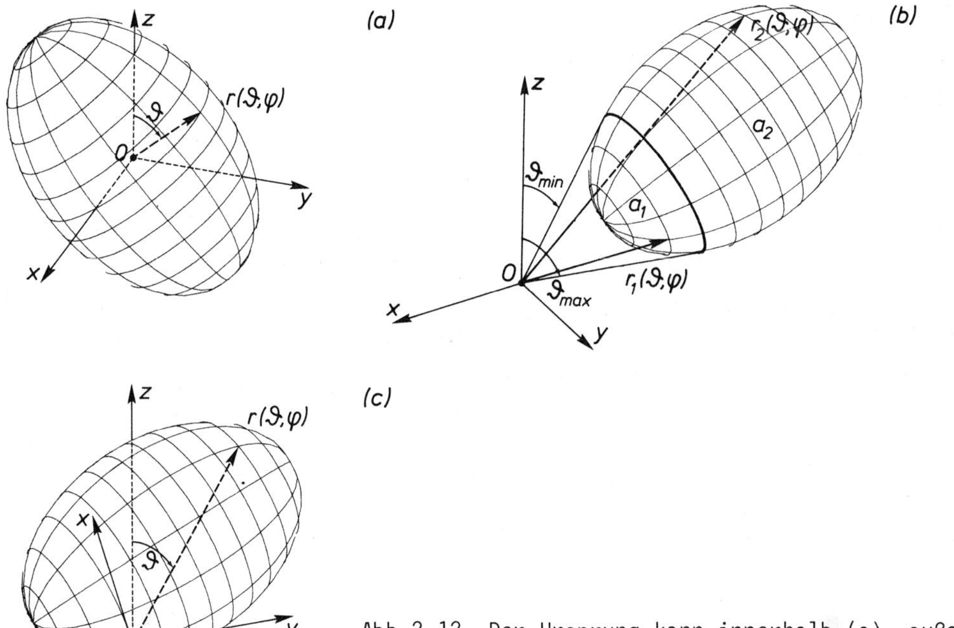

Abb.2.12. Der Ursprung kann innerhalb (a), außerhalb (b) bzw. auf (c) einer geschlossenen Integrationsoberfläche liegen

$$\vec{v}(\vec{r}) = \alpha \frac{\vec{r}}{r^3} \tag{2.7.27}$$

von der Gestalt der Fläche unabhängig und stets gleich $4\pi\alpha$

$$\oint_a \frac{\vec{r}}{r^3}\, d\vec{a} = 4\pi\alpha \quad . \tag{2.7.28}$$

b) Ursprung liegt außerhalb der Fläche a.

In diesem Fall können wir die geschlossene Fläche in zwei nicht geschlossene Flächen teilen, indem wir für festes φ die minimalen und maximalen Werte

$$\vartheta_{min}(\varphi) \quad \text{und} \quad \vartheta_{max}(\varphi)$$

aufsuchen, wie in Abb.2.12b dargestellt. Die minimalen und maximalen Werte von φ seien φ_{min}, φ_{max}. Da wir annehmen wollen, daß die Fläche keine Doppelpunkte hat, d.h. Punkte in denen sich die geschlossene Fläche selbst durchsetzt, ist die geschlossene Fläche so in zwei nicht geschlossene Flächen a_1, a_2 geteilt, die beide durch die Grenzen

$$\vartheta_0(\varphi) = \vartheta_{min}(\varphi) \quad , \quad \vartheta_1(\varphi) = \vartheta_{max}(\varphi)$$

und

$$\varphi_0 = \varphi_{min} \quad , \quad \varphi_1 = \varphi_{max}$$

beschrieben werden. Die Fläche a_1 sei diejenige, die in jedem Punkt ϑ,φ näher am Ursprung liege als a_2. Beschreiben wir die beiden Flächen durch die Parameterdarstellungen

$$a_1\colon\ r_1(\vartheta,\varphi) \quad , \quad a_2\colon\ r_2(\vartheta,\varphi)$$

so gilt

$$r_1(\vartheta,\varphi) \leqq r_2(\vartheta,\varphi) \quad .$$

Das Gleichheitszeichen gilt nur auf der Berandung $\vartheta_{min}(\varphi)$ und $\vartheta_{max}(\varphi)$. Für den speziellen Fall

$$\vec{v}(\vec{r}) = \alpha \frac{\vec{r}}{r^3} \tag{2.7.29}$$

gilt jetzt

$$\oint_a \vec{v}(\vec{r}) \cdot d\vec{a} = \alpha \int_{\varphi_{min}}^{\varphi_{max}} \int_{\vartheta_{min}(\varphi)}^{\vartheta_{max}(\varphi)} d\cos\vartheta \, d\varphi + \alpha \int_{\varphi_{min}}^{\varphi_{max}} \int_{\vartheta_{max}(\varphi)}^{\vartheta_{min}(\varphi)} d\cos\vartheta \, d\varphi \quad ,$$

d.h.

$$\oint_a \vec{v}(\vec{r}) \cdot d\vec{a} = \alpha \int_{\varphi_{min}}^{\varphi_{max}} \int_{\vartheta_{min}(\varphi)}^{\vartheta_{max}(\varphi)} d\cos\vartheta \, d\varphi - \alpha \int_{\varphi_{min}}^{\varphi_{max}} \int_{\vartheta_{min}(\varphi)}^{\vartheta_{max}(\varphi)} d\cos\vartheta \, d\varphi = 0 \quad . \qquad (2.7.29)$$

Das Minuszeichen vor dem zweiten Integral rührt natürlich daher, daß auf diesem Flächenstück die äußere Normale durch $d\vec{a} = -(d\vec{r}_1 \times d\vec{r}_2)$ gegeben ist. Somit haben wir als Ergebnis, daß das Integral für das Vektorfeld (2.7.29) über eine geschlossene Oberfläche verschwindet, wenn der Ursprung $r = 0$ von der Fläche nicht eingeschlossen wird und stets gleich $4\pi\alpha$ ist, wenn er von der Fläche umschlossen wird.

c) Ursprung liegt auf der Fläche a.

Wir setzen voraus, daß die Parameterdarstellung $r(\vartheta,\varphi)$ der Fläche überall stetig differenzierbar ist und wählen die Normalenrichtung auf der Fläche im Ursprung als Polarachse des Kugelkoordinatensystems. Die Integrationsgrenzen in ϑ und φ sind dann

$$\vartheta_{min}(\varphi) = 0 \quad , \quad \vartheta_{max}(\varphi) = \pi/2 \quad ,$$
$$\varphi_{min} = 0 \quad , \quad \varphi_{max} = 2\pi \quad ,$$

so daß sich analog zur Berechnung unter a) einfach

$$\oint \vec{v}(\vec{r}) \cdot d\vec{a} = 2\pi\alpha \qquad (2.7.30)$$

ergibt. Für eine differenzierbare geschlossene Oberfläche a läßt sich unser Ergebnis wie folgt zusammenfassen

$$\oint_a \alpha \frac{\vec{r}}{r^3} d\vec{a} = \begin{cases} 0 \, , & \text{falls } \vec{r} = 0 \text{ im Außenraum von a} \, , \\ 2\pi\alpha , & \text{falls } \vec{r} = 0 \text{ auf der Fläche a} \, , \\ 4\pi\alpha , & \text{falls } \vec{r} = 0 \text{ im Innenraum der Fläche a} \, . \end{cases} \qquad (2.7.31)$$

Für Flächen, die nur auf Kurven nicht differenzierbar sind, ändert sich die mittlere Zeile, falls $\vec{r} = 0$ ein Punkt ist, in dem die Fläche nicht differenzierbar ist. Das Ergebnis für den Fall, daß der Punkt $\vec{r} = 0$ auf der Fläche liegt, kann dann je nach der Form der Fläche an diesem Punkt irgendeinen Wert zwischen 0 und $4\pi\alpha$ haben.

III) *Azimutales Vektorfeld*

$$\vec{v}(\vec{r}) = h(r_\perp,z)r_\perp\vec{e}_\varphi \quad .$$

Das Oberflächenintegral läßt sich am einfachsten in Zylinderkoordinaten ausrechnen. Die Oberfläche sei etwa durch

$$\vec{r} = \vec{r}(\varphi,z) = r_\perp(\varphi,z)\vec{e}_\perp(\varphi) + z\,\vec{e}_z \tag{2.7.32}$$

parametrisiert. Analog zur Herleitung des Flächenelementes in Kugelkoordinaten erhält man

$$d\vec{r}_1 \times d\vec{r}_2 = \left(r_\perp\vec{e}_\perp - \frac{\partial r_\perp}{\partial\varphi}\vec{e}_\varphi - r_\perp\frac{\partial r_\perp}{\partial z}\vec{e}_z\right)d\varphi\,dz \quad . \tag{2.7.33}$$

Im Oberflächenintegral über das azimutale Feld trägt nur der Term des Flächenelementes parallel zu $\vec{e}_\varphi$ bei, denn

$$\oint_a \vec{v}\cdot d\vec{a} = -\iint_G h(r_\perp,z)r_\perp\frac{\partial r_\perp}{\partial\varphi}d\varphi\,dz = -\iint_G h(r_\perp,z)r_\perp\,dr_\perp\,dz = 0 \quad . \tag{2.7.34}$$

Das Integral über $r_\perp$ verschwindet, weil obere und untere Grenze von $r_\perp$ für eine geschlossene Fläche übereinstimmen.

2.8 Volumenintegral

Das Volumenintegral ist das Integral einer skalaren Funktion $s(\vec{r})$, erstreckt über ein dreidimensionales Volumen V. Nach dem üblichen Verfahren läßt es sich wieder als Grenzwert einer Summe über endliche Teilvolumina darstellen

$$\int_V s(\vec{r})dV = \sum_{\ell=1}^{N} s(r^\ell)\Delta V^\ell + \text{Glieder höherer Ordnung} \quad . \tag{2.8.1}$$

Die Teilvolumina selbst sind für hinreichende Unterteilung durch Parallelepipede aus drei Vektoren $\Delta\vec{r}_1^{\,\ell}$, $\Delta\vec{r}_2^{\,\ell}$, $\Delta\vec{r}_3^{\,\ell}$ beschreibbar und es gilt (Abb.2.13)

$$\Delta V^\ell = \left(\Delta\vec{r}_1^{\,\ell}\times\Delta\vec{r}_2^{\,\ell}\right)\cdot\Delta\vec{r}_3^{\,\ell} \quad , \tag{2.8.2}$$

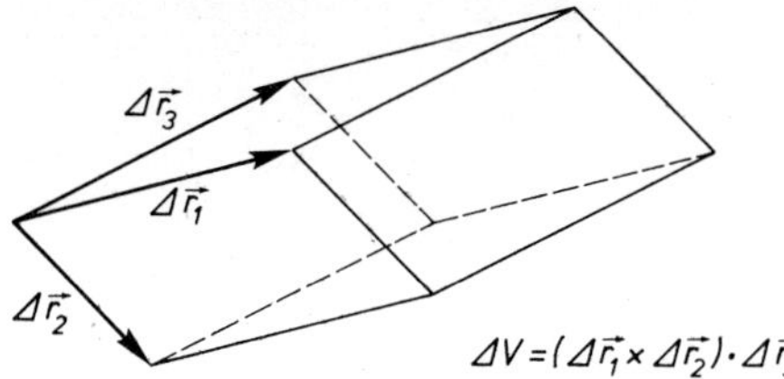

Abb.2.13. Das Volumen eines Parallelepipedes ist das Spatprodukt seiner drei Kantenvektoren

so daß das Volumenintegral auch in der Form

$$\boxed{\int_V s\,dV = \int_V s(d\vec{r}_1\times d\vec{r}_2)\cdot d\vec{r}_3} \tag{2.8.3}$$

geschrieben werden kann.

In Analogie zu unserer Argumentation beim Oberflächenintegral charakterisieren wir ein Volumen durch drei Parameter u_1, u_2, u_3, die den Ortsvektor beschreiben

$$\vec{r} = \vec{r}(u_1,u_2,u_3) \tag{2.8.4}$$

und im Gebiet G variieren, wenn sich $\vec{r}$ im Volumen V bewegt. Wir gewinnen die Koordinatenlinien, wie früher, indem wir stets zwei Variablen festhalten, während die dritte veränderlich bleibt

$$\begin{aligned}\vec{r}_1(u_1) &= \vec{r}(u_1,u_{20},u_{30}) \quad ,\\ \vec{r}_2(u_2) &= \vec{r}(u_{10},u_2,u_{30}) \quad ,\\ \vec{r}_3(u_3) &= \vec{r}(u_{10},u_{20},u_3) \quad .\end{aligned} \tag{2.8.5}$$

Zwei Beispiele für Koordinatenlinien enthält Abb.2.14. Die Liniendifferentiale entlang der Koordinatenlinien sind dann wieder durch

$$d\vec{r}_i = \frac{d\vec{r}_i(u_i)}{du_i}\,du_i = \frac{\partial\vec{r}}{\partial u_i}\,du_i \tag{2.8.6}$$

gegeben. Dabei deuten die runden Differentialzeichen wieder die partiellen Differentiationen an, bei der alle Variablen von $\vec{r}(u_1,u_2,u_3)$ außer u_i selbst festgehalten werden. Man gewinnt so ein dreidimensionales Gebietsintegral über das Gebiet G der Variablen u_1, u_2, u_3

$$\boxed{\int_V s\,dV = \int s(d\vec{r}_1\times d\vec{r}_2)\cdot dr_3 = \iiint s\left(\frac{\partial\vec{r}}{\partial u_1}\times\frac{\partial\vec{r}}{\partial u_2}\right)\cdot\frac{\partial\vec{r}}{\partial u_3}\,du_3du_2du_1} \quad . \tag{2.8.9}$$

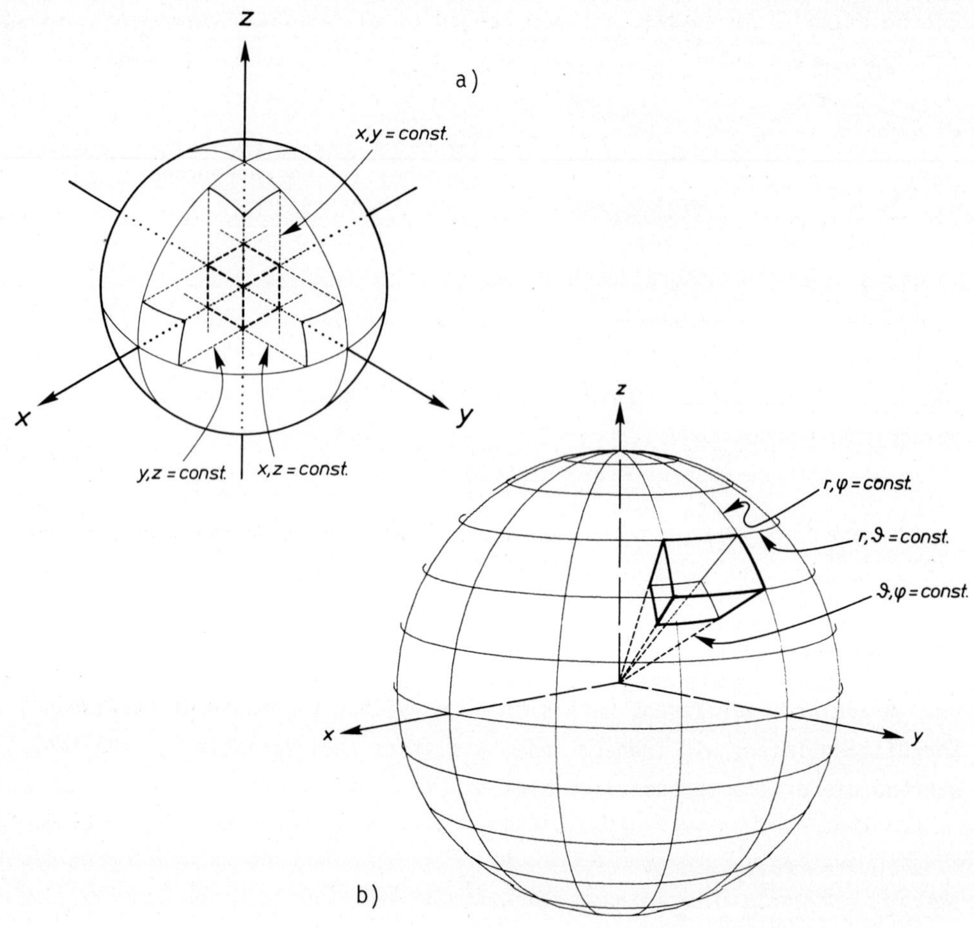

Abb.2.14. Aufteilung eines Volumens durch Koordinatenlinien in Volumenelemente am Beispiel einer Kugel, die in (a) durch x-, y- und z-Linien, in (b) durch r-, ϑ- und φ-Linien geteilt ist

Der Ausdruck

$$\left(\frac{\partial\vec{r}}{\partial u_1} \times \frac{\partial\vec{r}}{\partial u_2}\right) \cdot \frac{\partial\vec{r}}{\partial u_3}$$

ist in kartesischen Koordinaten für den Ortsvektor wegen [Bd.I, Gl.(2.3.26)] gerade die Determinante

$$\begin{vmatrix} \frac{\partial x}{\partial u_1} & \frac{\partial y}{\partial u_1} & \frac{\partial z}{\partial u_1} \\ \frac{\partial x}{\partial u_2} & \frac{\partial y}{\partial u_2} & \frac{\partial z}{\partial u_2} \\ \frac{\partial x}{\partial u_3} & \frac{\partial y}{\partial u_3} & \frac{\partial z}{\partial u_3} \end{vmatrix} = \frac{\partial(x,y,z)}{\partial(u_1,u_2,u_3)} \quad . \tag{2.8.10}$$

Sie beschreibt den Faktor zwischen den Volumina der Parallelepipede, die von den Koordinatenlinien in x, y, z — bzw. u_1, u_2, u_3 — gebildet werden

$$(\Delta\vec{r}_1 \times \Delta\vec{r}_2) \cdot \Delta\vec{r}_3 = \frac{\partial(x,y,z)}{\partial(u_1,u_2,u_3)}\, du_1\, du_2\, du_3 \tag{2.8.11}$$

und heißt *Jacobi Determinante*. In kartesischen Koordinaten gilt

$$\frac{\partial(x,y,z)}{\partial(x,y,z)} = 1 \tag{2.8.12}$$

und somit

$$\int_V s\,dV = \int_V s(d\vec{r}_1 \times d\vec{r}_2)\cdot d\vec{r}_3 = \int_V s(x,y,z)\,dx\,dy\,dz \quad . \tag{2.8.13}$$

Als Beispiel geben wir zunächst das Volumenelement in Kugelkoordinaten an und berechnen dann das Volumenintegral eines Zentralpotentials.

I) *Volumenelement in Kugelkoordinaten*

In Kugelkoordinaten wird der Ortsvektor $\vec{r}$ durch drei Parameter r, ϑ und φ festgelegt

$$\vec{r} = r\,\vec{e}_r(\vartheta,\varphi) \quad . \tag{2.8.14}$$

Als drei vektorielle Differentiale haben wir

$$\begin{aligned}
d\vec{r}_r &= \frac{\partial\vec{r}}{\partial r}\,dr = \vec{e}_r(\vartheta,\varphi)\,dr \\
d\vec{r}_\vartheta &= \frac{\partial\vec{r}}{\partial\vartheta}\,d\vartheta = r\,\frac{\partial\vec{e}_r(\vartheta,\varphi)}{\partial\vartheta}\,d\vartheta = r\,\vec{e}_\vartheta\,d\vartheta \\
d\vec{r}_\varphi &= \frac{\partial\vec{r}}{\partial\varphi}\,d\varphi = r\,\frac{\partial\vec{e}_r}{\partial\varphi}\,d\varphi = r\sin\vartheta\,\vec{e}_\varphi\,d\varphi \quad .
\end{aligned} \tag{2.8.15}$$

Das Volumenelement ist das Spatprodukt der drei vektoriellen Differentiale

$$dV = d\vec{r}_r \cdot (d\vec{r}_\vartheta \times d\vec{r}_\varphi) = d\vec{r}_r \cdot d\vec{a} \quad . \tag{2.8.16}$$

Das Flächenelement $d\vec{a}$ für die Kugeloberfläche vom Radius r ist nach (2.7.13)

$$d\vec{a} = d\vec{r}_\vartheta \times d\vec{r}_\varphi = r^2 \sin\vartheta\,\vec{e}_r\,d\vartheta\,d\varphi \quad , \tag{2.8.17}$$

so daß das Volumenelement einfach

$$\boxed{dV = r^2 \sin\vartheta \, dr \, d\vartheta \, d\varphi = -r^2 \, dr \, d\cos\vartheta \, d\varphi} \tag{2.8.18}$$

wird.

Das gleiche Ergebnis erhält man natürlich auch, wenn man das Volumenelement in Kugelkoordinaten entsprechend (2.8.11) als

$$dV = \frac{\partial(x,y,z)}{\partial(r,\vartheta,\varphi)} \, dr \, d\vartheta \, d\varphi$$

schreibt und die Jacobi-Determinante (2.8.10) aus den Beziehungen $x=r\sin\vartheta\cos\varphi$, $y=r\sin\vartheta\sin\varphi$, $z=r\cos\vartheta$ zwischen kartesischen und sphärischen Koordinaten ausrechnet.

II) *Volumenintegral eines Zentralfeldes*

Wir beschränken uns auf ein Zentralfeld der Gestalt

$$s(\vec{r}) = 1/r^n \quad . \tag{2.8.19}$$

Die Volumenintegration dieses Feldes über den ganzen Raum

$$\int s(\vec{r}) dV = \int_0^{2\pi} \int_{-1}^{1} \int_0^{\infty} \frac{1}{r^n} r^2 \, dr \, d\cos\vartheta \, d\varphi = 4\pi \int_0^{\infty} \frac{1}{r^{n-2}} \, dr \tag{2.8.20}$$

divergiert entweder an der unteren oder oberen Grenze in r. Betrachtet man nur das Volumen außerhalb einer Kugel vom Radius R um den Ursprung, so erhält man für $n > 3$ konvergente Resultate

$$\int_{r>R} s(\vec{r}) dV = 4\pi \int_R^{\infty} \frac{1}{r^{n-2}} \, dr = \frac{1}{(n-3)} \frac{1}{R^{n-3}} \quad . \tag{2.8.21}$$

2.9 Stokesscher Satz

Wir werden nun zeigen, daß das Linienintegral eines Vektorfeldes $\vec{v}$ über eine geschlossene Kurve gleich dem Oberflächenintegral der Rotation des Feldes über eine von der Kurve berandete Fläche ist. Der geschlossene Weg C berande ein Flächenstück a, in Symbolen

$$C = (a) \quad . \tag{2.9.1}$$

Natürlich ist die Zuordnung des Flächenstückes a zu einer Berandung C nicht eindeutig. Das ist jedoch für unsere weiteren Betrachtungen nicht von Belang, da wir uns die folgenden Überlegungen für jedes mögliche Flächenstück angestellt denken können. Das Flächenstück a sei wieder durch die Parameterdarstellung

$$\vec{r} = \vec{r}(u_1,u_2) \tag{2.9.2}$$

dargestellt, wobei u_1, u_2 im Gebiet G variieren. Wieder beschreiben

$$\vec{r}_1 = \vec{r}(u_1,u_{20}) \quad \text{bzw.} \quad \vec{r}_2 = \vec{r}(u_{10},u_2)$$

Koordinatenlinien auf dem Flächenstück a, durch die es unterteilt wird (Abb. 2.15). Offenbar läßt sich der Umlauf C durch die Umläufe jedes der durch die Koordinatenlinien berandeten Flächenstücke a_i ersetzen. Die inneren Umläufe kompensieren sich jeweils, da jedes innere Koordinatenlinienstück zweimal und zwar in entgegengesetzten Richtungen durchlaufen wird

$$\oint_{C=(a)} \vec{v} \cdot d\vec{r} = \sum_i \oint_{(a_i)} \vec{v} \cdot d\vec{r} \quad . \tag{2.9.3}$$

Jeden einzelnen Umlauf (a_i) um ein Flächenstück a_i kann man durch das Parallelogramm seiner Tangentenvektoren

$$\Delta\vec{r}_1 = \frac{\partial\vec{r}}{\partial u_1}\Delta u_1 \quad , \quad \Delta\vec{r}_2 = \frac{\partial\vec{r}}{\partial u_2}\Delta u_2 \tag{2.9.4}$$

an die Koordinatenlinien

$$\vec{r}_1(u_1) = \vec{r}(u_1,u_{20}) \quad , \quad \vec{r}_2(u_2) = \vec{r}(u_{10},u_2)$$

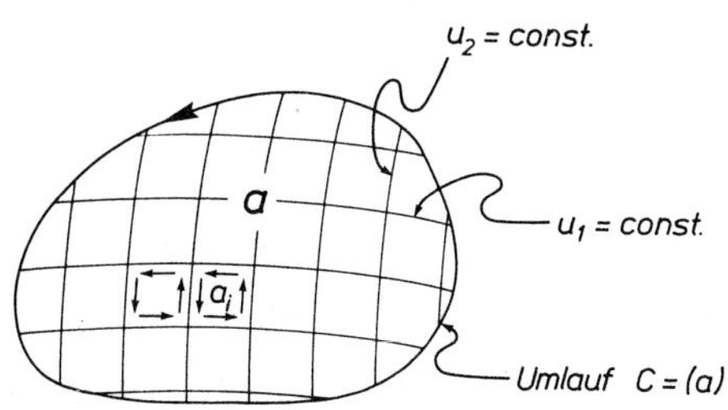

Abb.2.15. Zur Zerlegung eines Umlaufintegrals in Umläufe längs Stücken von Koordinatenlinien

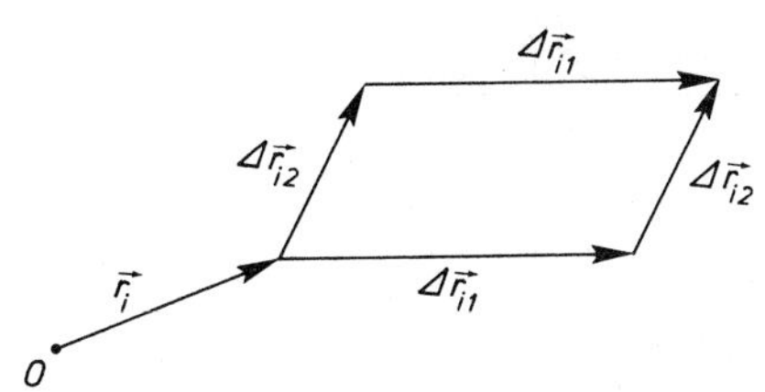

Abb.2.16. Flächenstück a_i in ebener Approximation durch die Tangentialvektoren $\Delta\vec{r}_{i1}$, $\Delta\vec{r}_{i2}$ am Punkt $\vec{r}_i$

approximieren, wie in Abb.2.16 angedeutet. Der Umlauf (a_i) besteht dann aus den Stücken $\Delta\vec{r}_{i1}$, $\Delta\vec{r}_{i2}$, $-\Delta\vec{r}_{i1}$, $-\Delta\vec{r}_{i2}$, die wir durch $\Delta\vec{r}_1$, $\Delta\vec{r}_2$,... abkürzen.

Das Integral über (a_i) läßt sich dann bis auf Terme von höherer Ordnung in $\Delta\vec{r}_i$ linear approximieren

$$\begin{aligned}\oint_{(a_i)} \vec{v}\cdot d\vec{r} &= \vec{v}(\vec{r}_i)\cdot\Delta\vec{r}_1 + \vec{v}(\vec{r}_i+\Delta\vec{r}_1)\cdot\Delta\vec{r}_2\\ &\quad -\vec{v}(\vec{r}_i+\Delta\vec{r}_2)\cdot\Delta\vec{r}_1 - \vec{v}(\vec{r}_i)\cdot\Delta\vec{r}_2\\ &= -\left[\vec{v}(\vec{r}_i+\Delta\vec{r}_2)-\vec{v}(\vec{r}_i)\right]\cdot\Delta\vec{r}_1 + \left[\vec{v}(\vec{r}_i+\Delta\vec{r}_1)-\vec{v}(\vec{r}_i)\right]\cdot\Delta\vec{r}_2 \quad . \qquad (2.9.5)\end{aligned}$$

Die in den eckigen Klammern auftretenden Differenzen von Funktionswerten an benachbarten Punkten lassen sich mit Hilfe der Gradienten approximieren, wie in Abschnitt 2.2 gezeigt,

$$\begin{aligned}\vec{v}(\vec{r}_i+\Delta\vec{r}_2) - \vec{v}(\vec{r}_i) &= (\Delta\vec{r}_2\cdot\vec{\nabla})\vec{v}(\vec{r}_i)\\ \vec{v}(\vec{r}_i+\Delta\vec{r}_1) - \vec{v}(\vec{r}_i) &= (\Delta\vec{r}_1\cdot\vec{\nabla})\vec{v}(\vec{r}_i) \quad . \qquad (2.9.6)\end{aligned}$$

Damit erhalten wir für das Umlaufintegral

$$\begin{aligned}\oint_{(a_i)} \vec{v}\cdot d\vec{r} &= -\left[(\Delta\vec{r}_2\cdot\vec{\nabla})\vec{v}(\vec{r}_i)\right]\cdot\Delta\vec{r}_1 + \left[(\Delta\vec{r}_1\cdot\vec{\nabla})\vec{v}(\vec{r}_i)\right]\cdot\Delta\vec{r}_2\\ &\quad + \text{Terme höherer Ordnung} \quad . \qquad (2.9.7)\end{aligned}$$

Mit Hilfe der Formel für ein doppeltes Vektorprodukt

$$\begin{aligned}\Delta\vec{r}_2\times[\vec{\nabla}\times\vec{v}(\vec{r}_i)] &= \vec{\nabla}(\vec{v}\cdot\Delta\vec{r}_2) - (\Delta\vec{r}_2\cdot\vec{\nabla})\vec{v} \quad ,\\ \Delta\vec{r}_1\times[\vec{\nabla}\times\vec{v}(\vec{r}_i)] &= \vec{\nabla}(\vec{v}\cdot\Delta\vec{r}_1) - (\Delta\vec{r}_1\cdot\vec{\nabla})\vec{v} \qquad (2.9.8)\end{aligned}$$

lassen sich die beiden Klammerausdrücke zusammenfassen. Dazu multiplizieren wir die erste der beiden obigen Gleichungen skalar mit $\Delta\vec{r}_1$, die zweite mit $\Delta\vec{r}_2$ und subtrahieren die zweite von der ersten. Wir erhalten dann

$$\begin{aligned}&\left\{\Delta\vec{r}_2\times[\vec{\nabla}\times\vec{v}(\vec{r}_i)]\right\}\cdot\Delta\vec{r}_1 - \left\{\Delta\vec{r}_1\times[\vec{\nabla}\times\vec{v}(\vec{r}_i)]\right\}\cdot\Delta\vec{r}_2\\ &\quad = -2\left\{(\Delta\vec{r}_2\cdot\vec{\nabla})[\vec{v}(\vec{r}_i)\cdot\Delta\vec{r}_1]-(\Delta\vec{r}_1\cdot\vec{\nabla})[\vec{v}(\vec{r}_i)\cdot\Delta\vec{r}_2]\right\} \quad . \qquad (2.9.9)\end{aligned}$$

Die linke Seite läßt sich wegen der zyklischen Vertauschbarkeit der Faktoren im Spatprodukt in einem Term zusammenfassen

$$\left[\Delta\vec{r}_2\times(\vec{\nabla}\times\vec{v})\right]\cdot\Delta\vec{r}_1-\left[\Delta\vec{r}_1\times(\vec{\nabla}\times\vec{v})\right]\cdot\Delta\vec{r}_2$$
$$=(\Delta\vec{r}_1\times\Delta\vec{r}_2)\cdot(\vec{\nabla}\times\vec{v})-(\Delta\vec{r}_2\times\Delta\vec{r}_1)\cdot(\vec{\nabla}\times\vec{v})=2(\Delta\vec{r}_1\times\Delta\vec{r}_2)\cdot(\vec{\nabla}\times\vec{v})\quad .$$

Insgesamt ist dann das Umlaufintegral durch

$$\oint_{(a_i)}\vec{v}\cdot d\vec{r}=(\vec{\nabla}\times\vec{v})\cdot(\Delta\vec{r}_1\times\Delta\vec{r}_2)+\text{Terme höherer Ordnung}\qquad(2.9.10)$$

approximiert. Das Vektorprodukt der Tangentialvektoren ist gerade das vektorielle Flächenelement

$$\Delta\vec{a}_i=\Delta\vec{r}_1\times\Delta\vec{r}_2\quad ,$$

so daß die Approximation lautet

$$\oint_{(a_i)}\vec{v}\cdot d\vec{r}=(\vec{\nabla}\times\vec{v})\cdot\Delta\vec{a}_i+\text{Terme höherer Ordnung}\quad .\qquad(2.9.11)$$

Der lineare Term ist also durch die Rotation $\vec{\nabla}\times\vec{v}$ des Vektorfeldes bestimmt.

Das Umlaufintegral über die geschlossene Kurve $C=(a)$ ergibt sich als Summe über alle (a_i), wie wir oben diskutiert haben. Die Summe über i auf der rechten Seite von (2.9.11) liefert im Grenzfall das Oberflächenintegral über die Rotation $\vec{\nabla}\times\vec{v}$ des Vektorfeldes $\vec{v}$, so daß wir insgesamt den *Stokesschen Satz* bewiesen haben

$$\boxed{\oint_{(a)}\vec{v}\cdot d\vec{r}=\int_a(\vec{\nabla}\times\vec{v})\cdot d\vec{a}}\quad .\qquad(2.9.12)$$

Er besagt, daß das Flächenintegral über die Rotation $\vec{\nabla}\times\vec{v}$ des Vektorfeldes gleich dem Umlaufintegral des Vektorfeldes über die Berandungskurve $C=(a)$ des Flächenstückes ist.

Ein Beispiel für den Stokesschen Satz liefert das radiale Vektorfeld. Seine Rotation verschwindet, vgl. (2.4.6), sein Umlaufintegral ebenso, vgl. (2.6.15).

Der Stokessche Satz zeigt die Äquivalenz der beiden Aussagen

$$\boxed{\vec{\nabla}\times\vec{v}=0}\qquad(2.9.13)$$

in einem (einfach zusammenhängenden) Gebiet G bzw.

$$\oint_C\vec{v}\cdot d\vec{r}=0\qquad(2.9.14)$$

für alle geschlossenen Wege C in diesem Gebiet G. Die zweite Aussage bedeutet, daß das Integral zwischen zwei Punkten nicht vom Wege abhängt. Damit ist die *Rotationsfreiheit* eines Vektorfeldes der *Wegunabhängigkeit* seines Linienintegrals äquivalent. Für rotationsfreie Vektorfelder $\vec{v}$ kann man also eine skalare Funktion

$$\boxed{\varphi(\vec{r}) = \varphi(\vec{r}_0) - \int_{\vec{r}_0}^{\vec{r}} \vec{v} \cdot d\vec{r}} \tag{2.9.15}$$

definieren, die *Potential* des Feldes $\vec{v}$ genannt wird. Der negative Gradient des Potentials φ ist dann das ursprüngliche Vektorfeld $\vec{v}$, vgl. (2.6.6),

$$\vec{v} = -\vec{\nabla}\varphi \quad . \tag{2.9.16}$$

Der Stokessche Satz liefert eine *anschauliche Interpretation der Rotation.* Das Umlaufintegral über ein Vektorfeld ist – wie das Beispiel des azimutalen Feldes zeigt – ein Maß für die Wirbelstärke des Feldes. Natürlich hängt der Wert des Integrals im allgemeinen vom Verlauf des geschlossenen Weges ab. Betrachtet man nur einen engen Umlauf in der Umgebung eines Punktes, so kann man im Grenzfall kleiner Fläche linear approximieren

$$\oint_{(\Delta a)} \vec{v} \cdot d\vec{r} = (\vec{\nabla}\times\vec{v}) \cdot \Delta\vec{a} + \text{Terme höherer Ordnung} \quad . \tag{2.9.17}$$

Da die Fläche Δa beliebig gewählt werden kann, definiert die obige Beziehung die Rotation $\vec{\nabla}\times\vec{v}$ als ein von der Größe der Fläche unabhängiges vektorielles Maß für die Wirbelstärke. Für den Fall des azimutalen Feldes zeigt sich, daß die Richtung des Vektors $\vec{\nabla}\times\vec{v}$ gerade die der Wirbelachse ist.

2.10 Gaußscher Satz

Wir betrachten nun ein Oberflächenintegral über eine geschlossene Oberfläche a. Das eingeschlossene Volumen V, dessen Berandung (V) durch a gegeben ist, werde durch die Parameterdarstellung

$$\vec{r} = \vec{r}(u_1, u_2, u_3) \tag{2.10.1}$$

beschrieben. Die Koordinatenflächen, die dadurch zustandekommen, daß eine Variable auf einen festen Wert gesetzt wird

$$\vec{r}_{12}(u_1,u_2) = \vec{r}(u_1,u_2,u_{30}) \quad ,$$

$$\vec{r}_{13}(u_1,u_3) = \vec{r}(u_1,u_{20},u_3) \quad ,$$

$$\vec{r}_{23}(u_2,u_3) = \vec{r}(u_{10},u_2,u_3) \quad , \qquad (2.10.2)$$

teilen das Volumen in kleine Untervolumina V_i mit den Oberflächen (V_i). Bilden wir Oberflächenintegrale über die (V_i), so heben sich bei Aufsummation über i alle Beiträge über innere Flächenstücke weg, da bei der Aufsummation die Beiträge gemeinsamer Oberflächen benachbarter Volumina mit entgegengesetzten Vorzeichen auftreten. Das ist so, weil wir alle Oberflächennormalen etwa als äußere Normalen wählen, so daß sie bei Trennflächen zweier Volumina in entgegengesetzte Richtungen zeigen (Abb.2.17). Es gilt also

$$\oint_{(V)} \vec{v} \cdot d\vec{a} = \sum_i \oint_{(V_i)} \vec{v} \cdot d\vec{a} \quad . \qquad (2.10.3)$$

Wir greifen nun ein einzelnes Volumenelement V_i heraus und bilden das Oberflächenintegral über seine Berandung. Das von den sechs Koordinatenflächenstücken berandete Volumenelement kann durch ein Parallelepiped mit den sechs ebenen Oberflächenstücken

$$\Delta\vec{a}_{k\ell} = \Delta\vec{r}_k \times \Delta\vec{r}_\ell \qquad k,\ell = 1,2,3 \qquad (2.10.4)$$

angenähert werden. Die $\Delta\vec{r}_k$ sind die Tangentenvektoren an die Koordinatenlinien am Punkt $\vec{r}_i$

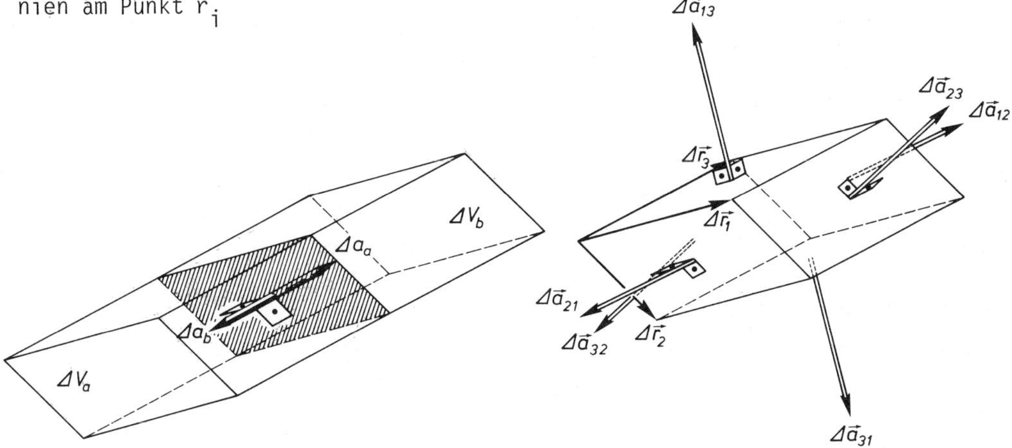

Abb.2.17. Die zusammenfallenden Aussenflächen zweier benachbarter Volumenelemente haben den gleichen Betrag aber – wegen der Orientierung nach außen – entgegengesetzte Vorzeichen

Abb.2.18. Volumenelement am Ort $\vec{r}$ approximiert durch ein Parallelepiped. Die orientierten Flächenelemente $\Delta\vec{a}_{ik}$ und $\Delta\vec{a}_{ki}$ gegenüberliegender Flächen unterscheiden sich nur durch ihr Vorzeichen

$$\Delta\vec{r}_k = \frac{\partial\vec{r}}{\partial u_k}\,\Delta u_k \quad . \tag{2.10.5}$$

Das Oberflächenintegral über (V_i) besteht aus den sechs Beiträgen der Oberflächenstücke, von denen je zwei gegenüberliegende – wegen ihrer entgegengesetzt gerichteten äußeren Normalen –

$$\Delta\vec{a}_{k\ell} = \Delta\vec{r}_k \times \Delta\vec{r}_\ell = -\Delta\vec{r}_\ell \times \Delta\vec{r}_k = -\Delta\vec{a}_{\ell k} \tag{2.10.6}$$

als Differenz auftreten (Abb.2.18). Es gilt

$$\oint_{(V_i)} \vec{v}\cdot d\vec{a} = \left[\vec{v}(\vec{r}_i+\Delta\vec{r}_3)-\vec{v}(\vec{r}_i)\right]\cdot\Delta\vec{a}_{12} + \left[\vec{v}(\vec{r}_i)-\vec{v}(\vec{r}_i+\Delta\vec{r}_2)\right]\cdot\Delta\vec{a}_{13}$$
$$+ \left[\vec{v}(\vec{r}_i+\Delta\vec{r}_1)-\vec{v}(\vec{r}_i)\right]\cdot\Delta\vec{a}_{23} + \text{Terme höherer Ordnung.} \tag{2.10.7}$$

Mit Hilfe des Gradienten können wir die Differenzen linear in den $\Delta\vec{r}_{ik}$ approximieren und erhalten

$$\vec{v}(\vec{r}_i+\Delta\vec{r}_k) - \vec{v}(\vec{r}_i) = \Delta\vec{r}_k\cdot\vec{\nabla}\,\vec{v}(\vec{r})\Big|_{\vec{r}=\vec{r}_i} + \text{Terme höherer Ordnung} \tag{2.10.8}$$

und mit (2.10.7)

$$\oint_{(V_i)} \vec{v}\cdot d\vec{a} = [\Delta\vec{r}_3\cdot\vec{\nabla}\,\vec{v}]\cdot\Delta\vec{a}_{12}$$
$$+ [\Delta\vec{r}_2\cdot\vec{\nabla}\,\vec{v}]\cdot\Delta\vec{a}_{31} + [\Delta\vec{r}_1\cdot\vec{\nabla}\,\vec{v}]\cdot\Delta\vec{a}_{23} \quad . \tag{2.10.9}$$

Die Summe der drei Terme läßt sich vereinfachen, wenn man den Entwicklungssatz $(\vec{a}\times\vec{b})\times\vec{c} = -\vec{a}(\vec{b}\cdot\vec{c})+\vec{b}(\vec{a}\cdot\vec{c})$ in der Form

$$(\Delta\vec{a}_{12}\times\vec{\nabla})\times\vec{v} = -\Delta\vec{a}_{12}(\vec{\nabla}\cdot\vec{v}) + \vec{\nabla}(\vec{v}\cdot\Delta\vec{a}_{12}) \tag{2.10.10}$$

benutzt. Durch skalare Multiplikation mit $\Delta\vec{r}_3$ finden wir

$$\Delta\vec{r}_3\cdot\left[(\Delta\vec{a}_{12}\times\vec{\nabla})\times\vec{v}\right] + \Delta\vec{r}_3\cdot\Delta\vec{a}_{12}(\vec{\nabla}\cdot\vec{v}) = (\Delta\vec{r}_3\cdot\vec{\nabla})(\vec{v}\cdot\Delta\vec{a}_{12}) \quad . \tag{2.10.11}$$

Der erste Term der linken Seite kann wegen der zyklischen Vertauschbarkeit der Terme im Spatprodukt in die Form

$$\Delta\vec{r}_3\cdot\left[(\Delta\vec{a}_{12}\times\vec{\nabla})\times\vec{v}\right] = \left[\Delta\vec{r}_3\times(\Delta\vec{a}_{12}\times\vec{\nabla})\right]\cdot\vec{v} \tag{2.10.12}$$

gebracht werden. Mit (2.10.6) und erneuter Anwendung des Entwicklungssatzes erhält man

$$\begin{aligned}\Delta\vec{r}_3 \cdot [(\Delta\vec{a}_{12}\times\vec{\nabla})\times\vec{v}] &= \left\{\Delta\vec{r}_3\times[(\Delta\vec{r}_1\times\Delta\vec{r}_2)\times\vec{\nabla}]\right\} \cdot \vec{v} \\ &= -[\Delta\vec{r}_3\times\Delta\vec{r}_1(\Delta\vec{r}_2\cdot\vec{\nabla})] \cdot \vec{v} + [\Delta\vec{r}_3\times\Delta\vec{r}_2(\Delta\vec{r}_1\cdot\vec{\nabla})] \cdot \vec{v} \\ &= -(\Delta\vec{r}_2\cdot\vec{\nabla})(\vec{v}\cdot\Delta\vec{a}_{31}) - (\Delta\vec{r}_1\cdot\vec{\nabla})(\vec{v}\cdot\Delta\vec{a}_{23}) \quad . \end{aligned} \qquad (2.10.12)$$

Die beiden Terme hinter dem Gleichheitszeichen der letzten Beziehung kürzen beim Einsetzen von (2.10.12) in (2.10.9) dort die beiden entsprechenden Terme, so daß wir

$$\oint_{(V_i)} \vec{v} \cdot d\vec{a} = (\Delta\vec{r}_3\cdot\Delta\vec{a}_{12})(\vec{\nabla}\cdot\vec{v}) = (\vec{\nabla}\cdot\vec{v})\Delta V_i + \text{Terme höherer Ordnung} \qquad (2.10.13)$$

erhalten, wobei

$$\Delta V_i = \Delta\vec{r}_3 \cdot \Delta\vec{a}_{12} \qquad (2.10.14)$$

das Volumen des i-ten Parallelepipeds ist. Die Größe des führenden Terms in der Annäherung des Oberflächenintegrals über (ΔV_i) ist also durch die Divergenz $\vec{\nabla}\cdot\vec{v}$ des Vektorfeldes $\vec{v}$ bestimmt.

Wie wir oben bereits diskutiert haben, ergibt sich nach (2.10.3) das Oberflächenintegral über die Berandung $a = (V)$ als Summe über alle Berandungen (V_i). Die Summe über die Beiträge der rechten Seiten von (2.10.13) geht im Grenzfall in das Volumenintegral über die Divergenz des Vektorfeldes $\vec{v}$ über. Damit haben wir den *Gaußschen Satz*

$$\boxed{\oint_{(V)} \vec{v} \cdot d\vec{a} = \int_V \vec{\nabla} \cdot \vec{v}\, dV} \quad , \qquad (2.10.15)$$

der besagt, daß das Volumenintegral über die Divergenz eines Vektorfeldes gleich dem Oberflächenintegral des Vektorfeldes über die Berandung (V) des Volumens V ist. Als Beispiel für den Gaußschen Satz verweisen wir auf das azimutale Vektorfeld. Nach (2.3.17) verschwindet seine Divergenz, entsprechend nach (2.7.34) sein Integral über jede geschlossene Oberfläche.

Der Gaußsche Satz zeigt, daß das Verschwinden der Divergenz

$$\boxed{\vec{\nabla} \cdot \vec{v} = 0} \qquad (2.10.16)$$

in einem (einfach zusammenhängenden) Gebiet G und das Verschwinden des Integrals über alle Oberflächen in diesem Gebiet

$$\boxed{\oint_{(V)} \vec{v} \cdot d\vec{a} = 0} \tag{2.10.17}$$

äquivalente Aussagen sind.

Der Gaußsche Satz erlaubt eine *anschauliche Deutung der Divergenz* eines Vektorfeldes. Stellt man sich vor, daß $\vec{v}$ als Geschwindigkeitsvektor eine Flüssigkeitsströmung beschreibt, so ist das Integral über eine geschlossene Oberfläche ein Maß für die in der Zeiteinheit aus dem eingeschlossenen Volumen herausfließende Flüssigkeitsmenge. Damit ist das Oberflächenintegral ein Maß für die Stärke von *Quellen* oder *Senken* im eingeschlossenen Volumen. Die Divergenz von $\vec{v}$ beschreibt die lokale Quellstärke pro Volumeneinheit, die *Quelldichte* an jedem Punkt. Das sieht man sofort ein, wenn man ein kleines Volumen ΔV in der Umgebung eines Punktes betrachtet. In linearer Approximation erhalten wir

$$\oint_{(\Delta V)} \vec{v} \cdot d\vec{a} = (\vec{\nabla} \cdot \vec{v}) \Delta V + \text{Terme höherer Ordnung} \quad . \tag{2.10.18}$$

Das Feld

$$\vec{v}(\vec{r}) = \alpha \frac{\vec{r}}{r^3} \quad , \tag{2.10.19}$$

dessen Divergenz wir in (2.3.12a) zu

$$\vec{\nabla} \cdot \vec{v} = \vec{\nabla} \cdot \left(\alpha \frac{\vec{r}}{r^3} \right) = 0 \quad , \quad \vec{r} \neq 0$$

angegeben haben, besitzt ein Oberflächenintegral (2.7.31), das von Null verschieden ist, wenn der Ursprung eingeschlossen wird. Sein Wert ist dann für alle Oberflächen um den Ursprung

$$\oint_{a} \alpha \frac{\vec{r}}{r^3} d\vec{a} = 4\pi\alpha \quad .$$

Es besitzt also eine punktförmige Quelle im Ursprung $\vec{r} = 0$, überall sonst ist es quellenfrei. Der Vergleich mit (2.10.18) zeigt, daß $\vec{\nabla} \cdot \vec{v}$ im Ursprung nicht endlich sein kann, weil das Oberflächenintegral konstant und nicht dem Volumen proportional ist. Eine konsistente mathematische Behandlung dieses Problems enthält Anhang B.

2.11 Greensche Sätze

Wir betrachten ein Vektorfeld

$$\vec{f}(\vec{r}) = \varphi_1(\vec{r})\vec{\nabla}\varphi_2(\vec{r}) \quad . \tag{2.11.1}$$

Dabei sind φ_1, φ_2 zwei skalare Funktionen des Ortsvektors $\vec{r}$. Die Divergenz dieses Vektorfeldes ist

$$\vec{\nabla} \cdot \vec{f}(\vec{r}) = (\vec{\nabla}\varphi_1) \cdot (\vec{\nabla}\varphi_2) + \varphi_1\vec{\nabla}^2\varphi_2 = \varphi_1\Delta\varphi_2 + (\vec{\nabla}\varphi_1) \cdot (\vec{\nabla}\varphi_2) \quad . \tag{2.11.2}$$

Damit gilt wegen des Gaußschen Satzes die Beziehung

$$\boxed{\int_V \left[\varphi_1\Delta\varphi_2 + (\vec{\nabla}\varphi_1)\cdot(\vec{\nabla}\varphi_2)\right] dV = \int_{(V)} \varphi_1\vec{\nabla}\varphi_2 \cdot d\vec{a}} \quad . \tag{2.11.3}$$

Dies ist der *erste Greensche Satz.*

Da das Flächenelement $d\vec{a}$ in Richtung der äußeren Normalen $\hat{\vec{n}}$ von (V) zeigt, gilt

$$d\vec{a} = \hat{\vec{n}}\, da$$

und wir erhalten den ersten Greenschen Satz in der alternativen Gestalt

$$\int_V \left[\varphi_1\Delta\varphi_2 + (\vec{\nabla}\varphi_1)\cdot(\vec{\nabla}\varphi_2)\right] dV = \int_{(V)} \varphi_1(\hat{\vec{n}}\cdot\vec{\nabla}\varphi_2)\, da \quad . \tag{2.11.4}$$

Das Skalarprodukt

$$\hat{\vec{n}} \cdot \vec{\nabla}\varphi_2 = (\hat{\vec{n}}\cdot\vec{\nabla})\varphi_2 \tag{2.11.5}$$

ist die Ableitung von φ_2 in Richtung der Normalen $\hat{\vec{n}}$ (vgl. Abschnitt 2.2), die als Normalenableitung bezeichnet wird.

Durch Vertauschung der beiden Funktionen φ_1 und φ_2 erhalten wir den zu (2.11.3) permutierten Ausdruck und durch Differenzbildung

$$\boxed{\int_V (\varphi_1\Delta\varphi_2 - \varphi_2\Delta\varphi_1)\, dV = \int_{(V)} (\varphi_1\vec{\nabla}\varphi_2 - \varphi_2\vec{\nabla}\varphi_1) \cdot d\vec{a}} \quad . \tag{2.11.6}$$

Dies ist der *zweite Greensche Satz*, der sich mit Hilfe der Normalenableitung in die Form

$$\int_V (\varphi_1\Delta\varphi_2-\varphi_2\Delta\varphi_1)dV = \int_{(V)} \left[\varphi_1(\hat{\vec{n}}\cdot\vec{\nabla})\varphi_2-\varphi_2(\hat{\vec{n}}\cdot\vec{\nabla})\varphi_1\right]da \tag{2.11.7}$$

bringen läßt.

Insbesondere der zweite Greensche Satz spielt eine wichtige Rolle bei der Lösung elliptischer partieller Differentialgleichungen.

2.12 Eindeutige Bestimmung eines Vektorfeldes durch Divergenz und Rotation

Ein Vektorfeld $\vec{v}$ dessen Divergenz und Rotation

$$\vec{\nabla}\cdot\vec{v}(\vec{r}) = q(\vec{r}) \quad , \quad \vec{\nabla}\times\vec{v}(\vec{r}) = \vec{\omega}(\vec{r}) \tag{2.12.1}$$

in einem Gebiet G gegeben sind, ist für feste Randbedingungen, nämlich bei vorgegebener Normalkomponente auf der Oberfläche (G) des Gebietes, eindeutig bestimmt. Dieser Satz hat für elektromagnetische Felder grundsätzliche Bedeutung, da man in vielen Fällen die Quellen und Wirbel der Felder kennt. Die Felder selbst sind dann für vorgegebene Randbedingungen eindeutig bestimmt.

Zum Beweis nehmen wir an, es gäbe zwei Felder $\vec{v}_1$ und $\vec{v}_2$, die beide die Gleichungen (2.12.1) erfüllen. Das Differenzfeld

$$\vec{d}(\vec{r}) = \vec{v}_1(\vec{r}) - \vec{v}_2(\vec{r}) \tag{2.12.2}$$

befriedigt dann die homogenen Gleichungen

$$\vec{\nabla}\cdot\vec{d} = 0 \quad , \quad \vec{\nabla}\times\vec{d} = 0 \quad \text{in } G \tag{2.12.3}$$

mit der Randbedingung verschwindender Normalkomponente auf dem Rand (G) von G

$$\hat{\vec{n}}\cdot\vec{d} = 0 \quad \text{auf } (G) \quad . \tag{2.12.4}$$

Wegen $\vec{\nabla}\times\vec{d}=0$ kann man ein Potential D für $\vec{d}$ angeben:

$$\vec{d}(\vec{r}) = -\vec{\nabla}D(\vec{r}) \quad , \tag{2.12.5}$$

das wegen der Divergenzfreiheit von $\vec{d}$ die Laplace-Gleichung

$$\vec{\nabla}\cdot\vec{d} = -\vec{\nabla}\cdot\vec{\nabla}D = -\Delta D = 0 \tag{2.12.6}$$

erfüllt und wegen (2.12.4) und (2.12.5) der Randbedingung

$$(\hat{\vec{n}}\cdot\vec{\nabla})D(\vec{r}) = 0 \tag{2.12.7}$$

genügt. Der erste Greensche Satz (2.11.4) liefert mit der Wahl

$$\varphi_1 = \varphi_2 = D \tag{2.12.8}$$

wegen (2.12.6) und (2.12.7)

$$\int_G (\vec{\nabla}D)\cdot(\vec{\nabla}D)dV = \int_{(G)} D(\hat{\vec{n}}\cdot\vec{\nabla}D)da = 0 \quad , \tag{2.12.9}$$

so daß

$$\int_G \vec{d}^2\, dV = 0 \tag{2.12.10}$$

gilt. Da der Integrand stets größer oder gleich Null ist, erzwingt die Beziehung (2.12.10)

$$\vec{d} = 0 \quad ,$$

d.h.

$$\vec{v}_1 = \vec{v}_2 \quad , \tag{2.12.11}$$

wie behauptet.

Aufgaben

2.1: Finden Sie als Verallgemeinerung der Produktregel die Differentiationsformeln für

$$\vec{\nabla}[s(\vec{r})t(\vec{r})] \quad , \quad \vec{\nabla}[\vec{u}(\vec{r})\cdot\vec{v}(\vec{r})] \quad ,$$

$$\vec{\nabla}\cdot[s(\vec{r})\vec{v}(\vec{r})] \quad , \quad \vec{\nabla}\cdot[\vec{u}(\vec{r})\times\vec{v}(\vec{r})] \quad ,$$

$$\vec{\nabla}\times[s(\vec{r})\vec{v}(\vec{r})] \quad , \quad \vec{\nabla}\times[\vec{u}(\vec{r})\times\vec{v}(\vec{r})] \quad ,$$

$$\Delta[s(\vec{r})t(\vec{r})] \quad , \quad \Delta[\vec{u}(\vec{r})\cdot\vec{v}(\vec{r})] \quad .$$

2.2: Berechnen Sie den Gradienten folgender Funktionen (k sei ein konstanter Vektor)

$$s(\vec{r}) = e^{i\vec{k}\cdot\vec{r}} \quad , \quad \sin \vec{k}\cdot\vec{r} \quad , \quad \cos \vec{k}\cdot\vec{r} \quad ,$$

$$\frac{e^{ikr}}{r} \quad , \quad \frac{\sin kr}{r} \quad , \quad \frac{\cos kr}{r} \quad .$$

2.3: Berechnen Sie Divergenz und Rotation der Vektorfelder

$$\vec{v}(\vec{r}) = \vec{v}_0\, e^{i\vec{k}\cdot\vec{r}} \quad , \quad \vec{v}_0 \sin \vec{k}\cdot\vec{r} \quad , \quad \vec{v}_0 \cos \vec{k}\cdot\vec{r} \quad ,$$

$$\vec{v}_0\, \frac{e^{ikr}}{r} \quad , \quad \vec{v}_0\, \frac{\sin kr}{r} \quad , \quad \vec{v}_0\, \frac{\cos kr}{r}$$

$$(\vec{k}\times\vec{v}_0)e^{i\vec{k}\cdot\vec{r}}, \ldots \quad .$$

2.4: Zeigen Sie die Gültigkeit der Integralformen

$$\int_{(K)} (\vec{r}\otimes\vec{r}) \cdot d\vec{a} = R^4 \int_{\Omega} \hat{\vec{r}}\, d\Omega = 0 \quad ,$$

$$\int_{(K)} (\vec{r}\otimes\vec{r}\otimes\vec{r}) \cdot d\vec{a} = R^5 \int (\hat{\vec{r}}\otimes\hat{\vec{r}})d\Omega = \frac{4\pi}{3} R^5 \underline{\underline{1}} \quad .$$

Dabei ist das Oberflächenintegral über eine Kugel vom Radius R, das Raumwinkelintegral über den vollen Raumwinkel zu erstrecken.

3. Elektrostatik in Abwesenheit von Materie

3.1 Das Feld einer Punktladung

Wir betrachten eine ortsfeste Ladung Q im Ursprung eines Koordinatensystems. Sie übt auf eine Probeladung q, die sich an einem beliebigen Ort $\vec{r}$ befindet, nach dem Coulombschen Gesetz die Kraft

$$\vec{F} = q \frac{1}{4\pi\varepsilon_0} \frac{Q}{r^2} \frac{\vec{r}}{r} \tag{3.1.1}$$

aus. Weil die Größe der Probeladung als Faktor in diesem Gesetz erscheint, kann man den Einfluß der Ladung Q ganz unabhängig von der Probeladung durch die Größe

$$\boxed{\vec{E} = \frac{1}{q} \vec{F} = \frac{1}{4\pi\varepsilon_0} \frac{Q}{r^2} \frac{\vec{r}}{r}} \tag{3.1.2}$$

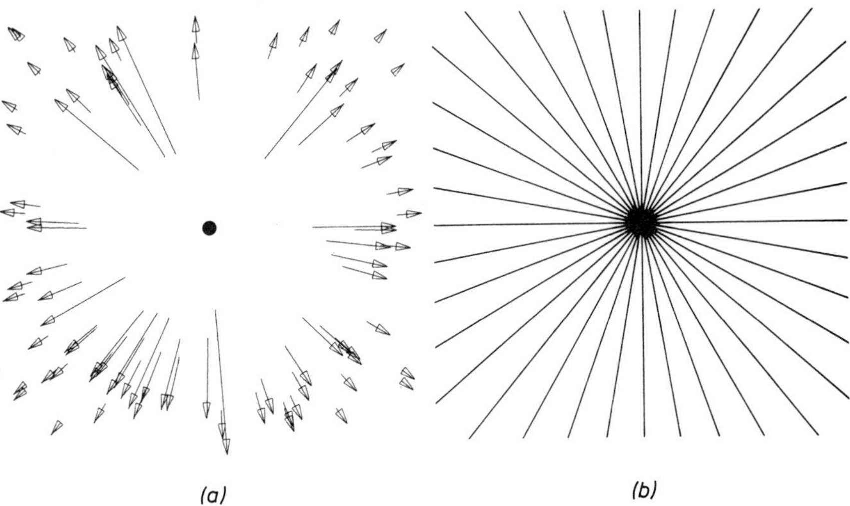

(a) *(b)*

Abb.3.1. Darstellung des elektrischen Feldes einer Punktladung durch Angabe von Vektorpfeilen für $\vec{E}(\vec{r})$ an verschiedenen Punkten (a) bzw. Feldlinien (b)

beschreiben, die man als *elektrische Feldstärke* bezeichnet. Wir sagen, durch die Anwesenheit der Ladung Q wird der Raum mit einem *elektrischen Feld* $\vec{E}(\vec{r})$ erfüllt. Es ordnet jedem Raumpunkt $\vec{r}$ den Vektor der elektrischen Feldstärke $\vec{E}(\vec{r})$ zu. Das liefert eine einfache graphische Darstellung eines elektrischen Feldes, in der man in vielen Punkten die Feldstärke durch einen Vektorpfeil markiert (Abb.3.1a). Übersichtlicher ist im allgemeinen die Darstellung durch *Feldlinien* (Abb.3.1b), die an jedem Punkt in Richtung der Feldstärke verlaufen. Die Feldlinien zeigen zunächst nur die Richtung, nicht aber den Betrag der Feldstärke an. Zur Charakterisierung des Betrages werden wir später (Abschnitt 3.7) zusätzlich Äquipotentialflächen bzw. -linien eintragen.

Es sei noch angemerkt, daß die elektrische Feldstärke ein radiales Vektorfeld vom Typ

$$\vec{E} = \alpha\vec{r}/r^3$$

ist, das wir in Kapitel 2 für viele Beispiele benutzt haben.

3.2 Das Feld einer beliebigen Ladungsverteilung. Ladungsdichte

Das Feld $\vec{E}$ mehrerer Punktladungen $Q_1, \ldots, Q_N$, die sich an den Orten $\vec{r}_1, \ldots, \vec{r}_N$ befinden, ergibt sich durch *Superposition* der Einzelfelder $\vec{E}_1, \ldots, \vec{E}_N$. Da Kräfte sich vektoriell addieren, gilt auch für die Feldstärken vektorielle Addition

$$\vec{E} = \vec{E}_1 + \vec{E}_2 + \ldots + \vec{E}_N = \sum_{i=1}^{N} \vec{E}_i \quad . \tag{3.2.1}$$

Allgemein wird das Feld $\vec{E}_i$ einer Punktladung am Ort $\vec{r}_i$ durch

$$\vec{E}_i = \frac{1}{4\pi\varepsilon_0} \frac{Q_i}{|\vec{r}-\vec{r}_i|^2} \frac{\vec{r}-\vec{r}_i}{|\vec{r}-\vec{r}_i|} \tag{3.2.2}$$

ausgedrückt, so daß man für das Feld $\vec{E}$ am Ort $\vec{r}$ den Ausdruck

$$\vec{E} = \frac{1}{4\pi\varepsilon_0} \sum_i \frac{Q_i}{|\vec{r}-\vec{r}_i|^2} \frac{\vec{r}-\vec{r}_i}{|\vec{r}-\vec{r}_i|} \tag{3.2.3}$$

erhält.

Obwohl physikalische Ladungsverteilungen stets aus einzelnen Elementarladungen aufgebaut sind, deren Ausdehnung im Vergleich zu ihrem Abstand vernachlässigbar klein ist, kann man sie in vielen Fällen durch eine kontinuierliche *Ladungsdichte* $\rho(\vec{r})$ beschreiben. Über die Beziehung

$$dQ = \rho(\vec{r})dV$$

gibt sie die Ladung dQ im Volumenelement dV an. Die Feldstärke berechnet man dann mit Hilfe des Volumenintegrals

$$\boxed{\vec{E}(\vec{r}) = \frac{1}{4\pi\varepsilon_0}\int \frac{\rho(\vec{r}\,')}{|\vec{r}-\vec{r}\,'|^2}\,\frac{\vec{r}-\vec{r}\,'}{|\vec{r}-\vec{r}\,'|}\,dV'} \quad . \qquad (3.2.4)$$

Der Ortsvektor $\vec{r}$ kennzeichnet den *Aufpunkt*, an dem das Feld $\vec{E}(\vec{r})$ angegeben wird, während die Ortsvektoren $\vec{r}\,'$ die *Quellpunkte*, d.h. die Orte der Ladungen angeben, die das Feld verursachen.

Es ist bequem, auch Punktladungen Q formal durch eine Ladungsdichte $\rho_p(\vec{r})$ zu beschreiben. Wegen der verschwindenden Ausdehnung der Punktladung muß das Integral über ihre Ladungsdichte $\rho_p(\vec{r})$ über ein beliebig kleines Volumen ΔV um den Ort $\vec{r}=0$ der Punktladung den endlichen Wert Q liefern

$$\boxed{\int_{\Delta V} \rho_p(\vec{r}\,')dV' = Q} \quad . \qquad (3.2.5)$$

Diese Beziehung kann nur Symbolcharakter haben, da für integrierbare Funktionen der Wert des Integrals für hinreichend kleine ΔV proportional zu ΔV sein muß. Aus dieser Schwierigkeit hilft man sich durch Betrachtung von Folgen ausgedehnter Ladungsverteilungen konstanter Gesamtladung Q. Eine einfache solche Folge ist durch konstante Ladungsdichten

$$\rho_n = \frac{Q}{b_n^3}$$

in Würfeln der Kantenlänge

$$b_n = \frac{b}{n} \quad , \quad n = 1,2,3,\ldots$$

gegeben. Formal läßt sich diese Folge mit Hilfe der Stufenfunktion (vgl. Abb.3.2a)

$$\boxed{\Theta(x) = \begin{cases} 1 & , \quad x > 0 \\ 0 & , \quad x < 0 \end{cases}} \qquad (3.2.6)$$

durch

$$\rho_n(\vec{r}) = \frac{Q}{b_n^3}\left[\Theta\left(x+\frac{b_n}{2}\right)-\Theta\left(x-\frac{b_n}{2}\right)\right]\left[\Theta\left(y+\frac{b_n}{2}\right)-\Theta\left(y-\frac{b_n}{2}\right)\right]\left[\Theta\left(z+\frac{b_n}{2}\right)-\Theta\left(z-\frac{b_n}{2}\right)\right] \tag{3.2.7}$$

beschreiben. Wir betrachten einen Faktor der Form (Abb.3.2b)

$$\delta_n(x) = \frac{1}{b_n}\left[\Theta\left(x+\frac{b_n}{2}\right)-\Theta\left(x-\frac{b_n}{2}\right)\right] \quad . \tag{3.2.8}$$

Offensichtlich existiert der Limes dieser Folge für $n\to\infty$ nicht im üblichen Sinne. Allerdings existiert der Limes der Integrale

$$\lim_{n\to\infty}\int_{-\infty}^{+\infty}\frac{1}{b_n}\left[\Theta\left(x+\frac{b_n}{2}\right)-\Theta\left(x-\frac{b_n}{2}\right)\right]dx = 1 \tag{3.2.9}$$

und

$$\lim_{n\to\infty}\int_{-\infty}^{+\infty}\frac{1}{b_n}\left[\Theta\left(x+\frac{b_n}{2}\right)-\Theta\left(x-\frac{b_n}{2}\right)\right]\varphi(x)dx = \varphi(0)$$

für stetige Funktionen $\varphi(x)$.

Man bezeichnet die Folge (3.2.8) als δ-*Folge*

$$\boxed{\delta_n(x) = \frac{1}{b_n}\left[\Theta\left(x+\frac{b_n}{2}\right)-\Theta\left(x-\frac{b_n}{2}\right)\right] \to \delta(x)} \tag{3.2.10}$$

und schreibt an Stelle von (3.2.9)

$$\boxed{\int_{-\infty}^{+\infty}\delta(x)dx = 1} \tag{3.2.11a}$$

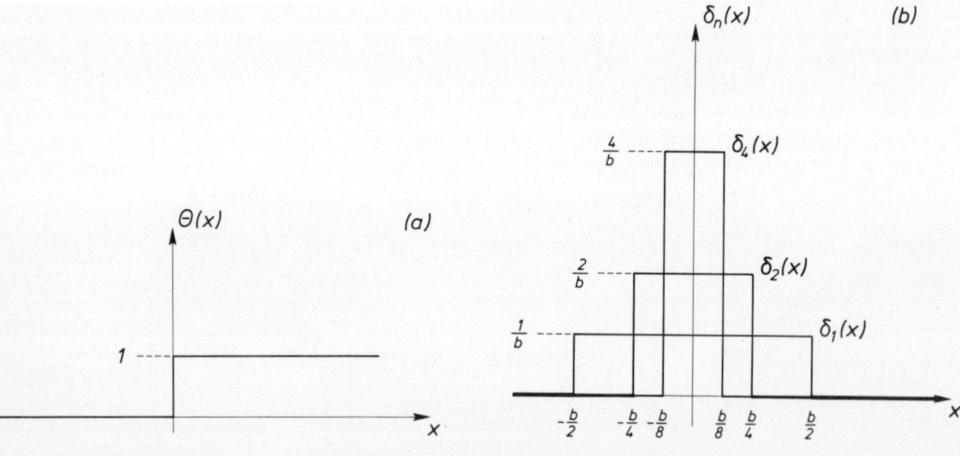

Abb.3.2. Stufenfunktion $\Theta(x)$ und Folge der Funktionen $\delta_n(x)$

und

$$\boxed{\int_{-\infty}^{+\infty} \delta(x)\varphi(x)dx = \varphi(0)} \quad . \tag{3.2.11b}$$

Für große n stellen die Glieder der Folge Funktionen dar, die nur in dem dann sehr kleinen Intervall

$$-\frac{b_n}{2} = -\frac{b}{2n} < x < \frac{b}{2n} = \frac{b_n}{2}$$

von Null verschieden sind und den Wert

$$\delta_n(0) = \frac{1}{b_n} = \frac{n}{b}$$

besitzen, der für große n groß gegen 1 ist. Die Größe $\delta(x)$ bezeichnet man als *Dirac'sche δ-Funktion*. Eine mathematisch strenge Fassung dafür liefert die Theorie der Distributionen. Rechenregeln und weitere Beispiele sind in Anhang B zusammengestellt.

Für die Ladungsverteilung der Punktladung Q am Ursprung ergibt sich die dreidimensionale δ-Funktion

$$\boxed{\rho_p(\vec{r}) = Q\delta^3(\vec{r}) = Q\delta(x)\delta(y)\delta(z)} \quad . \tag{3.2.12}$$

Die Punktladung am Ort $\vec{r}_0$ wird dann durch

$$\boxed{\rho_p(\vec{r}) = Q\delta^3(\vec{r}-\vec{r}_0) = Q\delta(x-x_0)\delta(y-y_0)\delta(z-z_0)} \tag{3.2.13}$$

beschrieben. Mit Hilfe dieser Formel für die Punktladungsdichte wird die Feldstärke einer Punktladung wie die einer kontinuierlichen Ladungsverteilung durch (3.2.4) gegeben.

3.3 Elektrischer Kraftfluß

In Analogie zur Flüssigkeitsströmung bezeichnet man den Ausdruck

$$d\Phi = \vec{E} \cdot d\vec{a} \tag{3.3.1}$$

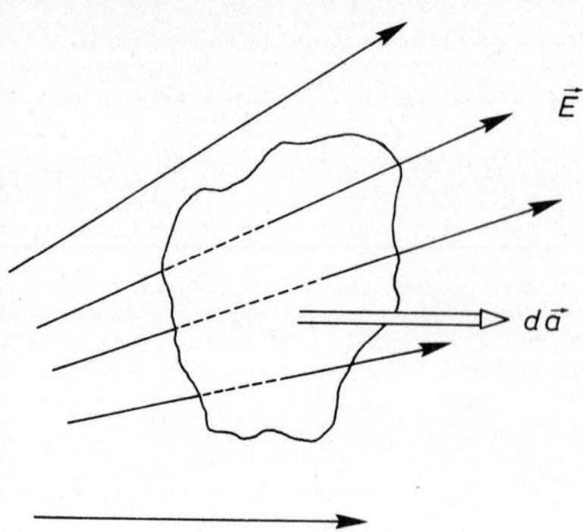

Abb.3.3. Zur Definition des Kraftflusses

als den differentiellen elektrischen Kraftfluß durch das differentielle Flächenstück $d\vec{a}$ (Abb.3.3). Den elektrischen Kraftfluß durch ein endliches Flächenstück a erhält man durch Oberflächenintegration über das Flächenstück a:

$$\boxed{\Phi = \int_a \vec{E} \cdot d\vec{a}} \quad . \tag{3.3.2}$$

Für den elektrischen Kraftfluß des Feldes einer Punktladung Q im Mittelpunkt einer Kugel vom Radius R durch diese Kugel gilt

$$\Phi = \oint \vec{E} \cdot d\vec{a} = \frac{1}{4\pi\varepsilon_0} \oint \frac{Q}{R^2} \frac{\vec{R}}{R} \cdot d\vec{a} \quad . \tag{3.3.3}$$

Wir berechnen dieses Oberflächenintegral über ein radiales Vektorfeld noch einmal ausführlich. Schreiben wir den Vektor $d\vec{a}$ als Produkt aus dem Betrag

$$da = R^2 \, d\varphi \, d\cos\vartheta \tag{3.3.4}$$

und dem Einheitsvektor der äußeren Normalen

$$\vec{n} = \frac{\vec{R}}{R} \quad , \tag{3.3.5}$$

so erhalten wir

$$\Phi = \frac{1}{4\pi\varepsilon_0} \int_0^{2\pi} \int_{-1}^{1} \frac{Q}{R^2} \frac{\vec{R}}{R} \cdot \frac{\vec{R}}{R} R^2 \, d\cos\vartheta \, d\varphi = \frac{Q}{4\pi\varepsilon_0} \int_0^{2\pi} \int_{-1}^{1} d\cos\vartheta \, d\varphi = \frac{1}{\varepsilon_0} Q \quad . \tag{3.3.6}$$

Es zeigt sich, daß der elektrische Kraftfluß einer Punktladung unabhängig vom Radius der Kugel ist, durch die er hindurchtritt. Dieses Ergebnis entspricht dem Verhalten der Strömung einer inkompressiblen Flüssigkeit.

Die Flüssigkeitsmenge, die pro Zeiteinheit durch eine Kugeloberfläche hindurchtritt, die eine Quelle enthält, ist – unabhängig vom Radius der Kugel – gleich der aus der Quelle austretenden Flüssigkeitsmenge. Für die inkompressible Flüssigkeit gilt dieser Sachverhalt offenbar für jede die Quelle umgebende geschlossene Oberfläche, unabhängig von ihrer Form. Wir wollen jetzt zeigen, daß dies auch für den elektrischen Kraftfluß gilt: Für ein Kugeloberflächenelement $d\vec{a}_K$ des Raumwinkels

$$d\Omega = d\cos\vartheta\, d\varphi$$

gilt (Abb.3.4a)

$$d\vec{a}_K = \frac{\vec{r}}{r} r^2\, d\cos\vartheta\, d\varphi \quad . \tag{3.3.7}$$

Ein den gleichen Raumwinkel ausfüllendes beliebig im Raum orientiertes Flächenstück mit der Normalen $\hat{\vec{n}}$ ist durch ($\hat{\vec{r}} = \vec{r}/r$)

$$d\vec{a} = \frac{\hat{\vec{n}}}{|\hat{\vec{n}}\cdot\hat{\vec{r}}|} r^2\, d\cos\vartheta\, d\varphi \tag{3.3.8}$$

gekennzeichnet. Damit gilt jetzt für den Fluß durch eine beliebige geschlossene Oberfläche, die den Ursprung umschließt,

$$\Phi = \oint_a \vec{E}\cdot d\vec{a} = \frac{Q}{4\pi\varepsilon_0}\int_0^{2\pi}\int_{-1}^{1} \frac{1}{r^2}\hat{\vec{r}}\cdot\frac{\hat{\vec{n}}}{|\hat{\vec{n}}\cdot\hat{\vec{r}}|} r^2\, d\cos\vartheta\, d\varphi \quad . \tag{3.3.9}$$

Nach Kürzung der Skalarprodukte bleibt derselbe Ausdruck wie bei der Integration über die Kugel, und wir erhalten für den elektrischen Kraftfluß einer Punktladung durch eine beliebige geschlossene Oberfläche

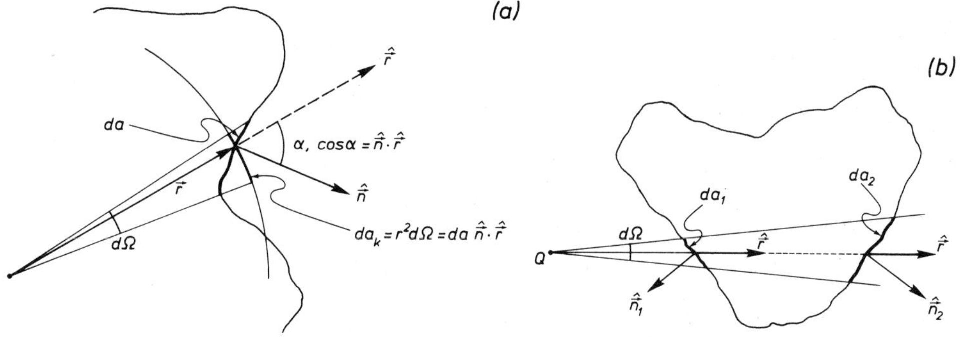

Abb.3.4. Zur Berechnung des Flußintegrals. (a) Zur Herleitung der Beziehung (3.3.8). (b) Zur Herleitung der Beziehung (3.3.13)

$$\boxed{\Phi = \frac{1}{\varepsilon_0} Q} \quad , \tag{3.3.10}$$

dasselbe Resultat wie bei der Kugeloberfläche. Der in (3.3.9) auftretende Vorzeichenfaktor $\vec{n}\cdot\vec{r}/|\vec{n}\cdot\vec{r}|$ ist für konvexe Oberflächen um den Ursprung stets gleich Eins. Sonst vermeidet er gerade die Doppelzählung von Raumwinkelbereichen (Abb.3.4b).

Für den Kraftfluß einer Verteilung von N Ladungen $Q_1, \ldots, Q_N$ durch eine Oberfläche, die diese Ladungen umschließt, erhält man

$$\Phi = \int_a \vec{E} \cdot d\vec{a} = \sum_{i=1}^{N} \int \vec{E}_i \cdot d\vec{a} = \frac{1}{\varepsilon_0} \sum_{i=1}^{N} Q_i = \frac{1}{\varepsilon_0} Q \quad , \tag{3.3.11}$$

wobei

$$Q = \sum_{i=1}^{N} Q_i$$

die Gesamtladung innerhalb der geschlossenen Oberfläche ist. Für eine Ladung außerhalb des Volumens, das von der geschlossenen Oberfläche umgeben wird, gilt

$$\Phi = \frac{Q}{4\pi\varepsilon_0} \int_a \frac{\vec{r}}{|\vec{r}|^3} \cdot d\vec{a} = 0 \tag{3.3.12}$$

Ein Raumwinkelelement $d\Omega$ schneidet die den Ursprung nicht umschließende Fläche a derart, daß Paare von Flächenstücken entstehen, deren Gesamtbeitrag zum Oberflächenintegral verschwindet (Abb.3.4b).

Allgemein gilt für das über die Variable $\vec{r}$ erstreckte Oberflächenintegral

$$\boxed{\frac{1}{4\pi} \oint_a \frac{\vec{r}-\vec{r}'}{|\vec{r}-\vec{r}'|^3}\cdot d\vec{a} = \begin{cases} 1 & \text{für } \vec{r}' \in V \\ 0 & \text{für } \vec{r}' \notin V \end{cases}} \quad , \tag{3.3.13}$$

wobei V das von der Oberfläche a eingeschlossene Volumen ist. Für den elektrischen Kraftfluß einer kontinuierlichen Ladungsverteilung durch eine geschlossene Oberfläche erhält man damit

$$\Phi = \int_a \vec{E} \cdot d\vec{a} = \frac{1}{4\pi\varepsilon_0} \int_a \int_V \frac{\rho(\vec{r}')}{|\vec{r}-\vec{r}'|^2} \frac{\vec{r}-\vec{r}'}{|\vec{r}-\vec{r}'|} dV' \cdot d\vec{a}$$

$$= \frac{1}{\varepsilon_0} \int_V \rho(\vec{r}') \frac{1}{4\pi} \int_a \frac{\vec{r}-\vec{r}'}{|\vec{r}-\vec{r}'|^3}\cdot d\vec{a}\, dV' = \frac{1}{\varepsilon_0} \int_V \rho(\vec{r}')dV' = \frac{1}{\varepsilon_0} Q \quad . \tag{3.3.14}$$

Dabei ist Q die Ladung, die in dem von der Fläche a umschlossenen Volumen V liegt.

3.4 Quellen elektrostatischer Felder

Wir betrachten ein Volumenelement ΔV am Orte $\vec{r}$. Entsprechend den Begriffsbildungen im Abschnitt 2.10 bezeichnen wir den Grenzwert

$$\lim_{\Delta V \to 0} \frac{\Delta\Phi}{\Delta V}$$

des elektrischen Kraftflußes pro Volumeneinheit als Quelldichte des elektrostatischen Feldes am Ort $\vec{r}$. Mit Hilfe des Gaußschen Satzes (2.10.15) gewinnt man folgende Beziehung

$$\lim_{\Delta V \to 0} \frac{\Delta\Phi}{\Delta V} = \lim_{\Delta V \to 0} \frac{1}{\Delta V} \int_{(\Delta V)} \vec{E}(\vec{r}\,')\,d\vec{a}\,'$$

$$= \lim_{\Delta V \to 0} \frac{1}{\Delta V} \int_{\Delta V} \operatorname{div} \vec{E}(\vec{r}\,')\, dV' = \operatorname{div} \vec{E}(\vec{r}) = \vec{\nabla} \cdot \vec{E} \quad . \qquad (3.4.1)$$

Die Divergenz des elektrostatischen Feldes $\vec{E}(\vec{r})$ ist die lokale Quelldichte des elektrostatischen Feldes. Wegen des Zusammenhangs (3.3.14) zwischen dem elektrischen Kraftfluß und der Ladung gilt andererseits

$$\lim_{\Delta V \to 0} \frac{\Delta\Phi}{\Delta V} = \lim_{\Delta V \to 0} \frac{1}{\Delta V} \frac{1}{\varepsilon_0} \int_{\Delta V} \rho(\vec{r}\,')dV' = \frac{1}{\varepsilon_0} \rho(\vec{r}) \quad , \qquad (3.4.2)$$

so daß wir zu der Beziehung

$$\boxed{\vec{\nabla} \cdot \vec{E} = \operatorname{div} \vec{E}(\vec{r}) = \frac{1}{\varepsilon_0} \rho(\vec{r})} \qquad (3.4.3)$$

gelangen. *Die Quelldichte des elektrostatischen Feldes ist damit bis auf den konstanten Faktor* $1/\varepsilon_0$ *gleich der Ladungsdichte.*

In räumlichen Gebieten, in denen die Ladungsdichte

$$\rho(\vec{r}) = 0 \qquad (3.4.4)$$

ist, genügt das elektrostatische Feld der Bedingung

$$\operatorname{div} \vec{E} = 0 \quad . \qquad (3.4.5)$$

Sie gilt insbesondere für Felder von Punktladungen an allen Orten, die nicht durch eine Punktladung besetzt sind. Allgemein gilt für die Divergenz des Feldes einer Punktladung am Ort $\vec{r}_0$

$$\boxed{\operatorname{div} \vec{E} = \frac{1}{\varepsilon_0} Q\delta^3(\vec{r}-\vec{r}_0)} \quad . \tag{3.4.6}$$

Diese Beziehung rechnet man auch direkt durch Differenzieren aus dem Ausdruck für das elektrische Feld einer Punktladung nach, wenn man die Beziehungen für $\vec{r} \neq \vec{r}_0$

$$\vec{\nabla} \cdot (\vec{r}-\vec{r}_0) = 3 \quad \text{und} \quad \vec{\nabla} \frac{1}{|\vec{r}-\vec{r}_0|^3} = -3 \frac{\vec{r}-\vec{r}_0}{|\vec{r}-\vec{r}_0|^5}$$

benutzt. Man erhält außerhalb der Singularität, d.h. für $\vec{r} \neq \vec{r}_0$

$$\vec{\nabla} \cdot \frac{1}{4\pi\varepsilon_0} \frac{\vec{r}-\vec{r}_0}{|\vec{r}-\vec{r}_0|^3} = 0 \quad . \tag{3.4.7}$$

Damit kann die Divergenz des Punktladungsfeldes nur bei $\vec{r} = \vec{r}_0$ von Null verschieden sein. Mit Hilfe von (3.2.5) und (3.4.3) gewinnen wir gerade die Beziehung (3.4.6).

3.5 Wirbelfreiheit des elektrostatischen Feldes. Feldgleichungen

Die Wirbel des elektrostatischen Feldes berechnen wir ganz analog für Punkte außerhalb des Quellpunktes $\vec{r} = \vec{r}_0$ durch Differentiation

$$\begin{aligned} \vec{\nabla} \times \vec{E}(\vec{r}) &= \frac{Q}{4\pi\varepsilon_0} \vec{\nabla} \times \frac{\vec{r}-\vec{r}_0}{|\vec{r}-\vec{r}_0|^3} \\ &= \frac{Q}{4\pi\varepsilon_0}\left[\frac{1}{|\vec{r}-\vec{r}_0|^3} \vec{\nabla}\times(\vec{r}-\vec{r}_0) + \left(\vec{\nabla}\frac{1}{|\vec{r}-\vec{r}_0|^3}\right) \times(\vec{r}-\vec{r}_0)\right] \\ &= \frac{-3Q}{4\pi\varepsilon_0} \frac{\vec{r}-\vec{r}_0}{|\vec{r}-\vec{r}_0|^5} \times (\vec{r}-\vec{r}_0) = 0 \quad . \end{aligned}$$

Für den Punkt $\vec{r} = \vec{r}_0$ ergibt sich das Verschwinden der Rotation mit Hilfe des Stokesschen Satzes (Abschnitt 2.9) aus dem Verschwinden des Linienintegrals um $\vec{r}_0$ für beliebige geschlossene Wege, vgl.(2.6.15). Für das elektrostatische Feld (3.2.4) einer Ladungsverteilung $\rho(\vec{r}\,')$ gilt dann nach Integration über dV'

$$\vec{\nabla} \times \vec{E}(\vec{r}) = 0 \quad . \tag{3.5.1}$$

Die beiden Beziehungen für Divergenz und Rotation des elektrischen Feldes

$$\boxed{\vec{\nabla} \cdot \vec{E}(\vec{r}) = \frac{1}{\varepsilon_0} \rho(\vec{r}) \quad \text{und} \quad \vec{\nabla} \times \vec{E}(\vec{r}) = 0} \tag{3.5.2}$$

bestimmen das elektrische Feld im Vakuum vollständig, wenn die statische Ladungsdichte $\rho(\vec{r})$ vorgegeben ist (Abschnitt 2.12). Sie heißen *Feldgleichungen der Elektrostatik*.

3.6 Das elektrostatische Potential. Spannung

Wie das Newtonsche Gravitationsfeld können wir auch das elektrostatische Feld aus einem Potential ableiten. Wir gehen von dem soeben gewonnenen Ergebnis aus, daß die Rotation des elektrostatischen Feldes verschwindet. Unter Benutzung des Stokesschen Satzes folgt daraus sofort, daß auch das Linienintegral

$$\oint_{(a)} \vec{E}(\vec{r}\,')\cdot d\vec{r}\,' = \int_a \operatorname{rot} \vec{E}(\vec{r}\,')\cdot d\vec{a}\,' = 0 \tag{3.6.1}$$

ist, wobei die Integration über einen beliebigen geschlossenen Weg (a) ausgeführt wird, der der Rand einer Fläche a ist. Der physikalische Inhalt der Gleichung (3.6.1) wird sofort deutlich, wenn sie mit q, der Ladung eines Probekörpers, multipliziert wird. Der Wert des Linienintegrals

$$q \oint_{(a)} \vec{E}\cdot d\vec{r}\,' = \oint_{(a)} \vec{F}\cdot d\vec{r}\,' = W \tag{3.6.2}$$

ist dann gleich der Arbeit, die die Kraft $\vec{F}'$ bei der Bewegung der Probeladung längs des geschlossenen Weges (a) leistet. Nach (3.6.1) verschwindet diese Arbeit, weil das elektrostatische Feld wirbelfrei ist.

Die Aussage (3.6.1) läßt sich auch so formulieren, daß das Linienintegral zwischen zwei Punkten $\vec{r}_0$ und $\vec{r}$ unabhängig von der Wahl des Integrationsweges ist, der die beiden Punkte verbindet. In Abb.3.5 sind zwei Integrationswege C_1 und C_2 dargestellt. Wegen (3.6.1) gilt

$$\int_{C_1} \vec{E}(\vec{r}\,')\cdot d\vec{r}\,' = \int_{C_2} \vec{E}(\vec{r}\,')\cdot d\vec{r}\,' \quad . \tag{3.6.3}$$

Damit ist das Wegintegral nur eine Funktion seiner Grenzen

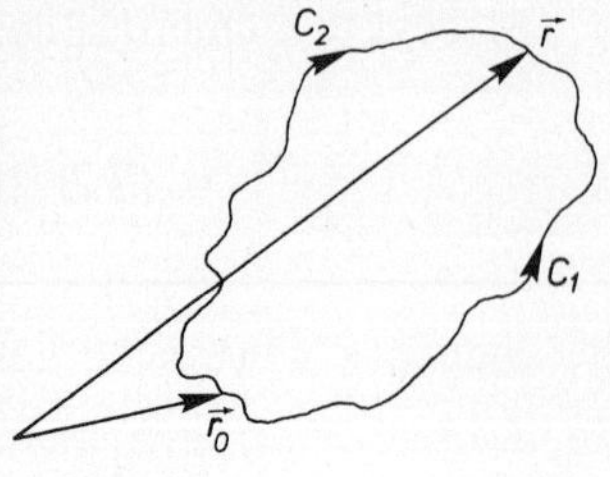

Abb.3.5. Zur Wegunabhängigkeit des Linienintegrals

$$\boxed{\int_{\vec{r}_0}^{\vec{r}} \vec{E}\cdot d\vec{r} = \varphi(\vec{r}_0) - \varphi(\vec{r})} \quad . \tag{3.6.4}$$

Die so, bis auf eine additive Konstante $\varphi(\vec{r}_0)$, definierte skalare Funktion $\varphi(\vec{r})$ heißt das *Potential des elektrostatischen Feldes*. Durch Multiplikation mit der Ladung eines Probekörpers erhält sie die Bedeutung der potentiellen Energie des Probekörpers im elektrostatischen Feld:

$$V(\vec{r}) = q\,\varphi(\vec{r}) \quad . \tag{3.6.5}$$

Kennt man das Potential eines Feldes, so gewinnt man das elektrostatische Feld selbst durch Bildung des negativen Gradienten

$$\vec{E}(\vec{r}) = -\vec{\nabla}\varphi(\vec{r}) \tag{3.6.6}$$

in völliger Analogie zum Gravitationsfeld [Bd.I, Abschnitt 4.8.5]. In dieser Weise ist das Vektorfeld $\vec{E}(\vec{r})$ durch das skalare Feld $\varphi(\vec{r})$ eindeutig gegeben.

Das Potential einer Punktladung im Koordinatenursprung ist gegeben durch

$$\varphi(\vec{r}) = \varphi(\vec{r}_0) - \int_{\vec{r}_0}^{\vec{r}} \frac{Q}{4\pi\varepsilon_0} \frac{\vec{r}}{|\vec{r}|^3} \cdot d\vec{r} = \varphi(\vec{r}_0) - \int_{\vec{r}_0}^{\vec{r}} \frac{Q}{4\pi\varepsilon_0} \frac{1}{2} \frac{d(\vec{r}^{\,2})}{|\vec{r}|^3}$$

$$= \varphi(\vec{r}_0) - \frac{Q}{4\pi\varepsilon_0} \int_{r_0}^{r} \frac{r\,dr}{r^3} = \varphi(\vec{r}_0) + \frac{Q}{4\pi\varepsilon_0}\left(\frac{1}{r} - \frac{1}{r_0}\right) \quad .$$

Setzen wir das Potential im Unendlichen gleich Null, so gewinnen wir den Ausdruck

$$\varphi(\vec{r}) = \frac{1}{4\pi\varepsilon_0} \frac{Q}{r} \quad . \tag{3.6.7}$$

Das Potential mehrerer Ladungen $Q_1, \ldots, Q_N$, die sich an den Orten $\vec{r}, \ldots, \vec{r}_N$ befinden, ist dann

$$\varphi(\vec{r}) = \frac{1}{4\pi\varepsilon_0} \sum_{i=1}^{N} \frac{Q_i}{|\vec{r}-\vec{r}_i|} \quad . \tag{3.6.8}$$

Das Potential einer beliebigen Ladungsverteilung der Dichte $\rho(\vec{r})$ gewinnt man entsprechend

$$\boxed{\varphi(\vec{r}) = \frac{1}{4\pi\varepsilon_0} \int \frac{\rho(\vec{r}\,')}{|\vec{r}-\vec{r}\,'|} \, dV'} \quad , \tag{3.6.9}$$

wenn man ebenfalls das Potential im Unendlichen gleich Null setzt.

Als *elektrische Spannung* zwischen zwei Punkten $\vec{r}_1$ und $\vec{r}_2$ bezeichnet man die Potentialdifferenz

$$\boxed{U = \varphi(\vec{r}_2) - \varphi(\vec{r}_1)} \quad . \tag{3.6.10}$$

Als Einheit des Potentials und damit auch der Spannung führt man das Volt ein

$$1 \text{ Volt} = 1 \text{ V} = 1 \frac{\text{N}\cdot\text{m}}{\text{C}} = 1 \frac{\text{Ws}}{\text{C}} = 1 \frac{\text{J}}{\text{C}} \quad . \tag{3.6.11}$$

3.7 Graphische Veranschaulichung elektrostatischer Felder

Wie schon im Abschnitt 3.1 erwähnt, kann der Verlauf eines elektrostatischen Feldes im Raum durch *Feldlinien* veranschaulicht werden, die in Richtung der Feldstärke verlaufen. Genauer ausgedrückt heißt das, die elektrische Feldstärke an einem Punkt hat die *Richtung* der Tangenten an die Feldlinie durch diesen Punkt. Um auch den *Betrag* der Feldstärke zu kennzeichnen, bringen wir in konstanten Abständen $\delta\varphi$ des Potentials Marken auf jeder Feldlinie an. Ist $\delta\vec{s}$ der räumliche Verbindungsvektor zwischen zwei Potentialmarken, so ist in linearer Näherung

$$\delta\varphi = |\operatorname{grad}\varphi \cdot \delta\vec{s}| = \vec{E} \cdot \delta\vec{s} = E\,\delta s$$

und damit

$$E = \frac{\delta\varphi}{\delta s} \quad .$$

Da $\delta\varphi$ konstant gehalten wird, ist der Betrag der Feldstärke umgekehrt proportional zum Abstand δs der Potentialmarken.

Abb.3.6a zeigt die Feldlinien mit Potentialmarken für eine positive Punktladung. Gezeichnet sind nur die Linien in einer Ebene, die die Ladung selbst enthält. Entsprechend dem quadratischen Abfall der Feldstärke nimmt der Abstand der Potentialmarken nach außen rasch zu. In der Nähe der Punktladung selbst würden die Potentialmarken beliebig dicht liegen. Sie sind daher nur bis zu einem bestimmten Mindestabstand von der Punktladung gezeichnet.

Potentialmarken auf benachbarten Feldlinien, die zum gleichen Wert des Potentials gehören, liegen auf der gleichen *Äquipotentialfläche* im Raum. In der Darstellung des Feldes in einer Ebene wie in Abb.3.6a liegen sie auf einer *Äquipotentiallinie*, nämlich der Schnittlinie zwischen der Ebene der Darstellung und der Äquipotentialfläche. Im einfachen Fall einer Punktladung sind diese Linien als Schnitte durch die kugelförmigen Äquipotentialflächen Kreise.

Statt nur Potentialmarken einzutragen, kann man auch direkt den Wert des Potentials über der Ebene auftragen. Bezeichnen wir die Ebene der Abb.3.6a

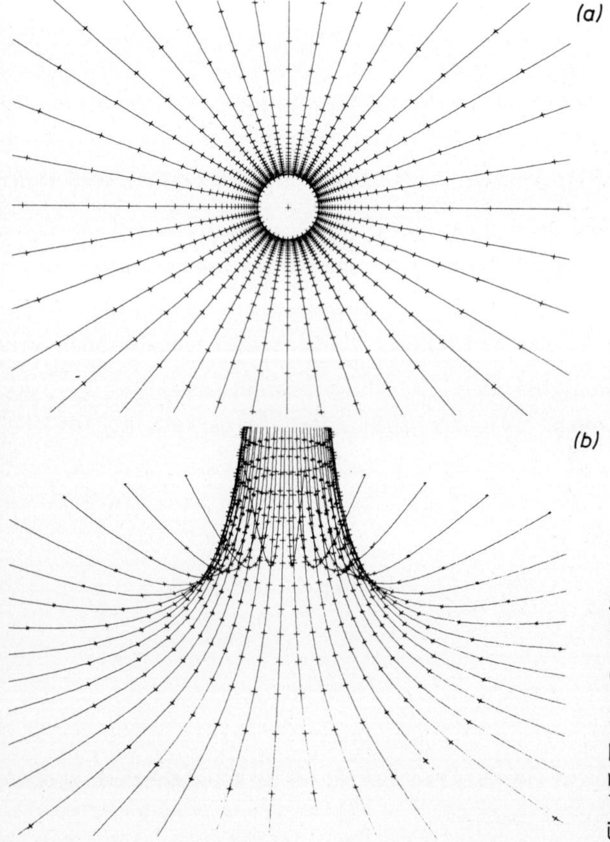

Abb.3.6. (a) Feldlinien einer positiven Punktladung in einer Ebene, die die Ladung enthält. Auf den Feldlinien sind in gleichen Potentialabständen $\delta\varphi = \text{const}$ Potentialmarken eingezeichnet. (b) Potential der Punktladung dargestellt als Fläche über der Ebene (a)

als x-y-Ebene, so betrachten wir also die graphische Darstellung der Funktion $\varphi = \varphi(x,y)$. Das ist die Darstellung einer Fläche in einem Raum, der von den Variablen x,y und φ aufgespannt wird (Abb.3.6b). Wir nennen sie die *Potentialfläche* über der x-y-Ebene. Die Potentiallinien aus Abb.3.6a sind in dieser Darstellung Höhenlinien, d.h. Schnittlinien der Potentialfläche mit Ebenen φ = konst. Die Feldlinien sind Fallinien, die die Richtung der stärksten Potentialänderung haben. In dieser Darstellung erkennt man besonders deutlich, daß das Potential einer Punktladung am Ort der Punktladung einen Pol hat.

Die besprochenen Methoden sollen natürlich im besonderen dazu dienen, kompliziertere Felder zu veranschaulichen. Abb.3.7 zeigt Feldlinien und Potentialflächen zweier gleich großer positiver Ladungen in einer Ebene, die diese Ladungen enthält. Man beobachtet Feldsingularitäten an den Orten der beiden Ladungen und eine Spiegelsymmetrie zur Mittelsenkrechten der Verbindungslinie zwischen den beiden Ladungen. Die Potentialfläche besitzt in der Mitte zwischen den beiden Ladungen einen Sattelpunkt.

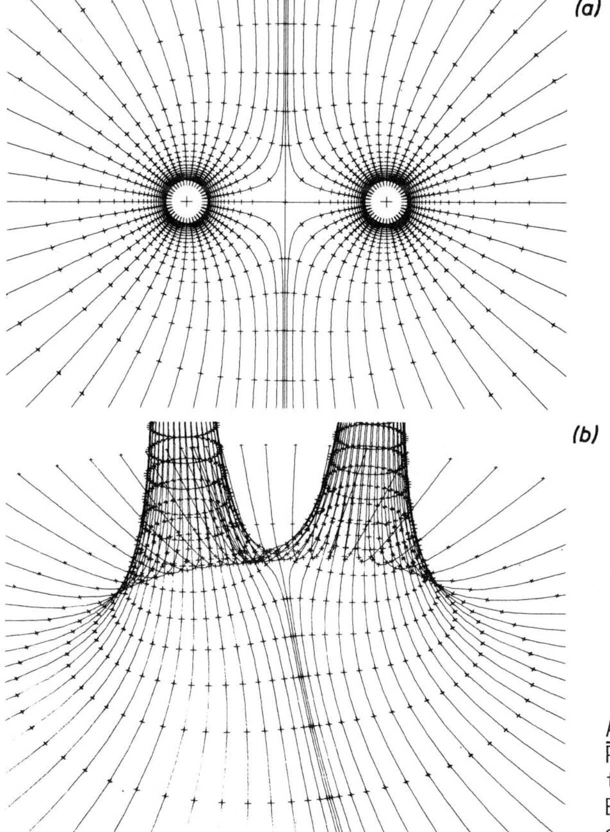

Abb.3.7. Feldlinien (a) und Potential (b) zweier positiver Punktladungen in einer Ebene, die die Ladungen enthält

3.8 Poisson-Gleichung. Laplace-Gleichung

Aus dem Zusammenhang zwischen der Divergenz des elektrostatischen Feldes und der Ladungsdichte (3.4.3)

$$\vec{\nabla} \cdot \vec{E}(\vec{r}) = \frac{1}{\varepsilon_0} \rho(\vec{r}) \tag{3.8.1}$$

gewinnt man durch Einsetzen von (3.6.6) mit Hilfe der Relation

$$\vec{\nabla} \cdot \vec{E} = \vec{\nabla} \cdot (-\vec{\nabla}\varphi) = -\Delta\varphi \tag{3.8.2}$$

die *Poisson-Gleichung*

$$\boxed{\Delta\varphi(\vec{r}) = -\frac{1}{\varepsilon_0} \rho(\vec{r})} \quad . \tag{3.8.3}$$

Bei vorgegebener Ladungsdichte ist dies eine lineare inhomogene partielle Differentialgleichung zweiter Ordnung für das Potential, die für geeignet vorgegebene Randbedingungen eindeutig gelöst werden kann. Verlangt man als Randbedingung, daß das Potential im Unendlichen verschwindet, ist die Lösung durch (3.6.9) gegeben.

Für Gebiete, in denen die Ladungsdichte verschwindet, genügt das elektrostatische Potential der homogenen partiellen Differentialgleichung

$$\Delta\varphi(\vec{r}) = 0 \quad . \tag{3.8.4}$$

Sie heißt *Laplace-Gleichung*.

Setzen wir den Zusammenhang zwischen Feldstärke und Potential $\vec{E} = -\vec{\nabla}\varphi$ in (3.4.6) ein, so geht die linke Seite in $-\Delta\varphi$ über, und wir erhalten für das Punktladungspotential die Poisson-Gleichung in der Form

$$\boxed{\Delta\varphi = -\frac{Q}{\varepsilon_0} \delta^3(\vec{r}-\vec{r}_0)} \quad . \tag{3.8.5}$$

Da das Punktladungspotential die Gestalt

$$\varphi = \frac{Q}{4\pi\varepsilon_0} \frac{1}{|\vec{r}-\vec{r}_0|} \tag{3.8.6}$$

hat, erhalten wir sofort die Relation

$$\boxed{\Delta \frac{1}{|\vec{r}-\vec{r}_0|} = -4\pi\, \delta^3(\vec{r}-\vec{r}_0)} \quad . \tag{3.8.7}$$

Diese Beziehung erhält eine rigorose mathematische Bedeutung in der Theorie der Distributionen, die wir in Anhang B an einigen Beispielen erläutern.

3.9 Elektrischer Dipol

Wir betrachten das Feld zweier entgegengesetzt gleich großer Ladungen vom Betrag Q, die sich an den Orten $\vec{b}/2$ und $-\vec{b}/2$ befinden (Abb.3.8). Wir bezeichnen eine solche Anordnung zweier Ladungen in endlichem Abstand als *elektrostatischen Zweipol*. Nach (3.6.8) erzeugt sie ein elektrostatisches Potential

$$\varphi(\vec{r}) = \frac{1}{4\pi\varepsilon_0}\left(\frac{Q}{|\vec{r}-\frac{\vec{b}}{2}|} + \frac{-Q}{|\vec{r}+\frac{\vec{b}}{2}|}\right) \quad . \tag{3.9.1}$$

Feldlinien und Potential eines solchen *Zweipols* sind in Abb.3.9 dargestellt.

Für Aufpunkte $\vec{r}$, die hinreichend weit von den Orten $\vec{b}/2$ und $-\vec{b}/2$ der Ladungen entfernt sind, wird das Potential durch eine Reihenentwicklung approximiert. Dabei benutzt man die Taylorentwicklung von

$$\frac{1}{|\vec{r}\pm\frac{\vec{b}}{2}|} = \frac{1}{\sqrt{\left(\vec{r}\pm\frac{\vec{b}}{2}\right)^2}} = \frac{1}{\sqrt{\vec{r}^{\,2}\pm\vec{b}\cdot\vec{r}+\frac{1}{4}\vec{b}^{\,2}}} = \frac{1}{r}\,\frac{1}{\sqrt{1\pm\frac{\vec{b}\cdot\vec{r}}{r^2}+\frac{b^2}{4r^2}}} = \frac{1}{r}\left(1\mp\frac{1}{2}\frac{\vec{b}\cdot\vec{r}}{r^2}+\dots\right) \quad ,$$

die man nach dem in b linearen Glied abbricht. Die nicht mehr berücksichtigten Glieder fallen stärker als $1/r^2$ ab. Bei der Berechnung des Potentials hebt sich der Term mit $1/r$ weg und man findet

$$\boxed{\varphi_D(\vec{r}) = \frac{1}{4\pi\varepsilon_0}\frac{Q\,\vec{b}\cdot\vec{r}}{r^3} = \frac{1}{4\pi\varepsilon_0}\frac{\vec{d}\cdot\vec{r}}{r^3}} \quad . \tag{3.9.2}$$

Dabei ist

$$\vec{d} = Q\vec{b} \tag{3.9.3}$$

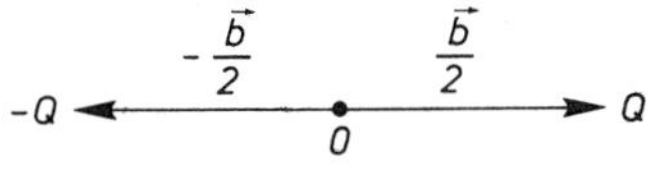

$-Q$ ← $-\frac{\vec{b}}{2}$ — 0 — $\frac{\vec{b}}{2}$ → Q

Abb.3.8. Anordnung zweier entgegengesetzt gleicher Ladungen im Abstand $\vec{b}$ (Zweipol)

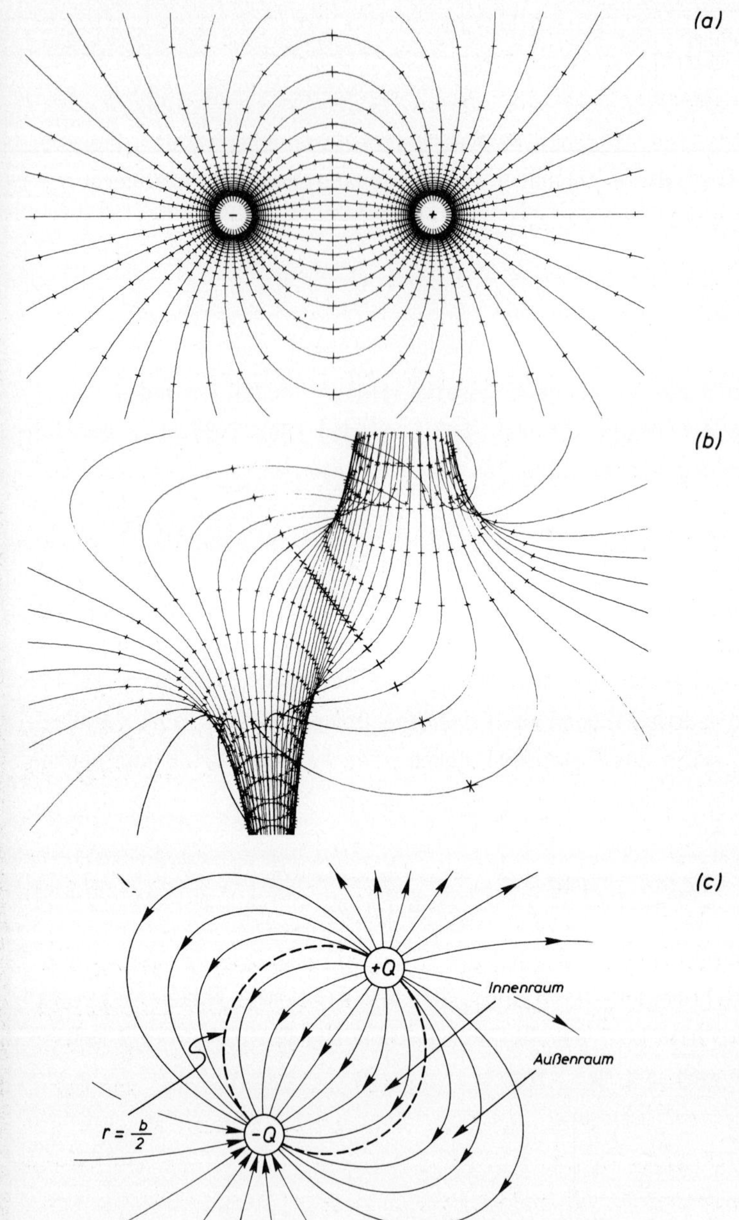

Abb.3.9. Feldlinien (a) und Potential (b) eines Zweipols, in einer Ebene, die die Ladungen -Q (links) und +Q (rechts) enthält. Die größeren Potentialmarken kennzeichnen das Potential $\varphi = 0$. (c) Einteilung des Zweipolfeldes in Innen- und Außenraum

das *Dipolmoment der Ladungsanordnung*. Die vernachlässigten Glieder fallen wiederum stärker als $1/r^2$ ab, so daß für $r \gg b$ der obige Term zur Beschreibung des Potentials der beiden Ladungen ausreicht. Die anschauliche Interpretation dieses Ergebnisses ist folgende: Aus großem Abstand beobachtet neutralisieren sich die beiden Ladungen Q und -Q in niedrigster Näherung. Der *Monopolbeitrag*, d.h. ein Beitrag vom Punktladungstyp (3.6.7), der nur mit 1/r abfällt, verschwindet, es verbleibt jedoch ein Potential, das mit $1/r^2$ abfällt.

Das Potential (3.9.2) heißt *Dipolpotential*. Das zugehörige elektrostatische *Dipolfeld* gewinnt man wieder durch Gradientenbildung für $r \neq 0$

$$\vec{E}_D(\vec{r}) = \frac{1}{4\pi\varepsilon_0} \frac{3(\vec{d}\cdot\hat{\vec{r}})\hat{\vec{r}}-\vec{d}}{r^3} \quad . \tag{3.9.4}$$

Mit Hilfe des Einheitstensors $\underline{\underline{1}}$ und des dyadischen Produktes

$$\vec{r} \otimes \vec{r} = r^2(\hat{\vec{r}}\otimes\hat{\vec{r}}) \tag{3.9.5}$$

läßt sich die Feldstärke in die Form

$$\vec{E}_D(\vec{r}) = \frac{\vec{d}}{4\pi\varepsilon_0} \frac{3\hat{\vec{r}}\otimes\hat{\vec{r}}-\underline{\underline{1}}}{r^3} = \frac{3\hat{\vec{r}}\otimes\hat{\vec{r}}-\underline{\underline{1}}}{r^3} \frac{\vec{d}}{4\pi\varepsilon_0} \tag{3.9.6}$$

bringen. Im Gegensatz zum Monopolfeld ist das Dipolfeld nicht kugelsymmetrisch. Legt man die z-Achse eines Koordinatensystems in die Dipolachse $\vec{d}$ so ist der Winkel zwischen $\vec{d}$ und $\vec{r}$ der Polarwinkel ϑ in diesem Koordinatensystem, und $\vec{E}$ hat die Form

$$\vec{E}_D(r,\vartheta,\varphi) = \frac{1}{4\pi\varepsilon_0} \frac{1}{r^3} (3\hat{\vec{r}}d \cos\vartheta-\vec{d}) \quad . \tag{3.9.7}$$

Da die elektrische Feldstärke nicht vom Azimutwinkel φ abhängt, hat sie Zylindersymmetrie um die Dipolachse. Die Abhängigkeit von r und ϑ kann man am einfachsten diskutieren, indem man eine Ebene im Raum betrachtet, die die Dipolachse enthält. Abb.3.10a zeigt die Feldlinien des Dipolfeldes und die Äquipotentiallinien in dieser Ebene. In Abb.3.10b ist das Potential über dieser Ebene aufgetragen. Man beobachtet, daß das Potential längs der Geraden durch den Ursprung senkrecht zur Dipolachse verschwindet, vgl.(3.9.2). Verfolgt man das Potential entlang der Dipolachse, so verschwindet es im Unendlichen, ändert sich zum Ursprung hin monoton und hat im Ursprung eine Singularität mit Vorzeichenwechsel.

Eine elektrostatische Ladungsverteilung, die ein Potential der Form (3.9.2) hat, heißt *Dipol*.

Der elektrische Kraftfluß eines Dipols durch eine Kugeloberfläche, die ihn umgibt, muß Null sein, weil die Gesamtladung des Dipols verschwindet, vgl. (3.3.11). Das rechnet man mit (3.3.7) auch direkt nach

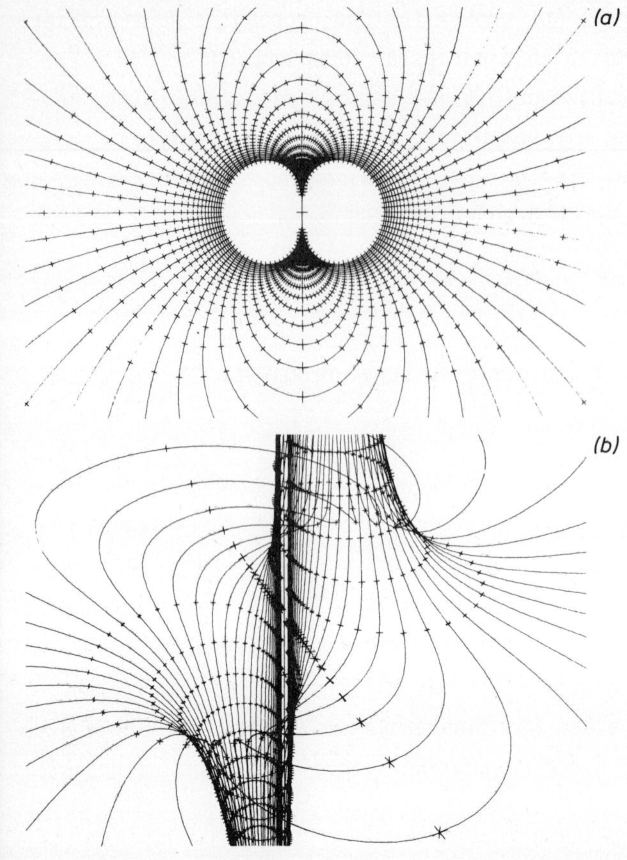

Abb.3.10. (a) Feldlinien eines Dipols in einer Ebene, die den Dipol enthält. (b) Potential des Dipols, dargestellt als Fläche über dieser Ebene

$$\Phi = \oint \vec{E} \cdot d\vec{a} = \frac{1}{4\pi\varepsilon_0} \int_0^{2\pi} \int_{-1}^{+1} \frac{3(\vec{d}\cdot\hat{\vec{r}})\hat{\vec{r}}-\vec{d}}{r^3} \cdot \hat{\vec{r}}\, r^2\, d\Omega = \frac{1}{2\pi\varepsilon_0} \int_0^{2\pi} \int_{-1}^{1} \frac{\vec{d}\cdot\hat{\vec{r}}}{r}\, d\Omega = 0 \quad . \tag{3.9.8}$$

Das letzte Integral ist eine ungerade Funktion in $\hat{\vec{r}}$ und verschwindet.

*3.9.1 Dipol im Grenzfall verschwindenden Ladungsabstandes. Ladungsdichte des Dipols

Man kann einen Dipol auch als den Grenzfall zweier im Abstand $\vec{b}$ benachbarter Ladungen Q, -Q betrachten, deren Abstand nach Null geht, während die Größe Q der Ladungen dabei so anwächst, daß das Produkt

$$d = Qb = \mathrm{const} \tag{3.9.9}$$

konstant bleibt, so daß ein Dipolmoment

$$\vec{d} = Q\vec{b} \tag{3.9.10}$$

resultiert. Zur Diskussion des Grenzfalles teilen wir das Gebiet um den Dipol, der bei $\vec{r}_0 = 0$ lokalisiert werde, in zwei Gebiete, das Außengebiet $r > b/2$ und das Innengebiet $r < b/2$, so daß wir von der Darstellung

$$\vec{E}(\vec{r}) = \frac{Q}{4\pi\varepsilon_0}\,\Theta\left(r - \frac{b}{2}\right)\left(\frac{\vec{r} - \frac{\vec{b}}{2}}{|\vec{r} - \frac{\vec{b}}{2}|^3} - \frac{\vec{r} + \frac{\vec{b}}{2}}{|\vec{r} + \frac{\vec{b}}{2}|^3}\right)$$
$$+ \frac{Q}{4\pi\varepsilon_0}\,\Theta\left(\frac{b}{2} - r\right)\left(\frac{\vec{r} - \frac{\vec{b}}{2}}{|\vec{r} - \frac{\vec{b}}{2}|^3} - \frac{\vec{r} + \frac{\vec{b}}{2}}{|\vec{r} + \frac{\vec{b}}{2}|^3}\right) \tag{3.9.11}$$

ausgehen. Der Grund für die Aufteilung in die beiden Bereiche ist, daß in ihnen verschiedene Approximationen durchgeführt werden müssen. Anschaulich ist das sofort klar, wenn man Abb.3.9c betrachtet. Im Außenraum $r > b/2$ ist das Feld in führender Näherung ein Feld, das unter Beachtung von (3.9.9) nicht von b abhängt, während es zwischen den beiden Ladungen $(r < b/2)$ ein führendes Feld fester Richtung gibt, das mit kleiner werdendem Ladungsabstand steigt. In beiden Gebieten betrachten wir als Näherung nur die führenden Beiträge

$$\vec{E}(\vec{r}) = \frac{Q}{4\pi\varepsilon_0}\,\Theta\left(r - \frac{b}{2}\right)\frac{3(\vec{b}\cdot\hat{\vec{r}})\hat{\vec{r}} - \vec{b}}{r^3} - \frac{Q}{4\pi\varepsilon_0}\,\Theta\left(\frac{b}{2} - r\right)\vec{b}\,\frac{1}{\left(\frac{b}{2}\right)^3} \quad . \tag{3.9.12}$$

Im oben diskutierten Grenzfall bleiben nur diese beiden Terme übrig.

Mit dem oben angegebenen Grenzwert des Produktes $Q\vec{b} = \vec{d}$ wird die Feldstärke in führender Näherung

$$\vec{E}_D(\vec{r}) = \frac{1}{4\pi\varepsilon_0}\,\Theta\left(r - \frac{b}{2}\right)\frac{3(\vec{d}\cdot\hat{\vec{r}})\hat{\vec{r}} - \vec{d}}{r^3} - \frac{1}{4\pi\varepsilon_0}\,\vec{d}\,\frac{1}{\left(\frac{b}{2}\right)^3}\,\Theta\left(\frac{b}{2} - r\right) \quad . \tag{3.9.13}$$

Der erste Term ist identisch mit (3.9.4), wo die Feldstärke aus dem Dipolpotential für $r \neq 0$ hergeleitet wurde. Der zweite Term zeigt ein starkes Anwachsen für kleine Abstände b der Ladungen. Vergleicht man diesen Term mit (3.2.7), so sieht man, daß er auf eine Kugel vom Radius b/2 konzentriert ist, während (3.2.7) einen Würfel betrifft. Das Volumenintegral über den Faktor $[3/4\pi(b/2)^3]\Theta(b/2-r)$ liefert

$$\frac{3}{4\pi(b/2)^3}\int \Theta\left(\frac{b}{2} - r\right) dV = \frac{3}{4\pi(b/2)^3}\iiint_0^{b/2} r^2\,dr\,d\Omega = 1 \quad , \tag{3.9.14}$$

unabhängig von der Größe von b. Damit ist analog zu (3.2.10) dieser Faktor für Werte b, die gegen Null gehen, eine δ-Folge

$$\frac{3}{4\pi(b/2)^3}\,\Theta\left(\frac{b}{2}-r\right) \to \delta^3(\vec{r}) \quad . \tag{3.9.15}$$

Insgesamt erhalten wir im Grenzfall verschwindender b für die Dipolfeldstärke

$$\boxed{\vec{E}_D(\vec{r}) = \frac{1}{4\pi\varepsilon_0}\,\Theta\left(r-\frac{b}{2}\right)\frac{3(\vec{d}\cdot\hat{\vec{r}})\hat{\vec{r}}-\vec{d}}{r^3} - \frac{1}{\varepsilon_0}\frac{1}{3}\vec{d}\,\delta^3(\vec{r})} \quad . \tag{3.9.16}$$

Der Term mit der Dirac'schen Deltafunktion ist für alle $\vec{r} \neq 0$ ohne Belang. Für Dipoldichten jedoch ist der zweite Term gerade wesentlich für die Berechnung der Oberflächenladungen (vgl. Aufgabe 5.3). Den oben ausgeführten Grenzbetrachtungen läßt sich im Rahmen der Distributionstheorie eine strenge Fassung geben. Die dabei wesentlichen Argumente sind für einige Beispiele im Anhang B dargelegt.

Für spätere Anwendungen ziehen wir noch den Schluß, daß aus dem Vergleich von (3.9.1) mit (3.9.2) und (3.9.6) folgt ($b/2 = \varepsilon \neq 0$, beliebig klein)

$$\boxed{\vec{\nabla}\otimes\vec{\nabla}\,\frac{1}{r} = \vec{\nabla}\otimes\left(-\frac{\vec{r}}{r^3}\right) = \Theta(r-\varepsilon)\,\frac{3\hat{\vec{r}}\otimes\hat{\vec{r}}-\underline{\underline{1}}}{r^3} - \frac{4\pi}{3}\,\underline{\underline{1}}\,\delta^3(\vec{r})} \quad . \tag{3.9.17}$$

Die *Spur* eines Tensors $\underline{\underline{A}}$ ist definiert durch

$$\mathrm{Sp}\,\underline{\underline{A}} = \sum_{k=1}^{3} \vec{e}_k\,\underline{\underline{A}}\,\vec{e}_k = \sum_{k=1}^{3} A_{kk} \quad , \tag{3.9.18}$$

d.h. sie ist gleich der Summe der Matrixelemente in der Hauptdiagonalen. Für das dyadische Produkt $\vec{a}\otimes\vec{b}$ zweier Vektoren ist die Spur einfach gleich dem Skalarprodukt

$$\mathrm{Sp}\,\vec{a}\otimes\vec{b} = \vec{a}\cdot\vec{b} \quad . \tag{3.9.19}$$

Die Spur des Tensors auf der linken Seite von (3.9.17) ist gerade der Laplace-Operator

$$\mathrm{Sp}\,\vec{\nabla}\otimes\vec{\nabla} = \vec{\nabla}\cdot\vec{\nabla} = \Delta \quad . \tag{3.9.20}$$

Spurbildung der Beziehung (3.9.17) liefert wieder die wichtige Beziehung (3.8.7)

$$\Delta \frac{1}{r} = -4\pi\delta^3(\vec{r}) \quad , \tag{3.9.21}$$

weil die Spur des ersten Terms auf der rechten Seite von (3.9.16) verschwindet.

Zur Vorbereitung der Diskussion der höheren Multipole bemerken wir noch, daß das Dipolpotential auch in der Form

$$\varphi_D(\vec{r}) = -\vec{b} \cdot \vec{\nabla}\left(\frac{1}{4\pi\varepsilon_0} \frac{Q}{r}\right) \tag{3.9.22}$$

geschrieben werden kann. Abgesehen von einer Verifikation durch Nachrechnen kann man diese Behauptung auch unmittelbar aus der Definition des Gradienten folgern. Die Gleichung (3.9.1) ist als Differenz zweier Monopolpotentiale

$$\varphi_M(\vec{r}-\vec{r}_0) = \frac{1}{4\pi\varepsilon_0} \frac{Q}{|\vec{r}-\vec{r}_0|} \tag{3.9.23}$$

mit den Quellpunkten $r_0 = b/2$ bzw. $-b/2$ gegeben. Ihre Taylorentwicklung um $\vec{r}_0 = 0$ ist

$$\varphi_M(\vec{r}+\vec{r}_0) = \varphi_M(\vec{r}) + \vec{r}_0 \cdot \vec{\nabla}\, \varphi_M(\vec{r}) + \ldots \quad . \tag{3.9.24}$$

Das Dipolpotential ergibt sich jetzt als lineare Approximation in $\vec{b}$ der beiden Monopolfelder

$$\varphi(\vec{r}) = \varphi_M(\vec{r}-\vec{b}/2) - \varphi_M(\vec{r}+\vec{b}/2) \quad , \tag{3.9.25}$$

d.h.

$$\varphi_D(\vec{r}) = -\vec{b} \cdot \vec{\nabla}\, \varphi_M(\vec{r}) = -\frac{1}{4\pi\varepsilon_0} \vec{d} \cdot \vec{\nabla} \frac{1}{r} \quad . \tag{3.9.26}$$

Die Ladungsdichte eines Dipols kann man als Divergenz des Dipolfeldes durch Differentiation direkt ausrechnen und erhält

$$\frac{1}{\varepsilon_0} \rho_D = \vec{\nabla} \cdot \vec{E}_D = \vec{\nabla} \cdot (-\vec{\nabla}\varphi_D) = -\Delta\varphi_D = \frac{1}{4\pi\varepsilon_0} \Delta\vec{d} \cdot \vec{\nabla} \frac{1}{r} = \frac{1}{4\pi\varepsilon_0} \vec{d} \cdot \vec{\nabla}\Delta \frac{1}{r} \quad .$$

Mit Hilfe von (3.8.7)

$$\Delta \frac{1}{r} = -4\pi\delta^3(\vec{r})$$

ist die Ladungsdichte eines Dipols am Ort $\vec{r}=0$ schließlich durch

$$\boxed{\rho_D(\vec{r}) = -\vec{d}\cdot\vec{\nabla}\,\delta^3(\vec{r})} \qquad (3.9.27)$$

gegeben. Damit erfüllt ein Dipolpotential die Poisson-Gleichung

$$\boxed{\Delta\varphi_D = \frac{1}{\varepsilon_0}\,\vec{d}\cdot\vec{\nabla}\,\delta^3(\vec{r})} \quad . \qquad (3.9.28)$$

Das Auftreten des Gradienten der Dirac'schen δ-Funktion sieht man formal auch direkt ein, wenn man die Ladungsverteilung des Dipols als Summe der Ladungsverteilungen zweier Monopole der Ladungen $\pm Q$ im Abstand $\pm b/2$ vom Punkt $\vec{r}=0$ betrachtet

$$\rho_D(\vec{r}) = Q\delta^3(\vec{r}-\vec{b}/2) - Q\delta^3(\vec{r}+\vec{b}/2) \quad .$$

Die Taylorentwicklung der δ-Funktionen um den Punkt $\vec{r}$ lautet

$$\delta^3(\vec{r}+\vec{b}) = \delta^3(\vec{r}) + \vec{b}\cdot\vec{\nabla}\,\delta^3(\vec{r}) + \ldots \quad .$$

Damit finden wir für die Ladungsverteilung

$$\rho_D(\vec{r}) = Q(-\vec{b}/2-\vec{b}/2)\vec{\nabla}\delta^3(\vec{r}) = -\vec{d}\cdot\vec{\nabla}\,\delta^3(\vec{r}) \quad , \qquad (3.9.29)$$

denselben Ausdruck wie durch Berechnung der Divergenz des Dipolfeldes.

3.9.2 Potentielle Energie eines Dipols im elektrostatischen Feld. Kraft und Drehmoment auf einen Dipol

Die potentielle Energie eines Dipols $\vec{d}$ am Ort $\vec{r}$ in einem elektrischen Feld $\vec{E}(\vec{r}) = -\vec{\nabla}\varphi(\vec{r})$ gewinnt man am einfachsten durch Betrachtung der potentiellen Energie seiner beiden Teilladungen Q und -Q im Feld $\vec{E}$ an den Orten $\vec{r}+\vec{b}/2$ und $\vec{r}-\vec{b}/2$ (Abb.3.11)

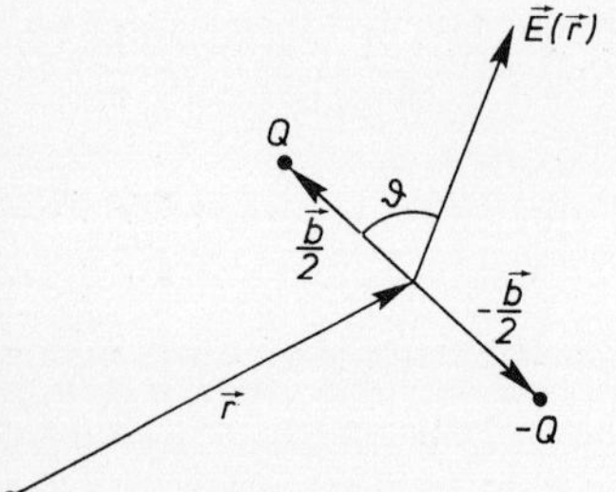

Abb.3.11. Dipol im äußeren elektrischen Feld $\vec{E}(\vec{r})$

$$E_{pot} = Q[\varphi(\vec{r}+\vec{b}/2)-\varphi(\vec{r}-\vec{b}/2)] \quad .$$

Durch Taylor-Entwicklung von φ um die Stelle $\vec{r}$ finden wir

$$\varphi(\vec{r}+\vec{b}/2) - \varphi(\vec{r}-\vec{b}/2) = \vec{b} \cdot \vec{\nabla}\varphi(\vec{r}) + \text{höhere Glieder} \quad ,$$

so daß die potentielle Energie durch

$$E_{pot} = Q\,\vec{b} \cdot \vec{\nabla}\varphi(\vec{r}) = \vec{d} \cdot \vec{\nabla}\varphi(\vec{r}) = -\vec{d} \cdot \vec{E}(\vec{r}) \quad , \qquad (3.9.30)$$

das negative Skalarprodukt aus dem Dipolmoment $\vec{d} = Q\vec{b}$ und der Feldstärke $\vec{E}$ am Ort $\vec{r}$ des Dipols, gegeben wird. Als Funktion des Winkels

$$\vartheta = \sphericalangle[\vec{d},\vec{E}(\vec{r})]$$

zwischen den Richtungen des Dipolmomentes und des Feldes hat die potentielle Energie

$$E_{pot} = -d\,E(\vec{r})\cos\vartheta$$

bei $\vartheta = 0$ ein Minimum, bei $\vartheta = \pi$ ein Maximum. Die Lage des Dipolmomentes parallel zum Feld ist stabil.

Die Kraft auf den Dipol im elektrischen Feld läßt sich dann durch Gradientenbildung ausrechnen [mit $\vec{a}\times(\vec{b}\times\vec{c}) = \vec{b}(\vec{a}\cdot\vec{c})-\vec{c}(\vec{b}\cdot\vec{a})$]

$$\vec{F}(\vec{r}) = -\vec{\nabla}E_{pot}(\vec{r}) = \vec{\nabla}(\vec{d}\cdot\vec{E}) = (\vec{d}\cdot\vec{\nabla})\vec{E} + \vec{d} \times (\vec{\nabla}\times\vec{E}) \quad . \qquad (3.9.31)$$

Wegen der Wirbelfreiheit des elektrostatischen Feldes verschwindet der letzte Term, so daß

$$\boxed{\vec{F}(\vec{r}) = (\vec{d}\cdot\vec{\nabla})\vec{E}} \qquad (3.9.32a)$$

gilt. In kartesischen Koordinaten sind die Komponenten der Kraft

$$F_k = \sum_{\ell=1}^{3} d_\ell \frac{\partial}{\partial x_\ell} E_k \quad , \quad k = 1,2,3 \quad . \qquad (3.9.32b)$$

Für homogenes, d.h. $\vec{r}$-unabhängiges elektrostatisches Feld $\vec{E}$ gilt

$$(\vec{d}\cdot\vec{\nabla})\vec{E} = 0$$

und damit

$$\vec{F} = 0 \quad .$$

Auf einen Dipol wirkt im homogenen elektrostatischen Feld keine Kraft. Allerdings tritt im homogenen Feld ein Drehmoment auf den Dipol auf. Die Größe findet man durch Berechnung der Drehmomente auf die Einzelladungen Q und -Q

$$\vec{D} = \frac{\vec{b}}{2} \times \vec{F}\left(\vec{r} + \frac{\vec{b}}{2}\right) - \frac{\vec{b}}{2} \times \vec{F}\left(\vec{r} - \frac{\vec{b}}{2}\right) = \frac{\vec{b}}{2} \times Q\vec{E} + \frac{\vec{b}}{2} \times Q\vec{E} = Q\vec{b} \times \vec{E} \quad ,$$

$$\boxed{\vec{D} = \vec{d} \times \vec{E}} \quad . \tag{3.9.33}$$

*3.9.3 Kraft zwischen zwei Dipolen. Potentielle Energie zweier Dipole

In einem inhomogenen Feld wirkt die resultierende Kraft (3.9.32a) auf den Dipol. Wir betrachten den speziellen Fall, daß dieses Feld seinerseits von einem Dipol erzeugt wird $\vec{E} = \vec{E}_D$. Die beiden Dipole haben die Momente $\vec{d}_1$, $\vec{d}_2$, der Abstandsvektor von $\vec{d}_2$ nach $\vec{d}_1$ sei $\vec{r}$. Mit (3.9.6) ist dann die Kraft auf den Dipol $\vec{d}_1$

$$\vec{F} = (\vec{d}_1 \cdot \vec{\nabla})\vec{E}_D = \frac{1}{4\pi\varepsilon_0}(\vec{d}_1 \cdot \vec{\nabla}) \frac{3(\vec{d}_2 \cdot \hat{\vec{r}})\hat{\vec{r}} - \vec{d}_2}{r^3}$$

$$= \frac{3}{4\pi\varepsilon_0} \cdot \frac{(\vec{d}_1 \cdot \hat{\vec{r}})\vec{d}_2 + (\vec{d}_2 \cdot \hat{\vec{r}})\vec{d}_1 + (\vec{d}_1 \cdot \vec{d}_2)\hat{\vec{r}} - 5(\vec{d}_1 \cdot \hat{\vec{r}})(\vec{d}_2 \cdot \hat{\vec{r}})\hat{\vec{r}}}{r^4} \quad . \tag{3.9.34}$$

Wie man durch Gradientenbildung $\vec{F} = -\vec{\nabla}V$ sofort nachweist, gehört zu dieser Kraft die potentielle Energie

$$V = \frac{1}{4\pi\varepsilon_0} \frac{\vec{d}_1 \cdot \vec{d}_2 - 3(\vec{d}_1 \cdot \hat{\vec{r}})(\vec{d}_2 \cdot \hat{\vec{r}})}{r^3} \quad . \tag{3.9.35}$$

*3.10 Elektrischer Quadrupol

Ein Dipolfeld wurde von einer Anordnung zweier Monopole erzeugt, die keine resultierende Ladung besaß. Wir betrachten jetzt das Potential einer Anordnung, die auch kein resultierendes Dipolmoment mehr besitzt, z.B. Abb.3.12.

In Abb.3.13a sind die Feldlinien von vier symmetrisch angeordneten Monopolen gleicher Stärke und alternierenden Vorzeichens in der Ebene dargestellt, die die Monopole enthält. Abb.3.13b zeigt zusätzlich das elektrostatische Potential. Man erkennt, daß das Potential an den Orten der Ladung singulär

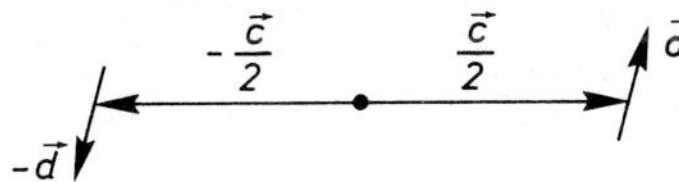

Abb.3.12. Anordnung zweier entgegengesetzt gleicher Dipole im Abstand $\vec{c}$

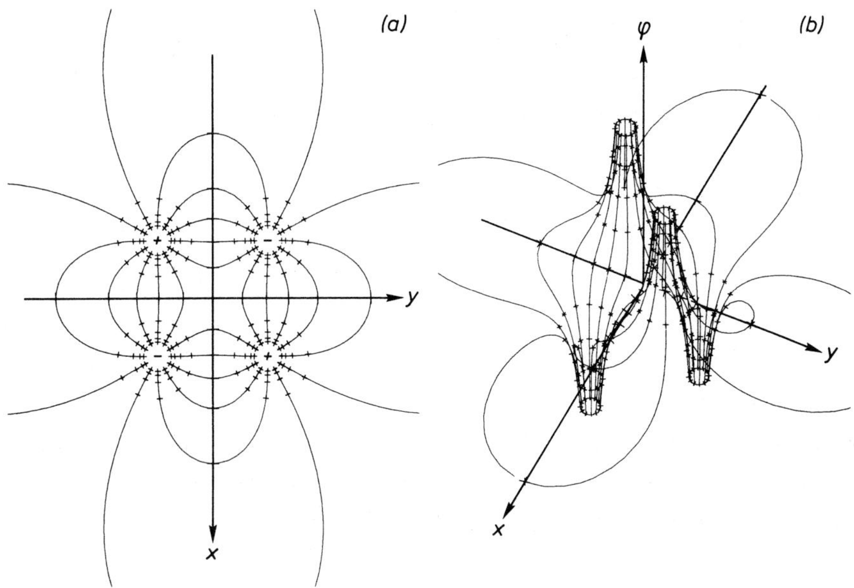

Abb.3.13. Feldlinien (a) und Potential (b) von 4 Ladungen, die in der Zeichenebene von (a) auf den Ecken eines Quadrats liegen. Die Ladungen haben gleichen Betrag aber wechselndes Vorzeichen

wird und entlang zweier Geraden, die durch den Symmetriepunkt der Anordnung gehen, Null ist. Für den Grenzfall verschwindender Ausdehnung gehen wir am einfachsten von zwei Dipolen mit entgegengesetzt gleichem Dipolmoment $\vec{d}$ und $-\vec{d}$ aus, die sich an den Orten $\vec{c}/2$ und $-\vec{c}/2$ befinden (Abb.3.12). Das Potential dieser Anordnung ist dann

$$\varphi(\vec{r}) = \varphi_D(\vec{r}-\vec{c}/2) - \varphi_D(\vec{r}+\vec{c}/2) \quad . \tag{3.10.1}$$

In linearer Approximation erhält man analog zu (3.9.26)

$$\varphi_Q(\vec{r}) = -(\vec{c}\cdot\vec{\nabla})\varphi_D(\vec{r}) \quad . \tag{3.10.2}$$

Da dieses Feld aus zwei Dipolen und damit aus vier Monopolen aufgebaut ist, heißt es Quadrupolpotential. Die zugehörige idealisierte physikalische Anordnung nennen wir *Quadrupol*. Durch Einsetzen des Dipolpotentials (3.9.26) erhalten wir

$$\varphi_Q(\vec{r}) = (\vec{c}\cdot\vec{\nabla})(\vec{b}\cdot\vec{\nabla})\varphi_M(\vec{r}) \quad . \tag{3.10.3}$$

Der Ausdruck vor φ_M kann als Skalarprodukt zweier Tensoren geschrieben werden

$$(\vec{c}\cdot\vec{\nabla})(\vec{b}\cdot\vec{\nabla}) = (\vec{c}\otimes\vec{b}) \cdot (\vec{\nabla}\otimes\vec{\nabla}) = (\vec{b}\otimes\vec{c}) \cdot (\vec{\nabla}\otimes\vec{\nabla}) \tag{3.10.4}$$

wie man nachrechnet, wenn man die Beziehung [Bd.I, Gl.(2.6.9)] auf die dyadischen Produkte

$$\underline{\underline{A}} = \vec{c} \otimes \vec{b} \quad \text{und} \quad \underline{\underline{B}} = \vec{\nabla} \otimes \vec{\nabla} \tag{3.10.5}$$

spezialisiert. Insgesamt läßt sich das Quadrupolpotential in der folgenden Gestalt darstellen

$$\boxed{\varphi_Q(\vec{r}) = \frac{1}{4\pi\varepsilon_0}\frac{Q}{2}(\vec{b}\otimes\vec{c}+\vec{c}\otimes\vec{b}) \cdot (\vec{\nabla}\otimes\vec{\nabla})\frac{1}{r}} \; . \tag{3.10.6}$$

Der symmetrische Tensor vom Rang 2

$$\underline{\underline{M}} = \frac{1}{2} Q(\vec{b}\otimes\vec{c}+\vec{c}\otimes\vec{b}) \tag{3.10.7}$$

heißt *Quadrupolmoment*.

Die explizite Ortsabhängigkeit ist durch (3.9.17) gegeben

$$(\vec{\nabla}\otimes\vec{\nabla})\frac{1}{r} = -\vec{\nabla}\otimes\frac{\vec{r}}{r^3} = \frac{3\hat{\vec{r}}\otimes\hat{\vec{r}}-\underline{\underline{1}}}{r^3}\Theta(r-\varepsilon) - \frac{4\pi}{3}\underline{\underline{1}}\,\delta^3(\vec{r}) \quad , \tag{3.10.8}$$

so daß das Potential des Quadrupols vollständig ausgeschrieben die Gestalt hat:

$$\begin{aligned}
\varphi_Q &= \frac{1}{4\pi\varepsilon_0}\underline{\underline{M}} \cdot \frac{3\hat{\vec{r}}\otimes\hat{\vec{r}}-\underline{\underline{1}}}{r^3}\Theta(r-\varepsilon) - \frac{\underline{\underline{M}}\cdot\underline{\underline{1}}}{3\varepsilon_0}\delta^3(\vec{r}) \\
&= \frac{1}{4\pi\varepsilon_0}\frac{3\hat{\vec{r}}\underline{\underline{M}}\hat{\vec{r}}-\mathrm{Sp}\{\underline{\underline{M}}\}}{r^3}\Theta(r-\varepsilon) - \frac{\mathrm{Sp}\{\underline{\underline{M}}\}}{3\varepsilon_0}\delta^3(\vec{r}) \\
&= \frac{1}{4\pi\varepsilon_0} Q\,\frac{3(\vec{b}\cdot\vec{r})(\vec{c}\cdot\vec{r})-\vec{b}\cdot\vec{c}}{r^3}\Theta(r-\varepsilon) - Q\frac{\vec{b}\cdot\vec{c}}{3\varepsilon_0}\delta^3(\vec{r}) \quad .
\end{aligned} \tag{3.10.9}$$

Das elektrostatische Feld des Quadrupols erhält man wieder durch Gradientenbildung.

*3.11 Entwicklung des Potentials einer beliebigen Ladungsverteilung nach Multipolen

Für eine Ladungsverteilung endlicher Ausdehnung der Dichte $\rho(\vec{r})$ mit endlicher Gesamtladung (Abb.3.14)

$$Q = \int \rho(\vec{r}\,')\,dV' \tag{3.11.1}$$

ist ein im Unendlichen verschwindendes Potential durch (3.1.41)

$$\varphi(\vec{r}) = \frac{1}{4\pi\varepsilon_0}\int \frac{\rho(\vec{r}\,')}{|\vec{r}-\vec{r}\,'|}\,dV' \tag{3.11.2}$$

gegeben. Das Integral läßt sich im allgemeinen nicht geschlossen auswerten. Man kann jedoch ein systematisches Näherungsverfahren benutzen, die *Entwicklung nach Multipolen*. Sie beruht auf einer Taylor-Entwicklung des Ausdrucks $1/|\vec{r}-\vec{r}\,'|$ nach $\vec{r}\,'$, die für $r' < r$ konvergiert

$$\frac{1}{|\vec{r}-\vec{r}\,'|} = \frac{1}{r} - (\vec{r}\,'\cdot\vec{\nabla})\,\frac{1}{r} + \frac{1}{2}\,(\vec{r}\,'\cdot\vec{\nabla})(\vec{r}\,'\cdot\vec{\nabla})\,\frac{1}{r} + \text{Terme höherer Ordnung.} \tag{3.11.3}$$

Die Terme dieser Entwicklung lassen sich in Faktoren zerlegen, die nur noch entweder von $\vec{r}$ oder $\vec{r}\,'$ abhängen

$$(\vec{r}\,'\cdot\vec{\nabla})\,\frac{1}{r} = \vec{r}\,'\cdot\left(\vec{\nabla}\,\frac{1}{r}\right) , \tag{3.11.4}$$

$$(\vec{r}\,'\cdot\vec{\nabla})(\vec{r}\,'\cdot\vec{\nabla})\,\frac{1}{r} = (\vec{r}\,'\otimes\vec{r}\,')\cdot(\vec{\nabla}\otimes\vec{\nabla})\,\frac{1}{r} .$$

Wie wir aus den Diskussionen des Dipols und Quadrupols wissen, ist $\vec{\nabla}(1/r)$ gerade der Term, der die Ortsabhängigkeit des Dipolpotentials bestimmt, er fällt mit $1/r^2$ für große r ab.

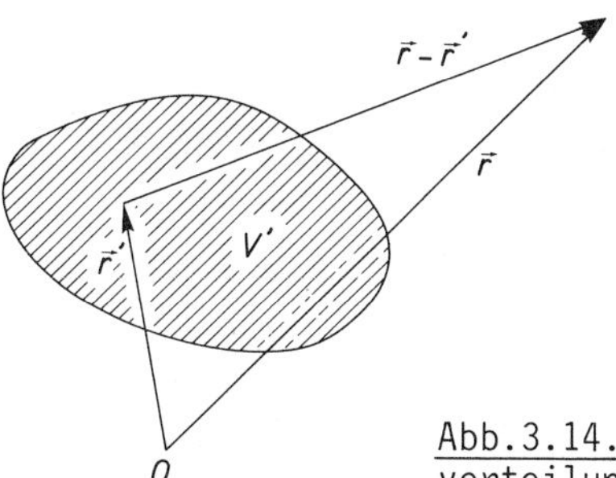

Abb.3.14. Zur Berechnung des Potentials einer Ladungsverteilung in großem Abstand

Der Faktor $(\vec{\nabla}\otimes\vec{\nabla})(1/r)$ bestimmt das Potential eines Quadrupols und fällt mit $1/r^3$ ab. Analog beschreiben die Terme höherer Ordnung (3.11.3) höhere Multipole, die für große r mit noch höheren Potenzen von 1/r gegen Null gehen. Wir setzen die Entwicklung (3.11.3) in das Integral (3.11.2) ein und erhalten

$$\varphi(\vec{r}) = \frac{1}{4\pi\varepsilon_0}\frac{1}{r}\int \rho(\vec{r}\,')\,dV' - \frac{1}{4\pi\varepsilon_0}\vec{\nabla}\frac{1}{r}\cdot\int\rho(\vec{r}\,')\vec{r}\,'\,dV'$$
$$+ \frac{1}{4\pi\varepsilon_0}\frac{1}{2}(\vec{\nabla}\otimes\vec{\nabla})\cdot\frac{1}{r}\int\rho(\vec{r}\,')\vec{r}\,'\otimes\vec{r}\,'\,dV'$$
$$+ \text{Terme höherer Ordnung} \quad . \tag{3.11.5}$$

Jeder Term dieser Entwicklung besteht aus einem Faktor, der nur vom Aufpunkt $\vec{r}$ abhängt, und einem weiteren Faktor, der vollständig durch die Ladungsverteilung $\rho(\vec{r})$ bestimmt wird.

Den ersten Beitrag bezeichnet man als *Monopolterm*, er ist durch die Gesamtladung (3.11.1) der Ladungsverteilung bestimmt. Der zweite Beitrag ist der *Dipolterm*, er ist durch das vektorielle Dipolmoment

$$\boxed{\vec{d} = \int\rho(\vec{r}\,')\vec{r}\,'\,dV'} \tag{3.11.6}$$

der Ladungsverteilung gegeben. Der dritte Summand heißt *Quadrupolterm* und ist durch das tensorielle Quadrupolmoment

$$\boxed{\underline{\underline{M}} = \frac{1}{2}\int\rho(\vec{r}\,')(\vec{r}\,'\otimes\vec{r}\,')\,dV'} \tag{3.11.7}$$

festgelegt. Die Terme höherer Ordnung enthalten als höhere Multipolmomente Tensoren dritter, vierter, ... Stufe. Die Entwicklung (3.11.5) lautet dann

$$\boxed{\begin{aligned}\varphi(\vec{r}) = \frac{1}{4\pi\varepsilon_0}\frac{Q}{r} + \frac{1}{4\pi\varepsilon_0}\frac{1}{r^2}\vec{d}\cdot\hat{\vec{r}} + \frac{1}{4\pi\varepsilon_0}\frac{1}{r^3}\underline{\underline{M}}\cdot(3\hat{\vec{r}}\otimes\hat{\vec{r}}-\underline{\underline{1}})\\ + \text{Terme höherer Ordnung}\end{aligned}} \quad . \tag{3.11.8}$$

Für Abstände r, die groß gegen die Ausdehnung der Ladungsverteilung sind, genügen die ersten Terme dieser *Multipolentwicklung* zur Beschreibung des Potentials.

Aufgaben

3.1: Zeigen Sie, daß die Ladungsverteilung (3.9.27) die Gesamtladung Null enthält.

3.2: Spezialisieren Sie die Beziehung (3.9.34) für die Kraft zwischen zwei Dipolen auf folgende spezielle Anordnungen:
a) $\vec{d}_1$ parallel zu $\vec{d}_2$; $\vec{d}_1$, $\vec{d}_2$ senkrecht auf $\vec{r}$,
b) $\vec{d}_1$ antiparallel zu $\vec{d}_2$; $\vec{d}_1$, $\vec{d}_2$ senkrecht auf $\vec{r}$,
c) $\vec{d}_1$ parallel zu $\vec{d}_2$; $\vec{d}_1$, $\vec{d}_2$ parallel zu $\vec{r}$,
d) $\vec{d}_1$ antiparallel zu $\vec{d}_2$ und $\vec{d}_1$ parallel zu $\vec{r}$.
Zeigen Sie, daß die Kraft zwischen den Dipolen in den Fällen a) und d) abstoßend und in den Fällen b) und c) anziehend ist. Erläutern Sie dieses Ergebnis direkt mit Hilfe des Coulombschen Gesetzes. Zeigen Sie, daß die potentielle Energie V bei festem Abstand r in den Fällen a) und d) maximal und in den Fällen b) und c) minimal ist.

3.3: Berechnen Sie die Linien $\varphi = 0$ in der Ebene, die von $\vec{b}$ und $\vec{c}$ aufgespannt wird für einen unsymmetrischen Quadrupol ($\vec{c} \cdot \vec{b} \neq 0$).

3.4: Berechnen Sie Dipolmoment (3.11.6) und Quadrupolmoment (3.11.7) für eine Ladungsverteilung, die aus zwei Punktladungen +q an den Orten (1,0,0) und (-1,0,0) und einer Ladung -q am Ort (0,1,0) eines kartesischen Koordinatensystems besteht. Vergleichen Sie den exakten Ausdruck für das Potential der drei Punktladungen mit dem, der sich aus der Multipolentwicklung einschließlich des Quadrupolterms ergibt, und zwar insbesondere an den Orten der Punktladungen, am Ursprung und in großem Abstand.

4. Elektrostatik in Anwesenheit von Leitern

In Leitern können sich Ladungen frei bewegen. Ein Leiter mit der Gesamtladung Null, der sich in einem feldfreien Raum befindet, hat überall die Ladungsdichte Null, da andernfalls zwischen Gebieten verschiedener Ladungsdichte elektrische Felder entstünden, die einen Ladungsausgleich zur Folge hätten. Bringt man jedoch einen neutralen Leiter in ein elektrisches Feld, so werden seine Ladungen unter der Wirkung des Feldes so verschoben, daß an der Oberfläche des Leiters Flächenladungsdichten auftreten, die das ursprüngliche Feld verändern. Ein statischer Zustand ist dann erreicht, wenn die Komponenten der elektrischen Feldstärke tangential zur Metalloberfläche Null sind. Die elektrische Feldstärke steht dann überall senkrecht auf der Oberfläche, die somit selbst Äquipotentialfläche ist. Man sagt, das elektrische Feld influenziert Ladungsdichten auf Leiteroberflächen und nennt dieses Phänomen *Influenz*.

Experiment 4.1. Demonstration der Influenz (Abb.4.1)
Ein Elektroskop trägt einen Metallbecher und zeigt zunächst keinen Ausschlag. Wir halten dann einen durch Reibung aufgeladenen Hartgummistab in den Becher, ohne ihn zu berühren. Dabei schlägt der Zeiger des Elektroskops aus. Erden wir die Außenseite des Bechers kurzzeitig, so verschwindet der Ausschlag, tritt jedoch erneut auf, wenn wir den Stab entfernen. Wir deuten den Befund wie folgt: Durch das Feld der negativen Ladung des Stabes werden die auf dem

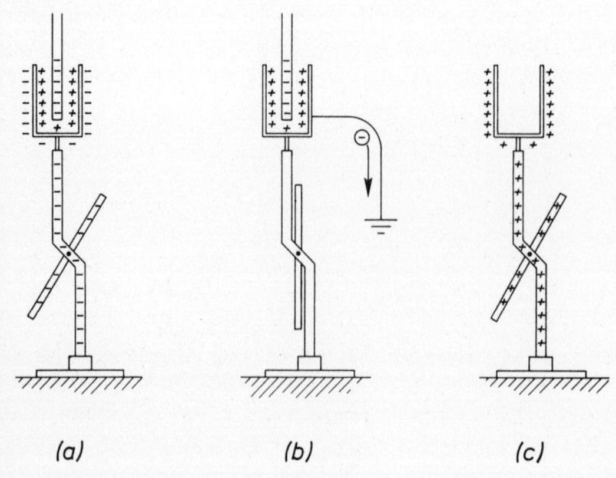

Abb.4.1. Demonstration der Influenz in Experiment 4.1

leitenden Becher frei beweglichen Ladungen derart verschoben, daß sich positive Ladung innen und negative Ladung außen auf dem Becher sammelt. Die negative Ladung, die sich über das Elektroskop verteilen kann, wird durch Ausschlag angezeigt; sie fließt jedoch während der kurzzeitigen Erdung ab. Wenn der Stab entfernt ist, wird die positive Ladung nicht mehr auf der Becherinnenseite festgehalten. Sie verteilt sich jetzt ihrerseits über das Elektroskop und bringt es erneut zum Ausschlag.

Die quantitative Berechnung der influenzierten Ladungsdichten auf beliebig geformten Oberflächen in elektrischen Feldern ist sehr kompliziert. Einige einfache Beispiele erläutern jedoch das Prinzip.

4.1 Influenz auf großen ebenen Platten

Wir betrachten nun eine Metallplatte der Fläche a, die – etwa durch Berührung mit einem geriebenen Stab – aufgeladen wurde, und eine ihr gegenübergestellte zunächst ungeladene Platte. Durch Influenz sammelt sich auf der Innenseite der zweiten Platte Ladung des anderen Vorzeichens an. Zwischen beiden Platten bildet sich ein elektrisches Feld aus, das direkt am Metall senkrecht auf den Plattenoberflächen stehen muß, da sich andernfalls weitere Ladungen im Metall verschieben würden. Sind die Linearabmessungen der Platten groß gegen den Plattenabstand b, so sind die *Flächenladungsdichten* σ bzw. σ' auf beiden Platteninnenflächen (abgesehen von den Randzonen) konstant. Das Feld zwischen den Platten ist homogen und steht senkrecht auf den Platten. Bilden wir das elektrische Flußintegral über einen Zylinder, dessen Grundflächen der Größe a' im Innern der beiden Platten liegen (Abb.4.2b), so tragen die Grundflächen zum

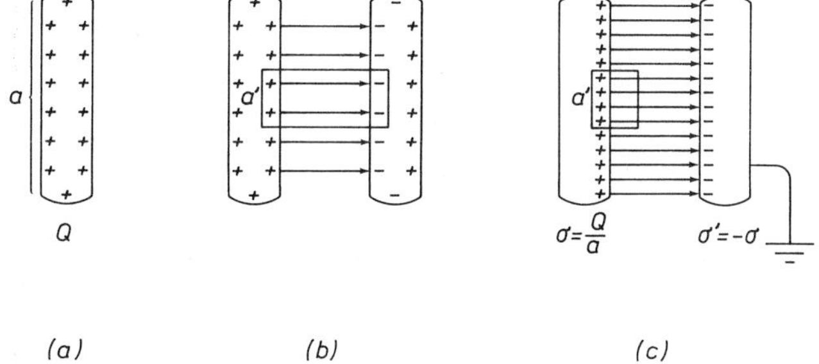

Abb.4.2. Durch Influenzwirkung zwischen einer Metallplatte der Ladung Q und einer gegenüberstehenden ursprünglich ungeladenen Platte bilden sich auf den Innenseiten beider Platten Flächenladungsdichten gleichen Betrages, die ein homogenes Feld zwischen den Platten hervorrufen. Durch Ableitung der Ladungen von der Außenseite der Gegenplatte zur Erde sammeln sich auf den Innenseiten die Ladungen $\pm Q$ an

Integral nichts bei, weil dort das Feld verschwindet, und die Mantelfläche nicht, weil das Feld in der Fläche liegt ($\vec{E}\cdot d\vec{a}=0$). Andererseits ist der Fluß gleich der umschlossenen Ladung. Also muß auch diese verschwinden; d.h. die Flächenladungsdichten σ und σ' sind entgegengesetzt gleich

$$\Phi = \int_{(V)} \vec{E}\cdot d\vec{a}'' = 0 = \frac{1}{\varepsilon_0}\int_{a'} \sigma da'' + \frac{1}{\varepsilon_0}\int_{a'} \sigma' da'' = \frac{1}{\varepsilon_0}(\sigma+\sigma')a' \quad , \quad \sigma' = -\sigma \; . \tag{4.1.1}$$

Geben wir nun durch Erdung der gegenüberstehenden Platte den Ladungen auf ihrer Außenseite Gelegenheit, abzufließen, so sammelt sich schließlich die Gesamtladung Q bzw. -Q auf den Innenseiten der Platten an. Die Ladungsdichte ist (unter Vernachlässigung von Randeffekten) konstant

$$\sigma = \frac{Q}{a} \; . \tag{4.1.2}$$

Den Betrag der Feldstärke zwischen den Platten erhält man leicht durch Bestimmung des Flusses durch einen Zylinder, dessen eine Grundfläche im Metall und dessen andere im Feld liegt

$$\Phi = \int_{(V)} \vec{E}\cdot d\vec{a}'' = \int_{a'} \vec{E}\cdot\hat{\vec{a}}' da'' = (\vec{E}\cdot\hat{\vec{a}}')a' = \frac{1}{\varepsilon_0}\int_{a'} \sigma da'' = \frac{1}{\varepsilon_0}\sigma a' \quad ,$$

$$\boxed{\vec{E}\cdot\hat{\vec{a}}' = \frac{1}{\varepsilon_0}\sigma} \; . \tag{4.1.3}$$

Die Flächenladung σ bewirkt eine Änderung der Feldstärke von Null im Leiter auf den Wert (4.1.3) im Zwischenraum zwischen den Platten.

In den felderfüllten Raum zwischen den beiden Platten mit den Flächenladungsdichten σ und $-\sigma$ bringen wir nun eine weitere ungeladene Metallplatte

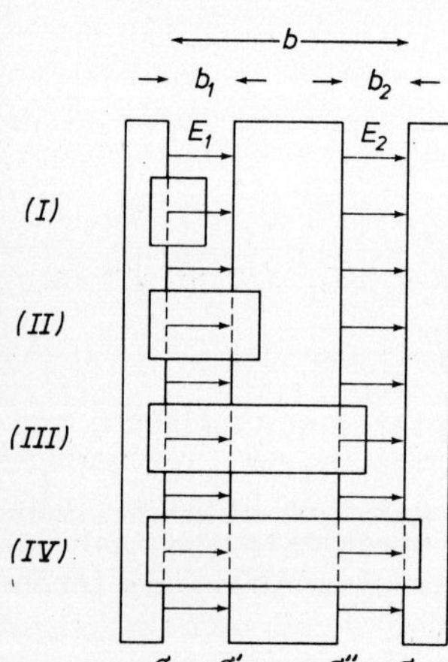

Abb.4.3. Durch Influenz entstandene Oberflächenladungsdichten σ', σ'' auf einer Metallplatte im Feld eines Plattenkondensators

(Abb.4.3). Unter dem Einfluß des Feldes werden auf ihren Seitenflächen die Ladungsdichten σ' und σ'' influenziert. Durch Berechnung der Flußintegrale über die vier in Abb. 4.3 angedeuteten Volumina findet man leicht (Aufgabe 4.1)

$$\sigma' = -\sigma \quad , \quad \sigma'' = \sigma \quad , \quad E_1 = E_2 = E = \frac{1}{\varepsilon_0} |\sigma| \quad . \tag{4.1.4}$$

Experiment 4.2. Trennung influenzierter Ladungen im Feld

Die Influenz entgegengesetzt gleicher Flächenladungen auf einer Metallplatte läßt sich leicht demonstrieren. Eine Anordnung aus zwei parallel zueinander isoliert aufgestellten Platten wird aufgeladen etwa durch Berührung einer Platte mit dem geriebenen Hartgummistab. Anschließend werden zwei weitere Platten, die an isolierenden Griffen gehalten werden können, in Kontakt miteinander ins Feld der feststehenden Platten gebracht. Werden die Platten im Feld voneinander getrennt, so trägt die eine auch nach Herausnahme aus dem Feld positive, die andere negative Influenzladungen. Die Ladung der Platten wird mit einem Elektroskop nachgewiesen, das bei Berührung mit der ersten Platte aufgeladen wird und ausschlägt. Bei Berührung mit der zweiten Platte verschwindet der Ausschlag wieder, weil das Elektroskop jetzt zusätzlich Ladung des entgegengesetzten Vorzeichens übernimmt

$$\sigma' = -\sigma \quad , \quad \sigma'' = \sigma \quad ,$$

die Gesamtladung der Platte bleibt natürlich Null.

4.2 Plattenkondensator. Kapazität

4.2.1 Kapazität

Wir kehren jetzt zu der einfachen Anordnung der Abb.4.2c zurück, zwei Platten der Fläche a im Abstand b (mit $b \ll \sqrt{a}$), die die Ladungen Q bzw. -Q tragen. Zwischen beiden besteht ein homogenes Feld der Stärke E. Die Potentialdifferenz ergibt sich durch Integration über die Feldstärke und unter Benutzung von (4.1.3) zu

$$U = \int_0^b E\,ds = Eb = \frac{1}{\varepsilon_0}\sigma b = \frac{1}{\varepsilon_0} Q \frac{b}{a} \quad . \tag{4.2.1}$$

Wir lesen sofort eine direkte Proportionalität der Spannung U zwischen den Platten und ihrer Ladung Q ab

$$\boxed{Q = CU} \quad . \tag{4.2.2}$$

Der Proportionalitätsfaktor C heißt *Kapazität*.

Die Einheit der Kapazität heißt (nach M.Faraday)

$$1\ \text{Farad} = 1\ \text{F} = 1\ \text{CV}^{-1} \ . \tag{4.2.3}$$

Die Anordnung aus ebenen Platten, die sich offenbar zur Speicherung von Ladung eignet, heißt *Plattenkondensator*. Ihre Kapazität ist

$$\boxed{C = \varepsilon_0 \frac{a}{b}} \ . \tag{4.2.4}$$

Wegen der Linearität der Poisson-Gleichung (3.8.3)

$$\Delta\varphi = -\frac{1}{\varepsilon_0}\rho$$

besteht die Proportionalität $Q = CU$ zwischen Spannung und Ladung für beliebige Anordnungen aus zwei Leitern. Man kann allen solchen Anordnungen eine Kapazität C zuordnen, die nur von ihrer Geometrie abhängt. Größen, die nur von der Anordnung selbst abhängen, bezeichnen wir als *Apparatekonstanten*.

Für die Wirkung einer Kapazität in einer Schaltung ist es im allgemeinen unerheblich, ob sie als Platten-, Kugel-, Zylinderkondensator oder anders ausgebildet ist. Große Kapazitäten erreicht man nach (4.2.4) durch große Oberflächen a und kleine Abstände b. Technisch werden diese Bedingungen z.B. durch Aufwickeln von Schichten aus Aluminiumfolie und Isolatorpapier erfüllt. Kapazitäten werden in Schaltungen durch einen stilisierten Plattenkondensator (Abb. 4.4a) gekennzeichnet.

4.2.2 Parallel- und Reihenschaltungen von Kondensatoren

Zusammenschaltungen mehrerer Kondensatoren können durch eine Gesamtkapazität gekennzeichnet werden. Bei einer *Parallelschaltung* (Abb.4.4b) liegt an beiden

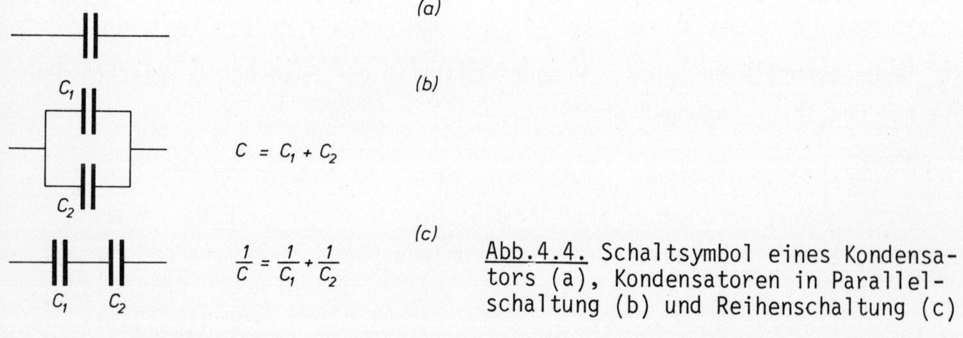

Abb.4.4. Schaltsymbol eines Kondensators (a), Kondensatoren in Parallelschaltung (b) und Reihenschaltung (c)

Kondensatoren die gleiche Spannung. Dann ist $Q_1 = C_1 U$ und $Q_2 = C_2 U$ und die Gesamtladung der Anordnung $Q = Q_1 + Q_2 = (C_1+C_2)U$. Der Vergleich mit (4.2.2) liefert

$$\boxed{C = C_1 + C_2} \quad . \tag{4.2.5}$$

Bei *Reihenschaltung* (Abb.4.4c) addieren sich die Spannungen an den Einzelkondensatoren zur Gesamtspannung

$$U = U_1 + U_2 = \frac{Q_1}{C_1} + \frac{Q_2}{C_2} \quad .$$

Die Ladungen auf den beiden inneren Platten der Anordnung, die ja leitend verbunden sind, sind durch Influenz im Feld der äußeren Platten entstanden und daher dem Betrage nach gleich. Beide Teilkondensatoren und die ganze Schaltung tragen daher die Ladung $Q = Q_1 = Q_2$. Damit gilt für die Spannung

$$U = \frac{C_1+C_2}{C_1 C_2} Q$$

und für die Gesamtkapazität

$$C = \frac{C_1 C_2}{C_1+C_2} \quad \text{bzw.} \quad \boxed{\frac{1}{C} = \frac{1}{C_1} + \frac{1}{C_2}} \quad . \tag{4.2.6}$$

4.2.3 Kraft zwischen den Kondensatorplatten

Die Feldstärke in einem Kondensator mit den Plattenladungen $Q = \sigma a$, der Plattenfläche a und dem Plattenabstand b hat nach (4.1.3) den Betrag $E = \sigma/\varepsilon_0$. Es ist nun naheliegend, entsprechend (3.1.2) anzunehmen, daß die Kraft, mit der die (entgegengesetzt aufgeladenen) Kondensatorplatten sich anziehen, einfach den Betrag $F = QE$ hat. Dieser Schluß wäre jedoch falsch. Wir müssen vielmehr berücksichtigen, daß die Flächenladungsdichte auf den Innenseiten der Kondensatorplatten eine Idealisierung ist. Wir stellen sie deshalb als eine Raumladungsdichte über eine dünne Schicht der Breite δ dar und nehmen sie dort der Einfachheit halber als konstant an (vgl. Abb.4.5.)

$$\rho(x) = \begin{cases} \rho_0 = \sigma/\delta & , \; -\delta < x < 0 \\ -\rho_0 = -\sigma/\delta & , \; b < x < b + \delta \\ 0 & , \; \text{sonst.} \end{cases} \quad .$$

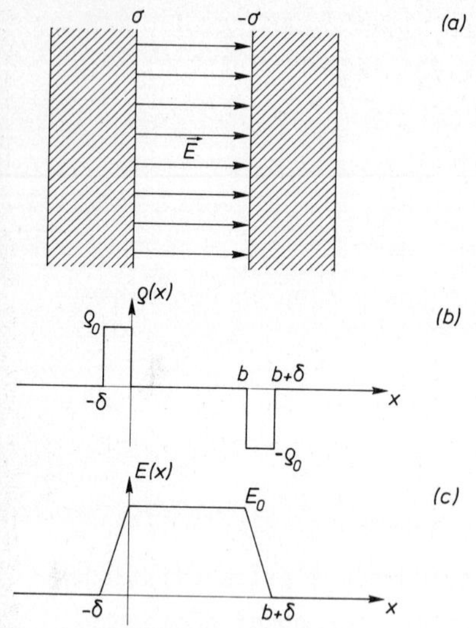

Abb.4.5. Die Flächenladungsdichten σ bzw. $-\sigma$ auf den Platten eines Kondensators (a) werden durch konstante Raumladungsdichten ρ_0 bzw. $-\rho_0$ in Bereichen der Tiefe δ unter den Plattenoberflächen beschrieben (b). Dadurch ergibt sich ein trapezförmiger Feldverlauf (c)

Die elektrische Feldstärke bestimmen wir aus der Beziehung (3.4.3), die wegen der Translationsinvarianz unserer Anordnung in y- und z-Richtung einfach

$$\operatorname{div}(\vec{E}) = \frac{dE}{dx} = \frac{1}{\varepsilon_0}\rho(x)$$

lautet, und erhalten z.B. für den Bereich $-\delta < x < 0$

$$E = \frac{1}{\varepsilon_0}\rho_0 x + E_0$$

nach Berücksichtigung der Randbedingungen

$$E = \begin{cases} E_0 = \sigma/\varepsilon_0 \quad , & 0 < x < b \\ 0 \quad , & x < -\delta \quad . \end{cases}$$

Die Kraft etwa auf die linke Platte erhalten wir nun durch Volumenintegration über das Produkt aus Ladungsdichte und Feldstärke

$$\begin{aligned} F &= \int_V \rho E dV' = a\int_{-\delta}^{0} \rho_0\left(\frac{1}{\varepsilon_0}\rho_0 x + E_0\right)dx = -\frac{a}{2\varepsilon_0}\rho_0^2\delta^2 + \rho_0 a\delta E_0 \\ &= -\frac{1}{2}QE_0 + QE_0 = \frac{1}{2}QE_0 \quad . \end{aligned}$$

Nennen wir jetzt die Feldstärke zwischen den Platten wieder E statt E_0, so hat die Kraft den Betrag

$$F = \frac{1}{2}QE \quad . \tag{4.2.7}$$

Die Abschwächung um den Faktor 1/2 gegenüber der ersten Abschätzung rührt offenbar daher, daß das Feld über den Bereich der Ladungsdichte vom vollen Wert auf Null absinkt und so im Mittel nur die halbe Feldstärke wirksam ist.

Mit (4.2.2), (4.2.4) und (4.2.1) läßt sich die Kraft zwischen den Platten in verschiedenen Formen schreiben

$$F = \frac{1}{2\varepsilon_0} \frac{C^2U^2}{a} = \frac{\varepsilon_0}{2} a \frac{U^2}{b^2} = \frac{\varepsilon_0}{2} a E^2 \quad . \tag{4.2.8}$$

Wir merken noch an, daß das Ergebnis (4.2.8) völlig unabhängig von der Gestalt der Raumladungsdichte in der Nähe der Plattenoberfläche ist. Man sieht das, wenn man $\rho = \varepsilon_0 dE/dx$ in das Integral für die Kraft einsetzt

$$F = \int_V \rho E \, dV = \varepsilon_0 a \int_{-\delta}^{0} E \frac{dE}{dx} dx = \varepsilon_0 a \int_0^E E dE = \frac{\varepsilon_0 a}{2} E^2 \quad .$$

Hält man eine der Platten fest, so kann man die Kraft auf die andere messen, z.B. mit einer Balkenwaage (*Kirchhoffsche Potentialwaage*) oder einer Federwaage (Abb.4.6a). Aus der Kraft kann mit Hilfe von (4.2.7) bzw. (4.2.8) unmittelbar die Ladung bzw. Spannung am Kondensator berechnet werden. Nach dem Prinzip der Abb.4.6b arbeiten *statische Voltmeter*: Durch Anlegen einer Spannung U werden die Kondensatorplatten aufgeladen. Die Kraft führt zu einer Annäherung der Platten, die jedoch durch Drehung der Mikrometerschraube rückgängig gemacht wird, so daß der Plattenabstand b und damit die Kapazität C des Kondensators unverändert bleibt. Die Federverlängerung und damit die Kraft wird an der Mikrometerschraube abgelesen.

4.2.4 Energiespeicherung im Plattenkondensator

Bewegen sich die Platten eines aufgeladenen Kondensators, so bleibt nach (4.2.7) die Kraft zwischen ihnen konstant, weil sich die Ladung nicht ändern kann. Haben die Platten ursprünglich den Abstand b und läßt man eine Bewegung bis zur vollständigen Berührung der Platten zu, so kann man während dieser

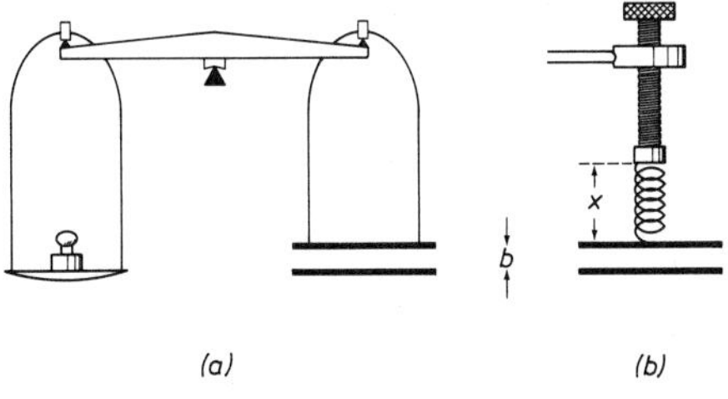

Abb.4.6. Prinzip der Kirchhoffschen Potentialwaage (a) und des statischen Voltmeters (b)

Bewegung dem Kondensator die mechanische Arbeit $W = Fb$ entnehmen, die offenbar als *elektrostatische Energie* im Kondensator gespeichert war. Mit (4.2.8) und (4.2.4) läßt sie sich in den Formen

$$W = Fb = \frac{1}{2} CU^2 = \frac{1}{2} \varepsilon_0 abE^2 \tag{4.2.9}$$

schreiben. Sie ist offenbar dem felderfüllten Volumen $V = ab$ des Kondensators proportional. Es ist daher sinnvoll, das Feld selbst als Sitz der elektrostatischen Energie anzusehen und die Größe

$$\boxed{w = \frac{W}{V} = \frac{1}{2} \varepsilon_0 E^2} \tag{4.2.10}$$

als *Energiedichte* des Feldes zu betrachten. Wir werden im Abschnitt 5.4.1 feststellen, daß der Ausdruck (4.2.10) nicht nur im Plattenkondensator sondern für beliebige Ladungsverteilungen im Vakuum gilt.

4.3 Influenz einer Punktladung auf eine große ebene Metallplatte. Spiegelladung

Wir betrachten eine Punktladung Q im Abstand b von einer weit ausgedehnten ebenen Metallplatte (Abb.4.7). Wieder ist die Oberfläche der Metallplatte eine Äquipotentialfläche. Ein Potential, das in der Metalloberfläche konstant ist und am Ort der Punktladung eine 1/r Singularität hat, ist

$$\varphi(\vec{r}) = \frac{1}{4\pi\varepsilon_0} \frac{Q}{|\vec{r}-\vec{b}|} + \frac{1}{4\pi\varepsilon_0} \frac{-Q}{|\vec{r}+\vec{b}|} + \text{const.} \tag{4.3.1}$$

Es ist das Potential zweier Punktladungen, der ursprünglichen Ladung Q und einer entgegengesetzten Ladung -Q, die sich scheinbar am Ort -b des Spiegel-

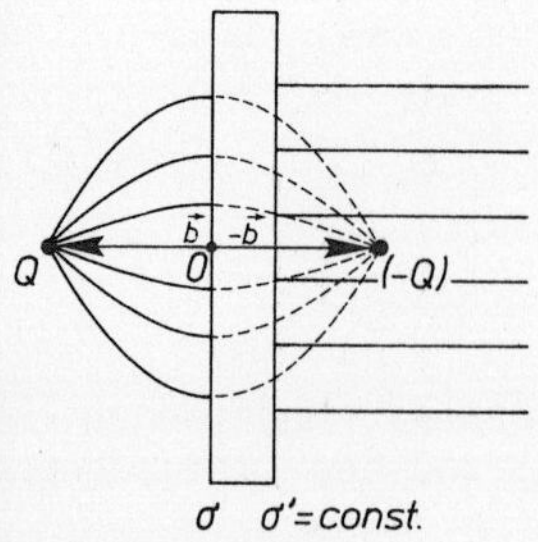

Abb.4.7. Feldlinien einer Punktladung Q, die sich im Abstand b von einer Metallplatte befindet. Jenseits der Platte ist das Feld homogen. Die Feldlinien der durch (4.3.1) beschriebenen fiktiven Spiegelladung -Q sind gestrichelt

bildes von Q bezüglich der Metalloberfläche befindet. Diese Ladung -Q heißt *Spiegelladung*. Physikalisch liegt dieses Potential natürlich nur auf derjenigen Seite der Metallplatte vor, auf der sich die ursprüngliche Punktladung Q befindet. Das oben angegebene Potential ist als Lösung der Poisson-Gleichung

$$\Delta\varphi(\vec{r}) = -\frac{1}{\varepsilon_0} Q\delta^3(\vec{r}-\vec{b})$$

mit der Randbedingung konstanten Potentials auf der Metalloberfläche

$$\varphi(\vec{r}) = \text{const, für alle } \vec{r} \text{ mit } \vec{r}\cdot\vec{b} = 0$$

eindeutig — vgl. Abschnitt 2.12 und 3.8.

Die Dichte der influenzierten Flächenladung berechnet man wieder durch Bildung eines Flußintegrals über ein geschlossenes Flächenstück. Wir wählen die Oberfläche eines flachen Zylinders, dessen eine Grundfläche a im Metall und dessen andere dicht vor der Metalloberfläche liegt. Die Mantelfläche trägt dann wegen ihrer (beliebig klein wählbaren) Größe nichts bei. Da das Feld im Metall wieder verschwindet, gilt

$$\Phi = \oint \vec{E}\cdot d\vec{a} = \int_a (\vec{E}\cdot\hat{\vec{n}})da = \frac{1}{\varepsilon_0}\int_a \sigma da \quad .$$

Da diese Aussage für beliebige Flächen a richtig ist, müssen die Integranden gleich sein. Es gilt [vgl. auch (4.1.3)]

$$\sigma = \varepsilon_0 \vec{E}_a \cdot \vec{n}$$

für Punkte auf der Metalloberfläche. Mit

$$\vec{E} = -\vec{\nabla}\varphi = \frac{Q}{4\pi\varepsilon_0}\left(\frac{\vec{r}-\vec{b}}{|\vec{r}-\vec{b}|^3} - \frac{\vec{r}+\vec{b}}{|\vec{r}+\vec{b}|^3}\right) \tag{4.3.2}$$

erhalten wir für die Punkte der Metalloberfläche [$\vec{b}\cdot\vec{r}=0$, d.h. $(\vec{r}-\vec{b})^2=(\vec{r}+\vec{b})^2$]

$$\vec{E}_a = \frac{Q}{4\pi\varepsilon_0}\frac{(\vec{r}-\vec{b})-\vec{r}-\vec{b}}{(\vec{r}^2+\vec{b}^2)^{3/2}} = \frac{Q}{4\pi\varepsilon_0}\frac{-2\vec{b}}{(\vec{r}^2+\vec{b}^2)^{3/2}} \quad . \tag{4.3.3}$$

Die auf der Metalloberfläche influenzierte Ladungsdichte ist nun

$$\sigma = -\frac{2Q}{4\pi}\frac{b}{(r^2+b^2)^{3/2}} \quad . \tag{4.3.4}$$

Sie ist proportional zum Dipolmoment 2bQ von Ladung und Spiegelladung und hat im Symmetriepunkt bei $r = 0$ ein Maximum. Die dieser negativen Influenzladung entsprechende positive Ladung sammelt sich auf der gegenüberliegenden Metalloberfläche. Da jedoch im Metall kein elektrostatisches Feld besteht, ordnen sich die Ladungen nur unter ihrem gegenseitigen Einfluß an. Es bildet sich eine homogene Flächenladungsdichte aus. Das steht im Einklang mit der Lösung der Laplace-Gleichung

$$\Delta\varphi = 0$$

im Raum vor der anderen Metalloberfläche mit der Randbedingung

$$\varphi(\vec{r}) = \text{const}$$

auf dieser Oberfläche. Das Feld in diesem Halbraum ist homogen. Für tatsächlich unendliche Ausdehnung der Platten ist die homogene Flächenladungsdichte natürlich Null. Damit ist auch die Feldstärke in diesem Halbraum Null.

+4.4 Influenz eines homogenen Feldes auf eine Metallkugel. Induziertes Dipolmoment

In ein homogenes elektrisches Feld der Stärke $\vec{E}_0$ mit dem Potential

$$\varphi_0 = -\vec{E}_0 \cdot \vec{r} \quad , \tag{4.4.1}$$

dessen Nullpunkt sich am Ort $\vec{r} = 0$ befindet, bringen wir eine ungeladene Metallkugel vom Radius R, deren Mittelpunkt mit dem Ursprung $\vec{r} = 0$ zusammenfällt. Durch das Feld werden auf der Kugeloberfläche Ladungen influenziert, so daß sie eine Äquipotentialfläche des resultierenden Feldes wird. Wir erwarten eine Ansammlung von negativen Ladungen auf der Halbkugel, die in Richtung steigenden Potentials liegt, während auf der anderen Halbkugel eine positive Überschußladung verbleibt (Abb.4.8). Insgesamt bleibt die Kugel natürlich elektrisch neutral. Die Wirkung der beiden räumlich getrennten Influenzladungen verschiedenen Vorzeichens läßt sich durch ein Dipolfeld mit dem Potential

$$\varphi_0 = \frac{1}{4\pi\varepsilon_0} \frac{\vec{d}\cdot\vec{r}}{r^3} = \frac{1}{4\pi\varepsilon_0} \frac{d}{r^2} \cos\vartheta \tag{4.4.2}$$

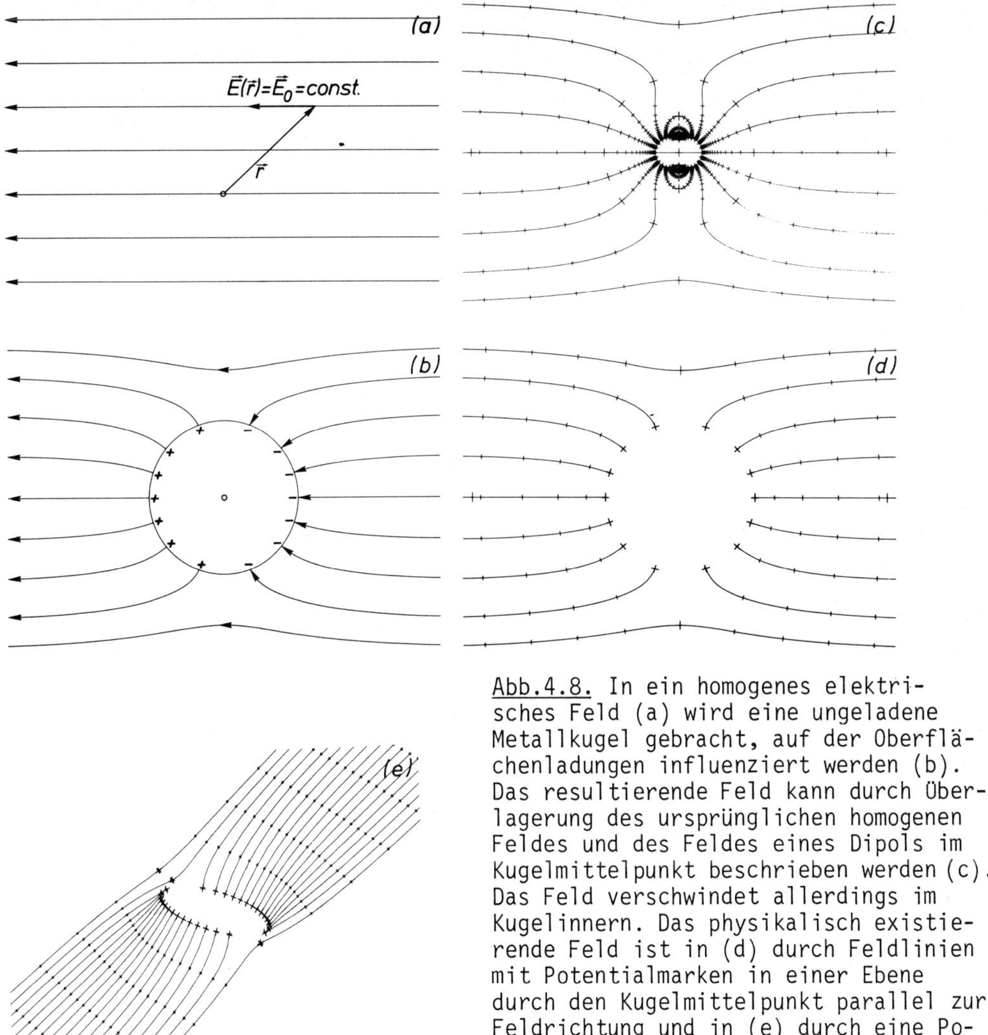

Abb.4.8. In ein homogenes elektrisches Feld (a) wird eine ungeladene Metallkugel gebracht, auf der Oberflächenladungen influenziert werden (b). Das resultierende Feld kann durch Überlagerung des ursprünglichen homogenen Feldes und des Feldes eines Dipols im Kugelmittelpunkt beschrieben werden (c). Das Feld verschwindet allerdings im Kugelinnern. Das physikalisch existierende Feld ist in (d) durch Feldlinien mit Potentialmarken in einer Ebene durch den Kugelmittelpunkt parallel zur Feldrichtung und in (e) durch eine Potentialfläche über dieser Ebene dargestellt

erfassen. Das Dipolmoment $\vec{d}$ ist dabei in Richtung des Feldes $\vec{E}_0$ orientiert, ϑ ist der Winkel zwischen dem Ortsvektor und dem Dipolmoment. Zusammen mit dem Potential des homogenen Feldes beschreibt es bei geeigneter Wahl des Dipolmomentes in der Tat das Feld außerhalb der Metallkugel exakt. Das Gesamtpotential

$$\varphi = \varphi_0 + \varphi_D = -\vec{E}_0 \cdot \vec{r} + \frac{1}{4\pi\varepsilon_0} \frac{\vec{d}\cdot\vec{r}}{r^3} = -E_0\, r \cos\vartheta + \frac{1}{4\pi\varepsilon_0} \frac{dr}{r^3} \cos\vartheta \qquad (4.4.3)$$

hat nämlich eine kugelförmige Äquipotentialfläche mit dem Radius R, wenn man

$$\boxed{\vec{d} = 4\pi R^3 \varepsilon_0 \vec{E}_0} \tag{4.4.4}$$

setzt. Man findet als Potential der Kugelfläche

$$\varphi(R) = 0 \quad , \tag{4.4.5}$$

den Wert des Potentials des ursprünglichen homogenen Feldes am Ort des Kugelmittelpunktes. Das elektrische Feld außerhalb der Kugel wird vollständig durch das Potential (4.4.3) beschrieben, das Potential innerhalb der Kugel ist konstant (Abb.4.8)

$$\varphi(\vec{r}) = \begin{cases} -\vec{E}_0 \cdot \left(\vec{r} - \frac{R^3 \vec{r}}{r^3}\right) & \text{für} \quad r \geq R \quad , \\ 0 & \text{für} \quad r < R \quad . \end{cases} \tag{4.4.6}$$

Dieser Potentialverlauf ist eine eindeutige Lösung des Problems einer kugelförmigen Äquipotentialfläche und eines linearen Potentials im Unendlichen, da – wie schon mehrmals bemerkt – die Laplace-Gleichung eindeutige Lösungen bei vorgegebenen Randbedingungen hat.

Die Ladungsdichte auf der Metallkugel ist wie im vorigen Abschnitt durch

$$\sigma = \varepsilon_0 \vec{E} \cdot \hat{\vec{n}} \tag{4.4.7}$$

gegeben. Da das elektrische Feld auf der Metalloberfläche senkrecht steht, also nur eine Radialkomponente hat, gilt

$$\vec{E} \cdot \hat{\vec{n}} = \vec{E} \cdot \hat{\vec{r}} = -\frac{\partial\varphi}{\partial r}(R) = 3E_0 \cos\vartheta \tag{4.4.8}$$

und somit

$$\sigma(R) = 3\varepsilon_0 E_0 \cos\vartheta \quad . \tag{4.4.9}$$

Die auf der positiv geladenen Halbkugel induzierte Gesamtladung erhält man durch Integration über diese Halbkugel

$$Q_+ = \int \sigma \, da = \int_0^{2\pi} \int_0^1 3\varepsilon_0 E_0 \cos\vartheta \; R^2 d\cos\vartheta \; d\varphi = 3\pi\varepsilon_0 E_0 R^2 \quad . \tag{4.4.10}$$

Die Ladung auf der anderen Halbkugel ist

$$Q_- = -Q_+ \quad . \tag{4.4.11}$$

Das Dipolmoment der Kugel können wir uns durch Anordnung der Ladungen Q_+ bzw. Q_- an den Punkten

$$\vec{r}_+ = \frac{\vec{b}}{2} = \frac{2}{3} R \, \vec{d} \quad \text{und} \quad \vec{r}_- = -\vec{r}_+$$

erzeugt denken, da dann $\vec{d} = Q_+ \vec{b}$ ist.

Zusammenfassend können wir feststellen, daß ein homogenes elektrisches Feld durch Influenz auf einer Metallkugel ein Dipolmoment influenziert, das in Richtung des Feldes zeigt und dem Betrag der Feldstärke proportional ist. Wir werden dieses Ergebnis als Modell für die Beschreibung der dielektrischen Eigenschaften der Materie heranziehen und zeigen, daß in jedem Atom oder Molekül eines Nichtleiters ein Dipolmoment induziert wird, das dem angelegten äußeren Feld proportional ist (Abschnitt 5.6.1).

4.5 Flächenladungen als Ursache für Unstetigkeiten der Feldstärke

Bei der Untersuchung der Influenzerscheinungen stellten wir fest, daß auf Metalloberflächen elektrische Flächenladungsdichten influenziert werden. Im Zusammenhang damit trat ein Sprung der Normalkomponenten der elektrischen Feldstärke an der Oberfläche auf: Innerhalb des Metalls war das Feld Null, außerhalb des Metalls stand es senkrecht auf der Oberfläche und hatte einen endlichen Wert. Diese Beobachtung läßt sich auf beliebige Flächenladungen σ verallgemeinern.

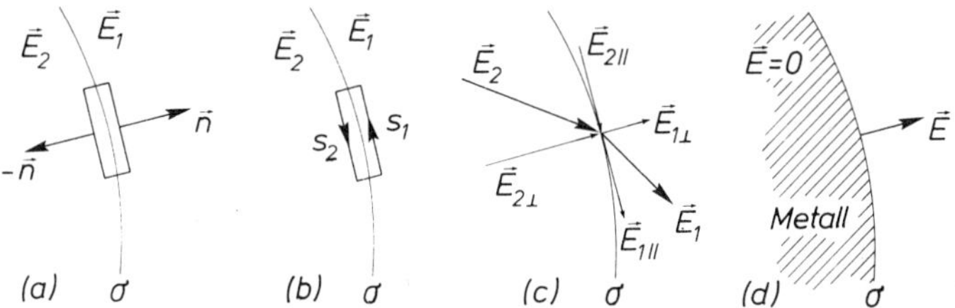

Abb.4.9. Auf einer im Schnitt gezeigten Fläche befindet sich die Flächenladungsdichte σ. Durch Integration der Feldstärke über die Oberfläche eines flachen Zylinders (a) und über einen geschlossenen Weg (b) ergibt sich eine Unstetigkeit der Normalkomponente der Feldstärke beim Durchgang durch die geladene Fläche, während die Tangentialkomponente stetig bleibt (c). Damit steht das elektrische Feld auf einer Metallfläche stets senkrecht (d)

Schließt man ein beliebiges Stück einer mit σ belegten Fläche durch einen beliebigen flachen Zylinder (Abb.4.9a) ein, so daß seine Grundflächen mit den Normalen $\hat{\vec{n}}$ bzw. $-\hat{\vec{n}}$ sich auf entgegengesetzten Seiten der Fläche befinden, so ist der Fluß durch die Zylinderoberfläche durch die Ladung Q im Zylinderinnern gegeben

$$\frac{1}{\varepsilon_0} Q = \frac{1}{\varepsilon_0} \int \sigma \, da = \Phi = \oint \vec{E} \cdot d\vec{a} = \int (\vec{E}_1 - \vec{E}_2) \cdot \hat{\vec{n}} \, da \quad . \tag{4.5.1}$$

Die Feldstärken $\vec{E}_1$, $\vec{E}_2$ herrschen an den Grundflächen des Zylinders, im Grenzfall eines beliebig flachen Zylinders also direkt auf den beiden Seiten der Fläche. In diesem Grenzfall trägt auch das Integral über die Mantelfläche nichts bei. Da die Zylindergrundflächen beliebig wählbar sind, können wir die Integranden in (4.5.1) identifizieren

$$\boxed{(\vec{E}_1 - \vec{E}_2) \cdot \hat{\vec{n}} = \frac{1}{\varepsilon_0} \sigma} \quad . \tag{4.5.2}$$

Die Normalkomponente der elektrostatischen Feldstärke macht beim Durchgang durch eine Flächenladung einen Sprung der Größe σ/ε_0.

Wir zeigen noch kurz, daß die Tangentialkomponente stetig bleibt. Dazu zerlegen wir zunächst die Feldstärke in Anteile $\vec{E}_\perp$, $\vec{E}_\parallel$, senkrecht und parallel zu der mit Ladung belegten Fläche

$$\vec{E} = \vec{E}_\perp + \vec{E}_\parallel \tag{4.5.3}$$

mit

$$\vec{E}_\perp = (\vec{E} \cdot \hat{\vec{n}}) \hat{\vec{n}} \quad . \tag{4.5.4}$$

Betrachten wir nun ein Linienintegral über einen geschlossenen Umlauf, der die Fläche durchstößt und sich auf beiden Seiten an sie anschmiegt (Abb.4.9b)

$$0 = \oint \vec{E} \cdot d\vec{s} = \oint (\vec{E}_\perp + \vec{E}_\parallel) \cdot d\vec{s} = \oint \vec{E}_\parallel \cdot d\vec{s} \quad , \tag{4.5.5}$$

so trägt nur die Parallelkomponente zum Integral bei, da $\vec{E}_\perp \cdot d\vec{s}$ zu beiden Seiten der Fläche verschwindet und die Beiträge der Durchstoßstücke beliebig klein gemacht werden können. Dann gilt

$$0 = \oint \vec{E}_\parallel \cdot d\vec{s} = \int_{S_1} (\vec{E}_{1\parallel} - \vec{E}_{2\parallel}) \cdot d\vec{s} \quad , \tag{4.5.6}$$

wobei $\vec{E}_{1\parallel}$ und $\vec{E}_{2\parallel}$ die Projektionen der Feldstärken $\vec{E}_1$ und $\vec{E}_2$ auf die Fläche sind. Da wieder der Umlauf beliebig gewählt werden kann, gilt schließlich

$$\boxed{\vec{E}_{1\parallel} = \vec{E}_{2\parallel} \quad , \quad \text{d.h.} \quad (\vec{E}_1-\vec{E}_2) \times \hat{\vec{n}} = 0} \; . \tag{4.5.7}$$

Speziell für Flächenladungen auf Metallen gilt

$$\vec{E}_{\parallel} = 0 \quad \text{auf der Oberfläche} \tag{4.5.8}$$

und

$$\vec{E} = 0 \quad \text{im Metall} \quad . \tag{4.5.9}$$

Damit hat man den allgemeinen Zusammenhang

$$\boxed{\sigma = \varepsilon_0 \, \vec{E} \cdot \hat{\vec{n}}} \tag{4.5.10}$$

zwischen der Flächenladungsdichte und der Feldstärke auf dem Metall. $\vec{E}$ steht auf der Metalloberfläche senkrecht. Das Vorzeichen von σ gibt an, ob $\vec{E}$ parallel oder antiparallel zu $\hat{\vec{n}}$ steht. Die manchmal anzutreffende Formulierung

$$\sigma = \varepsilon_0 |\vec{E}|$$

ist daher irreführend.

4.6 Anwendungen homogener elektrischer Felder

In der Form des Plattenkondensators haben wir ein einfaches Gerät zur Erzeugung eines homogenen elektrischen Feldes kennengelernt. Ein solches Feld der Stärke

$$E = U/b$$

entsteht, sobald man eine Spannungsquelle der Spannung U mit den Platten eines Kondensators verbindet, die den Abstand b haben. Es hat viele Anwendungen in Experiment und Technik.

4.6.1 Messung der Elementarladung im Millikan-Versuch

In das homogene Feld zwischen den horizontalen Platten eines Kondensators bringt man mit einem Zerstäuber feine Öltröpfchen, von denen sich etliche während des Zerstäubungsvorgangs aufladen. Trägt ein Tröpfchen die Ladung q und die Masse m, so wirken auf es die Schwerkraft $\vec{F}_g = m\vec{g}$ und die elektrostatische Kraft $\vec{F}_e = q\vec{E}$. Bei geeignetem Vorzeichen der Ladung wirken beide in entgegengesetzte Richtungen. Durch Wahl der Spannung U kann die Feldstärke so eingerichtet werden, daß beide Kräfte dem Betrag nach gleich groß sind und sich zu Null addieren, so daß das Tröpfchen schwebt. Dann gilt

$$mg = qE = q\,\frac{U}{b} \quad . \tag{4.6.1}$$

Die Ladung des Tröpfchens

$$q = \frac{mgb}{U} \tag{4.6.2}$$

kann direkt aus der Tröpfchenmasse m, der Erdbeschleunigung, der Spannung U und dem Plattenabstand b bestimmt werden. Nun sind jedoch die Tröpfchen so klein, daß sich ihr Radius r, der durch

$$m = V\rho = \frac{4\pi}{3}\,r^3\rho \tag{4.6.3}$$

(ρ: Massendichte des Öls) gegeben ist, wegen der Beugungserscheinungen im Beobachtungsmikroskop nicht mehr direkt bestimmen läßt. Man beobachtet stattdessen die Sinkgeschwindigkeit des Tröpfchens, die sich bei abgeschalteter Spannung unter dem Einfluß der Schwerkraft und der Luftreibung einstellt. Nach [Bd.I, Gl.(4.6.35)] ist diese Geschwindigkeit (nach einer kurzen Anlaufstrecke) konstant und proportional zur Tröpfchenmasse

$$v = \frac{mg}{R} \quad . \tag{4.6.4}$$

Für kugelförmige Tröpfchen ist der Reibungskoeffizient R nach dem Stokesschen Gesetz

$$R = 6\pi\eta r \quad . \tag{4.6.5}$$

Die Konstante η ist die Zähigkeit (oder Viskosität) der Luft. Mit (4.6.5) und (4.6.3) kann man (4.6.4) nach r auflösen

$$r = \sqrt{\frac{9\eta v}{2\rho g}}$$

und das Ergebnis in (4.6.3) und schließlich in (4.6.1) einsetzen, so daß man

$$q = \frac{6\pi b\eta v}{U}\sqrt{\frac{9\eta v}{2\rho g}} \qquad (4.6.6)$$

erhält.

Experiment 4.3. Millikan-Versuch

Zwischen zwei horizontalen Platten wird eine regelbare Spannung angelegt, so daß ein im Mikroskop beobachtetes Tröpfchen schwebt. Die Spannung U wird abgelesen und abgeschaltet. Darauf wird die Sinkgeschwindigkeit v=s/t abgelesen (s ist eine im Mikroskopokular abgelesene Fallstrecke, t die Fallzeit) (Abb. 4.10). Die Messung kann wiederholt werden, indem man die Spannung erneut anlegt und zuerst leicht erhöht, so daß das Tröpfchen wieder angehoben wird. Mit

$s = 1{,}05\ \text{mm} = 1{,}05 \cdot 10^{-3}\ \text{m}$,
$t = 29{,}1\ \text{s}$
$v = s/t = 3{,}6 \cdot 10^{-5}\ \text{m s}^{-1}$,
$b = 6\ \text{mm} = 6 \cdot 10^{-3}\ \text{m}$
$U = 275\ \text{V}$
$\rho = 875{,}3\ \text{kg m}^{-3}$
$\eta = 1{,}81 \cdot 10^{-5}\ \text{N s m}^{-2}$,
$g = 9{,}81\ \text{kg m s}^{-2}$

erhalten wir als Ladung des Tröpfchens

$$q = 1{,}57 \cdot 10^{-19}\ \text{C} \quad .$$

Erstaunlich ist nun, daß bei der Messung vieler verschiedener Tröpfchen nur Ladungswerte auftreten, die diesem Wert sehr ähnlich oder ganzzahlige Vielfache davon sind (abgesehen von durch die Meßungenauigkeit bedingten Schwankungen (Abb.4.11)).

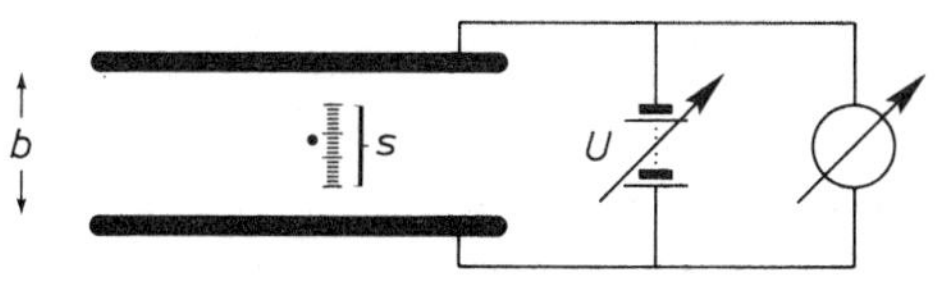

Abb.4.10. Schema des Millikan-Versuchs

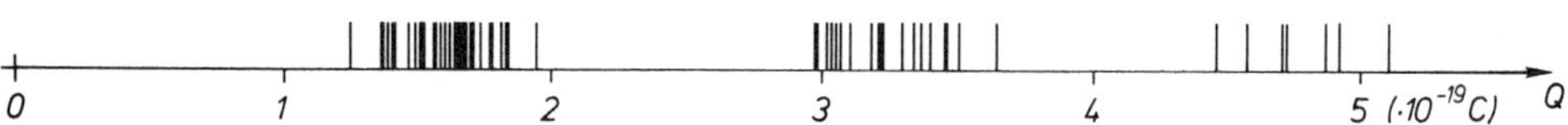

Abb.4.11. Graphische Darstellung der Ladungsmessung an 58 verschiedenen Tröpfchen. Abgesehen von einer durch Meßungenauigkeiten bedingten Streuung treten nur die Ladungen q = e, 2e, 3e, ... auf

Das Ergebnis des Experiments ist die ursprünglich völlig unvermutete Tatsache, daß es eine kleinste elektrische Ladung, die *Elementarladung* gibt. Sie hat nach genauesten Messungen den Wert

$$\boxed{e = (1{,}6021972 \pm 0{,}0000007) \cdot 10^{-19}\ \mathrm{C} \approx 1{,}602 \cdot 10^{-19}\ \mathrm{C}}\ . \tag{4.6.7}$$

Alle bisher beobachteten Ladungen haben diesen Wert oder sind ganzzahlige (positive oder negative) Vielfache davon. Man spricht auch von der Existenz eines kleinsten *Ladungsquantum* oder der *Quantelung* der Ladung.

4.6.2 Beschleunigung von geladenen Teilchen

Längs eines Weges, zwischen dessen Enden die Potentialdifferenz $U = \varphi_2 - \varphi_1$ herrscht, z.B. zwischen den Platten eines Kondensators ändert sich die potentielle Energie einer Ladung q entsprechend (3.6.5) und (3.6.10) um

$$\Delta V = q(\varphi_2 - \varphi_1) = qU \quad . \tag{4.6.8a}$$

Damit die gesamte Teilchenenergie konstant bleibt, ändert sich die kinetische Energie um

$$\Delta E_{kin} = -\Delta V = -qU \quad . \tag{4.6.8b}$$

Dieses Prinzip (Abb.4.12a) wird zur Beschleunigung geladener Teilchen benutzt, insbesondere von Elektronen, die die negative Elementarladung $q = -e$ tragen. Abb.4.12b zeigt das Schema einer Elektronenquelle oder "*Elektronen-*

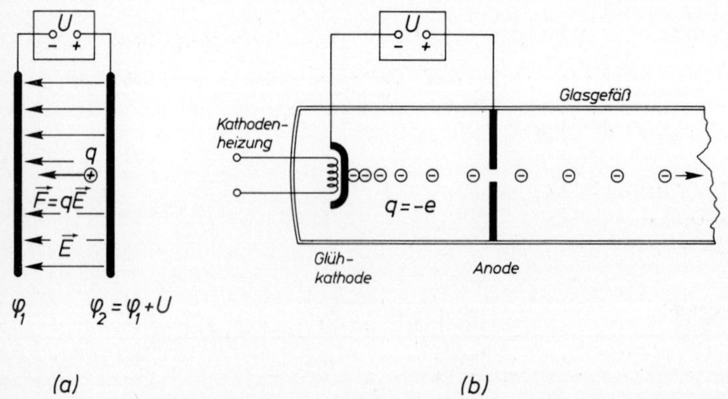

Abb.4.12. Beschleunigung einer Ladung im elektrischen Feld (a). Elektronenquelle (b)

kanone". Aus einer elektrisch beheizten Glühkathode können Elektronen mit sehr geringer Energie austreten (vgl. Abschnitt 8.2). An der der Kathode gegenüberstehenden zweiten Platte, der *Anode*, wird ein gegenüber der Kathode positives Potential angelegt; die Elektronen werden zur Anode hin beschleunigt. Einige treten durch eine Öffnung in der Anode in den feldfreien Außenraum. Die Anordnung befindet sich in einem evakuierten Glasgefäß. Die Elektronen besitzen nach der Beschleunigung im Feld die Energie

$$E_{kin} = eU \quad .$$

Die Energie, die ein Elektron beim Durchlaufen der Potentialdifferenz 1 Volt aufnimmt, heißt 1 *Elektronenvolt* (1 eV). Mit (4.6.7) ist

$$1 \text{ eV} = 1{,}602 \cdot 10^{-19} \text{ C} \cdot 1 \text{ V} = 1{,}602 \cdot 10^{-19} \text{ Ws} \quad . \tag{4.6.9}$$

Die Einheit 1 eV (bzw. 1 keV, 1 MeV und 1 GeV) wird in Atom-, Kern- und Elementarteilchenphysik häufig benutzt.

4.6.3 Ablenkung geladener Teilchen. Elektronenstrahloszillograph

Fliegt ein geladenes Teilchen (Masse m, Ladung q, Impuls $\vec{p}$, d.h. Geschwindigkeit $\vec{v} = \vec{p}/m$, kinetische Energie $E_{kin} = p^2/(2m)$) senkrecht zur Feldrichtung auf das Feld $\vec{E}$ eines Plattenkondensators zu, so bewegt es sich außerhalb des Feldes geradlinig, weil kräftefrei. Im Feld hat die Bahn Parabelform, weil die Kraft

$$\vec{F} = q\vec{E}$$

konstant ist und somit völlige Analogie zur Bahn eines Massenpunktes unter dem Einfluß der homogenen Schwerkraft $\vec{F}_g = m\vec{g}$ besteht, die eine (Wurf-) Parabel

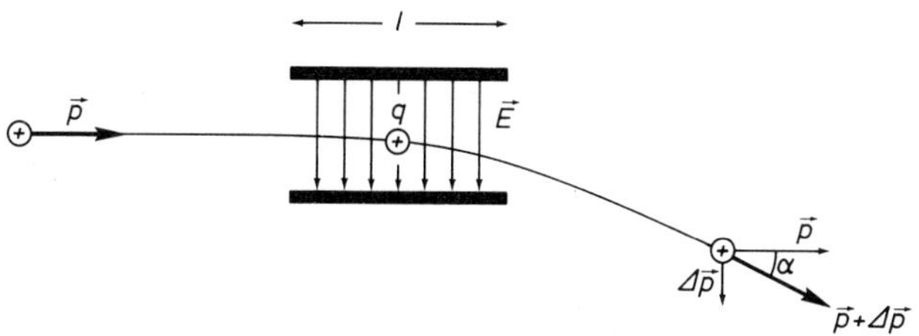

Abb.4.13. Ablenkung eines geladenen Teilchens beim senkrechten Durchtritt durch das Feld eines Plattenkondensators

ist [Bd.I, Abschnitt 4.6.5]. Der Ablenkwinkel zwischen den Bahngeraden vor und nach Durchlaufen des Feldes (Abb.4.13) läßt sich damit exakt berechnen (Aufgabe 4.7). In vielen Fällen genügt folgende Näherung. Beim Durchlaufen des Feldes wird der Impuls um

$$\Delta\vec{p} = \vec{F}\Delta t \approx \vec{F}\,\ell/v = \vec{F}\ell m/p$$

geändert. Dabei ist $\Delta t \approx \ell/v$ die Durchlaufzeit durch den Kondensator (Länge ℓ). Die Näherung ist gut, falls $p \gg \Delta p$. Für den Ablenkwinkel aus der ursprünglichen Richtung gilt dann

$$\alpha \approx \mathrm{tg}\alpha = \frac{\Delta p}{p} = \frac{qEm\ell}{p^2} . \tag{4.6.10a}$$

Drücken wir die Feldstärke $E = U/b$ als Quotient aus Spannung und Plattenabstand aus und berücksichtigen, daß $p^2/(2m)$ die kinetische Energie der Teilchen ist, die durch die Beschleunigungsspannung einer Elektronenquelle entsprechend Abb.4.12b festgelegt werden kann, so erhalten wir

$$\alpha = \frac{q\ell}{2E_{kin}b} U \quad , \tag{4.6.10b}$$

d.h. der Ablenkwinkel α ist der Ablenkspannung U direkt proportional.

Diese Beziehung ist die Grundlage der Spannungsmessung im *Elektronenstrahloszillographen* (Abb.4.14). In einem evakuierten Glasrohr sind hintereinander

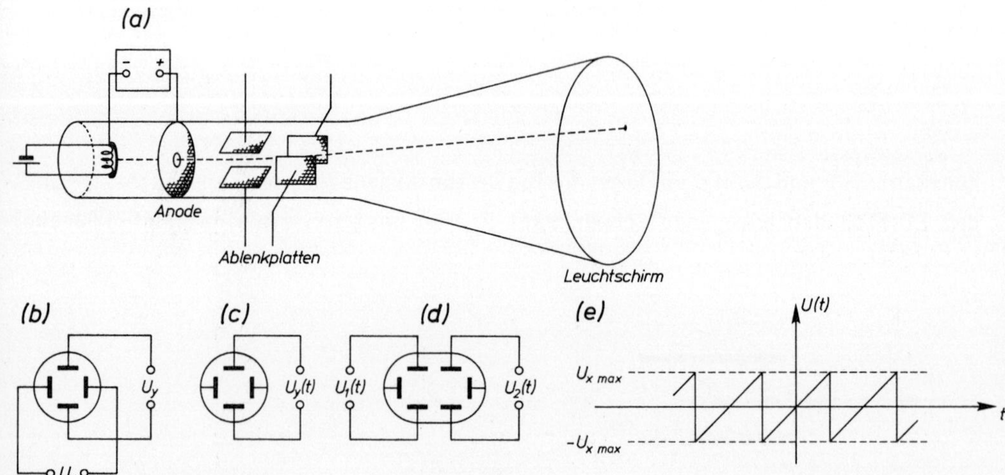

Abb.4.14. Elektronenstrahloszillograph (a), Schaltsymbole für U_x, U_y-Darstellung (b) und für Darstellungen mit Zeitablenkung im Einstrahlbetrieb (c) bzw. Zweistrahlbetrieb (d), Sägezahnspannung (e)

eine Elektronenkanone und zwei senkrecht zueinander orientierte Paare von Ablenkplatten angeordnet. Hinter den Platten erweitert sich das Rohr zu einem Kolben, der durch einen *Leuchtschirm* abgeschlossen ist, eine Platte die innen mit Zinksulfid oder einer anderen Substanz beschichtet ist, die beim Auftreffen hinreichend energiereicher Elektronen Licht abgibt. Liegt an beiden Plattenpaaren keine Spannung, so erscheint einfach ein Leuchtpunkt im Mittelpunkt des Schirms, den wir als Ursprung eines x, y-Koordinatensystems wählen (Abb.4.15a). Durch Anlegen der Spannungen U_y und U_x in vertikaler bzw. horizontaler Richtung wird er an einen Punkt x, y verschoben, dessen Koordinaten diesen Spannungen proportional sind (Abb.4.15b). Ändert man eine oder beide Spannungen , bewegt sich der Punkt über den Schirm und schreibt eine "Leuchtspur". Ist etwa

$$U_x = U_x(t)$$

und

$$U_y = f(U_x) = f(U_x(t)) \quad ,$$

so kann man durch Anlegen einer beliebigen zeitveränderlichen Spannung $U_x(t)$ und der Spannung U_y an die beiden Plattenpaare die Funktion $U_y = f(U_x)$ direkt graphisch auf dem Schirm anzeigen (Abb.4.15c,d). Das werden wir in vielen Experimenten tun. In Schaltungen stellen wir dann den Oszillographen wie in Abb.4.14b dar.

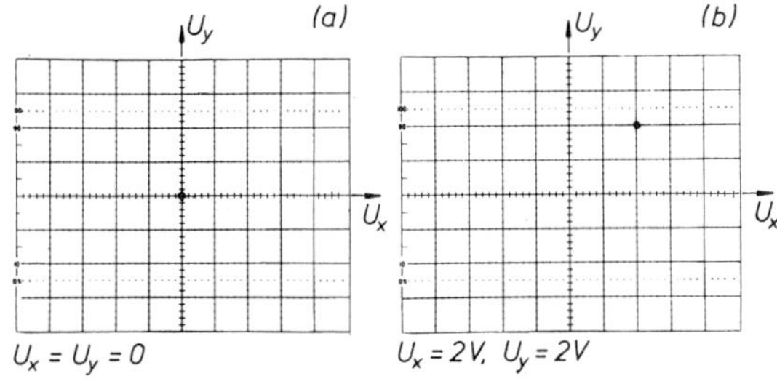

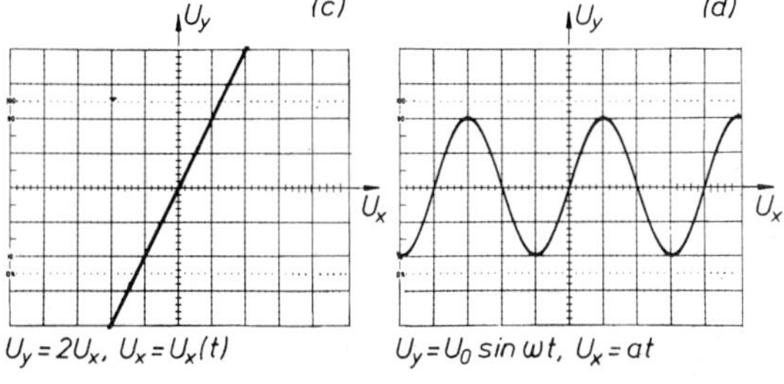

Abb.4.15. Aufnahmen vom Leuchtschirm eines Elektronenstrahloszillographen

Oft benutzt man für $U_x(t)$ eine lineare Zeitabhängigkeit

$$U_x(t) = at + b \quad .$$

Dann hängt die x-Koordinate des Leuchtpunkts linear von der Zeit ab, die x-Achse des Schirms kann direkt als Zeitachse aufgefaßt werden. Dann wird die Zeitabhängigkeit einer an das andere Plattenpaar angelegten Spannung

$$U_y = U_y(t)$$

direkt auf dem Schirm dargestellt. Natürlich steigt U_x nicht beliebig lange linear an. Man wählt vielmehr einen periodischen Spannungsverlauf vom "Sägezahn"-Typ (Abb.4.14e). In jeder Periode steigt die Spannung linear von $-U_{x\,max}$ auf $U_{x\,max}$ an, um dann sehr schnell wieder auf $-U_{x\,max}$ zurückzufallen. Hat $U_y(t)$ die gleiche Periode wie die Sägezahnspannung, die vorgewählt werden kann, so erscheint die zeitabhängige Funktion $U_y(t)$ durch Übereinanderschreiben aufeinanderfolgender Perioden als stehendes Bild auf dem Schirm (Abb.4.15d). Bei dieser Betriebsart des Oszillographen zeichnen wir die Zuführung der Sägezahnspannung nicht mehr in Schaltpläne ein, sondern benutzen das vereinfachte Symbol der Abb.4.14c.

In vielen Fällen möchten man den zeitlichen Verlauf zweier verschiedener Spannungen $U_1(t)$ und $U_2(t)$ vergleichen. Dazu gibt es *Zweistrahl*-Oszillographen, in denen zwei verschiedene Elektronenstrahlen der gleichen horizontalen, aber verschiedenen vertikalen Ablenkungen unterworfen und anschließend auf dem gleichen Schim abgebildet werden (Schaltsymbol Abb.4.14d). (Meist benutzt man allerdings nur einen einzigen Strahl und einen elektronischen Kunstgriff: An die y-Platten werden in sehr schnellem Wechsel für kurze Zeiten die Spannungen $U_1(t)$ bzw. $U_2(t)$ geschaltet, so daß zwei verschiedene Spuren auf dem Leuchtschirm erscheinen.)

Aufgaben

4.1: Zeigen Sie durch Ausführung der Flußintegrale über die vier in Abb.4.3 skizzierten Integrations-Volumina die Gültigkeit der Beziehungen (4.1.4).

4.2: Zeigen Sie durch Integration von σ in (4.3.4) über die Metalloberfläche, daß die influenzierte Ladung endlich ist.

4.3: Zeigen Sie, daß die Schwerpunkte der positiven bzw. negativen Ladungsverteilungen

$$\vec{r}_\pm = \frac{1}{Q_\pm}\int \sigma\vec{r}da$$

auf den Hälften der Metallkugel aus Abschnitt 4.4 tatsächlich an den Punkten $\vec{b}/2$ bzw. $-\vec{b}/2$ liegen.

4.4: Berechnen Sie die Kapazität eines "Kugelkondensators", der aus zwei konzentrischen Metallkugelflächen der Radien R_1 und R_2 besteht, die die Ladungen $+Q$ und $-Q$ tragen. (Hinweis: Berechnen Sie den Fluß durch eine geeignet gewählte Fläche. Die Kapazität folgt aus $Q = CU$ und $U = \int\vec{E}\cdot d\vec{s}$.)

4.5: Ein leitender Zylinder unendlicher Länge und vom Radius R um die z-Achse trage die Ladung $Q' = Q/\ell$ je Längeneinheit. Zeigen Sie durch Ausführung von Flußintegralen über beliebige Zylinder mit Radien $r_\perp > R$, daß das Feld außerhalb des Leiters die Form

$$\vec{E}(\vec{r}_\perp) = \frac{Q'}{2\pi}\frac{1}{r_\perp}\hat{\vec{r}}_\perp$$

hat. Zeigen Sie weiterhin, daß dieses Feld ein Potential

$$\varphi(\vec{r}_\perp) = -\frac{Q}{2\pi}\ln(r_\perp)$$

besitzt.

4.6: Berechnen Sie die Kapazität einer Metallkugel vom Radius R gegen "das Unendliche", d.h. gegen eine sie umgebende Metallkugel von sehr großem Radius.

4.7: Berechnen Sie den Ablenkwinkel α in Abb.4.13 unter Berücksichtigung der parabelförmigen Bahnform im Feldbereich.

5. Elektrostatik in Materie

In diesem Kapitel wollen wir an Hand von einfachen Modellvorstellungen die makroskopischen elektrischen Eigenschaften der Materie als Konsequenz ihrer atomistischen Struktur qualitativ beschreiben. Obwohl wir ohne Rückgriff auf die Quantenmechanik kein vollständiges Bild von den makroskopischen elektrischen Eigenschaften der Materie geben können, ist eine ganze Reihe von Phänomenen auch im Rahmen der klassischen Physik verständlich.

5.1 Einfachste Grundzüge der Struktur der Materie

Alle Materie besteht aus Atomen. Diese selbst sind aus Atomkernen und einer sie umgebenden Elektronenhülle zusammengesetzt. Die positive Ladung Ze des Atomkerns wird durch die entsprechende negative Gesamtladung – Ze der Hülle neutralisiert. $e = 1.602 \cdot 10^{-19}$ C ist die Elementarladung, Z die *Kernladungszahl* und die Anzahl der Elektronen in der Hülle. Ein chemisches Element besteht aus Atomen einer Kernladungszahl Z. Z ist direkt die *Ordnungszahl eines Elementes im periodischen System*. Die Masse des Atoms liegt im wesentlichen in der Masse des Kerns, er ist größenordnungsmäßig 2000mal schwerer als die Hülle. Typische Kerndurchmesser sind 10^{-14} m, die Abmessungen der Hülle liegen bei 10^{-10} m. Die Elektronen in der Hülle sind verschieden stark an den Kern gebunden. Sie ordnen sich von innen nach außen in Gruppen von Umlaufbahnen – den Schalen – um den Kern an. Die Energie, die benötigt wird, um ein Elektron aus einer Umlaufbahn in den Raum außerhalb des elektrischen Feldes des Restatoms zu bringen, heißt Bindungsenergie des Elektrons. Die Energie, die zur Entfernung des äußersten Elektrons aus der Hülle nötig ist, heißt *Ionisierungsenergie*. Wird einem Atom diese Energie zugeführt, so entsteht ein freies Elektron, der zurückbleibende geladene Atomrumpf heißt positives *Ion*. Negative Ionen entstehen durch Anlagerung von Elektronen an neutrale Atome. Bindungszustände aus endlich vielen Atomen heißen Moleküle.

Die Kräfte, die die Bindung von Atomen zu Molekülen bewirken, sind elektrischer Natur. Das einfachste Beispiel für Kräfte zweier neutraler Systeme aufeinander ist die Kraft zwischen zwei Dipolen (vgl.Abschnitt 3.9.3). Die Bindung von Atomen zu Molekülen ist quantitativ allerdings nur mit Hilfe der Quantenmechanik zu verstehen. Wir können sie hier nicht diskutieren.

Gesamtheiten von vielen Atomen oder Molekülen haben verschiedene Erscheinungsformen, die man *Aggregatzustände* einer Substanz nennt. Wir begnügen uns mit der groben Einteilung der Aggregatzustände in den gasförmigen, flüssigen und festen Zustand. Haben die Atome oder Moleküle einer Substanz Abstände voneinander, die groß gegen ihre Hüllendurchmesser sind, so bewegt sich jedes einzelne Teilchen zwischen den Zusammenstößen mit anderen praktisch frei. Die Substanz ist ein *Gas*. Sind die mittleren Teilchenabstände von der Größenordnung ihres Durchmessers so ist die Substanz flüssig oder fest. Ist die mittlere kinetische Energie eines Teilchens größer als die mittlere potentielle Energie der Bindung an seine Nachbarn, so kann es sich relativ zu ihnen ungeordnet bewegen, die Substanz ist eine *Flüssigkeit*. Im Gegensatz zu Gasen bilden Flüssigkeiten eine Oberfläche aus. Die Ursache dafür ist die *Oberflächenspannung*, die durch das Zusammenwirken der Kräfte vieler Moleküle in der Flüssigkeit auf solche entsteht, die sich an der Oberfläche befinden. Ist die mittlere kinetische Energie eines Teilchens kleiner als seine mittlere Bindungsenergie, so ist das Teilchen elastisch an seinen Ort gebunden. Die Substanz bildet einen *Festkörper*. Im allgemeinen bilden die Ruhelagen der Atome eines Festkörpers eine regelmäßige geometrische Struktur, das *Gitter*.

Die gröbste Unterteilung der verschiedenen Substanzen im Hinblick auf ihre elektrischen Eigenschaften ist die nach *Leitern* und *Nichtleitern*. In leitenden Substanzen gibt es *frei bewegliche Ladungsträger*, in Nichtleitern keine solchen. Da die Atome oder Moleküle in Gasen und Flüssigkeiten frei beweglich sind, ist auch die freie Beweglichkeit von Ladungsträgern einleuchtend, falls überhaupt Ladungsträger vorhanden sind. In leitenden Gasen sind das Elektronen und positive Ionen, in leitenden, nichtmetallischen Flüssigkeiten positive und negative Ionen. In Festkörpern kann es natürlich keine beweglichen Ionen geben. Trotzdem gibt es neben den nichtleitenden auch leitende Festkörper. Die Ladungsträger in ihnen sind Elektronen. In Metallen sind nicht alle Elektronen an die ortsfesten Atomkerne gebunden, sondern zwischen den Atomrümpfen des Gitters befindet sich ein frei bewegliches "*Elektronengas*" (Abschnitt 7.2.2).

5.2 Materie im homogenen elektrostatischen Feld. Dielektrizitätskonstante. Suszeptibilität. Polarisation

Bringt man nichtleitende Materie in ein elektrostatisches Feld, so ist das Innere des Materials nicht feldfrei wie bei einem Leiter. Da die Ladungen in einem Isolator nicht frei verschieblich sind, können sich die Ladungsträger nicht wie auf der Metalloberfläche in einer solchen Verteilung anordnen, daß keine Feldlinien das Innere des Materials mehr durchdringen. Man nennt die Isolatoren daher auch *Dielektrika*. Da andererseits die Eigenschaften der Materie durch die elektrischen Kräfte zwischen den Atomen bzw. Molekülen bestimmt werden, ist natürlich auch nichtleitende Materie nicht elektrisch inert, d.h. ohne Wirkung auf das elektrostatische Feld im Innern.

Experiment 5.1. Materie im Plattenkondensator

Zwei Metallplatten der Größe a stehen sich im Abstand $b \ll \sqrt{a}$ gegenüber. Wir laden diesen Kondensator auf die Spannung U_0 auf, die an einem statischen Voltmeter abgelesen werden kann (Abb.5.1a). Jetzt füllen wir den Zwischenraum zwischen den Platten mit einer Kunststoffplatte aus. Die Spannung sinkt dabei auf den Wert $U < U_0$ (Abb.5.1b). Nach Entfernung der Platte steigt die Spannung wieder auf U_0 an.

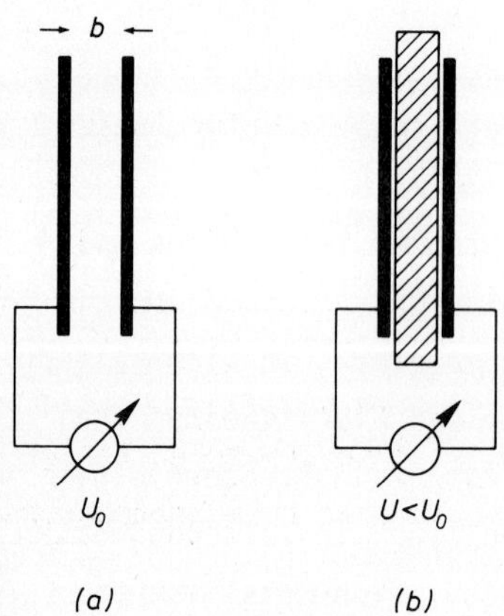

Abb.5.1. Die Spannung U_0 eines geladenen Kondensators sinkt, wenn ein Dielektrikum zwischen die Platten gebracht wird

Da durch die Anwesenheit des (nichtleitenden) Dielektrikums sicher kein Ladungstranport zwischen den Platten bewirkt werden konnte, enthält der Kondensator nach wie vor die gleiche Ladung Q_0. Nach (4.4.3) muß sich dann mit der Spannung auch die Kapazität geändert haben.

Somit haben wir zwei lineare Gleichungen

I) für den leeren Kondensator

$$Q_0 = C_0 U_0 \quad ,$$

II) für den mit einem Dielektrikum gefüllten Kondensator

$$Q_0 = C_D U \quad .$$

Wir beobachten somit eine Vergrößerung der Kapazität des Kondensators vom Wert C_0 auf C_D, wenn wir ein Dielektrikum zwischen den Platten haben, um den Faktor

$$\varepsilon = \frac{C_D}{C_0} \quad . \tag{5.2.1}$$

Die Größe ε ist offenbar eine Konstante, die – wie wir durch Einfüllen verschiedener Substanzen feststellen – charakteristisch für das Material ist. Sie heißt *Dielektrizitätskonstante der Substanz* (vgl. Tabelle 5.1). Im Mittel wird die Feldstärke im gefüllten Kondensator bei fester Ladung Q_0 auf den Wert

$$E = \frac{U}{b} = \frac{Q_0}{C_D b} = \frac{C_0}{C_D}\frac{U_0}{b} = \frac{1}{\varepsilon} E_0$$

abgesunken sein.

Tabelle 5.1. Dielektrizitätskonstante einiger Substanzen

Substanz	ε
Luft	1,000594
Tetrachlorkohlenstoff	2,2
Quarzglas	3,7
Glyzerin	56
Wasser	81

Im Dielektrikum kann das Feld $\vec{E}$ als die Summe des ursprünglichen Feldes $\vec{E}_0$ und eines zusätzlichen $\vec{E}_P$ aufgefaßt werden, das durch die Einwirkung des äußeren Feldes auf das Medium hervorgerufen wird

$$\frac{1}{\varepsilon}\vec{E}_0 = \vec{E} = \vec{E}_0 + \vec{E}_P \quad . \tag{5.2.2}$$

Das Zusatzfeld $\vec{E}_P$ ist somit proportional zu den Feldern $\vec{E}_0$ bzw. $\vec{E}$

$$\vec{E}_P = \left(\frac{1}{\varepsilon} - 1\right)\vec{E}_0 = -(\varepsilon-1)\,\frac{1}{\varepsilon}\,\vec{E}_0 = -(\varepsilon-1)\vec{E} \quad ,$$

$$\vec{E}_P = -\chi\vec{E} \quad . \tag{5.2.3}$$

Dabei ist

$$\chi = (\varepsilon - 1) \tag{5.2.4}$$

die dielektrische *Suszeptibilität* der Substanz.

Zur Beschreibung des Zusatzfeldes $\vec{E}_P$ kann man von der Vorstellung ausgehen, daß das äußere Feld auf den Oberflächen des Dielektrikums Flächenladungen ($\pm\sigma_P$) entgegengesetzten Vorzeichens hervorruft (Abb.5.2a). Diese Oberflächenladungen können natürlich nicht wie Influenzladungen auf einer Metalloberfläche durch Bewegung frei verschieblicher Ladungen im äußeren Feld entstehen, da es im nichtleitenden Dielektrikum keine frei verschieblichen Ladungen gibt. Es können sich jedoch ortsfeste Dipole ausbilden oder bereits vorhandene ungeordnete Dipole im Feld ausrichten (Einzelheiten werden in den Abschnitten 5.6,7 diskutiert). Sie führen im Innern des Dielektrikums nicht zu einer resultierenden Raumladungsdichte, wohl aber zu Oberflächendichten (Abb.5.2b). Man spricht von einer *Polarisation* des Dielektrikums.

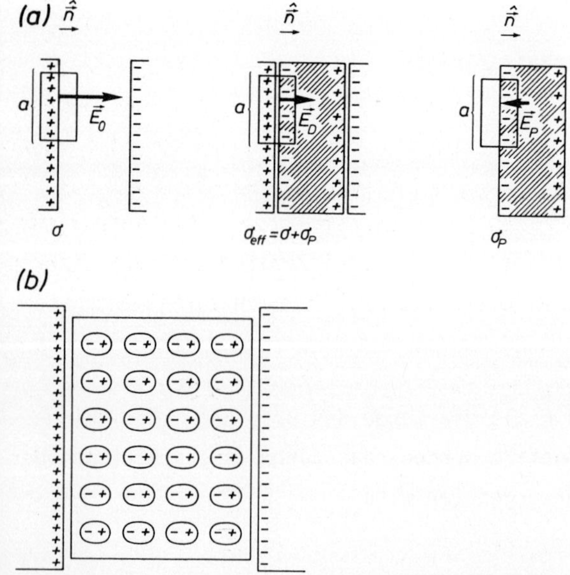

Abb.5.2. Die Feldstärke $\vec{E}_D$ zwischen zwei Kondensatorplatten der Flächenladungsdichte σ kann als Summe der Feldstärke $\vec{E}_0$ im Vakuum und einer Feldstärke $\vec{E}_P$ aufgefaßt werden, die durch die Ausbildung der Flächenladungsdichte σ_P auf den Oberflächen des Dielektrikums entsteht (a). Diese Oberflächenladung rührt von Dipolen her, die sich im Dielektrikum gebildet oder ausgerichtet haben (b)

Durch Flußintegration über die Oberfläche des in Abb.5.2a angedeuteten flachen Zylinders für die drei Fälle

(a) Kondensator ohne Dielektrikum,

(b) Kondensator mit Dielektrikum,

(c) Dielektrikum allein, jedoch mit der gleichen Oberflächenladung wie im Kondensator

finden wir in Analogie zu (4.1.3)

$$(\vec{E}_0 \cdot \hat{\vec{n}}) = \frac{1}{\varepsilon_0} \sigma \quad , \tag{5.2.5a}$$

$$(\vec{E} \cdot \hat{\vec{n}}) = \frac{1}{\varepsilon_0} (\sigma + \sigma_P) = \frac{1}{\varepsilon_0} \sigma_{eff} \quad , \tag{5.2.5b}$$

$$(\vec{E}_P \cdot \hat{\vec{n}}) = \frac{1}{\varepsilon_0} \sigma_P \quad . \tag{5.2.5c}$$

Dabei ist

$$\sigma_{eff} = \sigma + \sigma_P \tag{5.2.6}$$

die *effektive Flächenladungsdichte*, die Summe der von außen auf die Kondensatorplatten aufgebrachten *starren Flächenladungsdichte* σ und der sich unter dem Einfluß des äußeren Feldes auf den Oberflächen des Dielektrikums ausbildenden Dichte σ_P. Diese Flächenladungsdichte ist wieder proportional zur äußeren Feldstärke $\vec{E}_0$ bzw. zur Feldstärke $\vec{E}$ im Dielektrikum bzw. zur starren Flächenladungsdichte σ. Mit (5.2.2-4) erhalten wir nämlich aus (5.2.5)

$$\sigma_P = \varepsilon_0 (\vec{E}_P \cdot \hat{\vec{n}}) = -\varepsilon_0 \chi (\vec{E} \cdot \hat{\vec{n}}) = -\varepsilon_0 \frac{\varepsilon - 1}{\varepsilon} (\vec{E}_0 \cdot \hat{\vec{n}}) \quad ,$$

$$\sigma_P = - \frac{\varepsilon - 1}{\varepsilon} \sigma \tag{5.2.7}$$

und

$$\sigma_{eff} = \left(\sigma - \frac{\varepsilon - 1}{\varepsilon} \sigma \right) = \frac{1}{\varepsilon} \sigma \quad . \tag{5.2.8}$$

Die folgende naive Modellvorstellung stellt einen quantitativen Zusammenhang zwischen dem Zusatzfeld $\vec{E}_P$ und den Dipolmomenten im Dielektrikum her, die in Abb.5.2b angedeutet werden. Das Dipolmoment der beiden Oberflächenladungen auf dem Dielektrikum ist gleich der positiven Ladung $-a\sigma_P$ auf der rechten Oberfläche multipliziert mit dem Abstandsvektor $b\hat{\vec{n}}$ von der negativen zur positiven Ladung

$$-\sigma_P ab\hat{\vec{n}} = -\sigma_P V\hat{\vec{n}} \quad . \tag{5.2.9}$$

Es ist offenbar dem Volumen des Dielektrikums proportional. Andererseits ist es die Summe der Dipolmomente $\vec{d}$ der einzelnen Moleküle des Dielektrikums. Ist deren Anzahldichte n_D, so gilt

$$n_D\vec{d}V = -\sigma_P V\hat{\vec{n}} \quad . \tag{5.2.10}$$

Die Dipolmomentdichte, das Dipolmoment pro Volumeneinheit, heißt *Polarisation*

$$\boxed{\vec{P} = n_D\vec{d}} \tag{5.2.11}$$

des Dielektrikums. Mit (5.2.5c) und (5.2.10) gewinnen wir den Zusammenhang

$$\vec{P} = -\varepsilon_0\vec{E}_P \tag{5.2.12a}$$

und mit (5.2.3)

$$\boxed{\vec{P} = \varepsilon_0\chi\vec{E} \quad , \qquad \chi = \varepsilon - 1} \tag{5.2.12b}$$

zwischen der Polarisation und der Zusatzfeldstärke $\vec{E}_P$, bzw. der elektrischen Feldstärke $\vec{E}$.

5.3 Das Feld der dielektrischen Verschiebung. Feldgleichungen in Materie

Im allgemeinen wollen wir die im Dielektrikum herrschende Feldstärke nicht durch die effektive Ladungsdichte sondern durch die von außen aufgebrachte starre Ladungsdichte ausdrücken, die wir experimentell direkt beeinflussen können. Das kann mit (5.2.8) und (5.2.5b) einfach durch

$$(\vec{E}\cdot\vec{n}) = \frac{1}{\varepsilon\varepsilon_0}\sigma \quad \text{bzw.} \quad \varepsilon\varepsilon_0\vec{E}\cdot\vec{n} = \sigma \tag{5.3.1}$$

geschehen. Es hat sich als sehr nützlich erwiesen, ein neues Vektorfeld, die *dielektrische Verschiebung* $\vec{D}$ einzuführen

$$\vec{D} = \varepsilon\varepsilon_0\vec{E} \quad . \tag{5.3.2}$$

Mit (5.2.2) ist

$$\boxed{\vec{D} = \varepsilon_0\vec{E}_0 = \varepsilon_0(\vec{E}-\vec{E}_P) = \varepsilon_0\vec{E} + \vec{P}} \quad . \tag{5.3.3}$$

Das Flußintegral des $\vec{D}$-Feldes über die Zylinderoberfläche in Abb.5.2 ist direkt durch die umschlossene von außen aufgebrachte Ladung Q gegeben

$$\int_{(V)} \vec{D}\cdot d\vec{a}' = \int_a (\sigma_{eff}-\sigma_P)da' = \int_a \sigma da' = Q \quad . \tag{5.3.4}$$

Für Anordnungen mit einer von außen aufgebrachten Raumladungsdichte gilt entsprechend

$$\oint_{(V)} \vec{D}\cdot d\vec{a} = \int_V \rho dV' \quad . \tag{5.3.5}$$

Durch Anwendung des Gaußschen Satzes (2.10.15) gewinnen wir die Beziehung

$$\int_V \vec{\nabla}\cdot\vec{D}dV = \oint_{(V)} \vec{D}\cdot d\vec{a} = \int_V \rho dV \tag{5.3.6}$$

für beliebig wählbare Volumina. Damit läßt sich an Stelle der Integralbeziehung auch eine lokale, differentielle Gleichung schreiben, die einfach die Integranden der Volumintegrale gleichsetzt

$$\boxed{\vec{\nabla}\cdot\vec{D} = \rho} \quad . \tag{5.3.7}$$

Bei Anwesenheit von Dielektrika ersetzt diese Gleichung die Divergenzbeziehung für die elektrische Feldstärke, die nicht nur die äußere Ladungsverteilung ρ, sondern auch die – im allgemeinen unbekannte – Polarisationsdichte ρ_P enthält. Die Feldgleichung (5.3.7) ist ganz allgemein in Materie und im Vakuum gültig, wenn man den Zusammenhang (5.3.2) zwischen der dielektrischen Verschiebung $\vec{D}$ und der elektrischen Feldstärke in der Form

$$\boxed{\vec{D} = \varepsilon\varepsilon_0\vec{E}} \tag{5.3.2a}$$

schreibt und die Dielektrizitätskonstante des Vakuums Eins setzt.

Die Beziehung für die Rotation der Feldstärke

$$\boxed{\vec{\nabla}\times\vec{E} = 0} \quad , \tag{5.3.8a}$$

die unabhängig von den vorhandenen Ladungsdichten für elektrostatische Felder stets gilt, bleibt in Materie ungeändert gültig.

Damit ist die elektrische Feldstärke auch in Anwesenheit von Dielektrika als Gradient eines Potentials darstellbar

$$\vec{E} = -\vec{\nabla}\varphi \quad . \tag{5.3.8b}$$

Die dielektrische Verschiebung ist im allgemeinen nicht wirbelfrei, so daß man stets mit den beiden Feldgleichungen (5.3.7) und (5.3.8) für $\vec{D}$ und $\vec{E}$ rechnen muß. Dazu tritt eine Materialgleichung, die den Zusammenhang zwischen $\vec{D}$ und $\vec{E}$ liefert. Für den einfachsten Fall ist das eine lineare Beziehung, wie etwa (5.3.2).

5.4 Energiedichte des elektrostatischen Feldes

Bei der Annäherung zweier positiver Punktladungen aus ursprünglich großem Abstand muß Energie aufgewandt werden. In der Sprache der klassischen Mechanik findet sie sich als potentielle Energie der Ladungen wieder. Man kann diese Energie jedoch auch dem elektrostatischen Feld zuordnen, indem man ihm eine ortsabhängige Energiedichte zuschreibt. Eine Bestätigung dieser Auffassung findet man bei der Diskussion von Strahlungsvorgängen.

5.4.1 Energiedichte eines Feldes im Vakuum

Im Abschnitt 4.2.4 hatten wir bereits die Energiedichte eines homogenen Feldes $\vec{E}$ zu $w = \varepsilon_0 E^2/2$ berechnet. Wir werden jetzt zeigen, daß diese Beziehung allgemein gilt. Wir betrachten ein System von Punktladungen $Q_1, \ldots, Q_{k-1}$ an den Orten $\vec{r}_1, \ldots, \vec{r}_{k-1}$ im Vakuum. Ihr Potential ist durch

$$\varphi_{k-1}(\vec{r}) = \frac{1}{4\pi\varepsilon_0} \sum_{i=1}^{k-1} \frac{Q_i}{|\vec{r}-\vec{r}_i|} \qquad (5.4.1)$$

gegeben. Es verschwindet im Unendlichen. Führt man aus dem Unendlichen eine Ladung Q_k an den Ort $\vec{r}_k$, so gewinnt oder benötigt man die Energie

$$W_k = Q_k \varphi_{k-1}(\vec{r}_k) = \frac{Q_k}{4\pi\varepsilon_0} \sum_{i=1}^{k-1} \frac{Q_i}{|\vec{r}_k-\vec{r}_i|} \qquad (5.4.2)$$

Die beim Aufbau eines Systems von N Punktladungen $Q_1, \ldots, Q_N$ an den Orten $\vec{r}_1, \ldots, \vec{r}_N$ im Vakuum benötigte oder gewonnene Energie ist dann die Summe aller W_k

$$W = \sum_{k=1}^{N} Q_k \varphi_{k-1}(\vec{r}_k) = \frac{1}{4\pi\varepsilon_0} \sum_{k=2}^{N} \sum_{i=1}^{k-1} \frac{Q_k Q_i}{|\vec{r}_k-\vec{r}_i|} \quad . \qquad (5.4.3)$$

Da der Term unter der Doppelsumme symmetrisch in den Indizes i und k ist, gilt,

$$W = \frac{1}{8\pi\varepsilon_0} \sum_{k=1}^{N} \sum_{\substack{i=1 \\ i \neq k}}^{N} \frac{Q_k Q_i}{|\vec{r}_k - \vec{r}_i|} \quad . \tag{5.4.4}$$

Für eine kontinuierliche starre Ladungsverteilung der Dichte $\rho(r)$ liest man aus (5.4.4) sofort die Form

$$W = \frac{1}{8\pi\varepsilon_0} \iint \frac{\rho(\vec{r})\rho(\vec{r}\,')}{|\vec{r}-\vec{r}\,'|} \, dV' dV \tag{5.4.5}$$

ab. Da das Potential am Ort $\vec{r}$ dieser Ladungsverteilung durch

$$\varphi(\vec{r}) = \frac{1}{4\pi\varepsilon_0} \int \frac{\rho(\vec{r}\,')}{|\vec{r}-\vec{r}\,'|} \, dV' \tag{5.4.6}$$

gegeben ist, gilt auch

$$\boxed{W = \frac{1}{2} \int \rho(\vec{r})\varphi(\vec{r}) dV} \quad . \tag{5.4.7}$$

Diese Energie läßt sich mit Hilfe der Poisson-Gleichung

$$\Delta\varphi(\vec{r}) = -\frac{1}{\varepsilon_0} \rho(\vec{r})$$

entweder durch das Potential

$$W = -\frac{\varepsilon_0}{2} \int \varphi(\vec{r}) \Delta\varphi(\vec{r}) dV \quad , \tag{5.4.8}$$

oder mit

$$\vec{\nabla} \cdot \vec{E} = \frac{1}{\varepsilon_0} \rho$$

durch die Feldstärke ausdrücken

$$W = \frac{\varepsilon_0}{2} \int \varphi(\vec{r}) \vec{\nabla} \cdot \vec{E}(\vec{r}) dV \quad . \tag{5.4.9}$$

Durch dreifache partielle Integration und unter Ausnutzung von $\vec{E} = -\vec{\nabla}\varphi$ gewinnen wir

$$W = \frac{\varepsilon_0}{2} \int \vec{E} \cdot \vec{E} dV = \frac{\varepsilon_0}{2} \int [E(\vec{r})]^2 dV \quad . \tag{5.4.10}$$

Durch Ausdehnung der Volumintegration auf den ganzen Raum sind die bei der partiellen Integration auftretenden Randterme im Unendlichen zu nehmen, wo die Feldstärke und damit die Randterme verschwinden. Der Ausdruck (5.4.10) legt es nahe, den Integranden

$$w(\vec{r}) = \frac{\varepsilon_0}{2}[E(\vec{r})]^2 \tag{5.4.11}$$

als die räumliche *Energiedichte* des elektrostatischen Feldes im Vakuum zu interpretieren.

5.4.2 Energiedichte eines Feldes bei Anwesenheit von Materie

Der Ausdruck (5.4.2) stellt nach seiner Herleitung diejenige Energie dar, die benötigt oder gewonnen wird, um in einem vorgegebenen Potential weitere Ladung an einen Ort im Feld zu bringen. Er berücksichtigt aber nicht die Arbeit, die erforderlich ist, um den im Dielektrikum sich bei Anwesenheit der weiteren Ladung einstellenden neuen Polarisationszustand herzustellen. Wegen der Änderung der Polarisation wird das Potential $\varphi(\vec{r})$ der bereits vorhandenen Ladungen durch das Hinführen weiterer Ladung verändert, weil die Polarisationsladungen nicht starr sind.

Wir berechnen zunächst die Änderung der Energie δW eines Systems, wenn man die Ladungsverteilung um eine infinitesimale Dichteverteilung $\delta\rho(\vec{r})$ ändert. In niedrigster Ordnung ist diese Änderung

$$\delta W = \int \varphi(\vec{r}\,')\delta\rho(\vec{r}\,')\mathrm{d}V' \quad . \tag{5.4.12}$$

Dabei wurde die Änderung des Potentials um einen Beitrag, der selbst proportional zu $\delta\rho(\vec{r})$ ist und daher nur in zweiter Ordnung zu δW beiträgt, vernachlässigt. Mit Hilfe der Feldgleichung (5.3.7) läßt sich die Dichte $\delta\rho(\vec{r})$ durch die Divergenz einer zugehörigen Änderung $\delta\vec{D}(\vec{r})$

$$\delta\rho(\vec{r}\,') = \vec{\nabla}\cdot\delta\vec{D}(\vec{r}\,') \tag{5.4.13}$$

ausdrücken. Damit ist die Energieänderung nach partieller Integration (Randterme verschwinden wieder, wegen $\varphi \to 0$ im Unendlichen) wegen $\vec{E} = -\vec{\nabla}\varphi$ durch

$$\delta W = \int \vec{E}(\vec{r}\,')\cdot\delta\vec{D}(\vec{r}\,')\mathrm{d}V' \tag{5.4.14}$$

gegeben. In dieser Gleichung ist die elektrische Feldstärke als Funktion von $\vec{D}$ aufzufassen, d.h. als Umkehrfunktion von der üblicherweise benutzten Beziehung $\vec{D} = \vec{D}(\vec{E}) = \varepsilon_0\vec{E} + \vec{P}(\vec{E})$ [vgl. (5.3.3)]. Die beim Aufbau einer Ladungsverteilung $\rho(\vec{r}) = \vec{\nabla} \cdot \vec{D}(\vec{r})$ in Anwesenheit von Dielektrika umgesetzte Energie erhält man durch Integration

$$W = \int_V \int_0^{\vec{D}(\vec{r}\,')} \vec{E}(\vec{r}\,') \cdot \delta\vec{D}(\vec{r}\,')dV' \quad . \tag{5.4.15}$$

In allen Fällen, die wir betrachtet haben, ist der Zusammenhang zwischen $\vec{E}$ und $\vec{D}$ lokal, d.h. nur Werte von $\vec{E}$ und $\vec{D}$ am gleichen Ort sind untereinander verknüpft

$$\vec{E}(\vec{r}) = \vec{E}\left[\vec{r},\vec{D}(\vec{r})\right] \quad . \tag{5.4.16}$$

Das einfachste Beispiel für diese Beziehung ist der Zusammenhang der beiden Größen in einem linearen isotropen Dielektrikum

$$\vec{E}(\vec{r}) = \frac{1}{\varepsilon_0\varepsilon(\vec{r})}\vec{D}(\vec{r}) \quad . \tag{5.4.17}$$

Damit kann die Integration über $\delta\vec{D}(\vec{r})$ unabhängig von dem Parameter $\vec{r}\,'$ der Volumenintegration durchgeführt werden. Die Größe

$$w(\vec{r}) = \int_0^{\vec{D}(\vec{r})} \vec{E}(\vec{r},\vec{D}) \cdot d\vec{D} \tag{5.4.18}$$

ist dann die Energiedichte des Feldes in Anwesenheit von Dielektrika, die Gesamtenergie im Feld damit

$$W = \int w(\vec{r}\,')dV' = \int_V \int_0^{\vec{D}(\vec{r}\,')} \vec{E}(\vec{r}\,',\vec{D})\cdot d\vec{D}dV' \quad . \tag{5.4.19}$$

Für ein lineares isotropes Dielektrikum gilt (5.4.17) und damit

$$w(\vec{r}) = \frac{1}{\varepsilon_0\varepsilon(\vec{r})}\int_0^{\vec{D}(\vec{r})} \vec{D} \cdot d\vec{D} = \frac{1}{2\varepsilon_0\varepsilon(\vec{r})}\vec{D}(\vec{r}) \cdot \vec{D}(\vec{r}) \quad ,$$

$$\boxed{w(\vec{r}) = \frac{1}{2}\vec{E}(\vec{r}) \cdot \vec{D}(\vec{r})} \quad . \tag{5.4.20}$$

Die Gesamtenergie im Volumen V eines Feldes in Anwesenheit eines linearen Dielektrikums ist im statischen, d.h. zeitunabhängigen Fall

$$\boxed{W = \frac{1}{2}\int_V \vec{E}(\vec{r}\,') \cdot \vec{D}(\vec{r}\,')dV'} \quad . \tag{5.4.21}$$

Die Gültigkeit dieser beiden Beziehungen kann leicht experimentell verifiziert und zur Messung von Dielektrizitätskonstanten verwendet werden.

Experiment 5.2. Messung von ε nach der Steighöhenmethode

In ein quaderförmiges Gefäß der Breite 2b und der Länge ℓ, das zum Teil mit einer nichtleitenden Flüssigkeit gefüllt ist, tauchen zwei Kondensatorplatten ein, die den Abstand b voneinander haben und ebenfalls die Länge ℓ besitzen, Abb.5.3. Verbindet man die Platten des Kondensators mit einer Spannungsquelle, so steigt die Flüssigkeit zwischen den Platten an. Nach einem Einschwingvorgang stellt man fest, daß der Flüssigkeitsspiegel um die Höhe h_0 angestiegen ist. Der Einfachheit halber nehmen wir an, daß die Spannungsquelle ein auf die Spannung U aufgeladener Kondensator sehr großer Kapazität ist. Durch das Anheben um die Höhe h nimmt die potentielle Energie der Flüssigkeit zu und zwar um

$$\Delta W_F = \frac{(\varepsilon-1)\varepsilon_0}{2} \ell b h E^2 + g\rho \ell b h^2 \quad .$$

Der erste Term beschreibt den Zuwachs an elektrostatischer Feldenergie durch die Zunahme ℓbh des Flüssigkeitsvolumens zwischen den Kondensatorplatten. Der zweite Term ist die potentielle Energie dieses um die Höhe h gehobenen Flüssigkeitsvolumens. Dabei ist ρ die Massendichte der Flüssigkeit.

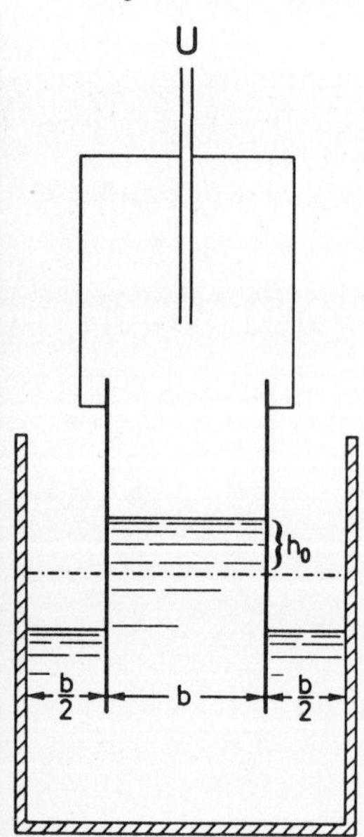

Abb.5.3. Ein flüssiges Dielektrikum steigt bei Anlegen von Spannung zwischen zwei Platten auf

Durch das Anheben der Flüssigkeit vergrößert der Kondensator seine Kapazität um

$$\Delta C = (\varepsilon - 1)\varepsilon_0 \frac{\ell}{b} h \quad .$$

Da seine Spannung $U = Eb$ konstant bleibt, nimmt er aus der Spannungsquelle die Ladung

$$\Delta Q = \Delta C U = \Delta C E b$$

auf. Der Energieinhalt des Kondensators, der die Spannungsquelle bildet, ändert sich um

$$\Delta W_C = -\Delta QU = -(\varepsilon - 1)\varepsilon_0 \ell hbE^2 \quad .$$

Insgesamt ist die Änderung der potentiellen Energie des Gesamtsystems

$$\Delta W = \Delta W_F + \Delta W_C = -\frac{(\varepsilon - 1)\varepsilon_0}{2}\ell bhE^2 + g\rho\ell bh^2 \quad .$$

Sie nimmt ihr Minimum an für

$$0 = \frac{d\Delta W}{dh} = -\frac{(\varepsilon - 1)\varepsilon_0}{2}\ell bE^2 + 2g\rho\ell bh \quad ,$$

d.h. bei

$$h = h_0 = \frac{(\varepsilon - 1)\varepsilon_0}{4g\rho}E^2 \quad .$$

Mißt man die Spannung $U = Eb$ und die Steighöhe h_0, so findet man die Dielektrizitätskonstante zu

$$\varepsilon = 1 + 4\frac{g\rho h_0}{\varepsilon_0 E^2} = 1 + 2\frac{g\rho}{\varepsilon_0 E^2}\Delta h \quad .$$

Der so gewonnene Zusammenhang ist nicht von der speziellen Geometrie der Anordnung abhängig, wenn man für h_0 den halben Höhenunterschied Δh des Flüssigkeitsspiegels innerhalb und außerhalb des Kondensators einsetzt.

Wir schließen noch eine Energiebetrachtung an. Bei einer Steighöhe h_0 ändert sich der Energieinhalt der Spannungsquelle um

$$\Delta W_C = -(\varepsilon - 1)\varepsilon_0 \ell bh_0 E^2 \quad ,$$

und die potentielle Energie der Flüssigkeit um

$$\Delta W_F = \frac{(\varepsilon-1)\varepsilon_0}{2}\ell bh_0 E^2 + g\rho\ell bh_0 \frac{(\varepsilon-1)\varepsilon_0}{4}\frac{E^2}{g\rho}$$

$$= \frac{3(\varepsilon-1)\varepsilon_0}{4}\ell bh_0 E^2 \quad .$$

Die potentielle Energie des Gesamtsystems ändert sich um

$$\Delta W = \Delta W_F + \Delta W_C = -\frac{(\varepsilon-1)\varepsilon_0}{4}\ell bh_0 E^2 \quad .$$

Diese Energie ist durch Reibungsverlust in der Flüssigkeit während des Einschwingvorgangs (und durch Ohmsche Verluste im Stromkreis) in Wärme umgewandelt worden. Ohne diese Verluste würde sich kein Gleichgewichtszustand eingestellt haben, sondern der Flüssigkeitsspiegel würde dauernd um die Gleichgewichtslage schwingen.

5.5 Unstetigkeiten der dielektrischen Verschiebung. Brechungsgesetz für Feldlinien

Die Normalkomponente der dielektrischen Verschiebung bleibt an einer Grenzfläche zwischen zwei Medien verschiedener Dielektrizitätskonstanten ε_1, ε_2 stetig. Der Beweis stützt sich auf den Gaußschen Satz. Als Integrationsvolumen benutzen wir wie im Abschnitt 4.5 einen flachen Zylinder, dessen Kreisflächen parallel zur Grenzfläche verlaufen (Abb.5.4). Da die Dielektrika keine von außen aufgebrachte starre Ladungsdichte enthalten, gilt

$$0 = \int_V \vec{\nabla} \cdot \vec{D} dV' = \int_{(V)} \vec{D} \cdot d\vec{a}' = \int_a (\vec{D}_1 - \vec{D}_2) \cdot \hat{\vec{n}} da' \quad . \tag{5.5.1}$$

Da das Volumen beliebig klein gewählt werden kann, folgt

$$\boxed{(\vec{D}_1 - \vec{D}_2) \cdot \hat{\vec{n}} = 0} \quad . \tag{5.5.2}$$

Auch für eine Grenzfläche zwischen Dielektrika gilt (wegen $\vec{\nabla} \times \vec{E} = 0$), daß die Tangentialkomponenten der elektrischen Feldstärke stetig sind (vgl.Abschnitt 4.5). Gleichung (5.5.2) liefert mit den Materialgleichungen eines linearen isotropen Dielektrikums

$$\vec{D}_1 = \varepsilon_1 \varepsilon_0 \vec{E}_1 \quad , \quad \vec{D}_2 = \varepsilon_2 \varepsilon_0 \vec{E}_2 \tag{5.5.3}$$

die Beziehung

$$\varepsilon_1 \varepsilon_0 \vec{E}_1 \cdot \hat{\vec{n}} = \vec{D}_1 \cdot \hat{\vec{n}} = \vec{D}_2 \cdot \hat{\vec{n}} = \varepsilon_2 \varepsilon_0 \vec{E}_2 \cdot \hat{\vec{n}} \quad . \tag{5.5.4}$$

Die Normalkomponenten von E auf den beiden Seiten der Grenzfläche verhalten sich umgekehrt proportional zu den relativen Dielektrizitätskonstanten

$$\boxed{\frac{\vec{E}_1 \cdot \hat{\vec{n}}}{\vec{E}_2 \cdot \hat{\vec{n}}} = \frac{\varepsilon_2}{\varepsilon_1}} \quad . \tag{5.5.5}$$

Nimmt man die Stetigkeit der Tangentialkomponente von $\vec{E}$ an der Grenzfläche hinzu, erhält man ein *Brechungsgesetz für die elektrischen Feldlinien*. Definiert man die Winkel α_i der Feldlinien zur Senkrechten auf der Grenzfläche durch (i=1,2)

$$\tan\alpha_i = \frac{E_{i\parallel}}{E_{i\perp}} = \frac{E_{i\parallel}}{\frac{1}{\varepsilon_i \cdot \varepsilon_0} D_{i\perp}} = \varepsilon_i \cdot \varepsilon_0 \frac{E_{i\parallel}}{D_{i\perp}} \quad , \tag{5.5.6}$$

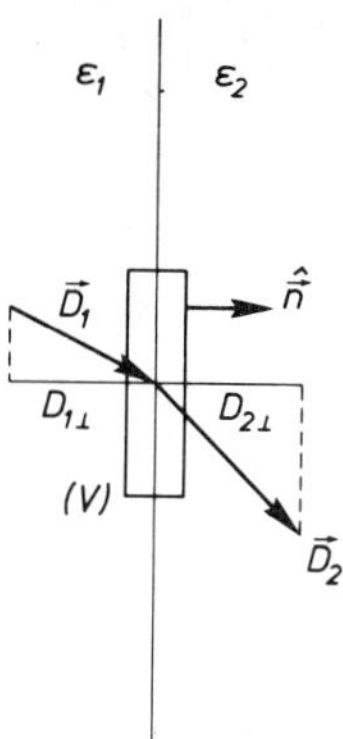

Abb.5.4. Die Normalkomponente der dielektrischen Verschiebung bleibt beim Übergang zwischen zwei Dielektrika stetig

so erhält man

$$\boxed{\frac{\tan\alpha_1}{\tan\alpha_2} = \frac{\varepsilon_1}{\varepsilon_2}} \quad . \tag{5.5.7}$$

Abbildung 5.5 veranschaulicht dieses Brechungsgesetz für Feldlinien an der Grenzfläche zweier Medien mit verschiedenen Dielektrizitätskonstanten.

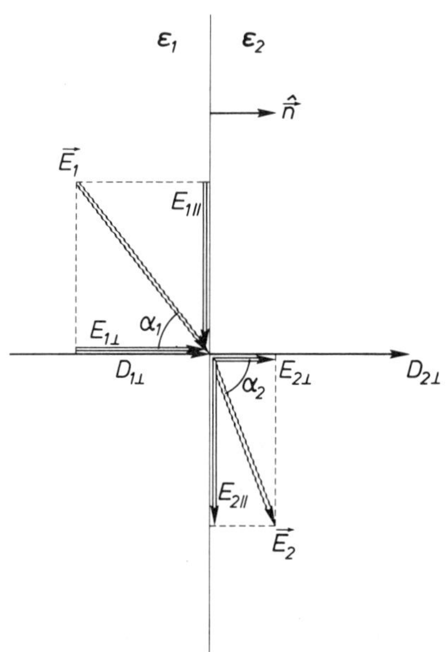

Abb.5.5. Brechungsgesetz für Feldlinien

Aus (5.5.3) folgt wegen der Stetigkeit der Tangentialkomponenten der elektrischen Feldstärke, daß die Tangentialkomponenten der dielektrischen Verschiebung beim Übergang von einem Dielektrikum in ein anderes unstetig sind

$$(\vec{D}_1-\vec{D}_2)\times\hat{\vec{n}} = \varepsilon_0(\varepsilon_1-\varepsilon_2)\vec{E}_1\times\hat{\vec{n}} \quad . \tag{5.5.8}$$

+5.6 Mikroskopische Begründung der Feldgleichungen des elektrostatischen Feldes in Materie

+5.6.1 Mikroskopische und makroskopische Ladungsverteilungen. Feldgleichungen

Im Vakuum gelten die Feldgleichungen

$$\vec{\nabla}\times\vec{E} = 0 \tag{5.6.1}$$

und

$$\vec{\nabla}\cdot\vec{E} = \frac{1}{\varepsilon_0}\rho \quad . \tag{5.6.2}$$

Das elektrostatische Feld ist aus seinen Quellen durch die Lösung (3.2.4) vollständig bestimmt. Bei der Berechnung von Feldern mit Hilfe dieser Lösung muß die Ladungsverteilung $\rho(\vec{r})$ starr, d.h. unbeeinflußt vom elektrischen Feld selbst, vorgegeben sein. Wir bezeichnen sie jetzt als *starre Ladungsdichte*.

Natürlich ist das elektrostatische Feld auch in Anwesenheit von Materie vollständig durch die Ladungsdichte bestimmt. Allerdings muß jetzt neben einer vorgegebenen starren Ladungsverteilung die Ladungsverteilung in der Materie selbst mitberücksichtigt werden. Im allgemeinen interessieren jedoch die Details des *mikroskopischen Feldverlaufs* zwischen Atomkern und -hülle bzw. zwischen benachbarten Atomen oder Molekülen nicht. Von Interesse ist nur der *makroskopische Feldverlauf*, also ein Mittelwert über einen Bereich mit vielen Molekülen. Ein Beispiel für die Bestimmung eines Feldverlaufs, der sich unter dem Einfluß von Materie einstellt, hatten wir bereits bei der Diskussion der Influenz kennengelernt. Die in Leitern frei verschieblichen Ladungsträger führten unter dem Einfluß des elektrostatischen Feldes zur Ausbildung einer Ladungsdichteverteilung, die das Feld selbst so veränderte, daß die Leiteroberfläche eine Äquipotentialfläche wurde. Diese Eigenschaft der Leiteroberfläche definiert eine Randbedingung für die Berechnung des Feldes, eine detaillierte Diskussion der Mittelung über mikroskopische Bereiche im Leiter erübrigte sich. Das Innere des Leiters konnte makroskopisch als feldfrei betrachtet werden.

Für nichtleitende Materie gestalten sich die Verhältnisse komplizierter, weil die Ladungen nicht mehr frei verschieblich sind. Wohl aber sind die

Ladungsverteilungen der Atome oder Moleküle polarisierbar, d.h. unter dem Einfluß des äußeren Feldes veränderlich. Da die sich einstellende Ladungsverteilung vom elektrischen Feld abhängt, ist sie nicht von vornherein bekannt. Wir werden im folgenden zeigen, daß die in Abschnitt 5.3 eingeführte dielektrische Verschiebung $\vec{D}$ an Stelle der elektrischen Feldstärke $\vec{E}$ zur Charakterisierung des Feldes benutzt werden kann. Die Quelle der dielektrischen Verschiebung $\vec{D}$ wird sich dabei als die starre Ladungsverteilung ρ herausstellen, d.h.

$$\operatorname{div}(\vec{D}) = \rho \quad . \tag{5.6.3}$$

Wir gehen von der Gleichung für das mikroskopische elektrische Feld $\vec{E}_{mikr}$ aus,

$$\vec{\nabla}\cdot\vec{E}_{mikr} = \frac{1}{\varepsilon_0}\rho_{mikr} = \frac{1}{\varepsilon_0}\rho_{s,mikr} + \frac{1}{\varepsilon_0}\rho_{P,mikr} \tag{5.6.4}$$

wobei ρ_{mikr} aus der starren mikroskopischen Ladungsverteilung $\rho_{s,mikr}$ und der sich unter dem Einfluß des Feldes ausbildenden mikroskopischen Ladungsverteilung $\rho_{P,mikr}$ des Dielektrikums zusammengesetzt ist.

Die starre Ladungsverteilung $\rho_{s,mikr}$ besteht aus Punktladungen q_i an den festen Orten $\vec{r}_i$

$$\rho_{s,mikr}(\vec{r}) = \sum_i q_i\delta^3(\vec{r}-\vec{r}_i) \quad .$$

Die Ladungsverteilung $\rho_{P,mikr}$ des Dielektrikums setzt sich mikroskopisch aus den Ladungsverteilungen $\rho_i(\vec{r})$ der einzelnen Atome oder Moleküle der Substanz zusammen

$$\rho_{P,mikr}(\vec{r}) = \sum_i \rho_i(\vec{r}) \quad , \tag{5.6.5}$$

wie sie sich unter dem Einfluß des elektrischen Feldes ausgebildet haben. Die Moleküle sind elektrisch neutral, so daß die Multipolentwicklung von ρ_i mit dem Dipolterm beginnt

$$\rho_i(\vec{r}) = -\vec{d}_i\cdot\vec{\nabla}\delta^3(\vec{r}-\vec{r}_i) = \vec{d}_i\cdot\vec{\nabla}_i\delta^3(\vec{r}-\vec{r}_i) \quad . \tag{5.6.6}$$

Dieser Ausdruck für die Ladungsdichte eines Dipols am Ort $\vec{r}_i$ wurde in (3.9.29) angegeben. Das Dipolmoment $\vec{d}_i$ ist dabei als Mittelwert der molekularen Dipolmomente aufzufassen, wie er durch Verschiebungs- und Orientierungspolarisation zustande kommt. Die höheren Multipolterme werden wegen des starken Abfalls mit $|\vec{r}-\vec{r}_i|$ vernachlässigt. Damit gilt

$$\vec{\nabla}\cdot\vec{E}_{mikr}(\vec{r}) = \frac{1}{\varepsilon_0}\left[\sum_i q_i\delta^3(\vec{r}-\vec{r}_i) + \sum_i \vec{d}_i\cdot\vec{\nabla}_i\delta^3(\vec{r}-\vec{r}_i)\right] \quad . \tag{5.6.7}$$

Der zu dieser stark variierenden mikroskopischen Ladungsverteilung gehörende Feldverlauf ist in seinen Details für die meisten Fragen ohne Interesse. Es genügt die Kenntnis eines gemittelten Feldes

$$\boxed{\vec{E}(\vec{r}) = \langle\vec{E}_{mikr}(\vec{r})\rangle = \frac{1}{\Delta V}\int_{\Delta V} \vec{E}_{mikr}(\vec{r}+\vec{r}\,')dV'} \quad . \tag{5.6.8}$$

Offenbar gilt

$$\vec{\nabla}\cdot\vec{E}(\vec{r}) = \frac{1}{\Delta V}\int_{\Delta V} \vec{\nabla}\cdot\vec{E}_{mikr}(\vec{r}+\vec{r}\,')dV' = \frac{1}{\varepsilon_0}\frac{1}{\Delta V}\int_{\Delta V} \rho_{mikr}(\vec{r}+\vec{r}\,')dV' \tag{5.6.9}$$

und

$$\vec{\nabla}\times\vec{E} = \frac{1}{\Delta V}\int_{\Delta V} \vec{\nabla}\times\vec{E}_{mikr}(\vec{r}+\vec{r}\,')dV' = 0 \quad . \tag{5.6.10}$$

Das Mittelungsvolumen ΔV soll dabei viele Moleküle enthalten. Seine Kantenlänge $\Delta\ell$ soll also groß gegen den mittleren Molekülabstand sein. Andererseits soll es hinreichend klein sein gegenüber Abständen, über die sich die Anzahl der Moleküle pro Volumeneinheit deutlich ändert.

In flüssigen oder festen Substanzen ist der Molekülabstand von der Größenordnung 10^{-8} cm, physikalische Apparaturen ermöglichen Variationen von ρ in der Größenordnung $\gtrsim 10^{-3}$ cm. Man kann also Mittelungsvolumina zwischen den Grenzen

$$10^{-24}\ \text{cm}^3 \ll \Delta V \ll 10^{-9}\ \text{cm}^3$$

wählen. Für $\Delta V = 10^{-9}$ cm^3 sind dann etwa 10^{15} Moleküle im Mittelungsvolumen enthalten. Für die starre Ladungsverteilung liefert der Mittelungsprozeß die Ladungsdichte

$$\rho(\vec{r}) = \langle\rho_{s,mikr}(\vec{r})\rangle = \frac{1}{\Delta V}\int_{\Delta V} \rho_{s,mikr}(\vec{r}+\vec{r}\,')dV'$$

$$= \frac{1}{\Delta V}\int_{\Delta V} \sum_i q_i\delta^3(\vec{r}-\vec{r}_i+\vec{r}\,')dV' \quad .$$

Das Integral über die δ-Funktion ist entweder gleich Eins oder Null, je nachdem ob der Vektor $(\vec{r}_i-\vec{r})$ im Integrationsvolumen ΔV liegt oder nicht.

$$\boxed{\int_{\Delta V} \delta^3(\vec{r}-\vec{r}_i+\vec{r}\,')dV' = \begin{cases} 1 & \text{falls } (\vec{r}_i-\vec{r}) \in \Delta V \\ 0 & \text{falls } (\vec{r}_i-\vec{r}) \notin \Delta V \end{cases} = :\Theta(\vec{r}_i-\vec{r},\Delta V)} \tag{5.6.11}$$

Die durch das letzte Gleichheitszeichen definierte Θ-Funktion nennen wir *Mengenfunktion* zu ΔV.

Falls die Ladungen q_i an allen Orten $\vec{r}_i$ gleich sind (etwa gleich der Elementarladung) finden wir

$$\rho(\vec{r}) = q \frac{1}{\Delta V} \sum_i \Theta(\vec{r}_i - \vec{r}, \Delta V) \quad . \tag{5.6.12}$$

Die Summe liefert gerade die Anzahl $N(\vec{r}, \Delta V)$ der Ladungsträger im Volumen ΔV in der Umgebung des Ortes $\vec{r}$, der Quotient

$$n(\vec{r}) = \frac{N(\vec{r}, \Delta V)}{\Delta V} \tag{5.6.13}$$

ist die mittlere Ladungsträgerdichte in der Umgebung von $\vec{r}$. Die Funktion $n(\vec{r})$ ist wegen der großen Zahl von Molekülen in ΔV praktisch stetig. Damit wird

$$\rho(\vec{r}) = qn(\vec{r}) \tag{5.6.14}$$

die makroskopische Ladungsdichte am Ort $\vec{r}$. Denselben Mittelungsprozeß wenden wir jetzt auf den Term $\rho_{P,mikr}$ an

$$\rho_P = \langle\rho_{P,mikr}\rangle = \frac{1}{\Delta V} \int_{\Delta V} \rho_{P,mikr}(\vec{r}+\vec{r}\,')dV'$$

$$= \frac{1}{\Delta V} \int_{\Delta V} \sum_i \vec{d}_i \cdot \vec{\nabla}_i \delta(\vec{r}-\vec{r}_i+\vec{r}\,')dV' \quad . \tag{5.6.15}$$

Die Differentiation $\vec{\nabla}_i$ nach $\vec{r}_i$ läßt sich hier durch $(-\vec{\nabla})$ ersetzen:

$$\boxed{\begin{aligned} \rho_P &= -\vec{d} \cdot \vec{\nabla} \frac{1}{\Delta V} \sum_i \Theta(\vec{r}_i - \vec{r}, \Delta V) = -\vec{d} \cdot \vec{\nabla} n_D(\vec{r}) \\ &= -\vec{\nabla} \cdot \vec{d} n_D(\vec{r}) \quad . \end{aligned}} \tag{5.6.16}$$

Dabei wurde angenommen, daß alle Moleküle das gleiche Dipolmoment $\vec{d}$ besitzen. $n_D(\vec{r})$ bezeichnet die Dipolträgerdichte in der Umgebung von $\vec{r}$. Analog zur Ladungsdichte $\rho = qn(\vec{r})$ ist die Polarisation

$$\vec{P}(\vec{r}) = \vec{d} n_D(\vec{r}) \tag{5.6.17}$$

die *Dipoldichte* am Ort $\vec{r}$.

Die Anwendung des Mittelungsprozesses auf die Feldgleichung (5.6.7) liefert

$$\vec{\nabla}\cdot\vec{E} = \frac{1}{\varepsilon_0} qn(\vec{r}) - \frac{1}{\varepsilon_0}\vec{\nabla}\cdot\vec{d}n_D(\vec{r}) \quad \text{oder} \tag{5.6.18}$$

$$\vec{\nabla}\cdot[\varepsilon_0\vec{E}(\vec{r})+\vec{P}(\vec{r})] = qn(\vec{r}) = \rho(\vec{r}) \quad . \tag{5.6.19}$$

Für die dielektrische Verschiebung

$$\boxed{\vec{D}(\vec{r}) = \varepsilon_0\vec{E}(\vec{r}) + \vec{P}(\vec{r})} \tag{5.6.20}$$

gilt dann die Feldgleichung

$$\vec{\nabla}\cdot\vec{D}(\vec{r}) = \rho(\vec{r}) \quad . \tag{5.6.21}$$

Die Quelle des Feldes $\vec{D}$ ist die makroskopische starre Ladungsverteilung. Durch Integration von $\vec{D}$ über eine geschlossene Oberfläche erhalten wir mit Hilfe des Gaußschen Satzes

$$\int \vec{D}\cdot d\vec{a} = \int \vec{\nabla}\cdot\vec{D}dV = \int \rho dV = Q \quad , \tag{5.6.22}$$

die Integralform der Feldgleichung (5.6.21).

Die dielektrische Verschiebung $\vec{D}$ unterscheidet sich von dem gemittelten elektrischen Feld $\vec{E}$ im Dielektrikum (abgesehen von dem Faktor ε_0) durch die Polarisation $\vec{P}=\vec{d}n_D(\vec{r})$ des Dielektrikums. Das mittlere Dipolmoment $\vec{d}$ pro Molekül ist eine Funktion der elektrischen Feldstärke $\vec{E}(\vec{r})$ am Ort des Moleküls $\vec{r}$

$$\vec{d} = \vec{d}(\vec{E}) \quad . \tag{5.6.23}$$

Damit ist auch die Polarisation

$$\vec{P} = n_D(\vec{r})\vec{d}(\vec{E}) = \vec{P}(\vec{E}) \tag{5.6.24}$$

eine Funktion der Feldstärke. In vielen Fällen besteht ein linearer Zusammenhang,

$$\vec{P}(\vec{r}) = (\varepsilon-1)\varepsilon_0\vec{E}(\vec{r}) = \chi\varepsilon_0\vec{E}(\vec{r}) \quad , \quad \text{so daß} \tag{5.6.25}$$

$$\vec{D}(\vec{r}) = \varepsilon\varepsilon_0\vec{E}(\vec{r}) \tag{5.6.26}$$

ebenfalls linear mit $\vec{E}(\vec{r})$ verknüpft ist. Diese Materialgleichung berücksichtigt die dielektrischen Eigenschaften einer "linearen" isotropen Substanz.

Durch die Gleichungen

$$\boxed{\vec{\nabla}\cdot\vec{D} = \rho \ , \quad \vec{\nabla}\times\vec{E} = 0 \quad \text{und} \quad \vec{D}(\vec{r}) = \varepsilon\varepsilon_0\vec{E}(\vec{r})} \tag{5.6.27}$$

ist das elektrostatische Feld in einem solchen Dielektrikum vollständig durch die vorgegebene starre Ladungsverteilung ρ und die Materialeigenschaft $\varepsilon(\vec{r})$ gegeben.

+5.6.2 Raum- und Oberflächenladungsdichten durch Polarisation

Aus (5.6.16) und (5.6.17) gewinnen wir einen expliziten Zusammenhang zwischen der Polarisationsladungsdichte ρ_P und der Polarisation $\vec{P}(\vec{r})$ des Dielektrikums

$$\rho_P(\vec{r}) = -\vec{\nabla} \cdot \vec{P}(\vec{r}) \quad . \tag{5.6.28}$$

Er besagt, daß die negative Divergenz der Polarisation gerade die Ladungsdichte ρ_P liefert. Für ein endlich ausgedehntes Dielektrikum ist die Polarisation außerhalb des von der Materie ausgefüllten Gebietes V gleich Null, im Innern ist sie im allgemeinen ein ortsabhängiges Vektorfeld.

Die Oberfläche des Dielektrikums läßt sich am einfachsten mit Hilfe einer geeigneten impliziten Gleichung

$$a(\vec{r}) = 0 \tag{5.6.29}$$

beschreiben. Die Lösungen $\vec{r}$ dieser Gleichung stellen eine zweidimensionale Mannigfaltigkeit dar, die bei geeigneter Wahl von $a(\vec{r})$ gerade die Oberfläche des Dielektrikums beschreibt. Wir wollen ferner annehmen, daß a so gewählt ist, daß es sonst keine Nullstellen besitzt. Dann hat a im Innern des Dielektrikums stets ein und dasselbe Vorzeichen, außerhalb des Dielektrikums das entgegengesetzte. In der Oberfläche des Dielektrikums liegen die Nullstellen von $a(\vec{r})$, an denen Vorzeichenwechsel geschieht. Durch geeignete Wahl des gesamten Vorzeichens von a läßt es sich immer so einrichten, daß

$a(\vec{r}) > 0$ im Innern des Dielektrikums gilt.

Als Beispiel betrachten wir ein kugelförmiges Dielektrikum des Radius R um den Ursprung. Seine Oberfläche ist dann durch

$$a(\vec{r}) = R - |\vec{r}| = 0$$

beschreibbar. Im Innern gilt

$$a(\vec{r}) = R - |\vec{r}| > 0 \quad ,$$

und außen entsprechend

$$a(\vec{r}) = R - |\vec{r}| < 0 \quad .$$

Die Polarisation des Dielektrikums läßt sich dann explizit durch

$$\vec{P}(\vec{r})\Theta[a(\vec{r})] \tag{5.6.30}$$

darstellen. Jetzt läßt sich für die Polarisationsladungsdichte (5.6.28) mit der Produktregel

$$\begin{aligned}\rho_P(\vec{r}) &= -\vec{\nabla}\cdot\{\vec{P}(\vec{r})\Theta[a(\vec{r})]\}\\ &= -\Theta[a(\vec{r})]\vec{\nabla}\cdot\vec{P}(\vec{r}) - \vec{P}(\vec{r})\cdot\vec{\nabla}\Theta[a(\vec{r})]\end{aligned} \qquad (5.6.31)$$

ausrechnen. Der zweite Term läßt sich mit der Kettenregel noch umformen

$$\vec{\nabla}\Theta[a(\vec{r})] = \vec{\nabla}a(\vec{r})\frac{d}{da}\Theta(a) \quad . \qquad (5.6.32)$$

Die Ableitung der Stufenfunktion ist, wie man durch partielle Integration des Produktes einer im Unendlichen hinreichend stark verschwindenden Funktion $\varphi(x)$ mit $d\Theta/dx$ sieht,

$$\begin{aligned}\int_{-\infty}^{+\infty}\varphi(x)\frac{d}{dx}\Theta(x)dx &= -\int_{-\infty}^{\infty}\Theta(x)\frac{d}{dx}\varphi(x)dx\\ &= -\int_{0}^{\infty}\frac{d\varphi}{dx}dx = \varphi(0) = \int_{-\infty}^{\infty}\varphi(x)\delta(x)dx\end{aligned} \qquad (5.6.33)$$

gleich der Diracschen Deltafunktion

$$\boxed{\frac{d}{dx}\Theta(x) = \delta(x)} \quad . \qquad (5.6.34)$$

Damit gilt einfach

$$\boxed{\rho_P(\vec{r}) = -\Theta[a(\vec{r})]\vec{\nabla}\cdot\vec{P}(\vec{r}) - \vec{P}(\vec{r})\cdot\vec{\nabla}a(\vec{r})\delta[a(\vec{r})]} \quad . \qquad (5.6.35)$$

Der erste Term beschreibt eine Raumladungsdichte $\nabla\cdot\vec{P}(\vec{r})$, die gleich der Divergenz der Polarisation ist. Sie verschwindet für homogene, d.h. ortsunabhängige, Polarisation. Der zweite Term stellt eine auf die Oberfläche des Dielektrikums beschränkte Ladungsverteilung dar. Sie ist nur für verschwindendes Argument

$$a(\vec{r}) = 0$$

der Deltafunktion von Null verschieden. Dies ist jedoch die Bedingung (5.6.29), die von den Ortsvektoren der Oberfläche des Dielektrikums erfüllt wird. Dieser Beitrag verschwindet auch für im Innern des Dielektrikums homogene Polarisation $\vec{P}$ nicht. Er entspricht genau der Oberflächenladungsdichte (5.2.5c), die wir zu Beginn dieses Kapitels eingeführt haben.

Als ein Beispiel betrachten wir wieder eine homogen polarisierte dielektrische Kugel vom Radius R um den Ursprung. Setzen wir die konstante

Polarisation

$$\vec{P}(\vec{r}) = \vec{P}_0$$

in (5.6.35) ein, so finden wir für die Ladungsdichte

$$\rho_P(\vec{r}) = -\vec{P}_0 \cdot \hat{\vec{r}}\delta(|\vec{r}|-R) \quad .$$

Sie hat dieselbe Gestalt wie die Oberflächenladungsdichte (4.4.9) einer Metallkugel im homogenen elektrostatischen Feld, die im Außenraum ein Dipolfeld erzeugt.

+5.7 Ursachen der Polarisation

Im Abschnitt 5.2 haben wir gesehen, daß nichtleitende Materie ein elektrisches Feld verändert. Der Grund dafür liegt in den Dipolmomenten der Atome oder Moleküle. Je nach den Ursachen für die Dipolmomente unterscheidet man

I) *elektronische Polarisation*
– auch elektronische Verschiebungspolarisation genannt – die durch Deformation der Elektronenhüllen der einzelnen Atome oder Moleküle zustande kommt (Abb.5.6a),

II) *Orientierungspolarisation*,
die auf der Ausrichtung bereits vorhandener (permanenter) Dipolmomente der Atome oder Moleküle beruht (Abb.5.6b) und

III) *ionische Polarisation*
– auch ionische Verschiebungspolarisation genannt – die durch die Verschiebung der einzelnen Ionen des Gitters gegeneinander bewirkt wird (Abb.5.6c).

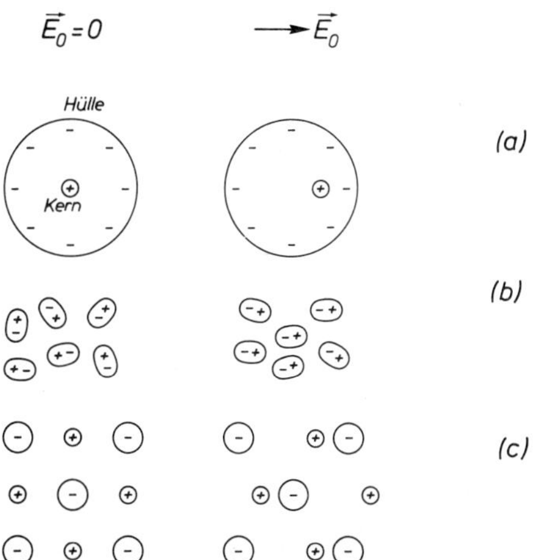

Abb.5.6. Schema der elektrischen Verschiebungspolarisation (a), der Orientierungspolarisation (b) und der ionischen Verschiebungspolarisation (c)

+5.7.1 Elektronische Polarisation. Clausius-Mossottische Formel

Die Atome oder Moleküle, aus denen die Materie besteht, haben Elektronenhüllen, die im einfachsten Fall kugelsymmetrische Ladungsverteilungen und damit kein permanentes Dipolmoment haben. Als makroskopisches Modell für die Wirkung eines äußeren homogenen elektrostatischen Feldes $\vec{E}_0$ auf eine solche Ladungsverteilung benutzen wir die Influenz des Feldes auf eine Metallkugel vom Radius R. Im Abschnitt 4.4 haben wir festgestellt, daß auf der Kugel eine Ladungsverteilung induziert wird, deren Feld außerhalb der Kugel vollständig durch das Feld eines Dipols am Ort des Kugelmittelpunkts mit dem Moment

$$\vec{d} = 4\pi R^3 \varepsilon_0 \vec{E}_0 = \alpha \vec{E}_0 \quad , \qquad \alpha = 4\pi\varepsilon_0 R^3 \tag{5.7.1}$$

beschrieben wird. Dieses induzierte Dipolmoment ist dem äußeren Feld proportional. Den Proportionalitätsfaktor α, der dem Volumen der Kugel proportional ist, nennen wir *Polarisierbarkeit* der Kugel.

Das Verhalten von kugelsymmetrischen Atomen oder Molekülen in einem homogenen Feld ist ganz analog. Das induzierte Dipolmoment ist wiederum dem äußeren Feld $\vec{E}_0$ proportional. Es entsteht jedoch jetzt nicht durch Influenz auf einem Leiter, sondern durch die Verschiebung der negativ geladenen Elektronenhülle relativ zum positiv geladenen Kern. Diese Verschiebung der Elektronenhülle unter der Wirkung des Feldes entspricht der Verschiebung der Leitungselektronen auf der Metallkugel.

Die von der leitenden Kugel nahegelegte Volumenproportionalität der Polarisierbarkeit

$$\alpha = 4\pi\varepsilon_0 R^3 = 3\varepsilon_0 V \tag{5.7.1a}$$

gibt für kugelsymmetrische Atome die richtige Größenordnung der Polarisierbarkeit wieder.

Wir betrachten eine ungeordnete Verteilung von Atomen oder Molekülen, wie sie in Gasen, Flüssigkeiten oder amorphen Festkörpern vorliegt. Für die Diskussion des Verhaltens von Materie im elektrischen Feld genügt es, die kugelsymmetrischen Moleküle durch Dipole parallel zum Feld zu ersetzen. Das mikroskopische elektrische Feld $\vec{E}_{mikr}$ am Ort $\vec{r}$ setzt sich aus dem äußeren Feld $\vec{E}_0$ und der Summe der Felder $\vec{E}_\ell$ der induzierten Dipole aller anderen Atome an den Orten $\vec{r}_\ell$ zusammen

$$\vec{E}_{mikr}(\vec{r}) = \vec{E}_0 + \sum_\ell \vec{E}_\ell(\vec{r}) \quad . \tag{5.7.2}$$

Dieses Feld löst allerdings nicht die Polarisation des k-ten Atoms am Ort

$\vec{r}_k$ aus, da es das Feld dieses Atoms selbst als Summanden enthält. Das k-te Atom am Ort $\vec{r}_k$ wird vom äußeren Feld $\vec{E}_0$ und von der Summe der Felder aller anderen Atome $\ell \neq k$ polarisiert. Wir nennen dieses Feld $\vec{E}'$

$$\vec{E}'_{mikr} = \vec{E}_0 + \sum_{\ell \neq k} \vec{E}_\ell = \vec{E}_0 + \sum_\ell \vec{E}_\ell - \vec{E}_k$$

$$= \vec{E}_{mikr} - \vec{E}_k \quad . \tag{5.7.3}$$

Um den Zusammenhang mit den gemittelten makroskopischen Größen, dem Feld $\vec{E}$ und der Polarisation $\vec{P}$ herzustellen, führen wir auch hier eine Mittelung der mikroskopischen Felder $\vec{E}_{mikr}$ und $\vec{E}'_{mikr}$ über ein Mittelungsvolumen durch. Zur Vereinfachung der Diskussion wählen wir als Mittelungsvolumen gerade dasjenige Volumen, das jedem Atom im Mittel in der ungeordneten Substanz zur Verfügung steht. Befinden sich im Gesamtvolumen V der Substanz N Atome, so steht im Mittel jedem einzelnen Atom das Volumen

$$\frac{V}{N} = \frac{1}{n_D} = V_A \tag{5.7.4}$$

zur Verfügung. Es ist gerade gleich der inversen Dichte n_D^{-1} der Atome in der Substanz. Nehmen wir weiter an, daß es in der ungeordneten Substanz im Sinne einer Mittelung als kugelförmig angesehen werden kann, so ist der Radius R_A des Volumens V_A durch

$$V_A = \frac{4\pi}{3} R_A^3 \tag{5.7.5}$$

gegeben.

Die Mittelung der mikroskopischen Feldstärke $\vec{E}_{mikr}$, (5.7.2) über V_A liefert die gemittelte Feldstärke $\vec{E}(\vec{r})$

$$\vec{E} = \frac{1}{V_A} \int_{V_A} \vec{E}_{mikr}(\vec{r}+\vec{r}'')dV'' \quad , \tag{5.7.6a}$$

die nach Abschnitt 5.6 das makroskopische elektrische Feld im Material ist. Davon ist nach (5.7.3) gerade der Mittelwert des Feldes des k-ten Atoms abzuziehen

$$\vec{E}' = \frac{1}{V_A} \int_{V_A} \vec{E}'_{mikr}(\vec{r}+\vec{r}'')dV''$$

$$= \frac{1}{V_A} \int_{V_A} \vec{E}_{mikr}(\vec{r}+\vec{r}'')dV'' - \frac{1}{V_A} \int \vec{E}_k(\vec{r}+\vec{r}'')dV''$$

$$= \vec{E} - \frac{1}{V_A} \int \vec{E}_k(\vec{r}+\vec{r}'')dV'' \quad . \tag{5.7.6b}$$

Das Feld $\vec{E}_k$ ist das Feld eines Dipols mit dem Moment $\vec{d}$ am Ort $\vec{r}_k$. Nach (3.9.16) hat es die Gestalt ($\vec{r}\,' = \vec{r}-\vec{r}_k$) für $\varepsilon \to 0$

$$\vec{E}_k(\vec{r}) = \vec{E}_D(\vec{r}-\vec{r}_k) = \frac{1}{4\pi\varepsilon_0}\,\frac{(\vec{d}\cdot\hat{\vec{r}}\,')\hat{\vec{r}}\,'-\vec{d}}{r'^3}\,\Theta(\vec{r}\,'-\varepsilon) - \frac{\vec{d}}{3\varepsilon_0}\delta^3(\vec{r}\,') \quad . \tag{5.7.7a}$$

Seinen Mittelwert, etwa im Zentrum der Kugel, errechnet man für $\vec{r} = \vec{r}_k$, d.h. $\vec{r}\,' = 0$ durch

$$\frac{1}{V_A}\int_{V_A} \vec{E}_k(\vec{r}\,'')dV'' = \frac{1}{V_A}\int_{V_A} \left(-\frac{\vec{d}}{3\varepsilon_0}\right)\delta^3(\vec{r}\,'')dV'' = -\frac{\vec{d}}{3\varepsilon_0 V_A} = -\frac{n_D\vec{d}}{3\varepsilon_0} \quad . \tag{5.7.7b}$$

Der Beitrag des ersten Terms in (5.7.7a) verschwindet aus Symmetriegründen, so daß nur der Beitrag der δ-Funktion übrigbleibt. Wegen (5.2.11) bzw. (5.6.17) gilt

$$n_D\vec{d} = \vec{P} \quad , \tag{5.7.8}$$

so daß der mittlere Beitrag des Einzelatoms der Polarisation der Substanz proportional ist

$$\frac{1}{V_A}\int_{V_A} E_k(\vec{r}\,'')dV'' = -\frac{1}{3\varepsilon_0}\vec{P} \quad . \tag{5.7.7c}$$

Das Feld $\vec{E}\,'$, das das k-te Einzelatom polarisiert, ist nach Einsetzen in (5.7.6b) durch

$$\boxed{\vec{E}\,' = \vec{E} + \frac{1}{3\varepsilon_0}\vec{P}} \tag{5.7.9}$$

gegeben. Da das Dipolmoment des Atoms nach (5.7.1) proportional zum Feld $\vec{E}\,'$ an seinem Ort ist, gilt

$$\vec{d} = \alpha\vec{E}\,' \quad ,$$

wobei α die Polarisierbarkeit des Atoms bedeutet. Wegen (5.7.8) kann man hier an Stelle des Dipolmomentes $\vec{d}$ die Polarisation einführen und erhält

$$\frac{1}{n_D}\vec{P} = \alpha\vec{E}\,' \quad , \quad \text{d.h.} \quad \vec{E}\,' = \frac{1}{n_D\alpha}\vec{P} \quad . \tag{5.7.10}$$

Durch Kombination mit (5.7.9) läßt sich so die Polarisation $\vec{P}$ in Abhängigkeit von der mittleren makroskopischen Feldstärke im Material ausdrücken

$$\frac{1}{n_D\alpha}\vec{P} = \vec{E}(\vec{r}) + \frac{1}{3\varepsilon_0}\vec{P} \quad ,$$

so daß wir

$$\vec{P} = \frac{n_D\alpha}{1 - \frac{n_D\alpha}{3\varepsilon_0}}\vec{E} \qquad (5.7.11)$$

erhalten. Mit (5.2.12b) folgt jetzt für die Suszeptibilität χ

$$\chi = \frac{\frac{n_D\alpha}{\varepsilon_0}}{1 - \frac{1}{3}\frac{n_D\alpha}{\varepsilon_0}} \quad . \qquad (5.7.12a)$$

Für die Dielektrizitätskonstante ε liefert dieses Ergebnis nach (5.2.4)

$$\boxed{\varepsilon = 1 + \chi = \frac{1 + \frac{2}{3}\frac{n_D\alpha}{\varepsilon_0}}{1 - \frac{1}{3}\frac{n_D\alpha}{\varepsilon_0}}} \quad . \qquad (5.7.12b)$$

Dieser Zusammenhang zwischen der Polarisierbarkeit α eines Atoms, der Dichte n_D der Atome und der Dielektrizitätskonstanten ist die *Clausius-Mossottische Formel*. Er gestattet umgekehrt aus der Dielektrizitätskonstante die Polarisierbarkeit α zu bestimmen

$$\boxed{\alpha = \frac{\varepsilon_0}{n_D}\frac{3(\varepsilon-1)}{\varepsilon+2}} \quad . \qquad (5.7.13)$$

Es sei noch betont, daß das pauschale Mittelungsverfahren über das Kugelvolumen V_A, das dem Atom im Mittel, d.h. bei der Dichte n_D, zur Verfügung steht, nur für amorphe Substanzen gerechtfertigt ist, da sie keine regelmäßige Kristallstruktur besitzen. Es läßt sich darüberhinaus zeigen, daß die Clausius-Mossottische Formel auch für den besonders symmetrischen Fall eines kubischen Kristallgitters gilt. Für geringe Dichten, wie sie etwa bei Gasen vorliegen können, gilt

$$\frac{n_D\alpha}{\varepsilon_0} \ll 1$$

und an Stelle von (5.7.12a) ist die lineare Näherung für die Suszeptibilität hinreichend genau

$$\chi \approx \frac{n_D\alpha}{\varepsilon_0} \quad . \qquad (5.7.12c)$$

Für die Dielektrizitätskonstante liefert das

$$\boxed{\varepsilon = 1 + \chi \approx 1 + \frac{n_D \alpha}{\varepsilon_0}} \quad . \tag{5.7.12d}$$

+5.7.2 Orientierungspolarisation

Nicht-kugelsymmetrische atomare oder molekulare Systeme zeigen einen zusätzlichen Polarisierungseffekt, die Orientierungspolarisation. Nicht-kugelsymmetrische Ladungsverteilungen haben Multipolmomente, in der Regel mit einem Dipolmoment beginnend. Ein Beispiel ist das Wassermolekül, das aus einem Sauerstoffatom und zwei Wasserstoffatomen besteht, deren Kerne die Ecken eines gleichschenkeligen Dreiecks mit einem Winkel von 105° bilden. Diese Konfiguration besitzt ein Dipolmoment in Richtung der Winkelhalbierenden (Abb.5.7).

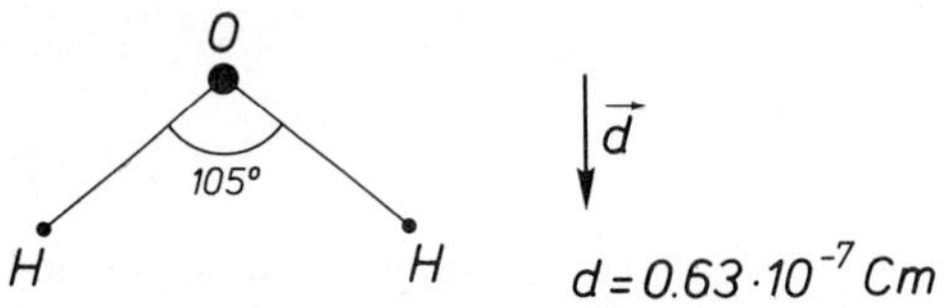

Abb.5.7. Dipolmoment des Wassermoleküls

Wir betrachten nun ein Dielektrikum, dessen Atome oder Moleküle ein permanentes Dipolmoment $\vec{d}$ besitzen. Die Zahl der Teilchen pro Volumeneinheit sei n_D. Solange kein äußeres elektrisches Feld angelegt ist, sind die permanenten Dipolmomente gleichmäßig über alle Winkel verteilt. Mit dem Einschalten des elektrostatischen Feldes $\vec{E}$ existiert eine Vorzugsrichtung, in die sich alle Dipole ausrichten würden, wenn sie nicht durch Stöße untereinander immer wieder desorientiert würden. Diese Desorientierung ist umso stärker, je stärker die Bewegung der Moleküle gegeneinander, je höher also die Temperatur T des Dielektrikums ist. Wir erwarten daher für die Polarisation einen Ausdruck der Form

$$\boxed{\vec{P} = n_D d f(T) \hat{\vec{E}}} \quad , \tag{5.7.14}$$

wobei die Funktion f(T) monoton zwischen den Werten

$$f(0) = 1 \quad , \quad f(\infty) = 0 \tag{5.7.15}$$

fällt. Den genauen Verlauf von f(T) werden wir in Abschnitt 10.6.2 für die der Orientierungspolarisation analoge magnetische Erscheinung vorrechnen. Er ist [k ist die Boltzmann-Konstante (6.2.2)]

$$f(T) = \coth \frac{Ed}{kT} - \frac{kT}{Ed} \quad . \tag{5.7.16}$$

Dabei ist

$$\coth(x) = \frac{\cosh(x)}{\sinh(x)} = \frac{e^x+e^{-x}}{e^x-e^{-x}} \tag{5.7.17}$$

der Kotangens hyperbolicus des Argumentes x (vgl.Bd.I, Anhang A).

5.8. Verschiedene dielektrische Erscheinungen

Die Diskussion des Einflusses von Materie auf ein elektrisches Feld hat uns auf die Einführung des Begriffes der Polarisation $\vec{P}$ der Materie geführt. Die Abhängigkeit der Polarisation vom äußeren Feld $\vec{P} = \vec{P}(\vec{E})$ kann verschiedene Formen haben.

I) Die Polarisation ist unabhängig vom äußeren Feld

$$\vec{P}(\vec{E}) = \vec{P}_0 = \text{const} \quad . \tag{5.8.1}$$

Solche Materialien mit permanenter Polarisation besitzen auch ohne Vorhandensein eines äußeren elektrischen Feldes ein elektrisches Dipolmoment. Auch bei Anlegen eines äußeren Feldes ändert sich ihre Polarisation nicht. Sie sind selbst von einem elektrischen Feld umgeben. Materialien mit diesen Eigenschaften heißen *Pyroelektrika*, weil sich der Wert ihrer Polarisation nur durch Erhitzen – nicht durch ein elektrisches Feld – ändern läßt. Ein Kristall mit pyroelektrischem Verhalten bei Raumtemperatur ist Lithiumniobat $LiNbO_3$.

II) Im einfachsten Fall, in dem die Polarisation vom äußeren Feld abhängig ist, hat sie die gleiche Richtung wie das Feld $\vec{E}$ im Material und ist seiner Stärke proportional

$$\vec{P} = \varepsilon_0(\varepsilon-1)\vec{E} \quad . \tag{5.8.2}$$

Als Ursachen für diesen am häufigsten auftretenden Fall hatten wir die elektronische Verschiebungspolarisation und die Orientierungspolarisation kennengelernt. Sie führen für nicht zu große elektrische Feldstärken auf den obigen *linearen* Zusammenhang zwischen $\vec{P}$ und $\vec{E}$. Allerdings hat $\vec{P}$ nur in *isotropen Materialien* die gleiche Richtung wie $\vec{E}$. Isotropes dielektrisches Verhalten zeigen Gase, Flüssigkeiten und kubische Kristalle.

III) Auch in *anisotropen Materialien* ist die Abhängigkeit der Polarisation von $\vec{E}$ im allgemeinen für nicht zu große Feldstärken linear. Allerdings ist hier die Richtung von $\vec{P}$ mit der von $\vec{E}$ nicht mehr identisch. Ein solches Verhalten wird durch die nichtkubische Struktur eines Kristalls verursacht. Die Dielektrizitätskonstante ε ist in diesen Fällen ein symmetrischer Tensor zweiter Stufe und der Zusammenhang zwischen $\vec{P}$ und $\vec{E}$ hat die Form

$$\vec{P} = \varepsilon_0(\underline{\underline{\varepsilon}}-\underline{\underline{1}})\vec{E} = \varepsilon_0\underline{\underline{\chi}}\vec{E} \quad . \tag{5.8.3}$$

Der Tensor $\underline{\underline{\chi}} = (\underline{\underline{\varepsilon}}-\underline{\underline{1}})$ der dielektrischen Suszeptibilität vermittelt eine lineare Transformation des Vektors $\varepsilon_0\vec{E}$ in den Vektor $\vec{P}$, der eine andere Richtung hat.

IV) In *ferroelektrischen* Materialien ist die Polarisation eine *nichtlineare* Funktion der Feldstärke

$$\vec{P} = \vec{P}(\vec{E}) \quad . \tag{5.8.4}$$

Zudem ist die Abhängigkeit der Polarisation von der Feldstärke eine Funktion der Vorgeschichte des Materials. Eine ferroelektrische Substanz im jungfräulichen Zustand, d.h. ohne permanente Polarisation, kann durch Anlegen eines elektrischen Feldes polarisiert werden. Das Ansteigen der Polarisation in Abhängigkeit von der Feldstärke wird durch die Kurve I in Abb.5.8 beschrieben. Bei einer gewissen maximalen Feldstärke, bei der alle atomaren Dipole ausgerichtet sind, tritt beim Wert P_S Sättigung ein. Verringert man nun die Stärke des angelegten elektrischen Feldes, so nimmt auch die Polarisation ab, folgt aber nun der Kurve II der Abb.5.8, bei der die Polarisation auch für verschwindende Feldstärke noch einen endlichen Wert P_0 hat, eben die permanente Polarisation. Legt man nun ein Feld in umgekehrter Richtung zum ursprünglichen an, so verringert sich die Polarisation weiter, kehrt schließlich nach einem Nulldurchgang bei der Feldstärke $-E_C$ (der (Koerzitiv-

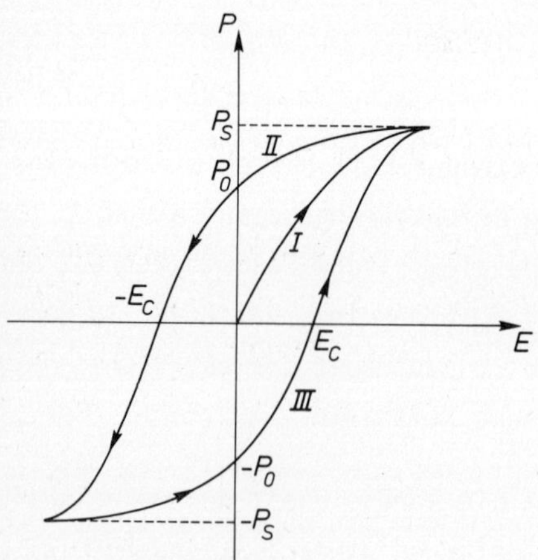

Abb.5.8. Polarisation einer ferroelektrischen Substanz als Funktion der elektrischen Feldstärke

kraft) ihre Richtung um und steigt nun in dieser umgekehrten Richtung bis zum negativen Sättigungswert ($-P_S$) an. Reduziert man nun die Feldstärke wieder, so folgt die Polarisation der Kurve III der Abb.5.8 von der negativen Sättigung durch einen Nulldurchgang bis zum positiven Sättigungswert P_S. Die soeben beschriebene Kurve heißt Hystereseschleife. Kristalline Substanzen, die ferroelektrisches Verhalten bei Raumtemperatur zeigen, sind die Perowskite ein Beispiel ist Bariumtitanat $BaTiO_3$.

Aufgaben

5.1: Berechnen Sie die Kapazität des Kugelkondensators aus Aufgabe 4.4, wenn er eine Substanz der Dielektrizitätskonstante ε enthält. Geben Sie die Feldstärke $\vec{E}$, die dielektrische Verschiebung $\vec{D}$ und die Energiedichte w für jeden Punkt im Kondensator an.

5.2: In einem Plattenkondensator (Abb.5.9) befinde sich ein (speziell für diese Aufgabe entwickeltes) Dielektrikum mit ortsabhängiger Dielektrizitätskonstante

$$\varepsilon(x) = 1 + ax \quad , \quad a = \text{const} > 0 \quad .$$

Berechnen Sie die dielektrische Verschiebung $\vec{D}(x)$ und die Polarisation $\vec{P}(x)$ durch Ansatz von Flußintegralen über geeignete Flächen. Berechnen Sie die Kapazität C. (Die Platten sind als sehr groß angenommen, $a \gg b^2$.)

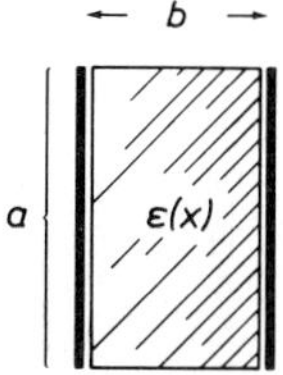

Abb.5.9. Kondensator mit inhomogenem Dielektrikum

5.3: Zwischen den Platten (Abstand b) eines großflächigen Kondensators befindet sich ein Dielektrikum mit der räumlich konstanten Polarisation $\vec{P} = n_D\vec{d} = \chi\vec{E}$. Mit Hilfe des Ausdrucks für die Ladungsdichte ρ (5.6.6) des einzelnen Dipols berechne man die Ladungsverteilung im bzw. auf dem Dielektrikum

$$\rho(\vec{r}) = \int_V n_D\vec{d} \cdot \vec{\nabla}'\delta^3(\vec{r}-\vec{r}\,')dV' \quad .$$

Die Volumenintegration über V kann man mit Hilfe von Θ-Funktionen in eine über den ganzen Raum umwandeln

$$\rho(\vec{r}) = \int [\Theta(\vec{r}'\cdot\hat{\vec{n}}) - \Theta(\vec{r}'\cdot\hat{\vec{n}}-b)]\vec{P}\cdot\vec{\nabla}'\delta^3(\vec{r}-\vec{r}')dV' \quad .$$

Wendet man jetzt partielle Integration

$$\int g(\vec{r}')\vec{\nabla}'\delta^3(\vec{r}')dV' = -\int \vec{\nabla}'g(\vec{r}')\delta^3(\vec{r}')dV'$$

an, so findet man die gesuchte Ladungsverteilung.

5.4: Lösen Sie Aufgabe 5.3 für ortsabhängige Polarisation $\vec{P}(\vec{r})$. Zeigen Sie, daß im Gegensatz zum Fall konstanter Polarisation, nicht nur Oberflächenladungen sondern auch Raumladungen auftreten.

6. Elektrischer Strom als Ladungstransport

In der Elektrostatik haben wir ausschließlich Anordnungen von Ladungen betrachtet, die statisch sind, d.h. sich im Laufe der Zeit nicht verschieben. Zwar treten bei Polarisations- oder Influenzvorgängen kurzzeitig Ladungsverschiebungen ein. An deren Ende steht jedoch ein statischer Zustand und nur er wird quantitativ beschrieben.

Elektrische Ladungen, die sich bewegen, stellen einen Strom elektrischer Ladung – kurz einen *elektrischen Strom* – dar. Wir werden in diesem Kapitel einige grundlegende Begriffe und Gesetzmäßigkeiten über Ströme diskutieren und an einfachen Experimenten verifizieren. Einzelheiten des Ladungstransports in Festkörpern und durch Grenzflächen zwischen verschiedenen Materialien, die von großer Bedeutung sind, sind Gegenstand der folgenden beiden Kapitel.

6.1 Elektrischer Strom. Stromdichte

6.1.1 Einfache Definition. Kontinuitätsgleichung

Als *elektrischen* Strom I, der den Transport der Ladungsmenge dQ in der Zeit dt durch eine Fläche $\vec{a}$ beschreibt, definieren wir den Quotienten

$$\boxed{I = \frac{dQ}{dt}} \quad . \tag{6.1.1}$$

Die *Einheit des Stromes* ist

$$1 \text{ Ampère} = 1 \text{ A} = 1 \text{ C/s} \quad . \tag{6.1.2}$$

Wir nehmen an, daß der Ladungstransport durch die Fläche $\vec{a}$ durch Ladungsträger der Ladung q, der Dichte n (Anzahl pro Volumeneinheit) und der (mittleren) Geschwindigkeit $\vec{v}$ bewerkstelligt wird (Abb.6.1a). Dann gilt für den Ladungstransport durch die Fläche

$$\frac{dQ}{dt} = nq\vec{v} \cdot \vec{a} \quad . \tag{6.1.3}$$

Das Produkt $\rho = nq$ können wir als Ladungsdichte identifizieren. Wir bezeichnen das Produkt aus Ladungsdichte und Geschwindigkeit

$$\boxed{\vec{j} = \rho\vec{v}} \tag{6.1.4}$$

als *Stromdichte*. Gibt es mehrere Arten von Ladungsträgern mit verschiedenen Trägerzahldichten n_i, Ladungen q_i und mittleren Geschwindigkeiten $\vec{v}_i$ (Abb. 6.1b), so ist die Stromdichte

$$\vec{j} = \sum_i n_i q_i \vec{v}_i \quad , \tag{6.1.4a}$$

denn die Beiträge zum Ladungstransport von zwei Teilchenströmen gleicher Dichte $n_1 = n_2$, entgegengesetzt gleicher Ladung $q_1 = -q_2$ heben sich für gleiche Geschwindigkeiten $\vec{v}_1 = \vec{v}_2$ auf, während beide Teilchenarten bei entgegengesetzt gleicher Geschwindigkeit $\vec{v}_1 = -\vec{v}_2$ den gleichen Beitrag liefern.

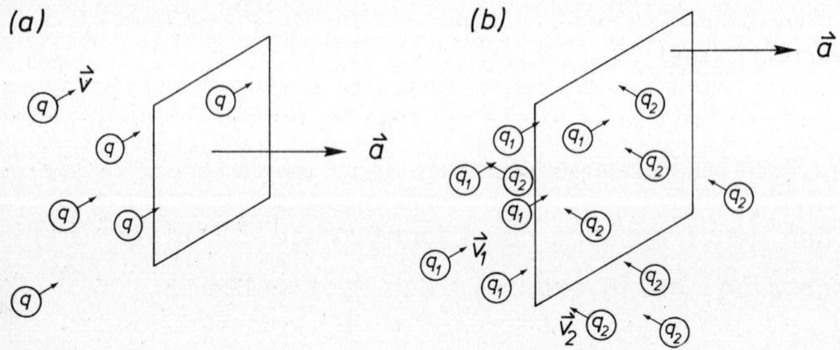

Abb.6.1. Zur Berechnung des Stromes durch ein Flächenstück $\vec{a}$, der durch eine (a) bzw. zwei (b) Ladungsträgerarten bewirkt wird

Der Strom durch ein Flächenelement ist dann $\vec{j} \cdot d\vec{a}'$, der Strom durch eine endliche Fläche ist

$$I = \int_a dI = \int_a \vec{j} \cdot d\vec{a}' \quad . \tag{6.1.5}$$

Den Strom durch die Oberfläche a eines geschlossenen Volumens V können wir mit Hilfe des Gaußschen Satzes als

$$I = \int_a \vec{j} \cdot d\vec{a}' = \int_V \vec{\nabla} \cdot \vec{j} dV' \tag{6.1.6}$$

schreiben. Da er andererseits den zeitlichen Ladungstransport durch die Oberfläche des Volumens beschreibt, vgl. (6.1.1), ist er gleich der zeitlichen Abnahme der Gesamtladung Q im Volumen

$$I = -\frac{dQ}{dt} = -\frac{d}{dt} \int_V \rho dV' \quad . \tag{6.1.7}$$

Da wir die Integration auf ein beliebig kleines Volumen um einen beliebigen Ort $\vec{r}$ beschränken können, liefert der Vergleich sofort

$$\boxed{\vec{\nabla} \cdot \vec{j}(t,\vec{r}) = -\frac{\partial}{\partial t} \rho(t,\vec{r})} \quad . \tag{6.1.8}$$

Das ist die *Kontinuitätsgleichung*. Sie besagt, daß die Quelldichte der elektrischen Stromdichte gleich der (negativen) zeitlichen Änderung der Ladungsdichte ist.

Bei vielen Anordnungen mit Ladungstransport bleibt die Ladungsdichte zeitlich konstant. Man nennt solche Stromdichten bzw. Ströme *stationär*. Für sie vereinfacht sich die Kontinuitätsgleichung auf

$$\boxed{\vec{\nabla} \cdot \vec{j} = 0} \quad . \tag{6.1.9}$$

+6.1.2 Mikroskopische Formulierung der Stromdichte

Da die elektrische Ladung nicht kontinuierlich verteilt werden kann, sondern in Elementarladungen quantisiert ist, sind Ladungs- und Stromdichten mikroskopisch betrachtet eigentlich diskontinuierliche Verteilungen, die aus Summen von Deltafunktionen bestehen, die jeweils die Ladungsdichte einzelner Punktladungen beschreiben. Da makroskopische Ladungsdichten jedoch eine große Zahl von Elementarladungen umfassen, so entspricht z.B.

$$1\ \text{C} = 6{,}24 \cdot 10^{18}\ e \quad ,$$

ist eine kontinuierliche Ladungs- bzw. Stromdichte leicht durch die Mittelung der diskontinuierlichen Dichten zu gewinnen.

Wir betrachten eine mikroskopische Verteilung von gleichen Punktladungen q, die sich auf den Bahnen $\vec{r}_i(t)$ mit den Geschwindigkeiten $\vec{v}_i = d\vec{r}_i/dt$ bewegen. Ihre Ladungsdichte ist das Produkt aus Ladung und mikroskopischer Ladungsträgerdichte

$$n_{mikr}(t,\vec{r}) = \sum_i \delta^3\left[\vec{r} - \vec{r}_i(t)\right] \quad , \tag{6.1.10}$$

d.h.

$$\rho_{mikr}(\vec{r}) = qn_{mikr}(\vec{r}) = q \sum_i \delta^3\left[\vec{r}-\vec{r}_i(t)\right] \quad , \qquad (6.1.11)$$

entsprechend der Beschreibung (3.2.13) einer Punktladung durch eine Deltafunktion. Analog dazu ist die mikroskopische Stromdichte dieser Ladungen durch

$$\boxed{\vec{j}_{mikr}(t,\vec{r}) = q \sum_i \vec{v}_i \delta^3\left[\vec{r}-\vec{r}_i(t)\right]} \qquad (6.1.12)$$

gegeben. Man rechnet sofort nach, daß diese beiden Ansätze die Kontinuitätsgleichung erfüllen

$$\frac{\partial}{\partial t}\rho_{mikr}(t,\vec{r}) = -\sum_i q\frac{d\vec{r}_i}{dt}\cdot\vec{\nabla}\delta^3\left[\vec{r}-\vec{r}_i(t)\right]$$

$$= -\vec{\nabla}\cdot\sum_i q\vec{v}_i\delta^3\left[\vec{r}-\vec{r}_i(t)\right]$$

$$= -\vec{\nabla}\cdot\vec{j}_{mikr}(t,\vec{r}) \quad . \qquad (6.1.13)$$

Den Zusammenhang mit den kontinuierlichen Ladungs- und Stromdichten findet man wieder über eine Mittelung über ein Volumen ΔV wie in Abschnitt 5.6

$$\rho(t,\vec{r}) = \frac{1}{\Delta V}\int_{\Delta V} \rho_{mikr}(t,\vec{r}+\vec{r}\,')dV' = \frac{q}{\Delta V}\int n_{mikr}(t,\vec{r}+\vec{r}\,')dV' \quad . \qquad (6.1.14)$$

Die Mittelung von n_{mikr} liefert gerade die Ladungsträgerdichte $n(\vec{r})$ [vgl. (5.6.11)]

$$\frac{1}{\Delta V}\int_{\Delta V}\sum_i \delta\left[\vec{r}+\vec{r}\,'-\vec{r}_i(t)\right]dV'$$

$$= \frac{1}{\Delta V}\sum_i \Theta\left[\vec{r}_i(t)-\vec{r},\ \Delta V\right] = n(t,\vec{r}) \quad , \qquad (6.1.15)$$

denn die Summe über die Θ-Funktionen ergibt die Zahl der Ladungsträger im Volumen ΔV. Damit ist die mittlere (makroskopische) Ladungsdichte

$$\rho(t,\vec{r}) = qn(t,\vec{r}) \quad . \qquad (6.1.16)$$

Für die Stromdichte erhalten wir

$$\vec{j}(t,\vec{r}) = \frac{1}{\Delta V}\int \vec{j}_{mikr}(\vec{r}+\vec{r}\,')dV'$$

$$= \frac{q}{\Delta V} \sum_i \vec{v}_i \int \delta\left[\vec{r}+\vec{r}\,'-\vec{r}_i(t)\right] dV'$$

$$= \frac{q}{\Delta V} \sum_i \vec{v}_i \Theta\left[\vec{r}_i(t)-\vec{r}, \Delta V\right] \quad . \tag{6.1.17}$$

Die Summe über die Produkte der $\vec{v}_i$ und der Θ-Funktionen stellt die Summe der Geschwindigkeiten der Teilchen im Volumen ΔV dar. Teilt man sie durch die Zahl $n(t,\vec{r})\cdot\Delta V$ der Teilchen in diesem Volumen, so erhält man die mittlere Teilchengeschwindigkeit

$$\vec{v} = \frac{1}{n\Delta V} \sum_i \vec{v}_i \Theta\left[\vec{r}_i(t)-\vec{r}, \Delta V\right] \tag{6.1.18}$$

der Ladungsträger im Volumen ΔV. Damit gilt in der Tat

$$\vec{j}(t,\vec{r}) = qn\vec{v} = \rho\vec{v} \tag{6.1.19}$$

wie schon in (6.1.4) benutzt. Da die Differentiationen nach Zeit und Ort lineare Operationen sind, gilt auch für die gemittelten Größen die Kontinuitätsgleichung (6.1.8).

6.2 Strom in Substanzen höherer Dichte. Ohmsches Gesetz

Nachdem wir zur Beschreibung des Transports elektrischer Ladung die Begriffe Strom und Stromdichte definiert haben, müssen wir uns nun damit beschäftigen, wie der Ladungstransport im einzelnen bewerkstelligt wird. Dabei stellt sich heraus, daß ganz verschiedene Phänomene auftreten, je nachdem, in welcher Umgebung die Ladungsträger sich bewegen. Wir beginnen mit der Diskussion eines einfachen Modells, das eine Reihe wichtiger Fälle beschreiben kann.

6.2.1 Einfaches Modell des Ladungstransports. Leitfähigkeit

Ein Gebiet, in dem Ladungstransport stattfindet, enthält gewöhnlich neben den Ladungsträgern, d.h. den frei beweglichen Elektronen oder Ionen auch Teilchen, die nicht am Ladungstransport teilnehmen, nämlich neutrale Atome und Moleküle (etwa in einem Gas) oder Ionen, die an feste Plätze gebunden sind (etwa an den Gitterpunkten eines kristallinen Festkörpers), Abb.6.2. Die Stoßvorgänge der Ladungsträger untereinander und mit diesen Teilchen beeinflussen den Ladungstransport.

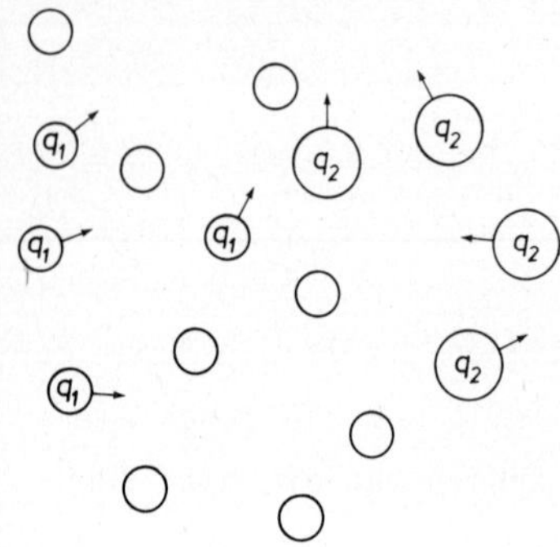

Abb.6.2. Ladungstransport in einer Substanz mit zwei Ladungsträgerarten und einer weiteren Teilchensorte, die nicht am Ladungstransport beteiligt ist

Herrscht in dem Gebiet kein äußeres Feld, so bewegen sich die Ladungsträger ungeordnet. Nach den Gesetzen der klassischen statistischen Mechanik ist die mittlere kinetische Energie frei beweglicher Teilchen

$$\langle E_{kin} \rangle = \frac{1}{2} m \langle v^2 \rangle = \frac{3}{2} kT \tag{6.2.1}$$

proportional zur absoluten Temperatur T. Die Proportionalitätskonstante

$$k = 1.381 \cdot 10^{-23} \mathrm{Ws/K} \tag{6.2.2}$$

ist die *Boltzmann-Konstante*. Im allgemeinen wird der Strom durch verschiedene Ladungsträgerarten bewirkt, die wir wie oben durch einen Index i unterscheiden. Für jede verschwindet der mittlere Geschwindigkeitsvektor, weil keine Vorzugsrichtung herrscht

$$\langle \vec{v}_i \rangle = 0 \quad . \tag{6.2.3}$$

Ein einzelner Ladungsträger bewegt sich geradlinig gleichförmig, bis er mit einem weiteren Ladungsträger oder mit einem anderen Teilchen zusammenstößt. Die *mittlere freie Flugzeit* τ_i bis zum nächsten Stoß hängt von der Art des Ladungsträgers, dem Betrag seiner mittleren Geschwindigkeit und auch von der Art und den Dichten der anderen Ladungsträger and Teilchen ab. Sie ist insbesondere um so kleiner, je höher diese Dichten sind. Große Dichten und damit kleine mittlere Flugzeiten liegen immer in Festkörpern und Flüssigkeiten vor, während in Gasen (insbesondere in Gasen bei niedrigem Druck) geringe Dichten, also große Flugzeiten auftreten.

Betrachten wir nun die Bewegung eines Ladungsträgers unter der Wirkung eines äußeren elektrischen Feldes $\vec{E}$. Hatte er unmittelbar nach dem letzten Stoß den Impuls $\vec{p} = m\vec{v}$, so besitzt er nach Ablauf der mittleren Stoßzeit τ zusätzlich den Impuls

$$\Delta\vec{p} = \vec{F}\tau = q\vec{E}\tau \quad . \tag{6.2.4}$$

Ist der Betrag dieses Zusatzimpulses klein gegen den des ursprünglichen Impulses $\vec{p}$, so wird beim nächsten Stoß die leichte Vorzugsrichtung in Richtung des Feldes wieder zerstört. Unmittelbar nach jedem Stoß verschwindet die mittlere Geschwindigkeit der Teilchen entsprechend (6.2.3). Zu einem beliebigen Zeitpunkt haben die Träger der Sorte i im Mittel gerade die mittlere Stoßzeit τ_i seit dem letzten Stoß hinter sich. Sie besitzen daher im Mittel die Geschwindigkeit

$$\vec{v}_i = \frac{\Delta\vec{p}_i}{m_i} = \frac{q_i}{m_i}\tau_i\vec{E} \quad . \tag{6.2.5}$$

Die mittlere Geschwindigkeit der verschiedenen Ladungsträgerarten mit den Dichten n_i ergibt nach (6.1.4a) eine Stromdichte

$$\vec{j} = \sum_i n_i q_i \vec{v}_i = \left(\sum_i n_i \frac{q_i^2}{m_i}\tau_i\right)\vec{E} \quad , \tag{6.2.6}$$

die der Feldstärke $\vec{E}$ proportional ist. Der Proportionalitätsfaktor

$$\kappa = \sum_i n_i \frac{q_i^2}{m_i}\tau_i \tag{6.2.7}$$

hängt von den Eigenschaften des leitenden Mediums ab. Er heißt *spezifische Leitfähigkeit*.

Die lineare Beziehung

$$\boxed{\vec{j} = \kappa\vec{E}} \tag{6.2.8}$$

heißt *lokale Form des Ohmschen Gesetzes*. Wir erwarten ihre Gültigkeit für Substanzen, bei denen unsere Annahme (geringer Impulszuwachs zwischen zwei Stößen) erfüllt ist. Die Tabelle 6.1 enthält spezifische Leitfähigkeiten für eine Reihe von Substanzen.

Tabelle 6.1. Spezifische Leitfähigkeiten

	$[\mathrm{AV^{-1}\,m^{-1}} = \Omega^{-1}\,\mathrm{m^{-1}}]$
Silber	$6{,}25 \cdot 10^{7}$
Kupfer	$5{,}88 \cdot 10^{7}$
Eisen	$1{,}02 \cdot 10^{7}$
Quecksilber	$1{,}04 \cdot 10^{6}$
Porzellan	10^{-12}
Quarzglas	$2 \cdot 10^{-17}$

6.2.2 Strom in ausgedehnten Leitern. Widerstand. Ohmsches Gesetz

In einer leitenden Substanz, für die Beziehung (6.2.8) gilt, betrachten wir ein zylindrisches Volumen V, dessen Endflächen Äquipotentialflächen mit den Potentialen φ_0 und φ_1 sind (Abb.6.3). Ist ℓ die Zylinderlänge und a die Größe einer Endfläche, so gilt für die Potentialdifferenz

$$U = \varphi_1 - \varphi_0 = \int \vec{E} \cdot d\vec{s} = E\ell \tag{6.2.9}$$

und für den Strom durch eine Endfläche

$$I = \int \vec{j} \cdot d\vec{a} = ja = \kappa E a = \frac{\kappa a}{\ell} U \quad .$$

$$\boxed{I = \frac{1}{R} U} \quad . \tag{6.2.10}$$

Es besteht ein linearer Zusammenhang zwischen dem Strom durch einen Querschnitt des Zylinders und der an den Endflächen angelegten Spannung. Er heißt *Ohmsches Gesetz*. Die Proporionalitätskonstante 1/R heißt *Leitwert*, ihr Kehrwert R heißt (elektrischer) *Widerstand*. Er hängt nur von der speziellen Anordnung, nicht aber von Strom oder Spannung ab. Für einen homogen mit leitender Substanz erfüllten Zylinder gilt

$$R = \frac{\ell}{\kappa a} \quad . \tag{6.2.11}$$

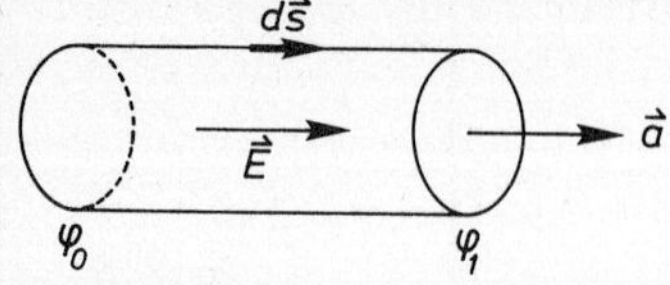

Abb.6.3. Zur Berechnung des Widerstandes eines Leiters mit konstantem Querschnitt

Die SI-Einheit des Widerstandes heißt *Ohm*

$$1 \text{ Ohm} = 1\Omega = 1\text{V}/1\text{A} \quad , \tag{6.2.12}$$

die des Leitwertes *Siemens*

$$1 \text{ Siemens} = 1\text{S} = 1\Omega^{-1} = 1\text{A}/1\text{V} \quad . \tag{6.2.13}$$

Das Wort *Widerstand* wird auch für Bauelemente in elektrischen Schaltungen benutzt, deren elektrischer Widerstand hoch gegen den Widerstand der Metalldrähte der Schaltung ist. Sie werden z.B. durch einen Draht oder Film großer Länge und geringen Querschnitts realisiert, der auf einen isolierenden Zylinder aufgewickelt ist. Zur Erreichung hoher Widerstandswerte verwendet man anstelle von Metallen Graphit oder andere Substanzen geringer spezifischer Leitfähigkeit.

Bisher wurde angenommen, daß Leiter einen konstanten Querschnitt und eine ortsunabhängige Leitfähigkeit κ besitzen. Wir wollen jetzt zeigen, daß auch unter viel allgemeineren Bedingungen das Ohmsche Gesetz (6.2.10) gilt, sofern nur das differentielle Ohmsche Gesetz gilt. Das Ohmsche Gesetz (6.2.10) kann nur sinnvoll für Leiter ausgesprochen werden, bei denen die Flächen, durch die der Strom ein- und austritt, Äquipotentialflächen mit den Potentialen φ_1 und φ_2 sind, so daß zwischen diesen Flächen eine wohldefinierte Spannung $U = \varphi_2 - \varphi_1$ besteht (Abb.6.4). Die Gleichungen, die den Stromfluß in dieser Anordnung beherrschen, sind

I) die Kontinuitätsgleichung für stationäre Ströme

$$\vec{\nabla} \cdot \vec{j} = 0 \quad , \tag{6.2.14}$$

II) der Zusammenhang zwischen Feld und Potential

$$\vec{E} = -\vec{\nabla}\varphi \quad , \tag{6.2.15}$$

III) das differentielle Ohmsche Gesetz

$$\vec{j}(\vec{r}) = \kappa(\vec{r})\vec{E}(\vec{r}) = -\kappa(\vec{r})\vec{\nabla}\varphi(\vec{r}) \quad , \tag{6.2.16}$$

Dabei ist $\kappa(\vec{r})$ die ortsabhängige Leitfähigkeit.

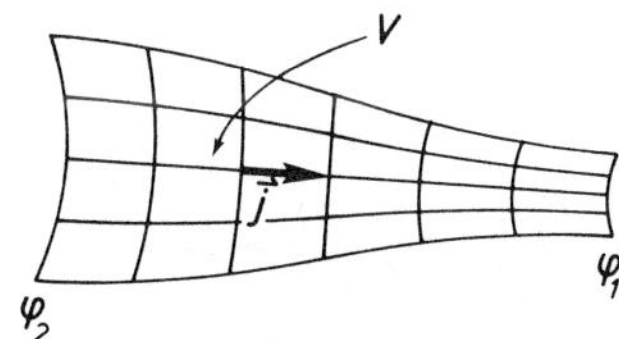

Abb.6.4. Gebiet, dessen Endflächen Äquipotentialflächen sind und dessen Mantelfläche aus Stromlinien besteht

Aus III) und I) folgt nun die Gleichung, die den Potentialverlauf im Leiter zwischen den Äquipotentialflächen bestimmt

$$0 = \vec{\nabla}\cdot\vec{j}(\vec{r}) = -\vec{\nabla}\cdot\left[\kappa(\vec{r})\vec{\nabla}\varphi(\vec{r})\right]$$

$$= -\vec{\nabla}\kappa(\vec{r})\cdot\vec{\nabla}\varphi(\vec{r}) - \kappa(\vec{r})\Delta\varphi(\vec{r}) \quad . \tag{6.2.17}$$

Dies ist eine homogene, lineare Differentialgleichung für $\varphi(\vec{r})$ der Form

$$\Delta\varphi(\vec{r}) + \frac{\vec{\nabla}\kappa(\vec{r})}{\kappa(\vec{r})}\cdot\vec{\nabla}\varphi(\vec{r}) = 0 \quad . \tag{6.2.18}$$

Als Randbedingungen gehören zu dieser Gleichung die Angabe der Ein- und Austrittsfläche des Stromes mit den Potentialen φ_1 und φ_2. Wegen der Linearität der Gleichung ist offenbar zu den Potentialen $\varphi_1' = \alpha\varphi_1$ bzw. $\varphi_2' = \alpha\varphi_2$ auf diesen Flächen und damit zur Spannung $U' = \alpha U$ das Potential $\varphi'(\vec{r}) = \alpha\varphi(\vec{r})$ Lösung von (6.2.18).

Damit herrscht in diesem Fall im Leiter die Stromdichte

$$\vec{j}'(\vec{r}) = -\kappa(\vec{r})\vec{\nabla}\left(\alpha\varphi(\vec{r})\right) = \alpha\vec{j}(\vec{r}) \quad . \tag{6.2.19}$$

Der in diesem Fall fließende Strom ist

$$I' = \int_a \vec{j}' \cdot d\vec{a}' = \alpha \int_a \vec{j} \cdot d\vec{a}' = \alpha I \quad . \tag{6.2.20}$$

Definiert man den Ohmschen Widerstand für die angelegte Spannung U durch

$$R = \frac{U}{I} \tag{6.2.21}$$

so gilt für die Spannung U' und den Strom I' einfach

$$R' = \frac{U'}{I'} = \frac{U}{I} = R \quad . \tag{6.2.22}$$

Also ist der Widerstand R eine die leitende Anordnung charakterisierende Apparatekonstante.

6.3 Leistung des elektrischen Feldes. Joulesche Verluste

Auf einen Ladungsträger q wirkt in einem elektrischen Feld $\vec{E}$ die Kraft

$$\vec{F} = q\vec{E} \quad . \tag{6.3.1}$$

Sie verrichtet an ihm auf dem Weg $d\vec{r}$ die Arbeit

$$dW = \vec{F} \cdot d\vec{r} = q\vec{E} \cdot d\vec{r} \quad . \tag{6.3.2}$$

Wird dieses Wegstück in der Zeit dt zurückgelegt, besitzt die Ladung also die Geschwindigkeit $\vec{v} = d\vec{r}/dt$, so bewirkt das Feld die Leistung

$$\frac{dW}{dt} = q\vec{E} \cdot \frac{d\vec{r}}{dt} = q\vec{E} \cdot \vec{v} \quad . \tag{6.3.3}$$

Betrachten wir nun statt eines einzelnen Ladungsträgers viele Ladungsträger der Dichte n und der mittleren Geschwindigkeit $\vec{v}$, so befinden sich im Volumelement dV gerade ndV Ladungsträger, an denen die Leistung

$$dN = \frac{dW}{dt} ndV = nq\vec{v} \cdot \vec{E} dV \qquad (6.3.4)$$

erbracht wird. Das Produkt der ersten drei Faktoren identifiziert man als die Stromdichte $\vec{j}$, so daß das elektrische Feld $\vec{E}$ die *Leistungsdichte*

$$\nu(\vec{r}) = \vec{j}(\vec{r}) \cdot \vec{E}(\vec{r}) \qquad (6.3.5)$$

aufbringt. Die in einem Volumen V insgesamt aus dem Feld aufgenommene Leistung N gewinnt man daraus durch Integration

$$N = \int_V \nu(\vec{r}) dV' = \int_V \vec{j} \cdot \vec{E} dV' = -\int_V \vec{j} \cdot \vec{\nabla}' \varphi dV' \quad . \qquad (6.3.6)$$

Wir benutzen zur weiteren Rechnung die Kontinuitätsgleichung (6.1.9) für stationäre Ströme, die es erlaubt, den Integranden in eine Divergenz umzuwandeln

$$\vec{\nabla} \cdot (\vec{j}\varphi) = (\vec{\nabla} \cdot j)\varphi + \vec{j} \cdot \vec{\nabla}\varphi = \vec{j} \cdot \vec{\nabla}\varphi \quad . \qquad (6.3.7)$$

Dann erhält man über den Gaußschen Satz ein Oberflächenintegral über den Rand (V) des Volumens V

$$N = -\int_V \vec{\nabla} \cdot (\vec{j}\varphi) dV' = -\int_{(V)} \vec{j}\varphi \cdot d\vec{a}' \quad . \qquad (6.3.8)$$

Ein besonders einfacher Ausdruck für N kann für ein Volumen gewonnen werden, das durch zwei Äquipotentialflächen a_1 mit dem Potential φ_1 und a_2 mit dem Potential φ_2 und eine Mantelfläche a_3 aus Stromlinien, d.h. eine Fläche deren Normale $\hat{\vec{a}}$ senkrecht auf den Stromlinien steht (Abb.6.4), begrenzt wird

$$\hat{\vec{a}} \cdot \vec{j} = 0 \quad . \qquad (6.3.9)$$

Die Leistung ist dann

$$N = -\int_{a_1} \vec{j}\varphi_1 \cdot d\vec{a}' - \int_{a_2} \vec{j}\varphi_2 \cdot d\vec{a}' - \int_{a_3} \vec{j} \cdot \hat{\vec{a}}\varphi da' \quad . \qquad (6.3.10)$$

Wegen (6.3.9) verschwindet der dritte Term, die ersten beiden vereinfachen sich wegen der Konstanz von φ_1, φ_2 und

$$-\varphi_2 \int_{a_2} \vec{j} \cdot d\vec{a}' = \varphi_2 I \quad , \quad -\varphi_1 \int_{a_1} \vec{j} \cdot d\vec{a}' = -\varphi_1 I \quad . \qquad (6.3.11)$$

Das relative Vorzeichen rührt davon her, daß $d\vec{a}$ auf a_2 als äußere Normale dem durch a_2 eintretenden Strom entgegenrichtet ist. Somit ist die an den Ladungsträgern vom Feld verrichtete Leistung

$$N = (\varphi_2 - \varphi_1)I = UI \quad . \tag{6.3.12}$$

Die Bedingungen, die an das Integrationsvolumen zur Herleitung von (6.3.12) gestellt wurden, sind für die üblichen homogenen metallischen Leiter erfüllt. In ihnen fallen im übrigen die Stromlinien mit den Feldlinien zusammen. Mit Hilfe des Ohmschen Gesetzes (6.2.10) läßt sich dann die Leistung des Feldes auch durch Strom und Widerstand bzw. Spannung und Widerstand ausdrücken

$$\boxed{N = UI = RI^2 = \frac{U^2}{R}} \quad . \tag{6.3.13}$$

In Leitern, in denen das Ohmsche Gesetz gilt, nimmt die mittlere Geschwindigkeit der Ladungsträger im Feld nicht zu. Die aufgenommene Energie dient daher nicht zur Erhöhung der mittleren kinetischen Energie der Ladungsträger, sondern wird in den Stößen mit den Bausteinen des Leiters wieder abgegeben und tritt als Wärmeenergie (*Joulesche Wärme*) dieser Bausteine, etwa der Gitteratome eines Festkörpers, in Erscheinung. Man nennt (6.3.13) die *Verlustleistung*, die beim Transport des Stromes I durch den Widerstand R auftritt. Widerstände (und andere Bauelemente, die einem angelegten elektrischen Feld Leistung entziehen) werden deshalb auch als (Energie-)*Verbraucher* bezeichnet.

Auch in Verbrauchern, in denen das Ohmsche Gesetz nicht gilt, wird dem elektrischen Feld die Leistung (6.3.6) entzogen. Ein Beispiel ist die Beschleunigung eines Elektronenstroms in der Elektronenstrahlröhre mit der Spannung U (Abschnitt 4.6.3). In der evakuierten Röhre erleiden die Elektronen keine Stöße und damit keine Jouleschen Verluste. Die dem Feld entnommene Leistung $N = UI$ vergrößert die kinetische Energie der Elektronen. Sie steht bei deren Aufprall auf den Leuchtschirm der Röhre zur Erzeugung von Strahlung zur Verfügung.

6.4 Stromkreis. Technische Stromrichtung

Die einfachste stromführende Anordnung ist ein Stromkreis. Er besteht aus einer Stromquelle, deren *Klemmen* oder Pole über Leitungsdrähte mit einem Verbraucher verbunden sind. Haben die Klemmen 1 und 2 die Potentiale φ_1 bzw.

φ_2 mit $\varphi_1 < \varphi_2$, so heißt die Klemme 2 der Pluspol der Stromquelle, dementsprechend heißt die Klemme 1 der Minuspol (Abb.6.5).

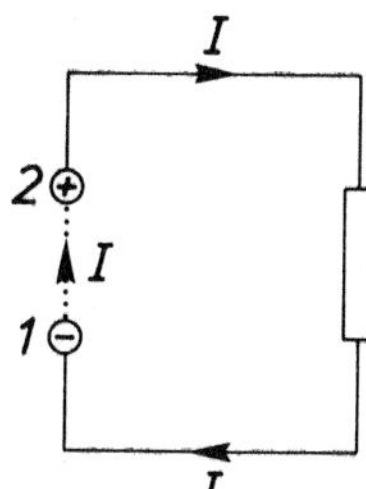

Abb.6.5. Technische Stromrichtung im Außenteil und in der Quelle eines Stromkreises

Im äußeren Teil des Stromkreises, d.h. in den Leitungsdrähten und im Verbraucher, wird durch den Potentialunterschied zwischen den Klemmen ein Ladungstransport bewirkt. Physisch werden dabei die (negativen) Leitungselektronen in den Drähten in Richtung vom Minus- zum Pluspol bewegt. Als (*technische*) *Stromrichtung* bezeichnet man jedoch die Richtung des Produkts aus Trägerladung und -geschwindigkeit. Damit verläuft der Strom im äußeren Kreis vom Plus- zum Minuspol.

In der Stromquelle selbst fließt der Strom wieder vom Minuspol zum Pluspol zurück. Das kann natürlich nicht durch die Wirkung der Spannung zwischen den Klemmen geschehen, denn diese bewirkt ja gerade die umgekehrte Stromrichtung. Der Strom in der Quelle hat vielmehr ganz andere Ursachen, etwa chemische bei einer Batterie oder mechanisch-magnetische bei einem Generator.

6.5 Netzwerke

6.5.1 Kirchhoffsche Regeln. Reihen- und Parallelschaltung Ohmscher Widerstände

Nur im einfachsten Fall fließt der Strom zwischen zwei Punkten bekannter Potentialdifferenz U (den Klemmen einer Stromquelle) nur durch einen einzigen Verbraucher bekannten Widerstandes. Im allgemeinen hat man es mit *Netzwerken* von Verbrauchern zu tun wie in der Schaltung von Abb.6.6a. Dabei sind die Verbraucher als Rechtecke, die Zuleitungsdrähte als Linien gezeichnet. Der Widerstand der Zuleitungen wird als verschwindend klein betrachtet. Zur Berechnung der Ströme in den einzelnen Zweigen benutzen wir die Kontinuitätsgleichung (6.1.9) für stationäre Ströme. Angewandt auf ein endliches Volumen liefert sie

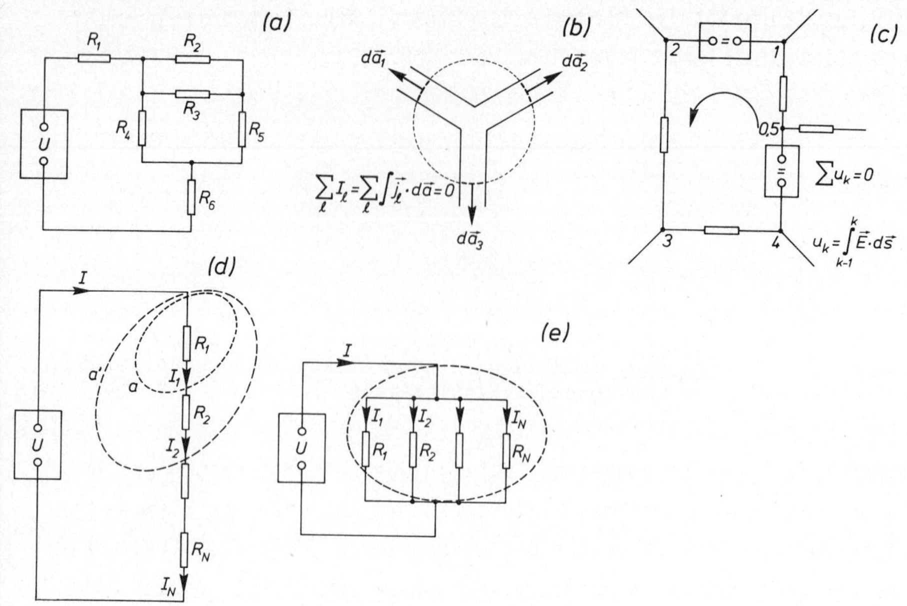

Abb.6.6. Netzwerk Ohmscher Widerstände (a). Zur Knotenregel (b). Zur Maschenregel (c). Spezielle Netzwerke sind die Reihenschaltung (d) und die Parallelschaltung (e). Die Summe aller Ströme durch eine beliebige geschlossene Fläche a (oder a') verschwindet

$$0 = \int_V \vec{\nabla} \cdot \vec{j} dV = \int_a \vec{j} \cdot d\vec{a} = I \quad . \tag{6.5.1}$$

Der Strom durch jede geschlossene Oberfläche verschwindet.

Betrachten wir nun ein Volumen V, das gerade einen Leitungsknoten enthält, in dem sich die Leitungen 1, 2, ..., N mit den Strömen $I_1, I_2, \ldots, I_N$ treffen. Wir wählen das Volumen V so, daß alle Leitungen, die sich im Knoten treffen, durch seine Oberfläche führen. Dann gilt als Konsequenz von (6.5.1) die *erste* Kirchhoffsche Regel, auch als *Knotenregel* bezeichnet

$$\int_a \vec{j} \cdot d\vec{a} = \sum_{\ell=1}^{N} \int_{a_\ell} \vec{j} \cdot d\vec{a} = \sum_{\ell=1}^{N} I_\ell = 0 \quad . \tag{6.5.1a}$$

Der Strom

$$I_\ell = \int_{a_\ell} \vec{j} \cdot d\vec{a} \tag{6.5.1b}$$

fließt durch den Leiterquerschnitt a_ℓ des ℓ-ten Leiters. Das Flächenelement $d\vec{a}$ hat die Richtung der äußeren Normalen der geschlossenen Oberfläche, die den Knoten umgibt und deren Schnitt mit dem ℓ-ten Leiter gerade der Querschnitt a_ℓ ist. Damit sind Ströme vom Knoten fort positiv, solche zum Knoten hin negativ (Abb.6.6b).

Betrachten wir eine Batterie als Stromquelle eines Stromkreises, (vgl. auch die schematische Darstellung der Abb.6.5) so herrscht zwischen ihren Platten die Feldstärke $\vec{E}$ von der positiven zur negativen Platte zeigend. Ihr Integral über den Weg ℓ in der Batterie von der negativen zur positiven Platte erstreckt liefert die negative Spannung

$$\int_{\ell,-}^{+} \vec{E}\cdot d\vec{s} = -U =: u_2$$

der Batterie, da das Integral entgegen der Feldrichtung erstreckt wird. Führen wir das Linienintegral über den Leiterkreis L vom positiven zum negativen Batteriepol, d.h. in Stromrichtung aus, so gilt

$$\int_{L,+}^{-} \vec{E}\cdot d\vec{s} = U =: u_1 \quad ,$$

da Wegelement $d\vec{s}$ und Feldstärke $\vec{E}$ parallel sind. Für den geschlossenen Umlauf über die Feldstärke in einem Gleichstromkreis einschließlich des Batterieinnenfeldes gilt somit

$$\oint \vec{E}\cdot d\vec{s} = \int_{L,+}^{-} \vec{E}\cdot d\vec{s} + \int_{\ell,-}^{+} \vec{E}\cdot d\vec{s} = u_1 + u_2 = 0 \quad . \tag{6.5.2.}$$

Entsprechendes gilt auch für beliebige Maschen in einem Gleichstromnetzwerk. In einer Netzwerkmasche sollen sich die Ohmschen Verbraucher R_k, $k = 1, 2, \ldots, M'$, an denen die Spannungsabfälle $U_k = u_k$, $k = 1, \ldots, M'$, auftreten und die Stromquellen mit den Spannungen $U_k = -u_k$, $k = M'+1, \ldots, M$, befinden. Wegen (6.5.2) gilt die *zweite Kirchhoffsche Regel*, auch *Maschenregel* genannt

$$\boxed{\sum_{k=1}^{M} u_k = 0} \quad . \tag{6.5.2a}$$

Dabei wurden dem Umlaufssinn der Integration über die Masche folgend (Abb. 6.6c) die Spannungen der Stromquellen als $u_k = -U_k$, $k = M'+1, \ldots, M$, negativ eingesetzt.

Wir betrachten *Reihen-* und *Parallelschaltung* von Ohmschen Widerständen als einfache Anwendungen. Für die *Reihenschaltung* (Abb.6.6d) bedeutet (6.5.1), daß der Strom überall im Stromkreis konstant ist

$$I = I_1 = I_2 = \ldots = I_N \quad .$$

Nach der Maschenregel (6.5.2a) gilt für die Spannungsabfälle $u_k = U_k = R_k I$ an den Ohmschen Widerständen R_k, $k = 1, 2, \ldots, N$ und die Spannung $U = -u_{N+1}$ der Stromquelle

$$\sum_{k=1}^{N+1} u_k = 0 \quad , \quad \text{d.h.} \quad U = \sum_{k=1}^{N} U_k = I \sum_{k=1}^{N} R_k \quad ,$$

so daß für den Gesamtwiderstand der Reihenschaltung gilt

$$R = \sum_{k=1}^{N} R_k \quad . \tag{6.5.3a}$$

Für die *Parallelschaltung* Ohmscher Widerstände (Abb.6.6e) liefert die Knotenregel (6.5.1a) angewendet auf den oberen Knoten von Abb.6.6e

$$\sum_{k=1}^{N+1} I_k = 0 \quad , \quad I_{N+1} = -I \quad .$$

Dabei muß der Strom I, der gegen die äußere Normale in die Oberfläche um den Knoten einfließt, negativ gerechnet werden, vgl. (6.5.1b). So folgt

$$I = I_1 + I_2 + \ldots + I_N = \sum_{i=1}^{N} I_i \quad .$$

Da jetzt über jedem Widerstand die äußere Spannung U liegt, ist

$$I = \sum_{i=1}^{N} I_i = U \sum_{i=1}^{N} \frac{1}{R_i} = \frac{U}{R} \quad . \tag{6.5.3b}$$

Damit gilt für die Parallelschaltung

$$\frac{1}{R} = \sum_{i=1}^{N} \frac{1}{R_i} \quad , \tag{6.5.3c}$$

d.h. die Leitwerte der Einzelwiderstände addieren sich.

Eine einfache Reihenschaltung ist der *Spannungsteiler* (Abb.6.7), an dem die Spannung U einer Spannungsquelle in beliebige Bruchteile zerlegt werden kann.

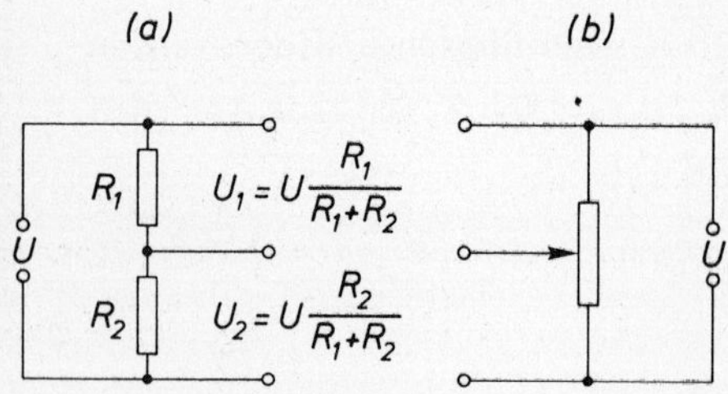

Abb.6.7. Spannungsteiler realisiert durch zwei in Reihe geschaltete Widerstände (a) bzw. einen Widerstand mit Schleifkontakt (Potentiometer) (b)

6.5.2 Messung von Strom bzw. Spannung mit einem Meßgerät

Das Ohmsche Gesetz und die Kirchhoffschen Regeln haben wichtige Konsequenzen für das praktische Messen von Spannungen bzw. Strömen. Das Ohmsche Gesetz erlaubt die Verwendung von Spannungsmeßinstrumenten zur Strommessung und umgekehrt, die Kirchhoffschen Regeln eine bequeme Variation der Meßbereiche beider Instrumentenarten.

Wir haben bisher nur Spannungsinstrumente (Abb.6.8a) kennengelernt, nämlich das statische Voltmeter (Abschnitt 4.2.3) und den Elektronenstrahloszillographen (Abschnitt 4.6.3). Solche *Voltmeter* können aber neben Spannungen auch Ströme bestimmen, indem sie den Spannungsabfall U_m über einen in den Stromkreis gelegten bekannten Meßwiderstand R_m registrieren (Abb.6.8b), der dem zu messenden Strom direkt proportional ist

$$I = U_m/R_m \quad . \tag{6.5.4}$$

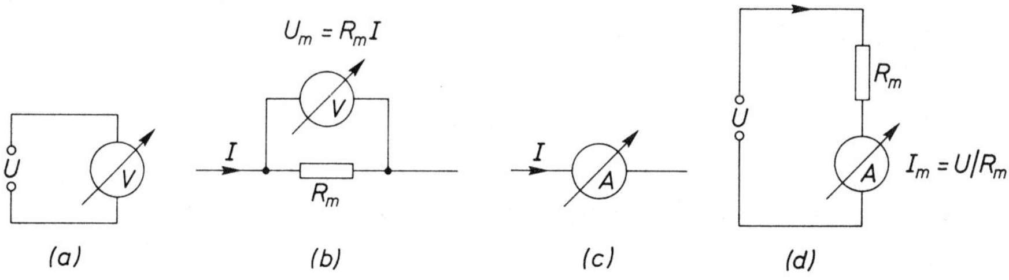

Abb.6.8. Voltmeter in Spannungsmeßschaltung (a) und in Strommeßschaltung (b). Ampèremeter in Strommeßschaltung (c) und in Spannungsmeßschaltung (d)

Ampèremeter reagieren direkt auf den sie durchfließenden Strom (Abb.6.8c). (Ihr Funktionsprinzip können wir erst in Kap.10 erläutern.) Auch sie können aber zur Spannungsmessung verwandt werden, indem man sie in Serie mit einem Meßwiderstand R_m zwischen die Klemmen der Spannungsquelle schaltet (Abb.6.8d), deren Spannung gleich dem Produkt aus Meßwiderstand und registriertem Strom

$$U = R_m I_m \tag{6.5.5}$$

ist.

Besonders häufig wird im Labor das Drehspulampèremeter (Kap.10) zur Messung von Strömen und Spannungen verwendet. Es hat eine hohe *Empfindlichkeit*, wenn bereits ein kleiner Strom (einige μA) den Vollausschlag des Zeigers bewirkt. Mit dem gleichen Instrument können aber auch wesentlich höhere Ströme gemessen werden: Man baut eine Schaltung auf, in der der Strom durch das Instrument durch einen Vorwiderstand R_V begrenzt wird. Der größte

Teil des Stromes wird durch einen Parallelwiderstand R_p am Meßzweig vorbeigeleitet (Abb.6.9a). Der Gesamtstrom ist

$$I = I_m + I_p = I_m(1+R_v/R_p) \quad . \tag{6.5.6}$$

In Vielfachmeßinstrumenten können verschiedene Parallelwiderstände mit einem Drehschalter in den Stromkreis eingeführt werden. Das gleiche Instrument kann durch Wahl eines geeigneten Vorschaltwiderstandes R_v zur Spannungsmessung im gewünschten Spannungsbereich benutzt werden (Abb.6.9b). Es ist

$$U = R_v I_m \quad . \tag{6.5.7}$$

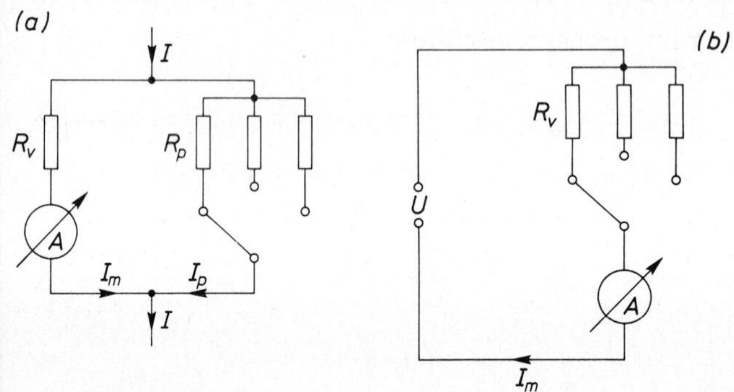

Abb.6.9. Veränderung des Meßbereichs eines zur Strommessung (a) bzw. Spannungsmessung (b) benutzten Amperemeters durch Wahl geeigneter Parallel- bzw. Vorwiderstände

6.6 Ionenleitung in Flüssigkeiten. Elektrolyse

In den letzten drei Abschnitten dieses Kapitels wollen wir an Hand einfacher Experimente die realen elektrischen Leitungsvorgänge in Flüssigkeiten, Festkörpern und Gasen kennenlernen. Viele physikalische und technische Einzelheiten können dabei nicht einmal angedeutet werden.

Experiment 6.1 Strom durch eine leitende Flüssigkeit

Ein Glasgefäß enthält eine wäßrige Lösung von Kupfersulfat $CuSO_4$. In die Lösung tauchen zwei Aluminiumplatten, an die wir eine Spannung U legen können. Die beiden Platten heißen *Elektroden*, diejenige, deren Potential relativ zur anderen positiv ist, heißt *Anode*, die andere *Kathode*, Abb.6.10. Kurz nach dem Anlegen der Spannung beobachtet man, daß sich die Kathode mit Kupfer überzieht. An der Anode bilden sich Gasblasen. Die Abscheidung von Stoffen an den Elektroden bezeichnet man als *Elektrolyse*, die Flüssigkeit, in der der Strom fließt, als *Elektrolyt*.

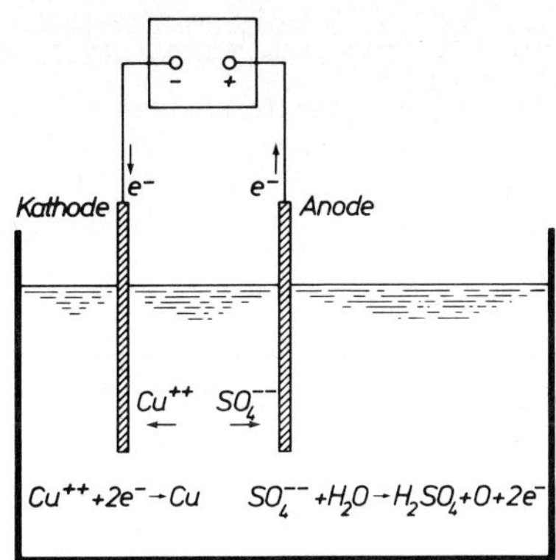

Abb.6.10. Ladungstransport durch Ionen im Elektrolyten und Elektronen im äußeren Stromkreis

Die Interpretation dieses Befundes beruht darauf, daß das Kupfersulfat in der Lösung in zweifach positiv geladene Kupferionen (Cu^{++}) und zweifach negativ geladene Sulfationen (SO_4^{--}) dissoziiert. Damit existieren in der Lösung positive und negative Ladungsträger. In dem durch die äußere Spannung bewirkten elektrischen Feld zwischen den Elektroden wandern die negativen Ladungsträger (Anionen) zur Anode, die positiven (Kationen) zur Kathode. Hier wird jedes Kupferion durch zwei Leitungselektronen der Metallelektrode neutralisiert. Das metallische Kupfer lagert sich auf der Aluminiumelektrode ab.

$$Cu^{++} + 2e^- \rightarrow Cu \quad . \tag{6.6.1}$$

An der Anode geben die Sulfationen ihre zwei Elektronen an die Elektrode ab. Das geschieht in einer chemischen Reaktion, in der Sauerstoff-Gas gebildet wird, nach dem Schema

$$SO_4^{--} + H_2O \rightarrow H_2SO_4 + O + 2e^- \quad . \tag{6.6.2}$$

Die an der Anode abgegebenen Elektronen durchlaufen den äußeren Stromkreis einschließlich der Stromquelle bis zur Kathode, wo sie zur Neutralisierung der Kupferionen dienen. Die Abscheidung eines Kupferatoms aus der Lösung erfordert den Transport der Ladung $q = n_w e$. Dabei ist $n_w = 2$ die Wertigkeit des Kupferions und e die Elementarladung. Ist m_{Cu} die Masse eines Kupferatoms, so wird durch einen stationären Strom der Stärke $I = \Delta Q/\Delta t$ in der Zeit Δt die Masse

$$M = \frac{\Delta Q}{n_w e} m_{Cu} = \frac{m_{Cu}}{n_w} \frac{I \Delta t}{e} \tag{6.6.3}$$

abgeschieden. Diese Beziehung kann dazu dienen, die Strommessung auf eine Massenbestimmung durch Wägung zurückzuführen. Tatsächlich ist dies Verfahren lange Zeit zur Definition des Ampère benutzt worden. (Danach war 1A derjenige Strom, der in 1s gerade 1,118 mg Silber aus einer Silbernitratlösung abschied, vgl. Aufgabe 6.6.) In der Praxis beruht die Funktion von Ampèremetern allerdings nicht auf elektrolytischen, sondern auf magnetischen Effekten.

Die Beziehung (6.6.3) faßt die beiden *Faradayschen Gesetze der Elektrolyse* zusammen.

I) Die an den Elektroden abgeschiedenen Massen an Zersetzungsprodukten sind der durch den Elektrolyten geflossenen Ladung proportional.

II) Bei gleichem Ladungsdurchfluß verhalten sich die abgeschiedenen Massen verschiedener Stoffe wie deren Atommassen dividiert durch die Wertigkeit der transportierten Ionen.

In der Chemie hat es sich als praktisch erwiesen, eine bestimmte Menge gleichartiger Teilchen (Atome oder Moleküle) als ein *Mol* zu bezeichnen. Deshalb wurde im SI für die *Stoffmenge* die Einheit 1 mol eingeführt. Sie ist definiert als die Anzahl der Kerne des Kohlenstoffisotops ^{12}C, die zusammen die Masse 12g haben (ursprünglich die Zahl der Wasserstoffatome mit der Gesamtmasse 1g). Diese Zahl heißt *Avogadrokonstante*

$$\boxed{N_A = (6{,}02217 \pm 0{,}00012) \cdot 10^{23}\ \mathrm{mol}^{-1}} \quad . \tag{6.6.4}$$

Um 1 mol einer einwertigen Substanz aus einem Elektrolyten abzuscheiden, werden daher

$$F = N_A e = 9{,}65 \cdot 10^4\ \mathrm{C\ mol}^{-1}$$

benötigt. Die Größe F heißt *Faraday-Konstante*.

Unter Benutzung der Gleichung (6.6.3) kann man elektrolytisch direkt Atommassen (durch Messen von M und ΔQ) bestimmen.

Die Gültigkeit des Ohmschen Gesetzes für elektrolytische Leiter werden wir am Ende des nächsten Abschnitts als Beispiel für die Messung einer Strom-Spannungs-Charakteristik zeigen.

6.7 Elektronenleitung in Metallen. Darstellung von Strom-Spannungs-Kennlinien auf dem Oszillographen

Wir haben bereits in vielen Experimenten die elektrische Leitfähigkeit von Metallen erkannt. Sie wird durch folgendes Modell in gröbster Näherung beschrieben: Metallatome enthalten ein oder wenige *Valenzelektronen*, das sind die Elektronen, die den größten mittleren Abstand vom Kern haben. Im Metallgitter sitzen die Atomrümpfe, das sind die Kerne mit den inneren Elektronen, so dicht, daß die Bindung der Valenzelektronen an einen bestimmten Kern verlorengeht, und die Valenzelektronen bewegen sich frei im Metallgitter. Sie können für viele Fragestellungen als ein Gas freier Teilchen angesehen und nach den Gesetzen der statistischen Mechanik beschrieben werden.

Diese Vorstellung ist von Tolman direkt experimentell bestätigt worden. Seine Experimente beruhen darauf, daß sich in einem ursprünglich mit hoher Geschwindigkeit bewegten und dann plötzlich abgebremsten Metallstück die Elektronen aufgrund ihrer Trägheit weiterbewegen. Bezeichnen wir die beim Bremsvorgang auftretende Beschleunigung des Metallstücks mit $(-\vec{a})$, so besitzen die Elektronen relativ zum Metall die Beschleunigung $\vec{a}$. Sie ist einer Trägheitskraft (m ist die Elektronenmasse)

$$\vec{F} = m\vec{a}$$

äquivalent, die einer Feldstärke

$$\vec{E} = \frac{\vec{F}}{e}$$

auf das Elektron entspricht. Durch die Trägheitskraft werden Elektronen so lange in Richtung der Beschleunigung verschoben, bis sie ein elektrisches Feld gleicher Größe und entgegengesetzter Richtung aufgebaut haben. Sie führt dazu, daß sich zwischen den Enden des Metallstücks der Länge ℓ eine Spannung

$$U = E\ell$$

ausbildet. Im Prinzip kann durch Messung der Spannung U und der Beschleunigung $\vec{a}$ das Verhältnis $e/m = \ell a/U$ von Elektronenladung und -masse bestimmt werden. In der Tat erhielt Tolman den gleichen Wert, den man für freie Elektronen mißt (vgl. Experiment 9.4), und konnte so die Hypothese des freien Elektronengases im Metall bestätigen. Wir wollen jetzt die Gültigkeit des Ohmschen Gesetzes in metallischen Leitern nachweisen.

Experiment 6.2 Nachweis des Ohmschen Gesetzes für metallische Leiter

Ein Stahldraht (Länge $\ell = 0{,}5$ m und Querschnitt $a = 0{,}079$ mm^2) ist über Zuleitungen wesentlich größeren Querschnitts und ein Drehspulampèremeter mit den Klemmen einer regelbaren Spannungsquelle verbunden. Die Spannung zwischen den Enden des Drahtes wird mit einem Oszillographen gemessen (Abb.6.11a). Bei Veränderung der Spannung U erhält man für I die in Abb.6.11b wiedergegebene lineare Abhängigkeit, die durch das Ohmsche Gesetz vorausgesagt wird. Die graphische Darstellung heißt Strom-Spannungs-Charakteristik, Strom-Spannungskennlinie oder einfach *Kennlinie* des Drahtes. Aus der Steigung der Geraden kann man, vgl. (6.2.10), sofort den Widerstand des Eisendrahtes entnehmen

$$R = \Delta U/\Delta I = 2\,\mathrm{V}/0{,}94\,\mathrm{A} = 2{,}13\,\Omega \quad .$$

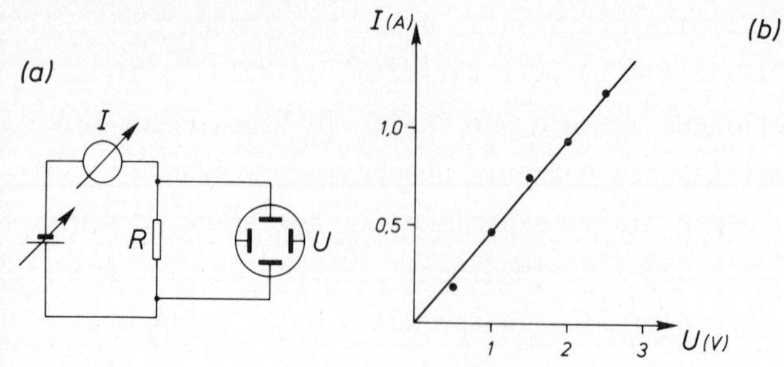

Abb.6.11. Schaltung zum Nachweis des Ohmschen Gesetzes. Der als Verbraucher geschaltete Eisendraht ist einfach durch das rechteckige Schaltsymbol eines ohmschen Widerstandes angedeutet (a). Meßpunkte und Strom-Spannungs-Kennlinie (b)

Mit (6.2.11) kann man daraus die spezifische Leitfähigkeit von Eisen bestimmen

$$\kappa = \frac{\ell}{Ra} = 2{,}97 \cdot 10^{6}\,\Omega^{-1}\mathrm{m}^{-1} \quad .$$

(Durch systematische Veränderung von ℓ und a kann man vorher die Gültigkeit von (6.2.11) nachweisen.)

Ist das "Ohmsche Verhalten" eines Leiters einmal bekannt und hat er den Widerstand R_m, so ist (vgl. Abschnitt 6.5.2) der Spannungsabfall $U_m = R_m I$ dem Strom durch den Leiter direkt proportional und kann zur Bestimmung des Stromes benutzt werden. Das machen wir uns zunutze, um die Abhängigkeit zwischen Strom und Spannung bei einem beliebigen Verbraucher auf dem Bildschirm des Oszillographen darzustellen.

Experiment 6.3 Oszillographische Darstellung von Kennlinien

Eine Wechselspannungsquelle (ein Gerät, dessen Ausgangsspannung periodisch im Bereich $U_{min}<U<U_{max}$ variiert) speist einen Stromkreis, in dem der Verbraucher X, dessen Kennlinie bestimmt werden soll, und ein Meßwiderstand R_m hintereinandergeschaltet sind. Der Spannungsabfall an X wird zur horizontalen, der an R_m zur vertikalen Ablenkung eines Oszillographenstrahls benutzt (Abb.6.12). Ist R_m bekannt, so kann die vertikale Skala direkt in Ampère geeicht werden. Auf dem Schirm wird während jeder Periode der Wechselspannung die Funktion I(U) über den ganzen Variationsbereich des Spannungsabfalls an X dargestellt.

Wir benutzen diese Anordnung, die sich insbesondere zur Bestimmung von Kennlinien elektronischer Bauelemente (Dioden, Transistoren usw., vgl. Kap.8) eignet, zunächst zu weiteren Messungen an metallischen und flüssigen Leitern.

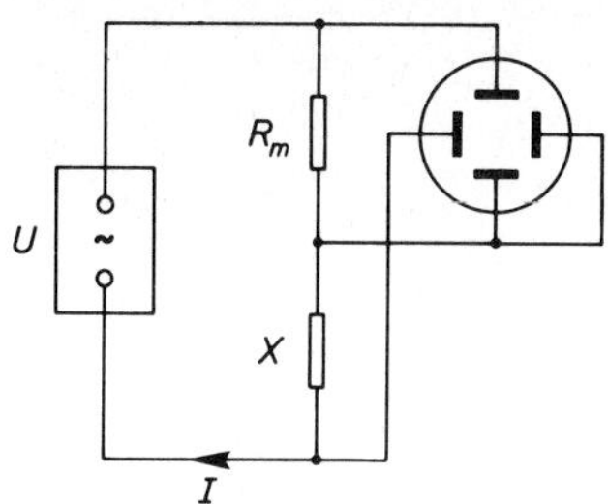

Abb.6.12. Oszillographische Registrierung der Strom-Spannungs-Kennlinie eines beliebigen Verbrauchers X

Experiment 6.4 Temperaturabhängigkeit der spezifischen Leitfähigkeit von Eisen

Als Verbraucher benutzen wir den Eisendraht aus Experiment 6.2. Den Variationsbereich der Wechselspannung wählen wir jetzt so hoch, daß die Ohmschen Verluste nach einiger Zeit in einer starken Erhitzung und schließlich zum Durchbrennen des Drahtes führen. Auf dem Bildschirm beobachten wir eine gerade Kennlinie, deren Steigung mit zunehmender Temperatur fällt. Der Widerstand nimmt also mit steigender Temperatur zu (Abb.6.13).

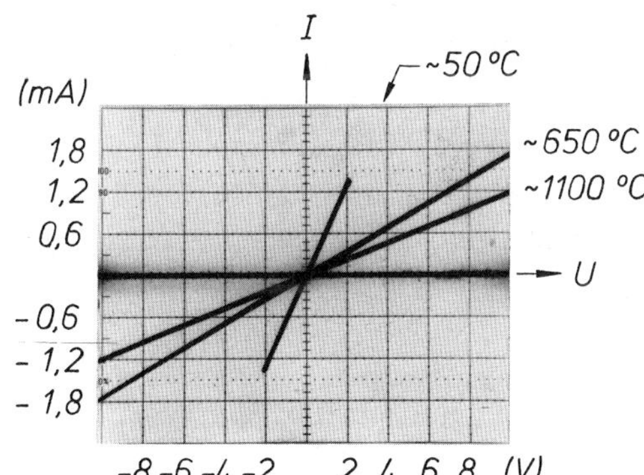

Abb.6.13. Oszillographisch aufgenommene Kennlinien eines Eisendrahtes bei verschiedenen Temperaturen

Diese Abnahme der spezifischen Leitfähigkeit ist aus (6.2.7) verständlich, da sich bei steigender Temperatur die mittlere Fluggeschwindigkeit der Ladungsträger erhöht und somit die mittlere Zeit zwischen zwei Stößen verringert. Es gibt jedoch auch Substanzen, in denen die Leitfähigkeit weitgehend temperaturunabhängig ist oder sogar mit steigender Temperatur wächst.

Experiment 6.5 Kennlinie von Elektrolyten

Als Verbraucher X in Abb.6.12 schalten wir jetzt ein Elektrolysegefäß entsprechend Abb.6.10. Es ist zunächst mit destilliertem Wasser gefüllt, das sich praktisch als Nichtleiter erweist. Fügen wir nun Kupfersulfatlösung zu, so daß der Elektrolyt 0,5%, 1% bzw. 2% $CuSO_4$ enthält, so steigt die Leitfähigkeit etwa proportional zur Konzentration (Abb.6.14). In diesem niedrigen Konzentrationsbereich können wir vollständige Dissoziation in Cu^{++} und SO_4^{--}

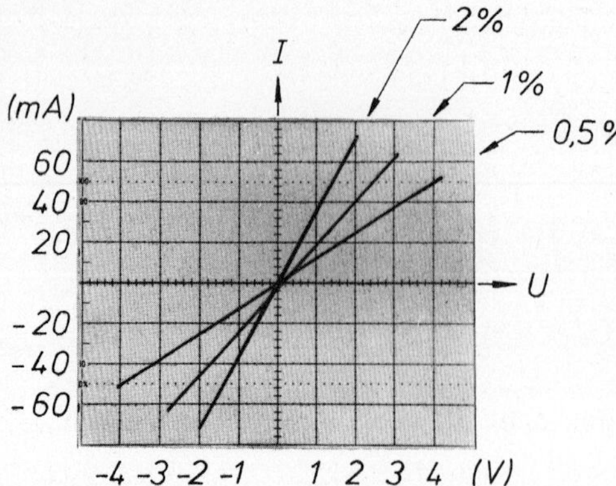

Abb.6.14. Oszillographische Aufnahmen der Kennlinien von Kupfersulfatlösungen verschiedener Konzentration

annehmen. Damit bestätigt die Messung die Beziehung (6.2.7), die eine Proportionalität zwischen Leitfähigkeit und Ionenkonzentration angibt.

6.8 Ionen- und Elektronenleitung in ionisierten Gasen

Während in Flüssigkeiten dauernd frei bewegliche Ionen und in Festkörpern dauernd Leitungselektronen vorhanden sein können, gibt es in Gasen keine frei beweglichen Ladungsträger. Ein Stromtransport in Gasen kann deshalb nur stattfinden, wenn man durch besondere Vorkehrungen dafür sorgt, daß Ladungen in den Gasraum gelangen oder dort entstehen. Meist spielen dabei die Übergangsflächen zwischen Gas und Zuleitungen eine große Rolle.

Hier beschränken wir uns auf eine *Ionisationskammer*, bei der die Ladungsträger im Gasraum erzeugt werden. Die Strahlung einer Röntgenröhre oder einer radioaktiven Quelle kann die Moleküle eines Gases ionisieren, d.h. in Ionen und Elektronen zerlegen. Befinden sich im Gasraum zwei Elektroden, zwischen denen eine Spannung liegt, so findet ein Ladungstransport im Feld statt: Es fließt ein Strom (Abb.6.15a). Der Strom ist gleich der durch Ionisation gebildeten Ladung pro Zeiteinheit und damit ein Maß für die Intensität der Strahlung.

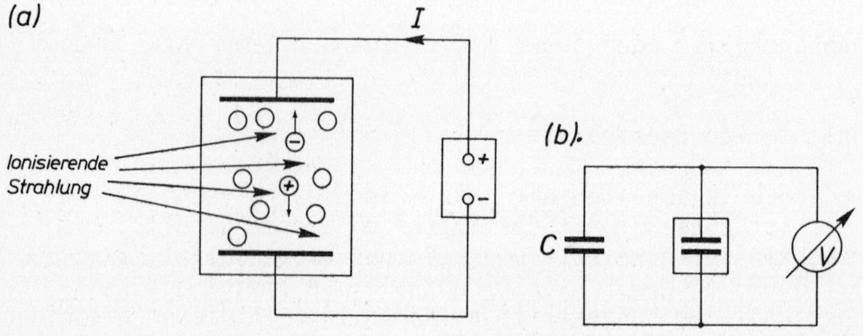

Abb.6.15. Prinzip der Ionisationskammer (a). Ionisationskammer als Dosimeter (b)

Diese Tatsache nutzt man zur Messung der *Strahlungsdosis* aus. Ein Kondensator wird aufgeladen und parallel zu einer Ionisationskammer geschaltet (Abb.6.15b). Ein empfindliches Voltmeter registriert die Spannung U bzw. die Ladung $Q = CU$ auf dem Kondensator. Eine durch Ionisation gebildete Ladung ΔQ bewirkt durch ihre Beweglichkeit im Gasraum die Entladung des Kondensators um den gleichen Betrag und führt zu einem Spannungsabfall um $\Delta U = \Delta Q/C$.

Eine Anordnung aus zwei Elektroden im Gasraum verhält sich bei höheren Spannungen an den Elektroden wesentlich komplizierter als hier dargestellt. Das Studium der *Gasentladungen* ist ein wichtiger Teilbereich der angewandten Physik, auf den wir hier nicht im einzelnen eingehen können. Eine wichtige Eigenschaft ergibt sich jedoch sofort aus folgender Überlegung: Wird die Feldstärke so groß, daß ein einmal in den Gasraum gelangter Ladungsträger pro mittlere freie Weglänge zwischen zwei Stößen soviel Energie aufnimmt, daß er ein Gasmolekül ionisieren kann, so entsteht eine Ladungsträgerlawine: der Strom steigt rapide an und hängt deutlich nichtlinear mit der angelegten Spannung zusammen. Gasentladungsgefäße sind damit *nichtohmsche Verbraucher*.

Die eben beschriebene Grenzfeldstärke der Lawinenbildung heißt Durchschlagsfeldstärke des Gases. Sie beträgt für trockene Luft ca. 20 kV/cm. Sie muß bei Bau von Hochspannungseinrichtungen beachtet werden, da Luft jenseits dieser Feldstärke nicht mehr als Isolator betrachtet werden kann.

Aufgaben

6.1: Welche Ladungsmenge fließt während der Zeit $t = 10s$ durch einen Leiter, wenn

a) der Strom den konstanten Wert $I = 10A$ hat,

b) der Strom linear von $I = 0A$ auf $I = 20A$ ansteigt?

6.2: Der Quotient $u = \langle v\rangle/E$ aus der mittleren Geschwindigkeit der Ladungsträger und der sie verursachenden Feldstärke heißt *Ladungsträgerbeweglichkeit*. In Kupfer gibt es ein frei bewegliches Elektron pro Atom. Bestimmen Sie die Ladungsträgerdichte n aus der *Molmasse* (Masse eines Mols Kupfer) $M_{Cu} = 63{,}54g$, der Avogadro-Konstante (Anzahl der Atome oder Moleküle pro Mol) $N_A = 6{,}022 \cdot 10^{23} mol^{-1}$ und der Massendichte von Kupfer $\rho = 8{,}93\ gcm^{-3}$. Berechnen Sie dann die Beweglichkeit der Elektronen in Kupfer unter Benutzung des Tabellenwertes seiner spezifischen Leitfähigkeit. Vergleichen Sie die so berechnete Driftgeschwindigkeit der

Elektronen, die den Stromfluß bewirkt, mit der Lichtgeschwindigkeit, die für die Ausbreitung des Feldes charakteristisch ist.

6.3: Wie groß ist der Gesamtwiderstand des Netzes aus 4 Widerständen der Abb.6.16? Wie groß sind die Ströme in und die Spannungen an den einzelnen Widerständen? Geben Sie zunächst allgemeine Ausdrücke an und setzen Sie dann die folgenden Zahlwerte ein: $U = 6V$, $R_1 = 100\Omega$, $R_2 = R_3 = 50\Omega$, $R_4 = 75\Omega$.

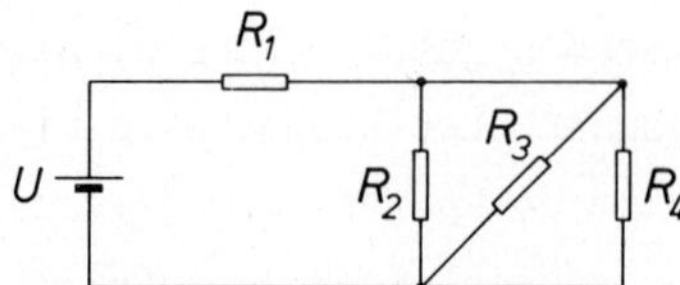

Abb.6.16. Zu Aufgabe 6.3

6.4: Zur Ausmessung eines unbekannten Widerstandes R_x wird die *Wheatstone'sche Brücke* benutzt (Abb.6.17). Man regelt den veränderlichen Widerstand R_2 so ein, daß das Ampèremeter stromlos ist. Die Messung wird so weniger abhängig vom Fehler des Instruments. Berechnen Sie R_x aus R_1, R_2, R_3.

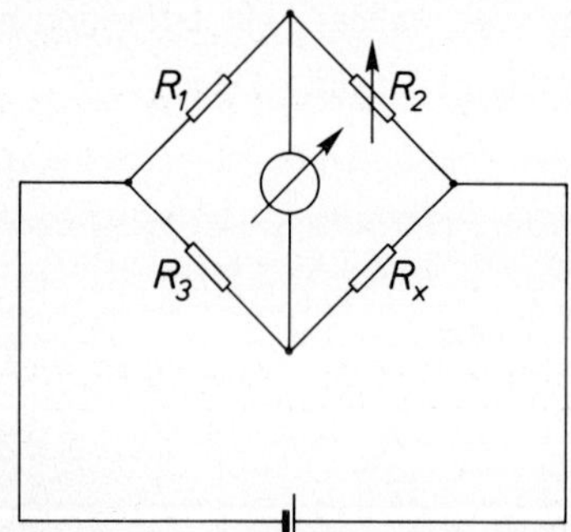

Abb.6.17. Wheatstonesche Brücke

6.5: Bestimmen Sie die Länge eines Eisendrahtes von 0,1 mm^2 Querschnitt so, daß bei einer Spannung von 220 V eine Verlustleistung von 1kW im Draht freigesetzt wird.

6.6: Bestimmen Sie die Molmasse (Masse eines Mols) von Silber und die Masse eines Silberatoms aus den in Abschnitt 6.6 angegebenen Zahlenwerten (in einer Silbernitratlösung haben die Silberionen Ag^+ eine Elementarladung).

+7. Grundlagen des Ladungstransports in Festkörpern. Bändermodell

In den letzten Abschnitten des vorigen Kapitels konnten wir auf die Ursachen für die Existenz von Ladungsträgern in Leitern und damit auf die Grundlagen des elektrischen Stromes nicht eingehen.

In diesem Kapitel wollen wir uns eingehender mit dem Ladungstransport in Festkörpern und seinen Einzelheiten befassen. Erst durch ein besseres Verständnis der Vorgänge in Festkörpern wurde die Entwicklung technisch bedeutsamer Bauelemente wie Dioden und Transistoren möglich, die wir in Kapitel 8 kennenlernen werden. Die hier jetzt dargestellten theoretischen Grundlagen brauchen wir zur quantitativen Diskussion der Eigenschaften dieser Bauelemente.

Als mathematisches Hilfsmittel benötigen wir die einfachsten Grundlagen der Wahrscheinlichkeitsrechnung und Statistik. Sie sind im Anhang A zusammengestellt.

+7.1 Vielteilchensystem am absoluten Temperaturnullpunkt. Fermi-Grenzenergie

Die einfachste Beschreibung eines Vielteilchensystems geht davon aus, daß Ladungsträger – wir nennen sie oft einfach Teilchen – durch ständige Stöße untereinander oder mit anderen Objekten (Gitteratomen) eine ungeordnete Bewegung ausführen. Dabei wird sich eine Verteilung der Teilchen im Raume und über die möglichen Impulse einstellen, die rein statistisch bestimmt ist. Ohne Einwirkung äußerer Kräfte hat die Verteilung in einem räumlichen Volumen wegen der Translationsinvarianz konstante Dichte, solange man Volumbereiche betrachtet, deren Längenabmessungen groß gegen die mittlere freie Weglänge der Teilchen sind. Bei vorgegebener Gesamtteilchenzahl N im Volumen V stellt sich so die ortsunabhängige Dichte

$$n = \frac{N}{V} \tag{7.1.1}$$

ein.

Für ein System vieler Teilchen in einem endlichen Volumen V, das der Einfachheit halber die Gestalt eines Würfels mit der Kantenlänge L habe, erlaubt die Quantenmechanik nur diskrete Werte des Impulses mit den Komponenten

$$p_x = \frac{2\pi}{L}\hbar\ell_x \quad , \quad p_y = \frac{2\pi}{L}\hbar\ell_y \quad , \quad p_z = \frac{2\pi}{L}\hbar\ell_z \quad , \qquad \ell_x,\ell_y,\ell_z = 1,2,3,\ldots \quad . \tag{7.1.2}$$

Das Quadrat des Impulses kann dann die Werte

$$\vec{p}^{\,2} = \left(\frac{2\pi}{L}\hbar\right)^2\left(\ell_x^2+\ell_y^2+\ell_z^2\right) = \left(\frac{2\pi}{L}\hbar\right)^2\ell^2 \tag{7.1.3}$$

annehmen. Dabei ist $\hbar$ das *Plancksche Wirkungsquantum*

$$\hbar = (1.05450 \pm 0,00007)10^{-34}\ \mathrm{Ws}^2 \quad . \tag{7.1.4}$$

Weil die Zahlen ℓ_x, ℓ_y, ℓ_z nur diskrete Werte annehmen, heißen sie *Quantenzahlen*. Sie charakterisieren die möglichen *Quantenzustände* des Systems. Die Anzahl der Impulszustände in einem Volumelement $\Delta V_p = \Delta p_x \Delta p_y \Delta p_z$ des Impulsraumes ist durch die Anzahl von Quantenzuständen

$$\Delta\ell_x\Delta\ell_y\Delta\ell_z = \frac{L^3}{(2\pi\hbar)^3}\Delta p_x\Delta p_y\Delta p_z = \frac{V}{(2\pi\hbar)^3}\Delta p_x\Delta p_y\Delta p_z \tag{7.1.5}$$

gegeben. Die Größe

$$Z_{\vec{p}} = \left(\frac{L}{2\pi\hbar}\right)^3 = \frac{V}{(2\pi\hbar)^3} \tag{7.1.6}$$

heißt *Zustandsdichte bezüglich des Impulses*. Sie ist eine Konstante, die nur von der Größe des Volumens V abhängt. Die Anzahl der Zustände im Volumelement $dV_{\vec{p}}$ des Impulsraumes ist

$$Z_{\vec{p}}\,dV_{\vec{p}} \quad . \tag{7.1.7}$$

Gehen wir durch

$$p_x = p\sin\vartheta\cos\varphi \quad ,$$

$$p_y = p\sin\vartheta\sin\varphi \quad ,$$

$$p_z = p\cos\vartheta \quad , \tag{7.1.8}$$

zu Polarkoordinaten im Impulsraum über [Bd.I, Gl.(2.5.11)], so erhalten wir für das Volumelement im Impulsraum

$$dV_{\vec{p}} = dp_x dp_y dp_z = p^2 dp \sin\vartheta \, d\vartheta \, d\varphi \quad . \tag{7.1.9}$$

Interessieren wir uns für die Gesamtzahl der Zustände im Intervall dp des Impulsbetrages, so haben wir (7.1.7) über die Winkel ϑ und φ zu integrieren. Wegen

$$\int_0^{2\pi} \int_0^{\pi} \sin\vartheta \, d\vartheta \, d\varphi = 4\pi \tag{7.1.10}$$

erhalten wir

$$Z_p(p)dp = 4\pi Z_{\vec{p}} p^2 dp \quad .$$

Die Funktion

$$\boxed{Z_p(p) = \frac{4\pi}{(2\pi\hbar)^3} V p^2} \tag{7.1.11}$$

heißt *Zustandsdichte bezüglich des Impulsbetrages*. Die Zahl der Zustände in einem Intervall der Breite dp wächst also quadratisch mit dem Impulsbetrag.

Zu einem vorgegebenen Intervall dp gehört ein Intervall dE der kinetischen Energie. Ist m die Teilchenmasse, so gilt

$$E = \frac{p^2}{2m} \quad , \quad dE = \frac{p}{m} dp \quad . \tag{7.1.12}$$

Natürlich ist die Zahl der Zustände in den entsprechenden Intervallen gleich. Wir können jetzt auch eine *Zustandsdichte* $Z_E(E)$ *bezüglich der Energie* einführen. Es gilt

$$\begin{aligned} Z_E(E)dE &= Z_p(p)dp = \frac{4\pi}{(2\pi\hbar)^3} V p^2 dp \\ &= \frac{4\pi}{8\pi^3\hbar^3} V \cdot 2mE \cdot \frac{m}{\sqrt{2mE}} dE \end{aligned} \tag{7.1.13}$$

also

$$\boxed{Z_E(E) = \frac{V}{\sqrt{2}\pi^2\hbar^3} m^{3/2}\sqrt{E}} \quad . \tag{7.1.14}$$

Die Zustandsdichte wächst also mit der Wurzel der Teilchenenergie.

Die von der klassischen Mechanik geprägte Anschauung läßt es natürlich erscheinen, daß jeder Zustand von beliebig vielen Teilchen besetzt werden kann. In der Quantenmechanik unterscheidet man zwei Arten von Teilchen,

I) die *Bosonen*, von denen tatsächlich beliebig viele den gleichen Zustand annehmen können,

und

II) die *Fermionen*, von denen jeweils nur ein Teilchen einen Zustand besetzen kann (Pauli-Prinzip).

Die Unterscheidung der Teilchen in diese beiden Arten ist durch ihren *Spin* (*Eigendrehimpuls*) festgelegt. Teilchen mit einem Spin, der ein ganzzahliges Vielfaches von $\hbar$ beträgt, sind *Bosonen*, Teilchen mit einem Spin, der ein halbzahliges (1/2, 3/2, 5/2, ...) Vielfaches von $\hbar$ beträgt, heißen *Fermionen*. Die Elektronen, mit denen wir uns im folgenden zu beschäftigen haben, sind Teilchen mit Spin 1/2, also Fermionen. Da ein Teilchen mit Spin 1/2 bei gegebenem Impuls noch zwei verschiedene *Polarisationszustände* (Spineinstellungen im Raum) haben kann, gestattet das Pauli-Prinzip gerade die zweifache Besetzung jedes Impulsraumzustandes mit diesen Teilchen.

Ein auffälliger Unterschied zwischen Veilteilchensystemen aus Fermionen bzw. Bosonen besteht in ihrem Verhalten am *absoluten Temperaturnullpunkt*. Die Bosonen besetzen alle den tiefsten Zustand der Energie

$$E = E_0 \quad . \tag{7.1.15}$$

Damit hat ein System aus N Bosonen, also der räumlichen Teilchenzahldichte $n = N/L^3$, am absoluten Temperaturnullpunkt die Gesamtenergie

$$E = NE_0 = nVE_0 \quad . \tag{7.1.16}$$

Die Elektronen können wegen ihrer zwei Spineinstellungen jeden Impulszustand nur doppelt besetzen, so daß wir für N Elektronen mindestens N/2 Impulszustände benötigen. Am Temperaturnullpunkt sind das gerade die N/2 dem Koordinatenursprung des Impulsraumes am nächsten liegenden Zustände. Das sind alle Zustände in einer Kugel um den Koordinatenursprung (Abb.7.1). Der Radius p_F dieser Kugel läßt sich durch Summation aller Zustände bis zur Teilchenzahl N in der Kugel berechnen

$$N = \int \frac{2V}{(2\pi\hbar)^3} \, dV_{\vec{p}} \quad .$$

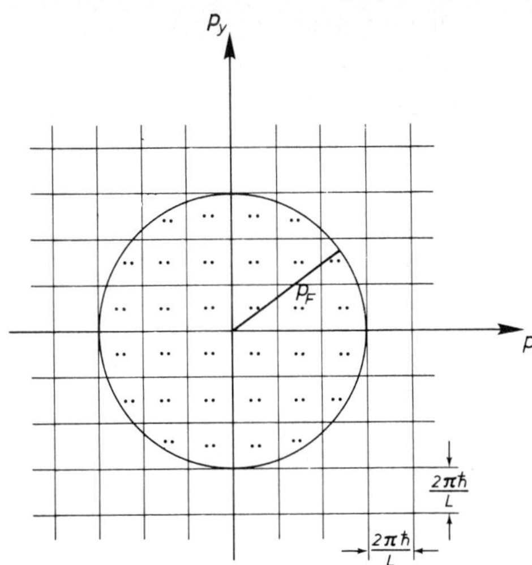

Abb.7.1. Schnitt durch die Fermi-kugel (p_z=0). Alle Impulszustände im Innern sind doppelt besetzt

Mit den Polarkoordinaten (7.1.8-10) erhalten wir

$$N = \frac{2V}{(2\pi\hbar)^3} \cdot 4\pi \cdot \int\limits_0^{p_F} p^2 dp = \frac{2V}{(2\pi\hbar)^3} \frac{4\pi}{3} p_F^3 \quad , \tag{7.1.17}$$

d.h.

$$p_F = (3\pi^2 n)^{1/3} \hbar \ . \tag{7.1.18}$$

Die Elektronen an der Oberfläche haben dann die Energie

$$\boxed{E_F = \frac{p_F^2}{2m} = \frac{1}{2m} (3\pi^2 n)^{2/3} \hbar^2} \ . \tag{7.1.19}$$

In einem Elektronengas am absoluten Nullpunkt sind alle Zustände bis zur Energie E_F besetzt. Sie ist vollständig durch die Teilchendichte n bestimmt. Man nennt die Kugel der besetzten Zustände *Fermi-Kugel*, ihre Oberfläche *Fermi-Fläche*, ihren Radius *Fermi-Impuls* p_F, die Energie E_F der Elektronen auf der Fermi-Fläche *Fermi-Energie*.

Die Gesamtenergie der Elektronen in der Fermi-Kugel ist durch Aufsummation ihrer Energien zu gewinnen

$$E = \int\limits_0^{2\pi} \int\limits_0^{\pi} \int\limits_0^{p_F} \frac{p^2}{2m} \frac{2V}{(2\pi\hbar)^3} p^2 dp \sin\vartheta \, d\vartheta \, d\varphi$$

$$= \frac{2V}{(2\pi\hbar)^3} \frac{4\pi}{2m} \int\limits_0^{p_F} p^4 dp = \frac{4\pi}{5m} \frac{V}{(2\pi\hbar)^3} p_F^5 \quad . \tag{7.1.20}$$

Durch Einsetzen des expliziten Ausdruckes für den Fermiimpuls (7.1.18) erhält man

$$E = \frac{3}{10}\frac{nV}{m}(3\pi^2 n)^{2/3}\hbar^2 \sim n^{5/3} \quad . \tag{7.1.21}$$

Formal kann man dieser Gesamtenergie auch am absoluten Temperaturnullpunkt eine Temperatur, die sogenannte *Entartungstemperatur* T_E, zuordnen, indem man wie früher die mittlere kinetische Energie eines Teilchens mit $3kT_E/2$ gleichsetzt. Die mittlere kinetische Energie pro Teilchen ist

$$\langle E_{kin}\rangle = \frac{1}{nV}E = \frac{3}{2\cdot 5m}(3\pi^2 n)^{2/3}\hbar^2 \quad , \tag{7.1.22}$$

so daß die Entartungstemperatur

$$\boxed{T_E = \frac{1}{5mk}(3\pi^2 n)^{2/3}\hbar^2 = \frac{2}{5}\frac{E_F}{k}} \tag{7.1.23}$$

beträgt. [Wie früher bezeichnet k die Boltzmann-Konstante (6.2.2).]

Die *Besetzungszahl* der Zustände in der Fermikugel ist Eins, außerhalb Null. Man führt eine *Besetzungszahlfunktion* F(E) ein, die diesen Sachverhalt wiedergibt

$$\boxed{F(E) = \Theta(E_F - E) = \begin{cases} 1 \ , & E < E_F \\ 0 \ , & E > E_F \end{cases}} \quad . \tag{7.1.24}$$

Diese heißt *Fermi-Dirac-Funktion* am Temperaturnullpunkt. Die Stufe bei $E = E_F$ heißt *Fermi-Kante*. Wegen des Zusammenhangs (7.1.12) läßt sich die Besetzungszahlfunktion auch leicht als Funktion des Impulsbetrages schreiben

$$F(E) = F\left(\frac{p^2}{2m}\right) = \Theta\left(\frac{p_F^2}{2m} - \frac{p^2}{2m}\right) \quad . \tag{7.1.25a}$$

Doch einfacher kann man schreiben

$$F_p(p) = \Theta(p_F - p) \quad . \tag{7.1.25b}$$

Die Funktionen F(E) und F(p) sind in Abb.7.2 dargestellt.

Die Teilchenzahl in einem Energieintervall ist nun einfach gleich der Zahl der Zustände (sie ist unter Berücksichtigung der zwei Spinzustände zu jedem Energiezustand gerade $2Z_E(E)dE$) multipliziert mit der Besetzungszahlfunktion

$$N_E(E)dE = 2Z_E(E)F(E)dE \quad . \tag{7.1.26}$$

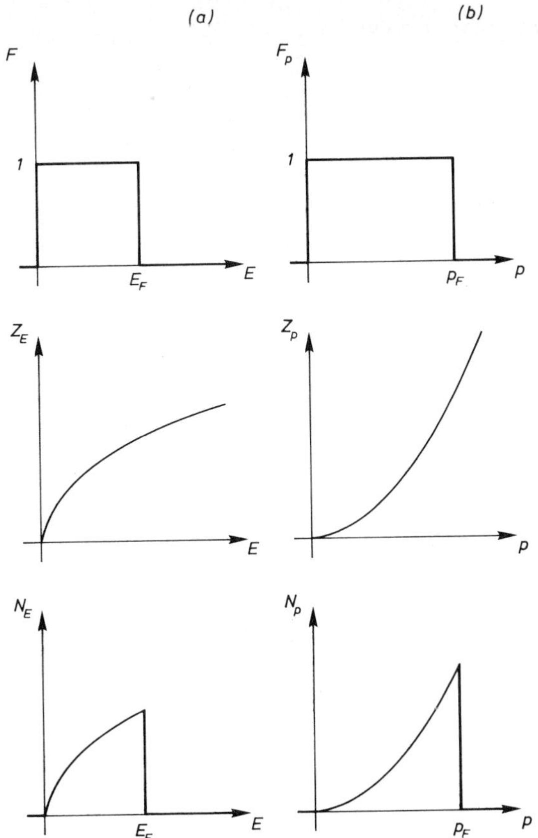

Abb.7.2. Besetzungszahlfunktion (Fermi-Dirac-Funktion) F, Zustandsdichte Z und Verteilung N = 2ZF bezüglich Energie (a) bzw. Impulsbetrag (b) für Elektronen in einem Metall am absoluten Temperaturnullpunkt

Die mit Hilfe von (7.1.24) und (7.1.14) leicht berechnete Funktion

$$\boxed{N_E(E) = 2Z_E(E)F(E) = \frac{\sqrt{2}V}{\pi^2\hbar^3}\, m^{3/2}\sqrt{E}\,\Theta(E_F-E)} \tag{7.1.27}$$

heißt *Energieverteilung* der Elektronen am absoluten Temperaturnullpunkt.

Entsprechend erhält man die *Impulsverteilung* (genauer: die Verteilung bezüglich des Impulsbetrages) aus

$$N_p(p)dp = 2Z_p(p)F\left(\frac{p^2}{2m}\right)dp \tag{7.1.28}$$

mit (7.1.11) und (7.1.25) zu

$$N_p(p) = 2Z_p(p)F\left(\frac{p^2}{2m}\right) = \frac{V}{\pi^2\hbar^3}\, p^2\Theta(p_F-p) \quad . \tag{7.1.29}$$

+7.2 Vielteilchensystem bei höheren Temperaturen

+7.2.1 Fermi-Dirac-Funktion

Bringt man ein Fermionensystem vom absoluten Nullpunkt auf höhere Temperatur, d.h. führt man ihm Energie zu, so werden einige Teilchen aus der Fermikugel entfernt, sie besetzen Zustände höherer Energie. Die Fermi-Dirac-Funktion, die die Besetzungszahl der Zustände verschiedener Energie beschreibt, kann daher bei höherer Temperatur keine Stufenfunktion mehr sein.

Im Abschnitt 7.2.3 wird hergeleitet, daß die Fermi-Dirac-Funktion für Temperaturen oberhalb des absoluten Nullpunktes die Form

$$\boxed{F(E) = \frac{1}{e^{(E-\zeta)/kT}+1}} \tag{7.2.1}$$

hat. Diese Funktion hat folgende Eigenschaften

I) $F(E) < 1$

II) $F(E=\zeta) = \frac{1}{2}$

III) $F(\Delta E+\zeta) = 1 - F(-\Delta E+\zeta)$

IV) Am absoluten Temperaturnullpunkt gilt

$$F(E) = \Theta(\zeta - E) \quad , \quad T = 0 \quad .$$

Wieder ist die Zahl der Teilchen im Energieintervall dE durch (7.1.26) gegeben. Die Größe ζ ist durch die Gesamtzahl N der Teilchen im Volumen V bestimmt

$$N = \int_0^\infty N(E)dE = \frac{V}{2\pi^2}\left(\frac{2m}{\hbar^2}\right)^{3/2} \int_0^\infty \frac{\sqrt{E}dE}{e^{(E-\zeta)/kT}+1} \quad . \tag{7.2.2}$$

Offenbar gilt für $T = 0$ gerade $\zeta = E_F$. Sonst gilt

$$\zeta(T) < E_F \quad , \quad T > 0 \quad . \tag{7.2.3}$$

Wir substituieren in (7.2.2)

$$x = \frac{E}{kT} \quad , \quad dx = \frac{dE}{kT} \quad , \quad \alpha = \frac{\zeta}{kT} \tag{7.2.4}$$

und erhalten für die räumliche Elektronendichte

$$n = \frac{N}{V} = \frac{1}{2\pi^2}\left(\frac{2mkT}{\hbar^2}\right)^{3/2} \int_0^\infty \frac{x^{1/2}dx}{e^{(x-\alpha)}+1}$$

$$= \frac{2}{\sqrt{\pi}} Z_0 F_{1/2}(\alpha) \quad . \tag{7.2.5}$$

Die Größe

$$\boxed{Z_0 = \frac{1}{4}\left(\frac{2mkT}{\pi\hbar^2}\right)^{3/2}} \tag{7.2.6}$$

heißt *effektive Zustandsdichte*, die Funktion

$$F_{1/2}(\alpha) = \int_0^\infty \frac{x^{1/2}dx}{e^{(x-\alpha)}+1} \tag{7.2.7}$$

heißt *Fermi-Funktion* zum Index 1/2.

Die effektive Zustandsdichte ergibt sich für Zimmertemperatur ($T = 300$ K) und unter Benutzung der Zahlenwerte der Naturkonstanten des Anhangs zu

$$Z_0(T{=}300\ \mathrm{K}) = 2{,}94 \cdot 10^{24}\ \mathrm{m}^{-3} \quad . \tag{7.2.8}$$

Die Dichte der Leitungselektronen in metallischem Kupfer ist

$$n_{Cu} = 8{,}45 \cdot 10^{28}\ \mathrm{m}^{-3} \quad , \tag{7.2.9}$$

für einen typischen Halbleiter vom n-Typ (vgl.Abschnitt 7.6) ist jedoch nur

$$n_{\mathrm{Halbleiter}} = 10^{22}\ \mathrm{m}^{-3} \quad . \tag{7.2.10}$$

Metallische Leiter und Halbleiter unterscheiden sich also dadurch, daß für Metalle die Dichte der Leitungselektronen sehr viel größer, für Halbleiter aber sehr viel kleiner als die effektive Zustandsdichte ist.

Für diese beiden Fälle lassen sich einfache Näherungsformeln für ζ gewinnen, die wir hier nur angeben wollen. (Die Herleitung folgt im Abschnitt 7.2.4).

I) *Für Metalle* ($n \gg Z_0$):

$$\zeta(T) = E_F\left[1 + \frac{\pi^2}{8}\left(\frac{kT}{E_F}\right)^2\right]^{-2/3} \quad . \tag{7.2.11}$$

Zwischen der Fermigrenzenergie E_F und der Elektronendichte n besteht nach (7.1.19) der Zusammenhang

$$n = \frac{1}{3\pi^2}\left(\frac{2mE_F}{\hbar^2}\right)^{3/2} . \tag{7.2.12}$$

Die Entartungstemperatur $T_E = 2E_F/(5k)$ für Metalle liegt weit oberhalb der Metalltemperatur (der Temperatur T der Metallgitteratome)

$$kT \ll E_F . \tag{7.2.13}$$

Die Funktion $\zeta(T)$ ist daher nur schwach temperaturabhängig. Sie beträgt zwischen 0 K und 300 K nur einige Promille. Für grobe Rechnungen darf man daher bei Metallen den temperaturunabhängigen Wert

$$\zeta(T) \approx E_F = \frac{9^{1/3}}{2}\,\pi^{4/3}\,\frac{\hbar^2}{m}\,n^{2/3} \tag{7.2.11a}$$

setzen.

II) *Für Halbleiter* $(n \ll Z_0)$:

$$\zeta(T) = kT\,\ln\frac{n}{Z_0} = kT\,\ln\left[4n\left(\frac{\pi\hbar^2}{2mkT}\right)^{3/2}\right] . \tag{7.2.14}$$

Da nach Voraussetzung $\ln(n/Z_0) \ll -1$ ist, ist nicht nur $\zeta(T)$ deutlich von der Fermigrenzenergie verschieden, sondern sogar stark negativ

$$\zeta(T) \ll -kT . \tag{7.2.15}$$

Mit (7.2.11) bzw. (7.2.14) kann die Fermi-Dirac-Funktion (7.2.1) nun für vorgegebene Elektronendichte n und vorgegebene Temperatur berechnet werden. Sie ist in Abb.7.3 für die Fälle I) und II) dargestellt.

Man beobachtet, daß bei Zimmertemperaturen für Metalle kaum Abweichungen von einer Stufenfunktion auftreten. (Selbst für Temperaturen der Weißglut (2000 K) ist der Stufencharakter noch deutlich sichtbar.) Fast alle Zustände unterhalb $\zeta \approx E_F$ sind besetzt, fast alle Zustände oberhalb unbesetzt. Lediglich in einem Bereich $\zeta \pm kT$ ist die Stufenfunktion aufgeweicht.

Völlig anders ist jedoch die Situation bei Halbleitern. Schreiben wir (7.2.1) in der Form

$$F(E) = \left(e^{E/kT}\,e^{-\zeta/kT} + 1\right)^{-1} ,$$

so ist wegen (7.2.15) die zweite Exponentialfunktion immer $\gg 1$. Da die erste im Bereich positiver Energien > 1 ist, überwiegt der erste Term in der Klammer. Wir können schreiben

$$F(E) \approx e^{-E/kT}\,e^{\zeta/kT} , \quad E > 0 . \tag{7.2.16}$$

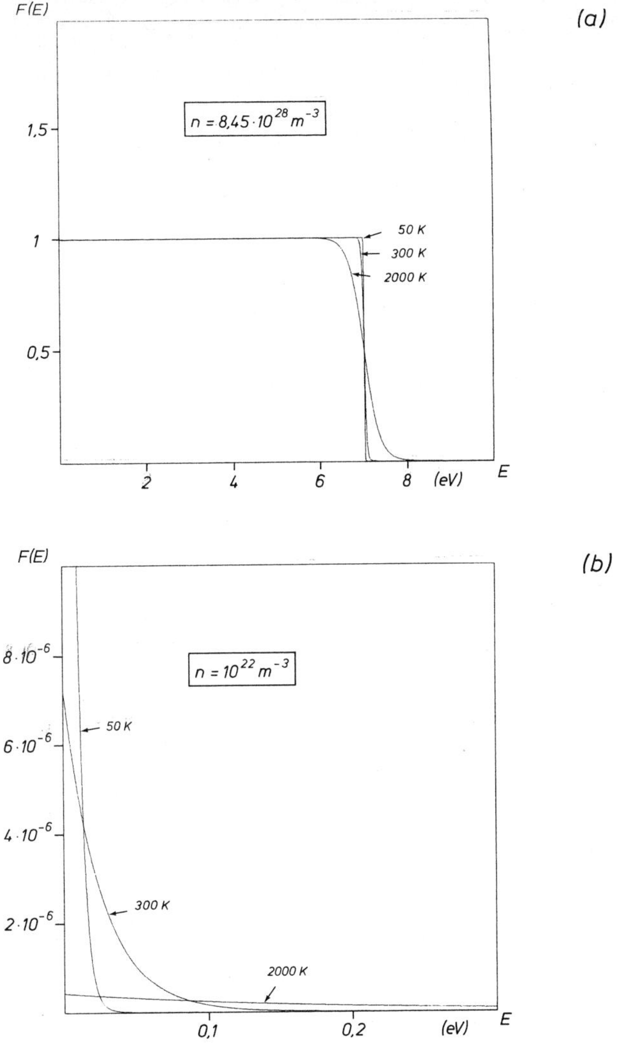

Abb.7.3. Fermi-Dirac-Funktion bei verschiedenen Temperaturen für zwei Elektronendichten, die den Verhältnissen in Kupfer (a) bzw. einem typischen n-Halbleiter (b) entsprechen.

Im (physikalisch allein interessanten) Bereich positiver Energien sind damit auch für niedrige Energien die meisten Zustände unbesetzt [$F(E) \ll 1$]. Die Besetzungszahlfunktion fällt zudem exponentiell mit der Energie.

+7.2.2 Fermi-Dirac-Verteilung

Wir können nun leicht die Verteilung $N_E(E)$ bzw. $N_p(p)$ der Elektronen bezüglich ihrer kinetischen Energie bzw. ihres Impulsbetrages angeben.

Für die Energieverteilung erhalten wir mit (7.1.27), (7.1.14) und (7.2.1)

$$\boxed{N_E(E) = 2Z_E(E)F(E) = \frac{\sqrt{2}V}{\pi^2\hbar^3}\, m^{3/2}\sqrt{E}\left(e^{(E-\zeta)/kT}+1\right)^{-1}} \quad . \tag{7.2.17}$$

Entsprechend erhält man für die Impulsverteilung mit (7.1.28), (7.1.11) und (7.2.1)

$$N_p(p) = 2Z_p(p)F\left(\frac{p^2}{2m}\right) = \frac{8\pi V}{(2\pi\hbar)^3}\, p^2\left[\exp\left(\frac{p^2-2m\zeta}{2mkT}\right)+1\right]^{-1} \quad . \tag{7.2.18}$$

Für Halbleiter vereinfachen sich diese Ausdrücke mit den Näherungen (7.2.16) und (7.2.14) auf

$$N_E = 4\pi Nm(2mE)^{1/2}(2\pi mkT)^{-3/2}\, \exp\left(-\frac{E}{kT}\right) \tag{7.2.17a}$$

bzw.

$$N_p = 4\pi Np^2(2\pi mkT)^{-3/2}\, \exp\left(-\frac{p^2}{2mkT}\right) \quad . \tag{7.2.18a}$$

Diese Verteilungen sind in Abb.7.4 für zwei Elektronendichten dargestellt, die gerade dem metallischen Kupfer bzw. einem typischen n-Halbleiter entsprechen.

Ein Vergleich der Energie- bzw. Impulsverteilungen (7.2.17a) und (7.2.18a) mit den Verteilungen (A.3.9) bzw. (A.3.8) des Anhangs A zeigt, daß die Fermi-Dirac-Verteilung für geringe Elektronendichten, wie sie bei Halbleitern vorliegen, einfach in die Maxwell-Boltzmann-Verteilung übergeht, die ein "ideales Gas" beschreibt. Das liegt daran, daß für niedrige Dichten die Besetzungszahlfunktion F(E) stets sehr klein gegen Eins ist – vgl.(7.2.16). Die Wahrscheinlichkeit, daß ein Zustand zweifach oder öfter besetzt ist, ist dann äußerst gering. Damit ist das Mehrfachbesetzungsverbot des Pauli-Prinzips von selbst erfüllt. Das Pauli-Prinzip bedeutet keine Einschränkung: Es liegen die gleichen Verteilungen vor wie beim idealen Gas.

+*7.2.3 Herleitung der Fermi-Dirac-Funktion

Die Beziehung (7.2.1) kann man durch folgende Überlegung gewinnen. Im Phasenraum stellt sich im Gleichgewichtszustand eine stationäre Verteilung der Teilchen ein. Sie ist dadurch charakterisiert, daß die Streuung zweier

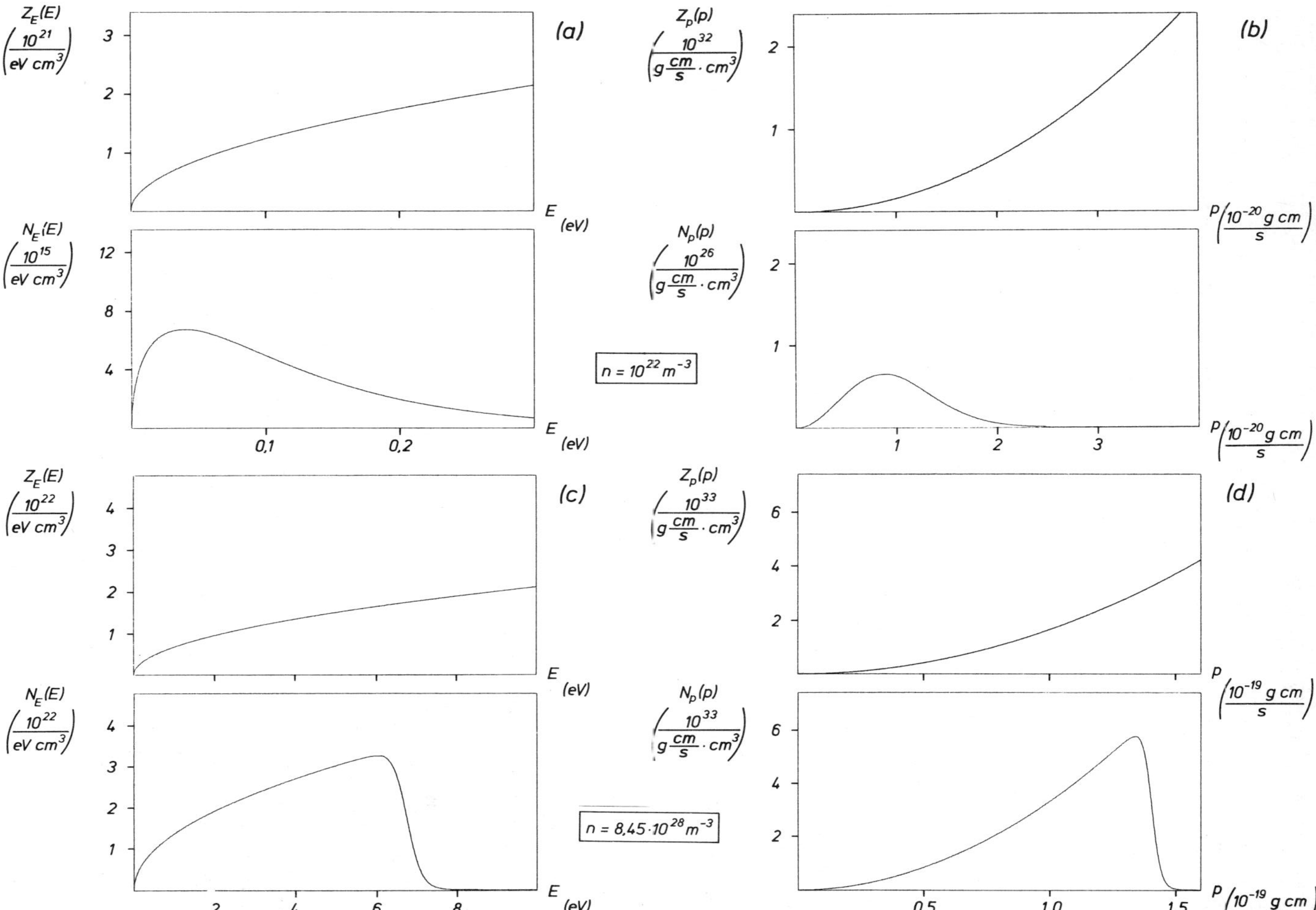

Abb.7.4. Zustandsdichte Z und Verteilungen N bezüglich Energie E und Impulsbetrag p für die Elektronendichte eines typischen n-Halbleiters (a,b) bzw. von Kupfer (c,d)

Teilchen mit den Energien E_1 und E_2 in die Energien E_1' und E_2'

$$E_1, E_2 \rightarrow E_1', E_2' \tag{7.2.19}$$

genauso häufig auftritt wie der bewegungsumgekehrte Prozeß

$$E_1', E_2' \rightarrow E_1, E_2 \quad . \tag{7.2.20}$$

Die Wahrscheinlichkeit für das Auftreten des Prozesses (7.2.19) ist gegeben durch das Produkt der Wahrscheinlichkeiten dafür, daß die Anfangszustände mit den Energien E_1 und E_2 gerade besetzt sind, und —wegen des Pauli-Prinzips— die Wahrscheinlichkeiten dafür, daß die Zustände mit den Endenergien E_1', E_2' gerade frei sind

$$F(E_1)F(E_2)[1-F(E_1')][1-F(E_2')] \quad . \tag{7.2.21}$$

Dabei ist F(E) die gesuchte Besetzungszahlfunktion.
Umgekehrt ist die Häufigkeit des Streuprozesses (7.2.20) gerade

$$F(E_1')F(E_2')[1-F(E_1)][1-F(E_2)] \quad . \tag{7.2.22}$$

Die Stationarität der Verteilung im Gleichgewichtszustand bedingt die Gleichheit der Häufigkeit der beiden Prozesse

$$F(E_1)F(E_2)[1-F(E_1')][1-F(E_2')] = F(E_1')F(E_2')[1-F(E_1)][1-F(E_2)] \quad . \tag{7.2.23}$$

Durch Division durch $F(E_1)F(E_2)F(E_1')F(E_2')$ finden wir

$$\left[\frac{1}{F(E_1')} - 1\right]\left[\frac{1}{F(E_2')} - 1\right] = \left[\frac{1}{F(E_1)} - 1\right]\left[\frac{1}{F(E_2)} - 1\right] \quad . \tag{7.2.24}$$

Diese Beziehung stellt eine starke Einschränkung an die Funktion

$$B(E) = \frac{1}{F(E)} - 1 \tag{7.2.25}$$

dar, wenn man bedenkt, daß die Streuprozesse den Energiesatz erfüllen, so daß

$$E_2' = E_1 + E_2 - E_1' \tag{7.2.26}$$

gilt. Damit stellt (7.2.24) eine Relation für B(E) dar

$$B(E_1+E_2-E_1') = \frac{B(E_1)B(E_2)}{B(E_1')} \quad . \tag{7.2.27}$$

Die Struktur dieser Gleichung legt nahe, daß die Funktion B(E) eine Exponentialfunktion der Energie ist. Das läßt sich schnell nachweisen. Wir überführen die obige Gleichung in eine Differentialgleichung für B, indem wir die Beziehung (7.2.27) einmal nach E_1 und einmal nach E_2 differenzieren. Wir erhalten dann

$$\frac{\partial B}{\partial E} = \frac{\partial B}{\partial E_1}(E_1+E_2-E_1') = \frac{B(E_2)}{B(E_1')}\frac{\partial B}{\partial E_1} \quad ,$$

$$\frac{\partial B}{\partial E} = \frac{\partial B}{\partial E_2}(E_1+E_2-E_1') = \frac{B(E_1)}{B(E_1')}\frac{\partial B}{\partial E_2} \quad .$$

Nach Division durch B unter Ausnutzung der Darstellung (7.2.27) erhält man

$$\frac{B'(E_1+E_2-E_1')}{B(E_1+E_2-E_1')} = \frac{B'(E_1)}{B(E_1)}$$

und

$$\frac{B'(E_1+E_2-E_1')}{B(E_1+E_2-E_1')} = \frac{B'(E_2)}{B(E_2)} \quad .$$

Die linken Seiten der beiden Gleichungen stimmen überein, die rechten hängen von verschiedenen Variablen ab, so daß wir schließen müssen

$$\frac{B'(E_1)}{B(E_1)} = \beta = \frac{B'(E_2)}{B(E_2)} \quad , \qquad (7.2.28)$$

wobei β eine noch unbestimmte Konstante ist. Die Bestimmungsgleichung für $B(E_1)$ ist eine lineare Differentialgleichung, die sich leicht lösen läßt. Die linke Seite läßt sich als Ableitung des Logarithmus von B darstellen.

$$\frac{d}{dE}\ln[B(E)] = \frac{1}{B(E)}\frac{dB}{dE} = \beta \quad ,$$

so daß sich die Lösung der Differentialgleichung durch Integrieren über E in der Form

$$\ln[B(E)] - \ln[B(\zeta)] = \beta(E-\zeta)$$

ergibt. Durch Exponenzieren erhält man

$$B(E) = B(\zeta)\, e^{\beta(E-\zeta)} \quad .$$

Die Fermi-Dirac-Funktion ergibt sich jetzt aus der Definition von B (7.2.25)

$$F(E) = \frac{1}{B(E)+1} = \frac{1}{B(\zeta)e^{\beta(E-\zeta)}+1} \quad . \tag{7.2.29}$$

Da die mittlere Besetzungszahl wegen des Pauli-Prinzips höchstens gleich Eins sein kann, gilt

$$0 < F(E) < 1 \quad . \tag{7.2.30}$$

Damit kann die Konstante $B(\zeta) = 1/F(\zeta) - 1$ nur positive Werte annehmen. Da die Wahl von ζ als Anfangsbedingung unserer Differentialgleichung willkürlich ist, wählen wir ζ so, daß

$$B(\zeta) = 1 \quad , \quad \text{d.h.} \quad F(\zeta) = 1/2$$

gilt. Damit haben wir als Fermi-Dirac-Funktion

$$F(E) = \frac{1}{e^{\beta(E-\zeta)}+1} \quad . \tag{7.2.31}$$

Der Grenzfall dieser Funktion, der für den absoluten Nullpunkt erreicht werden muß, ist

$$F(E) = \Theta(E_F - E) \quad \text{für} \quad T = 0 \quad . \tag{7.2.32}$$

Das ist nur möglich für

$$\zeta = E_F \quad \text{und} \quad \beta \to \infty \quad \text{für} \quad T = 0 \quad . \tag{7.2.33}$$

Allgemein gilt als Zusammenhang zwischen dem Parameter β und der Temperatur

$$\beta = \frac{1}{kT} \tag{7.2.34}$$

der den obigen Grenzfall einschließt.

+*7.2.4 Näherungen für die Fermi-Dirac-Funktion

Um aus der Normierungsbedingung (7.2.2) die Näherungen (7.2.11) bzw. (7.2.14) zu gewinnen, müssen wir zunächst eine Näherung für das Fermi-Integral (7.2.7)

$$F_{1/2}(\alpha) = \int_0^\infty \frac{x^{1/2}dx}{e^{(x-\alpha)}+1} \tag{7.2.35}$$

angeben. Es ist in Abb.7.5 als Funktion von α dargestellt und läßt sich für $\alpha >> 1$ durch

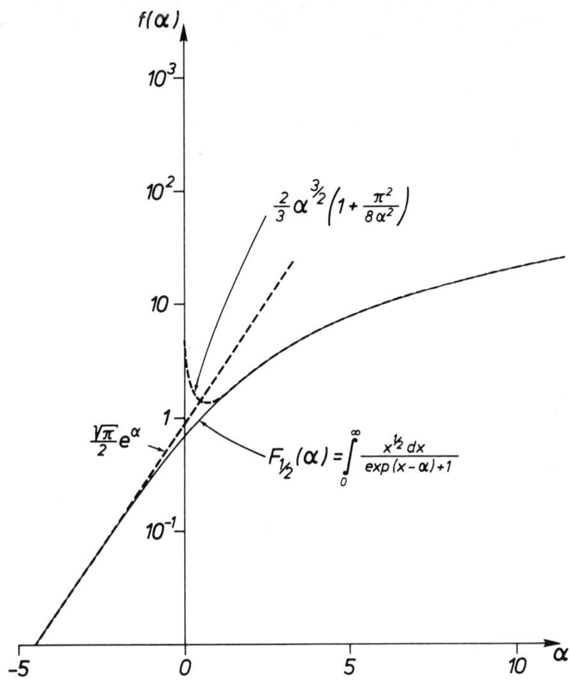

Abb.7.5. Darstellung des Fermiintegrals $F_{1/2}(\alpha)$

$$F_{1/2}(\alpha) \approx \frac{2}{3}\,\alpha^{3/2}\left(1+\frac{\pi^2}{8\alpha^2}\right), \quad \alpha \gg 1 \tag{7.2.35a}$$

approximieren. Ist andererseits $\alpha \ll -1$ so läßt sich (7.2.35) in der Form

$$\begin{aligned} F_{1/2}(\alpha) &= \int_0^\infty (e^x e^{-\alpha}+1)^{-1} x^{1/2} dx \\ &\approx \int_0^\infty (e^x e^{-\alpha})^{-1} x^{1/2} dx \\ &= e^{\alpha}\int_0^\infty x^{1/2}\, e^{-x} dx \ , \end{aligned}$$

$$F_{1/2}(\alpha) = \frac{\sqrt{\pi}}{2}\, e^{\alpha}\ , \quad \alpha \ll -1 \tag{7.2.35b}$$

schreiben.

Diese beiden Näherungen entsprechen gerade den beiden im Abschnitt 7.2.1 besprochenen Fällen hoher bzw. niedriger Elektronendichte.

I) $n \gg Z_0$. Diese Bedingung bedeutet mit (7.2.5) $F_{1/2}(\alpha) \gg 1$ und nach Abb. 7.5 $\alpha \gg 1$. Damit ist die Elektronendichte (7.2.5)

$$n = \frac{2}{\sqrt{\pi}}\, Z_0 F_{1/2}(\alpha) = \frac{1}{3\pi^2}\left(\frac{2m}{\hbar^2}\right)^{3/2} \zeta^{3/2}\left[1+\frac{\pi^2}{8}\left(\frac{kT}{\zeta}\right)^2\right] \ .$$

Drücken wir andererseits mit (7.1.19) die Elektronendichte durch die Fermi-Grenzenergie E_F aus

$$n = \frac{1}{3\pi^2}\left(\frac{2mE_F}{\hbar^2}\right)^{3/2} ,$$

so erhalten wir

$$E_F^{3/2} = \zeta^{3/2}\left[1 + \frac{\pi^2}{8}\left(\frac{kT}{\zeta}\right)^2\right] .$$

In nullter Näherung in $\alpha^{-1} = kT/\zeta \ll 1$ gilt $E_F \approx \zeta$, so daß es genügt, im Korrekturterm in der eckigen Klammer ζ durch E_F zu approximieren. Dann ist ζ leicht auszurechnen und wir finden in der Tat das Ergebnis (7.2.11).

II) $\underline{n \ll Z_0}$. Das bedeutet mit (7.2.5) $F_{1/2}(\alpha) \ll 1$ und nach Abb.7.5 $\alpha \ll -1$. Die Elektronendichte ergibt sich dann mit der Näherung (7.2.35b) zu

$$n = \frac{2}{\sqrt{\pi}} Z_0 F_{1/2}(\alpha) = Z_0 \, e^{\zeta/kT} .$$

Damit erhält man in der Tat (7.2.14), nämlich

$$\zeta = kT \ln\frac{n}{Z_0} .$$

+7.3 Das Bändermodell der Kristalle

Wir müssen jetzt noch erklären, wieso es in vielen Festkörpern frei bewegliche Elektronen gibt und wieso deren Dichten n für verschiedene Arten von Festkörpern um viele Größenordnungen verschieden sein können.

Die meisten Festkörper sind *Kristalle*, d.h. regelmäßige Anordnungen immer wiederkehrender Atomgruppen oder – im einfachsten Fall – einer einzigen Atomsorte wie z.B. beim Kupfer.

Ein einzelnes Atom hat einen Atomkern der Ladung Ze. Die Zahl Z, die die Anzahl der positiven Elementarladungen e im Kern angibt, heißt *Kernladungszahl*. Für Kupfer ist $Z = 29$. Im Coulomb-Feld des Kerns sind die insgesamt Z Elektronen gebunden. Jedes trägt die Ladung -e, so daß das Atom als Ganzes neutral ist.

Im Rahmen der klassischen Physik besteht damit eine Analogie zu einem Planetensystem, bei dem die Planeten im Gravitationsfeld der Sonne gebunden sind. Im Gegensatz zu den Planeten können die Elektronen jedoch nicht jeden

Energiewert annehmen, sondern nur ganz bestimmte diskrete Werte, die Energieniveaus, die quantenmechanisch berechnet werden können. In Abb.7.6 ist schematisch das elektrostatische Potential des Atomkerns als Funktion des Abstandes zusammen mit einigen Energieniveaus angegeben. Legen wir den Energienullpunkt so fest, daß er dem Potential im Unendlichen entspricht, so entsprechen alle gebundenen Elektronenzustände negativen Energien; positive Energien entsprechen Zuständen von Elektronen, die sich beliebig weit vom Kern entfernen können. Diese positiven Energien können auch bei Beachtung der Quantenmechanik beliebige (kontinuierliche) Werte annehmen. Gewöhnlich befindet sich ein Atom im *Grundzustand*, das ist der Zustand geringster Energie. Er zeichnet sich dadurch aus, daß die unteren Energiezustände bis zu einer durch die Elektronenzahl gegebenen Grenze lückenlos besetzt sind. Alle darüber liegenden Zustände sind unbesetzt.

Im Kristallgitter eines Festkörpers herrscht ein Potential, das wegen der periodisch im Raum angeordneten Atome selbst eine periodische Struktur besitzt. Es ist schematisch in Abb.7.7 dargestellt. Man beobachtet, daß das resultierende Potential der Einzelatome überall im Innern des Kristalls unter Null abgesenkt wird, während es an den Rändern wieder auf Null ansteigt. Die Energieniveaus der Einzelatome werden durch die gegenseitige Beeinflussung der Atome zu Gruppen von dicht benachbarten Energieniveaus aufgespalten, den sogenannten *Energiebändern*. Jedem Energieniveau eines Einzelatoms entspricht dann ein Band des Kristalls. Jedes Band hat so viele Energieniveaus wie Atome im Kristall vorhanden sind. Die Zahl der Elektronenzustände im Band ist wegen der zwei Spineinstellungen des Elektrons doppelt so groß. Die Bänder sind im allgemeinen durch Energiebereiche ohne Energieniveaus, die *Energielücken* oder Bandlücken getrennt. Benachbarte Bänder können aber auch überlappen.

Die Zustandsdichte innerhalb eines Bandes hängt von der Struktur des Kristalls im einzelnen ab und kann nur mit Hilfe der Quantenmechanik bestimmt werden. Für uns genügt es anzunehmen, daß sie sowohl an der unteren Kante E_u wie an der oberen Bandkante E_o mit der Wurzel der Differenzenergie zur Bandkante gegen Null geht ganz entsprechend der Zustandsdichte (7.1.14) des freien Elektronengases, die proportional zur Wurzel aus der Energie ist. (Im freien Gas gibt es keine Bandstruktur. Deshalb existiert dort nur eine untere, nicht aber eine obere besetzbare Energie.) Wir haben dann die Zustandsdichte

$$Z_E(E) = \frac{V}{\sqrt{2}\pi^2\hbar^3} m^{3/2} \sqrt{\frac{(E-E_u)(E_o-E)}{E_o-E_u}} \quad . \qquad (7.3.1)$$

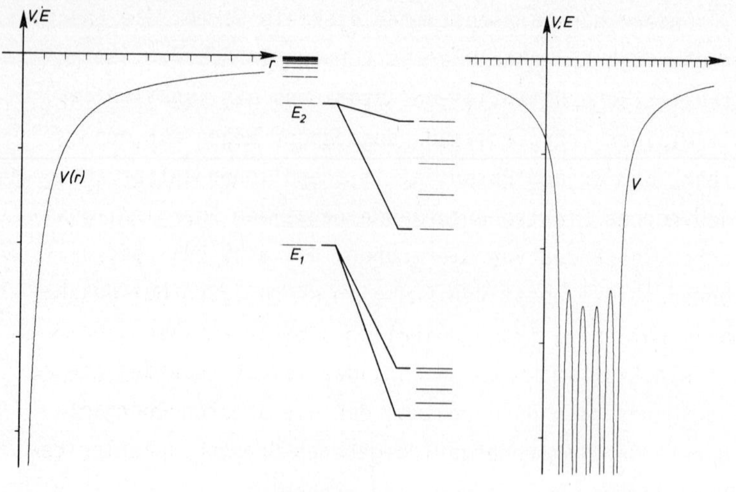

Fig.7.6 Fig.7.7

Abb.7.6. Elektrostatisches Potential eines einfachen Atomkerns (Wasserstoff) und Energieniveaus eines Elektrons in einem Potential

Abb.7.7. Resultierendes Potential mehrerer benachbarter Atomkerne (Modell eines Kristallgitters) und Energiebänder

In der Nähe der unteren bzw. oberen Bandkante geht dieser Ausdruck einfach in

$$Z_{E_u} = \frac{V}{\sqrt{2}\pi^2\hbar^3} m^{3/2} \sqrt{E - E_u} \;, \quad E \to E_u \tag{7.3.1a}$$

bzw.

$$Z_{E_o} = \frac{V}{\sqrt{2}\pi^2\hbar^3} m^{3/2} \sqrt{E_o - E} \qquad E \to E_o \tag{7.3.1b}$$

über in völliger Analogie zu (7.1.14) (Abb.7.8).

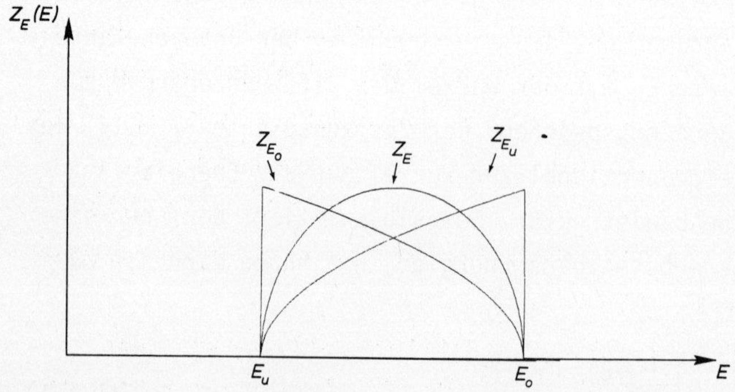

Abb.7.8. Die Zustandsdichte Z_E innerhalb eines Bandes und ihre Näherungen Z_{E_u} und Z_{E_o} in der Nähe der unteren bzw. oberen Bandkante

Entscheidend für die elektrischen Leitungseigenschaften eines Kristalles ist die Frage, ob es nur *vollständig besetzte* und darüber *vollständig leere* Bänder gibt, oder ob eines oder mehrere Bänder *teilweise besetzt* sind. Natürlich kann in leeren Bändern keine elektrische Leitung stattfinden, weil dort keine Elektronen vorhanden sind. Aber auch vollständig besetzte Bänder können zur Leitung nicht beitragen, weil das äußere elektrische Feld, unter dessen Einfluß sich die Leitungselektronen bewegen sollen, keine Verschiebung innerhalb der schon voll besetzten Energie- bzw. Impulszustände des Bandes bewirken kann. Nur durch eine solche Verschiebung, durch die sich ein Vorzugsimpuls und damit eine Vorzugsrichtung ausbilden kann, kommt aber ein Strom zustande.

Elektrische Leitung ist damit *nur* in teilweise besetzten Bändern möglich.

+7.4 Klassifizierung der Kristalle am absoluten Temperaturnullpunkt: Leiter und Nichtleiter

Wie im Fall des freien Elektronengases ergibt sich auch im Bändermodell die Energieverteilung der Elektronen in einem Band als das doppelte Produkt von Zustandsdichte $Z_E(E)$ und Fermi-Dirac-Funktion $F(E)$

$$\boxed{N_E(E) = 2Z_E(E)F(E)} \quad . \tag{7.4.1}$$

Wie erwähnt, enthält in einem Kristall aus N gleichen Atomen jedes Band genau N Zustände. Befindet sich der Kristall am absoluten Temperaturnullpunkt $T=0$, so ist $F(E)$ eine Stufenfunktion. Alle Energiezustände sind – beginnend mit dem Zustand niedrigster Energie – zweifach besetzt, so daß alle $Z \cdot N$ Elektronen einen Zustand möglichst niedriger Energie annehmen. Dafür werden offenbar genau $Z/2$ Bänder benötigt.

Für Atome mit einer geraden Elektronenzahl Z werden also – falls Bänder nicht überlappen – $Z/2$ Bänder vollständig aufgefüllt. Alle übrigen Bänder bleiben leer. Die Fermi-Grenzenergie muß sich so einstellen, daß sie zwischen den Bändern in einer *Bandlücke* liegt (Abb.7.9a). Kristalle aus Atomen mit gerader Elektronenzahl bilden bei $T=0$ Nichtleiter, falls keine Bandüberlappung vorliegt. Beispiele sind die Edelgase (Helium, Neon, Argon, Krypton, Xenon mit $Z=2$, 10, 18, 36, 54) in festem Zustand.

Bei Kristallen aus Atomen mit ungerader Elektronenzahl ist das oberste besetzte Band jedoch nur halb gefüllt (Abb.7.9b). Solche Kristalle sind daher auch bei $T=0$ elektrisch leitend. Wichtige Beispiele für diese Art von

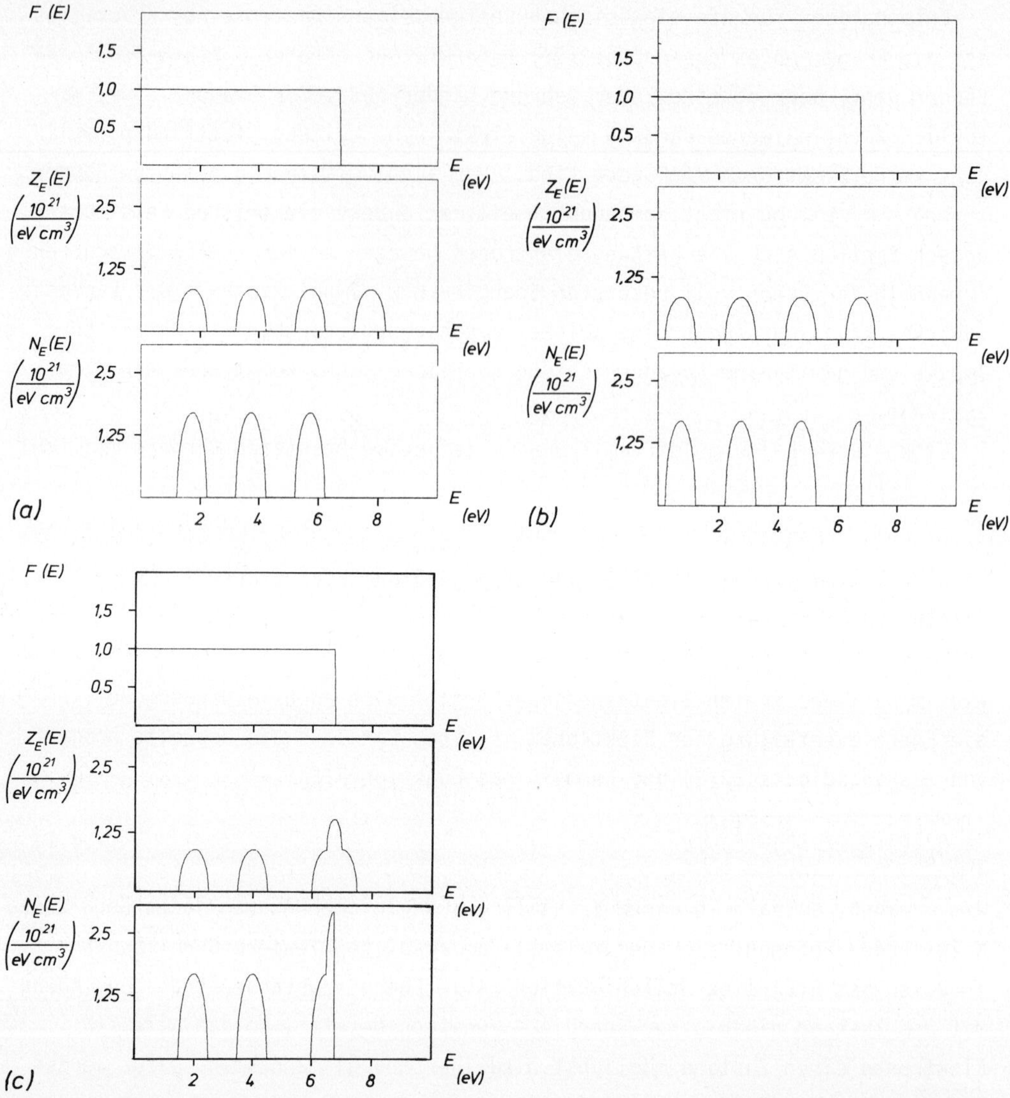

Abb.7.9. Fermi-Dirac-Funktion $F_E(E)$ am absoluten Temperaturnullpunkt, Zustandsdichte Z_E in einigen Bändern und Elektronenverteilung N_E in diesen Bändern für Nichtleiter (a), Metalle mit ungerader Elektronenzahl (b) und Metalle mit gerader Elektronenzahl (c)

Leitern sind etwa die Alkalimetalle aber auch Kupfer (Z = 29), Silber (Z = 47) oder Gold (Z = 79).

Es gibt aber auch viele Metalle mit gerader Elektronenzahl, die bei T = 0 gute Leiter sind. Hier überlappen mindestens 2 Bänder im Bereich der Fermi-Grenzenergie. Im Überlappungsgebiet stehen sowohl die Zustände des einen wie auch die des anderen Bandes zur Verfügung. Da am absoluten

Temperaturnullpunkt die Gesamtenergie den minimalen mit dem Pauli-Prinzip verträglichen Wert annimmt, werden die Bänder bis zu einer Grenzenergie E_F derart aufgefüllt, daß beide Bänder für $E < E_F$ vollständig besetzt, für $E > E_F$ völlig leer sind. Damit liegen teilweise besetzte Bänder vor: der Kristall ist ein Leiter. Leiter mit großer Bandüberlappung und guter Leitfähigkeit sind die Erdalkalimetalle oder z.B. Zinn ($Z = 50$), Wolfram ($Z = 74$) oder Platin ($Z = 78$). Überlappen etwa die beiden obersten am absoluten Nullpunkt noch teilweise besetzten Bänder vollständig, so können wir sie als ein einziges Band mit der doppelten Zustandsdichte auffassen. Es ist dann gerade nur zur Hälfte angefüllt, genau wie bei einem Kristall mit ungerader Elektronenzahl je Atom und fehlender Bandüberlappung. Solche Kristalle werden wir im Weiteren als Modell für Metalle benutzen. Das halb besetzte Band heißt *Leitungsband* des Metalls.

(Manche Kristalle zeigen eine sehr viel geringere Bandüberlappung. Dann ist das untere Band fast völlig besetzt, das obere fast völlig leer. Man findet spezifische Leitfähigkeiten, die um bis zu zwei Größenordnungen kleiner sind als bei Metallen und bezeichnet solche Kristalle als *Halbmetalle*.)

+7.5 Klassifizierung der Kristalle bei höheren Temperaturen: Leiter, Halbleiter und Nichtleiter

Für höhere Temperaturen ist die Fermi-Dirac-Funktion keine Stufenfunktion mehr. Dadurch ändert sich die Bandbesetzung im Kristall. Die Verhältnisse bei Leitern und Nichtleitern ändern sich dabei auf recht verschiedene Weise.

+7.5.1 Metalle

Verabredungsgemäß betrachten wir ein Metall mit halb besetztem oberen Band. Die Fermi-Grenzenergie E_F liegt in der Mitte des Bandes. Die Zahl der Elektronen in diesem Band ist 1 je Atom bei Metallen ohne Bandüberlappung und mit ungerader Elektronenzahl bzw. 2 bei Metallen gerader Elektronenzahl und vollständiger Bandüberlappung. Die Zahl der Leitungselektronen ist damit etwa gleich groß wie die Zahl der Atome im Kristall (bei Kupfer $n = 8{,}45 \cdot 10^{28}\,\mathrm{m}^{-3}$). In der Fermi-Dirac-Funktion

$$F(E) = \left[\exp\left(\frac{E-\zeta(T)}{kT}\right) + 1\right]^{-1} \qquad (7.5.1)$$

ist dann die Größe $\zeta(T)$ durch die Näherung (7.2.11) oder für grobe Rechnungen sogar durch $\zeta(T) \approx E_F$ gegeben, vgl.(7.2.11a). Die Energieverteilung der Elektronen im Band ist

$$N_E(E) = 2Z_E(E)F(E) \quad . \tag{7.5.2}$$

Für die Zustandsdichte des Bandes müßte der Ausdruck (7.3.1) eingesetzt werden. Da jedoch auch er die Zustandsdichte, die nur quantenmechanisch völlig korrekt bestimmbar ist, nicht in allen Einzelheiten wiedergibt, genügt es oft, die Näherung (7.3.1a) zu verwenden

$$Z_E(E) = \frac{V}{\sqrt{2}\pi^2\hbar^3} m^{3/2}\sqrt{E - E_L} \quad . \tag{7.5.3}$$

Dabei ist E_L die untere Bandkante des Leitungsbandes. Beziehen wir alle Energien auf diese Bandkante, führen also

$$E' = E - E_L \quad , \quad \zeta'(T) = \zeta(T) - E_L \tag{7.5.4}$$

ein, so ergibt sich als Energieverteilung der Elektronen im Leitungsband

$$N_E(E') = 2Z_E(E')F(E') = \frac{\sqrt{2}V}{\pi^2\hbar^3} m^{3/2}\sqrt{E'}\left[\exp\left(\frac{E'-\zeta'}{kT}\right) + 1\right]^{-1} \tag{7.5.5}$$

in völliger Analogie zur Energieverteilung (7.2.17) des freien Elektronengases. Für die Impulsverteilung erhalten wir ganz entsprechend und in Analogie zu (7.2.18)

$$N_p(p') = 2Z_p(p')F\left(\frac{p'^2}{2m}\right) = \frac{8\pi V}{(2\pi\hbar)^3} p'^2\left[\exp\left(\frac{p'^2-2m\zeta'}{2mkT}\right) + 1\right]^{-1} \quad . \tag{7.5.6}$$

Dabei ist

$$p'^2 = p^2 - p_L^2 \quad , \quad p_L^2 = 2mE_L \quad . \tag{7.5.7}$$

Für die Elektronen im Leitungsband eines Metalls können also die Energie- und Impulsverteilungen des freien Elektronengases benutzt werden, wenn der Energienullpunkt an die Leitungsbandunterkante gelegt wird. Das wird auch noch einmal durch Vergleich von Abb.7.10 mit Abb.7.4 deutlich.

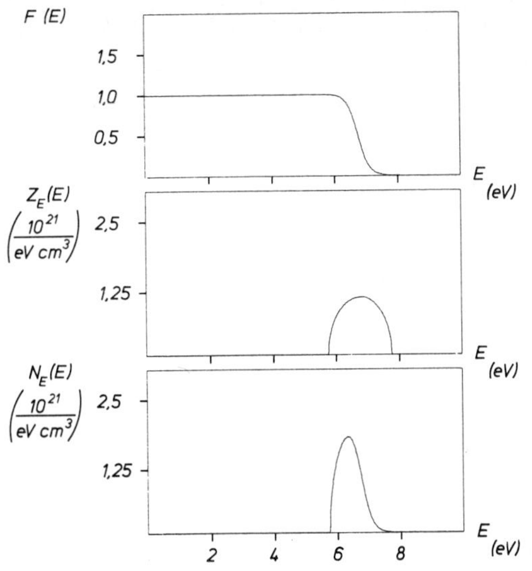

Abb.7.10. Fermi-Dirac-Funktion F(E), Zustandsdichte $Z_E(E)$ und Energieverteilung $N_E(E)$ der Elektronen im Leitungsband eines Metalls bei einer Temperatur $T > 0$

+7.5.2 Halbleiter und Isolatoren

Bei Nichtleitern liegt die Fermi-Grenzenergie E_F nicht wie bei Metallen in einem Band sondern zwischen zwei Bändern. Wir bezeichnen das unterhalb E_F gelegene Band als *Valenzband*, das oberhalb gelegene als *Leitungsband*. Der Energiebereich der Breite ΔE zwischen beiden heißt *Bandlücke*. Bei $T = 0$ ist das Valenzband (und alle tiefer liegenden Bänder) völlig besetzt, das Leitungsband (und alle höher gelegenen Bänder) vollständig leer.

Die Fermi-Dirac-Funktion (7.5.1) hat bei höheren Temperaturen immer noch den Charakter einer Schwelle, die allerdings im Bereich $\zeta \pm kT$ deutlich abgerundet ist. Ist nun die Bandlücke sehr viel breiter als dieser Bereich ($\Delta E \gg kT$), so ist die Fermi-Dirac-Funktion nach wie vor im Bereich des Valenzbandes Eins und im Bereich des Leitungsbandes Null: der Kristall ist nichtleitend (Abb.7.11a).

Ist aber die Bandlücke nur schmal ($\Delta E \approx kT$), so bleiben einige Zustände im oberen Teil des Valenzbandes unbesetzt. Dafür werden Zustände im unteren Teil des Leitungsbandes besetzt. In beiden Bändern wird elektrische Leitung möglich (Abb.7.11b).

Anders als am absoluten Nullpunkt kann man bei höheren Temperaturen nicht mehr streng zwischen Leitern und Nichtleitern unterscheiden, weil Kristalle, die bei $T = 0$ nichtleitend sind, für hinreichend hohe Temperaturen merkliche Leitung zeigen. Kristalle mit schmaler Bandlücke, die die Bedingung $\Delta E \approx kT$ schon bei Zimmertemperatur erfüllen, nennt man *Halbleiter*, solche mit breiter Bandlücke *Isolatoren*. Die technisch bedeutsamsten Halbleiter sind Germanium und Silizium.

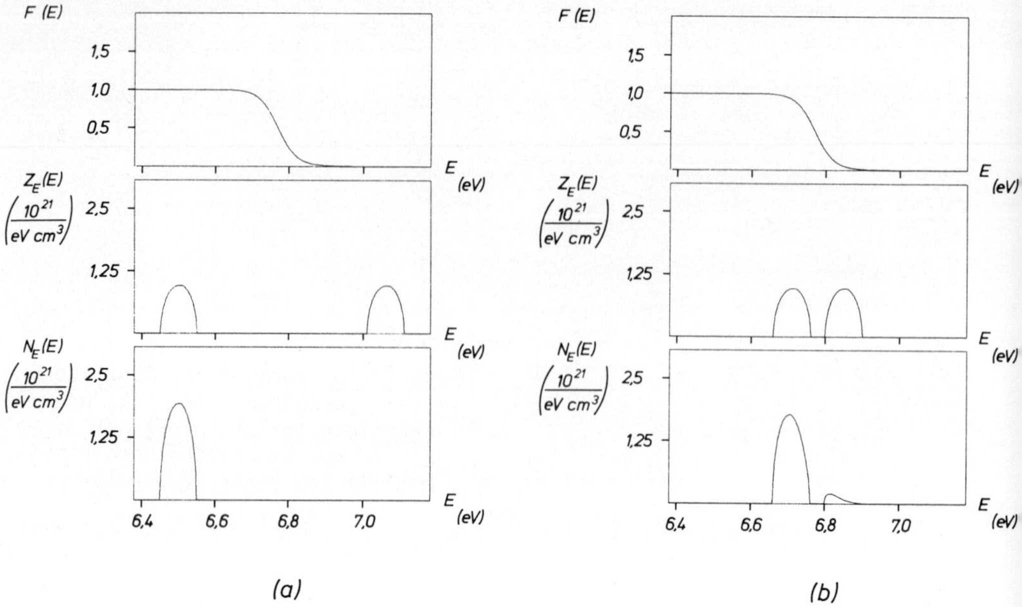

Abb.7.11. Fermi-Dirac-Funktion F(E), Zustandsdichte $Z_E(E)$ und Energieverteilung $N_E(E)$ der Elektronen in Valenzband und Leitungsband eines Isolators (a) und eines (Ideal-) Halbleiters (b)

Wie erwähnt, erfolgt die elektrische Leitung in Halbleitern in den beiden teilweise besetzten Bändern, dem fast völlig besetzten Valenzband und dem nur sehr geringfügig besetzten Leitungsband. Wir wollen beide Bänder getrennt untersuchen. Dabei beschränken wir uns in diesem Abschnitt auf *Idealhalbleiter*, d.h. Kristalle ohne Fremdatome. Durch im Kristall eingebaute Fremdatome, die in allen realen Halbleitern auftreten, entstehen zusätzliche Leitungsvorgänge, die uns im nächsten Abschnitt beschäftigen werden.

I) *Freie Elektronen im Leitungsband*

Wieder messen wir Energien im Bezug auf die Leitungsbandunterkante

$$E' = E - E_L \quad , \quad \zeta' = \zeta - E_L \quad .$$

Die Zustandsdichte im Leitungsband ist nach (7.3.1a) in der Nähe der Bandkante

$$Z_{E'}(E') = \frac{V}{\sqrt{2}\pi^2\hbar^3}\, m^{3/2}\sqrt{E'} \quad . \tag{7.5.8}$$

Die Fermi-Dirac-Funktion können wir in der Form

$$F(E') = \left[\exp\left(\frac{E'-\zeta'}{kT}\right)+1\right]^{-1} \quad , \qquad \zeta' = \zeta - E_L \tag{7.5.9}$$

schreiben. Reicht die Fermi-Dirac-Verteilung nur wenig ins Leitungsband hinein, ist also

$$-\zeta' = E_L - \zeta << kT \quad ,$$

so gelten die Näherungen (7.2.14) und (7.2.16). Die Energieverteilung der Elektronen im Leitungsband ist einfach durch unser früheres Ergebnis (7.2.17a) gegeben. Wir müssen nur die Energie E durch $E' = E - E_L$ und die Elektronenzahl N durch die Zahl N_e der Elektronen im Leitungsband ersetzen

$$\boxed{N_E(E) = 4\pi N_e m\left[2m(E-E_L)\right]^{1/2}(2\pi mkT)^{-3/2}\exp\left(-\frac{E-E_L}{kT}\right)} \quad . \tag{7.5.10}$$

Entsprechend erhalten wir für die Verteilung des Impulsbetrages

$$N_p(p) = 4\pi N_e(p^2-p_L^2)(2\pi mkT)^{-3/2}\exp\left(-\frac{p^2-p_L^2}{2mkT}\right) \quad . \tag{7.5.11}$$

Dabei ist

$$p_L^2 = 2mE_L \quad .$$

Im Leitungsband eines Halbleiters besitzen die Elektronen damit – wie schon vorweggenommen – eine Maxwell-Boltzmann-Verteilung der Differenzenergie E' zur unteren Bandkante.

In Analogie zur Darstellung in Abschnitt 7.2 wurde in (7.5.10) die Gesamtzahl N_e der Elektronen durch die Integration über das Leitungsband festgelegt

$$N_e = \int_{E_L}^{\infty} N_E(E)dE = 2\int_0^{\infty} Z_{E'}(E')F(E')dE' \quad . \tag{7.5.12}$$

Statt der Leitungsbandoberkante darf ∞ gesetzt werden, weil die Fermi-Dirac-Funktion bereits an der Bandoberkante so klein ist, daß der Integrand oberhalb der Kante keinen merklichen Beitrag zum Integral liefert. Damit folgt – vgl. (7.2.14) –

$$\zeta'(T) = kT \ln\frac{n_e}{Z_0}$$

oder

$$n_e = \frac{N_e}{V} = Z_o \, e^{\zeta'(T)/kT} \quad .$$

Bei Idealhalbleitern, also Halbleitern ohne Störstellen, muß die Elektronendichte im Leitungsband gerade gleich der Dichte der unbesetzten Zustände im Valenzband sein. Das ist offenbar der Fall, wenn der Symmetriepunkt ζ der Fermi-Verteilung genau zwischen Valenzbandoberkante E_V und Leitungsbandunterkante E_L liegt

$$\zeta = \frac{E_L + E_V}{2} \quad , \quad \zeta' = -\frac{E_L - E_V}{2} \quad . \tag{7.5.13}$$

Damit ist die Elektronendichte direkt durch den Abstand der beiden Bänder gegeben

$$n_e = Z_0 \exp\left(-\frac{E_L - E_V}{2kT}\right) = \frac{1}{4}\left(\frac{2mkT}{\pi\hbar^2}\right)^{3/2} \exp\left(-\frac{E_L - E_V}{2kT}\right) \tag{7.5.14}$$

II) *Löcher im Valenzband*

Die Leitungsvorgänge im Valenzband, das bei einem Halbleiter im allgemeinen hoch besetzt ist, sind als Leitungsvorgänge der Elektronen betrachtet sehr kompliziert, weil den vielen Elektronen des Bandes nur wenige freie Zustände am oberen Bandrand zur Verfügung stehen. Damit spielt das Pauli-Prinzip bei der Bewegung der Elektronen eine große Rolle, wodurch die Bewegung einer großen Zahl von Einschränkungen unterworfen ist.

Die Lösung dieses Problems wird sehr vereinfacht, wenn man sich klar macht, daß in einem fast vollen Band Leitung dadurch zustande kommt, daß z.B. ein Elektron einen der (wenigen) leeren Zustände besetzt und der frühere Zustand dieses Elektrons von einem anderen Elektron besetzt wird, das selbst einen unbesetzten Zustand hinterläßt u.s.f.

Ladungstransport in einem fast völlig besetzten Band bedeutet somit immer die Bewegung vieler Elektronen, die der Wanderung eines leeren Zustandes, des *Defektelektrons* oder *Loches* durch den Kristall entspricht. Dies ist dann auch die das Problem wesentlich vereinfachende Betrachtungsweise. Die Wahrscheinlichkeit dafür, daß ein Zustand nicht mit einem Elektron besetzt ist oder – anders gesagt – daß er mit einem Loch besetzt ist, ist gerade durch das Komplement

$$F_\ell(E) = 1 - F(E) \tag{7.5.15}$$

der Fermi-Dirac-Funktion gegeben, die die Wahrscheinlichkeit für die Besetzung mit einem Elektron beschreibt. Die Nichtbesetzung in dem fast vollen Valenzband ist also sehr unwahrscheinlich. Daher haben wir für die unbesetzten Zustände im Valenzband, die Löcher, eine Maxwell-Boltzmann-Verteilung — ganz analog zu den Verhältnissen für die Elektronen im Leitungsband. Die Bewegung weniger Fermionen (Elektronen oder Löcher) in einem Phasenraumgebiet großer effektiver Zustandsdichte erlaubt somit die Vernachlässigung des Pauli-Prinzips, und die Anwendung der Bewegungsgleichungen der klassischen Mechanik ist gerechtfertigt. Deshalb beschreiben die Löcher im fast besetzten Valenzband wie Einzelteilchen Bahnen im Kristall, während die Elektronenbewegung nur als Übergang vieler Elektronen zwischen vielen Zuständen des Bandes verstanden werden kann. Dies ist die Begründung für die Einführung des Konzeptes des Defektelektrons oder Loches in einem fast voll besetzten Band. Die an der klassischen Mechanik geformte Anschauung der Bewegung eines Teilchens ist für die Löcher im fast vollständig mit Elektronen besetzten Band physikalisch richtig, für die Elektronen dieses Bandes wegen der geringen Zahl freier Zustände jedoch falsch.

Die quantitative Energieverteilung der Löcher kann man leicht in völliger Analogie zur Energieverteilung der Elektronen gewinnen. In Abb.7.12 ist die Funktion (7.5.15) dargestellt; sie stellt eine Spiegelung der Fermi-Dirac-Funktion bezüglich $\zeta = (E_L+E_V)/2$ dar. Abb.7.12 zeigt die Zustandsdichten von Valenz- und Leitungsband und die Verteilung

$$N_\ell(E) = 2Z_E(E)F_\ell(E) \quad .$$

Mit der Näherung — vgl.(7.3.1b) —

$$Z_E(E) = \frac{V}{\sqrt{2}\pi^2\hbar^3} m^{3/2}\sqrt{E_V - E}$$

für die Zustandsdichte in der Nähe der Valenzbandoberkante E_V ist auch die Zustandsdichte im Valenzband gleich der am Punkt $\zeta = (E_L+E_V)/2$ gespiegelten Zustandsdichte im Leitungsband. Dann gilt natürlich auch für die Energieverteilung $N_\ell(E)$ eine entsprechende Spiegelung, so daß wir eine Maxwell-Boltzmann-Verteilung für die Löcher an der Bandoberkante erhalten

$$\boxed{N_\ell(E) = 4\pi N_\ell m\left[2m(E_V-E)\right]^{1/2}(2\pi mkT)^{-3/2}\exp\left(-\frac{E_V-E}{kT}\right)} \quad . \tag{7.5.16}$$

Die Anzahl der Löcher im Valenzband muß im Idealhalbleiter gerade gleich der Anzahl der Elektronen im Leitungsband sein (*Neutralitätsbedingung*). Damit

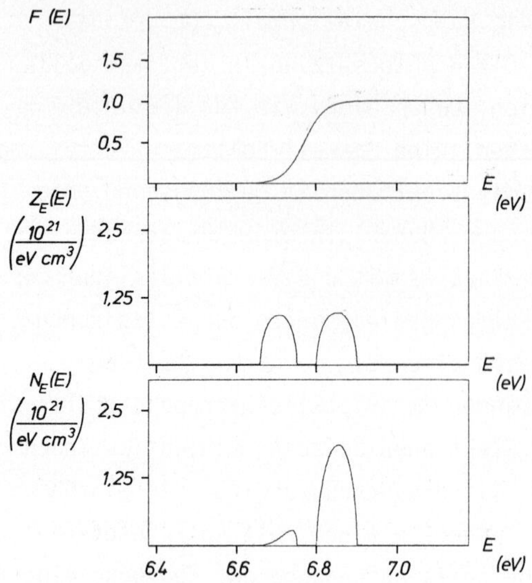

Abb.7.12. Besetzungsfunktion $F_\ell(E)$, Zustandsdichte $Z_E(E)$ und Verteilung $N_\ell(E)$ der Löcher in Valenzband und Leitungsband eines Idealhalbleiters

sind auch die Dichten $n_e = N_e/V$ und $n_\ell = N_\ell/V$ von Elektronen und Löchern gleich. Die Löcherdichte ist unmittelbar durch (7.5.14) gegeben

$$n_e = n_\ell = Z_0 \exp\left(-\frac{E_L - E_V}{2kT}\right) \quad . \tag{7.5.17}$$

+7.6 Dotierte Halbleiter

Bisher haben wir Idealhalbleiter betrachtet, deren Ladungsdichten allein durch die Temperatur bestimmt waren und bei denen die Konzentrationen n_e bzw. n_ℓ gleich sind. Durch gezielten Einbau von Fremdatomen (*Dotation*) in den Kristall läßt sich nun die Konzentration und Art der Ladungsträger in weiten Grenzen beeinflussen. Dabei hält man die Dichte der Fremdatome so gering, daß sich zwischen ihnen jeweils viele Atome des Halbleiters befinden. Die Energieniveaus der Fremdatome können dann keine eigene Bänderstruktur ausbilden. An den Orten der Fremdatome existieren deren Energieniveaus den Bändern überlagert. Diese Niveaus können insbesondere auch in der Bandlücke liegen. Fremdatome, deren oberster besetzter Zustand dicht unterhalb der Unterkante des Leitungsbandes liegt, können bei geringer Energiezufuhr ein Elektron in das Leitungsband abgeben. Sie heißen deshalb *Donatoren* (Spender). Da das dadurch freiwerdende Energieniveau nicht Teil eines Bandes ist, entsteht durch die Abgabe des Elektrons kein frei bewegliches Loch. Durch Einbau von Donatoren in einen Kristall wird also die Zahl der negativen Ladungsträger erhöht. Die elektrische Leitung in einem derart dotierten Halbleiter geschieht im wesentlichen durch Elektronen, man nennt ihn daher *n-Leiter*. Umgekehrt kann man die Zahl der Löcher vergrößern. Dazu baut man Fremdatome in den Kristall ein, deren unterster unbesetzter Energiezustand wenig oberhalb der Valenzoberkante liegt. In diesem lokalisierten Niveau kann ein Elektron aus dem Valenzband gebunden werden, so daß im Valenzband ein Loch entsteht, ohne daß im Leitungsband ein zusätzliches Elektron auftritt. Fremdatome dieser Art nennt man *Akzeptoren* (Empfänger). Da die elektrische Leitung in Halbleitern, die mit Akzeptoren dotiert sind, über Löcher (positive Ladungsträger) erfolgt, nennt man sie *p-Leiter*. Abb.7.13 zeigt ein Energieniveauschema für n- bzw. p-leitende Kristalle. Dabei ist auf der Ordinate die Energie, auf der Abszisse eine Ortskoordinate aufgetragen. Während die Energieniveaus in den Bändern nicht ortsabhängig sind, bestehen die Donator- bzw. Akzeptorniveaus nur an den Orten der entsprechenden Atome. Sie sind als kurze horizontale Striche markiert.

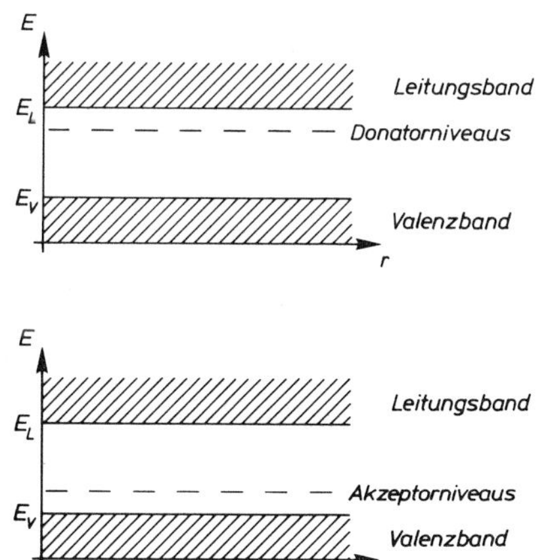

Abb.7.13. Energieniveauschemata eines n-Leiters (a) und eines p-Leiters (b)

Die räumliche Dichte der Leitungselektronen im dotierten Halbleiter ist direkt durch (7.5.14) gegeben. Die Größe $Z_0 = Z_{0e}$ ist von der Dotierung abhängig, ebenso die Größe

$$\zeta' = \zeta - E_L \quad , \tag{7.6.1}$$

die nicht mehr der einfachen Bedingung (7.5.13) des Idealhalbleiters genügt. Es gilt

$$n_e = Z_{0e} \exp\left(\frac{\zeta - E_L}{kT}\right) \quad . \tag{7.6.2}$$

Entsprechend ergibt sich für die räumliche Dichte der freien Löcher im Valenzband in einem dotierten Halbleiter

$$n_\ell = Z_{0\ell} \exp\left(\frac{E_V-\zeta}{kT}\right) \quad . \tag{7.6.3}$$

Damit sind die Dichten der Elektronen und Löcher im dotierten Halbleiter verschieden voneinander. Sie können durch die Konzentration der Donator- bzw. Akzeptoratome nach Wunsch festgelegt werden.

8. Ladungstransport durch Grenzflächen. Schaltelemente

Bei allen bisherigen Betrachtungen über den Ladungstransport haben wir uns auf den Transport von Ladungen im Inneren von Leitern beschränkt. Beim Durchgang durch *Grenzflächen* treten neue Erscheinungen auf. Sie sind die Grundlage für viele Anwendungen von großer technischer Bedeutung.

Bei der Vielfalt der technisch wichtigen Vorgänge und Geräte ist es im Rahmen dieses Buches nicht möglich, sie auch nur annähernd vollständig zu beschreiben. Wir beschränken uns daher auf einige Vorgänge an den Grenzflächen Metall-Vakuum, Metall-Metall und Halbleiter-Halbleiter. Den einzelnen Abschnitten stellen wir Experimente voran, in denen die Eigenschaften technischer Geräte, z.B. von Elektronenröhren, Halbleiterdioden und Transistoren studiert werden, die die Grenzflächeneffekte technisch ausnutzen. Daran schließt sich eine Plausibilitätsbetrachtung über die Funktionsweise der Geräte an. Für einige technisch besonders wichtige Geräte folgen Abschnitte mit einer ausführlichen Rechnung nach dem Bändermodell der Kristalle, die die Funktion der Geräte quantitativ beschreiben. Die Abschnitte mit diesen Modellrechnungen sind wieder mit einem $^+$ gekennzeichnet.

8.1 Grenzfläche Metall-Vakuum

In der Elektronenstrahlröhre, die wir schon in vielen Experimenten benutzt haben, fließt ein Strom von Elektronen aus der metallischen Kathode durch das Vakuum der Röhre auf den Leuchtschirm. Wir wollen jetzt den Mechanismus des Elektronenaustritts aus dem Metall im einzelnen untersuchen.

8.1.1 Experiment zur thermischen Elektronenemission

Wir benutzen die einfachste im Handel erhältliche Elektronenröhre, eine *Vakuumdiode*. Die Bezeichnung rührt daher, daß das Gerät in einem evakuierten Glaskolben zwei Elektroden (die *Kathode* und die *Anode*) enthält. Beide sind als konzentrische Zylinder ausgeführt (Abb.8.1a). Die innere Elektrode, die

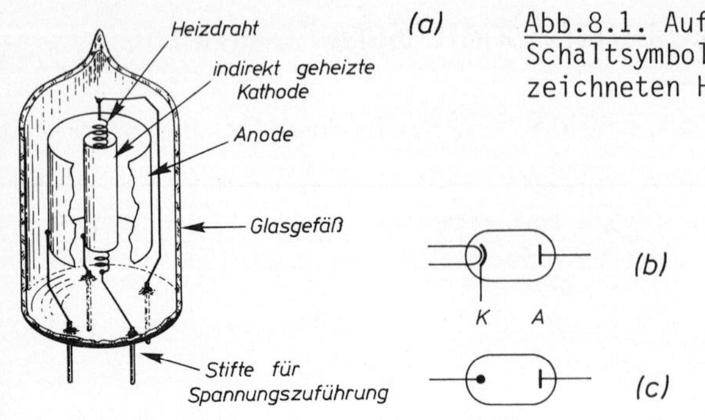

Abb.8.1. Aufbau einer Vakuumdiode (a). Schaltsymbole mit (b) und ohne (c) eingezeichneten Heizdraht

Kathode, enthält einen Heizdraht. Werden seine Enden mit einer Spannungsquelle verbunden, so entstehen durch Joulesche Verluste hohe Temperaturen im Heizdraht und in der Kathode. Die üblichen Schaltsymbole für Dioden sind in Abb.8.1b und c dargestellt.

Experiment 8.1. Glühemission

Wir schalten ein empfindliches Ampèremeter zwischen Kathode und Anode einer Vakuumdiode und messen den Strom als Funktion der Heizspannung (Abb.8.2). Da die Jouleschen Verluste mit der Heizspannung anwachsen, wächst auch die Kathodentemperatur mit der Heizspannung. Wir beobachten, daß zwar – wie erwartet – bei niedriger Temperatur kein merklicher Strom durch das Vakuum der Röhre fließt. Bei höheren Temperaturen fließt jedoch ein Strom, dessen Stärke mit steigender Temperatur zunimmt. Die Stromrichtung im Ampèremeter ist von der Kathode zur Anode, in der Röhre also von der Anode zur Kathode. Wir interpretieren das als einen Transport (negativ geladener) Elektronen aus der Kathode durch das Vakuum zur Anode.

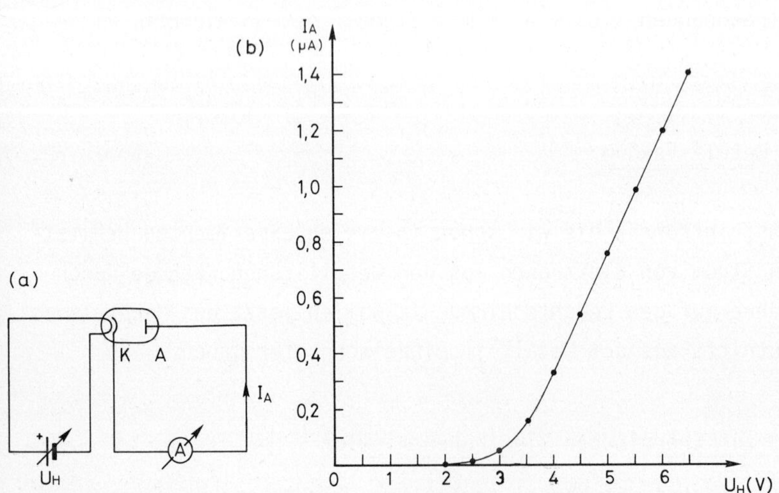

Abb.8.2. Schaltung und Meßkurve zu Experiment 8.1

+8.1.2 Potentialverlauf an der Grenzfläche Metall-Vakuum. Bildpotential. Austrittsarbeit

Während das resultierende elektrische Feld auf ein Leitungselektron im Innern eines Metalls verschwindet, da sich die Einflüsse aller übrigen Elektronen und Metallionen auf eine Ladung im Innern kompensieren, wirkt auf ein Elektron in der Nähe der Metalloberfläche eine resultierende Kraft, die ins Metallinnere gerichtet ist. Sie geht von den positiven Ionen aus.

Zur Vereinfachung der Diskussion betrachten wir eine (unendliche) große ebene Metalloberfläche (Abb.8.3a). Die rücktreibende Kraft auf ein aus dem Metall entferntes Elektron wird in Abhängigkeit von der Entfernung von der Oberfläche durch verschiedene Effekte bestimmt. Falls der Abstand $r_\parallel = \vec{r}\cdot\hat{\vec{n}}$ von der Metalloberfläche groß gegen den Gitterabstand a der Metallatome

$$r_\parallel = \vec{r}\cdot\hat{\vec{n}} \gg a \tag{8.1.1}$$

ist, ist die Kraft auf das Elektron einfach durch die von ihm auf der Metalloberfläche influenzierte Ladungsverteilung gegeben. Wie wir in Abschnitt 4.3 gesehen haben, ist die Kraft auf das Elektron am Ort $\vec{r} = \vec{r}_\parallel + \vec{r}_\perp$ durch die Anziehung der Bildladung, die sich am gespiegelten Ort

$$\vec{r}_s = -\vec{r}_\parallel + \vec{r}_\perp \tag{8.1.2}$$

befindet, gegeben. Das Elektron wird damit mit der *Bildkraft*

$$F_b(\vec{r}) = -\frac{1}{4\pi\varepsilon_0}\frac{e^2}{(2r_\parallel)^2}\frac{\vec{r}_\parallel}{r_\parallel} \tag{8.1.3}$$

zur Metallfläche hingezogen. Eichen wir das Potential gerade so, daß es im Unendlichen verschwindet, $\varphi(\infty) = 0$, so ist das elektrostatische Potential des Elektrons am Ort $\vec{r}$ gegeben durch

$$\boxed{\varphi_b(\vec{r}) = \frac{1}{4\pi\varepsilon_0}\frac{e}{4r_\parallel} = \frac{1}{16\pi\varepsilon_0}\frac{e}{r_\parallel}} \; . \tag{8.1.4}$$

Wie man sieht, divergiert dieser Ausdruck für $r_\parallel = 0$, d.h. auf der Metalloberfläche. Wäre er uneingeschränkt für $r_\parallel \geqq 0$ gültig, benötigten wir eine unendliche Energie, um das Elektron aus dem Metall abzulösen.

Tatsächlich gilt dieses Potential jedoch nur für Abstände groß gegen den Atomdurchmesser bzw. den Gitterabstand der Atome im Metall. Kommt das Elektron in den Bereich der Hülle der Gitteratome, so bestimmen die Verhältnisse, d.h. die Polarisation der Atomhülle der nächsten Gitteratome den Verlauf des Potentials. Der genaue Verlauf des Potentials in einem Abstand von der Größenordnung der Gitteratome läßt sich somit nicht aus einem einfachen

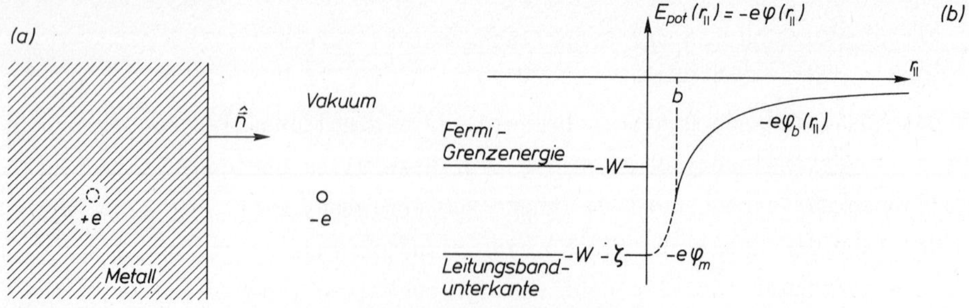

Abb.8.3. In größerem Abstand von einer großen ebenen Metallplatte wirkt auf ein Elektron die durch Influenz hervorgerufene Bildkraft (a). Potentielle Energie eines Elektrons außerhalb des Metalls (b)

Modell gewinnen. Er ist allerdings auch für unsere weiteren Überlegungen nicht wesentlich. Wenn das Bildpotential φ_b bis zum Abstand b eine hinreichend gute Beschreibung liefert, können wir das gesamte Potential in der Nähe der Metalloberfläche durch

$$\varphi(r_{\parallel}) = \varphi_m(r_{\parallel})\Theta(b-r_{\parallel}) + \varphi_b(r_{\parallel})\Theta(r_{\parallel}-b) \qquad (8.1.5)$$

darstellen. Das mikroskopische Potential $\varphi_m(r_{\parallel})$ ist dabei weitgehend unbekannt.

Nach dem Bändermodell besitzen die frei beweglichen Leitungselektronen im Metall kinetische Energien, die nicht für alle Elektronen gleich sind. Am absoluten Temperaturnullpunkt reichen sie von Null bis zu einer für das Metall charakteristischen Größe, der Fermi-Grenzenergie ζ. Ein Elektron der kinetischen Energie Null im Metall besitzt im Vergleich zu einem ruhenden Elektron außerhalb des Metalls die Energie $-e\varphi(0)$, ein Elektron der Fermigrenzenergie besitzt die Energie $-e\varphi(0)+\zeta = -W$. Damit es sich aus dem Metall entfernen kann, muß ihm noch die Energie W zugeführt werden. Die Energie W heißt *Austrittsarbeit*. Sie hängt nur von der Kristallstruktur des Metalls ab. Tabelle 8.1 gibt einige Austrittsarbeiten an.

Tabelle 8.1. Austrittsarbeiten verschiedener Substanzen

Substanz	Austrittsarbeit W [eV]
Bariumoxid (BaO)	0.99
Cäsium (Cs)	1.94
Litium (Li)	2.46
Barium (Ba)	2.52
Silizium (Si)	3.59
Kupfer (Cu)	4.48
Wolfram (W)	4.53
Eisen (Fe)	4.63

Die Energiezufuhr kann auf verschiedene Weisen geschehen, am einfachsten durch Erwärmung des Metalls aber auch durch Bestrahlung mit Licht oder energiereichen Teilchen oder durch ein starkes äußeres elektrisches Feld.

8.1.3 Stromdichte des thermischen Emissionsstromes. Richardson-Gleichung

Wir wollen jetzt zeigen, daß wir aus dem Bändermodell den folgenden Zusammenhang zwischen der Emissionsstromdichte $\vec{j}$ einer ebenen Kristalloberfläche, ihrer Temperatur T und der Austrittsarbeit W des Materials gewinnen können

$$\boxed{\vec{j} = -\hat{\vec{n}}\,\frac{emk^2}{2\pi\hbar^3}\,T^2\,e^{-W/kT}}\quad . \tag{8.1.6}$$

Diese Beziehung heißt *Richardson-Gleichung*. Sie ist in Abb.8.4 graphisch dargestellt. (Masse und Ladung des Elektrons sind wie üblich mit m bzw. -e bezeichnet, $\hat{\vec{n}}$ ist ein Einheitsvektor senkrecht auf der Metalloberfläche, k und $\hbar$ sind die Boltzmannsche bzw. Plancksche Konstante).

Der Emissionsstrom verschwindet bei T = 0 und steigt dann sehr stark mit der Temperatur. Wegen der Proportionalität zu exp(-W/kT) hängt er stark von der Austrittsarbeit ab. Für die Konstruktion von Glühkathoden für Elektronenröhren sind Materialien mit niedriger Austrittsarbeit W und hoher Temperaturbeständigkeit erforderlich. Technisch verwendet man Drähte aus Wolfram (hohe Temperaturbeständigkeit), die mit einer dünnen Schicht Bariumoxid (niedrige Austrittsarbeit) belegt sind.

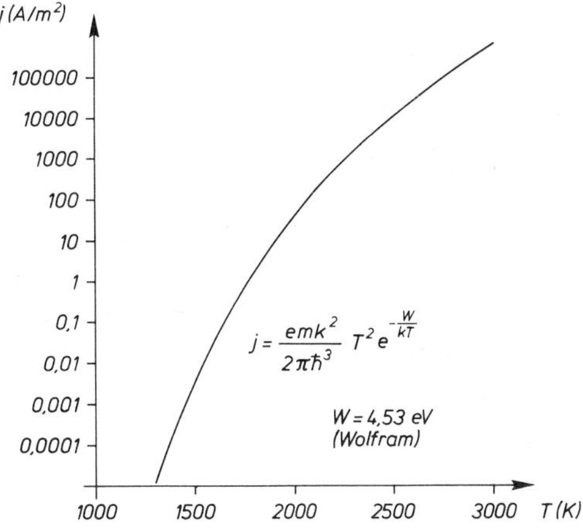

Abb.8.4. Aus der Richardson-Gleichung berechnete Thermoemissionsstromdichte für Wolfram als Funktion der Temperatur

+8.2 Herleitung der Richardson-Gleichung aus dem Bändermodell

Nach Kapitel 7 ist in einem Metallstück vom Volumen V die Anzahl der Leitungselektronen, die sich im Volumenelement $dV_{\vec{p}}$ des Impulsraumes befinden, durch

$$N_{\vec{p}}dV_{\vec{p}} = 2Z_{\vec{p}}F\left(\frac{p^2}{2m}\right)dV_{\vec{p}} = \frac{2V}{(2\pi\hbar)^3}F\left(\frac{p^2}{2m}\right)dp_x dp_y dp_z \qquad (8.2.1)$$

gegeben. Dabei ist

$$F\left(\frac{p^2}{2m}\right) = \left\{\exp\left[\frac{1}{kT}\left(\frac{p^2}{2m} - \zeta\right)\right] + 1\right\}^{-1} \qquad (8.2.2)$$

die Fermi-Dirac Funktion. Für Metalle kann ζ aus der Näherung (7.2.11) entnommen werden. Die Impulsverteilung (8.2.2) enthält offenbar – wenn auch wenige – Teilchen mit hinreichend hohen Impulsen, die das Metall verlassen können. Der Anteil $E_{\parallel}$ ihrer kinetischen Energie, der auf die Impulskomponente $\vec{p}_{\parallel} = (\vec{p}\cdot\hat{\vec{n}})\hat{\vec{n}}$ parallel zur Oberflächennormalen $\hat{\vec{n}}$ des Metalls

$$E_{\parallel} = \frac{p_{\parallel}^2}{2m} \qquad (8.2.3)$$

entfällt, ist größer als der Betrag der Energie der Leitungsbandunterkante E_L, an der die Elektronen die kinetische Energie Null haben:

$$\frac{p_{\parallel}^2}{2m} > \frac{p_{\parallel 0}^2}{2m} = \zeta + W \quad . \qquad (8.2.4)$$

Die Emissionsstromdichte ist somit

$$\vec{j}(T) = (-e)\iiint \Theta(p_{\parallel}-p_{\parallel 0})\,\frac{\vec{p}}{m}\,\frac{1}{V}\,N_{\vec{p}}(\vec{p})\,dV_{\vec{p}} \quad , \qquad (8.2.5)$$

d.h. gleich dem Integral des Produktes aus Geschwindigkeit $\vec{p}/m$ und Teilchenzahldichte $N_{\vec{p}}(\vec{p})/V$ dieser Geschwindigkeit über alle Parallelimpulse größer als $p_{\parallel 0}$. Durch Einsetzen von (8.2.2) erhält man

$$\vec{j}(T) = \frac{2(-e)}{(2\pi\hbar)^3}\frac{1}{m}\iiint \frac{\vec{p}\,\Theta(p_{\parallel}-p_{\parallel 0})}{\exp\left[\frac{1}{kT}\left(\frac{p^2}{2m}-\zeta\right)\right]+1}\,d^3\vec{p} \quad . \qquad (8.2.6)$$

Die Volumenintegration im Impulsraum läßt sich nun in eine Integration über $\vec{p}_{\parallel}$ und eine Doppelintegration $d^2\vec{p}_{\perp}$ über die beiden Impulskomponenten senkrecht zur Oberflächennormalen $\hat{\vec{n}}$, d.h. parallel zur Metalloberfläche, zerlegen. Für die ebene Integration $d^2\vec{p}_{\perp}$ führen wir Polarkoordinaten ein

$$d^2p_{\perp} = p_{\perp}dp_{\perp}d\varphi \qquad (8.2.7)$$

und erhalten insgesamt [Bd.I, Abschnitt 2.5.2, Zylinderkoordinaten]

$$d^3\vec{p} = dp_{\shortparallel} p_\perp dp_\perp d\varphi \quad . \tag{8.2.8}$$

Damit gewinnen wir mit Hilfe der Zerlegung

$$\vec{p} = \vec{p}_{\shortparallel} + \vec{p}_\perp \tag{8.2.9}$$

des Impulsvektors in Parallel- und Vertikalkomponente für die Stromdichte

$$\begin{aligned}\vec{j}(T) = &- \frac{2e}{(2\pi\hbar)^3}\frac{1}{m}\iiint \frac{\vec{p}_{\shortparallel}\Theta(p_{\shortparallel}-p_{\shortparallel 0})}{\exp\left[\frac{1}{kT}\left(\frac{p^2}{2m}-\zeta\right)\right]+1}\, dp_{\shortparallel} p_\perp dp_\perp d\varphi \\ &- \frac{2e}{(2\pi\hbar)^3}\frac{1}{m}\iiint \frac{\vec{p}_{\perp}\Theta(p_{\shortparallel}-p_{\shortparallel 0})}{\exp\left[\frac{1}{kT}\left(\frac{p^2}{2m}-\zeta\right)\right]+1}\, dp_{\shortparallel} p_\perp dp_\perp d\varphi \quad .\end{aligned} \tag{8.2.10}$$

Da der Integrand des ersten Terms nicht von φ abhängt, liefert seine Integration über φ einfach den Faktor 2π. Der Integrand des zweiten Terms hängt wegen $\vec{p}_\perp$ von φ ab. Die Komponentendarstellung von $\vec{p}_\perp$ ist

$$(\vec{p}_\perp) = p_\perp\begin{pmatrix}\cos\varphi\\ \sin\varphi\end{pmatrix} . \tag{8.2.11}$$

Wegen $\cos(\varphi+\pi) = -\cos\varphi$ und $\sin(\varphi+\pi) = -\sin\varphi$ liefert die φ-Integration des zweiten Terms Null. Damit hat die resultierende Stromdichte die Richtung entgegengesetzt zur Oberflächennormalen $\hat{\vec{n}}$

$$\vec{j} = -\hat{\vec{n}}\,\frac{2e}{(2\pi\hbar)^3}\,\frac{2\pi}{m}\int_0^\infty\int_{p_{\shortparallel 0}}^\infty \frac{p_{\shortparallel}}{\exp\left\{\frac{1}{kT}\left[\frac{1}{2m}(p_{\shortparallel}^2+p_\perp^2)-\zeta\right]\right\}+1}\, dp_{\shortparallel} p_\perp dp_\perp \quad . \tag{8.2.12}$$

Mit der Variablensubstitution

$$\frac{1}{kT}\left(\frac{p_{\shortparallel}^2}{2m}-\zeta\right) = u \quad , \quad \frac{p_\perp^2}{2mkT} = v \tag{8.2.13}$$

ergibt sich

$$\vec{j} = -\hat{\vec{n}}\,\frac{em(kT)^2}{2\pi^2\hbar^3}\int_0^\infty\int_{\frac{W}{kT}}^\infty \frac{1}{e^{(u+v)}+1}\,du\,dv \quad . \tag{8.2.14}$$

Mit Hilfe von

$$\int_0^\infty \frac{1}{e^{(u+v)}+1}\,dv = \int_0^\infty \frac{e^{-(u+v)}}{1+e^{-(u+v)}}\,dv$$

$$= -\ln(1+e^{-(u+v)})\Big|_{v=0}^{v=\infty} = \ln(1+e^{-u}) \tag{8.2.15}$$

findet man

$$\vec{j} = -\hat{\vec{n}}\,\frac{em(kT)^2}{2\pi^2\hbar^3}\int\limits_{W/kT}^{\infty} \ln(1+e^{-u})du \quad . \tag{8.2.16}$$

Da im allgemeinen $W \gg kT$ gilt, ist im ganzen Integrationsbereich $u \gg 1$ und damit läßt sich der Integrand einfach durch seine lineare Approximation ausdrücken

$$\ln(1+e^{-u}) = e^{-u}\,(1 + \text{Glieder höherer Ordnung in } e^{-u}) \quad . \tag{8.2.17}$$

Dann läßt sich die Integration über u leicht ausführen, so daß wir für den Emissionsstrom in der Tat

$$\vec{j} = -\hat{\vec{n}}\,\frac{emk^2}{2\pi^2\hbar^3}\,T^2\,e^{-W/kT} \quad , \tag{8.2.18}$$

die *Richardson-Gleichung*, erhalten, die für ein freies der Fermi-Statistik genügendes Elektronengas von A. Sommerfeld und von L. Nordheim hergeleitet wurde.

Die Herleitung der obigen Beziehung geht davon aus, daß jedes Elektron mit hinreichend großer Impulskomponente

$$p_{\parallel} \geq p_{\parallel 0}$$

das Metall wirklich verläßt. Tatsächlich werden jedoch auch von diesen aus Gründen der Quantenmechanik noch Elektronen reflektiert, so daß die einfachste Korrektur das Zufügen eines temperaturunabhängigen Durchlässigkeitsfaktors $D < 1$ der Oberfläche ist

$$\vec{j} = -\hat{\vec{n}}CT^2\,e^{-W/kt} = \vec{j}^{(s)}(T)e^{-W/kT} \quad . \tag{8.2.19}$$

Dabei ist

$$C = \frac{emk^2}{2\pi^2\hbar^3}\,D \tag{8.2.20}$$

eine in einfachster Näherung temperaturunabhängige Konstante und

$$\vec{j}^{(s)}(T) = -\hat{\vec{n}}CT^2 \tag{8.2.21}$$

eine temperaturabhängige *Sättigungsstromdichte*, die für $W = 0$ erreicht wird, d.h. wenn die Elektronen an der Oberfläche keine Schwelle der potentiellen

Energie mehr zu überwinden haben. Die so gewonnene Beziehung ist eine recht gute Beschreibung der thermischen Emission von Elektronen aus einer Metalloberfläche.

+8.3 Emissionsstrom bei äußerem Feld

+8.3.1 Schottky-Effekt

Nachdem wir den thermischen Emissionsstrom betrachtet haben, können wir uns jetzt die Frage stellen, ob dieser Strom durch Anlegen eines äußeren Feldes, das die Elektronen von der Metalloberfläche weg beschleunigt, vergrößert werden kann. Offenbar wäre eine solche Beeinflussung nicht möglich, wenn das Potential, das die Elektronen im Metall bindet, an der Oberfläche exakt Stufenform hätte. In jedem Fall könnten nur die Elektronen das Metall verlassen, deren Impulskomponente $p_{\parallel} = \vec{p} \cdot \hat{\vec{n}}$ groß genug ist, um die Schwelle der Höhe

$$W + \zeta \tag{8.3.1}$$

zu überwinden.

Für einen Potentialverlauf, der – wie das Bildpotential – hinreichend langreichweitig ist, kann die für die Befreiung erforderliche kinetische Energie

$$E_{\parallel} = \frac{p_{\parallel}^2}{2m} \geqq \zeta + W \tag{8.3.2}$$

durch Verformung des Bildpotentials (8.1.4) herabgesetzt werden. Wir überlagern dem Potential $\varphi_b(r_{\parallel})$ ein lineares äußeres Potential

$$\varphi_a = - \varphi_0 + E_a r_{\parallel} \quad , \tag{8.3.4}$$

dabei ist E_a die konstante äußere Feldstärke vor der Metalloberfläche. Das resultierende Potential φ_r für die Abstände $r_{\parallel} \geqq b$ ist dann

$$\varphi_r(r_{\parallel}) = \varphi_b(r_{\parallel}) + \varphi_a(r_{\parallel}) \quad , \quad r \geqq b \quad . \tag{8.3.5}$$

Abbildung 8.5 gibt die Verhältnisse für die potentielle Energie qualitativ wieder. Offenbar ist die Differenz zwischen dem Maximum der potentiellen Energie $-e\varphi_r(r_0)$ und dem Wert $-e\varphi_r(0) = -(\zeta+W) + e\varphi_0$ im Innern des Metalls kleiner als $(\zeta+W)$. Jedes Elektron, das genügend kinetische Energie

$$E_{\parallel} = \frac{p_{\parallel}^2}{2m} \geqq -e\varphi_r(r_0) \tag{8.3.6}$$

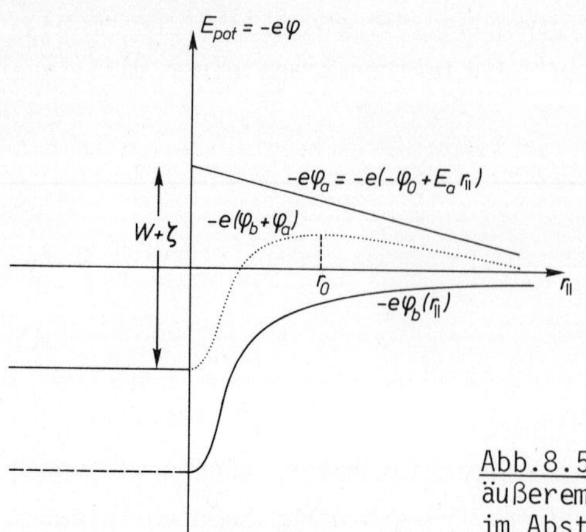

Abb.8.5. Die Summe von Bildpotential φ_b und äußerem Potential φ_a zeigt einen Extremwert im Abstand r_0 von der Metalloberfläche

besitzt, wird das Innere des Metalls verlassen und damit zum Emissionsstrom beitragen. Da die äußere Feldstärke stets viel schwächer ist als die Bildfeldstärke in der Nähe der Oberfläche, genügt die Kenntnis von $\varphi_b(r_\parallel)$, da das Maximum $\varphi_r(r_0)$ stets bei Werten

$$r_0 > b \tag{8.3.7}$$

liegt. Die Lage des Maximums der potentiellen Energie, d.h. des Minimums des elektrostatischen Potentials läßt sich leicht durch

$$E_r = -\frac{d}{dr_\parallel}\varphi_r(r_\parallel) = 0 \quad , \tag{8.3.8}$$

d.h. das Verschwinden der resultierenden Feldstärke E_r, berechnen:

$$-\frac{d}{dr_\parallel}\varphi_r(r_\parallel) = -\frac{d}{dr}[\varphi_b(r_\parallel) + \varphi_a(r_\parallel)] \tag{8.3.9}$$

$$0 = \frac{1}{4\pi\varepsilon_0}\frac{e}{(2r_\parallel)^2} - E_a \quad . \tag{8.3.10}$$

Der Ort des Potentialminimums r_0 ist dann durch

$$r_0 = \frac{1}{4}\sqrt{\frac{e}{\pi\varepsilon_0 E_a}} \tag{8.3.11}$$

gegeben. Der Wert des resultierenden Potentials φ_r an dieser Stelle ist

$$\varphi_r(r_0) = \frac{e}{16\pi\varepsilon_0}\frac{1}{r_0} - \varphi_0 + E_a r_0 \quad , \tag{8.3.12}$$

jener der potentiellen Energie

$$E_{pot}(r_0) = -e\varphi_r(r_0) = -\frac{e^2}{16\pi\varepsilon_0}\frac{1}{r_0} + e\varphi_0 - eE_a r_0 \quad . \tag{8.3.13}$$

Die Differenz $\Delta E_{pot} = E_{pot}(r_0) - E_{pot}(0)$ zum Wert der potentiellen Energie im Innern des Metalls

$$E_{pot}(0) = -e\varphi_r(0) = -(\zeta+W) + e\varphi_0 \tag{8.3.14}$$

ist dann

$$\Delta E_{pot} = -\frac{e^2}{16\pi\varepsilon_0}\frac{1}{r_0} - eE_a r_0 + \zeta + W \quad .$$

Durch Einsetzen des Ausdrucks (8.3.11) für r_0 gewinnen wir die Differenz

$$\Delta E_{pot} = \zeta + W - \sqrt{\frac{e^3 E_a}{4\pi\varepsilon_0}} \tag{8.3.15}$$

in Abhängigkeit von der äußeren Feldstärke. Analog zur Berechnung der Stromdichte der Thermoemission erhalten wir jetzt

$$\vec{j}(T,E_a) = -\hat{\vec{n}}\,\frac{emk^2}{2\pi\hbar^3}\,T^2 \exp\left[-\frac{1}{kT}\left(W - \sqrt{\frac{e^3 E_a}{4\pi\varepsilon_0}}\right)\right] \quad . \tag{8.3.16}$$

Für verschwindende äußere Feldstärke $E_a = 0$ geht die obige Stromdichte in die der Richardson Gleichung (8.1.6) über

$$\vec{j}(T,0) = \vec{j}(T) \quad . \tag{8.3.17}$$

Damit läßt sich durch Anlegen einer äußeren Feldstärke E_a der Thermoemissionsstrom um den Faktor $\exp[(1/kT)\sqrt{e^3 E_a/4\pi\varepsilon_0}]$ vergrößern

$$\boxed{\vec{j}(T,E_a) = \vec{j}(T,0)\exp\left(\frac{1}{kT}\sqrt{\frac{e^3 E_a}{4\pi\varepsilon_0}}\right)} \quad . \tag{8.3.18}$$

Diesen Effekt nennt man *Schottky-Effekt*. Er hat große Bedeutung in einer Reihe von technischen Anwendungen, insbesondere für Elektronenröhren.

+8.3.2 Feldemission

Für die Elektronen an der Fermikante, die den Impuls $p_\parallel$ mit

$$\frac{p_\parallel^2}{2m} = \zeta(T=0) = E_F$$

haben, genügt eine Feldstärke E_a, die durch

$$\sqrt{\frac{e^3 E_a}{4\pi\varepsilon_0}} = W$$

gegeben ist, so daß sie das Metall schon bei der Temperatur $T = 0$ verlassen können. Man nennt diese äußere Feldstärke

$$E_{a\,krit} = \frac{4\pi\varepsilon_0}{e^3} W^2 \quad ,$$

bei der die Elektronen das Metall auch schon bei dem absoluten Temperaturnullpunkt verlassen können, *kritische Feldstärke*. Den Vorgang selbst bezeichnet man als *Feldemission*. Für eine Austrittsarbeit von 4,5 eV, wie Wolfram sie hat, ist die kritische Feldstärke

$$E_{a\,krit} = 1.4 \cdot 10^{10}\ \mathrm{Vm}^{-1} \quad .$$

Tatsächlich setzt die Feldemission auch bei tiefen Temperaturen jedoch schon bei einer Feldstärke ein, die etwa ein Hundertstel der kritischen Feldstärke beträgt. Diese Tatsache wird durch den Tunneleffekt verständlich, denn nach der Quantenmechanik sind Potentialwälle auch für Elektronen durchlässig, deren Energie kleiner als die Höhe der Potentialschwelle ist.

Experimentell lassen sich hohe Feldstärken leicht an Metallspitzen erzeugen. An der Oberfläche einer Metallkugel vom Radius R, die sich gegenüber einer wesentlich größeren sie umgebenden Kugel auf der Spannung U befindet, herrscht die Feldstärke

$$E = U/R$$

(vgl. Aufgabe 4.5). Die gleiche Feldstärke entsteht an der Oberfläche einer Metallspitze vom Krümmungsradius R, wenn sie einer wesentlich weniger gekrümmten Metallfläche in großem Abstand gegenübersteht und zwischen beiden die Spannung U liegt (Abb.8.6). Auf diese Weise lassen sich leicht Feld-

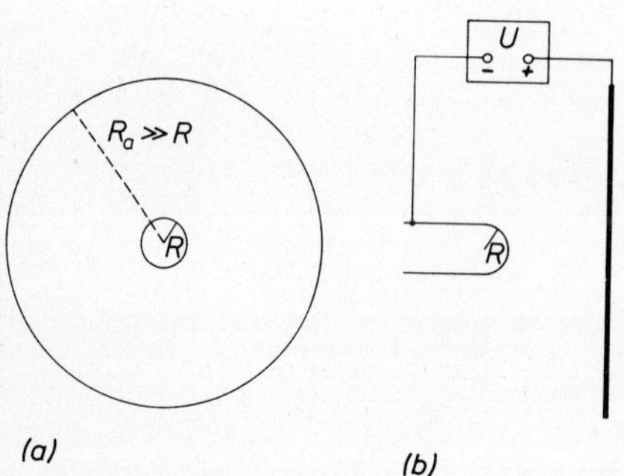

Abb.8.6. An einer Metalloberfläche mit kleinem Krümmungsradius R kann man leicht eine hohe Feldstärke erzeugen (a) Kugelkondensator, (b) Spitze und ebene Platte

stärken erzeugen, die auch bei Zimmertemperatur Elektronen aus der Metallspitze befreien.

8.3.3 Feldelektronenmikroskop

Unter Ausnützung der Feldemission konstruierte E.W. Müller das *Feldelektronenmikroskop*. Es ist eine Elektronenstrahlröhre, die statt der Glühkathode eine ungeheizte Wolframkathode mit einer sehr feinen Spitze enthält (Abb.8.7). Der Leuchtschirm hat Kugelschalenform mit der Spitze als Mittelpunkt. Er ist mit einer dünnen leitenden Schicht bedampft und kann so als Anode geschaltet werden. Die aus der Kathode austretenden Elektronen laufen längs der radialen Feldlinien zum Leuchtschirm. Da der Emissionsstrom auch von der Mikrostruktur des Kristalls abhängt, entsteht auf dem Leuchtschirm direkt ein "projiziertes" Bild der Oberfläche der Spitze. Durch Aufbringen verschiedener Substanzen auf die Spitze kann man auch deren Struktur untersuchen. Der Vergrößerungsfaktor beträgt 10^5 bis 10^6.

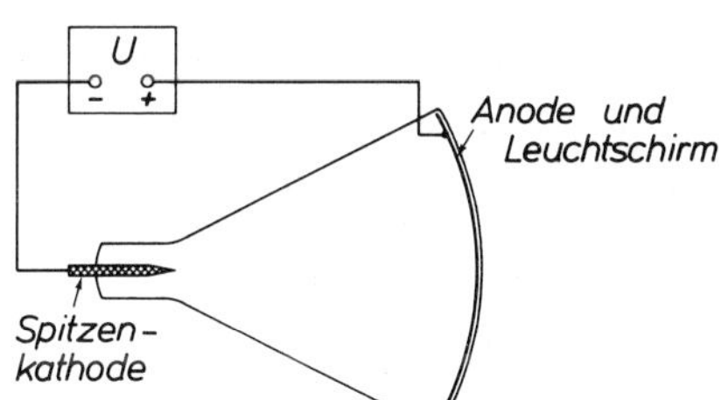

Abb.8.7. Schema des Feldelektronenmikroskops

8.4 Vakuumdiode

8.4.1 Kennlinie der Vakuumdiode

Als Kennlinie bezeichnet man die graphische Darstellung der Abhängigkeit des Stromes I in der Diode von der Spannung U_{AK} zwischen Anode und Kathode

$$I = I(U_{AK}) \quad . \qquad (8.4.1)$$

Sie kann sehr einfach oszillographisch gemessen werden.

Experiment 8.2. Diodenkennlinie

In Analogie zu Experiment 6.3 benutzen wir die Schaltung in Abb.8.8a. Auf dem Bildschirm des Oszillographen (Abb.8.8b) erhält man unmittelbar die Kennlinie (8.4.1).

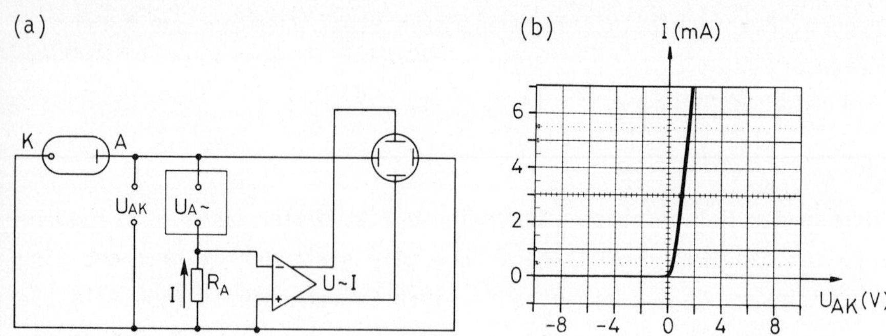

Abb.8.8. (a) Schaltung zur Aufnahme der Kennlinie einer Vakuumdiode. (b) Diodenkennlinie

Wie erwartet beobachten wir, daß für stark negative Anodenspannungen kein Strom fließt. Ohne Anodenspannung fließt ein geringer Strom, der mit steigender positiver Spannung sehr stark anwächst.

8.4.2 Schaltung der Vakuumdiode als Gleichrichter

Das Ergebnis der Kennlinienmessung läßt sich qualitativ so zusammenfassen: Bei negativer Anodenspannung (gegenüber der Kathode) hat die Diode einen sehr hohen, bei positiver Anodenspannung einen sehr niedrigen Widerstand. Die Diode ist damit ein *Gleichrichter*. Sie ermöglicht Stromfluß nur in einer Richtung.

Experiment 8.3. Vakuumdiode als Gleichrichter.

Zwischen die Klemmen einer Wechselspannungsquelle schalten wir eine Diode und einen Ohmschen Widerstand R (Abb.8.9a). Mit einem Zweistrahloszillographen stellen wir die angelegte Spannung U_{ein} und den Spannungsabfall U_{aus} am Widerstand dar. Letzterer ist dem Strom I proportional, $U_{aus} = IR$. Auf dem Oszillogramm (Abb.8.9b) beobachten wir, wie erwartet, daß nur während der positiven Halbwelle von U_{ein} Strom fließt. Die Ausgangsspannung U_{aus} ist eine "wellige" Gleichspannung, die zwar nicht konstant ist, jedoch ihr Vorzeichen nicht wechselt.

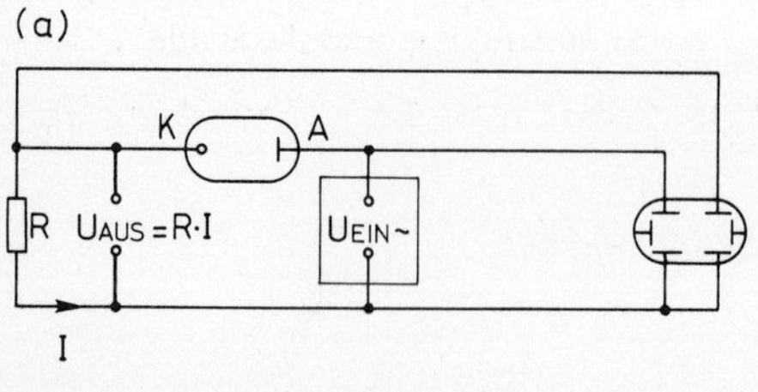

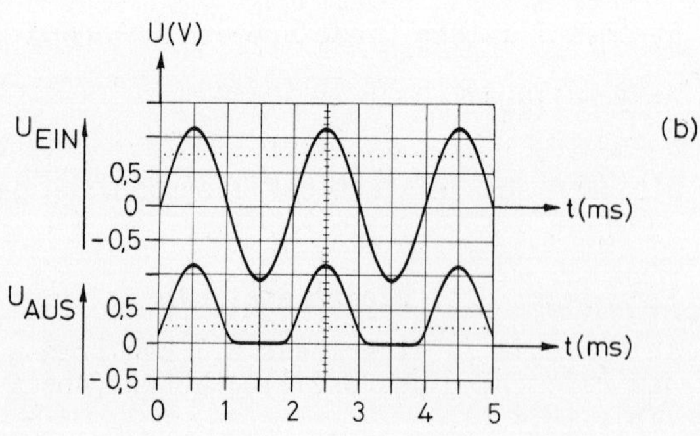

Abb.8.9. Schaltung (a) und Oszillogramm (b) zur Demonstration der Gleichrichtung durch eine Vakuumdiode

Bei empfindlicherer Einstellung des Oszillographen findet man, daß ein merklicher Stromfluß schon bei leicht negativer Anodenspannung eintritt, wie schon die Kennlinie Abb.8.8b angibt.

+8.4.3 Deutung der Diodenkennlinie

Die Kennlinie der Diode läßt sich gut durch den Schottky-Effekt erklären. Dabei ist allerdings zu beachten, daß die äußere Feldstärke E_a nicht einfach gleich dem Quotienten aus der Spannung $U_{AK} = \varphi_A - \varphi_K$ zwischen Anode und Kathode und dem Abstand d zwischen beiden ist. Vielmehr herrscht auch ohne Anlegen eines äußeren Feldes im allgemeinen eine Spannung $\Delta\varphi$. Sie ist gleich der Differenz der Austrittspotentiale von Anoden- und Kathodenmaterial

$$\Delta\varphi = \Delta W/e = (W_A - W_K)/e \quad . \tag{8.4.2}$$

Der Verlauf der potentiellen Energie eines Elektrons ist in Abb.8.10 (Kurve 0) wiedergegeben. Er ist im Mittelbereich ($b_K < r_\parallel < d - b_A$) durch Überlagerung der Bildpotentiale von Kathode und Anode, in den Randbereichen durch deren mikroskopische Potentiale gegeben. Diesem Potentialverlauf überlagert sich gegebenenfalls noch das lineare Potential eines äußeren Feldes. Die Stromdichte ist bestimmt durch die Differenz zwischen der potentiellen Energie eines Elektrons in der Kathode ($r_\parallel = 0$) und der maximalen potentiellen Energie bei $r_\parallel = R_\parallel$. In Abwesenheit eines äußeren Feldes ist nach (8.1.4)

$$\varphi = \frac{e}{16\pi\varepsilon_0}\left(\frac{1}{r_\parallel} + \frac{1}{d - r_\parallel}\right) \quad . \tag{8.4.3}$$

Das Potential nimmt sein Minimum φ_0 für $r_\parallel = R_\parallel = d/2$ an

$$\varphi_{min0} = \varphi_0 = \frac{e}{4\pi\varepsilon_0 d} \quad . \tag{8.4.4}$$

Überlagert man ein äußeres Feld, so verschiebt sich sowohl die Lage von $R_\parallel$ wie die Größe φ_{min}. Bleibt $R_\parallel$ im Bereich $b_K < R_\parallel < d - b_A$, so können beide Größen, $R_\parallel$ und φ_{min} aus der Anodenspannung $U_{AK} = \varphi_A - \varphi_K$ näherungsweise berechnet werden. Wir verzichten auf die Rechnung und teilen nur das Ergebnis mit. Dazu unterscheiden wir 4 Bereiche

I) *Anlaufbereich:* $-U_{AK} \gg \varphi_0$.
Der Strom wird exponentiell mit der negativen Anodenspannung unterdrückt

$$I = I_s \exp[(eU_{AK} - W_A)/kT] \quad . \tag{8.4.5a}$$

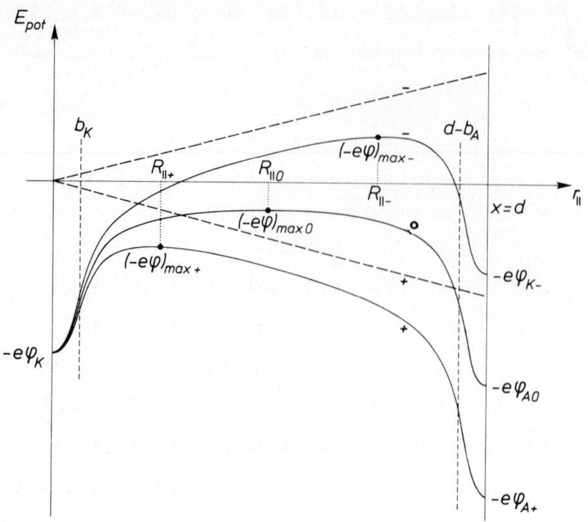

Abb.8.10. Verlauf der potentiellen Energie eines Elektrons zwischen Kathode und Anode ohne Zusatzfeld zwischen den Elektroden (o) und mit Zusatzfeld durch erhöhte (+) bzw. erniedrigte (-) Anodenspannung. Der lineare Verlauf des Zusatzpotentials ist gestrichelt eingezeichnet

II) *Kleine Anodenspannung:* $(U_{AK}-\Delta\varphi) < 16\varphi_0$.
Der Stromanstieg ist exponentiell, jedoch ist der Exponent nicht linear zur Anodenspannung

$$I = I_s \exp\left[\frac{1}{2}\,\frac{U_{AK}-\Delta\varphi}{2\varphi_0}\left(1-\frac{U_{AK}-\Delta\varphi}{16\varphi_0}\right)+\frac{2}{1-(U_{AK}-\Delta\varphi)/16\varphi_0}\right.$$

$$\left.+\frac{e}{1+(U_{AK}-\Delta\varphi)/\varphi_0}-\frac{W_K}{kT}\right] \quad . \tag{8.4.5b}$$

III) *Große Anodenspannung:* $\varphi_0 \leqq U_{AK} \leqq (4\varphi_0)^{-1}(e/16\pi\varepsilon_0 b_K)^2$.
Das Exponentialgesetz vereinfacht sich

$$I = I_s \exp[(2e\sqrt{\varphi_0}\sqrt{U_{AK}-\Delta\varphi}-W_K)/kT] \quad . \tag{8.4.5c}$$

IV) *Sättigungsbereich:* $U_{AK} > (4\varphi_0)^{-1}(e/16\pi\varepsilon_0 b_K)^2$.
Die Anodenspannung ist so hoch, daß kein Maximum der potentiellen Energie mehr auftritt. Alle Elektronen mit einer Geschwindigkeitskomponente senkrecht zur Oberfläche verlassen die Kathode. Die *Sättigungsstromstärke* wird unabhängig von der Kathodenspannung erreicht

$$I \approx I_s = \text{const.} \quad . \qquad (8.4.5d)$$

Diese Stromstärke wird jedoch bei handelsüblichen Vakuumdioden im zulässigen Betriebsbereich nicht erreicht.

8.5 Triode

Statt den Anodenstrom nur durch die Anodenspannung zu beeinflussen, kann man ihn durch eine unabhängige Spannung steuern, wenn man die Diode durch Einbau einer weiteren Elektrode zwischen Kathode und Anode zu einer *Triode* ergänzt. Diese Steuerelektrode ist als *Gitter* ausgeführt. Sie hat die Form eines zylindrischen Drahtkäfigs, der zwischen den beiden ebenfalls zylindrischen Elektroden (vgl.Abb.8.1) angebracht ist. Als Schaltsymbol dient das Schema der Abb.8.11.

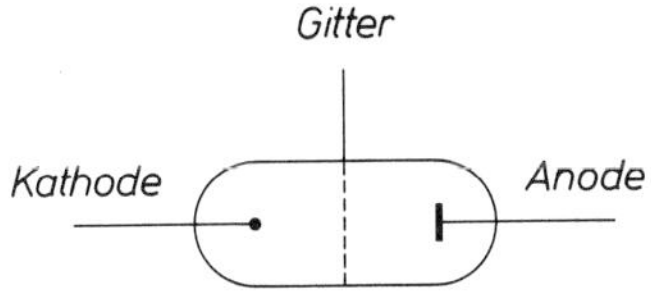

Abb.8.11. Schaltsymbol einer Triode

8.5.1 Kennlinienfeld der Triode

Experiment 8.4. Triodenkennlinien

Mit der Schaltung aus Abb.8.12a können wir leicht die I_A-U_{AK} - Kennlinie einer Triode für verschiedene Gitter-Kathoden-Spannungen U_G aufnehmen. Wir wählen die Spannung U_G stets negativ. Das Ergebnis ist in Abb.8.12b und 8.13 dargestellt. Man beobachtet, daß die I_A-U_{AK} - Kennlinie die Form der Diodenkennlinie behält, jedoch mit fallender Gitterspannung nach rechts, d.h. zu höheren Werten der Anodenspannung hin verschoben wird. Die I_A-U_G - Kennlinien zeigen, daß der Anodenstrom um so geringer ist, je stärker negativ die Gitterspannung ist.

Das ist qualitativ sofort verständlich, weil durch das Potential des Gitters für die aus der Kathode austretenden Elektronen eine Potentialbarriere geschaffen wird. Bei negativer Gitterspannung treffen nur wenige Elektronen auf die Gitterdrähte, weil dort die Barriere besonders hoch ist. Zwischen den Drähten ist sie niedriger: etliche Elektronen können dort die Barriere überwinden, jedoch um so weniger, je stärker negativ die Gitterspannung ist. Wichtig für viele Anwendungen ist die Tatsache, daß es einen Bereich gibt, in dem die Funktion $I_A(U_G)$ recht gut linear ist. Es sei noch bemerkt, daß für positive Gitterspannungen ein großer Teil des Stroms zum Gitter statt zur Anode flösse. Dadurch würde das Gitter rasch zerstört.

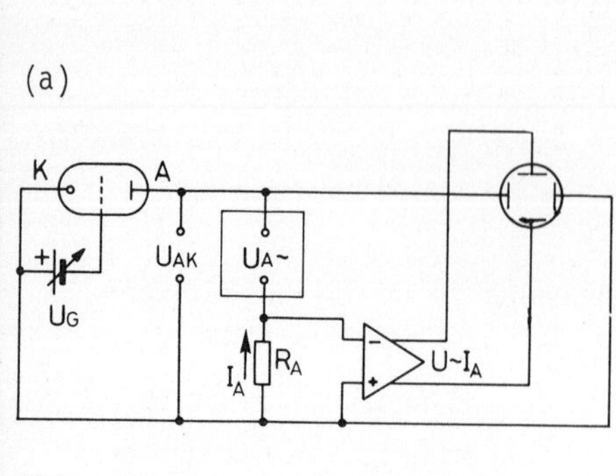

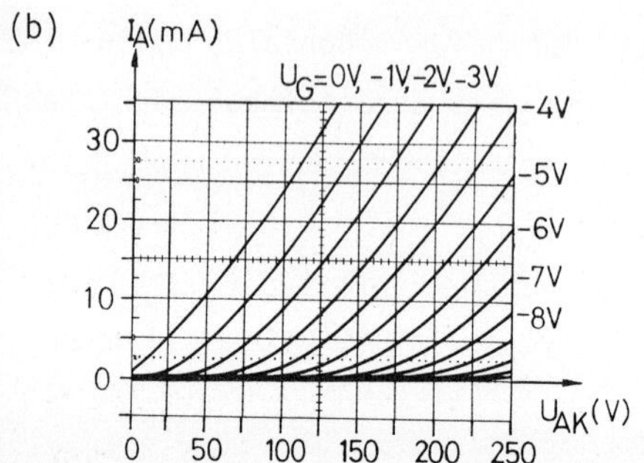

Abb.8.12. (a) Schaltung zur oszillographischen Aufnahme der I_A-U_{AK}-Kennlinie einer Triode für verschiedene Gitterspannungen U_G, (b) Oszillogramm zu (a)

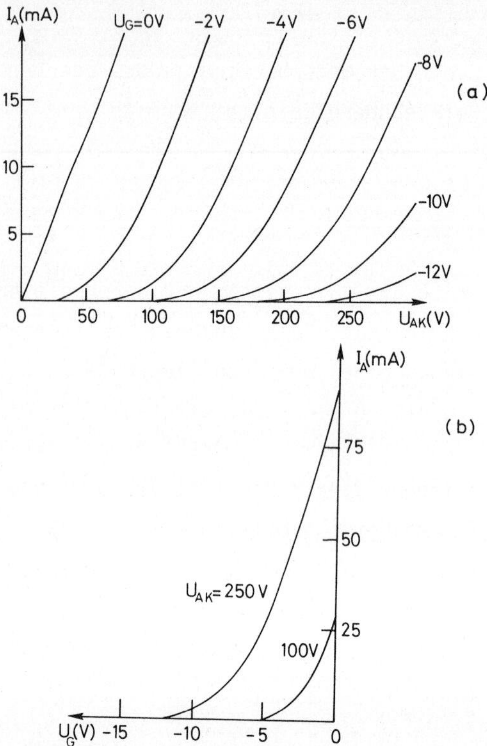

Abb.8.13. I_A-U_{AK}-Kennlinienfeld (a) und I_A-U_G-Kennlinienfeld (b) der Triode

8.5.2 Triode als Verstärker

Die Möglichkeit, den Anodenstrom I_A einer Triode durch Variation der Gitterspannung U_G zu verändern, ist von großer technischer Bedeutung. Als Beispiel betrachten wir einen Spannungsverstärker.

Experiment 8.5. Triode als Verstärker

In der Schaltung Abb.8.14a ist die Gitterspannung als Summe einer konstanten Gitterspannung U_G und einer veränderlichen Spannung U_{ein} gegeben. Mit U_{ein} verändert sich der Anodenstrom. Er verursacht im Anodenwiderstand R_A einen Spannungsabfall $U_{aus} = R_A I_A$. Es kann leicht erreicht werden, daß die *Spannungsverstärkung*

$$v = \Delta U_{aus}/\Delta U_{ein} \tag{8.5.1}$$

hohe Werte erreicht. Die Verstärkung ist linear, solange die Gitterspannung $U_G + U_{ein}$ im linearen Bereich der $I_A - U_G$ Kennlinie bleibt. Der zeitliche Verlauf von Eingangs- und Ausgangsspannung ist im Oszillogramm Abb.8.14b dargestellt.

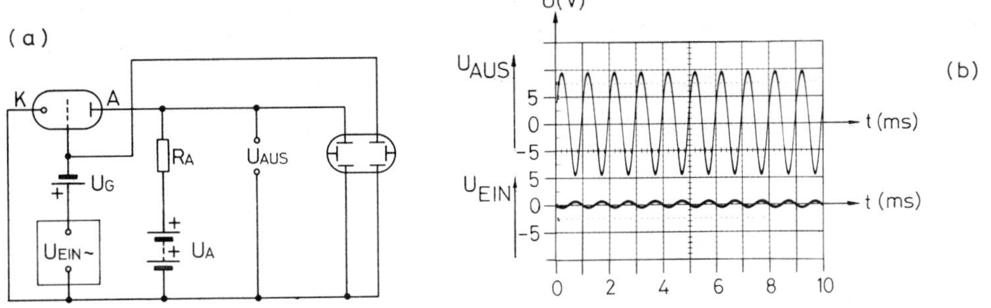

Abb.8.14. Triode in Verstärkerschaltung (a), Oszillogramm von Eingangs- und Ausgangsspannung (b)

+8.5.3 Deutung der Triodenkennlinien

Der Potentialverlauf in der Triode wird sowohl von der Gitterspannung, der Anodenspannung wie auch von der Raumladung der Elektronen in der Röhre bestimmt. Im Gebiet zwischen Gitter und Kathode bestimmen natürlich die Gitterspannung und die Raumladung vorwiegend das Potential. Da jedoch das Gitter aus einer Reihe von Drähten zwischen Kathode und Anode besteht, verformt das Anodenpotential auch das Feld zwischen Kathode und Gitter. Das liegt daran, daß das Potential in der Gitterfläche nicht überall gleich dem Potential der Gitterdrähte ist und von der Anodenspannung mitbestimmt wird. Im Mittel ist das Potential in der Gitterebene gegeben durch

$$U_G' = U_G + \frac{1}{\mu}\left(U_A - \frac{1}{e}W_A\right) \quad . \tag{8.5.2}$$

Dabei ist der Koeffizient μ völlig durch die geometrischen Verhältnisse in der Triode bestimmt, er gibt an, um welchen Faktor der Einfluß der Anodenspannung auf die effektive Gitterspannung U_G' unterdrückt wird. Es ist stets $\mu \gg 1$. Diesen Effekt nennt man *Durchgriff* (des Anodenpotentials durch das Gitter). Die Triodenkennlinien gewinnt man am einfachsten, wenn man in den Ausdrücken für die Diodenkennlinien des Abschnitts 8.4.3 die Anodenspannung U_A in gröbster Näherung durch das effektive Potential U_G' in der Gitterebene (8.5.2) ersetzt

$$\left(U_A - \frac{1}{e}W_A\right)_{\text{Diode}} \to U_G' = \left[U_G + \frac{1}{\mu}\left(U_A - \frac{1}{e}W_A\right)\right] \quad . \tag{8.5.3}$$

Die Größe d hat jetzt die Bedeutung des Abstandes der Gitterdrähte von der Kathode.

Wie erwähnt, wählt man für U_G stets negative Werte. Damit ist wegen $\mu \gg 1$ auch das effektive Gitterpotential

$$U_G' = U_G + \frac{1}{\mu}\left(U_A - \frac{1}{e} W_A\right) < 0$$

negativ. Da für realistischen Gitterabstand d von der Kathode, der in der Größenordnung von Millimetern liegt, das Potential (8.4.3) den Wert

$$\varphi_0 = \frac{e}{16\pi\varepsilon_0 d} \sim 10^{-6}\ \mathrm{V}$$

hat, ist die Bedingung für den Anlaufstrombereich

$$-U_G' = - U_G - \frac{1}{\mu}\left(U_A - \frac{1}{e} W_A\right) >> \varphi_0 = 10^{-6}\ \mathrm{V}$$

stets erfüllt. Damit ist die Kennlinie des Anodenstromes als Funktion von Gitter- und Anodenspannung durch die Ersetzung (8.5.3) in (8.4.5a) zu erhalten

$$I(U_A,U_G) = I_s \exp\left\{e\left[U_G + \frac{1}{\mu}\left(U_A - \frac{1}{e} W_A\right)\right]/kT\right\} \quad . \tag{8.5.4}$$

Für andere Bereiche der effektiven Gitterspannung findet man wie bei der Diode schließlich Sättigungsverhalten. Im allgemeinen spielen diese Bereiche technisch keine Rolle.

Für die Charakterisierung einer Triode werden in technischen Datenblättern insbesondere folgende Größen angegeben, die man natürlich den Kennlinienfeldern entnehmen kann.

Als *Steilheit* bezeichnet man die Steigung der Tangente an die (I,U_G)-Kennlinie für konstante Anodenspannung U_A, d.h. die partielle Ableitung

$$S = \left(\frac{\partial I}{\partial U_G}\right)_{U_A=\mathrm{const.}} \tag{8.5.5}$$

für einen mittleren Arbeitswert von U_G.

Als *inneren Widerstand* R_i bezeichnet man in Analogie zur Widerstandsdefinition den partiellen Differentialquotienten

$$R_i = \left(\frac{\partial U_A}{\partial I}\right)_{U_G=\mathrm{const.}} \tag{8.5.6}$$

Als *Durchgriff* wird die partielle Ableitung

$$D = - \left(\frac{\partial U_G}{\partial U_A}\right)_{I=\mathrm{const.}} \tag{8.5.7}$$

bezeichnet.

Für unsere Kennlinie (8.5.4) gilt als Auflösung nach U_G bzw. U_A

$$U_G = -\frac{1}{\mu}\left(U_A - \frac{1}{e}W_A\right) + \frac{kT}{e}\ln\frac{I}{I_s}$$

bzw.

$$U_A = -\mu U_G + \frac{1}{e}W_A + \mu\frac{kT}{e}\ln\frac{I}{I_s} \quad .$$

Damit lassen sich für die drei Größen folgende Werte berechnen

$$S = \frac{e}{kT} I \quad , \quad R_i = \mu\frac{kT}{e}\frac{1}{I} \quad , \quad D = \frac{1}{\mu} \quad . \qquad (8.5.8)$$

Offenbar gilt

$$\boxed{S \cdot R_i \cdot D = 1} \quad . \qquad (8.5.9)$$

Dies ist die *Barkhausensche Röhrenformel*, die unabhängig von unserem Modell für jedes Kennlinienfeld $I(U_A,U_G)$ gilt, wie aus der Funktionentheorie mehrerer reeller Variablen folgt.

8.6 Die Grenzfläche zwischen verschiedenen Metallen. Kontaktspannung

Wir betrachten zwei verschiedene Metallstücke. Ihre Austrittsarbeiten W_1, W_2, die Unterkanten ihrer Leitungsbänder E_{L1}, E_{L2} sowie ihre Fermi-Grenzenergien ζ_1, ζ_2 seien verschieden, wie in Abb.8.15 dargestellt. Sind die beiden Metallstücke nicht in Kontakt, so haben beide an der Oberfläche das Potential der Umgebung, das wir Null setzen. Bringt man dagegen die beiden Metallstücke in Berührung, so sind im ersten Moment Leitungsbandzustände im Metallstück 1 durch Elektronen besetzt, die im Metallstück 2 unbesetzt sind. Wegen der freien Beweglichkeit fließen solange Elektronen vom Metallstück 1 ins Metallstück 2, bis sich dessen Potential so gegen das Metallstück 1 verschoben hat, daß die Fermi-Grenzen übereinstimmen. Die Besetzungswahrscheinlichkeiten der Zustände in den Bändern der beiden Metalle stimmen dann überein, so daß kein resultierender Elektronenstrom mehr fließt. Die in das Metallstück 2 übergetretenen Elektronen bilden dort eine negative Überschußladung, die sich auf der Oberfläche ansammelt. Entsprechend entsteht auf der Oberfläche des Metallstückes 1 eine positive Überschußladung. Durch diese Ladungsverschiebung befinden sich die beiden Metallstücke nicht mehr auf dem Potential der Umgebung, sondern auf höherem bzw. auf niedrigerem

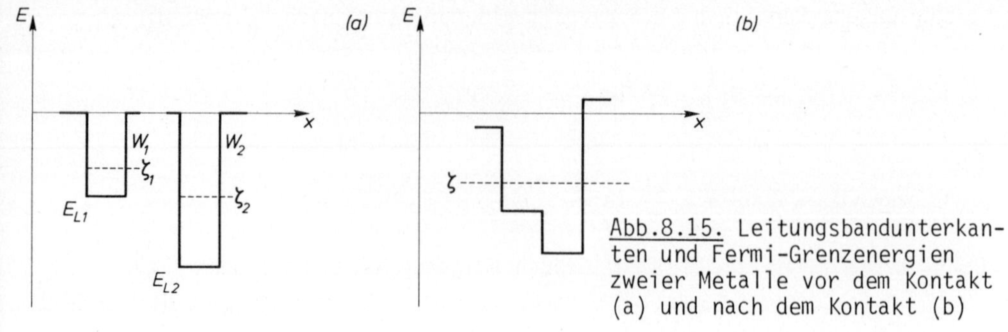

Abb.8.15. Leitungsbandunterkanten und Fermi-Grenzenergien zweier Metalle vor dem Kontakt (a) und nach dem Kontakt (b)

Potential (vgl.Abb.8.15). Die Potentialdifferenz zwischen höherem und niedrigerem Potential nennt man *Kontaktspannung*. Die Angleichung der Fermi-Grenzenergien findet durch diese relative Änderung der Potentiale der beiden Metallstücke statt und nicht etwa durch vollständiges Auffüllen der unbesetzten Zustände des Metalls mit der niedrigeren Fermi-Grenzenergie bei gleichzeitiger Entleerung der Zustände des anderen Metallstückes. Die Kontaktspannung zwischen zwei Metallen ist gleich der Differenz ihrer Ablösepotentiale

$$U_K = (W_2 - W_1)/e \quad . \tag{8.6.1}$$

Experiment 8.6. Kelvin-Methode zur Messung der Kontaktspannung

Im Prinzip kann man Kontaktspannungen elektrostatisch messen, etwa durch Nachweis der elektrostatischen Kräfte zwischen zwei Platten verschiedenen Materials. Tatsächlich benutzt man die Kelvin-Methode, bei der der Abstand zwischen zwei miteinander über einen Stromkreis nach Abb.8.16 verbundenen Platten verschiedenen Materials periodisch geändert wird. Die Platten bilden einen Kondensator, in dem die Kontaktspannung herrscht. Die Abstandsänderung bewirkt eine periodische Kapazitätsänderung, die wiederum eine periodische Ladungsänderung auf den Platten entsprechend

$$Q(t) = C(t) \cdot U_K$$

zur Folge hat. Dieser Ladungsänderung entspricht ein Strom

$$I(t) = \frac{dQ(t)}{dt} = \frac{dC(t)}{dt} U_K$$

im äußeren Kreis. Nur wenn eine Gegenspannung ($-U_K$) an den Kondensator gelegt wird, tritt kein Strom auf. Zur Messung der Kontaktspannung stellt man deshalb das Potentiometer in Abb.8.16 so ein, daß kein Strom fließt, und mißt die Spannung ($-U_K$), die über dem Potentiometer liegt.

In geschlossenen Stromkreisen aus verschiedenen Metallen verursachen die Kontaktspannungen keine Ströme. Das macht man sich am einfachsten an einem Stromkreis aus zwei verschiedenen Metalldrähten klar. Die Kontaktspannungen an den beiden Berührungsstellen addieren sich zu Null.

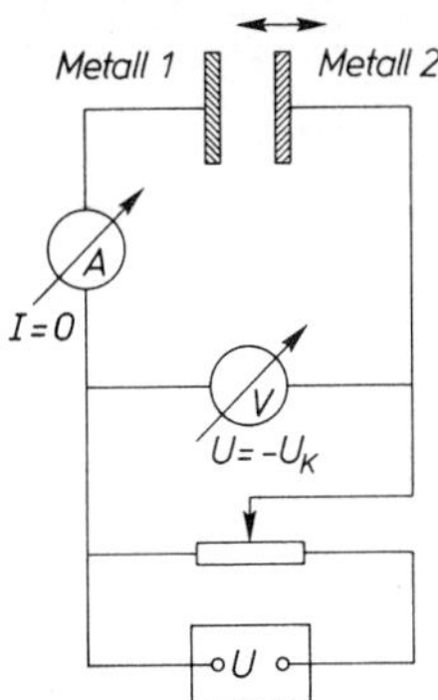

Abb.8.16. Kelvin-Methode zur Bestimmung der Kontaktspannung zwischen zwei Metallen

8.7 Einfachste Überlegungen und Experimente zur Halbleiterdiode

Grundlage zur Möglichkeit, den Strom in Elektronenröhren zu steuern, ist die Existenz einer Potentialschwelle in der Nähe der Kathodenoberfläche, die sich durch äußere Spannungen beeinflussen läßt. Ohne äußere Spannung ist die Form der Schwelle durch die Wahl des Kathodenmaterials völlig festgelegt. Sie ist für alle Materialien so hoch, daß die Kathode stark geheizt werden muß, damit ein technisch nutzbarer Strom von Elektronen die Schwelle überwinden kann. In Halbleitern kann man dagegen durch geeigneten Einbau von Störstellen Potentialschwellen "nach Maß" erzeugen. Dadurch kann der Strom direkt im Inneren des Halbleiters gesteuert werden. Der nur in der "Vakuumröhre" zu realisierende Übergang Metall-Vakuum kann entfallen, ebenso die Notwendigkeit der Heizung.

Halbleiterbauelemente wie Dioden und Transistoren haben in den letzten Jahrzehnten eine ungeahnte Bedeutung in praktisch allen Bereichen von Naturwissenschaft und Technik gewonnen. Wir wollen uns daher ausführlich mit ihren Prinzipien befassen. Im Vordergrund steht dabei die Diskussion des *pn-Übergangs*, d.h. eines Halbleiterbereichs, in dem die Dotation sich ziemlich abrupt ändert, so daß er in einem Teil p-leitend im anderen n-leitend ist. Wir werden zunächst die Diodeneigenschaften des pn-Übergangs experimentell feststellen und qualitativ interpretieren, um sie in den folgenden Abschnitten im einzelnen aus dem Bändermodell herzuleiten.

Ein pn-Übergang wird technisch z.B. dadurch realisiert, daß man in einen Halbleiterkristall, der bei seiner Herstellung gleichmäßig mit Donatoratomen dotiert wurde, von einer Seite Akzeptoratome hineindiffundieren läßt. Dadurch entsteht auf dieser Seite ein Überschuß an Akzeptoren, der Kristall ist dort p-leitend. Auf der anderen Seite bleibt er n-leitend. Wir nehmen der Einfachheit halber an, daß sich die Störstellenkonzentration nur längs einer festen

Richtung $\hat{\vec{x}}$ ändert, und zwar nur in der Nähe von $x = 0$. Für $x \ll 0$ ist der Kristall ein homogener p-Leiter, für $x \gg 0$ ein homogener n-Leiter. Da im p-Leiter ein Mangel an freien Elektronen herrscht, werden einige aus dem n-Leiter dorthinein übertreten, ebenso freie Löcher aus dem p-Leiter in den n-Leiter (Abb.8.17a). Dadurch entstehen Raumladungsdichten $\rho(x)$, die aus elektrostatischen Gründen auf die unmittelbare Umgebung des pn-Übergangs beschränkt bleiben (Abb.8.17b). Nach den Gesetzen der Elektrostatik hat diese Raumladungsdichte eine elektrische Feldstärke und eine Potentialänderung in x-Richtung zur Folge (Abb.8.17c und d). Die Poissongleichung $\Delta\varphi = -\rho/\varepsilon_0$ nimmt die einfache Form $d^2\varphi/dx^2 = -\rho(x)/\varepsilon_0$ an. Der Zusammenhang zwischen Potential und Feldstärke $\vec{E} = -\text{grad}\ \varphi$ liefert $E_x = -d\varphi/dx$. Das bedeutet, daß (nach Berücksichtigung der Vorzeichen) $E_x(x)$ durch einfache und $\varphi(x)$ durch zweifache Integration von $\rho(x)$ gegeben ist. Damit erhalten wir die gewünschte Potentialschwelle am pn-Übergang.

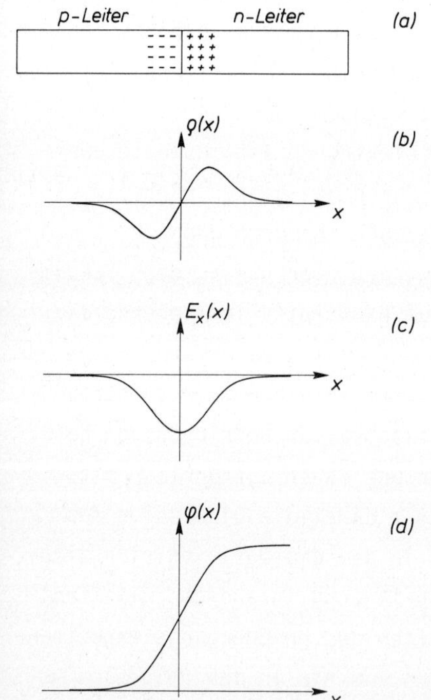

Abb.8.17. pn-Übergang schematisch (a) und qualitativer Verlauf von Raumladungsdichte (b), x-Komponente der Feldstärke (c) und Potential (d) im Bereich des Übergangs

Diese Schwelle kann durch Anlegen einer äußeren Spannung

$$U_a = \varphi_n - \varphi_p$$

zwischen den Enden des Kristalls verändert werden. Sie erniedrigt sich offenbar für $U_a < 0$. Dann können mehr Elektronen aus dem n-Leiter in den p-Leiter und Löcher in umgekehrter Richtung übertreten: Es fließt ein Strom, der um so größer ist, je stärker negativ U_a gewählt wird. Bei positiven Werten von U_a wird dieser Strom unterdrückt. Wir erwarten also, daß der pn-Übergang die Gleichrichtereigenschaft einer Diode besitzt, den Stromfluß nur in einer Richtung zu ermöglichen. Man bezeichnet Kristalle mit pn-Übergang als *Halbleiterdioden* und benutzt das Schaltsymbol der Abb.8.18. (Das Dreieck deutet die von der Diode durchgelassene Stromrichtung an.)

Experiment 8.7. Kennlinie der Halbleiterdiode

Mit der Schaltung in Abb.8.19a erhalten wir die Kennlinie 8.19b einer Halbleiterdiode. Wir beobachten, daß der Strom im Bereich $U_a \approx 0$ etwa exponentiell mit $-U_a$ ansteigt. Für höhere positive Spannungen U_a fließt ein geringer Strom in Gegenrichtung, der *Sperrstrom*.

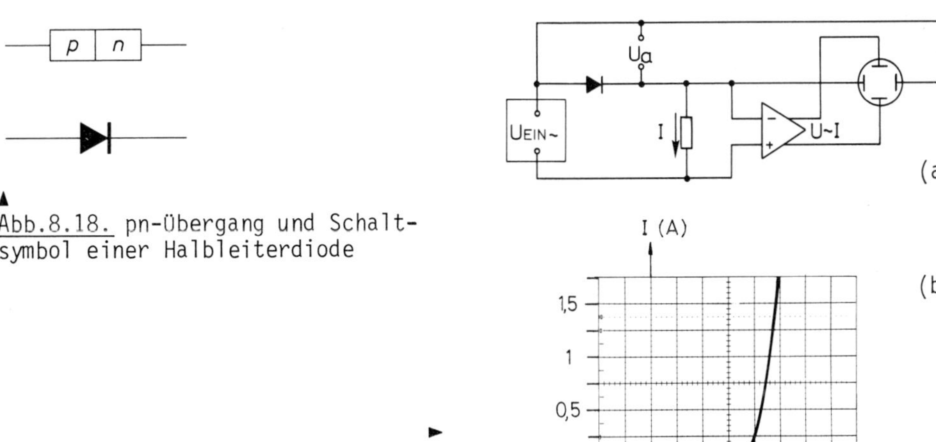

Abb.8.18. pn-Übergang und Schaltsymbol einer Halbleiterdiode

Abb.8.19. Schaltung zur oszillographischen Aufnahme der Kennlinie einer Halbleiterdiode (a) und Kennlinie (b)

+8.8 Bandstruktur im Halbleiter mit räumlich veränderlicher Dotation

Bei konstanter Störstellendichte in einem Halbleiter ist auch die Ladungsträgerdichte im Halbleiter räumlich konstant. Variiert die Störstellendichte jedoch von Ort zu Ort, so ist auch die Ladungsträgerdichte im Halbleiter eine Funktion des Ortes. Im thermischen Gleichgewicht ist jedoch die Ladungsträgerdichte $n_e(\vec{r})$ bzw. $n_\ell(\vec{r})$ eindeutig durch den Abstand der Fermi-Grenze von der Bandkante des Leitungs- bzw. Valenzbandes gegeben (vgl.Abschnitt 7.6)

$$n_e(\vec{r}) = Z_{0e} \exp\left(\frac{\zeta - E_L}{kT}\right) , \qquad (8.8.1)$$

$$n_\ell(\vec{r}) = Z_{0\ell} \exp\left(\frac{E_V-\zeta}{kT}\right) \tag{8.8.2}$$

Die Fermi-Grenzenergie ζ ist im Halbleiter ortsunabhängig, da sonst Diffusionsströme von Ladungsträgern aus Bereichen mit stärkerer Besetzung von Zuständen in solche mit niedrigerer zustande kämen. Damit können nur die Energien der Bandkanten E_L bzw. E_V ortsabhängig sein

$$E_L(\vec{r}) = E_L + (-e)\varphi(\vec{r}) \quad , \tag{8.8.3}$$

$$E_V(\vec{r}) = E_V + (-e)\varphi(\vec{r}) \quad . \tag{8.8.4}$$

Die konstanten Werte E_L und E_V sind dabei die bei einer später noch festzulegenden mittleren ortsunabhängigen Dotation auftretenden Bandkanten. Die Ortsabhängigkeit der Bandkanten kommt durch ein durch Raumladungseffekte im Halbleiter auftretendes Potential $\varphi(\vec{r})$ zustande.

Für die Ladungsträgerdichten gilt somit

$$n_e(\vec{r}) = Z_{0e} \exp\left[\left(\zeta-E_L+e\varphi(\vec{r})\right)/kT\right] = n_{0e} \exp[e\varphi(\vec{r})/kT] \quad , \tag{8.8.5}$$

$$n_\ell(\vec{r}) = Z_{0\ell} \exp\left[\left(E_V-e\varphi(\vec{r})-\zeta\right)/kT\right] = n_{0\ell} \exp[-e\varphi(\vec{r})/kT] \tag{8.8.6}$$

mit den neuen Konstanten

$$n_{0e} = Z_{0e} \exp\left[(\zeta-E_L)/kT\right] \quad , \quad n_{0\ell} = Z_{0\ell} \exp\left[(E_V-\zeta)/kT\right] \quad . \tag{8.8.7}$$

Die räumlichen Dichten $n_D(\vec{r})$ und $n_A(\vec{r})$ der ionisierten Donator- bzw. Akzeptoratome bestimmen zusammen mit den Dichten $n_e(\vec{r})$ und $n_\ell(\vec{r})$ die Raumladungsdichte

$$\rho(\vec{r}) = e[n_D(\vec{r})-n_A(\vec{r})-n_e(\vec{r})+n_\ell(\vec{r})] \tag{8.8.8}$$

im Halbleiter. Das Potential $\varphi(\vec{r})$ ist dann Lösung der Poisson-Gleichung

$$\Delta\varphi = -\frac{e}{\varepsilon_0\varepsilon}[n_D(\vec{r})-n_A(\vec{r})-n_e(\vec{r})+n_\ell(\vec{r})] \quad , \tag{8.8.9}$$

dabei ist ε die Dielektrizitätskonstante des Halbleitermaterials. Durch Einsetzen der Ausdrücke für die Ladungsträgerdichten $n_e(\vec{r})$ und $n_\ell(\vec{r})$ gewinnen wir

$$\Delta\varphi(\vec{r}) = -\frac{e}{\varepsilon_0\varepsilon}\left[-n_{0e}\, e^{e\varphi(\vec{r})/kT} + n_{0\ell}\, e^{-e\varphi(\vec{r})/kT} + n_D(\vec{r}) - n_A(\vec{r})\right] \quad . \tag{8.8.10}$$

Diese Gleichung ist eine komplizierte partielle Differentialgleichung für das Potential φ, deren Lösung im allgemeinen nicht in geschlossener Form angegeben werden kann. Sie beschreibt das Potential im Halbleiter und damit auch die Raumladungsverteilung.

+8.9 Die Grenzfläche zwischen einem p- und einem n-dotierten Halbleiter. pn-Übergang. Schottky-Randschicht

Im Bereich eines pn-Übergangs besteht ein großer Konzentrationsunterschied der Ladungsträger. Der p-Halbleiter besitzt eine im Vergleich zum n-Halbleiter große Löcher- und kleine Elektronenkonzentration. Das führt zu einem Diffusionsstrom, der Ladungsträger in das Gebiet geringerer Konzentration bringt. Elektronen fließen vom n-Leiter in den p-Leiter und damit Löcher vom p-Leiter in den n-Leiter. Dieser Ladungsdurchtritt durch die Grenzfläche führt zu einem positiven Ladungsüberschuß im n-Leiter und einem negativen Ladungsüberschuß im p-Leiter. Dadurch existiert zwischen dem p-Halbleiter und dem n-Halbleiter eine Potentialdifferenz, die *Diffusionsspannung* U_D, die einen Gegenstrom zur Folge hat, der im Gleichgewichtszustand den Diffusionsstrom kompensiert, so daß dann der pn-Übergang stromlos ist.

Zur Berechnung des Potentialverlaufs benutzen wir die Gleichungen des vorigen Abschnitts und nehmen wie früher (Abb.8.17) an, daß die Donator- und Akzeptordichte und die resultierende Störstellendichte

$$n_R(x) = n_D(x) - n_A(x) \tag{8.9.1}$$

nur von einer einzigen Variablen abhängen. Die Poisson-Gleichung vereinfacht sich dann zu der gewöhnlichen Differentialgleichung

$$\frac{d^2}{dx^2}\,\varphi(x) = -\frac{e}{\varepsilon_0\varepsilon}\left[-n_{0e}\,e^{e\varphi(x)/kT} + n_{0\ell}\,e^{-e\varphi(x)/kT} + n_R(x)\right] \quad . \tag{8.9.2}$$

Für die resultierende Dichte $n_R(x)$ der ionisierten Störstellen machen wir in einem einfachen Modell den Ansatz

$$n_R(x) = \begin{cases} n_{0e}\exp\left(-\dfrac{e\varphi_0}{kT}\right) - n_{0\ell}\exp\left(\dfrac{e\varphi_0}{kT}\right) & \text{für} \quad x < -d \\[2ex] n_{0e}\exp\left[\dfrac{e\varphi_0}{2kT}\left(3\dfrac{x}{d} - \dfrac{x^3}{d^3}\right)\right] - n_{0\ell}\exp\left[-\dfrac{e\varphi_0}{2kT}\left(3\dfrac{x}{d} - \dfrac{x^3}{d^3}\right)\right] + 3\varphi_0 x & \\ & \text{für} \quad -d < x < d \\[2ex] n_{0e}\exp\left(\dfrac{e\varphi_0}{kT}\right) - n_{0\ell}\exp\left(-\dfrac{e\varphi_0}{kT}\right) & \text{für} \quad d < x \quad . \end{cases} \tag{8.9.3}$$

Das Verhalten von n_R ist folgendermaßen charakterisiert:

1) Im Bereich $x < -d$ gilt

$$n_R(x) = \text{const.} \quad , \quad n_R(x) < 0, \quad \text{d.h.} \quad n_A > n_D \quad .$$

Die Dichte der ionisierten Akzeptoratome ist größer als die der ionisierten Donatoratome. Der Halbleiter ist ein p-Leiter.

2) Im Bereich $-d > x > d$ variiert $n_R(x)$ von negativen zu positiven Werten. Dieser Bereich ist der pn-Übergang.

3) Im Bereich $d < x$ gilt

$$n_R(x) = \text{const.} \quad , \quad n_R(x) > 0 \quad , \quad \text{d.h.} \quad n_D > n_A \quad .$$

Die Dichte der ionisierten Donatoratome ist größer als die der ionisierten Akzeptoratome. Der Halbleiter ist ein n-Leiter.

Der detaillierte Verlauf der resultierenden Dichte $n_R(x)$ ist in Abb.8.20a dargestellt, er ist näherungsweise linear im Bereich des pn-Übergangs.

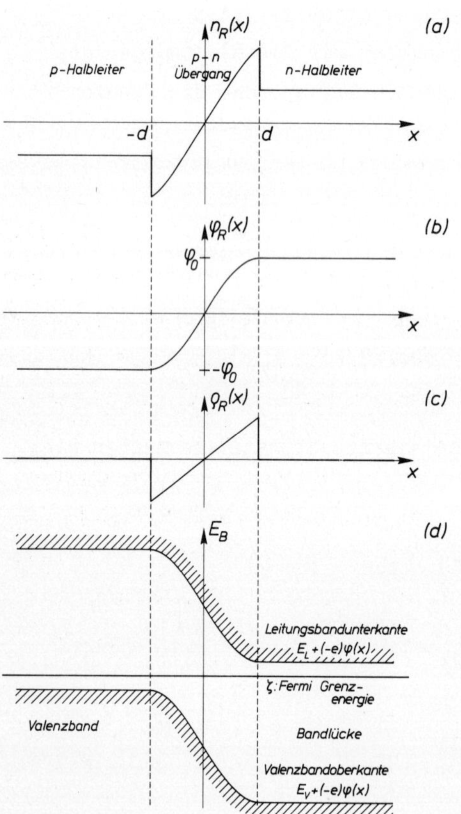

Abb.8.20. Verlauf der Größen $n_R(x)$ (resultierende Dichte der ionisierten Störstellen), $\varphi_R(x)$ (Raumladungspotential), $\rho_R(x)$ (Raumladungsdichte) sowie der Valenzbandoberkante und der Leitungsbandunterkante im Bereich eines pn-Übergangs entsprechend dem Ansatz (8.9.3)

Mit diesem Ansatz hat die Gleichung (8.9.2) eine einfache Lösung für das Potential der Raumladungsdichte

$$\varphi(x) = \begin{cases} -\varphi_0 & \text{für} \quad x \leqq -d \\ \frac{1}{2}\varphi_0\left(3\frac{x}{d} - \frac{x^3}{d^3}\right) & \text{für} \quad -d \leqq x \leqq d \\ \varphi_0 & \text{für} \quad d \leqq x \quad . \end{cases} \tag{8.9.4}$$

Die Abb.8.20b gibt den Verlauf des Potentials wieder. Außerhalb der Übergangsschicht $-d < x < d$ ist das Potential konstant, dazwischen interpoliert sein Verlauf zwischen den Werten $-\varphi_0$ und φ_0. Die Diffusionsspannung in diesem Modell hat den Wert

$$U_D = \varphi(d) - \varphi(-d) = 2\varphi_0 \tag{8.9.5}$$

für die Potentialdifferenz in der pn-Übergangsschicht. Für die Raumladung erhalten wir aus

$$\rho = -\varepsilon\varepsilon_0\Delta\varphi = -\varepsilon\varepsilon_0\frac{d^2}{dx^2}\varphi \tag{8.9.6}$$

den Verlauf

$$\boxed{\rho(x) = \begin{cases} 0 & , \quad x < -d \\ 3\varepsilon\varepsilon_0\varphi_0 x/d^3 & , \quad -d < x < d \\ 0 & , \quad d < x \end{cases}} \quad . \tag{8.9.7}$$

Aus Abb.8.20c entnimmt man tatsächlich, daß für dieses Modell in der Übergangsschicht im p-Leiter $(-d < x < 0)$ eine negative, im n-Leiter $0 < x < d$ eine positive Raumladung auftritt. Die pn-Übergangsschicht, die eine von der Dotierung der Halbleiter abhängige Raumladung trägt, heißt *Schottky-Randschicht*. In unserem Modell ist es der Bereich $-d < x < d$.

Schließlich ist in Abb.8.20d noch der Verlauf der Valenzbandoberkante und der Leitungsbandunterkante im Bereich des pn-Übergangs dargestellt. Im p-Leiter ohne Variation der resultierenden Dichte n_R ionisierter Störstellen sind die Bandkanten E_V, E_L ortsunabhängig, im Bereich des pn-Übergangs ändern sie sich mit dem Ort und sind im Bereich des n-Leiters, in dem n_R konstant ist, wieder ortsunabhängig.

$$E_{V,L}(x) = \begin{cases} E_{V,L} + e\varphi_0 & , \quad x < -d \\ E_{V,L} - e\frac{\varphi_0}{2}\left(3\frac{x}{d} - \frac{x^3}{d^3}\right) & , \quad -d < x < d \\ E_{V,L} - e\varphi_0 & , \quad d < x \end{cases} \tag{8.9.8}$$

+8.10 Halbleiterdiode

Eine Halbleiterdiode ist ein pn-Übergang, dessen Ausdehnung 2d klein gegen die mittlere freie Weglänge λ der Elektronen und Löcher im Halbleiter ist. Wir betrachten der Einfachheit halber einen pn-Übergang, bei dem ein und dasselbe Halbleitermaterial (etwa Silizium) in der linken Hälfte mit Akzeptoren und in der rechten mit Donatoren dotiert ist. An den Enden des Halbleiters seien Zuführungsdrähte aus dem gleichen Metall (etwa Kupfer) angebracht. Auch am Halbleiter-Metall-Übergang treten Raumladungseffekte auf, die dafür sorgen, daß die beiden Enden des so präparierten pn-Übergangs sich auf gleichem Potential befinden. (Wenn man die Halbleiterenden mit dem gleichen Metall beschichtet, tritt beim Verbinden dieser Enden keine Kontaktspannung auf und die beiden Metallbeschichtungen müssen aus Energieerhaltungsgründen das gleiche Potential besitzen). Die ganze Anordnung ist eine Halbleiterdiode. Der Potentialverlauf in der ganzen Anordnung ist in Abb.8.21 wiedergegeben.

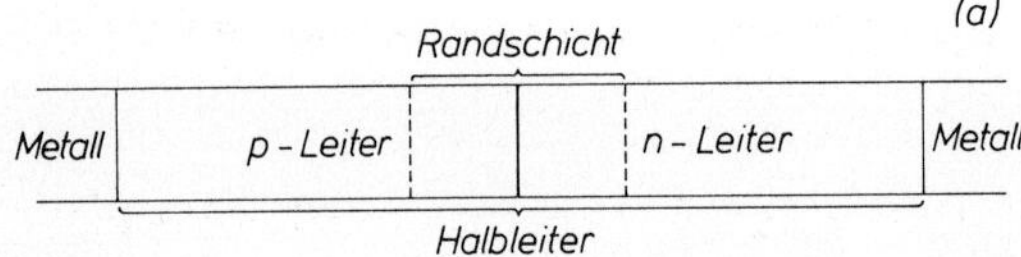

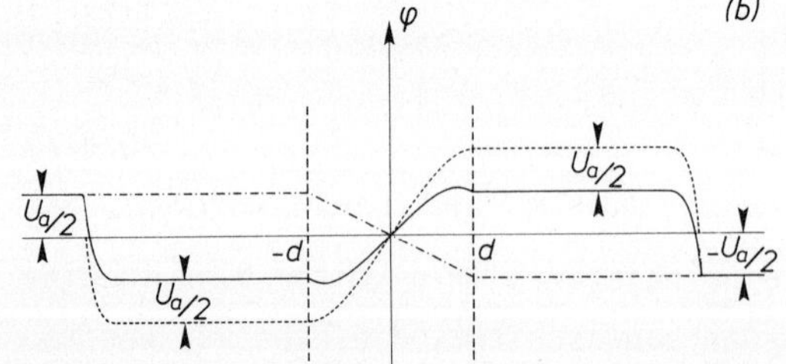

Abb.8.21. (a) Schema einer Halbleiterdiode mit Zuführungen, (b) Potentialverlauf ohne äußere Spannung (gestrichelt) bzw. mit äußerer Spannung (durchgezogen). Der Verlauf des äußeren Potentials, das über der Grenzschicht linear verläuft, ist strichpunktiert eingezeichnet

+8.10.1 Halbleiterdiode in einem Stromkreis ohne äußere Stromquelle

In dieser Halbleiterdiode kann man verschiedene Trägerkonzentrationen betrachten. Für unser Modell finden wir im p-Halbleiterbereich $(x < -d)$ die Elektronenkonzentration

$$n_e(x < -d) = n_{0e}\, e^{-e\varphi_0/kT} \equiv n_{ep} \tag{8.10.1}$$

und die Löcherkonzentration

$$n_\ell(x < -d) = n_{0\ell}\, e^{e\varphi_0/kT} \equiv n_{\ell p} \tag{8.10.2}$$

und im n-Halbleiterbereich ($x > d$) die Elektronenkonzentration

$$n_e(x > d) = n_{0e}\, e^{e\varphi_0/kT} \equiv n_{en} \tag{8.10.3}$$

bzw. die Löcherkonzentration

$$n_\ell(x > d) = n_{0\ell}\, e^{-e\varphi_0/kT} \equiv n_{\ell n} \quad . \tag{8.10.4}$$

Dementsprechend kann man die Ladungsträgerstromdichten in dem geschlossenen Stromkreis betrachten. Sei $\hat{\vec{n}}$ die Normale auf der Berührungsfläche, die von der p- zur n-Schicht zeigt. Dann ist

1) $\vec{j}_{epn} = -\hat{\vec{n}} j_{epn}$ die elektrische Stromdichte, hervorgerufen von den Elektronen, die von der p-Schicht in die n-Schicht,

2) $\vec{j}_{\ell pn} = \hat{\vec{n}} j_{\ell pn}$ die elektrische Stromdichte der Löcher, die von der p-Schicht in die n-Schicht,

3) $\vec{j}_{enp} = \hat{\vec{n}} j_{enp}$ die elektrische Stromdichte der Elektronen, die von der n-Schicht in die p-Schicht und

4) $\vec{j}_{\ell np} = -\hat{\vec{n}} j_{\ell np}$ die elektrische Stromdichte der Löcher, die von der n-Schicht in die p-Schicht fließen.

Die Stromdichte $\vec{j}_{pn}$ von Ladungsträgern aus der p- in die n-Schicht ist dann

$$\vec{j}_{pn} = (\vec{j}_{\ell pn} - \vec{j}_{epn}) \tag{8.10.5}$$

und die von Ladungsträgern aus der n- in die p-Schicht ist

$$\vec{j}_{np} = (\vec{j}_{enp} - \vec{j}_{\ell np}) \quad . \tag{8.10.6}$$

Die Gesamtstromdichte ist

$$\vec{j} = \vec{j}_{pn} + \vec{j}_{np} = (\vec{j}_{\ell pn} - \vec{j}_{epn} - \vec{j}_{\ell np} + \vec{j}_{enp}) \quad . \tag{8.10.7}$$

Alle diese Stromdichten sind im allgemeinen Funktionen der Spannung U_a einer äußeren Stromquelle im Stromkreis. Für den Fall eines Stromkreises ohne äußere Spannung $U_a = 0$ gilt

$$\vec{j} = 0 \quad . \tag{8.10.8}$$

Für jeden einzelnen der 4 Ströme gilt dieselbe Abhängigkeit von der Höhe der zu überwindenden Schwelle der potentiellen Energie wie in (8.2.19) bei der Thermoemission

$$\vec{j} = \vec{j}^{(s)}(T)\, e^{-W/kT} \quad . \tag{8.10.9}$$

Der Sättigungsstrom $\vec{j}^{(s)}$ fließt stets dann, wenn an der Schwelle für die betrachteten Ladungsträger

$$W \leqq 0 \tag{8.10.10}$$

gilt, da dann alle Ladungsträger mit einer positiven Geschwindigkeitskomponente in Stromrichtung die Schwelle überwinden können.

Das Verhalten der vier Teilströme am pn-Übergang hängt völlig von der Änderung der potentiellen Energie beim Durchtritt durch den Übergang ab.

1) Die Potentialschwelle ist für die Elektronen beim Durchtritt von der p- in die n-Schicht, vgl.(8.9.5)

$$W_{epn} = (-e)[\varphi(d)-\varphi(-d)] = -eU_D < 0 \quad . \tag{8.10.11}$$

negativ. Die entsprechende Stromdichte befindet sich somit im Sättigungsbereich

$$\vec{j}_{epn} = \vec{j}^{(s)}_{epn} = -\vec{n}j^{(s)}_{epn} \quad . \tag{8.10.12}$$

2) Die Potentialschwelle für die Löcher ist beim Durchtritt von der p- in die n-Schicht

$$W_{\ell pn} = e[\varphi(d)-\varphi(-d)] = eU_D > 0$$

positiv. Die Löcherstromdichte ist somit im Sperrbereich

$$\vec{j}_{\ell pn} = \vec{j}^{(s)}_{\ell pn}\, e^{-eU_D/kT} = \vec{n}j^{(s)}_{\ell pn}\, e^{-eU_D/kT} \quad . \tag{8.10.13}$$

3) Die Potentialschwelle für die Elektronen ist beim Durchtritt von der n- zur p-Schicht

$$W_{enp} = (-e)[\varphi(-d)-\varphi(d)] = eU_D > 0$$

positiv. Die von ihnen ausgelöste Stromdichte befindet sich im Sperrbereich

$$\vec{j}_{enp} = \vec{j}^{(s)}_{enp}\, e^{-eU_D/kT} = \vec{n}j^{(s)}_{enp}\, e^{-eU_D/kT} \quad . \tag{8.10.14}$$

4) Für die Löcher gilt beim Durchtritt von der n- zur p-Schicht

$$W_{\ell np} = e[\varphi(-d)-\varphi(d)] = -eU_D < 0 \quad .$$

Die Löcherstromdichte von der n- zur p-Schicht ist gesättigt

$$\vec{j}_{\ell np} = \vec{j}^{(s)}_{\ell np} = -\vec{n}j^{(s)}_{\ell np} \quad . \tag{8.10.15}$$

Ohne äußere Spannung gilt nach (8.10.8)

$$0 = \vec{j} = \vec{n}\left(-j^{(s)}_{epn} + j^{(s)}_{\ell pn}\, e^{-eU_D/kT} + j^{(s)}_{enp}\, e^{-eU_D/kT} - j^{(s)}_{\ell np}\right)$$

d.h.

$$\left(j^{(s)}_{\ell pn} + j^{(s)}_{enp}\right) e^{-eU_D/kT} = j^{(s)}_{epn} + j^{(s)}_{\ell np} =: j_s \quad . \tag{8.10.16}$$

In der p-Schicht sind die Löcher die *Majoritäts-*, die Elektronen die *Minoritätsladungsträger*. In der n-Schicht gilt das umgekehrte. Damit bedeutet die obige Beziehung, daß in einer Halbleiterdiode die jeweiligen Minoritätsträger einer Schicht in Durchlaßrichtung fließen, ihre Majoritätsträger in Sperrichtung. Ohne äußere Stromquelle im Kreis heben sich die elektrischen Ströme der Majoritäts- und der Minoritätsträger gegenseitig auf.

+8.10.2 Belastete Halbleiterdiode

Bringt man in den Stromkreis mit einer Halbleiterdiode eine äußere Stromquelle mit der Spannung U_a, so besteht in den metallisierten Enden der Diode die Spannung U_a zwischen dem Potential der p-Schicht und der n-Schicht. Der Ohmsche Widerstand der Metall-Halbleiter-Übergänge und der beiden dotierten Schichten ist klein. Daher fällt praktisch die ganze Spannung U_a am pn-Übergang ab. Die Spannung zwischen p-Schicht ($x < -d$) und n-Schicht ($x > d$) (außerhalb des pn-Übergangs) beträgt jetzt (Abb.8.21)

$$U = U_D + U_a \quad . \tag{8.10.17}$$

Falls der Bereich des pn-Überganges klein gegen die mittlere freie Weglänge λ der Ladungsträger ist

$$2d \ll \lambda \quad , \tag{8.10.18}$$

ist die von den Majoritätsladungsträgern (Löcher in pn-Richtung, Elektronen in np-Richtung) zu überwindende Energieschwelle gerade eU, die Details des Potentialverlaufs in der pn-Schicht spielen dann keine Rolle. [Das ist eine nachträgliche Rechtfertigung dafür, daß wir den einfachen Ansatz (8.9.3) benutzen dürfen]. Der Strom der Minoritätsträger bleibt für nicht zu große Spannungen im Sättigungsbereich. Es gilt

$$1) \quad \vec{j}_{epn}(U_a) = -\vec{n} j^{(s)}_{epn} \tag{8.10.19a}$$

$$2) \quad \vec{j}_{\ell pn}(U_a) = \vec{n} j^{(s)}_{\ell pn} \exp\left[-\frac{e(U_D+U_a)}{kT}\right] \tag{8.10.19b}$$

$$3)\quad \vec{j}_{enp}(U_a) = \vec{n}j^{(s)}_{enp} \exp\left[-\frac{e(U_D+U_a)}{kT}\right] \tag{8.10.19c}$$

$$4)\quad \vec{j}_{\ell np}(U_a) = -\vec{n}j^{(s)}_{\ell np} \quad . \tag{8.10.19d}$$

Für die Gesamtstromdichte in der Halbleiterdiode erhalten wir

$$\begin{aligned}\vec{j}(U_a) &= \vec{j}_{\ell pn}(U_a) + \vec{j}_{enp}(U_a) + \vec{j}_{epn}(U_a) + \vec{j}_{\ell np}(U_a)\\ &= \vec{n}\left(j^{(s)}_{\ell pn}+j^{(s)}_{enp}\right)e^{-e(U_D+U_a)/kT} - \vec{n}\left(j^{(s)}_{epn}+j^{(s)}_{\ell np}\right) \quad .\end{aligned}$$

Wegen der Bedingung der Stromlosigkeit (8.10.16) für verschwindende äußere Spannung finden wir für die resultierende Stromdichte

$$\boxed{\vec{j}(U_a) = \vec{n}j_s\left(e^{-eU_a/kT} - 1\right)} \quad . \tag{8.10.20}$$

Durch Integration über den Querschnitt des pn-Übergangs gewinnt man den Strom I, der von der p- zur n-Schicht fließt,

$$I(U_a) = I_s\left(e^{-eU_a/kT} - 1\right) \quad . \tag{8.10.21}$$

Dieser Zusammenhang zwischen Strom und Spannung beschreibt die Kennlinie der Halbleiterdiode. Für hohe positive Spannung $U_a \gg kT/e$ erreicht die Stromdichte durch die Halbleiterdiode die Sperrstromdichte

$$\vec{j}_s = \vec{j}\left(U_a \gg \frac{kT}{e}\right) = -\vec{n}j_s \quad . \tag{8.10.22}$$

Der Verlauf der Kennlinie ist in Abb.8.22 dargestellt. Für verschwindende äußere Spannung $U_a = 0$ verschwindet der Strom durch die Diode wie es (8.10.8) verlangt. Für negative Spannungen steigt er exponentiell an, für positive Spannungen fällt er exponentiell auf den entgegengesetzt fließenden Sperrstrom I_s ab.

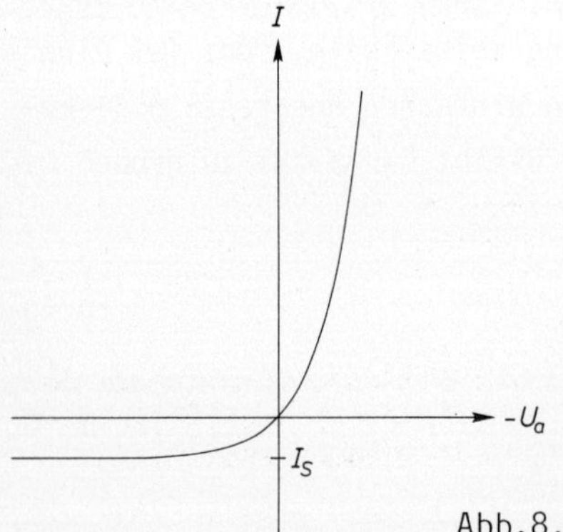

Abb.8.22. Kennlinie (8.10.21) einer Halbleiterdiode

8.11 Bipolare Transistoren

Die Vakuumdiode ließ sich durch Einbau einer weiteren Elektrode, des Gitters, zur Triode erweitern, in der der Anodenstrom nicht nur durch die Anodenspannung sondern auch durch die Gitterspannung gesteuert werden kann. Eine ähnliche Erweiterung ist auch bei der Halbleiterdiode möglich. Man erzeugt in einem p-leitenden Halbleiterkristall eine relativ dünne n-leitende Zone bzw. in einem n-Leiter eine p-leitende Zone und versieht alle drei Gebiete mit metallischen Anschlüssen. Die so erhaltenen Geräte heißen *pnp-Transistor* bzw. *npn-Transistor*. Im Gegensatz zu den Feldeffekt-Transistoren, die wir im Abschnitt 8.12 besprechen, bezeichnet man Transistoren dieser Bauart als *bipolar*, weil am Stromfluß im Transistor, wie in der Diode, beide Ladungsträgerarten (Elektronen und Löcher) beteiligt sind.

Abbildung 8.23 zeigt das Schema des Aufbaus dieser Transistoren. Wir werden hier nur das Verhalten des pnp-Transistors untersuchen. Für den npn-Transistor gelten alle Argumente in analoger Weise. Ein Transistor wird, wie in Abb.8.24 skizziert, an zwei äußere Spannungsquellen angeschlossen. Die mittlere Halbleiterzone heißt *Basis*, die äußeren *Emitter* bzw. *Kollektor*. Dabei nimmt das Potential beim pnp-Transistor vom Emitter zum Kollektor ab (beim npn-Transistor zu).

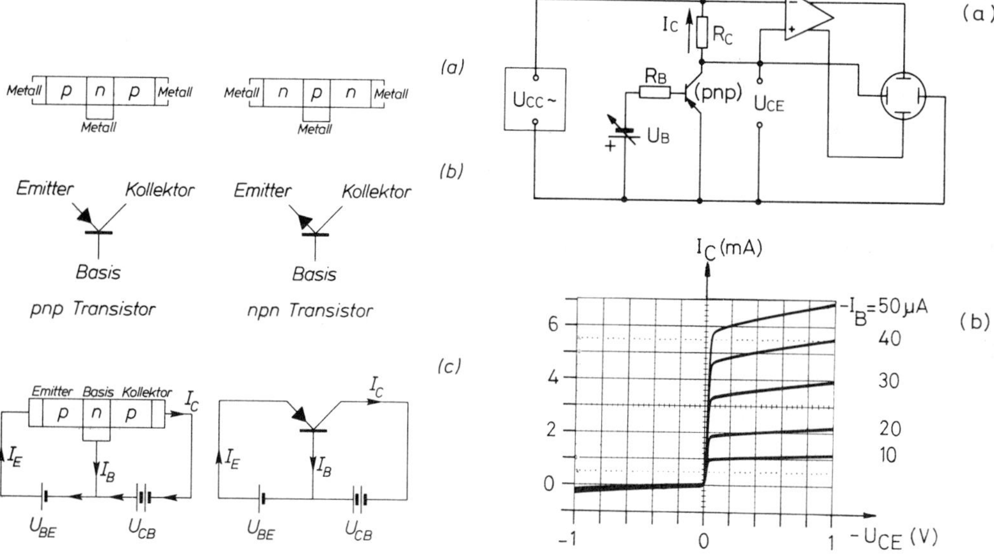

Abb.8.23. pnp-Transistor und npn-Transistor schematisch (a) und als Schaltsymbole (b). Beschaltung eines pnp-Transistors (c)

Abb.8.24. Schaltung zur Aufnahme der I_C-U_{CE} Kennlinie eines pnp-Transistors (a) und zugehöriges Oszillogramm (b)

8.11.1 Kennlinienfeld des pnp-Transistors

Experiment 8.8. Transistorkennlinie

Mit der Schaltung Abb.8.24a nehmen wir die Kennlinie für die Abhängigkeit des Kollektorstromes I_C von der Kollektor-Emitter-Spannung U_{CE} für verschiedene Werte der Basis-Emitter-Spannung U_{BE} auf. Wir beobachten, daß ein Kollektorstrom I_C fließt, wenn U_{CE} und gleichzeitig U_{BE} negativ sind. Bei festem Wert von U_{CE} ist der Kollektorstrom I_C um so größer, je stärker negativ die Basis-Emitter-Spannung U_{BE} ist (Abb.8.24b,8.25).

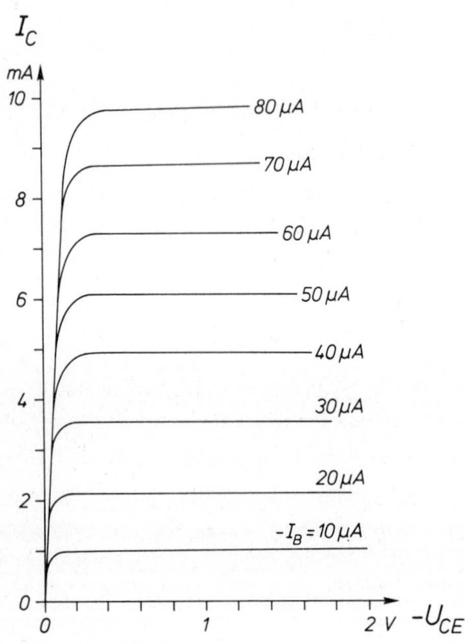

Abb.8.25. Kennlinienfeld eines pnp-Transistors mit Basisstrom als Parameter

Bei einer ersten qualitativen Erklärung brauchen wir uns nur auf die einfache Gleichrichtereigenschaft des pn-Übergangs zu stützen, wie sie im Abschnitt 8.7 dargestellt ist. Wir fassen den Transistor als zwei hintereinandergeschaltete pn-Übergänge auf, nämlich die Emitter-Basis-Diode, die für $U_{BE} < 0$ durchlässig ist, und die Basis-Kollektor-Diode. Obwohl die Durchlaßrichtung dieser Diode vom Kollektor zur Basis zeigt und ein Strom in dieser Richtung für $U_{CB} > 0$ fließen sollte, beobachten wir einen Strom in umgekehrter Richtung für $U_{CB} < 0$, allerdings nur wenn die Emitter-Basis-Diode Strom führt. In diesem Fall treten positive Ladungsträger (Löcher) aus dem Emitter in die Basis über. Dadurch treten im Basismaterial, das eigentlich n-leitend ist, auch Löcher auf. Für diese ist jedoch der np-Übergang der Basis-Kollektor-Diode kein Hindernis, wenn $U_{CB} < 0$. Sie werden von dem stärker negativen Kollektorpotential angezogen und bilden den Kollektorstrom. Ein Teil der in die Basis übergetretenen Löcher fließt jedoch als Basisstrom auch direkt durch den Anschluß der Basis ab. Diese Deutung erklärt auch, daß der Kollektorstrom um so stärker ist, je stärker der Zufluß von Ladungsträgern aus dem Emitter zur Basis, je stärker negativ also die Basis-Emitter-Spannung ist. Voraussetzung für das Funktionieren des Transistors ist die geringe Dicke der Basis. Wäre sie wesentlich stärker als die mittlere freie Weglänge der Löcher, so würden diese durch die im Basismaterial überwiegenden Elektronen neutralisiert und könnten nicht bis zum Kollektor gelangen.

8.11.2 Transistor als Verstärker

Der Transistor kann nun analog zur Triode als Verstärker benutzt werden.

Experiment 8.9. Transistorverstärker

Für den in Abb.8.26a skizzierten Transistorverstärker benutzen wir zur Abwechslung einen npn-Transistor. Die Gleichspannung U_{CC} ist durch den Spannungsteiler R_1, R_2 so unterteilt, daß $U_{CB} > 0$ und $U_{BE} > 0$ und sowohl ein Basis- wie auch ein Kollektorstrom mittlerer Größe fließt. Durch Veränderung der Basis-Emitter-Spannung mit einer von außen angelegten Eingangsspannung U_{ein} wird der Basisstrom und in verstärktem Maße der Kollektorstrom verändert. Das führt zu einer Veränderung des Spannungsabfalls am Kollektorwiderstand. An ihm oder wie in unserer Schaltung direkt am Transistor kann die Ausgangsspannung des Verstärkers abgegriffen werden. In Abb. 8.26b sind Ein- und Ausgangsspannung in ihrem zeitlichen Verlauf auf einem Oszillographen dargestellt.

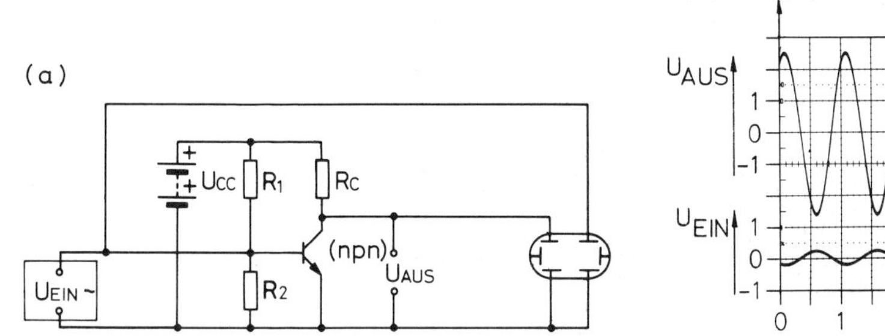

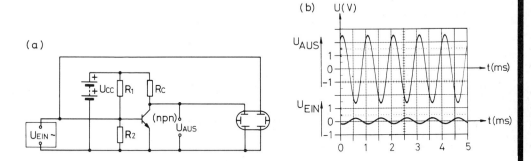

Abb.8.26. npn-Transistor in Verstärkerschaltung (a) und Oszillogramm von Ein- und Ausgangsspannung (b)

+8.11.3 Schematische Berechnung der Transistorkennlinien

Zur quantitativen Diskussion der Eigenschaften des pnp-Transistors kehren wir zurück zur Schaltung in Abb.8.23c. Der in dem Emitter fließende Strom

$$I_E = I_B + I_C \tag{8.11.1}$$

teilt sich in einen Strom I_B durch den Basiskreis und einen Strom I_C durch den Kollektorkreis.

Der Emitterstrom wird in Abhängigkeit von der Basis-Emitter-Spannung U_{BE} durch die Diodenkennlinie (8.10.21)

$$I_E(U_{BE}) = I_E^{(s)}\left(e^{-eU_{BE}/kT} - 1\right) \tag{8.11.2}$$

gegeben. Ist das Potential der Basis stark positiv gegenüber dem des Emitters, d.h. ist $U_{BE} \gg 0$, so fließt nur der Sperrstrom $I_E^{(s)}$ in der Emitter-Basis-Diode.

Die Kennlinie der Kollektor-Basis-Diode unterscheidet sich von der einer einzelnen Diode dadurch, daß für verschwindende Kollektor-Basis-Spannung $U_{CB} = 0$ die Bedingung $\vec{j} = 0$ für die Kollektor-Stromdichte $\vec{j}_C(U_{CB}, j_E)$ durch die Diode durch

$$\vec{j}_C(0, j_E) = \vec{j}_{C0}(j_E) \tag{8.11.3}$$

zu ersetzen ist, weil auch ohne Anlegen einer äußeren Kollektor-Basis-Spannung ein Teil der Ladungsträger, die in die Basis eingedrungen sind, durch den Kollektor abfließt. Sie bilden die Stromdichte $\vec{j}_{C0}$. Insgesamt ergibt sich dann für die Kollektor-Diode die Bedingung für $U_{CB} = 0$ — vgl. (8.10.16) —

$$j_{C0} = -j_{enp}^{(Cs)}\, e^{-eU_D/kT} + j_{\ell np}^{(Cs)} + j_{epn}^{(Cs)} - j_{\ell pn}^{(Cs)}\, e^{-eU_D/kT} \quad . \tag{8.11.4}$$

Dabei ist U_D die Diffusionsspannung, d.h. die Höhe der Potentialschwelle der Basis-Kollektor-Diode (da wir die Richtung $\hat{\vec{n}}$, bezüglich der wir den Strom angeben, im Vergleich zu (8.10.16) nicht ändern, bezüglich dieser Richtung aber nun die n-leitende Zone vor der p-leitenden liegt, sind die Vorzeichen in (8.11.4) und (8.10.16) verschieden). Die Stromdichte für $U_{CB} \neq 0$ ist dann

$$\begin{aligned} j_C(U_{CB}) &= j_{\ell np}^{(Cs)} + j_{epn}^{(Cs)} - \left(j_{enp}^{(Cs)} + j_{\ell pn}^{(Cs)}\right) e^{-e(U_D - U_{CB})/kT} \\ &= j_{\ell np}^{(Cs)} + j_{epn}^{(Cs)} - \left(j_{\ell np}^{(Cs)} + j_{epn}^{(Cs)} - j_{C0}\right) e^{eU_{CB}/kT} \\ &= j_{C0} + \left(j_{enp}^{(Cs)} + j_{\ell pn}^{(Cs)}\right) e^{-eU_D/kT}\left(1 - e^{eU_{CB}/kT}\right) \quad . \end{aligned} \tag{8.11.5}$$

Im Gegensatz zu (8.10.19) muß im Exponenten die Spannung $U_D - U_{CB}$ eingesetzt werden, da U_D nach wie vor die Diffusionsspannung zwischen n-Leiter und p-Leiter ist, die äußere Spannung ist jedoch $-U_{CB}$. Nun ist der Strom der Majoritätsträger, d.h. der Strom der Elektronen aus der Basis in den Kollektor und der gleichgerichtete Strom der Löcher aus dem Kollektor in die Basis klein, da die Basis-Kollektor-Diode in dieser Richtung sperrt. Es gilt

$$\left(j_{enp}^{(Cs)}+j_{\ell pn}^{(Cs)}\right)e^{-eU_D/kT} \begin{cases} \ll j_{\ell np}^{(Cs)} + j_{epn}^{(Cs)} , \\ \ll j_{CO} , \end{cases} \tag{8.11.6}$$

so daß die in der Klammer auftretende Differenz

$$j_{\ell np}^{(Cs)} + j_{epn}^{(Cs)} - j_{CO} \ll j_{\ell np}^{(Cs)} + j_{enp}^{(Cs)} \tag{8.11.7}$$

ist.

Damit ist der Kollektorstrom I_C, den man nach Integration über den Transistorquerschnitt erhält,

$$I_C(U_{CB}) = I_C^{(s)} - \left(I_C^{(s)} - I_{CO}\right)e^{eU_{CB}/kT}$$

$$= I_{CO} + I_G\left(1 - e^{eU_{CB}/kT}\right) = I_C^{(s)} - I_G\, e^{eU_{CB}/kT} . \tag{8.11.8}$$

Dabei ist

$I_C^{(s)} = I_{\ell np}^{(Cs)} + I_{epn}^{(Cs)}$ der Sperrstrom der Basis-Kollektor-Diode, der auch bei hohen positiven Kollektor-Basis-Spannungen fließt,

I_{CO} der Kollektorstrom für verschwindende Basiskollektorspannung und

$I_G = \left(I_{enp}^{(Cs)}+I_{\ell pn}^{(Cs)}\right)e^{-eU_D/kT}$ der Gegenstrom der Majoritätsträger für $U_{CB} = 0$ in der Kollektordiode.

Für verschwindende Kollektor-Basis-Spannung liefert (8.11.8)

$$I_{CO} = I_C^{(s)} - I_G , \quad U_{CB} = 0 \tag{8.11.9}$$

und es gilt aufgrund von (8.11.6) die Abschätzung

$$I_G = I_C^{(s)} - I_{CO} \ll \begin{cases} I_C^{(s)} \\ I_{CO} \end{cases} . \tag{8.11.10}$$

Dann gilt für negative Spannung

$$I_C \approx I_C^{(s)} \approx I_{CO} , \quad U_{CB} < 0 , \tag{8.11.11}$$

d.h. der Kollektorstrom ist praktisch konstant. Für positive Kollektor-Basis-Spannung steigt die Exponentialfunktion in (8.11.8) schnell an und der Kollektorstrom fällt rasch auf Null ab.

Der Gegenstrom I_G der Majoritätsträger in der Basis-Kollektor-Diode ist in guter Näherung von der Größe des Emitterstromes, der Löcher in die Basis injiziert, unabhängig, d.h.

$$I_G = \text{const.} \quad . \tag{8.11.12}$$

Dagegen ist der Strom $I_C^{(s)}$, der die Basis-Kollektor-Diode in Sperrichtung, d.h. in Basis-Kollektor-Richtung durchfließt, in guter Näherung dem Emitterstrom proportional

$$I_C^{(s)} = \alpha I_E \quad , \quad \alpha < 1 \quad , \tag{8.11.13}$$

denn er wird von den Löchern getragen, die der Emitter in die Basis injiziert. Dabei ist α eine im wesentlichen vom Aufbau des Transistors bestimmte Konstante. Wir erhalten so als Kennlinie des Kollektorstromes in Abhängigkeit von Emitterstrom I_E und Kollektor-Basis-Spannung

$$\begin{aligned} I_C(I_E,U_{CB}) &= \alpha I_E - I_G\, e^{eU_{CB}/kT} \\ &= \alpha\left(1 - \frac{I_G}{\alpha I_E}\, e^{eU_{CB}/kT}\right) I_E = \alpha_1 I_E \end{aligned} \tag{8.11.14}$$

mit

$$\alpha_1(I_E,U_{CB}) = \alpha\left(1 - \frac{I_G}{\alpha I_E}\, e^{eU_{CB}/kT}\right) .$$

Da im allgemeinen

$$I_G \ll I_E$$

gilt, ist der Kollektorstrom I_C unabhängig von der Kollektor-Basis-Spannung und proportional zum Emitterstrom

$$I_C \approx \alpha_1 I_E \quad . \tag{8.11.15}$$

Das Kennlinienfeld des Kollektorstromes in Abhängikeit von der Kollektor-Emitter-Spannung

$$U_{CE} = U_{CB} + U_{BE} \tag{8.11.16}$$

für konstanten Basisstrom

$$I_B = I_E - I_C \tag{8.11.17}$$

gewinnt man aus (8.11.14) durch Einsetzen von (8.11.16)

$$I_C = \alpha I_E - I_G \exp\left[\frac{e(U_{CE}-U_{BE})}{kT}\right] \quad . \tag{8.11.18}$$

Mit Hilfe von (8.11.2) findet man

$$I_C = \alpha I_E - \left(\frac{I_E}{I_E^{(s)}} + 1\right) I_G \, e^{eU_{CE}/kT} \tag{8.11.19}$$

und damit durch Einführung des Basisstromes an Stelle des Emitterstromes schließlich I_C als Funktion von I_B

$$I_C = \frac{\alpha_2}{1-\alpha_2} I_B - \frac{e^{eU_{CE}/kT}}{1-\alpha_2} I_G \quad . \tag{8.11.20}$$

Die Größe α_2 ist abhängig von der Emitter-Kollektor-Spannung

$$\alpha_2(U_{CE}) = \alpha - \frac{I_G}{I_E^{(s)}} e^{eU_{CE}/kT} \quad . \tag{8.11.21}$$

Da α nur wenig kleiner als Eins ist, ist die Differenz

$$1 - \alpha_2 = 1 - \alpha + \frac{I_G}{I_E^{(s)}} e^{eU_{CE}/kT} \tag{8.11.22}$$

auf die Spannung U_{CE} empfindlich, so daß damit die etwas größere Abhängigkeit des Kollektorstromes von der Kollektor-Emitter-Spannung bei konstantem Basisstrom deutlich wird. Ein Kennlinienfeld dieser Art ist in Abb.8.27 dargestellt. Für

$$I_B = \frac{I_G}{\alpha_2} \exp \frac{eU_{CE}}{kT} \tag{8.11.23}$$

verschwindet der Kollektorstrom. Für kleinere Werte des Basisstromes sperrt der Transistor den Kollektorstrom.

Das Verhältnis von Kollektorstrom I_C zum Basisstrom $I_B = I_E - I_C$ nennt man den *Stromverstärkungsfaktor*

$$\beta = \frac{I_C}{I_B} \approx \frac{\alpha}{1-\alpha} \quad . \tag{8.11.24}$$

Der Wert von β ist in guter Näherung konstant für $U_{CE} < U_{BE} < 0$, wie man aus (8.11.20) abliest. Falls der Transistor so konstruiert ist, daß α sich nur wenig von Eins unterscheidet, erreicht der Stromverstärkungsfaktor Werte

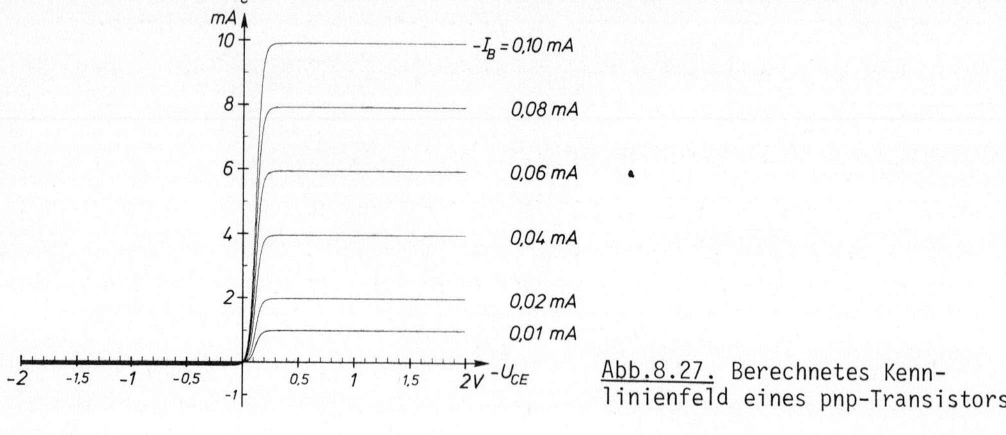

Abb.8.27. Berechnetes Kennlinienfeld eines pnp-Transistors

$$\beta \gg 1 \quad . \tag{8.11.25}$$

Dann ist ein Transistor ein elektrisches Schaltelement, das zur Verstärkung von Strömen geeignet ist. Durch den Einbau von Ohmschen Widerständen in die verschiedenen Stromkreise eines Transistor-Kreises können natürlich die Stromverstärkungen in Spannungsverstärkungen umgesetzt werden.

8.12 Feldeffekttransistoren

8.12.1 Wirkungsweise und Kennlinien verschiedener Feldeffekttransistoren

Bei dem bisher betrachteten (bipolaren) Transistor erfolgte die Steuerung des Kollektorstromes durch Veränderung des Basisstromes. Damit war die Steuerung nicht ohne Leistung möglich. Beim *Feldeffekttransistor* (FET) wird dagegen der Strom, ähnlich wie bei einer Vakuumröhre, durch die Spannung an einer Steuerelektrode beeinflußt, ohne daß durch diese ein nennenswerter Strom fließt, so daß im Steuerkreis praktisch keine Leistung aufgebracht werden muß.

Man unterscheidet zwei grundsätzlich verschiedene technische Ausführungen der Feldeffekttransistoren. Es sind der *Sperrschicht-Feldeffekttransistor* und der *Isolierschicht-Feldeffekttransistor*. Da beim Isolierschicht-FET die metallische Steuerelektrode gewöhnlich durch eine Siliziumdioxidschicht vom Siliziumhalbleiter isoliert ist, hat sich die Bezeichnung *MOSFET* d.h. Metall-Oxid-Silizium-FET eingebürgert.

Wir beschränken uns hier darauf, Aufbau und Arbeitsweise der verschiedenen Feldeffekttransistoren qualitativ zu diskutieren. Die Berechnung der Kennlinien aus dem Bändermodell unterbleibt aus Platzgründen.

8.12.2 Sperrschicht-Feldeffekt-Transistoren

Der Aufbau eines Sperrschicht-FET ist in Abb.8.28a skizziert. An den Stirnseiten eines länglichen n-leitenden Siliziumkristalls sind zwei Metallelektroden aufgebracht. Außerdem enthält der Kristall seitlich eine p-leitende Insel, die durch Eindiffusion von Akzeptoren erzeugt wurde. Auch sie kann über eine Metallelektrode mit äußeren Schaltkreisen verbunden werden. Die Elektroden heißen Quelle, Senke und Tor. Zur Abkürzung benutzen wir die aus der englischsprachigen Literatur stammenden Symbole S (source), D (drain) und G (gate). An den Elektroden von Quelle und Tor liegt die Spannung U_{GS}. In diesem Stromkreis, dem Torkreis, wirkt der Transistor wie eine pn-Diode. Für negative Torspannung U_{GS} befindet sich die Diode im Sperrbetrieb. Ganz entsprechend Abb.8.17 bildet sich im n-Leiter ein Bereich aus, in dem eine positive Überschußladung existiert, die (wenigstens zum Teil) aus ionisierten (ortsfesten) Donatoren besteht und deshalb nicht beweglich ist. Wenn man den n-Leiter im Vergleich zum p-Leiter deutlich geringer dotiert, wird die Ausdehnung der von Leitungselektronen entvölkerten Zone weit in den n-Leiter hineinreichen und stark von der Torspannung U_{GS} abhängen. Damit ist der Querschnitt des n-leitenden Bereiches, des sogenannten n-Kanals, zwischen p-Schicht und Wand im n-Leiter und damit der Widerstand des n-Kanals eine Funktion der Torspannung. Dieser Effekt ermöglicht die Benutzung des Sperrschicht-FET als Steuerelement in Schaltkreisen. Dabei ist der Sperrschicht-FET bezüglich Quelle und Senke symmetrisch. Die Senke ist jeweils diejenige der beiden Elektroden, die bezüglich der Quelle auf positiver Spannung liegt. Das Tor muß sich bezüglich der Quelle auf negativer Spannung befinden, da sonst ein Strom im Torkreis fließt. Abbildung 8.29 enthält die Kennlinienfelder eines n-Kanal-Sperrschicht-FET.

Natürlich kann man auch einen p-Kanal-Sperrschicht-FET herstellen, bei dem ein n-leitender Torbereich in einem p-leitenden Siliziumkristall existiert. Die Leitung zwischen Quelle und Senke wird dann durch die Löcher im Kristall bewerkstelligt (Abb.8.28c). Beim Betrieb des p-Kanal-FET sind im Vergleich zum n-Kanal-FET alle Spannungen umzukehren. In den Abbildungen 8.28b und d sind die Schaltsymbole der Sperrschicht-FETs widergegeben. Der Pfeil am Tor-Anschluß gibt jeweils die Durchlaß-Richtung der Quelle-Tor-Diode an.

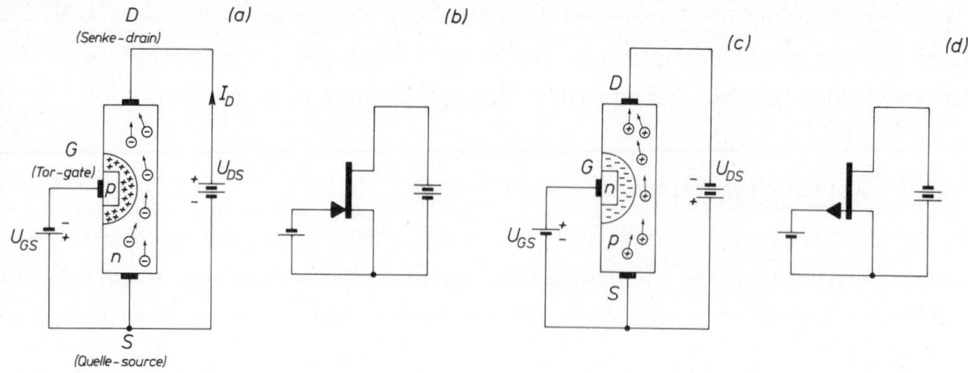

Abb.8.28. Schema eines n-Kanal-Sperrschicht-FET mit angelegten Spannungen (a) und Darstellung des gleichen Stromkreises mit FET-Schaltsymbol (b) sowie entsprechende Darstellungen für einen p-Kanal-Sperrschicht-FET (c) bzw. (d)

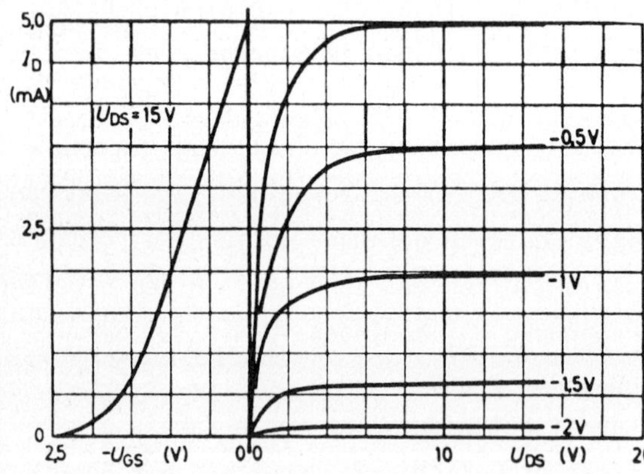

Abb.8.29. Kennlinienfelder eines n-Kanal-Sperrschicht-FET

8.12.3 Metall-Oxid-Silizium-Feldeffekttransistoren

Der MOSFET unterscheidet sich vom Sperrschicht-FET ganz wesentlich durch die andere Ausführung und Wirkungsweise des Tores. Man unterscheidet vier Typen

1) den p-Kanal MOSFET vom Anreicherungstyp,
2) den n-Kanal MOSFET vom Anreicherungstyp,
3) den p-Kanal MOSFET vom Verarmungstyp,
4) den n-Kanal MOSFET vom Verarmungstyp.

Beim p-Kanal-Anreicherungs-MOSFET werden zwei p-leitende Bereiche in einen n-leitenden Siliziumkristall, das *Substrat*, eindiffundiert, wie in Abb.8.30 veranschaulicht. Die beiden p-leitenden Bereiche sind mit Metallelektroden versehen, über die sie an den Stromkreis angeschlossen werden. Einer von ihnen

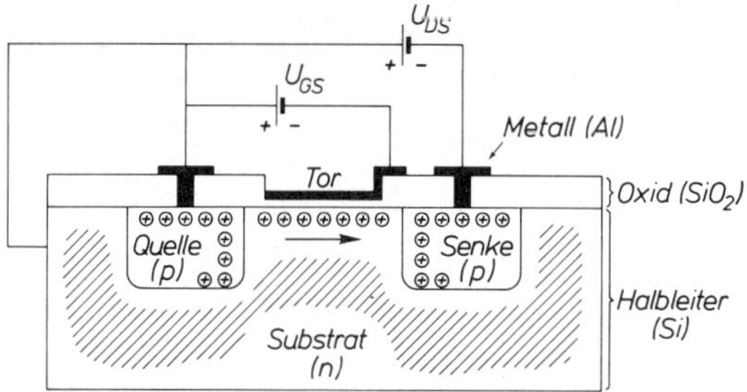

Abb.8.30. Querschnitt durch einen p-Kanal-MOSFET vom Anreicherungstyp mit äußeren Stromkreisen

ist leitend mit dem Substrat verbunden und heißt *Quelle*, der andere *Senke*. Zwischen beiden wird auf das Substrat eine dünne isolierende Siliziumdioxidschicht aufgebracht und darüber eine metallische *Torelektrode*. Die pnp-Anordnung von Quelle, Substrat und Senke darf keinesfalls mit einem bipolaren pnp-Transistor verwechselt werden, da die n-leitende Substrat-Schicht des MOSFET wesentlich länger ist als die Basis eines bipolaren pnp-Transistors. Tatsächlich ist die pnp-Anordnung aus Quelle, Substrat und Senke eine Gegeneinanderschaltung zweier Dioden, die in keiner Richtung einen nennenswerten Stromfluß erlaubt. An der Grenze zum Siliziumdioxid treten Elektronen vom Oxid in den Siliziumkristall über, dadurch tritt eine Verformung von Leitungs- und Valenzband im Halbleiter auf. Die Zahl der freien Elektronen im Leitungsband ist in der Nähe der Grenzschicht größer als im Rest des Kristalls. Durch Anlegen einer äußeren Spannung zwischen Torelektrode und Substrat kann die Verformung der Bänder beeinflußt werden. Positive Torspannungen erhöhen die Konzentration an Leitungselektronen weiter, negative Torspannungen vermindern sie und können, wenn sie genügend stark sind, sogar zu einem Überschuß an Löchern in der Grenzzone führen. Ist dies der Fall, so besteht die Anordnung in der Nähe der Grenzfläche zum Oxid aus drei p-leitenden Bereichen: Sie ist nicht sperrend sondern leitend. Ihre Leitfähigkeit hängt von der Löcherkonzentration ab und kann damit durch die Torspannung gesteuert werden, da die Löcherkonzentration im Kanal nahe der Isolierschicht durch negative Torspannungen U_{GS} angereichert wird. Da die Siliziumdioxidschicht zwischen Substrat und Tor sehr gut isoliert, fließt im Torkreis nur ein äußerst geringer Strom. Dies ist eine der wesentlichen Eigenschaften des MOSFET.

Ein Blick auf Abb.8.30 zeigt, daß sowohl die p-leitenden Bereiche von Quelle und Senke als auch die Oxid-Schicht und die Metallelektroden durch entsprechende Bearbeitung (Eindiffusion von Dotierungsatomen bzw. Oxydation bzw. Bedampfung mit Metall durch entsprechende Masken) von nur einer Seite des Substrat-Kristalls aufgebracht werden können. Durch Verwendung entsprechender Masken können dann auch sehr viele MOSFETs zusammen mit ihren metallischen Verbindungsleitungen auf einem Kristall angebracht werden: die

MOSFET-Technik erlaubt die Herstellung *integrierter Schaltungen* auf kleinem Raum. (Man erreicht Packungsdichten von 50 000 MOSFETs pro cm^2 und mehr.)

Abbildung 8.31a zeigt noch einmal den Anreicherungs-p-Kanal MOSFET und sein Schaltsymbol. In Abb.8.31b ist ein weiterer Transistor dargestellt und zwar ein Verarmungs-p-Kanal MOSFET. Hier besteht zwischen den p-leitenden Zonen von Quelle und Senke ein schmaler p-leitender Kanal unter der Torelektrode, aus dem jedoch durch Anlegen einer positiven Spannung U_{GS} an das Tor die Löcher teilweise oder ganz verdrängt werden können, so daß die Leitfähigkeit des Kanals wiederum eine Funktion der Torspannung ist. Die n-Kanal MOSFETs beider Typen sind in Abb.8.31c und d wiedergegeben. In den Schaltsymbolen ist der Anreicherungstyp durch einen durchbrochenen, der Verarmungstyp durch einen durchlaufenden Balken gekennzeichnet. Die Pfeilrichtung macht eine Aussage über die Ladungsträger im Leitungskanal. (Sie gibt die Durchlaßrichtung der Diode aus Quelle und Substrat an.)

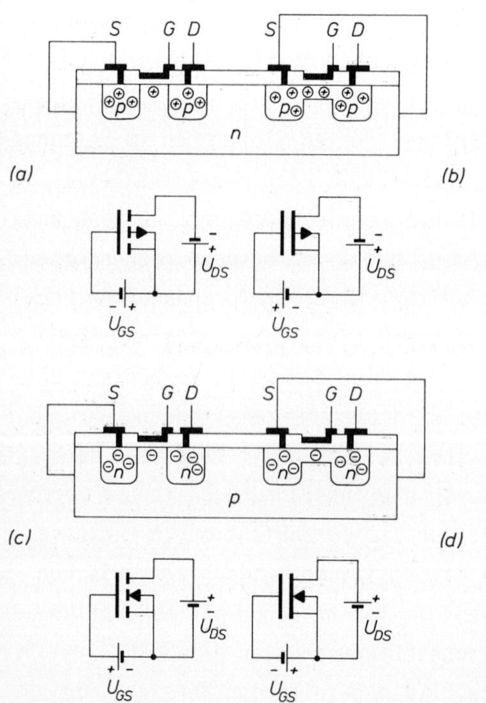

Abb.8.31. Querschnitte und Schaltsymbole des (a) Anreicherungs-p-Kanal-MOSFET, (b) Verarmungs-p-Kanal-MOSFET, (c) Anreicherungs-n-Kanal-MOSFET, (d) Verarmungs-n-Kanal-MOSFET

9. Das magnetische Induktionsfeld des stationären Stromes. Lorentz-Kraft

In den letzten Kapiteln haben wir uns ausführlich mit elektrischen *Leitungsvorgängen* beschäftigt, insbesondere den Mechanismen, die die Existenz des elektrischen Stromes ermöglichen. Wir wenden uns jetzt der *magnetischen* Wirkung des Stromes zu. Darunter verstehen wir die Tatsache, daß zwei Ströme sich gegenseitig durch (magnetische) Kräfte beeinflussen, ähnlich wie zwei Ladungen (Coulomb-)Kräfte aufeinander ausüben. Man kann die Gesetze der magnetischen Erscheinungen und ihrer engen Verknüpfung mit den elektrischen aus den im nächsten Abschnitt beschriebenen Experimenten ableiten, und auch wir werden zunächst diesen Weg gehen. Daraus könnte jedoch der Eindruck entstehen, daß das magnetische Feld eines Stromes, der ja aus bewegten Ladungen besteht, zusätzlich zum elektrostatischen Feld dieser Ladungen bestünde und von letzterem grundsätzlich verschieden sei.

Tatsächlich können wir aber mit Hilfe der Lorentztransformationen der schon im Band I eingeführten speziellen Relativitätstheorie recht leicht zeigen, daß das Feld einer bewegten Ladung als Summe eines elektrischen und eines magnetischen Feldes beschrieben werden muß. Diese Zusammenführung von Elektrizität und Magnetismus zu einer einheitlichen Theorie des *Elektromagnetismus* ist eine der größten Leistungen der Physik. Wir werden sie am oben erwähnten Beispiel der einzelnen Punktladung nachvollziehen. Die entsprechenden Abschnitte dieses Kapitels sind mit $^{\times}$ gekennzeichnet. Der eilige Leser kann sie beim ersten Durcharbeiten überschlagen, da die übrigen Abschnitte nur auf den aus den Experimenten eingeführten Begriffen basieren.

9.1 Grundlegende Experimente

In einem besonders einfachen Experiment wollen wir zunächst die magnetische Kraft qualitativ vorstellen, bevor wir in einem zweiten Experiment ihre etwas komplizierte Vektorstruktur aufklären, die durch ein doppeltes Vektorprodukt bestimmt wird.

Experiment 9.1. Kraft zwischen zwei stromdurchflossenen Drähten

Zwei flexible Drähte hängen locker zwischen je 2 Isolatoren. Man beobachtet eine anziehende bzw. abstoßende Kraft zwischen den Drähten, wenn sie parallel bzw. antiparallel von Strom durchflossen werden (Abb.9.1). Keine Kraft tritt auf, wenn nur ein oder gar kein Draht Strom führt. Mit genaueren Messungen kann man zeigen, daß die Kraft proportional zu jedem der Ströme und umgekehrt proportional zum Abstand zwischen ihnen ist.

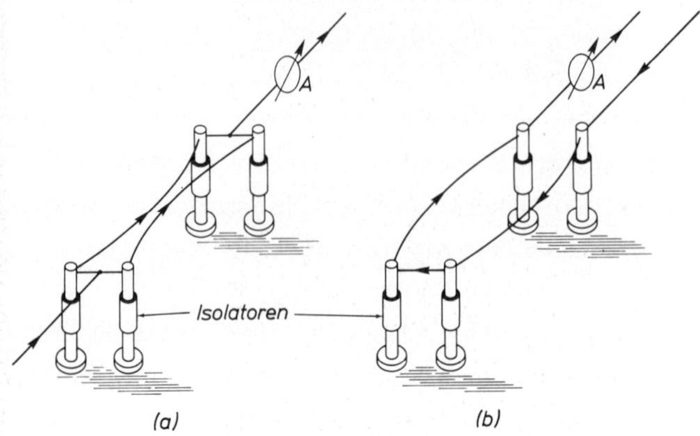

Abb.9.1. Demonstration der Kraft zwischen zwei parallelen Leitern, die von parallelen Strömen (a) bzw. antiparallelen Strömen (b) durchflossen werden

Experiment 9.2. Kraft zwischen einem stromdurchflossenen Draht und einem Elektronenstrahl

Wir ersetzen jetzt einen der beiden Drähte durch einen massiven Kupferstab, der über dicke Zuführungskabel an eine leistungsfähige Batterie angeschlossen ist, so daß in ihm ein hoher Strom I fließt. Statt des anderen Drahtes verwenden wir einen Elektronenstrahl. Er wird von einer Elektronenquelle erzeugt, die sich in einem Glaskolben befindet, der aber im Gegensatz zu den gewöhnlich verwendeten Elektronenstrahlröhren nicht völlig evakuiert ist, sondern eine Gasfüllung von niedrigem Druck besitzt. Die Elektronen regen beim Stoß die Moleküle des Gases zur Lichtemission an, so daß der Elektronenstrahl als leuchtende Spur im Gasraum sichtbar wird (Abb.9.2). Haben die Elektronen des Strahles die Geschwindigkeit $\vec{v}$, so stellen die Elektronen der Anzahldichte n im Strahl eine Stromdichte $\vec{j} = -ne\vec{v}$ dar, die wegen der negativen Ladung $Q = -e$ des Elektrons entgegengesetzt zur Teilchengeschwindigkeit ist. Führen wir Zylinderkoordinaten mit einer z-Achse entgegengesetzt zur Stromrichtung ein und orientieren wir den Elektronenstrahl nacheinander in die Richtungen $\vec{e}_z$ (parallel zum Stab), $-\vec{e}_r$ (in Richtung des Lotes auf den Stab zu) und $\vec{e}_\varphi$ (senkrecht zum Stab und zum Lot), so beobachten wir in den ersten beiden Fällen Ablenkungen in Richtungen senkrecht zu $\vec{v}$, im dritten Fall keine Ablenkung. Es fällt auf, daß die Ablenkung nicht nur senkrecht zur Teilchengeschwindigkeit erfolgt, sondern auch senkrecht zu einer Richtung, die ihrerseits senkrecht zur Stromrichtung und zum Lot ist und damit parallel zu $\vec{e}_\varphi$ verläuft.

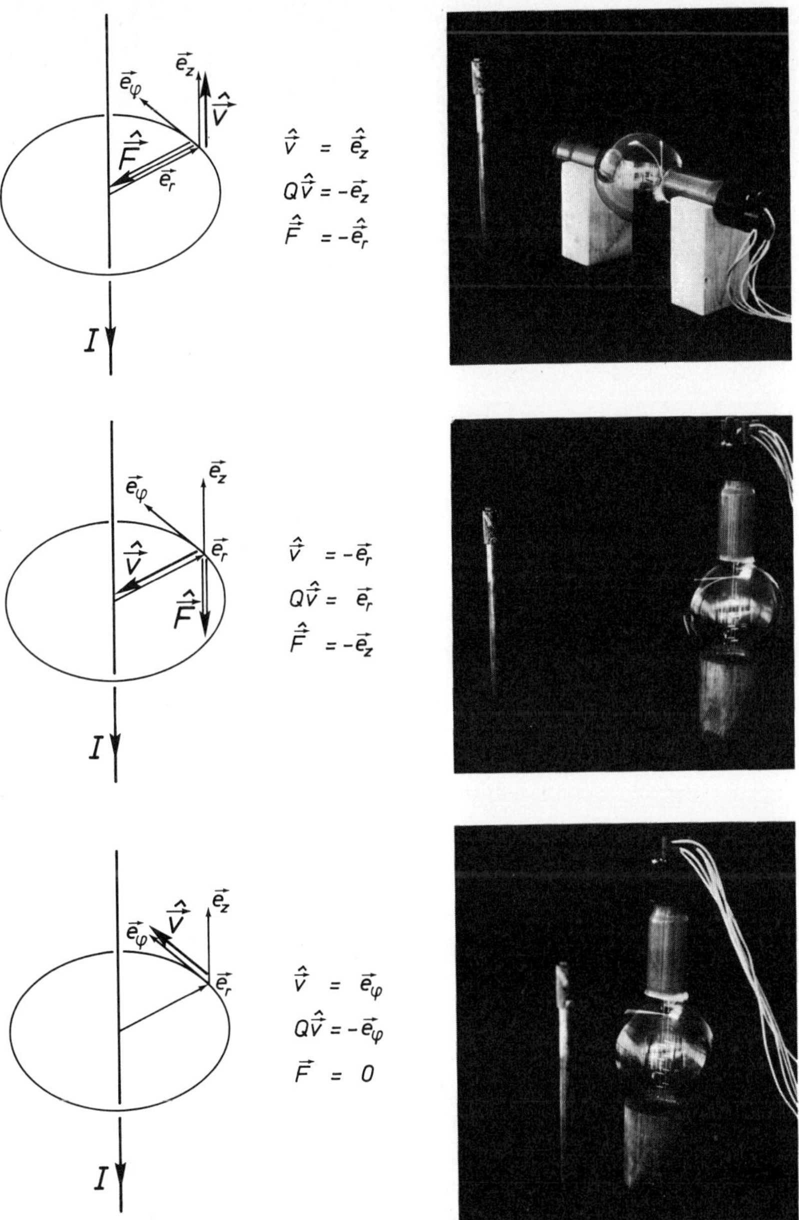

Abb.9.2. Ablenkung eines Elektronenstrahls durch die Wirkung des Stromes in einem geraden Leiter. Die Fotos sind Doppelbelichtungen, die mit bzw. ohne Strom im Leiter aufgenommen wurden

9.2 Das Feld der magnetischen Induktion

Die bisher durchgeführten Experimente haben folgende Einsicht in die Struktur der magnetischen Kräfte geliefert:

1) Ein Strom übt auf ein ruhendes geladenes Teilchen keine Kraft aus, wohl aber auf ein bewegtes Teilchen.
2) Der Betrag der Kraft ist sowohl dem Betrag des Stromes wie dem Betrag der Geschwindigkeit des Teilchens proportional.
3) Die Kraft auf ein bewegtes geladenes Teilchen hat keine Komponente in Richtung der Geschwindigkeit $\vec{v}$ des Teilchens. Sie steht somit senkrecht auf $\vec{v}$.
4) Die Kraft auf das geladene Teilchen ist senkrecht zu einer Richtung

$$\hat{\vec{B}} = \hat{\vec{n}} \times \hat{\vec{r}}_{\perp} \ , \tag{9.2.1}$$

die ihrerseits senkrecht auf der Richtung $\hat{\vec{n}}$ des Stromes und der Richtung $\hat{\vec{r}}_{\perp}$ des Abstandsvektors des Teilchens vom stromführenden Draht ist (Abb.9.3).

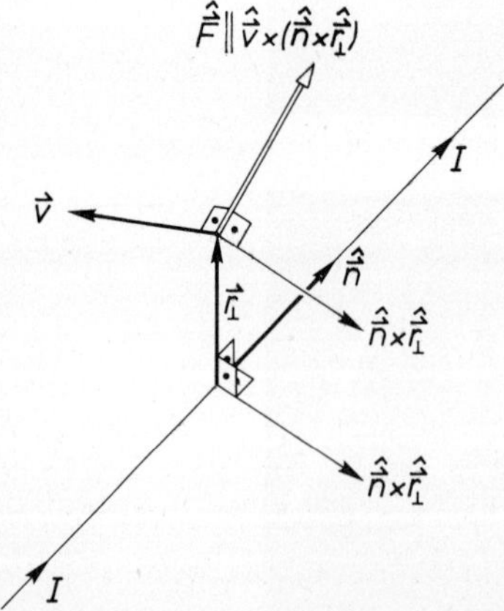

Abb.9.3. Zusammenhang zwischen Stromrichtung $\vec{n}$, Richtung der Teilchengeschwindigkeit $\vec{v}$ und der Richtung der Kraft $\vec{F}$. Der Abstandsvektor zwischen Leiter und Teilchen ist $\vec{r}_{\perp}$

Darüberhinaus ist es naheliegend, eine Proportionalität zur Ladung des Teilchens anzunehmen, d.h. daß die Summe der Kräfte auf zwei Teilchen gleicher Ladung doppelt so groß ist wie die Kraft auf ein Teilchen dieser Ladung.

Damit bleibt nur der folgende Ausdruck für die Kraft $\vec{F}$ übrig

$$\vec{F} = 2\,\frac{\mu_0}{4\pi}\,QI\vec{v} \times (\hat{\vec{n}} \times \hat{\vec{r}}_{\perp}) f(r_{\perp}) \quad . \tag{9.2.2}$$

Die Konvention, die Proportionalitätskonstante in der Form $2\mu_0/4\pi$ zu schreiben, wird sich später als vorteilhaft herausstellen. Die Proportionalitätskonstante μ_0 heißt magnetische Feldkonstante. Im Abschnitt 9.3 werden wir zeigen, daß

$$\mu_0 = \frac{1}{\varepsilon_0 c^2} = 4\pi \cdot 10^{-7} \mathrm{VsA^{-1}m^{-1}}$$

gilt. Dabei ist ε_0 die elektrische Feldkonstante und c die Lichtgeschwindigkeit im Vakuum. Die beiden zu dem hier auftretenden doppelten Vektorprodukt senkrechten Vektoren $\vec{v}$ und $(\hat{\vec{n}} \times \hat{\vec{r}}_\perp)$ sind im allgemeinen linear unabhängig. Da die Kraft keine Komponenten in Richtung dieser Vektoren hat, ist die obige Darstellung tatsächlich allgemein. Wegen der Linearität des Betrages der Kraft in Q, I, v kann die verbleibende unbekannte Funktion f nur eine Funktion von $r_\perp$ sein. Man beobachtet leicht, daß die Kraft mit dem Abstand $r_\perp$ vom Strom abnimmt, genauere Messungen zeigen, daß

$$f(r_\perp) = \frac{1}{r_\perp} \tag{9.2.3}$$

ist.

Separiert man den Ausdruck

$$\vec{F} = 2\frac{\mu_0}{4\pi} Q I \vec{v} \times \frac{(\hat{\vec{n}} \times \hat{\vec{r}}_\perp)}{r_\perp} \tag{9.2.4}$$

in zwei Faktoren, von denen einer $(Q\vec{v})$ nur Eigenschaften der geladenen Teilchen enthält und der andere als ein ortsabhängiges Vektorfeld

$$\vec{B} = 2\frac{\mu_0}{4\pi} I \frac{\hat{\vec{n}} \times \hat{\vec{r}}_\perp}{r_\perp} \tag{9.2.5}$$

um den Strom aufgefaßt werden kann, so läßt sich die Kraft in der Form

$$\boxed{\vec{F} = Q\vec{v} \times \vec{B}} \tag{9.2.6}$$

schreiben. Das Feld $\vec{B}$, mit dem wir die magnetischen Erscheinungen beschreiben werden, wird *magnetische Induktion*, gelegentlich auch *magnetische Kraftflußdichte*, genannt. Aus (9.2.5) lesen wir die SI-Einheit der magnetischen Kraftflußdichte $\vec{B}$ ab. Sie trägt den Namen

$$1\ \text{Tesla} = 1\ \mathrm{Vsm^{-2}} \quad . \tag{9.2.5a}$$

Die Kraft (9.2.6), die ein solches Feld auf eine bewegte Ladung ausübt, heißt *Lorentz-Kraft*.

Aus (9.2.5) liest man ab, daß die Feldlinien des $\vec{B}$-Feldes eines gestreckten Drahtes Kreise senkrecht zum Draht sind. Die durch (9.2.5) gegebene Richtung der Feldlinien merkt man sich mit der *Rechte-Hand-Regel*: "Weist der Daumen einer halbgeöffneten rechten Hand in Stromrichtung, so zeigen die Finger in Feldrichtung" (Abb.9.4).

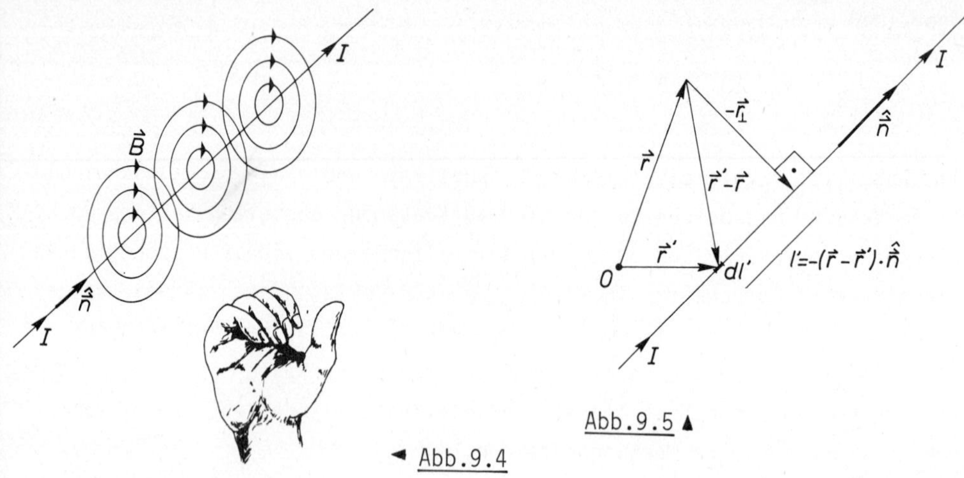

Abb.9.4. Die Feldlinien des $\vec{B}$-Feldes eines stromdurchflossenen gestreckten Drahtes sind Kreise senkrecht zum Draht, deren Mittelpunkte im Draht liegen. Den Zusammenhang zwischen Strom- und Feldrichtung verdeutlicht die "Rechte-Hand-Regel": Weist der Daumen in Stromrichtung, so zeigen die Finger in Feldrichtung

Abb.9.5. Zur Berechnung des Beitrages eines Elementes $d\ell'$ am Ort $\vec{r}'$ eines stromdurchflossenen Drahtes zum $\vec{B}$-Feld am Ort $\vec{r}$

Der oben angegebene Ausdruck für die magnetische Induktion beschreibt das Feld um einen (unendlich) langen geraden Draht, in dem der elektrische Strom I fließt. Für ein beliebig geformtes Drahtstück kann man wegen der Vektoreigenschaft von $\vec{B}$, wie sie aus (9.2.5) hervorgeht, davon ausgehen, daß jedes Linienelement $d\ell'$ des Drahtes am Ort $\vec{r}'$ einen Beitrag $d\vec{B}$ zum Feld $\vec{B}$ am Ort $\vec{r}$ liefert. $\vec{B}$ wird dann durch Integration über alle Elemente $d\ell'$ gewonnen. Das Element $d\vec{B}$ muß die Gestalt

$$d\vec{B} = \frac{\mu_0}{4\pi} I \frac{\hat{\vec{n}}(\vec{r}') \times (\vec{r}-\vec{r}')}{|\vec{r}-\vec{r}'|^3} d\ell' \qquad (9.2.7)$$

haben, damit das Resultat für den langen geraden Draht durch Integration reproduziert wird. Das zeigt man durch folgende Rechnung: Für einen langen geraden Draht ist $\hat{\vec{n}}$ eine von $\vec{r}'$ unabhängige Richtung. Es gilt

$$\hat{\vec{n}}(\vec{r}') \times (\vec{r}-\vec{r}') = \hat{\vec{n}} \times \vec{r}_\perp \qquad (9.2.8)$$

mit dem von $\vec{r}'$ unabhängigen Abstandsvektor $\vec{r}_\perp$ des Punktes $\vec{r}$ vom Draht (Abb. 9.5). Der Abstand $|\vec{r}-\vec{r}'|$ des Linienelementes $d\ell'$ vom Aufpunkt $\vec{r}$ läßt sich durch

$$\ell' = -(\vec{r}-\vec{r}') \cdot \hat{\vec{n}} \quad , \qquad (9.2.9)$$

den Abstand des Fußpunktes von $\vec{r}_\perp$ vom Linienelement $d\ell'$ und $r_\perp$ selbst ausdrücken

$$|\vec{r} - \vec{r}'|^2 = \ell'^2 + r_\perp^2 \quad . \tag{9.2.10}$$

Damit läßt sich das Integral über ℓ' von $-\infty$ bis $+\infty$ berechnen

$$\vec{B} = \frac{\mu_0}{4\pi} I(\hat{\vec{n}} \times \vec{r}_\perp) \int_{-\infty}^{+\infty} \frac{d\ell'}{(\ell'^2 + r_\perp^2)^{3/2}} \quad . \tag{9.2.11}$$

Mit Hilfe der Integralformel

$$\int_{-\infty}^{+\infty} \frac{d\ell'}{(\ell'^2 + r_\perp^2)^{3/2}} = \left. \frac{\ell'}{r_\perp^2 (\ell'^2 + r_\perp^2)^{1/2}} \right|_{-\infty}^{\infty} = \frac{2}{r_\perp^2} \tag{9.2.12}$$

erhalten wir das alte Resultat (9.2.5). Damit ist der Ansatz (9.2.7) gerechtfertigt.

Durch Integration des Elementes $d\vec{B}$ über $d\ell'$ gewinnen wir als Ausdruck für die magnetische Induktion eines beliebig geformten Drahtstückes, in dem der Strom I fließt, das *Biot-Savartsche Gesetz*

$$\boxed{\vec{B} = \frac{\mu_0}{4\pi} I \int \frac{\hat{\vec{n}}(\vec{r}') \times (\vec{r} - \vec{r}')}{|\vec{r} - \vec{r}'|^3} d\ell'} \quad . \tag{9.2.13}$$

Die Integration ist dabei als Linienintegral über die den Drahtverlauf beschreibende Kurve zu erstrecken.

Eine beliebige Stromdichteverteilung $\vec{j}(\vec{r}')$ kann man sich aus einzelnen Stromfäden aufgebaut denken. Der Strom I durch die Fläche a ist dann durch

$$I = \int_a \vec{j}(\vec{r}') \cdot d\vec{a}' = \int_a \vec{j}(\vec{r}') \cdot \hat{\vec{n}}(\vec{r}') da' \tag{9.2.14}$$

gegeben.

Durch Einsetzen dieses Ausdruckes in (9.2.7) und Integration über $d\ell'$ erhalten wir $\vec{B}$ in Abhängigkeit von der Stromdichte

$$\vec{B}(\vec{r}) = \frac{\mu_0}{4\pi} \int \vec{j}(\vec{r}') \cdot \hat{\vec{n}}(\vec{r}') \frac{\hat{\vec{n}}(\vec{r}') \times (\vec{r} - \vec{r}')}{|\vec{r} - \vec{r}'|^3} da' \hat{\vec{n}}(\vec{r}') \cdot d\vec{r}' \quad . \tag{9.2.15}$$

Wegen

$$\vec{j}(\vec{r}') \cdot \hat{\vec{n}}(\vec{r}') \hat{\vec{n}}(\vec{r}') = \vec{j}(\vec{r}') \quad , \tag{9.2.16}$$

$$da' \, \hat{\vec{n}}(\vec{r}') = d\vec{a}' \tag{9.2.17}$$

und

$$d\vec{a}' \cdot d\vec{r}' = dV' \tag{9.2.18}$$

läßt sich diese Formel zu

$$\vec{B}(\vec{r}) = \frac{\mu_0}{4\pi} \int \frac{\vec{j}(\vec{r}\,') \times (\vec{r}-\vec{r}\,')}{|\vec{r}-\vec{r}\,'|^3} dV' \qquad (9.2.19)$$

zusammenfassen. Die Struktur dieses Ausdruckes ist der des elektrischen Feldes einer Ladungsverteilung (3.2.4) nicht unähnlich. An die Stelle des Produktes der skalaren Ladungsverteilung mit dem Vektor $(\vec{r}-\vec{r}\,')$ tritt hier das Vektorprodukt des Stromdichtevektors $\vec{j}$ mit $(\vec{r}-\vec{r}\,')$. Die oben auftretende Proportionalitätskonstante μ_0 kann aus dem Experiment gewonnen werden. Tatsächlich ist sie mit der Lichtgeschwindigkeit und der elektrischen Feldkonstante ε_0 verknüpft, wenn man die spezielle Relativitätstheorie beachtet, wie wir im folgenden Abschnitt zeigen werden.

×9.3 Die magnetische Induktion als relativistischer Effekt

Die experimentellen Befunde über die magnetischen Erscheinungen haben uns zu der Schlußfolgerung geführt, daß jeder Strom sich mit einem magnetischen Induktionsfeld umgibt. Dann muß aber dieselbe Behauptung für jede bewegte Ladung richtig sein. Da wir das Feld einer ruhenden Ladung kennen, und damit auch die Kraft, die sie auf eine andere Ladung ausübt, liegt die Vermutung nahe, daß die magnetischen Erscheinungen bewegter elektrischer Ladungen mit Hilfe der speziellen Relativitätstheorie aus dem elektrischen Feld der ruhenden Ladungen gewonnen werden können. Falls sich diese Vermutung als richtig herausstellt, sind die magnetischen Felder bewegter Ladungen als Beschreibung des elektrostatischen Feldes in einem bewegten Koordinatensystem gedeutet. Zudem wäre das Coulomb-Gesetz der elektrostatischen Kräfte als einfachste Gesetzmäßigkeit der elektrischen Erscheinungen auch die Grundlage der magnetischen Phänomene.

Zur Entscheidung der aufgeworfenen Frage betrachten wir als einfachsten Fall die Kraft zwischen einer ruhenden und einer bewegten Punktladung (Abb. 9.6). Die ruhende Ladung q_a befinde sich am Ort $\vec{r}_a$, die bewegte q_b am Ort $\vec{r}_b$, sie habe die Geschwindigkeit $\vec{v}_b$. Der Ursprung O dieses Koordinatensystems K, auf den sich diese Ortsvektoren beziehen, ruht somit relativ zu q_a. Die Kraft, die die Ladung q_a auf q_b ausübt, ist dann durch das Coulombsche Gesetz

$$\vec{F} = \frac{q_a q_b}{4\pi\varepsilon_0} \cdot \frac{\vec{r}_b-\vec{r}_a}{|\vec{r}_b-\vec{r}_a|^3} \qquad (9.3.1)$$

gegeben. Es besteht der Zusammenhang

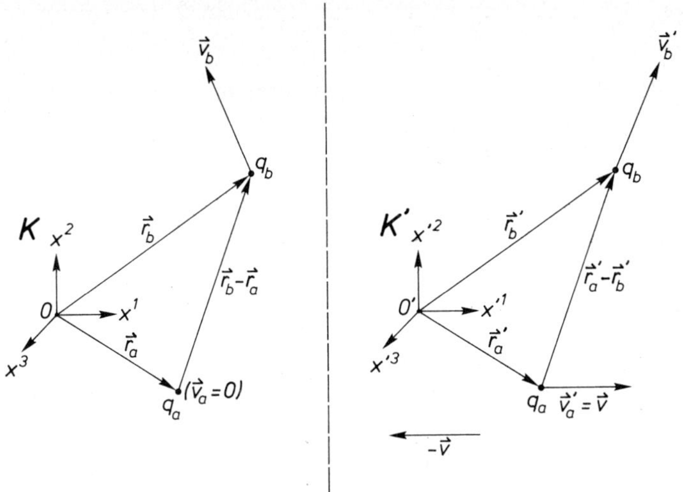

Abb.9.6. Zwei Ladungen q_a und q_b in einem System K, in dem q_a in Ruhe ist, und in einem System K', daß sich gegenüber K mit der Geschwindigkeit $-\vec{v}$ in x^1-Richtung bewegt

$$\vec{F} = q_b\vec{E} \tag{9.3.2}$$

mit der elektrischen Feldstärke $\vec{E}$ der Ladung q_a

$$\vec{E} = \frac{q_a}{4\pi\varepsilon_0}\frac{\vec{r}_b-\vec{r}_a}{|\vec{r}_b-\vec{r}_a|^3} \quad . \tag{9.3.4}$$

Zum Vergleich beschreiben wir denselben Sachverhalt in einem Koordinatensystem K', dessen Ursprung 0' sich mit der Geschwindigkeit $(-\vec{v})$ relativ zu 0 bewegt. Wir legen die x^1-Achsen der beiden Koordinatensysteme K und K' in die Richtung von $\vec{v}$, so daß die Lorentz-Transformation zwischen den beiden Koordinatensystemen die 2- und 3-Komponenten von Vierervektoren ungeändert läßt.

$$\begin{aligned} x'^0 &= \gamma(x^0+\beta x^1) \quad , \\ x'^1 &= \gamma(\beta x^0+x^1) \quad , \\ x'^2 &= x^2 \quad , \\ x'^3 &= x^3 \quad . \end{aligned} \tag{9.3.5}$$

Dabei ist c die Lichtgeschwindigkeit; β und γ haben die übliche Bedeutung [Bd.I, Gl.(12.2.18)]

$$\beta = \frac{v}{c} \quad , \quad \gamma = (1-\beta^2)^{-1/2} \quad . \tag{9.3.6}$$

Die Geschwindigkeit $\vec{v}_b$ der Ladung q_b relativ zum Ursprung 0 des Koordinatensystems K läßt sich dann leicht in die Geschwindigkeit $\vec{v}_b'$ der Ladung q_b relativ zum Ursprung 0' des Koordinatensystems K' umrechnen. Dazu betrachten wir die zu $\vec{v}_b$ gehörige Vierergeschwindigkeit $\underset{\sim}{u}_b$, die im System K die Darstellung

$$\underset{\sim}{u}_b = u_b^\lambda \underset{\sim}{e}_\lambda \tag{9.3.7}$$

mit den Komponenten

$$\begin{aligned} u_b^0 &= \gamma_b c \quad , \\ u_b^1 &= \gamma_b v_{b1} \quad , \\ u_b^2 &= \gamma_b v_{b2} \quad , \\ u_b^3 &= \gamma_b v_{b3} \end{aligned} \tag{9.3.8}$$

hat. Dabei ist

$$\gamma_b = (1-\beta_b^2)^{1/2} \quad , \quad \vec{\beta}_b = \vec{v}_b/c \quad . \tag{9.3.9}$$

Im Koordinatensystem K' hat der Vierervektor $\underset{\sim}{u}_b$ die Darstellung

$$\underset{\sim}{u}_b = u_b'^\lambda \underset{\sim}{e}_\lambda' \tag{9.3.10}$$

mit den transformierten Komponenten

$$\begin{aligned} u_b'^0 &= \gamma(u_b^0 + \beta u_b^1) = \gamma\gamma_b(c+\beta v_{b1}) \quad , \\ u_b'^1 &= \gamma(\beta u_b^0 + u_b^1) = \gamma\gamma_b(\beta c+v_{b1}) \quad , \\ u_b'^2 &= u_b^2 = \gamma_b v_{b2} \quad , \\ u_b'^3 &= u_b^3 = \gamma_b v_{b3} \quad . \end{aligned} \tag{9.3.11}$$

Dabei sind die Komponenten $u_b'^\lambda$ mit der Geschwindigkeit $\vec{v}_b'$ im Koordinatensystem K' analog zu (9.3.8) verknüpft

$$\begin{aligned} u_b'^0 &= \gamma_b' c \quad , \\ u_b'^1 &= \gamma_b' v_{b1}' \quad , \\ u_b'^2 &= \gamma_b' v_{b2}' \quad , \\ u_b'^3 &= \gamma_b' v_{b3}' \quad . \end{aligned} \tag{9.3.12}$$

Den Lorentz-Faktor γ_b' entnimmt man am einfachsten aus dem Vergleich von (9.3.12) mit (9.3.11)

$$\gamma_b' c = u_b'^0 = \gamma\gamma_b(c+\beta v_{b1}) = \gamma\gamma_b(1+\beta\beta_{b1})c \tag{9.3.13}$$

d.h.

$$\gamma_b' = \gamma\gamma_b(1+\beta\beta_{b1}) \quad , \quad \text{mit} \quad \beta_{b1} = v_{b1}/c \quad . \tag{9.3.14}$$

Auf diese Weise erhalten wir für die Komponenten der transformierten Geschwindigkeit $\vec{v}_b'$ aus (9.3.11)

$$v_{b1}' = \frac{1}{\gamma_b'} u_b'^1 = \frac{\gamma\gamma_b}{\gamma_b'}(v+v_{b1}) = \frac{v+v_{b1}}{1+\beta\beta_{b1}} \quad ,$$

$$v_{b2}' = \frac{1}{\gamma_b'} u_b'^2 = \frac{\gamma_b}{\gamma_b'} v_{b2} \quad ,$$

$$v_{b3}' = \frac{1}{\gamma_b'} u_b'^3 = \frac{\gamma_b}{\gamma_b'} v_{b3} \quad . \tag{9.3.15}$$

Wir transformieren jetzt die Coulomb-Kraft ins bewegte System. Die Newton-Kraft $\vec{F}$ hängt nach [Bd.I, Gl.(12.4.30), (12.5.11)] über

$$\vec{K} = \gamma_b\vec{F} = q_b\gamma_b\vec{E} \quad \text{und} \quad K^0 = \frac{\vec{v}_b}{c}\cdot\vec{K} = \gamma_b\frac{\vec{v}_b}{c}\cdot\vec{F} \tag{9.3.16}$$

mit der Minkowski-Kraft $\underset{\sim}{K}$

$$\underset{\sim}{K} = K^\mu \underset{\sim}{e}_\mu \tag{9.3.17}$$

zusammen. Die Minkowski-Kraft $\underset{\sim}{K}$ hat als Vierervektor im Koordinatensystem K' die Darstellung

$$\underset{\sim}{K} = K'^\mu \underset{\sim}{e}'_\mu \tag{9.3.18}$$

mit den Komponenten

$$K'^0 = \gamma(K^0+\beta K^1) \quad ,$$

$$K'^1 = \gamma(\beta K^0+K^1) \quad ,$$

$$K'^2 = K^2 \quad ,$$

$$K'^3 = K^3 \quad . \tag{9.3.19}$$

Die transformierten Komponenten K'^λ der Minkowski-Kraft hängen mit den Komponenten F_ℓ' der Newton-Kraft im System K' über

$$K'^{\ell} = \gamma'_b F'_{\ell} \quad , \quad K'^0 = \frac{\vec{v}'_b}{c} \cdot \vec{K}' \tag{9.3.20}$$

zusammen.

Beginnen wir mit den Transversalkomponenten $K'^{\ell}(\ell=2,3)$. Wegen (9.3.19) gilt

$$\gamma'_b F'_{\ell} = K'^{\ell} = K^{\ell} = \gamma_b F_{\ell} = q_b \gamma_b E_{\ell} \quad , \quad \ell = 2,3 \quad . \tag{9.3.21}$$

Damit haben wir für die Transversalkomponenten $F'_{\ell}(\ell=2,3)$ der Newton-Kraft $\vec{F}'$ im Koordinatensystem K' das Ergebnis

$$F'_{\ell} = q_b \frac{\gamma_b}{\gamma'_b} E_{\ell} \quad , \quad \ell = 2,3 \quad . \tag{9.3.22}$$

Der Ausdruck auf der rechten Seite läßt sich durch Einsetzen von (9.3.14) in die Form

$$F'_{\ell} = q_b \frac{\gamma_b}{\gamma\gamma_b(1+\beta\beta_{b1})} E_{\ell} = q_b \frac{1}{\gamma(1+\beta\beta_{b1})} E_{\ell} \tag{9.3.23}$$

bringen.

Offensichtlich ist es unsinnig, den Term $F'_{\ell}/q_b(\ell=2,3)$ als transformierte elektrische Feldstärke der Ladung q_a zu interpretieren, da sein Wert von der Geschwindigkeit $v_{b1} = \beta_{b1}c$ der bewegten Ladung q_b (im Koordinatensystem K) abhängt. Die Feldstärke sollte natürlich nur von den Eigenschaften (Ort, Geschwindigkeit, Ladung) der sie erzeugenden Ladung q_a abhängen. Damit muß man versuchen, die Kraft $F'_{\ell}(\ell=2,3)$ in Anteile zu zerlegen, die entweder von β_{b1} gar nicht abhängen, oder zum Beispiel einen Faktor, der $\beta'_{b1} = v'_{b1}/c$ enthält, abspalten. Das gelingt, indem man folgende Aufspaltung vornimmt ($\ell=2,3$)

$$\begin{aligned} F'_{\ell} &= q_b \frac{1}{\gamma^2(1+\beta\beta_{b1})} \gamma E_{\ell} = q_b \frac{1-\beta^2}{1+\beta\beta_{b1}} \gamma E_{\ell} \\ &= q_b\left(1 - \frac{\beta^2+\beta\beta_{b1}}{1+\beta\beta_{b1}}\right)\gamma E_{\ell} = q_b\left(1 - \frac{\beta+\beta_{b1}}{1+\beta\beta_{b1}}\beta\right)\gamma E_{\ell} \quad . \end{aligned} \tag{9.3.24}$$

Wegen (9.3.15)

$$\frac{\beta+\beta_{b1}}{1+\beta\beta_{b1}} = \frac{1}{c}\frac{v+v_{b1}}{1+\beta\beta_{b1}} = \frac{1}{c} v'_{b1} \tag{9.3.25}$$

haben wir damit die Zerlegung der Transversalkomponenten der transformierten Newton-Kraft in zwei Anteile erreicht

$$F'_{\ell} = q_b\left(\gamma E_{\ell} - v'_{b1} \frac{\beta}{c} \gamma E_{\ell}\right) \quad , \quad \ell = 2,3 \quad . \tag{9.3.26}$$

Untersuchen wir nun auch die 1-Komponente der Kraft im bewegten System. Aus (9.3.19) folgt wegen

$$K^0 = \frac{\vec{v}_b}{c} \cdot \vec{K} \quad \text{und} \quad K^1 = \gamma_b F_1 \tag{9.3.27}$$

$$\begin{aligned} K'^1 &= \gamma(\beta K^0 + K^1) = \gamma\left(\beta\gamma_b \frac{\vec{v}_b}{c} \cdot \vec{F} + \gamma_b F_1\right) \\ &= \gamma\gamma_b\left(\beta \frac{\vec{v}_b}{c} \cdot \vec{F} + F_1\right) \\ &= \gamma\gamma_b\left[\left(1 + \beta \frac{v_{b1}}{c}\right)F_1 + \beta \frac{v_{b2}}{c} F_2 + \beta \frac{v_{b3}}{c} F_3\right] \quad . \end{aligned} \tag{9.3.28}$$

Mit Hilfe von (9.3.15) lassen sich v_{b2}, v_{b3} durch die Geschwindigkeitskomponenten v'_{b2}, v'_{b3} der Ladung q_b im System K' ersetzen

$$K'^1 = \gamma\gamma_b\left[(1+\beta\beta_{b1})F_1 + \beta \frac{\gamma'_b}{\gamma_b}\left(\frac{v'_{b2}}{c} F_2 + \frac{v'_{b3}}{c} F_3\right)\right] \quad . \tag{9.3.29}$$

Wir benutzen den Zusammenhang (9.3.14) zwischen γ_b, γ und γ'_b und finden

$$K'^1 = \gamma'_b\left[F_1 + \beta\gamma\left(\frac{v'_{b2}}{c} F_2 + \frac{v'_{b3}}{c} F_3\right)\right] \quad . \tag{9.3.30}$$

Die Newton-Kraft $\vec{F}'$ im System K' auf die Ladung q_b ist durch (9.3.20) gegeben, so daß wir für F'_1 aus (9.3.30)

$$\begin{aligned} F'_1 &= F_1 + v'_{b2} \frac{\beta}{c} \gamma F_2 + v'_{b3} \frac{\beta}{c} \gamma F_3 \\ &= q_b E_1 + q_b v'_{b2} \frac{\beta}{c} \gamma E_2 + q_b v'_{b3} \frac{\beta}{c} \gamma E_3 \end{aligned} \tag{9.3.31}$$

erhalten. Damit haben wir die Newton-Kraft $\vec{F}'$ auf die Ladung q_b im bewegten System vollständig berechnet. Ihre Komponenten haben die Gestalt ($v_1 = \beta c$)

$$\begin{aligned} F'_1 &= q_b\left(E_1 + v'_{b2} \frac{v_1}{c^2} \gamma E_2 + v'_{b3} \frac{v_1}{c^2} \gamma E_3\right) \quad , \\ F'_2 &= q_b\left(\gamma E_2 - v'_{b1} \frac{v_1}{c^2} \gamma E_2\right) \quad , \\ F'_3 &= q_b\left(\gamma E_3 - v'_{b1} \frac{v_1}{c^2} \gamma E_3\right) \quad . \end{aligned} \tag{9.3.32}$$

Es fällt auf, daß die Kraft einen Anteil enthält, der nur von der Ladung q_b, der Feldstärke $\vec{E}$ im ursprünglichen System und dem Lorentz-Faktor γ der Transformation abhängt. Ein zweiter Anteil enthält außerdem die Geschwindigkeit $v_1 = \beta c$ und die Geschwindigkeit $\vec{v}'_b$ der Ladung q_b im transformierten System.

Den ersten Anteil, der für ruhende Probeladung $\vec{v}_b' = 0$ die Kraft vollständig beschreibt, identifizieren wir nach Division durch q_b mit der *transformierten elektrischen Feldstärke*

$$E_1' = E_1 \quad ,$$

$$E_2' = \gamma E_2 \quad ,$$

$$E_3' = \gamma E_3 \quad , \qquad (9.3.33)$$

d.h.

$$E_\parallel' \equiv E_1' = E_1 \equiv E_\parallel \quad , \quad \vec{E}_\perp' = \gamma \vec{E}_\perp \quad . \qquad (9.3.34)$$

Der zweite Anteil kann in das Produkt aus $q_b\ \vec{v}_b'$ und einer anderen Feldstärke faktorisiert werden. Dabei ist darauf zu achten, daß das Produkt nach wie vor einen Vektor darstellt. Diese Forderung legt den Ansatz

$$q_b\ \vec{v}_b' \times \vec{B}' \qquad (9.3.35)$$

mit dem Feld $\vec{B}'$, der *magnetischen Induktion*, im bewegten Koordinatensystem nahe. Die Newton-Kraft $\vec{F}'$ hat damit die Darstellung

$$F_1' = q_b(E_1 + v_{b2}' B_3' - v_{b3}' B_2') \quad ,$$

$$F_2' = q_b(\gamma E_2 + v_{b3}' B_1' - v_{b1}' B_3') \quad ,$$

$$F_3' = q_b(\gamma E_3 + v_{b1}' B_2' - v_{b2}' B_1') \quad . \qquad (9.3.36)$$

Durch Vergleich mit (9.3.32) erhalten wir für die Komponenten der magnetischen Induktion

$$B_1' = 0 \quad ,$$

$$B_2' = -\frac{\gamma}{c^2} v_1 E_3 = -\frac{v_1}{c^2} E_3' \quad ,$$

$$B_3' = \frac{\gamma}{c^2} v_1 E_2 = \frac{v_1}{c^2} E_2' \quad . \qquad (9.3.37)$$

Bedenkt man, daß die Relativgeschwindigkeit der beiden System K und K' in 1-Richtung liegt, d.h. die Ladung q_a in K' die Geschwindigkeit

$$\vec{v} = (v_1, 0, 0)$$

hat, so läßt sich die Induktion $\vec{B}'$ auch durch

$$\vec{B}' = \frac{\gamma}{c^2} (\vec{v} \times \vec{E}) \qquad (9.3.38)$$

ausdrücken. Die beiden Gleichungen (9.3.36) und (9.3.38) sind tatsächlich nicht nur durch die Struktur des Ausdrucks (9.3.32) für die Kraft $\vec{F}'$ nahegelegt, sondern folgen *eindeutig* aus (9.3.32), da man durch Rotation der Koordinatensysteme K, K' beliebige nichtverschwindende Geschwindigkeitskomponenten $(v_1', v_2', v_3') = \vec{v}'$ erzeugen kann. Durch die gleiche Rotation erhalten wir aus den speziellen Ausdrücken in (9.3.32) die allgemeine Form der Kraft $\vec{F}'$ in (9.3.36) und der magnetischen Induktion in (9.3.38). Die spezielle Wahl von K und K', bei der die Relativgeschwindigkeit der beiden Systeme $\vec{v}$ die Komponenten $(v_1, 0, 0)$ erhalten hat, hat die Rechnung nur wesentlich durchsichtiger gestaltet.

Wir können unsere Ergebnisse wie folgt zusammenfassen:

1) Das elektrische Feld einer mit der Geschwindigkeit $\vec{v}$ bewegten Ladung ist verschieden von dem einer ruhenden, es gilt mit $\gamma = (1-v^2/c^2)^{-1/2}$

$$\vec{E}' = E_1\vec{e}_1' + \gamma E_2\vec{e}_2' + \gamma E_3\vec{e}_3' \quad . \tag{9.3.39}$$

2) Zusätzlich tritt ein Feld der magnetischen Induktion auf, das proportional zum Vektorprodukt aus der Geschwindigkeit $\vec{v}$ der Ladung q_a und der elektrischen Feldstärke $\vec{E}$ der ruhenden Ladung ist

$$\vec{B}' = \frac{\gamma}{c^2}(\vec{v}\times\vec{E}) = \frac{1}{c^2}(\vec{v}\times\vec{E}') \quad . \tag{9.3.40}$$

Das zweite Gleichheitszeichen gilt wegen (9.3.33) und

$$\gamma(\vec{v}\times\vec{E}) = \gamma(\vec{v}\times\vec{E}_\perp) = \vec{v}\times\vec{E}_\perp' = \vec{v}\times\vec{E}' \quad . \tag{9.3.41}$$

3) Die Kraft auf eine im Koordinatensystem K' mit der Geschwindigkeit $\vec{v}_b'$ sich bewegende Ladung q_b ist durch

$$\boxed{\vec{F}' = q_b\vec{E}' + q_b\vec{v}_b'\times\vec{B}'} \tag{9.3.42}$$

gegeben. Sie kann als Vektorsumme

$$\boxed{\vec{F}' = \vec{F}_e' + \vec{F}_m'} \tag{9.3.43}$$

der *Coulomb-Kraft*

$$\boxed{F_e' = q_b\vec{E}'} \tag{9.3.44}$$

im elektrischen Feld $\vec{E}'$ und der *Lorentz-Kraft*

$$\boxed{\vec{F}_m' = q_b\vec{v}_b'\times\vec{B}'} \tag{9.3.45}$$

im magnetischen Induktionsfeld $\vec{B}'$ aufgefaßt werden.

4) Das elektrische Feld $\vec{E}'$ und die magnetische Induktion $\vec{B}'$ der bewegten Ladung q_a lassen sich explizit durch den Ortsvektor $\vec{x}'$ ausdrücken. Da die Geschwindigkeit $(-\vec{v})$ zwischen K und K' nur eine 1-Komponente hat, betrifft die Längenkontraktion nur die x_1'-Koordinate

$$x_1 - x_{a1} = \gamma(x_1'-x_{a1}') \quad , \quad x_2 - x_{a2} = x_2' - x_{a2}' \quad , \quad x_3 - x_{a3} = x_3' - x_{a3}' \tag{9.3.46}$$

so daß der Abstand $A = |\vec{x} - \vec{x}_a|$ durch

$$A^2 = |\vec{x} - \vec{x}_a|^2 = \gamma^2(x_1'-x_{a1}')^2 + (x_2'-x_{a2}')^2 + (x_3'-x_{a3}')^2 \tag{9.3.47}$$

ausgedrückt werden kann. Damit gilt

$$E_1' = \frac{q_a}{4\pi\varepsilon_0}\frac{\gamma(x_1'-x_{a1}')}{A^3} \quad ,$$

$$E_2' = \frac{q_a}{4\pi\varepsilon_0}\frac{\gamma(x_2'-x_{a2}')}{A^3} \quad ,$$

$$E_3' = \frac{q_a}{4\pi\varepsilon_0}\frac{\gamma(x_3'-x_{a3}')}{A^3} \quad , \tag{9.3.48}$$

insgesamt vektoriell

$$\vec{E}' = \gamma\frac{q_a}{4\pi\varepsilon_0}\frac{\vec{x}'-\vec{x}_a'}{A^3} \quad . \tag{9.3.49}$$

Damit ist die magnetische Induktion durch (9.3.40) zu

$$\vec{B}'(\vec{x}') = \frac{q_a}{4\pi\varepsilon_0}\frac{\gamma}{c^2}\frac{\vec{v}\times(\vec{x}'-\vec{x}_a')}{A^3} \tag{9.3.50}$$

gegeben. Der Vergleich mit der experimentell gewonnenen Relation (9.2.19) für die magnetische Induktion wird möglich, wenn wir für den Strom, den die bewegte Ladung q_a darstellt, den Ausdruck für ein Teilchen einsetzen $(\vec{u} = \gamma\vec{v})$

$$\vec{j}_a(\vec{r}'') = q_a\vec{u}\delta^3(\vec{r}''-\vec{x}_a')$$

$$= q_a\gamma\vec{v}\delta^3(\vec{r}''-\vec{x}_a') \quad . \tag{9.3.51}$$

Wir erhalten aus (9.2.13)

$$\vec{B} = \frac{\mu_0}{4\pi}q_a\gamma\frac{\vec{v}\times(\vec{r}-\vec{x}_a')}{|\vec{r}-\vec{x}_a'|^3} \quad . \tag{9.3.52}$$

Man sieht, daß der Unterschied zwischen dem aus der Lorentz-Transformation berechneten Ausdruck (9.3.50) und dem experimentell bestimmten (9.3.52) nur in der Abweichung der beiden Abstandsfaktoren besteht. Der Unterschied beträgt

$$A^2 - |\vec{x}' - \vec{x}'_a|^2 = (\gamma^2-1)(x'_1-x'_{a1})^2 \quad . \tag{9.3.53}$$

Die üblichen Geschwindigkeiten von Ladungsträgern in Drähten sind sehr klein gegen die Lichtgeschwindigkeit. Sie sind von der Größenordnung $v/c \sim 3\cdot 10^{-10}$, so daß der Faktor

$$\gamma^2 - 1 = \frac{1}{1-v^2/c^2} - 1 = \frac{v^2/c^2}{1-v^2/c^2} \tag{9.3.54}$$

selbst die Größenordnung

$$\gamma^2 - 1 \approx v^2/c^2 \approx 9 \cdot 10^{-20} \tag{9.3.55}$$

hat. Für die Berechnung von Magnetfeldern, die durch Anordnungen wie Spulen erzeugt werden, kann man daher einfach die Formel (9.2.13) verwenden.

5) Die in die experimentelle Formel eingeführte magnetische Feldkonstante μ_0 ist – wie man durch Vergleich von (9.3.52) mit (9.3.50) sieht – vollständig durch ε_0 und c gegeben

$$\mu_0 = \frac{1}{\varepsilon_0 c^2} \quad . \tag{9.3.56}$$

Sie hat mit dem in (1.3.4) angegebenen Wert für die Dielektrizitätskonstante ε_0 und dem Wert

$$c = (2{,}997925 \pm 0.000003)10^8\text{ms}^{-1} \tag{9.3.57}$$

den Zahlwert

$$\mu_0 = 1{,}2566 \cdot 10^{-8}\text{VsA}^{-1}\text{m}^{-1} \quad .$$

In der Tat ist die magnetische Feldkonstante im SI zu

$$\mu_0 = 4\pi \cdot 10^{-7}\text{VsA}^{-1}\text{m}^{-1} \tag{9.3.58}$$

definiert. Der Zahlwert von ε_0 ergibt sich dann aus (9.3.56) und (9.3.57).

6) Beim Übergang zwischen verschiedenen Bezugssystemen haben wir die Koordinaten, Geschwindigkeiten, Kräfte und Feldstärken transformiert, die Ladungen jedoch ungeändert gelassen. Da dieses Vorgehen ein mit dem Experiment verträgliches Resultat geliefert hat, ist *die Ladung vom Bezugssystem unabhängig*: Sie ist eine relativistische Invariante oder ein Skalar unter Lorentz-Transformationen

$$q' = q \quad . \tag{9.3.59}$$

7) Die in (9.3.33) angegebene elektrische Feldstärke einer bewegten Ladung ist gleich der Kraft auf eine ruhende Probeladung dividiert durch den Betrag der Probeladung. Der elektrische Fluß ϕ' der so definierten Feldstärke durch die Oberfläche eines Volumens ist gleich der Ladung in diesem Volumen geteilt durch ε_0 und damit selbst eine Invariante. Wir betrachten der Einfachheit halber ein quaderförmiges Volumen im System K'. Da die Längenkontraktion nur die 1-Koordinate betrifft, gilt

$$dx_1' = \frac{1}{\gamma}\, dx_1 \ , \quad dx_2' = dx_2 \quad dx_3' = dx_3 \quad . \tag{9.3.60}$$

Damit berechnet man das Oberflächenintegral über die elektrische Feldstärke $\vec{E}'$

$$\begin{aligned}
\Phi' = \oint_{(V')} \vec{E}' \cdot d\vec{a}' &= \iint E_1' dx_2' dx_3' + \iint E_2' dx_3' dx_1' + \iint E_3' dx_1' dx_2' \\
&= \iint E_1 dx_2 dx_3 + \iint \gamma E_2 dx_3 \frac{1}{\gamma}\, dx_1 + \iint \gamma E_3 \frac{1}{\gamma}\, dx_1 dx_2 \\
&= \iint E_1 dx_2 dx_3 + \iint E_2 dx_3 dx_1 + \iint E_3 dx_1 dx_2 \\
&= \int_{(V)} \vec{E} \cdot d\vec{a} = \Phi = \frac{1}{\varepsilon_0} q_a \quad .
\end{aligned} \tag{9.3.61}$$

×9.4 Das elektromagnetische Feld in relativistischer Formulierung

Die Beschreibung der Felder einer Ladung und der Kräfte auf eine andere Ladung ist – so wie wir sie bisher formuliert haben – vom Bezugssystem abhängig. So beschreiben die Gleichungen (9.3.4) und (9.3.33), (9.3.36) die gleiche physikalische Erscheinung in zwei verschiedenen physikalischen Bezugssystemen, haben aber völlig verschiedene Formen. Um eine Beschreibung zu gewinnen, die unabhängig vom System ist, gehen wir noch einmal auf die Gleichungen (9.3.32) für die Newton-Kraft im bewegten Bezugssystem zurück. Wir multiplizieren sie mit γ_b' und erhalten nach (9.3.20) die Beziehungen für die Minkowski-Kraft $\vec{K}'$ im bewegten System. Wenn wir noch (9.3.15) und (9.3.12) benutzen, läßt sie sich ausschließlich durch die relativistischen Geschwindigkeiten $\vec{u}_b'$ und die elektrische Feldstärke $\vec{E}'$ im bewegten System ausdrücken.

$$K'^1 = q_b\gamma_b'c\frac{E_1'}{c} + q_bu_b'^2\frac{v_1}{c}\frac{E_2'}{c} + q_bu_b'^3\frac{v_1}{c}\frac{E_3'}{c} \quad ,$$

$$K'^2 = q_b\gamma_b'c\frac{E_2'}{c} - q_bu_b'^1\frac{v_1}{c}\frac{E_2'}{c} \quad ,$$

$$K'^3 = q_b\gamma_b'c\frac{E_3'}{c} - q_bu_b'^1\frac{v_1}{c}\frac{E_3'}{c} \quad . \tag{9.4.1}$$

Die Nullkomponente K^0 berechnet man am einfachsten nach (9.3.20)

$$\begin{aligned}K'^0 &= \frac{\vec{v}_b'}{c}\cdot\vec{K}' \\ &= q_b\frac{v_{b1}'}{c}\left(\gamma_b'c\frac{E_1'}{c} + u_b'^2\frac{v_1}{c}\frac{E_2'}{c} + u_b'^3\frac{v_1}{c}\frac{E_3'}{c}\right) \\ &+ q_b\frac{v_{b2}'}{c}\left(\gamma_b'c\frac{E_2'}{c} - u_b'^1\frac{v_1}{c}\frac{E_2'}{c}\right) \\ &+ q_b\frac{v_{b3}'}{c}\left(\gamma_b'c\frac{E_3'}{c} - u_b'^1\frac{v_1}{c}\frac{E_3'}{c}\right) \\ &= q_bu_b'^1\frac{E_1'}{c} + q_bu_b'^2\frac{E_2'}{c} + q_bu_b'^3\frac{E_3'}{c} \quad ,\end{aligned} \tag{9.4.2}$$

unter Benutzung von $u_b'^i = \gamma_b' v_{bi}'$.

Wegen $u_b'^0 = \gamma_b'c$ lassen sich die ersten Terme auf den rechten Seiten von (9.4.1) durch

$$\frac{E_1'}{c}q_bu_b'^0 \quad , \quad \frac{E_2'}{c}q_bu_b'^0 \quad , \quad \frac{E_3'}{c}q_bu_b'^0 \tag{9.4.3}$$

darstellen. Die weiteren Terme faktorisieren analog in Produkte aus

$$\frac{v_1}{c}\frac{E_i'}{c} \quad \text{und} \quad q_bu_b'^k \qquad i,k = 1, 2, 3 \quad . \tag{9.4.4}$$

Da die Minkowski-Kraft ein Vierervektor ist, müssen die bei den Vierervektorkomponenten von $\underset{\sim}{u}_b'$ bzw. $q_b\underset{\sim}{u}_b'$ stehenden Faktoren selbst Komponenten eines Vierertensors $\underset{\approx}{F}$ sein, da er allein die Transformation des Vierervektors $q_b\underset{\sim}{u}_b$ in den Vierervektor $\underset{\sim}{K}$ vermittelt

$$\boxed{\underset{\sim}{K} = q_b\,\underset{\approx}{F}\,\underset{\sim}{u}_b} \quad , \tag{9.4.5}$$

in Komponenten

$$K'^\mu = q_bF'^\mu{}_\nu u'^\nu_b \quad , \tag{9.4.6}$$

wobei

$$(F'^{\mu}{}_{\nu}) = \begin{pmatrix} 0 & \frac{1}{c}E_1' & \frac{1}{c}E_2' & \frac{1}{c}E_3' \\ \frac{1}{c}E_1' & 0 & \frac{v_1}{c^2}E_2' & \frac{v_1}{c^2}E_3' \\ \frac{1}{c}E_2' & -\frac{v_1}{c^2}E_2' & 0 & 0 \\ \frac{1}{c}E_3' & -\frac{v_1}{c^2}E_3' & 0 & 0 \end{pmatrix} . \tag{9.4.7}$$

Zieht man durch Multiplikation mit $g^{\lambda\nu}$ den zweiten Index von $F'^{\mu}{}_{\nu}$ herauf

$$F'^{\mu\nu} = F'^{\mu}{}_{\lambda} g^{\lambda\nu} , \tag{9.4.8}$$

so gewinnt man die antisymmetrische Matrix

$$(F'^{\mu\nu}) = \begin{pmatrix} 0 & -\frac{1}{c}E_1' & -\frac{1}{c}E_2' & -\frac{1}{c}E_3' \\ \frac{1}{c}E_1' & 0 & -\frac{v_1}{c^2}E_2' & -\frac{v_1}{c^2}E_3' \\ \frac{1}{c}E_2' & \frac{v_1}{c^2}E_2' & 0 & 0 \\ \frac{1}{c}E_3' & \frac{v_1}{c^2}E_3' & 0 & 0 \end{pmatrix} . \tag{9.4.9}$$

Durch Vergleich mit (9.3.37) finden wir den Zusammenhang mit der magnetischen Induktion

$$B_\ell' = -\frac{1}{2} \sum_{m,n=1}^{3} \varepsilon_{\ell mn} F'^{mn} \tag{9.4.10}$$

und der *Feldstärke-Tensor* $\underset{\approx}{F}$ hat im allgemeinen Fall die Matrix

$$(F'^{\mu\nu}) = \begin{pmatrix} 0 & -\frac{1}{c}E_1' & -\frac{1}{c}E_2' & -\frac{1}{c}E_3' \\ \frac{1}{c}E_1' & 0 & -B_3' & B_2' \\ \frac{1}{c}E_2' & B_3' & 0 & -B_1' \\ \frac{1}{c}E_3' & -B_2' & B_1' & 0 \end{pmatrix} . \tag{9.4.11}$$

Wegen der speziellen Wahl der Koordinatenachsen, in denen $\vec{v}$ die Darstellung

$$\vec{v} = (v_1, 0, 0)$$

hat, ist

$$B'_1 = q_b(\vec{v}\times\vec{E}')_1 = 0 \quad . \tag{9.4.12}$$

Der Feldstärke-Tensor $\underset{\approx}{F}$ hat die Darstellung im System K'

$$\boxed{\underset{\approx}{F} = F'^{\mu\nu}\underset{\sim\mu}{e'} \otimes \underset{\sim\nu}{e'}} \tag{9.4.13}$$

in den transformierten Basistensoren $\underset{\sim\mu}{e'}\otimes\underset{\sim\nu}{e'}$. Die Basisvektoren $\underset{\sim\mu}{e'}$ im System K' hängen mit denen im System K über die Lorentz-Transformation

$$\underset{\sim\mu}{e'} = \Lambda_\mu{}^\rho \underset{\sim\rho}{e} \quad . \tag{9.4.14}$$

zusammen. Einsetzen von (9.4.13) liefert

$$\underset{\approx}{F} = F'^{\mu\nu}\Lambda_\mu{}^\rho\Lambda_\nu{}^\sigma \underset{\sim\rho}{e} \otimes \underset{\sim\sigma}{e} \quad . \tag{9.4.15}$$

Andererseits hat $\underset{\approx}{F}$ im Koordinatensystem K die Darstellung

$$\underset{\approx}{F} = F^{\rho\sigma}\underset{\sim\rho}{e} \otimes \underset{\sim\sigma}{e} \quad . \tag{9.4.16}$$

Die Tensorkomponenten $F^{\rho\sigma}$ im System K sind somit über

$$F^{\rho\sigma} = F'^{\mu\nu}\Lambda_\mu{}^\rho\Lambda_\nu{}^\sigma \tag{9.4.17a}$$

bzw.

$$F^{\rho\sigma} = \Lambda^{+\rho}{}_\mu\Lambda^{+\sigma}{}_\nu F'^{\mu\nu} \tag{9.4.17b}$$

oder

$$\boxed{F'^{\mu\nu} = \Lambda^\mu{}_\rho\Lambda^\nu{}_\sigma F^{\rho\sigma}} \tag{9.4.17c}$$

mit denen im System K' verknüpft.

Durch den Feldstärke-Tensor $\underset{\approx}{F}$ werden die in der nichtrelativistischen Beschreibung verschiedenen Feldstärkevektoren der elektrischen Feldstärke $\vec{E}$ und der magnetischen Induktion $\vec{B}$ zu einem Vierertensor vereinigt und als ein einziges Feld, das *elektromagnetische Feld*, aufgefaßt.

Die Verknüpfung der Tensorkomponenten (9.4.17) in zwei verschiedenen Koordinatensystemen demonstrieren wir noch einmal am Beispiel des elektromagnetischen Feldes einer Ladungsverteilung. Wir betrachten eine Ladungsverteilung $\rho(\vec{x})$, die im System K statisch, zeitunabhängig und stromlos ist. Der Feldstärketensor hat im Basissystem der $\underset{\sim\mu}{e}$ von K die Darstellung

$$\begin{aligned}\underset{\approx}{F} &= \frac{1}{c}E_1(\underset{\sim 1}{e}\otimes\underset{\sim 0}{e} - \underset{\sim 0}{e}\otimes\underset{\sim 1}{e}) + \frac{1}{c}E_2(\underset{\sim 2}{e}\otimes\underset{\sim 0}{e} - \underset{\sim 0}{e}\otimes\underset{\sim 2}{e}) \\ &\quad + \frac{1}{c}E_3(\underset{\sim 3}{e}\otimes\underset{\sim 0}{e} - \underset{\sim 0}{e}\otimes\underset{\sim 3}{e}) \quad ,\end{aligned} \tag{9.4.18}$$

da seine Komponentenmatrix die Form

$$F^{\mu\nu} = \begin{pmatrix} 0 & -\frac{1}{c}E_1 & -\frac{1}{c}E_2 & -\frac{1}{c}E_3 \\ \frac{1}{c}E_1 & 0 & 0 & 0 \\ \frac{1}{c}E_2 & 0 & 0 & 0 \\ \frac{1}{c}E_3 & 0 & 0 & 0 \end{pmatrix} \tag{9.4.19}$$

hat. Im Koordinatensystem K' mit den Basisvektoren

$$\underset{\sim}{e}'_\mu = \Lambda_\mu{}^\nu \underset{\sim}{e}_\nu \quad ; \quad \Lambda_\mu{}^\nu = \begin{pmatrix} \gamma & -\beta\gamma & 0 & 0 \\ -\beta\gamma & \gamma & 0 & 0 \\ 0 & 0 & 1 & 0 \\ 0 & 0 & 0 & 1 \end{pmatrix} , \tag{9.4.20}$$

in dem sich die Ladungsverteilung mit der Geschwindigkeit $\vec{v} = \beta c\, \vec{e}'_1$ bewegt, hat die Matrix des Feldstärke-Tensors die Gestalt

$$F'^{\mu\nu} = \Lambda^\mu{}_\rho \Lambda^\nu{}_\sigma F^{\rho\sigma} \ . \tag{9.4.21}$$

Die Darstellung (9.4.20) für $\Lambda_\mu{}^\nu$ zeigt, daß die Darstellungsmatrix symmetrisch ist. Ferner gilt

$$\Lambda^{+\nu}_\mu = \Lambda^\nu{}_\mu \ , \tag{9.4.22}$$

so daß wir (9.4.21) auch als Produkt von drei Matrizen schreiben können:

$$F'^{\mu\nu} = \Lambda^\mu{}_\rho F^{\rho\sigma} \Lambda^{+\nu}_\sigma \ . \tag{9.4.23}$$

Durch Ausmultiplikation erhalten wir

$$F'^{\mu\nu} = \begin{pmatrix} \gamma & \beta\gamma & 0 & 0 \\ \beta\gamma & \gamma & 0 & 0 \\ 0 & 0 & 1 & 0 \\ 0 & 0 & 0 & 1 \end{pmatrix} \begin{pmatrix} 0 & -\frac{1}{c}E_1 & -\frac{1}{c}E_2 & -\frac{1}{c}E_3 \\ \frac{1}{c}E_1 & 0 & 0 & 0 \\ \frac{1}{c}E_2 & 0 & 0 & 0 \\ \frac{1}{c}E_3 & 0 & 0 & 0 \end{pmatrix} \begin{pmatrix} \gamma & \beta\gamma & 0 & 0 \\ \beta\gamma & \gamma & 0 & 0 \\ 0 & 0 & 1 & 0 \\ 0 & 0 & 0 & 1 \end{pmatrix}$$

$$= \begin{pmatrix} \gamma & \beta\gamma & 0 & 0 \\ \beta\gamma & \gamma & 0 & 0 \\ 0 & 0 & 1 & 0 \\ 0 & 0 & 0 & 1 \end{pmatrix} \begin{pmatrix} -\frac{\beta\gamma}{c}E_1 & -\frac{\gamma}{c}E_1 & -\frac{1}{c}E_2 & -\frac{1}{c}E_3 \\ \frac{\gamma}{c}E_1 & \frac{\beta\gamma}{c}E_1 & 0 & 0 \\ \frac{\gamma}{c}E_2 & \frac{\beta\gamma}{c}E_2 & 0 & 0 \\ \frac{\gamma}{c}E_3 & \frac{\beta\gamma}{c}E_3 & 0 & 0 \end{pmatrix}$$

$$= \begin{pmatrix} 0 & -\frac{1}{c}E_1 & -\frac{\gamma}{c}E_2 & -\frac{\gamma}{c}E_3 \\ \frac{1}{c}E_1 & 0 & -\frac{\beta\gamma}{c}E_2 & -\frac{\beta\gamma}{c}E_3 \\ \frac{\gamma}{c}E_2 & \frac{\beta\gamma}{c}E_2 & 0 & 0 \\ \frac{\gamma}{c}E_3 & \frac{\beta\gamma}{c}E_3 & 0 & 0 \end{pmatrix} . \qquad (9.4.24)$$

Dieses Resultat bestätigt das frühere Ergebnis (9.4.9). Wegen der Wahl der Koordinantensysteme K und K' hat $\vec{v}$ die spezielle Gestalt

$$\vec{v} = (v_1, 0, 0) \qquad (9.4.25)$$

und $F'^{\mu\nu}$ ist in der obigen Gestalt ein Spezialfall der Form

$$F'^{\mu\nu} = \begin{pmatrix} 0 & -\frac{1}{c}E'_1 & -\frac{1}{c}E'_2 & -\frac{1}{c}E'_3 \\ \frac{1}{c}E'_1 & 0 & -B'_3 & B'_2 \\ \frac{1}{c}E'_2 & B'_3 & 0 & -B'_1 \\ \frac{1}{c}E'_3 & -B'_2 & B'_1 & 0 \end{pmatrix} \qquad (9.4.26)$$

mit

$$E'_1 = E_1 \quad , \quad E'_2 = \gamma E_2 \quad , \quad E'_3 = \gamma E_3 \qquad (9.4.27)$$

und

$$\vec{B}' = \frac{1}{c^2} [\vec{v} \times \vec{E}'] \qquad (9.4.28)$$

in Übereinstimmung mit (9.4.11).

Für Koordinatensysteme K und K', deren 1-Achse nicht in Richtung der Geschwindigkeit $\vec{v}$ zeigt, gewinnt man die allgemeine Gestalt der Matrix $F'^{\mu\nu}$ direkt durch Anwendung der entsprechenden Lorentz-Transformation [Bd.I, Gl.(12.8.25)] oder durch Drehung des obigen Tensors mit der entsprechenden dreidimensionalen Drehung $\underline{\underline{R}}$. Wir unterdrücken nun die Striche an den Komponenten und schreiben die Matrixdarstellung von $\underset{\approx}{F}$ in Blockdarstellung

$$(\underset{\approx}{F})^{\mu\nu} = \begin{pmatrix} 0 & -\frac{1}{c}\vec{E} \\ \frac{1}{c}\vec{E} & -\vec{B}_{\underline{\underline{\varepsilon}}} \end{pmatrix} . \qquad (9.4.29)$$

Dabei ist die Matrixdarstellung von $\vec{B}_{\underline{\underline{\varepsilon}}}$ mit dem Levi-Civitá-Tensor durch

$$(\vec{B}_{\underline{\underline{\varepsilon}}})_{mn} = \begin{pmatrix} 0 & B_3 & -B_2 \\ -B_3 & 0 & B_1 \\ B_2 & -B_1 & 0 \end{pmatrix} \qquad (9.4.30)$$

gegeben.

9.5 Messung der magnetischen Induktion. Hall-Effekt

Von den vielen Verfahren zur Messung der magnetischen Induktion besprechen wir nur ein technisch besonders häufig verwandtes, das auf dem *Hall-Effekt* beruht.

9.5.1 Hall-Effekt

Bringt man eine metallische Platte in ein Feld $\vec{B}$ und läßt man durch Anlegen einer äußeren Spannung einen Strom I senkrecht zu $\vec{B}$ fließen, so erfahren die Leitungselektronen im Metall eine Lorentzkraft, die senkrecht zum Stromfluß und zum Feld $\vec{B}$ gerichtet ist (Abb.9.7). Es kommt zu einer Anreicherung von Elektronen auf der einen und Verarmung an Elektronen an der anderen Seite des Leiters. Es entsteht also ein elektrisches Feld $\vec{E}_H$ senkrecht zum Strom und zum $\vec{B}$-Feld, das durch Abgreifen einer äußeren Spannung U_H gemessen werden kann. Im stationären Zustand stellt sich $\vec{E}_H$ so ein, daß die dadurch hervorgerufene elektrostatische Kraft die Lorentzkraft kompensiert (e ist die Elementarladung), d.h.

$$e\vec{E}_H = e(\vec{v} \times \vec{B}) \quad . \tag{9.5.1}$$

Erweitern wir mit nbd (n: Elektronendichte, b: Breite, d: Dicke der Platte) und schreiben nur Beträge, so ist

$$\begin{aligned} eE_H &= e\,\frac{U_H}{b} = \frac{enbdvB}{nbd} = \frac{IB}{nbd} \\ E_H &= \frac{1}{ne}\,\frac{I}{bd}\,B = R_H jB \quad . \end{aligned} \tag{9.5.2}$$

Der Hall-Effekt erlaubt also bei bekannter Stärke von B die Messung der Elektronendichte im Leiter oder nach Eichung an einem bekannten $\vec{B}$-Feld direkt die Messung der magnetischen Kraftflußdichte B. Die elektrische Feldstärke E_H ist proportional zur Stromdichte j und zur magnetischen Induktion B. Die Proportionalitätskonstante R_H heißt *Hall-Koeffizient*. In unserem einfachen Modell ist

$$R_H = \frac{1}{ne} \tag{9.5.3}$$

unmittelbar durch die Dichte n der freien Elektronen im Leiter gegeben und ist offenbar umso größer, je geringer die freie Ladungsträgerdichte ist. Das bedeutet jedoch nicht, daß für einen schlechten Leiter die Hallfeldstärke besonders groß würde, weil die Stromdichte ihrerseits proportional zur Ladungsträgerdichte ist.

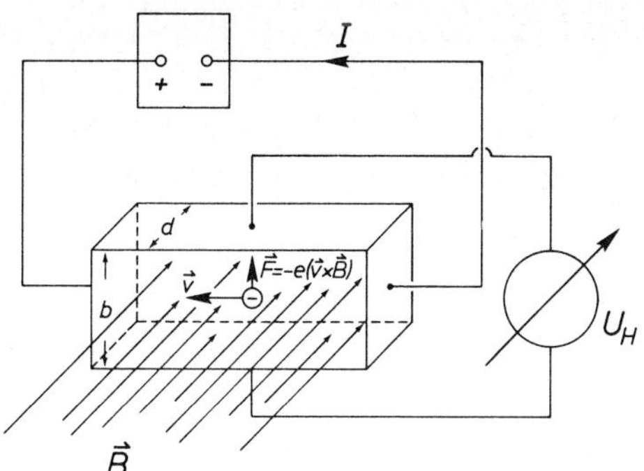

Abb.9.7. Anordnung zur Messung des Hall-Effekts

Verwendet man statt des Metalls einen Halbleiter, so bleibt die Beziehung (9.5.3) in ihrer Struktur richtig, wenn man statt der Dichte n der Leitungselektronen die Differenz $(n_e - n_\ell)$ aus den Dichten der Leitungselektronen n_e und Leitungslöcher n_ℓ setzt

$$R_H = \frac{1}{(n_e - n_\ell)e} \quad . \tag{9.5.4}$$

An dieser Beziehung müssen noch Korrekturen angebracht werden, die von der Kristall- und Bänderstruktur herrühren.

Es fällt auf, daß das Vorzeichen der Hall-Konstanten für n- bzw. p-Halbleiter verschieden ist. Dieser Effekt stimmt mit der Interpretation der Löcher als positive Ladungen überein. Er belegt noch einmal, daß sich die physikalischen Vorgänge in fast vollständig besetzten Bändern als Bewegungen von Defektelektronen oder Löchern beschreiben lassen, die das Verhalten von positiven Teilchen in fast leeren Bändern aufweisen. Der Hall-Effekt ist damit ein direkter Hinweis auf die Bänderstruktur im Kristall. Im freien Elektronengas gibt es keine Löcher, da keine Bänder existieren.

Der Hall-Effekt kann einerseits zur Messung der magnetischen Induktion $\vec{B}$ benutzt, aber auch bei bekannter Induktion zur Bestimmung der Art und Dichte freier Ladungsträger in Halbleitern verwandt werden.

9.6 Anwendungen: Felder verschiedener stromdurchflossener Anordnungen

Wir wollen jetzt das Biot-Savartsche Gesetz (9.2.13)

$$\vec{B} = \frac{\mu_0}{4\pi} I \int \frac{\hat{\vec{n}}(\vec{r}\,') \times (\vec{r}-\vec{r}\,')}{|r-r'|^3} \, d\ell' \tag{9.6.1}$$

auf einfache Anordnungen aus stromdurchflossenen Drähten anwenden, um das

$\vec{B}$-Feld dieser Ströme zu berechnen. In einigen Fällen werden wir das Ergebnis der Rechnung experimentell überprüfen.

9.6.1 Langer gestreckter Draht

Bereits in Abschnitt 9.2 haben wir das $\vec{B}$-Feld eines langen gestreckten Drahtes aus dem Biot-Savartschen Gesetz errechnet, [vgl.(9.2.8-12)]. Das Ergebnis war (9.2.5)

$$\vec{B} = \frac{\mu_0}{2\pi} I \frac{\hat{\vec{n}} \times \hat{\vec{r}}_\perp}{r_\perp} \quad . \tag{9.6.2}$$

Das $\vec{B}$-Feld ist nur eine Funktion vom senkrechten Abstand $\vec{r}_\perp$ vom Draht. Es hat damit in jeder Ebene senkrecht zum Draht die gleiche Form und es genügt, irgendeine dieser Ebenen zu betrachten. In einer solchen Ebene ist der Betrag des Feldes nur vom Abstand vom Draht abhängig

$$B(r_\perp) = \frac{\mu_0 I}{2\pi} \frac{1}{r_\perp} \quad , \tag{9.6.3}$$

also auf Kreisen um den Draht konstant. Die Richtung des Feldes $\hat{\vec{n}} \times \hat{\vec{r}}_\perp$ ist tangential an diesen Kreis. Damit sind die $\vec{B}$-Feldlinien Kreise um den Draht (Abb.9.4). Wir berechnen die Rotation des $\vec{B}$-Feldes. Außerhalb der Singularität bei $\vec{r}_\perp = 0$ kann man die Differentiation einfach ausführen und erhält

$$\vec{\nabla} \times \vec{B} = 0 \quad , \quad \vec{r}_\perp \neq 0 \quad . \tag{9.6.4}$$

Für den Punkt $\vec{r}_\perp = 0$ muß man eine gesonderte Betrachtung durchführen. Wir berechnen das Linienintegral über einen geschlossenen Kreis senkrecht zum Draht mit dem Radius R mit dem Draht als Mittelpunkt und benutzen den Stokesschen Satz

$$\begin{aligned} \int (\vec{\nabla} \times \vec{B}) \cdot d\vec{a} &= \oint \vec{B} \cdot d\vec{s} = 2\pi R B(R) \\ &= \mu_0 I \quad . \end{aligned} \tag{9.6.5}$$

Dieses Ergebnis gilt unabhängig von der Größe des Kreises. Durch Vergleich mit der linken Seite von (9.6.5) sieht man, daß

$$\vec{\nabla} \times \vec{B} = \mu_0 \hat{\vec{n}} I \delta^2(\vec{r}_\perp) \tag{9.6.6}$$

gelten muß. Für den langen gestreckten Draht ist

$$\hat{\vec{n}} I \delta^2(\vec{r}_\perp) = \vec{j}(\vec{r}) \tag{9.6.7}$$

die räumliche Stromdichte unserer Anordnung, so daß

$$\vec{\nabla} \times \vec{B} = \mu_0 \vec{j}(\vec{r}) \tag{9.6.8}$$

gilt.

Experiment 9.3. Ausmessung des $\vec{B}$-Feldes mit der Hall-Sonde

Mit Hilfe des Hall-Effekts können wir die Form (9.6.2) des $\vec{B}$-Feldes quantitativ verifizieren. Dazu wird eine "Hall-Sonde" (Abb.9.7) auf eine Schiene montiert, die senkrecht zur Richtung des Drahtes orientiert ist, dessen $\vec{B}$-Feld gemessen werden soll. Zusammen mit der Sonde wird der Abgriffkontakt eines Schleifdrahts bewegt, der als Spannungsteiler einer Gleichspannung U_0 dient (Abb.9.8). Die Teilspannung ist ein lineares Maß für den Abstand der Hall-Sonde vom Draht. Sie wird zur Betätigung der x-Ablenkung eines Spannungsschreibers benutzt. Die y-Ablenkung wird durch die Hall-Spannung bewirkt. Damit wird bei der Bewegung der Sonde längs der Schiene auf dem Papier des Schreibers eine Kurve geschrieben, die direkt eine Darstellung der Funktion $B = B(r_\perp)$ ist. Nach einer Kalibrierung der Achsen erhalten wir quantitative Übereinstimmung mit (9.6.3). Die Unabhängigkeit des $\vec{B}$-Feldes vom Azimuth φ zeigen wir leicht dadurch, daß wir die Sonde auf einer kreisförmigen Schiene mit Schleifdraht um den Draht herumbewegen, dessen $\vec{B}$-Feld gemessen wird (Abb.9.9). Auf dem Schreiber entsteht die Darstellung der konstanten Funktion $B = B(\varphi)$.

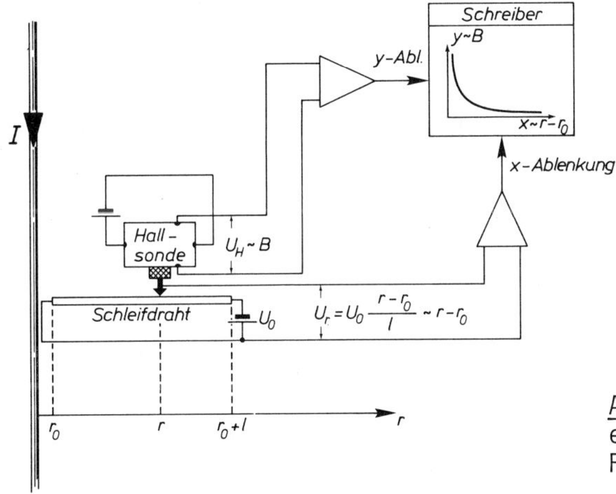

Abb.9.8. Ausmessung des $\vec{B}$-Feldes eines gestreckten Drahtes als Funktion des Abstandes vom Draht

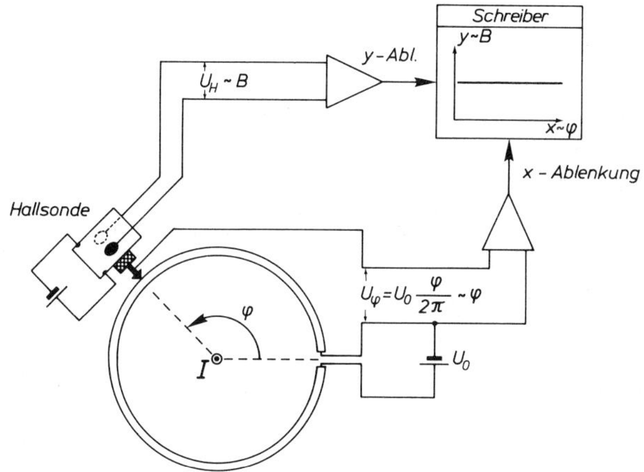

Abb.9.9. Ausmessung des $\vec{B}$-Feldes eines gestreckten Drahtes längs eines Kreises senkrecht zum Draht

9.6.2 Kreisschleife

Wir legen den Ursprung in den Mittelpunkt der Schleife und die z-Richtung eines Zylinderkoordinatensystems senkrecht zur Schleifenebene (Abb.9.10). Der Tangeltialvektor an die Schleife ist dann $\hat{\vec{n}} = \vec{e}_\varphi$, der Ortsvektor eines Linienelements der Schleife $\vec{r}\,' = r'\vec{e}_r$. Das Linienelement auf der Schleife hat die Form $d\ell' = Rd\varphi$. Wir beschränken uns in diesem Abschnitt auf die Berechnung des Feldes an Orten $\vec{r} = z\vec{e}_z$ in der Schleifenachse. Für sie ist der Abstand $\sqrt{z^2 + r'^2} = \sqrt{z^2 + R^2}$ zwischen einem Schleifenelement und dem Aufpunkt vom Ort auf der Schleife unabhängig. Das Biot-Savartsche Gesetz (9.2.13) liefert dann einfach

$$\vec{B} = \frac{\mu_0}{4\pi} I \frac{1}{(z^2+R^2)^{3/2}} \left\{ zR \int_0^{2\pi} (\vec{e}_\varphi \times \vec{e}_z) d\varphi - R^2 \int_0^{2\pi} (\vec{e}_\varphi \times \vec{e}_r) d\varphi \right\} .$$

Wegen

$$\int_0^{2\pi} (\vec{e}_\varphi \times \vec{e}_z) d\varphi = \int_0^{2\pi} \vec{e}_r d\varphi = 0 \tag{9.6.9}$$

und

$$\int_0^{2\pi} (\vec{e}_\varphi \times \vec{e}_r) d\varphi = -\vec{e}_z \int_0^{2\pi} d\varphi = -2\pi\vec{e}_z \tag{9.6.10}$$

erhalten wir für Punkte auf der Achse

$$\vec{B} = \frac{2\mu_0 I\pi R^2}{4\pi(z^2+R^2)^{3/2}} \vec{e}_z \quad . \tag{9.6.11}$$

Das Feld hat die Richtung $\vec{e}_z$, falls der Strom in Richtung $\vec{e}_\varphi$ fließt, andernfalls die Richtung $-\vec{e}_z$. Für große Abstände $z \gg R$ von der Schleife fällt sein Betrag (wie der eines elektrischen Dipolfeldes) mit der dritten Potenz des Abstandes ab. Bezeichnet $a = \pi R^2$ die Schleifenfläche, so gilt für $z \gg R$

$$\vec{B} = \frac{2\mu_0 Ia}{4\pi z^3} \vec{e}_z \quad . \tag{9.6.12}$$

Der Betrag des Feldes (9.6.11) ist in Abb.9.11a als Funktion von z dargestellt. Er hat ein flaches Maximum im Schleifenmittelpunkt ($z = 0$). Einen nahezu konstanten Feldverlauf über einen bestimmten Bereich erhält man, wenn man zwei Schleifen (ein Paar *Helmholtz-Spulen*) parallel zueinander im Abstand ihres Radius aufstellt (Abb.9.11b). Das Feld im Symmetriepunkt hat dann offenbar den Betrag

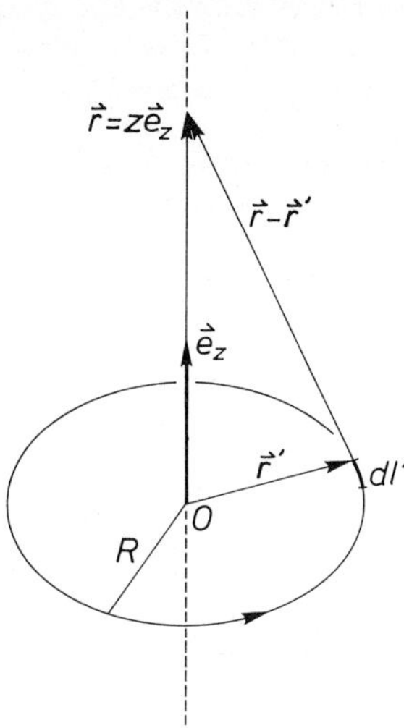

Abb.9.10. Zur Berechnung des $\vec{B}$-Feldes einer stromdurchflossenen Kreisschleife

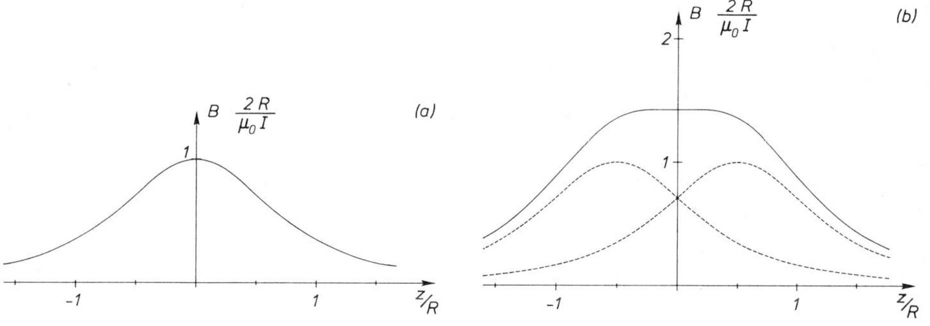

Abb.9.11. (a) B-Feld einer stromdurchflossenen Kreisschleife vom Radius R auf der Achse der Schleife. Der Schleifenmittelpunkt liegt bei z = 0. (b) Felder zweier Drahtschleifen vom Radius R, mit gemeinsamer Achse, deren Mittelpunkte bei z = ±R/2 liegen (gestrichelt) und die Summe beider Felder (durchgezogen)

$$B_{\mathrm{Helmholtz}} = 2B(z=R/2) = \frac{\mu_0 I}{(5/4)^{3/2} R} = 0.715 \, \frac{\mu_0 I}{R} \quad . \tag{9.6.13}$$

Ein Paar von Helmholtz-Spulen eigent sich daher zur Erzeugung eines nahezu homogenen $\vec{B}$-Feldes in seinem Innenraum. Den in Abb.9.11b dargestellten Feldverlauf kann man leicht mit der Methode von Experiment 9.3 verifizieren, indem man auf einer geraden Schiene entlang der Achse der Helmholtzspulen eine Hallsonde bewegt und die Funktionen B(z) auf einem Schreiber darstellt.

9.6.3 Ablenkung geladener Teilchen im B-Feld. Messung des Ladungs-Masse-Quotienten des Elektrons

Ein Feld $\vec{B}$ bewirkt durch die Lorentz-Kraft (9.2.6) an einem Teilchen der Masse m, der Ladung q und der Geschwindigkeit $\vec{v}$ die Beschleunigung

$$\dot{\vec{v}} = \frac{q}{m}\,\vec{v}\times\vec{B} \quad . \tag{9.6.14}$$

Da die Beschleunigung stets senkrecht zur Geschwindigkeit steht, kann sie den Betrag der Geschwindigkeit nicht verändern. Er behält den konstanten Wert $v = v_0$. Durch ein (zeitlich konstantes) $\vec{B}$-Feld läßt sich also die kinetische Energie eines Teilchens *nicht* erhöhen.

Wir betrachten nun den Fall eines homogenen also ortsunabhängigen $\vec{B}$-Feldes und zerlegen die Teilchengeschwindigkeit in Anteile parallel und senkrecht zu $\vec{B}$

$$\vec{v} = \vec{v}_{\parallel} + \vec{v}_{\perp} \quad . \tag{9.6.15}$$

Die Beschleunigung

$$\dot{\vec{v}} = \frac{q}{m}\,(\vec{v}_{\parallel}+\vec{v}_{\perp})\times\vec{B} = \frac{q}{m}\,\vec{v}_{\perp}\times\vec{B} \tag{9.6.16}$$

hat keine Komponente in Richtung des $\vec{B}$-Feldes. Die Teilchenbewegung in dieser Richtung bleibt gleichförmig. Die Beschleunigung wirkt senkrecht zu $\vec{B}$ und zu $\vec{v}_{\perp}$ und hat den konstanten Betrag

$$a = \frac{|q|}{m}\,v_{\perp}B \quad . \tag{9.6.17}$$

Damit ist die Projektion der Teilchenbahn auf eine Ebene senkrecht zur Feldrichtung kreisförmig. Die konstante Beschleunigung senkrecht zur Bahn hat alle Eigenschaften einer konstanten *Zentripetalbeschleunigung* [Bd.I, Abschnitt 3.2.3]. Der Radius R hängt unmittelbar mit der Zentripetalbeschleunigung a und der Winkelgeschwindigkeit $\omega = v_{\perp}/R$ zusammen

$$a = R\omega^2 = v_{\perp}^2/R \quad . \tag{9.6.18}$$

Mit (9.6.17) erhält man für den Radius der Kreisbewegung

$$R = \frac{m}{|q|}\,\frac{v_{\perp}}{B} \quad . \tag{9.6.19}$$

Die Bahn, die durch Überlagerung der geradlinig gleichförmigen Bewegung in Richtung des Feldes und der Kreisbewegung senkrecht zum Feld entsteht, ist eine *Schraubenlinie* (Abb.9.12).

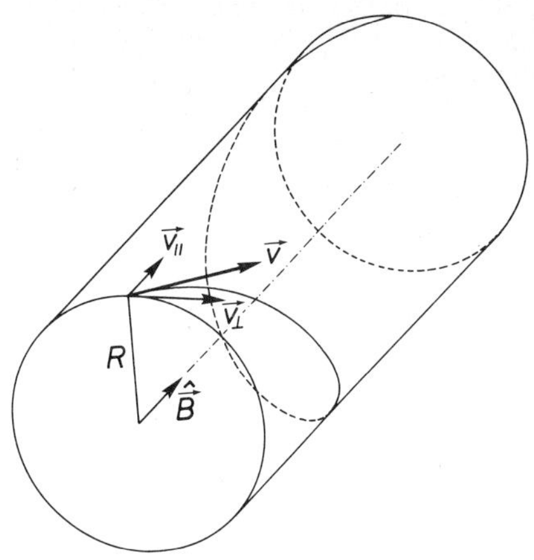

Abb.9.12. Ein Elektron der Anfangsgeschwindigkeit $\vec{v}$ bewegt sich in einem homogenen $\vec{B}$-Feld längs einer Schraubenlinie

Abb.9.13. Experimentelle Anordnung zur Bestimmung des Quotienten aus Ladung und Masse des Elektrons

Experiment 9.4. Messung des Quotienten aus Ladung und Masse des Elektrons

Wir benutzen die in Abb.9.13 dargestellte Apparatur. Ein Paar Helmholtz-Spulen vom Radius $R_H = 20{,}0$ cm (jede besitzt $n = 154$ Windungen) wird von dem Strom $I = 1{,}44$ A durchflossen. Es erzeugt nach (9.6.13) ein annähernd homogenes Feld der Stärke

$$B = \frac{n\mu_0 I}{(5/4)^{3/2} R_H} = 9{,}96 \cdot 10^{-4}\,\mathrm{T} \quad .$$

In diesem Feld befindet sich unser Elektronenstrahlrohr aus Experiment 9.2. Die Beschleunigungsspannung in der Elektronenquelle beträgt $U = 227$ V. Sie erteilt den Elektronen die kinetische Energie $mv^2/2 = qU$. Die Quelle ist so ausgerichtet, daß die Elektronengeschwindigkeit senkrecht zur Richtung des B-Feldes ist, d.h. $v = v_\perp$ gilt. Wie erwartet, bewegen sich die Elektronen auf einer Kreisbahn, die dadurch sichtbar wird, daß sie beim Stoß mit den Molekülen der Gasfüllung der Röhre diese zum Leuchten anregen. Der Bahnradius ist $R = 5{,}0$ cm. Durch Quadrieren von (9.6.19) erhalten wir dann

$$R^2 = \frac{1}{B^2}\left(\frac{m}{q}\right)^2 v^2 = \frac{2}{B^2}\,\frac{m}{q}\,U$$

oder

$$\frac{q}{m} = \frac{2U}{R^2B^2} \quad .$$

Durch Einsetzen der Zahlwerte für U, R und B erhalten wir

$$\frac{q}{m} = 1{,}83 \cdot 10^{11}\,\mathrm{C/kg} \quad .$$

Präzisionsmessungen liefern

$$\frac{q}{m} = 1{,}758812 \cdot 10^{11}\,\mathrm{C/kg} \quad . \qquad (9.6.20)$$

Setzen wir für den Betrag der Elektronenladung die Elementarladung (4.6.7) $e = 1.602\ 10^{-19}$C ein, so erhalten wir die Elektronenmasse

$$m_e = (9{,}109\ 534 \pm 0{,}000\ 047) \cdot 10^{-31}\ \mathrm{kg} \quad . \tag{9.6.21}$$

Nach der relativistischen Beziehung $E_0 = mc^2$ [Bd.I, Gl.(12.4.37)] und unter Benutzung des Zahlwertes (9.3.57) für die Lichtgeschwindigkeit c können wir die Ruhenergie E_0 des Elektrons zu

$$E_0 = m_e c^2 = 8{,}1872409 \cdot 10^{-14}\mathrm{J}$$

berechnen. Mit (4.6.9) erhalten wir in der Einheit Elektronenvolt

$$E_0 = (0{,}511\ 0034 \pm 0{,}000\ 0014)\mathrm{MeV} \quad . \tag{9.6.22}$$

Dieser Zahlwert zeigt, wie relativ einfach es ist, Elektronen auf relativistische Geschwindigkeiten zu beschleunigen. Bei Durchlaufen einer Spannung von 511 kV erhält ein Elektron eine kinetische Energie, die gleich seiner Ruheenergie ist.

*9.6.4 Herleitung der allgemeinen Bahnform eines geladenen Teilchens im homogenen $\vec{B}$-Feld

Im letzten Abschnitt haben wir die Bewegungen in Feldrichtung und senkrecht dazu getrennt betrachtet und festgestellt, daß die Bahn eine Schraubenlinie ist. Dieses Ergebnis läßt sich auch unmittelbar durch Integration der Bewegungsgleichung (9.6.14) gewinnen. Sie hat die gleiche Struktur wie die in [Bd.I, Gl.(9.8.4)] angegebene Gleichung für die Larmorpräzession und daher in Analogie zu [Bd.I, Gl.(9.8.5)] die Lösung

$$\begin{aligned}\vec{v}(t) &= \underline{\underline{R}}(\Omega t\hat{\vec{B}})\vec{v}_0 \\ &= [\underline{\underline{1}} + \underline{\underline{\underline{\varepsilon}}}\hat{\vec{B}}\ \sin\Omega t + (1-\hat{\vec{B}}\otimes\hat{\vec{B}})(\cos\Omega t - 1)]\vec{v}_0 \quad .\end{aligned} \tag{9.6.23}$$

Dabei wurde von [Bd.I, Gl.(7.1.39a)] Gebrauch gemacht. Die Kreisfrequenz Ω ist

$$\Omega = -\frac{q}{m} B \quad . \tag{9.6.24}$$

Da der Tensor $\underline{\underline{R}}$ eine zeitabhängige Drehung mit der Kreisfrequenz Ω darstellt, bedeutet (9.6.23), daß der Geschwindigkeitsvektor $\vec{v}$ mit konstanter Winkelgeschwindigkeit Ω im Raum rotiert. Er beschreibt einen Kegel um die raumfeste Achse $\vec{B}$. Als Spezialfall liest man noch ab, daß für $\vec{v}_0 \parallel \vec{B}$ die Geschwindigkeit konstant bleibt.

Durch nochmalige Integration von (9.6.23) erhält man den Ortsvektor $\vec{r}(t)$ des Teilchens

$$\vec{r}(t) = \vec{r}_0 + \int_0^t \vec{v}(t')dt'$$

$$= \vec{r}_0 + \hat{\vec{B}} \otimes \hat{\vec{B}}\vec{v}_0 t - \underline{\underline{\varepsilon}}\hat{\vec{B}} \frac{\cos\Omega t - 1}{\Omega} \vec{v}_0 + (\underline{1} - \hat{\vec{B}} \otimes \hat{\vec{B}}) \frac{\sin\Omega t}{\Omega} \vec{v}_0 \quad .$$

Zerlegen wir jetzt die Geschwindigkeit $\vec{v}_0$ wieder in Anteile parallel und senkrecht zum Feld $\vec{B}$

$$\vec{v}_{0\parallel} = \hat{\vec{B}} \otimes \hat{\vec{B}}\vec{v}_0 = \hat{\vec{B}}(\hat{\vec{B}} \cdot \vec{v}_0)$$

und

$$\vec{v}_{0\perp} = (\underline{1} - \hat{\vec{B}} \otimes \hat{\vec{B}})\vec{v}_0 = \vec{v}_0 - \vec{v}_{0\parallel} \quad ,$$

so erhalten wir

$$\vec{r}(t) = \vec{r}_0 + \vec{v}_{0\parallel} t + (\hat{\vec{B}} \times \vec{v}_{0\perp}) \frac{1 - \cos\Omega t}{\Omega} + \vec{v}_{0\perp} \frac{\sin\Omega t}{\Omega} \quad ,$$

$$= \vec{r}_0 + \frac{1}{\Omega}(\hat{\vec{B}} \times \vec{v}_{0\perp}) + \vec{v}_{0\parallel} t - \frac{1}{\Omega}(\hat{\vec{B}} \times \vec{v}_{0\perp})\cos\Omega t + \frac{1}{\Omega}\vec{v}_{0\perp} \sin\Omega t \quad . \tag{9.6.25}$$

Diese Beziehung beschreibt die Bewegung des Teilchens auf einer Schraubenlinie auf einem Zylinder mit dem Radius

$$\frac{1}{|\Omega|} v_{0\perp} = \frac{m}{|q|} \frac{v_{0\perp}}{B}$$

um die Achse

$$\vec{r}_0 + \frac{1}{\Omega}(\hat{\vec{B}} \times \vec{v}_{0\perp}) + \vec{v}_{0\parallel} t \quad .$$

9.7 Die Differentialgleichungen des stationären Magnetfeldes

Das elektrostatische Feld im Vakuum läßt sich durch die Differentialgleichungen

$$\vec{\nabla} \times \vec{E} = 0 \quad \text{und} \quad \vec{\nabla} \cdot \vec{E} = \frac{1}{\varepsilon_0} \rho$$

beschreiben. Wir suchen nun entsprechende Gleichungen für das stationäre $\vec{B}$-Feld.

Unter Benutzung von

$$\vec{\nabla}\frac{1}{|\vec{r}-\vec{r}\,'|} = -\frac{\vec{r}-\vec{r}\,'}{|\vec{r}-\vec{r}\,'|^3} \tag{9.7.1}$$

läßt sich der Ausdruck (9.2.19) für die magnetische Induktion in der folgenden Weise umformen

$$\vec{B}(\vec{r}) = -\frac{\mu_0}{4\pi}\int \vec{j}(\vec{r}\,')\times\vec{\nabla}\frac{1}{|\vec{r}-\vec{r}\,'|}\,dV' \quad . \tag{9.7.2}$$

Da der Gradient $\vec{\nabla}$ nach der Variablen $\vec{r}$ differenziert, kann man ihn vor das Integral ziehen und erhält unter Vertauschung der beiden Faktoren im Kreuzprodukt

$$\vec{B} = \vec{\nabla}\times\frac{\mu_0}{4\pi}\int\frac{\vec{j}(\vec{r}\,')}{|\vec{r}-\vec{r}\,'|}\,dV' = \vec{\nabla}\times\vec{A}(\vec{r}) \tag{9.7.3}$$

mit

$$\vec{A}(\vec{r}) = \frac{\mu_0}{4\pi}\int\frac{\vec{j}(\vec{r}\,')}{|\vec{r}-\vec{r}\,'|}\,dV' \quad . \tag{9.7.4}$$

Die Divergenz von $\vec{B}$ verschwindet

$$\boxed{\vec{\nabla}\cdot\vec{B} = \vec{\nabla}\cdot\left[\vec{\nabla}\times\vec{A}(\vec{r})\right] = 0} \quad . \tag{9.7.5}$$

weil dieser Ausdruck als Spatprodukt mit zwei gleichen Vektoren verschwindet.

Die Rotation berechnet man ausgehend von (9.7.3) mit dem Entwicklungssatz $\vec{a}\times(\vec{b}\times\vec{c}) = \vec{b}(\vec{a}\cdot\vec{c}) - \vec{c}(\vec{a}\cdot\vec{b})$ zu

$$\begin{aligned}\vec{\nabla}\times\vec{B} &= \vec{\nabla}\times\left[\vec{\nabla}\times\vec{A}(\vec{r})\right]\\ &= \vec{\nabla}\left[\vec{\nabla}\cdot\vec{A}(\vec{r})\right] - \Delta\vec{A}(\vec{r}) \quad .\end{aligned} \tag{9.7.6}$$

Die Divergenz von $\vec{A}$

$$\vec{\nabla}\cdot\vec{A} = \frac{\mu_0}{4\pi}\int\vec{j}(\vec{r}\,')\cdot\vec{\nabla}\frac{1}{|\vec{r}-\vec{r}\,'|}\,dV' \quad , \tag{9.7.7}$$

berechnet man, indem man zunächst die Differentiation nach $\vec{r}$ mit

$$\vec{\nabla}\frac{1}{|\vec{r}-\vec{r}\,'|} = -\vec{\nabla}'\frac{1}{|\vec{r}-\vec{r}\,'|} \tag{9.7.8}$$

in eine nach $\vec{r}\,'$ umwandelt und dann durch eine partielle Integration in die Divergenz von $\vec{j}$ überführt

$$\begin{aligned}\vec{\nabla}\cdot\vec{A} &= -\frac{\mu_0}{4\pi}\int\vec{j}(\vec{r}\,')\cdot\vec{\nabla}'\frac{1}{|\vec{r}-\vec{r}\,'|}\,dV'\\ &= \frac{\mu_0}{4\pi}\int\frac{1}{|\vec{r}-\vec{r}\,'|}\vec{\nabla}'\cdot\vec{j}(\vec{r}\,')dV' \quad .\end{aligned} \tag{9.7.9}$$

(Für endlich ausgedehnte Stromverteilungen trägt das bei der partiellen Integration auftretende Oberflächenintegral nichts bei.)

Für eine stationäre, d.h. zeitunabhängige Stromdichte verschwindet aber die Divergenz

$$\vec{\nabla}' \cdot \vec{j}(\vec{r}\,') = 0 \qquad (9.7.10)$$

als Folge der Kontinuitätsgleichung (6.1.8), so daß die Divergenz von $\vec{A}$ selbst verschwindet

$$\vec{\nabla} \cdot \vec{A} = 0 \quad . \qquad (9.7.11)$$

Der zweite Term in (9.7.6) kann leicht mit Hilfe der Beziehung (3.8.7)

$$\Delta \frac{1}{|\vec{r}-\vec{r}\,'|} = -4\pi\delta^3(\vec{r}-\vec{r}\,')$$

ausgerechnet werden

$$\begin{aligned} -\Delta\vec{A} &= -\frac{\mu_0}{4\pi}\int \vec{j}(\vec{r}\,')\,\Delta\frac{1}{|\vec{r}-\vec{r}\,'|}\,dV' \\ &= \mu_0 \int \vec{j}(\vec{r}\,')\delta^3(\vec{r}-\vec{r}\,')dV' = \mu_0\vec{j}(\vec{r}) \quad . \end{aligned} \qquad (9.7.12)$$

Insgesamt erhalten wir für die Rotation der magnetischen Induktion

$$\boxed{\vec{\nabla} \times \vec{B}(\vec{r}) = \mu_0\vec{j}(\vec{r})} \quad . \qquad (9.7.13)$$

Dies ist die allgemeine Form des Ergebnisses (9.6.8), das dort für den gestreckten Draht hergeleitet worden war. Die beiden Beziehungen (9.7.5) und (9.7.13) sind die Gleichungen des stationären $\vec{B}$-Feldes im Vakuum, die denen des elektrostatischen Feldes entsprechen. Im Gegensatz zu diesem, das wirbelfrei ist und dessen Quellen die elektrischen Ladungen sind, ist das $\vec{B}$-Feld quellenfrei, hat aber eine durch die Stromdichte gegebene Wirbeldichte. Wegen der Quellenfreiheit hat das $\vec{B}$-Feld geschlossene Feldlinien. Da die Rotation der magnetischen Induktion nicht verschwindet, kann – im Gegensatz zur elektrischen Feldstärke – $\vec{B}$ nicht als Gradient eines skalaren Potentials dargestellt werden.

Aus (9.7.13) kann man noch eine Integralbeziehung für $\vec{B}$ herleiten, wenn man den Stokes'schen Satz benutzt

$$\mu_0 I = \mu_0 \int_a \vec{j}(\vec{r}) \cdot d\vec{a} = \int_a (\vec{\nabla} \times \vec{B}) \cdot d\vec{a}$$

d.h.

$$\mu_0 I = \int_{(a)} \vec{B} \cdot d\vec{s} \quad . \qquad (9.7.14)$$

Das bedeutet, daß das Umlaufintegral der magnetischen Induktion über die Randkurve (a) eines Flächenstückes a dem durch dieses Flächenstück hindurchtretenden Strom I proportional ist.

Wir illustrieren dieses Ergebnis am Beispiel des Feldes des langen gestreckten Drahtes (9.6.2) und wählen als Fläche a eine Kreisscheibe vom Radius R senkrecht zum Draht. Da $\vec{B}$ tangential zum Kreis orientiert ist, ist

$$\oint \vec{B}\cdot d\vec{s} = \frac{\mu_0 I}{2\pi R}\oint (\hat{\vec{n}}\times\hat{\vec{r}}_\perp)\cdot d\vec{s} = \frac{\mu_0 I}{2\pi R}\oint ds$$

$$= \mu_0 I \quad . \tag{9.7.15}$$

Das Integral hat wegen (9.7.14) den gleichen Wert für jede Fläche, die der Draht durchstößt. Er verschwindet für jede andere Fläche.

9.8 Das Vektorpotential

Zwar läßt sich ein $\vec{B}$-Feld nicht als Gradient eines skalaren Potentials schreiben, im vorigen Abschnitt hatten wir aber das $\vec{B}$-Feld als Rotation eines Vektorfeldes darstellen können, vgl. (9.7.3) und (9.7.4)

$$\vec{A}(\vec{r}) = \frac{\mu_0}{4\pi}\int \frac{\vec{j}(\vec{r}\,')}{|\vec{r}-\vec{r}\,'|}\, dV' \quad , \tag{9.8.1}$$

$$\vec{B}(\vec{r}) = \vec{\nabla}\times\vec{A}(\vec{r}) \quad . \tag{9.8.2}$$

Das Feld $\vec{A}(\vec{r})$ heißt *Vektorpotential* der magnetischen Induktion. Allerdings ist das $\vec{A}$-Feld nur bis auf den Gradienten einer willkürlichen skalaren Funktion $\chi(\vec{r})$ des Ortes bestimmt, da dessen Rotation verschwindet

$$\vec{B} = \vec{\nabla}\times(\vec{A}+\vec{\nabla}\chi) = \vec{\nabla}\times\vec{A} + \vec{\nabla}\times\vec{\nabla}\chi$$

$$= \vec{\nabla}\times\vec{A} \quad . \tag{9.8.2a}$$

Sowohl das Vektorpotential $\vec{A}$ wie auch das "umgeeichte Vektorpotential"

$$\vec{A}'(\vec{r}) = \vec{A}(\vec{r}) + \vec{\nabla}\chi(\vec{r}) \tag{9.8.3}$$

führen somit zu gleichem $\vec{B}$-Feld. Eine spezielle Wahl des willkürlichen Feldes χ bezeichnet man als *Eichung* des Vektorpotentials. Sie bewirkt eine ortsabhängige Wahl des Nullpunktes des $\vec{A}$-Feldes. Den Übergang von $\vec{A}$ nach $\vec{A}'$ bezeichnet man als lokale *Eichtransformation*. Die Darstellung (9.7.4) ist somit nur eine mögliche Form von vielen für das Vektorpotential des $\vec{B}$-Feldes der Stromdichte $\vec{j}(\vec{r})$. Sie ist durch die zusätzliche *Eichbedingung*

$$\vec{\nabla} \cdot \vec{A} = 0 \quad , \tag{9.8.4}$$

die es nach (9.7.11) erfüllt, ausgezeichnet.

Aus (9.7.13) für die Rotation von $\vec{B}$ gewinnt man sogleich durch Einsetzen von (9.8.1) die Beziehung

$$\mu_0 \vec{j}(\vec{r}) = \vec{\nabla} \times \vec{B} = \vec{\nabla} \times (\vec{\nabla} \times \vec{A}) = \vec{\nabla}(\vec{\nabla} \cdot \vec{A}) - \Delta\vec{A} \quad . \tag{9.8.5}$$

Dies ist ein gekoppeltes Gleichungssystem für die verschiedenen Komponenten von $\vec{A}$. Durch Wahl der speziellen Eichung (9.8.4) erhält man

$$\boxed{\Delta\vec{A} = -\mu_0 \vec{j}(\vec{r})} \quad . \tag{9.8.6}$$

In kartesischen Koordinaten sind das drei ungekoppelte Gleichungen für die Komponenten von $\vec{A}$

$$\Delta A_i = -\mu_0 j_i(\vec{r}) \; ; \quad i = 1, 2, 3 \quad . \tag{9.8.7}$$

Mit Hilfe der Lösung (3.6.9) der Poisson-Gleichung (3.8.3) sieht man auch hier, daß (9.7.4) die Gleichung (9.8.6) löst und daß die Eichbedingung (9.8.4) wegen (9.7.11) tatsächlich erfüllt ist.

*9.9 Multipolentwicklung des stationären Magnetfeldes

*9.9.1 Vektorpotential, magnetische Induktion und Stromdichte eines magnetischen Dipolfeldes

Als Beispiel berechnen wir das Vektorpotential einer stromdurchflossenen Kreisschleife vom Radius R und der Fläche $a = \pi R^2$ mit dem Ursprung als Mittelpunkt. Der Normalenvektor auf der Schleifenebene sei $\hat{\vec{a}}$. Die Stromdichte ist durch ($r'_\parallel = \vec{r}\,'\hat{\vec{a}}$, $\vec{r}\,'_\perp = \vec{r}\,' - r'_\parallel \hat{\vec{a}}$)

$$\vec{j}(\vec{r}\,') = I\hat{\vec{a}} \times \frac{\vec{r}\,'}{r'}\, \delta(|\vec{r}\,'_\perp| - R)\,\delta(|\vec{r}\,'_\parallel|) \tag{9.9.1}$$

gegeben. Durch Einsetzen in (9.7.4) erhalten wir

$$\vec{A}(\vec{r}) = \frac{\mu_0}{4\pi} I \int \frac{\hat{\vec{a}} \times \frac{\vec{r}\,'}{r'}}{|\vec{r} - \vec{r}\,'|}\, \delta(r'_\perp - R)\,\delta(r'_\parallel)\, dV' \quad . \tag{9.9.2}$$

Mit Hilfe von Zylinderkoordinaten um die Koordinatenachse $\hat{\vec{a}}$ läßt sich das Volumelement durch

$$dV' = r'_\perp dr'_\perp dr'_\parallel d\varphi' \tag{9.9.3}$$

darstellen, so daß das Vektorpotential durch eine Integration über φ' gewonnen werden kann

$$\vec{A}(\vec{r}) = \frac{\mu_0}{4\pi} I \,\hat{\vec{a}} \times \int_0^{2\pi} \frac{\vec{r}'_\perp}{R|\vec{r}-\vec{r}'_\perp|} R\, d\varphi' \ , \tag{9.9.4}$$

mit

$$r'_\perp = R \quad . \tag{9.9.5}$$

Im Gegensatz zu Abschnitt 9.6.2, in dem wir das $\vec{B}$-Feld der Kreisschleife für die Punkte auf der Achse der Schleife ausgerechnet haben, wollen wir nun eine Näherung für das $\vec{A}$-Feld für Abstände $|\vec{r}| \gg R$ betrachten. Dazu entwickeln wir den Nenner $|\vec{r} - \vec{r}'_\perp|^{-1}$ bis zur ersten Ordnung in $\vec{r}'_\perp/r$.

$$\begin{aligned} |\vec{r} - \vec{r}'_\perp|^{-1} &= \sqrt{r^2 + R^2 - 2\vec{r}\cdot\vec{r}'_\perp}^{\,-1} \\ &= (r^2+R^2)^{-1/2}\sqrt{1 - \frac{2\vec{r}\cdot\vec{r}'_\perp}{r^2+R^2}}^{\,-1} \\ &= r^{-1}\left(1 + \frac{\vec{r}\cdot\vec{r}'_\perp}{r^2}\right) + \dots \quad . \end{aligned} \tag{9.9.6}$$

Durch Einsetzen erhalten wir für $R \ll r$

$$\vec{A}(\vec{r}) = \frac{\mu_0}{4\pi} \frac{I}{r} \hat{\vec{a}} \times \int_0^{2\pi} \vec{r}'_\perp\left(1 + \frac{\vec{r}\cdot\vec{r}'_\perp}{r^2}\right) d\varphi' \tag{9.9.7}$$

und unter Benutzung von $\vec{r}'_\perp = R\hat{\vec{r}}'_\perp$ und wegen

$$\int_0^{2\pi} \hat{\vec{r}}'_\perp d\varphi' = 0 \quad \text{und} \quad \int_0^{2\pi} \hat{\vec{r}}'_\perp \otimes \hat{\vec{r}}'_\perp d\varphi' = \pi(\underline{\underline{1}} - \hat{\vec{a}} \otimes \hat{\vec{a}}) \tag{9.9.8}$$

schließlich

$$\vec{A}(\vec{r}) = \frac{\mu_0}{4\pi} \frac{IR^2}{r^3} \hat{\vec{a}} \times \int_0^{2\pi} \hat{\vec{r}}'_\perp \otimes \hat{\vec{r}}'_\perp d\varphi' \cdot \vec{r} \tag{9.9.9}$$

$$\vec{A}(\vec{r}) = \frac{\mu_0}{4\pi} I\pi R^2 \hat{\vec{a}} \times \frac{\vec{r}}{r^3} \quad . \tag{9.9.10}$$

Da die vernachlässigten Terme höhere Potenzen R/r als die berücksichtigten enthalten, ist das Ergebnis (9.9.10) im Grenzfall $R \to 0$ exakt, falls

$$\boxed{\lim_{\substack{R\to 0 \\ I\to\infty}} I\pi R^2 = m} \tag{9.9.11}$$

endlich bleibt. Wir nennen

$$\boxed{\vec{m} = m\hat{\vec{a}}} \tag{9.9.12}$$

das *magnetische Moment* des Stromkreises.

Damit gilt für das Vektorpotential $\vec{A}_M$ eines magnetischen Dipols

$$\boxed{\vec{A}_M(\vec{r}) = \frac{\mu_0}{4\pi}\,\vec{m}\times\frac{\vec{r}}{r^3} = -\frac{\mu_0}{4\pi}\,(\vec{m}\times\vec{\nabla})\,\frac{1}{r}} \quad . \tag{9.9.13}$$

Diese Gleichung ist das Vektoranalogon zum skalaren Potential (3.9.26) eines elektrostatischen Dipols.

Wir wollen nun den Ausdruck (9.9.13) als exaktes Vektorpotential $\vec{A}_M$ eines magnetischen Dipols nehmen und das zugehörige Feld $\vec{B}_M$ und die elektrische Stromdichte $\vec{j}_M$ berechnen, die nicht als Näherung sondern exakt das Potential (9.9.13) liefert.

Durch Bildung der Rotation von (9.9.13) gewinnt man die zu $\vec{A}$ gehörige magnetische Induktion mit Hilfe von (3.8.7) und (3.9.17)

$$\boxed{\begin{aligned}
\vec{B}_M &= \vec{\nabla}\times\vec{A} = \frac{\mu_0}{4\pi}\,\vec{\nabla}\times\left(\vec{m}\times\frac{\vec{r}}{r^3}\right)\\
&= \frac{\mu_0}{4\pi}\,\vec{m}\left(\vec{\nabla}\cdot\frac{\vec{r}}{r^3}\right) - \frac{\mu_0}{4\pi}\,(\vec{m}\cdot\vec{\nabla})\,\frac{\vec{r}}{r^3}\\
&= \frac{\mu_0}{4\pi}\,4\pi\vec{m}\delta^3(\vec{r}) - \frac{\mu_0}{4\pi}\,\Theta(r-\varepsilon)\vec{m}\,\frac{\underline{\underline{1}}-3\hat{\vec{r}}\otimes\hat{\vec{r}}}{r^3} - \frac{\mu_0}{4\pi}\,\vec{m}\,\frac{4\pi}{3}\,\delta^3(\vec{r})\\
&= \frac{\mu_0}{4\pi}\,\frac{3(\vec{m}\cdot\hat{\vec{r}})\hat{\vec{r}}-\vec{m}}{r^3}\,\Theta(r-\varepsilon) + \mu_0\,\frac{2}{3}\,\vec{m}\delta^3(\vec{r}) \quad .
\end{aligned}} \tag{9.9.14}$$

Für $\vec{r}\neq 0$ stimmt das Ergebnis in der Form mit der Gleichung (3.9.16) für den elektrostatischen Dipol überein. Der zweite Term mit der δ-Funktion unterscheidet sich von dem im Fall des elektrostatischen Dipols. Er stellt die Quellfreiheit von $\vec{B}_M$ sicher, wie die folgende Rechnung zeigt

$$\begin{aligned}
\mu_0^{-1}\,\vec{\nabla}\cdot\vec{B}_M &= -\,4\pi(\vec{m}\cdot\vec{\nabla})\delta^3(\vec{r}) + (\vec{m}\cdot\vec{\nabla})\vec{\nabla}\,\frac{\vec{r}}{r^3}\\
&= -\,4\pi(\vec{m}\cdot\vec{\nabla})\delta^3(\vec{r}) + 4\pi(\vec{m}\cdot\vec{\nabla})\delta^3(\vec{r}) = 0 \quad .
\end{aligned} \tag{9.9.15}$$

Genau darin unterscheidet sich das magnetische Dipolfeld vom elektrischen, dessen Quelle gerade gleich $\vec{d}\cdot\vec{\nabla}\delta^3(\vec{r})$, der "Ladungsdichte" des Dipols ist.

Die Stromdichte, die genau das $\vec{B}$-Feld (9.9.14) bzw. das $\vec{A}$-Feld (9.9.13) verursacht, läßt sich am einfachsten mit Hilfe der Relation (9.8.6) aus (9.9.13) bestimmen

$$-\mu_0\vec{j}_M(\vec{r}) = \Delta\vec{A}_M(\vec{r}) = -\frac{\mu_0}{4\pi}\,\Delta(\vec{m}\times\vec{\nabla})\,\frac{1}{r} = -\frac{\mu_0}{4\pi}\,(\vec{m}\times\vec{\nabla})\Delta\,\frac{1}{r} =$$

$$= \mu_0(\vec{m}\times\vec{\nabla})\delta^3(\vec{r}) \quad . \tag{9.9.16}$$

Die so gewonnene *Elementarstromdichte* eines magnetischen Dipols

$$\boxed{\vec{j}_M(\vec{r}) = -(\vec{m}\times\vec{\nabla})\delta^3(\vec{r})} \tag{9.9.17}$$

ist offenbar das Vektoranalogen zu der skalaren Ladungsdichte ρ_D eines elektrostatischen Dipols. Durch Einsetzen von (9.9.17) in die Formel (9.8.1) für $\vec{A}$ bestätigt man leicht, daß tatsächlich der Ausdruck (9.9.13) herauskommt.

Auch auf direkte Weise läßt sich die obige Formel für die Elementarstromdichte als Grenzwert eines Kreisstromes für verschwindenden Radius verstehen. Wir gehen wieder von der Darstellung (9.9.1)

$$\vec{j}(\vec{r}) = I\hat{\vec{a}}\times\frac{\vec{r}_\perp}{r_\perp}\,\delta(r_\perp-R)\delta(r_\parallel)$$

für die Kreisstromdichte aus. Wegen der Beziehung

$$\vec{\nabla}r_\perp = \frac{\vec{r}_\perp}{r_\perp} \tag{9.9.18}$$

und – vgl. (5.6.34) –

$$\frac{\vec{r}_\perp}{r_\perp}\,\delta(r_\perp-R) = -\vec{\nabla}\Theta(R-r_\perp) \quad , \tag{9.9.19}$$

können wir auch direkt

$$\vec{j}(\vec{r}) = -I\hat{\vec{a}}\times\vec{\nabla}\Theta(R-r_\perp)\delta(r_\parallel) \tag{9.9.20}$$

schreiben. Für verschwindenden Radius R des Kreisstromes und konstant gehaltenes magnetisches Moment

$$\vec{m} = I\pi R^2\hat{\vec{a}} \tag{9.9.21}$$

müssen wir den Grenzwert $R\to 0$ des Ausdruckes

$$\vec{j}(\vec{r}) = -(\vec{m}\times\vec{\nabla})\,\frac{1}{\pi R^2}\,\Theta(R-r_\perp)\delta(r_\parallel) \tag{9.9.22}$$

betrachten. Wegen

$$\lim_{R\to 0}\int f(\vec{r}_\perp)\,\frac{1}{\pi R^2}\,\Theta(R-r_\perp)d^2r_\perp = f(0) = \int f(\vec{r}_\perp)\delta^2(\vec{r}_\perp)d^2r_\perp \quad ,$$

– vgl. (3.9.14) – gilt

$$\lim_{R\to 0}\frac{1}{\pi R^2}\,\Theta(R-r_\perp) = \delta^2(\vec{r}_\perp) \quad . \tag{9.9.23}$$

Insgesamt haben wir über die Beziehung

$$\delta^2(\vec{r}_\perp)\delta(r_\parallel) = \delta^3(\vec{r}) \tag{9.9.24}$$

damit direkt das Ergebnis für die Stromdichte

$$\boxed{\vec{j}(\vec{r}) = -(\vec{m} \times \vec{\nabla})\delta^3(\vec{r})} \;, \tag{9.9.25}$$

das wir oben als die ein reines magnetisches Dipolfeld erzeugende Elementarstromdichte erkannt hatten. Natürlich erfüllt diese *Elementarstromdichte* die Kontinuitätsgleichung für stationäre Ströme

$$\boxed{\vec{\nabla} \cdot \vec{j}(\vec{r}) = 0} \;, \tag{9.9.26}$$

da das Spatprodukt mit zwei gleichen Vektoren

$$\vec{\nabla} \cdot (\vec{m} \times \vec{\nabla})\delta^3(\vec{r}) = 0 \tag{9.9.27}$$

verschwindet.

*9.9.2 Multipolentwicklung des Vektorpotentials eines stationären Magnetfeldes

In den früheren Abschnitten dieses Kapitels haben wir gesehen, daß das magnetische Induktionsfeld divergenzfrei ist. Deshalb war das einfachste Induktionsfeld nicht wie in der Elektrostatik das einer Punktladung, sondern ein Dipolfeld. Wir wollen nun zeigen, daß – wiederum analog zur Elektrostatik – einer stationären Stromdichte ein Dipolmoment zugeordnet werden kann, dessen Feld für große Abstände von der endlich ausgedehnten Stromverteilung den wesentlichen Beitrag liefert. Dazu gehen wir von dem Ausdruck (9.8.1) für das Vektorpotential

$$\vec{A}(\vec{r}) = \frac{\mu_0}{4\pi}\int \frac{\vec{j}(\vec{r}\,')}{|\vec{r}-\vec{r}\,'|}\,dV' \tag{9.9.28}$$

aus. Wie bei der Multipolentwicklung des elektrostatischen Potentials einer statischen Ladungsverteilung benutzen wir die Taylor-Entwicklung

$$\frac{1}{|\vec{r}-\vec{r}\,'|} = \frac{1}{r} - \vec{r}\,' \cdot \nabla \frac{1}{r} + \ldots = \frac{1}{r} + \frac{\vec{r}}{r^3} \cdot \vec{r}\,' + \ldots \tag{9.9.29}$$

um die Stelle $\vec{r}$. In dieser Näherung wird das Vektorpotential durch

$$\vec{A}(\vec{r}) = \frac{\mu_0}{4\pi}\left[\frac{1}{r}\int \vec{j}(\vec{r}\,')dV' + \frac{1}{r^3}\int (\vec{r}\cdot\vec{r}\,')\vec{j}(\vec{r}\,')dV' + \ldots\right] \tag{9.9.30}$$

beschrieben. Man sieht, daß die Approximation die Beiträge nach Potenzen $1/r^n$ ordnet, so daß die vernachlässigten Beiträge alle stärker als $1/r^2$ abfallen.

Zur weiteren Vereinfachung der obigen Formel machen wir von der Kontinuitätsgleichung für den stationären Strom $\vec{j}$ Gebrauch

$$\vec{\nabla}\cdot\vec{j} = 0 \quad . \tag{9.9.31}$$

Ferner wollen wir annehmen, daß $\vec{j}(\vec{r})$ nur innerhalb eines Gebietes endlicher Ausdehnung von Null verschieden ist. Wegen der Kontinuitätsgleichung (9.9.31) gilt für eine beliebige Funktion $\vec{s}(\vec{r})$

$$\vec{\nabla}'[\vec{j}(\vec{r}')\otimes\vec{s}(\vec{r}')] = (\vec{\nabla}'\cdot\vec{j})\vec{s} + (\vec{j}\cdot\vec{\nabla}')\vec{s} = (\vec{j}\cdot\vec{\nabla}')\vec{s} \quad . \tag{9.9.32}$$

Wegen der endlichen Ausdehnung von $\vec{j}(\vec{r}')$ kann man stets ein Volumen V angeben, das so groß ist, daß $\vec{j}(\vec{r})$ auf seiner Oberfläche verschwindet. Dann gilt

$$0 = \int_{(V)} [d\vec{a}'\cdot\vec{j}(\vec{r}')]\vec{s}(\vec{r}') = \int_{(V)} d\vec{a}'[\vec{j}(\vec{r}')\otimes\vec{s}(\vec{r}')] = \int_V dV'\vec{\nabla}'[\vec{j}(\vec{r}')\otimes\vec{s}(\vec{r}')] \quad . \tag{9.9.33}$$

Die letzte Gleichheit ist wieder durch den Gaußschen Satz garantiert, der für jede Komponente s_i von $\vec{s}$ einzeln gültig ist. Mit Hilfe von (9.9.32) gewinnt man

$$0 = \int [\vec{j}(\vec{r}')\cdot\vec{\nabla}']\vec{s}dV' \quad . \tag{9.9.34}$$

Durch die spezielle Wahl

$$\vec{s} = \vec{r}' \tag{9.9.35}$$

folgt

$$0 = \int_V [\vec{j}(\vec{r}')\cdot\vec{\nabla}']\vec{r}'dV' = \int_V \vec{j}(\vec{r}')dV' \quad . \tag{9.9.36}$$

Damit ist gezeigt, daß der erste Term in der Reihenentwicklung (9.9.30) von $\vec{A}$ verschwindet, $\vec{A}(\vec{r})$ fällt für eine endlich ausgedehnte Stromdichte stets stärker als r^{-1} ab.

Für die Umformung des zweiten Terms wählen wir

$$\vec{s} = \vec{r}'(\vec{r}'\cdot\vec{r})$$

und machen wieder von (9.9.34) Gebrauch

$$\begin{aligned} 0 &= \int_V [\vec{j}(\vec{r}')\cdot\vec{\nabla}']\vec{s}dV' \\ &= \int_V \vec{j}(\vec{r}')(\vec{r}'\cdot\vec{r}) + [\vec{j}(\vec{r}')\cdot\vec{r}]\vec{r}'dV' \quad . \end{aligned} \tag{9.9.37}$$

Betrachten wir nun den Ausdruck

$$\int_V \vec{r}\times[\vec{r}\,'\times\vec{j}(\vec{r}\,')]dV' = \int \vec{r}\,'[\vec{r}\cdot\vec{j}(\vec{r}\,')]dV' - \int \vec{j}(\vec{r}\,')(\vec{r}\cdot\vec{r}\,')dV' \quad , \tag{9.9.38}$$

so gewinnt man aus (9.9.37)

$$-2\int_V (\vec{r}\cdot\vec{r}\,')\vec{j}(\vec{r}\,')dV = \int_V \vec{r}\times[\vec{r}\,'\times\vec{j}(\vec{r}\,')]dV'$$

Insgesamt bleibt in der Entwicklung von $\vec{A}$ bis auf höhere Näherungen nur der zweite Term in der Gestalt

$$\vec{A}(\vec{r}) = -\frac{\mu_0}{4\pi}\frac{\vec{r}}{r^3}\times\left[\frac{1}{2}\int \vec{r}\,'\times\vec{j}(\vec{r}\,')dV'\right] + \ldots \tag{9.9.39}$$

übrig. Man nennt

$$\vec{M}(\vec{r}\,') = \frac{1}{2}\vec{r}\,'\times\vec{j}(\vec{r}\,') \tag{9.9.40}$$

die Dichte des magnetischen Momentes der Stromdichte $\vec{j}(\vec{r}\,')$, der Faktor in der eckigen Klammer von (9.9.39)

$$\boxed{\vec{m} = \frac{1}{2}\int \vec{r}\,'\times\vec{j}(\vec{r}\,')dV'} \tag{9.9.41}$$

ist das magnetische Dipolmoment der Stromdichte $\vec{j}$. Damit hat das Vektorpotential als führenden Beitrag bei großen Abständen einen Dipolterm mit dem Moment $\vec{m}$, (9.9.41),

$$\boxed{\vec{A}(\vec{r}) = \frac{\mu_0}{4\pi}\frac{\vec{m}\times\vec{r}}{r^3} + \ldots} \quad . \tag{9.9.42}$$

Bricht man die Taylor-Entwicklung (9.9.29) nicht nach dem zweiten Glied ab, so erhält man weitere Beiträge zum Vektorpotential, als nächsten etwa den Quadrupolterm, in Analogie zur Multipolentwicklung des Potentials einer statischen Ladungsverteilung.

9.10 Anwendungen: Felder weiterer Anordnungen

9.10.1 Lange Spule

Wir betrachten eine Spule der Länge L vom Radius R mit n Windungen pro Längeneinheit und setzen voraus, daß $L \gg R$. Abb.9.14 zeigt einen Längsschnitt durch die Spule. Zur Vereinfachung der Rechnung gehen wir von einer unendlich langen Spule aus. Das $\vec{B}$-Feld dieser Spule hängt dann aus Symmetriegründen nur noch vom Abstand $\vec{r}_\perp$ von der Spulenachse $\hat{\vec{a}}$ ab. Zur Berechnung des Feldes der Spule machen wir von (9.7.14)

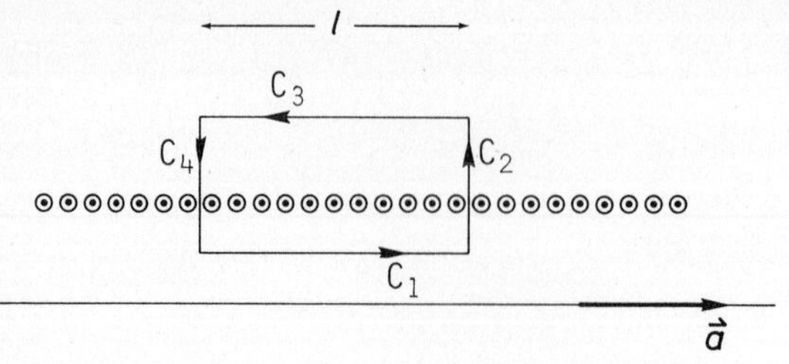

Abb.9.14. Zur Berechnung des $\vec{B}$-Feldes einer langen Spule

$$\oint \vec{B}\cdot d\vec{s} = \mu_0 I$$

Gebrauch. Wir legen einen geschlossenen rechteckigen Integrationsweg $C = (C_1, C_2, C_3, C_4)$ so wie in Abb.9.14. Die Länge des Rechtecks in Achsenrichtung sei ℓ. Wegen der Translationsinvarianz der Anordnung in Achsenrichtung heben sich die Beiträge der Stücke C_2 und C_4 auf und wir erhalten

$$\int_{C_1} \vec{B}\cdot d\vec{s} + \int_{C_3} \vec{B}\cdot d\vec{s} = \mu_0 n\ell I \quad , \tag{9.10.1}$$

weil $n\cdot\ell$ Windungen mit dem Strom I vom Integrationsweg umschlossen werden. Da die Beziehung (9.10.1) unabhängig von den Abständen der Teilstücke C_1 und C_3 von der Spulenachse ist, gilt, daß das Feld im Innern der Spule und im Außenraum der Spule konstante Werte hat. Da $\vec{B}$ im Unendlichen verschwindet, gilt im Außenraum

$$\vec{B}(\vec{r}_\perp) = 0 \quad , \quad r_\perp > R \quad . \tag{9.10.2}$$

Im Innern der Spule gilt damit

$$\int_{C_1} \vec{B}\cdot d\vec{s} = B\ell = \mu_0 n\ell I \tag{9.10.3}$$

und schließlich

$$\vec{B}(\vec{r}) = \mu_0 nI\hat{\vec{a}} \quad , \quad r_\perp < R \quad . \tag{9.10.4}$$

Die beiden Ausdrücke (9.10.2) und (9.10.4) lassen sich zusammenfassen in

$$\boxed{\vec{B} = \mu_0 nI\hat{\vec{a}}\Theta(R-r_\perp)} \quad . \tag{9.10.5}$$

*9.10.2 Vektorpotential einer rotierenden Kugel mit homogener Ladungsbelegung

Die Elektronenhüllen mancher Atome besitzen einen resultierenden Drehimpuls, sie rotieren um eine Achse. Der dadurch bewirkte stationäre elektrische Strom kann in gröbster Näherung durch eine rotierende homogen geladene

Kugelschale beschrieben werden. Wir werden in diesem Abschnitt zeigen, daß diese Anordnung außerhalb der Kugel zu einem magnetischen Dipolfeld führt. Sie ist für eine Reihe von Fragen im Zusammenhang mit magnetischen Eigenschaften der Materie ein brauchbares Modell, wie wir in Kapitel 10 sehen werden.

Eine Kugel vom Radius R, die mit einer homogenen Oberflächenladungsdichte σ entsprechend einer Raumladungsdichte

$$\rho(\vec{r}) = \sigma\delta(r-R) \tag{9.10.6}$$

belegt ist, drehe sich mit der konstanten Winkelgeschwindigkeit ω um die Achse $\hat{\vec{\omega}}$. Die Ladungen, die dabei mitgeführt werden sollen, haben dabei eine Geschwindigkeit (Abb.9.15)

$$\vec{v} = \vec{\omega} \times \vec{r} \tag{9.10.7}$$

und stellen eine Stromdichte

$$\vec{j}(\vec{r}) = \rho\vec{v} = \sigma(\vec{\omega} \times \vec{r})\delta(r-R) \tag{9.10.8}$$

dar. Das Vektorpotential $\vec{A}$ dieser Stromdichte ist durch (9.8.1) zu

$$\vec{A}(\vec{r}) = \frac{\mu_0\sigma}{4\pi} \int_0^\infty \int_{-1}^{+1} \int_0^{2\pi} \frac{\vec{\omega} \times \vec{r}'}{|\vec{r}-\vec{r}'|} \delta(r'-R)r'^2 dr' d\cos\vartheta' d\varphi' \tag{9.10.9}$$

gegeben. Dabei haben wir das Volumenelement durch Polarkoordinaten bezüglich der Richtung $\vec{r}$ ausgedrückt. Der Faktor $\vec{\omega}$ kann als konstanter Vektor aus dem Integral herausgezogen werden. Wir zerlegen den Vektor $\vec{r}'$ in zwei Anteile parallel bzw. senkrecht zur Richtung $\vec{r}$

$$\vec{r}' = \vec{r}'_\parallel + \vec{r}'_\perp \quad , \quad \vec{r}'_\parallel = (\vec{r}'\cdot\hat{\vec{r}})\hat{\vec{r}} = r' \cos\vartheta'\hat{\vec{r}} \quad . \tag{9.10.10}$$

Dann nimmt der Nenner im Integral die Form

$$|\vec{r} - \vec{r}'| = \sqrt{r^2 + r'^2 - 2rr' \cos\vartheta'} \tag{9.10.11}$$

an, er hängt offenbar nicht vom Winkel φ' ab. Da andererseits aus Symmetriegründen

$$\int_0^{2\pi} \vec{r}'_\perp d\varphi' = 0 \tag{9.10.12}$$

gilt, erhalten wir schließlich für

$$\vec{A}(\vec{r}) = \frac{\mu_0\sigma}{4\pi} 2\pi R^3 \vec{\omega} \times \hat{\vec{r}} \int_{-1}^{1} \frac{\cos\vartheta' \, d\cos\vartheta'}{\sqrt{r^2+R^2-2rR \cos\vartheta'}} \quad . \tag{9.10.13}$$

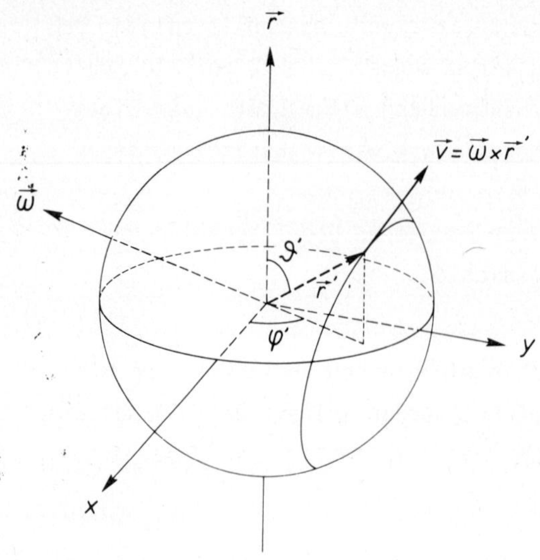

Abb.9.15. Zur Berechnung des Vektorpotentials $\vec{A}(\vec{r})$, das eine mit der Winkelgeschwindigkeit $\vec{\omega}$ rotierende Kugelschale erzeugt, die eine homogene Ladungsdichte trägt

Das Integral auf der rechten Seite läßt sich mit Hilfe der Integralformel

$$\int \frac{x}{\sqrt{a+bx}}\,dx = \frac{2}{3b^2}\,(bx-2a)\,\sqrt{a+bx} \quad , \tag{9.10.14}$$

die man durch partielle Integration gewinnt, leicht auswerten. Man erhält ($x = \cos\vartheta'$)

$$\begin{aligned}\int_{-1}^{+1} \frac{x\,dx}{\sqrt{r^2+R^2-2rRx}} &= -\frac{1}{3(rR)^2}\,(rR+r^2+R^2)\sqrt{r^2+R^2-2rR} \\ &\quad + \frac{1}{3(rR)^2}\,(-rR+r^2+R^2)\sqrt{r^2+R^2+2rR} \\ &= -\frac{1}{3(rR)^2}\,(rR+r^2+R^2)\,|r-R| \\ &\quad + \frac{1}{3(rR)^2}\,(-rR+r^2+R^2)(r+R) \quad .\end{aligned} \tag{9.10.15}$$

Da die Wurzel im Integral als Abstand $|\vec{r}-\vec{r}'|$ nur positive Werte annehmen kann, muß die Wurzel im ersten Summanden auf der rechten Seite von (9.10.15) explizit als positive Zahl gezogen werden

$$\sqrt{r^2 + R^2 - 2rR} = \sqrt{(r-R)^2} = |r - R| \; . \tag{9.10.16}$$

Somit erhalten wir zwei verschiedene Ergebnisse für die Fälle $r > R$ und $r < R$

$$\int_{-1}^{+1} \frac{x dx}{\sqrt{r^2+R^2-2rR}} = \begin{cases} \frac{2}{3}\frac{R}{r^2} \; , & r > R \\ \frac{2}{3}\frac{r}{R^2} \; , & r < R \end{cases} \tag{9.10.17}$$

$$= \frac{2}{3}\frac{R}{r^2}\,\Theta(r-R) + \frac{2}{3}\frac{r}{R^2}\,\Theta(R-r) \quad . \tag{9.10.18}$$

Damit haben wir für das Vektorpotential $\vec{A}(\vec{r})$ zwei verschiedene funktionale Abhängigkeiten innerhalb und außerhalb der Kugel

$$\vec{A}(\vec{r}) = \frac{\mu_0}{4\pi}\sigma\left[\frac{4\pi R^4}{3r^3}\,\Theta(r-R) + \frac{4\pi}{3}R\Theta(R-r)\right]\vec{\omega}\times\vec{r} \quad . \tag{9.10.19}$$

Im Innern der Kugel steigt das Vektorpotential linear mit r vom Wert Null auf den Wert

$$\vec{A}(R\hat{\vec{r}}) = \frac{\mu_0}{4\pi}\sigma\frac{4\pi}{3}R^2(\vec{\omega}\times\hat{\vec{r}}) \tag{9.10.20}$$

an, von dem es dann wie $1/r^2$ auf den Wert Null im Unendlichen abfällt (Abb.9.16). Beim Durchgang durch die Kugeloberfläche ist $\vec{A}(\vec{r})$ stetig. Das Feld $\vec{A}(\vec{r})$ ist zylindersymmetrisch bezüglich der Drehachse und zeigt stets in azimutale Richtung. Es verschwindet auf der Drehachse.

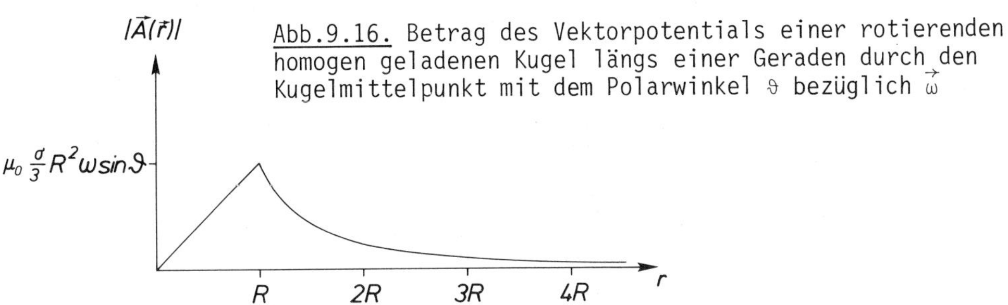

Abb.9.16. Betrag des Vektorpotentials einer rotierenden homogen geladenen Kugel längs einer Geraden durch den Kugelmittelpunkt mit dem Polarwinkel ϑ bezüglich $\vec{\omega}$

Der Gesamtstrom, den die auf der Kugeloberfläche mitgeführte Ladung

$$Q = 4\pi R^2\sigma \tag{9.10.21}$$

darstellt, ist durch Integration über die halbe Querschnittsfläche D der Kugel gegeben

$$I = \int_D \vec{j}(\vec{r}) \cdot d\vec{a} = \int \sigma(\vec{\omega} \times \vec{r})\delta(r-R) \cdot d\vec{a} \quad . \tag{9.10.22}$$

Da der Stromdichtevektor $\vec{j}(\vec{r})$ senkrecht auf der Querschnittsfläche durch $\vec{r}$ steht, gilt mit $\vartheta = \sphericalangle(\vec{\omega},\vec{r})$ sowie $da = r\,dr\,d\vartheta$ und $|\vec{\omega} \times \vec{r}| = \omega r \sin\vartheta$ für den Gesamtstrom

$$I = \sigma\omega \int_0^\pi \int_0^R r \sin\vartheta\,\delta(r-R) r\,dr\,d\vartheta$$

$$= \sigma\omega R^2 \int_0^\pi \sin\vartheta\,d\vartheta = 2\sigma\omega R^2 \quad . \tag{9.10.23}$$

Insgesamt erhalten wir damit für das Vektorpotential den Ausdruck

$$\vec{A}(\vec{r}) = \frac{\mu_0}{4\pi}\left[I\,\frac{2}{3}\,\pi R^2\,\frac{\hat{\vec{\omega}} \times \vec{r}}{r^3}\,\Theta(r-R) + I\,\frac{2}{3}\,\pi R^2\,\frac{\hat{\vec{\omega}} \times \vec{r}}{R^3}\,\Theta(R-r)\right] \quad . \tag{9.10.24}$$

Es fällt auf, daß der erste Term in der obigen Summe gerade das $\vec{A}$-Feld eines magnetischen Dipols mit dem magnetischen Moment

$$\boxed{\vec{m} = I\,\frac{2}{3}\,\pi R^2 \hat{\vec{\omega}} = \sigma\,\frac{4\pi}{3}\,R^4 \vec{\omega}} \tag{9.10.25}$$

ist. Seine Richtung ist gerade die der Drehachse $\hat{\vec{\omega}}$ der rotierenden Kugel. Die Größe $2\pi R^2/3 = a$ ist die effektive Fläche der mit verschiedenen Radien $R \sin\vartheta$ um die Kugel fließenden Kreisströme. Das Vektorfeld $\vec{A}$ hat somit die Form

$$\vec{A}(\vec{r}) = \frac{\mu_0}{4\pi}\,\frac{\vec{m} \times \vec{r}}{r^3}\left[\Theta(r-R) + \frac{r^3}{R^3}\,\Theta(R-r)\right] \quad . \tag{9.10.26}$$

Außerhalb der Kugel hat es exakt die Gestalt des Vektorpotentials eines magnetischen Dipols mit dem Moment $\vec{m}$.

Das zugehörige $\vec{B}$-Feld ist außerhalb der Kugel ein Dipolfeld, im Innern ist $\vec{B}$ konstant und hat die Richtung des magnetischen Momentes $\vec{m}$

$$\vec{B} = \vec{\nabla} \times \vec{A} = \frac{\mu_0}{4\pi}\,\vec{m}\,\frac{3\hat{\vec{r}} \otimes \hat{\vec{r}} - \underline{\underline{1}}}{r^3}\,\Theta(r-R) + \frac{\mu_0}{4\pi}\,\frac{2}{R^3}\,\vec{m}\Theta(R-r) \quad . \tag{9.10.27}$$

Vollzieht man wieder den Grenzübergang $R \to 0$, so daß

$$\vec{m} = \lim_{\substack{R \to 0 \\ I \to \infty}} I\,\frac{2}{3}\,\pi R^2 \hat{\vec{\omega}} \tag{9.10.28}$$

kontstant bleibt, so geht der erste Term in (9.10.26) einfach in das

Vektorpotential eines magnetischen Dipols für alle $\vec{r}$ über

$$\vec{A}(\vec{r}) = \frac{\mu_0}{4\pi} \frac{\vec{m} \times \vec{r}}{r^3} \quad . \tag{9.10.29}$$

Obgleich, analog zu (9.9.23), die Relation

$$\lim_{R \to 0} \frac{3}{4\pi R^3} \Theta(R-r) = \delta^3(\vec{r}) \tag{9.10.30}$$

gilt, verschwindet der zweite Term, denn für jede beliebige, in einer Umgebung von $r=0$ reguläre Funktion $f(\vec{r})$ ergibt eine Integration über $\vec{r}\delta^3(\vec{r})$

$$\int f(\vec{r})\vec{r}\delta^3(\vec{r})dV = 0 \quad ,$$

so daß die Relation

$$\vec{r}\delta^3(\vec{r}) = 0 \tag{9.10.31}$$

gültig ist.

Studiert man den Grenzwert der Stromdichte (9.10.8) in diesem Limes, so stellt man sie am besten durch

$$\vec{j}(\vec{r}) = -\sigma R\vec{\omega} \times \vec{\nabla}\Theta(R-r) \tag{9.10.32}$$

dar. Im Hinblick auf (9.10.30) erweitert man die rechte Seite in folgender Weise

$$\vec{j}(\vec{r}) = -\sigma \frac{4\pi}{3} R^4 \vec{\omega} \times \vec{\nabla} \frac{3}{4\pi R^3} \Theta(R-r) \quad . \tag{9.10.33}$$

Wenn man das magnetische Moment (9.10.25) und die Grenzwertbeziehung (9.10.30) einführt, geht auch in diesem Fall der rotierenden geladenen Kugel die Stromdichte im Grenzfall verschwindenden Radius in den Ausdruck (9.9.25)

$$\vec{j}(\vec{r}) = -\vec{m} \times \vec{\nabla}\delta^3(\vec{r}) \tag{9.10.34}$$

über, den wir auch für den Kreisstrom gefunden hatten.

Das $\vec{B}$-Feld nimmt im Limes $R = \varepsilon \to 0$ für konstantes magnetisches Moment wieder die Gestalt (9.9.14)

$$\vec{B} = \frac{\mu_0}{4\pi} \vec{m} \left[\frac{3\hat{\vec{r}} \otimes \hat{\vec{r}} - \underline{\underline{1}}}{r^3} \Theta(r-\varepsilon) + \frac{2}{3} 4\pi\delta^3(\vec{r}) \right] \tag{9.10.35}$$

an. Dabei wurde der Grenzwert des zweiten Terms wieder mit (9.10.30) berechnet. Die Bedeutung der δ-Funktion am Ort $\vec{r}=0$ erklärt sich nun aus der Existenz des $\vec{B}$-Feldes in der homogenen Kugel. Es wird umso stärker, je kleiner die Kugel (bei festem magnetischen Moment) ist. Vergleichen wir diesen Ausdruck mit dem elektrischen Dipolfeld (3.9.16), so besteht der Unterschied im Vorzeichen und Faktor vor der δ-Funktion. Der Vorzeichenunterschied ist anhand der Situation in der Kugel schnell verstanden. Die magnetischen Induktionslinien verlaufen in der Kugel parallel zur Richtung des magnetischen Moments $\vec{m}$, die elektrischen Feldlinien in der elektrisch geladenen Kugel dagegen antiparallel zur Richtung des Dipolmomentes $\vec{d}$.

9.11 Lorentz-Kraft und elektrischer Antrieb

Befindet sich in einem $\vec{B}$-Feld ein stromdurchflossener Leiter, in dem sich die Leitungselektronen (der Ladung $q = -e$) mit der Geschwindigkeit $\vec{v}_e$ bewegen, so wirkt auf diese die Lorentz-Kraft

$$\vec{F} = q(\vec{v}_e \times \vec{B}) \quad . \tag{9.11.1}$$

Hat $\vec{F}$ eine Komponente senkrecht zum Leiter, so kann die Lorentz-Kraft zu einer Bewegung des Leiters führen. Diese Tatsache liegt der Wirkungsweise aller Elektromotoren zugrunde.

9.11.1 Stromdurchflossene drehbare Drahtschleife im $\vec{B}$-Feld

Abb.9.17 zeigt eine vom Strom I durchflossene Drahtschleife in einem äußeren homogenen $\vec{B}$-Feld, die um eine Achse drehbar gelagert ist, die senkrecht zum $\vec{B}$-Feld und parallel zu den Seiten 1 und 3 der Drahtschleife ist. Auf die Elektronen, die in den vier Seiten der Schleife mit den Geschwindigkeiten

$$\vec{v}_1 = -v\hat{\vec{\ell}} \qquad \vec{v}_3 = v\hat{\vec{\ell}} \quad , \quad \vec{v}_2 = -v\hat{\vec{b}} \qquad \vec{v}_4 = v\hat{\vec{b}} \tag{9.11.2}$$

strömen, wirken die Kräfte

$$\vec{F}_1 = q(\vec{v}_1 \times \vec{B}) = -qvB(\hat{\vec{\ell}} \times \hat{\vec{B}}) \quad , \tag{9.11.3}$$

$$\vec{F}_3 = -q(\vec{v}_1 \times \vec{B}) = qvB(\hat{\vec{\ell}} \times \hat{\vec{B}}) = -\vec{F}_1 \tag{9.11.4}$$

und

$$\vec{F}_2 = q(\vec{v}_2 \times \vec{B}) = -qvB(\hat{\vec{b}} \times \hat{\vec{B}}) \quad , \tag{9.11.5}$$

$$\vec{F}_4 = -q(\vec{v}_2 \times \vec{B}) = qvB(\hat{\vec{b}} \times \hat{\vec{B}}) = -\vec{F}_2 \quad . \tag{9.11.6}$$

Die in den Seiten 2 und 4 auftretenden Kräfte wirken in der Schleifenebene und kompensieren sich wegen der Starrheit der Schleife. Die Summe der Kräfte

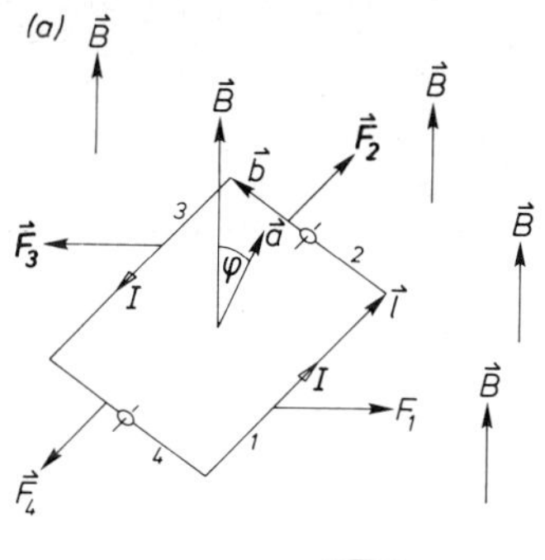

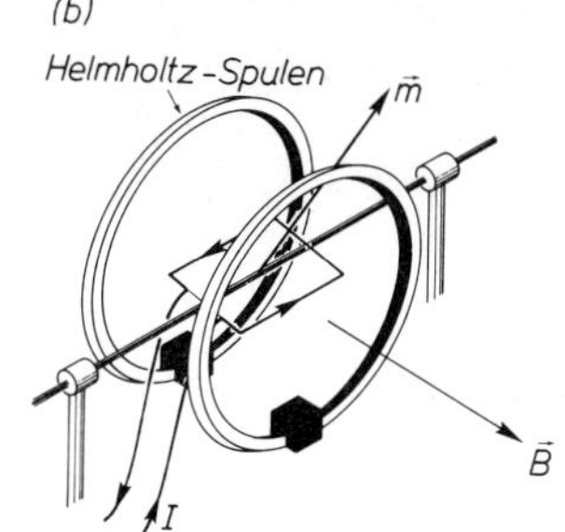

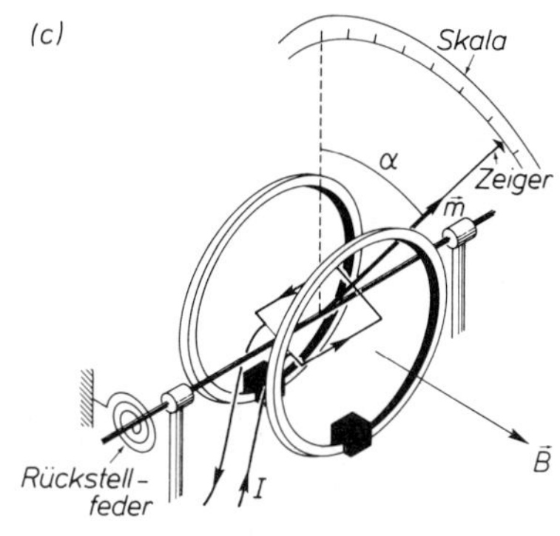

Abb.9.17. (a) Drehbare stromdurchflossene Drahtschleife im äußeren homogenen $\vec{B}$-Feld. (b) Schwingung einer stromdurchflossenen flachen Spule im $\vec{B}$-Feld zweier Helmholtz-Spulen. (c) Messung des Drehmoments auf eine stromdurchflossene Spule im $\vec{B}$-Feld (Prinzip des Drehspulinstruments)

$$\vec{F}_1 + \vec{F}_3 = 0 \tag{9.11.7}$$

verschwindet, aber sie führen zu einem resultierenden Drehmoment um die Achse. In den Seiten 1 bzw. 3 befinden sich

$$N = nf\ell \tag{9.11.8}$$

Elektronen. Dabei ist n die Elektronendichte und f der Drahtquerschnitt. Damit ist das resultierende Drehmoment

$$\begin{aligned}\vec{D} &= nf\ell\left(-\frac{\vec{b}}{2}\times\vec{F}_1 + \frac{\vec{b}}{2}\times\vec{F}_3\right)\\ &= -nf\ell\,\vec{b}\times\vec{F}_1 = nfvq\,\vec{b}\times(\vec{\ell}\times\vec{B}) \quad .\end{aligned} \tag{9.11.9}$$

Die ersten vier Faktoren dieses Ausdrucks stellen bis auf das Ladungsvorzeichen den Strom in der Drahtschleife

$$I = -nfvq = nfve \tag{9.11.10}$$

dar. Das doppelte Kreuzprodukt läßt sich in der Form

$$\begin{aligned}\vec{b}\times(\vec{\ell}\times\vec{B}) &= (\vec{b}\cdot\vec{B})\vec{\ell} - (\vec{b}\cdot\vec{\ell})\vec{B}\\ &= (\vec{b}\cdot\vec{B})\vec{\ell} - (\vec{B}\cdot\vec{\ell})\vec{b}\\ &= \vec{B}\times(\vec{\ell}\times\vec{b})\end{aligned} \tag{9.11.11}$$

schreiben, weil

$$\vec{b}\cdot\vec{\ell} = 0 \quad \text{und} \quad \vec{B}\cdot\vec{\ell} = 0 \tag{9.11.12}$$

gilt. Die Flächennormale $\hat{\vec{a}}$ auf der Drahtschleife ist gerade durch

$$\hat{\vec{a}} = \hat{\vec{\ell}}\times\hat{\vec{b}} \tag{9.11.13}$$

gegeben, so daß das Drehmoment um die Achse durch

$$\vec{D} = Ia(\hat{\vec{a}}\times\vec{B}) \tag{9.11.14}$$

beschrieben werden kann. Man kann auch der stromdurchflossenen rechteckigen Drahtschleife ein magnetisches Moment – vergl.(9.9.21) –

$$\boxed{\vec{m} = Ia\hat{\vec{a}} = I\vec{a}} \tag{9.11.15}$$

zuordnen, weil auch ihr $\vec{B}$-Feld für Abstände $r \gg \sqrt{a}$ wie das der Kreisschleife ein Dipolfeld mit dem Moment $\vec{m}$ ist. Damit wirkt in einem homogenen $\vec{B}$-Feld auf ein magnetisches Moment $\vec{m}$ das Drehmoment

$$\boxed{\vec{D} = \vec{m}\times\vec{B}}\ . \tag{9.11.16}$$

Diese Beziehung ist der für einen elektrischen Dipol analog – vgl.(3.9.33).

Experiment 9.5. Schwingung einer stromdurchflossenen Drahtschleife im Magnetfeld

Im angenähert homogenen Feld $\vec{B}$ zweier Helmholtz-Spulen ist eine rechteckige Drahtschleife um eine Achse senkrecht zum Feld parallel zu den Seiten 1 und 3 drehbar gelagert (Abb.9.17b). Über dünne flexible Zuleitungen wird sie mit dem Strom I beschickt. Wird die Schleife zunächst mit der Hand in eine Stellung gebracht, in der die Schleifennormale mit der Feldrichtung einen Winkel einschließt und dann losgelassen, so schwingt die Schleife mit ihrer Normalen um die Feldrichtung. Die Schwingung ist durch Reibung gedämpft und klingt ab, so daß die Schleife schließlich ruht und die Normale, die mit der Stromrichtung eine Rechtsschraube bildet, schließlich in Feldrichtung zeigt. Bei bekannter Schleifenform und -masse und bekannter Stromstärke kann durch Messung der Schwingungsfrequenz Ω die äußere Feldstärke bestimmt werden. C.F. Gauss hat diese Methode – allerdings mit einer Magnetnadel an Stelle der Schleife – zur Messung des Erdmagnetfeldes benutzt.

Die Schwingung der Schleife wird durch das Trägheitsmoment der Schleife

$$\Theta_\omega = \left(\frac{\ell}{2}+\frac{b}{6}\right)\frac{1}{2(\ell+b)}\,Mb^2 \quad , \tag{9.11.17}$$

um die Achse $\vec{\omega}$ und das rücktreibende Drehmoment ($\vec{m}=I\vec{a}$)

$$\vec{D} = \vec{m}\times\vec{B} = -mB\sin\varphi\,\hat{\vec{\ell}} \tag{9.11.18}$$

bestimmt. Dabei sind M die Masse, ℓ und b Länge und Breite der Schleife und φ der Winkel zwischen äußerem Feld $\vec{B}$ und der Schleifennormalen. Die

Schwingungsgleichung ist dann [Bd.I, Abschnitt 6.3]

$$\Theta_\omega \ddot{\varphi} = -mB \sin\varphi \quad . \qquad (9.11.19)$$

Für kleine φ läßt sich die Gleichung mit $\sin\varphi \approx \varphi$ linearisieren, so daß man aus (9.11.19) abliest, daß die Schleife eine harmonische Drehschwingung mit der Kreisfrequenz

$$\Omega = \sqrt{\frac{mB}{\Theta_\omega}} \qquad (9.11.20)$$

ausführt.

Experiment 9.6. Schema des Drehspulinstruments

Eine Spiralfeder hält die Drehspule aus Experiment 9.5 bei abgeschaltetem Strom so, daß die Flächennormale senkrecht zur Richtung des $\vec{B}$-Feldes steht (Abb.9.17c). Führt man ihr den Strom I zu, so wirkt nach (9.11.16) das Drehmoment $\vec{D} = \vec{m} \times \vec{B}$. Es führt zu einer Auslenkung der Spule aus der Ruhelage um den Winkel φ, bis ihm ein dem Betrage nach gleichgroßes rücktreibendes Moment der Feder $\vec{D} = -\vec{C}\alpha$ entgegensteht ($\vec{C}$ ist das Richtmoment der Feder). Für die neue Gleichgewichtslage erhalten wir $|\vec{m} \times \vec{B}| = |-\vec{C}\alpha|$ oder mit (9.11.15)

$$IaB \sin\varphi = C\alpha \quad .$$

Dabei ist $\varphi = \sphericalangle(\vec{m},\vec{B}) = 90^\circ - \alpha$. Für a ist die effektive Fläche der Spule einzusetzen, für eine Spule von n Windungen also das n-fache der Schleifenfläche. Auflösung nach I liefert

$$I = \frac{C\alpha}{aB \cos\alpha} \quad .$$

Damit ist der Auslenkwinkel α direkt ein Maß für den Strom I. Störend ist der nichtlineare Zusammenhang. Man verwendet daher ein speziell geformtes $\vec{B}$-Feld, das in einem weiten Winkelbereich stets senkrecht zu $\vec{m}$ steht, so daß $\sin\varphi = \text{const} = 1$ wird, vgl.Abschnitt 10.7.

9.11.2 Schema des Gleichstrommotors

In der Anordnung von Experiment 9.5 wirkt das Drehmoment auf die Schleife stets auf eine feste Ruhelage senkrecht zur Feldrichtung hin. Der Winkel zwischen Flächennormale und $\vec{B}$-Feld ist dann $\varphi=0$. Dieses rücktreibende Drehmoment wechselt nach (9.11.18) beim Durchgang der Schleife durch die Ruhelage sein Vorzeichen und versetzt die Schleife in Schwingungen. Soll sie stattdessen eine Drehbewegung ausführen, so muß dafür gesorgt werden, daß beim Durchgang der Schleife durch die Ruhelage $\varphi = 0$, d.h. der Schleifennormalen durch die Feldrichtung, das Drehmoment nicht in ein rücktreibendes umgekehrt wird, sondern seine Richtung beibehält. Das geschieht durch Umkehrung der Stromrichtung in der Schleife beim Nulldurchgang des Drehmomentes (9.11.18) bei $\varphi = 0$.

Experiment 9.7. Modell eines Gleichstrommotors

Technisch wird die Umkehrung der Stromrichtung durch einen *Kommutator* bewerkstelligt, der die Stromrichtung in der Schleife nach jeder halben Drehung umkehrt. Er besteht aus zwei metallischen Halbzylindern, die gegeneinander isoliert zu einem Vollzylinder verbunden sind. Jeder Halbzylinder ist leitend mit einem Schleifenende verbunden. Die Stromzufuhr zur Schleife geschieht dann wie in Abb.9.18 durch Schleifkontakte. Das Drehmoment, das auf die Schleife wirkt, ist dann an Stelle von (9.11.18)

$$\vec{D} = -mB|\sin\varphi|\hat{\vec{\ell}} \qquad (9.11.21)$$

und hat stets das gleiche Vorzeichen, so daß eine Drehung der Schleife die Folge ist. Zwar ist für $\varphi = 0$ das Drehmoment

$$\vec{D} = 0 \quad , \qquad (9.11.22)$$

aber die Trägheit der Schleife treibt sie über diesen Punkt hinweg, so daß sie ihre Drehrichtung beibehält. Die so ausgebildete Anordnung ist das einfachste Schema eines *Gleichstrommotors*.

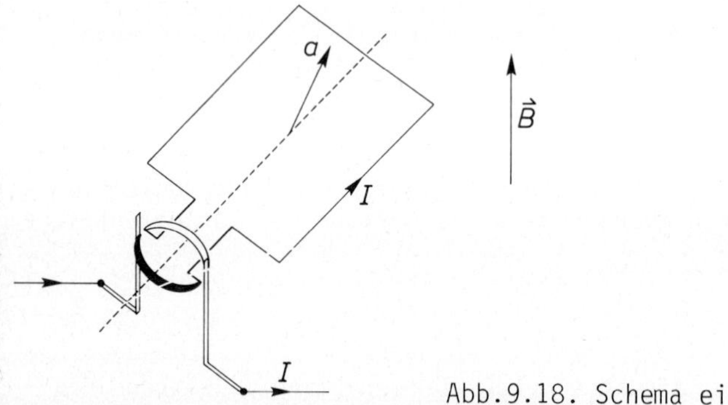

Abb.9.18. Schema eines Gleichstrommotors

9.12 Lorentz-Kraft und Stromerzeugung

Bei der Bewegung einer Ladung q mit der Geschwindigkeit $\vec{v}$ in einem Feld $\vec{B}$ wirkt auf die Ladung die Lorentz-Kraft

$$\vec{F} = q[\vec{v} \times \vec{B}] \quad . \qquad (9.12.1)$$

Rührt die Geschwindigkeit von der Bewegung eines Leiters her, so führt die Lorentz-Kraft zu einer Bewegung der freien Leitungselektronen. Sie verursacht einen Strom im Leiter. Wir betrachten eine Reihe einfacher Konfigurationen, in denen diese Erscheinung auftritt.

9.12.1 Einführung einer Drahtschleife in ein homogenes $\vec{B}$-Feld

Eine rechteckige Drahtschleife mit vernachlässigbarem elektrischem Widerstand wird mit der Geschwindigkeit $\vec{w}(t)$ in der konstanten Richtung $\hat{\vec{w}}$

$$\vec{w}(t) = w(t)\hat{\vec{w}} \tag{9.12.2}$$

aus einem feldfreien Gebiet in einen Bereich homogener magnetischer Induktion $\vec{B}$ geführt. Der Einfachheit halber wählen wir die Geschwindigkeit senkrecht zur Richtung von $\vec{B}$ (Abb.9.19). Auf die Elektronen, die sich mit der Geschwindigkeit $\vec{w}$ bewegen, wirkt im $\vec{B}$-Feld die Lorentz-Kraft (9.12.1). Zu einem Strom in der Drahtschleife können nur solche Komponenten der Lorentz-Kraft beitragen, die in Drahtrichtung zeigen. Das bedeutet in den Teilstücken 1 und 3

$$\vec{F}_1 = F_1\hat{\vec{\ell}} \quad , \quad \vec{F}_3 = F_3\hat{\vec{\ell}} \quad , \tag{9.12.3}$$

in den Teilstücken 2 und 4

$$\vec{F}_2 = F_2\hat{\vec{b}} \quad , \quad \vec{F}_4 = F_4\hat{\vec{b}} \quad . \tag{9.12.4}$$

In der geometrischen Anordnung der Abb.9.19 ist

$$\hat{\vec{\ell}} = -(\hat{\vec{w}} \times \hat{\vec{B}}) \quad , \tag{9.12.5}$$

so daß in den Schenkeln 1 und 3 nur die Geschwindigkeitskomponente der Elektronen in $\vec{w}$-Richtung zu einem Strom führt. Damit gilt in 1 und 3

$$\vec{F}_{1,3} = q(\vec{w} \times \vec{B}) \quad . \tag{9.12.6}$$

Da die Richtung $\vec{b}$ der Teilstücke 2 und 4 in der von $\vec{w}$ und $\vec{B}$ aufgespannten Ebene liegt, tritt in diesen Teilstücken keine Kraft in Drahtrichtung auf. Insgesamt wirkt nur in den Teilstücken 1 und 3 Kraft auf die Elektronen in Richtung des Drahtes. Wenn sich die ganze Schleife im Feld befindet, wirkt in den Teilstücken 1 und 3 dieselbe Kraft, so daß keine Vergrößerung des Stromes eintritt. Nur während der Zeit, in der das Teilstück 3 noch außerhalb des Feldes ist, bewirkt die dann nur im Teilstück 1 auftretende Lorentz-Kraft in Drahtrichtung eine Verstärkung des Stromes.

Die Kraft auf die Elektronen im Draht kann nach Division durch die Ladung q in dem mit der Schleife mitbewegten Koordinatensystem, in dem die Elektronen anfänglich ruhen, als eine elektrische Feldstärke

$$\vec{E}_{1,3} = \vec{w} \times \vec{B} = wB(\hat{\vec{w}} \times \hat{\vec{B}}) = -w(t)B\hat{\vec{\ell}} \tag{9.12.7}$$

interpretiert werden.

Der im Teilstück 1 von allen Elektronen aufgenommene Impuls ist proportional zur Anzahl $nf\ell$ der Elektronen auf der Länge ℓ dieses Teilstückes. Dabei ist n die Dichte der Leitungselektronen und f der Drahtquerschnitt

$$\vec{P}(t) = nf\ell \int_0^t \vec{F}_1 \, dt' = nf\ell \int_0^t q(\vec{w} \times \vec{B})dt' =$$

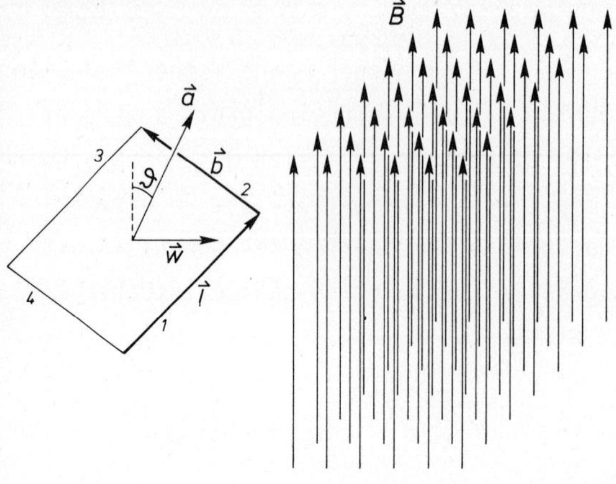

Abb.9.19. Eine rechteckige Schleife wird mit konstanter Geschwindigkeit $\vec{w}$ in ein homogenes Magnetfeld hineingeführt

$$= -nf\ell qB\hat{\vec{\ell}} \int_0^t w(t')\, dt' = -nfqB\, x(t)\hat{\vec{\ell}} \quad . \tag{9.12.8}$$

Dabei ist t die seit dem Eintauchen der Seite 1 ins Feld verstrichene Zeit und

$$x(t) = \int_0^t w(t')\, dt' \tag{9.12.9}$$

die dabei zurückgelegte Weglänge. Nach dem Eintritt der Seite 3 in das Feld zur Zeit T wird der Gesamtimpuls der Leitungselektronen in der Drahtschleife nicht mehr vergrößert. Die maximale Weglänge, während der der Gesamtimpuls anwächst, ist also die Projektion von $\vec{b}$ auf die Richtung $\hat{\vec{w}}$

$$x_{max} = b \cdot \cos\vartheta \quad , \tag{9.12.10}$$

wobei ϑ der Neigungswinkel zwischen der Flächennormalen

$$\vec{a} = \vec{\ell} \times \vec{b} \tag{9.12.11}$$

und dem $\vec{B}$-Feld ist.

Damit gewinnen wir für den maximalen Impuls, der erreicht wird, wenn sich die ganze Schleife im Feld befindet,

$$\vec{P}_{max} = -nfqBx_{max}\hat{\vec{\ell}} = -nfqBb\cos\vartheta\, \hat{\vec{\ell}}$$
$$= -nfq(\vec{B} \cdot \vec{a})\hat{\vec{\ell}} \quad . \tag{9.12.12}$$

Ein Teil des Impulses $\vec{P}(t)$ überträgt sich durch Stöße auch auf die Leitungselektronen, die sich nicht im Teilstück 1 befinden, so daß der Impuls $\vec{P}$ auf die Gesamtzahl der Leitungselektronen im Draht

$$N = 2nf(\ell+b) = nfs \tag{9.12.13}$$

aufgeteilt werden muß. Dabei ist

$$s = 2(\ell+b) \tag{9.12.14}$$

der Umfang der Schleife. Damit ist der mittlere Impuls eines Elektrons zur Zeit t in Richtung $\hat{\vec{\ell}}$

$$\hat{\vec{\ell}} \cdot \vec{p}(t) = \frac{\hat{\vec{\ell}} \cdot \vec{P}(t)}{N} = -\frac{\ell}{s} qBx(t) \quad . \tag{9.12.15}$$

Der dadurch entstehende *induzierte Strom* ist (m_e: Elektronenmasse)

$$I(t) = nq \frac{\hat{\vec{\ell}} \cdot \vec{p}(t)}{m_e} f = -\frac{nf\ell x(t)}{s} \frac{q^2}{m_e} B \quad . \tag{9.12.16}$$

Er ist offenbar proportional zur Größe des Flächenstückes $\ell x(t)$, das sich im Feld befindet. Der maximal erreichbare Strom wird für $x = x_{max}$ erreicht

$$I_{max} = -nf \frac{q^2}{m_e} \frac{\vec{a} \cdot \vec{B}}{s} \quad . \tag{9.12.17}$$

Es ist interessant, daß der Strom von der Geschwindigkeit der Schleifenbewegung unabhängig ist. Das liegt daran, daß die Bewegung der Schleife sich nur durch das Integral $\int_0^T w dt' = b \cos\vartheta$ – also nur durch die effektive Breite der Schleife – in der Berechnung des Stromes niederschlug. Man kann das Resultat auch mit Hilfe des magnetischen Flusses

$$\Phi_m = \int_a \vec{B} \cdot d\vec{a} \tag{9.12.18}$$

durch eine Oberfläche a ausdrücken. Für das homogene $\vec{B}$-Feld der oben diskutierten Anordnung ist der Fluß durch die Drahtschleife zur Zeit t

$$\Phi_m(t) = B\ell x(t) \quad , \quad 0 \leq t \leq T \quad , \tag{9.12.19}$$

so daß der Strom durch

$$I(t) = -nf \frac{q^2}{m_e} \frac{1}{s} \Phi_m(t) \tag{9.12.20}$$

ausgedrückt werden kann. Auch die in (9.12.7) angegebene Feldstärke $\vec{E}_{1,3}$ läßt sich mit dem Fluß Φ_m in Beziehung setzen. Während sich die Schleife in das Feld bewegt, liegt am Gesamtumfang (a) der Schleife mit der orientierten Fläche $\vec{a}$ die Umlaufspannung, auch *elektromotorische Kraft* (EMK) genannt,

$$U_{EMK} = \oint_{(a)} \vec{E} \cdot d\vec{s} = \int_1 \vec{E}_1 \cdot d\vec{s} + \int_2 \vec{E}_2 \cdot d\vec{s} + \int_3 \vec{E}_3 \cdot d\vec{s} + \int_4 \vec{E}_4 \cdot d\vec{s} = \int_1 \vec{E}_1 \cdot d\vec{s} \quad , \tag{9.12.21}$$

da in den Teilstücken 2, 3 und 4 keine Feldstärke auftritt, solange sich 3 noch außerhalb des Feldes befindet. Damit ist die Umfangsspannung

$$U_{EMK}(t) = \vec{E}_1 \cdot \vec{\ell} = -w(t)\ell B \quad . \tag{9.12.22}$$

Sie existiert nur solange wie Teilstück 3 noch nicht im Feld ist. Wegen

$$w(t) = \frac{dx}{dt} \tag{9.12.23}$$

und (9.12.19) ist die Umfangsspannung an der Schleife somit durch

$$U_{EMK} = -\frac{d\Phi_m}{dt} \tag{9.12.24}$$

gegeben. Dieser Zusammenhang zwischen Flußänderung und Spannung gilt allgemein und heißt *Induktionsgesetz* (vgl.Abschnitt 11.1). Obwohl die Umlaufspannung U_{EMK} das Linienintegral längs eines geschlossenen Weges über eine elektrische Feldstärke ist, verschwindet sie nicht. Damit besitzt die induzierte Feldstärke $\vec{E}$ kein Potential, das von der Induktion herrührende elektrische Feld ist – im Gegensatz zum elektrostatischen Feld – nicht wirbelfrei. Wir werden uns mit elektrischen Wirbelfeldern noch ausführlich in Kapitel 12 beschäftigen.

Es sei noch besonders darauf hingewiesen, daß für die Integration über die Feldstärke zur Berechnung der Umlaufspannung in (9.11.21) die Berandung der Fläche $\vec{a}$ so zu orientieren ist, daß die Umlaufrichtung und die Flächennormale $\vec{a}$ eine Rechtsschraube bilden. Nur dann ist die Beziehung zwischen Flußänderung und Umlaufspannung durch (9.12.24) gegeben.

Abb.9.20 zeigt den zeitlichen Verlauf von Spannung und Strom in der Leiterschleife für den Fall konstanter Geschwindigkeit. Die Spannung ist während des Eintauchvorgangs konstant, der Strom steigt linear von Null auf den Maximalwert, den er auch nach dem vollständigen Eintauchen beibehält. Es sei noch darauf hingewiesen, daß für eine Drahtschleife mit Ohmschem Widerstand der Strom während des Eintauchens modifiziert wird und danach abklingt. Bei der Rechnung wurde außerdem die Veränderung des $\vec{B}$-Feldes durch den Leitungsstrom vernachlässigt.

Es fällt auf, daß in dieser Leiterschleife, in der wir verschwindenden elektrischen Leitungswiderstand angenommen hatten, die endliche Spannung U keinen unendlichen Strom zur Folge hat, wie man ihn nach dem Ohmschen Gesetz erwarten würde. Das liegt daran, daß die elektrische Feldstärke die

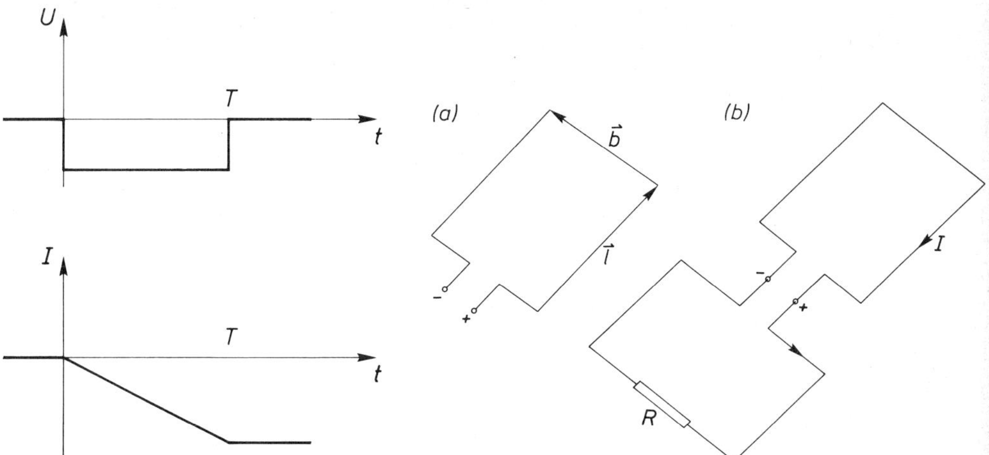

Abb.9.20. Zeitlicher Verlauf von Spannung U und Strom I in einer mit konstanter Geschwindigkeit in ein homogenes $\vec{B}$-Feld geführten Leiterschleife

Abb.9.21. Im Magnetfeld bewegte Leiterschleife als Spannungsquelle (a), als Stromquelle (b) eines geschlossenen Stromkreises

Elektronen beschleunigen muß. Der Strom bleibt wegen der trägen Masse der Elektronen begrenzt.

Die Anordnung ist im Prinzip geeignet, um als Spannungsquelle für einen äußeren Stromkreis zu dienen. Dazu öffnet man die Schleife – etwa wie in Abb.9.21a eingezeichnet. An den offenen Enden +, - liegt dann die Spannung

$$U_{+-} = \varphi_+ - \varphi_- = -U_{EMK} = w(t)\,\ell B \quad ,$$

die positiv ist. Schließt man an die Enden +, - einen äußeren Stromkreis an, so fließt in diesem der Strom natürlich im gleichen Umlaufsinn wie in der ursprünglichen Schleife (Abb.9.21b). Damit fließt der Strom von + nach - im äußeren Stromkreis, in Übereinstimmung mit unserer früheren Konvention. In der Stromschleife, in der der Strom induziert wird, fließt der Strom von - nach +. Die induzierte Umlaufspannung U_{EMK} bewirkt das gleiche wie eine Pumpe, die in einem (inneren) Teil eines Wasserkreislaufs das Wasser den Berg hinaufpumpt, von dem es dann in einen äußeren Teil des Kreislaufes wieder hinunterläuft.

9.12.2 Rotierende Drahtschleife im homogenen $\vec{B}$-Feld

Die im vorigen Abschnitt besprochene Anordnung ist offenbar für den Dauerbetrieb nicht besonders geeignet. Man benutzt deshalb Generatoren mit rotierenden Spulen, die die zur Spannungserzeugung erforderliche Änderung des

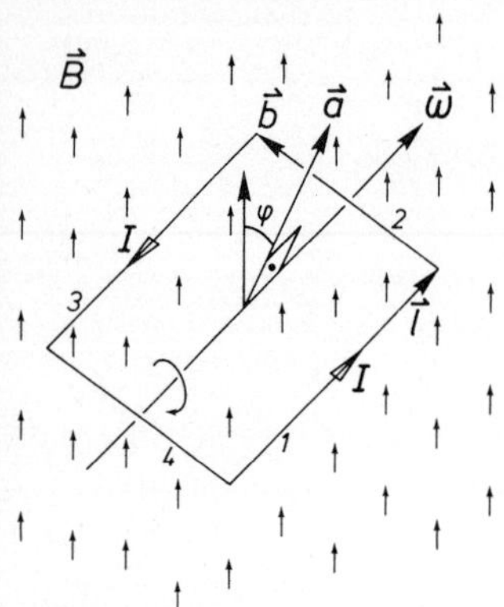

Abb.9.22. Im $\vec{B}$-Feld rotierende Leiterschleife

magnetischen Flusses bewirken. Abb.9.22 zeigt eine stark schematisierte Ausführung eines Generators. Eine rechteckige Drahtschleife wird mit der Winkelgeschwindigkeit $\vec{\omega}$ um eine Achse rotiert, die in der Schleifenebene liegt und senkrecht auf der Richtung des $\vec{B}$-Feldes steht. In den Seiten 2 und 4 wirkt wieder keine Lorentz-Kraft in Richtung des Drahtes. Die Geschwindigkeiten der Seiten 1 und 3 sind

$$\vec{w}_1 = -\frac{1}{2}\vec{\omega}\times\vec{b} \;,$$

$$\vec{w}_3 = \frac{1}{2}\vec{\omega}\times\vec{b} \;, \tag{9.12.25}$$

die Lorentz-Kraft auf die Elektronen in diesen Drahtstücken

$$\vec{F}_1 = -\frac{q}{2}(\vec{\omega}\times\vec{b})\times\vec{B} = \frac{q}{2}(\vec{B}\cdot\vec{b})\vec{\omega} \;,$$

$$\vec{F}_3 = \frac{q}{2}(\vec{\omega}\times\vec{b})\times\vec{B} = -\frac{q}{2}(\vec{B}\cdot\vec{b})\vec{\omega} \;. \tag{9.12.26}$$

Im Gegensatz zu der translatorisch bewegten Schleife des vorigen Abschnitts sind die Kräfte in den Seiten 1 und 3 entgegengesetzt und tragen damit beide zur Erzeugung eines Stromes bei. Die in den Drahtstücken 1 und 3 herrschenden elektrischen Feldstärken sind

$$\vec{E}_1 = \frac{1}{2}(\vec{B}\cdot\vec{b})\vec{\omega} \;, \quad \vec{E}_3 = -\frac{1}{2}(\vec{B}\cdot\vec{b})\vec{\omega} \;. \tag{9.12.27}$$

Die Umlaufspannung, die an den offenen Enden der Schleife abgenommen werden kann, hat damit den Wert

$$U_{EMK} = \int \vec{E}\cdot d\vec{s} = \vec{E}_1\cdot\vec{\ell} - \vec{E}_3\cdot\vec{\ell} = (\vec{B}\cdot\vec{b})\ell\omega \;. \tag{9.12.28}$$

Der Vektor $\vec{b}$ führt eine Drehbewegung in der Ebene aus, die durch die Vektoren $\hat{B}$ und $\hat{\omega}\times\hat{B}$ aufgespannt wird. Für eine gleichförmige Drehung in der angegebenen Richtung gilt

$$\vec{b} = b\left[\hat{\vec{B}}\cos\omega t + (\hat{\vec{\omega}}\times\hat{\vec{B}})\sin\omega t\right] \quad . \tag{9.12.29}$$

Damit hat die Umlaufspannung den zeitlichen Verlauf ($a = \ell b$)

$$U_{EMK} = Bb\ell\omega\cos\omega t = \omega Ba\cos\omega t \quad . \tag{9.12.30}$$

Der magnetische Fluß durch die Schleifenfläche ($\vec{\ell} = \ell\hat{\vec{\omega}}$)

$$\begin{aligned}\vec{a} = \vec{\ell}\times\vec{b} &= \ell b(\hat{\vec{\omega}}\times\hat{\vec{B}})\cos\omega t + \ell b\hat{\vec{\omega}}\times(\hat{\vec{\omega}}\times\hat{\vec{B}})\sin\omega t \\ &= a\left[(\hat{\vec{\omega}}\times\hat{\vec{B}})\cdot\cos\omega t - \hat{\vec{B}}\sin\omega t\right]\end{aligned} \tag{9.12.31}$$

ist

$$\Phi_m = \vec{B}\cdot\vec{a} = -aB\sin\omega t \quad , \tag{9.12.32}$$

so daß wieder

$$\boxed{U_{EMK} = -\frac{d\Phi_m}{dt}} \tag{9.12.33}$$

gilt.

Den Strom in der kurzgeschlossenen Drahtschleife ohne Ohmschen Widerstand berechnen wir wieder über den Gesamtimpuls

$$\begin{aligned}\hat{\vec{\ell}}\cdot\vec{P}(t) &= nf2\ell\int_0^t \hat{\vec{\ell}}\cdot\vec{F}_1\,dt' \\ &= nf\ell q\omega Bb\int_0^t \cos\omega t'\,dt' \\ &= nfqaB\sin\omega t = -nfq\Phi_m(t) \quad ,\end{aligned} \tag{9.12.34}$$

der sich auf alle Leitungselektronen verteilt. Der Impuls pro Elektron ist dann in Richtung $\hat{\vec{\ell}}$

$$\hat{\vec{\ell}}\cdot\vec{p}(t) = \frac{\hat{\vec{\ell}}\cdot\vec{P}(t)}{2nf(\ell+b)} = -q\frac{\Phi_m(t)}{s} \quad , \tag{9.12.35}$$

wobei $s = 2(\ell+b)$ der Umfang der Drahtschleife ist. Für den Strom ergibt sich damit wie früher

$$\begin{aligned}I(t) &= nfq\frac{\hat{\vec{\ell}}\cdot\vec{p}}{m_e} = -nf\frac{q^2}{m_e}\frac{1}{s}\Phi_m(t) \\ &= nf\frac{q^2}{m_e}\frac{a}{s}B\sin\omega t \\ &= nf\frac{q^2}{m_e}\frac{a}{s}B\cos(\omega t - \tfrac{\pi}{2}) \quad .\end{aligned} \tag{9.12.36}$$

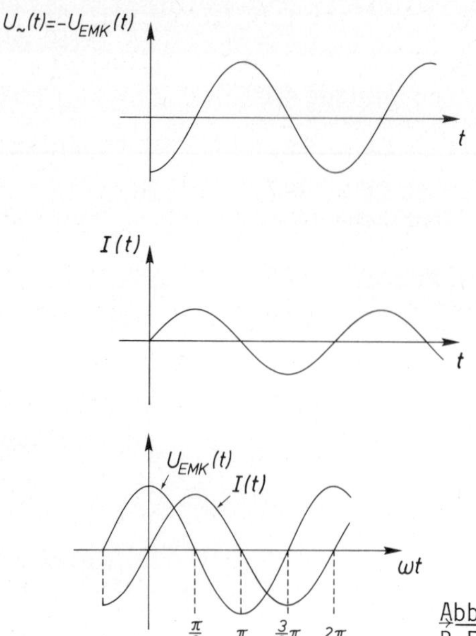

Abb.9.23. Umlaufspannung und Strom der im $\vec{B}$-Feld rotierenden Leiterschleife

Der zeitliche Verlauf von Spannung und Strom ist in Abb.9.23 dargestellt. Da beide ihr Vorzeichen periodisch wechseln, bezeichnet man sie als Wechselspannung bzw. Wechselstrom der Frequenz

$$\nu = \frac{\omega}{2\pi} \quad . \tag{9.12.37}$$

Aufgrund der Trägheit der Elektronen eilt der Strom der Spannung um den Phasenwinkel $\pi/2$ nach, man sagt, zwischen Spannung und Strom besteht eine Phasenverschiebung von $\pi/2$. Zum Zeitpunkt $t = 0$ ist die Spannung maximal, der Strom dagegen Null. Während die Spannung dann abfällt, steigt der Strom an und erreicht seinen Maximalwert, wenn die Spannung verschwindet. Wieder fällt auf, daß der Maximalwert des Stromes

$$I_{max} = nf \frac{q^2}{m_e} \frac{a}{s} B \tag{9.12.38}$$

endlich bleibt, obgleich wir angenommen haben, daß der Draht ein Leiter ohne Ohmschen Widerstand ist.

Das Verhältnis

$$R_i = \frac{U_{max}}{I_{max}} = \frac{\omega s m_e}{nfq^2} \tag{9.12.39}$$

bezeichenen wir als *inneren Widerstand* der Anordnung. Da wir die Rückwirkung des Feldes des induzierten Stromes auf die Leiterschleife vernachlässigt haben, wird der innere Widerstand nur durch die mechanische Trägheit der Elektronen verursacht. Dementsprechend ist R_i proportional zur Elektronenmasse m_e.

Die in diesem Abschnitt beschriebene Anordnung ist ein einfacher Wechselstromgenerator, wenn man die Drahtschleife öffnet und die Spannung über Schleifringe wie in Abb.9.24 abgreift, so daß der Strom durch einen äußeren Stromkreis fließen kann. Die an den Schleifringen abgegriffene Wechselspannung, d.h. die Spannung im äußeren Kreis ist wieder wie in Abschnitt 9.12.1 durch

$$\boxed{U_\sim = -U_{EMK}} \tag{9.12.40}$$

gegeben.

Experiment 9.8. Darstellung der in einer rotierenden Drahtschleife induzierten Spannung auf dem Oszillographen

Wie in den letzten Experimenten benutzen wir eine rechteckige Drahtschleife, die um eine Achse in der Schleifenebene drehbar ist. Senkrecht zur Drehachse ist ein annähernd homogenes B-Feld orientiert, das von zwei Helmholtz-Spulen erzeugt wird (Abb.9.25). Die Schleife wird durch einen Elektromotor mit konstanter Winkelgeschwindigkeit gedreht. An zwei auf der Drehachse angebrachten Schleifringen, die mit den Schleifenenden verbunden sind, kann die induzierte Spannung abgegriffen und in ihrer Zeitabhängigkeit direkt auf einem Oszillographen dargestellt werden.

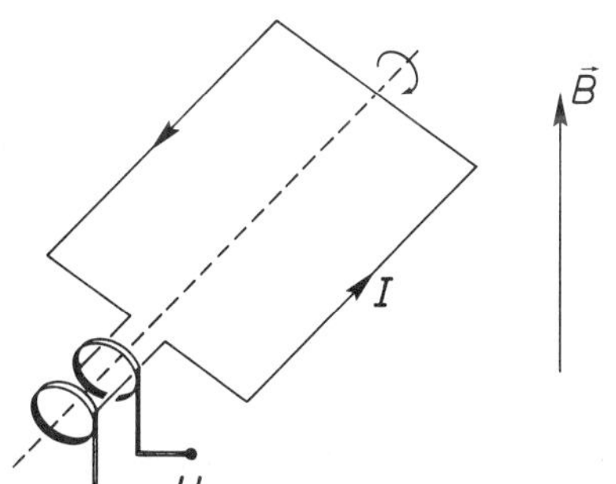

Abb.9.24. Schema des Wechselspannungsgenerators ◄

Abb.9.25. Demonstration der in einer rotierenden Drahtschleife induzierten Wechselspannung ▼

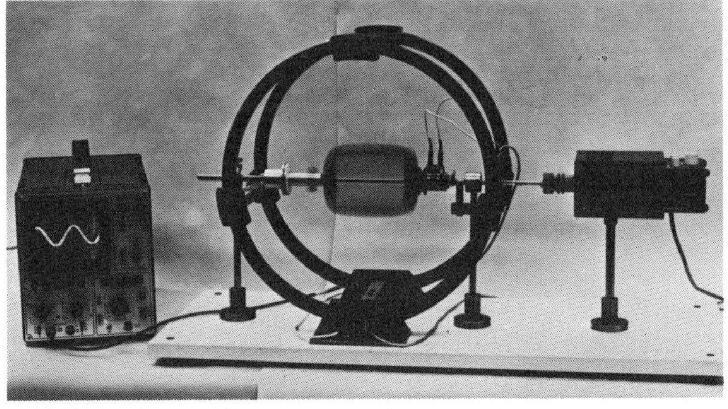

+9.12.3 Einführung einer leitenden Kugelschale in ein magnetisches Dipolfeld

Bei der Untersuchung der elektrischen Eigenschaften der Materie in Abschnitt 5.7 hatten wir die Wirkung des elektrostatischen Feldes auf die Elektronenhülle der Atome durch die Influenz des Feldes auf eine leitende Kugelschale modellhaft beschrieben. Für die Diskussion der magnetischen Eigenschaften der Materie wollen wir dasselbe Modell benutzen. Um die induzierte Umströmung einer leitenden Kugelschale, die in ein magnetisches Induktionsfeld gebracht wird, zu berechnen, ist es am einfachsten, die Kugel auf der Symmetrielinie in ein magnetisches Dipolfeld einzuführen. Bei dieser Anordnung leistet die Zylindersymmetrie eine wesentliche Vereinfachung der Rechnung.

Das Dipolfeld der magnetischen Induktion

$$\vec{B} = \vec{\nabla} \times \vec{A} \tag{9.12.41}$$

ist durch die Rotation des Vektorpotentials

$$\vec{A}(\vec{r}) = \frac{\mu_0}{4\pi} \frac{\vec{m} \times \vec{r}}{r^3} \tag{9.12.42}$$

gegeben. Die ohne Widerstand leitende Kugel vom Radius R wird mit der Geschwindigkeit

$$\vec{w} = w(t)\hat{\vec{m}} \tag{9.12.43}$$

bewegt, so daß ihr Mittelpunkt $\vec{r}_M$ entlang der Symmetrieachse $\vec{m}$ des Feldes geführt wird

$$\vec{r}_M = r_M \hat{\vec{m}} \quad . \tag{9.12.44}$$

Dabei wirkt auf die frei beweglichen Leitungselektronen eine Lorentz-Kraft

$$\vec{F} = q(\vec{w} \times \vec{B}) = q(\vec{w} \times \vec{B}_\perp) = qwB_\perp \vec{e}_\varphi \tag{9.12.45}$$

wobei $\vec{B}_\perp$ die Komponente des $\vec{B}$-Feldes senkrecht zur Geschwindigkeit $\vec{w}$ und damit wegen (9.12.43) senkrecht zum magnetischen Moment $\vec{m}$ ist

$$\vec{B}_\perp = \vec{B} - (\vec{B} \cdot \hat{\vec{m}})\hat{\vec{m}} \quad . \tag{9.12.46}$$

Die durch die Kraft $\vec{F}$ in Richtung von $\vec{e}_\varphi$ erzeugte Geschwindigkeit führt selbst auch zu einer Lorentz-Kraft in $\vec{e}_\vartheta$-Richtung. Da das freie Elektrongas im Metall praktisch inkompressibel ist, führt diese Kraftkomponente nicht zu einer Änderung der Geschwindigkeit aus der $\vec{e}_\varphi$-Richtung. Der Grund für die Inkompressibilität des Elektronengases liegt in der lokalen Neutralität des Festkörpers, die verlangt, daß die Dichte der Elektronen überall gleich der mittleren Dichte der in den Atomkernen des Gitters befindlichen positiven Ladungen ist.

Die Lorentz-Kraft führt somit zu einer azimuthalen Umströmung der Kugel, deren Geschwindigkeit $\vec{v}$ relativ zur Kugelschale durch Integration der Bewegungsgleichung (m_e: Elektronenmasse)

$$\dot{\vec{p}} = m_e \dot{\vec{v}} = q\vec{w}(t) \times \vec{B}(\vec{r}) \tag{9.12.47}$$

gewonnen werden kann. Führt man den Mittelpunkt der Kugel vom feldfreien Gebiet an den Punkt $\vec{r}_M$, so ist in Analogie zur Drahtschleife zu erwarten, daß der auf der Kugel induzierte Strom $\vec{j}_i$ dem Feld proportional ist.
Für den Grenzfall verschwindenen Kugelradius' erwarten wir eine Elementarstromdichte am Ort $\vec{r}_M$

$$\boxed{\vec{j}_i(\vec{r}) = - \vec{m}_i \times \vec{\nabla}\delta^3(\vec{r}-\vec{r}_M)} \tag{9.12.48}$$

deren induziertes magnetisches Moment $\vec{m}_i$ der Feldstärke $\vec{B}$ proportional ist

$$\boxed{\vec{m}_i = -\beta\vec{B}(\vec{r}_M)} \quad . \tag{9.12.49}$$

Das Minuszeichen rührt daher, daß die induzierte Stromdichte das induzierende Feld $\vec{B}$ schwächt.
Die induzierte Stromdichte ist somit von der Form

$$\boxed{\vec{j}_i(\vec{r}) = \beta\vec{B}(\vec{r}_M) \times \vec{\nabla}\delta^3(\vec{r}-\vec{r}_M)} \quad . \tag{9.12.50}$$

Im folgenden werden wir zeigen, daß die Größe des magnetischen Momentes tatsächlich nur vom Ort $\vec{r}_M$ und nicht von der Geschwindigkeit $\vec{w}$, mit der die Kugel bewegt wird, abhängt und den Wert der *Magnetisierbarkeit* β ausrechnen.

Der Ortsvektor $\vec{r}$ eines Punktes auf der Kugeloberfläche läßt sich in den Ortsvektor des Kugelmittelpunktes

$$\vec{r}_M(t) = \vec{r}_0 + \int_{t_0}^{t} w(t')dt' \; \hat{\vec{m}} \tag{9.12.51}$$

und den zeitunabhängigen Relativvektor $\vec{r}_K$ zwischen Kugeloberfläche und -mittelpunkt zerlegen

$$\vec{r}(t) = \vec{r}_M(t) + \vec{r}_K \quad . \tag{9.12.52}$$

Die komplizierte Bewegungsgleichung (9.12.47) läßt sich leicht integrieren, wenn man das Vektorpotential über (9.12.41) einführt und beachtet, daß wegen (9.12.42)

$$\vec{w}(t) \cdot \vec{A}(\vec{r}) = \frac{\mu_0}{4\pi} w(t) \; \hat{\vec{m}} \cdot \frac{\vec{m} \times \vec{r}}{r^3} = 0 \tag{9.12.53}$$

gilt. Dann gilt nämlich wegen des Entwicklungssatzes für ein doppeltes Vektorprodukt

$$m_e \frac{d\vec{v}}{dt} = q\vec{w}(t) \times \left[\vec{\nabla} \times \vec{A}(\vec{r})\right]$$
$$= q\vec{\nabla}\left[\vec{w}(t)\cdot\vec{A}(\vec{r})\right] - q\left[\vec{w}(t)\cdot\vec{\nabla}\right]\vec{A}(\vec{r})$$
$$= -q\left(\frac{d\vec{r}}{dt}\cdot\vec{\nabla}\right)\vec{A}(\vec{r}) \quad . \tag{9.12.54}$$

Die rechte Seite dieser Gleichung ist eine vollständige Zeitableitung, so daß die Bewegungsgleichung als

$$\frac{d\vec{p}}{dt} = -\frac{d}{dt}\left[q\vec{A}[\vec{r}(t)]\right] \tag{9.12.55}$$

geschrieben werden kann. Jetzt ist die Lösung einfach durch

$$\vec{p}(t) - \vec{p}(t_0) = -q\vec{A}(\vec{r}) + q\vec{A}(\vec{r}_0) \tag{9.12.56}$$

gegeben, mit den Ortsvektoren

$$\vec{r} = \vec{r}(t) \quad \text{und} \quad \vec{r}_0 = \vec{r}(t_0) \quad . \tag{9.12.57}$$

Da das Vektorpotential $\vec{A}$ wie r^{-2} im Unendlichen verschwindet und wir den Anfangsstrom auf der Kugel gleich Null setzen, gilt für den Elektronenimpuls

$$\vec{p}(t_0) = 0 \quad , \tag{9.12.58}$$

so daß einfach

$$\vec{p}(t) = -q\vec{A}(\vec{r}) = -q\,\frac{\mu_0}{4\pi}\,\frac{\vec{m}\times\vec{r}}{r^3}$$
$$= -q\,\frac{\mu_0}{4\pi}\,\frac{\vec{m}\times(\vec{r}_M(t)+\vec{r}_K)}{|\vec{r}_M(t)+\vec{r}_K|^3} = -\frac{\mu_0}{4\pi}\,q\,\frac{\vec{m}\times\vec{r}_K}{r^3} \tag{9.12.59}$$

gilt. Falls wir die Kugel bis in das Zentrum des magnetischen Dipolfeldes bei $\vec{r}=0$ führen, was natürlich nur rechnerisch möglich ist, gilt $\vec{r}_M(t)=0$ und die Impulsverteilung der Elektronen auf der Kugel vom Radius R in Abhängigkeit von $\vec{r}_K$ ist

$$\vec{p} = -q\,\frac{\mu_0}{4\pi}\,\frac{\vec{m}\times\vec{r}_K}{R^3} \quad . \tag{9.12.60}$$

Die Geschwindigkeit der Elektronen auf der Kugelschale errechnet sich aus dem Impuls durch Division durch die Elektronenmasse m_e

$$\vec{v} = \frac{\vec{p}}{m_e} = -\frac{\mu_0}{4\pi}\frac{q}{m_e}\frac{1}{r^3}\vec{m}\times\vec{r}_K \quad . \tag{9.12.61}$$

Dies ist eine Strömung der Leitungselektronen in der Kugelschale mit der konstanten, d.h. von $\vec{r}_K$, dem Ort auf der Kugelschale, unabhängigen Winkelgeschwindigkeit

$$\vec{\omega}_e = -\frac{\mu_0}{4\pi}\frac{q}{m_e}\frac{1}{r^3}\vec{m} \quad , \tag{9.12.62}$$

so daß

$$\vec{v} = \vec{\omega}_e\times\vec{r}_K \tag{9.12.63}$$

gilt. Die auf der Kugeloberfläche induzierte Stromdichte $\vec{j}_i$ ist dann durch die Dichte der in der Kugelschale konstanten Flächenladungsdichte σ der Leitungselektronen

$$\rho(\vec{r}) = \sigma\delta(|\vec{r}-\vec{r}_M|-R) \tag{9.12.64}$$

bestimmt. Es gilt

$$\begin{aligned}\vec{j}_i(\vec{r}) &= \rho(\vec{r})\vec{v} = -\frac{\mu_0}{4\pi}\sigma\frac{q}{m_e}\frac{\vec{m}\times\vec{r}_K}{R^3}\delta(|\vec{r}-\vec{r}_M|-R)\\ &= \sigma(\vec{\omega}_e\times\vec{r}_K)\delta(|\vec{r}-\vec{r}_M|-R) \quad .\end{aligned} \tag{9.12.65}$$

Dieser Ausdruck stimmt mit der Stromdichte auf einer mit der Ladungsdichte σ belegten Kugelschale, die mit der Winkelgeschwindigkeit $\vec{\omega}=\vec{\omega}_e$ rotiert, überein – vgl.(9.10.8). Das von dieser induzierten Stromdichte erzeugte Feld ist, wie wir in Abschnitt 9.10.2 gesehen haben, ein Dipolfeld mit dem magnetischen Moment (9.10.25)

$$\begin{aligned}\vec{m}_i &= \sigma\frac{4\pi}{3}R^4\omega_e\\ &= -\frac{\mu_0}{4\pi}\sigma\frac{q}{m_e}\frac{4\pi}{3}R\vec{m} \quad .\end{aligned} \tag{9.12.66}$$

Das induzierte Moment ist dem Moment $\vec{m}$ des äußeren $\vec{A}$-Feldes (9.12.41) entgegengesetzt, so daß das induzierte $\vec{B}$-Feld das äußere Feld schwächt.
Für die Diskussion der magnetischen Eigenschaften der Materie stellen wir noch die Formeln für die induzierte Stromdichte und das magnetische Moment in Abhängigkeit vom äußeren $\vec{B}$-Feld dar. Wenn sich der Kugelmittelpunkt am Ort $\vec{r}_M$ befindet, ist die induzierte Stromdichte

$$\vec{j}_i(\vec{r}) = -\sigma\frac{q}{m_e}\vec{A}(\vec{r})\delta(|\vec{r}-\vec{r}_M|-R) \quad . \tag{9.12.67}$$

Im Grenzfall verschwindenden Kugelradius' $R = |\vec{r}_K|$ kann man das Vektorpotential um $\vec{r}_M$ entwickeln. Da das Vektorpotential auf der Symmetrieachse verschwindet

$$\vec{A}(\vec{r}_M) = \vec{A}(r_M\hat{\vec{m}}) = \frac{\mu_0}{4\pi} r_M \frac{\vec{m}\times\hat{\vec{m}}}{r_M^3} = 0 \quad , \tag{9.12.68}$$

gilt für die erste Näherung in $\vec{r}_K = (\vec{r}-\vec{r}_M)$

$$A(\vec{r}_M+\vec{r}_K) = (\vec{r}_K\cdot\vec{\nabla})\vec{A}(\vec{r}_M) \quad . \tag{9.12.69}$$

Durch Einsetzen in den Ausdruck für den induzierten Strom folgt dann

$$\vec{j}_i(\vec{r}) = -\sigma \frac{q}{m_e} \delta(r_K-R)(\vec{r}_K\cdot\vec{\nabla})\vec{A}(\vec{r}_M) \quad . \tag{9.12.70}$$

Man rechnet für das Dipolfeld nach, daß

$$(\vec{r}_K\cdot\vec{\nabla})\vec{A}(\vec{r})\Big|_{\vec{r}=\vec{r}_M=r\hat{\vec{m}}} = -\vec{\nabla}\left[\vec{r}_K\cdot\vec{A}(\vec{r})\right]\Big|_{\vec{r}=\vec{r}_M=r\hat{\vec{m}}} \tag{9.12.71}$$

gilt, so daß der induzierte Strom durch das $\vec{B}$-Feld ausgedrückt werden kann, wenn man beachtet, daß

$$\begin{aligned}(\vec{r}_K\cdot\vec{\nabla})\vec{A}\Big|_{\vec{r}=\vec{r}_M} &= \frac{1}{2}\left[(\vec{r}_K\cdot\vec{\nabla})\vec{A} - \vec{\nabla}(\vec{r}_K\cdot\vec{A})\right]_{\vec{r}=\vec{r}_M} \\ &= \frac{1}{2}(\vec{\nabla}\times\vec{A})_{\vec{r}=\vec{r}_M} \times \vec{r}_K = \frac{1}{2}\vec{B}(\vec{r}_M)\times\vec{r}_K \quad .\end{aligned} \tag{9.12.72}$$

Damit kann die induzierte Stromdichte durch

$$\vec{j}_i(\vec{r}_K) = -\sigma \frac{q}{2m_e} \vec{B}(\vec{r}_M)\times\vec{r}_K\delta(r_K-R) \tag{9.12.73}$$

ausgedrückt werden.
Wegen der schon in (9.9.19) angeführten Beziehung

$$-\vec{\nabla}\Theta(R-r_K) = \frac{\vec{r}_K}{R}\delta(r_K-R) \tag{9.12.74}$$

gilt auch

$$\vec{j}_i = \sigma \frac{qR}{2m_e} \vec{B}(\vec{r}_M)\times\vec{\nabla}\Theta(R-r_K) \quad . \tag{9.12.75}$$

Den Grenzübergang $R\to 0$ kann man wieder mit der Identität (9.10.30)

$$\lim_{R\to 0} \frac{3}{4\pi R^3}\Theta(R-r_K) = \delta^3(\vec{r}_K) = \delta^3(\vec{r}-\vec{r}_M) \tag{9.12.76}$$

durchführen und erhält

$$\boxed{\vec{j}_i(\vec{r}) = \beta\vec{B}(\vec{r}_M) \times \vec{\nabla}\delta^3(\vec{r}-\vec{r}_M)} \tag{9.12.77}$$

mit der *Magnetisierbarkeit* der Kugel

$$\beta = \lim_{R \to 0} \frac{4\pi}{3} R^4 \sigma \frac{q}{2m_e} \quad . \tag{9.12.78}$$

Das induzierte magnetische Moment der Kugel ist, wie man durch Vergleich mit (9.10.34) sieht,

$$\vec{m}_i = -\beta\vec{B}(\vec{r}_M) \quad . \tag{9.12.79}$$

Es ist antiparallel zum $\vec{B}$-Feld, das induzierte $\vec{B}$-Feld schwächt damit das äußere Feld. Führt man die Kugel wieder aus dem Feld heraus, so wird der Strom natürlich wieder abgebremst, so daß außerhalb des $\vec{B}$-Feldes die Kugel wieder stromfrei ist. Falls die Kugel vor der Einführung in das $\vec{B}$-Feld bereits eine um die Feldachse zentrierte Umströmung besitzt, d.h. selbst ein magnetisches Moment $\vec{m}_0$ parallel zu $\vec{m}$ trägt, ist das resultierende Gesamtmoment $\vec{m}_r$ am Ort $\vec{r}_M$ einfach die Summe des Momentes $\vec{m}_0$ und des induzierten Momentes $\vec{m}_i$

$$\vec{m}_r = \vec{m}_0 + \vec{m}_i \quad .$$

Aufgaben

9.1: Zwei lange gestreckte Drähte liegen parallel zueinander im Abstand d in einer Ebene. Berechnen Sie das Induktionsfeld $\vec{B}$ in dieser Ebene für den Fall, daß die Ströme durch beide Drähte gleich groß und a) parallel, b) antiparallel sind.

9.2: Berechnen Sie die Kraft je Längeneinheit zwischen den Drähten. Geben Sie ihren Zahlwert für $I = 1A$, $d = 1m$ für 1 Drahtstück von 1 m Länge an.

9.3: Zwei Ladungen $q_1 = q_2 = q$ befinden sich im Abstand d voneinander. Im Ruhsystem beider Ladungen wirkt auf jede Ladung eine Kraft, die durch das elektrostatische Feld $\vec{E}$ der anderen Ladung gegeben ist. In einem System, in dem sich beide Ladungen mit der Geschwindigkeit $\vec{v}$ bewegen, umgibt sich jede Ladung mit einem elektrischen Feld $\vec{E}'$ und einem Induktionsfeld $\vec{B}'$.
a) Zeigen Sie durch Nachrechnen, daß die resultierende Kraft, die die Felder $\vec{E}'$ und $\vec{B}'$ der einen Ladung auf die andere Ladung ausüben, gleich der elektrostatischen Kraft im Ruhsystem ist.

b) Berechnen Sie die Geschwindigkeit v, für welche die nur von $\vec{B}'$ hervorgerufene Kraft den gleichen Betrag hat wie die elektrostatische Kraft im Ruhsystem.

c) In a) haben Sie gezeigt, daß sich die Kraft zwischen zwei Ladungen beim Übergang vom Ruhsystem zum bewegten System nicht ändert. Warum tritt dann nach dem Einschalten des Stromes (Bewegung der Ladungsträger) eine magnetische Kraft zwischen zwei Drähten auf?

9.4: Ein Koaxialkabel besteht aus einem leitenden Zylinder (Innenleiter) vom Radius a und einem ihn umgebenden Hohlzylinder (Außenleiter) mit Innen- bzw. Außenradius b bzw. c $(a < b < c)$. Im Innenleiter fließt der Strom I. Im Außenleiter fließt der gleiche Strom in umgekehrter Richtung. Berechnen Sie das Feld $\vec{B}(\vec{r})$ im ganzen Raum.

9.5: Sie haben die Aufgabe, eine "lange" Spule (Länge: 1 m, Radius: 0,1 m) zu entwerfen, deren Induktionsfeld $B = 1$ Tesla betragen soll. Die Spule soll aus einer Lage eines Kupferleiters quadratischen Querschnitts (1 cm Kantenlänge) gewickelt werden.

a) Welche Stromstärke wird benötigt?

b) Welche Spannung müssen Sie an die Enden der Spule legen, um diesen Strom aufrecht zu erhalten?

c) Benutzen Sie das Ergebnis von Aufgabe 9.2, um die Kraft zu berechnen, die zwei benachbarte Windungen aufeinander ausüben. (Nehmen Sie hier vereinfachend an, daß der Strom auf die Drahtachse konzentriert ist.)

d) Wie groß ist die Joulesche Verlustleistung (!) in der Spule?

e) Wie groß ist der Energieinhalt des Feldes im Innern der Spule (vernachlässigen Sie Randeffekte)?

10. Magnetische Erscheinungen in Materie

Ein äußeres magnetisches Induktionsfeld ($\vec{B}$-Feld) kann auf verschiedene Weise mit den Elektronen in der Hülle der Atome wechselwirken. Insbesondere wird durch die $\vec{B}$-Feldänderung bei der Einführung eines Atoms in ein Feld ein Kreisstrom in der Hülle induziert, der seinerseits ein $\vec{B}$-Feld erzeugt. In vielen Atomen bestehen auch schon in Abwesenheit eines äußeren $\vec{B}$-Feldes solche Kreisströme. Damit besitzen diese Atome magnetische Dipolmomente, die durch ein äußeres $\vec{B}$-Feld beeinflußt werden. In diesem Kapitel werden wir die Veränderung eines $\vec{B}$-Feldes studieren, die durch Materie hervorgerufen wird. Dabei werden wir bei manchen Phänomenen weitgehende Analogie zur Veränderung des elektrischen Feldes durch Materie finden, die wir in Kapitel 5 behandelt haben. Es werden jedoch auch neue Erscheinungen auftreten, die kein elektrisches Analogon haben.

10.1 Materie im magnetischen Induktionsfeld. Permeabilität. Suszeptibilität. Magnetisierung

10.1.1 Experimente zum Ferromagnetismus. Hysterese. Elektromagnet

Experiment 10.1. Magnetische Eigenschaften von Weicheisen

Wir schalten zwei gleichartige Spulen in Reihe an eine Spannungsquelle, deren Ausgangsspannung wir nach Größe und Vorzeichen verändern können. (Es ist praktisch, aber keineswegs notwendig, einfach die Spannung des Wechselspannungsnetzes zu verwenden). Jede Spule enthält eine Hallsonde, deren Ausgangsspannung $U_H(t)$ ein Maß für das magnetische Induktionsfeld in der Spule ist. Geben wir die Hallspannungen über Verstärker an das x- bzw. y-Plattenpaar eines Oszillographen, so erscheint auf dem Schirm ein Geradenstück längs der Winkelhalbierenden des ersten und dritten Quadranten, weil beide Spulen stets das gleiche $\vec{B}$-Feld enthalten. Bringen wir jedoch in eine Spule ein Stück aus sogenanntem "magnetisch weichem" Eisen (Abb.10.1a), wie es für den Bau von Transformatoren verwandt wird, so erhalten wir ein völlig verändertes Oszillogramm (Abb.10.1b).

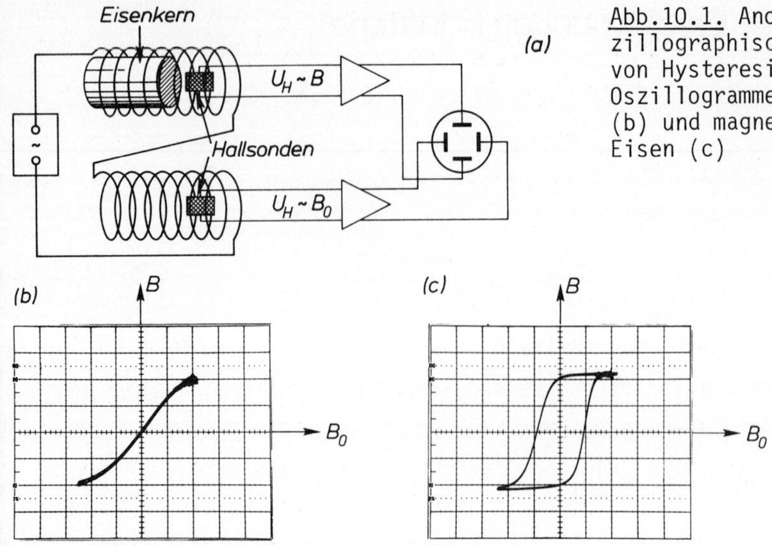

Abb.10.1. Anordnung zur oszillographischen Beobachtung von Hysteresisschleifen (a), Oszillogramme für Weicheisen (b) und magnetisch hartes Eisen (c)

Wir lesen daraus folgende Ergebnisse ab:

I) Die ursprüngliche magnetische Induktion B_0 in Luft (besser im Vakuum) wird durch die Anwesenheit von Eisen stark erhöht. Wir schreiben

$$\vec{B} = \mu \vec{B}_0 \quad . \tag{10.1.1}$$

Die Größe μ heißt *Permeabilität* des Eisens. Das Feld $\vec{B}$ verläuft in der ganzen Spule in Richtung der Spulenachse und damit senkrecht zur Grenzfläche des Eisens, vor der die Hallsonde steht. Obwohl die Sonde das Feld $\vec{B}$ außerhalb des Eisens mißt, können wir wegen der Quellenfreiheit von $\vec{B}$ annehmen, daß es im Eisen den gleichen Wert hat, vgl. Abschnitt 9.7.

II) Für vergleichsweise kleine Werte von B_0 ist die Beziehung (10.1.1) linear, d.h. μ ist eine konstante Zahl. Sie hat die Größenordnung $\mu \approx 1000$. (Die Maßstäbe in B und B_0 sind stark verschieden gewählt.)

III) Für größere Werte von B_0 verlangsamt sich das Anwachsen von B mit B_0. In (10.1.1) ist dann die Permeabilität selbst eine Funktion von B_0. Für hohe Werte von B_0 verursacht das Eisen keine wesentliche Steigerung von B. Man nennt diese Erscheinung *magnetische Sättigung* des Eisens. Sie ist für Felder der Größenordnung $B \approx 2$ Tesla $\approx 2\ \mathrm{Vsm^{-2}}$ erreicht.

Eine andere Eisenart, "magnetisch hartes" Eisen zeigt ein noch komplizierteres Verhalten.

Experiment 10.2. Magnetische Eigenschaften von hartem Eisen

Abbildung 10.1c zeigt das mit der gleichen Anordnung (Abb.10.1a) aufgenommene Oszillogramm für gehärteten Stahl. Man beobachtet, daß keine eindeutige Beziehung mehr zwischen $\vec{B}_0$ und $\vec{B}$ besteht.

Insbesondere bleibt beim Abschalten des von der Spule erzeugten Induktionsfeldes ($\vec{B}_0 = 0$) ein Feld $\vec{B} = \vec{B}_R \neq 0$ bestehen, das allein vom Eisen herrührt.

Man spricht von einer *magnetischen Remanenz* des Eisens. Ihr Betrag B_R hängt vom speziellen Material ab, ihre Richtung von der Richtung des äußeren Feldes vor seinem Abschalten. Die Erscheinung, daß das Feld $\vec{B}$ nicht nur vom äußeren Feld $\vec{B}_0$ und von einer Materialfunktion μ sondern auch vom früheren magnetischen Zustand des Materials abhängt, bezeichnet man als magnetische Hysterese, die Kurve in Abb.10.1c als *Hysteresisschleife*. (Übrigens zeigt auch Weicheisen eine geringe Hysterese. Sie würde in Abb.10.1b aber erst bei wesentlich größerer Streckung der B_0-Achse sichtbar werden.)

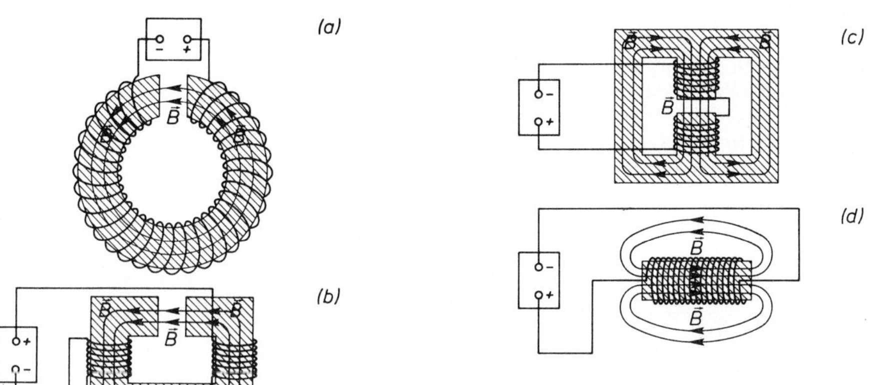

Abb.10.2. Elektromagneten mit verschiedenen Jochformen. In den Fällen (a), (b), (c) verläuft das Induktionsfeld $\vec{B}$ mit Ausnahme eines wohldefinierten Luftspalts völlig im Eisen. Bei einem gestreckten Joch (d) breitet es sich weit im Raum aus

Die hohe Permeabilität von Weicheisen nutzt man auch technisch beim Bau von Elektromagneten zur Erzeugung hoher $\vec{B}$-Felder aus. Abbildung 10.2a zeigt eine Ringspule mit torusförmigem *Eisenkern* oder *Eisenjoch*, der einen "Luftspalt" besitzt. Wegen der Divergenzfreiheit des $\vec{B}$-Feldes herrscht im Luftspalt (abgesehen von dessen Randzonen) das gleiche hohe $\vec{B}$-Feld wie im Eisen. Auch andere Jochformen (Abb.10.2b und c) haben die Eigenschaft, daß die geschlossenen Linien des $\vec{B}$-Feldes bis auf einen wohldefinierten Luftspalt im Eisen verlaufen können. Im Luftspalt selbst ist es annähernd homogen. Für die meisten Zwecke ungeeignet ist die einfache gestreckte Jochform (Abb. 10.2d), die zu einer starken Ausbreitung der Feldlinien außerhalb des Eisens und damit dort zu geringen Beträgen von $\vec{B}$ führt. Ausgenommen ist nur eine schmale Zone vor den Stirnflächen des Joches.

10.1.2 Experimente zum Dia- und Paramagnetismus

Eisen und in deutlich geringerem Maße zwei ihm im periodischen System der Elemente benachbarte Metalle, Kobalt und Nickel, haben hohe Permeabilitäten.

Man nennt sie *ferromagnetisch*. Alle anderen Substanzen haben sehr kleine Permeabilitäten $\mu \approx 1$. Dabei treten Zahlwerte größer und kleiner als Eins auf. Stoffe mit $\mu < 1$ heißen *diamagnetisch*, solche mit $\mu > 1$ *paramagnetisch*.

Zur Messung kleiner Permeabilitäten kann man in Analogie zu Experiment 5.2 die Steighöhenmethode benutzen. Wir nehmen vorweg (vgl. Abschnitte 10.4.2 und 10.4.3), daß die Energiedichte des magnetischen Feldes im Vakuum $w_0 = B^2/(2\mu_0)$ bzw. in Materie $w_\mu = B^2/(2\mu\mu_0)$ ist.

Experiment 10.3. Demonstration von Dia- oder Paramagnetismus von Flüssigkeiten

Ein U-Rohr, dessen einer Schenkel in das Feld eines Elektromagneten ragt, ist mit Flüssigkeit gefüllt. Beim Einschalten des Magneten werden manche Flüssigkeiten gegen die Schwerkraft weiter in das Feld hineingehoben, andere weiter herausgedrängt (Abb.10.3).

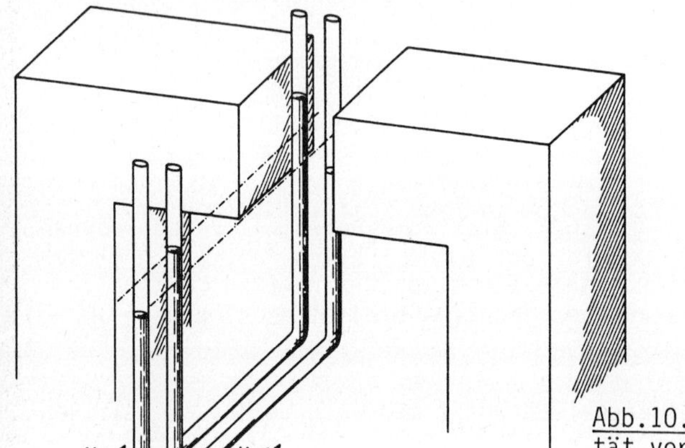

Abb.10.3. Messung der Suszeptibilität von para- bzw. diamagnetischen Flüssigkeiten

Die Rechnung entspricht völlig der Diskussion des Experimentes 5.2, Abschnitt 5.4.2. Als Ergebnis ergibt sich der Zusammenhang

$$\mu = 1 + 2\mu_0 \rho g \Delta h/B^2$$

zwischen der Permeabilität μ und der Höhendifferenz Δh der Flüssigkeitsoberfläche innerhalb und außerhalb des Feldbereiches.
Die Permeabilität ist größer als Eins, die Flüssigkeit also paramagnetisch, wenn die Steighöhe positiv ist, d.h. die Substanz angehoben wird. Für diamagnetische Substanzen ist $\mu < 1$ und $h < 0$. Zur Demonstration eignen sich z.B. Lösungen von $FeCl_3$ (paramagnetisch) bzw. $Al_2(SO_4)_3$ (diamagnetisch).

10.1.3 Erste Deutung der Experimente. Magnetisierung. Magnetische Suszeptibilität

Die Experimente zeigen, daß die magnetische Induktion $\vec{B}$ in Materie im Vergleich zu $\vec{B}_0$ im Vakuum verändert ist. Wir machen den linearen Ansatz

$$\vec{B} = \mu\vec{B}_0 \quad . \tag{10.1.2}$$

Die dimensionslose Proportionalitätskonstante μ heißt *Permeabilität* des Materials.

Zur Deutung dieses Befundes zerlegen wir das Feld im Material in das ursprüngliche Feld $\vec{B}_0$ im Vakuum, das von der äußeren Stromdichte erzeugt wird, und ein Zusatzfeld $\vec{B}_M$

$$\vec{B} = \vec{B}_0 + \vec{B}_M \quad . \tag{10.1.3}$$

Für das Zusatzfeld $\vec{B}_M$ ergibt sich mit (10.1.2) der Ausdruck

$$\vec{B}_M = (\mu-1)\vec{B}_0 = \chi_M\vec{B}_0 \quad . \tag{10.1.4}$$

Die dimensionslose Materialkonstante χ_M heißt *magnetische Suszeptibilität.*

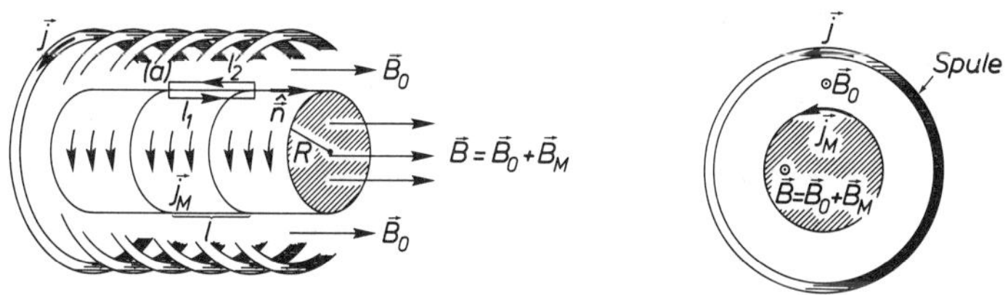

Abb. 10.4. Die Stromdichte $\vec{j}$ in einer Spule erzeugt im Vakuum das Induktionsfeld B_0. In Materie tritt ein Zusatzfeld $\vec{B}_M$ und eine Oberflächenstromdichte $\vec{j}_M$ auf

Da die äußere Stromdichte $\vec{j}$ konstant gehalten wird, muß das Zusatzfeld $\vec{B}_M$ von einem Strom herrühren, der im Material fließt. Da das Feld $\vec{B}_M$ in der Anordnung des Experimentes 10.1 wie das Feld $\vec{B}_0$ parallel zur Spulenachse und homogen innerhalb des Materials ist, muß der es erzeugende Strom von der gleichen geometrischen Struktur sein, wie der äußere Strom in der Spule. Wir müssen also annehmen, daß auf der Mantelfläche des zylindrischen Eisenstücks eine Oberflächenstromdichte in azimutaler Richtung herrscht (Abb.10.4). Die Größe des Oberflächenstromes auf dem Material kann man aus $\vec{B}_M$ berechnen. Da im Zwischenraum zwischen Spule und Material das Feld $\vec{B}_0$, im Material das Feld $\vec{B}$ herrscht, tritt an der Mantelfläche des Eisenzylinders ein Sprung der $\vec{B}$-Feldstärke von der Größe

$$\vec{B} - \vec{B}_0 = \vec{B}_M \tag{10.1.5}$$

auf. Führen wir ein Linienintegral über einen geschlossenen Weg (a)

(Abb.10.4) aus, der aus zwei Geradenstücken $\vec{\ell}_1 = \ell\hat{\vec{n}}$, $\vec{\ell}_2 = -\ell\hat{\vec{n}}$ innerhalb und außerhalb des Eisens parallel zur Zylinderachse und zwei weiteren Stücken in radialer Richtung besteht, so folgt aus (9.7.14) wegen

$$\mu_0 \int_a \vec{j} \cdot d\vec{a} = \int_a (\vec{\nabla} \times \vec{B}) \cdot d\vec{a} = \int_{(a)} \vec{B} \cdot d\vec{s}$$

für unseren speziellen Fall für den Strom auf der Länge ℓ

$$\mu_0 I_M = \mu_0 \int_a \vec{j}_M \cdot d\vec{a} = \int_{\ell_1} \vec{B} \cdot d\vec{s} + \int_{\ell_2} \vec{B}_0 \cdot d\vec{s}$$
$$= (\vec{B}-\vec{B}_0) \cdot \hat{\vec{n}}\ell = (\vec{B}_M \cdot \hat{\vec{n}})\ell \quad . \tag{10.1.6}$$

Die Oberflächenstromdichte j_a pro Längeneinheit $j_a = I_M/\ell$ ist direkt mit dem Zusatzfeld $\vec{B}_M$ durch

$$\mu_0 j_a = \mu_0 \frac{I_M}{\ell} = (\vec{B}_M \cdot \hat{\vec{n}}) \tag{10.1.7}$$

verknüpft. Diese Beziehung ist das magnetische Analogon der Gleichung (5.2.5c) für elektrische Phänomene.

Zur Erklärung des Stroms auf der Zylindermantelfläche greifen wir auf die atomistische Struktur der Materie zurück und schreiben jedem Eisenatom einen Kreisstrom zu, der durch das Umlaufen von Elektronen der Atomhülle um den Kern bewirkt wird. Jeder dieser Kreisströme besitzt ein atomares magnetisches Moment $\vec{m}$, vgl.(9.10.25). Das gesamte magnetische Moment des Eisenzylinders ist dann

$$n_M \vec{m} V = \vec{M} V \quad . \tag{10.1.8}$$

Dabei ist n_M die Anzahldichte der Atome, V das Volumen des Eisenzylinders. Die Größe

$$\vec{M} = \vec{m} n_M \quad , \tag{10.1.9}$$

die magnetische Dipoldichte im Eisen, heißt *Magnetisierung*. Sie ist gleichbedeutend mit dem magnetischen Moment pro Volumeinheit des Eisens.

Wir können die Größe $\vec{M}$ aber auch direkt aus der Oberflächenstromdichte j_a berechnen. Der Gesamtstrom auf dem Zylinder der Länge L ist

$$I_M = j_a L \quad . \tag{10.1.10}$$

Mit dem Querschnitt πR^2 des Zylinders ergibt sich das gesamte Dipolmoment zu

$$I_M \pi R^2 \hat{\vec{n}} = j_a L \pi R^2 \hat{\vec{n}} = j_a V \hat{\vec{n}} \quad ,$$

und damit das Dipolmoment pro Volumeinheit

$$\vec{M} = j_a \hat{\vec{n}} \quad . \tag{10.1.11}$$

Über (10.1.7) führt man das Zusatzfeld $\vec{B}_M$ an Stelle von j_a ein und erhält

$$\vec{M} = \frac{1}{\mu_0} \vec{B}_M \quad . \tag{10.1.12}$$

Damit ergibt (10.1.3)

$$\vec{B}_0 = \vec{B} - \mu_0 \vec{M} \quad . \tag{10.1.13}$$

Mit (10.1.2) gilt in Materialien mit linearem Zusammenhang zwischen $\vec{B}$ und $\vec{B}_0$ außerdem noch

$$\vec{M} = \frac{1}{\mu_0}\left(1 - \frac{1}{\mu}\right)\vec{B} = \frac{1}{\mu\mu_0} \chi_M \vec{B} = \chi_M \frac{1}{\mu_0} \vec{B}_0 \quad . \tag{10.1.14}$$

10.2 Die magnetische Feldstärke. Feldgleichungen in Materie

Im Fall der elektrostatischen Erscheinungen in Materie hatte es sich als nützlich herausgestellt, neben der elektrischen Feldstärke $\vec{E}$ noch das Feld der dielektrischen Verschiebung $\vec{D}$ einzuführen, das der Feldgleichung $\vec{\nabla} \cdot \vec{D} = \rho$ genügt und dessen Quelle damit allein die äußere Ladungsdichte $\rho(\vec{r})$ ist. Im Fall der magnetischen Erscheinungen verwenden wir ebenfalls ein weiteres Feld $\vec{H}$, *die magnetische Feldstärke*, neben dem bisher nur behandelten magnetischen Induktionsfeld $\vec{B}$. Es ist dadurch definiert, daß seine Rotation allein durch die äußere Stromdichte $\vec{j}$ und nicht durch die Magnetisierungsstromdichte $\vec{j}_M$ beschrieben wird, d.h.

$$\vec{\nabla} \times \vec{H} = \vec{j} \quad . \tag{10.2.1}$$

In der Anordnung des Experimentes 10.1 ist $\vec{B}_0$ gerade das Induktionsfeld des äußeren Stromes, das der Gleichung

$$\vec{\nabla} \times \vec{B}_0 = \mu_0 \vec{j}$$

genügt, so daß $\vec{H}$ einfach als

$$\vec{H} = \frac{1}{\mu_0} \vec{B}_0 \tag{10.2.2}$$

identifiziert werden kann.

Den Zusammenhang mit $\vec{B}$, dem Induktionsfeld im Material, liefert (10.1.13) durch Multiplikation mit $1/\mu_0$

$$\vec{H} = \frac{1}{\mu_0} \vec{B} - \vec{M} \quad . \tag{10.2.3}$$

Für Materialien, in denen $\vec{B}$ und $\vec{B}_0$ linear miteinander verknüpft sind, gilt das auch wegen (10.1.14) und (10.2.2) für $\vec{M}$ und $\vec{H}$

$$\boxed{\vec{M} = \chi_M \vec{H}} \tag{10.2.4}$$

und für $\vec{B}$ und $\vec{H}$

$$\vec{H} = \frac{1}{\mu_0}\vec{B} - \vec{M} = \frac{1}{\mu_0}\vec{B} - \chi_M \vec{H} \tag{10.2.5}$$

bzw.

$$\vec{H} = \frac{1}{\mu\mu_0}\vec{B} \quad . \tag{10.2.6}$$

Die Feldgleichungen zeitunabhängiger Magnetfelder $\vec{B}$ und $\vec{H}$ sind nun offenbar

$$\boxed{\vec{\nabla}\cdot\vec{B} = 0} \tag{10.2.7}$$

und

$$\boxed{\vec{\nabla}\times\vec{H} = \vec{j}} \tag{10.2.8}$$

mit der Beziehung (10.2.3)

$$\boxed{\vec{H} = \frac{1}{\mu_0}\vec{B} - \vec{M}} \quad , \tag{10.2.9}$$

die für Materialien mit linearem Zusammenhang zwischen $\vec{M}$ und $\vec{H}$ in

$$\boxed{\vec{H} = \frac{1}{\mu\mu_0}\vec{B}} \tag{10.2.10}$$

übergeht.

Wegen (10.2.7) bleibt auch in magnetischen Materialien das Feld der magnetischen Induktion als Rotation eines Vektorpotentials darstellbar

$$\vec{B} = \vec{\nabla}\times\vec{A} \quad . \tag{10.2.11}$$

Das magnetische Feld $\vec{H}$ ist im allgemeinen nicht quellenfrei, weil die Feldgleichung (10.2.8) nur die äußeren Ströme berücksichtigt, nicht jedoch die resultierenden Oberflächenströme der Magnetisierung.

10.3 Unstetigkeiten der magnetischen Feldgrößen $\vec{B}$ und $\vec{H}$

In Abschnitt 5.5 haben wir uns mit der Änderung der elektrischen Feldgrößen $\vec{E}$ und $\vec{D}$ an der Grenzfläche zwischen zwei Dielektrika verschiedener Dielektrizitätskonstanten beschäftigt. Aus der Feldgleichung rot $\vec{E} = 0$ gewannen wir die Stetigkeit der Tangentialkomponente von $\vec{E}$ beim Durchgang durch die Grenzfläche. Die Feldgleichung div $\vec{D} = \rho$ nahm auf der Grenzfläche die einfache Form div $\vec{D} = 0$ an, wenn die Fläche keine von außen aufgebrachten Ladungen enthielt, und lieferte direkt die Stetigkeit der Normalkomponente von $\vec{D}$. Beide Beziehungen zusammen ergaben das Brechnungsgesetz (5.5.7) der elektrischen Feldstärke (Abb.5.5).

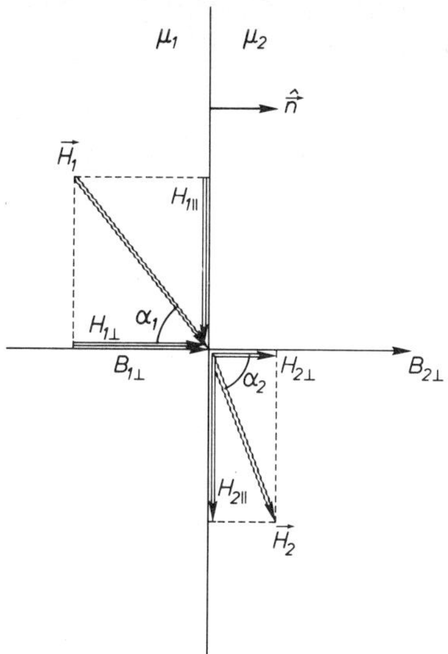

Abb.10.5. Unstetigkeit des Magnetfeldes an der Grenzfläche zwischen Materialien verschiedener Permeabilität

Für die Feldgrößen $\vec{B}$ und $\vec{H}$ gelten die Feldgleichungen div $\vec{B} = 0$ und rot $\vec{H} = \vec{j}$. Im allgemeinen enthält die Grenzfläche zwischen zwei Materialien mit den verschiedenen Permeabilitäten μ_1 und μ_2 keine von außen aufgeprägte Stromdichte. Dann ist $\vec{j} = 0$, d.h. rot $\vec{H} = 0$. Damit ist die Tangentialkomponente der magnetischen Feldstärke $\vec{H}$ und die Normalkomponente der magnetischen Induktion $\vec{B}$ stetig:

$$\boxed{\vec{B}_{1\perp} = \vec{B}_{2\perp} \quad , \quad \vec{H}_{1\parallel} = \vec{H}_{2\parallel}} \quad . \tag{10.3.1}$$

Gilt in beiden Materialien ein linearer Zusammenhang zwischen Induktion und Feldstärke

$$\vec{B}_1 = \mu_1\mu_0\vec{H} \quad , \quad \vec{B}_2 = \mu_2\mu_0\vec{H} \quad ,$$

haben wir ein Brechungsgesetz analog zu 5.5.7 für den Vektor der magnetischen Feldstärke $\vec{H}$

$$\boxed{\frac{\mathrm{tg}\alpha_1}{\mathrm{tg}\alpha_2} = \frac{\mu_1}{\mu_2}} \quad . \tag{10.3.2}$$

Die Relationen 10.3.1 und 10.3.2 sind in Abb.10.5 graphisch dargestellt.

Aus dem Brechungsgesetz (10.3.2) kann man sofort ablesen, daß die magnetische Feldstärke auf Eisenoberflächen dann ziemlich genau senkrecht steht, wenn die Feldstärke im Eisen nicht parallel zu der Oberfläche gerichtet ist. Betrachtet man nämlich etwa die Grenzfläche Eisen-Luft, so ist

$$\mu_1 \gg 1 \quad , \quad \mu_2 = 1$$

und damit

$$\mathrm{tg}\alpha_2 = \frac{\mathrm{tg}\alpha_1}{\mu_1} \approx 0 \quad , \quad \text{für} \quad \mathrm{tg}\alpha_1 \ll \mu_2 \quad ,$$

d.h.

$$\alpha_2 \approx 0 \quad . \tag{10.3.3}$$

10.4 Kraftdichte und Energiedichte des magnetischen Feldes

10.4.1 Kraftdichte auf eine Stromverteilung. Energie eines Dipols im magnetischen Induktionsfeld

Die Kraft $\vec{F}_\ell$ auf eine mit der Geschwindigkeit $\vec{v}_\ell$ bewegte Punktladung q_ℓ im Feld $\vec{B}$ ist nach (9.2.6)

$$\vec{F}_\ell = q_\ell\left[\vec{v}_\ell \times \vec{B}\right] \quad .$$

Diesen Ausdruck kann man in ein Integral verwandeln, indem man die Stromdichte der Punktladung

$$\vec{j}_\ell(\vec{r}) = q_\ell \vec{v}_\ell \delta^3(\vec{r}-\vec{r}_\ell)$$

einführt

$$\begin{aligned}\vec{F}_\ell &= \int q_\ell \delta^3(\vec{r}-\vec{r}_\ell)\vec{v}_\ell \times \vec{B} d^3\vec{r} \\ &= \int \vec{j}_\ell(\vec{r}) \times \vec{B}(\vec{r}) d^3\vec{r} \quad .\end{aligned} \tag{10.4.1}$$

Betrachten wir nun eine Stromverteilung $\vec{j}(\vec{r})$, die aus den Stromdichten einer großen Zahl N von Punktladungen q_ℓ besteht,

$$\vec{j}(\vec{r}) = \sum_{\ell=1}^{N} \vec{j}_\ell(\vec{r}) \quad ,$$

so erhalten wir als Kraft

$$\vec{F} = \sum_{\ell=1}^{N} \vec{F}_\ell$$

auf die Stromverteilung

$$\vec{F} = \int \vec{j}(\vec{r}) \times \vec{B}(\vec{r}) dV \quad .$$

Die Kraftdichte auf die Stromverteilung ist entsprechend

$$\vec{f}(\vec{r}) = \vec{j}(\vec{r}) \times \vec{B}(\vec{r}) \quad . \tag{10.4.2}$$

Wir betrachten für $\vec{j}(\vec{r})$ speziell die Elementarstromdichte für einen Dipol

$$\vec{j}(\vec{r}\,') = -\vec{m} \times \vec{\nabla}\,' \delta^3(\vec{r}\,'-\vec{r}) \tag{10.4.3}$$

mit dem magnetischen Moment $\vec{m}$ am Ort $\vec{r}$. Durch Einsetzen erhalten wir

$$\vec{F} = -\int \left[\vec{m}\times\vec{\nabla}'\delta^3(\vec{r}'-\vec{r})\right]\times\vec{B}(\vec{r}')dV' \quad .$$

Mit dem Entwicklungssatz für das doppelte Kreuzprodukt finden wir

$$\vec{F} = -\int \vec{\nabla}'\delta^3(\vec{r}'-\vec{r})\left[\vec{m}\cdot\vec{B}(\vec{r}')\right]dV'$$

$$+\int \vec{m}\left[\vec{B}(\vec{r}')\cdot\vec{\nabla}'\delta^3(\vec{r}'-\vec{r})\right]dV' \quad .$$

Der zweite Term trägt nicht bei, da die Divergenz von $\vec{B}$ verschwindet, so daß sich durch partielle Integration des ersten Terms

$$\boxed{\vec{F} = \vec{\nabla}[\vec{m}\cdot\vec{B}(\vec{r})]} \qquad (10.4.4)$$

ergibt. Das Ergebnis zeigt, daß nur in inhomogenen $\vec{B}$-Feldern eine Kraft auf den magnetischen Dipol wirkt.

Wir berechnen nun die potentielle Energie eines magnetischen Dipols in einem Induktionsfeld. Dazu führen wir den magnetischen Dipol mit dem Moment $\vec{m}$ aus dem Unendlichen an den Ort $\vec{r}$ im $\vec{B}$-Feld und berechnen die Arbeit, die unter der Wirkung der Kraft (10.4.4) aufgewendet oder gewonnen wird.

Zunächst nehmen wir an, daß bei diesem Vorgang keine Veränderung des Dipolmomentes $\vec{m}$ des Dipols oder des äußeren $\vec{B}$-Feldes auftritt. Diese Voraussetzungen sind wichtig, weil die Bewegung des Dipolmomentes $\vec{m}$ in dem Stromkreis, der das äußere $\vec{B}$-Feld erzeugt, eine Gegenspannung induziert. Diese muß also durch eine Regelvorrichtung im äußeren Stromkreis kompensiert werden. Ebenso wird das Dipolmoment $\vec{m}$, wenn es durch bewegte Ladungen eines Stromes hervorgerufen wird, durch Induktion verändert. Das haben wir im Abschnitt 9.12.3 am Beispiel der Einführung einer leitenden Kugelschale in ein Magnetfeld gesehen. Auch hier muß durch Kompensation der induzierten Gegenspannung das Dipolmoment $\vec{m}$ während des Bewegungsvorganges konstant gehalten werden.

Nur im Falle von starren magnetischen Momenten, wie sie die durch den Spin von Elementarteilchen z.B. bei Elektronen auftreten, bleibt das Moment $\vec{m}$ bei der Bewegung im Magnetfeld ungeändert. Das rührt daher, daß der Eigendrehimpuls s von Elementarteilchen quantisiert ist, d.h. nur Null, halb- oder ganzzahlige Vielfache des Planckschen Wirkungsquantums $\hbar = h/(2\pi)$ annehmen kann. Die Spins der Elementarteilchen werden nicht durch Rotation einer ausgedehnten Massen- und damit Ladungsverteilung hervorgerufen. Deshalb sind die magnetischen Momente in ihrer Größe nicht veränderlich.

Führt man unter den angegebenen Bedingungen einen Dipol aus einem feldfreien Gebiet, etwa aus dem Unendlichen an den Punkt $\vec{r}$, so kann man die potentielle Energie des Dipols im Feld durch

$$E_{pot}(\vec{r}) = -\int_{\infty}^{\vec{r}} \vec{F}(\vec{r}\,')\cdot d\vec{r}\,' \quad \text{berechnen} \quad ,$$

$$E_{pot} = -\int_{\infty}^{\vec{r}} \vec{\nabla}[\vec{m}\cdot\vec{B}(\vec{r}\,')]\cdot d\vec{r}\,' \quad .$$

Nach dem Satz (2.6.6) über die Linienintegration des Gradienten erhalten wir

$$\boxed{E_{pot} = -\vec{m}\cdot\vec{B}(\vec{r}) = -mB\cos\vartheta} \quad , \tag{10.4.5a}$$

wobei

$$\vartheta = \sphericalangle[\vec{m},\vec{B}(\vec{r})]$$

der Winkel zwischen Dipolmoment und $\vec{B}$-Feld ist. An einem vorgegebenen Ort $\vec{r}$ ist die potentielle Energie des Dipols von dem Winkel zur Feldrichtung abhängig und liegt zwischen den Grenzen

$$\boxed{-mB \leqq E_{pot} \leqq mB} \quad . \tag{10.4.5b}$$

Die letzte Beziehung benötigte zu ihrer Herleitung keine Annahmen über die Änderung der Richtung des Dipolmomentes $\vec{m}$ während der Bewegung. Insbesondere kann man die Einführung des Dipols auch so vornehmen, daß die Richtung des Dipolmomentes $\vec{m}$ auf dem Weg aus dem Unendlichen an jedem Ort $\vec{r}\,'$ des Weges parallel zum Induktionsfeld $\vec{B}(\vec{r}\,')$ ist, das dort herrscht. Dann ist nach (10.4.4) die Kraft auf den Dipol überall auf dem Weg Null, so daß bei der Bewegung auch keine Arbeit verrichtet wird. Allerdings ist die Richtung des Dipols am Ende des Weges am Ort $\vec{r}$ dann parallel zum Induktionsfeld $\vec{B}(\vec{r})$. Wir drehen ihn nun am Ort $\vec{r}$ aus dieser Parallelität in die Richtung $\vec{m}$, die er in seiner Endposition haben soll. Dabei wirkt nach (9.11.16) auf den Dipol ein Drehmoment

$$\vec{D} = \vec{m}\times\vec{B}(\vec{r}) \quad .$$

Die bei der Drehung von 0 nach $\vec{\varphi}$ benötigte Arbeit berechnet sich dann nach

$$E_{pot}(\vec{\varphi}) - E_{pot}(0) = -\int_{0}^{\vec{\varphi}} \vec{D}\cdot d\vec{\varphi}\,' \quad . \tag{10.4.6a}$$

Der Drehwinkel $d\vec{\varphi}\,'$ läßt sich nach Richtung $\hat{\vec{\varphi}}$ der Drehachse und Größe $d\varphi'$ zerlegen

$$d\vec{\varphi}\,' = \hat{\vec{\varphi}}\,d\varphi' \quad .$$

Die obige Beziehung ist der einzige Skalar, der sich aus den Pseudovektoren $\vec{D}$ und $d\vec{\varphi}\,'$ bilden läßt. Daß er tatsächlich die potentielle Energie des Dipols

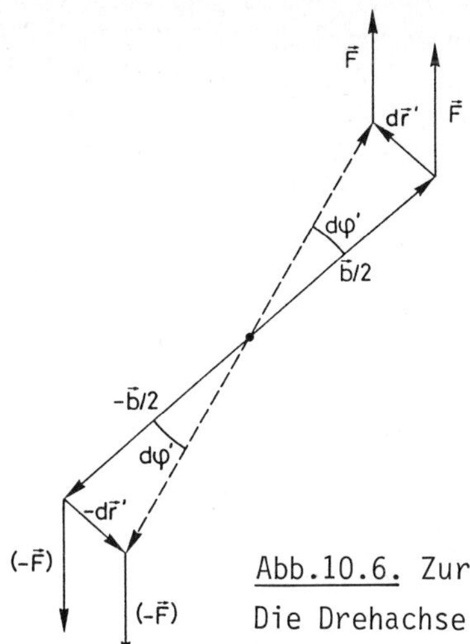

Abb.10.6. Zur Herleitung der Arbeit bei Drehung eines Dipols. Die Drehachse $\hat{\vec{\varphi}}$ steht senkrecht auf der Papierebene

darstellt, sieht man am einfachsten am Beispiel des mechanischen Drehmomentes eines Kräftepaares $\vec{F}$, $(-\vec{F})$, das an den Orten $\vec{b}/2$, $(-\vec{b}/2)$ angreift, Abb.10.6,

$$\vec{D} = \frac{\vec{b}}{2} \times \vec{F} + \left(-\frac{\vec{b}}{2}\right) \times (-\vec{F}) = \vec{b} \times \vec{F} \quad .$$

Wir drehen das Vektorpaar $-\vec{b}/2$, $\vec{b}/2$ unter der Wirkung des Kräftepaares $\vec{F}$, $(-\vec{F})$ um den Drehwinkel $d\vec{\varphi}'$. Der vom Angriffspunkt $\vec{b}/2$ der Kraft $\vec{F}$ zurückgelegte Weg ist

$$d\vec{r}' = \frac{1}{2}\, d\vec{\varphi}' \times \vec{b} \quad ,$$

der des Angriffspunktes $(-\vec{b}/2)$ des Kraftvektors $(-\vec{F})$

$$d\vec{r}' = -\frac{1}{2}\, d\vec{\varphi}' \times \vec{b} \quad .$$

Damit berechnet sich die potentielle Energie bei der Drehung des Dipols von der Anfangslage $\vec{\varphi}'=0$ in die Endlage $\vec{\varphi}' = \vec{\varphi}$ zu

$$E_{pot}(\vec{\varphi}) - E_{pot}(0) = -\int_0^{\vec{\varphi}} \vec{F} \cdot d\vec{r} = -\int_0^{\vec{\varphi}} \vec{F} \cdot [d\vec{\varphi}' \times \vec{b}] \quad .$$

Durch zyklische Vertauschung der Faktoren finden wir jetzt die behauptete Gleichung

$$E_{pot}(\vec{\varphi}) - E_{pot}(0) = -\int_0^{\vec{\varphi}} [\vec{b} \times \vec{F}] \cdot d\vec{\varphi}' = -\int_0^{\vec{\varphi}} \vec{D} \cdot d\vec{\varphi}' \quad .$$

Wir wählen nun die Drehachse $\hat{\vec{\varphi}}$ senkrecht zur der Endrichtung $\vec{m}(\vec{\varphi})$ des Dipolmomentes und der Richtung des Induktionsfeldes $\vec{B}(\vec{r})$ am Ort $\vec{r}$. Ihre Richtung $\hat{\vec{\varphi}}$ bleibe während der Drehung von der Anfangslage $\vec{m}_0 = \vec{m}(0)$ in die Endlage

$\vec{m} = \vec{m}(\vec{\varphi})$ ungeändert. Es gilt somit

$$\vec{m}(\vec{\varphi}') = \underline{\underline{R}}(\vec{\varphi}')\vec{m} \quad ,$$

wobei die Drehung nach Bd. I (7.1.39a) durch

$$\underline{\underline{R}}(\vec{\varphi}') = \hat{\vec{\varphi}} \otimes \hat{\vec{\varphi}} + (\underline{\underline{1}} - \hat{\vec{\varphi}} \otimes \hat{\vec{\varphi}})\cos(\varphi - \varphi') + (\underline{\underline{\varepsilon}}\hat{\vec{\varphi}})\sin(\varphi - \varphi')$$

gegeben ist. Es gilt $\underline{\underline{R}}(\vec{\varphi}) = \underline{\underline{1}}$, so daß das magnetische Moment $\vec{m}$ in der Endlage

$$\vec{m} = \vec{m}(\vec{\varphi}) = \vec{\underline{\underline{R}}}(\vec{\varphi})\vec{m}$$

für $\vec{\varphi}' = \vec{\varphi}$ erreicht wird. Die Anfangslage ist

$$\vec{m}_0 = \vec{\underline{\underline{R}}}(0)\vec{m} \quad .$$

Jetzt läßt sich die potentielle Energie durch

$$E_{pot}(\vec{\varphi}) - E_{pot}(0) = -\int_0^{\vec{\varphi}} d\vec{\varphi}' \cdot [\vec{m}(\vec{\varphi}') \times \vec{B}(\vec{r})]$$

$$= -\int_0^{\vec{\varphi}} [d\vec{\varphi}' \times \vec{m}(\vec{\varphi}')] \cdot \vec{B}(\vec{r})$$

beschreiben. Mit der Darstellung für $\underline{\underline{R}}(\vec{\varphi}')$ wird

$$d\vec{\varphi}' \times \vec{m}(\vec{\varphi}') = d\vec{\varphi}' \times (\underline{\underline{R}}(\vec{\varphi}')\vec{m})$$

$$= d\vec{\varphi}' \times \vec{m} \cos(\varphi - \varphi') + d\vec{\varphi}' \times (\hat{\vec{\varphi}} \times \vec{m})\sin(\varphi - \varphi') \quad .$$

Mit $d\vec{\varphi}' = \hat{\vec{\varphi}}d\varphi'$ erhalten wir

$$d\vec{\varphi}' \times \vec{m}(\vec{\varphi}') = [(\hat{\vec{\varphi}} \times \vec{m})\cos(\varphi - \varphi') - \vec{m} \sin(\varphi - \varphi')]d\varphi' \quad .$$

Die Integration liefert jetzt

$$E_{pot}(\vec{\varphi}) - E_{pot}(0) = -\vec{m} \cdot \vec{B}(\vec{r}) + \vec{m}_0 \cdot \vec{B}(\vec{r}) \quad .$$

Mit der Wahl

$$E_{pot}(0) = -\vec{m}_0 \cdot \vec{B}(\vec{r})$$

bleibt dann

$$E_{pot} = -\vec{m} \cdot \vec{B}(\vec{r}) \tag{10.4.6b}$$

wie in (10.4.5a).

Offenbar ist die aufzuwendende Energie unabhängig davon, wie der magnetische Dipol im statischen $\vec{B}$-Feld an den Ort $\vec{r}$ und in die Orientierung $\vec{m}$ gebracht wird. Im folgenden wollen wir der Einfachheit halber den zweiten Weg der Einführung eines Dipols in ein magnetisches Induktionsfeld $\vec{B}(\vec{r})$ wählen.

Wir haben schon betont, daß die so berechnete potentielle Energie nur ein Anteil der insgesamt aufzuwendenden Arbeit ist, um den Dipol in die Orientierung $\vec{m}$ zu bringen. Zusätzlich treten induzierte elektrische Felder im äußeren wie im Stromkreis des Dipols auf. Sie wirken auf die Ladungsträger der beiden Ströme, denen die Leistung $\nu = \vec{j} \cdot \vec{E}$ zugeführt oder entnommen wird. Ohne Kompensation der induzierten Gegenspannungen würden die äußere Stromverteilung, die das $\vec{B}$-Feld aufrechterhält, und die Dipolstromverteilung, die das magnetische Moment $\vec{m}$ produziert, bei der Drehung des Dipols verändert. Im nächsten Abschnitt werden wir die Gesamtenergie berechnen, die für den Aufbau einer Stromverteilung benötigt wird. Dazu bestimmen wir zunächst die Energie, die aufgewendet oder gewonnen werden kann, wenn ein magnetischer Dipol $\vec{m}_2$ im Induktionsfeld eines anderen Momentes $\vec{m}_1$ gedreht wird. Wir betrachten die beiden Elementarströme

$$\vec{j}_1(\vec{r}) = -\vec{m}_1 \times \vec{\nabla}\delta^3(\vec{r} - \vec{r}_1) \quad , \quad \vec{j}_2(\vec{r}) = -\vec{m}_2 \times \vec{\nabla}\delta^3(\vec{r} - \vec{r}_2)$$

und berechnen die Arbeit, die aufgewendet werden muß, um die Arbeit zu kompensieren, die die induzierte elektrische Feldstärke bei Drehung des Stromes $\vec{j}_2$ um eine Achse senkrecht zum magnetischen Moment $\vec{m}_2$ leistet. Dazu gehen wir von dem Ausdruck für die durch die Änderung des magnetischen Flusses ϕ_{mk} des Stromes $\vec{j}_k$ induzierte elektromotorische Kraft (9.12.33)

$$U_{ik} = -\frac{d\phi_{mk}}{dt} = -\frac{d}{dt}\int_{a_i} \vec{B}_k(\vec{r}) \cdot d\vec{a}$$

aus, der die Spannung auf dem Rand der Fläche $\vec{a}_i$ wiedergibt. Für kleine Flächenstücke $\vec{a}_i$, innerhalb derer die Variation von $\vec{B}_k$ vernachlässigt werden kann, können wir den Integranden durch $\vec{B}_k(\vec{r}_i)$ am Ort $\vec{r}_i$ des Flächenstückes $\vec{a}_i$ approximieren und finden

$$U_{ik} = -\frac{d}{dt}[\vec{B}_k(\vec{r}_i) \cdot \vec{a}_i] \quad .$$

Wenn am Rand der Fläche $\vec{a}_i$ der konstante Strom I_i fließt, erhalten wir für die Leistung, die die Umfangsspannung U_i am Strom I_i leistet,

$$\nu_{ik} = -\frac{d}{dt}[\vec{B}_k(\vec{r}_i) \cdot \vec{a}_i]I_i \quad .$$

Das Produkt aus der Fläche $\vec{a}_i$ und dem Strom I_i an ihrem Rand ist gerade das magnetische Moment des Stromes

$$\vec{m}_i = I_i \cdot \vec{a}_i \quad .$$

Damit ist die Leistung, die die Umfangsspannung U_{ik} am Strom $\vec{j}_i$ leistet,

$$\nu_{ik} = -\frac{d}{dt}[\vec{m}_i \cdot \vec{B}_k(\vec{r}_i)] \quad .$$

Die Energie, die dem System zugeführt werden muß, um den Strom $\vec{j}_i$ gegen die Wirkung der Spannung konstant zu halten, ist

$$W_{ik} = \vec{m}_i \cdot \vec{B}_k(\vec{r}_i) \quad . \tag{10.4.7}$$

Bei der Drehung des magnetischen Momentes $\vec{m}_2$ treten drei Energieteilbeträge in Erscheinung. Die ersten beiden liest man aus (10.4.7) ab:

1) Die Drehung von $\vec{m}_2$ induziert eine Umlaufspannung am Ort $\vec{r}_1$ des magnetischen Momentes $\vec{m}_1$, das durch den Strom $\vec{j}_1$ hervorgerufen wird. Damit der Strom $\vec{j}_1$ ungeändert bleibt, muß die Energie

$$W_{21} = \vec{m}_1 \cdot \vec{B}_2(\vec{r}_1) \tag{10.4.8}$$

aufgebracht werden.

2) Umgekehrt bewirkt die Drehung von $\vec{m}_2$ im Feld $\vec{B}_1$ eine Umlaufspannung am Strom $\vec{j}_2$ des Momentes $\vec{m}_2$. Die Energie zur Aufrechterhaltung des Stromes $\vec{j}_2$ ist

$$W_{12} = \vec{m}_2 \cdot \vec{B}_1(\vec{r}_2) \quad . \tag{10.4.9}$$

Wegen der Symmetrie

$$\vec{m}_1 \cdot \vec{B}_2(\vec{r}_1) = \vec{m}_2 \cdot \vec{B}_1(\vec{r}_2) \quad ,$$

die aus der Form des magnetischen Induktionsfeldes (9.10.35) eines magnetischen Momentes folgt, gilt

$$W_{12} = W_{21} \quad .$$

Die Gesamtenergie, die zur Kompensation der Wirkung der elektromagnetischen Induktion auf die Ströme $\vec{j}_1$ und $\vec{j}_2$ nötig ist, ist damit

$$W_{12} + W_{21} = 2\vec{m}_2 \cdot \vec{B}_1(\vec{r}_2) \quad . \tag{10.4.10}$$

3) Dazu tritt noch die mechanische potentielle Energie (10.4.5a) des magnetischen Dipols $\vec{m}_2$ am Ort $\vec{r}_2$ im Induktionsfeld $\vec{B}_1$ des ersten Dipols $\vec{m}_1$

$$E_{pot} = -\vec{m}_2 \cdot \vec{B}_1(\vec{r}_2) \quad . \tag{10.4.11}$$

Zur Berechnung der Gesamtenergie des magnetischen Dipolmomentes $\vec{m}_2$ im Feld des Dipolmomentes $\vec{m}_1$ gehen wir wie folgt vor. Wir führen $\vec{m}_2$ vom Unendlichen so an den Ort $\vec{r}_2$, daß stets $\vec{m}_2(\vec{r}) \cdot \vec{B}_1(\vec{r}) = 0$ ist. Am Ort $\vec{r}_2$ drehen wir $\vec{m}_2$ in die endgültige Orientierung $\vec{m}_2(\vec{r}_2)$. Bei dieser Drehung ist die aufzuwendende Gesamtenergie nun

$$W = W_{12} + W_{21} + E_{pot} = \vec{m}_2 \cdot \vec{B}_1(\vec{r}_2) \quad . \tag{10.4.12}$$

Diese Beziehung ist die Ausgangsgleichung für die Berechnung der Gesamtenergie einer Stromverteilung im folgenden Abschnitt.

10.4.2 Energieinhalt ausgedehnter Stromverteilung im Vakuum

Jede stationäre Stromverteilung läßt sich aus Elementarströmen der Gestalt

$$\vec{j}_E(\vec{r}) = \vec{m} \times \vec{\nabla}' \delta^3(\vec{r}-\vec{r}') \tag{10.4.13}$$

aufbauen. Wenn die Anzahldichte der Elementarströme durch $n(\vec{r})$ gegeben ist, gilt

$$\begin{aligned} \vec{j}(\vec{r}) &= \int n(\vec{r}')\vec{m} \times \vec{\nabla}' \delta^3(\vec{r}-\vec{r}')dV' \\ &= \vec{\nabla} \times n(\vec{r})\vec{m} \quad . \end{aligned} \tag{10.4.14}$$

Da die Stromdichte $\vec{j}(\vec{r})$ als stationär vorausgesetzt wird, d.h.

$$\vec{\nabla} \cdot \vec{j}(\vec{r}) = 0 \quad ,$$

läßt sie sich durch eine Rotation darstellen, so daß (10.4.14) keine Einschränkung der Art der Stromdichte bedeutet.

Wir betrachten nun zunächst eine diskrete Menge von N Elementarströmen

$$\vec{j}_\ell = -\vec{m}_\ell \times \vec{\nabla} \delta^3(\vec{r}-\vec{r}_\ell) \quad , \quad \ell = 1, \ldots, N \tag{10.4.15}$$

an den Orten $\vec{r}_i$. Zum Aufbau des Systems der Stromverteilung wird Energie benötigt, die wir – analog zur Energie einer Ladungsverteilung in Abschnitt 5.4.1 – berechnen. Das Feld der ersten (k-1) Elementarströme sei

$$\vec{B}^{(k-1)}(\vec{r}) = \sum_{\ell=1}^{k-1} \vec{B}_\ell(\vec{r})$$

wobei $\vec{B}_\ell$ das Dipolfeld des ℓ-ten Elementarstromes $\vec{j}_\ell$ sei. Die Energie W(k) des Dipols k am Ort $\vec{r}_k$ ist dann nach (10.4.2)

$$W^{(k)} = \vec{m}_k \cdot \vec{B}^{(k-1)}(\vec{r}_k) = \sum_{\ell=1}^{k-1} \vec{m}_k \cdot \vec{B}_\ell(\vec{r}_k) \quad .$$

Durch Aufsummation über alle Werte von k erhalten wir die potentielle Gesamtenergie, die zum Aufbau der Stromverteilung erforderlich war

$$\boxed{\begin{aligned} W &= \sum_{k=1}^{N} \sum_{\ell=1}^{k-1} \vec{m}_k \cdot \vec{B}_\ell(\vec{r}_k) \\ &= \frac{1}{2} \sum_{k \neq \ell} \vec{m}_k \cdot \vec{B}_\ell(\vec{r}_k) \end{aligned}} \quad . \tag{10.4.16}$$

Für kontinuierliche Anzahldichten $\vec{n}(\vec{r})$ läßt sich die obige Summe in ein Integral umwandeln. Das magnetische Moment der Verteilung im Volumelement dV' ist

$$d\vec{m} = n(\vec{r}\,')\vec{m}dV' \quad ,$$

so daß wir

$$W = \frac{1}{2}\int n(\vec{r}\,')\vec{m}\cdot\vec{B}(\vec{r}\,')\,dV' \tag{10.4.17}$$

erhalten. Unter Zuhilfenahme der Darstellung des Induktionsfeldes durch das Vektorpotential $\vec{B} = \vec{\nabla}\times\vec{A}$ erhält die Energie die Form

$$W = \frac{1}{2}\int n(\vec{r}\,')\vec{m}\cdot[\vec{\nabla}'\times\vec{A}(\vec{r}\,')]\,dV' \quad ,$$

$$W = \frac{1}{2}\int [n(\vec{r}\,')\vec{m}\times\vec{\nabla}']\cdot\vec{A}(\vec{r}\,')\,dV' \quad . \tag{10.4.18}$$

Für endlich ausgedehnte Anzahldichten $n(\vec{r})$ verschwinden Oberflächenterme und es bleibt nach partieller Integration

$$W = \frac{1}{2}\int [\vec{\nabla}'\times n(\vec{r}\,')\vec{m}]\cdot\vec{A}(\vec{r}\,')\,dV' \quad . \tag{10.4.19}$$

Wie wir gesehen haben, läßt sich jede stationäre Stromverteilung $\vec{j}$ als Rotation einer geeigneten Verteilung $n(\vec{r}\,')\vec{m}$ darstellen (10.4.14), so daß gilt

$$\boxed{W = \frac{1}{2}\int \vec{j}(\vec{r}\,')\cdot\vec{A}(\vec{r}\,')\,dV'} \quad . \tag{10.4.20}$$

Diese Formel ist der Gleichung (5.4.7) für die elektrostatische Energie einer Ladungsverteilung $\rho(\vec{r})$ völlig analog

$$W = \frac{1}{2}\int \rho(\vec{r}\,')\varphi(\vec{r}\,')\,dV' \quad . \tag{10.4.21}$$

Tatsächlich läßt sich auch hier der Ausdruck (10.4.20) völlig in $\vec{B}$-Feldgrößen umschreiben, wenn man (9.7.13)

$$\vec{j} = \frac{1}{\mu_0}\vec{\nabla}\times\vec{B} \tag{10.4.22}$$

benutzt.

Man findet damit

$$W = \frac{1}{2\mu_0}\int (\vec{\nabla}'\times\vec{B})\cdot\vec{A}\,dV'$$

$$= \frac{1}{2\mu_0}\int (\vec{A}\times\vec{\nabla}')\cdot\vec{B}\,dV'$$

und durch partielle Integration, bei der die Oberflächenterme für endlich ausgedehnte Stromverteilungen wieder verschwinden

$$\boxed{W = \frac{1}{2\mu_0}\int \vec{B}(\vec{r}\,')\cdot\vec{B}(\vec{r}\,')\,dV'} \quad . \tag{10.4.23}$$

Die Größe

$$\boxed{w(\vec{r}) = \frac{1}{2\mu_0}\vec{B}(\vec{r})\cdot\vec{B}(\vec{r}) = \frac{1}{2}\vec{H}(\vec{r})\cdot\vec{B}(\vec{r})} \qquad (10.4.24)$$

ist also die *Energiedichte* im stationären Magnetfeld im Vakuum, wobei der Vakuumzusammenhang

$$\vec{H} = \frac{1}{\mu_0}\vec{B} \qquad (10.4.25)$$

zwischen $\vec{H}$ und $\vec{B}$ in der letzten Gleichung benutzt wurde.

10.4.3 Energieinhalt von Stromverteilungen in Anwesenheit von Materie

Beim Aufbau einer Stromverteilung in Anwesenheit von Materie muß man den in vielen Fällen nichtlinearen Zusammenhang zwischen $\vec{H}$ und $\vec{B}$ berücksichtigen. Bei Veränderung des Vektorpotentials $\vec{A}$ um den infinitesimalen Betrag $\delta\vec{A}$ durch Änderung der Stromverteilung tritt die Energieänderung δW auf

$$\delta W = \int \vec{j}\cdot\delta\vec{A}\,dV \quad . \qquad (10.4.26)$$

Für linearen Zusammenhang zwischen $\vec{j}$ und $\vec{A}$ führt diese Gleichung durch Integration über $\delta\vec{A}$ gerade auf (10.4.20). Für $\vec{j}$ führen wir nach (10.2.1) die Rotation von $\vec{H}$ ein und erhalten nach partieller Integration

$$\delta W = \int (\vec{\nabla}\times\vec{H})\cdot\delta\vec{A}\,dV$$

$$= \int \vec{H}\cdot(\vec{\nabla}\times\delta\vec{A})\,dV \quad , \text{ d.h.}$$

$$\boxed{\delta W = \int \vec{H}\cdot\delta\vec{B}\,dV} \quad . \qquad (10.4.27)$$

Dabei ist

$$\delta\vec{B} = \vec{\nabla}\times\delta\vec{A} \qquad (10.4.28)$$

die zur Vektorpotentialänderung $\delta\vec{A}$ gehörige Induktionsfeldänderung $\delta\vec{B}$. Falls zwischen $\vec{H}$ und $\vec{B}$ ein linearer Zusammenhang besteht

$$\vec{H}(\vec{B}) = \frac{1}{\mu\mu_0}\vec{B} \quad , \qquad (10.4.29)$$

finden wir durch Integration über die $\vec{B}$-Feldstärke zwischen den Werten 0 und $\vec{B}$ gerade

$$\boxed{W = \frac{1}{2}\int \vec{H}\cdot\vec{B}\,dV} \quad , \qquad (10.4.30)$$

so daß die Energiedichte des stationären Magnetfeldes in Anwesenheit von Materie, deren magnetische Eigenschaften durch (10.4.29) beschrieben werden können,

$$\boxed{w(\vec{r}) = \frac{1}{2}\vec{H}(\vec{r})\cdot\vec{B}(\vec{r})} \qquad (10.4.31)$$

ist. Dieses Ergebnis entspricht völlig der Energiedichte im elektrostatischen Feld, vgl.(5.4.20).

+10.5 Mikroskopische Begründung der Feldgleichungen der stationären Magnetfelder in Materie

+10.5.1 Mikroskopische und makroskopische Stromverteilungen. Feldgleichungen

Ausgehend von den Feldgleichungen

$$\vec{\nabla}\times\vec{B} = \mu_0\vec{j} \quad , \qquad (10.5.1)$$

$$\vec{\nabla}\cdot\vec{B} = 0 \qquad (10.5.2)$$

für das Feld der magnetischen Induktion im Vakuum können wir allgemein die Feldgleichungen in Materie wieder durch einen Mittelungsprozeß über hinreichend große Raumgebiete – analog zu Abschnitt 5.6 – gewinnen. Dabei brauchen wir nur die Tatsache zu benutzen, daß sich die mikroskopischen Stromdichten $\vec{j}_{mikr}$ im Material aus der eingeprägten starren, vom Magnetfeld unabhängigen Stromdichte $\vec{j}_{s,mikr}$ und den vom Feld herrührenden mikroskopischen Kreisströmen in jedem Atom oder Molekül zusammensetzen

$$\boxed{\vec{j}_{mikr} = \vec{j}_{s,mikr} + \vec{j}_{M,mikr}} \quad . \qquad (10.5.3)$$

Dabei ist die eingeprägte Stromdichte von bewegten freien Teilchen der Ladung q verursacht

$$\vec{j}_{s,mikr} = \sum_i q\vec{v}_i\delta^3(\vec{r}-\vec{r}_i) \quad , \qquad (10.5.4)$$

die sich mit der Geschwindigkeit $\vec{v}_i$ bewegen. Der vom Magnetfeld am Ort $\vec{r}_i$ verursachte elementare Kreisstrom mit dem magnetischen Moment $\vec{m}$ hat die Dichte

$$\vec{j}_i = -\vec{m}\times\vec{\nabla}\delta^3(\vec{r}-\vec{r}_i) = \vec{m}\times\vec{\nabla}_i\delta^3(\vec{r}-\vec{r}_i) \quad , \qquad (10.5.5)$$

so daß die mikroskopische Magnetisierungsstromdichte die Form

$$\vec{j}_{M,mikr} = \sum_i \vec{m}\times\vec{\nabla}_i\delta^3(\vec{r}-\vec{r}_i) \qquad (10.5.6)$$

erhält. Mittelung der starren mikroskopischen Stromdichten $\vec{j}_{s,mikr}$ liefert analog (5.6.14) und (5.6.16)

$$\vec{j}_s = q\vec{v}n(\vec{r}) \quad , \qquad (10.5.7)$$

wobei $\vec{v}$ die mittlere Geschwindigkeit der Ladungsträger und $\vec{n}(r)$ ihre mittlere Anzahldichte ist. Der gleiche Prozeß ergibt für die makroskopische Magnetisierungsstromdichte

$$\vec{j}_M = \vec{\nabla} \times \vec{M} \quad , \tag{10.5.8}$$

wobei $\vec{M}$ die mittlere Magnetisierung

$$\vec{M} = \vec{m} n_M(\vec{r}) \tag{10.5.9}$$

ist.

Das mikroskopische Induktionsfeld $\vec{B}_{mikr}$ ist durch diese Stromdichte über die Gleichungen

$$\vec{\nabla} \cdot \vec{B}_{mikr} = 0 \quad \text{und} \tag{10.5.10}$$

$$\vec{\nabla} \times \vec{B}_{mikr} = \mu_0 \vec{j}_{mikr} = \mu_0 \vec{j}_{s,mikr} + \mu_0 \vec{j}_{M,mikr} \tag{10.5.11}$$

bestimmt. Die Volumenmittelung wie in (5.6.8) führt auf das makroskopische Feld $\vec{B}$. Da diese Mittelung die Differentiation in (10.5.10) nicht berührt, gilt insbesondere danach

$$\vec{\nabla} \cdot \vec{B} = 0 \tag{10.5.12}$$

für das makroskopische Feld. Die Mittelung der Rotation von $\vec{B}_{mikr}$ in der zweiten Gleichung führt entsprechend auf $\vec{\nabla} \times \vec{B}$. Durch Einsetzen der gemittelten Stromdichten (10.5.7) und (10.5.8) in die rechte Seite von (10.5.11) liefert nach der Mittelung

$$\vec{\nabla} \times \vec{B} = \mu_0 \vec{j}_s + \mu_0 \vec{\nabla} \times \vec{M} \quad . \tag{10.5.13}$$

Mit Hilfe der magnetischen Feldstärke

$$\vec{H} = \frac{1}{\mu_0} \vec{B} - \vec{M} \tag{10.5.14}$$

erhält diese Gleichung die Gestalt

$$\vec{\nabla} \times \vec{H} = \vec{j}_s \quad . \tag{10.5.15}$$

Diese Gleichung liefert mit dem Stokesschen Satz die Aussage

$$\oint_{(a)} \vec{H} \cdot d\vec{s} = \int_a (\vec{\nabla} \times \vec{H}) \cdot d\vec{a} = \int_a \vec{j}_s \cdot d\vec{a} = I \quad , \tag{10.5.16}$$

der durch eine beliebige Fläche a fließende Strom I ist gleich dem Umlaufintegral der magnetischen Feldstärke über die geschlossene Randkurve (a) der Fläche a. Dies ist die für Felder in Materie gültige Form der Gleichung (9.7.14), die ihrerseits nur im Vakuum gilt.

+10.5.2 Durch Magnetisierung erzeugte Stromdichte

Die Gleichung (10.5.8) verknüpft die Magnetisierungsstromdichte $\vec{j}_M$ mit der Magnetisierung $\vec{M}$ des Materials. Die Magnetisierung des Materials hat unter expliziter Darstellung der Oberfläche des Materials wie in (5.6.30) die Form

$$\vec{M}(\vec{r})\Theta[a(\vec{r})] \quad , \tag{10.5.17}$$

wobei die Gleichung

$$a(\vec{r}) = 0$$

einfach die Materialoberfläche beschreibt. Die Argumentation verläuft ganz analog zum Abschnitt (5.6.2), indem wir die Rotation des Ausdrucks (10.5.17) nach der Produktregel bilden

$$\boxed{\begin{aligned} \vec{j}_M &= \vec{\nabla}\times\vec{M} = \vec{\nabla}\times\left\{\vec{M}(\vec{r})\Theta[a(\vec{r})]\right\} \quad , \\ \vec{j}_M &= \Theta[a(\vec{r})]\vec{\nabla}\times\vec{M}(\vec{r}) + \delta[a(\vec{r})][\vec{\nabla}a(\vec{r})]\times\vec{M}(\vec{r}) \end{aligned}} \quad . \tag{10.5.18}$$

Der erste Term stellt eine stationäre räumliche Stromdichte dar. Sie verschwindet für homogene Magnetisierung $\vec{M} = \text{const}$. Der zweite Term ist eine stationäre Oberflächenstromdichte, die auch für homogene Magnetisierung als Gesamteffekt der atomaren Kreisströme auftritt.

+10.6 Ursachen der Magnetisierung

Es gibt grundsätzlich zwei verschiedene Ursachen für das Auftreten von Magnetisierungen in Materie, nämlich die *Induktion von magnetischen Momenten* in Atomhüllen oder freien Elektronen und die *Orientierung* von schon vorhandenen Dipolmomenten von Atomen oder freien Elektronen durch ein äußeres Feld. Diese Vorgänge führen zu verschiedenen magnetischen Eigenschaften der Materie.

I) *Diamagnetismus* entsteht durch Induktion magnetischer Momente durch das äußere Feld, die diesem entgegengerichtet sind und es schwächen, d.h. $\mu < 1$.

II) *Paramagnetismus* entsteht durch Orientierung der permanenten magnetischen Momente des Materials in Feldrichtung. Das Feld wird verstärkt, d.h. $\mu > 1$. Auch in paramagnetischen Substanzen werden zusätzliche magnetische Momente induziert. Die Orientierungsmagnetisierung überwiegt jedoch in paramagnetischen Substanzen.

III) *Ferromagnetismus* ist ein Orientierungseffekt nicht an Einzelatomen oder -molekülen sondern an großen Gruppen von Atomen – den *Weißschen Bezirken*.

Innerhalb jedes Bezirks sind die Dipolmomente bereits vor Anlegen eines Magnetfeldes parallel zueinander. Dieser Effekt führt zu sehr großen Werten $\mu \gg 1$. Er tritt in Eisen und in geringerem Maße auch in Kobalt und Nickel auf.

+10.6.1 Diamagnetismus freier Atome

Zur Berechnung des Diamagnetismus freier Atome gehen wir von der Vorstellung aus, daß die Atomhülle eines Atoms mit Z Elektronen durch Z leitende, konzentrische Kugelschalen beschrieben werden kann. Der Radius der k-ten Kugelschale ist durch den mittleren quadratischen Bahnradius $\langle R_k^2 \rangle$ des k-ten Elektrons gegeben. Die Gesamtladung jeder Kugelschale ist gleich der Ladung eines Elektrons -e

$$Q = 4\pi R_k^2 \sigma_k = -e \quad . \tag{10.6.1}$$

In Abschnitt 9.12 haben wir gesehen, daß die Einführung einer Kugelschale des Radius R in ein Magnetfeld der Stärke $\vec{B}'$ eine zusätzliche Umströmung der Kugeloberfläche induziert, die das magnetische Moment, vgl.(9.12.79)

$$\vec{m}_i = -\beta \vec{B}' \tag{10.6.2}$$

besitzt. Es ist dem induzierenden Feld $\vec{B}'$ entgegengerichtet. Die Proportionalitätskonstante β ist durch (9.12.78) gegeben. Unter Zuhilfenahme der Gesamtladung auf der Kugelschale

$$Q = 4\pi R^2 \sigma \tag{10.6.3}$$

läßt sich β in die Form

$$\beta = \frac{Qq}{6m_e} R^2 \tag{10.6.4}$$

bringen. Für unseren Fall der Bahn eines Elektrons gilt für die Elektronenladung

$$q = -e$$

und für die Gesamtladung Q die Gleichung (10.6.1), so daß für das k-te Elektron mit dem mittleren quadratischen Bahnradius $\langle R_k^2 \rangle$

$$\beta_k = \frac{e^2}{6m_e} \langle R_k^2 \rangle \tag{10.6.5}$$

gilt. Das in der k-ten Bahn induzierte magnetische Moment $\vec{m}_k$ ist dann

$$\vec{m}_k = -\frac{e^2}{6m_e} \langle R_k^2 \rangle \vec{B}' \quad . \tag{10.6.6}$$

Durch Aufsummation über alle Z Elektronen der Atomhülle gewinnen wir als induziertes magnetisches Moment des Atoms

$$\vec{m} = -\frac{e^2}{6m_e}\sum_{k=1}^{Z} \langle R_k^2\rangle \vec{B}' = -\beta_A \vec{B}' \quad . \tag{10.6.7a}$$

Dabei ist β_A die Magnetisierbarkeit des betrachteten Atoms der Kernladungszahl Z

$$\beta_A = \sum_{k=1}^{Z} \beta_k = \frac{e^2}{6m_e}\sum_{k=1}^{Z} \langle R_k^2\rangle \quad . \tag{10.6.7b}$$

Hier ist $\vec{B}'$ natürlich das Feld am Ort des k-ten Atoms, das sich aus dem äußeren Induktionsfeld $\vec{B}_0$ und dem durch die Magnetisierung aller anderen Atome hervorgerufenen Feld zusammensetzt,

$$\vec{B}' = \vec{B}_0 + \sum_{\ell \neq k} \vec{B}_\ell \quad .$$

Mit einer Überlegung analog zur Polarisation von Dielektrika, wie sie im Abschnitt 5.7.1 gegeben wurde, erhalten wir mit dem Ausdruck (9.10.35) für das Feld eines magnetischen Dipols für das mittlere Feld $\vec{B}$ am Ort des Atoms

$$\vec{B}' = \vec{B} - \frac{2}{3}\mu_0 n_M \vec{m} = \vec{B} - \mu_0 \frac{2}{3}\vec{M} \quad . \tag{10.6.8}$$

Das führt mit Hilfe von

$$\frac{1}{n_M}\vec{M} = \vec{m} = -\beta_A B'$$

auf den Zusammenhang

$$\vec{M} = -\frac{n_M\beta_A}{1-\frac{2}{3}\mu_0 n_M\beta_A}\vec{B} \quad ,$$

so daß wir nach (10.2.4) für die Suszeptibilität

$$\chi_M = \frac{M}{H} = \frac{\mu_0 M}{B-\mu_0 M} = -\frac{\mu_0 n_M\beta_A}{1+\frac{1}{3}\mu_0 n_M\beta_A} \tag{10.6.9}$$

erhalten. Da die diamagnetischen Magnetisierungen β_A der Einzelatome für viele Fälle klein sind, so daß

$$\mu_0 n_M \beta_A \ll 1$$

gilt, genügt dann die lineare Näherung

$$\chi_M \approx -\mu_0 n_M \beta_A \quad .$$

Für die Permeabilität μ finden wir

$$\mu = 1 + \chi_M = \frac{1-\frac{2}{3}\mu_0 n_M\beta_A}{1+\frac{1}{3}\mu_0 n_M\beta_A} \tag{10.6.10}$$

und in linearer Näherung einfach

$$\mu = 1 + \chi_M \approx 1 - \mu_0 n_M \beta_A \quad . \tag{10.6.11}$$

Es fällt auf, daß die Suszeptibilität negativ und damit die Permeabilität kleiner als eins ist. Damit ist das Feld $\vec{B} = \mu\vec{B}_0$ im Material im Vergleich zum Feld $\vec{B}_0$ ohne Material geschwächt. Wegen der Analogie zur Schwächung des elektrischen Feldes durch ein Dielektrikum bezeichnet man diese Erscheinung als *Diamagnetismus*.

Mit quantenmechanischen Methoden kann man die mittleren quadratischen Radien $\langle R_k^2 \rangle$ berechnen. Die daraus mit (10.6.10) bestimmten diamagnetischen Suszeptibilitäten stimmen mit den gemessenen z.B. für Edelgase und Alkalihalogenide recht gut überein.

Alle Substanzen zeigen diesen Diamagnetismus. In para- und ferromagnetischen Substanzen wird er jedoch von stärkeren Effekten anderer Ursache überlagert, die wir im nächsten Abschnitt besprechen.

+10.6.2 Paramagnetismus freier Atome

Der im vorigen Abschnitt besprochene Diamagnetismus ist der einzige wesentliche Magnetisierungseffekt bei freien Atomen, die kein resultierendes magnetisches Moment besitzen. Bei Atomen mit resultierendem magnetischen Moment $\vec{m}$ tritt zu dem durch Induktion auftretenden Diamagnetismus noch eine Magnetisierung durch die vom äußeren Feld verursachte Orientierung der atomaren magnetischen Dipole hinzu.

In Abschnitt 10.3 haben wir gesehen, daß der magnetische Dipol des Momentes $\vec{m}$ im magnetischen Induktionsfeld $\vec{B}$ die potentielle Energie

$$E = -\vec{m}\cdot\vec{B} = -mB\cos\vartheta \quad , \qquad \vartheta = \sphericalangle(\vec{m},\vec{B}) \quad , \tag{10.6.12}$$

besitzt. Die Verteilung der magnetischen Momente über verschiedene Richtungen relativ zu $\vec{B}$ entspricht dann einer Verteilung der potentiellen Energien. Für sie können wir die Boltzmann-Verteilung der Statistik, vgl.(7.2.17a) und (A.3.9) benutzen. Sie besagt, daß die Anzahl $N_E(E)dE$ der Dipolmomente im Intervall der potentiellen Energie zwischen E und E + dE proportional zu

$$e^{-E/kT}dE = e^{\vec{m}\cdot\vec{B}/kT}dE \quad \text{ist.} \tag{10.6.13}$$

$$N_E(E)dE = C\,e^{-E/kT}dE = C\,e^{\vec{m}\cdot\vec{B}/kT}dE \quad . \tag{10.6.14}$$

Die Proportionalitätskonstante C ergibt sich durch die Bedingung

$$\int N_E(E)dE = N \quad . \tag{10.6.15}$$

Dabei erstreckt sich das Integral über alle Energien, die Zahl N ist die Gesamtzahl der Atome im Material. Aus (10.6.12) erhält man

$$dE = -mB\sin\vartheta d\vartheta = mB\,d\cos\vartheta$$

und damit

$$N_E(E)dE = C \exp\left(\frac{mB}{kT}\cos\vartheta\right) mBd\cos\vartheta \quad . \tag{10.6.16}$$

Das Normierungsintegral (10.6.14) läßt sich damit leicht berechnen

$$N = CmB\int_{-1}^{+1} \exp\left(\frac{mB}{kT}\cos\vartheta\right)d\cos\vartheta$$

$$= CkT\left(e^{mB/kT} - e^{-mB/kT}\right) = 2CkT\sinh\frac{mB}{kT} \quad , \tag{10.6.17}$$

so daß für die Normierungskonstante

$$C = \frac{N}{2kT}\frac{1}{\sinh\frac{mB}{kT}} \tag{10.6.18}$$

gewählt werden muß.

Die Magnetisierung $\vec{M}$ des Materials ergibt sich nun als der mit N_E gewichtete Mittelwert des Dipolmomentes $\vec{m}$ aller Atome im Volumen V

$$\vec{M} = \frac{1}{V}\int \vec{m}N_E(E)dE = CmB\int_{-1}^{1} \vec{m}\exp\left(\frac{mB}{kT}\cos\vartheta\right)d\cos\vartheta \quad . \tag{10.6.19}$$

Zur Berechnung des Integrals zerlegen wir das magnetische Moment $\vec{m}$ in Anteile parallel und vertikal zur Feldrichtung $\vec{B}$

$$\vec{m} = \vec{m}_\parallel + \vec{m}_\perp \quad , \quad \vec{m}_\parallel = (\vec{m}\cdot\hat{\vec{B}})\hat{\vec{B}} = m\cos\vartheta\hat{\vec{B}} \quad . \tag{10.6.20}$$

Da für vorgegebene Winkel ϑ genau zwei Einstellungen $\pm\vec{m}_\perp$ vorliegen können, trägt die Mittelung über diese beiden Möglichkeiten nichts bei, so daß nur die Mittelung über den Winkel ϑ für $\vec{m}_\parallel$ bleibt

$$\vec{M} = \frac{C}{V}m^2B\hat{\vec{B}}\int_{-1}^{+1}\cos\vartheta\exp\left(\frac{mB}{kT}\cos\vartheta\right)d\cos\vartheta \quad . \tag{10.6.21}$$

Durch partielle Integration läßt sich das Integral ausrechnen und man erhält für die Magnetisierung

$$\boxed{\vec{M} = n_M m\left(\coth\frac{mB}{kT} - \frac{kT}{mB}\right)\hat{\vec{B}}} \quad , \quad \text{dabei ist} \tag{10.6.22}$$

$$n_M = \frac{N}{V} \tag{10.6.23}$$

die räumliche Anzahldichte der Atome.

Da die Magnetisierung positiv ist, gilt wegen (10.1.13)

$$\vec{B} = \vec{B}_0 + \mu_0\vec{M} \quad , \tag{10.6.24}$$

so daß die magnetische Induktion $\vec{B}$ im Material größer ist als die Induktion $\vec{B}_0$ ohne Material. Diese Verstärkung des äußeren Induktionsfeldes heißt

Paramagnetismus des Materials. Er ist als Orientierungseffekt natürlich temperaturabhängig.

Ganz offenbar ist die Verknüpfung (10.6.22) zwischen $\vec{M}$ und $\vec{B}$ nicht linear. Wir diskutieren ihren Verlauf im folgenden unter Betrachtung der Grenzfälle kleiner und großer Induktion. Die Funktion des hyperbolischen Kotangens ist analog zum gewöhnlichen Kotangens definiert

$$\coth(x) = \frac{\cosh(x)}{\sinh(x)} = \frac{e^x + e^{-x}}{e^x - e^{-x}} \quad . \tag{10.6.25}$$

Der Ausdruck in der Klammer

$$L(x) = \coth(x) - \frac{1}{x} \quad , \quad x = \frac{mB}{kT} \quad ,$$

wird als *Langevin-Funktion* bezeichnet. Ihr Verlauf ist in Abb. 10.7a dargestellt. Für $x \ll 1$ liefert die Taylorentwicklung bis zur dritten Ordnung

$$L(x) = \frac{1}{3}x \quad , \quad x \ll 1 \quad . \tag{10.6.26}$$

Für den entgegengesetzten Extremfall großer x gilt

$$L(x) = 1 - \frac{1}{x} \quad , \quad x \gg 1 \quad . \tag{10.6.27}$$

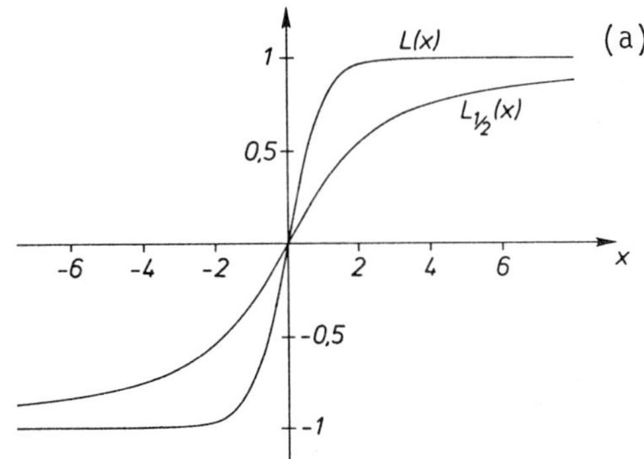

Abb.10.7a. Langevin-Funktion L(x) und Brillouin-Funktion $L_{1/2}(x)$

Führen wir die *Sättigungsmagnetisierung* $\vec{M}_S$ ein, die für kleine Temperaturen oder große B-Werte erreicht wird,

$$\vec{M}_S = n_M m\hat{\vec{B}} \quad , \tag{10.6.28}$$

so läßt sich (10.6.22) mit Hilfe der Langevin-Funktion als

$$\vec{M} = \vec{M}_S L\left(\frac{mB}{kT}\right) \tag{10.6.29a}$$

darstellen.

Für kleine Werte der Induktion $mB \ll kT$ ist also wegen (10.6.26) die Magnetisierung

$$\vec{M} = n_M m L\left(\frac{mB}{kT}\right)\hat{\vec{B}} \approx \frac{n_M m^2}{3kT}\vec{B} \tag{10.6.29b}$$

proportional zur Feldstärke. Die Suszeptibilität hat den Wert

$$\chi_M = \mu_0 \frac{n_M m^2}{3kT} \quad .$$

Für große Feldstärken oder sehr niedrige Temperatur $mB \gg kT$ erreicht die Magnetisierung einen *Sättigungswert*

$$\vec{M} = n_M m\left(1 - \frac{kT}{mB}\right)\hat{\vec{B}} \rightarrow n_M m\hat{\vec{B}} = \vec{M}_S \quad , \tag{10.6.29c}$$

unabhängig vom Betrag der Feldstärke.

Es sei noch angemerkt, daß das magnetische Moment des Atoms nach der Quantenmechanik nicht beliebige Winkel ϑ mit der Richtung des $\vec{B}$-Feldes einschließen darf, sondern nur ganz bestimmte diskrete Werte, deren Anzahl von der Größe des magnetischen Momentes abhängt. Wir haben den Effekt hier vernachlässigt, werden ihn aber im folgenden Abschnitt für freie Elektronen berücksichtigen, die das kleinstmögliche, nichtverschwindende Moment besitzen und nur zwei Winkeleinstellungen einnehmen können.

+10.6.3 Para- und Diamagnetismus freier Elektronen

In Metallen und Halbleitern gibt es neben den in Atomen gebundenen Elektronen noch das freie Elektronengas. Es trägt ebenfalls zur Magnetisierung der Materie bei, weil die Elektronen neben ihrer elektrischen Ladung auch ein magnetisches Moment $\vec{m}$ besitzen, das vom Eigendrehimpuls, dem Spin, des Elektrons herrührt. Es hat den Betrag

$$m = \frac{1}{2} e\hbar/m_e = 9{,}27 \cdot 10^{-24}\,\mathrm{J/T} \quad . \tag{10.6.30}$$

Wieder werden die Momente unter der Einwirkung eines Induktionsfeldes $\vec{B}$ ausgerichtet und führen zu einer resultierenden Magnetisierung, dem Paramagnetismus des Elektronengases. Wie wir schon in Abschnitt 7.1 beschrieben haben, hat der Elektronenspin zwei Einstellungsrichtungen in jedem Zustand. Im äußeren Feld sind die beiden Richtungen gerade parallel oder antiparallel zum Feld $\vec{B}$. Die Anzahl der Elektronen mit dem Moment $\vec{m} = \pm m\hat{\vec{B}}$ ist für ein nichtentartetes Elektronengas proportional zum Boltzmann-Faktor (10.6.13). Da nur zwei Einstellungsmöglichkeiten existieren, ist die Normierung nun durch

$$N = C\left(e^{mB/kT} + e^{-mB/kT}\right) \tag{10.6.31}$$

gegeben, d.h.

$$C = N\left(e^{mB/kT} + e^{-mB/kT}\right)^{-1} = \frac{2N}{\cosh\frac{mB}{kT}} \quad . \tag{10.6.32}$$

Die Anzahl der Elektronen mit den Ausrichtungen $\vec{m} = \pm m\hat{\vec{B}}$ ist also

$$N_\pm = C\, e^{\pm mB/kT} \quad .$$

Die Magnetisierung des Elektronengases ist dann

$$\vec{M} = \frac{1}{V}\left(m\hat{\vec{B}}N_+ - m\hat{\vec{B}}N_-\right) = \frac{m\hat{\vec{B}}}{V}(N_+ - N_-) \quad .$$

Durch Einsetzen erhält man

$$\boxed{\vec{M} = n_M m \tanh\left(\frac{mB}{kT}\right)\hat{\vec{B}} = n_M m L_{1/2}\left(\frac{mB}{kT}\right)\hat{\vec{B}} = \vec{M}_S L_{1/2}\left(\frac{mB}{kT}\right)} \tag{10.6.33}$$

Die Funktion

$$L_{1/2}(x) = \tanh(x) \tag{10.6.34}$$

heißt *Brillouin-Funktion* zum Drehimpuls 1/2 (Abb.10.6). Sie tritt an die Stelle der Langevin-Funktion in (10.6.29). Die Magnetisierung verstärkt wegen (10.6.24) wieder das Feld ohne Material. Für kleine Feldstärken $mB \ll kT$ erhalten wir in linearer Näherung

$$\vec{M} = n_M \frac{m^2}{kT}\vec{B}$$

und die paramagnetische Suszeptibilität in dieser Näherung ist

$$\chi_{M\,\text{para}} = \mu_0 n_M \frac{m^2}{kT} \quad .$$

Für das entartete Elektronengas ist an Stelle der Boltzmann-Verteilung die Fermi-Dirac-Verteilung zu benutzen. Ein entartetes Elektronengas, wie es etwa im Metall auftritt, hat eine hohe Entartungstemperatur T_E, vgl. (7.1.23), von typischerweise 10 000 K. Seine paramagnetische Suszeptibilität ist größenordnungsmäßig um den Faktor

$$T/T_E \sim 10^2 - 10^3$$

kleiner als die eines nichtentarteten Gases.

Neben dem Paramagnetismus zeigt das freie Elektronengas einen Diamagnetismus der zu einer Magnetisierung des entgegengesetzten Vorzeichens führt und dessen Suszeptibilität $\chi_{M\,\text{dia}}$ den Wert

$$\chi_{M\,\text{dia}} = -\frac{1}{3}\chi_{M\,\text{para}} \tag{10.6.35}$$

hat. Da dieser Effekt nur quantenmechanisch erklärt werden kann, verzichten wir hier auf eine weitere Erörterung.

Die resultierende Suszeptibilität des Elektronengases ist

$$\chi_M = \chi_{M\,\text{para}} + \chi_{M\,\text{dia}} = \frac{2}{3}\chi_{M\,\text{para}} \quad .$$

Damit ist das Elektronengas paramagnetisch. Für viele Substanzen, z.B. alle Alkalimetalle liefert das freie Elektronengas den größten Anteil zur

Magnetisierung, da die Atomrümpfe kein permanentes Moment besitzen und ihr Diamagnetismus gering ist.

+10.6.4 Ferromagnetismus

Der Ferromagnetismus ist ein kollektives Ordnungsphänomen der magnetischen Momente, die auch ohne äußeres Feld in *Weißschen Bezirken* des Materials bereits geordnet sind. Die Magnetisierung der einzelnen Bezirke kann so orientiert sein, daß die resultierende Magnetisierung des ganzen Materials verschwindet oder sehr klein ist. Die ohne äußeres Feld vorhandene parallele Ausrichtung der magnetischen Momente eines Bezirkes ist auf starke Kräfte zwischen den magnetischen Momenten von nahe benachbarten Gitteratomen zurückzuführen. Beim Anlegen eines äußeren Magnetfeldes werden nur noch die in verschiedenen Richtungen magnetisierten Bezirke in die des äußeren Feldes ausgerichtet. Dies ist die Erklärung, die P. Weiss für den Ferromagnetismus gegeben hat.

Für den Zusammenhang zwischen der Induktion $\vec{B}'$, die am Ort eines Atoms herrscht mit dem gemittelten Feld $\vec{B}$ in Materie und der Magnetisierung $\vec{M}$, kann nicht mehr wie beim Paramagnetismus argumentiert werden. Vielmehr gilt

$$\vec{B}' = \vec{B} + \mu_0 W\vec{M} \quad , \qquad (10.6.36)$$

wobei W die Weiss'sche Konstante des inneren Feldes ist. Sie hat nicht, wie im Falle des Diamagnetismus, den Wert (-2/3), sondern für Ferromagnete ist ihre Größenordnung 10 000. Das liegt daran, daß wir bei der Herleitung von (10.6.9) annehmen konnten, daß die Nachbarmoleküle völlig ungeordnet im Raum liegen und das Mittelungsvolumen kugelförmig ist. Beide Annahmen sind für Eisenkristalle nicht gerechtfertigt. Damit ist der Magnetisierungsterm der entscheidende Beitrag für die die Atome magnetisierende Induktion $\vec{B}'$.

Für das Verhalten eines Ferromagneten kann man nun direkt die Beziehungen des Paramagnetismus verwenden. Dabei ist das dort verwendete $\vec{B}$ durch das in (10.6.36) angegebene $\vec{B}'$ zu ersetzen.

Die Magnetisierung $\vec{M}$ ist dann nach (10.6.29) bzw. (10.6.33) durch

$$\vec{M} = \vec{M}_S L_{1/2}\left(m(B+\mu_0 WM)/kT\right) \qquad (10.6.37)$$

gegeben. Dabei ist $\vec{M}_S$ die Sättigungsmagnetisierung, bei der alle Elementarmagnete parallel in Richtung des äußeren Feldes stehen. Die Benutzung der Brillouin-Funktion $L_{1/2}$ an Stelle der Langevin-Funktion L berücksichtigt die Tatsache, daß die magnetischen Momente im Ferromagneten überwiegend gleich dem magnetischen Moment des Elektrons sind. Um $\vec{M}$ als Funktion der magnetischen Feldstärke $\vec{H}$ zu erhalten, ersetzen wir in (10.6.37) $\vec{B}$ mit Hilfe der Relation

$$\vec{B} = \mu_0(\vec{H}+\vec{M}) \quad .$$

Die gesuchte Abhängigkeit $\vec{M}(\vec{H})$ ist dann Lösung der Gleichung

$$L_{1/2}\left(\frac{\mu_0 m[H+(W+1)M]}{kT}\right) - \frac{M}{M_S} = 0 \quad . \tag{10.6.38}$$

Wir suchen die Lösungen dieser Gleichung für M mit einer graphischen Methode auf. Dazu benutzen wir die dimensionslose Variable

$$x = \frac{\mu_0 m}{kT}[H+(W+1)M] \quad , \tag{10.6.39}$$

die durch Auflösung nach M und Division durch M_S die Beziehung

$$\frac{M}{M_S} = \frac{kT}{\mu_0 m(W+1)M_S}x - \frac{H}{(W+1)M_S} \tag{10.6.40}$$

liefert. Sie beschreibt eine Gerade in einem Diagramm, in dem die Abszisse durch x und die Ordinate durch M/M_S gegeben ist (Abb.10.7a). Ihre Steigung ist für gegebene Materialkonstanten m, W, M_S durch die Temperatur T gegeben

$$\frac{d}{dx}\left(\frac{M}{M_S}\right) = \frac{kT}{\mu_0 m(W+1)M_S} \quad . \tag{10.6.41}$$

Ihr Ordinatenabschnitt ist durch die Feldstärke H bestimmt. Tragen wir nun die Funktion $L_{1/2}(x)$ in dasselbe Diagramm ein, so liefert jeder Schnittpunkt von $L_{1/2}(x)$ mit der Geraden $M(x)/M_S$ eine Lösung der Gleichung (10.6.38).

Die Steigung von $L_{1/2}(x)$ ist bei $x=0$ am größten und fällt für wachsende und fallende x ab. Bei $x=0$ hat sie den Wert

$$L'_{1/2}(0) = \frac{dL_{1/2}}{dx} = 1 \quad . \tag{10.6.42}$$

Je nachdem ob die Steigung der Geraden kleiner oder größer als Eins ist, haben wir mehrdeutige oder eindeutige Lösungen. Die beiden Bereiche entsprechen zwei Temperaturbereichen

$$T < T_C \quad \text{bzw.} \quad T > T_C$$

wobei die *Curie-Temperatur* T_C durch

$$\frac{kT_C}{\mu_0 m(W+1)M_S} = 1 \tag{10.6.43}$$

gegeben ist. Sie beträgt für Eisen 1043 K, für Nickel 627 K und für Kobalt 1388 K.

I) $T < T_C$

Wie man aus Abb.10.7b abliest, besitzen die Geraden für große Feldstärken H nur einen Schnittpunkt S mit $L_{1/2}(x)$, für Feldstärken in der Nähe von Null drei. Für große negative Feldstärken bleibt wieder nur ein Schnittpunkt.

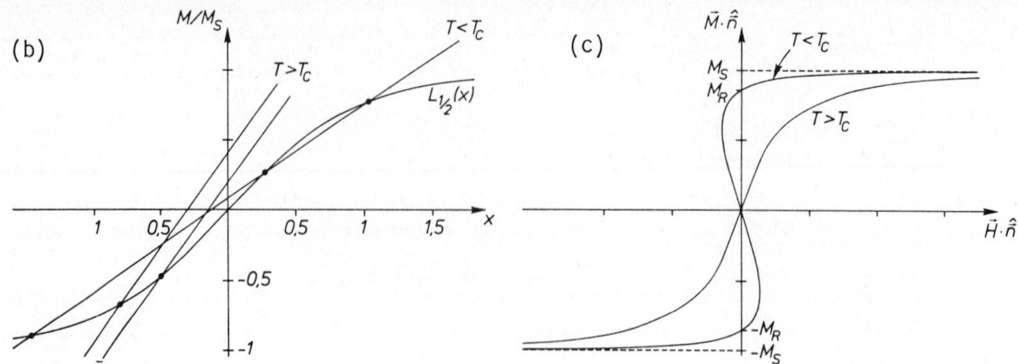

Abb.10.7b,c. (b) Graphische Methode zur Lösung der Gleichung (10.6.38). (c) Magnetisierung eines Ferromagneten als Funktion der Feldstärke entsprechend (10.6.38) für je einen Temperaturwert oberhalb bzw. unterhalb der Curie-Temperatur

Trägt man die Werte der Magnetisierung an den Schnittpunkten in Abhängigkeit von H auf, Abb.10.7c, so erhält man eine Kurve, die für große Beträge von H eindeutig, für kleine Beträge mehrdeutig ist. Für große $|H|$ nähert sie sich der Sättigungsmagnetisierung $|M_S|$ an.

Wir betrachten die Magnetisierung $\vec{M}$ einer ferromagnetischen Substanz als Funktion der Feldstärke $\vec{H}$. Dabei halten wir $\vec{H}$ stets parallel oder antiparallel zu einer festen Richtung $\hat{\vec{n}}$. Wir beginnen mit großen positiven Werten von $\vec{H}\cdot\vec{n}$ und lassen die Feldstärke langsam absinken. Dabei fällt auf, daß auch am Punkt $H=0$ noch eine erhebliche positive Magnetisierung $(\vec{M}_R\cdot\hat{\vec{n}})$, die *remanente Magnetisierung*, vorhanden ist. Kehrt man die Feldstärke $\vec{H}$ um, d.h. wählt man negative Werte von $\vec{H}\cdot\hat{\vec{n}}$, so sinkt die Magnetisierung unter den Remanenzwert. Von den in der Abb.10.8 zwei möglichen positiven Magnetisierungswerten wird nur der größere angenommen. Verkleinert man die Feldstärke weiter über den Wert $(\vec{H}\cdot\hat{\vec{n}})=-H_U$ hinaus, so geht die Magnetisierung zwar nicht unstetig zu den von der Kurve beschriebenen negativen Werten über, sondern fällt sehr schnell zu negativen Werten ab und nähert sich entlang

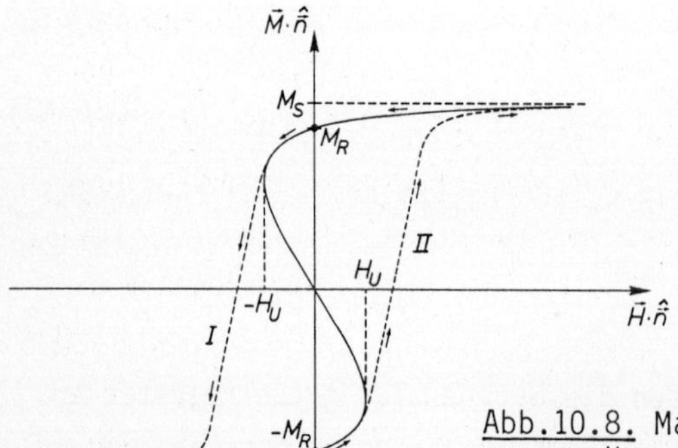

Abb.10.8. Magnetisierung nach (10.6.38) (ausgezogene Kurve) und beobachtete Magnetisierungsschleife (durch Pfeile gekennzeichnet)

der in der Abbildung gestrichelten Linie I schließlich dem Wert $(\vec{M}\cdot\hat{\vec{n}}) = -M_S$. Verfolgt man den Prozeß in ungekehrter Richtung von negativen zu positiven Werten von $(\vec{H}\cdot\hat{\vec{n}})$, so folgt die Magnetisierung der Kurve bis zum Punkt $(\vec{H}\cdot\hat{\vec{n}}) = H_U$ und folgt dann der gestrichelten Linie II zum Sättigungswert $\vec{M}\cdot\hat{\vec{n}} = M_S$. Der mittlere Teil der ausgezogenen S-Kurve is unphysikalisch.

II) $T > T_C$

In diesem Fall ist die Steigung der Geraden M/M_S – vgl.(10.6.40) – stets größer als die der Funktion $L_{1/2}(x)$. Damit gibt es immer einen eindeutigen Schnittpunkt. Entsprechend ist die Magnetisierung $M = M(H)$ eine eindeutige Funktion (Abb.10.7b). Für $H = 0$ ist auch die Magnetisierung gleich Null. Es gibt keine Remanenz, die Substanz verhält sich wie ein Paramagnet.

Die Magnetisierungskurve (Abb.10.8) zeigt alle Eigenschaften der im Experiment 10.2 beobachteten Hysteresisschleife. (Man beachte im Vergleich von Abb.10.1c mit Abb.10.8, daß $B_0 = \mu_0 H$ proportional zu H und $B = \mu_0(H+M)$ ist). Bei Durchlaufen des Feldstärkeintervalls dH hat sich die Energiedichte im Feld nach (10.4.27) jeweils um den Betrag

$$dw = \vec{B}\cdot d\vec{H} \tag{10.6.44}$$

verändert. Bei einmaligem Umlaufen der Magnetisierungskurve erhält man

$$w = \oint \vec{B}(\vec{H})\cdot d\vec{H} \neq 0 \quad . \tag{10.6.45}$$

Diese von außen aufgewandte Energie pro Volumeneinheit tritt als Wärme im Eisen in Erscheinung, weil die Feldenergie selbst nach einem vollen Umlauf wieder den gleichen Wert hat. Bei Verwendung von Eisen in periodisch wechselnden Magnetfeldern sind solche Verluste unvermeidbar. Sie sind jedoch umso geringer, je kleiner die Fläche der Hysteresisschleife ist, man verwendet daher Weicheisen.

10.7 Permanentmagnete. Drehspulinstrument

In Abschnitt 10.6.4 hatten wir festgestellt, daß Eisen auch bei verschwindendem äußerem Magnetfeld eine erhebliche Restmagnetisierung besitzen kann. Ein vormagnetisiertes Eisenstück heißt *Permanentmagnet* und dient zur Bereitstellung von magnetischen Induktionsfeldern unabhängig von elektrischen Energiequellen. Die geometrische Form von Permanentmagneten wird oft analog zu den Jochformen von Elektromagneten (Abb.10.2) gewählt. Ein annähernd homogenes Induktionsfeld erhält man durch eine Hufeisenform mit angesetzten "Polschuhen" (Abb.10.9).

Im Experiment 9.6 hatten wir das Prinzip des Drehspulinstruments kennengelernt. Ein magnetisches Induktionsfeld $\vec{B}$ übte auf eine stromdurchflossene

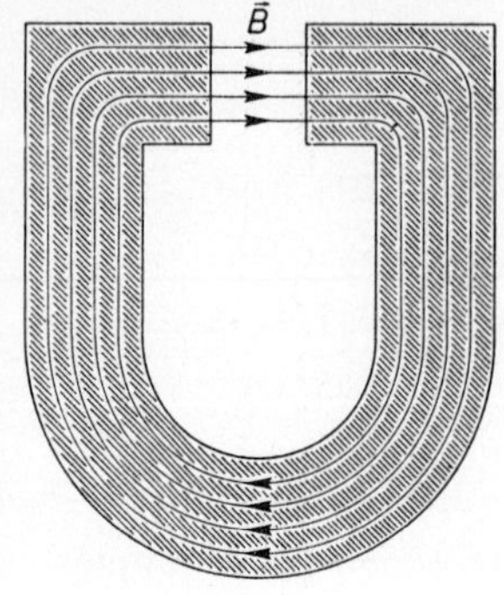

Abb.10.9. Permanentmagnet in Hufeisenform mit Polschuhen

drehbare Spule ein Drehmoment $\vec{D} = \vec{m} \times \vec{B}$ aus. Das magnetische Moment der Spule war unmittelbar dem Strom I proportional. Das Drehmoment wurde durch Vergleich mit dem rücktreibenden Drehmoment einer Spiralfeder gemessen. Es war dann direkt proportional zum Auslenkwinkel. Der Auslenkwinkel ist aber nur dann direkt proportional zum Strom, wenn $\vec{B}$ stets senkrecht zu $\vec{m}$ steht, d.h. in der Spulenebene verläuft. Das gelingt durch Verwendung eines Permanentmagneten mit Polschuhen, zwischen denen ein zylinderförmiger Luftspalt besteht (Abb.10.10b). Achse der Drehspule ist die Zylinderachse. Die Spule enthält einen Weicheisenkern. Das $\vec{B}$-Feld steht auf den Eisenoberflächen senkrecht, vgl.Abschnitt 10.3 und liegt damit in der Spulenebene.

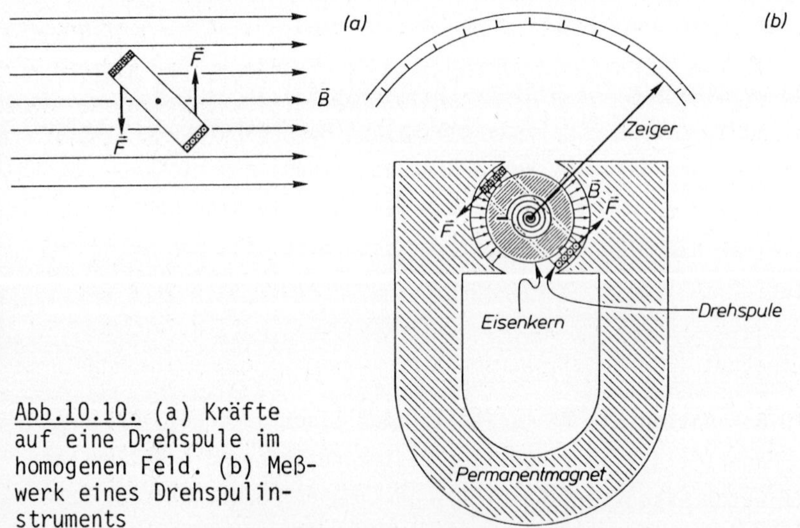

Abb.10.10. (a) Kräfte auf eine Drehspule im homogenen Feld. (b) Meßwerk eines Drehspulinstruments

10.8 Vergleich zwischen elektrischen und magnetischen Feldgrößen in Materie

Betrachten wir die Gleichungen des elektrostatischen Feldes

$$\vec{\nabla} \times \vec{E} = 0 \quad , \quad \vec{\nabla} \cdot \vec{D} = \rho \quad , \tag{10.8.1}$$

und die des stationären Magnetfeldes

$$\vec{\nabla} \cdot \vec{B} = 0 \quad , \quad \vec{\nabla} \times \vec{H} = \vec{j} \quad , \tag{10.8.2}$$

so stellen wir zunächst eine gewisse Asymmetrie in den Beziehungen fest. Klar ist, daß die Grundgrößen

die elektrische Feldstärke $\vec{E}$ und
die magnetische Induktion $\vec{B}$ (10.8.3)

sind. Sie genügen den Gleichungen für die mikroskopischen Ladungsverteilunge ρ_{mikr} und Stromdichten $\vec{j}_{mikr}$. Die Größen

dielektrische Verschiebung $\vec{D}$ und
magnetische Feldstärke $\vec{H}$ (10.8.4)

sind abgeleitete Größen, die nicht durch die mikroskopischen sondern nur durch die makroskopischen starren eingeprägten Dichten ρ_s und $\vec{j}_s$ bestimmt sind. Zwischen den beiden Arten elektromagnetischer Feldgrößen bestehen die Zusammenhänge

$$\vec{D} = \varepsilon_0 \vec{E} + \vec{P} \quad , \tag{10.8.5}$$

$$\vec{H} = \frac{1}{\mu_0} \vec{B} - \vec{M} \quad . \tag{10.8.6}$$

Da ein Vektorfeld nach Abschnitt 2.12 durch die Angabe von Divergenz und Rotation eindeutig für vorgegebene Randbedingungen bestimmt ist, genügen die Gleichungen (10.8.1) und (10.8.2) nicht zur Festlegung der vier Vektorfelder $\vec{E}$, $\vec{D}$, $\vec{B}$ und $\vec{H}$. Erst die Angabe der Größen $\vec{P}$ und $\vec{M}$ in Abhängigkeit von $\vec{E}$ bzw. $\vec{H}$

$$\vec{P} = \vec{P}(\vec{E}) \quad \text{und} \quad \vec{M} = \vec{M}(\vec{H}) \tag{10.8.7}$$

reduzieren das Problem auf die Bestimmung von zwei Feldern, z.B. $\vec{E}$ und $\vec{B}$ aus vier vektoriellen Differentialgleichungen, wenn man (10.8.5) und (10.8.6) ausnutzt. An Stelle dieser beiden Gleichungen kann man natürlich auch direkt die weiter unten noch einmal angegebenen linearen Zusammenhänge (10.8.10) und (10.8.11) benutzen, wenn die Materialien "linear" sind. Die zusätzlich auftretenden Vektorfelder $\vec{P}$, die Polarisation, und $\vec{M}$, die Magnetisierung, beschreiben die Reaktion der Materie auf das äußere Feld in makroskopischer, d.h. gemittelter Weise. Die Polarisation ist die elektrische Dipoldichte

$$\vec{P} = n_D \vec{d} \quad , \tag{10.8.8}$$

wobei n_D die Anzahldichte der Atome, $\vec{d}$ ihr elektrisches Dipolmoment ist. Im allgemeinen sind natürlich beide Größen ortsabhängig. Die Magnetisierung ist die magnetische Dipoldichte

$$\vec{M} = n_M \vec{m} \quad , \tag{10.8.9}$$

wobei entsprechend n_M die Anzahldichte der Atome und $\vec{m}$ ihr magnetisches Dipolmoment ist.

Bei Betrachtung der Gleichungen (10.8.5) und (10.8.6) fällt ebenfalls eine Asymmetrie auf. Sie könnte natürlich auf einer verschiedenen Definition der Größen $\vec{P}$ und $\vec{M}$ beruhen. Dagegen spricht jedoch ihr Zusammenhang mit den mikroskopischen Momenten $\vec{d}$ nach (10.8.8) bzw. $\vec{m}$ nach (10.8.9), der für beide in gleicher Weise besteht.

Bevor wir zur Diskussion der Gründe für diese offensichtliche Verschiedenheit des Materialverhaltens übergehen, sei noch auf einen weiteren physikalischen Unterschied zwischen dem Verhalten von Materie im elektrischen und im magnetischen Feld hingewiesen. Die linearen Beziehungen zwischen $\vec{D}$ und $\vec{E}$

$$\vec{D} = \varepsilon\varepsilon_0 \vec{E} \tag{10.8.10}$$

und $\vec{H}$ und $\vec{B}$

$$\vec{H} = \frac{1}{\mu\mu_0} \vec{B} \tag{10.8.11}$$

enthalten die Dielektrizitätskonstante ε bzw. die Permeabilität μ. Während stets

$$\varepsilon > 1 \tag{10.8.12}$$

gilt, kann $\mu - 1$ positive und negative Werte annehmen.

Wir haben gesehen, daß für die Orientierung von bereits existenten elementaren elektrischen bzw. magnetischen Dipolmomenten im elektrischen bzw. magnetischen Feld die potentielle Energie der Dipole im jeweiligen Feld maßgebend ist. Es gelten analoge Formeln in beiden Fällen

$$E_{pot} = -\vec{d}\cdot\vec{E} \quad \text{bzw.} \quad E_{pot} = -\vec{m}\cdot\vec{B} \quad , \tag{10.8.13}$$

so daß die stabile Lage, d.h. die Lage minimaler potentieller Energie, der Dipole in den Feldern in beiden Fällen die zum Feld parallele Lage

$$\vec{d} \parallel \vec{E} \ , \ \vec{m} \parallel \vec{B} \tag{10.8.14}$$

ist. Damit sind im Fall der Polarisation bzw. Magnetisierung von Materie durch Orientierung der elementaren Dipole $\vec{d}$ bzw. $\vec{m}$ die Größen $\vec{P}_{or}$ und $\vec{M}_{or}$ nach Mittelung über die Richtungen der Elementardipole parallel zum jeweiligen Feld

$$\vec{P}_{or} \parallel \vec{E} \ , \ \vec{M}_{or} \parallel \vec{B} \quad . \tag{10.8.15}$$

Trotzdem ist ihr Einfluß auf das sie hervorrufende Feld gerade entgegengesetzt. Die Polarisation $\vec{P}$ schwächt das Feld $\vec{E}_0 = \vec{D}/\varepsilon_0$ der äußeren Ladungen

$$\vec{D} = \varepsilon_0 \vec{E} + \vec{P} \quad \text{d.h.} \quad \vec{E} = \frac{1}{\varepsilon_0}(\vec{D}-\vec{P}) = \vec{E}_0 - \frac{1}{\varepsilon_0}\vec{P} \quad , \tag{10.8.16}$$

während die Magnetisierung das Feld $\vec{B}_0 = \mu_0 \vec{H}$ stärkt

$$\vec{H} = \frac{1}{\mu_0}\vec{B} - \vec{M} \quad \text{d.h.} \quad \vec{B} = \mu_0(\vec{H}+\vec{M}) = \vec{B}_0 + \mu_0 \vec{M} \quad . \tag{10.8.17}$$

Der Grund für die Verschiedenheit des Beitrages liegt in den Grundgleichungen der mikroskopischen Felder. Das mikroskopische elektrische Feld wird durch

$$\vec{\nabla} \times \vec{E}_{mikr} = 0 \, , \quad \vec{\nabla} \cdot \vec{E}_{mikr} = \frac{1}{\varepsilon_0} \rho_{mikr} \tag{10.8.18}$$

festgelegt. Die mikroskopische Dipolladungsdichte

$$\rho_{D\,mikr} = - \sum_i \vec{d}_i \cdot \vec{\nabla} \delta^3(\vec{r}-\vec{r}_i) \tag{10.8.19}$$

führt nach Mittelung insbesondere zu Flächenladungsdichten auf den Oberflächen des Materials, die das ursprüngliche Feld schwächen. Nach Abschnitt 5.2 ist die Oberflächenladungsdichte auf der Materialoberfläche, die der positiv geladenen Kondensatorplatte zugewandt ist, negativ. Entsprechend ist sie positiv auf der Materialoberfläche gegenüber der negativ geladenen Kondensatorplatte. Dies führt zu einem das Vakuumfeld schwächenden Zusatzfeld im materieerfüllten Kondensator. Im Fall der Magnetisierung liegt eine andere Situation vor. Die Grundgleichungen für das mikroskopische Induktionsfeld enthalten keine Ladungsdichten sondern verknüpfen die Rotation von $\vec{B}_{mikr}$ mit der mikroskopischen Stromdichte $\vec{j}_{mikr}$

$$\vec{\nabla} \cdot \vec{B}_{mikr} = 0 \, , \quad \vec{\nabla} \times \vec{B}_{mikr} = \mu_0 \vec{j}_{mikr} \quad . \tag{10.8.20}$$

Die mikroskopische Momentstromdichte setzt sich aus den Ampère'schen Elementarströmen der Atome zusammen

$$\vec{j}_{M\,mikr} = - \sum_i \vec{m}_i \times \vec{\nabla} \delta^3(\vec{r}-\vec{r}_i) \quad . \tag{10.8.21}$$

Diese führen nach Mittelung insbesondere zu den Flächenstromdichten auf den Oberflächen des Materials im $\vec{B}$-Feld, die das ursprüngliche Feld verstärken. In unserem Beispiel eines Eisenzylinders (Abb.10.4) in einer zylindrischen Spule sind die Oberflächenströme auf dem Mantel des Eisenzylinders parallel zu dem Strom in der Spule, da ihre Momente

$$\vec{m} = I\pi R^2 \hat{\vec{a}} \, , \quad \vec{m}_{or} = I'\pi R^2 \hat{\vec{a}} \tag{10.8.22}$$

parallel sind, so daß auch ihre Felder parallel sind.

Die verschiedenen Ergebnisse der Aufsummation der Felder

I) elektrischer Dipole, deren resultierendes Feld als das von Oberflächenladungen aufgefaßt werden muß,

und

II) magnetischer Dipole, deren resultierendes Feld als das eines Oberflächenstroms aufgefaßt werden muß,

rühren natürlich von den am Dipolort auftretenden und für elektrische und magnetische Dipole verschiedenen Deltafunktionsbeiträgen her. Wir hatten in (3.9.16)

$$\boxed{\vec{E}_D(\vec{r}) = \frac{1}{4\pi\varepsilon_0}\frac{3(\vec{d}\cdot\hat{\vec{r}})\hat{\vec{r}} - \vec{d}}{r^3}\,\Theta(r-\varepsilon) - \frac{\vec{d}}{\varepsilon_0}\frac{1}{3}\,\delta^3(\vec{r})} \qquad (10.8.23)$$

und in (9.9.14)

$$\boxed{\vec{B}_M(\vec{r}) = \frac{\mu_0}{4\pi}\frac{3(\vec{m}\cdot\hat{\vec{r}})\hat{\vec{r}} - \vec{m}}{r^3}\,\Theta(r-\varepsilon) + \mu_0\vec{m}\,\frac{2}{3}\,\delta^3(\vec{r})} \ . \qquad (10.8.24)$$

Diese δ-Beiträge sind die Reste der Innenfelder der Dipole im Grenzfall verschwindender Ausdehnung und stellen sicher, daß für $\vec{E}_D$ gilt

$$\boxed{\vec{\nabla}\times\vec{E}_D = 0 \quad \text{und} \quad \vec{\nabla}\cdot\vec{E}_D = -\frac{1}{\varepsilon_0}\vec{d}\cdot\vec{\nabla}\delta^3(\vec{r})} \qquad (10.8.25)$$

und für $\vec{B}_M$

$$\boxed{\vec{\nabla}\cdot\vec{B}_M = 0 \quad \text{und} \quad \vec{\nabla}\times\vec{B}_M = -\mu_0\vec{m}\times\vec{\nabla}\delta^3(\vec{r})} \ , \qquad (10.8.26)$$

also die Feldgleichungen für die Dipolladungsdichte bzw. Momentstromdichte erfüllt sind. Die ersten Summanden in (10.8.23) bzw. (10.8.24), die die gleiche Gestalt haben, erfüllen diese Feldgleichungen allein nicht. Erst durch die Hinzunahme des zweiten Summanden in (10.8.23) werden die Gleichungen für die elektrische Feldstärke erfüllt. Daß die Feldgleichungen für die magnetische Induktion (10.8.26) von (10.8.24) befriedigt werden, ist dann sofort klar, weil sich die beiden Ausdrücke für $\vec{E}$ und $\vec{B}$ bis auf den in diesem Zusammenhang trivialen Faktor $\varepsilon_0^{-1}\vec{d}$ bzw. $\mu_0\vec{m}$ gerade durch $\delta^3(\vec{r})$ unterscheiden. Auch anschaulich ist der Effekt sofort klar, wenn man bedenkt, daß das Feld eines ausgedehnten elektrischen Dipols, der für große Abstände den gleichen Feldverlauf wie ein magnetischer Dipol zeigt, zwischen den Ladungen gerade die entgegengesetzte Feldrichtung wie der magnetische Dipol innerhalb der Stromschleife besitzt (Abb.10.11). Es darf bei der Aufsummation der Effekt des elektrischen Feldes zwischen den Dipolladungen, bzw. des Feldes im Innern der Drahtschleife nicht vernachlässigt werden. Er bewirkt die verschiedenen Beiträge von elektrischen und magnetischen Dipoldichten der Materie zum äußeren Feld.

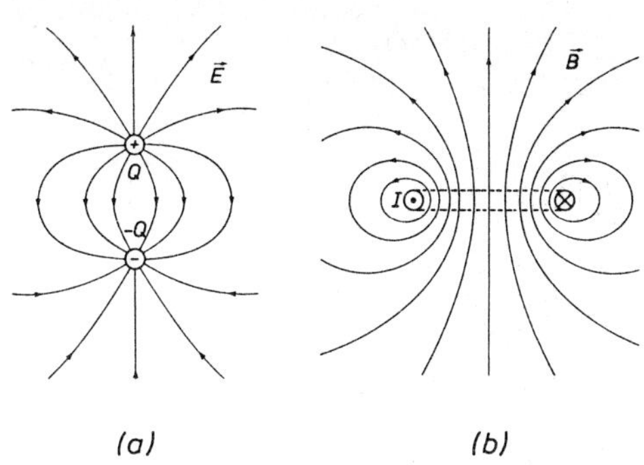

Abb.10.11. Felder eines elektrischen und eines magnetischen Dipols

Daß der Diamagnetismus einen das magnetische Induktionsfeld im Vakuum schwächenden Beitrag liefert, ist nun sofort klar, wenn man bedenkt, daß die induzierten Dipolmomente dem sie induzierenden Magnetfeld entgegengerichtet sind, vgl.(10.6.2). Die Magnetisierung $\vec{M}$ ist dann auch gegen das induzierende Feld gerichtet und schwächt es in der Materie.

Aufgaben

10.1: Berechnen Sie die Steighöhe h in Experiment 10.3 für den Fall, daß der ins Magnetfeld hineinragende Schenkel des U-Rohrs den Querschnitt a_1, der andere den Querschnitt $a_2 \neq a_1$ hat. Läßt sich durch diese Anordnung die Empfindlichkeit des Experiments steigern?

10.2: Ein Teilchen der Ladung q und Masse m fällt mit dem Impuls $\vec{p}$ senkrecht auf ein Feld $\vec{B}$ ein, daß zwischen den Polschuhen eines Magneten besteht und in $\vec{p}$-Richtung über die Strecke ℓ ausgedehnt ist. Zeigen Sie in Analogie zu Abschnitt 4.6.3 (und mit den entsprechenden Näherungen), daß das Teilchen um den Winkel $\alpha = qB\ell/p$ abgelenkt wird.

10.3: Ein zylindrischer Permanentmagnet der Länge L = 0,1 m und des Radius R = 0,01 m enthält ein homogenes Induktionsfeld in Achsenrichtung vom Betrag B = 1 Tesla. Welcher Strom umfließt den Zylindermantel? Warum erleidet er keine Jouleschen Verluste?

10.4: Die Felder $\vec{B}$ und $\vec{H}$ in Materie mißt man mit Sonden, die in engen langen Schlitzen des Materials angebracht sind. Ein Schlitz A sei parallel, ein Schlitz B sei senkrecht zur Feldrichtung orientiert. Benutzen Sie die Stetigkeitseigenschaften der Felder an Grenzflächen, um zu entscheiden, in welchem Schlitz Sie $\vec{H}$ bzw. $\vec{B}$ messen.

11. Quasistationäre Vorgänge. Wechselstrom

Bisher haben wir ausführlich zwei verschiedene Phänomene studiert: die elektischen Felder (elektrische Felstärke $\vec{E}$, dielektrische Verschiebung $\vec{D}$) einer statischen, also zeitlich unveränderlichen Ladungsdichteverteilung $\rho(\vec{r})$ und die magnetischen Felder (magnetische Feldstärke $\vec{H}$, magnetische Induktion $\vec{B}$) einer stationären, ebenfalls zeitlich unveränderlichen Stromdichteverteilung $\vec{j}(\vec{r})$. Die vier Feldstärken blieben dabei stets zeitlich konstant. Unsere Befunde konnten wir in den Feldgleichungen der *Elektrostatik*

$$\vec{\nabla}\times\vec{E} = 0 \quad , \qquad \frac{\partial}{\partial t}\vec{E} = 0 \quad , \tag{11.0.1a}$$

$$\vec{\nabla}\cdot\vec{D} = \rho \quad , \tag{11.0.1b}$$

$$\vec{D} = \varepsilon\varepsilon_0\vec{E} \quad . \tag{11.0.1c}$$

und der *Magnetostatik*

$$\vec{\nabla}\times\vec{H} = \vec{j} \quad , \tag{11.0.1d}$$

$$\vec{\nabla}\cdot\vec{B} = 0 \quad , \qquad \frac{\partial}{\partial t}\vec{B} = 0 \quad , \tag{11.0.1e}$$

$$\vec{B} = \mu\mu_0\vec{H} \tag{11.0.1f}$$

zusammenfassen. (Die Beziehungen (11.0.1c) und (11.0.1f) gelten nur in "linearen" isotropen Materialien.)

Wir interessieren uns nun für zeitlich veränderliche Ladungsverteilungen, Ströme und Felder und werden feststellen, daß dann zwei der Feldgleichungen, nämlich (10.0.1a) und (10.0.1d), die die Rotation von Feldern enthalten, in allgemeinerer Form geschrieben werden müssen.

Für langsam veränderliche, *quasistationäre* Felder genügt es allerdings, nur eine Gleichung, nämlich (10.0.1a) zu verändern. Ein Feld ist dann langsam veränderlich, wenn es sich in der Zeit $\Delta t = d/c$ nur wenig ändert, die das Licht braucht, um den Durchmesser d der uns interessierenden Anordnung zu durchlaufen. Für technischen Wechselstrom der Periode $T=(1/50)\mathrm{s}$ erfolgt eine relative Feldänderung von ca. 1% in $\Delta t = 10^{-4}\mathrm{s}$. Der charakteristische Durchmesser, für den die quasistationäre Beschreibung gilt, ist $d = c/\Delta t = 30$ km. Für das Netzwerk in einem Rundfunkempfänger ($d \approx 10$ cm) ist sie entsprechend für kürzere Perioden bzw. höhere Frequenzen zulässig.

In diesem Kapitel werden wir die für viele technische Anwendungen ausreichende quasistationäre Näherung der zeitabhängigen Feldgleichungen gewinnen und auf wichtige Beispiele anwenden. Die allgemeine Form der Feldgleichungen ist Gegenstand von Kapitel 12.

11.1 Faradaysches Induktionsgesetz. Feldgleichungen quasistationärer Vorgänge

Im Abschnitt 9.12 haben wir bereits eine weitere elektromagnetische Erscheinung kennengelernt, die *elektromagnetische Induktion*. Sie besteht in der von Faraday entdeckten Tatsache, daß an den Enden einer in einem Magnetfeld bewegten Metallschleife der Berandung (a) eine Umlaufspannung nach der Gleichung

$$\oint_{(a)} \vec{E}\cdot d\vec{s} = U_{EMK} = -\frac{d\phi_m}{dt} = -\frac{d}{dt}\int_a \vec{B}\cdot d\vec{a} \qquad (11.1.1)$$

auftritt. Dies ist das *Faradaysche Induktionsgesetz*. Im Abschnitt 9.12 haben wir das Entstehen der induzierten Spannung auf die Lorentz-Kraft auf die bewegten Elektronen zurückgeführt. In der dort gewählten Anordnung ist die Zeitabhängigkeit des magnetischen Induktionsflusses

$$\phi_m = \int_a \vec{B}\cdot d\vec{a} \qquad (11.1.2)$$

durch die Bewegung der Fläche a, die von der Schleife (a) berandet wird, verursacht. Dies ist aber nur in einem Koordinatensystem so, in dem der Beobachter relativ zu dem zeitlich konstanten $\vec{B}$-Feld ruht. Offenbar kann man sofort ein Koordinatensystem angeben, in dem die Schleife ruht und sich stattdessen das $\vec{B}$-Feld, d.h. insbesondere sein Rand, bewegt. Da in der Anordnung in Abschnitt 9.12.1 in einem Raumbereich kein $\vec{B}$-Feld, in einem anderen ein homogenes $\vec{B}$-Feld herrscht, ist im Fall der Bewegung des $\vec{B}$-Feldes die $\vec{B}$-Feldstärke in einem Punkt zeitabhängig. Die obige Gleichung muß also für zeitlich veränderliche $\vec{B}$-Felder und ortsfeste Schleifen ebenso gelten. Damit läßt sich für zeitlich veränderliches $\vec{B}$-Feld und zeitlich konstante

Fläche a die Gleichung als

$$\oint_{(a)} \vec{E}\cdot d\vec{s} = -\int_a \frac{\partial}{\partial t}\vec{B}\cdot d\vec{a} \tag{11.1.3}$$

schreiben. Sie gilt für beliebige Flächen a, so daß wir wegen des Stokeschen Satzes die Gleichung

$$\vec{\nabla}\times\vec{E} = -\frac{\partial\vec{B}}{\partial t} \tag{11.1.4}$$

als *differentielle Form des Faradayschen Induktionsgesetzes* erhalten. Die Rotation eines elektrischen Feldes verschwindet nur für zeitunabhängige, nicht jedoch in Anwesenheit zeitabhängiger $\vec{B}$-Felder. Dann tritt das Induktionsgesetz an die Stelle von (11.0.1a).

In quasistationärer Näherung haben wir somit das folgende System von Feldgleichungen

$$\vec{\nabla}\times\vec{E} = -\frac{\partial}{\partial t}\vec{B} \ , \tag{11.1.5a}$$

$$\vec{\nabla}\cdot\vec{D} = \rho \ , \tag{11.1.5b}$$

$$\vec{D} = \varepsilon\varepsilon_0\vec{E} \ , \tag{11.1.5c}$$

$$\vec{\nabla}\times\vec{H} = \vec{j} \ , \tag{11.1.5d}$$

$$\vec{\nabla}\cdot\vec{B} = 0 \ , \tag{11.1.5e}$$

$$\vec{B} = \mu\mu_0\vec{H} \ . \tag{11.1.5f}$$

11.2 Gegeninduktion und Selbstinduktion

11.2.1 Berechnung des Gegen- und Selbstinduktionskoeffizienten

In Abb.11.1 auf S.360 sind zwei Stromkreise 1 und 2 skizziert, in denen unter dem Einfluß der äußeren "treibenden" oder "eingeprägten" Spannungen $U_{e1}(t)$ und $U_{e2}(t)$ die zeitabhängigen Ströme $I_1(t)$ und $I_2(t)$ fließen. Dadurch entstehen um beide Stromkreise zeitlich veränderliche Induktionsfelder $\vec{B}_1(t)$ und $\vec{B}_2(t)$, die zu zusätzlichen elektrischen Feldstärken $\vec{E}'_1(t)$ und $\vec{E}'_2(t)$ führen. Nach (11.1.5a) gilt

$$\vec{\nabla}\times\vec{E}'_1 = -\dot{\vec{B}}_1 \ , \quad \vec{\nabla}\times\vec{E}'_2 = -\dot{\vec{B}}_2 \ . \tag{11.2.1}$$

Wir können nun die Tatsache ausnutzen, daß sich nach (9.8.2) jedes Induktionsfeld $\vec{B}$ als Rotation eines anderen Vektorfeldes, des Vektorpotentials $\vec{A}$, schreiben läßt

$$\vec{B}_1 = \vec{\nabla} \times \vec{A}_1 \quad , \quad \vec{B}_2 = \vec{\nabla} \times \vec{A}_2 \tag{11.2.2}$$

und mit (11.2.1)

$$\vec{\nabla} \times \vec{E}_1' = - \vec{\nabla} \times \dot{\vec{A}}_1 \quad , \quad \vec{\nabla} \times \vec{E}_2' = - \vec{\nabla} \times \dot{\vec{A}}_2 \quad . \tag{11.2.3}$$

Nach (9.8.1) sind die Vektorpotentiale der Stromkreise 1 und 2 durch

$$\vec{A}_i(t,\vec{r}) = \frac{\mu_0}{4\pi} \int \frac{\vec{j}(t,\vec{r}_i)}{|\vec{r}-\vec{r}_i|} \, dV_i \quad , \quad i = 1, 2 \quad . \tag{11.2.4}$$

gegeben. Dabei ist die Integration über die Stromdichte $\vec{j}(\vec{r}_i)$ im Leiter 1 bzw. 2 zu erstrecken. Die Stromdichte ist im allgemeinen nicht frei vorgebbar, sondern stellt sich unter dem Einfluß insbesondere ihres eigenen Magnetfeldes in bestimmter Weise ein. Wir wollen auf die Berechnung der Stromdichteverteilung im Leiter verzichten und später annehmen, daß sie im wesentlichen homogen ist. Das ist – wie ja auch die obige Gleichung für das Vektorpotential – nur für langsam veränderliche Felder richtig. Für das folgende wollen wir nun annehmen, daß sich die Stromdichte in ihrer Verteilung über den Leiterquerschnitt nur durch einen allein zeitabhängigen Faktor ändert. Dann läßt sich die Darstellung der Vektorpotentiale (11.2.4) in einen zeitabhängigen Gesamtstrom $I_i(t)$

$$I_i(t) = \int_{a_i} \vec{j}(t,\vec{r}_i) \cdot d\vec{a}_i \tag{11.2.5}$$

durch den Leiterquerschnitt a_i und einen nur ortsabhängigen Faktor zerlegen. Die Stromdichte hat in der quasistationären Näherung, wie wir sie in diesem Kapitel verwenden, auf der ganzen Länge des Leiters die gleiche Größe und Zeitabhängigkeit, so daß sie durch

$$\vec{j}(t,\vec{r}_i) = I_i(t)\vec{g}(\vec{r}_i) \tag{11.2.6}$$

beschrieben werden kann. Dabei gibt die Stromverteilungsfunktion $\vec{g}(\vec{r}_i)$ die Verteilung der Stromdichte über den Leiter wieder. Natürlich muß für jede beliebige Querschnittsfläche durch den Leiter

$$\int_{a_i} \vec{g}(\vec{r}_i) \cdot d\vec{a}_i = 1 \tag{11.2.7}$$

gelten, damit I(t) den Gesamtstrom nach (11.2.5) darstellt. Wir zerlegen die Volumenelemente in Produkte aus einem Flächenelement $d\vec{a}_i$ und einem Linienelement $d\vec{s}_i$,

$$d\vec{a}_i = \hat{\vec{a}}_i da_i \quad , \quad d\vec{s}_i = \hat{\vec{s}}_i ds_i \quad ,$$

das senkrecht auf dem Flächenelement steht, d.h. parallel zu seiner Normalen $\hat{\vec{a}}_i$

$$\hat{\vec{a}}_i \cdot \hat{\vec{s}}_i = 1 \quad , \quad i = 1, 2 \quad ,$$

ist. Damit gilt

$$dV_i = d\vec{a}_i \cdot d\vec{s}_i = \hat{\vec{a}}_i \cdot \hat{\vec{s}}_i da ds \quad . \tag{11.2.8}$$

Wählen wir nun den Vektor $\hat{\vec{s}}_i$ an jedem Ort parallel zur Richtung der Stromdichte

$$\hat{\vec{s}}_i \| \vec{j}(\vec{r}_i) \quad \text{bzw.} \quad \hat{\vec{s}}_i \| \vec{g}(\vec{r}_i) \quad ,$$

so lassen sich die Vektorpotentiale der beiden Stromkreise durch

$$\begin{aligned} \vec{A}_i(t,\vec{r}) &= \frac{\mu_0}{4\pi} I_i(t) \int \frac{\vec{g}(\vec{r}_i)}{|\vec{r}-\vec{r}_i|} (d\vec{a}_i \cdot d\vec{s}_i) \\ &= \frac{\mu_0}{4\pi} I_i(t) \oint_{s_i} \int_{a_i} \frac{\vec{g}(\vec{r}_i) \cdot d\vec{a}_i}{|\vec{r}-\vec{r}_i|} d\vec{s}_i \end{aligned} \tag{11.2.9}$$

darstellen. Dabei haben wir von der Parallelität der drei Vektoren im Zähler des Integranden Gebrauch gemacht.

Wir berechnen jetzt die Zusatzspannungen $U_{21}^{ind}(t)$ und $U_{22}^{ind}(t)$, die im Stromkreis 2 von den Strömen $I_1(t)$ und $I_2(t)$ induziert werden. Dazu integrieren wir die Zusatzfeldstärken E_1' und E_2' längs des Stromkreises 2. Wegen der Ausdehnung der Leiter 1 und 2 sind verschiedene Integrationswege in den Leitern möglich. Tatsächlich ergeben sich bei Leitern, deren Radius nicht klein gegen den Abstand vom nächstgelegenen Leiter ist, auch verschiedene Resultate für die induzierten Spannungen. Auch hier wollen wir von der bereits oben eingeführten Annahme Gebrauch machen, daß die Leiterquerschnitte klein gegen die anderen Abstände im Stromkreis und gegen die Länge der typischen Variation der Stromstärke sind. Dann werden die Potentiale im Leiterquerschnitt senkrecht zur Leiterachse in hinreichend guter Näherung den gleichen Wert haben, so daß man die induzierte Spannung auf der Oberfläche des Leiters berechnen kann. Wir erhalten durch Anwendung des Stokesschen Satzes

$$U_{21}^{ind}(t) = \oint_{\ell_2} \vec{E}_1' \cdot d\vec{s}_2 = -\oint_{\ell_2} \dot{\vec{A}}_1 \cdot d\vec{s}_2$$

$$= -\dot{I}_1(t)\frac{\mu_0}{4\pi}\oint_{\ell_2}\oint_{\ell_1}\int_{a_1}\frac{\vec{g}(\vec{r}_1)\cdot d\vec{a}_1}{|\vec{r}_2-\vec{r}_1|}(d\vec{s}_1\cdot d\vec{s}_2)$$

$$= -\dot{I}_1(t)L_{21} \quad . \qquad (11.2.10)$$

Die Größe L_{21} ist der *Gegeninduktionskoeffizient* von Stromkreis 1 auf Stromkreis 2

$$L_{21} = \frac{\mu_0}{4\pi}\oint_{\ell_2}\oint_{\ell_1}\int_{a_1}\frac{\vec{g}(\vec{r}_1)\cdot d\vec{a}_1}{|\vec{r}_2-\vec{r}_1|}(d\vec{s}_1\cdot d\vec{s}_2) \quad . \qquad (11.2.11)$$

Ganz entsprechend erhalten wir die vom Strom I_2 im eigenen Leiterkreis induzierte Spannung

$$\boxed{U_{22}^{ind} = -\dot{I}_2L_{22}} \quad \text{mit}$$

$$\boxed{L_{22} = \frac{\mu_0}{4\pi}\oint_{\ell_2}\oint_{\ell_2'}\int_{a_2'}\frac{\vec{g}(\vec{r}_2')\cdot d\vec{a}_2'}{|\vec{r}_2-\vec{r}_2'|}(d\vec{s}_2'\cdot d\vec{s}_2)} \quad . \qquad (11.2.12)$$

Die Konstante L_{22} heißt *Selbinduktionskoeffizient* oder Induktivität der Leiterschleife 2. Die Einheit der Induktivität ist gleich der Einheit von μ_0 mal der Längeneinheit. Sie trägt den Namen

$$1 \text{ Henry} = 1 \text{ H} = 1 \text{ VsA}^{-1} \quad . \qquad (11.2.13)$$

*11.2.2 Näherungsformeln für die Induktionskoeffizienten

Für Leiter, die die oben eingeführten Annahmen über ihren Querschnitt erfüllen, kann man den Einfluß der Stromverteilung $\vec{g}(\vec{r})$ auf den Induktionskoeffizienten vernachlässigen und so zu Größen kommen, die durch die Geometrie der Stromkreisanordnung allein bestimmt sind.

Für den Gegeninduktionskoeffizienten kann die Näherung relativ grob sein, weil der Nenner im Integranden von (11.2.11) durch den Abstand der beiden Stromkreise bestimmt bleibt. Wir beschreiben die Vektoren in Abhängigkeit von den Bogenlängen s_1, s_2 auf den beiden Leiterkreisen

$$\vec{r}_1 = \vec{r}_{10}(s_1) + \rho_1\vec{e}_1(s_1,\varphi_1)$$

$$\vec{r}_2 = \vec{r}_{20}(s_2) + \rho_0\vec{e}_2(s_2,\varphi_2) \quad .$$

Die Kurven $\vec{r}_{10}$, $\vec{r}_{20}$ beschreiben die zentralen Fasern $\ell_2^{(0)}$, $\ell_1^{(0)}$ der Leiter, die Vektoren $\rho_1\vec{e}_1$ beschreiben die Punkte in der Leiterquerschnittsfläche senkrecht zur Richtung der Stromdichte, ρ_0 ist der Radius des Querschnittes des Leiters 2. Der Abstand

$$|\vec{r}_2 - \vec{r}_1| = |\vec{r}_{20} - \vec{r}_{10} + \rho_0\vec{e}_2 - \rho_1\vec{e}_1| \qquad (11.2.14)$$

ist für ausgedehnte Leiter stets größer Null und kann bei praktisch allen Anwendungen durch

$$|\vec{r}_2 - \vec{r}_1| = |\vec{r}_{20} - \vec{r}_{10}|$$

approximiert werden. Dann wird wegen (11.2.7)

$$L_{21} = \frac{\mu_0}{4\pi} \oint_{\ell_2^{(0)}} \oint_{\ell_1^{(0)}} \frac{1}{|\vec{r}_{20}-\vec{r}_{10}|} (d\vec{s}_1 \cdot d\vec{s}_2) \qquad (11.2.15)$$

die einfachere Formel für den Gegeninduktionskoeffizienten. Zwar gilt nicht immer $|\vec{r}_{20} - \vec{r}_{10}| \gg |\rho_0\vec{e}_2 - \rho_1\vec{e}_1|$, wenn die Leiterkreise nahe benachbart sind. Die dadurch erforderlichen Korrekturen sind jedoch nur in kleinen Integrationsbereichen wichtig, wenn die Abmessungen der Leiterkreise groß gegen den Drahtdurchmesser sind. Insgesamt sind sie dann aber vernachlässigbar.

Im Fall des Selbstinduktionskoeffizienten ist die entsprechende Näherung zu grob, weil der genäherte Nenner $|\vec{r}\,'_{20} - \vec{r}_{20}|$ gleich Null werden kann, da $\vec{r}\,'_{20}$ und $\vec{r}_{20}$ auf derselben zentralen Faser liegen. Das führt zur Divergenz des Integrals. In Analogie zu (11.2.14) haben wir jetzt für den Abstand

$$|\vec{r}_2 - \vec{r}\,'_2| = |\vec{r}_{20}(s_2) - \vec{r}_{20}(s'_2) + \rho_0\vec{e}_2(s_2,\varphi_2) - \rho'_2\vec{e}_2(s'_2,\varphi'_2)| \quad .$$

In gröbster Näherung approximieren wir diesen Ausdruck durch Vernachlässigung von ρ'_2. Der Integrand bleibt dann wegen des Terms $\rho_0\vec{e}_2$ im Nenner endlich. Für die Güte der Näherung gilt wieder der Kommentar, der nach der Formel (11.2.15) für den Gegeninduktionskoeffizienten gemacht wurde. So erhalten wir mit (11.2.7)

$$L_{22} = \frac{\mu_0}{4\pi} \oint_{\ell_2^{(0)}} \oint_{\ell_2^{(0)}} \frac{1}{|\vec{r}_{20}(s_2)-\vec{r}_{20}(s'_2)+\rho_0\vec{e}_2|} (d\vec{s}\,'_2 \cdot d\vec{s}_2) \quad , \qquad (11.2.16)$$

also auch eine Formel, die den Selbstinduktionskoeffizienten auf Linienintegrationen zurückführt, die völlig durch die Geometrie des Leiterkreises bestimmt sind. Da die Kurve

$$\vec{r}_2 = \vec{r}_{20}(s_2) + \rho_0\vec{e}_2(s_2,\varphi_2)$$

eine beliebige Faser ℓ_2 auf der Drahtoberfläche beschreibt, können wir das Integral (11.2.16) auch einfacher als

$$L_{22} = \frac{\mu_0}{4\pi} \oint_{\ell_2} \oint_{\ell_2^{(0)}} \frac{1}{|\vec{r}_2 - \vec{r}_2'|} (d\vec{s}_2' \cdot d\vec{s}_2) \qquad (11.2.17)$$

schreiben, wobei $\ell_2^{(0)}$ wieder die zentrale Faser des Drahtes, ℓ_2 eine Faser auf seiner Oberfläche beschreibt. Dieser Ausdruck für den Selbstinduktionskoeffizienten hat formal die gleiche Gestalt wie der für die Gegeninduktion. Während bei der Gegeninduktion die beiden Kurvenintegrale über die zentralen Linien der beiden Stromkreise verlaufen, ist die Integration bei der Selbstinduktion über die zentrale Faser des Leiters 2 und über eine – am einfachsten parallele – Faser auf seiner Oberfläche zu erstrecken.

*11.2.3 Anwendungen: Gegen- und Selbstinduktionskoeffizienten von Drahtschleifen und Spulen

a) *Gegeninduktionskoeffizient der Drahtschleife*

Trotz dieser Vereinfachungen ist die Berechnung von Gegen- und Selbstinduktionskoeffizienten für spezielle Anordnungen immer noch kompliziert. Man kann sie jedoch leicht durch Messung ermitteln (vgl.Aufgabe 11.2). Als einfachen Fall berechnen wir zunächst die Gegeninduktion zwischen zwei parallelen koaxialen Drahtkreisen L_1, L_2 mit den Radien R_1, R_2 und dem senkrechten Abstand b (Abb.11.1b). Die beiden Ortsvektoren haben die Form

$$\vec{r}_2 = \vec{r}_2(s) = R_2\vec{e}_2(\varphi_2)$$

$$\vec{r}_1 = b\vec{e}_z + R_1\vec{e}_1(\varphi_1) \quad , \quad \vec{e}_z \cdot \vec{e}_i = 0 \quad ,$$

so daß Abstand und Skalarprodukt der Differentiale wie folgt lauten

$$|\vec{r}_2 - \vec{r}_1| = \sqrt{b^2 + R_1^2 + R_2^2 - 2R_1R_2\cos(\varphi_2 - \varphi_1)}$$

und

$$d\vec{s}_2 \cdot d\vec{s}_1 = R_1R_2\cos(\varphi_2-\varphi_1)d\varphi_2 d\varphi_1 \quad .$$

Damit wird ($\alpha = \varphi_2-\varphi_1$) aus (11.2.15)

$$L_{21} = \frac{\mu_0}{4\pi} \int_0^{2\pi}\int_0^{2\pi} \frac{R_1R_2\cos(\varphi_2-\varphi_1)d\varphi_2 d\varphi_1}{\sqrt{b^2+R_1^2+R_2^2-2R_1R_2\cos(\varphi_2-\varphi_1)}}$$

$$= \frac{\mu_0}{2} R_1R_2 \int_0^{2\pi} \frac{\cos\alpha\, d\alpha}{\sqrt{b^2+R_1^2+R_2^2-2R_1R_2\cos\alpha}} \qquad (11.2.18)$$

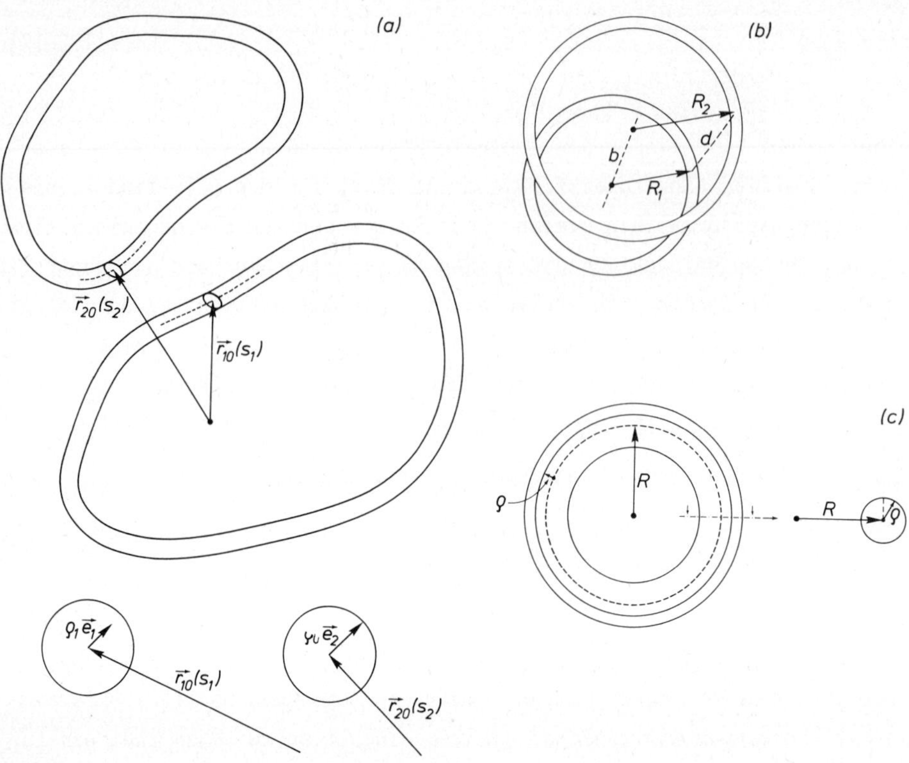

Abb.11.1. (a) Zur Gegen- und Selbstinduktion von Stromkreisen. Die Bezeichnungen zur Parametrisierung der Leiterquerschnitte sind in den vergrößerten Schnittbildern unten angegeben. (b) Zur Gegeninduktion zweier kreisförmiger Leiterschleifen. (c) Zur Selbstinduktion einer kreisförmigen Leiterschleife

durch ein Integral vom elliptischen Typ beschrieben. Wir berechnen es näherungsweise für zwei Grenzfälle $b \gg R_i$ und $b \ll R_i$.

Der Grenzfall großen Abstandes der Leiterkreise $b \gg R_i$ läßt sich durch Reihenentwicklung des Nenners bis zu Gliedern b^{-3} berechnen

$$\cos\alpha\sqrt{b^2 + R_1^2 + R_2^2 - 2R_1R_2\cos\alpha}^{\,-1} = \frac{\cos\alpha}{b}\left(1 - \frac{1}{2}\,\frac{R_1^2+R_2^2-2R_1R_2\cos\alpha}{b^2}\right) .$$

Nur das Glied mit $\cos^2\alpha$ trägt bei der Integration bei, der Beitrag der in $\cos\alpha$ linearen Glieder verschwindet, so daß sich

$$L_{21} = \mu_0\,\frac{\pi}{2}\,\frac{R_1^2R_2^2}{b^3} \tag{11.2.19}$$

für $R_i \ll b$ ergibt.

Für den anderen Grenzfall von sehr nahe beieinander liegenden Kreisen führen wir zunächst den kürzesten Abstand d der beiden zentralen Fasern der beiden

Leiter

$$d^2 = b^2 + (R_1-R_2)^2$$

ein. Das Integral über den Winkel α hat dann die Form

$$L_{21} = \mu_0 R_1 R_2 \int_0^{\pi} \frac{\cos\alpha d\alpha}{\sqrt{d^2+4R_1R_2 \sin^2\alpha/2}} .$$

Den Integrationsbereich zerlegen wir in zwei Teile

$$0 \leqq \alpha \leqq \beta \quad \text{und} \quad \beta \leqq \alpha \leqq \pi$$

wobei der Winkel β der Bedingung

$$\frac{b}{\sqrt{R_1 R_2}} \ll \beta \ll 1$$

genügen soll. Im Bereich $0 \ll \alpha \ll \beta$ kann man die Näherung

$$\cos\alpha = 1 \quad \text{und} \quad \sin\alpha/2 = \alpha/2$$

einsetzen und erhält

$$\mu_0 R_1 R_2 \int_0^{\beta} \frac{d\alpha}{\sqrt{d^2+R_1R_2\alpha^2}} = \mu_0\sqrt{R_1R_2}\left(\ln \frac{\sqrt{R_1R_2\beta^2}+\sqrt{d^2+R_1R_2\beta^2}}{d}\right)$$

$$\approx \mu_0\sqrt{R_1R_2} \ln \frac{2\sqrt{R_1R_2}\beta}{d} \qquad (11.2.20)$$

unter Vernachlässigung von d^2 im Logarithmus. Im Intervall $\beta \leqq \alpha \leqq \pi$ vernachlässigen wir d^2 im Nenner des Integranden und haben

$$\mu_0\sqrt{R_1R_2} \int_{\beta}^{\pi} \frac{\cos\alpha d\alpha}{2 \sin\alpha/2} = \mu_0\sqrt{R_1R_2}\left[\ln \tan \frac{\alpha}{4} + 2 \cos \frac{\alpha}{2}\right]_{\beta}^{\pi}$$

$$\approx -\mu_0\sqrt{R_1R_2}\left[\ln \frac{\beta}{4} + 2\right] \qquad (11.2.21)$$

in niedrigster Näherung. Durch Addition der beiden Integrale fällt der willkürliche Winkel β wieder heraus und wir erhalten

$$L_{21} = \mu_0\sqrt{R_1R_2}\left(\ln \frac{8\sqrt{R_1R_2}}{d} - 2\right) \qquad (11.2.22)$$

für den Gegeninduktionskoeffizienten der beiden kreisförmigen Stromkreise.

b) *Selbstinduktionskoeffizient*

Der Ausdruck (11.2.16) für den Selbstinduktionskoeffizienten hat formal die gleiche Gestalt wie der für die Gegeninduktion (11.2.15). Die Kurvenintegrale verlaufen über parallele Fasern im Zentrum und auf der Oberfläche des Leiters. Damit kann die Rechnung für den Gegeninduktionskoeffizienten zweier kreisförmiger Leiter sofort übernommen werden, wenn man die Radien $R_1 = R_2$ und den Abstand $d = \rho$, dem Querschnittsradius des Leiters, setzt. Man erhält aus (11.2.22)

$$L_{22} = \mu_0 R\left(\ln \frac{8R}{\rho} - 2\right) . \qquad (11.2.23)$$

Es zeigt sich, daß für verschwindenden Querschnittsradius $\rho \to 0$ eine logarithmische Singularität auftritt, so daß – wie wir schon früher betont haben – Selbstinduktionskoeffizienten nicht als gröbste Näherung für Linienleiter ohne Ausdehnung berechnet werden dürfen.

c) *Selbstinduktionskoeffizient einer langen Spule*

Für eine lange gestreckte Spule können wir ihn aus folgender Überlegung gewinnen. Die Spule habe die Länge ℓ, den Querschnitt a und die Windungszahl N, d.h. $n = N/\ell$ Windungen pro Längeneinheit. Wird sie vom Strom I durchflossen, so entsteht nach (9.10.5) in ihrem Innern ein homogenes Induktionsfeld vom Betrag

$$B = \mu_0 nI = \mu_0 IN/\ell \quad .$$

Der magnetische Fluß durch den Spulenquerschnitt ist $\phi = Ba$. Die in der ganzen Spule induzierte Spannung erhält man aus (11.1.1) durch Integration über alle N Windungen

$$U_{ind} = -N\dot{\phi} = -\dot{I}\mu_0 N^2 a/\ell \quad .$$

Der Vergleich mit (11.2.12) liefert als Selbstinduktionskoeffizienten einer langen Spule

$$L = \mu_0 N^2 a/\ell \quad . \qquad (11.2.24)$$

Enthält die Spule Materie der Permeabilität μ, so ist die Selbstinduktion

$$\boxed{L = \mu\mu_0 N^2 a/\ell} \quad , \qquad (11.2.24a)$$

da sich das $\vec{B}$-Feld in der Spule um den Faktor μ erhöht.

11.2.4 Magnetische Energie eines Leiterkreises

Im Abschnitt 10.4 haben wir den Energieinhalt von Magnetfeldern berechnet und in (10.4.20) den Ausdruck

$$W_m = \frac{1}{2} \int \vec{j}(\vec{r}) \cdot \vec{A}(\vec{r}) dV \tag{11.2.25}$$

gefunden. Mit Hilfe von (11.2.4) gewinnen wir für die magnetische Energie eines Stromkreises mit der Stromdichte $\vec{j}(\vec{r})$

$$W_m = \frac{1}{2} \frac{\mu_0}{4\pi} \int \int \frac{\vec{j}(\vec{r}) \cdot \vec{j}(\vec{r}\,')}{|\vec{r}-\vec{r}\,'|} dV' dV \quad , \tag{11.2.26}$$

was mit der Faktorisierung (11.2.6) der Stromdichte in zeitabhängigen Strom $I(t)$ und ortsabhängige Stromverteilungsfunktion $\vec{g}(\vec{r})$ einfach

$$\boxed{W_m = \frac{1}{2} L I^2} \tag{11.2.27}$$

mit dem Selbstinduktionskoeffizienten

$$L = \frac{\mu_0}{4\pi} \int \int \frac{\vec{g}(\vec{r}\,') \cdot \vec{g}(\vec{r})}{|\vec{r}-\vec{r}\,'|} dV' dV \tag{11.2.28}$$

liefert. Dies ist der exakte Ausdruck für die Selbstinduktion ausgedehnter beliebiger Stromverteilungen. Er hat eine andere Gestalt als (11.2.12), der mit Hilfe des Volumelementes (11.2.8) in die Form

$$L_{22} = \frac{\mu_0}{4\pi} \int_{\ell_2} \int_{V_2} \frac{\vec{g}(\vec{r}_2\,') \cdot d\vec{s}_2}{|\vec{r}_2-\vec{r}_2\,'|} dV_2' \tag{11.2.29}$$

gebracht werden kann. Der hier gewonnene Ausdruck (11.2.28) läßt sich sofort auf diese Form bringen, wenn man bedenkt, daß unter den in Abschnitt 11.2.1 gemachten Annahmen die induzierte Spannung im Leiterquerschnitt sich nicht stark ändert. Wir zerlegen dV analog zu (11.2.8) in Linien- und Flächenelemente, die parallel zur Stromrichtung $\vec{g}$ sind. Dann läßt sich das Integral leicht zerlegen in ein Linien- und ein Flächenintegral

$$L = \frac{\mu_0}{4\pi} \oint_{\ell} \int_{a} \int \frac{\vec{g}(\vec{r}\,') \cdot d\vec{s}\; \vec{g}(\vec{r}) \cdot d\vec{a}}{|\vec{r}-\vec{r}\,'|} dV' \quad .$$

Das Flächenintegral läßt sich ausführen, wenn die induzierte Spannung im Leiterquerschnitt nicht vom Integrationsweg abhängt, so daß wir mit (11.2.7) gerade

$$L = \frac{\mu_0}{4\pi} \int\limits_{\ell} \int \frac{\vec{g}(\vec{r}\,') \cdot d\vec{s}}{|\vec{r}-\vec{r}\,'|} \, dV' \tag{11.2.30}$$

in Übereinstimmung mit (11.2.29) erhalten.

11.3 Ein- und Ausschaltvorgänge

11.3.1 Reihenschaltung aus Widerstand und Induktivität

An einen einfachen Stromkreis, der aus einem Ohmschen Widerstand R und einer Spule der Induktivität L besteht (Abb.11.2a) legen wir zur Zeit $t = 0$ eine äußere Gleichspannung U_0. Der Zeitverlauf der eingeprägten Spannung entspricht also der Stufenfunktion

$$U_e = U_0 \Theta(t) \quad . \tag{11.3.1}$$

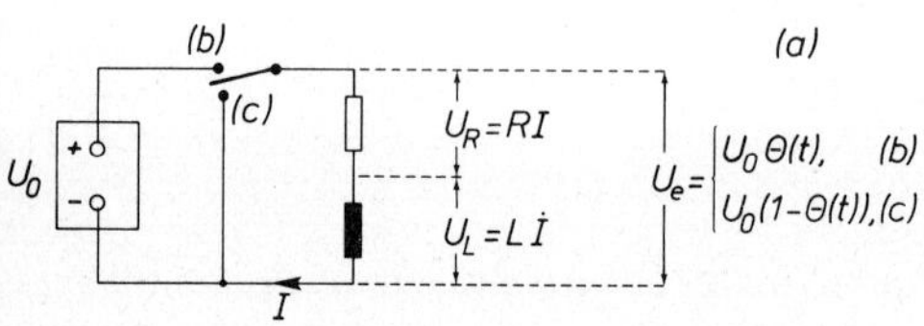

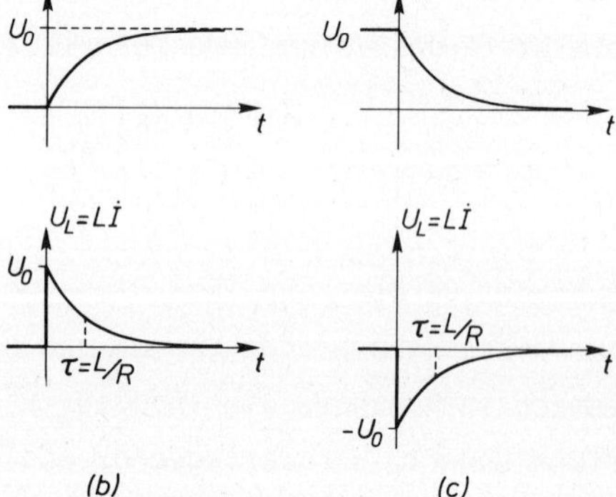

Abb.11.2. Ein-bzw. Ausschaltverhalten eines RL-Kreises. Durch Umlegen des Schalters von c nach b (b nach c) zur Zeit t = 0 wird am RL-Kreis der Spannungsverlauf des Einschaltens (Ausschaltens) hervorgerufen. Der zeitliche Verlauf der einzelnen Spannungen bzw. des Stromes im Kreis und seiner Zeitableitung sind sowohl für den Einschaltvorgang (b) als auch für den Ausschaltvorgang (c) dargestellt

Die eingeprägte Spannung U_e setzt sich aus den Teilspannungen U_L an der Spule und U_R am Ohmschen Widerstand zusammen

$$U_e = U_0\Theta(t) = U_L + U_R = L\dot{I} + RI \qquad \text{oder} \tag{11.3.2}$$

$$L\dot{I} + RI = U_0\Theta(t) \quad . \tag{11.3.3}$$

Zur Lösung dieser Differentialgleichung für den Strom I machen wir den Ansatz

$$I = I_0(1-e^{-\lambda t})\Theta(t) \tag{11.3.4}$$

mit der Ableitung, vgl. (5.6.34)

$$\dot{I} = \lambda I_0\, e^{-\lambda t}\Theta(t) + I_0(1-e^{-\lambda t})\delta(t) = \lambda I_0\, e^{-\lambda t}\Theta(t) \quad .$$

Einsetzen in (11.3.3) liefert

$$(\lambda L - R) I_0\, e^{-\lambda t} + R I_0 = U_0 \quad . \tag{11.3.5}$$

Da sowohl U_0 wie auch RI_0 zeitlich konstant sind, muß $\lambda L - R = 0$ und $RI_0 = U_0$ oder

$$\lambda = R/L \quad , \quad I_0 = U_0/R \tag{11.3.6}$$

gelten. Damit ist

$$I = I_0\left[1 - \exp\left(-\frac{R}{L}\,t\right)\right]\Theta(t) = \frac{U_0}{R}\left[1 - \exp\left(-\frac{R}{L}\,t\right)\right]\Theta(t) \quad , \tag{11.3.7}$$

d.h. der Strom steigt, beginnend von Null, langsam an und erreicht den durch den Ohmschen Widerstand festgelegten Wert U_0/R erst für Zeiten

$$t \gg \tau = \frac{1}{\lambda} = \frac{L}{R} \quad . \tag{11.3.8}$$

Die *Zeitkonstante* τ ist charakteristisch für die Anstiegszeit.

Sind der Ohmsche Widerstand und die Induktivität im Stromkreis räumlich streng getrennt, wie in Abb.11.2 angedeutet, d.h. hat die Spule einen Widerstand $\ll R$ und der Ohmsche Widerstand eine Induktivität $\ll L$, so lassen sich die Spannungen (Abb.11.2b)

$$U_R = RI = U_0\left[1-\exp\left(-\frac{R}{L}\,t\right)\right]\Theta(t) \tag{11.3.9}$$

und

$$U_L = L\dot{I} = U_0 \exp\left(-\frac{R}{L}t\right)\Theta(t) \tag{11.3.10}$$

getrennt abgreifen und auf dem Oszillographen darstellen, vgl. Experiment 11.1 in Abschnitt 11.3.3. Die Differentialgleichung (11.3.3) und ihre Lösung (11.3.7) bleiben jedoch auch richtig, wenn Widerstand und Induktivität nicht räumlich getrennt sind, sondern etwa R der Ohmsche Widerstand einer Spule (oder einer beliebigen Leiteranordnung) der Induktivität L ist.

Wir betrachten jetzt den Ausschaltvorgang, in welchem die Enden des RL-Kreises, an denen die Spannung U_0 liegt, zur Zeit $t = 0$ kurzgeschlossen werden (Abb.11.2a). An Stelle von (11.3.1) tritt dann

$$U_e = U_0[1-\Theta(t)] \quad , \tag{11.3.1a}$$

und statt (11.3.3) erhalten wir die Differentialgleichung

$$L\dot{I} + RI = U_0[1-\Theta(t)] \quad , \tag{11.3.3a}$$

die wir mit dem Ansatz

$$I = I_0[1-\Theta(t) + e^{-\lambda t}\Theta(t)] \tag{11.3.4a}$$

lösen. Wie oben erhalten wir $\lambda = R/L$. Der zeitliche Verlauf der Teilspannungen ist

$$U_R = RI = U_0[1-\Theta(t) + e^{-\lambda t}\Theta(t)] \quad , \tag{11.3.9a}$$

$$U_L = L\dot{I} = -U_0\, e^{-\lambda t}\Theta(t) \quad . \tag{11.3.10a}$$

Er ist in Abb.11.2c graphisch dargestellt, aus der man natürlich auch den Verlauf des Stromes I und seiner zeitlichen Ableitung ablesen kann. Man beobachtet, daß der Strom nicht unmittelbar nach dem Kurzschluß zu fließen aufhört, sondern mit der Zeitkonstanten $\tau = L/R$ abklingt.

11.3.2 Energieinhalt einer stromdurchflossenen Spule

Nach dem Kurzschluß ist der RL-Kreis von jeder äußeren Spannungsquelle abgeschaltet. Der verbleibende Stromfluß hat seine Ursache im Kreis selbst, und zwar in der in der Spule gespeicherten magnetischen Feldenergie. Beim Einschaltvorgang wird von der Spule die Leistung

$$N_L(t) = U_L I = U_0 I_0\left[1 - \exp\left(-\frac{R}{L}t\right)\right]\exp\left(-\frac{R}{L}t\right) \tag{11.3.11}$$

aufgenommen. Bis zum Abklingen des Einschaltvorganges entspricht das der Energie

$$W = \int_0^\infty N_L(t)dt = U_0 I_0 \int_0^\infty \left[\exp\left(-\frac{R}{L}t\right) - \exp\left(-\frac{2R}{L}t\right)\right]dt = \frac{1}{2}U_0 I_0 \frac{L}{R} \tag{11.3.12}$$

$$W = \frac{1}{2}LI_0^2 \tag{11.3.13}$$

in Übereinstimmung mit (11.2.27) für die im Magnetfeld gespeicherte Energie. Nach dem Ausschalten bewirkt diese Energie ein Weiterfließen des Stromes, bis sie vom Ohmschen Widerstand des Kreises aufgezehrt ist.

11.3.3 Reihenschaltung aus Widerstand und Kapazität

Wir betrachten jetzt das Ein- und Ausschaltverhalten eines Serienstromkreises aus einem Widerstand R und einer Kapazität C (Abb.11.3a). Für den Zusammenhang zwischen der Ladung Q auf den Kondensatorplatten und der Spannung U_C am Kondensator gilt, vgl. (4.2.2),

$$Q = CU_C \quad . \tag{11.3.14}$$

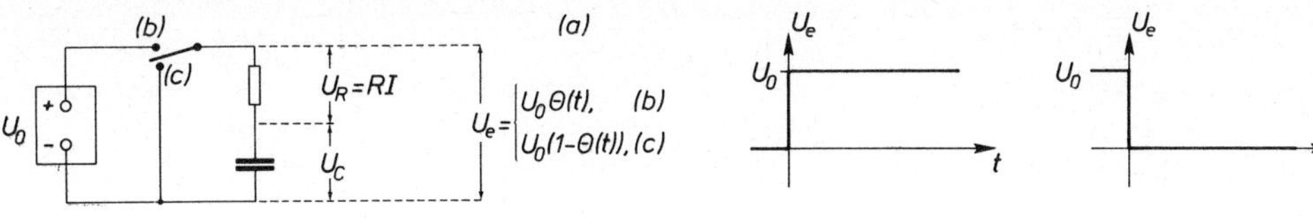

Abb.11.3. Ein- bzw. Ausschaltverhalten eines RC-Kreises

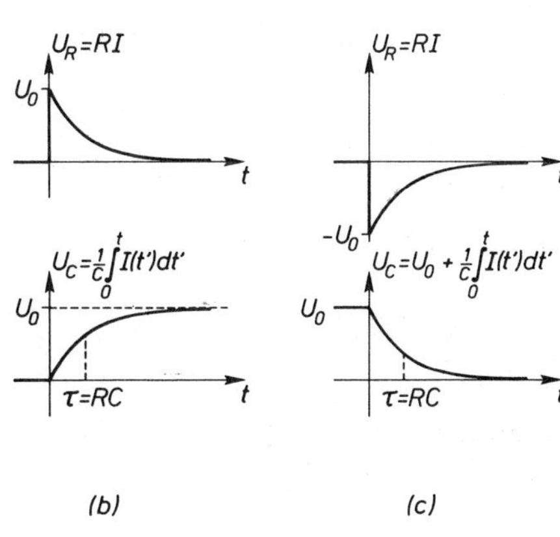

Damit sich die Ladung ändern kann, muß der Strom $I = dQ/dt$ in den Zuleitungen des Kondensators fließen

$$I = dQ/dt = \dot{Q} = C\dot{U}_C \quad . \tag{11.3.15}$$

Entsprechend Abb.11.3a setzt sich die eingeprägte Spannung U_e aus dem Spannungsabfall $U_R = RI$ am Widerstand und der Spannung $U_C = Q/C$ zusammen

$$U_e = U_R + U_C = RI + Q/C \quad . \tag{11.3.16}$$

Einmalige Zeitableitung liefert mit (11.3.15) die Differentialgleichung

$$R\dot{I} + \frac{1}{C} I = \dot{U}_e \quad . \tag{11.3.17}$$

Für die Einschaltfunktion

$$U_e = U_0\Theta(t) \quad , \quad \dot{U}_e = U_0\delta(t) \tag{11.3.18}$$

lösen wir sie mit dem Ansatz

$$I = I_0\, e^{-\lambda t}\Theta(t) \quad , \quad \dot{I} = -\lambda I_0\, e^{-\lambda t}\Theta(t) + I_0\delta(t) \quad . \tag{11.3.19}$$

Einsetzen in (11.3.17) liefert

$$\left(\frac{1}{C} - R\lambda\right)I_0\, e^{-\lambda t}\Theta(t) + RI_0\delta(t) = U_0\delta(t)$$

und nach Koeffizientenvergleich

$$\lambda = \frac{1}{\tau} = \frac{1}{RC} \tag{11.3.20}$$

und

$$U_0 = RI_0 \quad . \tag{11.3.21}$$

Damit gilt für den Strom

$$I = I_0\, e^{-t/RC}\Theta(t) \quad . \tag{11.3.22}$$

Nach dem Einschalten fließt ein Strom im RC-Kreis, der den Kondensator auflädt und der mit der *Zeitkonstanten* $\tau = RC$ abklingt. Ein Dauerstrom kann nicht fließen, da die Kondensatorplatten den Leiterkreis unterbrechen und keinen konstanten Strom zulassen.

Der Spannungsverlauf am Widerstand ist nach dem Ohmschen Gesetz

$$U_R = RI = RI_0\, e^{-t/RC}\Theta(t) \quad . \tag{11.3.23}$$

Den Spannungsverlauf am Kondensator gewinnen wir durch Integration von (11.3.15)

$$U_C = \int_0^t \dot{U}_C(t')dt' = \frac{1}{C}\int_0^t I(t')dt' = \frac{I_0}{C}\int_0^t e^{-t'/RC}\, dt' \quad ,$$

$$U_C = RI_0(1 - e^{-t/RC}) = U_0(1 - e^{-t/RC}) \quad . \tag{11.3.24}$$

Die Spannung am Kondensator steigt also mit der gleichen Zeitkonstanten $\tau = RC$ von Null auf den Endwert U_0 an (Abb.11.3b).

Ganz analog erhält man bei Kurzschluß des RC-Stromkreises mit zuvor aufgeladenem Kondensator, also dem Verlauf

$$U_e = U_0[1-\Theta(t)] \tag{11.3.18a}$$

der eingeprägten Spannung, den Strom

$$I = -I_0\, e^{-t/RC}\Theta(t) \tag{11.3.22a}$$

und die Spannungen

$$U_R = -U_0\, e^{-t/RC}\Theta(t) \tag{11.3.23a}$$

und

$$U_C = U_0\, e^{-t/RC}\Theta(t) \tag{11.3.24a}$$

am Widerstand bzw. Kondensator. Der Kondensator entlädt sich mit der Zeitkonstanten $\tau = RC$. Dabei fließt der Strom natürlich im Vergleich zum Aufladevorgang in entgegengesetzter Richtung.

11.3.4 Energieinhalt eines aufgeladenen Kondensators

Während des Ladevorgangs nimmt der Kondensator die Leistung

$$N(t) = U_C I = U_0 I_0(1 - e^{-t/RC})\, e^{-t/RC}\Theta(t)$$

auf. Durch Integration enthält man die nach Beendigung des Ladevorgangs im Kondensator gespeicherte Energie

$$W = \int_0^\infty N(t')\mathrm{d}t' = \frac{1}{2} U_0 I_0 RC = \frac{1}{2} CU_0^2 \quad . \tag{11.3.25}$$

Die im elektrischen Feld eines Kondensators der Kapazität C gespeicherte elektrische Feldenergie ist also

$$W_e = \frac{1}{2} CU^2 = \frac{1}{2C} Q^2 \quad , \tag{11.3.26}$$

wenn am Kondensator die Spannung U anliegt. Dieses Ergebnis hatten wir in ganz anderem Zusammenhang bereits im Abschnitt 4.2.4 gewonnen.

11.3.5 Experimente zu RL- und RC-Kreisen

Wegen ihrer grundsätzlichen Bedeutung überprüfen wir unsere Rechnungen experimentell.

Experiment 11.1. Ein- und Ausschaltvorgänge an RL- und RC-Kreisen

Ein *Rechteckgenerator* liefert eine Ausgangsspannung, die periodisch und praktisch sprunghaft zwischen $U = 0$ und $U = U_0$ wechselt. Wir legen sie an einen RL-Kreis bzw. einen RC-Kreis (Abb.11.4a bzw. c) und beobachten oszillographisch in der Tat die zuvor berechneten Spannungsverläufe (Abb. 11.4b bzw. d)

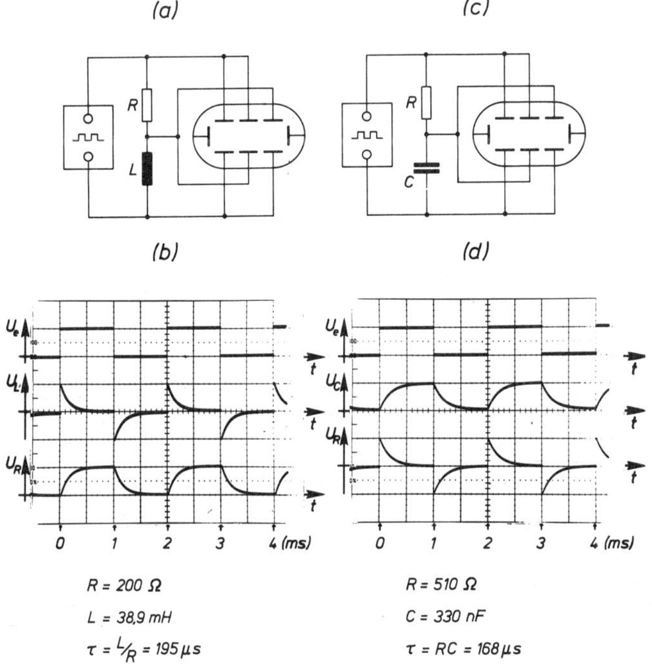

Abb.11.4. An einen RL-Serienkreis wird die Spannung $U_e(t)$ eines Rechteckgenerators gelegt (a). Sowohl die Eingangsspannung U_e wie die am Widerstand und an der Induktivität auftretenden Spannungen werden oszillographisch dargestellt (b). Analog sind Schaltbild (c) und Oszillogramm (d) für einen RC-Kreis

Eine rasch ansteigende (abfallende) Spannung am RC-Glied führt zu einer positiven (negativen) Spannungsspitze am Widerstand. Die Zeit, während der diese Spannungsspitze (in der Technik spricht man von einem *Spannungsimpuls* oder einfach Impuls) andauert, ist durch $\tau_{RC} = RC$ gegeben.

11.3.6 Einstellbare Zeitverzögerung zwischen zwei Spannungsimpulsen. Univibrator

Eine Univibratorschaltung dient dazu, eine feste Zeit nach dem Eintreffen eines Spannungsimpulses einen zweiten Impuls zu erzeugen. Die beiden Transistoren T_1 und T_2 in Abb.11.5a sind so geschaltet, daß zunächst T_1 leitet und T_2 sperrt. Die Basis von T_1 ist nämlich über R_B direkt mit der positiven Batteriespannung U_B verbunden. Der Strom durch T_1 bewirkt einen erheblichen Spannungsabfall in R_{C1}. Die verbleibende geringe Spannung U_{C1} über T_1 wird durch den Spannungsteiler $R_K - R_{B0}$ weiter herabgesetzt und an die Basis von

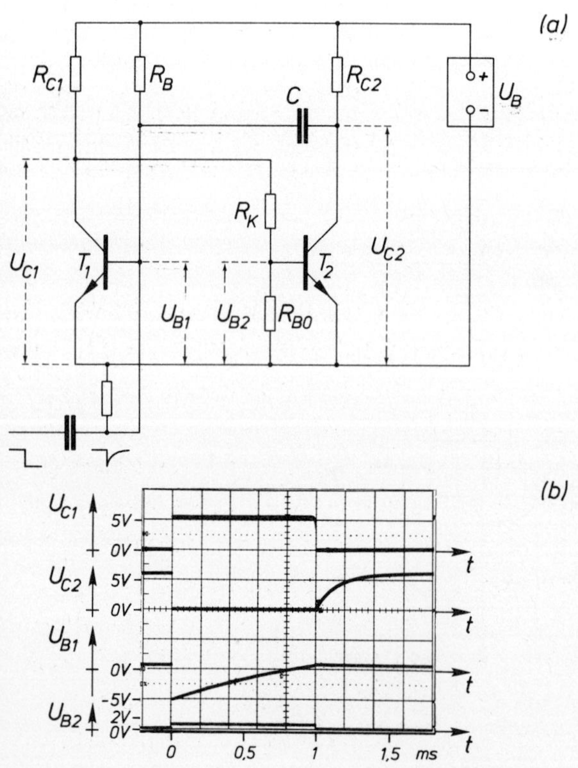

$U_B=6V,\ R_{C1}=R_{C2}=R_C=2k\Omega,\ R_B=R_{B0}=R_K=20k\Omega,\ C=70nF$

Abb.11.5. Univibratorschaltung (a) und Spannungsverlauf an Kollektoren und Basen der beiden Transistoren (b)

T_2 gelegt. Sie ist so niedrig, daß dieser Transistor nicht leitet. Die Spannung über ihm ist deshalb gleich der Batteriespannung. Der Kondensator C ist praktisch auf Batteriespannung aufgeladen, weil $U_{C2} = U_B$ und $U_{B1} \approx 0$ gilt. Wird nun auf die Basis von T_1 ein negativer Spannungsimpuls gegeben (etwa über das unten links eingezeichnete RC-Glied), so sperrt T_1 sofort. Dadurch wird U_{C1} und damit U_{B2} angehoben und T_2 leitet. Die Polarität der Spannung am Kondensator C kehrt ihr Vorzeichen um. Die Umladung des Kondensators bewirkt einen mit der Zeit exponentiell abklingenden Strom in R_B. Durch den Spannungsabfall in R_B wird U_{B1} zunächst stark negativ ($\approx -U_B$) und steigt dann exponentiell in Richtung $+U_B$ an. Kurz nach dem Nulldurchgang von U_{B1} (nach der Zeit $\tau \approx 0{,}7\ R_BC$) wird T_1 wieder leitend und T_2 nichtleitend. Der Spannungsabfall an T_2 verschwindet jedoch nicht sofort, weil der Kondensator jetzt durch einen Strom durch R_{C2} mit der Zeitkonstanten $\tau_2 = R_{C2}C$ wieder in der ursprünglichen Weise aufgeladen wird.

Experiment 11.2. Univibrator

Abb.11.5b zeigt das Oszillogramm der Kollektor- und Gitterspannungen einer Univibratorschaltung, die zur Zeit $t = 0$ durch einen negativen Impuls auf die Basis von T_1 ausgelöst wird. Am Kollektor von T_1 tritt eine positive Spannung auf, die nach der Zeit $\tau \approx 0{,}7\ R_BC$ wieder verschwindet. Daraus kann über ein RC-Glied ein zweiter – verzögerter – negativer Impuls gewonnen werden.

11.3.7 Erzeugung von Rechteckspannungen. Multivibrator

Die Univibratorschaltung läßt sich leicht so verändern, daß der Wechsel in der Stromführung zwischen den beiden Transistoren periodisch eintritt, ohne daß es eines Anstoßes von außen bedarf. Man erhält einen Multivibrator, dessen Schaltung in Abb.11.6a wiedergegeben ist. Gehen wir davon aus, daß zur Zeit $t = 0$ der Transistor T_2 gerade vom sperrenden in den leitenden Zustand übergegangen ist, so ist zu diesem Zeitpunkt seine Kollektorspannung U_{C2} von U_B auf etwa Null gesunken. Der zuvor aufgeladene Kondensator C_1 entlädt sich durch R_{B1} und führt zunächst zu einer stark negativen ($\approx -U_B$) Basisspannung U_{B1}, die dann mit der Zeitkonstanten $\tau_{B1} = R_{B1}C_1$ in Richtung auf $+U_{B1}$, ansteigt. Obwohl T_1 zur Zeit $t = 0$ sofort sperrt, hört der Stromfluß durch R_{C1} nicht sofort auf, da zunächst C_2 mit der Zeitkonstanten $\tau_{C2} = R_{C1}C_2$ aufgeladen wird. Zur Zeit $\tau_1 \approx 0{,}7\tau_{B1} = 0{,}7\ R_{B1}C_1$ überschreitet die Basisspannung U_{B1} den Wert Null: T_1 öffnet und T_2 sperrt. Jetzt beginnt die Entladung von C_2 mit der Zeitkonstanten $\tau_{B2} = R_{B2}C_2$ und die Aufladung von C_1 mit der Zeitkonstanten $\tau_{C2} = R_{C2}C_1$. Nach Verstreichen der weiteren Zeitspanne $\tau_2 \approx 0{,}7\tau_{B2} = 0{,}7\ R_{B2}C_2$ wird U_{B2} positiv. Der Anfangszustand ist wieder erreicht. Wählt man R_{C1} und R_{C2} wesentlich kleiner als R_{B1} und R_{B2}, so nehmen die Kollektorspannungen U_{C1} und U_{C2} als Funktion der Zeit praktisch Rechteckform an. Ihre Länge kann durch Wahl der Werte C_1, C_2, R_{B1}, R_{B2} in weiten Grenzen eingestellt werden.

Experiment 11.3. Multivibrator

Der oszillographisch gemessene Spannungsverlauf an den Kollektoren bzw. Basen der beiden Transistoren eines Multivibrators ist in Abb.11.6b dargestellt.

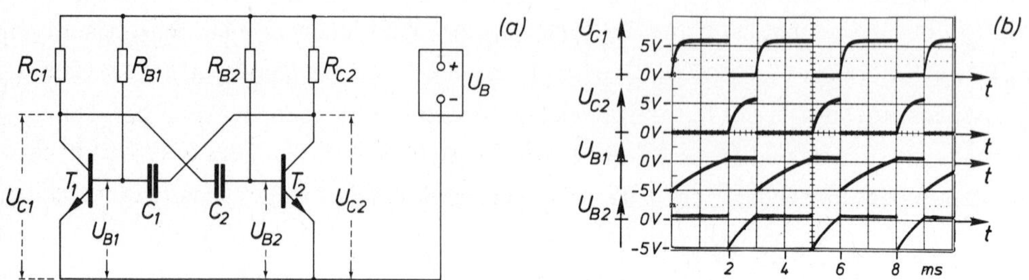

Abb.11.6. Schaltung (a) und Spannungsablauf (b) eines Multivibrators

11.4 Transformatoren

Ein Transformator besteht aus zwei Spulen mit den Windungszahlen N_1 und N_2, die auf ein gemeinsames geschlossenes Joch aus voneinander isolierten Weicheisenblechen gewickelt sind (Abb.11.7). An eine der Spulen, die Primärspule, legen wir eine zeitlich veränderliche Spannung $U_1(t)$, die etwa von einem Wechselspannungsgenerator erzeugt wird, dessen Prinzip wir in Abschnitt 9.12.2 kennengelernt haben. Es fließt ein zeitlich veränderlicher Strom, der eine Flußänderung $\dot{\Phi}$ im Eisenjoch zur Folge hat. Vernachlässigen wir den Ohmschen Widerstand der Spule, so ist die durch Selbstinduktion in der Primärspule induzierte Spannung

$$U_{\mathrm{ind}\,1} = -U_1 = -N_1\dot{\Phi} \quad . \tag{11.4.1}$$

In der Sekundärspule wird durch die gleiche Flußänderung die Spannung

$$U_2 = -N_2\dot{\Phi} \tag{11.4.2}$$

induziert. Damit gilt für den Quotienten aus Primär- und Sekundärspannung

$$\frac{U_1}{U_2} = -\frac{N_1}{N_2} \quad . \tag{11.4.3}$$

Zeitlich veränderliche Spannungen können also durch einen Transformator um einen Faktor verändert werden, der gleich dem Windungsverhältnis von Primär- und Sekundärspule ist. (Dies ist einer der Gründe für den Bau von Wechselspannungsnetzen). Eine weitere vorteilhafte Eigenschaft eines Transformators ist die *galvanische Trennung* von Primär- und Sekundärkreis. Da die Spulen nicht leitend (galvanisch) verbunden sind, kann etwa eine der Zuleitungen zur Primärspule geerdet sein, während eine der Sekundärleitungen auf ein beliebiges festes Potential gelegt wird.

Ein Spannungsverhältnis nach Wahl läßt sich mit einem *Regeltransformator* einstellen (Abb.11.7d). Mit einer statt zwei Wicklungen kommt der *Spartransformator* aus (Abb.11.7e). Allerdings geht dann der Vorteil der galvanischen Trennung verloren.

Natürlich treten in Transformatoren Leistungsverluste auf und zwar nicht nur die sogenannten *Kupferverluste* durch Joulesche Wärmeentwicklung in den

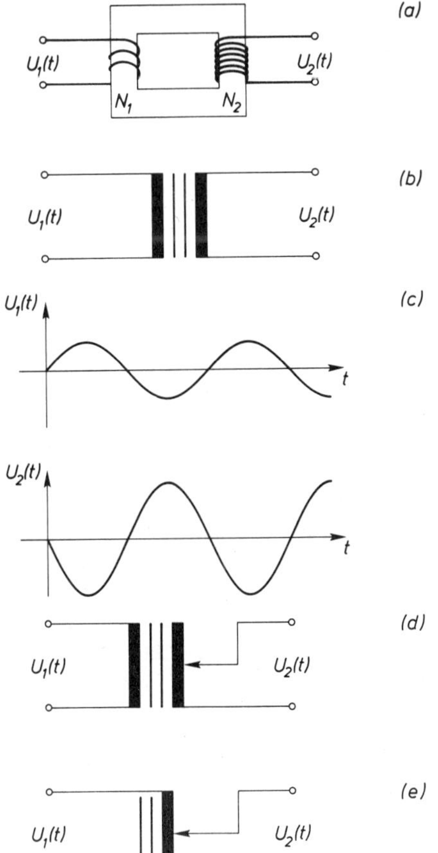

Abb.11.7. Transformator schematisch skizziert (a) und als Schaltsymbol (b) mit Spannungsverlauf an Primär- und Sekundärwicklung (c). Beim Regeltransformator (d) kann durch einen Schieber an einer Wicklung eine beliebige Windungszahl abgegriffen werden. Beim Spartransformator (e) wird die Sekundärspannung an der gleichen Spule abgegriffen, an der die Primärspannung anliegt

Spulen, sondern auch durch *Eisenverluste* im Joch. Das sind *Hysteresisverluste*, die durch das unvermeidliche laufende Umfahren der Hysteresisschleife des Eisens entstehen, vgl. Abschnitt 10.6.4, und Wirbelstromverluste, die wir im nächsten Abschnitt besprechen.

Transformatoren zur Übertragung erheblicher Leistungen besitzen stets einen geschlossenen Eisenkern. Es gibt jedoch auch Transformatoren mit gestrecktem Kern (Funkeninduktoren) oder gar eisenfreie Transformatoren, die in der Hochfrequenztechnik verwandt werden.

11.5 Wirbelströme

Bisher haben wir nur Induktionsvorgänge in geometrisch wohldefinierten Leiterkreisen aus Drähten betrachtet, für die wir – wenigstens im Prinzip – das Linienintegral (11.1.3) der induzierten Spannung angeben konnten. Aber natürlich treten auch in anders geformten Leitern Induktionsspannungen auf. Als Beispiel betrachten wir den Eisenkern einer Spule. Abb.11.8 zeigt schematisch den Schnitt senkrecht zur Spulenachse durch einen Kern. Bei einer Flußänderung treten z.B. längs aller geschlossenen Wege in der Zeichenebene Induktionsspannungen auf, die im Leiter sofort zu Strömen führen, bei denen wiederum – abhängig vom spezifischen Widerstand des Materials – Joulesche Wärmeverluste auftreten. Diese *Wirbelstromverluste* können durch Lamellierung des Kerns, d.h. Aufteilung in viele durch Papier- oder Lackschichten voneinander isolierte Bleche, wesentlich reduziert werden, weil so die möglichen Stromwege beschränkt werden.

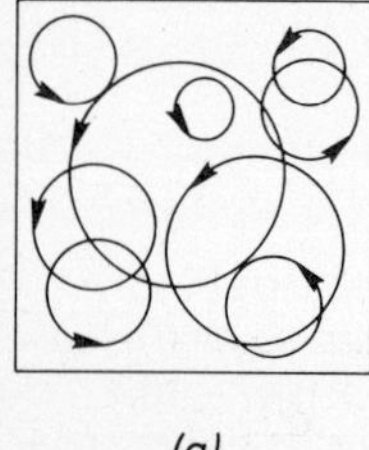

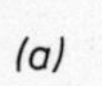

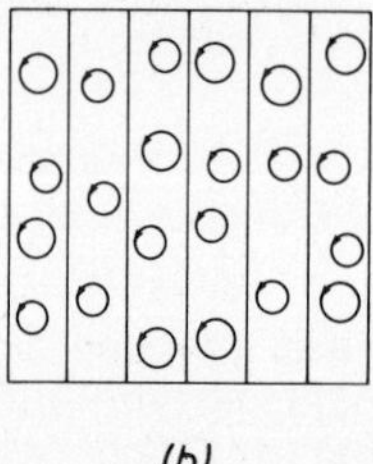

Abb.11.8. Mögliche Strompfade von Wirbelströmen in einem massiven Metallblock (a) und in einem lamellierten Block, der aus untereinander isolierten Blechen besteht (b). Der Vektor $\mathbf{B}$ steht auf der Zeichenebene senkrecht

Wirbelströme haben jedoch nicht nur nachteilige Effekte.

Experiment 11.4. Wirbelstrombremse

Eine Metallscheibe ist drehbar so montiert, daß ihr Rand sich frei zwischen den Polschuhen eines Elektromagneten bewegt (Abb.11.9). Die Scheibe ist reibungsarm gelagert und rotiert, einmal in Rotation versetzt, bei abgeschaltetem Magneten praktisch ungehindert. Wird der Magnet eingeschaltet, so kommt die Scheibe jedoch bald zur Ruhe. Beim Übergang vom feldfreien Raum ins Feld (vgl.Abschnitt 9.12.1) und umgekehrt werden im Metall Wirbelströme induziert. Die entstehende Wärmeenergie wird der Bewegungsenergie der Scheibe entzogen.

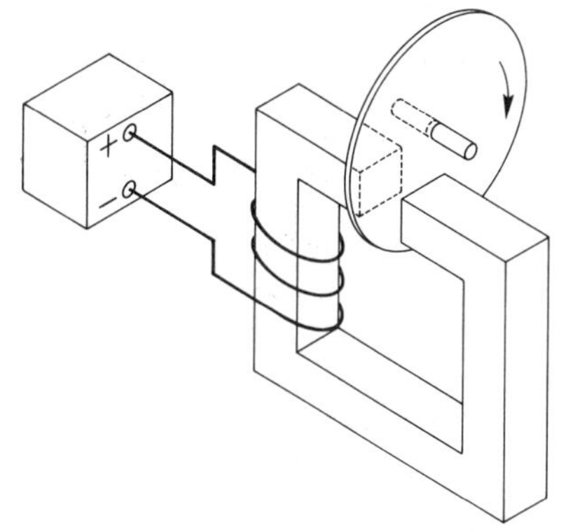

Abb.11.9. Prinzip der Wirbelstrombremse: Eine rotierende Scheibe kommt nach dem Einschalten des Magneten schnell zur Ruhe

Die Wirbelstrombremse arbeitet berührungsfrei und damit ohne Materialabrieb. Die Bremskraft ist der Geschwindigkeit des Metalls porportional, weil diese die Flußänderung $\dot{\Phi}$ bestimmt. Wir hatten uns diese Tatsache schon bei Erzeugung gedämpfter mechanischer Schwinungen zunutze gemacht, vgl. [Bd.I, Experimente 10.1 und 10.2].

11.6 Lenzsche Regel

Wir haben jetzt eine ganze Reihe recht unterschiedlicher Induktions- oder Selbstinduktionsphänomene kennengelernt, die sämtlich auf dem Induktionsgesetz (11.1.3)

$$U_{ind} = \oint_{(a)} \vec{E} \cdot d\vec{s} = -\frac{\partial}{\partial t} \oint_{a} \vec{B} \cdot d\vec{a} = -\dot{\Phi} \qquad (11.6.1)$$

beruhen. Die längs eines geschlossenen Weges (a) induzierte Spannung ist gleich der negativen Änderung des Magnetflusses, durch eine beliebige Fläche a, die vom Weg (a) berandet wird. In einem Leiter führt die induzierte Spannung zu einem Strom, dieser zu einem $\vec{B}$-Feld und dieses schließlich zu einer neuen Flußänderung. Das Minuszeichen in (11.6.1) sagt aus, daß sie stets der ursprünglichen, den Induktionsvorgang auslösenden Flußänderung entgegenwirkt.

Diese Tatsache wird gewöhnlich in Form der *Lenzschen Regel* ausgesprochen:

Die Richtung der Induktionsströme ist stets so, daß sie den Induktionsvorgang hemmen.

Ein Beispiel für diese Regel lieferte die Wirbelstrombremse. Hier wurde die Bewegung des Metalls, die die Flußänderung hervorrief, behindert. Ganz entsprechend führt die Selbstinduktion in einer Spule zu einer Verzögerung des Stromanstiegs beim Einschalten und einer Verzögerung des Stromabfalls beim Ausschalten der Spule.

Als besonders einfaches Beispiel betrachten wir einen Transformator, der nur aus zwei eng benachbarten Leiterschleifen besteht (Abb.11.10). Für die zeitabhängigen Spannungen U_1 und U_2 in Primär- und Sekundärwindung gilt dann nach (11.4.3) wegen $N_1 = N_2 = 1$

$$U_1 = -U_2 \quad .$$

Der Strom I_2 in der Sekundärspule fließt in der dem Primärstrom I_1 entgegengesetzten Richtung und schwächt das Induktionsfeld B_1 dieses Stromes. Da die Leiter antiparallel durchflossen werden, bildet sich zwischen ihnen eine abstoßende Kraft aus.

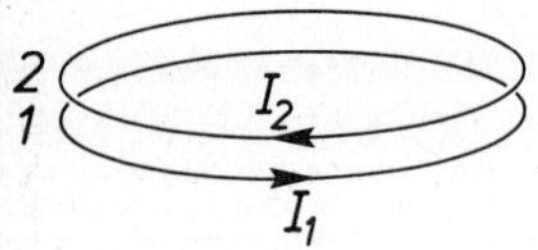

Abb.11.10. Der in Schleife 2 hervorgerufene Induktionsstrom I_2 ist dem ihn verursachenden Strom I_1 entgegengerichtet

Der zuletzt genannte Effekt kann eindrucksvoll demonstriert werden:

Experiment 11.5. Wirbelstromlevitometer

Zwei flache Spulen sind konzentrisch auf einer Eisenplatte montiert. Je ein kurzes Eisenrohr ist im Innern und zwischen den beiden Spulen auf die Platte aufgesetzt. Schließt man nun beide Spulen derart an eine Wechselspannungsquelle an, daß die Stromrichtungen einander entgegengesetzt sind, so bildet sich zwischen den Enden des Eisenjochs ein B-Feld aus, wie es in Abb.11.11a skizziert ist. Betrag und Richtung ändern sich entsprechend der Frequenz der Wechselspannung. Legt man eine Metallplatte auf diese von M. Ponizovskii angegebene Anordnung, so wird sie durch die vom Feld der inneren Spule herrührende Wirbelstromwirkung angehoben (Abb.11.11b) und zwar (innerhalb gewisser Grenzen) um so höher, je dicker (!) die Platte ist. Das Feld der äußeren Spule sorgt dafür, daß die Platte nicht zur Seite abgleitet, denn die von ihm hervorgerufenen Wirbelströme bewirken eine rücktreibende Kraft zum Zentrum hin.

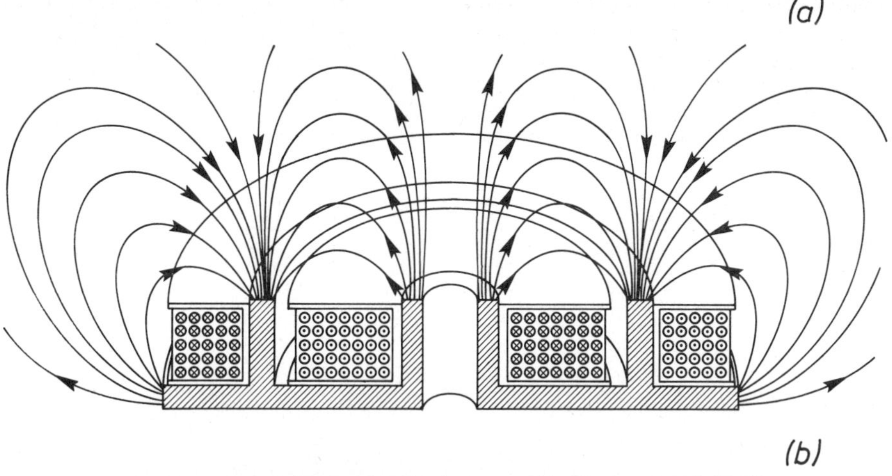

Abb.11.11. Wirbelstromlevitometer. Schnitt durch die beiden gegenläufig durchströmten Spulen und das Eisenjoch mit eingezeichneten Feldlinien für einen festen Zeitpunkt (a). Auf Grund der Wirbelstromwirkung schwebt eine Metallplatte frei über dem Levitometer (b)

11.7 Der Schwingkreis

Wir kehren jetzt zu unserer Diskussion von Stromkreisen mit Induktivität, Kapazität und Ohmschen Widerstand zurück und betrachten einen Kreis, der alle diese drei Komponenten enthält (Abb.11.12). Die anliegende äußere Spannung U_e teilt sich dann auf in

$$U_L + U_R + U_C = U_e \quad . \tag{11.7.1a}$$

Setzen wir wie in Abschnitt 11.3 $U_L = L\dot{I}$, $U_R = RI$ und $U_C = Q/C$ bzw. $\dot{U}_C = I/C$ ein, so erhalten wir

$$L\dot{I} + RI + Q/C = U_e \tag{11.7.1b}$$

bzw. nach einmaliger Ableitung

$$\boxed{L\ddot{I} + R\dot{I} + \frac{1}{C} I = \dot{U}_e} \qquad (11.7.1c)$$

als Differentialgleichung für den Strom I im Kreis.

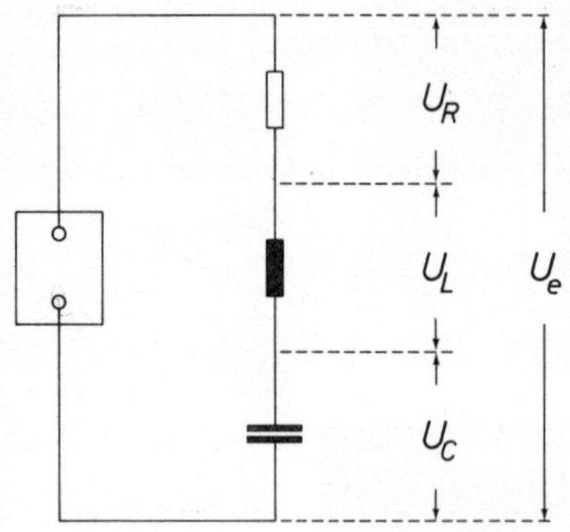

Abb.11.12. Äußere Spannung U_e und Teilspannungen am Schwingkreis

11.7.1 Gedämpfte Schwingungen

Die Differentialgleichung (11.7.1c) wird homogen, d.h. sie enthält nur Terme in I und Ableitungen von I, wenn die eingeprägte Spannung dauernd verschwindet $[U_e(t) = 0,\ \dot{U}_e(t) = 0]$

$$L\ddot{I} + R\dot{I} + \frac{1}{C} I = 0 \quad . \qquad (11.7.2)$$

Sie ist mathematisch völlig äquivalent der Differentialgleichung für die Auslenkung x eines Federpendels der Masse m und der Federkonstanten D mit dem Reibungskoeffizienten R, vgl. [Bd.I, (10.2.2)]

$$m\ddot{x} + R\dot{x} + Dx = 0 \quad . \qquad (11.7.3)$$

Die Stromstärke I unseres Kreises verhält sich ganz entsprechend zur Auslenkung x des Oszillators: Sie führt *gedämpfte Schwingungen* aus. Entsprechend bezeichnen wir den RLC-Kreis als *Schwingkreis*.

Experiment 11.6. Gedämpfte Schwingungen

Wir benutzen die in Abb.11.13a skizzierte Schaltung. Befindet sich der Schalter in der Stellung (1) so wird der Kondensator über den Widerstand R auf die Spannung U_0 aufgeladen. Wir legen anschließend den Schalter nach (2) um, so daß keine äußere Spannung mehr am Schwingkreis anliegt. Den Zeitverlauf des Stromes beobachten wir oszillographisch über den von ihm hervorgerufenen Spannungsabfall am Widerstand. Die Oszillogramme der Abbildungen 11.13b-d sind für verschiedene Kombinationen der Werte von R, L und C aufgenommen. Wir identifizieren sie als graphische Darstellungen der drei Lösungstypen von (11.7.2), die wir in [Bd.I, Abschnitt 10.2] kennengelernt und als Schwingfall, Kriechfall bzw. aperiodischen Grenzfall bezeichnet haben.

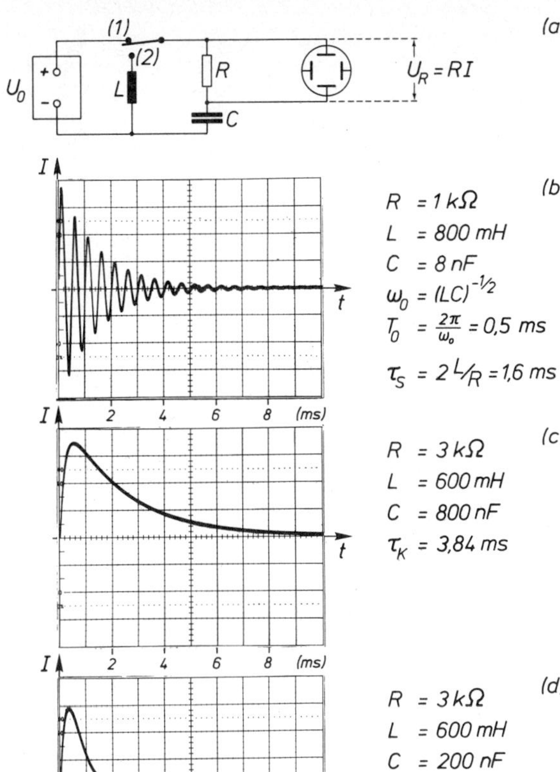

Abb.11.13. Erzeugung gedämpfter Schwingungen durch Kurzschluß eines Schwingkreises nach Aufladung des Kondensators (a). Oszillographische Beobachtung des Stromes zeigt für verschiedene Werte von R, C und L Schwingfall (b), Kriechfall (c) und aperiodischen Grenzfall (d)

Wir vollziehen diese Identifikation nun auch kurz an Hand der Formeln. Einzelheiten entnehme man [Bd.I, Abschnitt 10.2]. Wir bringen zunächst (11.7.2) in die Form

$$\ddot{I} + 2\gamma\dot{I} + aI = 0 \qquad (11.7.4)$$

mit

$$2\gamma = R/L, \quad a = 1/(LC) \quad . \qquad (11.7.4a)$$

Für den Strom I benutzen wir den komplexen Ansatz

$$I = e^{i\omega t} \quad , \qquad (11.7.5)$$

der mit (11.7.4) auf die charakteristische Gleichung

$$\omega^2 - 2i\omega\gamma - a = 0 \qquad (11.7.6)$$

führt, die die Lösungen

$$\omega = \Omega_\pm = i\gamma \pm \omega_R \quad , \qquad (11.7.6a)$$

$$\omega_R = \sqrt{\omega_0^2 - \gamma^2} = \sqrt{\frac{1}{LC} - \frac{R^2}{4L^2}} \quad , \tag{11.7.6b}$$

$$\omega_0 = \frac{1}{\sqrt{LC}} \tag{11.7.6c}$$

hat. Die allgemeinste Lösung von (11.7.4) hat die Form

$$I = c_1\, e^{i\Omega_+ t} + c_2\, e^{i\Omega_- t} \quad , \tag{11.7.7}$$

deren Konstanten c_1 und c_2 durch die Anfangsbedingungen $I_0 = I(t=0)$, $\dot{I}_0 = \dot{I}(t=0)$ festgelegt sind. Sie ist deutlich verschieden, je nachdem ω_R reell, imaginär oder Null ist. Man erhält im

I) *Schwingfall*

($R^2 < 4L/C$, d.h. ω_R reell)

$$I(t) = A\, e^{-\gamma t} \cos(\omega_R t - \delta) \quad , \tag{11.7.8}$$

$$A = \left[I_0^2 + \left(\frac{\dot{I}_0 + \gamma I_0}{\omega_R}\right)^2\right]^{1/2} \quad , \quad \tan\delta = \frac{\dot{I}_0 + \gamma I_0}{I_0 \omega_R} \quad , \tag{11.7.8a}$$

eine Schwingung der Kreisfrequenz ω_R, deren Amplitude mit der Zeitkonstanten

$$\tau_S = 1/\gamma = 2L/R \tag{11.7.8b}$$

exponentiell abfällt,

II) *Kriechfall*

($R^2 > 4L/C$, d.h. $\omega_R = i\lambda$ rein imaginär)

$$I(t) = \frac{1}{2}\, e^{-\gamma t}\left(a_1 e^{-\lambda t} + a_2 e^{\lambda t}\right) \quad , \tag{11.7.9}$$

$$a_{1,2} = I_0 \mp \frac{1}{\lambda}\,(\dot{I}_0 + \gamma I_0) \quad , \tag{11.7.9a}$$

einen Strom, der für $t \gg 1/\lambda$ nur ein exponentielles Abfallverhalten mit der Zeitkonstanten

$$\tau_K = \frac{1}{\gamma - \lambda} = \frac{2LC}{RC - \sqrt{R^2C^2 - 4LC}} \tag{11.7.9b}$$

zeigt,

III) *aperiodischen Grenzfall*

($R^2 = 4L/C$, d.h. $\omega_R = 0$)

$$I(t) = e^{-\gamma t}[I_0 + (\dot{I}_0 + \gamma I_0)t] \quad , \tag{11.7.10}$$

einen Strom, der ebenfalls für große Zeiten mit

$$\tau_A = \frac{1}{\gamma} = \frac{2L}{R} \qquad (11.7.10a)$$

exponentiell abfällt.

11.7.2 Analogien zwischen elektrischen und mechanischen Schwingungen

Wir haben festgestellt, daß sich die Stromstärke im Schwingkreis zeitlich nach Betrag und Vorzeichen verhält wie die Auslenkung eines gedämpften Federpendels aus seiner Ruhelage, obwohl es sich um zwei völlig verschiedene physikalische Größen handelt. Einander entsprechende Größen sind die Teilenergien in beiden Systemen. Wir betrachten sie für den Spezialfall der ungedämpften Schwingung. Dann nimmt (11.7.8) die einfache Form

$$I(t) = A\cos(\omega_0 t-\delta) \quad , \quad A^2 = I_0^2 + \dot{I}_0^2/\omega_0^2 \qquad (11.7.11)$$

an. Die magnetische Feldenergie W_m in der Spule ist nach (11.3.13)

$$W_m = \frac{1}{2}LI^2 = \frac{1}{2}LA^2\cos^2(\omega_0 t-\delta) \quad . \qquad (11.7.12)$$

Die elektrische Feldenergie W_e im Kondensator gewinnen wir aus (11.3.26) mit (11.3.14) und (11.3.15). Für die Spannung U_C am Kondensator gilt zunächst

$$U_C = \frac{1}{C}\int_0^t I(t)dt = \frac{A}{C\omega_0}\sin(\omega_0 t-\delta) \qquad (11.7.13)$$

und damit

$$W_e = \frac{1}{2}CU_C^2 = \frac{1}{2}\frac{A^2}{C\omega_0^2}\sin^2(\omega_0 t-\delta) \quad . \qquad (11.7.14)$$

Die Gesamtenergie im ungedämpften Schwingkreis

$$W = W_e + W_m = \frac{1}{2}A^2L = \text{const} \qquad (11.7.15)$$

ist jedoch konstant. Die Schwingung kann als fortgesetzter Austausch zwischen elektrischer und magnetischer Feldenergie aufgefaßt werden. Beim mechanischen Oszillator tritt entsprechend ein Austausch zwischen der in der Feder gespeicherten potentiellen Energie $E_{pot} = Dx^2/2$ und der Bewegungsenergie $E_{kin} = m\dot{x}^2/2$ des Schwingers auf, während die Gesamtenergie erhalten bleibt. Ist die Schwingung gedämpft, so nimmt allerdings die Gesamtenergie ab, weil ein Teil der Energie durch Reibungsverluste (beim mechanischen Oszillator) bzw. Joulesche Verluste (beim Schwingkreis) verloren geht.

11.7.3 Erzeugung ungedämpfter elektrischer Schwingungen

Ungedämpfte Schwingungen kann man dauernd aufrecht erhalten, wenn man die prinzipiell unvermeidbaren Energieverluste dadurch ausgleicht, daß man dem schwingenden System als Ersatz Energie von außen zuführt. So wird bei einer Pendeluhr das schwingende Perpendikel bei jeder Schwingung einmal derart angestoßen, daß sich seine kinetische Energie erhöht. Da das Pendel selbst die Energiezuführung auslöst, spricht man von *Rückkopplung* zwischen Pendel und Energiespender.

Eine Rückkopplungsschaltung, die *Meißner-Schaltung*, zur Erzeugung ungedämpfter elektrischer Schwingungen zeigt Abb.11.14. Der Schwingkreis befindet sich im Anodenkreis einer Triode. Die Induktivität L des Kreises ist gleichzeitig eine Wicklung eines Transformators. Sie induziert in der zweiten Wicklung L_1 eine Spannung, die der Spannung an L entgegengerichtet ist. Da L_1 im Gitterkreis der Röhre liegt, wird dadurch der Anodenstrom der Röhre gesteuert. (Fließt der Strom durch L in der in Abb.11.14 eingezeichneten Pfeilrichtung, so steigt die Gitterspannung, sie erleichtert den Anodenstrom, der den Strom durch L verstärkt. Fließt er aber gegen die Pfeilrichtung, so sperrt die Röhre; der Anodenstrom, der nur in Pfeilrichtung fließen kann, behindert den Strom im Schwingkreis nicht). Durch geeignete Wahl von L und C können mit dieser oder einer ähnlichen Schaltung ungedämpfte Schwingungen der Kreisfrequenz

$$\omega_0 \approx \frac{1}{\sqrt{LC}}$$

in einem sehr großen Frequenzbereich (ca. 1 Hz ... 100 MHz) erzeugt werden. Die Ausgangsspannung der Zeitabhängigkeit

$$U_{AUS} = U_0 \cos\omega_0 t$$

kann direkt am Schwingkreis abgenommen werden.

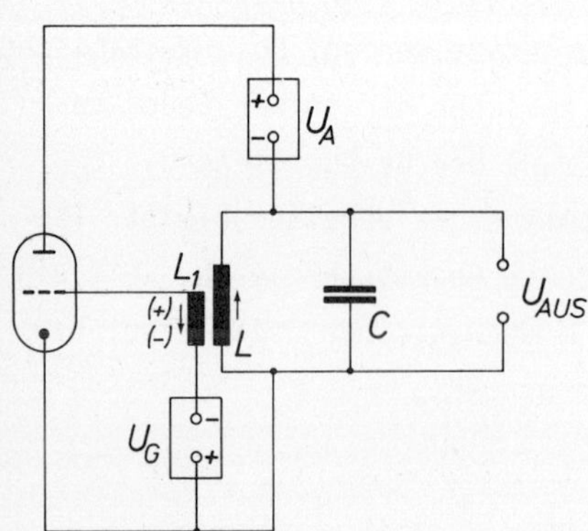

Abb.11.14. Meißnersche Rückkopplungsschaltung zur Erzeugung ungedämpfter Schwingungen

11.8 Wechselstrom

11.8.1 Komplexe Schreibweise für Spannung, Stromstärke und Widerstand

In den letzten Abschnitten haben wir das Verhalten von Stromkreisen ohne äußere Spannung oder beim Ein- bzw. Ausschalten einer äußeren Gleichspannung untersucht. Wir betrachten jetzt eine allgemeinere Zeitabhängigkeit, und zwar die der technisch viel benutzten harmonischen Wechselspannung

$$U = U_0 \cos(\omega t - \delta_U) \quad . \tag{11.8.1a}$$

Statt dieser Form werden wir oft die *komplexe Spannung*

$$U_c = U_0 \, e^{i(\omega t - \delta_U)} \tag{11.8.1b}$$

benutzen und verstehen dann unter der physikalischen Spannung deren Realteil

$$U = \mathrm{Re}\{U_c\} \quad . \tag{11.8.1c}$$

Wir betrachten jetzt einen Wechselstrom gleicher Kreisfrequenz ω aber anderer Phase. Er hat die allgemeine Form

$$I = I_0 \cos(\omega t - \delta_I) \tag{11.8.2a}$$

oder als *komplexe Stromstärke* geschrieben

$$I_c = I_0 \, e^{i(\omega t - \delta_I)} \quad . \tag{11.8.2b}$$

Ihr Realteil

$$I = \mathrm{Re}\{I_c\} \tag{11.8.2c}$$

ist die physikalische Stromstärke. Wir werden im Abschnitt 11.9.3 zeigen, daß in jedem Stromkreisstück, das nur Ohmschen Widerstand, Induktivität und Kapazität enthält, und an das eine Spannung (11.8.1) angelegt wird, (nach dem Abklingen von Einschwingvorgängen) ein Strom der Form (11.8.2) fließt.

Wird im Teil eines Kreises die anliegende Spannung durch U, der Strom durch I beschrieben, so bilden wir den (im allgemeinen) *komplexen Widerstand* Z als Quotienten aus komplexem Strom und komplexer Spannung

$$Z = \frac{U_c}{I_c} = \frac{U_0}{I_0} \exp[-i(\delta_U - \delta_I)] = \frac{U_0}{I_0} \, e^{i\varphi} \quad . \tag{11.8.3a}$$

Sein Betrag

$$|Z| = \frac{U_0}{I_0} \tag{11.8.3b}$$

ist gleich dem Quotienten der Amplituden von Spannung und Stromstärke. Er heißt *Impedanz* des Leiterkreisstücks. Seine Phase

$$\varphi = \delta_I - \delta_U \tag{11.8.3c}$$

ist gleich der Differenz ihrer Phasen. Damit gibt Z durch seinen Betrag analog zum Gleichstromwiderstand R das Amplitudenverhältnis von Spannung und Strom an, durch seine Phase aber auch deren Phasendifferenz. Zerlegt man den komplexen Widerstand

$$Z = \mathrm{Re}\{Z\} + i\,\mathrm{Im}\{Z\} = |Z|\cos\varphi + i|Z|\sin\varphi \tag{11.8.3d}$$

explizit in Realteil und Imaginärteil, so bezeichnet man den Realteil als *Wirkwiderstand* und den Imaginärteil als *Blindwiderstand*. Der Kehrwert des komplexen Widerstandes heißt *Leitwert*

$$Y = \frac{1}{Z} = \frac{1}{|Z|}\,e^{-i\varphi} \quad . \tag{11.8.4}$$

Die komplexen Größen U_c, I_c, Z und Y werden oft durch *Zeigerdiagramme* wie in Abb.11.15 veranschaulicht.

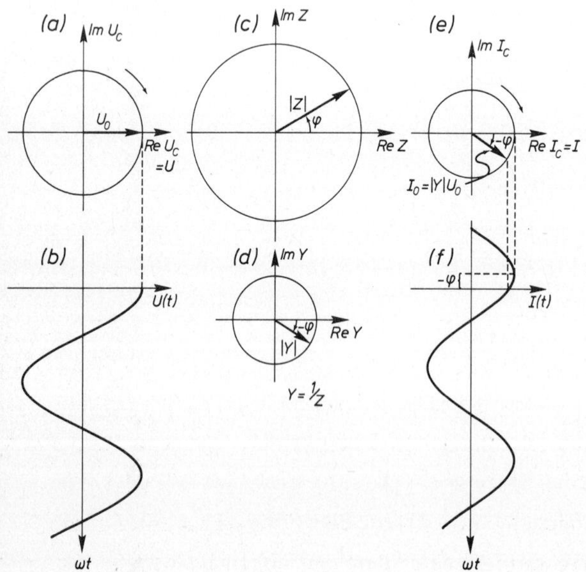

Abb.11.15. Im "Zeigerdiagramm" wird die komplexe Wechselspannung als Vektor der konstanten Länge U_0 in der komplexen Ebene aufgetragen, der mit konstanter Winkelgeschwindigkeit ω um den Ursprung rotiert (a). Die physikalische Spannung U ergibt sich durch Projektion auf die reelle Achse (b). Der komplexe Widerstand Z und der Leitwert Y = 1/Z sind zeitlich konstante Vektoren (c,d). Die komplexe Stromstärke I_c erhält man zu jeder Zeit durch komplexe Multiplikation von U_c mit Y, d.h. graphisch durch Streckung des Vektors U_c um den Faktor |Y| und anschließende Drehung um den Winkel -φ. Projektion auf die reelle Achse ergibt die physikalische Stromstärke I

In der Wechselstromtechnik ist es üblich, oft an Stelle der Amplituden U_0, I_0 von Spannung und Strom die Wurzeln aus den zeitlichen Mittelwerten ihrer Quadrate anzugeben und sie als *Effektivwerte* von Spannung bzw. Stromstärke zu bezeichnen. Bei einer harmonischen Wechselspannung erhält man bei Mittelung über eine Periode $T = 2\pi/\omega$ wegen

$$\langle\cos^2(\omega t)\rangle = \frac{1}{T}\int_0^T \cos^2(\omega t)\,dt = \frac{1}{2} \quad ,$$

$$U_{eff} = \frac{1}{\sqrt{2}}\,U_0 \quad , \quad I_{eff} = \frac{1}{\sqrt{2}}\,I_0 \quad . \tag{11.8.5}$$

Eine Wechselspannung, deren Effektivwert $U_{eff} = 220$ V beträgt, hat damit die Amplitude

$$U_0 = \sqrt{2}\cdot 220\ \text{V} \approx 311\ \text{V} \quad .$$

11.8.2 Leistung im Wechselstromkreis

Die vom Stromkreis aus der Spannungsquelle aufgenommene Leistung ist nach (6.3.12)

$$N(t) = UI = \operatorname{Re}U_c \operatorname{Re}I_c = \frac{1}{4}\,(U_c+U_c^*)(I_c+I_c^*)$$

$$= \frac{1}{4}\,U_0 I_0\left(e^{-i(2\omega t-2\delta_U-\varphi)} + e^{i(2\omega t-2\delta_U-\varphi)} + e^{-i\varphi} + e^{i\varphi}\right)$$

$$= \frac{1}{2}\,U_0 I_0\left[\cos(2\omega t-2\delta_U-\varphi) + \cos\varphi\right] \quad . \tag{11.8.6}$$

Bei zeitlicher Mittelung verschwindet der um Null oszillierende erste Term in der Klammer und wir erhalten als mittlere Leistung

$$\langle N\rangle = \frac{1}{2}\,U_0 I_0 \cos\varphi = U_{eff} I_{eff} \cos\varphi \quad . \tag{11.8.7}$$

Herrscht keine Phasenverschiebung zwischen Strom und Spannung, so ist der *Leistungsfaktor* $\cos\varphi$ gleich Eins und die Leistungsaufnahme im Mittel ist $\langle N\rangle = U_{eff}\,I_{eff}$. Dieser Ausdruck entspricht der Gleichstromformel $N = UI$ und ist der Grund für die Definition (11.8.5) der Effektivwerte. Mit (11.8.3) und (11.8.4) erhält die mittlere Leistungsaufnahme die Form

$$\langle N\rangle = \frac{1}{2}\,I_0^2|Z|\cos\varphi = \frac{1}{2}\,I_0^2\,\operatorname{Re}\{Z\} = I_{eff}^2\,\operatorname{Re}\{Z\} \tag{11.8.8a}$$

bzw.

$$\langle N\rangle = \frac{1}{2}\,U_0^2|Y|\cos\varphi = \frac{1}{2}\,U_0^2\,\operatorname{Re}\{Y\} = U_{eff}^2\,\operatorname{Re}\{Y\} \quad . \tag{11.8.8b}$$

Sie ist gleich dem Produkt aus dem Quadrat des Effektivwertes des Stromes und dem Wirkwiderstand Re{Z}.

11.8.3 Wechselstromkreis mit Ohmschem Widerstand oder Induktivität oder Kapazität

Wir betrachten jetzt drei einfache Stromkreise, die neben den (als widerstandsfrei betrachteten) Zuleitungen zur Spannungsquelle nur einen Ohmschen Widerstand R bzw. eine Induktivität L bzw. eine Kapazität C enthalten.

I) *Wechselstromkreis mit rein Ohmschem Widerstand.* (Abb.11.16a)

Das Ohmsche Gesetz $U = RI$ liefert für die komplexe Verallgemeinerung von Strom und Spannung

$$U_c = RI_c \quad . \tag{11.8.9}$$

Der Vergleich mit (11.8.3) zeigt, daß der komplexe Widerstand $Z = Z_R$ in diesem Fall rein reell ist und die Phasenverschiebung φ verschwindet

$$Z_R = R \quad , \quad |Z_R| = R \quad , \quad \varphi_R = 0 \quad . \tag{11.8.10}$$

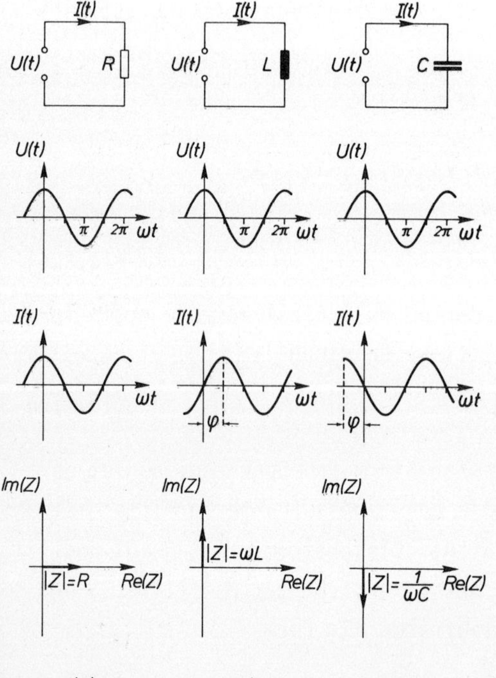

Abb.11.16. Spannung U, Stromstärke I und komplexer Widerstand Z von Wechselstromkreisen, die nur einen Ohmschen Widerstand (a), eine Induktivität (b) bzw. eine Kapazität (c) besitzen

III) *Wechselstromkreis mit Induktivität.* (Abb.11.16b)

Hier gehen wir von der Beziehung (11.3.2) aus, die besagt, daß die in der Induktivität induzierte Spannung $U_{ind} = -L\dot{I}(t)$ in jedem Moment entgegengesetzt gleich der äußeren Spannung U ist, d.h. $L\dot{I} = U$ oder, in komplexen Größen

$$L\dot{I}_c = U_c \quad . \tag{11.8.11}$$

Mit (11.8.1) und (11.8.2) erhält man

$$LI_0\omega i \; e^{i(\omega t-\delta_I)} = LI_0\omega e^{i(\omega t-\delta_I+\pi/2)} = U_0 \; e^{i(\omega t-\delta_U)} \quad .$$

Koeffizientenvergleich liefert

$$|Z| = |Z_L| = \frac{U_0}{I_0} = \omega L \quad , \quad \varphi = \varphi_L = \delta_I - \delta_U = \frac{\pi}{2} \quad ,$$

und damit ist der komplexe Widerstand

$$Z_L = \omega L \; e^{i\pi/2} = i\omega L \tag{11.8.12}$$

rein imaginär. Die Impedanz einer Induktivität ist proportional zu L, verschwindet für Gleichstrom und nimmt proportional zur Frequenz zu. Das liegt daran, daß die den Stromfluß behindernde induzierte Spannung proportional zu $\dot{U}$ und damit zu ω ist. Die Phasenverschiebung zwischen Strom und Spannung ist $\pi/2$, d.h. der Strom ist stets eine Viertelperiode hinter der Spannung verzögert.

III) *Wechselstromkreis mit Kapazität.* (Abb.11.16c)

In den Zuleitungen zum Kondensator fließt ein Strom, der stets die Beziehung $Q = CU$ zwischen Ladung, Spannung und Kapazität aufrecht erhält. Durch Differentiation erhalten wir den Strom $I = \dot{Q} = C\dot{U}$ oder mit komplexen Größen

$$I_c = C\dot{U}_c \quad . \tag{11.8.13}$$

Einsetzen von (11.8.1) und (11.8.2) liefert

$$I_0 \; e^{i(\omega t-\delta_I)} = CU_0\omega i \; e^{i(\omega t-\delta_U)} = CU_0\omega e^{i(\omega t-\delta_U+\pi/2)} \quad ,$$

also

$$|Z| = |Z_C| = \frac{U_0}{I_0} = \frac{1}{\omega C} \quad , \quad \varphi = \varphi_C = \delta_I - \delta_U = -\frac{\pi}{2} \quad ,$$

damit den komplexen Widerstand

$$Z_C = \frac{1}{\omega C} \; e^{-i\pi/2} = -\frac{i}{\omega C} \quad . \tag{11.8.14}$$

Wiederum ist der komplexe Widerstand rein imaginär. Jedoch eilt der Strom gegenüber der Spannung jetzt um eine Viertelperiode vor. Die Impedanz ist umgekehrt proportional zur Kapazität und zur Frequenz. Insbesondere ist sie für Gleichstrom ($\omega = 0$) unendlich hoch. In einem (durch den Kondensator) unterbrochenen Kreis kann kein Gleichstrom fließen. Für eine zeitabhängige

Spannung ist jedoch $I = \dot{Q} = C\dot{U}$. Damit ist der Strom proportional zu C und bei harmonischer Wechselspannung zu deren Frequenz.

11.8.4 Kirchhoffsche Regeln für Wechselstromkreise

Für Wechselstromnetze mit verschiedenen Schaltelementen, Ohmsche Widerstände, Induktivitäten, Kapazitäten gelten die Kirchhoffschen Regeln wie in Gleichstromnetzwerken. Dazu brauchen wir nur die Ausgangsgleichungen (6.5.1), (6.5.2) des Abschnitts 6.5.1 für die Knotenregel

$$\vec{\nabla} \cdot \vec{j} = 0 \quad , \quad \text{d.h.} \quad \oint_a \vec{j} \cdot d\vec{a} = 0 \tag{11.8.15}$$

und für die Maschenregel

$$\oint \vec{E} \cdot d\vec{s} = 0 \tag{11.8.16}$$

für geeignete Netzabschnitte zu etablieren. Die Stationarität des Stromes (11.8.15) gilt nicht an allen beliebigen Stellen des Wechselstromkreises, etwa nicht, wenn die geschlossene Oberfläche a nur eine Kondensatorplatte enthält. Wir müssen vielmehr von der allgemeinen Kontinuitätsgleichung ausgehen (Q^V ist die Gesamtladung innerhalb des Volumens V)

$$\oint_{(V)} \vec{j} \cdot d\vec{a} = \frac{d}{dt} \int_V \rho dV = - \frac{dQ^V}{dt} \quad .$$

Legen wir die geschlossenen Oberflächen der Volumina V jedoch stets so, daß sie die Schaltelemente, insbesondere die Kondensatoren, vollständig enthalten, so kann man die kleinen Ladungsdichten und ihre für kleine Wechselstromfrequenzen kleinen zeitlichen Änderungen auf den Oberflächen der Leitungen vernachlässigen. Dann gilt wegen der Neutralität des Gesamtkondensators und damit aller Schaltelemente $Q = 0$ auch $dQ/dt = 0$ und insgesamt

$$\oint_{(V)} \vec{j} \cdot d\vec{a} = - \frac{dQ^V}{dt} = 0 \quad , \tag{11.8.17}$$

wenn das Volumen V keine Schaltelemente nur teilweise enthält. Für die Ströme an einem Knoten gilt also auch im Wechselstromkreis die erste *Kirchhoffsche Regel*

$$\boxed{\sum_{k=1}^{M} I_k = 0} \quad . \tag{11.8.18}$$

Für die Maschenregel muß man von der Gleichung (11.1.5a) ausgehen und erhält durch Anwendung des Stokeschen Satzes

$$\oint_{(a)} \vec{E} \cdot d\vec{s} = -\frac{d}{dt} \int_a \vec{B} \cdot d\vec{a} \tag{11.8.19}$$

an Stelle von (11.8.16). Wenn die Frequenz des Wechselstromes nicht zu hoch ist, können die Induktionsfelder der Leitungen vernachlässigt werden. Es bleibt die Frage nach der Behandlung der Induktionsfelder von Induktivitäten, d.h. Spulen. Diese Beiträge waren in Abschnitt 11.2. als induzierte Spannung ausgerechnet worden,

$$U^{ind} = -L\dot{I} \quad , \tag{11.8.20}$$

so daß (11.8.19) in der Form

$$\oint_{(a)} \vec{E} \cdot d\vec{s} + \frac{d}{dt} \int_a \vec{B} \cdot d\vec{a} = \sum_{k=1}^{\ell} u_k + \sum_{k=\ell+1}^{m} u_k + \sum_{k=m+1}^{n} u_k + \sum_{k=n+1}^{N} u_k = 0 \tag{11.8.21}$$

geschrieben werden kann, wobei

I) u_k , $k = 1 , \ldots , \ell$; $u_k = -U_k^e$,

U_k^e Spannungen der Stromquellen $k = 1 , \ldots , \ell$,

II) u_k , $k = \ell + 1 , \ldots , m$; $u_k = R_k I$,

Spannungsabfälle der Ohmschen Widerstände R_k,

III) u_k , $k = m + 1 , \ldots , n$; $u_k = \frac{1}{C_k} Q = \frac{1}{C_k} \int I \, dt$

Spannungen der Kapazitäten C_k,

IV) u_k , $k = n + 1 , \ldots , N$; $u_k = -U_k^{ind} = L_k \dot{I}$,

U_k^{ind} Gegenspannungen der Induktivitäten L_k sind. Damit gilt auch hier für den Umlauf um eine Masche

$$\boxed{\sum_{k=1}^{N} u_k = 0} \tag{11.8.22}$$

die *zweite Kirchhoffsche Regel*. Man rechnet am einfachsten wieder mit den komplexen Größen für Ströme, Spannungen und Widerstände.

Für Reihen- und Parallelschaltung geben wir die Ergebnisse hier an.

In einer *Reihenschaltung* aus N Schaltelementen (Abb.11.17a) addieren sich die Teilspannungen, der Strom bleibt erhalten. Damit addieren sich die komplexen Widerstände Z_i zum Gesamtwiderstand

$$Z = Z_1 + Z_2 + \ldots + Z_N \quad . \tag{11.8.23}$$

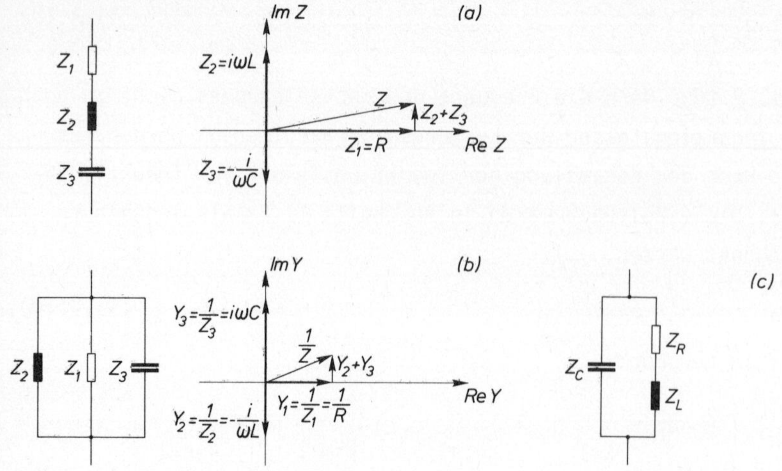

Abb.11.17. Reihenschaltung (a), Parallelschaltung (b) und gemischte Schaltung (c) von Wechselstromwiderständen. Die Anordnungen (a) bzw. (c) aus Ohmschem Widerstand, Induktivität und Kapazität heißen Serien- bzw. Parallelresonanzkreis. Zu (a) und (b) sind die Zeigerdiagramme zur Konstruktion des Gesamtwiderstandes bzw. -leitwertes angegeben, zu (c) ist je eine dieser Konstruktionen nötig

In einer *Parallelschaltung* (Abb.11.17b) addieren sich die Ströme, während an allen Elementen die gleiche Spannung liegt. Damit addieren sich die einzelnen Leitwerte $Y_i = 1/Z_i$ zum Gesamtleitwert

$$Y = Y_1 + Y_2 + \dots Y_N \ , \quad \frac{1}{Z} = \frac{1}{Z_1} + \frac{1}{Z_2} + \dots + \frac{1}{Z_N} \ . \tag{11.8.24}$$

Als Beispiele berechnen wir die komplexen Widerstände für einen *Serienresonanzkreis* (Abb.11.17a), der durch Hintereinanderschaltung von R, L und C entsteht und einen *Parallelresonanzkreis*, dessen einer Zweig eine Kapazität und dessen anderer Induktivität und Ohmschen Widerstand (gewöhnlich einfach als Leitungswiderstand der Spule) enthält. Für den Serienresonanzkreis ergibt sich sofort aus (11.8.23) mit (11.8.10), (11.8.12) und (11.8.14)

$$Z = Z_R + Z_L + Z_C = R + i\left(\omega L - \frac{1}{\omega C}\right) \ . \tag{11.8.25}$$

Der Leitwert des Parallelresonanzkreises ergibt sich als Summe der Leitwerte der beiden Zweige

$$\begin{aligned} Y &= \frac{1}{Z_C} + \frac{1}{Z_R+Z_L} = -\frac{\omega C}{i} + \frac{1}{R+i\omega L} \\ &= \frac{-\omega RC+i(1-\omega^2 LC)}{iR-\omega L} = \frac{R+i\omega(R^2C-L+\omega^2L^2C)}{R^2+\omega^2L^2} \end{aligned} \tag{11.8.26}$$

und für den komplexen Widerstand

$$Z = \frac{1}{Y} = \frac{R+i\omega(L-R^2C-\omega^2L^2C)}{\omega^2R^2C^2+(1-\omega^2LC)^2} \quad . \tag{11.8.26b}$$

11.9 Resonanz

11.9.1 Leistungsaufnahme des Serienresonanzkreises. Resonanz

In einem Serienresonanzkreis mit dem komplexen Widerstand

$$Z = R + i\left(\omega L - \frac{1}{\omega C}\right) \tag{11.9.1a}$$

und dem Leitwert

$$Y = \frac{1}{Z} = \frac{R-i(\omega L - \frac{1}{\omega C})}{R^2+(\omega L - \frac{1}{\omega C})^2} \tag{11.9.1b}$$

ist die mittlere Leistungsaufnahme nach (11.8.8)

$$\langle N\rangle = \frac{1}{2}U_0^2 \,\mathrm{Re}\{Y\} = \frac{1}{2}U_0^2 \frac{R}{R^2+(\omega L - \frac{1}{\omega C})^2} \quad . \tag{11.9.2}$$

Bei festgehaltener Amplitude U_0 der angelegten Spannung und veränderlicher Frequenz erreicht sie offenbar ein Maximum, wenn die Klammer im Nenner verschwindet, d.h. für die Eigenfrequenz

$$\boxed{\omega = \omega_0 = \frac{1}{\sqrt{LC}}} \tag{11.9.3}$$

des ungedämpften Schwingungskreises. Wie in der Mechanik bezeichnen wir die Erscheinung maximaler Leistungsaufnahme als *Resonanz* und die Frequenz (11.9.3) als Resonanzfrequenz. Bei dieser Frequenz wird offenbar der Leitwert Y und damit auch der komplexe Widerstand Z rein reell: die Phasenverschiebung φ verschwindet. Da nach (11.8.25) die Impedanz $|Z|$ bei der Resonanzfrequenz ein Minimum hat, wird dort auch die Amplitude $I_0 = U_0/|Z|$ der Stromstärke maximal.

Insgesamt ergibt sich für die verschiedenen Größen eines Serienresonanzkreises folgender Frequenzverlauf:

I) *Phasenwinkel*

$$\tan\varphi = \frac{\mathrm{Im}\{Z\}}{\mathrm{Re}\{Z\}} = \frac{\omega L - \frac{1}{\omega C}}{R} = \frac{\omega^2-\omega_0^2}{2\gamma\omega} \quad . \tag{11.9.4}$$

Dabei ist der Dämpfungsfaktor γ wie in (11.7.4a) durch

$$\gamma = \frac{R}{2L} \qquad (11.9.5)$$

gegeben.

II) *Stromamplitude*

$$I_0 = \frac{U_0}{|Z|} = \frac{U_0}{\sqrt{R^2+(\omega L - \frac{1}{\omega C})^2}} = \frac{U_0}{R} \frac{2\gamma\omega}{\sqrt{4\gamma^2\omega^2+(\omega^2-\omega_0^2)^2}} \quad . \qquad (11.9.6)$$

III) *Leistungsaufnahme*

$$\langle N\rangle = \frac{1}{2} \frac{U_0^2}{R} \frac{4\gamma^2\omega^2}{4\gamma^2\omega^2+(\omega^2-\omega_0^2)^2} = \frac{1}{2} I_0^2 R \quad . \qquad (11.9.7)$$

Experiment 11.7. Resonanz im Wechselstromkreis

In einem "Frequenzgenerator" wird nach dem Prinzip von Abschnitt 11.7.3 eine Wechselspannung konstanter Amplitude aber wählbarer Frequenz erzeugt und an einen Serienresonanzkreis gelegt (Abb.11.18a). Spannung und Strom (letzterer über den ihm proportionalen Spannungsabfall am Widerstand) werden in ihrem Zeitverlauf für verschiedene Frequenzen oszillographisch dargestellt (Abb.11.18e). Die aus den Oszillogrammen abgelesenen Werte für Stromamplitude und Phase sind in Abb.11.18c und d eingetragen. Sie liegen auf den aus (11.9.6) bzw. (11.9.4) berechneten Kurven. Die Resonanzkurve der mittleren Leistungsaufnahme (Abb.11.18b) wurde nach (11.9.7) berechnet. Die eingetragenen Meßwerte wurden aus der Stromamplitude über $\langle N\rangle = I_0^2 R/2$ gewonnen.

11.9.2 Resonanzbreite

Wir berechnen jetzt die Breite der Resonanzkurve in Abb.11.18b, d.h. die Differenz $\omega_2 - \omega_1$ der Kreisfrequenzen, bei denen die Leistung $\langle N\rangle$ ihren halben Maximalwert erreicht. Für diese Frequenzen gilt mit (11.9.2)

$$\left(\omega L - \frac{1}{\omega C}\right)^2 = R^2$$

oder mit (11.9.7)

$$\left(\omega^2 - \omega_0^2\right)^2 = 4\gamma^2\omega^2$$

oder

$$\omega^2 - \omega_0^2 = \pm 2\gamma\omega .$$

Daraus folgt für die Werte $\omega_{1,2}$, bei denen die Leistung $\langle N\rangle$ ihren halben Maximalwert erreicht

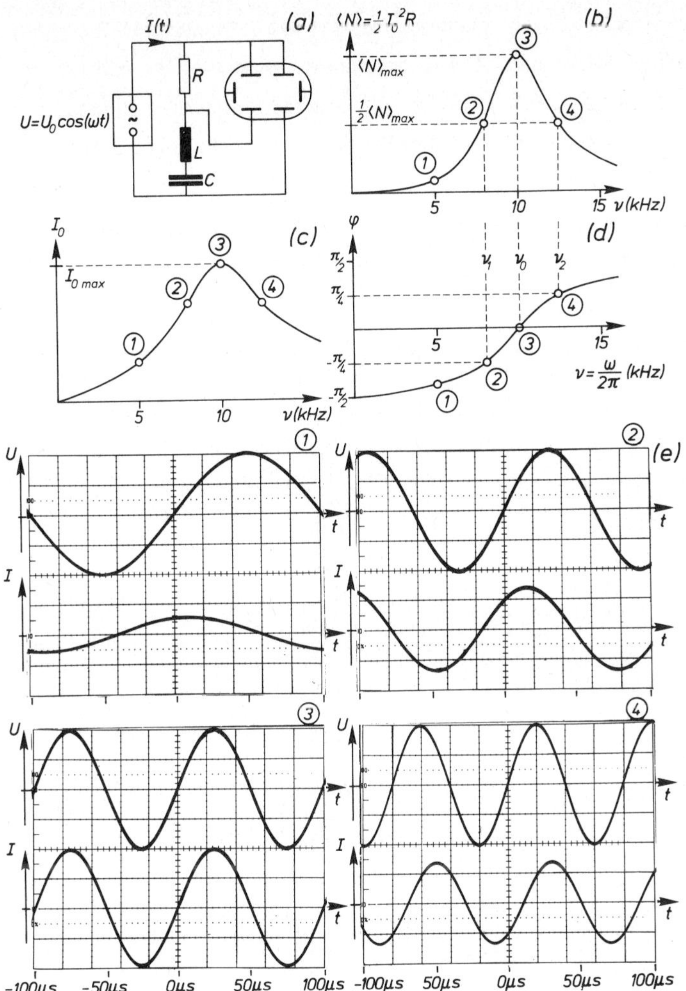

Abb.11.18. Schaltung zur oszillographischen Beobachtung der Resonanz im Serienresonanzkreis (a). Berechnete Kurven für die Frequenzabhängigkeit der Leistungsaufnahme (b), Stromamplitude (c) und Phasenverschiebung (d) mit Meßwerten. Oszillogramme von Strom und Spannung bei verschiedenen Frequenzen, aus denen die Meßwerte entnommen wurden (e)

$$\omega_{1,2} = \sqrt{\omega_0^2 + \gamma^2} \mp \gamma \quad .$$

Ihre Differenz ist die *Resonanzbreite*

$$\boxed{\omega_2 - \omega_1 = 2\gamma = R/L} \quad . \tag{11.9.8}$$

Sie ist um so geringer, je kleiner die Dämpfung des Resonanzkreises ist. Ein Resonanzkreis eignet sich daher zur Frequenzanalyse einer Überlagerung von Wechselspannungen verschiedener Frequenzen. Bildet ein solches Gemisch die Eingangsspannung eines Resonanzkreises geringer Dämpfung, so führt jeweils nur der Frequenzbereich $\omega_0 \pm \Delta\omega = \omega_0 \pm \gamma$ zu erheblicher Leistungsaufnahme im Kreis. Durch "Durchstimmen" des Kreises, d.h. Veränderung seiner Eigenfrequenz $\omega_0 = 1/\sqrt{LC}$ etwa mit einem veränderlichen Kondensator, können beliebige Frequenzbereiche ausgewählt werden. Nach diesem Prinzip wird ein Rundfunkempfänger an die Frequenz des gewünschten Senders angepaßt.

11.9.3 Analogien zur Mechanik. Einschwingvorgänge

Wir haben in diesem Abschnitt die Eigenschaften des Serienresonanzkreises aus seinem komplexen Widerstand als Summe der Teilwiderstände $Z = Z_R + Z_L + Z_C$ gewonnen. Mit Hilfe von (11.7.1) können wir jedoch auch explizit den Zusammenhang zwischen der Spannung U, dem Strom I und der Ladung des Kondensators Q angeben

$$L\dot{I} + RI + Q/C = U = U_0 \cos(\omega t - \delta_U) \quad . \qquad (11.9.9a)$$

Wir wählen – ohne Einschränkung der Allgemeinheit, da es sich nur um eine Festlegung des Zeitnullpunktes handelt – als Phase $\delta_U = \pi/2$ und erhalten nach einmaliger Ableitung

$$L\ddot{I} + R\dot{I} + \frac{1}{C} I = \omega U_0 \cos\omega t \quad . \qquad (11.9.9b)$$

Nach Division durch L ergibt sich die Form

$$\ddot{I} + 2\gamma\dot{I} + aI = k \cos\omega t \qquad (11.9.9b)$$

mit

$$2\gamma = \frac{R}{L} \quad , \quad a = \omega_0^2 = \frac{1}{LC} \quad , \quad k = \frac{\omega U_0}{L} \quad . \qquad (11.9.9d)$$

Dies ist die Differentialgleichung der erzwungenen Schwingung eines gedämpften Oszillators mit harmonischer Erregung, die wir in [Bd.I, Abschnitt 10.3] ausführlich diskutiert haben. Wie dort ersetzen wir sie durch die entsprechende komplexe Differentialgleichung

$$\ddot{I}_c + 2\gamma\dot{I}_c + aI_c = k\, e^{i\omega t} \quad . \qquad (11.9.10)$$

Führt man die Identifikation entsprechender Größen des mechanischen und elektrischen Oszillators im einzelnen durch und überträgt man dann die im [Bd.I] angegebene Lösung für große Zeiten auf den elektrischen Fall, so stellt man fest, daß sie völlig identisch mit unserer Lösung

$$I_c = YU_c = |Y| U_0\, e^{i(\omega t - \varphi)} \qquad (11.9.11)$$

ist, wobei der Leitwert Y in der Tat die Form (11.9.1b) hat.

Allerdings wurde in [Bd.I] gezeigt, daß unmittelbar nach dem Einschalten der Erregung (hier der äußeren Wechselspannung) ein Einschwingvorgang stattfindet, der aber für Zeiten

$$t \gg 1/\gamma \quad \text{bzw.} \quad t \gg \left(\gamma-\sqrt{\gamma^2-\omega_0^2}\right)^{-1}$$

abgeklungen ist. (Je nachdem ob $\gamma^2 < \omega_0^2$ oder $\gamma^2 > \omega_0^2$, je nachdem also ob $R^2 < 4L/C$ oder $R^2 > 4L/C$ gilt, muß die erste oder die zweite Bedingung erfüllt sein.) Mit (11.9.9d) zeigt man leicht, daß die Forderungen in jedem Fall erfüllt sind, wenn

$$t \gg \tau_{RL} = \frac{L}{R} \quad \text{und} \quad t \gg \tau_{RC} = RC \tag{11.9.12}$$

gilt. Die Dauer des Einschwingvorgangs ist durch die größere der beiden Zeitkonstanten gegeben, die wir in Abschnitt 11.3 bei den Einschaltvorgängen im RL- und RC-Kreis kennengelernt haben.

11.9.4 Momentane Leistung im Serienresonanzkreis

Wir berechnen jetzt noch einmal die momentane Leistungsaufnahme $N(t) = UI$ eines Wechselstromkreises (vgl. Abschnitt 11.8.2) und zwar für den Fall des Serienresonanzkreises. Dazu multiplizieren wir (11.9.9a) mit I und erhalten direkt

$$\begin{aligned} N(t) = UI &= I^2R + LI\dot{I} + \frac{1}{C}IQ \\ &= I^2R + \frac{d}{dt}\left(\frac{1}{2}LI^2\right) + \frac{d}{dt}\left(\frac{1}{2C}Q^2\right) \\ &= I^2R + \dot{W}_m + \dot{W}_e \quad . \end{aligned} \tag{11.9.13}$$

Der erste Term heißt momentane *Wirkleistung* und ist gleich der Jouleschen Verlustleistung $N_W(t) = I^2(t)R$ im Ohmschen Widerstand. Die beiden weiteren Terme beschreiben die Änderung der in der Induktivität gespeicherten magnetischen Feldenergie W_m und der in der Kapazität gespeicherten elektrischen Feldenergie W_e. Die Summe dieser Terme heißt momentane *Blindleistung* $N_B(t)$. Der Vergleich mit (11.8.8a) zeigt sofort, daß der zeitliche Mittelwert der Leistung gleich der mittleren Wirkleistung ist

$$\langle N(t)\rangle = \langle I^2(t)\rangle R = \frac{1}{2}I_0^2R = \frac{1}{2}I_0^2\,\mathrm{Re}\{Z\} = \langle N_W(t)\rangle \quad .$$

Der Zeitmittelwert der Blindleistung verschwindet, denn die zum Aufbau eines elektrischen oder magnetischen Feldes der Spannungsquelle entzogene Energie wird ihr bei dessen Abbau wieder zugeführt.

Aufgaben

11.1: Fernleitungen für elektrische Energie arbeiten im allgemeinen mit einer hohen Wechselspannung (z.B. $U_{eff} = 220\,000$ V), während Generatoren und Verbraucher niedrigere Arbeitsspannungen haben. Zeigen Sie, daß für gegebenen Widerstand R der Leitung der Wirkungsgrad $\eta = (N-\Delta N)/N$ der Leitung (ΔN Ohmsche Verlustleistung der Leitung, N Leistung von Verbraucher und Leitung) mit der Spannung zunimmt, so daß sich der Einbau von Transformatoren an den Enden der Leitungen lohnt.

11.2: Konstruieren Sie die Wheatstonesche Brücke aus Aufgabe 6.4 zu einer *Wechselstrombrücke* um, indem Sie die Gleichspannungsquelle durch eine Wechselspannungsquelle und den unbekannten Widerstand R_x und einen weiteren Widerstand durch Induktivitäten L_x und L bzw. Kapazitäten C_x und C ersetzen. Erläutern Sie die Arbeitsweise der Brücke.

11.3: In einem Wechselstromkreis arbeite ein Verbraucher aus Ohmschem Widerstand R und Induktivität L in Serienschaltung. Er bewirkt eine Phasenverschiebung zwischen Strom und Spannung. Um sie zu kompensieren, wird parallel zum Verbraucher eine Reihenschaltung aus Kapazität C und Induktivität L' gelegt.
Berechnen Sie die Werte C, L' zu gegebenem R, L und ω.

11.4: In Kapitel 8 wurde die Gleichrichtereigenschaft von Dioden diskutiert. Die *Einwegschaltung* der Abb.11.19a verursacht am Verbraucher R den skizzierten Spannungsverlauf. Man spricht von einer *pulsierenden Gleichspannung*. Berechnen Sie deren Effektivwert.

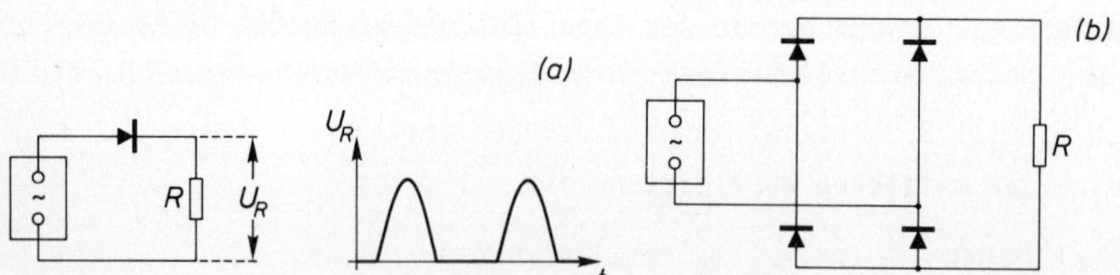

Abb.11.19. (a) Einweg-Gleichrichterschaltung mit Spannungsverlauf am Verbraucher. (b) Zweiweg-Gleichrichterschaltung (Graetzschaltung)

11.5: Skizzieren Sie den Spannungsverlauf am Verbraucher für die *Zweiweg-schaltung* in Abb.11.19b und geben Sie ihren Effektivwert an.

11.6: Welcher Spannungsverlauf ergibt sich in Ein- und Zweiwegschaltungen, wenn parallel zum Verbraucher R eine Kapazität C geschaltet wird? Wie muß C bemessen sein, damit U_R möglichst wenig schwankt?

11.7: Wie müssen Sie die Dimensionierung der Schaltelemente in Abb.11.6a verändern, um die Anstiegszeit der oberen beiden Kurven in Abb.11.6b zu verkürzen, so daß Sie "rechteckige" Signale erhalten, ohne daß sich deren Länge oder Wiederholungsfrequenz ändert?

12. Die Maxwellschen Gleichungen

In Kapitel 11 haben wir die Feldgleichungen für zeitunabhängige statische Ladungsverteilungen ($\vec{\nabla}\times\vec{E}=0$, $\vec{\nabla}\cdot\vec{D}=\rho$, $\vec{D}=\varepsilon\varepsilon_0\vec{E}$) und ebenfalls zeitunabhängige stationäre Stromdichteverteilungen ($\vec{\nabla}\times\vec{H}=\vec{j}$, $\vec{\nabla}\cdot\vec{B}=0$, $B=\mu\mu_0\vec{H}$) dadurch auf den Fall langsam veränderlicher – quasistationärer – Felder verallgemeinert, daß wir die Beziehung $\vec{\nabla}\times\vec{E}=0$ durch das Induktionsgesetz $\vec{\nabla}\times\vec{E}=-\dot{\vec{B}}$ ersetzten. Es wird auch *erste Maxwellsche Gleichung* genannt und verknüpft die Rotation des elektrischen Feldes $\vec{E}$ mit der Zeitableitung des magnetischen Induktionsfeldes $\vec{B}$. Außerhalb von Materie sind die Materialgrößen ε und μ gleich Eins, so daß dort die Feldgleichungen die Form

$$\vec{\nabla}\times\vec{E} = -\dot{\vec{B}} \quad , \tag{12.0.1a}$$

$$\vec{\nabla}\cdot\vec{E} = \rho/\varepsilon_0 \quad , \tag{12.0.1b}$$

$$\vec{\nabla}\times\vec{B} = \mu_0\vec{j} \quad , \tag{12.0.1c}$$

$$\vec{\nabla}\cdot\vec{B} = 0 \tag{12.0.1d}$$

annehmen. Bei beliebiger Zeitabhängigkeit müssen wir auch die zweite Rotationsbeziehung, das *Ampèresche Gesetz* (12.0.1c), abändern. In der dann gewonnenen zweiten Maxwellschen Gleichung wird neben dem magnetischen Induktionsfeld $\vec{B}$ und der Stromdichte $\vec{j}$ auch die Zeitableitung des elektrischen Feldes $\vec{E}$ auftreten. Der so erhaltene Satz von Gleichungen beschreibt die Elektrodynamik außerhalb von Materie vollständig. Er kann im übrigen ohne Schwierigkeiten in relativistisch kovarianter Form formuliert werden, beschreibt also ein elektrodynamisches Problem in jedem beliebigen Lorentzsystem.

Wir werden in diesem Kapitel zunächst die Erweiterung des Ampèreschen Gesetzes zur zweiten Maxwell-Gleichung vornehmen. Bei der sich anschließenden kovarianten Formulierung gehen wir vom elektrostatischen Feld einer Punktladung in ihrem Ruhsystem aus und gewinnen durch Lorentztransformation in ein bewegtes System daraus direkt die allgemeinen Maxwell-Gleichungen. Wir wenden uns dann den Maxwell-Gleichungen in Materie zu und diskutieren schließlich den Energieflußvektor und den Energieerhaltungssatz der Elektrodynamik.

12.1 Maxwellsche Gleichungen in Abwesenheit von Materie

12.1.1 Differentielle Form der Maxwellschen Gleichungen

Die Gleichungen (12.0.1) sind insoweit noch unvollständig, als sie exakt nur Vorgänge mit stationären Strömen

$$\vec{\nabla}\cdot\vec{j} = 0 \quad , \quad \text{d.h.} \quad \frac{\partial\rho}{\partial t} = 0 \tag{12.1.1}$$

beschreiben. Diese Einschränkung wurde nicht nur bei der Herleitung der Gleichung (12.0.1c) in Abschnitt 9.7 benutzt, sondern ist auch eine Konsequenz dieser Relation, wie man durch Divergenzbildung sieht

$$\vec{\nabla}\cdot(\mu_0\vec{j}) = \vec{\nabla}\cdot(\vec{\nabla}\times\vec{B}) = 0 \quad , \tag{12.1.2}$$

da ein Spatprodukt, in dem zwei gleiche Vektoren vorkommen, verschwindet.

Für nichtstationäre Vorgänge widerspricht die Beziehung (9.7.13) also der Kontinuitätsgleichung

$$\vec{\nabla}\cdot\vec{j} = -\frac{\partial\rho}{\partial t} \tag{12.1.3}$$

und damit der Ladungserhaltung. Wie die Stationaritätsbedingungen (12.1.1) zeigen, muß ein stationärer Strom $\vec{j}$ nicht unbedingt zeitunabhängig sein, er muß nur quellenfrei sein. Wegen der Kontinuitätsgleichung (12.1.3) folgt dann allerdings, daß die Ladungsdichte zeitunabhängig ist.

Ein Beispiel für ein System, in dem ein zeitabhängiger stationärer Strom fließt, ist ein Wechselstrom in einem (ideal leitenden) metallischen Leitersystem, z.B. im geschlossenen Sekundärkreis eines Transformators. Ein solcher Stromkreis darf also keine Kapazitäten enthalten. Da die metallischen Leiter überall lokal neutral sind, gilt also stets

$$\rho = 0 \quad , \quad \text{d.h.} \quad \text{insbesondere } \frac{\partial\rho}{\partial t} = 0 \quad ,$$

damit gilt auch

$$\vec{\nabla}\cdot\vec{j} = 0 \quad ,$$

und die Voraussetzungen für die Gleichungen (11.1.5) sind erfüllt.

Die Situation ändert sich jedoch, wenn in den Wechselstromkreis auch ein Kondensator eingeschaltet ist. Wir betrachten als einfachstes Beispiel einen Stromkreis, in dem sich eine Gleichspannungsquelle, ein Ohmscher Widerstand und ein Kondensator befinden (Abb.11.3). Dieses System haben wir in Abschnitt 11.3.3 durchgerechnet. Nach dem Einschalten fließt im metallischen Teil des Stromkreises ein Strom

$$I(t) = I_0 \exp(-\frac{1}{RC}t) \quad , \quad I_0 = \frac{U}{R} \quad . \tag{12.1.4}$$

Zwischen den Platten des Kondensators fließt kein Strom. Statt dessen sammelt sich auf ihrer Oberfläche eine Ladung, deren zeitliche Ableitung durch

$$\frac{dQ}{dt} = I \tag{12.1.5}$$

gegeben ist. Gleichzeitig baut sich zwischen den Platten ein zeitabhängiges elektrisches Feld auf. Es ist durch die Ladungsdichte auf den Platten gegeben, vgl. (11.1.5),

$$\vec{\nabla} \cdot \vec{E} = \frac{1}{\varepsilon_0} \rho \quad . \tag{12.1.4}$$

Durch Integration über ein zylinderförmiges Volumen V, das eine der beiden Kondensatorplatten enthält, gewinnen wir mit dem Gaußschen Satz für den elektrischen Fluß durch die Oberfläche des Zylindervolumens

$$\Phi = \int_{(V)} \vec{E} \cdot d\vec{a} = \frac{1}{\varepsilon_0} \int_V \rho dV = \frac{1}{\varepsilon_0} Q \quad , \tag{12.1.5}$$

wobei Q die Ladung auf der einen Kondensatorplatte ist. Da bei einem Plattenkondensator mit großen Platten und kleinem Abstand das elektrische Feld praktisch nur zwischen den Platten vorhanden ist, gilt bei Integration über eine halbdosenartige Teiloberfläche a_1 des Zylinders (Abb.12.1)

$$\Phi = \int_{a_1} \vec{E} \cdot d\vec{a} = \frac{1}{\varepsilon_0} Q \quad , \tag{12.1.6}$$

denn der weggelassene Zylinderdeckel a_2 außerhalb des Kondensators liefert keinen Beitrag. Durch Differentiation folgt daraus, daß die zeitliche Änderung des elektrischen Flusses bis auf den Faktor $1/\varepsilon_0$ durch den Strom bestimmt ist

$$I = \varepsilon_0 \frac{d\Phi}{dt} \quad . \tag{12.1.7}$$

Wenden wir uns nun dem vom Strom I verursachten Induktionsfeld B zu. Ist $\vec{j}$ die Stromdichte, so ist $\vec{B}$ durch (11.1.5)

$$\vec{\nabla} \times \vec{B} = \mu_0 \vec{j} \tag{12.1.8}$$

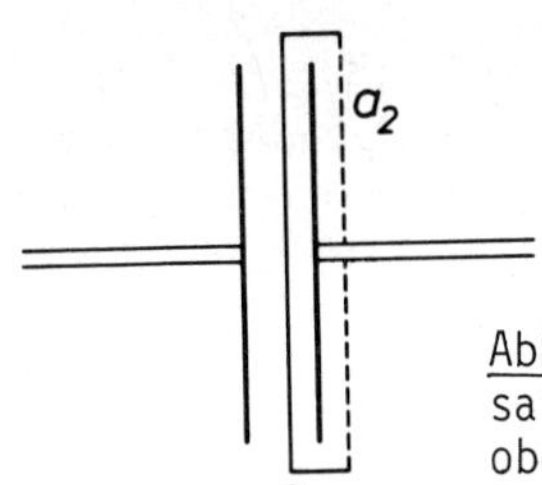

Abb.12.1. Stromführender Leiter, der durch einen Kondensator unterbrochen ist. Die beiden eingezeichneten Teiloberflächen a_1 und a_2 eines Zylinders V haben den gleichen Rand (a), jedoch schneidet nur a_2 den Leiter

bestimmt. Durch Integration über eine Fläche a_2, die den Leiterquerschnitt enthält, erhalten wir nach Anwendung des Stokesschen Satzes

$$\int_{(a_2)} \vec{B} \cdot d\vec{s} = \mu_0 \int_{a_2} \vec{j} \cdot d\vec{a} = \mu_0 I \quad . \tag{12.1.9}$$

Natürlich können wir an Stelle einer Fläche a_2, die den Leiterquerschnitt enthält, auch eine Fläche mit dem gleichen Rand wählen, die gerade zwischen den Kondensatorplatten verläuft. Das kann etwa die halbdosenartige Fläche a_1 der Abb.12.1 sein. Offenbar liefert das Integral über die Stromdichte bei dieser Wahl der Fläche

$$\int_{a_1} \vec{j} \cdot d\vec{a} = 0 \quad ,$$

so daß ein Widerspruch zu (12.1.9) für den Fall entsteht, daß der Stromkreis eine Kapazität enthält. Offenbar muß die rechte Seite des Umlaufintegrals über $\vec{B}$ durch den Term $\varepsilon_0(d\Phi/dt)$ ergänzt werden, so daß man mit $\varepsilon_0\mu_0 = c^{-2}$

$$\int_{(a)} \vec{B} \cdot d\vec{s} = \mu_0\left(I + \varepsilon_0 \frac{d\Phi}{dt}\right) = \mu_0 I + \frac{1}{c^2}\frac{d\Phi}{dt} \tag{12.1.10}$$

erhält. Hier übernimmt der Zusatzterm für den Bereich des Kondensators die Rolle des Leitungsstromes. Der Betrag $\varepsilon_0(d\Phi/dt)$ heißt *Verschiebungsstrom* und wegen

$$\varepsilon_0 \frac{d\Phi}{dt} = \int_a \varepsilon_0 \frac{\partial \vec{E}}{\partial t} \cdot d\vec{a} \tag{12.1.11}$$

heißt $\varepsilon_0(\partial\vec{E}/\partial t)$ *Verschiebungsstromdichte*. Sie liefert den Zusatzterm, der in (12.1.8) erforderlich ist, um auch nichtstationäre Vorgänge beschreiben zu können

$$\vec{\nabla} \times \vec{B} = \mu_0 \vec{j} + \frac{1}{c^2}\frac{\partial \vec{E}}{\partial t} \quad . \tag{12.1.12}$$

Diese Beziehung kann man auch direkt gewinnen. In der Kontinuitätsgleichung (12.1.3) ersetzen wir mit Hilfe der Maxwell-Gleichung (12.0.1) $\partial\rho/\partial t$ durch

$$\frac{\partial\rho}{\partial t} = \vec{\nabla}\cdot\left(\varepsilon_0 \frac{\partial\vec{E}}{\partial t}\right)$$

und erhalten

$$0 = \vec{\nabla}\cdot\vec{j} + \frac{\partial\rho}{\partial t} = \vec{\nabla}\left(\vec{j}+\varepsilon_0 \frac{\partial\vec{E}}{\partial t}\right) \quad . \tag{12.1.13}$$

Offenbar ist die Größe

$$\vec{j} + \varepsilon_0 \frac{\partial\vec{E}}{\partial t} \tag{12.1.14}$$

gerade stationär. Das Verschwinden ihrer Divergenz ist äquivalent zur Kontinuitätsgleichung, wie (12.1.13) zeigt.

James Clerk Maxwell erweiterte in den Jahren 1861-1864 mit dieser Beobachtung die Gültigkeit der Feldgleichungen (11.1.5) auf nichtstationäre Systeme, indem er an die Stelle des Ampèreschen Gesetzes (11.1.5d) die allgemeinere Gleichung

$$\vec{\nabla}\times\vec{B} = \mu_0\left(\vec{j}+\varepsilon_0 \frac{\partial\vec{E}}{\partial t}\right) = \mu_0\vec{j} + \frac{1}{c^2}\frac{\partial\vec{E}}{\partial t} \tag{12.1.15}$$

setzte. Diese Form geht für stationäre Ströme wegen $\partial\vec{E}/\partial t = 0$ sofort in das ursprüngliche Ampèresche Gesetz über und ist andererseits – wie man durch Divergenzbildung und mit Hilfe von (12.1.4) sieht – mit der Kontinuitätsgleichung (12.1.3) für nichtstationäre Ströme verträglich.

Insgesamt lauten die das elektromagnetische Feld in Abwesenheit von Materie beschreibenden Gleichungen nun

$$\vec{\nabla}\times\vec{E} = -\frac{\partial\vec{B}}{\partial t} \quad , \tag{12.1.16a}$$

$$\vec{\nabla}\cdot\vec{E} = \frac{1}{\varepsilon_0}\rho \quad , \tag{12.1.16b}$$

$$\vec{\nabla}\times\vec{B} = \mu_0\vec{j} + \frac{1}{c^2}\frac{\partial\vec{E}}{\partial t} \quad , \tag{12.1.16c}$$

$$\vec{\nabla}\cdot\vec{B} = 0 \quad . \tag{12.1.16d}$$

Sie bestimmen Divergenz und Rotation der beiden Vektorfelder $\vec{E}$ und $\vec{B}$. Sie sind insoweit vollständig, als wir in Abschnitt 2.12 gesehen haben, daß die Angabe von Divergenz und Rotation eines Vektorfeldes dieses für vorgegebene Randbedingungen eindeutig festlegt.

Man nennt die obigen Beziehungen die *Maxwellschen Gleichungen für das elektromagnetische Feld im Vakuum*. Durch Einführung des Feldes $\vec{D}$ der dielektrischen Verschiebung im Vakuum

$$\vec{D} = \varepsilon_0 \vec{E} \qquad (12.1.17)$$

und des magnetischen Feldes $\vec{H}$ im Vakuum durch

$$\vec{H} = \frac{1}{\mu_0} \vec{B} \qquad (12.1.18)$$

lassen sich die Maxwellschen Gleichungen im Vakuum in eine Gestalt bringen, die allgemeiner auch für Materialien gültig ist, wie wir später zeigen werden

$$\vec{\nabla} \times \vec{E} = -\frac{\partial \vec{B}}{\partial t} \quad , \qquad (12.1.19a)$$

$$\vec{\nabla} \cdot \vec{D} = \rho \quad , \qquad (12.1.19b)$$

$$\vec{\nabla} \times \vec{H} = \vec{j} + \frac{\partial \vec{D}}{\partial t} \quad , \qquad (12.1.19c)$$

$$\vec{\nabla} \cdot \vec{B} = 0 \quad . \qquad (12.1.19d)$$

Zum Schluß fügen wir noch eine Bemerkung über quasi-stationäre Vorgänge, wie wir sie in Kapitel 11 behandelt haben, an. Wir haben in diesem Abschnitt gesehen, daß die quasistationären Gleichungen (11.1.5) nur für stationäre Ströme

$$\vec{\nabla} \cdot \vec{j}(t,\vec{r}) = 0$$

exakt gültig sind. Das bedeutet, daß die Ladungsdichte $\rho(t,\vec{r})$ überall zeitunabhängig sein muß, d.h.

$$\frac{\partial \rho(t,\vec{r})}{\partial t} = 0 \quad .$$

Diese Bedingung ist aber insbesondere für den Kondensator nicht gegeben. Für die Berechnung von Wechselstromkreisen benutzt man trotzdem die quasistationären Gleichungen. Man verlangt die genäherte Gültigkeit der Kontinuitätsgleichung nur für Volumina, die den Kondensator umfassen:

$$\frac{dQ^V}{dt} = \int_V \frac{\partial \rho(t,\vec{r})}{\partial t} \, dV = \int_V \vec{\nabla} \cdot \vec{j}(t,\vec{r}) dV = \int_{(V)} \vec{j}(t,\vec{r}) \cdot d\vec{a} = I(t) .$$

Die rechte Seite ist im Rahmen der quasistationären Behandlung gleich Null, weil die durch die Leitungen des Kondensators fließenden Ströme einander aufheben. Es gilt also für so gewählte Volumina

$$\int_V \vec{\nabla} \circ \vec{j}(t,\vec{r}) dV = \int_{(V)} \vec{j}(t,\vec{r}) \cdot d\vec{a} = 0 \quad .$$

Nur diese Beziehung wurde in 11.8.4 zur Herleitung der Kirchhoff'schen Regeln für Wechselstromkreise benutzt.

12.1.2 Integralform der Maxwellschen Gleichungen

Neben der Formulierung der Maxwellschen Gleichungen als Differentialgleichungen für die lokalen Feldgrößen $\vec{E}$, $\vec{D}$, $\vec{B}$ und $\vec{H}$ und den Inhomogenitäten, die die Ladungen durch Ladungs- und Stromdichte ρ und $\vec{j}$ beschreiben, kann man auch eine Integralform der Maxwellschen Gleichungen angeben, die in vielen Fällen direkte Anwendung erfährt. Die meisten dieser Beziehungen haben wir bereits kennengelernt, wir wollen sie hier nochmal zusammenstellen. Dazu betrachten wir zunächst einen Satz von globalen Größen – an Stelle der Felder Spannungen und Flüsse, an Stelle der Dichten Ladungen und Ströme –, die sich mit Linien-, Oberflächen- und Volumenintegralen aus den lokalen Größen gewinnen lassen.

I) Die *elektrische Spannung* U^C zwischen den Endpunkten der Kurve C ist das Linienintegral der elektrischen Feldstärke $\vec{E}$ über das Kurvenstück C

$$U^C = \int_C \vec{E}\cdot d\vec{s} \qquad (12.1.20)$$

Diese Spannung ist wegen der im allgemeinen in $\vec{E}$ vorhandenen Wirbel nicht wegunabhängig.

II) Der *dielektrische Verschiebungsfluß* Ψ^a durch die Fläche a ist das Oberflächenintegral der dielektrischen Verschiebung über das orientierte Flächenstück a

$$\Psi^a = \int_a \vec{D}\cdot d\vec{a} \quad . \qquad (12.1.21)$$

Da $\vec{D}$ nicht quellenfrei zu sein braucht, ist Ψ^a nicht nur von der Randkurve (a) des Flächenstückes a abhängig.

III) Der *magnetische Induktionsfluß* Φ_m^a durch die Fläche a ist analog zu II) das Oberflächenintegral der magnetischen Induktion über das orientierte Flächenstück a

$$\Phi_m^a = \int_a \vec{B}\cdot d\vec{a} \qquad (12.1.22)$$

Da die Induktion quellenfrei ist, ist Φ_m^a nur vom Rand (a) des Flächenstückes a abhängig.

IV) Die *magnetische Spannung* zwischen den Endpunkten des Kurvenstückes C ist das Linienintegral der magnetischen Feldstärke $\vec{H}$ über das Kurvenstück C

$$U_m^C = \int_C \vec{H} \cdot d\vec{s} \quad . \tag{12.1.23}$$

Da $\vec{H}$ nicht wirbelfrei ist, hängt U_m^C vom Verlauf der Kurve C zwischen den Endpunkten ab.

V) Die *elektrische Ladung* Q^V im Volumen V ist das Volumenintegral der Ladungsdichte ρ über das Volumen V

$$Q^V = \int_V \rho \, dV \quad . \tag{12.1.24}$$

VI) Der *elektrische Strom* I^a durch das Flächenstück a ist das Oberflächenintegral der Stromdichte $\vec{j}$ über das orientierte Flächenstück a

$$I^a = \int_a \vec{j} \cdot d\vec{a} \quad . \tag{12.1.25}$$

Da der Strom im allgemeinen nicht quellenfrei ist, hängt dieses Integral von der Wahl der Fläche und nicht nur von ihrem Rand ab.

Die Integralform der Maxwell-Gleichungen und der Kontinuitätsgleichung erhält man nun durch Anwendung des Gaußschen und Stokesschen Integralsatzes.

I) *Faradaysches Induktionsgesetz*

$$\boxed{U^{(a)} = \oint_{(a)} \vec{E} \cdot d\vec{s} = -\frac{d}{dt} \int_a \vec{B} \cdot d\vec{a} = -\frac{d}{dt} \Phi_m^a} \quad . \tag{12.1.26}$$

Die elektrische Umlaufspannung $U^{(a)}$ über den Rand (a) des Flächenstückes a ist gleich der negativen Änderung des magnetischen Induktionsflusses Φ_m^a durch dieses Flächenstück.

II) *Gaußsches Flußgesetz*

$$\boxed{\Psi^{(V)} = \oint_{(V)} \vec{D} \cdot d\vec{a} = \int_V \rho \, dV = Q^V} \quad . \tag{12.1.27}$$

Der dielektrische Verschiebungsfluß $\Psi^{(V)}$ durch den Rand (V) des Volumens V ist gleich der Gesamtladung Q^V in diesem Volumen.

III) *Oerstedsches Flußgesetz* (Nichtexistenz magnetischer Ladungen)

$$\boxed{\Phi_m^{(V)} = \oint_{(V)} \vec{B} \cdot d\vec{a} = 0} \quad . \tag{12.1.28}$$

Der magnetische Induktionsfluß $\Phi_m^{(V)}$ durch die (geschlossene) Oberfläche (V) des Volumens V verschwindet. In einer Interpretation in Analogie zum Coulombschen Flußgesetz besagt das, daß keine magnetischen Ladungen existieren.

IV) *Maxwellsches Verschiebungsstromgesetz*

$$U_m^{(a)} = \int_{(a)} \vec{H} \cdot d\vec{s} = \int_a \vec{j} \cdot d\vec{a} + \frac{d}{dt} \int_a \vec{D} \cdot d\vec{a} = I^a + \frac{d}{dt} \Psi^a \quad . \qquad (12.1.29)$$

Die magnetische Umlaufspannung $U_m^{(a)}$ über den Rand (a) der Fläche a ist gleich der Summe aus elektrischem Strom I^a und Verschiebungsstrom $I_D^a = d\Psi^a/dt$ durch diese Fläche. Der Verschiebungsstrom ist gleich der zeitlichen Änderung des dielektrischen Verschiebungsflusses Ψ^a.

V) *Kontinuitätsgleichung. Ladungserhaltung.* Die Kontinuitätsgleichung hat in Integralform die Gestalt

$$-\frac{d}{dt} Q^V = -\frac{d}{dt} \int_V \rho \, dV = \int_{(V)} \vec{j} \cdot d\vec{a} = I^{(V)} \quad . \qquad (12.1.30)$$

Die negative zeitliche Änderung der Ladung im Volumen V ist gleich dem Strom durch seine Oberfläche (V). Dies ist der mathematische Ausdruck der *Erhaltung der Ladung*.

Die Maxwell-Gleichungen in differentieller oder Integralform liefern sehr interessante Verknüpfungen zwischen dem elektrischen und magnetischen Feld. In Abwesenheit von Strömen bestimmt die zeitliche Änderung eines der Felder vollständig die Rotation des jeweils anderen Feldes. Wir werden in Kapitel 13 nur andeuten können, welcher Reichtum an Phänomenen durch diese Gleichungen gedeutet und beschrieben werden kann.

Bevor wir zu ihrer Diskussion übergehen, wollen wir im folgenden Abschnitt zeigen, daß unsere Deutung des Magnetfeldes als relativistischer Effekt bewegter elektrischer Ladung in den Abschnitten 9.3 und 9.4 notwendig auf die Maxwellschen Gleichungen führt. Es bedarf dabei keiner vermuteten Erweiterung der Gleichungen für stationäre Systeme. Da eine einzelne bewegte Punktladung keinen stationären Strom erzeugt, erhält man durch Berechnung der Rotation ihres $\vec{B}$-Feldes direkt die Gleichung (12.1.16c) einschließlich des Verschiebungsstromes. Der von uns zuerst geschilderte historische Gang der Entwicklung führte dann erst zur Aufstellung der Relativitätstheorie durch

Einstein, die wir ja gerade zur Deutung des Magnetfeldes als relativistischen Effekt benutzt haben.

×12.2 Die Maxwellschen Gleichungen als Lorentz-kovariante Verallgemeinerungen der Feldgleichungen des elektrostatischen Feldes

Im Abschnitt 9.3 hatten wir gesehen, daß die Kraftwirkung einer bewegten Punktladung durch ein elektrisches und ein magnetisches Feld beschrieben werden muß. Da alle Felder bewegter Ladungsverteilungen durch Superposition von Feldern bewegter Punktladungen gewonnen werden können, genügt es, die Feldgleichungen für die Felder einer bewegten Punktladung herzuleiten; für Ladungsverteilungen gelten wegen der linearen Superposition der Felder die gleichen Beziehungen.

Die Gleichungen des elektrostatischen Feldes sind – wie schon mehrfach betont –

$$\vec{\nabla} \times \vec{E} = 0 \qquad (12.2.1)$$

$$\vec{\nabla} \cdot \vec{E} = \frac{1}{\varepsilon_0} \rho \quad . \qquad (12.2.2)$$

Dazu tritt die Beziehung, die ausdrückt, daß $\vec{E}$ zeitunabhängig ist,

$$\frac{\partial}{\partial t} \vec{E} = 0 \quad . \qquad (12.2.3)$$

Um die Feldgleichungen im bewegten System aufschreiben zu können, benötigen wir den Zusammenhang zwischen den Differentialquotienten nach den Koordinaten x'_μ im bewegten Koordinatensystem K' und den Koordinaten x_μ im Ruhesystem K (Abb.12.2) der elektrischen Ladung q_a. Die beiden Systeme K' und K hängen über die Lorentz-Transformation (9.3.5)

$$x'^0 = \gamma(x^0+\beta x^1) \quad , \quad x'^1 = \gamma(\beta x^0+x^1) \quad , \quad x'^2 = x^2 \quad , \quad x'^3 = x^3 \qquad (12.2.4)$$

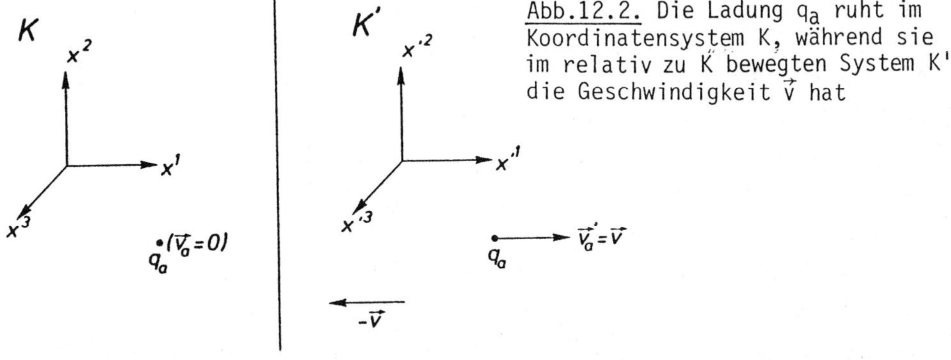

Abb.12.2. Die Ladung q_a ruht im Koordinatensystem K, während sie im relativ zu K bewegten System K' die Geschwindigkeit $\vec{v}$ hat

und ihre Umkehrtransformation

$$x^0 = \gamma(x'^0 - \beta x'^1) \ , \quad x^1 = \gamma(-\beta x'^0 + x'^1), \quad x^2 = x'^2 \quad , \quad x^3 = x'^3 \qquad (12.2.5)$$

zusammen. Offenbar gilt für die Umrechnung der Ableitungen

$$\frac{\partial}{\partial x'^0} = \gamma \frac{\partial}{\partial x^0} - \beta\gamma \frac{\partial}{\partial x^1} \ , \quad \frac{\partial}{\partial x'^1} = - \beta\gamma \frac{\partial}{\partial x^0} + \gamma \frac{\partial}{\partial x^1} \ ,$$

$$\frac{\partial}{\partial x'^2} = \frac{\partial}{\partial x^2} \ , \quad \frac{\partial}{\partial x'^3} = \frac{\partial}{\partial x^3} \quad \text{und} \qquad (12.2.6)$$

$$\frac{\partial}{\partial x^0} = \gamma \frac{\partial}{\partial x'^0} + \beta\gamma \frac{\partial}{\partial x'^1} \ , \quad \frac{\partial}{\partial x^1} = \beta\gamma \frac{\partial}{\partial x'^0} + \gamma \frac{\partial}{\partial x'^1} \ ,$$

$$\frac{\partial}{\partial x^2} = \frac{\partial}{\partial x'^2} \ , \quad \frac{\partial}{\partial x^3} = \frac{\partial}{\partial x'^3} \ . \qquad (12.2.7)$$

×12.2.1 Rotation des elektrischen Feldes im bewegten System

Ausgehend von den Beziehungen (9.3.33)

$$E'_1 = E_1 \quad , \quad E'_2 = \gamma E_2 \quad , \quad E'_3 = \gamma E_3 \qquad (12.2.8)$$

berechnen wir jetzt Rotation und Divergenz des elektrischen Feldes $\vec{E}'$ im bewegten Koordinatensystem K'. Dazu benutzen wir (12.2.1) und (12.2.2) und schließlich die Relationen (9.3.37), die sich mit $\beta = v_1/c$ in der Form

$$B'_1 = 0 \quad , \quad B'_2 = - \frac{1}{c} \beta\gamma E_3 = - \frac{1}{c} \beta E'_3 \quad , \quad B'_3 = \frac{1}{c} \beta\gamma E_2 = \frac{1}{c} \beta E'_2 \qquad (12.2.9)$$

darstellen lassen.

Die Berechnung der ersten Komponente von $\vec{\nabla} \times \vec{E}$ ist einfach

$$\begin{aligned}(\vec{\nabla}' \times \vec{E}')_1 &= \frac{\partial}{\partial x'^2} E'_3 - \frac{\partial}{\partial x'^3} E'_2 \\ &= \frac{\partial}{\partial x^2} \gamma E_3 - \frac{\partial}{\partial x^3} \gamma E_2 \\ &= \gamma\left(\frac{\partial}{\partial x^2} E_3 - \frac{\partial}{\partial x^3} E_2\right) \\ &= \gamma(\vec{\nabla} \times \vec{E})_1 = 0 \ . \end{aligned} \qquad (12.2.10)$$

Die zweite Komponente erfordert etwas mehr Mühe

$$\begin{aligned}(\vec{\nabla}' \times \vec{E}')_2 &= \frac{\partial}{\partial x'^3} E'_1 - \frac{\partial}{\partial x'^1} E'_3 \\ &= \frac{\partial}{\partial x^3} E_1 - \left(- \beta\gamma \frac{\partial}{\partial x^0} + \gamma \frac{\partial}{\partial x^1}\right)\gamma E_3 \ . \\ &= \frac{\partial}{\partial x^3} E_1 - \frac{\partial}{\partial x^1} E_3 + \left[\beta\gamma^2 \frac{\partial}{\partial x^0} + (1-\gamma^2) \frac{\partial}{\partial x^1}\right] E_3 \ .\end{aligned}$$

Durch Abziehen und Hinzufügen von $(\partial/\partial x_1)\ E_3$ haben wir in den ersten beiden Termen die zweite Komponente der Rotation von $\vec{E}$ gewonnen, die als Rotation eines elektrostatischen Feldes verschwindet. Es bleibt

$$(\nabla' \times E')_2 = \left[\beta\gamma^2 \frac{\partial}{\partial x^0} + (1-\gamma^2) \frac{\partial}{\partial x^1}\right] E_3$$

$$= \left(\gamma \frac{\partial}{\partial x^0} - \beta\gamma \frac{\partial}{\partial x^1}\right) \beta\gamma E_3 \quad . \tag{12.2.11}$$

Für die letzte Identität haben wir

$$1 - \gamma^2 = 1 - \frac{1}{1-\beta^2} = - \frac{\beta^2}{1-\beta^2} = -\beta^2\gamma^2$$

benutzt. Wegen (12.2.6) identifizieren wir den Differentialoperator in eckigen Klammern mit $\partial/\partial x'^0$ und wegen (12.2.9) $\beta\gamma E_3$ mit $-cB_2'$, so daß wir

$$(\vec{\nabla}' \times \vec{E}')_2 = -c \frac{\partial}{\partial x'^0} B_2' = - \frac{\partial}{\partial t'} B_2' \tag{12.2.12}$$

erhalten. Auf die gleiche Weise gewinnt man für die dritte Komponente der Rotation von $\vec{E}'$ im bewegten System K'

$$(\vec{\nabla}' \times \vec{E}')_3 = - \frac{\partial}{\partial t'} B_3' \quad . \tag{12.2.13}$$

Da wegen der speziellen Wahl des bewegten Koordinatensystems K', bei der die 1-Richtung in Richtung der Relativgeschwindigkeit $\vec{v}$ liegt, nach (12.2.9) die Komponente B_1' verschwindet, kann für (12.2.10) auch

$$(\vec{\nabla} \times \vec{E})_1 = - \frac{\partial}{\partial t'} B_1' \tag{12.2.14}$$

geschrieben werden. Damit erhalten wir insgesamt die Gleichung

$$\vec{\nabla}' \times \vec{E}' = - \frac{\partial}{\partial t'} \vec{B}' \quad . \tag{12.2.15}$$

Sie ist identisch mit der Faradayschen Gleichung (11.1.5a) des vorigen Kapitels.

×12.2.2 Divergenz des elektrischen Feldes im bewegten System

Die Divergenz des elektrischen Feldes $\vec{E}'$ im bewegten System $\vec{K}'$ ist

$$\vec{\nabla}' \cdot \vec{E}' = \frac{\partial}{\partial x'^1} E_1' + \frac{\partial}{\partial x'^2} E_2' + \frac{\partial}{\partial x'^3} E_3' \tag{12.2.16}$$

Unter Benutzung von (12.2.6) und (12.2.8) führen wir Differentiation und Feldstärke auf die Größen des ungestrichenen Systems zurück

$$\vec{\nabla}' \cdot \vec{E}' = \left(- \beta\gamma \frac{\partial}{\partial x^0} + \gamma \frac{\partial}{\partial x^1}\right) E_1 + \gamma \frac{\partial}{\partial x^2} E_2 + \gamma \frac{\partial}{\partial x^3} E_3$$

$$= - \beta\gamma \frac{\partial}{\partial x^0} E_1 + \gamma\vec{\nabla} \cdot \vec{E} \quad . \tag{12.2.17}$$

Wegen (12.2.2) und (12.2.3) gilt somit

$$\vec{\nabla}' \cdot \vec{E}' = \frac{1}{\varepsilon_0} \gamma\rho \quad . \tag{12.2.18}$$

Wir machen auch hier wieder Gebrauch von der Lorentz-Invarianz der Ladung, die besagt

$$\int \rho \, dV = Q = \int \rho' \, dV' \quad . \tag{12.2.19}$$

Die Diskussion der Koordinatentransformationen in Volumenintegralen in Abschnitt 2.8 hat die Beziehung geliefert

$$\begin{aligned} dV = dx^1 dx^2 dx^3 &= \frac{\partial(x^1,x^2,x^3)}{\partial(x'^1,x'^2,x'^3)} dx'^1 dx'^2 dx'^3 \\ &= \frac{\partial(x^1,x^2,x^3)}{\partial(x'^1,x'^2,x'^3)} dV' \quad , \end{aligned} \tag{12.2.20}$$

mit der Jakobi-Determinante der Transformation (12.2.5)

$$\frac{\partial(x^1,x^2,x^3)}{\partial(x'^1,x'^2,x'^3)} = \begin{vmatrix} \frac{\partial x^1}{\partial x'^1} & \frac{\partial x^1}{\partial x'^2} & \frac{\partial x^1}{\partial x'^3} \\ \frac{\partial x^2}{\partial x'^1} & \frac{\partial x^2}{\partial x'^2} & \frac{\partial x^2}{\partial x'^3} \\ \frac{\partial x^3}{\partial x'^1} & \frac{\partial x^3}{\partial x'^2} & \frac{\partial x^3}{\partial x'^3} \end{vmatrix} = \begin{vmatrix} \gamma & 0 & 0 \\ 0 & 1 & 0 \\ 0 & 0 & 1 \end{vmatrix} = \gamma \quad . \tag{12.2.21}$$

Damit gilt

$$dV = \gamma \, dV' \quad . \tag{12.2.22}$$

Die Invarianzbeziehung (12.2.19) der Ladung

$$\int \rho \, dV = \int \rho\gamma \, dV' = Q = \int \rho' \, dV' \tag{12.2.23}$$

liefert dann die Transformationsbeziehung

$$\rho' = \gamma\rho \tag{12.2.24}$$

für die Ladungsdichten in den Systemen K' und K.

Damit ist die rechte Seite von (12.2.18) direkt als ρ'/ε_0 identifiziert und auch im bewegten System ist die Divergenz der elektrischen Feldstärke $\vec{E}'$ durch die Ladungsdichte ρ' in K' gegeben

$$\vec{\nabla}' \cdot \vec{E}' = \frac{1}{\varepsilon_0} \rho' \quad . \tag{12.2.25}$$

×12.2.3 Rotation des Feldes der magnetischen Induktion im bewegten System

Die Gleichungen (12.2.9) lassen sich zu

$$\vec{B}' = \frac{\gamma}{c^2}(\vec{v} \times \vec{E}) = \frac{1}{c^2}(\vec{v} \times \vec{E}') \tag{12.2.26}$$

zusammenfassen, wie wir schon in (9.3.40) angegeben haben. Bevor wir jedoch zur Berechnung der Rotation von $\vec{B}'$ kommen, führen wir noch eine Nebenrechnung aus, die wir später benutzen werden. Da das elektrische Feld der Punktladung in ihrem Ruhesystem die Bedingung (12.2.3) erfüllt, gilt mit (12.2.8)

$$\frac{\partial \vec{E}'}{\partial x^0} = \frac{\partial \vec{E}}{\partial x^0} = 0 \quad . \tag{12.2.27}$$

Durch Ersetzung der Differentiation nach x_0 durch die nach x'_0, vgl. (12.2.7), folgt daraus ($\beta = v_1/c$)

$$0 = \frac{\partial \vec{E}'}{\partial x^0} = \left(\gamma \frac{\partial}{\partial x'^0} + \beta\gamma \frac{\partial}{\partial x'^1}\right)E' = \gamma\left(\frac{\partial}{\partial x'^0}\vec{E}' + \frac{v_1}{c}\frac{\partial \vec{E}'}{\partial x'^1}\right) \tag{12.2.28}$$

d.h.

$$v_1 \frac{\partial \vec{E}'}{\partial x'^1} = -c\frac{\partial}{\partial x'^0}\vec{E}' \quad . \tag{12.2.29}$$

Wegen der speziellen Wahl der Koordinatensysteme K und K', in denen $\vec{v}$ die Darstellung

$$(\vec{v}) = (v_1, 0, 0) \tag{12.2.30}$$

hat, ist für beliebig orientierte Koordinatensysteme die Ersetzung

$$v_1 \frac{\partial \vec{E}'}{\partial x'^1} \to (\vec{v} \cdot \vec{\nabla}')\vec{E}' \quad , \tag{12.2.31}$$

vorzunehmen. Damit gilt allgemein

$$(\vec{v} \cdot \vec{\nabla}')\vec{E}' = -c\frac{\partial}{\partial x'^0}\vec{E}' = -\frac{\partial}{\partial t'}\vec{E}' \quad . \tag{12.2.32}$$

Jetzt kann die Rotation von $\vec{B}'$ ausgehend von (12.2.26) relativ leicht mit Hilfe des Entwicklungssatzes ausgerechnet werden

$$\vec{\nabla}' \times \vec{B}' = \frac{1}{c^2}\vec{\nabla}' \times (\vec{v} \times \vec{E}')$$

$$= \frac{1}{c^2}\left[\vec{v}(\vec{\nabla}' \cdot \vec{E}') - (\vec{v} \cdot \vec{\nabla}')\vec{E}'\right] \quad . \tag{12.2.33}$$

Wegen (12.2.25) und (12.2.32) erhalten wir

$$\vec{\nabla}' \times \vec{B}' = \frac{1}{c^2}\left(\frac{1}{\varepsilon_0}\vec{v}\rho' + \frac{\partial \vec{E}'}{\partial t'}\right) \quad . \tag{12.2.34}$$

Die Größe $\vec{v}\rho'$ ist gerade die Stromdichte, die von der Ladungsverteilung ρ', die sich in K' mit der Geschwindigkeit $\vec{v}$ bewegt, verursacht wird

$$\vec{j}' = \rho'\vec{v} \quad . \tag{12.2.35}$$

Nach (9.3.56) ist $(\varepsilon_0 c^2)^{-1}$ gleich μ_0, so daß wir schließlich

$$\vec{\nabla}' \times \vec{B}' = \mu_0 \vec{j}' + \frac{1}{c^2} \frac{\partial \vec{E}'}{\partial t'} = \mu_0 \left(\vec{j}' + \varepsilon_0 \frac{\partial \vec{E}'}{\partial t'} \right) \qquad (12.2.36)$$

erhalten. Damit zeigt sich, daß die in Abschnitt 12.1 vermutete Maxwellsche Gleichung (12.1.15) tatsächlich durch Lorentz-Transformation aus den Gleichungen (12.2.1) und (12.2.2) des elektrostatischen Feldes gewonnen werden kann. Die Zeitableitung des elektrischen Feldes bestimmt im wesentlichen – bis auf den Faktor ε_0 – den Verschiebungsstrom.

×12.2.4 Divergenz des Feldes der magnetischen Induktion im bewegten Koordinatensystem

Wieder ausgehend von (12.2.26) gilt für die Divergenz wegen der zyklischen Vertauschbarkeit der Faktoren im Spatprodukt

$$\begin{aligned} \vec{\nabla}' \cdot \vec{B}' &= \frac{1}{c^2} \vec{\nabla}' \cdot (\vec{v} \times \vec{E}') = -\frac{1}{c^2} \vec{\nabla}' \cdot (\vec{E}' \times \vec{v}) \\ &= -\frac{1}{c^2} \vec{v} \cdot (\vec{\nabla}' \times \vec{E}') \quad . \end{aligned} \qquad (12.2.37)$$

Die Rotation von $\vec{E}'$ hatten wir in (12.2.15) berechnet, so daß wir auch

$$\vec{\nabla}' \cdot \vec{B}' = \frac{1}{c^2} \vec{v} \cdot \frac{\partial}{\partial t'} \vec{B}' = \frac{1}{c^2} \frac{\partial}{\partial t'} (\vec{v} \cdot \vec{B}') \qquad (12.2.38)$$

schreiben können. Durch Benutzung von (12.2.26) folgt dann sofort das Verschwinden der Divergenz von $\vec{B}'$

$$\vec{\nabla}' \cdot \vec{B}' = \frac{1}{c^4} \frac{\partial}{\partial t'} \left[\vec{v} \cdot (\vec{v} \times \vec{E}') \right] = 0 \qquad (12.2.39)$$

weil das Spatprodukt, das zwei gleiche Vektoren enthält, Null ist.

Zurückblickend haben wir in diesem Abschnitt die vier Maxwellschen Gleichungen für das $\vec{E}$- und $\vec{B}$-Feld im bewegten System durch Lorentz-Transformation aus den Feldgleichungen (12.2.1) und (12.2.2) des elektrostatischen Feldes hergeleitet. Zwar sind wir von Ausdrücken für $\vec{E}'$ und $\vec{B}'$ ausgegangen, die einer bewegten Punktladung entsprachen, durch lineare Überlagerung von Feldern dieser Art läßt sich jedoch jede beliebige Ladungsverteilung aufbauen. Damit ist gezeigt, daß die vier Maxwellschen Gleichungen (12.1.16) Gültigkeit für allgemeine Ladungsverteilungen und Ströme haben, die der Kontinuitätsgleichung genügen.

12.3 Die Potentiale des elektromagnetischen Feldes. Eichtransformationen. D'Alembertsche Gleichungen

12.3.1 Vektorpotential und skalares Potential

Im Abschnitt 1 dieses Kapitels haben wir die Maxwellschen Gleichungen (12.1.16) zur vollständigen Beschreibung des elektromagnetischen Feldes $\vec{E}$,

$\vec{B}$ und seine Wechselwirkung mit geladenen Teilchen kennengelernt. Die Verteilung der Teilchen wurde dabei durch eine vorgegebene Ladungsdichte $\rho(t,\vec{r})$ und eine vorgegebene Stromdichte $\vec{j}(t,\vec{r})$ beschrieben. Für das elektrostatische Feld hatten wir wegen seiner Wirbelfreiheit ein Potential φ einführen können, für das stationäre magnetische Induktionsfeld wegen seiner Quellenfreiheit ein Vektorpotential $\vec{A}$. Die Gleichung (12.1.16a) zeigt, daß das zeitlich veränderliche elektrische Feld nicht wirbelfrei ist, seine Wirbeldichte ist gerade durch die zeitliche Änderung von $\vec{B}$ bestimmt. Die Quellfreiheit des Induktionsfeldes ist jedoch auch für nichtstationäre $\vec{B}$-Felder gültig, wie (12.1.16d) zeigt. Damit läßt sich analog zu Abschnitt 9.8 ein jetzt zeitabhängiges Vektorpotential $\vec{A}(t,\vec{r})$ einführen, dessen Rotation gerade das Induktionsfeld $\vec{B}$ ist

$$\boxed{\vec{B}(t,\vec{r}) = \vec{\nabla}\times\vec{A}(t,\vec{r})} \quad . \tag{12.3.1}$$

Durch diese Darstellung ist die Quellenfreiheit des $\vec{B}$-Feldes wieder gewährleistet, da

$$\vec{\nabla}\cdot\vec{B} = \vec{\nabla}\cdot(\vec{\nabla}\times\vec{A}) = 0 \tag{12.3.2}$$

gilt.

Durch Einsetzen des so bestimmten $\vec{B}$-Feldes in die Gleichung (12.1.16a) läßt sich diese in die Form

$$\vec{\nabla}\times\left(\vec{E}+\frac{\partial}{\partial t}\vec{A}\right) = 0 \tag{12.3.3}$$

bringen, die besagt, daß das Feld $(\vec{E}+\partial\vec{A}/\partial t)$ wirbelfrei ist. Damit läßt sich dieses Feld in Analogie zu unserem Vorgehen in der Elektrostatik, Abschnitt 3.6, als Gradient eines nun allerdings zeitabhängigen Potentials $\varphi(t,\vec{r})$ schreiben

$$\vec{E}(t,\vec{r}) + \frac{\partial}{\partial t}\vec{A}(t,\vec{r}) = -\vec{\nabla}\varphi(t,\vec{r}) \quad . \tag{12.3.4}$$

Für bekanntes Vektorpotential $\vec{A}$ und skalares Potential φ ist dann die elektrische Feldstärke durch

$$\boxed{\vec{E}(t,\vec{r}) = -\vec{\nabla}\varphi(t,\vec{r}) - \frac{\partial}{\partial t}\vec{A}(t,\vec{r})} \tag{12.3.5}$$

bestimmt, so daß zusammen mit (12.3.1) beide Feldgrößen $\vec{E}$ und $\vec{B}$ aus φ und $\vec{A}$ berechnet werden können.

Die beiden Gleichungen (12.1.16b) und (12.1.16c) dienen nun als Feldgleichungen für die Potentiale, wie man sieht, wenn man (12.3.1) und (12.3.5) einsetzt. Für (12.1.16b) ergibt das

$$\frac{1}{\varepsilon_0}\rho = \vec{\nabla}\cdot\vec{E} = \vec{\nabla}\cdot\left(-\vec{\nabla}\varphi - \frac{\partial}{\partial t}\vec{A}\right) \quad ,$$

was wegen $\vec{\nabla}\cdot\vec{\nabla}=\Delta$, vgl. (2.2.8), die Gleichung

$$\boxed{-\Delta\varphi - \frac{\partial}{\partial t}\vec{\nabla}\cdot\vec{A} = \frac{1}{\varepsilon_0}\rho} \tag{12.3.6}$$

liefert. Sie unterscheidet sich von der Poisson-Gleichung (3.8.3), die das elektrostatische Potential mit der Ladungsdichte ρ verknüpft, gerade um die Zeitableitung der Divergenz von $\vec{A}$.

Schließlich drücken wir jetzt noch die Rotation der Induktion durch das $\vec{A}$-Feld aus,

$$\vec{\nabla}\times\vec{B} = \vec{\nabla}\times(\vec{\nabla}\times\vec{A}) = \vec{\nabla}(\vec{\nabla}\cdot\vec{A}) - \Delta\vec{A} \quad ,$$

ebenso mit Hilfe von (12.3.5) die Zeitableitung von $\vec{E}$

$$\frac{\partial\vec{E}}{\partial t} = -\frac{\partial}{\partial t}\vec{\nabla}\varphi - \frac{\partial^2}{\partial t^2}\vec{A} \quad .$$

Die Gleichung (12.1.16c) gewinnt damit die Gestalt

$$\vec{\nabla}(\vec{\nabla}\cdot\vec{A}) - \Delta\vec{A} = \mu_0\vec{j} + \frac{1}{c^2}\left(-\vec{\nabla}\frac{\partial\varphi}{\partial t} - \frac{\partial^2}{\partial t^2}\vec{A}\right) \quad , \tag{12.3.7}$$

die durch andere Zusammenfassung der Summanden als

$$\boxed{\frac{1}{c^2}\frac{\partial^2}{\partial t^2}\vec{A} - \Delta\vec{A} = \mu_0\vec{j} - \vec{\nabla}\left(\frac{1}{c^2}\frac{\partial}{\partial t}\varphi + \vec{\nabla}\cdot\vec{A}\right)} \tag{12.3.8}$$

geschrieben werden kann.

12.3.2 Eichtransformationen

Wir wenden uns nun der Frage zu, welche Potentiale φ und $\vec{A}$ zu den gleichen Feldern $\vec{E}$ und $\vec{B}$ führen. Wir hatten in den Abschnitten 3.6 und 9.8 bereits gesehen, daß man durch Eichtransformationen zu anderen Potentialen gelangen kann, die jedoch nach Differentiation die gleichen Felder ergeben. Da nach Abschnitt 2.12 ein Vektorfeld durch Randbedingungen festgelegt ist, wenn Rotation und Divergenz festgelegt sind, bestimmt (12.3.1) das Vektorfeld $\vec{A}$ nicht eindeutig. Wir können, wie wir bereits in Abschnitt 9.8 gesehen haben, noch seine nun zeitabhängige Divergenz vorgeben

$$\vec{\nabla}\cdot\vec{A} = \eta(t,\vec{r}) \quad . \tag{12.3.9}$$

Da die Divergenz des Vektorpotentials völlig willkürlich vorgegeben werden kann, fragen wir uns, welche Freiheit wir in der Wahl von $\vec{A}$ haben. Wir betrachten zwei Vektorpotentiale $\vec{A}$ und $\vec{A}'$, die das gleiche $\vec{B}$-Feld liefern

$$\vec{\nabla}\times\vec{A}=\vec{B} \quad , \quad \vec{\nabla}\times\vec{A}'=\vec{B} \quad , \tag{12.3.10}$$

aber verschiedene Divergenzen besitzen

$$\vec{\nabla}\cdot\vec{A}(t,\vec{r})=\eta(t,\vec{r}) \quad , \quad \vec{\nabla}\cdot\vec{A}'(t,\vec{r})=\eta'(t,\vec{r}) \quad . \tag{12.3.11}$$

Das Differenzfeld $\vec{A}' - \vec{A}$ ist offenbar wirbelfrei

$$\vec{\nabla}\times(\vec{A}'-\vec{A})=0 \tag{12.3.12}$$

und hat die Divergenz

$$\vec{\nabla}\cdot(\vec{A}'-\vec{A})=\eta'-\eta \quad . \tag{12.3.13}$$

Aus der Wirbelfreiheit folgt, daß das Differenzfeld als Gradient einer skalaren Funktion $\chi(t,\vec{r})$ – die Zeit spielt hier die Rolle eines Parameters – dargestellt werden kann

$$\vec{A}'-\vec{A}=\vec{\nabla}\chi(t,\vec{r}) \quad . \tag{12.3.14}$$

Die skalare Funktion χ läßt sich dann wegen

$$\vec{\nabla}\cdot(\vec{A}'-\vec{A})=\vec{\nabla}\cdot\vec{\nabla}\chi(t,\vec{r})=\Delta\chi(t,\vec{r}) \tag{12.3.15}$$

für vorgegebene Divergenzen η', η der Potentiale durch eine Gleichung vom Typ der Poisson-Gleichung

$$\Delta\chi(t,\vec{r})=\eta'(t,\vec{r})-\eta(t,\vec{r}) \quad . \tag{12.3.16}$$

bestimmen. Damit ist klar, daß die allgemeinste Differenz zwischen zwei Vektorpotentialen $\vec{A}'$, $\vec{A}$ nach (12.3.14) der Gradient einer beliebigen skalaren Funktion $\chi(t,r)$ ist:

$$\vec{A}'(t,\vec{r})=\vec{A}(t,\vec{r})+\vec{\nabla}\chi(t,\vec{r}) \quad . \tag{12.3.17}$$

Wir müssen nun untersuchen, unter welchen Bedingungen diese Umeichung das $\vec{E}$-Feld ungeändert läßt. Dazu setzen wir das $\vec{A}$-Feld in (12.3.5) ein und stellen fest, daß wegen

$$\frac{\partial\vec{A}(t,\vec{r})}{\partial t}=\frac{\partial\vec{A}'(t,\vec{r})}{\partial t}-\frac{\partial}{\partial t}\vec{\nabla}\chi(t,\vec{r}) \tag{12.3.18}$$

für zeitabhängige χ die Darstellung (12.3.5) für die elektrische Feldstärke in

$$\begin{aligned}\vec{E}(t,\vec{r}) &= -\vec{\nabla}\varphi(t,\vec{r})+\vec{\nabla}\frac{\partial}{\partial t}\chi(t,\vec{r})-\frac{\partial}{\partial t}\vec{A}'(t,\vec{r})\\ &= -\vec{\nabla}\left[\varphi(t,\vec{r})-\frac{\partial}{\partial t}\chi(t,\vec{r})\right]-\frac{\partial}{\partial t}\vec{A}'(t,\vec{r})\end{aligned} \tag{12.3.19}$$

übergeht. Wir lesen ab, daß wir mit der Umeichung von $\vec{A}$ nach (12.3.17) auch eine Umeichung des skalaren Potentials nach

$$\varphi'(t,\vec{r}) = \varphi(t,\vec{r}) - \frac{\partial}{\partial t}\chi(t,\vec{r}) \qquad (12.3.20)$$

vornehmen müssen, um die ungeänderte elektrische Feldstärke $\vec{E}(t,\vec{r})$ in der Form

$$\vec{E}(t,\vec{r}) = -\vec{\nabla}\varphi'(t,\vec{r}) - \frac{\partial}{\partial t}\vec{A}'(t,\vec{r}) \qquad (12.3.21)$$

darstellen zu können.

Insgesamt haben wir gelernt, daß alle Potentiale

$$\boxed{\begin{aligned}\varphi'(t,\vec{r}) &= \varphi(t,\vec{r}) - \frac{\partial}{\partial t}\chi(t,\vec{r}) \\ \vec{A}'(t,\vec{r}) &= \vec{A}(t,\vec{r}) + \vec{\nabla}\chi(t,\vec{r})\end{aligned}} \quad , \qquad (12.3.22)$$

zu den gleichen Feldern $\vec{E}$ und $\vec{B}$ führen. Die Gleichungen (12.3.22) stellen die allgemeinste Eichtransformation der elektromagnetischen Potentiale φ und $\vec{A}$ dar. Die Freiheit der Wahl der Eichung kann in vielen Fällen zur Vereinfachung von Problemen ausgenützt werden.

12.3.3 D'Alembertsche Gleichung. Lorentz-Eichung. Coulomb-Eichung

Ein sehr grundlegendes Beispiel für die Ausnutzung der Eichtransformationen zur Vereinfachung eines Problems ist die Herleitung der d'Alembertschen Gleichungen für das skalare und das Vektorpotential. In Abschnitt 12.3.1 hatten wir die Differentialgleichungen (12.3.6) und (12.3.8) für φ und $\vec{A}$ erhalten. In ihnen treten beide Potentiale auf: die Gleichungen sind gekoppelt. Natürlich bedeutet es eine weitreichende Vereinfachung, wenn man die beiden Gleichungen entkoppeln kann, d.h. je eine Gleichung für jedes Potential allein erhält. Das kann tatsächlich durch Umeichung der Potentiale φ und $\vec{A}$ erreicht werden.

Als Funktion χ, die die Umeichung bewerkstelligt, wählen wir eine Lösung der Gleichung

$$\Box\chi(t,\vec{r}) = \frac{1}{c^2}\frac{\partial^2}{\partial t^2}\chi(t,\vec{r}) - \Delta\chi(t,\vec{r}) = \frac{1}{c^2}\frac{\partial}{\partial t}\varphi(t,\vec{r}) + \vec{\nabla}\cdot\vec{A}(t,\vec{r}) \quad . \qquad (12.3.23)$$

Dabei ist das Symbol $\Box$ als Raum-Zeit-Verallgemeinerung des Laplace-Operators Δ durch

$$\Box = \frac{1}{c^2}\frac{\partial^2}{\partial t^2} - \Delta \qquad (12.3.24)$$

definiert und wird *d'Alembert-Operator* genannt. Führen wir nun die Potentiale

$$\varphi^{(L)} = \varphi - \frac{\partial}{\partial t}\chi$$

$$\vec{A}^{(L)} = \vec{A} + \vec{\nabla}\chi \tag{12.3.25}$$

ein, so gilt

$$\frac{1}{c^2}\frac{\partial}{\partial t}\varphi^{(L)} + \vec{\nabla}\cdot\vec{A}^{(L)} = \frac{1}{c^2}\frac{\partial}{\partial t}\varphi + \vec{\nabla}\cdot\vec{A} - \Box\chi \quad , \tag{12.3.26}$$

so daß sich mit der angegebenen Wahl (12.3.23) von χ die *Lorentz-Bedingung*

$$\boxed{\frac{1}{c^2}\frac{\partial}{\partial t}\varphi^{(L)} + \vec{\nabla}\cdot\vec{A}^{(L)} = 0} \tag{12.3.27}$$

ergibt. Jede Eichung, in der die Potentiale φ und $\vec{A}$ diese Beziehung erfüllen, nennt man *Lorentz-Eichung*. Sie ist keineswegs eindeutig, da χ durch die Gleichung (12.3.23) nicht eindeutig bestimmt ist. Man kann stets eine Umeichung mit einer Funktion $\chi^{(L)}$ vornehmen, die die homogene Gleichung

$$\Box\chi^{(L)} = 0 \tag{12.3.28}$$

erfüllt, und Potentiale in einer Lorentz-Eichung gehen über in eine andere Lorentz-Eichung. Wegen (12.3.27) erfüllen Potentiale in Lorentz-Eichung an Stelle von (12.3.8) die Beziehung

$$\boxed{\Box\vec{A}^{(L)} = \mu_0\vec{j}} \tag{12.3.29}$$

und an Stelle von (12.3.6) – wenn man $\vec{\nabla}\cdot\vec{A}$ mit (12.3.27) durch φ substituiert –

$$\boxed{\Box\varphi^{(L)} = \frac{1}{\varepsilon_0}\rho} \quad . \tag{12.3.30}$$

Diese beiden *d'Alembertschen Gleichungen* sind dadurch ausgezeichnet, daß $\varphi^{(L)}$ und $\vec{A}^{(L)}$ nicht mehr gekoppelt auftreten.

Eine andere Wahl der Eichung, die *Coulomb-Eichung*, führt zwar nicht zur vollständigen Entkopplung der Gleichungen (12.3.6) und (12.3.8), erlaubt aber doch eine sukzessive Lösung, weil die Gleichung für das skalare Potential das Vektorpotential nicht enthält. Die Funktion χ, definiert durch die Laplace-Gleichung

$$\Delta\chi(t,\vec{r}) = \vec{\nabla}\cdot\vec{A}(t,\vec{r}) \quad , \tag{12.3.31}$$

definiert die Potentiale $\varphi^{(C)}$ und $\vec{A}^{(C)}$ in Coulomb-Eichung

$$\varphi^{(C)}(t,\vec{r}) = \varphi(t,\vec{r}) - \frac{\partial}{\partial t}\chi(t,\vec{r})$$

$$\vec{A}^{(C)}(t,\vec{r}) = \vec{A}(t,\vec{r}) + \vec{\nabla}\chi(t,\vec{r}) \quad . \tag{12.3.32}$$

An Stelle der Lorentz-Bedingung (12.3.27) gilt in dieser Eichung die *Coulomb-Bedingung*

$$\boxed{\vec{\nabla}\cdot\vec{A}^{(C)}(t,\vec{r}) = 0} \quad . \tag{12.3.33}$$

Die Bestimmungsgleichungen (12.3.6) und (12.3.8) lauten in *Coulomb-Eichung*

$$\Delta\varphi^{(C)} = -\frac{1}{\varepsilon_0}\rho \quad , \tag{12.3.34}$$

$$\Box\vec{A}^{(C)} = \mu_0\vec{j} - \frac{1}{c^2}\frac{\partial}{\partial t}\vec{\nabla}\varphi^{(C)} \quad . \tag{12.3.35}$$

Die erste dieser beiden Gleichungen ist identisch mit der Poisson-Gleichung der Elektrostatik. Das zeitabhängige skalare Potential ist völlig durch die momentane Ladungsverteilung $\rho(t,\vec{r})$ bestimmt. Nach Lösung der ersten Gleichung ist dann die zweite eine Beziehung für $\vec{A}^{(C)}$ allein.

*12.3.4 Die quasistationären Vorgänge als Näherung der Maxwell-Gleichungen

Im Kapitel 11 haben wir (11.1.5) für die Behandlung quasistationärer Vorgänge benutzt. Sie unterscheiden sich von den vollständigen Maxwell-Gleichungen durch das Fehlen des Terms $\partial\vec{D}/\partial t$ in (11.1.5d). Die Frage unter welchen Bedingungen diese Näherung gut ist, läßt sich am leichtesten beantworten, wenn wir analog zu Abschnitt 12.3 die Gleichungen für das skalare und das Vektorpotential betrachten, die aus den quasistationären Gleichungen (11.1.5) folgen. Wegen (11.1.5e) gehen wir wieder von

$$\vec{B} = \vec{\nabla}\times\vec{A} \tag{12.3.36}$$

aus und gewinnen aus (11.1.5a) wieder

$$\vec{\nabla}\times\left(\vec{E} + \frac{\partial}{\partial t}\vec{A}\right) = 0 \quad , \tag{12.3.37}$$

so daß es — wie in Abschnitt 12.3 — wieder ein skalares Potential gibt, mit dessen Hilfe die elektrische Felstärke sich als

$$\vec{E} = -\vec{\nabla}\varphi - \frac{\partial\vec{A}}{\partial t} \tag{12.3.38}$$

darstellen läßt. Einsetzen von (12.3.36) und (12.3.38) in die quasistationären Gleichungen (11.1.5b,d) ergibt für $\varepsilon = 1$, $\mu = 1$

$$\Delta\varphi = -\frac{1}{\varepsilon_0}\rho - \frac{\partial}{\partial t}\vec{\nabla}\cdot\vec{A} \quad , \tag{12.3.39}$$

$$\Delta\vec{A} = -\mu_0\vec{j} + \vec{\nabla}(\vec{\nabla}\cdot\vec{A}) \quad . \tag{12.3.40}$$

In Coulomb-Eichung (12.3.33)

$$\vec{\nabla}\cdot\vec{A}^{(C)} = 0 \tag{12.3.41}$$

erhalten wir schließlich die entkoppelten Differentialgleichungen vom Poisson-Typ

$$\Delta\varphi^{(C)} = -\frac{1}{\varepsilon_0}\rho \quad , \quad \Delta\vec{A}^{(C)} = -\mu_0\vec{j} \quad . \tag{12.3.42}$$

Sie unterscheiden sich von den korrekten vollständigen Gleichungen in Coulomb-Eichung (12.3.34), (12.3.35) durch das Fehlen der Terme mit Zeitableitungen. In diesen Gleichungen in quasistationärer Näherung ist die Zeit ein Parameter. Da die Green-Funktion der Gleichung

$$\Delta G(\vec{r}-\vec{r}\,') = -4\pi\delta(\vec{r}-\vec{r}\,') \tag{12.3.43}$$

für im Unendlichen verschwindende Randwerte die Form

$$G(\vec{r}-\vec{r}\,') = \frac{1}{|\vec{r}-\vec{r}\,'|} \tag{12.3.44}$$

hat, treten im Gegensatz zu den Lösungen der vollständigen Maxwell-Gleichungen tatsächlich keine Retardierungseffekte auf. Die momentanen Werte der Ladungs- und Stromdichte bestimmen die Feldwerte an allen Raumpunkten instantan, ohne Verzögerung,

$$\varphi(t,\vec{r}) = \frac{1}{4\pi\varepsilon_0}\int\frac{\rho(t,\vec{r}\,')}{|\vec{r}-\vec{r}\,'|}\,dV' \quad , \quad \vec{A}(t,\vec{r}) = \frac{\mu_0}{4\pi}\int\frac{\vec{j}(t,\vec{r}\,')}{|\vec{r}-\vec{r}\,'|}\,dV' \tag{12.3.45}$$

im Gegensatz zu den im Abschnitt 13.6 diskutierten retardierten Lösungen (13.6.7) der Maxwell-Gleichungen. Wegen des Fehlens der Retardierung muß das elektrische System eine Ausdehnung

$$d \ll cT$$

haben, bei der T eine für die zeitlichen Änderungen typische Konstante, etwa die zeitliche Periode einer Schwingung, ist. In diesem Fall ist die Vernachlässigung von $\dot{\vec{D}}$, wie in der Einleitung von Kapitel 11 behauptet, tatsächlich gerechtfertigt.

×12.4 Relativistische Formulierung der Maxwellschen Gleichungen

In Abschnitt 9.4 hatten wir gesehen, daß die elektrische Feldstärke $\vec{E}$ und die magnetische Induktion $\vec{B}$ zu einem Feldstärketensor $\underset{\approx}{F}$ zusammengefaßt werden können

$$\underset{\approx}{F} = F^{\mu\nu}\underset{\sim}{e}_{\mu} \otimes \underset{\sim}{e}_{\nu} \tag{12.4.1}$$

$$= F'^{\mu\nu}\underset{\sim}{e}'_{\mu} \otimes \underset{\sim}{e}'_{\nu} \quad .$$

Die Basisvektoren $\underset{\sim}{e}_{\mu}$ bzw. $\underset{\sim}{e}'_{\mu}$ sind die der Koordinatensysteme K bzw. K'. Der Tensor $\underset{\approx}{F}$ ist als relativistische Kovariante natürlich in allen Koordinatensystemen der gleiche, nur seine Zerlegung in die Basistensoren verschiedener Koordinatensysteme führt zu verschiedenen Tensorkomponenten

$$F^{\mu\nu} = \underset{\sim}{e}^{\mu}\underset{\approx}{F}\,\underset{\sim}{e}^{\nu} \tag{12.4.2}$$

bzw.

$$F'^{\mu\nu} = \underset{\sim}{e}'^{\mu}\underset{\approx}{F}\,\underset{\sim}{e}'^{\nu} \quad . \tag{12.4.3}$$

Die expliziten Darstellungen der Matrizen $F^{\mu\nu}$ bzw. $F'^{\mu\nu}$ der Tensorkomponenten durch die Feldstärken $\vec{E}$, $\vec{E}'$ und $\vec{B}$, $\vec{B}'$ sind in (9.4.19) bzw. (9.4.11) angegeben.

Mit Hilfe des Feldstärketensors $\underset{\approx}{F}$ können wir nun die Feldgleichungen des elektromagnetischen Feldes in einer Form angeben, die vom Bezugssystem völlig unabhängig ist. Erst durch Einführung speziell gewählter Basisvektoren gehen dann aus ihnen die verschiedenen Gleichungen für elektrostatische Felder (12.2.1,2), magnetostatische Felder (12.0.1c,d) oder beliebig zeitabhängige Felder (12.1.16) hervor. Abstrahiert man also die koordinatenunabhängige Formulierung der Feldgleichungen für den Tensor $\underset{\approx}{F}$ aus den Koordinatengleichungen eines speziellen Lorentz-Systems für seine Komponenten $F^{\mu\nu}$, so hat man damit sofort die relativistisch kovariante Form für alle Systeme. Dies ist einer der wesentlichen Vorteile der Benutzung von Größen mit den relativistischen Transformationseigenschaften eines Vierervektors oder -tensors.

×12.4.1 Relativistische Verallgemeinerung des Gradienten

Da wir die Gleichungen des elektrostatischen Feldes (12.2.1), (12.2.2) kennen, können wir die Gleichungen für den Tensor $\underset{\approx}{F}$ im System K formulieren, wenn wir uns überlegen, welche relativistische Verallgemeinerung der Nablaoperator $\vec{\nabla}$ hat. Ein relativistischer Skalar ist eine skalare Funktion $s(\underset{\sim}{x})$

eines Vierervektors $\underset{\sim}{x}$, die bei Lorentztransformation

$$\underset{\sim}{x} \to \underset{\approx}{\Lambda}\underset{\sim}{x} \tag{12.4.4}$$

ihren Wert nicht ändert, d.h.

$$s(\underset{\sim}{x}) = s(\underset{\approx}{\Lambda}\underset{\sim}{x}) \quad . \tag{12.4.5}$$

Die Verallgemeinerung des dreidimensionalen Gradienten zu einem vierdimensionalen geht wie früher in Abschnitt 2.2 über die lineare Approximation

$$s(\underset{\sim}{x}+\Delta\underset{\sim}{x}) = s(\underset{\sim}{x}) + (\Delta\underset{\sim}{x}\cdot\underset{\sim}{\partial})s(\underset{\sim}{x}) + \text{Terme höherer Ordnung}, \tag{12.4.6}$$

etwa in kartesischen Koordinaten

$$\Delta\underset{\sim}{x} = \Delta x^{\mu}\underset{\sim}{e}_{\mu} \tag{12.4.7}$$

mit Hilfe der partiellen Ableitungen aus

$$\begin{aligned} s(\underset{\sim}{x}+\Delta\underset{\sim}{x}) - s(\underset{\sim}{x}) &= s(\underset{\sim}{x}+\Delta x^{\mu}\underset{\sim}{e}_{\mu}) - s(\underset{\sim}{x}) \\ &= s\left(\underset{\sim}{x} + \sum_{\mu=0}^{3} \Delta x^{\mu}\underset{\sim}{e}_{\mu}\right) - s\left(\underset{\sim}{x} + \sum_{\mu=1}^{3} \Delta x^{\mu}\underset{\sim}{e}_{\mu}\right) \\ &\quad + s\left(\underset{\sim}{x} + \sum_{\mu=1}^{3} \Delta x^{\mu}\underset{\sim}{e}_{\mu}\right) - s\left(\underset{\sim}{x} + \sum_{\mu=2}^{3} \Delta x^{\mu}\underset{\sim}{e}_{\mu}\right) \\ &\quad + s\left(\underset{\sim}{x} + \sum_{\mu=2}^{3} \Delta x^{\mu}\underset{\sim}{e}_{\mu}\right) - s\left(\underset{\sim}{x}+\Delta x^{3}\underset{\sim}{e}_{3}\right) \\ &\quad + s\left(\underset{\sim}{x}+\Delta x^{3}\underset{\sim}{e}_{3}\right) - s(\underset{\sim}{x}) \quad , \end{aligned} \tag{12.4.8}$$

$$s(\underset{\sim}{x}+\Delta\underset{\sim}{x}) - s(\underset{\sim}{x}) = \Delta x^{0} \frac{\partial s}{\partial x^{0}} + \Delta x^{1} \frac{\partial s}{\partial x^{1}} + \Delta x^{2} \frac{\partial s}{\partial x^{2}} + \Delta x^{3} \frac{\partial s}{\partial x^{3}} + \text{Terme höherer Ordnung} \tag{12.4.9}$$

hervor. Wie in Abschnitt 2.2 fassen wir die partiellen Ableitungen nach den Koordinaten zu einem Vektor

$$\underset{\sim}{\partial} = \underset{\sim}{e}^{\nu}\partial_{\nu} = \underset{\sim}{e}^{\nu} \frac{\partial}{\partial x^{\nu}} = \underset{\sim}{e}^{0} \frac{\partial}{\partial x^{0}} + \underset{\sim}{e}^{1} \frac{\partial}{\partial x^{1}} + \underset{\sim}{e}^{2} \frac{\partial}{\partial x^{2}} + \underset{\sim}{e}^{3} \frac{\partial}{\partial x^{3}} \tag{12.4.10}$$

zusammen. Mit (12.4.7) stellt sich die Differenz der skalaren Funktionswerte (12.4.9) als Skalarprodukt aus dem relativistischen Gradienten von s

$$\underset{\sim}{\partial}s = \underset{\sim}{e}^{\nu}\partial_{\nu}s = \underset{\sim}{e}^{\nu} \frac{\partial s}{\partial x^{\nu}} \tag{12.4.11}$$

und $\Delta\underset{\sim}{x}$ dar

$$s(\underset{\sim}{x}+\Delta\underset{\sim}{x}) - s(\underset{\sim}{x}) = (\Delta\underset{\sim}{x}\cdot\underset{\sim}{\partial})s$$

$$= (\Delta x^\mu \underset{\sim}{e}_\mu) \cdot (\underset{\sim}{e}^\nu \partial_\nu s) = \Delta x^\mu g_\mu{}^\nu \partial_\nu s$$

$$= \Delta x^\mu \partial_\mu s \quad . \tag{12.4.12}$$

Man beachte, daß die Komponenten ∂_μ mit unteren Indizes die Differentiationen nach den x-Komponenten mit den oberen Indizes x^μ sind

$$\partial_\mu = \frac{\partial}{\partial x^\mu} \quad . \tag{12.4.13}$$

Daß das so sein muß, sieht man sofort ein, wenn man als Beispiel für eine skalare Funktion von $\underset{\sim}{x}$ einfach das Skalarprodukt von $\underset{\sim}{x}$ mit einem $\underset{\sim}{x}$-unabhängigen Vektor $\underset{\sim}{y}$ betrachtet

$$s = \underset{\sim}{x} \cdot \underset{\sim}{y} \tag{12.4.14}$$

und den Gradienten bildet

$$\underset{\sim}{\partial} s = \underset{\sim}{\partial}(\underset{\sim}{x} \cdot \underset{\sim}{y}) = \underset{\sim}{y} \quad . \tag{12.4.15}$$

Er lautet in Komponenten

$$\partial_\mu s = \partial_\mu (x^\lambda y_\lambda) = \frac{\partial}{\partial x^\mu} (x^\lambda y_\lambda) = y_\mu \quad . \tag{12.4.16}$$

Nur wenn ∂_μ die Differentiation nach x^μ bedeutet, ist das Ergebnis eine Komponente von $\underset{\sim}{y}$ mit unterem Index.

Tatsächlich ist der vierdimensionale Nablaoperator $\underset{\sim}{\partial}$ beim Übergang von einem Koordinatensystem K zu einem System K' ein Lorentzvektor. Ausgehend von

$$\underset{\sim}{\partial} = \underset{\sim}{e}^\nu \frac{\partial}{\partial x^\nu} \tag{12.4.17}$$

führen wir ein anderes Koordinatensystem K' durch

$$\underset{\sim}{e}_\nu = \underset{\approx}{\Lambda} \underset{\sim}{e}'_\nu = \Lambda^\rho{}_\sigma \, \underset{\sim}{e}'_\rho \otimes \underset{\sim}{e}'^\sigma \cdot \underset{\sim}{e}'_\nu = \Lambda^\rho{}_\sigma \, \underset{\sim}{e}'_\rho g^\sigma{}_\nu = \Lambda^\rho{}_\nu \, \underset{\sim}{e}'_\rho = (\Lambda^+)_\nu{}^\rho \, \underset{\sim}{e}'_\rho \tag{12.4.18}$$

ein. Für die Komponenten des Ortsvektors liefert das wegen

$$x'^\rho \underset{\sim}{e}'_\rho = \underset{\sim}{x} = x^\nu \underset{\sim}{e}_\nu = x^\nu (\Lambda^+)_\nu{}^\rho \underset{\sim}{e}'_\rho = (\Lambda^\rho{}_\nu x^\nu) \underset{\sim}{e}'_\rho \tag{12.4.19}$$

die Beziehung

$$x'^\rho = \Lambda^\rho{}_\nu x^\nu \quad . \tag{12.4.20}$$

Ersetzt man nun im relativistischen Nablaoperator $\underset{\sim}{\partial}$ die Differentiation nach x^ν durch die nach x'^ν nach der Kettenregel

$$\partial_\nu = \frac{\partial}{\partial x^\nu} = \frac{\partial x'^\rho}{\partial x^\nu} \frac{\partial}{\partial x'^\rho} = \frac{\partial x'^\rho}{\partial x^\nu} \partial'_\rho \tag{12.4.21}$$

so ist das wegen (12.4.20)

$$\frac{\partial x'^{\rho}}{\partial x^{\nu}} = \Lambda^{\rho}{}_{\nu} \qquad (12.4.22)$$

einfach

$$\partial_{\nu} = \frac{\partial}{\partial x^{\nu}} = \Lambda^{\rho}{}_{\nu} \frac{\partial}{\partial x'^{\rho}} = (\Lambda^{+})_{\nu}{}^{\rho} \frac{\partial}{\partial x'^{\rho}} = (\Lambda^{+})_{\nu}{}^{\rho} \partial'_{\rho} \quad . \qquad (12.4.23')$$

Einsetzen in den Ausdruck für den relativistischen Gradienten liefert wegen der Umkehrung von (12.4.18)

$$\underset{\sim}{e}'^{\rho} = \Lambda^{\rho}{}_{\nu} \underset{\sim}{e}^{\nu} \qquad (12.4.24)$$

die Darstellung

$$\underset{\sim}{\partial} = \underset{\sim}{e}^{\nu} \Lambda^{\rho}{}_{\nu} \frac{\partial}{\partial x'^{\rho}} = (\Lambda^{\rho}{}_{\nu} \underset{\sim}{e}^{\nu}) \frac{\partial}{\partial x'^{\rho}} = \underset{\sim}{e}'^{\rho} \frac{\partial}{\partial x'^{\rho}} = \underset{\sim}{e}'^{\rho} \partial'_{\rho} \qquad (12.4.25)$$

in den Basisvektoren und Komponenten des gestrichenen Systems, die durch die Lorentz-Transformationen (12.4.24) und (12.4.20) aus denen des ungestrichenen Systems hervorgegangen sind. Somit ist der relativistische Nablaoperator oder Gradient $\underset{\sim}{\partial}$ ein Vierervektor.

Da die x-Komponenten mit den oberen Indizes gerade die räumlichen kartesischen Komponenten enthalten [Bd.I, Gl.(12.3.1)]

$$(x^{\mu}) = (x^0, x^1, x^2, x^3) = (x^0, \vec{x}) \qquad (12.4.26)$$

ist die Komponentendarstellung des Vierer-Nablaoperators mit unteren Indizes gerade diejenige, die den Dreier-Nablaoperator enthält

$$\boxed{(\partial_{\mu}) = \left(\frac{\partial}{\partial x^0}, \frac{\partial}{\partial x^1}, \frac{\partial}{\partial x^2}, \frac{\partial}{\partial x^3}\right) = (\partial_0, \vec{\nabla})} \quad . \qquad (12.4.27)$$

Die Darstellung des Vierer-Nablaoperators mit den Komponenten mit oberen Indizes

$$\underset{\sim}{\partial} = \underset{\sim}{e}_{\rho} \partial^{\rho} \qquad (12.4.28)$$

ergibt sich wie immer mit Hilfe des metrischen Tensors

$$\underset{\sim}{\partial} = \partial_{\sigma} \underset{\sim}{e}^{\sigma} = \partial_{\sigma} g^{\sigma\rho} g_{\rho\lambda} \underset{\sim}{e}^{\lambda} \quad , \qquad (12.4.29)$$

was mit

$$\partial^{\rho} = \partial_{\sigma} g^{\sigma\rho} \qquad (12.4.30)$$

und

$$\underset{\sim}{e}_{\rho} = g_{\rho\lambda} \underset{\sim}{e}^{\lambda} \qquad (12.4.31)$$

gerade (12.4.28) ergibt. Wegen (12.4.30) ist die Komponentendarstellung des Vierergradienten mit oberen Indizes

$$\boxed{(\partial^\mu) = \left(\frac{\partial}{\partial x_0}, \frac{\partial}{\partial x_1}, \frac{\partial}{\partial x_2}, \frac{\partial}{\partial x_3}\right) = (\partial^0, -\vec{\nabla})} \ . \qquad (12.4.32)$$

Mit Hilfe von (12.4.27) und (12.4.32) ergibt sich jetzt die Komponentendarstellung des d'Alembert-Operators

$$\underset{\sim}{\partial} \cdot \underset{\sim}{\partial} = \partial^\mu \partial_\mu = \frac{\partial^2}{\partial x^{02}} - \Delta = \frac{1}{c^2}\frac{\partial^2}{\partial t^2} - \Delta = \Box \ . \qquad (12.4.33)$$

Die Viererdivergenz eines Vierervektors

$$\underset{\sim}{v} = v^\mu \underset{\sim}{e}_\mu \ , \quad (v^\mu) = (v^0, \vec{v})$$

hat die Darstellung

$$\underset{\sim}{\partial} \cdot \underset{\sim}{v} = \partial_\mu v^\mu = \frac{\partial}{\partial x^0} v^0 + \vec{\nabla} \cdot \vec{v} \ . \qquad (12.4.34)$$

Man beachte das Pluszeichen zwischen den beiden Termen auf der rechten Seite, das wir von den üblichen Viererskalarprodukten nicht kennen. Der Grund dafür ist natürlich, daß die Komponenten ∂_μ des Vierergradienten mit unteren Indizes die Differentiation nach den Komponenten x^μ des Vierervektors $\underset{\sim}{x}$ mit oberen Indizes darstellen.

×12.4.2 Relativistische Feldgleichungen

Um die allgemeinen Feldgleichungen (12.1.16) in explizit kovarianter Form anzugeben, müssen wir nur die Ableitungen $\vec{\nabla}$, $\partial/\partial t$ und die Felder $\vec{E}$, $\vec{B}$ durch die explizit kovarianten Größen $\underset{\sim}{\partial}$ und $\underset{\approx}{F}$ ersetzen, sowie die Ladungsdichte ρ und die Stromdichte $\vec{j}$ zu einem ebenfalls kovarianten Ausdruck, der *Viererstromdichte* $\underset{\sim}{j}$, zusammenfassen. Wir ziehen es jedoch vor, von den besonders einfachen Gleichungen (12.2.1-3)

$$\vec{\nabla} \times \vec{E} = 0 \ , \qquad (12.4.35a)$$

$$\vec{\nabla} \cdot \vec{E} = \frac{1}{\varepsilon_0} \rho \ , \qquad (12.3.35b)$$

$$\frac{\partial}{\partial x^0} \vec{E} = 0 \qquad (12.4.35c)$$

des elektrostatischen Feldes einer ruhenden Ladungsverteilung ρ auszugehen. In einem bezüglich ρ ruhenden Bezugssystem haben $\underset{\approx}{F}$ und $\underset{\sim}{j}$ eine besonders einfache Komponentendarstellung, deren allgemeine Form wir anschließend durch Lorentztransformation in ein anderes System finden.

Die beiden Gleichungen (12.4.35b,c) lassen sich mit dem Differentialoperator $\underset{\sim}{\partial}$ und dem Feldstärketensor $\underset{\approx}{F}$, wie in (9.4.18) und (9.4.19) für den elektrostatischen Fall angegeben, durch eine einzige Beziehung ausdrücken

$$\begin{aligned}
\underset{\approx}{\partial F} &= \underset{\sim}{e}^{\nu}\partial_{\nu}\left(F^{\lambda\mu}\underset{\sim\lambda}{e}\otimes\underset{\sim\mu}{e}\right)\\
&= \left(\partial_{\nu}F^{\lambda\mu}\right)\underset{\sim}{e}^{\nu}(\underset{\sim\lambda}{e}\otimes\underset{\sim\mu}{e})\\
&= \left(\partial_{\nu}F^{\lambda\mu}\right)g^{\nu}{}_{\lambda}\underset{\sim\mu}{e} = \partial_{\lambda}F^{\lambda\mu}\underset{\sim\mu}{e}\\
&= \frac{1}{c}\left(\frac{\partial}{\partial x^{1}}E_{1}+\frac{\partial}{\partial x^{2}}E_{2}+\frac{\partial}{\partial x^{3}}E_{3}\right)\underset{\sim 0}{e}\\
&\quad -\frac{1}{c}\frac{\partial}{\partial x_{0}}(E_{1}\underset{\sim 1}{e}+E_{2}\underset{\sim 2}{e}+E_{3}\underset{\sim 3}{e})\\
&= \frac{1}{c\varepsilon_{0}}\rho\underset{\sim 0}{e} = \mu_{0}c\rho\underset{\sim 0}{e} \quad .
\end{aligned} \tag{12.4.36}$$

Da im statischen Fall die Ladungen ruhen, hat der Viererstromdichtevektor $\underset{\sim}{j}$ nur eine Nullkomponente

$$\underset{\sim}{j} = c\rho\underset{\sim 0}{e} \quad . \tag{12.4.37}$$

Durch Lorentz-Transformation dieser Stromdichte erhalten wir in einem mit $(-\vec{v}) = (-v_1, 0, 0)$ relativ zu K bewegten System K' mit Hilfe von (12.4.18), (9.4.20) und $\beta = v_1/c$

$$\begin{aligned}
\underset{\sim}{j} &= c\rho\underset{\sim 0}{e} = c\rho\Lambda_{0}^{+\rho}\underset{\sim\rho}{e}'\\
&= c\rho\gamma\underset{\sim 0}{e}' + c\beta\gamma\rho\underset{\sim 1}{e}'\\
&= c\rho'\underset{\sim 0}{e}' + v_1\rho'\underset{\sim 1}{e}'
\end{aligned} \tag{12.4.38}$$

die Darstellung der Stromdichte im System K'. Sie besteht aus wieder einer Nullkomponente $c\rho'$ und – wegen der Bewegung der Ladung in K' – aus einer Komponente in Richtung der Geschwindigkeit $\vec{v}$.

Damit ist $c\rho\underset{\sim 0}{e}$ als Viererstromdichte im statischen Fall erkannt, und die erste kovariante Maxwellsche Feldgleichung lautet in systemunabhängiger Formulierung

$$\underset{\approx}{\partial F} = \mu_0\underset{\sim}{j} \quad . \tag{12.4.39}$$

Für die Viererstromdichte folgt die Kontinuitätsgleichung aus der Beziehung

$$\frac{\partial}{\partial x^0}c\rho = 0 \tag{12.4.40}$$

für eine statische Ladungsverteilung durch Lorentz-Transformation oder direkt durch Umwandlung der obigen Gleichung in eine kovariante Gleichung. Im statischen Fall gilt wegen (12.4.37)

$$\underset{\sim}{e}_0 \frac{\partial}{\partial x^0} (c\rho \underset{\sim}{e}_0) = \underset{\sim}{\partial} \cdot \underset{\sim}{j} \quad , \tag{12.4.41}$$

so daß an Stelle von (12.4.40) die allgemeine Gleichung

$$\boxed{\underset{\sim}{\partial} \cdot \underset{\sim}{j} = 0 \quad , \quad \underset{\sim}{j} = c\rho \underset{\sim}{e}_0 + \sum_{n=1}^{3} j^n \underset{\sim}{e}_n} \tag{12.4.42}$$

tritt. In Komponenten ist das

$$\frac{\partial}{\partial x^0} j^0 + \sum_{i=1}^{3} \frac{\partial}{\partial x^i} j^i = \frac{\partial}{\partial t} \rho + \vec{\nabla} \cdot \vec{j} = 0 \quad , \tag{12.4.43}$$

identisch mit (12.1.3).

Für die Umformulierung der ersten Beziehung (12.4.35a), die ein Vektorprodukt enthält, benötigen wir die Verallgemeinerung des Dreiervektorproduktes zu einem Produkt von Vierervektoren. Das Dreierprodukt $\vec{c} = \vec{a} \times \vec{b}$ läßt sich mit Hilfe des Levi-Civita-Tensors

$$\underset{\equiv}{\varepsilon} = \sum_{n,r,s} \varepsilon_{nrs} \vec{e}_n \otimes \vec{e}_r \otimes \vec{e}_s \tag{12.4.44}$$

als

$$\vec{c} = \underset{\equiv}{\varepsilon}(\vec{a} \otimes \vec{b}) \tag{12.4.45}$$

schreiben, in Komponentenzerlegung [Bd.I, Gl.(2.3.21b)].

$$\sum_{n=1}^{3} c^n \vec{e}_n = \sum_{n=1}^{3} \left(\sum_{r,s=1}^{3} \varepsilon_{nrs} a^r b^s \right) \vec{e}_n \quad . \tag{12.4.46}$$

Die Viererverallgemeinerung von ε_{nrs} ist

$$\varepsilon_{\mu\nu\rho\sigma} = \operatorname{sgn}(\mu,\nu,\rho,\sigma) \quad , \quad \text{d.h.} \tag{12.4.47}$$

$$\varepsilon_{\mu\nu\rho\sigma} = \begin{cases} 1 & \text{für } (\mu,\nu,\rho,\sigma) = (0,1,2,3) \text{ und alle geraden Permutationen,} \\ -1 & \text{für alle ungeraden Permutationen von } (0,1,2,3), \\ 0 & \text{für zwei oder mehr gleiche Indizes.} \end{cases} \tag{12.4.48}$$

Es gelten die Regeln

$$\varepsilon_{\mu\nu\rho\sigma} = -\varepsilon_{\nu\mu\rho\sigma} \quad , \ldots \tag{12.4.49}$$

und

$$\varepsilon_{0nrs} = \varepsilon_{nrs} \quad , \quad n,r,s = 1,2,3 \quad . \tag{12.4.50}$$

Mit Hilfe dieses bezüglich der Vertauschung zweier beliebiger Indizes vollständig antisymmetrischen Symbols führt man den zu $\underset{\approx}{F}$ *dualen Tensor* $*\underset{\approx}{F}$ durch

$$^{*}F_{\mu\nu} = \frac{1}{2}\varepsilon_{\mu\nu\rho\sigma}F^{\rho\sigma} \tag{12.4.51a}$$

und

$$^{*}\underset{\approx}{F} = {}^{*}F_{\mu\nu}\underset{\sim}{e}^{\mu}\otimes\underset{\sim}{e}^{\nu} \tag{12.4.51b}$$

ein. Die Matrixdarstellung des dualen Tensors hat die Form

$$({}^{*}F_{\mu\nu}) = \begin{pmatrix} 0 & -B_1 & -B_2 & -B_3 \\ B_1 & 0 & -\frac{1}{c}E_3 & \frac{1}{c}E_2 \\ B_2 & \frac{1}{c}E_3 & 0 & -\frac{1}{c}E_1 \\ B_3 & -\frac{1}{c}E_2 & \frac{1}{c}E_1 & 0 \end{pmatrix}, \quad ({}^{*}F^{\mu\nu}) = \begin{pmatrix} 0 & B_1 & B_2 & B_3 \\ -B_1 & 0 & -\frac{1}{c}E_3 & \frac{1}{c}E_2 \\ -B_2 & \frac{1}{c}E_3 & 0 & -\frac{1}{c}E_1 \\ -B_3 & -\frac{1}{c}E_2 & \frac{1}{c}E_1 & 0 \end{pmatrix} \tag{12.4.52a}$$

d.h. in Blockform

$$({}^{*}\underset{\approx}{F})^{\mu\nu} = \begin{pmatrix} 0 & \vec{B} \\ -\vec{B} & -\vec{E}_{\underset{\equiv}{\varepsilon}} \end{pmatrix} . \tag{12.4.52b}$$

Sie hat für den statischen Feldstärketensor (9.4.19) die Gestalt

$$({}^{*}F_{\mu\nu}) = \begin{pmatrix} 0 & 0 & 0 & 0 \\ 0 & 0 & -\frac{1}{c}E_3 & \frac{1}{c}E_2 \\ 0 & \frac{1}{c}E_3 & 0 & -\frac{1}{c}E_1 \\ 0 & -\frac{1}{c}E_2 & \frac{1}{c}E_1 & 0 \end{pmatrix} = ({}^{*}F)^{\mu\nu} . \tag{12.4.53}$$

Offenbar gilt nun für den statischen Feldstärketensor (12.4.53)

$$\underset{\sim}{\partial}\,{}^{*}\underset{\approx}{F} = \frac{1}{c}\left[\left(\frac{\partial}{\partial x^2}E_3 - \frac{\partial}{\partial x^3}E_2\right)\underset{\sim}{e}_1 + \left(\frac{\partial}{\partial x^3}E_1 - \frac{\partial}{\partial x^1}E_3\right)\underset{\sim}{e}_2 + \left(\frac{\partial}{\partial x^1}E_2 - \frac{\partial}{\partial x^2}E_1\right)\underset{\sim}{e}_3\right] . \tag{12.4.54}$$

Wegen (12.4.35a) verschwinden die Koeffizienten der Basisvektoren.

Damit lautet die relativistisch kovariante Formulierung der zweiten Maxwellschen Feldgleichung

$$\boxed{\underset{\sim}{\partial}\,{}^{*}\underset{\approx}{F} = 0} \tag{12.4.55}$$

oder in Komponenten

$$\partial^\nu \varepsilon_{\mu\nu\rho\sigma} F^{\rho\sigma} = 0 \quad . \tag{12.4.55a}$$

Zusammen mit der ersten kovarianten Maxwellschen Gleichung (12.4.39)

$$\boxed{\underset{\approx}{\partial F} = \mu_0 \underset{\sim}{j}} \tag{12.4.56}$$

ersetzt sie die vier Gleichungen (12.1.16) für Dreiervektoren. Die homogene Maxwell-Gleichung für den dualen Tensor $\overset{*}{\underset{\approx}{F}}$ läßt sich auch in eine Form bringen, in der der ursprüngliche Tensor $\underset{\approx}{F}$ auftritt. Am einfachsten sieht man das ein, wenn man neben (12.4.55a) noch zwei Gleichungen betrachtet, die durch zyklische Indexvertauschung der ν, ρ, σ erhalten werden

$$\varepsilon_{\mu\nu\rho\sigma} \partial^\rho F^{\sigma\nu} = 0 \quad , \quad \varepsilon_{\mu\nu\rho\sigma} \partial^\sigma F^{\nu\rho} = 0 \quad . \tag{12.4.55b,c}$$

Die Summe der drei Gleichungen (12.4.55a,b,c) führt auf

$$\varepsilon_{\mu\nu\rho\sigma}(\partial^\nu F^{\rho\sigma} + \partial^\rho F^{\sigma\nu} + \partial^\sigma F^{\nu\rho}) = 0 \quad .$$

Da das vierdimensionale Levi-Cività-Symbol in den hinteren 3 Indizes für festen ersten Index gerade die gegen zyklische Vertauschung invariante Form herausprojiziert und die Klammer gerade einen Ausdruck enthält, der gegen zyklische Vertauschung invariant ist, kann man das $\varepsilon_{\mu\nu\rho\sigma}$ weglassen und es gilt

$$\partial^\nu F^{\rho\sigma} + \partial^\rho F^{\sigma\nu} + \partial^\sigma F^{\nu\rho} = 0 \quad , \tag{12.4.57}$$

äquivalent zu (12.4.55a).

×12.4.3 Relativistisches Vektorpotential

Mit Hilfe der relativistischen Gradienten (Abschnitt 12.4.1) bringen wir nun die Beziehungen (12.3.5) und (12.3.1)

$$\begin{aligned} \vec{E} &= -\vec{\nabla}\varphi - c\partial_0 \vec{A} \\ \vec{B} &= \vec{\nabla} \times \vec{A} \end{aligned} \tag{12.4.58}$$

zwischen den Feldstärken $\vec{E}$, $\vec{B}$ und den Potentialen φ, $\vec{A}$ in eine relativistische kovariante Form. Nach (9.4.11) entsprechen den Feldstärken $\vec{E}$, $\vec{B}$ die Komponenten des Feldstärketensors $F^{\mu\nu}$

$$F^{0n} = -\frac{1}{c}(\vec{E})_n = \partial_n \frac{1}{c}\varphi + \partial_0 (\vec{A})_n \quad . \tag{12.4.59}$$

Wegen (12.4.27) und (12.4.32) gilt

$$\partial_0 = \partial^0 \tag{12.4.60}$$

und (n = 1, 2, 3)

$$\partial_n = g_{nn}\partial^n = -\partial^n \quad , \tag{12.4.61}$$

so daß F^{0n} durch

$$F^{0n} = \partial^0 A^n - \partial^n A^0 \quad , \tag{12.4.62}$$

ausgedrückt werden kann, wenn man

$$A^0 = \frac{1}{c}\varphi \quad \text{und} \quad (\vec{A})_n = A^n \tag{12.4.63}$$

setzt. Analog liefert der Zusammenhang von $\underset{\approx}{F}$ mit $\vec{B}$

$$F^{mn} = -\sum_{\ell=1}^{3} \varepsilon_{mn\ell}(\vec{B})_\ell = -\partial_m(\vec{A})_n + \partial_n(\vec{A})_m$$

$$= \partial^m A^n - \partial^n A^m \quad . \tag{12.4.64}$$

Da die Diagonalmatrixelemente von $\underset{\approx}{F}$ verschwinden, hat $F^{\mu\nu}$ offenbar die Darstellung

$$F^{\mu\nu} = \partial^\mu A^\nu - \partial^\nu A^\mu \quad . \tag{12.4.65}$$

Wir schreiben diese Ergebnisse noch einmal in vektorieller bzw. tensorieller Form. Dazu fassen wir die vier Komponenten (12.4.63) zu einem Vierervektor, dem *Viererpotential*

$$\underset{\sim}{A} = A^\nu \underset{\sim}{e}_\nu = \frac{1}{c}\varphi \underset{\sim}{e}_0 + \sum_{m=1}^{3} A^m \underset{\sim}{e}_m \tag{12.4.66}$$

oder in Komponenten

$$(A^\mu) = (A^0, A^1, A^2, A^3) = \left(\frac{1}{c}\varphi, \vec{A}\right) \tag{12.4.67}$$

zusammen; dann gilt offenbar

$$\boxed{\begin{aligned}\underset{\approx}{F} &= F^{\mu\nu}\underset{\sim}{e}_\mu \otimes \underset{\sim}{e}_\nu = (\partial^\mu A^\nu - \partial^\nu A^\mu)\underset{\sim}{e}_\mu \otimes \underset{\sim}{e}_\nu \\ &= \underset{\sim}{\partial} \otimes \underset{\sim}{A} - \underset{\sim}{A} \otimes \overleftarrow{\underset{\sim}{\partial}} \quad ,\end{aligned}} \tag{12.4.68}$$

wobei der linksgerichtete Pfeil über dem letzten $\underset{\sim}{\partial}$ andeutet, daß die Differentiation auf $\underset{\sim}{A}$ wirkt.

Mit diesem Ansatz für $\underset{\approx}{F}$ ist die zweite relativistisch kovariante Maxwell-Gleichung (12.4.56) identisch erfüllt

$$\partial^\nu \varepsilon_{\mu\nu\rho\sigma} F^{\rho\sigma} = \partial^\nu \varepsilon_{\mu\nu\rho\sigma}(\partial^\rho A^\sigma - \partial^\sigma A^\rho) = 0 \quad , \tag{12.4.69}$$

denn die Kontraktion des vollständig antisymmetrischen Tensors $\varepsilon_{\mu\nu\rho\sigma}$ mit dem symmetrischen Tensor $\partial^\nu\partial^\rho$ verschwindet, weil wegen (12.4.49) gilt

$$\varepsilon_{\mu\nu\rho\sigma}\partial^\mu\partial^\nu = -\varepsilon_{\nu\mu\rho\sigma}\partial^\nu\partial^\mu = -\varepsilon_{\mu\nu\rho\sigma}\partial^\mu\partial^\nu \quad .$$

Damit bleibt nur die erste Maxwell-Gleichung (12.4.57) als Bedingung an $\underset{\sim}{A}$

$$\mu_0\underset{\sim}{j} = \partial\underset{\approx}{F} = \underset{\sim}{\partial}(\underset{\sim}{\partial}\otimes\underset{\sim}{A} - \underset{\sim}{A}\otimes\overleftarrow{\underset{\sim}{\partial}}) = (\underset{\sim}{\partial}\underset{\sim}{\partial})\underset{\sim}{A} - \underset{\sim}{\partial}(\underset{\sim}{\partial}\underset{\sim}{A}) \quad . \tag{12.4.70}$$

Diese Gleichung läßt sich mit der Lorentzbedingung (12.3.27), die relativistisch kovariant die Form

$$\underset{\sim}{\partial}\cdot\underset{\sim}{A}^{(L)} = \partial_\mu A^{(L)\mu} = 0 \tag{12.4.71}$$

hat, und wegen (12.4.33) in die einfache Gestalt

$$\boxed{\Box\underset{\sim}{A}^{(L)} = \mu_0\underset{\sim}{j}} \tag{12.4.72}$$

bringen. Sie lautet in Komponenten

$$\Box A^{(L)\mu} = \mu_0 j^\mu \quad . \tag{12.4.73}$$

Diese Beziehung ist identisch mit den Gleichungen (12.3.29) und (12.3.30). Kovariante Eichungen von $\underset{\sim}{A}$ gehen aus dieser Lorentz-Eichung durch

$$\boxed{\underset{\sim}{A}' = \underset{\sim}{A}^{(L)} - \underset{\sim}{\partial}\chi} \quad , \tag{12.4.74}$$

hervor, wobei χ eine beliebige Lorentz-skalare Funktion des Vierervektors $\underset{\sim}{x}$ ist. Für den Fall, daß χ die d'Alembert-Gleichung erfüllt,

$$\Box\chi = 0 \quad , \tag{12.4.75}$$

ist $\underset{\sim}{A}'$ wieder ein Vektorpotential in Lorentz-Eichung.

12.5 Maxwellsche Gleichungen in Anwesenheit von Materie

12.5.1 Zeitabhängige Polarisation und Magnetisierung. Polarisationsstrom

In den Abschnitten 5.3 und 10.2 hatten wir das Verhalten von Materie in elektrostatischen bzw. magnetostatischen Feldern untersucht und festgestellt, daß die Feldgrößen $\vec{D}$ und $\vec{E}$ bzw. $\vec{H}$ und $\vec{B}$ in Materie durch die Beziehungen

$$\vec{D} = \varepsilon_0\vec{E} + \vec{P} \tag{12.5.1a}$$

und

$$\vec{H} = \frac{1}{\mu_0}\vec{B} - \vec{M} \tag{12.5.1b}$$

verknüpft sind. Zu diesen Beziehungen waren wir durch eine Diskussion der Erscheinungen beim Einbringen von Materie in Felder gelangt. Die Polarisation $\vec{P}$ wurde durch die Verzerrung der atomaren Ladungsdichten der Materie in einem äußeren Feld $\vec{E}$ verursacht, die Magnetisierung $\vec{M}$ durch die Veränderung der atomaren Stromdichten durch ein äußeres Induktionsfeld. Da die Ladungs- bzw. Stromdichten ρ und $\vec{j}$ nur in den zwei Maxwell-Gleichungen (12.0.1b) und (12.0.1c) auftreten, werden nur diese Gleichungen durch die Einflüsse der Materie abgeändert. Die Gleichungen (12.0.1a) und (12.0.1d) bleiben ungeändert in Anwesenheit von Materie.

Die Abänderung der Gleichung (12.0.1b) besteht wieder darin, daß die Polarisationsladungsdichte ρ_P als Divergenz der Polarisation

$$\rho_P = -\vec{\nabla}\cdot\vec{P} \qquad (12.5.2a)$$

zusätzlich zur starren Ladungsdichte ρ auf der rechten Seite von (12.0.1b) auftritt

$$\varepsilon_0\vec{\nabla}\cdot\vec{E} = \rho_S + \rho_P = \rho_S - \vec{\nabla}\cdot\vec{P} \quad ,$$

so daß man mit (12.5.1a) die Gleichung

$$\vec{\nabla}\cdot\vec{D} = \rho_S = \rho$$

erhält. Dabei bedeutet ρ ausschließlich die von außen eingeprägte Ladungsverteilung.

Die Zeitabhängigkeit der elektromagnetischen Felder führt natürlich zu einer Zeitabhängigkeit der Polarisationsladungsdichte ρ_P. Da sie wegen der Erhaltung der Ladung eine Kontinuitätsgleichung erfüllt,

$$\frac{\partial\rho_P}{\partial t} + \vec{\nabla}\cdot\vec{j}_P = 0 \quad ,$$

muß eine Polarisationsstromdichte $\vec{j}_P$ auftreten, die der Verschiebung der atomaren Ladungsdichten bei Polarisationsveränderung entspricht. Durch Einsetzen von (12.5.2a) in die Kontinuitätsgleichung

$$-\vec{\nabla}\cdot\frac{\partial\vec{P}}{\partial t} + \vec{\nabla}\cdot\vec{j}_P = 0$$

liest man sofort ab, daß

$$\boxed{\vec{j}_P = \frac{\partial\vec{P}}{\partial t}} \qquad (12.5.2b)$$

gilt.

Die in der Maxwell-Gleichung (12.0.1c) auftretende Stromdichte setzt sich nun aus der starren Stromdichte $\vec{j}_S$, der Magnetisierungsstromdichte

$\vec{\nabla} \times \vec{M}$ und der Polarisationsstromdichte $\vec{j}_P$ zusammen

$$\vec{\nabla} \times \vec{B} = \mu_0\left(\vec{j}_s + \vec{\nabla}\times\vec{M} + \frac{\partial \vec{P}}{\partial t}\right) + \frac{1}{c^2}\frac{\partial \vec{E}}{\partial t} \quad .$$

Der Term mit der Magnetisierung $\vec{M}$ läßt sich nach (12.5.1b) wieder mit $\mu_0^{-1}\vec{B}$ zur magnetischen Feldstärke $\vec{H}$ zusammenfassen. Wegen $\varepsilon_0 = (\mu_0 c^2)^{-1}$ bildet das Glied mit der Polarisation zusammen mit $\vec{E}$ nach (12.5.1a) gerade die dielektrische Verschiebung $\vec{D}$, so daß sich insgesamt mit der abkürzenden Bezeichnung $\vec{j}$ für die starre Stromdichte $\vec{j}_s$

$$\vec{\nabla} \times \vec{H} = \vec{j} + \frac{\partial \vec{D}}{\partial t}$$

ergibt. Insgesamt lauten die Maxwell-Gleichungen in Materie

$$\vec{\nabla} \times \vec{E} = -\frac{\partial \vec{B}}{\partial t} \quad , \tag{12.5.3a}$$

$$\vec{\nabla} \cdot \vec{D} = \rho \tag{12.5.3b}$$

$$\vec{\nabla} \times \vec{H} = \vec{j} + \frac{\partial \vec{D}}{\partial t} \quad , \tag{12.5.3c}$$

$$\vec{\nabla} \cdot \vec{B} = 0 \quad . \tag{12.5.3d}$$

In Materialien, in denen die Beziehungen

$$\vec{D} = \varepsilon\varepsilon_0\vec{E} \, , \quad \vec{B} = \mu\mu_0\vec{H}$$

mit ortsunabhängigen Konstanten ε und μ gelten, lauten die Maxwell-Gleichungen für $\vec{E}$ und $\vec{B}$

$$\vec{\nabla} \times \vec{E} = -\frac{\partial}{\partial t}\vec{B} \quad , \tag{12.5.3a'}$$

$$\vec{\nabla} \cdot \vec{E} = \frac{1}{\varepsilon\varepsilon_0}\rho \quad , \tag{12.5.3b'}$$

$$\vec{\nabla} \times \vec{B} = \mu\mu_0\vec{j} + \frac{1}{c_M^2}\frac{\partial}{\partial t}\vec{E} \quad , \tag{12.5.3c'}$$

$$\vec{\nabla} \cdot \vec{B} = 0 \quad , \tag{12.5.3d'}$$

wobei

$$c_M^2 = \frac{1}{\varepsilon\varepsilon_0\mu\mu_0}$$

die Lichtgeschwindigkeit im Vakuum ersetzt.

+12.5.2 Mikroskopische Begründung der Feldgleichungen in Materie

Wir gehen von den Maxwell-Gleichungen für die mikroskopischen Größen aus

$$\vec{\nabla} \times \vec{E}_{mikr} = -\frac{\partial B_{mikr}}{\partial t} \quad , \tag{12.5.4a}$$

$$\vec{\nabla} \cdot \vec{E}_{mikr} = \frac{1}{\varepsilon_0} \rho_{mikr} \quad , \tag{12.5.4b}$$

$$\vec{\nabla} \times \vec{B}_{mikr} = \mu_0 \vec{j}_{mikr} + \frac{1}{c^2} \frac{\partial \vec{E}_{mikr}}{\partial t} \quad , \tag{12.5.4c}$$

$$\vec{\nabla} \cdot \vec{B}_{mikr} = 0 \quad . \tag{12.5.4d}$$

Führt man nun das gleiche räumliche Mittelungsverfahren in jedem Zeitpunkt t an den zeitabhängigen mikroskopischen Größen $\vec{E}_{mikr}(t,\vec{r})$ und $\vec{B}_{mikr}(t,\vec{r})$ aus, so macht man wieder mit der Mittelung (5.6.8)

$$\left\langle \vec{E}_{mikr}(t,\vec{r}) \right\rangle =: \vec{E}(t,\vec{r}) \tag{12.5.5a}$$

und

$$\left\langle \vec{B}_{mikr}(t,\vec{r}) \right\rangle =: \vec{B}(t,\vec{r}) \tag{12.5.5b}$$

die Feststellung, daß Differentiationen nach dem Ort und jetzt auch der Zeit mit dem Mittelungsverfahren vertauschbar sind. Es gelten die Gleichungen

$$\left\langle \vec{\nabla} \times \vec{E}_{mikr} \right\rangle = \vec{\nabla} \times \left\langle \vec{E}_{mikr} \right\rangle = \vec{\nabla} \times \vec{E} \quad , \tag{12.5.6b}$$

$$\left\langle \vec{\nabla} \cdot \vec{E}_{mikr} \right\rangle = \vec{\nabla} \cdot \left\langle \vec{E}_{mikr} \right\rangle = \vec{\nabla} \cdot \vec{E} \quad , \tag{12.5.6a}$$

$$\left\langle \frac{\partial}{\partial t} \vec{E}_{mikr} \right\rangle = \frac{\partial}{\partial t} \left\langle \vec{E}_{mikr} \right\rangle = \frac{\partial}{\partial t} \vec{E} \tag{12.5.6c}$$

und analog für $\vec{B}_{mikr}$ und $\vec{B}$. Die Gleichungen (12.5.4a) und (12.5.4d), die keine Ladungs- bzw. Stromdichten enthalten, gelten somit auch für die gemittelten Größen $\vec{E}$, $\vec{B}$ in Materie

$$\boxed{\vec{\nabla} \times \vec{E}(t,\vec{r}) = -\frac{\partial \vec{B}(t,\vec{r})}{\partial t}} \tag{12.5.7a}$$

und

$$\boxed{\vec{\nabla} \cdot \vec{B}(t,\vec{r}) = 0} \quad . \tag{12.5.7d}$$

Vor der Diskussion der inhomogenen Gleichungen (12.5.4b,c) müssen wir eine Mittelung der Ladungsdichte ρ_{mikr} und der Stromdichte $\vec{j}_{mikr}$ durchführen, um zu den zugehörigen makroskopischen Dichten zu gelangen. Bei der Diskussion der Ladungs- und Stromdichten in Materie in den Abschnitten 5.6 bzw. 10.5 haben wir die thermische Bewegung der Moleküle, die eine Zeitabhängigkeit der mikroskopischen Dichten bewirkt, völlig außer acht gelassen. Wir haben nur die thermische Unordnung der Molekülausrichtungen berücksichtigt. Sofern man sich nicht für die thermische Abstrahlung einer Substanz interessiert und nur Systeme im thermischen Gleichgewicht betrachtet, ist die Zeitabhängigkeit der mikroskopischen Ladungs- und Stromdichte ohne Einfluß auf die makroskopischen elektromagnetischen Vorgänge. Für Mittelungsvolumina ΔV mit einer hinreichend großen Zahl von Teilchen führt die ungeordnete thermische Bewegung im Mittelungsverfahren nicht zu resultierenden makroskopischen Beiträgen. Das gilt nur unter zwei Annahmen:

I) Der Mittelwert der Geschwindigkeiten aller Moleküle im Mittelungsvolumen vor Anlegen äußerer Felder verschwindet, d.h. das Material hat keine resultierende makroskopische Geschwindigkeit. Anders gesagt bedeutet das, daß die Substanz als ganzes ruht und in der Substanz keine makroskopischen Strömungen auftreten.

II) Die Einstellung des thermischen Gleichgewichtes ist abgewartet worden, es treten somit keine Wärmeströmungen infolge von Temperaturschwankungen auf.

Unter diesen Bedingungen kann das räumliche Mittelungsverfahren für jeden Zeitpunkt ausgeführt werden. Ferner ist es gerechtfertigt – wie in Abschnitt 5.6 und 10.5 geschehen – die durch die thermische Bewegung verursachte Zeitabhängigkeit der mikroskopischen Größen unbeachtet zu lassen, da sie bei der Mittelung zu zeitlich konstanten Größen führt, wenn die äußeren Felder und starren Dichten selbst nicht zeitabhängig sind. Da wir jetzt zeitabhängige äußere Felder und Dichten betrachten, werden die mikroskopischen Größen nun durch zwei verschiedene Zeitabhängigkeiten bestimmt.

I) Einerseits bewirkt die thermische Bewegung der Moleküle eine statistische Zeitabhängigkeit der Dipolmomente, die jedoch wieder wegen ihrer ungeordneten Struktur beim Mittelungsverfahren verschwindet.

II) Andererseits hat die Zeitabhängigkeit der äußeren Felder durch Induktion oder Orientierung der molekularen Dipolmomente eine Zeitabhängigkeit der Momente

$$\vec{d}_i = \vec{d}_i(t) \tag{12.5.8}$$

zur Folge, die von der gleichen Art wie die der Felder ist. Da sie allen Dipolmomenten gemeinsam ist, verschwindet sie nicht durch Mittelung. Sie führt vielmehr zu einer resultierenden Zeitabhängigkeit der makroskopischen Polarisationsladungsdichte (5.6.16)

$$\rho_P(t,\vec{r}) = -\vec{\nabla}\cdot[n\vec{d}(t,\vec{r})] = -\vec{\nabla}\cdot\vec{P} \quad . \tag{12.5.9}$$

Damit ist auch die Polarisation $\vec{P}$ eine Funktion der Zeit, vgl. (5.6.17)

$$\vec{P}(t,\vec{r}) = n\vec{d}(t,\vec{r}) \quad . \tag{12.5.10}$$

Die makroskopische Ladungsdichte setzt sich so wie früher aus der gemittelten starren Dichte

$$\rho(t,\vec{r}) = \langle\rho_{s\ mikr}(t,\vec{r})\rangle = qn(t,\vec{r}) \tag{12.5.11}$$

und der Polarisationsladungsdichte (12.5.9) zusammen

$$\langle\rho_{mikr}(t,\vec{r})\rangle = \rho_s(t,\vec{r}) + \rho_P(t,\vec{r}) \quad . \tag{12.5.12}$$

Die zeitliche Änderung der Polarisationsladungsdichte muß natürlich zu einem Strom führen, der die Umverteilung der Ladung bewirkt, die ja eine erhaltene Größe ist. Da die sich zeitlich ändernde Polarisationsladungsdichte nicht aus freien Ladungsträgern besteht, sondern aus der Wirkung orientierter Dipole resultiert, ist natürlich der *Polarisationsstrom* auch kein Strom freier Ladungsträger, ebensowenig wie der Magnetisierungsstrom aus Abschnitt 10.5. Man berechnet den Polarisationsstrom am einfachsten mit Hilfe der Kontinuitätsgleichung, in der die negative Zeitableitung der Polarisationsladungsdichte ρ_P als Quelle des Polarisationsstromes $\vec{j}_P$ auftritt

$$\vec{\nabla}\cdot\vec{j}_P(t,\vec{r}) = -\frac{\partial}{\partial t}\rho_P(t,\vec{r}) \quad . \tag{12.5.13}$$

Durch Einsetzen von ρ_P aus (12.5.9) finden wir für die Quellstärke

$$\vec{\nabla}\cdot\vec{j}_P(t,\vec{r}) = \frac{\partial}{\partial t}\vec{\nabla}\cdot\vec{P}(t,\vec{r}) = \vec{\nabla}\cdot\left[\frac{\partial}{\partial t}\vec{P}(t,\vec{r})\right] \quad . \tag{12.5.14}$$

Daraus folgt, daß die Polarisationsstromdichte

$$\vec{j}_P(t,\vec{r}) = \frac{\partial}{\partial t}\vec{P}(t,\vec{r}) \quad , \tag{12.5.15}$$

gleich der Zeitableitung der Polarisation $\vec{P}$ ist.

Für die Berechnung der gemittelten Stromstärken verlaufen die Argumente genau so wie in Abschnitt 10.5. Da die Mittelung über ein geeignet gewähltes Volumen ΔV zu festen Zeiten durchgeführt wird, ändert sich an den Ergebnissen der Mittelungsprozesse nichts. Allerdings muß die durch die Zeitabhängigkeit der Polarisationsladungsdichte auftretende Polarisationsstromdichte (12.5.15) jetzt berücksichtigt werden.

Der makroskopische Strom setzt sich nun aus drei Anteilen zusammen:

I) Der starre mikroskopische Strom $\vec{j}_{s,mikr}(t,\vec{r})$ geht durch die Mittelung in den starren makroskopischen Strom $\vec{j}$

$$\left\langle \vec{j}_{s,mikr}(t,\vec{r}) \right\rangle = \vec{j}(t,\vec{r}) = q\vec{v}n \tag{12.5.16}$$

über.

II) Der mikroskopische Magnetisierungsstrom $\vec{j}_{M,mikr}(t,\vec{r})$ kann nach Mittelung als Rotation

$$\left\langle \vec{j}_{M,mikr}(t,\vec{r}) \right\rangle = \vec{j}_M(t,\vec{r}) = \vec{\nabla} \times \vec{M}(t,\vec{r}) \tag{12.5.17}$$

der Magnetisierung

$$\vec{M}(t,\vec{r}) = n_M \vec{m} \tag{12.5.18}$$

geschrieben werden. Offenbar ist die zeitabhängige Magnetisierungsstromdichte wie in Abschnitt 10.5 quellenfrei

$$\vec{\nabla} \cdot \vec{j}_M(t,\vec{r}) = \vec{\nabla} \cdot (\vec{\nabla} \times \vec{M}) = 0 \quad . \tag{12.5.19}$$

III) Die Zeitabhängigkeit der Polarisationsladungsdichte ρ_P ist Quelle der Polarisationsstromdichte $\vec{j}_P$, die als Zeitableitung der Polarisation $\vec{P}$

$$\vec{j}_P = \frac{\partial}{\partial t} \vec{P} \tag{12.5.20}$$

auftritt. Insgesamt gilt damit für die mittlere Stromdichte

$$\left\langle \vec{j}_{mikr}(t,\vec{r}) \right\rangle = \vec{j}(t,\vec{r}) + \vec{j}_M(t,\vec{r}) + \vec{j}_P(t,\vec{r}) \quad . \tag{12.5.21}$$

Nun lassen sich auch die inhomogenen Maxwell-Gleichungen (12.5.4b), (12.5.4c) durch Mittelung in Gleichungen für die makroskopischen Größen überführen. Wir erhalten aus (12.5.4b) mit (12.5.12) und (12.5.9)

$$\vec{\nabla} \cdot \vec{E}(t,\vec{r}) = \frac{1}{\varepsilon_0} \rho(t,\vec{r}) - \frac{1}{\varepsilon_0} \vec{\nabla} \cdot \vec{P} \quad . \tag{12.5.22}$$

Hier läßt sich wieder die dielektrische Verschiebung $\vec{D}$, (12.5.1a), einführen, so daß wir wie früher

$$\boxed{\vec{\nabla} \cdot \vec{D}(t,\vec{r}) = \rho(t,\vec{r})} \tag{12.5.7b}$$

finden. Analog liefert (12.5.4c) mit (12.5.21), (12.5.17) und (12.5.20)

$$\vec{\nabla} \times \vec{B}(t,\vec{r}) = \mu_0 \vec{j}(t,\vec{r}) + \mu_0 \vec{\nabla} \times \vec{M} + \mu_0 \frac{\partial}{\partial t} \vec{P} + \frac{1}{c^2} \frac{\partial \vec{E}(t,\vec{r})}{\partial t} \quad . \tag{12.5.24}$$

Nach Multiplikation mit $1/\mu_0$ und unter Zuhilfenahme von $(\mu_0 c^2)^{-1} = \varepsilon_0$, vgl. (9.3.56), gilt wegen (12.5.1)

$$\boxed{\vec{\nabla} \times \vec{H}(t,\vec{r}) = \vec{j}(t,\vec{r}) + \frac{\partial \vec{D}(t,\vec{r})}{\partial t}} \quad . \tag{12.5.7c}$$

Die Gleichungen (12.5.7a-d) sind die Maxwell-Gleichungen für Felder in Materie. Sie stimmen formal mit den Vakuumgleichungen (12.1.19a-d) überein. Die äußeren starren Ladungs- und Stromdichten $\rho(t,\vec{r})$ und $\vec{j}(t,\vec{r})$ genügen aus Ladungserhaltungsgründen der Kontinuitätsgleichung.

Offenbar sind die Maxwell-Gleichungen nicht ausreichend zur Bestimmung der vier Feldgrößen $\vec{E}$, $\vec{D}$, $\vec{B}$ und $\vec{H}$, da sie nicht die Divergenzen und Rotationen aller vier Felder festlegen. Auch die Beziehungen (12.5.1) helfen nicht, da sie die Paare $\vec{E}$ und $\vec{D}$ bzw. $\vec{B}$ und $\vec{H}$ nur unter Einführung anderer unbekannter Felder $\vec{P}$ bzw. $\vec{M}$ verknüpfen. Die Beziehungen (12.5.1) sind aber völlig identisch mit der früheren Definition von $\vec{D}$ und $\vec{H}$ im statischen bzw. stationären Fall. Damit können wir auch hier als einfachste Annahme über die Abhängigkeit der Polarisation und Magnetisierung von den Feldern die linearen Relationen (5.6.25) bzw. (10.2.4) annehmen, so daß auch $\vec{D}$ und $\vec{E}$ bzw. $\vec{H}$ und $\vec{B}$ linear miteinander zusammenhängen.

$$\vec{D}(t,\vec{r}) = \varepsilon(\vec{r})\varepsilon_0\vec{E}(t,\vec{r}) \qquad (12.5.25)$$

$$\vec{B}(t,\vec{r}) = \mu(\vec{r})\mu_0\vec{H}(t,\vec{r}) \quad . \qquad (12.5.26)$$

Für diesen Fall sind die Maxwell-Gleichungen zur Bestimmung von $\vec{E}$ und $\vec{B}$ vollständig und ihre Lösungen sind durch Rand- bzw. Anfangsbedingungen eindeutig bestimmt.

Der lineare Zusammenhang zwischen $\vec{D}$ und $\vec{E}$ bzw. $\vec{B}$ und $\vec{H}$ kann auch noch allgemeinere Formen haben. So sind die Größen $\vec{D}$ und $\vec{E}$ bzw. $\vec{B}$ und $\vec{H}$ nicht notwendig parallel. Das ist in speziellen Kristallgittern der Fall. Dann sind die Dielektrizitätskonstante ε bzw. die magnetische Permeabilität μ keine skalaren sondern tensorielle Funktionen.

+*12.5.3 Nachwirkungseffekte

Eine weitere Verallgemeinerung des Zusammenhangs zwischen den Feldern $\vec{D}$, $\vec{B}$ bzw. $\vec{E}$, $\vec{H}$ erhält man, wenn man berücksichtigt, daß die Größen $\vec{P}(t,\vec{r})$ und $\vec{M}(t,\vec{r})$ nicht nur von den momentanen Werten von $\vec{E}(t,\vec{r})$ und $\vec{H}(t,\vec{r})$ sondern von der ganzen Vorgeschichte des Systems zu Zeiten $t' < t$ abhängt. Man spricht von elektromagnetischer *Nachwirkung* oder *Relaxation*. (Als ein Beispiel solcher Nachwirkung haben wir im Abschnitt 10.1 die magnetische Hysterese kennengelernt.) Die Abhängigkeit kann die Gestalt von Integraltransformationen annehmen, die an die Stelle von (5.2.12b) bzw. (10.2.4) treten

$$\vec{P}(t,\vec{r}) = \varepsilon_0 \int \Theta(t-t')\chi'(t-t',\vec{r})\vec{E}(t',\vec{r})dt' \quad , \qquad (12.5.27a)$$

$$\vec{M}(t,\vec{r}) = \int \Theta(t-t')\chi'_M(t-t',\vec{r})\vec{H}(t',\vec{r})dt' \quad . \qquad (25.5.27b)$$

Die Struktur dieser Darstellungen ist neben der Annahme der Linearität durch folgende grundlegenden Forderungen festgelegt

a) Kausalität: Die Wirkung einer Ursache bei t' kann nur für Werte $t > t'$ die Entwicklung eines Systems beeinflussen. Für die obigen Formeln wird diese Forderung durch die Stufenfunktion $\Theta(t-t')$ erfüllt.

b) Zeitliche Translationsinvarianz:
Die Wirkung des Wertes $\vec{E}(t',\vec{r})$ auf $\vec{P}(t,\vec{r})$ hängt nur von der zeitlichen Differenz $(t-t')$ ab. In den Darstellungen (12.5.27) ist das gewährleistet durch die Abhängigkeit von ε und μ von der Differenz $(t-t')$

Alternativ lassen sich die beiden Beziehungen auch nach einer Variablensubstitution $t' = t - \tau$ als

$$\vec{P}(t,\vec{r}) = \varepsilon_0 \int \Theta(\tau)\chi'(\tau,\vec{r})\vec{E}(t-\tau,\vec{r})d\tau \quad , \tag{12.5.28a}$$

$$\vec{M}(t,\vec{r}) = \int \Theta(\tau)\chi'_M(\tau,\vec{r})\vec{H}(t-\tau,\vec{r})d\tau \quad , \tag{12.5.28b}$$

schreiben.

Die dielektrische Verschiebung und die magnetische Induktion erhalten mit Hilfe von (5.6.20) und (10.2.3) die Form

$$\vec{D}(t,\vec{r}) = \varepsilon_0\vec{E}(t,\vec{r}) + \varepsilon_0 \int \Theta(\tau)\chi'(\tau,\vec{r})\vec{E}(t-\tau,\vec{r})d\tau \quad , \tag{12.5.29}$$

$$\vec{B}(t,\vec{r}) = \mu_0\vec{H}(t,\vec{r}) + \mu_0 \int \Theta(\tau)\chi'_M(\tau,\vec{r})\vec{H}(t-\tau,\vec{r})d\tau \quad . \tag{12.5.30}$$

Die Integralbeziehungen zwischen den Feldgrößen beschreiben physikalisch die Möglichkeit, daß die Substanz sich erst mit einer gewissen Verzögerung auf die möglicherweise schnellen Veränderungen der Feldstärken einstellt. Die Integralbeziehungen stellen die allgemeinste lineare Beziehung dar, die unter Beachtung der grundlegenden Prinzipien der Kausalität und der zeitlichen Translationsinvarianz die lineare Materialreaktion wiedergibt. Die Linearität geht verloren, sobald ε bzw. μ auch Funktionen der Felder werden, wie das etwa bei Eisen der Fall ist.

12.5.4 Vergleich der Gleichungen für die elektrischen und magnetischen Feldgrößen

Schon in Abschnitt 10.8 haben wir uns mit der Frage der Analogien zwischen elektrischen und magnetischen Feldgrößen beschäftigt. Nachdem wir nun die allgemeinen Gleichungen für die zeitabhängigen Felder in Materie kennengelernt haben, wollen wir noch kurz einige ergänzende Bemerkungen anfügen.

Der Vergleich zwischen elektrischen und magnetischen Feldgrößen stützt sich auf zwei mathematische Strukturen der Maxwell-Gleichungen:

I) Die Unterscheidung nach homogenen und inhomogenen Gleichungen, wobei Ladungs- und Stromdichte als Inhomogenitäten angesehen werden.

II) Die Unterscheidung nach der Struktur des Differentialoperators in den Gleichungen, d.h. nach Divergenz oder Rotation.

Der erste Gesichtspunkt führt zu einer Analogie von elektrischer Feldstärke $\vec{E}$ und magnetischer Induktion $\vec{B}$ einerseits und dielektrischer Verschiebung $\vec{D}$ und magnetischer Feldstärke $\vec{H}$ andererseits. Die elektrische Feldstärke $\vec{E}$ sowie die magnetische Induktion $\vec{B}$ erfüllen homogene Differentialgleichungen, die Größen $\vec{D}$ und $\vec{H}$ erfüllen inhomogene Gleichungen.

Die Entsprechung

$$\vec{E} \leftrightarrow \vec{B} \quad \text{bzw.} \quad \vec{D} \leftrightarrow \vec{H} \tag{12.5.31}$$

ist auch im Hinblick auf die Beeinflussung der Feldgrößen durch Materie konsequent. Die Divergenz von $\vec{D}$ bzw. die Rotation von $\vec{H}$ werden durch die äußeren eingeprägten oder starren Ladungs- bzw. Stromdichten bestimmt. Die entsprechenden Maxwell-Gleichungen in Materie gehen aus denjenigen für die Divergenz von $\vec{E}$ bzw. die Rotation von $\vec{B}$ hervor, in denen in Anwesenheit von Materie natürlich die Polarisationsladungsdichte $(-\vec{\nabla}\cdot\vec{P})$ bzw. die Polarisations- und Magnetisierungsstromdichten $\partial\vec{P}/\partial t$, $(\vec{\nabla}\times\vec{M})$ im Material auftreten. Da sie a priori unbekannt sind, werden die Polarisation P bzw. die Magnetisierung $\vec{M}$ über die Beziehungen

$$\vec{D} = \varepsilon_0\vec{E} + \vec{P} \quad \text{und} \quad \vec{H} = \frac{1}{\mu_0}\vec{B} - \vec{M} \tag{12.5.32}$$

in den Größen $\vec{D}$ bzw. $\vec{H}$ mitberücksichtigt. Für $\vec{E}$ und $\vec{B}$ bleiben in Anwesenheit von Materie nur die ungeänderten homogenen Gleichungen für die Rotation von $\vec{E}$ bzw. die Divergenz von $\vec{B}$.

Die Unterscheidung nach der Struktur der Differentialoperatoren Rotation und Divergenz legt natürlich die Analogien

$$\vec{E} \leftrightarrow \vec{H} \quad \text{und} \quad \vec{D} \leftrightarrow \vec{B} \tag{12.5.33}$$

nahe. Sie kommt besonders in der Integralformulierung der Maxwell-Gleichungen zum Ausdruck, in der einerseits die elektrische bzw. magnetische Umlaufspannung

$$U = \oint_{(a)} \vec{E}\cdot d\vec{s} \quad \text{bzw.} \quad U_m = \oint_{(a)} \vec{H}\cdot d\vec{s}$$

auftritt und andererseits der dielektrische Verschiebungsfluß bzw. der magnetische Induktionsfluß

$$\Psi = \oint_{(V)} \vec{D}\cdot d\vec{a} \quad \text{bzw.} \quad \Phi_m = \oint_{(V)} \vec{B}\cdot d\vec{a} \quad .$$

Die formale Analogie (12.5.33) ergibt sich in dem unphysikalischen Zugang zum Elektromagnetismus, in dem zeitunabhängige $\vec{B}$- und $\vec{H}$-Felder (der Magnetostatik) nicht über die magnetischen Induktionsfelder stationärer Ströme, sondern über die fiktive Existenz magnetischer Ladungen mit der magnetischen Feldstärke $\vec{H}$ eingeführt werden. Auf diese Weise tritt die magnetische Feldstärke $\vec{H}$ als physikalische Grundgröße auf, deren Divergenz dann durch die magnetische Ladungsdichte bestimmt wäre und $\vec{B}$ als eine abgeleitete Größe, die durch $\vec{H}$ und $\vec{M}$ bestimmt ist.

12.6 Energieerhaltungssatz. Poynting-Vektor

In den Abschnitten 5.4 bzw. 10.4 haben wir für das elektrostatische Feld bzw. das stationäre Magnetfeld die Energiedichten w_e und w_m dieser Felder kennengelernt. Für zeitabhängige Felder werden diese Dichten zeitabhängig. Für lineare Beziehungen der Form (12.5.25) bzw. (12.5.26) zwischen $\vec{E}$ und $\vec{D}$ bzw. $\vec{B}$ und $\vec{H}$ haben sie die Gestalt

$$w_e(t,\vec{r}) = \frac{1}{2}\,\vec{E}(t,\vec{r})\cdot\vec{D}(t,\vec{r}) \quad , \tag{12.6.1}$$

$$w_m(t,\vec{r}) = \frac{1}{2}\,\vec{B}(t,\vec{r})\cdot\vec{H}(t,\vec{r}) \quad , \tag{12.6.2}$$

vgl. (5.4.20) bzw. (10.4.31). Aus den Maxwell-Gleichungen (12.5.7a-d) kann man eine Aussage über ihre zeitliche Änderung gewinnen. Dazu ist es günstig, zunächst die Ableitungen der Produkte von $\vec{E}$ und $\vec{D}$ bzw. $\vec{B}$ und $\vec{H}$ auszurechnen

$$\frac{\partial}{\partial t}\,(\vec{E}\cdot\vec{D}) = \frac{\partial\vec{E}}{\partial t}\cdot\vec{D} + \vec{E}\cdot\frac{\partial\vec{D}}{\partial t} \quad . \tag{12.6.3}$$

Der zweite Term kann auf den ersten zurückgeführt werden, wenn $\vec{E}$ und $\vec{D}$ durch die lineare Beziehung $\vec{D} = \varepsilon\varepsilon_0\vec{E}$ verknüpft sind

$$\vec{E}\cdot\frac{\partial\vec{D}}{\partial t} = \vec{E}\varepsilon_0\varepsilon\cdot\frac{\partial\vec{E}}{\partial t} = \vec{D}\cdot\frac{\partial\vec{E}}{\partial t} \quad , \tag{12.6.4}$$

so daß insgesamt

$$\frac{\partial}{\partial t}\,(\vec{D}\cdot\vec{E}) = 2\vec{D}\cdot\frac{\partial\vec{E}}{\partial t} = 2\,\frac{\partial}{\partial t}\,w_e \tag{12.6.5}$$

gilt. Ganz analog folgt aus $\vec{B} = \mu\mu_0\vec{H}$

$$\frac{\partial}{\partial t}\,(\vec{B}\cdot\vec{H}) = 2\vec{B}\cdot\frac{\partial\vec{H}}{\partial t} = 2\,\frac{\partial}{\partial t}\,w_m \quad . \tag{12.6.6}$$

Es sei ausdrücklich bemerkt, daß für die allgemeineren Beziehungen (12.5.27) und (12.5.28) die Gleichungen (12.6.5) und (12.6.6) nicht gültig sind. Auf die Berechnung der Energiedichten in diesem Fall kommen wir später in diesem Abschnitt zurück.

Wir sind jetzt in der Lage, die Maxwell-Gleichungen zur Berechnung der zeitlichen Änderung der Energiedichte zu benutzen. Dazu multiplizieren wir (12.5.7a) skalar mit $\vec{H}$ und erhalten

$$\vec{H} \cdot (\vec{\nabla} \times \vec{E}) = -\vec{H} \cdot \frac{\partial \vec{B}}{\partial t} \quad , \tag{12.6.7a}$$

was mit (12.6.6) auf

$$\vec{H} \cdot (\vec{\nabla} \times \vec{E}) = -\frac{1}{2}\frac{\partial}{\partial t}(\vec{H} \cdot \vec{B}) \tag{12.6.7b}$$

führt. Analog folgt durch skalare Multiplikation von (12.5.7c) mit $\vec{E}$

$$\vec{E} \cdot (\vec{\nabla} \times \vec{H}) = \vec{E} \cdot \vec{j} + \vec{E} \cdot \frac{\partial \vec{D}}{\partial t} \quad . \tag{12.6.8a}$$

Mit Hilfe von (12.6.5) folgt

$$\vec{E} \cdot (\vec{\nabla} \times \vec{H}) = \vec{E} \cdot \vec{j} + \frac{1}{2}\frac{\partial}{\partial t}(\vec{E} \cdot \vec{D}) \quad . \tag{12.6.8b}$$

Durch Subtraktion der Beziehungen (12.6.8b) und (12.6.7b) erhalten wir auf der rechten Seite die zeitliche Änderung der gesamten *elektromagnetischen Energiedichte*

$$w_{em} = w_e + w_m \quad , \tag{12.6.9}$$

nämlich

$$\frac{\partial}{\partial t} w_{em} = \frac{\partial}{\partial t}\left[\frac{1}{2}(\vec{E} \cdot \vec{D} + \vec{B} \cdot \vec{H})\right] \tag{12.6.10}$$

und die *elektrische Leistungsdichte* (6.3.5)

$$\nu(t,\vec{r}) = \vec{j}(t,\vec{r}) \cdot \vec{E}(t,\vec{r}) \quad , \tag{12.6.11a}$$

die als Zeitableitung der Dichte $w_A(t,\vec{r})$ der vom elektrischen Feld an den Ladungsträgern geleisteten Arbeit

$$\frac{\partial}{\partial t} w_A = \nu = \vec{j} \cdot \vec{E} \quad , \qquad w_A = \int_{t_0}^{t} \vec{j} \cdot \vec{E} \, dt' \tag{12.6.11b}$$

definiert ist. Die linke Seite der Differenzgleichung kann wegen der zyklischen Vertauschbarkeit der Faktoren des Spatproduktes zur negativen Divergenz des Vektorproduktes aus $\vec{E}$ und $\vec{H}$ zusammengefaßt werden

$$\vec{E} \cdot (\vec{\nabla} \times \vec{H}) - \vec{H} \cdot (\vec{\nabla} \times \vec{E}) = -\vec{\nabla} \cdot (\vec{E} \times \vec{H}) \quad . \tag{12.6.12}$$

Mit der Einführung des *Poynting-Vektors*

$$\boxed{\vec{S} = \vec{E} \times \vec{H}} \tag{12.6.13}$$

erhalten wir den *Poyntingschen Satz*

$$\boxed{\frac{\partial}{\partial t} w_{em} + \vec{\nabla} \cdot \vec{S} + \frac{\partial}{\partial t} w_A = 0} \quad . \tag{12.6.14}$$

Er drückt die Energieerhaltung im System aus elektromagnetischem Feld und Stromdichte aus. Die Abnahme, d.h. die negative zeitliche Änderung, der Energiedichte w_{em} des elektromagnetischen Feldes findet sich in der elektrischen Leistungsdichte (12.6.11) und in der Divergenz des Poynting-Vektors wieder. Der Poynting-Vektor hat also die Bedeutung einer *Energiestromdichte*. Ihre Quelle ist die zeitliche Ableitung der Summe aus elektromagnetischer Energiedichte w_{em} und elektrischer Arbeitsdichte w_A

$$-\frac{\partial}{\partial t}(w_{em}+w_A) = \vec{\nabla} \cdot \vec{S} \quad . \tag{12.6.15}$$

Durch Integration über ein beliebiges Volumen V ergibt sich die Energiebilanz für dieses Volumen

$$-\frac{d}{dt}\int_V w_{em}\, dV' = \int_V \vec{\nabla} \cdot \vec{S}\, dV' + \int_V \vec{j} \cdot \vec{E}\, dV' \quad . \tag{12.6.16}$$

Der erste Term der rechten Seite läßt sich mit Hilfe des Gaußschen Satzes in ein Integral über die Oberfläche (V) des Volumens V überführen, so daß wir

$$\boxed{-\frac{d}{dt} W_{em} = \int_{(V)} \vec{S} \cdot d\vec{a}' + N} \tag{12.6.17}$$

erhalten. Diese Gleichung besagt nun, daß die negative zeitliche Änderung der elektromagnetischen Feldenergie in V

$$W_{em} = \int_V w_{em}\, dV' \tag{12.6.18}$$

sich in der elektrischen Leistung N, vgl. (6.3.6), an den Ladungsträgern

$$N = \int_V \vec{j} \cdot \vec{E}\, dV' \tag{12.6.19}$$

und dem durch die Oberfläche (V) des Volumens hindurchfließenden Energiefluß

$$\int_{(V)} \vec{S} \cdot d\vec{a}' \tag{12.6.20}$$

wiederfindet. Falls die elektrische Leistungsdichte ν verschwindet, ist der Poyntingsche Satz (12.6.14) die *Kontinuitätsgleichung für Energiedichte und Energiestromdichte*, die die Energieerhaltung ausdrückt.

Für nichtlineare Relationen zwischen $\vec{E}$ und $\vec{D}$ bzw. $\vec{H}$ und $\vec{B}$ aber auch für die allgemeinen kausalen linearen Beziehungen (12.5.27 und 28) zwischen den Feldgrößen sind die oben angegebenen Ausdrücke (12.6.1 und 2) für die elektrische und magnetische Energiedichte nicht richtig, weil die Gleichungen (12.6.5 und 6) für diesen Fall nicht gelten. Wir geben jetzt die allgemeinen Ausdrücke für die Energiedichten für nichtlineare Medien und solche mit zeitlich verzögerter linearer Reaktion an. Um die auf den rechten Seiten der Gleichungen (12.6.7a bzw. 8a) auftretenden Ausdrücke als Zeitableitungen von Energiedichten

$$\frac{\partial}{\partial t} w_m = \vec{H} \cdot \frac{\partial \vec{B}}{\partial t} \tag{12.6.21}$$

und

$$\frac{\partial}{\partial t} w_e = \vec{E} \cdot \frac{\partial \vec{D}}{\partial t} \tag{12.6.22}$$

interpretieren zu können, müssen die magnetische und elektrische Energiedichte als Integrale

$$w_m(t,\vec{r}) = \int_{t_0}^{t} \vec{H}(t',\vec{r}) \cdot \frac{\partial \vec{B}(t',\vec{r})}{\partial t'} \, dt' \quad , \tag{12.6.23}$$

$$w_e(t,\vec{r}) = \int_{t_0}^{t} \vec{E}(t',\vec{r}) \cdot \frac{\partial \vec{D}(t',\vec{r})}{\partial t'} \, dt' \tag{12.6.24}$$

dargestellt werden. Der Zeitpunkt t_0 ist durch die Zeit gegeben, zu der der Anfangszustand des Systems festgelegt ist. Er kann insbesondere den Wert $t_0 = -\infty$ haben. Die gesamte elektromagnetische Energiedichte ist natürlich wieder durch (12.6.9) als Summe der elektrischen und magnetischen Energiedichte gegeben. Mit diesen Definitionen, die an die Stelle von (12.6.1 und 2) treten, wenn die Beziehungen zwischen $\vec{E}$ und $\vec{D}$ bzw. $\vec{H}$ und $\vec{B}$ nichtlinear oder die allgemeinen kausalen Darstellungen (12.5.27 und 28) sind, folgt dann genauso wie oben wieder der Poyntingsche Satz (12.6.14). Seine Interpretation bleibt ebenfalls ungeändert. Die Darstellungen (12.6.23 und 24) für die elektrische und magnetische Energiedichte berücksichtigen als Integrale über die zwischen t_0 und t verflossene Zeit den zeitlichen Ablauf der Polarisation und Magnetisierung des Materials. Damit sind auch hier die Nachwirkungen in der Reaktion des Materials auf die Felder in Rechnung gestellt. Im übrigen sind sie spezielle Formen der schon früher diskutierten Darstellung (5.4.18) für die elektrische Energiedichte und ihr magnetisches Analogon in Abschnitt 10.4. Für den speziellen Fall der Gültigkeit der Relationen (12.5.25) und (12.5.26) führen die Integrale (12.6.23 und 24) natürlich wegen (12.6.4 und 6) auf die Darstellungen (12.6.1 und 2) zurück.

Als ein erstes Beispiel für die Interpretation des Poyntingschen Satzes betrachten wir einen langen metallischen Draht mit dem Querschnitt a und der spezifischen Leitfähigkeit κ. Im Draht herrscht die homogene Stromdichte $\vec{j}$, so daß nach dem Ohmschen Gesetz (6.2.8) im Draht die homogene Feldstärke

$$\vec{E} = \frac{1}{\kappa}\vec{j} \tag{12.6.25}$$

herrscht. Damit ist das elektrische Feld im ganzen Raum homogen und gleich dem Feld im Draht, da die Lösung der Laplace-Gleichung

$$\Delta\varphi = 0$$

zu vorgegebenen Randbedingungen eindeutig ist. Wegen des Widerstandes wird im Draht ständig Wärme erzeugt. Die Verlustleistungsdichte ist nach (6.3.5)

$$\nu = \vec{E}\cdot\vec{j} = \kappa E^2 \quad .$$

Auf dem Stück der Länge ℓ des Drahtes mit dem Querschnitt a ist die Verlustleistung

$$N = \nu\ell a = \kappa\ell a E^2 \quad . \tag{12.6.26}$$

Der gesamte im Draht fließende Strom ist

$$I = \vec{j}\cdot\vec{a} \quad .$$

Es umgibt ihn das magnetische Induktionsfeld (9.2.5)

$$\vec{B} = \frac{\mu_0}{2\pi}\, a\, \frac{\vec{j}\times\hat{\vec{r}}_\perp}{r_\perp} = \frac{\mu_0\kappa a}{2\pi r_\perp}\,\vec{E}\times\hat{\vec{r}}_\perp \quad , \tag{12.6.27}$$

wie wir aus Abschnitt 9.2 wissen. Der Poynting-Vektor dieses Systems ist durch

$$\vec{S} = \frac{1}{\mu_0}\,\vec{E}\times\vec{B} = -\frac{\kappa a}{2\pi r_\perp}\,E^2\hat{\vec{r}}_\perp \tag{12.6.28}$$

gegeben. Er zeigt überall radial auf den Draht hin, so daß aus dem elektromagnetischen Feld $\vec{E}$, $\vec{B}$, das den Draht umgibt, ein ständiger Energiefluß der angegebenen Dichte in dem Draht strömt (Abb.12.3). Auf dem Drahtstück der Länge ℓ ist die Energie pro Sekunde, die durch die Oberfläche des Drahtes des Radius $R = \sqrt{a/\pi}$ in den Draht fließt, durch das Oberflächenintegral über die Energieflußdichte gegeben ($d\vec{a}$ ist wie üblich die äußere Normale)

$$\begin{aligned} -\int\vec{S}\cdot d\vec{a} &= \int_0^\ell\int_0^{2\pi} \frac{\kappa a}{2\pi R}\,E^2 R\, d\varphi dz \\ &= \kappa\ell a E^2 \quad . \end{aligned} \tag{12.6.29}$$

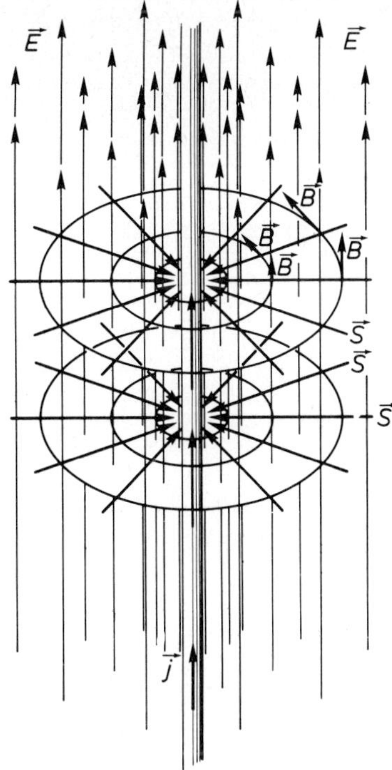

Abb.12.3. Energiefluß aus dem elektromagnetischen Feld in den Draht

Die durch die Elektronenstöße im Draht an die Metallatome übertragene Verlustleistung (6.3.5), die als Wärme auftritt, ist offenbar gleich der aus dem elektromagnetischen Feld pro Sekunde durch die Oberfläche in den Draht einfließende Feldenergie. Dabei ist aus (12.6.29) sofort ersichtlich, daß der Energiefluß natürlich für jeden Zylinder der Länge ℓ und beliebigen Radius $R' > R$ denselben Wert hat. Seine Dichte nimmt nach außen mit $1/r_\perp$ ab, wie (12.6.28) zeigt.
Auf diese Weise läßt sich der elektromagnetische Feldaspekt jedes Netzwerkes aus metallischen Leitern beschreiben. Die von den Elektronen in Ohmschen Verbrauchern abgegebene Verlustleistung wird durch den Energiefluß aus dem elektromagnetischen Feld in den Draht beschrieben.

×12.7 Relativistische Formulierung der Erhaltungssätze. Energie-Impuls-Tensor

×12.7.1 Kraftdichte eines elektromagnetischen Feldes auf eine Ladungsverteilung

Im elektrischen Feld $\vec{E}$ einer ruhenden Ladungsverteilung ist die Kraft $\vec{F}$ auf eine Ladung q

$$\vec{F} = q\vec{E} \quad . \tag{12.7.1}$$

Auf eine ruhende Ladungsverteilung $\rho(\vec{x})$ wirkt dementsprechend im Feld $\vec{E}$ die Kraftdichte $\vec{f}(\vec{x})$

$$\vec{f}(\vec{x}) = \vec{E}(\vec{x})\rho(\vec{x}) \quad . \tag{12.7.2}$$

Die Minkowski-Kraft auf diese ruhende Ladungsdichte ist dann

$$k^0(\vec{x}) = 0 \quad ,$$

$$\vec{k}(\vec{x}) = \vec{f}(\vec{x}) = \frac{\vec{E}(\vec{x})}{c} c\rho(\vec{x}) \quad . \tag{12.7.3}$$

Diese Gleichung ist eine Beziehung zwischen den Komponenten k^0, $\vec{k}$ des Vierervektors der Minkowski-Kraftdichte

$$\underset{\sim}{k} = \sum_{\ell=1}^{3} k^\ell \underset{\sim}{e}^R_\ell \quad , \tag{12.7.4}$$

den Komponenten $c\rho$, $\vec{0}$ des Viererstromes

$$\underset{\sim}{j} = c\rho \underset{\sim}{e}^R_0 \tag{12.7.5}$$

einer ruhenden Ladungsverteilung, vgl. (12.4.37), und dem Feldstärketensor

$$\underset{\approx}{F} = - \sum_{\ell=1}^{3} \frac{1}{c} E^\ell \left(\underset{\sim}{e}^R_0 \otimes \underset{\sim}{e}^R_\ell - \underset{\sim}{e}^R_\ell \otimes \underset{\sim}{e}^R_0\right) \quad . \tag{12.7.6}$$

Die Basisvektoren $\underset{\sim}{e}^R_\ell$ sind die des Ruhesystems der Ladungsverteilung ρ. Damit ergibt sich aus (12.7.3)

$$\boxed{\underset{\sim}{k} = \underset{\approx}{F} \cdot \underset{\sim}{j}} \tag{12.7.7}$$

als relativistisch kovariante Beziehung zwischen der Minkowski-Kraftdichte $\underset{\sim}{k}$ und einem Strom $\underset{\sim}{j}$ in einem elektromagnetischen Feld $\underset{\approx}{F}$. Sie ist unabhängig vom Koordinatensystem gültig. In Komponenten lautet die Gleichung ($F^0{}_0 = 0$)

$$k^0 = F^0{}_\nu j^\nu = \sum_{n=1}^{3} F^0{}_n j^n = \frac{1}{c} \vec{E} \cdot \vec{j} \tag{12.7.8}$$

und

$$k^m = F^m{}_\nu j^\nu \quad , \tag{12.7.9}$$

d.h.

$$\vec{k}(\vec{x}) = \rho(x)\vec{E}(\vec{x}) + \vec{j}(\vec{x}) \times \vec{B}(\vec{x}) \quad ,$$

wenn man die Komponentendarstellungen für den Feldstärketensor (12.4.42) einsetzt. Die Dreierkomponenten liefern die relativistische Kraftdichte, d.h. die zeitliche Änderung der Dreierimpulsdichte. Die Nullkomponente ist bis auf den Faktor c^{-1} die räumliche Dichte der mechanischen Leistung, vgl. (6.3.5), die das Feld an den Ladungsträgern des Stromes verrichtet.

$^{\times}$12.7.2 Energie-Impuls-Tensor. Maxwellscher Spannungstensor

In einem abgeschlossenen System aus Ladungen und elektromagnetischem Feld kann man in der Kraftdichte den Strom $\underset{\sim}{j}$ durch die linke Seite der inhomogenen Maxwellgleichung (12.4.39) ersetzen. Man erhält

$$\underset{\sim}{k} = \mu_0^{-1}\underset{\approx}{F}(\underset{\sim}{\partial}\underset{\approx}{F}) \quad , \quad \text{d.h.} \quad k^{\mu} = \mu_0^{-1}F^{\mu\lambda}\partial^{\nu}F_{\nu\lambda} \quad . \qquad (12.7.10)$$

Die rechte Seite dieses Ausdrucks kann als Divergenz des symmetrischen Energie-Impulstensors mit Spur Null

$$\boxed{\underset{\approx}{T} = \mu_0^{-1}\left[\frac{1}{4}\,\underset{\approx}{I}\,\mathrm{Sp}(\underset{\approx}{F}\underset{\approx}{F}) - \underset{\approx}{F}\underset{\approx}{F}\right]} \quad , \qquad (12.7.11a)$$

in Komponenten

$$T^{\mu\nu} = \mu_0^{-1}\left(\frac{1}{4}\,g^{\mu\nu}F^{\varkappa\lambda}F_{\lambda\varkappa} - F^{\mu\lambda}F_{\lambda}{}^{\nu}\right) \qquad (12.7.11b)$$

geschrieben werden:

$$\boxed{\underset{\sim}{k} = \underset{\sim}{\partial}\underset{\approx}{T} \quad , \quad k^{\mu} = \partial_{\lambda}T^{\lambda\mu}} \quad . \qquad (12.7.12)$$

Dies verifiziert man am einfachsten in der Komponentendarstellung

$$\mu_0\partial_{\nu}T^{\nu\mu} = \partial_{\nu}\left(\frac{1}{4}\,g^{\nu\mu}F^{\varkappa\lambda}F_{\lambda\varkappa} - F^{\nu}{}_{\lambda}F^{\lambda\mu}\right)$$

$$= \frac{1}{2}\,(\partial^{\mu}F^{\varkappa\lambda})F_{\lambda\varkappa} - (\partial_{\nu}F^{\nu}{}_{\lambda})F^{\lambda\mu} - F^{\nu}{}_{\lambda}\partial_{\nu}F^{\lambda\mu} \quad . \qquad (12.7.13)$$

Mit der Indexumbenennung $\nu\to\varkappa$ bzw. $\nu\to\lambda$, $\lambda\to\varkappa$ erhalten wir wegen der Antisymmetrie von $F^{\varkappa\lambda} = -F^{\lambda\varkappa}$

$$-F^{\nu}{}_{\lambda}\partial_{\nu}F^{\lambda\mu} = \frac{1}{2}\,F^{\varkappa}{}_{\lambda}\partial_{\varkappa}F^{\lambda\mu} + \frac{1}{2}\,F^{\lambda}{}_{\varkappa}\partial_{\lambda}F^{\varkappa\mu}$$

$$= -\frac{1}{2}\,F_{\lambda\varkappa}\partial^{\varkappa}F^{\lambda\mu} - \frac{1}{2}\,F_{\lambda\varkappa}\partial^{\lambda}F^{\mu\varkappa} \quad ,$$

so daß die Divergenz des Energie-Impulstensors die Form

$$\mu_0\partial_{\nu}T^{\nu\mu} = -\left(\partial_{\nu}F^{\nu\lambda}\right)F_{\lambda\mu} + \frac{1}{2}\,(\partial^{\mu}F^{\varkappa\lambda}+\partial^{\varkappa}F^{\lambda\mu}+\partial^{\lambda}F^{\mu\varkappa})F_{\lambda\varkappa} \qquad (12.7.14)$$

annimmt. Die Summe in der Klammer verschwindet wegen der homogenen Maxwell-Gleichung (12.4.56), so daß schließlich wegen der Antisymmetrie von $F^{\lambda\mu}$ und (12.7.14)

$$\partial_{\nu}T^{\nu\mu} = \mu_0^{-1}F^{\mu\lambda}\partial^{\nu}F_{\nu\lambda} = k^{\mu} \qquad (12.7.15)$$

oder in koordinatenunabhängiger Form

$$\underset{\approx}{\partial}\underset{\approx}{T} = \mu_0^{-1}\underset{\approx}{F}(\underset{\approx}{\partial}\underset{\approx}{F}) = \underset{\sim}{k} \tag{12.7.16}$$

bleibt.

Um die physikalische Bedeutung der Matrixelemente und des Energie-Impuls-Tensors zu verstehen, rechnen wir seine Komponentendarstellung mit Hilfe von (9.4.29), $(\vec{B}_{\underline{\underline{\varepsilon}}} = \underline{\underline{\varepsilon}}\vec{B})$,

$$(\underset{\approx}{F})^{\mu\lambda} = \begin{pmatrix} 0 & -\frac{1}{c}\vec{E} \\ \frac{1}{c}\vec{E} & -\vec{B}_{\underline{\underline{\varepsilon}}} \end{pmatrix} , \quad (\underset{\approx}{F})_{\lambda}{}^{\nu} = \begin{pmatrix} 0 & -\frac{1}{c}\vec{E} \\ -\frac{1}{c}\vec{E} & \underline{\underline{\varepsilon}}\vec{B} \end{pmatrix} \tag{12.7.17}$$

explizit aus. Wir betrachten zunächst

$$F^{\mu\lambda}F_{\lambda}{}^{\nu} = \begin{pmatrix} \frac{1}{c^2}\vec{E}^2 & \frac{1}{c}\vec{E}\times\vec{B} \\ \frac{1}{c}\vec{E}\times\vec{B} & -\frac{1}{c^2}\vec{E}\otimes\vec{E} - \vec{B}\otimes\vec{B} + \vec{B}^2\underline{\underline{1}} \end{pmatrix} . \tag{12.7.18}$$

Dabei haben wir die Rechenregel

$$\sum_{\ell} \varepsilon_{ik\ell}\varepsilon_{\ell mn} = g_{im}g_{kn} - g_{in}g_{km}$$

benutzt. Für die Spur des obigen Tensors erhalten wir

$$\begin{aligned} \mathrm{Sp}(\underset{\approx}{F}\underset{\approx}{F}) &= F^{\mu\lambda}F_{\lambda\mu} = F^{\mu\lambda}F_{\lambda}{}^{\nu}g_{\nu\mu} \\ &= 2(\vec{E}^2-\vec{B}^2) \quad , \end{aligned} \tag{12.7.19}$$

so daß der Energie-Impuls-Tensor die Gestalt hat

$$(\underset{\approx}{T})^{\mu\nu} = \begin{pmatrix} -\frac{1}{2}\left(\varepsilon_0\vec{E}^2+\mu_0^{-1}\vec{B}^2\right) & -\frac{1}{\mu_0 c}\vec{E}\times\vec{B} \\ -\frac{1}{\mu_0 c}\vec{E}\times\vec{B} & \varepsilon_0\vec{E}\otimes\vec{E} + \mu_0^{-1}\vec{B}\otimes\vec{B} - \frac{1}{2}\underline{\underline{1}}\left(\varepsilon_0\vec{E}^2+\mu_0^{-1}\vec{B}^2\right) \end{pmatrix} . \tag{12.7.20}$$

Wir erkennen mit (12.6.1) und (12.6.2) die Komponente

$$T^{00} = -\frac{1}{2}\left(\varepsilon_0\vec{E}^2+\mu_0^{-1}\vec{B}^2\right) = -w_{em} \tag{12.7.21}$$

als negative elektromagnetische Energiedichte und mit (12.6.13)

$$T^{0i} = -\frac{1}{c}\frac{1}{\mu_0}(\vec{E}\times\vec{B})_i = -\frac{1}{c}(\vec{S})_i \tag{12.7.22}$$

als proportional zum Poyntingvektor wieder. Den Dreiertensor in der unteren Ecke der rechten Seite von (12.7.20) bezeichnet man als *Maxwellschen Spannungstensor*.

$$\boxed{\underline{\underline{T}} = \varepsilon_0\vec{E}\otimes\vec{E} + \mu_0^{-1}\vec{B}\otimes\vec{B} - \frac{1}{2}\underline{\underline{1}}\left(\varepsilon_0\vec{E}^2+\mu_0^{-1}\vec{B}^2\right)} \quad , \tag{12.7.23a}$$

in Komponenten

$$T^{mn} = \varepsilon_0 E_m E_n + \mu_0^{-1} B_m B_n - \frac{1}{2}\delta_{mn}\left(\varepsilon_0 \vec{E}^2 + \mu_0^{-1}\vec{B}^2\right) . \qquad (12.7.23b)$$

Seine physikalische Bedeutung wird im nächsten Abschnitt klar werden. Damit läßt sich der Energie-Impuls-Tensor in die Blockform aus Null- und Dreierkomponenten

$$\boxed{\underset{\approx}{T} = \begin{pmatrix} -w_{em} & -\frac{1}{c}\vec{S} \\ -\frac{1}{c}\vec{S} & \underline{\underline{T}} \end{pmatrix}} \qquad (12.7.23c)$$

bringen.

×12.7.3 Relativistischer Energie-Impulserhaltungssatz

Wir erkennen nun die Nullkomponente der Divergenz (12.7.16) des Energie-Impuls-Tensors

$$\boxed{\frac{1}{c}\vec{E}\cdot\vec{j} = k^0 = \partial_\lambda T^{\lambda 0} = -\frac{1}{c}\frac{\partial}{\partial t} w_{em} - \frac{1}{c}\vec{\nabla}\cdot\vec{S}} \qquad (12.7.24)$$

als den Energieerhaltungssatz (12.6.14) für das Maxwellsche Feld und die Ströme in Abwesenheit von Materie wieder.

Die Dreierkomponenten der Beziehung (12.7.16) erhalten mit der Definition (12.7.23) des Maxwellschen Spannungstensors die Form

$$\vec{k} = -\frac{1}{c^2}\frac{\partial}{\partial t}\vec{S} + \vec{\nabla}\underline{\underline{T}} , \qquad (12.7.25a)$$

in Komponenten

$$k^i = -\frac{1}{c^2}\frac{\partial}{\partial t} S^i + \sum_{k=1}^{3} \nabla^k T^{ki} . \qquad (12.7.25b)$$

Die physikalische Bedeutung dieser Beziehung wird durch Integration über ein Volumen V deutlich. Das Volumenintegral über die Kraftdichte

$$\int_V \vec{k}(\underset{\sim}{x})\,dV = \vec{F}^V \qquad (12.7.26)$$

gibt die Kraft auf die Ladungen im Volumen V wieder. Nach der Newtonschen Bewegungsgleichung ist sie gleich der zeitlichen Änderung des mechanischen Impulses $\vec{p}_m^V$ der Ladungen in diesem Volumen

$$\vec{F}^V = \frac{d\vec{p}_m^V}{dt} . \qquad (12.7.27)$$

Das Integral über die Energieflußdichte

$$\int_V \frac{1}{c^2}\vec{S}(\underset{\sim}{x})\mathrm{d}V = \vec{p}_f^{\,V} \tag{12.7.28}$$

ist dann proportional zum Feldimpuls $\vec{p}_f^{\,V}$ des Feldes im Volumen V. Das Volumenintegral über die Divergenz des Maxwellschen Spannungstensors $\underline{\underline{T}}$ kann man mit dem Gaußschen Satz in ein Oberflächenintegral

$$\int_V \vec{\nabla}\underline{\underline{T}}(\underset{\sim}{x})\mathrm{d}V = \int_{(V)} \underline{\underline{T}}(\underset{\sim}{x})\cdot \mathrm{d}\vec{a} \tag{12.7.29}$$

über die Oberfläche a = (V) des Volumens V verwandeln. Die Relation (12.7.25a) ist in integrierter Form dann der Satz der *Impulserhaltung* für ein elektromagnetisches Feld und die Ladungen im Volumen V ($\mathrm{d}\vec{a}$ hat die Richtung der äußeren Normale)

$$\boxed{\frac{\mathrm{d}}{\mathrm{d}t}\left(\vec{p}_m^{\,V}+\vec{p}_f^{\,V}\right) = \int_{(V)} \underline{\underline{T}}(\underset{\sim}{x})\cdot \mathrm{d}\vec{a}} \;. \tag{12.7.30}$$

Er besagt, daß die zeitliche Änderung der Summe des mechanischen und Feldimpulses ($\vec{p}_m^{\,V}+\vec{p}_f^{\,V}$) gleich dem pro Zeiteinheit durch die Oberfläche in das Volumen *hineinfließenden* Impuls ist

$$\int_{(V)} \underline{\underline{T}}(\underset{\sim}{x})\cdot \mathrm{d}\vec{a} \;. \tag{12.7.31}$$

Der symmetrische Dreiertensor $\underline{\underline{T}}(x)$, der Maxwellsche Spannungstensor, muß damit als die *Impulsflußdichte* des Feldimpulses interpretiert werden. Die Gleichung (12.7.25) ist damit die lokale Form des *Impulserhaltungssatzes* für das System aus Feld und Ladungen. Insgesamt ist

$$\boxed{\underset{\sim}{k} = \underset{\sim}{\partial}\underset{\approx}{T} \;, \quad \int_V \underset{\sim}{k}\,\mathrm{d}V = \int_V \underset{\sim}{\partial}\underset{\approx}{T}\,\mathrm{d}V} \;, \tag{12.7.32}$$

die relativistische Form für die *Energie-Impuls-Erhaltung* in einem System aus elektrischen Ladungen und elektromagnetischem Feld.

Aufgaben

12.1: Berechnen Sie elektrische Feldstärke und magnetische Induktion zu den Potentialen

$$\varphi = a\omega e^{i(\omega t-\vec{k}\cdot\vec{x})} \;, \quad \vec{A} = a\vec{k}\, e^{i(\omega t-\vec{k}\cdot\vec{x})} \;, \quad \omega = c|\vec{k}| \;, \quad a = \mathrm{const.}$$

Zeigen Sie, daß die Potentiale durch Wahl einer geeigneten Eichung zum Verschwinden gebracht werden können.

12.2: Der Raum sei von einem in 2-Richtung zeigenden elektrischen Feld $\vec{E} = E\vec{e}_2$ und einem in 3-Richtung zeigenden Induktionsfeld $\vec{B} = B\vec{e}_3$ erfüllt.

Abb.12.4 zeigt die Bahnen eines positiv geladenen Teilchens, das am Punkt 1 die Anfangsgeschwindigkeit $\vec{v}_0 = v_0\vec{e}_1$ besitzt. Dabei wurden für v_0 die Werte $v_0 = -2E/B$, $-1{,}5\ E/B$, ... $4\ E/B$ gewählt. Die Abstände der Kreuze auf den Bahnen entsprechen festen Zeitdifferenzen.

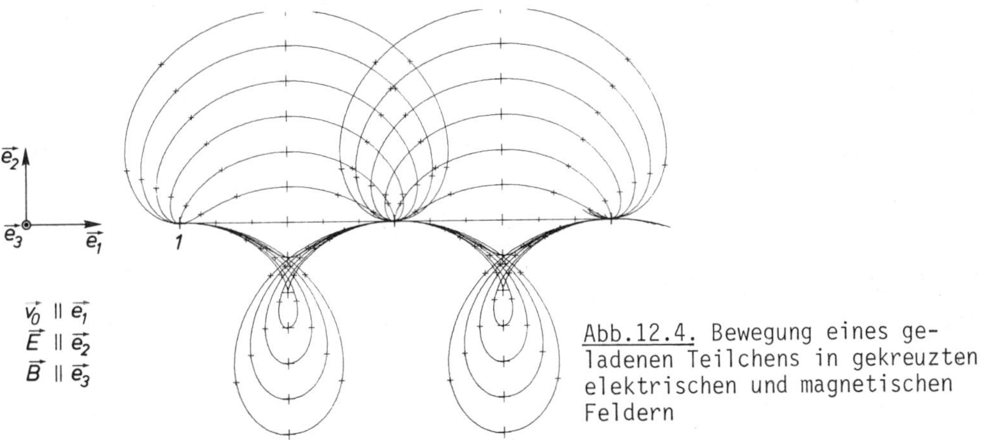

Abb.12.4. Bewegung eines geladenen Teilchens in gekreuzten elektrischen und magnetischen Feldern

(a) Erklären Sie die Bahnformen qualitativ.

(b) Berechnen Sie mit Hilfe von Coulomb- und Lorentzkraft die Geschwindigkeit v des geradlinig gleichförmig (also kräftefrei) bewegten Teilchens.

(c) Transformieren Sie die Felder $\vec{E}$, $\vec{B}$ (am besten in der Form des Feldstärketensors $\underset{\approx}{F}$) in ein Bezugssystem, in dem das kräftefreie Teilchen ruht. Diskutieren Sie das Ergebnis.

12.3: Eine lange Koaxialleitung mit Innenradius R_1 und Außenradius R_2 sei verlustfrei, d.h. sie besitze keinen Ohmschen Widerstand. An einem Ende werde sie mit einer Gleichspannung U gespeist, am anderen sei sie durch den Widerstand R abgeschlossen. Berechnen Sie den Poynting-Vektor $\vec{S}$ für $R_1 < r < R_2$ und überprüfen Sie das Ergebnis durch Integration über die Querschnittsfläche des Leiterzwischenraumes.

13. Elektromagnetische Wellen

Die im vorigen Kapitel hergeleiteten Maxwell-Gleichungen (12.1.16) beschreiben in Abwesenheit von Materie alle elektromagnetischen Vorgänge, die wir bisher kennengelernt haben:

I) die elektrischen Felder von Verteilungen $\rho(\vec{r})$ ruhender Ladungen mit den Feldgleichungen

$$\vec{\nabla} \times \vec{E} = 0 \quad , \quad \vec{\nabla} \cdot \vec{E} = \frac{1}{\varepsilon_0} \rho(\vec{r}) \quad , \quad \frac{\partial}{\partial t} \vec{E} = 0 \quad ,$$

II) die elektrischen und magnetischen Felder zeitunabhängiger Ladungsverteilungen $\rho(\vec{r})$ und stationärer elektrischer Stromdichteverteilungen $\vec{j}(\vec{r})$ mit den Feldgleichungen

$$\vec{\nabla} \times \vec{E} = 0 \quad , \quad \vec{\nabla} \cdot \vec{E} = \frac{1}{\varepsilon_0} \rho \quad , \quad \frac{\partial}{\partial t} \vec{E} = 0 \quad ,$$

$$\vec{\nabla} \cdot \vec{B} = 0 \quad , \quad \vec{\nabla} \times \vec{B} = \mu_0 \vec{j} \quad , \quad \frac{\partial}{\partial t} \vec{B} = 0 \quad ,$$

III) die quasistationären elektrischen und magnetischen Vorgänge, zu denen zeitabhängige Vorgänge gerechnet werden, die unter Vernachlässigung von $\dot{\vec{E}}/c^2$ gegen $\mu_0 \vec{j}$ in der Maxwell-Gleichung (12.1.16c) durch die Feldgleichungen

$$\vec{\nabla} \times \vec{E} = -\frac{\partial \vec{B}}{\partial t} \quad , \quad \vec{\nabla} \cdot \vec{D} = \rho \quad ,$$

$$\vec{\nabla} \cdot \vec{B} = 0 \quad , \quad \vec{\nabla} \times \vec{H} = \vec{j}$$

beschrieben werden können.

Der Satz der vollständigen Maxwell-Gleichungen (12.1.16) besitzt – wie wir in diesem Kapitel sehen werden – Lösungen, die Wellencharakter haben. Das sind Verteilungen von elektrischen und magnetischen Feldern, die sich im ganzen Raum ausbreiten können. Die Ausbreitung kann insbesondere auch im Vakuum vor sich gehen. Sie geschieht dann mit Lichtgeschwindigkeit. Die Vorhersage der elektromagnetischen Wellen durch Maxwell und ihre Erzeugung und Auffindung durch Hertz ist eine der größten wissenschaftlichen Leistungen. Sie hat darüber hinaus überragende technische Bedeutung erlangt. Elektromagnetische Wellen unterscheiden sich durch ihre Wellenlänge λ, die, wie wir sehen werden, über $\nu\lambda = c$ mit der Frequenz ν und der Lichtgeschwindigkeit c verknüpft sind. Die von Hertz ursprünglich mit seinen Apparaturen erzeugten Wellen haben Wellenlängen von etwa 1 m und mehr. Auf seinen Experimenten beruht die Rundfunk- und Fernsehtechnik, die diesen Wellenlängenbereich benutzt. Sehr viel kurzwelligere elektromagnetische Strahlung wird von einzelnen Atomen oder beschleunigten Einzelladungen, etwa Elektronen, ausgesandt. Ein Teil dieser Strahlung ist als Wärmestrahlung oder Licht von jeher bekannt, andere wie Mikrowellen, Röntgen- und γ-Strahlen erst in jüngerer Zeit entdeckt und technisch nutzbar gemacht worden. Einen Überblick über die verschiedenen Wellenlängenbereiche gibt Abb.13.1.

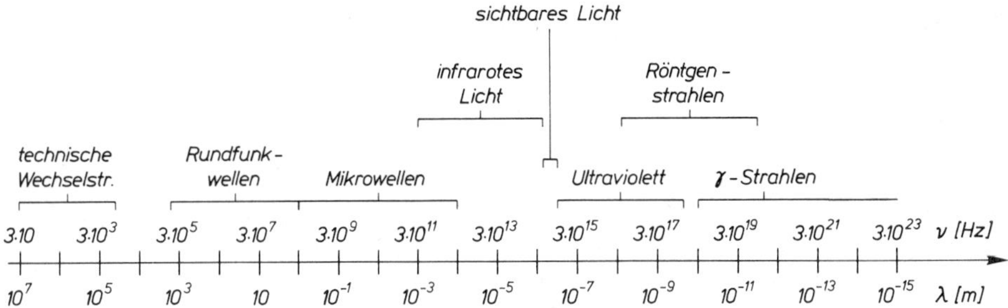

Abb.13.1. Das Spektrum der elektromagnetischen Wellen

Wir werden in diesem abschließenden Kapitel zunächst die Eigenschaften elektromagnetischer Wellen aus den Maxwell-Gleichungen gewinnen und uns insbesondere den Erscheinungen von Polarisation und Interferenz zuwenden, Erscheinungen, die auch das sichtbare Licht zeigt und die zu dessen Identifizierung als Welle dienten. Wir wenden uns dann den Drahtwellen zu, die besondere Bedeutung in der Hochfrequenztechnik und Kurzzeitelektronik haben und betrachten dann die Aussendung von elektromagnetischen Wellen durch schwingende Dipole oder – allgemeiner – beschleunigte Ladungen.

13.1 Ebene Wellenlösungen der Maxwell-Gleichungen im Vakuum

Die Maxwell-Gleichungen im Vakuum sind durch die Zusatzbedingungen

$$\rho = 0 \quad \text{und} \quad \vec{j} = 0$$

aus (12.1.16) zu erhalten. Sie lauten

$$\vec{\nabla} \times \vec{E} = -\frac{\partial \vec{B}}{\partial t} \qquad (13.1.1a)$$

$$\vec{\nabla} \cdot \vec{E} = 0 \tag{13.1.1b}$$

$$\vec{\nabla} \times \vec{B} = \frac{1}{c^2} \frac{\partial \vec{E}}{\partial t} \tag{13.1.1c}$$

$$\vec{\nabla} \cdot \vec{B} = 0 \quad . \tag{13.1.1d}$$

Diese linearen homogenen Differentialgleichungen löst man durch komplexe Exponentialansätze

$$\vec{E}_c = \vec{E}_0 \, e^{-i(\omega t - \vec{k} \cdot \vec{x})} \quad , \tag{13.1.2a}$$

$$\vec{B}_c = \vec{B}_0 \, e^{-i(\omega' t - \vec{k}' \cdot \vec{x})} \quad . \tag{13.1.2b}$$

Die physikalischen Feldstärken, die reell sind, ergeben sich wieder als die Realteile der obigen komplexen Größen. Durch Einsetzen in die erste Gleichung folgt

$$\vec{k} \times \vec{E}_c = \omega \vec{B}_c \tag{13.1.3}$$

oder ausführlich

$$(\vec{k} \times \vec{E}_0) e^{-i(\omega t - \vec{k} \cdot \vec{x})} = \omega \vec{B}_0 \, e^{-i(\omega' t - \vec{k}' \cdot \vec{x})} \tag{13.1.4}$$

Offenbar muß

$$\omega = \omega' \quad , \quad \vec{k} = \vec{k}' \tag{13.1.5}$$

gelten, damit die obigen Ansätze die erste Maxwell-Gleichung lösen und ferner

$$\vec{B}_0 = \frac{1}{\omega} \vec{k} \times \vec{E}_0 \quad . \tag{13.1.6}$$

Der Vektor $\vec{k}$ heißt *Wellenvektor*. Er ist durch die Maxwell-Gleichungen eng mit der *Kreisfrequenz* ω verknüpft. Die zweite Gleichung verlangt

$$\vec{k} \cdot \vec{E}_c = 0 \quad , \tag{13.1.7}$$

d.h.

$$\vec{k} \cdot \vec{E}_0 = 0 \quad , \tag{13.1.8}$$

die dritte

$$\vec{k} \times \vec{B}_c = -\frac{1}{c^2} \omega \vec{E}_c \quad , \tag{13.1.9}$$

d.h.

$$\vec{k}_0 \times \vec{B}_0 = -\frac{\omega}{c^2} \vec{E}_0 \quad , \tag{13.1.10}$$

schließlich die letzte

$$\vec{k} \cdot \vec{B}_c = 0 \quad , \tag{13.1.11}$$

d.h.

$$\vec{k}\cdot\vec{B}_0 = 0 \quad . \tag{13.1.12}$$

Durch Einsetzen von (13.1.3) in (13.1.9) folgt noch

$$-\frac{1}{\omega}\,\vec{k}\times(\vec{k}\times\vec{E}_c) = \frac{\omega}{c^2}\,\vec{E}_c \quad . \tag{13.1.13}$$

Durch Anwendung des Entwicklungssatzes für doppelte Vektorprodukte vereinfacht sich dieser Ausdruck, wenn man (13.1.7) benutzt, zu

$$\frac{k^2}{\omega}\,\vec{E}_c = \frac{\omega}{c^2}\,\vec{E}_c \quad , \tag{13.1.14}$$

so daß

$$\omega^2 = c^2k^2 \quad , \quad \text{d.h.} \quad \omega^{(\pm)} = \pm ck \quad , \tag{13.1.15}$$

folgt. Damit sind die Maxwell-Gleichungen vollständig gelöst:

$$\boxed{\begin{aligned}\vec{E}_c^{(\pm)} &= \vec{E}_0\, e^{-i(\pm kct-\vec{k}\cdot\vec{x})} = \vec{E}_0\, e^{-i(\omega^{(\pm)}t-\vec{k}\cdot\vec{x})} \\ \vec{B}_c^{(\pm)} &= \pm\frac{1}{c}\,\hat{\vec{k}}\times\vec{E}_c^{(\pm)} = \frac{\pm\hat{\vec{k}}}{c}\times\vec{E}_0\, e^{\mp i(\omega^{(\pm)}t-(\pm\vec{k}\cdot\vec{x})}\end{aligned}} \quad , \quad . \tag{13.1.16}$$

Im folgenden werden wir den Index $\pm$ nur wenn nötig ausschreiben. Die drei Vektoren $\vec{E}_c$, $\vec{B}_c$, $\vec{k}$ bilden ein orthogonales rechtshändiges Dreibein (Abb. 13.2). Legt man $\vec{E}_c$ in die Richtung $\vec{e}_1$ eines Koordinatensystems, so liegt $\vec{B}_c$ in $\vec{e}_2$-Richtung und $\vec{k}$ in $\vec{e}_3$-Richtung eines rechtshändigen orthogonalen Koordinatensystems, d.h.

$$\vec{k} = k\,\vec{e}_3 \quad , \tag{13.1.17}$$

und

$$\vec{E}_c = \eta_c\,\vec{e}_1\, e^{-i(\omega t-\vec{k}\cdot\vec{x})} \quad , \tag{13.1.18a}$$

$$\vec{B}_c = \frac{1}{c}\,\eta_c\,\vec{e}_2\, e^{-i(\omega t-\vec{k}\cdot\vec{x})} \quad , \tag{13.1.18b}$$

dabei ist η_c eine im allgemeinen komplexe Amplitude

$$\eta_c = \eta e^{i\alpha} \quad , \quad \eta = |\eta_c| \quad . \tag{13.1.19}$$

Die komplexe Feldstärke $\vec{E}_c$ hat damit die Gestalt

$$\vec{E}_c = \eta e^{-i(\omega t-\vec{k}\cdot\vec{x}-\alpha)}\vec{e}_1 \quad . \tag{13.1.20}$$

Die physikalischen Amplituden erhalten wir nun als Realteile der komplexen Felder

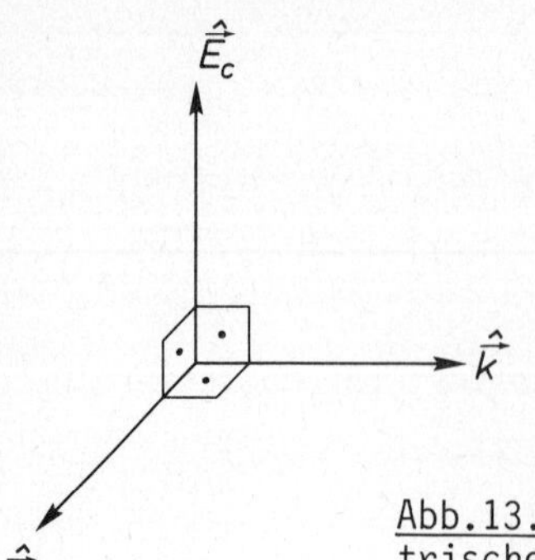

Abb.13.2. Die Richtungen des Wellenvektors $\vec{k}$, der elektrischen Feldstärke $\vec{E}_c$ und der magnetischen Induktion $\vec{B}_c$ bilden ein rechtwinkliges Dreibein

$$\boxed{\begin{aligned}\vec{E} &= \frac{1}{2}(\vec{E}_c+\vec{E}_c{}^*) = \eta\cos(\omega t-\vec{k}\cdot\vec{x}-\alpha)\vec{e}_1\\ \vec{B} &= \frac{1}{2}(\vec{B}_c+\vec{B}_c{}^*) = \frac{1}{\omega}(\vec{k}\times\vec{E}) = \frac{1}{c}\hat{\vec{k}}\times\vec{E}\\ &= \frac{1}{c}\eta\cos(\omega t-\vec{k}\cdot\vec{x}-\alpha)\vec{e}_2 \quad .\end{aligned}} \tag{13.1.21}$$

Der räumliche und zeitliche Verlauf von $E=\vec{E}\cdot\vec{e}_1$ ist in Abb.13.3 dargestellt, die Vektoren $\vec{E}$ und $\vec{B}$ zeigt Abb.13.4 für einen gegebenen Zeitpunkt. Der Faktor $\cos(\omega t-\vec{k}\cdot\vec{x}-\alpha)$ durchläuft für festen Ort $\vec{x}$ in der Zeit

$$T = \frac{2\pi}{\omega}$$

eine volle *Periode*. Für feste Zeiten t finden wir nach einer Verschiebung im Raum um

$$\Delta x_\parallel = \Delta\vec{x}\cdot\hat{\vec{k}} = \frac{2\pi}{k} = \lambda$$

ebenfalls wieder den gleichen Wert des Kosinusfaktors. Die räumliche Periode λ heißt *Wellenlänge*.

Wir zerlegen den Ortsvektor in eine Komponente $\vec{x}_\parallel$ parallel zum Wellenvektor und eine Vertikalkomponente $\vec{x}_\perp$

$$\vec{x} = \vec{x}_\parallel + \vec{x}_\perp \quad \text{mit} \quad \vec{x}_\parallel = x_\parallel\hat{\vec{k}} \quad \text{und} \quad \vec{k}\cdot\vec{x}_\perp = 0 \quad .$$

Wegen (13.1.15) können wir die ebene Welle (13.1.16) auch noch in der Gestalt

$$\vec{E}_c^{(\pm)} = \vec{E}_0^{(\pm)}\exp[-ik(\pm ct-x_\parallel)] = \vec{E}_0^{(\pm)}\exp\left[-i|\omega|\left(\pm t-\frac{x_\parallel}{c}\right)\right] \tag{13.1.22}$$

schreiben. Flächen konstanter Phase δ dieser Wellen sind offenbar die Ebenen, für die

$$\pm ct - x_\parallel = \delta \quad ,$$

d.h.

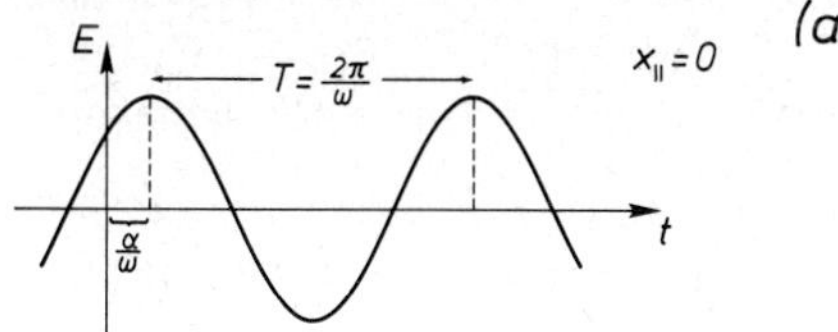

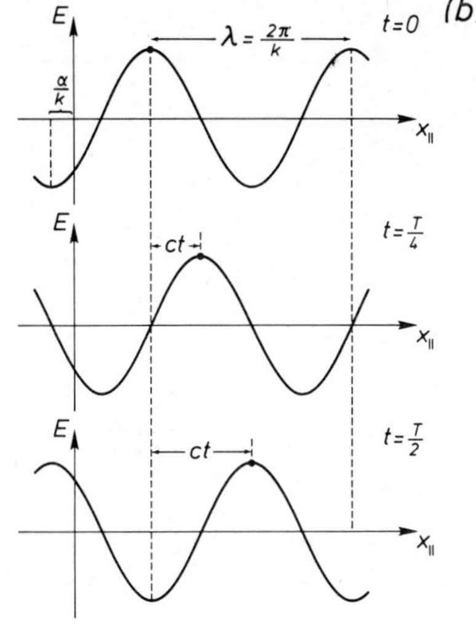

Abb.13.3. Komponente E der elektrischen Feldstärke $\vec{E} = E\hat{\vec{E}} = E\vec{e}_1$ in Feldrichtung (a) als Funktion der Zeit für feste Ortskoordinate $x_\parallel = \hat{\vec{k}} \cdot \vec{x} = 0$, (b) als Funktion der Ortskoordinate $x_\parallel = \vec{x} \cdot \hat{\vec{k}}$ in Ausbreitungsrichtung für verschiedene feste Zeiten

Abb.13.4. Die Vektoren $\vec{E}$ und $\vec{B}$ einer ebenen Welle als Funktion des Ortes $x_\parallel$ längs der Richtung $\hat{\vec{k}}$ des Wellenvektors zu fester Zeit

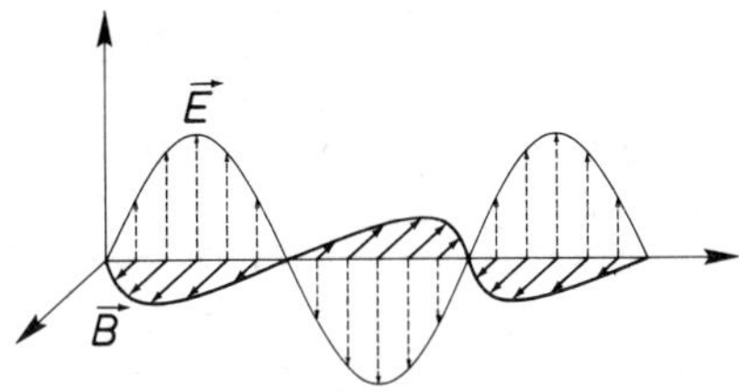

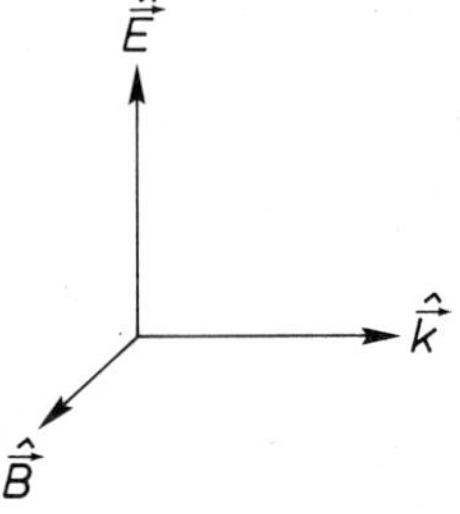

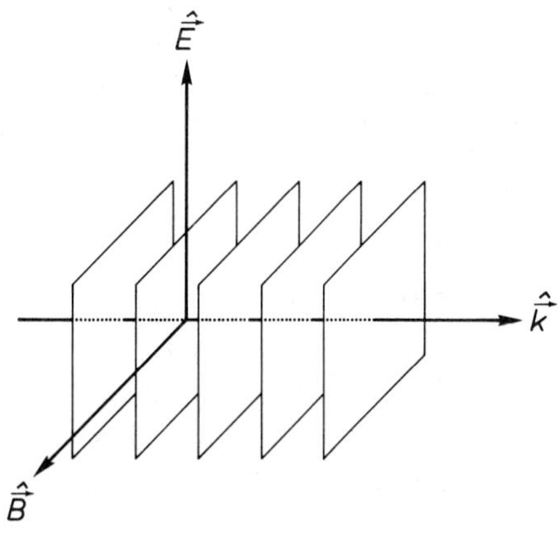

Abb.13.5. Die Phasenflächen einer ebenen Welle sind Ebenen senkrecht zum Wellenvektor $\hat{\vec{k}}$. Sie bewegen sich mit der Phasengeschwindigkeit $v_p = \omega/k$ in Richtung $\hat{\vec{k}}$

$$x_\parallel = \pm ct - \delta \quad ,$$

gilt. Sie bestehen aus den Punkten mit den Ortsvektoren

$$\vec{x}^{(\pm)} = (\pm ct - \delta)\hat{\vec{k}} + \vec{x}_\perp$$

für beliebige Vektoren $\vec{x}_\perp$ (Abb.13.5). Diese Flächen bewegen sich mit der *Phasengeschwindigkeit*

$$v_p = c \tag{13.1.23}$$

in eine Richtung parallel ($\vec{x}^{(+)}$) oder antiparallel ($\vec{x}^{(-)}$) zum Wellenvektor $\vec{k}$.

In [Bd.I, Abschnitt 11.5] haben wir gesehen, daß die Geschwindigkeit eines Wellenpaketes nicht durch die Phasengeschwindigkeit sondern durch die *Gruppengeschwindigkeit*

$$v_G = \frac{d\omega}{dk} \tag{13.1.24a}$$

gegeben wird. Für die elektromagnetischen Wellen ist wegen $\omega = ck$ auch

$$v_G = c \quad , \tag{13.1.24b}$$

so daß bei den elektromagnetischen Wellen im Vakuum Gruppen- und Phasengeschwindigkeit übereinstimmen, vgl. auch [Bd.I, Gl.(11.5.16)].
Die Ausbreitungsgeschwindigkeit c der Wellen ist im Vakuum durch die Vakuumlichtgeschwindigkeit, vgl. (9.3.56),

$$c^2 = \frac{1}{\varepsilon_0 \mu_0} \quad , \tag{13.1.25}$$

gegeben. Für Wellen im materieerfüllten Raum mit den Materialkonstanten ε und μ ist dann aufgrund der Gleichungen (12.5.3') die Ausbreitungsgeschwindigkeit durch

$$\boxed{c_M^2 = \frac{1}{\varepsilon\varepsilon_0\mu\mu_0} = \frac{c^2}{n^2} \quad , \quad n^2 = \varepsilon\mu} \tag{13.1.26}$$

bestimmt. Das Verhältnis der Geschwindigkeiten

$$n = \frac{c}{c_M} = \sqrt{\varepsilon\mu}$$

heißt in der Optik *Brechungsindex*. Es ist stets größer als 1.

Wir bestätigen nun die aus den Maxwellschen Gleichungen abgelesenen Eigenschaften elektromagnetischer Wellen in einer Reihe von Versuchen. Sie entsprechen in ihren wesentlichen Zügen den berühmten Experimenten von *Heinrich Hertz*, der 1887 die von Maxwell vorhergesagten Wellen nachwies. Da wir die Erzeugung elektromagnetischer Wellen erst später (im Abschnitt 13.7) diskutieren, beschränken wir uns hier darauf, den Aufbau eines *Senders* elektromagnetischer Wellen anzugeben. Er besteht aus einem (vorzugsweise ungedämpften) elektrischen Schwingkreis (Abschnitt 11.7.3), der über eine Leitung (z.B. eine Koaxialleitung, Abschnitt 13.5.5) mit einer *Dipolantenne* verbunden ist, einer Anordnung aus zwei Metallstäben der Länge $\ell/2$, die voneinander isoliert in einer Linie angeordnet sind (Abb.13.6).

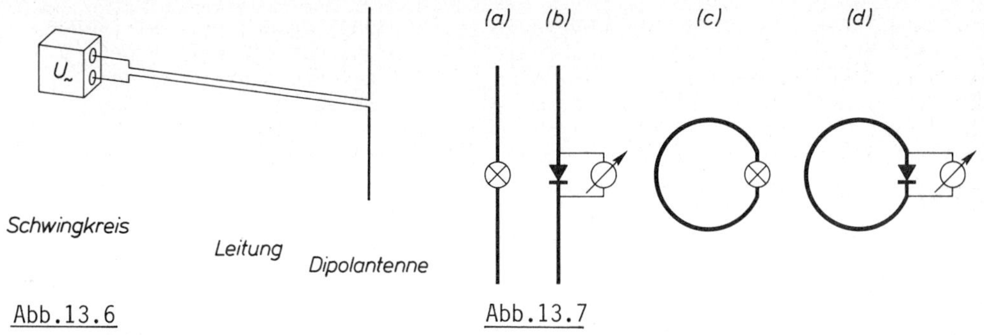

Abb.13.6. Schema eines Senders elektromagnetischer Wellen

Abb.13.7. Dipolantenne (a,b) zum Nachweis hochfrequenter elektrischer Felder und Rahmenantenne (c,d) zum Nachweis hochfrequenter magnetischer Induktionsfelder. Sehr große Signale lassen eine Glühlampe in der Antenne aufleuchten (a,c). Kleinere Signale werden nach Gleichrichtung (und ggf. Verstärkung) mit einem Drehspulinstrument nachgewiesen

Zum Nachweis der vom Sender abgestrahlten Wellen benutzen wir *Empfangsantennen*. Richten wir einen stabförmigen Leiter in Richtung der elektrischen Feldstärke aus, so bewirkt diese einen Stromfluß längs des Leiters. Das hochfrequente Wechselfeld einer Welle führt zu einem Wechselstrom im Leiter, der, falls er genügend groß ist, eine in die Mitte des Stabes eingefügte Glühlampe zum Leuchten bringt. Zum Nachweis geringerer Ströme ersetzt man die Lampe durch eine Diode und weist den so gleichgerichteten Strom mit dem Drehspulinstrument nach. (Sehr geringe Ströme werden zunächst verstärkt). Diese Anordnung zum Nachweis elektrischer Hochfrequenzfelder heißt (*elektrische*) *Dipolantenne* (Abb.13.7a,b).

Hochfrequente $\vec{B}$-Felder weisen wir über ihre Induktionswirkung nach. In einer flachen Spule aus einer oder mehreren Windungen induzieren sie einen Strom, der – falls genügend stark – mit einer Glühlampe, sonst nach Gleichrichtung und nötigenfalls Verstärkung mit einem Ampèremeter angezeigt wird. Solche flachen Spulen (Abb.13.7c,d) heißen *Rahmenantennen* oder *magnetische Dipolantennen*.

Experiment 13.1. Nachweis elektromagnetischer Wellen

Wir untersuchen das elektromagnetische Feld unseres Senders in der Symmetrieebene senkrecht zum Senderdipol. Durch Orientierung eines Empfangsdipols in verschiedenen Richtungen weisen wir nach, daß das elektrische Feld in dieser Ebene parallel zur Richtung des Senderdipols ausgerichtet ist. Wird die Empfangsantenne senkrecht dazu ausgerichtet, zeigt sie kein Signal an (Abb.13.8a). Die Rahmenantenne, die das durch ihre Fläche greifende magnetische Wechselfeld nachweist, gibt maximale Anzeige, wenn die Flächennormale senkrecht zur Dipolrichtung des Senders ($\vec{E}$-Richtung) und der Verbindungslinie von Sender und Empfänger ($\vec{k}$-Richtung) orientiert ist (Abb. 13.8b). Mit der Rahmenantenne läßt sich also nicht nur die $\vec{B}$-Richtung, sondern durch Drehung um die $\vec{E}$-Richtung – Peilung – auch die Lage des Senders feststellen. Insgesamt haben wir damit bestätigt, daß die Ausbreitungsrichtung $\vec{k}$, die elektrische Feldstärke $\vec{E}$ und die magnetische Induktion $\vec{B}$ senkrecht aufeinander stehen. Bei Entfernung der Antennen vom Sender fällt allerdings das Signal schnell ab. Wir haben daher keine ebenen Wellen vor uns, in denen die Feldstärke vom Ort unabhängig ist.

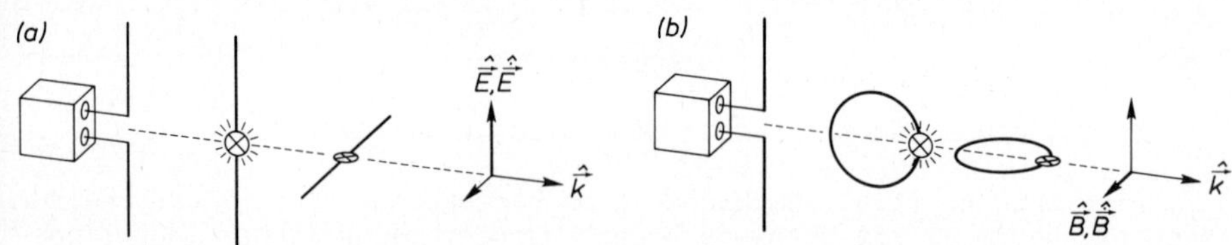

Abb.13.8. Experimente mit einer Dipolantenne (a) bzw. einer Rahmenantenne (b) zeigen, daß das elektrische Feld $\vec{E}$ einer Welle parallel zur Sendeantenne, das magnetische Induktionsfeld $\vec{B}$ senkrecht dazu orientiert ist. Beide stehen senkrecht auf der Ausbreitungsrichtung $\vec{k}$, die vom Sender zum Empfänger zeigt

Interessant ist es, einen Empfangsdipol relativ zum Sender am gleichen Ort zu lassen aber in seiner Länge ℓ zu verändern. Obwohl die Feldstärke dadurch nicht geändert wird, hängt das angezeigte Signal empfindlich von der Dipollänge ab.

Experiment 13.2. Abstimmung eines Empfangsdipols auf die Wellenlänge

Der Schwingkreis unseres Senders aus Experiment 13.1 hat die Frequenz $\nu = 10^8$ Hz. Damit ist die Wellenlänge der abgestrahlten Wellen

$$\lambda = c/\nu = 3 \cdot 10^8 \text{ ms}^{-1}/(10^8 \text{ s}^{-1}) = 3 \text{ m} \quad .$$

Von einer Reihe von Empfangsdipolen verschiedener Länge ℓ zeigt der mit $\ell = 1{,}5 \text{ m} = \lambda/2$ das höchste Signal an (Abb.13.9).

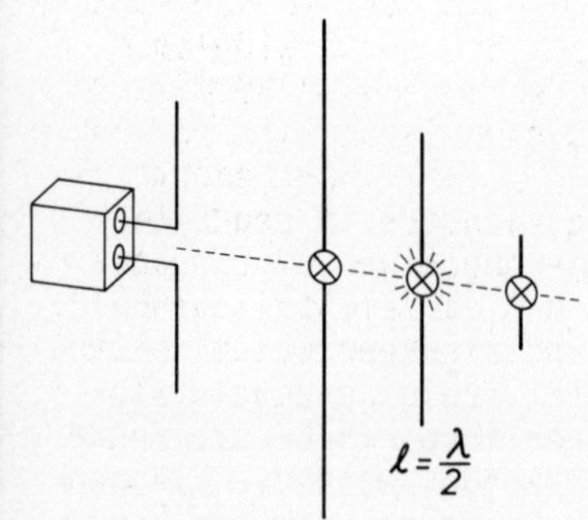

Abb.13.9. In verschieden langen Dipolantennen tritt bei gleicher eingestrahlter Feldstärke verschieden hohe Leistung auf. Ihr Maximum, d.h. Resonanz, ergibt sich, wenn die Länge des Dipols eine halbe Wellenlänge ist

Wir deuten diesen Befund wie folgt. Der Empfangsdipol einschließlich Glühlampe bzw. Meßgerät stellt einen elektrischen Schwingkreis dar, dessen Leistungsaufnahme, angezeigt durch die in der Glühlampe verbrauchte Leistung, von der Frequenz des erregenden Feldes abhängt. Wir schließen aus dem Experiment, daß die Resonanzfrequenz ω_0 eines Dipols der Länge ℓ im Vakuum (oder in Luft) durch

$$\omega_0 = 2\pi\nu_0 = \frac{2\pi c}{\lambda_0} = \pi \frac{c}{\ell}$$

gegeben ist. Auch die Beziehung (11.9.3)

$$\omega_0 = \frac{1}{\sqrt{LC}}$$

zwischen Eigenfrequenz ω_0, Induktivität L und Kapazität C kann auf den Dipol übertragen werden, wenn man seine Induktivität und Kapazität geeignet definiert.

Pflanzt sich die Welle statt im Vakuum in nichtleitender Materie mit den Materialkonstanten ε und μ fort, so tritt in den Wellengleichungen statt der Lichtgeschwindigkeit im Vakuum die Lichtgeschwindigkeit

$$c_M = \frac{1}{\sqrt{\varepsilon\mu}\sqrt{\varepsilon_0\mu_0}} = \frac{1}{\sqrt{\varepsilon\mu}} c$$

auf. Da die Frequenz, d.h. die Anzahl der Schwingungen der Feldvektoren $\vec{E}$ und $\vec{B}$ je Zeiteinheit beim Übergang einer Welle aus dem Vakuum in Materie erhalten bleibt, muß sich die Wellenlänge ändern, damit das Produkt aus beiden die Fortpflanzungsgeschwindigkeit bleibt. Damit gilt

$$\nu\lambda = c \quad \text{bzw.} \quad \nu\lambda_M = c_M$$

im Vakuum bzw. in Materie und schließlich

$$\lambda_M = \frac{1}{\sqrt{\varepsilon\mu}} \lambda \quad .$$

Experiment 13.3. Wellenlänge in Materie

Ein Empfangsdipol der Länge $\ell = 16{,}6$ cm $= \lambda/(2\cdot 9)$, der in Luft so schlecht auf die Wellenlänge unseres Senders abgestimmt ist, daß seine Glühlampe dunkel bleibt, liefert ein starkes Signal, sobald er in ein Gefäß mit destilliertem Wasser getaucht wird (Abb.13.10). Dieser Befund ist in Übereinstimmung mit den Tabellenwerten $\varepsilon = 81$, $\mu \approx 1$ für Wasser. Man beachte jedoch, daß die Materialkonstanten frequenzabhängig sind. Der angegebene Wert gilt für die vergleichsweise "niedrigen" Frequenzen $\nu \approx 10^8\ \mathrm{s}^{-1}$ unseres Senders. Für sichtbares Licht ($\nu \approx 5 \cdot 10^{14}\ \mathrm{s}^{-1}$) ist $\varepsilon = 1{,}78$. Damit sind Geschwindigkeit und Wellenlänge von sichtbarem Licht in Wasser nur um den Faktor 1,33 geringer als im Vakuum oder in Luft.

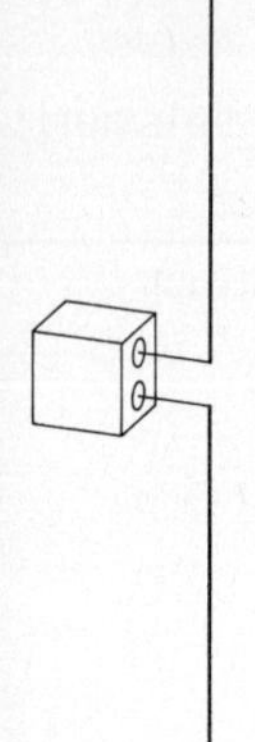

Abb.13.10. An der Verkürzung der Resonanzlänge eines Dipols liest man ab, daß die Wellenlänge im Wasser gegenüber Luft um den Faktor $\sqrt{\varepsilon} \approx 9$ verringert ist

Wir betrachten nun die Energiedichten und den Energiestrom im Feld der ebenen Welle. Dabei können wir nicht einfach die Produkte der komplexen Größen bilden sondern müssen tatsächlich die Realteile der Feldgrößen in die Produkte einsetzen. Die elektrische Energiedichte im Vakuum ist

$$w_e = \frac{\varepsilon_0}{2} \vec{E} \cdot \vec{E} = \frac{\varepsilon_0}{8} \left(\vec{E}_c^2 + \vec{E}_c^{*2} + 2\vec{E}_c \cdot \vec{E}_c^* \right) \quad . \tag{13.1.27a}$$

Die magnetische Energiedichte der ebenen Welle läßt sich über (13.1.21) auf die elektrische zurückführen

$$\begin{aligned} w_m &= \frac{1}{2\mu_0} \vec{B} \cdot \vec{B} = \frac{1}{2\mu_0} \frac{1}{\omega^2} (\vec{k} \times \vec{E}) \cdot (\vec{k} \times \vec{E}) \\ &= \frac{1}{2\mu_0} \frac{1}{c^2 k^2} \vec{k} \cdot [\vec{E} \times (\vec{k} \times \vec{E})] \\ &= \frac{1}{2\mu_0 c^2} \frac{1}{k^2} k^2 \vec{E}^2 = \frac{\varepsilon_0}{2} \vec{E}^2 = w_e \quad . \end{aligned} \tag{13.1.27b}$$

Dabei wurden die zyklische Vertauschbarkeit der Faktoren eines Spatproduktes und die Beziehung $\mu_0 c^2 = \varepsilon_0^{-1}$ ausgenutzt.
Insgesamt ist also die *elektromagnetische Energiedichte*

$$w_{em} = w_e + w_m = \varepsilon_0 \vec{E} \cdot \vec{E} \quad , \tag{13.1.28}$$

bzw.

$$\begin{aligned} w_{em} &= \frac{\varepsilon_0}{4} \left(\vec{E}_c^2 + \vec{E}_c^{*2} + 2\vec{E}_c \cdot \vec{E}_c^* \right) \\ &= \frac{\varepsilon_0}{2} \left(\mathrm{Re}\{\vec{E}_c^2\} + |\vec{E}_c|^2 \right) \quad . \end{aligned} \tag{13.1.29}$$

Mit der Darstellung (13.1.20) gilt

$$w_{em} = \frac{\varepsilon_0}{2} [\eta^2 \cos 2(\omega t - \vec{k}\cdot\vec{x} - \alpha) + \eta^2] \quad . \tag{13.1.30}$$

Die Energiedichte besteht aus einem räumlich und zeitlich konstanten Anteil und einer Welle mit im Vergleich zur Feldstärke doppelter Frequenz und Wellenzahl. Sie variiert zwischen 0 und $\varepsilon_0\eta^2$. Im zeitlichen Mittel verschwindet der Anteil des ersten Terms und es gilt

$$\langle w_{em}\rangle = \frac{\varepsilon_0}{2}\eta^2 = \frac{\varepsilon_0}{4}\left(\vec{E}_c\cdot\vec{E}_c^* + c^2\vec{B}_c\cdot\vec{B}_c^*\right) = \frac{\varepsilon_0}{2}\vec{E}_c\cdot\vec{E}_c^* \quad . \tag{13.1.31}$$

Die *Energieflußdichte*, gegeben durch den Poynting-Vektor, läßt sich nun leicht auf die Energiedichte zurückführen

$$\vec{S} = \frac{1}{\mu_0}\vec{E}\times\vec{B} = \frac{1}{\mu_0\omega}\vec{E}\times(\vec{k}\times\vec{E})$$

$$= \frac{1}{\mu_0 ck}\hat{\vec{k}}\vec{E}^2 = \varepsilon_0 c\hat{\vec{k}}\vec{E}^2 = c\hat{\vec{k}}w_{em} \quad . \tag{13.1.32}$$

Die Energieflußdichte hat die Richtung des Wellenvektors $\vec{k}$ und besitzt wie die Energiedichte zwei Anteile. Ihr zeitlicher Mittelwert ist durch

$$\langle\vec{S}\rangle = c\hat{\vec{k}}\frac{\varepsilon_0}{2}\eta^2 = \frac{1}{4\mu_0}\left(\vec{E}_c\times\vec{B}_c^* + \vec{E}_c^*\times\vec{B}_c\right)$$

$$= \frac{1}{2\mu_0}\vec{E}_c\times\vec{B}_c^* \tag{13.1.33}$$

gegeben. Die Energieflußdichte variiert zwischen 0 und 2 $\langle\vec{S}\rangle$. In Abb.13.11 ist die räumliche Verteilung der Energiedichte einer ebenen Welle für verschiedene Zeiten dargestellt.

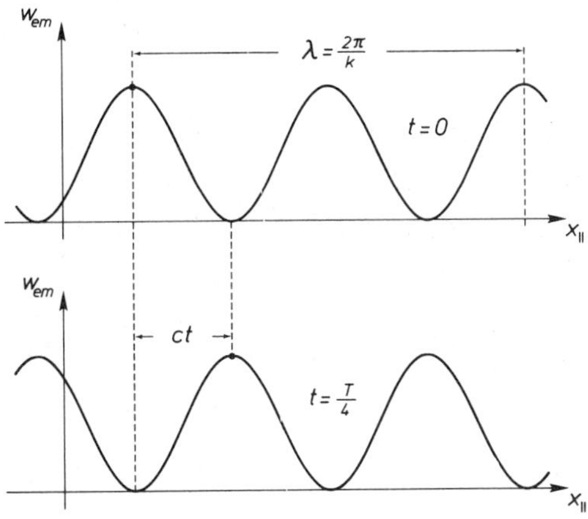

Abb.13.11. Energiedichte w_{em} einer ebenen Welle als Funktion der Ortskoordinate $x_\parallel = \vec{x}\cdot\hat{\vec{k}}$ in Ausbreitungsrichtung. Die Energiestromdichte $\vec{S}$ zeigt stets in Ausbreitungsrichtung und ist proportional zu w_{em}

13.2 Ebene Wellen in verschiedenen Koordinatensystemen. Doppler-Effekt

Wie wir gesehen haben, lassen sich die ebenen Wellen durch die konstanten Amplitudenvektoren $\vec{E}_0$ und $\vec{B}_0$ und den zeit- und ortsabhängigen Faktor

$$s(t,\vec{x}) = e^{-i(\omega t - \vec{k}\cdot\vec{x})} \tag{13.2.1}$$

beschreiben. Dabei beschränken wir uns der Einfachheit halber auf den Fall $\omega^{(+)}$, in dem die Welle sich parallel zu $\vec{k}$ fortpflanzt. Den Index (+) unterdrücken wir wieder. Betrachten wir nun die Welle in einem anderen Lorentz-System, das sich in $\vec{k}$-Richtung mit der Geschwindigkeit $\vec{v} = v\hat{\vec{k}}$ bewegt, so gilt mit den Zerlegungen

$$\vec{x} = x_{\parallel}\hat{\vec{k}} + \vec{x}_{\perp} \quad , \qquad \vec{k}\cdot\vec{x}_{\perp} = 0$$

und

$$\vec{x}\,' = x'_{\parallel}\hat{\vec{k}} + \vec{x}\,'_{\perp} \quad , \qquad \vec{k}\cdot\vec{x}\,'_{\perp} = 0 \tag{13.2.2}$$

die Lorentz-Transformation, vgl. [Bd.I, Abschnitt 12.2.6],

$$\begin{aligned} t &= \gamma\left(t' + \frac{v}{c}\frac{x'_{\parallel}}{c}\right) \quad , \\ x_{\parallel} &= \gamma(vt' + x'_{\parallel}) \quad , \\ \vec{x}_{\perp} &= \vec{x}\,'_{\perp} \quad , \end{aligned} \tag{13.2.3}$$

die nur die Zeit und die zur Geschwindigkeit, d.h. zu $\vec{k}$ parallele Komponente $x_{\parallel}$ bzw. $x'_{\parallel}$ transformiert. Der zeit- und ortsabhängige Exponent von (13.2.1) kann jetzt in das bewegte Koordinatensystem K' umgerechnet werden. Dazu nutzt man am einfachsten die Darstellung (13.1.22) der ebenen Welle und ihres Exponenten aus. Durch Einsetzen der Transformation (13.2.3) gewinnen wir

$$\begin{aligned} \omega\left(t - \frac{x_{\parallel}}{c}\right) &= \omega\left[\gamma\left(t' + \frac{v}{c}\frac{x'_{\parallel}}{c}\right) - \frac{\gamma}{c}\,(vt' + x'_{\parallel})\right] \\ &= \omega\gamma\left(1 - \frac{v}{c}\right)\left(t' - \frac{x'_{\parallel}}{c}\right) \\ &= \omega'\left(t' - \frac{x'_{\parallel}}{c}\right) \quad . \end{aligned} \tag{13.2.4}$$

Dieser Exponent hat die gleiche Gestalt wie der der ebenen Welle (13.2.1) im System K und führt somit zu einer ebenen Welle im System K'. Allerdings hat die Welle im bewegten System K' eine andere Kreisfrequenz

$$\omega' = \omega\gamma\left(1 - \frac{v}{c}\right) = \omega\sqrt{\frac{1 - \frac{v}{c}}{1 + \frac{v}{c}}} \quad . \tag{13.2.5}$$

Man nennt diese Erscheinung der Frequenzänderung *Doppler-Effekt*. In dem von uns betrachteten Fall bewegte sich das Koordinatensystem in der gleichen Richtung wie die ebene Welle. Die Kreisfrequenz im bewegten System ist dann um den Faktor $\sqrt{(1-v/c)/(1+v/c)}$ erniedrigt. Für den Fall, daß sich das bewegte System mit der Geschwindigkeit $\vec{v} = -v\hat{\vec{k}}$ antiparallel zur Welle bewegt, wird die Frequenz natürlich erhöht um den Faktor $\sqrt{(1+v/c)/(1-v/c)}$. Wegen der Reziprozität [Bd.I, Abschnitt 12.2] der Lorentz-Transformation ist es dabei natürlich unerheblich, ob die Relativgeschwindigkeit v von der Bewegung des Senders oder des Beobachters herrührt. Die Untersuchung des allgemeinen Falles einer beliebigen Geschwindigkeitsrichtung $\vec{v}$ zwischen K und K' ist Inhalt einer Übungsaufgabe.

Auf dem Doppler-Effekt beruht ein wichtiges Verfahren der Astronomie zur Messung der Relativgeschwindigkeit von Sternen und Erde. Die Linienspektren der Atome in den leuchtenden Sternatmosphären werden durch die *Fluchtbewegung* der weit entfernten Sterne zu kleineren Frequenzen, d.h. größeren Wellenlängen verschoben. Dieser Effekt wird als *Rotverschiebung* bezeichnet.

13.3 Überlagerung von Wellen. Superpositionsprinzip

Die Maxwell-Gleichungen im Vakuum sind lineare homogene Differentialgleichungen. Sind

$$\vec{E}_1 \; , \; \vec{B}_1 = \frac{1}{c}\hat{\vec{k}}_1 \times \vec{E}_1 \tag{13.3.1}$$

und

$$\vec{E}_2 \; , \; \vec{B}_2 = \frac{1}{c}\hat{\vec{k}}_2 \times \vec{E}_2 \tag{13.3.2}$$

zwei Lösungen, so ist auch ihre Superposition

$$\vec{E} = \vec{E}_1 + \vec{E}_2 \quad , \quad \vec{B} = \vec{B}_1 + \vec{B}_2 \quad , \tag{13.3.3}$$

Lösung der Maxwellschen Gleichungen. Allgemeiner gesagt, stellt jede beliebige Linearkombination aus Lösungen der homogenen Maxwell-Gleichungen zu vorgegebenen Randbedingungen selbst wieder eine Lösung dar. Diese Tatsache, die auf der Linearität der Gleichungen beruht, heißt *Superpositionsprinzip*. Die Superposition zweier oder mehrer Wellen führt zur physikalischen Erscheinung der *Interferenz*. Damit können wir natürlich auch Wellenpakete bilden, vgl. [Bd.I, Abschnitt 11.5].

13.3.1 Lineare, zirkulare und elliptische Polarisation

Tatsächlich ist das Problem der Überlagerung von elektromagnetischen Wellen komplizierter, weil die Lösungen selbst Vektorcharakter haben und nicht wie in [Bd.I, Abschnitt 11.5] Skalare sind. Dadurch tritt das Phänomen der *Polarisation* hinzu.

Wir haben im vergangenen Abschnitt die ebenen Wellenlösungen (13.1.18) der Maxwell-Gleichungen studiert. Sie sind dadurch ausgezeichnet, daß die Richtung der Feldvektoren $\vec{E}$ und $\vec{B}$ zeitunabhängig ist. Eine Welle dieser Art nennt man *linear polarisiert*. Als *Polarisationsrichtung* bezeichnet man die Richtung des elektrischen Feldvektors $\vec{E}$. Wir betrachten nun zwei ebene Wellen mit gleichem Wellenvektor $\vec{k}$ und gleicher Kreisfrequenz $\omega = ck$ aber verschiedenen linearen Polarisationen. Es ist dabei völlig ausreichend, die beiden Polarisationen orthogonal anzunehmen, da man sonst stets eine orthogonale Zerlegung vornehmen kann. Es seien nun

$$\vec{E}_{c1} = \eta_{c1}\, \vec{e}_1\, e^{-i(\omega t - \vec{k}\cdot\vec{x})} \quad , \quad \vec{B}_{c1} = \frac{1}{c}\, \hat{\vec{k}} \times \vec{E}_{c1}$$

$$\vec{E}_{c2} = \eta_{c2}\, \vec{e}_2\, e^{-i(\omega t - \vec{k}\cdot\vec{x})} \quad , \quad \vec{B}_{c2} = \frac{1}{c}\, \hat{\vec{k}} \times \vec{E}_{c2} \tag{13.3.4}$$

zwei linear polarisierte ebene Wellen mit den komplexen Amplituden

$$\eta_{c\ell} = \eta_\ell\, e^{i\alpha_\ell} \quad , \quad \ell = 1, 2 \quad . \tag{13.3.5}$$

Ihre Superposition ist dann durch

$$\vec{E}_c = \vec{E}_{c1} + \vec{E}_{c2} = (\eta_{c1}\, \vec{e}_1 + \eta_{c2}\, \vec{e}_2)\, e^{-i(\omega t - \vec{k}\cdot\vec{x})} \tag{13.3.6}$$

und

$$\vec{B}_c = \vec{B}_{c1} + \vec{B}_{c2} = \frac{1}{c}\, \hat{\vec{k}} \times \vec{E}_c \qquad (13.3.6)$$

gegeben. Die Interpretation dieser Überlagerung zweier ebener Wellen mit orthogonaler Polarisation $\vec{e}_1$, $\vec{e}_2$ aber gleicher Kreisfrequenz ω und gleichem Wellenvektor $\vec{k}$ ist am einfachsten zu finden, wenn wir die komplexen Amplituden η_{c1} und η_{c2} durch Betrag und Phase darstellen

$$\eta_{c\ell} = \eta_\ell\, e^{i\alpha_\ell} \quad , \quad \ell = 1, 2 \quad . \tag{13.3.7}$$

Dann hat die komplexe Feldstärke die Gestalt

$$\vec{E}_c = \eta_1 \exp[-i(\omega t - \vec{k}\cdot\vec{x} - \alpha_1)]\vec{e}_1 + \eta_2 \exp[-i(\omega t - \vec{k}\cdot\vec{x} - \alpha_2)]\vec{e}_2 \quad , \tag{13.3.8}$$

so daß wir als reelle physikalische Feldstärke

$$\vec{E} = \eta_1 \cos(\omega t - \vec{k}\cdot\vec{x} - \alpha_1)\vec{e}_1 + \eta_2 \cos(\omega t - \vec{k}\cdot\vec{x} - \alpha_2)\vec{e}_2 \tag{13.3.9}$$

erhalten. Für

$$\eta_1 = \eta_2 \quad \text{und} \quad \alpha_2 = \alpha_1 - \frac{\pi}{2} \tag{13.3.10}$$

ist diese Beziehung für festen Ort $\vec{x}$ die zeitliche Parameterdarstellung eines Kreises. Man sagt, die Welle ist *zirkular polarisiert*. Falls die Amplituden oder die Phasen verschieden sind, ist (13.3.9) die Darstellung einer Ellipse. In diesem Fall nennt man die Polarisation *elliptisch*.

Experiment 13.4. Superposition zweier linear polarisierter Wellen gleicher Phase

Die lineare Polarisation der von einem Dipol abgestrahlten Welle in Richtung dieses Dipols haben wir schon in Experiment 13.1 gezeigt. Wir verbinden nun zwei Dipole über gleich lange Leitungen mit dem Schwingkreis des Senders, so daß sie in gleicher Phase schwingen, bringen die Zentren der Dipole an den gleichen Ort (Abb.13.12) und richten sie senkrecht zueinander aus. Mit einem Empfangsdipol stellen wir fest, daß in der Richtung senkrecht zu den beiden Sendedipolen eine Welle abgestrahlt wird. Ihre Polarisationsrichtung ist eine Winkelhalbierende der Sendedipole. In dieser Richtung zeigt der Empfangsdipol maximale Feldstärke an, in der dazu senkrechten Richtung keine Feldstärke.

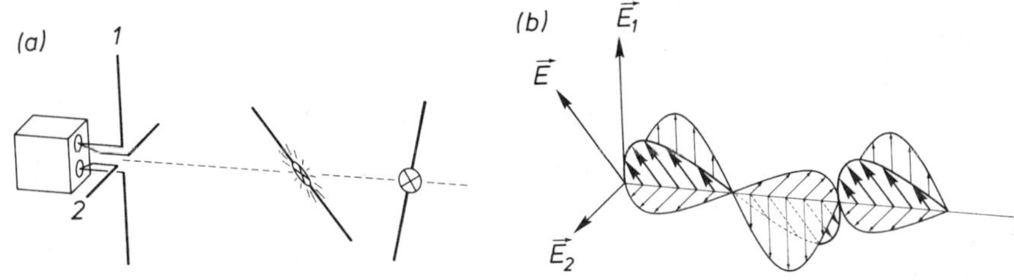

Abb.13.12. Superposition zweier linear polarisierter Wellen gleicher Phase zu einer linear polarisierten Welle. (a) Experimentelle Anordnung. (b) Momentane elektrische Feldstärken

Experiment 13.5. Erzeugung einer zirkular polarisierten Welle

Wir benutzen die gleiche Anordnung wie in Experiment 13.4, jedoch sind nun die Leitungen zwischen Schwingkreis und Dipolen verschieden lang (Abb.13.13). Die Längendifferenz $\Delta\ell$ ist gerade so gewählt, daß sie $\lambda_M/4$ beträgt, also ein Viertel der Wellenlänge im Kabel oder – anders ausgedrückt – daß ein Laufzeitunterschied für elektrische Signale in den beiden Kabeln besteht, (vgl. Abschnitt 13.5) der gerade einer viertel Schwingungsperiode entspricht. Damit sind die Feldstärken in den Dipolen um $\pi/2$ phasenverschoben. Die in Richtung senkrecht zu den Dipolen beobachtete Welle ist zirkular polarisiert. Der Empfangsdipol zeigt in allen Orientierungen senkrecht zur Ausbreitungsrichtung die gleiche zeitlich gemittelte Feldstärke an.

Eine elliptisch polarisierte Welle läßt sich auch durch zwei entgegengesetzte zirkulare Polarisationen darstellen. Das sieht man am leichtesten ein, wenn man an Stelle der Vektoren $\vec{e}_1$, $\vec{e}_2$ die komplexen Vektoren

$$\vec{e}_0^{\,\pm} = \frac{1}{\sqrt{2}}\,(\vec{e}_1 \pm \mathrm{i}\,\vec{e}_2) \tag{13.3.11}$$

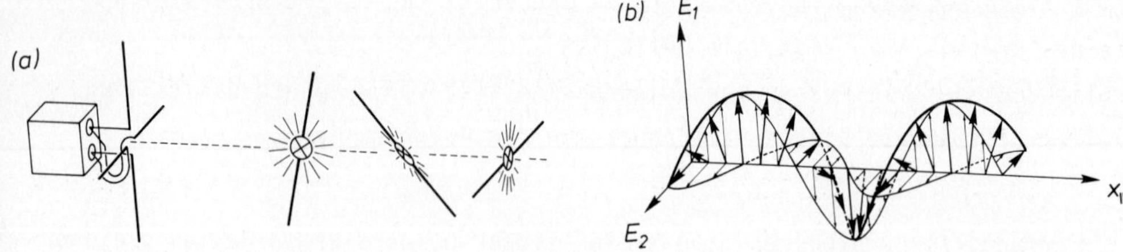

Abb.13.13. Superposition zweier linear polarisierter Wellen mit einer Phasenverschiebung von $\pi/2$ zu einer zirkular polarisierten Welle. (a) Experimentelle Anordnung. (b) Momentane elektrische Feldstärken

zur Darstellung der Feldstärke benutzt und das zeitliche Verhalten der Vektoren

$$\vec{e}_c^{\,\pm}(t,\vec{x}) = (\vec{e}_1 \pm i\,\vec{e}_2)e^{-i(\omega t-\vec{k}\cdot\vec{x}-\alpha^{\pm})}$$
$$= \sqrt{2}\,\vec{e}_0^{\,\pm}\,e^{-i(\omega t-\vec{k}\cdot\vec{x}-\alpha^{\pm})} \qquad (13.3.12)$$

betrachtet. Ihre physikalische Bedeutung ist am Realteil abzulesen

$$\vec{e}^{\,\pm}(t,\vec{x}) = \mathrm{Re}\{\vec{e}_c^{\,\pm}(t,\vec{x})\} = \vec{e}_1\cos(\omega t-\vec{k}\cdot\vec{x}-\alpha^{\pm})$$
$$\pm\,\vec{e}_2\sin(\omega t-\vec{k}\cdot\vec{x}-\alpha^{\pm}) \quad . \qquad (13.3.13)$$

Die reellen Vektoren $\vec{e}^{\,\pm}$ beschreiben an jedem Ort $\vec{x}$ eine zeitabhängige Drehung mit der Winkelgeschwindigkeit ω in der $\vec{e}_1$, $\vec{e}_2$ Ebene. Die Positionen zu verschiedenen Zeiten am Ort $\vec{r}$ sind

$$t = \frac{1}{\omega}(\vec{k}\cdot\vec{x}+\alpha^{\pm}) \quad : \quad \vec{e}^{\,\pm}(t,\vec{x}) = \vec{e}_1 \quad ,$$
$$t = \frac{1}{\omega}\left(\vec{k}\cdot\vec{x}+\alpha^{\pm}+\frac{\pi}{2}\right): \quad \vec{e}^{\,\pm}(t,\vec{x}) = \pm\vec{e}_2 \quad ,$$
$$t = \frac{1}{\omega}(\vec{k}\cdot\vec{x}+\alpha^{\pm}+\pi) \quad : \quad \vec{e}^{\,\pm}(t,\vec{x}) = -\vec{e}_1 \quad ,$$
$$t = \frac{1}{\omega}\left(\vec{k}\cdot\vec{x}+\alpha^{\pm}+\frac{3}{2}\,\pi\right): \quad e^{\pm}(t,\vec{x}) = \mp\vec{e}_2 \quad . \qquad (13.3.14)$$

Der Vektor $\vec{e}^{\,+}$ dreht sich gegen den Uhrzeigersinn, d.h. im mathematisch positiven Sinn, $\vec{e}^{\,-}$ umgekehrt. Sie beschreiben positive bzw. negative zirkulare Polarisation. Mit Hilfe dieser Vektoren zerlegen wir die Feldstärke $\vec{E}_c$ in zwei Anteile

$$\vec{E}_c = \frac{1}{\sqrt{2}}\,[(A_1-iA_2)\vec{e}_0^{\,+} + (A_1+iA_2)\vec{e}_0^{\,-}]e^{-i(\omega t-\vec{k}\cdot\vec{x})} \quad . \qquad (13.3.15)$$

Wir bezeichnen die Absolutbeträge durch

$$A^{\pm} = |A_1 \pm iA_2| \qquad (13.3.16)$$

und stellen die Quotienten des Betrages Eins

$$\frac{1}{A^{\pm}}(A_1 \pm iA_2) = e^{i\alpha^{\pm}} \qquad (13.3.17)$$

durch die komplexen Phasen $\alpha^{\pm}$ dar. Damit hat die komplexe Feldstärke $\vec{E}_c$ die Form

$$\vec{E}_c = \frac{1}{\sqrt{2}}\left(A^- e^{i\alpha^-}\vec{e}_0^{\,+} + A^+ e^{i\alpha^+}\vec{e}_0^{\,-}\right)e^{-i(\omega t-\vec{k}\cdot\vec{x})} \qquad (13.3.18)$$

und die physikalische Feldstärke $\vec{E}$ als Realteil von $\vec{E}_c$

$$\vec{E} = \frac{A^-}{2}\vec{e}^{\,+}(t,\vec{r}) + \frac{A^+}{2}\vec{e}^{\,-}(t,\vec{r}) \quad . \qquad (13.3.19)$$

Damit ist gezeigt, daß die Feldstärke $\vec{E}$ die Überlagerung zweier zirkular polarisierter Wellen ist. Falls einer der reellen Koeffizienten A^+ oder A^- verschwindet, ist $\vec{E}$ selbst zirkular polarisiert. Lineare und zirkulare Polarisation sind zwei Möglichkeiten, mit denen jede beliebige Polarisationsform von elektromagnetischen Wellen beschrieben werden kann.

13.3.2 Stehende Wellen

Ein weiteres spezielles Phänomen der Überlagerung von Wellen tritt auf, wenn zwei Wellen gleichen Amplitudenbetrages und gleicher linearer Polarisation mit der Kreisfrequenz ω aber zwei entgegengesetzt gleich großen Wellenvektoren $\vec{k}$ und $-\vec{k}$ den Raum erfüllen

$$\vec{E}_c^{(+)} = \vec{E}_0\, e^{-i(\omega t-\vec{k}\cdot\vec{x}+\alpha^{(+)})} \quad ,$$

$$\vec{E}_c^{(-)} = \vec{E}_0\, e^{-i(\omega t+\vec{k}\cdot\vec{x}+\alpha^{(-)})} \quad . \qquad (13.3.20)$$

Mit

$$\beta^{(\pm)} = \frac{1}{2}\left(\alpha^{(+)} \pm \alpha^{(-)}\right) \quad , \qquad \alpha^{(\pm)} = \beta^{(+)} \pm \beta^{(-)} \qquad (13.3.21)$$

gilt für die Überlagerung

$$\vec{E}_c = \vec{E}_c^{(+)} + \vec{E}_c^{(-)} = \vec{E}_0\, e^{-i(\omega t+\beta^{(+)})}\left[e^{i(\vec{k}\cdot\vec{x}-\beta^{(-)})} + e^{-i(\vec{k}\cdot\vec{x}-\beta^{(-)})}\right]$$

$$= 2\,\vec{E}_0\, e^{-i(\omega t+\beta^{(+)})}\cos(\vec{k}\cdot\vec{x}-\beta^{(-)}) \quad . \qquad (13.3.22)$$

Die reelle physikalische Amplitude

$$\boxed{\vec{E} = 2\vec{E}_0 \cos(\omega t+\beta^{(+)})\cdot\cos(\vec{k}\cdot\vec{x}-\beta^{(-)})} \qquad (13.3.23)$$

stellt eine linear polarisierte stehende Welle dar. Im Gegensatz zu früher diskutierten räumlich und zeitlich periodischen Wellenvorgängen stellt dieser einen Vorgang dar, bei dem die Phasenflächen, die wieder Ebenen sind, durch

$$\vec{k}\cdot\vec{x} - \beta^{(-)} = \delta$$

festgelegt und damit zeitunabhängig sind. Der Faktor $\vec{E}_0 \cos(\omega t+\beta^{(+)})$ ist eine zeitabhängige (schwingende) Amplitude, der Faktor $\cos(\vec{k}\cdot\vec{x}-\beta^{(-)})$ stellt einen im Raum stehenden periodischen Vorgang dar (Abb.13.14). Natürlich lassen sich durch Überlagerung zweier senkrecht zueinander linear polarisierter stehender Wellen auch stehende Wellen zirkularer oder elliptischer Polarisation verwirklichen. Experimentell stellt man stehende Wellen am einfachsten durch die Spiegelung einer ebenen Welle in sich selbst her. Als Beispiel werden wir im Abschnitt 13.5.5 stehende Drahtwellen diskutieren.

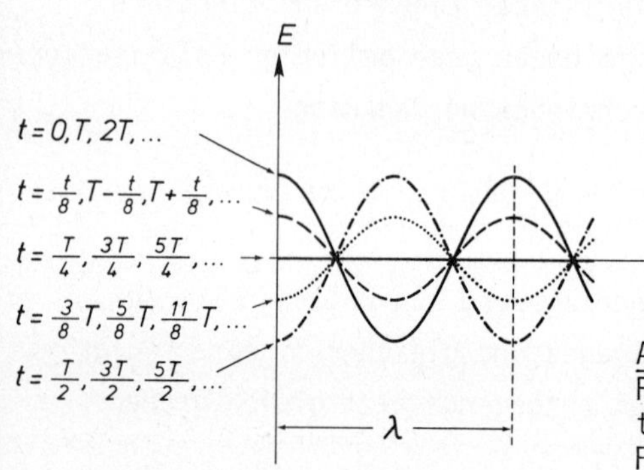

Abb.13.14. Komponente E der elektrischen Feldstärke $\vec{E} = E\vec{e}_1$ in Polarisationsrichtung einer stehenden ebenen Welle als Funktion der Ortskoordinate $x_\parallel = \vec{x}\cdot\hat{\vec{k}}$

13.3.3 Interferenz ebener Wellen

Zum Abschluß betrachten wir die räumliche Überlagerung zweier ebener Wellen gleicher linearer Polarisationsrichtung $\vec{e}_1$. Zur Vereinfachung der Schreibweise führen wir für den Exponenten der ebenen Welle die relativistische Schreibweise ein

$$\omega t - \vec{k}\cdot\vec{x} = kct - \vec{k}\cdot\vec{x} = kx_0 - \vec{k}\cdot\vec{x} = \underset{\sim}{k}\cdot\underset{\sim}{x} \quad . \tag{13.3.24}$$

Dabei ist der Vierervektor

$$\underset{\sim}{k} = (k^0 \;,\; \vec{k}) = \left(\frac{\omega}{c} \;,\; \vec{k}\right) \tag{13.3.25}$$

benutzt worden. Die beiden ebenen Wellen mit den beliebigen Phasen α, α' sind damit

$$\begin{aligned} \vec{E}_c &= E\, e^{-i(\underset{\sim}{k}\cdot\underset{\sim}{x}+\alpha)}\vec{e}_1 \quad , \\ \vec{E}'_c &= E'\, e^{-i(\underset{\sim}{k}'\cdot\underset{\sim}{x}+\alpha')}\vec{e}_1 \quad . \end{aligned} \tag{13.3.26}$$

Mit Hilfe der die Summe und die Differenz der verschiedenen Wellen charakterisierenden Größen

$$\underset{\sim}{k}_s = \frac{1}{2}(\underset{\sim}{k}+\underset{\sim}{k}') \quad , \quad \underset{\sim}{k}_d = \frac{1}{2}(\underset{\sim}{k}-\underset{\sim}{k}') \quad ,$$

$$E_s = E + E' \quad , \quad E_d = E - E' \quad ,$$

$$\alpha_s = \frac{1}{2}(\alpha+\alpha') \quad , \quad \alpha_d = \frac{1}{2}(\alpha-\alpha') \tag{13.3.27}$$

läßt sich die Zerlegung

$$\begin{aligned}\vec{E}_c + \vec{E}_c' &= \left\{\frac{1}{2} E_s\left[e^{i(\underset{\sim}{k}_d\cdot\underset{\sim}{x}+\alpha_d)} + e^{-i(\underset{\sim}{k}_d\cdot\underset{\sim}{x}+\alpha_d)}\right]\right.\\ &\quad \left.+ \frac{1}{2} E_d\left[e^{-i(\underset{\sim}{k}_d\cdot\underset{\sim}{x}+\alpha_d)} - e^{i(\underset{\sim}{k}_d\cdot\underset{\sim}{x}+\alpha_d)}\right]\right\} e^{-i(\underset{\sim}{k}_s\cdot\underset{\sim}{x}+\alpha_s)}\vec{e}_1\\ &= \left\{E_s \cos(\underset{\sim}{k}_d\cdot\underset{\sim}{x}+\alpha_d) - iE_d \sin(\underset{\sim}{k}_d\cdot\underset{\sim}{x}+\alpha_d)\right\} e^{-i(\underset{\sim}{k}_s\cdot\underset{\sim}{x}+\alpha_s)}\vec{e}_1\end{aligned}$$

gewinnen. Die physikalische Feldstärke ist der Realteil von $\vec{E}_c + \vec{E}_c'$

$$\begin{aligned}\vec{E} = \Big[&E_s \cos(\underset{\sim}{k}_d\cdot\underset{\sim}{x}+\alpha_d)\cos(\underset{\sim}{k}_s\cdot\underset{\sim}{x}+\alpha_s)\\ &- E_d \sin(\underset{\sim}{k}_d\cdot\underset{\sim}{x}+\alpha_d)\sin(\underset{\sim}{k}_s\cdot\underset{\sim}{x}+\alpha_s)\Big]\vec{e}_1 \quad .\end{aligned} \tag{13.3.28}$$

Die physikalische Interpretation dieses Wellenvorgangs wird deutlich, wenn man an Stelle der Amplitudenfaktoren

$$\xi_s = E_s \cos(\underset{\sim}{k}_d\cdot\underset{\sim}{x}+\alpha_d) \quad ,$$

$$\xi_d = E_d \sin(\underset{\sim}{k}_d\cdot\underset{\sim}{x}+\alpha_d) \tag{13.3.29}$$

die raum- und zeitabhängige Amplitude

$$\eta(\underset{\sim}{k}_d\cdot\underset{\sim}{x}) = \sqrt{\xi_s^2 + \xi_d^2} \tag{13.3.30}$$

und die Phase $\varphi(\underset{\sim}{k}_d\cdot\underset{\sim}{x})$

$$\cos\varphi(\underset{\sim}{k}_d\cdot\underset{\sim}{x}) = \frac{\xi_s}{\eta} \quad , \quad \sin\varphi(\underset{\sim}{k}_d\cdot\underset{\sim}{x}) = \frac{\xi_d}{\eta} \tag{13.3.31}$$

als Funktionen von $\underset{\sim}{k}_d \cdot \underset{\sim}{x}$ einführt. Man erhält

$$\boxed{\vec{E} = \eta(\underset{\sim}{k}_d\cdot\underset{\sim}{x})\cos(\underset{\sim}{k}_s\cdot\underset{\sim}{x}+\alpha_s+\varphi)\vec{e}_1} \quad . \tag{13.3.32}$$

Dieser Ausdruck stellt eine mit dem Faktor $\eta(\underset{\sim}{k}_d\cdot\underset{\sim}{x})$ amplitudenmodulierte Welle mit dem Wellenvektor $\underset{\sim}{k}_s$ dar.

Wenn die beiden Wellenvektoren

$$\underset{\sim}{k} = (k,\vec{k}) \quad \text{und} \quad \underset{\sim}{k}' = (k',\vec{k}')$$

nach Betrag und Richtung nicht sehr verschieden sind, d.h.

$$|k - k'| \ll k \quad , \quad |\vec{k} - \vec{k}'| \ll k \tag{13.3.33}$$

so sind der Summenvektor $\underset{\sim}{k}_s$ und der Differenzvektor $\underset{\sim}{k}_d$ stark verschieden, $\underset{\sim}{k}_s$ beschreibt einen im Vergleich zu $\underset{\sim}{k}_d$ räumlich wie zeitlich schnell veränderlichen Wellenvorgang. Dementsprechend sind $\eta(\underset{\sim}{k}_d \cdot \underset{\sim}{x})$ und $\varphi(\underset{\sim}{k}_d \cdot \underset{\sim}{x})$ im Vergleich zum Kosinusfaktor in (13.3.32) langsam veränderlich. Die Welle, die der Kosinusfaktor beschreibt, heißt *Trägerwelle*. Ihre Fortpflanzungsrichtung ist durch die halbe Summe der ursprünglichen Wellenvektoren – vgl. (13.3.27) – gegeben. Der Faktor $\eta(\underset{\sim}{k}_d \cdot \underset{\sim}{x})$, der durch (13.3.30) definiert ist, heißt *Amplitudenmodulation*. Als Funktion von $\underset{\sim}{k}_d \cdot \underset{\sim}{x}$ ist ihre Periode in Raum und Zeit viel größer als die des Kosinusfaktors, ihre Fortpflanzungsrichtung ist durch $\vec{k}_d$ bestimmt und damit verschieden von $\vec{k}_s$. Durch den Amplitudenfaktor ist der Trägerwelle eine zeitlich und räumlich langsamer veränderliche Modulation überlagert, der die *Interferenz* der beiden ursprünglichen Wellen deutlich macht. An Stellen, an denen η große (kleine) Werte annimmt, tritt *konstruktive (destruktive) Interferenz* auf.

Falls die beiden Wellenvektoren $\vec{k}$ und $\vec{k}'$ die gleichen Beträge haben

$$k = |\vec{k}| = |\vec{k}'| = k' \quad , \tag{13.3.34}$$

nennt man die beiden ebenen Wellen (13.3.26) *kohärent*. Offenbar verschwindet nun die Nullkomponente des Differenzvektors

$$\underset{\sim}{k}_d = \left[0, \frac{1}{2}(\vec{k}-\vec{k}')\right] \quad , \tag{13.3.35}$$

so daß das Skalarprodukt

$$\underset{\sim}{k}_d \cdot \underset{\sim}{x} = -\frac{1}{2}(\vec{k}-\vec{k}') \cdot \vec{x} \tag{13.3.36}$$

zeitunabhängig ist. Damit sind die Amplitudenmodulation η und die Phase φ zeitunabhängig und nur räumlich veränderlich. Das führt zu einem im Raum stehenden *Interferenzmuster*, so daß die Amplituden an festen Stellen stets zeitlich unveränderliche Werte haben (Abb.13.15).

Die Fortpflanzungsrichtung der Trägerwelle

$$\vec{k}_s = \frac{1}{2}(\vec{k}+\vec{k}') \tag{13.3.37}$$

und die Variationsrichtung der Amplitudenmodulation

$$\vec{k}_d = \frac{1}{2}(\vec{k}-\vec{k}') \tag{13.3.38}$$

stehen in diesem Fall wegen (13.3.34) senkrecht zueinander

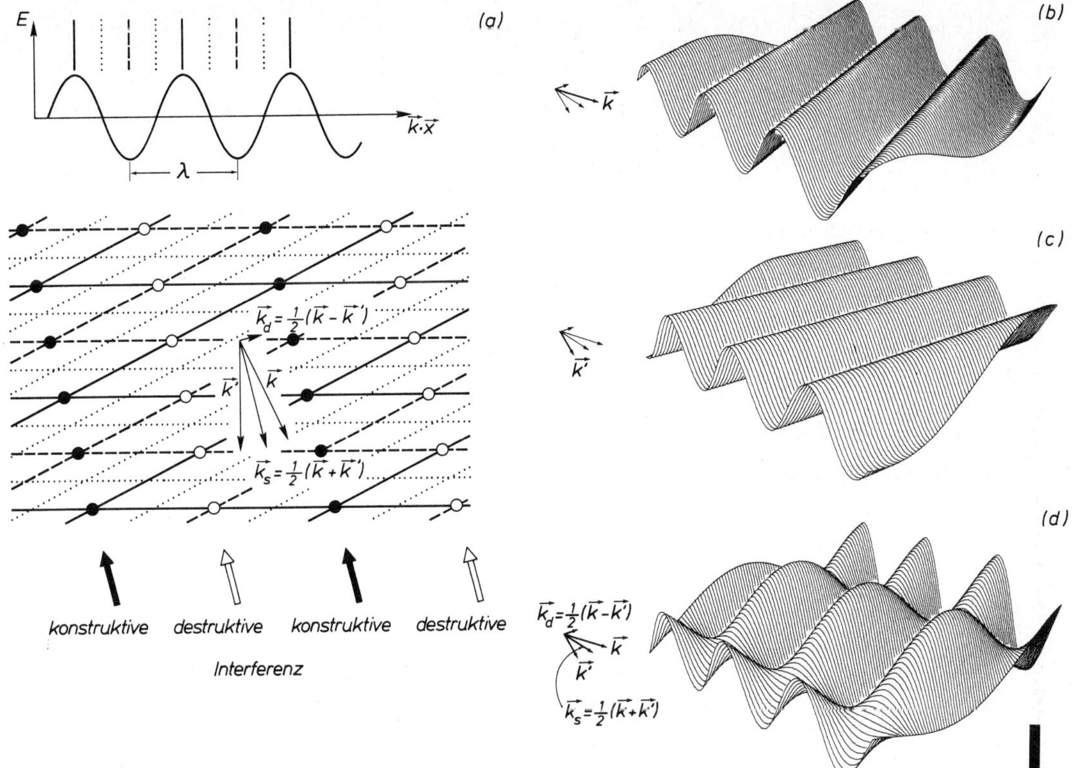

Abb.13.15. Interferenz zweier ebenen Wellen gleicher Wellenzahl $k = k'$ (d.h. auch gleicher Wellenlänge $\lambda = \lambda'$) aber verschiedener Ausbreitungsrichtung $\vec{k}$ bzw. $\vec{k}'$ (a). Die Wellenvektoren $\vec{k}$ und $\vec{k}'$ spannen die Zeichenebene auf. Die eingezeichneten Geraden sind die Schnittlinien zwischen den Phasenebenen der Wellen und der Zeichenebene. Durchgezogene, gestrichelte bzw. punktierte Linien bedeuten Phasenebenen zu maximaler, minimaler bzw. verschwindender Feldstärke (vgl. Zeichnung oben links). Durch (konstruktive) Interferenz hat die Feldstärke an den ausgefüllten Punkten maximalen Betrag. Sie verschwindet durch (destruktive) Interferenz an den offenen Punkten. (b,c) Momentane Darstellung zweier Einzelwellen zu den Wellenvektoren $\vec{k}$ und $\vec{k}'$. (d) Momentanes Interferenzfeld der beiden Wellen

$$\vec{k}_s \cdot \vec{k}_d = \frac{1}{4}\,(\vec{k}^2 - \vec{k}'^2) = 0 \quad . \tag{13.3.39}$$

Die Amplitudenmodulation

$$\eta(\underset{\sim}{k}_d \cdot \underset{\sim}{x}) = \eta(-\vec{k}_d \cdot \vec{x}) \tag{13.3.40}$$

hat dann feste Werte auf den Ebenen, die durch

$$-\,\vec{k}_d \cdot \vec{x} = a \tag{13.3.41}$$

gegeben und senkrecht zu $\vec{k}_d$ sind. Auf jeder derartigen Ebene ist die Amplitudenmodulation konstant, variiert jedoch von Ebene zu Ebene. Die Wellenamplitude zeigt also ein Streifenmuster, mit Streifen hoher oder geringer

Amplitude, die senkrecht zur Richtung von $\vec{k}_d$ verlaufen. Dies ist ein spezieller Fall eines stehenden Interferenzmusters, wie es für kohärente Wellen auftritt. Der Einfachheit halber haben wir das Phänomen der Interferenz für linear polarisierte Wellen studiert. Die Argumente laufen für andere Polarisationen völlig analog, da sie aus den beiden linearen Polarisationen überlagert werden können.

^{x}13.4 Relativistische Beschreibung der ebenen Wellen. Vektorpotential

Wie wir in Abschnitt 9.4 festgestellt haben, sind die elektrische Feldstärke und magnetische Induktion Komponenten eines Lorentz-Tensors $\underset{\approx}{F}$

$$E^{\ell} = cF^{\ell 0} \quad ,$$
$$B^{\ell} = -\frac{1}{2}\sum_{m,n=1}^{3} \varepsilon^{\ell mn}F^{mn} \quad . \tag{13.4.1}$$

Die Exponentialfaktoren der Lösungen (13.1.16) der homogenen d'Alembert-Gleichungen haben die Gestalt

$$e^{-i(kct-\vec{k}\cdot\vec{x})} = e^{-i\underset{\sim}{k}\cdot\underset{\sim}{x}} \quad , \tag{13.4.2}$$

wenn wir $\omega = ck$ und $\vec{k} = \sum_{i=1}^{3} k^i \vec{e}_i$ zu einem relativistischen *Viererwellenvektor* zusammenfassen

$$\underset{\sim}{k} = \frac{1}{c}\,\omega\underset{\sim}{e}_0 + \sum_{i=1}^{3} k^i\,\underset{\sim}{e}_i = k\,\underset{\sim}{e}_0 + \sum_{i=1}^{3} k^i\,\underset{\sim}{e}_i \quad . \tag{13.4.3}$$

Sie sind als Exponentialfunktionen der Invarianten

$$\underset{\sim}{k}\cdot\underset{\sim}{x} \tag{13.4.4}$$

selbst Lorentz-Skalare und die Amplituden E_0^{ℓ} und B_0^{ℓ} müssen daher Tensorkomponenten sein.
Die Lösungen (13.1.16) führen damit auf einen Feldstärketensor der Form

$$F^{\mu\nu} = F_0^{\mu\nu}\,e^{-i\underset{\sim}{k}\cdot\underset{\sim}{x}} \quad . \tag{13.4.5}$$

Die koordinatenunabhängige Schreibweise ist

$$\boxed{\underset{\approx}{F} = \underset{\approx}{F}_0\,e^{-i\underset{\sim}{k}\cdot\underset{\sim}{x}}} \quad . \tag{13.4.6}$$

Genau wie $\underset{\approx}{F}$ muß auch der Amplitudentensor $\underset{\approx}{F}_0$ antisymmetrisch sein.

Der Lorentz-Vektor $\underset{\sim}{k}$ ist die vierdimensionale Verallgemeinerung des Wellenvektors $\vec{k}$. Wegen der Beziehung (13.1.15) gilt

$$\boxed{\underset{\sim}{k}\cdot\underset{\sim}{k} = \frac{\omega^2}{c^2} - \vec{k}^2 = k^2 - \vec{k}^2 = 0} \quad . \tag{13.4.7}$$

Einen Vektor mit der Viererlänge Null nennt man *lichtartig*. Zur weiteren Beschreibung verschaffen wir uns nun ein Koordinatensystem, das der physikalischen Situation angepaßt ist. Dazu wählen wir zunächst einen zweiten lichtartigen Vektor $\underset{\sim}{\ell}$,

$$\ell^2 = 0 \quad , \tag{13.4.8}$$

der gerade die zu k_0 entgegengesetzte Nullkomponente

$$\ell_0 = -k_0 \quad , \tag{13.4.9}$$

besitzt und durch ($k = |\vec{k}|$)

$$\underset{\sim}{\ell}\cdot\underset{\sim}{k} = -2k^2 \tag{13.4.10}$$

bestimmt wird. Diese Festlegung ist eindeutig, da die Gleichung

$$\underset{\sim}{\ell}\cdot\underset{\sim}{k} = \ell_0 k_0 - \vec{\ell}\cdot\vec{k} = k_0^2(-1-\cos\vartheta) \quad , \tag{13.4.11}$$

mit dem Winkel ϑ, der durch

$$\cos\vartheta = \frac{\vec{\ell}\cdot\vec{k}}{|\vec{\ell}|\cdot|\vec{k}|} = \frac{\vec{\ell}\cdot\vec{k}}{\ell k} \tag{13.4.12}$$

definiert ist, nur die Lösung $\vartheta = 0$ hat. Wir führen zwei Basisvektoren

$$\underset{\sim}{n}_+ = \frac{1}{\sqrt{2}k_0}\underset{\sim}{k} \quad \text{und} \quad \underset{\sim}{n}_- = \frac{1}{\sqrt{2}\ell_0}\underset{\sim}{\ell} \tag{13.4.13}$$

mit den Skalarprodukten

$$\underset{\sim}{n}_\pm^2 = 0 \quad , \quad \underset{\sim}{n}_+\cdot\underset{\sim}{n}_- = -1 \tag{13.4.14}$$

ein. Wir wählen noch zwei Basisvektoren $\underset{\sim}{n}_1$, $\underset{\sim}{n}_2$ senkrecht zu den Vektoren $\underset{\sim}{n}_+$ und $\underset{\sim}{n}_-$

$$\underset{\sim}{n}_i\cdot\underset{\sim}{n}_\pm = 0 \quad , \quad i = 1, 2 \quad , \tag{13.4.15}$$

und senkrecht zueinander

$$\underset{\sim}{n}_i\cdot\underset{\sim}{n}_k = -\delta_{ik} \quad , \quad i = 1, 2 \quad ; \quad k = 1, 2 \quad . \tag{13.4.16}$$

Die Maxwell-Gleichungen für $\underset{\approx}{F}$, die wir in Abschnitt 12.4 hergeleitet haben, gehen im Vakuum, d.h. für $\underset{\sim}{j} = 0$, mit dem Ansatz (13.4.6) über in

$$\underset{\sim}{k}\underset{\approx}{F}_0 = 0 \tag{13.4.17a}$$

und

$$\underset{\sim}{k}\,{}^{*}\underset{\approx}{F}_0 = 0 \quad . \qquad (13.4.17b)$$

Da wir im Abschnitt 13.1 gesehen haben, daß in der nichtrelativistischen Behandlung genau ein Vektor, etwa $\vec{E}_0$, neben dem Wellenvektor erforderlich war, muß sich der antisymmetrische Tensor $\underset{\approx}{F}_0$ durch $\underset{\sim}{k}$ und einen zusätzlichen Vierervektor $\underset{\sim}{a}$ in der Form

$$\underset{\approx}{F}_0 = \underset{\sim}{k} \otimes \underset{\sim}{a} - \underset{\sim}{a} \otimes \underset{\sim}{k} \qquad (13.4.18)$$

beschreiben lassen. In Komponenten lautet er

$$F_0^{\mu\nu} = k^\mu a^\nu - a^\mu k^\nu$$

und der dazu duale Tensor, vgl. (12.4.51a),

$${}^{*}F_0^{\mu\nu} = \varepsilon^{\mu\nu\rho\sigma} k_\rho a_\sigma \quad . \qquad (13.4.19)$$

Offenbar ist die zweite Maxwell-Gleichung (12.4.55) durch diesen Ansatz automatisch erfüllt, denn es gilt

$$k_\mu \, {}^{*}F_0^{\mu\nu} = k_\mu \varepsilon^{\mu\nu\rho\sigma} k_\rho a_\sigma = 0 \quad , \qquad (13.4.20)$$

wegen der totalen Antisymmetrie (12.4.48) bzw. (12.4.49) des vierdimensionalen Levi-Civitá-Tensors.

Die erste Maxwell-Gleichung (12.4.57) verlangt

$$0 = \underset{\sim}{k} \cdot \underset{\approx}{F}_0 = \underset{\sim}{k}(\underset{\sim}{k} \otimes \underset{\sim}{a} - \underset{\sim}{a} \otimes \underset{\sim}{k}) = \underset{\sim}{k}^2 \underset{\sim}{a} - (\underset{\sim}{k} \cdot \underset{\sim}{a})\underset{\sim}{k} \quad ,$$

was wegen $\underset{\sim}{k}^2 = 0$ bedeutet, daß

$$\underset{\sim}{k} \cdot \underset{\sim}{a} = 0 \qquad (13.4.21)$$

gilt. Mit Hilfe der Basisvektoren $\underset{\sim}{n}_\pm$, $\underset{\sim}{n}_1$, $\underset{\sim}{n}_2$ läßt sich der Amplitudenvektor $\underset{\sim}{a}$ folgendermaßen zerlegen

$$\underset{\sim}{a} = a_+ \underset{\sim}{n}_+ + a_- \underset{\sim}{n}_- + a_1 \underset{\sim}{n}_1 + a_2 \underset{\sim}{n}_2 \quad . \qquad (13.4.22)$$

Da nach (13.4.13)

$$\underset{\sim}{k} = \sqrt{2} k_0 \underset{\sim}{n}_+ \qquad (13.4.23)$$

gilt, trägt die Komponente von $\underset{\sim}{a}$ proportional zu $\underset{\sim}{n}_+$ wegen

$$\underset{\sim}{k} \otimes \underset{\sim}{n}_+ - \underset{\sim}{n}_+ \otimes \underset{\sim}{k} = \frac{1}{k_0} (\underset{\sim}{k} \otimes \underset{\sim}{k} - \underset{\sim}{k} \otimes \underset{\sim}{k}) = 0$$

zum Tensor $\underset{\approx}{F}_0$ nicht bei. Die Komponente $\underset{\sim}{a}_-$ proportional zu $\underset{\sim}{n}_-$ muß verschwinden, weil (13.4.17a) erfüllt werden muß

$$0 = \underset{\sim}{k} \cdot \underset{\sim}{a} = -k_0 a_- \quad , \quad \text{d.h.} \quad a_- = 0 \quad . \qquad (13.4.24)$$

Damit kann $\underset{\sim}{a}$ als Linearkombination der beiden Vektoren $\underset{\sim}{n}_1$ und $\underset{\sim}{n}_2$ gewählt werden

$$\underset{\sim}{a} = a_1\underset{\sim}{n}_1 + a_2\underset{\sim}{n}_2 \quad , \tag{13.4.25}$$

d.h.

$$\underset{\sim}{a}\cdot\underset{\sim}{n}_+ = 0 = \underset{\sim}{a}\cdot\underset{\sim}{n}_- \quad .$$

Wir sehen, daß der Feldstärketensor der ebenen Welle durch den zweikomponentigen Vektor $\underset{\sim}{a}$ und den Wellenvektor $\underset{\sim}{k}$ bestimmt ist.

$$\underset{\approx}{F}_0 = a_1(\underset{\sim}{k}\otimes\underset{\sim}{n}_1 - \underset{\sim}{n}_1\otimes\underset{\sim}{k}) + a_2(\underset{\sim}{k}\otimes\underset{\sim}{n}_2 - \underset{\sim}{n}_2\otimes\underset{\sim}{k}) \quad . \tag{13.4.26}$$

Die elektrische Feldstärke ist nun durch

$$\vec{E}_0 = c(a_1k_0\vec{n}_1+a_2k_0\vec{n}_2) = ck_0(a_1\vec{n}_1+a_2\vec{n}_2) \quad , \tag{13.4.27}$$

die magnetische Induktion durch

$$\vec{B}_0 = k_0(a_1\vec{n}_2-a_2\vec{n}_1) \tag{13.4.28}$$

gegeben. Selbstverständlich bilden $\vec{k}$, $\vec{E}$ und $\vec{B}$ wieder ein kartesisches Basissystem.

Gehen wir nun zum Viererpotential $\underset{\sim}{A}$ einer ebenen Welle über, so liest man aus

$$F_{\mu\nu} = \partial_\mu A_\nu - \partial_\nu A_\mu$$

ab, daß $\underset{\sim}{A}$ die komplexe Darstellung (bis auf Umeichungen)

$$\underset{\sim}{A} = i\underset{\sim}{a}\, e^{-i\underset{\sim}{k}\cdot\underset{\sim}{x}}$$

für die ebene Welle hat. Sie erfüllt offensichtlich die Maxwell-Gleichung

$$\Box\underset{\sim}{A} = 0$$

für das Vektorpotential im Vakuum.

*13.5 Drahtwellen

Wir betrachten jetzt Wellenvorgänge, die sich entlang einer *Leitung* ausbreiten, die aus zwei parallelen Leitern besteht, deren Querschnitt in der Ebene senkrecht zu einer festen Richtung, der z-Achse, konstant bleibt (Abb.13.16a). Der Raum außerhalb der Leiter ist von einem Nichtleiter mit der Dielektrizitätskonstante ε und der Permeabilität μ erfüllt. Wichtige Leitungsarten sind die parallele Doppelleitung (Abb.13.16b) und insbesondere das Koaxialkabel (Abb.13.16c). Wir nehmen idealisierend an, daß die spezi-

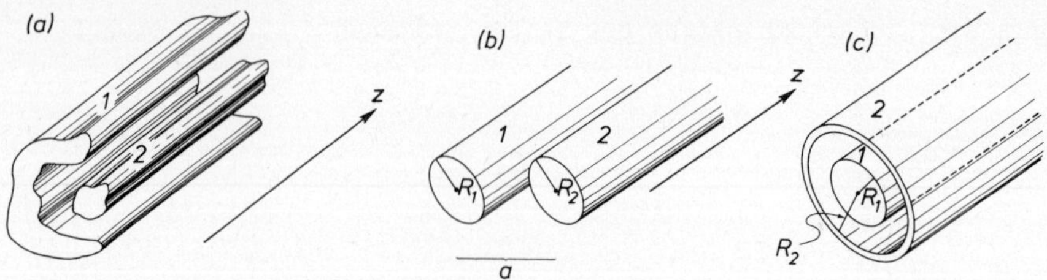

Abb.13.16. Leitung aus zwei unregelmäßig geformten Leitern (a), parallele Doppelleitung (b), Koaxialkabel (c)

fische Leitfähigkeit der Leiter unendlich hoch und die des Isolators Null sei. Weiterhin sei die Länge ℓ der Leitung groß gegen den Abstand der beiden Leiter, so daß wir idealisierend ein unendlich langes Kabel betrachten können.

Im Raum zwischen den Leitern gelten die Maxwell-Gleichungen (13.1.1) mit der Ersetzung (vgl.12.5.3')

$$c^2 \rightarrow c_M^2 = \frac{1}{\varepsilon\varepsilon_0\mu\mu_0} \quad . \tag{13.5.1}$$

Aus ihnen gewinnt man zwei Gleichungen für das skalare Potential $\varphi(t,\vec{x})$ und das Vektorpotential $\vec{A}(t,\vec{x})$ nach dem in Abschnitt 12.3 angegebenen Verfahren. In Lorentz-Eichung lauten sie

$$\Box\varphi = 0 \quad , \tag{13.5.2}$$

$$\Box\vec{A} = 0 \quad . \tag{13.5.3}$$

Der d'Alembert-Operator hat jetzt wegen der Ersetzung (13.5.1) natürlich die Gestalt

$$\Box = \frac{1}{c_M^2}\frac{\partial^2}{\partial t^2} - \Delta \quad . \tag{13.5.4}$$

*13.5.1 Anfangsbedingungen

Die Lösung dieser Gleichungen ist wesentlich durch die Anfangsbedingungen bestimmt. Wir beginnen mit der Angabe der Anfangsbedingungen zur Zeit $t = t_0$ für die physikalischen Felder $\vec{E}(t_0,\vec{x}),\vec{B}(t_0,\vec{x})$. Sie werden so eingestellt, daß diese beiden Felder keine Longitudinalkomponente in z-Richtung enthalten. Mit der Zerlegung

$$\begin{aligned} \vec{E} &= E_z\vec{e}_z + \vec{E}_\perp \quad , \\ \vec{B} &= B_z\vec{e}_z + \vec{B}_\perp \end{aligned} \tag{13.5.5}$$

bedeutet das

$$\boxed{E_z(t_0,\vec{x}) = 0 \quad , \quad B_z(t_0,\vec{x}) = 0} \quad . \tag{13.5.6}$$

Für die Transversalkomponenten gehen wir zum Zeitpunkt $t = t_0$ von einem nach $\vec{x}_\perp$ und z faktorisierten Ansatz der Form

$$\boxed{\begin{aligned} \vec{E}_\perp(t_0,\vec{x}) &= -\vec{\eta}(\vec{x}_\perp)U(t_0,z) \\ \vec{B}_\perp(t_0,\vec{x}) &= \mu\mu_0\vec{\beta}(\vec{x}_\perp)I(t_0,z) \end{aligned}} \quad , \tag{13.5.7}$$

aus. Das Feld $\vec{E}_\perp$ ist an allen Stellen z bis auf den Faktor $U(t_0,z)$ das gleiche. Entsprechendes gilt für das $\vec{B}$-Feld.

Da die beiden Leiter als ideal leitend angenommen sind, wollen wir die elektrische Feldstärke für $t = t_0$ so vorgeben, daß die jeweiligen Schnittlinien der Leiterränder mit den Ebenen $z = \text{const}$ für alle z Äquipotentiallinien sind. Dann führt das Linienintegral von einem beliebigen Punkt des Leiters 1 zu einem beliebigen Punkt des Leiters 2 in einer Ebene $z = \text{const}$ auf die Spannung zwischen den beiden Leitern in dieser Ebene

$$-\int_1^2 \vec{E}_\perp(t_0,\vec{x}) \cdot d\vec{x}_\perp = \int_1^2 \vec{\eta}(\vec{x}_\perp) \cdot d\vec{x}_\perp U(t_0,z) \quad .$$

Normieren wir das Integral über η auf Eins

$$\int_1^2 \vec{\eta}(\vec{x}_\perp) \cdot d\vec{x}_\perp = 1 \quad ,$$

so hat der Faktor $U(t_0,z)$ die Bedeutung der *Spannung zwischen den Leitern* als Funktion von z zur Zeit t_0.

Zur Interpretation der Faktoren im Ansatz für $\vec{B}_\perp(t_0,\vec{x})$ gehen wir von der Maxwell-Gleichung (12.5.3c') für $\vec{B}$ aus

$$\vec{\nabla} \times \vec{B} = \mu\mu_0\vec{j} + \frac{1}{c_M^2}\frac{\partial}{\partial t}\vec{E} \quad .$$

Integration über eine Fläche a_1 in einer Ebene $z = \text{const}$, die nur den Querschnitt des Leiters 1 enthält, liefert mit Hilfe des Stokesschen Satzes

$$\oint_{(a_1)} \vec{B}_\perp(t_0,\vec{x}) \cdot d\vec{x}_\perp = \mu\mu_0 \int_{a_1} \vec{j}(t_0,\vec{x}_\perp,z) \cdot d\vec{a} + \frac{1}{c_M^2}\int_{a_1} \dot{\vec{E}}(t_0,\vec{x}_\perp,z) \cdot d\vec{a} \quad .$$

Die Normale auf der Fläche a_1 in der Ebene $z = \text{const}$ zeigt in z-Richtung $d\vec{a} = \vec{e}_z da$, so daß zum Integral über die elektrische Feldstärke nur die Komponente E_z beiträgt. Wir werden im Verlauf dieses Abschnittes sehen, daß E_z nicht nur zum Zeitpunkt $t = t_0$ sondern für alle Zeiten verschwindet, so daß auch $\dot{E}_z(t_0,\vec{x}_\perp,z) = 0$ ist. Damit trägt das Integral über $\dot{\vec{E}}$ nichts bei und es gilt

$$\mu\mu_0 \int_{a_1} \vec{j}(t_0,\vec{x}_\perp,z) \cdot d\vec{a} = \mu\mu_0 \int_{(a_1)} \vec{\beta}(\vec{x}_\perp) \cdot d\vec{x}_\perp I(t_0,z) \quad .$$

Normieren wir auch das Integral über $\vec{\beta}$ auf Eins

$$\int_{(a_1)} \vec{\beta}(\vec{x}_\perp) \cdot d\vec{x}_\perp = 1 \quad ,$$

so hat der Faktor $I(t_0,z)$ die Bedeutung des *Stromes* durch den eingeschlossenen Leiter an der Stelle z zur Zeit $t = t_0$. Wir wollen weiter fordern, daß der Strom im Leiter 2 gerade gleich $-I(t_0,z)$ ist. Dies stellt beim Koaxialkabel sicher, daß der Außenraum feldfrei ist. Es sei noch darauf hingewiesen, daß die Größen $\vec{\eta}$ und $\vec{\beta}$ allein von der Geometrie der Leitung abhängen.

Mit Hilfe der Verknüpfungen (12.3.1) und (12.3.5)

$$\vec{E} = -\vec{\nabla}\varphi - \frac{\partial}{\partial t}\vec{A} \quad , \quad \vec{B} = \vec{\nabla} \times \vec{A} \tag{13.5.8}$$

und der Lorentz-Bedingung

$$\frac{1}{c_M^2}\frac{\partial\varphi}{\partial t} + \vec{\nabla} \cdot \vec{A} = 0 \tag{13.5.9}$$

übertragen wir die Anfangsbedingungen auf die Potentiale φ und $\vec{A}$. Da die Gleichungen für die Potentiale doppelte Zeitableitungen enthalten, müssen wir Anfangsbedingungen für die Potentiale und ihre ersten Zeitableitungen zur Zeit $t = t_0$

$$\varphi(t_0,\vec{x}) \quad , \quad \dot{\varphi}(t_0,\vec{x}) \quad ,$$
$$\vec{A}(t_0,\vec{x}) \quad , \quad \dot{\vec{A}}(t_0,\vec{x})$$

kennen. Wir werden sie im folgenden aus den Anfangsbedingungen (13.5.7) für die Felder $\vec{E}$ und $\vec{B}$ herleiten. Wegen des Verschwindens von E_z und B_z setzen wir

$$\vec{A}_\perp(t_0,\vec{x}) = 0 \quad \text{und} \quad \dot{\vec{A}}_\perp(t_0,\vec{x}) = 0 \quad . \tag{13.5.10}$$

Die verbleibende Komponente $A_z(t_0,\vec{x})$ ist dann durch

$$\nabla_y A_z(t_0,\vec{x}) = B_x(t_0,\vec{x}) \quad , \quad -\nabla_x A_z(t_0,\vec{x}) = B_y(t_0,\vec{x}) \tag{13.5.11}$$

bestimmt. Differenziert man die erste dieser Gleichungen nach x, die zweite nach y, so gewinnt man

$$\vec{\nabla}_\perp \cdot \vec{B}_\perp(t_0,\vec{x}) = \nabla_x B_x(t_0,\vec{x}) + \nabla_y B_y(t_0,\vec{x}) = 0 \quad , \tag{13.5.12}$$

d.h. die Zweierdivergenz des transversalen magnetischen Induktionsfeldes verschwindet in Übereinstimmung mit $B_z(t_0,\vec{x}) = 0$. Die Faktorisierung (13.5.7) von $\vec{B}_\perp$ legt jene von A_z nahe

$$A_z(t_0,\vec{x}) = \alpha(\vec{x}_\perp) \cdot I(t_0,z) \quad , \tag{13.5.13}$$

so daß die Beziehungen (13.5.11) den Faktor $\alpha(\vec{x}_\perp)$ festlegen

$$\nabla_y \alpha(\vec{x}_\perp) = \mu\mu_0 \beta_x(\vec{x}_\perp) \quad , \quad \nabla_x \alpha(\vec{x}_\perp) = -\mu\mu_0 \beta_y(\vec{x}_\perp) \quad . \tag{13.5.14}$$

Wir bestimmen nun die Anfangsbedingungen von $\varphi(t_0,\vec{x})$, $\dot{\varphi}(t_0,\vec{x})$ und $\dot{A}_z(t,\vec{x})$. Wegen (13.5.8) gilt mit Hilfe von (13.5.10)

$$E_z(t_0,\vec{x}) = -\nabla_z \varphi(t_0,\vec{x}) - \dot{A}_z(t_0,\vec{x}) \quad , \tag{13.5.15}$$

$$E_x(t_0,\vec{x}) = -\nabla_x \varphi(t_0,\vec{x}) \quad , \quad E_y(t_0,\vec{x}) = -\nabla_y \varphi(t_0,\vec{x}) \quad . \tag{13.5.16}$$

Die letzten beiden Gleichungen liefern nach Differentiation nach y bzw. x

$$\nabla_x E_y(t_0,\vec{x}) - \nabla_y E_x(t_0,\vec{x}) = \vec{\nabla}_\perp \times \vec{E}_\perp(t_0,\vec{x}) = 0 \quad . \tag{13.5.17}$$

Die Rotation von $\vec{E}_\perp$ senkrecht zur x-y-Ebene verschwindet somit wegen $\dot{\vec{A}}_\perp(t_0,\vec{x}) = 0$. Wegen (13.5.6) ist die Anfangsbedingung für $\dot{A}_z$ durch die Beziehung (13.5.15) über

$$\nabla_z \varphi(t_0,\vec{x}) = -\dot{A}_z(t_0,\vec{x}) \tag{13.5.18}$$

auf φ zurückgeführt. Die Lorentz-Bedingung (13.5.9) liefert die Anfangsbedingung für $\dot{\varphi}(t_0,x)$ durch

$$\dot{\varphi}(t_0,\vec{x}) = -c_M^2 \frac{\partial}{\partial z} A_z(t_0,\vec{x}) \quad .$$

Der Faktorisierungsansatz zur Zeit $t = t_0$ für $E_\perp$ und A_z führt nun auf einen faktorisierten Ansatz für

$$\varphi(t_0,\vec{x}) = f(\vec{x}_\perp) U(t_0,z) \quad . \tag{13.5.19}$$

Dann liefert (13.5.16)

$$\nabla_x f(\vec{x}_\perp) = \eta_x(\vec{x}_\perp) \quad , \quad \nabla_y f(\vec{x}_\perp) = \eta_y(\vec{x}_\perp) \quad , \tag{13.5.20}$$

so daß die Beziehung (13.5.17) automatisch erfüllt ist. Die Funktion $f(\vec{x}_\perp)$ ist damit aus den η_x, η_y bestimmt. Wegen der Maxwell-Gleichung im Raum ohne

Ladungsdichte

$$\vec{\nabla}\cdot\vec{E} = 0$$

gilt im Zeitpunkt $t = t_0$ wegen (13.5.6)

$$\vec{\nabla}_\perp\cdot\vec{E}_\perp(t_0,\vec{x}) = \nabla_x E_x(t_0,\vec{x}) + \nabla_y E_y(t_0,\vec{x}) = 0 \quad .$$

Unter Benutzung des Faktorisierungsansatzes (13.5.7) für $\vec{E}_\perp$ und wegen (13.5.20) folgt aus der letzten Gleichung

$$\boxed{\Delta_\perp f(\vec{x}_\perp) = \frac{\partial^2}{\partial x^2} f(\vec{x}_\perp) + \frac{\partial^2}{\partial y^2} f(\vec{x}_\perp) = 0} \quad . \tag{13.5.21}$$

Die Randbedingungen zur Lösung dieser Laplace-Gleichung ergeben sich aus der Anfangsbedingung für $\vec{E}$, in der festgelegt wurde, daß die Schnittlinien der Leiteroberflächen mit der Ebene $z = \text{const}$ Äquipotentiallinien sind. Da $U(t,\vec{x})$ die Spannung zwischen Leitern ist, gilt für die Differenz der Werte $f_1(\vec{x}_\perp)$, $f_2(\vec{x}_\perp)$ auf den Leitern 1 und 2

$$f_1(\vec{x}_\perp) - f_2(\vec{x}_\perp) = 1 \quad . \tag{13.5.22}$$

Man sieht, daß $f(\vec{x}_\perp)$ nun allein durch die Geometrie der Leitung bestimmt ist. Die Anfangsbedingungen für $\dot{A}_z(t_0,\vec{x})$ und $\dot{\varphi}(t_0,\vec{x})$ sind nun mit Hilfe der Gleichungen (13.5.18) und (13.5.19) aus $\varphi(t_0,\vec{x})$ und $A_z(t_0,\vec{x})$ berechenbar.

Insgesamt lauten die Anfangsbedingungen für die Potentiale nun

$$\begin{aligned} &\varphi(t_0,\vec{x}) = f(\vec{x}_\perp)U(t_0,z) \quad , && \dot{\varphi}(t_0,\vec{x}) = -c_M^2\alpha(\vec{x}_\perp)\frac{\partial}{\partial z} I(t_0,z) \quad , \\ &A_z(t_0,\vec{x}) = \alpha(\vec{x}_\perp)I(t_0,z) \quad , && \dot{A}_z(t_0,\vec{x}) = -f(\vec{x}_\perp)\frac{\partial}{\partial z} U(t_0,z) \quad , \\ &\vec{A}_\perp(t_0,\vec{x}) = 0 \quad , && \dot{\vec{A}}_\perp(t_0,\vec{x}) = 0 \quad . \end{aligned} \tag{13.5.23}$$

*13.5.2 Lösung der Wellengleichungen

Für die Lösung der d'Alembert-Gleichungen (13.5.2) und (13.5.3) machen wir nun einen Faktorisierungsansatz für alle Zeiten t

$$\begin{aligned} \varphi(t,\vec{x}) &= f(\vec{x}_\perp)U(t,z) \quad , \\ A_z(t,\vec{x}) &= \alpha(\vec{x}_\perp)I(t,z) \quad , \\ \vec{A}_\perp(t,\vec{x}) &= 0 \quad . \end{aligned} \tag{13.5.24}$$

Die physikalische Bedeutung der Größen $U(t,z)$ und $I(t,z)$ ist die gleiche wie zur Anfangszeit $t = t_0$ geblieben, da $f(\vec{x}_\perp)$ über (13.5.20) mit $\vec{\eta}(\vec{x}_\perp)$ und $\alpha(\vec{x}_\perp)$ über (13.5.14) mit $\beta(\vec{x}_\perp)$ zeitunabhängig verknüpft sind. Zur Zeit t sind also

$U(t,z)$ und $I(t,z)$ die Spannung zwischen den Leitern bzw. der Strom im eingeschlossenen Leiter in einer Querschnittsebene $z = \text{const}$.
Zerlegen wir den d'Alembert-Operator (13.5.4) in die beiden Anteile

$$\Box_z = \frac{1}{c_M^2}\frac{\partial^2}{\partial t^2} - \frac{\partial^2}{\partial z^2} \quad , \qquad \Delta_\perp = \frac{\partial^2}{\partial x^2} + \frac{\partial^2}{\partial y^2} \quad , \tag{13.5.25}$$

so wirkt $\Box_z$ nur auf $U(t,z)$ bzw. $I(t,z)$ und $\Delta_\perp$ nur auf $f(\vec{x}_\perp)$ bzw. $\alpha(\vec{x}_\perp)$. Die d'Alembert-Gleichungen erhalten die Form

$$f(\vec{x}_\perp)\Box_z U(t,z) + U(t,z)\Delta_\perp f(\vec{x}_\perp) = 0 \quad ,$$

$$\alpha(\vec{x}_\perp)\Box_z I(t,z) + I(t,z)\Delta_\perp \alpha(\vec{x}_\perp) = 0 \quad . \tag{13.5.26}$$

Wegen (13.5.21) bleibt von der ersten Gleichung nur die Beziehung für U

$$\Box_z U(t,z) = \left(\frac{1}{c_M^2}\frac{\partial^2}{\partial t^2} - \frac{\partial^2}{\partial z^2}\right)U(t,z) = 0 \quad , \tag{13.5.27a}$$

übrig. Sie stellt die *Telegraphengleichung* für die Spannung auf einer verlustfreien Leitung dar.

Die Lösungsansätze (13.5.24) sind mit den Anfangsbedingungen für $\varphi(t_0,\vec{x})$ und $\vec{A}_z(t_0,\vec{x})$ verträglich, wenn die Funktion $U(t,z)$ bei $t = t_0$ den Wert $U(t_0,z)$ annimmt, der in den Anfangsbedingungen auftritt. Die Anfangsbedingungen $\dot{\varphi}(t_0,\vec{x})$, $\dot{A}_z(t_0,\vec{x})$ führen durch Differentiation der Lösungssätze (13.5.24) auf die Gleichungen

$$f(\vec{x}_\perp)\dot{U}(t_0,z) = -c_M^2\alpha(\vec{x}_\perp)\frac{\partial}{\partial z}I(t_0,z) \quad ,$$

$$\alpha(\vec{x}_\perp)\dot{I}(t_0,z) = -f(\vec{x}_\perp)\frac{\partial}{\partial z}U(t_0,z) \quad . \tag{13.5.28}$$

An der nach verschiedenen Variablen separierten Form

$$\frac{f(\vec{x}_\perp)}{\alpha(\vec{x}_\perp)} = -c_M^2\frac{\frac{\partial}{\partial z}I(t_0,z)}{\dot{U}(t_0,z)} \quad , \tag{13.5.29a}$$

$$\frac{f(\vec{x}_\perp)}{\alpha(\vec{x}_\perp)} = -\frac{\dot{I}(t_0,z)}{\frac{\partial}{\partial z}U(t_0,z)} \quad , \tag{13.5.29b}$$

liest man ab, daß

$$\frac{f(\vec{x}_\perp)}{\alpha(\vec{x}_\perp)} = \zeta = \frac{c_M}{Z} \tag{13.5.30}$$

eine Konstante sein muß, und folgende Beziehungen zwischen den Anfangsbedingungen für I und $\dot{U}$ bzw. $\dot{I}$ und U bestehen müssen

$$\frac{1}{c_M Z}\dot{U}(t_0,z) + \frac{\partial}{\partial z} I(t_0,z) = 0 \quad , \tag{13.5.31a}$$

$$\frac{c_M}{Z}\frac{\partial}{\partial z} U(t_0,z) + \dot{I}(t_0,z) = 0 \quad . \tag{13.5.31b}$$

Wegen (13.5.30) und (13.5.21) gilt

$$\Delta_\perp \alpha(\vec{x}_\perp) = \frac{1}{\zeta}\Delta_\perp f(\vec{x}_\perp) = 0 \quad , \tag{13.5.32}$$

so daß wir aus (13.2.26) die Telegraphengleichung für den Strom einer verlustfreien Leitung gewinnen

$$\Box_z I(t,z) = \left(\frac{1}{c_M^2}\frac{\partial^2}{\partial t^2} - \frac{\partial^2}{\partial z^2}\right) I(t,z) = 0 \quad . \tag{13.5.27b}$$

Da wir mit (13.5.27) Gleichungen mit doppelten Zeitableitungen für U und I erhalten haben, benötigen wir Anfangsbedingungen nicht nur für $U(t_0,z)$ und $I(t_0,z)$, die durch (13.5.7) gegeben sind, sondern auch für die ersten Zeitableitungen $\dot{U}(t_0,z)$ und $\dot{I}(t_0,z)$ bei $t=t_0$. Diese werden nun gerade durch die Gleichungen (13.5.31) geliefert und auf die Anfangsbedingungen $U(t_0,z)$ und $I(t_0,z)$ zurückgeführt.

Wie man durch zweimaliges Differenzieren nach z bzw. t nachrechnet, hat die allgemeine Lösung von (13.5.27a) die Gestalt

$$U(t,z) = u_+[c_M(t-t_0)-z] + u_-[c_M(t-t_0)+z] \quad , \tag{13.5.33a}$$

wobei u_+ und u_- zwei beliebige Funktionen sind. Da die Funktion u_+ nur vom Argument $[c_M(t-t_0)-z]$ abhängt, stellt sie einen Spannungsverlauf dar, der in seiner Form unverändert mit der Geschwindigkeit c_M in die positive z-Richtung läuft. Entsprechend beschreibt u_- eine Spannungsverteilung, die sich in die negative z-Richtung fortpflanzt. Für die Gleichung (13.5.27b) für den Strom gilt eine entsprechende Lösung, wegen der Anfangsbedingungen (13.5.31) läßt sie sich jedoch sofort in der Form

$$I(t,z) = \frac{1}{Z} u_+[c_M(t-t_0)-z] - \frac{1}{Z} u_-[c_M(t-t_0)+z] \tag{13.5.33b}$$

schreiben. Die hier auftretende Konstante Z ist – wie $f(\vec{x}_\perp)$ und $\alpha(\vec{x}_\perp)$ – allein durch die Geometrie der Leiter in der Ebene $z=\text{const}$ bestimmt. Da sie das Verhältnis von Spannung und Strom für jeden Einzelterm u_+ und u_- angibt, heißt sie *Wellenwiderstand* der Leitung.

*13.5.3 Physikalische Interpretation der Lösungen

Da der Strom I von z abhängt, ist er nicht stationär. Vielmehr gilt die Kontinuitätsgleichung

$$\frac{\partial I}{\partial z} + \frac{\partial \rho}{\partial t} = 0 \quad , \tag{13.5.34}$$

wobei ρ die Linienladungsdichte (Ladung pro Längeneinheit) auf Leiter 1 ist. Wegen unserer Forderung, daß die Ströme in beiden Leitern zur Zeit $t = t_0$ für jedes z entgegengesetzt gleich sind, folgt die Eigenschaft für alle t, da sie eine Bedingung an $\vec{\beta}(\vec{x}_\perp)$ darstellt. Damit trägt Leiter 2 die Ladungsdichte $(-\rho)$. Die Anordnung der beiden Leiter stellt einen Kondensator dar, in dem zwischen der Linienladungsdichte ρ und der Spannung U zwischen den Leitern die Beziehung

$$\rho = C'U \tag{13.5.35}$$

besteht, wobei C' die *Linienkapazitätsdichte* (Kapazität pro Längeneinheit) zwischen den beiden Leitern ist. Die Kontinuitätsgleichung gewinnt damit die Form

$$\frac{\partial I}{\partial z} + C' \frac{\partial U}{\partial t} = 0 \quad . \tag{13.5.36}$$

Da diese Gleichung insbesondere auch für $t = t_0$ gilt, haben wir durch Vergleich mit (13.5.31a) die Identifikation

$$\boxed{Z = \frac{1}{c_M C'}} \tag{13.5.37}$$

für den Wellenwiderstand Z.

I) *Unendlich lange Leitung*

Wir betrachten nun den speziellen Fall, in dem die Funktion u_- identisch verschwindet. Dann sind U und I proportional zueinander. Auf der Leitung läuft ein Spannungsverlauf in positive z-Richtung und synchron dazu ein Stromverlauf, der auf dem Leiter 1 durch $I = c_M C'U$, auf dem Leiter 2 durch $-I$ gegeben ist. Der Verlauf ändert seine Form während der Fortpflanzung nicht (Abb.13.17a). Im allgemeinen Fall mit zwei in entgegengesetzter Richtung laufenden Spannungsverläufen geschieht die Fortpflanzung auch bei gegenseitiger Durchdringung völlig unabhängig voneinander (Abb.13.17b).

Die physikalisch-technische Realisierung der Signaleingabe in eine Leitung geschieht nicht durch die Vorgabe eines Spannungsverlaufes zu einem festen Zeitpunkt an allen Orten z. Vielmehr gibt man an einer festen Stelle

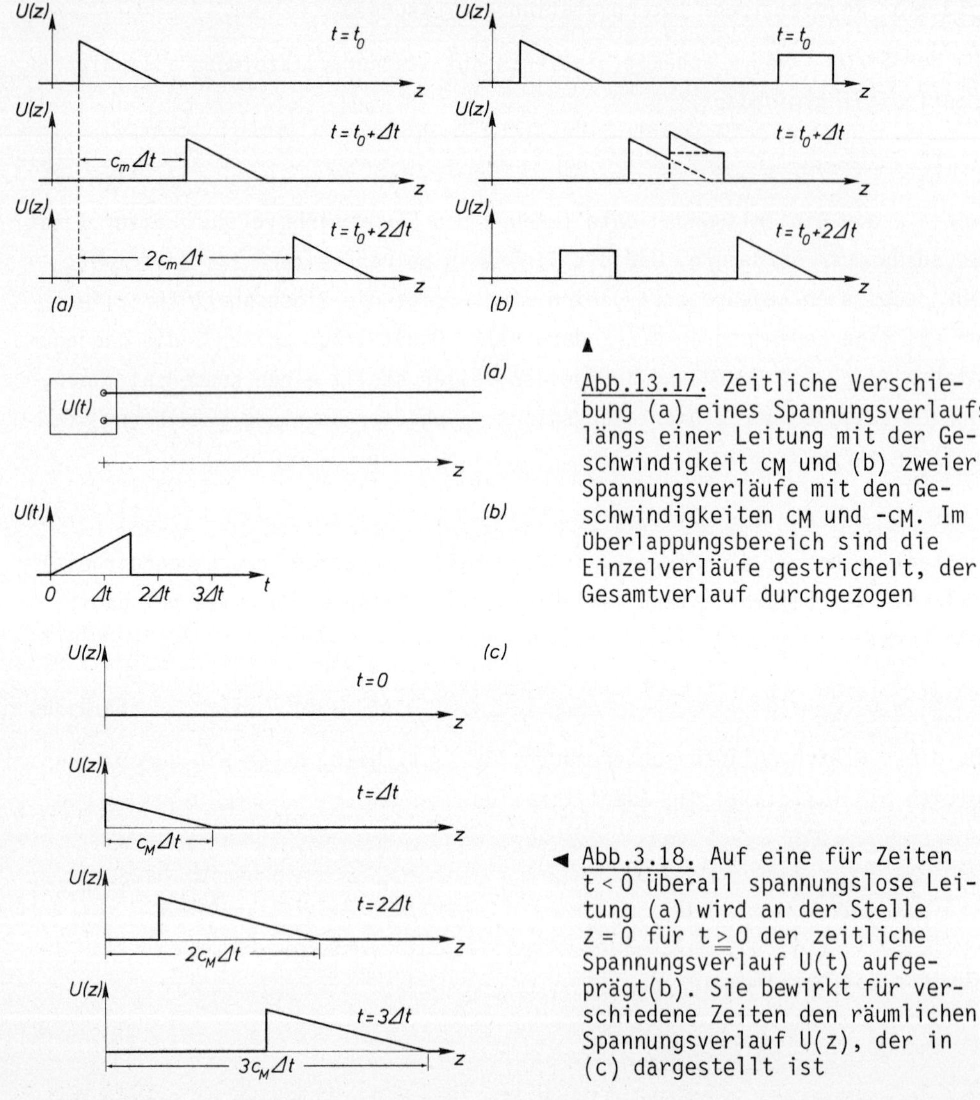

▲ Abb.13.17. Zeitliche Verschiebung (a) eines Spannungsverlaufs längs einer Leitung mit der Geschwindigkeit c_M und (b) zweier Spannungsverläufe mit den Geschwindigkeiten c_M und $-c_M$. Im Überlappungsbereich sind die Einzelverläufe gestrichelt, der Gesamtverlauf durchgezogen

◄ Abb.3.18. Auf eine für Zeiten $t < 0$ überall spannungslose Leitung (a) wird an der Stelle $z = 0$ für $t \geq 0$ der zeitliche Spannungsverlauf $U(t)$ aufgeprägt(b). Sie bewirkt für verschiedene Zeiten den räumlichen Spannungsverlauf $U(z)$, der in (c) dargestellt ist

$z = z_0$ einen zeitlichen Spannungsverlauf als Signal auf die Leitung. Da die Gleichungen (13.5.27) in t und z völlig symmetrisch sind (bis auf konstante Faktoren) kann man auch die Anfangsbedingung in dieser Form, d.h. für $z = z_0$ und alle Zeiten t vorgeben. Das Signal breitet sich dann nach Maßgabe der Lösung (13.4.33) forminvariant in z-Richtung aus (Abb.13.18).

II) *Leitung endlicher Länge*

Die Behandlung einer Leitung endlicher Länge läßt sich durch spezielle Anfangsbedingungen auf den Fall der unendlichen Leitung zurückführen, wenn man von den im allgemeinen sehr kleinen Streufeldern an den Enden der Leitung absieht. Man kann dann ein Verfahren anwenden, das der Berechnung von elektrostatischen Feldern nach der Methode der Spiegelladungen ähnlich ist. Wir betrachten zuerst den Fall einer Leitung der Länge ℓ, in die an der Stelle $z=0$ ein Signal eingespeist wird, und die an der Stelle $z=\ell$ offen ist. Physikalisch bedeutet das, daß an der Stelle $z=\ell$ kein Strom fließen kann

$$I(t,\ell) = 0 \quad . \tag{13.5.38}$$

Das bei $z=0$ eingespeiste und sich in positive z-Richtung fortpflanzende Signal hat die Form

$$U'(t,z) = u[c_M(t-t_0)-z] \quad ,$$
$$I'(t,z) = \frac{1}{Z}\, u[c_M(t-t_0)-z] \quad . \tag{13.5.39}$$

Die Bedingung (13.5.38) ist erfüllt, wenn ihm auf der an $z=\ell$ gespiegelten Leitung ein gegenläufiges gespiegeltes Signal der Form

$$U''(t,z) = u[c_M(t-t_0)+z-2\ell] \quad ,$$
$$I''(t,z) = -\frac{1}{Z}\, u[c_M(t-t_0)+z-2\ell] \tag{13.5.40}$$

entgegenläuft. Die Lösung U, I für das endliche Kabel ist nun

$$U(t,z) = u[c_M(t-t_0)-z] + u[c_M(t-t_0)+z-2\ell] \quad ,$$
$$I(t,z) = \frac{1}{Z}\left\{u[c_M(t-t_0)-z] - u[c_M(t-t_0)+z-2\ell]\right\} \tag{13.5.41}$$

für $0 \leq z \leq \ell$. Diese Lösung zeigt, daß das bei $z=0$ eingespeiste Signal an der Stelle $z=\ell$ reflektiert wird und wieder zum Eingang zurückläuft.

Ist die Leitung an der Stelle $z=\ell$ durch einen Ohmschen Widerstand R abgeschlossen, so gilt dort

$$U(t,\ell) = RI(t,\ell) \quad . \tag{13.5.42}$$

Hat das einlaufende Signal wieder die Form (13.5.39), so ist diese Bedingung erfüllt, wenn man ihm auf der gespiegelten Leitung das Signal

$$U''(t,z) = ru[c_M(t-t_0)+z-2\ell] \quad ,$$
$$I''(t,z) = -\frac{r}{Z}\, u[c_M(t-t_0)+z-2\ell] \tag{13.5.43}$$

entgegenlaufen läßt. Dabei ist das Verhältnis r durch die Forderung (13.5.42) für Spannung und Strom

$$U(t,z) = u[c_M(t-t_0)-z] + ru[c_M(t-t_0)+z-2\ell] \quad ,$$
$$I(t,z) = \frac{1}{Z}\left\{u[c_M(t-t_0)-z] - ru[c_M(t-t_0+z-2\ell]\right\} \tag{13.5.44}$$

an der Stelle $z=\ell$ festgelegt. Durch Einsetzen findet man

$$R = \frac{U}{I} = Z\,\frac{1+r}{1-r} \quad \text{bzw.} \quad r = \frac{R-Z}{R+Z} \quad . \tag{13.5.45}$$

Physikalisch bedeutet die Lösung (13.5.44), daß das einlaufende Signal (13.5.39) am Ohmschen Widerstand R mit dem Amplitudenbruchteil r reflektiert wird. Der Bruchteil (1-r) wird im Ohmschen Widerstand absorbiert. Die dabei in Wärme umgesetzte Leistung ist

$$\begin{aligned} N &= U(t,\ell)\cdot I(t,\ell) \\ &= \frac{1-r^2}{Z}\left\{u[c_M(t-t_0)-\ell]\right\}^2 \quad . \end{aligned} \tag{13.5.46}$$

Nur wenn der Ohmsche Widerstand R gleich dem Wellenwiderstand Z gewählt wird, tritt keine Reflexion auf und das einfallende Signal wird vollständig auf den Ohmschen Widerstand übertragen. Bei der Signalübertragung auf Leitungen muß stets der richtige Abschlußwiderstand benutzt werden, um Reflexionen zu vermeiden. Das gilt auch für den Anschluß von Leitungen aneinander, die also stets den gleichen Wellenwiderstand haben müssen, um Reflexionen an den Anschlußstellen auszuschließen.

Experiment 13.6. Reflexion von Signalen auf einer Leitung

Wir speisen ein kurzes Spannungssignal in ein Kabel ein, dessen Spannung wir an einer Stelle $(z=0)$ oszillographisch messen (Abb.13.19). Ist die Leitung an ihrem Ende bei $z=\ell$ offen, so wird das Signal dort reflektiert und erscheint nach der Zeit $\Delta t = 2\ell/c_M$ wieder an der Meßstelle $z=0$. Ist das Kabel mit dem Wellenwiderstand $R=Z$ abgeschlossen, wird das Signal dort völlig absorbiert. Ist das Kabel bei $z=\ell$ kurzgeschlossen $(R=0)$, so hat der reflektierte Impuls das umgekehrte Vorzeichen. (Die reflektierten Impulse sind niedriger als der ursprüngliche, weil das Kabel im Gegensatz zu den Annahmen unserer Rechnung nicht verlustfrei ist: Weder die spezifische Leitfähigkeit der Leiter noch der spezifische Widerstand des Isolators sind unendlich hoch.)

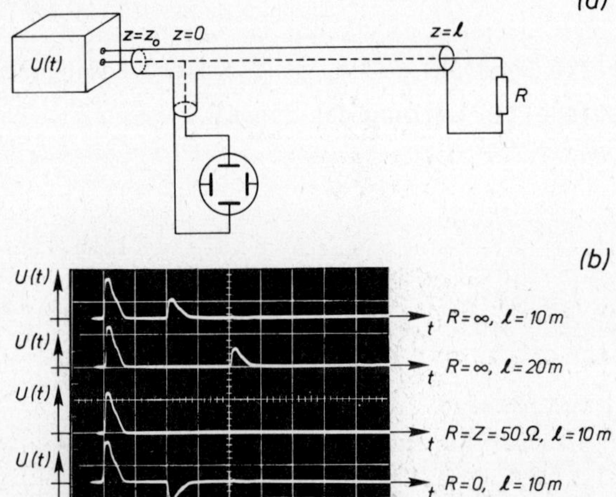

Abb.13.19. Ein Spannungsverlauf wird bei $z=z_0$ einem Koaxialkabel aufgeprägt, an der Stelle $z=0$ oszillographisch beobachtet, an der Stelle $z=\ell$ reflektiert und bei $z=0$ erneut gemessen (a). Die Meßkurven des Oszillogramms (b) entsprechen verschiedenen Werten von R und ℓ

*13.5.4 Energiebetrachtungen

Die elektrische und magnetische Feldenergie pro Längeneinheit ergibt sich durch die Integration über eine Ebene $z = \mathrm{const}$ aus (12.6.1) und (12.6.2) zu

$$\frac{dW_e(t,z)}{dz} = \frac{1}{2}\varepsilon\varepsilon_0 \int \vec{E}^2 da \tag{13.5.47a}$$

und

$$\frac{dW_m(t,z)}{dz} = \frac{1}{2\mu\mu_0} \int \vec{B}^2 da \quad . \tag{13.5.47b}$$

Die Feldstärken erhalten wir aus den Potentialen wegen (13.5.23) zu

$$\vec{E}_\perp = -\vec{\nabla}_\perp f(x_\perp)U(t,z) \quad ,$$

$$\vec{B}_\perp = \left[\vec{\nabla}\times\alpha(\vec{x}_\perp)\vec{e}_z I(t,z)\right]_\perp = -\frac{Z}{c_M}(\vec{e}_z\times\vec{\nabla}_\perp)f(\vec{x}_\perp)I(t,z) \quad . \tag{13.5.48}$$

Durch Einsetzen finden wir

$$\frac{dW_e(t,z)}{dz} = \frac{1}{2}\varepsilon\varepsilon_0 \int (\vec{\nabla}_\perp f)\cdot(\vec{\nabla}_\perp f)da U^2(t,z) \quad ,$$

$$\frac{dW_m(t,z)}{dz} = \frac{Z^2}{2\mu\mu_0 c_M^2} \int (\vec{\nabla}_\perp f)\cdot(\vec{\nabla}_\perp f)da I^2(t,z) \quad . \tag{13.5.49}$$

Der elektrische Energieinhalt pro Längeneinheit des Feldes kann mit Hilfe der Kapazität C' pro Längeneinheit durch

$$\frac{dW_e}{dz} = \frac{1}{2}C'U^2 \tag{13.5.50a}$$

ausgedrückt werden, ebenso die magnetische Feldenergie pro Längeneinheit durch eine Induktivität L' der Leitung pro Längeneinheit

$$\frac{dW_m}{dz} = \frac{1}{2}L'I^2 \quad . \tag{13.5.50b}$$

Man identifiziert durch Vergleich mit (13.5.49)

$$C' = \varepsilon\varepsilon_0 \int (\vec{\nabla}_\perp f)\cdot(\vec{\nabla}_\perp f)da \tag{13.5.51}$$

und wegen (13.5.1)

$$\boxed{L' = C'Z^2 \quad , \quad \text{d.h.} \quad Z = \sqrt{\frac{L'}{C'}}} \quad . \tag{13.5.52}$$

Der Wellenwiderstand läßt sich also außer durch (13.5.37) auch durch die Wurzel aus dem Verhältnis von Induktivität und Kapazität pro Längeneinheit ausdrücken. Die Beziehung (13.5.37) erlaubt es, den Wellenwiderstand Z aus (13.5.52) zu eliminieren und man erhält die Beziehung

$$\boxed{L'C' = \frac{1}{c_M^2}} \ . \qquad (13.5.53)$$

Sie besagt, daß das Produkt aus Induktivität und Kapazität pro Längeneinheit einer Leitung durch die Lichtgeschwindigkeit im Isolator gegeben ist, und zwar ganz unabhängig von der Form des Leitungsquerschnitts.

Die Beziehung (13.5.51) läßt sich mit Hilfe des Greenschen Satzes (2.11.4), den man auf zwei Dimensionen spezialisiert, in

$$C' = \varepsilon\varepsilon_0 \oint_{(a)} f(\vec{x}_\perp)\hat{\vec{n}}_\perp \cdot \vec{\nabla}_\perp f(\vec{x}_\perp)ds \qquad (13.5.54)$$

umformen. Dabei erstreckt man das Integral über die Berandung des felderfüllten Flächenstückes (a) in der Ebene $z = \text{const}$. Der Vektor $\hat{\vec{n}}_\perp$ ist dabei die Normale auf der Berandung, die auch mit Hilfe der Tangente $\hat{\vec{s}}$ an die Randkurve durch

$$\hat{\vec{n}}_\perp = \hat{\vec{s}} \times \vec{e}_z$$

dargestellt werden kann. Wegen der Beziehung (13.5.20)

$$\vec{\eta}(\vec{x}_\perp) = \vec{\nabla}_\perp f(\vec{x}_\perp)$$

ergibt sich nun

$$C' = \varepsilon\varepsilon_0 \oint_{(a)} f(\vec{x}_\perp)\left[\vec{e}_z \times \vec{\eta}(\vec{x}_\perp)\right] \cdot d\vec{s} \quad , \qquad (13.5.55)$$

wobei $d\vec{s} = \hat{\vec{s}}\, ds$ das Linienelement der Berandung ist.

*13.5.5 Anwendungen

Nach der Diskussion in den vorigen Abschnitten ist, abgesehen von den Anfangsbedingungen für Strom und Spannung, die einzige vorgebbare variable Größe die Funktion $f(\vec{x}_\perp)$, die die Potentialverteilung in einer Ebene $z = \text{const}$ angibt, da $\alpha(\vec{x}_\perp)$ durch (13.5.30) proportional zu $f(\vec{x}_\perp)$ ist. Die üblichen Leitungen bestehen entweder aus zwei Drähten oder einer koaxialen Anordnung der beiden Leiter. Die koaxialen Anordnungen haben wohldefinierte Randbedingungen, die ihren Innenraum von äußeren Einflüssen abschirmen. Sie reagieren deshalb in ihren Signalleitungseigenschaften nicht auf Veränderungen in ihrer Umgebung. Die Leitungen mit zwei unabgeschirmten Leitern sind dagegen elektromagnetisch nicht von ihrer Umgebung getrennt. Ihre Signalleitungseigenschaften sind daher von den Randbedingungen, etwa metallischen Oberflächen, in der Umgebung der Leitung abhängig.

I) *Zylindrische Koaxialkabel*

Die geometrisch einfachste Anordnung für ein Koaxialkabel ist eine zylindrische mit einem Innenleiter vom Radius R_1 und einem leitenden Mantel vom Radius R_2 (Abb.13.16c). Den Raum zwischen beiden Leitern füllt ein Nichtleiter mit der Dielektrizitätskonstante ε und der Permeabilität μ aus. Die Funktion $f(\vec{x}_\perp)$ ist als Lösung der Laplace-Gleichung (13.5.21) durch die Randbedingungen konstanter Werte auf den Kreisen R_1 und R_2 festgelegt. Da ein Potential nur bis auf eine Konstante bestimmt ist, wählen wir

$$f(R_2) = 0 \quad . \tag{13.5.56a}$$

Dann gilt auf dem Rand des inneren Leiters wegen (13.5.22)

$$f(R_1) = 1 \quad . \tag{13.5.56b}$$

Das Linienintegral der Feldstärke über einen geschlossenen Umlauf im Raum zwischen Außen- und Innenleiter muß stets denselben Wert liefern, da es die Linienladungsdichte auf dem Innenleiter ergibt. Zusammen mit den Randbedingungen (13.5.56) gilt daher (vgl. auch Aufgabe 4.5)

$$f(\vec{x}_\perp) = \frac{1}{\ln \frac{R_1}{R_2}} \ln \frac{r}{R_2} \quad . \tag{13.5.57}$$

Für die Kapazität pro Längeneinheit gewinnen wir aus (13.5.55)

$$C' = \varepsilon\varepsilon_0 \frac{1}{\ln(R_1/R_2)} \int_0^{2\pi} \left(-\frac{1}{R_1}\right) R_1 \, d\varphi = \varepsilon\varepsilon_0 \frac{2\pi}{\ln(R_2/R_1)} \quad . \tag{13.5.58}$$

Entsprechend ist die Induktivität pro Längeneinheit

$$L' = \mu\mu_0 \frac{1}{2\pi} \ln \frac{R_2}{R_1} \quad . \tag{13.5.59}$$

Der Wellenwiderstand $Z = (c_M C')^{-1}$ der Koaxialleitung ist durch

$$\boxed{Z = \frac{1}{2\pi}\sqrt{\frac{\mu\mu_0}{\varepsilon\varepsilon_0}} \ln \frac{R_2}{R_1}} \tag{13.5.60}$$

gegeben. Abgesehen von den Materialkonstanten ist er durch R_2 und R_1 völlig bestimmt.

II) *Lecherleitung*

Als zweites Anwendungsbeispiel betrachten wir eine Leitung aus zwei parallelen zylindrischen Drähten vom Radius R im Abstand a (Abb.13.16b). Obwohl diese *Lecherleitung* im Gegensatz zum Koaxialkabel nicht gegen Störungen abgeschirmt ist, hat sie in der Hochfrequenztechnik einige Bedeutung, weil sich ihr Wellenwiderstand leicht verändern läßt.

Wir approximieren die Potentialverteilung $f(\vec{x}_\perp)$ der beiden Leiter in einer Ebene z = const durch die Überlagerung der Potentiale zweier Zylinder mit entgegengesetzt gleicher homogener Ladungsdichte.

$$f(\vec{x}_\perp) = \frac{1}{2\ln\frac{R}{a+R}}\left(\ln\left|\vec{x}_\perp - \frac{\vec{a}}{2}\right| - \ln\left|\vec{x}_\perp + \frac{\vec{a}}{2}\right|\right) . \tag{13.5.61}$$

Der Faktor vor der Klammer ist so gewählt, daß die Differenz der Potentiale der Leiter für $R \ll a$ angenähert gleich Eins ist, vgl. (13.5.22). Auf den Leiteroberflächen gilt dann

$$f_1 = \frac{1}{2} , \quad f_2 = -\frac{1}{2} .$$

Die Näherung vernachlässigt die gegenseitige Influenz der Leiter aufeinander, was für $R \ll a$ gerechtfertigt ist. Die Feldverteilung $\vec{\eta}(\vec{x}_\perp)$ erhält man nach (13.5.20) durch Gradientenbildung von $f(\vec{x}_\perp)$

$$\vec{\eta}(\vec{x}_\perp) = \frac{\vec{x}_\perp}{2\ln\frac{R}{a+R}}\left(\frac{1}{\left|\vec{x}_\perp - \frac{\vec{a}}{2}\right|^2} - \frac{1}{\left|x_\perp + \frac{\vec{a}}{2}\right|^2}\right) . \tag{13.5.62}$$

Der Verlauf der Feldlinien ist in der Abb.13.20 wiedergegeben. Einsetzen in (13.5.55) liefert für die Kapazität pro Längeneinheit ($a \gg R$)

$$C' = \frac{\pi\varepsilon\varepsilon_0}{\ln\frac{a}{R}} , \tag{13.5.63}$$

wenn man alle Glieder höherer Ordnung in a/R gegen a/R vernachlässigt. Wegen (13.5.53) und (13.5.52) ist dann die Induktivität je Längeneinheit

$$L' = \varepsilon\varepsilon_0\mu\mu_0\frac{1}{C'} = \frac{\mu\mu_0}{\pi}\ln(a/R) \tag{13.5.64}$$

und der Wellenwiderstand

$$\boxed{Z = \frac{1}{\pi}\sqrt{\frac{\mu\mu_0}{\varepsilon\varepsilon_0}}\ln(a/R)} . \tag{13.5.65}$$

Wir wenden uns nun der Ausbreitung harmonischer Wellen der Kreisfrequenz ω auf einer Lecherleitung zu. Unsere Betrachtungen sind analog zu Abschnitt

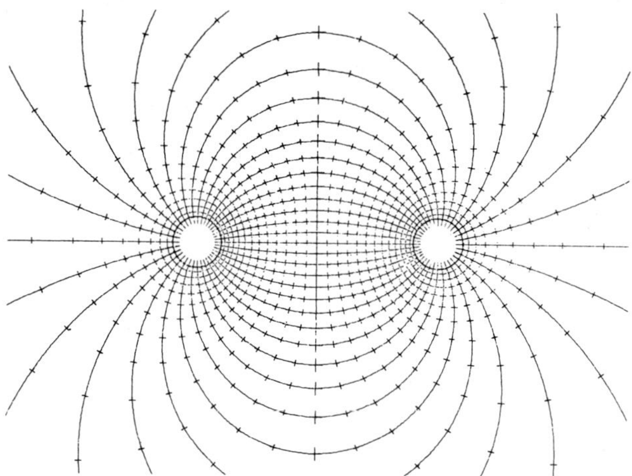

Abb.13.20. Feldlinien zwischen den beiden Leitern einer Leicherleitung. Zwischen je zwei Marken auf einer Feldlinie herrscht die gleiche Potentialdifferenz

13.5.3. Die Leitung hat die Länge ℓ. An der Stelle $z = 0$ befindet sich ein Schwingkreis, der ungedämpfte Schwingungen der Kreisfrequenz $\omega = c_M k$ erzeugt. Der von ihm hervorgerufene Spannungsverlauf hat in komplexer Schreibweise die Form

$$U_c = U_0\, e^{-i\omega t} \quad . \tag{13.5.66}$$

Auf der Lecherleitung stellt sich nach (13.5.44) der Spannungs- und Stromverlauf

$$U_c = U_0\left[e^{-ik(c_M t-z)} + r\, e^{-ik(c_M t+z-2\ell)}\right] \quad ,$$

$$I_c = \frac{U_0}{Z}\left[e^{-ik(c_M t-z)} - r\, e^{-ik(c_M t+z-2\ell)}\right] \tag{13.5.67}$$

ein. Wenn das Ende der Leitung durch den komplexen Abschlußwiderstand

$$Z_A = R + i\left(\omega L - \frac{1}{\omega C}\right) \tag{13.5.68}$$

abgeschlossen ist, hat r in Verallgemeinerung von (13.5.45) den komplexen Wert

$$r = \frac{Z_A - Z}{Z_A + Z} \quad . \tag{13.5.69}$$

Interessant sind insbesondere folgende Fälle

1) $r = 0$, d.h. $Z_A = Z$ rein reell:
In diesem Fall befindet sich eine in positive z-Richtung laufende harmonische Welle auf der Leitung

2) $r\,e^{2ik\ell} = 1$:

Jetzt befindet sich eine stehende harmonische Welle auf der Leitung

$$U = \mathrm{Re}\{U_c\} = 2U_0 \cos\omega t \cos kz \quad ,$$

$$I = \mathrm{Re}\{I_c\} = 2\,\frac{U_0}{Z} \sin\omega t \sin kz \quad .$$

Die obige Bedingung läßt sich auf verschiedene Weisen realisieren.

2a) $\ell = n\,\frac{\lambda}{2}$, $n = 0, 1, 2, \ldots$, d.h. $r = 1$:

Dabei ist

$$\lambda = \frac{c_M}{\nu} = \frac{2\pi c_M}{\omega} = \frac{2\pi}{k}$$

die Wellenlänge der harmonischen Welle. Der Wert $r = 1$ wird durch die Forderung $Z_A = \infty$, d.h. eine bei $z = \ell$ offene Lecherleitung realisiert.

2b) $\ell \neq n\,\frac{\lambda}{2}$, $n = 0, 1, 2, \ldots$, d.h. $r = e^{-2ik\ell}$

Dieser Wert für r wird erreicht für

$$Z_A = Z\,\frac{1+e^{-2ik\ell}}{1-e^{-2ik\ell}} = -i\,\frac{\cos k\ell}{\sin k\ell}\,Z \quad ,$$

d.h. für einen rein imaginären Abschlußwiderstand, der durch eine Kombination aus Spule und/oder Kondensator verwirklicht werden kann.

Experiment 13.7. Lecherleitung

Wir schließen nun unseren schon in Experiment 13.1 benutzten Hochfrequenzschwingkreis an zwei parallele Drähte an (Abb.13.21a). Zum Nachweis der Feldstärke und damit der Spannung zwischen den Drähten benutzen wir eine Dipolantenne. Der genaue Zeitverlauf der Spannung könnte oszillographisch registriert werden. Ihr zeitlicher Mittelwert wird qualitativ einfach von einer Glühlampe angezeigt. (Auch eine einfache Glimmlampe, d.h. eine gasgefüllte Röhre, eignet sich zum Spannungsnachweis. Einige immer im Gas vorhandene Ionen werden im elektrischen Feld beschleunigt und ionisieren weitere Atome. Bei der Rekombination von Elektronen und Ionen wird Licht ausgestrahlt). Zum Nachweis des Stromes benutzen wir die Induktionswirkung des magnetischen Wechselfeldes, mit dem sich der Strom in einer geschlossenen Leiterschleife umgibt.

Lassen wir nun die Leitung offen ($Z_A = \infty$) und wählen $\ell = 3\lambda/2 = 4{,}5$ m, so beobachten wir stehende Wellen: Die Mittelwerte von Strom und Spannung sind ortsabhängig. Ihre Nullstellen haben entsprechend Abb.13.14 einen Abstand von $\lambda/2$ (Abb.13.21b). An den Nullstellen und Maxima liest man leicht ab, daß Strom und Spannung um $\lambda/4$ gegeneinander verschoben sind. Wird die Leitung mit dem Wellenwiderstand $Z_A = Z$ abgeschlossen, so sind die zeitlichen Mittelwerte von Strom und Spannung nicht ortsabhängig (Abb.13.21c), wie für eine laufende Welle erwartet wird.

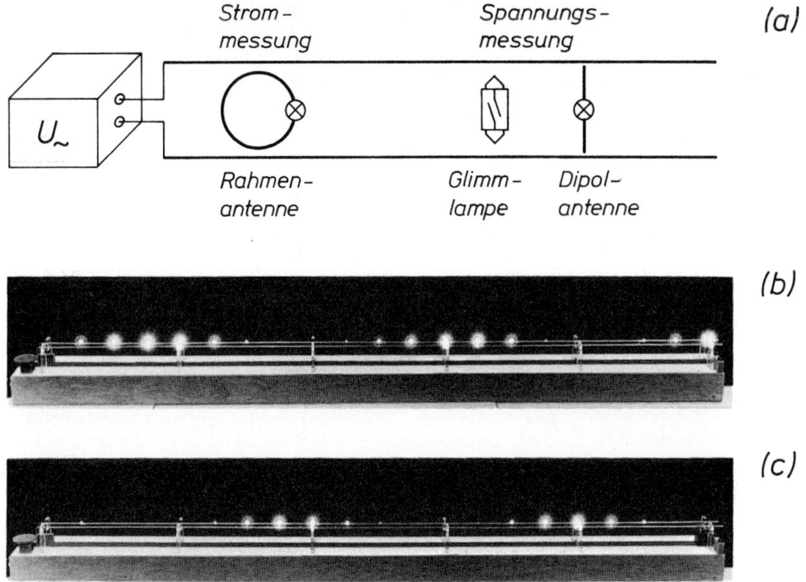

Abb.13.21. Schema eines Lechersystems. Zum Nachweis des zeitlichen Mittelwerts <I(z)> der lokalen Stromstärke dient eine kleine Rahmenantenne, zum Nachweis der mittleren lokalen Spannung <U(z)> eine kleine Dipolantenne oder einfach eine Glimmlampe (a). Trägt die Leitung stehende Wellen, so sind <U(z)> und <I(z)> periodische Funktionen des Ortes. Die Photographie (b) zeigt über die Helligkeit der Glühlampe in der Dipolantenne die örtliche Verteilung der Spannungsmittelwerte <U(z)>. Entsprechend gibt die Photographie (c) die mit der Rahmenantenne gewonnene Stromverteilung <I(z)> wieder

13.6 Lösungen der inhomogenen d'Alembert-Gleichung

13.6.1 Die Green-Funktion der d'Alembert-Gleichung

In den bisherigen Abschnitten dieses Kapitels haben wir spezielle Lösungen der homogenen Maxwell-Gleichungen und damit der homogenen d'Alembert-Gleichung studiert. Damit konnten wir die Ausbreitung elektromagnetischer Felder im Vakuum, nicht aber ihre Erzeugung beschreiben. Um ein Verfahren zur Erzeugung von elektromagnetischen Wellen zu finden, liegt es nahe, die Ausbreitung schwingender Felder in Kondensatoren oder Spulen in den Raum hinaus zur Grundlage zu machen. Damit muß man die Ankopplung der Felder an bewegte Ladungen studieren. Das erfordert die Lösung der inhomogenen d'Alembert-Gleichung. Die Inhomogenitäten sind die äußeren zeitlich veränderlichen Ladungs- und Stromverteilungen.

Anstelle der Maxwell-Gleichungen betrachten wir die inhomogenen d'Alembert-Gleichungen (12.3.29) und (12.3.30) für das skalare Potential $\varphi(t,\vec{r})$ und das Vektorpotential $\vec{A}(t,\vec{r})$ in Lorentz-Eichung

$$\Box\varphi(t,\vec{r}) = \frac{1}{\varepsilon_0}\rho(t,\vec{r}) \quad , \tag{13.6.1a}$$

$$\Box\vec{A}(t,\vec{r}) = \mu_0\vec{j}(t,\vec{r}) \quad . \tag{13.6.1b}$$

Da beide Gleichungen vom selben Typ sind, studieren wir zunächst die Lösung der skalaren Gleichung

$$\boxed{\Box G(t,\vec{r},t',\vec{r}\,') = 4\pi\delta(ct-ct')\delta^3(\vec{r}-\vec{r}\,')} \quad . \tag{13.6.2}$$

Dabei sind die Variablen t' und $\vec{r}\,'$ zunächst Parameter, die festlegen, wo die δ-Funktionen von Null verschieden sind. Die Inhomogenität auf der rechten Seite von (13.6.2) besteht nur zur Zeit $t = t'$ am Punkt $\vec{r} = \vec{r}\,'$. Durch Integration über t' und $\vec{r}\,'$ mit geeigneten Faktoren lassen sich daraus beliebige Inhomogenitäten wie in (13.6.1) bilden.

Eine Ladungs- oder Stromdichteänderung zur Zeit t' am Ort $\vec{r}\,'$ kann wegen der endlichen Ausbreitungsgeschwindigkeit c eines Signals erst nach der Laufzeit

$$t - t' = \frac{|\vec{r}-\vec{r}\,'|}{c} \quad , \quad \text{d.h.} \quad ct - ct' - |\vec{r} - \vec{r}\,'| = 0 \quad , \tag{13.6.3}$$

eine Änderung der Potentiale φ und $\vec{A}$ am Ort $\vec{r}$ bewirken. Man nennt diesen Effekt *Retardierung* (Verspätung). Andererseits wissen wir aus der statischen und stationären (9.8.1) Darstellung für φ bzw. $\vec{A}$, daß die räumliche Ausbreitungsfunktion $1/|\vec{r} - \vec{r}|'$ die Schwächung mit dem Abstand berücksichtigt. Insgesamt werden wir also für die retardierte *Green-Funktion*, die (13.6.2) lösen soll, den Ansatz

$$\boxed{G(t,\vec{r},t',\vec{r}\,') = \frac{\delta(ct-ct'-|\vec{r}-\vec{r}\,'|)}{|\vec{r}-\vec{r}\,'|}} \quad . \tag{13.6.4a}$$

versuchen. Tatsächlich werden wir im folgenden zeigen, daß er die inhomogene d'Alembert-Gleichung löst. Zunächst sei noch bemerkt, daß die Green-Funktion offensichtlich zeitlich und räumlich translationsinvariant ist

$$G(t,\vec{r},t'\vec{r}\,') = G(t-t', \vec{r}-\vec{r}\,') \quad . \tag{13.6.4b}$$

Durch Differentiation nach den Ortsvariablen finden wir

$$\vec{\nabla}G(t-t',\vec{r}-\vec{r}\,') = -\frac{\delta'(ct-ct'-|\vec{r}-\vec{r}\,'|)}{|\vec{r}-\vec{r}\,'|}\vec{\nabla}\,|\vec{r}-\vec{r}\,'| + \delta(ct-ct'-|\vec{r}-\vec{r}\,'|)\vec{\nabla}\frac{1}{|\vec{r}-\vec{r}\,'|}$$

und mit

$$\vec{\nabla}|\vec{r}-\vec{r}\,'| = (\vec{r}-\vec{r}\,')/|\vec{r}-\vec{r}\,'| \quad , \qquad \delta'(\xi) = \frac{d}{d\xi}\delta(\xi)$$

gilt

$$\begin{aligned}\Delta G(t-t',\vec{r}-\vec{r}\,') &= \vec{\nabla}\cdot\vec{\nabla}G(t,\vec{r},t',\vec{r}\,') \\ &= \frac{\delta''(ct-ct'-|\vec{r}-\vec{r}\,'|)}{|\vec{r}-\vec{r}\,'|} + \frac{\delta'(ct-ct'-|\vec{r}-\vec{r}\,'|)}{|\vec{r}-\vec{r}\,'|^3}(\vec{r}-\vec{r}\,')\cdot\vec{\nabla}|\vec{r}-\vec{r}\,'| \\ &\quad - \frac{\delta'(ct-ct'-|\vec{r}-\vec{r}\,'|)}{|\vec{r}-\vec{r}\,'|}\Delta\,|\vec{r}-\vec{r}\,'| \\ &\quad + \delta'(ct-ct'-|\vec{r}-\vec{r}\,'|)\vec{\nabla}|\vec{r}-\vec{r}\,'|\cdot\frac{(\vec{r}-\vec{r}\,')}{|\vec{r}-\vec{r}\,'|^3} \\ &\quad + \delta(ct-ct'-|\vec{r}-\vec{r}\,'|)\Delta\frac{1}{|\vec{r}-\vec{r}\,'|} \quad .\end{aligned}$$

Wegen

$$\Delta|\vec{r}-\vec{r}\,'| = \vec{\nabla}\cdot\frac{\vec{r}-\vec{r}\,'}{|\vec{r}-\vec{r}\,'|} = \frac{2}{|\vec{r}-\vec{r}\,'|}$$

und (3.8.7) bleibt nur

$$\Delta G(t-t',\vec{r}-\vec{r}\,') - \frac{\delta''(ct-ct'-|\vec{r}-\vec{r}\,'|)}{|\vec{r}-\vec{r}\,'|} - 4\pi\delta(ct-ct'-|\vec{r}-\vec{r}\,'|)\delta^3(\vec{r}-\vec{r}\,') \quad . \tag{13.6.5}$$

Da die doppelte Zeitableitung im d'Alembert-Operator einfach

$$\frac{1}{c^2}\frac{\partial^2}{\partial t^2}G(t-t',\vec{r}-\vec{r}\,') = \frac{\delta''(ct-ct'-|\vec{r}-\vec{r}\,'|)}{|\vec{r}-\vec{r}\,'|}$$

liefert, gilt nun tatsächlich

$$\Box G(t-t',\vec{r}-\vec{r}\,') = 4\pi\delta(ct-ct')\delta^3(\vec{r}-\vec{r}\,') \quad . \tag{13.6.6}$$

Mit Hilfe der Green-Funktion der d'Alembert-Gleichung läßt sich nun eine partikuläre Lösung der inhomogenen d'Alembert-Gleichungen für beliebige Imhomogenitäten gewinnen.

$$\boxed{\varphi(t,\vec{r}) = \frac{c}{4\pi\varepsilon_0}\int\int\frac{\delta(ct-ct'-|\vec{r}-\vec{r}\,'|)}{|\vec{r}-\vec{r}\,'|}\rho(t',\vec{r}\,')dt'dV'} \quad , \tag{13.6.7}$$

$$\vec{A}(t,\vec{r}) = \frac{c\mu_0}{4\pi} \int\int \frac{\delta(ct-ct'-|\vec{r}-\vec{r}'|)}{|\vec{r}-\vec{r}'|} \vec{j}(t',\vec{r}')dt'dV' \quad . \tag{13.6.8}$$

Daß diese Ansätze tatsächlich Lösungen der inhomogenen Gleichungen (13.6.1) liefern, rechnet man leicht nach. Der d'Alembert-Operator $\Box$, der auf die Variablen t und $\vec{r}$ wirkt, kann mit den Integrationen in (13.6.7) vertauscht werden. Das liefert wegen (13.6.6) nur noch δ-Funktionen in der Zeit und den Ortskoordinaten, die nach Integration zusammen mit den Faktoren ρ bzw. $\vec{j}$ gerade die rechten Seiten von (13.6.1) ergeben.

Da die Gleichungen (13.6.1) in den Zeitableitungen von zweiter Ordnung sind, werden Anfangsbedingungen für die Potentiale wie für ihre ersten Zeitableitungen für die Zeit $t = t_0$ benötigt. Falls diese Anfangsbedingungen bei $t = t_0$ verschwinden

$$\varphi(t_0,\vec{r}) = 0 \quad , \quad \dot{\varphi}(t_0,\vec{r}) = 0 \quad ,$$
$$\vec{A}(t_0,\vec{r}) = 0 \quad , \quad \dot{\vec{A}}(t_0,\vec{r}) = 0 \quad ,$$

sind für diesen Fall die Partikularlösungen (13.6.7) die eindeutigen Lösungen, da die Lösung der homogenen Gleichung, die noch zugefügt werden muß, für diese Anfangsbedingungen identisch verschwindet.

^{x}13.6.2 Relativistische Formulierung der Lösung

Im Abschnitt 12.4.3 hatten wir das skalare und das Vektorpotential zu einem Vierervektorpotential

$$\underset{\sim}{A} = \frac{1}{c}\,\varphi\underset{\sim}{e}_0 + \sum_{i=1}^{3} A^i\,\underset{\sim}{e}_i$$

zusammengefaßt. Die d'Alembert-Gleichung für diesen Vierervektor hat die Gestalt

$$\Box\underset{\sim}{A}(\underset{\sim}{x}) = \mu_0\underset{\sim}{j}(\underset{\sim}{x}) \quad . \tag{13.6.9}$$

Die Green-Funktion des vorigen Abschnitts ist offenbar durch (13.6.2) gegeben, die man auch kürzer als

$$\Box G(\underset{\sim}{x}-\underset{\sim}{x}') = 4\pi\delta^4(\underset{\sim}{x}-\underset{\sim}{x}') \tag{13.6.10}$$

schreiben kann. Da der d'Alembert-Operator und die Vierer-Deltafunktion relativistische Invarianten sind, ist auch G(x-x') eine Invariante. Die Darstellung (13.6.4a) ist nicht explizit invariant geschrieben. Die relativistisch invariante Form der Green-Funktion ist

$$\boxed{G(\underset{\sim}{x}-\underset{\sim}{x}') = 2\Theta(x_0-x_0')\delta([\underset{\sim}{x}-\underset{\sim}{x}']^2)} \ . \tag{13.6.11}$$

Zur Abkürzung verwenden wir $\underset{\sim}{y} = \underset{\sim}{x} - \underset{\sim}{x}'$. Das Argument der δ-Funktion besitzt zwei Nullstellen

$$\underset{\sim}{y}^2 = y_0^2 - \vec{y}^2 = (y_0-|\vec{y}|)(y_0+|\vec{y}|) = 0 \ . \tag{13.6.12}$$

Zusammen mit der Stufenfunktion $\Theta(y_0)$, die $y_0 > 0$ verlangt, wird bei einer Integration natürlich nur die Nullstelle

$$y_0 = |\vec{y}| = y \tag{13.6.13}$$

erreicht. Für eine beliebige Funktion $f(\underset{\sim}{y})$ liefert die Integration dann $(y = |\vec{y}|)$

$$\int f(\underset{\sim}{y})2\Theta(y_0)\delta(\underset{\sim}{y}^2)d^4y$$

$$= 2\int_0^\infty f(y_0,\vec{y})\delta([y_0-y][y_0+y])dy_0d^3\vec{y} \ .$$

Da im Integrationsintervall die Nullstelle $y_0 = -y$ des zweiten Faktors im Argument der δ-Funktion nicht erreicht wird, können wir dort $y_0 = y$ setzen und erhalten

$$\int f(\underset{\sim}{y})2\Theta(y_0)\delta(\underset{\sim}{y}^2)d^4\underset{\sim}{y} = 2\int f(y_0,\vec{y})\delta[(y_0-y)2y]dy_0d^3\vec{y} \ .$$

Durch Variablensubstitution

$$z_0 = 2yy_0 \quad , \quad dz_0 = 2ydy_0$$

bleibt schließlich

$$\int f(\underset{\sim}{y})2\Theta(y_0)\delta(\underset{\sim}{y}^2)d^4\underset{\sim}{y} = 2\int f\left(\frac{z_0}{2y}\ ,\ \vec{y}\right)\delta\left(z_0-2y^2\right)\frac{dz_0}{2y}\ d^3\vec{y}$$

$$= 2\int f(y_0,\vec{y})\ \frac{d^3y}{2y} = 2\int f(y_0,\vec{y})\ \frac{1}{2y}\ \delta(y_0-y)dy_0d^3\vec{y} \ .$$

Das Endergebnis zeigt die Gültigkeit der Identität

$$\Theta(y_0)\delta(\underset{\sim}{y}^2) = \frac{1}{2y}\ \delta(y_0-y) \quad , \tag{13.6.14}$$

so daß die relativistisch invariante Form der Green-Funktion

$$G(\underset{\sim}{x}-\underset{\sim}{x}') = 2\Theta(x_0-x_0')\delta([\underset{\sim}{x}-\underset{\sim}{x}']^2) = \frac{\delta(ct-ct'-|\vec{x}-\vec{x}'|)}{|\vec{x}-\vec{x}'|} \qquad (13.6.15)$$

der Darstellung (13.6.4a) gleich ist.

Es bleibt noch klarzustellen, warum der Faktor $\Theta(x_0-x_0')$ die Invarianz von (13.6.11) nicht zerstört. Er legt fest, daß von den beiden auf dem Lichtkegel $(\underset{\sim}{x}-\underset{\sim}{x}')^2=0$ gelegenen Nullstellen der δ-Funktion nur die auf dem Vorwärtslichtkegel $x_0-x_0'>0$ beiträgt. Die Lorentztransformierten von Lichtkegelvektoren sind aber wegen der Invarianz des Skalarproduktes $\underset{\sim}{x}^2$ wieder Lichtkegelvektoren, vgl. [Bd.I Abschnitt 12.9]. Da die Lorentztransformation das Vorzeichen der Zeit nicht ändert, bleibt der Vektor auf dem Vorwärtskegel auch bei der Transformation auf dem Vorwärtslichtkegel. Damit hat die transformierte Green-Funktion ebenfalls die Form (13.6.11).

Die Lorentz-kovariante Darstellung des Viererverktorpotentials $\underset{\sim}{A}(\underset{\sim}{x})$ als partikuläre Lösung ist nun in Analogie zu (13.6.7)

$$\boxed{\begin{aligned}\underset{\sim}{A}(\underset{\sim}{x}) &= \frac{\mu_0}{4\pi}\int G(\underset{\sim}{x}-\underset{\sim}{x}')\underset{\sim}{j}(\underset{\sim}{x}')d^4\underset{\sim}{x}' \\ &= \frac{\mu_0}{2\pi}\int \Theta(x_0-x_0')\delta([\underset{\sim}{x}-\underset{\sim}{x}']^2)\underset{\sim}{j}(\underset{\sim}{x}')d^4\underset{\sim}{x}'\end{aligned}} \; . \qquad (13.6.16)$$

Falls die Anfangsbedingungen zur Zeit t_0 wieder verschwinden, d.h.

$$\underset{\sim}{A}(t_0,\vec{x}) = 0 \quad , \quad \dot{\underset{\sim}{A}}(t_0,\vec{x}) = 0 \quad , \qquad (13.6.17)$$

ist (13.6.16) wieder die vollständige Lösung.

13.7 Erzeugung elektromagnetischer Wellen

Nachdem wir im vorigen Abschnitt die Lösung der inhomogenen d'Alembert-Gleichung kennengelernt haben, können wir berechnen, wie sich die zeitlichen Veränderungen von Ladungs- und Stromdichten in die elektromagnetischen Felder in der Umgebung ausbreiten. Wir betrachten zwei Fälle, den einer schwingenden Dipolladungsverteilung und den eines schwingenden Kreisstromes.

13.7.1 Abstrahlung eines schwingenden elektrischen Dipols

In Abschnitt 3.9.1 haben wir gesehen, daß sich das Dipolmoment im Grenzfall verschwindender Ausdehnung der Ladungsverteilung am Ort $\vec{r}=0$ durch

$$\rho = -\vec{d} \cdot \vec{\nabla}\delta^3(\vec{r}) \tag{13.7.1}$$

beschreiben läßt. Wir betrachten nun eine zeitabhängige Ladungsdichte am Ort $\vec{r} = 0$, die das zeitabhängige Dipolmoment

$$\vec{d} = \vec{d}(ct)$$

habe. Eine zeitabhängige Ladungsverteilung hat nach der Kontinuitätsgleichung einen Strom zur Folge. Es gilt

$$\vec{\nabla} \cdot \vec{j} = -\frac{\partial \rho}{\partial t} = \frac{d}{dt}\vec{d} \cdot \vec{\nabla}\delta^3(\vec{r}) = c\vec{d}' \cdot \vec{\nabla}\delta^3(\vec{r}) \tag{13.7.2}$$

mit ($\xi = ct$)

$$\vec{d}'(\xi) = \frac{d}{d\xi}\vec{d}(\xi) \quad , \tag{13.7.3}$$

so daß die Stromdichte

$$\vec{j} = \dot{\vec{d}}\delta^3(\vec{r}) = c\vec{d}'\delta^3(\vec{r}) \tag{13.7.4}$$

erforderlich ist, um die Kontinuitätsgleichung zu erfüllen. Wenn man zwei entgegengesetzte Ladungen vom Betrag Q so um die Ruhelage $\vec{r} = 0$ schwingen läßt, daß sie das zeitabhängige Dipolmoment $\vec{d}(ct)$ besitzen, so ergibt sich im Grenzfall verschwindender Amplitude und divergierender Ladung Q gerade der obige Ausdruck für die Stromdichte.

Die Berechnung der von $\rho(t,\vec{r})$ und $\vec{j}(t,\vec{r})$ verursachten elektromagnetischen Potentiale φ_e und $\vec{A}_e$ des elektrischen Dipols ist nun wegen (13.6.7) leicht mit der Green-Funktion (13.6.4) der d'Alembert-Gleichung (13.6.1) durchzuführen

$$\varphi_e(t,\vec{r}) = -\frac{c}{4\pi\varepsilon_0}\iint \frac{\delta(ct-ct'-|\vec{r}-\vec{r}\,'|)}{|\vec{r}-\vec{r}\,'|}\vec{d}(ct')\vec{\nabla}'\delta^3(\vec{r}\,')dt'dV'$$

$$= -\frac{1}{4\pi\varepsilon_0}\int \frac{\vec{d}(ct-|\vec{r}-\vec{r}\,'|)}{|\vec{r}-\vec{r}\,'|} \cdot \vec{\nabla}'\delta^3(\vec{r}\,')dV' \quad .$$

Durch partielle Integration erhalten wir

$$\varphi_e(t,\vec{r}) = -\frac{1}{4\pi\varepsilon_0}\int \delta^3(\vec{r}\,')\vec{\nabla} \cdot \frac{\vec{d}(ct-|\vec{r}-\vec{r}\,'|)}{|\vec{r}-\vec{r}\,'|}dV' \quad . \tag{13.7.5}$$

Das Minuszeichen, das dabei auftritt, ist beim Übergang vom Gradienten $\vec{\nabla}'$ zum Gradienten $\vec{\nabla}$ wieder kompensiert worden. Insgesamt erhalten wir für das skalare Potential des elektromagnetischen Feldes eines zeitlich veränderlichen elektrischen Dipols am Ursprung des Koordinatensystems

$$\boxed{\varphi_e(t,\vec{r}) = -\frac{1}{4\pi\varepsilon_0}\vec{\nabla}\cdot\frac{\vec{d}(ct-r)}{r}} \quad . \tag{13.7.6}$$

Analog berechnet man mit (13.6.7b) das zugehörige Vektorpotential und erhält

$$\boxed{\vec{A}_e(t,\vec{r}) = \frac{\mu_0}{4\pi}\frac{\dot{\vec{d}}(ct-\vec{r})}{r} = \frac{\mu_0}{4\pi}c\frac{\vec{d}'(ct-r)}{r}} \quad . \tag{13.7.7}$$

Offenbar erfüllen die beiden Potentiale die Lorentz-Bedingung (12.3.27). Das skalare Potential kann man mit Hilfe von

$$\vec{\nabla}r = \frac{\vec{r}}{r} = \hat{\vec{r}}$$

und

$$\vec{\nabla}\cdot\frac{\vec{d}(ct-r)}{r} = -\frac{\vec{d}'(ct-r)}{r}\cdot\hat{\vec{r}} - \vec{d}(ct-r)\cdot\frac{\vec{r}}{r^3}$$

$$= -\left[\vec{d}'(ct-r) + \frac{\vec{d}(ct-r)}{r}\right]\cdot\frac{\vec{r}}{r^2}$$

explizit durch

$$\varphi_e(t,\vec{r}) = \frac{1}{4\pi\varepsilon_0}\left[\frac{\vec{r}\cdot\vec{d}'(ct-r)}{r^2} + \frac{\vec{r}\cdot\vec{d}(ct-r)}{r^3}\right] \tag{13.7.8}$$

ausdrücken.

Wir sehen, daß sich die von einem zeitabhängigen Dipolmoment ausgehenden Änderungen der Potentiale auf den *Kugelflächen*

$$r = ct$$

mit der Geschwindigkeit c vom Zentrum $r = 0$ ausgehend ausbreiten.

Für die Feldstärken $\vec{E}_e$ und $\vec{B}_e$ erhalten wir mit Hilfe von $\vec{E}_e = -\vec{\nabla}\varphi_e - \dot{\vec{A}}_e$ und $\vec{B}_e = \vec{\nabla}\times\vec{A}_e$ aus den Potentialen für $r \neq 0$

$$\vec{E}_e = \frac{1}{4\pi\varepsilon_0}\left[-\frac{\vec{d}''}{r} + \frac{(\vec{d}''\cdot\vec{r})\vec{r}}{r^3} - \frac{\vec{d}'}{r^2} + \frac{3(\vec{d}'\cdot\vec{r})\vec{r}}{r^4} - \frac{\vec{d}}{r^3} + \frac{3(\vec{d}\cdot\vec{r})\vec{r}}{r^5}\right] , \tag{13.7.9a}$$

$$\vec{B}_e = \frac{\mu_0 c}{4\pi}\left(\frac{\vec{d}''\times\vec{r}}{r^2} + \frac{\vec{d}'\times\vec{r}}{r^3}\right) \quad . \tag{13.7.9b}$$

Man sieht, daß die Feldstärken Terme mit verschiedenen Potenzen von r enthalten.

Wenn wir eine *harmonische Schwingung* als die Zeitabhängigkeit des Dipolmomentes

$$\vec{d}_c(ct) = \vec{d}_0 \, e^{-i\omega t} = \vec{d}_0 \exp\left(-i \frac{\omega}{c} ct\right) = \vec{d}_0 \, e^{-ikct} \quad , \tag{13.7.10}$$

mit

$$k = \frac{\omega}{c} \tag{13.7.11}$$

annehmen, so ist

$$\vec{d}_c'(ct) = \vec{d}_0 \frac{d}{d(ct)} e^{-ikct} = -ik\vec{d}_c(ct) \tag{13.7.12}$$

und

$$\vec{d}_c''(ct) = -k^2\vec{d}_c(ct) \quad . \tag{13.7.13}$$

Jetzt lassen sich die komplexen Feldstärken als

$$\vec{E}_{ec} = \frac{1}{4\pi\varepsilon_0} \frac{\exp[-i(\omega t - kr)]}{r^3} \Big\{[(kr)^2 + i(kr) - 1]\vec{d}_0 - [(kr)^2 + 3i(kr) - 3](\vec{d}_0 \cdot \hat{\vec{r}})\hat{\vec{r}}\Big\} \tag{13.7.14a}$$

und

$$\vec{B}_{ec} = -\frac{\mu_0 \omega}{4\pi} \frac{\exp[-i(\omega t - kr)]}{r^2} (kr + i)(\vec{d}_0 \times \hat{\vec{r}}) \tag{13.7.14b}$$

schreiben. Aus diesen Ausdrücken liest man ab, daß sie Anteile enthalten, die in verschiedenen Raumbereichen mit verschiedenen Größenordnungen beitragen. Ihre Größenordnung wird vom Produkt (kr) bestimmt. Wir unterscheiden grob zwei Bereiche

1) $kr \ll 1$. Die physikalische Bedeutung der Bedingung ist wegen des Zusammenhanges von Wellenzahl k und Wellenlänge λ

$$k = \frac{2\pi}{\lambda} \quad ,$$

zu $r \ll \lambda$ äquivalent. Das sind Raumbereiche, deren Abstand vom Dipol klein gegen die Wellenlänge λ ist. Man nennt diesen Raumbereich die *Nahzone*. In ihr gilt näherungsweise

$$\vec{E}_{ec} = \frac{1}{4\pi\varepsilon_0} \frac{\exp[-i(\omega t - kr)]}{r^3} \left[-\vec{d}_0 + 3(\vec{d}_0 \cdot \hat{\vec{r}})\hat{\vec{r}}\right] \tag{13.7.15a}$$

$$\vec{B}_{ec} = -\frac{\mu_0 i\omega}{4\pi} \frac{\exp[-i(\omega t - kr)]}{r^2} (\vec{d}_0 \times \hat{\vec{r}}) \tag{13.7.15b}$$

oder allgemein

$$\vec{E}_e = \frac{1}{4\pi\varepsilon_0}\left[\frac{-\vec{d}+3(\vec{d}\cdot\hat{\vec{r}})\hat{\vec{r}}}{r^3}\right] , \tag{13.7.16a}$$

$$\vec{B}_e = \frac{\mu_0 c}{4\pi}\,\frac{\vec{d}'\times\hat{\vec{r}}}{r^2} . \tag{13.7.16b}$$

Die beiden Formeln geben das zeitabhängige elektrische Dipolfeld und das zugehörige zeitabhängige magnetische Induktionsfeld wieder.

2) $kr \gg 1$. Physikalisch beinhaltet die Ungleichung, daß die Abstände $r \gg \lambda$ vom Dipol groß gegen die Wellenlänge sind. Dieser Raumbereich heißt *Fern- oder Wellenzone*. Hier sind die Feldstärken näherungsweise

$$\vec{E}_{ec} = \frac{k^2}{4\pi\varepsilon_0}\,\frac{\exp[-i(\omega t-kr)]}{r}\left[\vec{d}_0-(\vec{d}_0\cdot\hat{\vec{r}})\hat{\vec{r}}\right] , \tag{13.7.17a}$$

$$\vec{B}_{ec} = -\frac{\mu_0 ck^2}{4\pi}\,\frac{\exp[-i(\omega t-kr)]}{r}\,\vec{d}_0\times\hat{\vec{r}} . \tag{13.7.17b}$$

In einem Polarkoordinatensystem, in dem die z-Achse die Richtung des elektrischen Dipols hat, lassen sich $\vec{E}_{ec}$ und $\vec{B}_{ec}$ durch die Basisvektoren $\vec{e}_\vartheta$ bzw. $\vec{e}_\varphi$ beschreiben

$$\vec{E}_{ec} = -\frac{k^2}{4\pi\varepsilon_0}\,\frac{\exp[-i(\omega t-kr)]}{r}\,d_0\sin\vartheta\,\vec{e}_\vartheta , \tag{13.7.17c}$$

$$\vec{B}_{ec} = -\frac{\mu_0 ck^2}{4\pi}\,\frac{\exp[-i(\omega t-kr)]}{r}\,d_0\sin\vartheta\,\vec{e}_\varphi . \tag{13.7.17d}$$

Die elektrische Feldstärke ist tangential zum Längenkreis, die magnetische Induktion tangential zum Breitenkreis der Kugel des Polarkoordinatensystems (Abb.13.22). Für allgemeine Zeitabhängigkeit des Dipolmomentes d gilt in der Fernzone

$$\vec{E}_e = \frac{1}{4\pi\varepsilon_0}\,\frac{-\vec{d}''+(\vec{d}''\cdot\hat{\vec{r}})\hat{\vec{r}}}{r} , \tag{13.7.18a}$$

$$\vec{B}_e = \frac{\mu_0 c}{4\pi}\,\frac{\vec{d}''\times\hat{\vec{r}}}{r} = \frac{1}{4\pi\varepsilon_0 c}\,\frac{\vec{d}''\times\hat{\vec{r}}}{r} . \tag{13.7.18b}$$

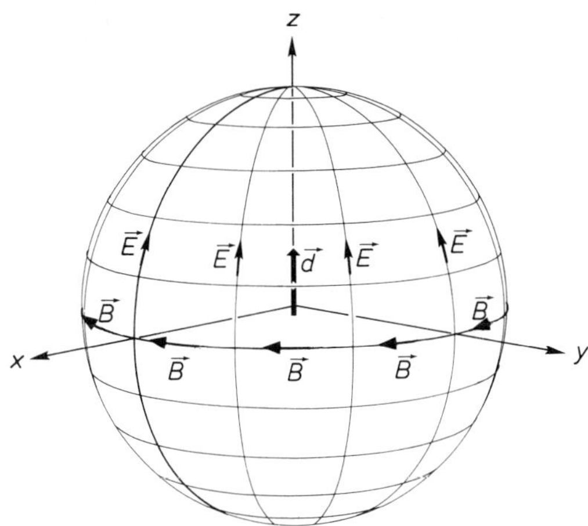

Abb.13.22. Die elektrischen Feldlinien des elektromagnetischen Feldes eines schwingenden Dipols in der Fernzone bilden Längenkreise, die magnetischen Induktionslinien bilden Breitenkreise von konzentrischen Kugeln um den Dipol, deren Polarachse die Dipolrichtung ist. Die Kugeloberflächen laufen mit der Geschwindigkeit c nach außen

Offenbar erfüllen $\vec{E}_e$, $\vec{B}_e$, wie $\vec{E}_{ec}$, $\vec{B}_{ec}$ in der Wellenzone wegen $\varepsilon_0\mu_0 = c^{-2}$ die Beziehungen

$$\boxed{\vec{B}_e = \frac{1}{c}\,(\hat{\vec{r}}\times\vec{E}_e) \quad , \quad \vec{E}_e = c(\vec{B}_e\times\hat{\vec{r}})} \quad . \tag{13.7.19}$$

Wie bei einer ebenen Welle bilden in der Fernzone $\vec{E}$, $\vec{B}$ und die Ausbreitungsrichtung $\hat{\vec{r}}$ vom Dipol zum Punkt $\vec{r}$ ein rechtshändiges Dreibein. In der Fernzone werden die Feldstärken durch *Kugelwellen* beschrieben. Legen wir die z-Achse eines Koordinatensystems in die Richtung des Dipolmomentes $\vec{d}_0$, so liest man an den Gleichungen für $\vec{E}_e$ und $\vec{B}_e$ in der Fernzone ab, daß die Feldstärken in Dipolrichtung

$$\vec{E}_e(z\,\vec{e}_z) = 0 \quad , \quad \vec{B}_e(z\,\vec{e}_z) = 0$$

verschwinden und in der $\vec{e}_x - \vec{e}_y$ Ebene maximal sind. Die Richtung der Feldstärken ist ortsabhängig, damit also auch die Polarisation der Welle (Abb. 13.23 und 13.24).

Der Poynting-Vektor gibt den Energiefluß an und ergibt sich zu

$$\vec{S}_e = \vec{E}_e\times\vec{H}_e = \mu_0^{-1}\vec{E}_e\times\vec{B}_e = \frac{c}{16\pi^2\varepsilon_0}\,(\vec{d}''\times\hat{\vec{r}})^2\,\frac{\hat{\vec{r}}}{r^2}$$

$$= \frac{1}{16\pi^2\varepsilon_0 c}\,\frac{\hat{\vec{r}}}{r^2}\,\ddot{\vec{d}}^2\,\sin^2\vartheta = \frac{\mu_0 c}{16\pi^2}\,\frac{\hat{\vec{r}}}{r^2}\,\ddot{\vec{d}}^2\,\sin^2\vartheta \tag{13.7.20}$$

wobei ϑ der Winkel zwischen $\hat{\vec{r}}$ und $\vec{d}''$ ist. Wegen des Faktors $\sin^2\vartheta$ ist die Abstrahlung senkrecht zur Dipolachse maximal. Sie verschwindet in Richtung der Achse. Die Abstrahlungscharakteristik, d.h. die Winkelabhängigkeit von $\vec{S}_e$ ist in Abb.13.25 dargestellt. Der Betrag des Poynting-Vektors fällt mit

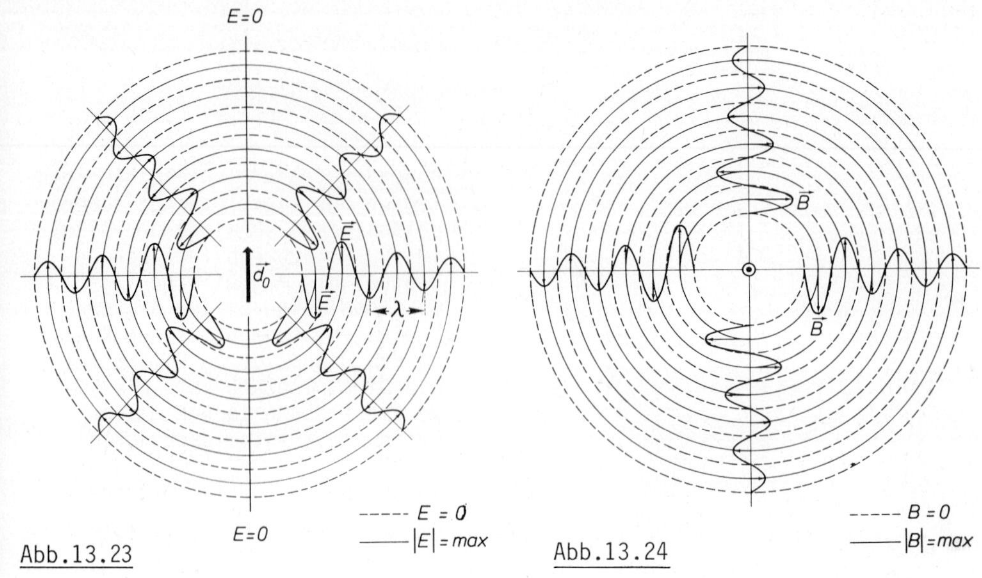

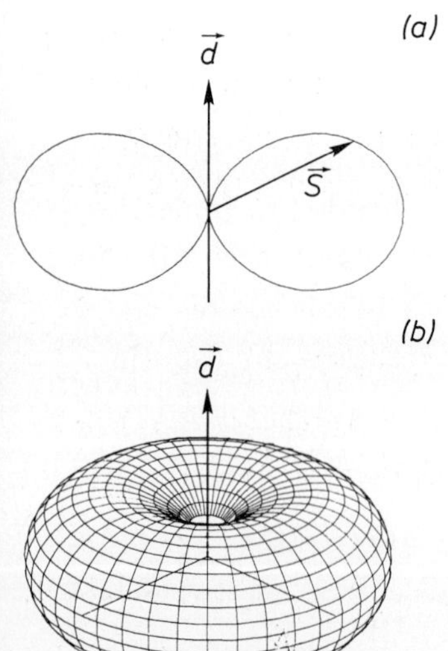

Abb.13.23. Elektrische Feldlinien des Fernfeldes in einer Ebene, die den Dipol enthält. Die Feldlinien sind Kreise. Die Feldstärke hängt vom Polarwinkel und vom Abstand vom Dipol ab. Sie ist für einige Punkte eingezeichnet, ebenso die Einhüllenden dieser Feldstärken für einige feste Polarwinkel

Abb.13.24. Magnetische Induktionslinien des Fernfeldes in der Äquatorebene von Abb. 13.22. Die Feldlinien sind Kreise. Die Stärke des $\vec{B}$-Feldes hängt vom Abstand vom Dipol, nicht aber vom Azimutwinkel ab

◄ Abb.13.25. Abstrahlungscharakteristik eines strahlenden Dipols, (a) in einer Ebene, in der das Dipolmoment $\vec{d}$ liegt, (b) räumlich

r^{-2} ab. Die durch eine Kugeloberfläche vom Radius R um den Dipol fließende Leistung N_a finden wir

$$N_a = \oiint \vec{S}_e \cdot \hat{\vec{r}} R^2 d\Omega = \frac{\mu_0 c}{16\pi^2} \left[\ddot{\vec{d}}(ct-R)\right]^2 \int_{-1}^{1} \int_{0}^{2\pi} \sin^2\vartheta d\varphi d\cos\vartheta \quad . \tag{13.7.21}$$

Mit Hilfe der Beziehung $\sin^2\vartheta = 1 - \cos^2\vartheta$ läßt sich das Integral leicht berechnen. Es hat den Wert $8\pi/3$. Damit ist die durch eine Kugeloberfläche – allgemeiner durch eine beliebige geschlossene Oberfläche um den Dipol –

abgestrahlte Leistung N_a

$$N_a = \oiint \vec{S}_e \cdot \hat{\vec{r}} R^2 d\Omega = \frac{\mu_0 c}{6\pi} \left[\ddot{\vec{d}}(ct-r)\right]^2 \qquad (13.7.22)$$

von der Form der Oberfläche unabhängig, wie aus Energieerhaltungsgründen nicht anders zu erwarten. Für einen harmonisch schwingenden Dipol gilt im zeitlichen Mittel über eine Periode

$$\boxed{\bar{N}_a = \frac{\mu_0 c}{12\pi} \omega^4 d_0^2} \quad . \qquad (13.7.23)$$

Diese Leistung ist proportional zur vierten Potenz der Schwingungsfrequenz.

Die Rechnungen dieses Abschnitts erklären nachträglich die Funktion des Senders, den wir z.B. in Experiment 13.1 benutzt haben. Durch Anlegen der dem Schwingkreis entnommenen Wechselspannung wurden in der Antenne Ladungen verschoben, so daß sie ein Dipolmoment $\vec{d}$ erhielt, dessen Betrag d bei konstanter Richtung $\vec{d}$ sich harmonisch änderte. Allerdings ist die Sendeantenne nicht punktförmig, wie von dem strahlenden Dipol in den Rechnungen dieses Abschnitts angenommen. Sie hat die endliche Länge ℓ. Damit kann das Feld in Abständen von der Antenne, die von der Größenordnung ℓ sind, von der Rechnung abweichen, nicht jedoch für Abstände groß im Vergleich zu ℓ.

13.7.2 Abstrahlung eines schwingenden magnetischen Dipols

In Analogie zum elektrischen Dipolmoment haben wir in Abschnitt 9.9.1 das magnetische Dipolmoment $\vec{m}$ definiert und die zugehörige stationäre Elementarstromdichte angegeben

$$\vec{j} = -(\vec{m} \times \vec{\nabla}) \delta^3(\vec{r}) \quad . \qquad (13.7.24)$$

Diese Stromdichte bleibt auch stationär, wenn das magnetische Moment zeitabhängig ist

$$\vec{m} = \vec{m}(ct) \quad , \qquad (13.7.25)$$

so daß die Kontinuitätsgleichung für verschwindende Ladungsdichte

$$\rho = 0 \qquad (13.7.26)$$

erfüllt ist. Das elektromagnetische skalare Potential ist somit stets gleich Null [in der Eichung von (13.6.7a)]

$$\varphi_m(t, \vec{r}) = 0 \quad . \qquad (13.7.27)$$

Das Vektorpotential berechnen wir wieder nach (13.6.7b)

$$\vec{A}_m(t,\vec{r}) = -\frac{\mu_0 c}{4\pi}\int \frac{\delta(ct-ct'-|\vec{r}-\vec{r}'|)}{|\vec{r}-\vec{r}'|}\,\vec{m}(ct')\times\vec{\nabla}'\delta^3(\vec{r}')dt'd^3\vec{r}'$$

$$= -\frac{\mu_0}{4\pi}\int \frac{\vec{m}(ct-|\vec{r}-\vec{r}'|)}{|\vec{r}-\vec{r}'|}\times\vec{\nabla}'\delta^3(\vec{r}')d^3\vec{r}'$$

$$= \frac{\mu_0}{4\pi}\vec{\nabla}\times\frac{\vec{m}(ct-r)}{r} \quad . \qquad (13.7.28)$$

Die elektrische Feldstärke berechnen wir wegen $\varphi = 0$ als

$$\vec{E}_m = -\frac{\partial}{\partial t}\vec{A} = -\frac{\mu_0 c}{4\pi}\vec{\nabla}\times\frac{\vec{m}'(ct-r)}{r}$$

$$= -\frac{1}{c}\frac{1}{4\pi\varepsilon_0}\left(\frac{\vec{m}''}{r}\times\hat{\vec{r}} + \frac{\vec{m}'}{r^2}\times\hat{\vec{r}}\right) \quad . \qquad (13.7.29)$$

Der Vergleich mit (13.7.9b) zeigt, daß die magnetische Induktion des elektrischen Dipols und die elektrische Feldstärke des magnetischen Dipols bis auf den Faktor (-c) übereinstimmen, wenn man das elektrische Dipolmoment $\vec{d}$ durch das magnetische Dipolmoment mit der Substitution $\vec{d} = \vec{m}/c$ ersetzt

$$\boxed{\vec{E}_m = -c\vec{B}_e\Big|_{\vec{d}=\vec{m}/c}} \quad . \qquad (13.7.30)$$

Das Feld der magnetischen Induktion berechnet man mit Hilfe des Entwicklungssatzes

$$\vec{B}_m = \vec{\nabla}\times\vec{A}_m = \frac{\mu_0}{4\pi}\vec{\nabla}\times\left[\vec{\nabla}\times\frac{\vec{m}(ct-r)}{r}\right]$$

$$= \frac{\mu_0}{4\pi}\left[\vec{\nabla}\left(\vec{\nabla}\cdot\frac{\vec{m}}{r}\right) - \Delta\frac{\vec{m}}{r}\right]$$

$$= \frac{\mu_0}{4\pi}\left[-\frac{\vec{m}''}{r} + \frac{(\vec{m}''\cdot\vec{r})\vec{r}}{r^3} - \frac{\vec{m}'}{r^2}\right.$$

$$\left. + 3\,\frac{(\vec{m}'\cdot\vec{r})\vec{r}}{r^4} - \frac{\vec{m}}{r^3} - 3\,\frac{(\vec{m}\cdot\vec{r})\vec{r}}{r^5}\right] \quad . \qquad (13.7.31)$$

Hier sehen wir durch Vergleich mit (13.7.9a), daß die Induktion des schwingenden magnetischen Dipols bis auf den Faktor 1/c gleich der elektrischen Felstärke des elektrischen Dipols ist

$$\boxed{\vec{B}_m = \frac{1}{c}\vec{E}_e\Big|_{\vec{d}=\vec{m}/c}} \quad , \qquad (13.7.32)$$

wenn man das elektrische Dipolmoment durch $\vec{d} = \vec{m}/c$ ersetzt. Alle anderen Aussagen über das Strahlungsfeld des elektrischen Dipols können entsprechend mit den Substitutionen (13.7.30) und (13.7.32) übertragen werden. Insbesondere ist die Polarisation der elektromagnetischen Welle eines strahlenden magnetischen Dipols mit dem Moment

$$\vec{m} = c\vec{d} \tag{13.7.33}$$

senkrecht zu der des elektrischen Dipols mit dem Moment $\vec{d}$ und zwar um 90° im Gegenuhrzeigersinn gedreht. Der Poyntingvektor des magnetischen Dipols mit dem Moment $\vec{m} = c\vec{d}$ ist

$$\begin{aligned}\vec{S}_m &= \frac{1}{\mu_0}\vec{E}_m \times \vec{B}_m = -\frac{1}{\mu_0}\left(c\vec{B}_e \times \frac{1}{c}\vec{E}_e\right)_{\vec{d}=\vec{m}/c} \\ &= \frac{1}{\mu_0}(\vec{E}_e \times \vec{B}_e)_{\vec{d}=m/c} = \vec{S}_e\Big|_{\vec{d}=\vec{m}/c} \quad ,\end{aligned} \tag{13.7.34}$$

also gleich dem eines elektrischen Dipols mit dem Moment $\vec{d} = \vec{m}/c$.

In Analogie zu den Überlegungen am Ende des vorigen Abschnitts erwarten wir, daß von einer an einen Schwingkreis angeschlossenen kleinen Kreisschleife, in der sich die Stromstärke harmonisch ändert, das Strahlungsfeld eines magnetischen Dipols erzeugt wird.

*13.8 Abstrahlung eines bewegten geladenen Teilchens

*13.8.1 Liénard-Wiechert-Potentiale. Elektromagnetische Felder

In den Abschnitten 6.1 bzw. 9.3 hatten wir gesehen, daß die Ladungs- und Stromdichte eines Teilchens mit der Ladung q die Form

$$\begin{aligned}\rho(t,\vec{r}) &= q\delta^3[\vec{r}-\vec{r}_0(t)] \\ \vec{j}(t,\vec{r}) &= q\vec{v}_0(t)\delta^3[\vec{r}-\vec{r}_0(t)] \quad ,\end{aligned} \tag{13.8.1}$$

haben, wenn das Teilchen sich zur Zeit t am Ort $\vec{r}_0$ befindet und die Geschwindigkeit $\vec{v}_0$ hat. Die Bahn des Teilchens ist durch die vorgegebene Funktion $\vec{r}_0(t)$ bestimmt. Die elektromagnetischen Potentiale φ und $\vec{A}$, die von der Ladungs- und Stromdichte des Teilchens ausgehen, berechnen wir wieder mit Hilfe der Darstellungen (13.6.7). Wegen der dreidimensionalen Deltafunktionen in (13.8.1) lassen sich die Integrale über dV' in (13.6.7) sofort ausführen, so daß nur Integrale über ct' übrigbleiben

$$\varphi(t,\vec{r}) = \frac{q}{4\pi\varepsilon_0} \int \frac{\delta[ct-ct'-|\vec{r}-\vec{r}_0(t')|]}{|\vec{r}-\vec{r}_0(t')|} d[ct'] \quad , \tag{13.8.2a}$$

$$\vec{A}(t,\vec{r}) = \frac{\mu_0 q}{4\pi} \int \frac{\vec{v}_0(t')\delta[ct-ct'-|\vec{r}-\vec{r}_0(t')|]}{|\vec{r}-\vec{r}_0(t')|} d[ct'] \quad . \tag{13.8.2b}$$

Die Ausführung der ct'-Integration ist wegen der Abhängigkeit von $\vec{r}_0$ von t' im Argument der δ-Funktionen nicht unmittelbar möglich. Wir führen eine Variablensubstitution

$$u = - ct + ct' + |\vec{r} - \vec{r}_0(t')|$$

durch. Das Differential d[ct'] rechnet man mit Hilfe von

$$\frac{du}{d[ct']} = 1 + \frac{d|\vec{r}-\vec{r}_0(t')|}{d[ct']} = 1 - \frac{1}{c}\frac{d\vec{r}_0(t')}{dt'} \cdot \vec{\nabla}|\vec{r} - \vec{r}_0(t')|$$

$$= 1 - \frac{\vec{v}_0(t')}{c} \cdot \frac{\vec{r}-\vec{r}_0(t')}{|\vec{r}-\vec{r}_0(t')|}$$

um

$$d[ct'] = \frac{1}{1 - \frac{\vec{v}_0(t')}{c} \cdot \frac{\vec{r}-\vec{r}_0(t')}{|\vec{r}-\vec{r}_0(t')|}} du \quad . \tag{13.8.3}$$

Die Integrale liefern dann die Form

$$\varphi(t,\vec{r}) = \frac{q}{4\pi\varepsilon_0} \left[\frac{1}{|\vec{r}-\vec{r}_0(t')| - \frac{\vec{v}_0(t')}{c} \cdot \left[\vec{r}-\vec{r}_0(t')\right]} \right]_{t'=t-\frac{1}{c}|\vec{r}-\vec{r}_0(t')|} \tag{13.8.4a}$$

$$\vec{A}(t,\vec{r}) = \frac{\mu_0 q}{4\pi} \left[\frac{\vec{v}_0(t')}{|\vec{r}-\vec{r}_0(t')| - \frac{\vec{v}_0(t')}{c} \cdot \left[\vec{r}-\vec{r}_0(t')\right]} \right]_{t'=t-\frac{1}{c}|\vec{r}-\vec{r}_0(t')|}$$

$$= \frac{\varphi(t,\vec{r})}{c^2} \left[\vec{v}_0(t')\right]_{t'=t-\frac{1}{c}|\vec{r}-\vec{r}_0(t')|} \tag{13.8.4b}$$

Die Argumente t' müssen an der Stelle

$$0 = u = ct' - ct + |\vec{r} - \vec{r}_0(t')| \tag{13.8.5}$$

ausgewertet werden, d.h. für den t'-Wert, der Lösung dieser Gleichung ist. Diese Vorschrift berücksichtigt die Laufzeit der Felder vom Teilchenort $\vec{r}_0$ zum Aufpunkt $\vec{r}$. Diese elektromagnetischen Potentiale eines beliebig bewegten Teilchens heißen *Liênard-Wiechert-Potentiale*.

Wegen der Bedingung für t' in den Ausdrücken für die Potentiale ist die Berechnung der Feldstärken einfacher aus den Integraldarstellungen (13.8.2) der Potentiale durchzuführen. Mit Hilfe der Formeln für $\vec{E}$ und $\vec{B}$ (12.3.4) bzw. (12.3.1) erhalten wir mit dem zeitabhängigen Vektor

$$\vec{z}(t') = \vec{r} - \vec{r}_0(t) \tag{13.8.6}$$

vom Teilchenort $\vec{r}_0$ zur Zeit t' zum Feldaufpunkt $\vec{r}$

$$\vec{E} = \frac{q}{4\pi\varepsilon_0}\int\left[\frac{\vec{z}}{z^3}\,\delta(u) - \left(\frac{\vec{z}}{z^2} - \frac{\vec{v}_0}{cz}\right)\frac{d\delta(u)}{du}\right]d[ct'] \quad ,$$

$$\vec{B} = \frac{\mu_0 q}{4\pi}\int\left[-\frac{\vec{z}\times\vec{v}_0}{z^3}\,\delta(u) + \frac{\vec{z}\times\vec{v}_0}{z^2}\frac{d\delta(u)}{du}\right]d[ct'] \quad . \tag{13.8.7}$$

Die Ableitung der δ-Funktion nach u wandeln wir mit partieller Integration in eine Differentiation des Faktors vor der δ'-Funktion um und benutzen dazu

$$\frac{d}{du} = \frac{d[ct']}{du}\frac{d}{d[ct']} = \frac{1}{1 - \frac{\vec{v}_0}{c}\cdot\frac{\vec{z}}{z}}\frac{d}{d[ct']} \quad ,$$

vgl. (13.8.3). So gewinnen wir

$$\vec{E} = \frac{q}{4\pi\varepsilon_0}\int\left[\frac{\vec{z}}{z^3} + \frac{d}{d[ct']}\left(\frac{c\vec{z} - z\vec{v}_0}{z(cz - \vec{v}_0\cdot\vec{z})}\right)\right]\delta(u)\,d[ct'] \tag{13.8.8a}$$

und

$$\vec{B} = \frac{\mu_0 q}{4\pi}\int\left[-\frac{\vec{z}\times\vec{v}_0}{z^3} - \frac{d}{d[ct']}\left(\frac{c\vec{z}\times\vec{v}_0}{z(cz - \vec{v}_0\cdot\vec{z})}\right)\right]\delta(u)\,d[ct'] \quad . \tag{13.8.8b}$$

Die Integration über (ct') bedeutet, daß der Integrand beim Wert $u = 0$ festgelegt wird, so daß wir schließlich ($\beta = v_0/c$)

$$\vec{E} = \frac{q}{4\pi\varepsilon_0}\left[\frac{(c\vec{z} - z\vec{v}_0)c^2(1-\beta^2) + \vec{z}\times[(c\vec{z} - z\vec{v}_0)\times\vec{a}_0]}{(cz - \vec{v}_0\cdot\vec{z})^3}\right]_{t'=t-z/c} \quad , \tag{13.8.9a}$$

$$\vec{B} = \frac{\mu_0 cq}{4\pi}\left[\frac{(\vec{v}_0\times\vec{z})c^2(1-\beta^2) + \frac{\vec{z}}{z}\times\left(\vec{z}\times[(c\vec{z} - z\vec{v}_0)\times\vec{a}_0]\right)}{(cz - \vec{v}_0\cdot\vec{z})^3}\right]_{t'=t-z/c} \tag{13.8.9b}$$

erhalten. Hier ist $\vec{a}_0 = \dot{\vec{v}}_0$ die Beschleunigung des Teilchens. Im folgenden werden wir die Angabe

$$t' = t - \frac{1}{c} z \tag{13.8.10}$$

in den Formeln unterdrücken. Alle t'-abhängigen Größen sind nach der Gleichung (13.8.10) auszuwerten.

Für die elektromagnetischen Felder der Abstrahlung eines Teilchens gilt offenbar $\left[\mu_0 c = (\varepsilon_0 c)^{-1}\right]$

$$\boxed{\vec{B} = \frac{1}{c}\frac{\vec{z}}{z} \times \vec{E} = \frac{1}{c}\hat{\vec{z}} \times \vec{E}} , \tag{13.8.11}$$

so daß der Vektor $\vec{B}$ stets auf $\vec{E}$ und dem Abstandsvektor $\vec{z}$ vom Teilchenort $\vec{r}_0$ zur Zeit $t' = t - z/c$ zum Aufpunkt $\vec{r}$ senkrecht steht.

*13.8.2 Diskussion der Feldstärken. Abstrahlung

Die rechten Seiten der Formeln (13.8.9) zerfallen in zwei Anteile:

1) Glieder, die von der Beschleunigung des Teilchens unabhängig sind:

$$\vec{E}^{(1)} = \frac{q}{4\pi\varepsilon_0} \frac{c^2(1-\beta^2)(c\vec{z}-z\vec{v}_0)}{(cz-\vec{v}_0\cdot\vec{z})^3} , \tag{13.8.12a}$$

$$\vec{B}^{(1)} = \frac{\mu_0 cq}{4\pi} \frac{c^2(1-\beta^2)\vec{v}_0 \times \vec{z}}{(cz-\vec{v}_0\cdot\vec{z})^3} . \tag{13.8.12b}$$

Sie verhalten sich für große z-Werte wie z^{-2}, d.h. wie statische bzw. stationäre Felder von Punktladungen. Es gilt

$$\vec{B}^{(1)} = \frac{1}{c^2} \vec{v}_0 \times \vec{E}^{(1)} . \tag{13.8.13}$$

2) Glieder, die von der Beschleunigung des Teilchens abhängen:

$$\vec{E}^{(2)} = \frac{q}{4\pi\varepsilon_0} \frac{\vec{z}\times[(c\vec{z}-z\vec{v}_0)\times\vec{a}_0]}{(cz-\vec{v}_0\cdot\vec{z})^3} , \tag{13.8.14a}$$

$$\vec{B}^{(2)} = \frac{1}{c} \hat{\vec{z}} \times \vec{E}^{(2)} . \tag{13.8.14b}$$

Für große Abstände vom Teilchen fallen diese Beträge wie 1/z ab. Wie bei einer ebenen Welle bilden $\vec{E}$, $\vec{B}$ und $\vec{z}$ ein rechtshändiges Dreibein.

Für den Poynting-Vektor dieses Feldes finden wir

$$\vec{S} = \frac{1}{\mu_0}\vec{E}^{(2)}\times\vec{B}^{(2)} = \frac{1}{\mu_0 c}\vec{E}^{(2)}\times\left(\hat{\vec{z}}\times\vec{E}^{(2)}\right)$$

$$= \frac{1}{\mu_0 c}\left(\vec{E}^{(2)}\cdot\vec{E}^{(2)}\right)\hat{\vec{z}} = \frac{q^2\mu_0}{16\pi^2 c}\frac{\hat{\vec{z}}}{z^2}\frac{|\hat{\vec{z}}\times[(\hat{\vec{z}}-\vec{\beta})\times\vec{a}_0]|^2}{(1-\vec{\beta}\cdot\hat{\vec{z}})^6} \quad . \tag{13.8.15}$$

Wie üblich ist $\vec{\beta}=\vec{v}_0/c$ das Verhältnis von Teilchengeschwindigkeit zu Lichtgeschwindigkeit. Ausrechnen des Quadrates mit Hilfe des Entwicklungssatzes liefert

$$\boxed{\vec{S} = \hat{\vec{z}}\frac{q^2\mu_0}{16\pi^2 c}\frac{1}{z^2}\frac{(\hat{\vec{z}}\times\vec{a}_0)^2-2(\vec{\beta}\times\vec{a}_0)\cdot(\hat{\vec{z}}\times\vec{a}_0)+(\vec{\beta}\times\vec{a}_0)^2-[\hat{\vec{z}}\cdot(\vec{\beta}\times\vec{a}_0)]^2}{(1-\vec{\beta}\cdot\hat{\vec{z}})^6}} \tag{13.8.16}$$

Der Poynting-Vektor hat offenbar die Richtung $\hat{\vec{z}}$ vom Teilchenort $\vec{r}_0$ zur Zeit $t' = t - z/c$ zum Feldaufpunkt $\vec{r}$. Der Abfall des Poynting-Vektors mit $1/z^2$ ist wieder durch die Energieerhaltung bestimmt. Die Größenordnung der verschiedenen Terme im Zähler relativ zueinander ist durch die Größe von $\beta = v_0/c$ bestimmt. Für kleine Geschwindigkeiten, $\beta \ll 1$, trägt nur das erste Glied bei, für Geschwindigkeiten nahe der Lichtgeschwindigkeit sind schließlich alle vier Terme wichtig. Der Poynting-Vektor beschreibt den Energiefluß pro Zeit- und Flächeneinheit. Die Energie dE, die in der Zeit dt durch das Flächenelement $d\vec{a}$ am Ort $\vec{r}$ hindurchtritt, ist dann durch

$$dE = \vec{S}\cdot d\vec{a}\,dt \tag{13.8.17}$$

gegeben. Wollen wir die Energie, die das Teilchen pro Zeiteinheit dt' durch das Flächenelement $d\vec{a}$ abstrahlt, berechnen, so müssen wir im obigen Ausdruck dt' einführen.

$$dE = \vec{S}\cdot d\vec{a}\,\frac{dt}{dt'}\,dt' \quad . \tag{13.8.18}$$

Analog zur Rechnung vor (13.8.3) finden wir mit (13.8.5)

$$t = t' + \frac{1}{c}|\vec{r} - \vec{r}_0(t')|$$

den Differentialquotienten

$$\frac{dt}{dt'} = 1 - \frac{\vec{v}_0(t')}{c}\cdot\frac{\vec{r}-\vec{r}_0(t')}{|\vec{r}-\vec{r}_0(t')|} = (1-\vec{\beta}\cdot\hat{\vec{z}}) \quad .$$

Das Flächenelement stellen wir durch den Abstand $\vec{z}$ vom strahlenden Teilchen und den Raumwinkel $d\Omega$

$$d\vec{a} = \hat{\vec{z}}z^2 d\Omega \tag{13.8.19}$$

dar. Damit ist die vom Teilchen pro Zeiteinheit in den Raumwinkel $d\Omega$ abgestrahlte Energie die Leistung

$$\boxed{dN(t') = d\left(\frac{dE}{dt'}\right) = (\vec{S}\cdot\hat{\vec{z}})(1-\vec{\beta}\cdot\hat{\vec{z}})z^2 d\Omega} \quad . \tag{13.8.20}$$

Die pro Raumwinkeleinheit abgestrahlte Leistung ist

$$\begin{aligned}\frac{dN(t')}{d\Omega} &= z^2(\vec{S}\cdot\hat{\vec{z}})(1-\vec{\beta}\cdot\hat{\vec{z}}) \\ &= \frac{q^2\mu_0}{16\pi^2 c}\,\frac{|\hat{\vec{z}}\times[(\hat{\vec{z}}-\vec{\beta})\times\vec{a}_0]|^2}{(1-\vec{\beta}\cdot\hat{\vec{z}})^5} \\ &= \frac{q^2\mu_0 a_0^2}{16\pi^2 c}\,\frac{(\hat{\vec{z}}\times\hat{\vec{a}}_0)^2-2(\vec{\beta}\times\hat{\vec{a}}_0)\cdot(\hat{\vec{z}}\times\hat{\vec{a}}_0)+(\vec{\beta}\times\hat{\vec{a}}_0)^2-[\hat{\vec{z}}\cdot(\vec{\beta}\times\hat{\vec{a}}_0)]^2}{(1-\vec{\beta}\cdot\hat{\vec{z}})^5} \quad . \end{aligned} \tag{13.8.21}$$

Die Größe der abgestrahlten Leistung ist dem Quadrat der Beschleunigung proportional. Die Winkelabhängigkeit der Abstrahlungsleistung ist je nach der Größe von $\vec{\beta}$ durch verschiedene Terme bestimmt.

1) Für kleine Geschwindigkeiten $\beta \ll 1$ ist die Winkelverteilung durch das erste Glied des Zählers bestimmt und hat die Form

$$\frac{dN(t')}{d\Omega} = \frac{q^2\mu_0 a_0^2}{16\pi^2 c}\sin^2\vartheta \quad , \qquad \beta \ll 1 \quad , \tag{13.8.22}$$

wobei ϑ der Winkel zwischen der Beschleunigung und der Ausstrahlungsrichtung ist (Abb.13.26a). Diese Art von Abstrahlung tritt in *Röntgengeräten* auf, in denen man Elektronen in Metall abbremst. Die dabei auftretende hohe Beschleunigung führt zur *Röntgenstrahlung*, die deshalb auch *Bremsstrahlung* heißt.

2) Für Geschwindigkeiten nahe der Lichtgeschwindigkeit $\beta \lesssim 1$ ist die Winkelverteilung wesentlich durch den Nenner mitbestimmt. Wir betrachten zwei einfache Spezialfälle.

2a) Falls Geschwindigkeit und Beschleunigung parallel zueinander sind

$$\vec{\beta}\times\vec{a}_0 = 0 \quad ,$$

bleibt nur der erste Term im Zähler, es gilt

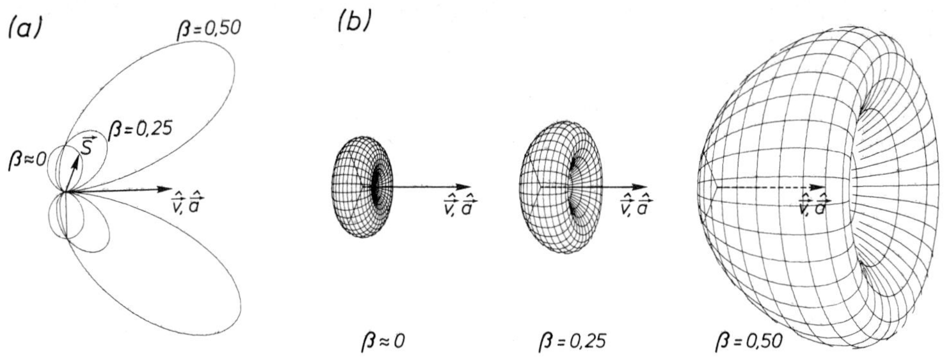

Abb.13.26. Abstrahlungscharakteristik einer geradlinig beschleunigten Ladung für drei Geschwindigkeiten (a) in einer Ebene, die die Bewegungsrichtung enthält, (b) räumlich

$$\frac{dN(t')}{d\Omega} = \frac{q^2\mu_0 a_0^2}{16\pi^2 c} \frac{\sin^2\vartheta}{(1-\beta\cos\vartheta)^5} \quad . \tag{13.8.23}$$

Durch Nullsetzen der ersten Ableitung dieses Ausdrucks nach ϑ erhalten wir den Winkel der maximalen Ausstrahlung ϑ_{max} aus der Gleichung

$$\vartheta_{max} = \arccos \frac{\sqrt{15\beta^2+1}-1}{3\beta} \quad , \tag{13.8.24}$$

der für β-Werte in der Nähe von 1 durch

$$\vartheta_{max} = \frac{1}{2}\sqrt{1-\beta^2} = \frac{1}{2\gamma} \tag{13.8.25}$$

approximiert werden kann. Für diesen Bereich $\beta \lesssim 1$ erfolgt die Abstrahlung offenbar in eine enge um die Geschwindigkeitsrichtung zylindersymmetrische Keule (Abb.13.26b). Durch Integration über alle Winkel erhält man für die totale abgestrahlte Leistung für Beschleunigungen parallel zur Geschwindigkeit

$$N(t') = \frac{2}{3}\frac{\mu_0 q^2}{4\pi c} a_0^2\gamma^6 \quad . \tag{13.8.26}$$

2b) Falls Geschwindigkeit und Beschleunigung orthogonal zueinander sind, wählen wir zur Berechnung der verschiedenen Winkelabhängigkeiten in (13.8.21) ein Koordinatensystem, in dem die Geschwindigkeit $\hat{\vec{\beta}}$ in 2-Richtung, die Beschleunigung $\hat{\vec{a}}_0$ in 3-Richtung zeigt. Die 1-Richtung ist dann durch

$$\hat{\vec{\beta}} \times \hat{\vec{a}}_0 = \vec{e}_1 \tag{13.8.27}$$

gegeben. In Polarkoordinaten, die sich auf dieses System beziehen, gilt

$$|\hat{\vec{z}} \times \hat{\vec{a}}_0| = \sin\vartheta \quad ,$$
$$\hat{\vec{z}} \cdot (\hat{\vec{\beta}} \times \hat{\vec{a}}_0) = \hat{\vec{z}} \cdot \vec{e}_1 = \sin\vartheta\cos\varphi \quad , \tag{13.8.28}$$
$$(\hat{\vec{\beta}} \times \hat{\vec{a}}_0) \cdot (\hat{\vec{z}}\ \hat{\vec{a}}_0) = \vec{e}_1 \cdot (\hat{\vec{z}} \times \hat{\vec{a}}_0) = \hat{\vec{z}} \cdot (\hat{\vec{a}}_0 \times \vec{e}_1) = \hat{\vec{z}} \cdot \hat{\vec{\beta}} = \sin\vartheta\sin\varphi \quad .$$

Für die pro Raumwinkeleinheit abgestrahlte Leistung liefert (13.8.21) nun

$$\frac{dN(t')}{d\Omega} = \frac{\mu_0 q^2 a_0^2}{16\pi^2 c} \frac{1}{(1-\beta\sin\vartheta\sin\varphi)^3} \cdot \left(1 - \frac{\cos^2\vartheta}{\gamma^2(1-\beta\sin\vartheta\sin\varphi)^2}\right) \tag{13.8.29}$$

oder – wieder durch Skalarprodukte ausgedrückt – (Abb.13.27)

$$\frac{dN(t')}{d\Omega} = \frac{\mu_0 q^2 a_0^2}{16\pi^2 c} \frac{1}{[1-\beta(\hat{\vec{\beta}}\cdot\hat{\vec{z}})]^3} \left(1 - \frac{(\hat{\vec{z}}\cdot\hat{\vec{a}}_0)^2}{\gamma^2[1-\beta(\hat{\vec{\beta}}\cdot\hat{\vec{z}})]^2}\right) \quad . \tag{13.8.30}$$

Man sieht, daß der Nenner für den Fall, daß die $\hat{\vec{z}}$-Richtung parallel zur $\hat{\vec{\beta}}$-Richtung ist, minimal wird. Das Maximum des ganzen Ausdrucks liegt wieder bei kleinen Winkeln in der Nähe der Vorwärtsrichtung der Teilchenbewegung. Die insgesamt abgestrahlte Leistung bei Beschleunigungen vertikal zur Geschwindigkeit ist

$$N(t') = \frac{2}{3} \frac{\mu_0 q^2}{4\pi c} a_0^2 \gamma^4 \quad . \tag{13.8.31}$$

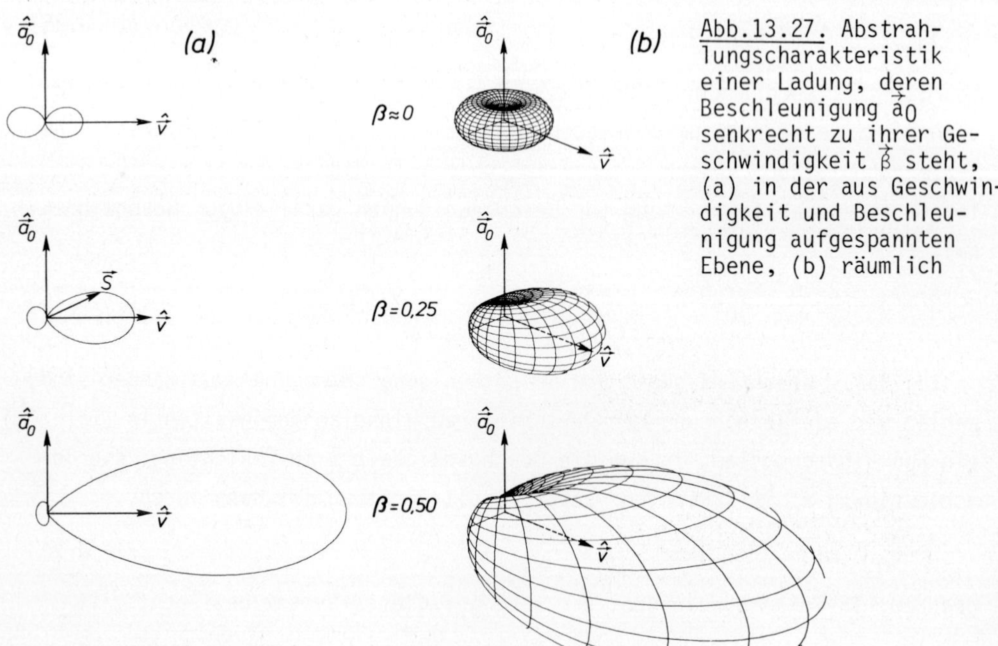

Abb.13.27. Abstrahlungscharakteristik einer Ladung, deren Beschleunigung $\vec{a}_0$ senkrecht zu ihrer Geschwindigkeit $\vec{\beta}$ steht, (a) in der aus Geschwindigkeit und Beschleunigung aufgespannten Ebene, (b) räumlich

In Beschleunigern mit kreisförmiger Teilchenbahn, insbesondere im Elektronensynchrotron, sind die Bedingungen dieses Abschnitts gegeben. Die auftretende Strahlung heißt *Synchrotronstrahlung*. Sie überdeckt einen breiten Frequenzbereich vom Infraroten bis zum Röntgenlicht und stellt ein wichtiges Hilfsmittel für viele Zweige der experimentellen Naturwissenschaften dar.

Aufgaben

13.1: Geben Sie den Energieflußdichtevektor $\vec{S}$ für eine stehende Welle an und berechnen Sie seinen zeitlichen Mittelwert $\langle\vec{S}\rangle$.

13.2: Berechnen Sie $\vec{S}$ und $\langle\vec{S}\rangle$ für das Interferenzproblem in Abschnitt 13.3.3.

13.3: Berechnen Sie den Doppler-Effekt, indem Sie statt der Lorentz-Transformation (13.2.3) eine Galilei-Transformation $t = t'$, $x_\parallel = vt + x'_\parallel$, $\vec{x}_\perp = \vec{x}'_\perp$ benutzen. Vergleichen Sie das Ergebnis mit (13.2.5) und betrachten Sie insbesondere den Fall $v \ll c$.

13.4: In dem Oszillogramm der Abb.13.28 sind die elektrische Feldstärke E und die magnetische Induktion B einer auf einer Lecherleitung stehenden Welle als Funktion der Längenkoordinate auf der Lecherleitung dargestellt. Die y-Ablenkung des Oszillographen wird durch Abgriff an einer Dipol- bzw. Rahmenantenne, die x-Ablenkung durch Abgriff an einem Schleifendraht wie in Experiment 9.3 bewirkt.

(a) Skizzieren Sie Aufbau und Schaltplan der Messung.

(b) Lesen Sie die Frequenz des Hochfrequenzgenerators aus dem Oszillogramm ab.

(c) Warum ist der ganze Bereich zwischen den sinusförmigen Einhüllenden auf dem Oszillogramm ausgefüllt?

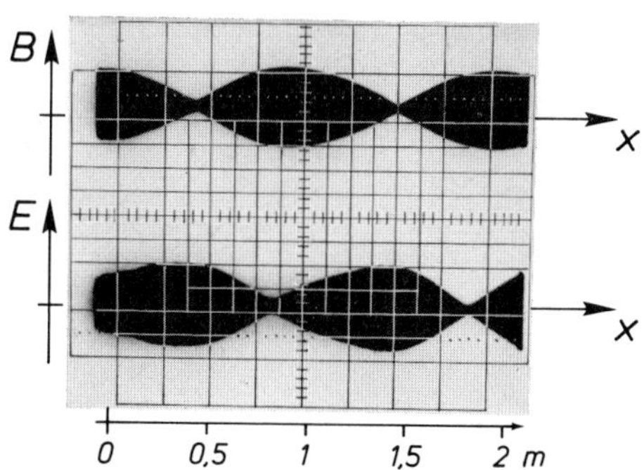

Abb.13.28. Zu Aufgabe 13.4

Anhang A: Wahrscheinlichkeiten und Verteilungen

In diesem Anhang werden einige Beziehungen über Wahrscheinlichkeitsrechnung und über Verteilungen zusammengestellt, die den Umgang mit den Energie- und Impulsverteilungen nach Fermi-Dirac bzw. Maxwell-Boltzmann erleichtern können.

A.1 Wahrscheinlichkeiten

Läßt sich das Ergebnis eines Experiments durch Angabe einer einzigen Größe x charakterisieren und kann diese Größe nur diskrete Werte x_1, x_2, ... annehmen, so gehört zu jedem Wert x_i eine Zahl

$$p_i = p(x_i) \quad , \tag{A.1.1}$$

die die Wahrscheinlichkeit dafür angibt, daß eine Messung gerade das Ergebnis x_i liefert. Führt ein Experiment mit Sicherheit immer zum gleichen Ergebnis x_E, so ist dessen Wahrscheinlichkeit gleich Eins

$$p(x_E) = 1 \quad ; \tag{A.1.2}$$

führt dagegen ein Experiment nie zum Ergebnis x_0, so ist

$$p(x_0) = 0 \quad . \tag{A.1.3}$$

Schließen die Ergebnisse x_i und x_j sich gegenseitig aus, so ist die Wahrscheinlichkeit für das Auftreten von $x_i \cup x_j$ (x_i *oder* x_j)

$$p(x_i \cup x_j) = p(x_i) + p(x_j) \tag{A.1.4}$$

(und entsprechend für $x_i \cup x_j \cup x_k$ etc.)
Da bei jedem Experiment mit Sicherheit irgendein Ergebnis – also entweder x_1 oder x_2 oder ... – eintritt, gilt wegen (A.1.2)

$$p(x_1 \cup x_2 \cup \ldots) = \sum_i p_i = \sum_i p(x_i) = 1 \quad , \tag{A.1.5}$$

wenn nur alle x_i verschieden sind.

Sind schließlich zwei verschiedene Experimente *unabhängig* voneinander und führen sie zu den Ergebnissen x_i bzw. x_j, so ist die Beobachtung von x_i im einen *und* von x_j im anderen Experiment $(x_i \cap x_j)$

$$p(x_i \cap x_j) = p(x_i) \cdot p(x_j) \quad . \tag{A.1.6}$$

Als *Erwartungswert* oder *Mittelwert* $\langle x \rangle$ der Größe x bezeichnen wir das mit den Wahrscheinlichkeiten p_i gewichtete Mittel

$$\langle x \rangle = \sum_i p_i x_i \quad . \tag{A.1.7}$$

Entsprechend können wir auch den Erwartungswert einer Funktion h(x) der Variablen x definieren

$$\langle h(x) \rangle = \sum_i p_i h(x_i) \quad . \tag{A.1.8}$$

Als Illustration betrachten wir das Würfelspiel. Das Ergebnis des Wurfs eines Würfels wird durch eine der sechs Zahlen

$$x_1, x_2, \ldots, x_6 = 1, 2, \ldots, 6$$

gekennzeichnet. Mit (A.1.5) gilt

$$p_1 + p_2 + \ldots + p_6 = 1$$

und aus Symmetriegründen

$$p_i = \frac{1}{6} \quad , \quad i = 1, 2, \ldots, 6 \quad .$$

Für das Auftreten einer geraden Augenzahl ist die Wahrscheinlichkeit nach (A.1.4)

$$p_2 + p_4 + p_6 = \frac{3}{6} = \frac{1}{2} \quad .$$

Der Erwartungswert für die Augenzahl eines Wurfes ist nach (A.1.7)

$$\langle i \rangle = \sum_{i=1}^{6} p_i i = \frac{1}{6} \sum_{i=1}^{6} i = 3{,}5 \quad .$$

Für das Auftreten zweier Sechsen in zwei unabhängigen Würfen gilt nach (A.1.6)

$$p_6 \cdot p_6 = \frac{1}{36}$$

A.2 Wahrscheinlichkeitsdichten

Kann die Größe x, die das Ergebnis eines Experiments beschreibt, nicht mehr durch diskrete Werte x_i gekennzeichnet werden, sondern ist x eine *kontinuierliche Variable*, so kann man den Wertebereich von x durch willkürliche diskrete Werte x_i in Intervalle

$$\Delta x_i = x_{i+1} - x_i$$

einteilen, wie in Abb.A.1 skizziert. Die Wahrscheinlichkeit dafür, daß ein Experiment zu einem Ergebnis x führt, welches im Interval Δx_i liegt, bezeichnen wir mit $p(\Delta x_i)$. Da das Experiment zu irgendeinem Ergebnis führt, gilt entsprechend (A.1.5)

$$\sum_{i=-\infty}^{\infty} p(\Delta x_i) = 1 \quad . \tag{A.2.1}$$

Für ein beliebiges Intervall Δx an der Stelle x betrachten wir nun den Grenzwert

$$f(x) = \lim_{\Delta x \to 0} \frac{p(\Delta x)}{\Delta x} \quad . \tag{A.2.2}$$

Wir bezeichnen ihn als die *Wahrscheinlichkeitsdichte* an der Stelle x. Die Wahrscheinlichkeit, für die Meßgröße gerade einen Wert im Intervall zwischen x und $x + dx$ zu beobachten, ist dann

$$f(x)\,dx \quad .$$

Für das endliche Intervall Δx_i erhält man (Abb.A.1)

$$p(\Delta x_i) = \int_{x=x_i}^{x=x_i+\Delta x_i} f(x)\,dx \quad . \tag{A.2.3}$$

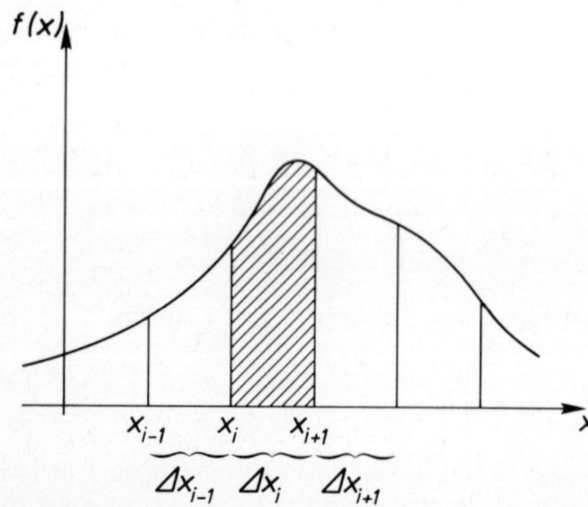

Abb.A.1. Wahrscheinlichkeitsdichte einer Variablen x. Das schraffierte Gebiet entspricht der Wahrscheinlichkeit, bei einem Experiment x gerade im Intervall Δx_i zu beobachten

Allgemein ist die Wahrscheinlichkeit dafür, daß x im Intervall $a \leq x \leq b$ liegt

$$p(a \leq x \leq b) = \int_a^b f(x)\,dx \tag{A.2.4}$$

und insbesondere – vgl. (A.2.1) –

$$\int_{-\infty}^{\infty} f(x)\,dx = 1 \quad . \tag{A.2.5}$$

Der *Erwartungswert* der Variablen x bzw. einer Funktion h(x) ist jetzt durch die Mittelungsvorschrift

$$\langle x\rangle = \int_{-\infty}^{\infty} xf(x)\,dx \tag{A.2.6}$$

bzw.

$$\langle h(x)\rangle = \int_{-\infty}^{\infty} h(x)f(x)\,dx \tag{A.2.7}$$

gegeben.

Wird ein Experiment durch mehrere Meßgrößen x, y, ... mit den Wahrscheinlichkeitsdichten $f_x(x), f_y(y)$, ... gekennzeichnet, so sind die Wahrscheinlichkeiten für die Beobachtung der ersten im Intervall (x, x+dx), der zweiten in (y, y+dy) ... durch

$$f_x(x)\,dx \quad , \quad f_y(y)\,dy \ldots$$

gegeben. Sind die Meßgrößen *unabhängig* voneinander, so ist nach (A.1.6) die Wahrscheinlichkeit dafür, die erste Größe im Intervall (x, x+dx), die zweite im Interval (y,y+dy) zu beobachten, gleich dem Produkt

$$f(x,y\ldots)\,dx\,dy \ldots = f_x(x)\,dx\, f_y(y)\,dy \ldots \quad . \tag{A.2.8}$$

Die Funktion f(x,y, ...) heißt gemeinsame Wahrscheinlichkeitsdichte der Variablen x, y, ... Die Wahrscheinlichkeit daß x *und* y in den endlichen Intervallen

$$a \leq x \leq b \quad , \quad c \leq y \leq d$$

liegen, ist

$$p(a \leq x \leq b \ , \ c \leq y \leq d) = \int_{x=a}^{b} \int_{y=c}^{d} f(x,y)\,dy\,dx \quad .$$

Setzt man für das zweite Intervall den ganzen Variabilitätsbereich von y, so erhält man – wie erwartet –

$$p(a \leq x \leq b) = \int_{x=a}^{b} \int_{y=-\infty}^{\infty} f(x,y)\,dy\,dx = \int_{x=a}^{b} f_x(x)\,dx \int_{-\infty}^{\infty} f_y(y)\,dy = \int_{a}^{b} f_x(x)\,dx$$

Für unabhängige Variablen kann so eine Wahrscheinlichkeitsdichte mehrerer Variablen durch Integration über eine oder mehrere Variablen auf eine Wahrscheinlichkeitsdichte von weniger Variablen reduziert werden

$$f_X(x) = \int_{-\infty}^{\infty} f(x,y)\,dy \quad . \tag{A.2.9}$$

Als Beispiel betrachten wir die in Mathematik und Physik gleichermaßen wichtige Wahrscheinlichkeitsdichte der *Normalverteilung* oder *Gaussverteilung* um den Nullpunkt

$$f(x) = \frac{1}{\sigma\sqrt{2\pi}} \exp\left(-\frac{x^2}{2\sigma^2}\right) \quad . \tag{A.2.10}$$

Sie ist in Abb.A.2 dargestellt und kennzeichnet z.B. die Wahrscheinlichkeit für eine Abweichung x zwischen dem wahren Wert einer Meßgröße und ihrem (fehlerbehafteten) Meßwert.

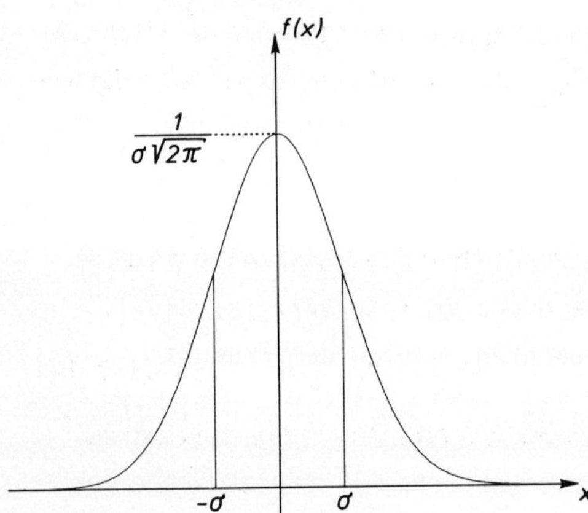

Abb.A.2. Wahrscheinlichkeitsdichte der Gaußverteilung

Wegen der Symmetrie der Gaussverteilung verschwindet der Erwartungswert von x

$$\langle x\rangle = \int_{-\infty}^{\infty} x f(x)\,dx = 0 \quad . \tag{A.2.11}$$

Für das Beispiel bedeutet das, daß die Differenz zwischen Meßgröße und wahrem Wert *im Mittel* verschwindet, denn sie kann beide Vorzeichen besitzen. Das gilt jedoch nicht für ihr Quadrat. Die *mittlere quadratische Abweichung* ist

$$\langle x^2\rangle = \int_{-\infty}^{\infty} x^2 f(x)\,dx = \sigma^2 \quad . \tag{A.2.12}$$

Der Parameter σ heißt *Breite* oder *Standard-Abweichung* der Gaussverteilung.

Die Normalverteilung beschreibt auch eine wichtige Eigenschaft des sogenannten *idealen Gases*, d.h. einer Anordnung aus vielen Atomen oder Molekülen im thermischen Gleichgewicht bei der Temperatur T. Geben wir eine x-Richtung vor und betrachten wir die Impuls-Komponente p_x eines Gasmoleküls in dieser Richtung, so ist die Wahrscheinlichkeitsdichte der Größe p_x gerade eine Normalverteilung

$$f_{p_x}(p_x) = \frac{1}{\sigma\sqrt{2\pi}} \exp\left(-\frac{p_x^2}{2\sigma^2}\right) \tag{A.2.13}$$

mit

$$\sigma^2 = mkT \quad .$$

Dabei ist m die Molekülmasse und k die Boltzmann-Konstante. Nach (A.2.11) verschwindet der Erwartungswert der Impulskomponente, weil keine Flugrichtung ausgezeichnet ist; das Quadrat von p_x hat jedoch den endlichen Erwartungswert

$$\langle p_x^2 \rangle = \sigma^2 = mkT \quad .$$

Natürlich ist das auch der Erwartungswert für die Quadrate der beiden anderen Impulskomponenten

$$\langle p_x^2 \rangle = \langle p_y^2 \rangle = \langle p_z^2 \rangle = mkT \quad . \tag{A.2.14}$$

Damit erhält man für das Quadrat des Gesamtimpulses bzw. die kinetische Energie die Erwartungswerte

$$\langle p^2 \rangle = \langle p_x^2 \rangle + \langle p_y^2 \rangle + \langle p_z^2 \rangle = 3mkT \quad , \tag{A.2.15}$$

$$\langle E_{kin} \rangle = \frac{\langle p^2 \rangle}{2m} = \frac{3}{2} kT \quad . \tag{A.2.16}$$

A.3 Verteilungen

Wir betrachten jetzt ein ideales Gas mit insgesamt N Atomen, die sich in einem abgeschlossenen Volumen V befinden, für das wir der Einfachheit halber einen Würfel der Kantenlänge $L = V^{1/3}$ wählen, wie in Abb.A.3 skizziert. Da die Wahrscheinlichkeit dafür, daß ein bestimmtes Atom einen vorgegebenen Wert der x-Koordinate hat, offenbar gar nicht von x abhängt, gilt

$$f_x(x) = \text{const} \quad , \quad \int_{x=0}^{L} f_x(x)\,dx = f_x(x) \cdot L = 1 \quad , \quad f_x(x) = \frac{1}{L} \quad . \tag{A.3.1a}$$

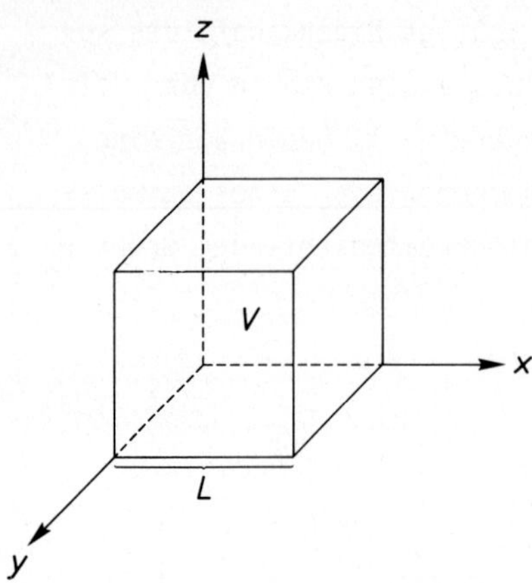

Abb.A.3. Würfel zum Einschluß eines idealen Gases

und entsprechend

$$f_y(y) = f_z(z) = \frac{1}{L} \quad . \tag{A.3.1b}$$

Die Wahrscheinlichkeit, dieses Atom im Interval dx innerhalb des Volumens V zu beobachten, ist einfach

$$f_x(x)\,dx = \frac{dx}{L} \quad .$$

Ist N hinreichend groß, so ist die Zahl der tatsächlich in diesem Intervall beobachteten Atome in sehr guter Näherung

$$N_x(x)\,dx = Nf_x(x)\,dx \quad . \tag{A.3.2}$$

Die Funktion $N_x(x)$ heißt *Verteilung* der Atome *bezüglich der Variablen* x. Für eine Wahrscheinlichkeitsdichte mehrerer Variablen gilt entsprechend

$$N_{x,y,\ldots}(x,y,\ldots) = Nf(x,y,\ldots) \quad . \tag{A.3.3}$$

Für die Verteilung bezüglich aller drei Raumkoordinaten gilt dann

$$N_{x,y,z}(x,y,z) = N_{\vec{x}}(\vec{x}) = Nf_x(x)f_y(y)f_z(z) = \frac{N}{L^3} = \frac{N}{V} = n \quad . \tag{A.3.4}$$

Die Verteilung im Raum ist die (konstante) *räumliche Teilchenzahldichte* $n = N/V$.

Betrachten wir nun die Verteilung bezüglich der Impulskomponente p_x. Gleichung (A.2.13) liefert

$$N_{p_x}(p_x) = \frac{N}{(2\pi mkT)^{1/2}} \exp\left(-\frac{p_x^2}{2mkT}\right) \quad . \tag{A.3.5}$$

Sie ist in Abb.A.4a für verschiedene Werte der Temperatur dargestellt. Man beobachtet, daß bei niedrigen Temperaturen ein größerer Teil der Atome kleinere Impulsbeträge besitzt als bei höheren. Das Integral über die ver-

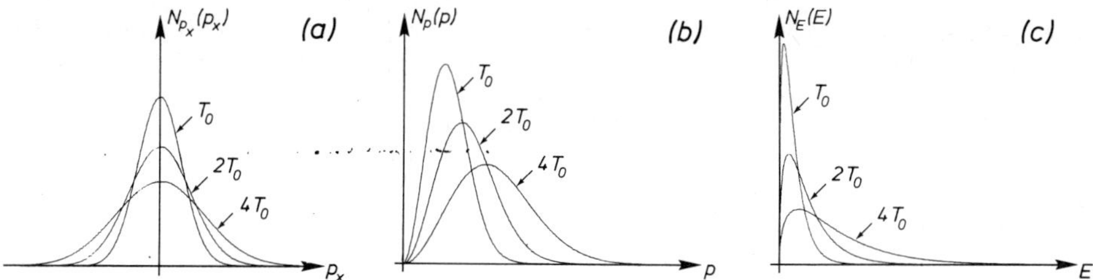

Abb.A.4. Maxwell-Boltzmann-Verteilung (a) einer Impulskomponente, (b) des Impulsbetrages und (c) der kinetischen Energie der Atome eines idealen Gases bei verschiedenen Temperaturen

schiedenen Verteilungen ist gleich entsprechend

$$\int_{-\infty}^{\infty} N_{p_x}(p_x)\, dp_x = N \int_{-\infty}^{\infty} f_{p_x}(p_x)\, dp_x = N \quad . \tag{A.3.6}$$

Die Verteilung bezüglich aller drei Impulskomponenten ist nach (A.3.3) und (A.2.8)

$$N_{\vec{p}}(\vec{p}) = N(2\pi mkT)^{-3/2} \exp\left(-\frac{p_x^2+p_y^2+p_z^2}{2mkT}\right) \quad ,$$

$$= N(2\pi mkT)^{-3/2} \exp\left(-\frac{p^2}{2mkT}\right) \quad . \tag{A.3.7}$$

In einem Volumenelement

$$dV_{\vec{p}} = dp_x dp_y dp_z = p^2\, dp\, \sin\vartheta d\vartheta d\varphi$$

des Impulsraumes — wir haben es in kartesischen und in Polarkoordinaten angegeben [vgl. (2.8.18)] — befinden sich dann

$$N_{\vec{p}}(\vec{p}) dV_{\vec{p}} = N_{\vec{p}}(\vec{p}) p^2\, dp\, \sin\vartheta d\vartheta d\varphi$$

Atome. Interessieren wir uns nur für die Abhängigkeit vom Impulsbetrag, so können wir entsprechend (A.2.9) über die Winkelvariablen integrieren.
Wegen

$$\int_{\varphi=0}^{2\pi} \int_{\vartheta=0}^{\pi} \sin\vartheta d\vartheta d\varphi = 4\pi$$

erhalten wir

$$N_p(p) dp = 4\pi N_{\vec{p}}(\vec{p}) p^2\, dp \quad ,$$

$$N_p(p) = 4\pi N p^2 (2\pi mkT)^{-3/2} \exp\left(-\frac{p^2}{2mkT}\right) \quad . \tag{A.3.8}$$

Diese Verteilung des Impulsbetrages heißt *Maxwell-Boltzmann-Verteilung* und ist in Abb.A.4b dargestellt. Wollen wir aus der Verteilung des Impulsbetrages p die Verteilung der kinetischen Energie

$$E = \frac{p^2}{2m}$$

gewinnen, so brauchen wir nur zu beachten, daß die Anzahl $N_p(p)\,dp$ der Atome in einem vorgegebenen Intervall von p gleich der Anzahl $N_E(E)\,dE$ der Atome im zugehörigen Energieintervall dE ist

$$N_E(E)\,dE = N_p(p)\,dp \quad .$$

Daraus folgt sofort

$$N_E(E) = N_p(p)\,\frac{dp}{dE} = \frac{1}{2}\,N_p(p)(2mE)^{-1/2} \quad .$$

Mit (A.3.8) erhalten wir

$$N_E(E) = 4\pi N(2mE)^{1/2}(2\pi mkT)^{-3/2}\,\exp\left(-\frac{E}{kT}\right) \quad , \tag{A.3.9}$$

die Maxwell-Boltzmann-Verteilung bezüglich der Energie (Abb.A.4c).

Anhang B: Distributionen

In diesem Anhang stellen wir einige grundlegende Definitionen der Distributionen zusammen. Wir beschränken uns dabei auf die temperierten Distributionen, die in vielen Anwendungen auf die Physik völlig ausreichen. Außerdem diskutieren wir die für die Elektrodynamik wesentlichen Beispiele der Dirac-Distribution und der Ableitungen von 1/r.

B.1 Testfunktionen

Definition: Testfunktionsraum (S) *schnell abfallender Funktionen*.
Sei (S) der lineare Vektorraum der im Intervall $-\infty < \xi < \infty$ beliebig oft stetig differenzierbaren Funktionen $g(\xi)$, die schnell abfallen, d.h. die Bedingung ($m \geq 0$, $p \geq 0$; ganzzahlig)

$$\lim_{|\xi|\to\infty} |\xi|^m \frac{d^p g}{d\xi^p}(\xi) = 0$$

erfüllen. Die Funktionen $g(\xi)$ heißen *Grund*- oder *Testfunktionen*. Der Raum (S) heißt *Grundraum* oder *Testfunktionenraum*.

Beispiel: Beliebig oft differenzierbare schnell abfallende Funktionen

$$g(\xi) = e^{-\alpha\xi^2} \quad , \quad \alpha > 0 \quad .$$

Definition: Nullfolge von Testfunktionen.
Eine Folge von Funktionen $\{g_\ell(\xi),\ \ell = 1, 2, 3, \ldots\}$ heißt dann und nur dann nach Null konvergent oder eine Nullfolge, wenn für jedes Paar $m \geq 0$, $p \geq 0$ die Folge

$$\left\{|\xi|^m g_\ell^{(p)}(\xi)\right\} \quad , \quad g_\ell^{(p)}(\xi) = \frac{dg_\ell}{d\xi^p}(\xi) \quad ,$$

gleichförmig für alle $-\infty < \xi < \infty$ nach Null konvergiert.

Definition: Konvergente Folge in (S).
Eine Folge von Testfunktionen $\{g_\ell(\xi)\}$ konvergiert gegen eine Testfunktion $g_0(\xi) \in (S)$

$$\lim_{\ell\to\infty} g_\ell(\xi) = g_0(\xi) \quad \text{bzw.} \quad g_\ell(\xi) \to g_0(\xi)$$

wenn $\{g_\ell(\xi) - g_0(\xi)\}$ eine Nullfolge ist.

B.2 Distributionen

Die Distributionen, auch verallgemeinerte Funktionen genannt, sind die linearen stetigen Funktionale über dem Grundraum (S). Wir geben die einfachsten Definitionen.

Definition: Funktional auf dem Raum (S).
Ein Funktional über dem Raum (S) ist eine Abbildung T, die jeder Funktion $g(\xi) \in (S)$ eine komplexe Zahl α zuordnet

$$\alpha = T(g) = \langle T|g\rangle$$

Definition: Lineares Funktional.
Ein Funktional T heißt linear genau dann, wenn für zwei beliebige Testfunktionen g_1, $g_2 \in (S)$ und zwei beliebige komplexe Zahlen α_1, α_2 gilt

$$\langle T|\alpha_1 g_1 + \alpha_2 g_2\rangle = \alpha_1\langle T|g_1\rangle + \alpha_2\langle T|g_2\rangle$$

Definition: Im Sinne von (S) stetiges Funktional.
Das Funktional T ist genau dann stetig im Sinne von (S), wenn für jede beliebige konvergente Folge von Testfunktionen $g_\ell \to g_0$ aus (S) gilt

$$\lim_{\ell\to\infty} \langle T|g_\ell\rangle = \langle T|\lim_{\ell\to\infty} g_\ell\rangle = \langle T|g_0\rangle \quad .$$

Definition: Temperierte Distribution. Distributionenraum (S').
Eine temperierte Distribution T ist ein im Sinne von (S) stetiges, lineares Funktional auf dem Testfunktionenraum (S). Der Raum der temperierten Distributionen wird mit (S') bezeichnet.

Definition: Ableitung einer temperierten Distribution.
Für eine temperierte Distribution $T \in (S')$ definieren wir die Ableitung T' durch

$$\langle T'|g\rangle := -\langle T|g'\rangle \quad , \quad \text{für alle} \quad g\in(S) \quad ; \quad g' = \frac{dg}{d\xi}(\xi) \quad . \tag{B.1}$$

Die Ableitung der Ordnung k ist entsprechend durch

$$\langle T^{(k)}|g\rangle := (-1)^k\langle T|g^{(k)}\rangle \quad \text{für alle} \quad g\in(S)$$

gegeben.

Satz: Für jedes $T\in(S')$ ist auch die k-te Ableitung $T^{(k)}$ eine temperierte Distribution $T^{(k)}\in(S')$.

Der Beweis geht davon aus, daß mit $g\in(S)$ auch $g^{(k)}\in(S)$ ist. Damit ist $T^{(k)}$ ein lineares Funktional auf (S). Ferner gilt für $\{g_\ell\}\to g_0\in(S)$ auch $\{g_\ell^{(k)}\}\to g_0^{(k)}\in(S)$. Damit ist auch

$$\lim_{\ell\to\infty}\langle T^{(k)}|g_\ell\rangle = (-1)^k \lim_{\ell\to\infty}\langle T|g_\ell^{(k)}\rangle = (-1)^k\langle T|\lim_{\ell\to\infty} g_\ell^{(k)}\rangle$$

$$= (-1)^k\langle T|g_0^{(k)}\rangle = \langle T^{(k)}|g_0\rangle \quad ,$$

d.h. $T^{(k)}$ ist ein im Sinne von (S) stetiges, lineares Funktional.
Die Bedeutung dieses Satzes besteht in der Aussage, daß jede temperierte Distribution beliebig oft differenzierbar ist.

Definition: Unbestimmtes Integral einer Distribution.
Sei $T\in(S')$ eine temperierte Distribution. Eine Distribution I, die die Bedingung

$$\langle I'|g\rangle = \langle T|g\rangle \quad \text{für alle} \quad g\in(S)$$

erfüllt, ist ein unbestimmtes Integral von T.

Erweitert man den Grund- oder Testfunktionenraum der schnell abfallenden Funktionen auf einen Raum von mehreren Variablen, so lassen sich ganz analog Distributionen über Funktionen mehrerer Variablen erklären. Wir verzichten auf die Angabe der Definitionen, die sich aus denen für eine Variable verallgemeinern lassen.

B.3 Anwendungen

Dirac-Deltadistribution

Wir gehen von der stetigen Funktion

$$(x-x_0)_+ := \begin{cases} 0 & \text{für} \quad x-x_0 \le 0 \\ (x-x_0) & \text{für} \quad x-x_0 \ge 0 \end{cases}$$

aus. Sie definiert eine temperierte Distribution durch $[g \in (S)]$

$$<(x-x_0)_+|g>: = \int_{-\infty}^{+\infty} (x-x_0)_+ g(x)\, dx = \int_{x_0}^{\infty} (x-x_0) g(x)\, dx \quad .$$

Ihre Ableitung ist dann durch

$$<(x-x_0)_+'|g> = -<(x-x_0)_+|g'> = -\int_{x_0}^{\infty} (x-x_0) \frac{d}{dx} g(x)\, dx$$

definiert. Durch partielle Integration der rechten Seite erhalten wir

$$<(x-x_0)_+'|g> = -[(x-x_0)g(x)]_{x=x_0}^{\infty} + \int_{x_0}^{\infty} g(x)\, dx = \int_{x_0}^{\infty} g(x)\, dx$$

$$= \int_{-\infty}^{+\infty} \Theta(x-x_0) g(x)\, dx = :<\Theta_{x_0}|g> \quad ,$$

wobei $\Theta(x-x_0)$ die Stufenfunktion ist

$$\Theta(x-x_0) = \begin{Bmatrix} 1 & \text{für} \quad x > x_0 \\ 0 & \text{für} \quad x < x_0 \end{Bmatrix} \quad ,$$

die die Θ_{x_0}-Distribution über die letzte Gleichheit definiert. Damit haben wir die Aussage

$$(x-x_0)_+' = \Theta_{x_0} \quad .$$

Sie stimmt mit der naiven Ableitung der Funktion $(x-x_0)_+$ nach x völlig überein. Die Stufenfunktion ist als Ableitung der temperierten Distribution $(x-x_0)_+$ selbst eine temperierte Distribution, wie auch aus ihrer Definition hervorgeht

$$<\Theta_{x_0}|g> = \int_{-\infty}^{+\infty} \Theta(x-x_0) g(x)\, dx = \int_{x_0}^{\infty} g(x)\, dx \quad .$$

Als nächstes betrachten wir die Ableitung der Stufendistribution Θ_{x_0}

$$<\Theta_{x_0}'|g> = -<\Theta_{x_0}|g'> = -\int_{x_0}^{\infty} \frac{d}{dx} g(x)\, dx \quad .$$

Durch partielle Ableitung gilt wieder

$$<\Theta'_{x_0}|g> = -g(x)\Big|_{x_0}^{\infty} = g(x_0) \quad .$$

Die Ableitung der Θ_{x_0}-Distribution ergibt bei Anwendung auf eine Testfunktion g(x) den Wert dieser Funktion bei x_0. Dies definiert gerade die Dirac-Deltadistribution

$$<\delta_{x_0}|g> = g(x_0) \quad ,$$

so daß wir die Formel

$$\Theta'_{x_0} = \delta_{x_0}$$

haben. Stellt man die Dirac-Distribution formal auch durch ein Integral über die "Deltafunktion" $\delta(x-x_0)$ dar

$$<\delta_{x_0}|g> = \int_{-\infty}^{+\infty} \delta(x-x_0)g(x)\,dx = g(x_0) \quad ,$$

so gilt die formale Beziehung

$$\frac{d}{dx}\Theta(x-x_0) = \delta(x-x_0) \quad .$$

Sie liefert eine distributionstheoretische Behandlung der Unstetigkeit bei $x = x_0$, deren Ableitung im Sinne der reellen Analysis nicht existiert. Da im Sinne reeller Funktionen jedoch

$$\frac{d}{dx}\Theta(x-x_0) = \begin{cases} 0 & \text{für} \quad x < 0 \quad , \\ \text{nicht existent für } x = x_0 & , \\ 0 & \text{für} \quad x > 0 \end{cases}$$

gilt, hat die δ-Distribution die Werte

$$\delta(x-x_0) = \begin{cases} 0 & \text{für} \quad x < 0 \quad , \\ \text{nicht erklärt für} & x = x_0 \quad , \\ 0 & \text{für} \quad x > 0 \quad . \end{cases}$$

Mit der Definition der Ableitung einer temperierten Distribution gilt

$$<\delta'_{x_0}|g> = -<\delta_{x_0}|g'> = -g'(x_0) \quad ,$$

in Integralschreibweise

$$\int_{-\infty}^{+\infty} \delta'(x-x_0)g(x)\,dx = -g'(x_0)$$

und analog für höhere Ableitungen der δ-Distribution.

Ableitungen von r^{-1}

Sowohl das Coulombsche Gesetz wie das Newtonsche Gravitationsgesetz lassen sich aus einem Potential, das bis auf konstante Faktoren die Form

$$\varphi(\vec{r}) = \frac{1}{r}$$

hat, durch Gradientenbildung herleiten. Offenbar ist die Funktion r^{-1} nur für Werte $r \neq 0$ differenzierbar im Sinne der Theorie der reellen Funktionen. Bei $r = 0$ hat sie eine Singularität. Wir wollen untersuchen, ob $\varphi = r^{-1}$ als Funktional auf dem von uns gewählten Grundraum aufgefaßt werden kann. Da die Funktionale auf dem Testfunktionsraum beliebig oft differenzierbar sind, wäre auf diese Weise auch die Ableitung im Punkt $r = 0$ – als Distribution – wohldefiniert. In drei Dimensionen ist das Funktional

$$\langle\varphi|g\rangle = \int_{R^3} \varphi(\vec{r})g(\vec{r})dV \quad ,$$

das durch die Integration über den ganzen dreidimensionalen Raum R^3 erklärt ist, trotz der Singularität von φ bei $r = 0$ wohldefiniert. Das sieht man am leichtesten in Polarkoordinaten

$$g_P(r,\vartheta,\varphi) = g[r\,\vec{e}_r(\vartheta,\varphi)]$$

$$\langle\varphi|g\rangle = \int_0^{2\pi}\int_{-1}^{1}\int_0^{\infty} \frac{1}{r}\, g_P(r,\vartheta,\varphi)r^2 dr\; d\cos\vartheta d\varphi \quad .$$

Wegen des Faktors r^2 im Volumelement besitzt der Integrand bei $r = 0$ keine Singularität und die obige Gleichung definiert eine temperierte Distribution über dem Grundfunktionenraum. Damit läßt sich die Ableitung des Funktionals φ durch (B.1) definieren. Das verallgemeinern wir sofort auf den Gradienten

$$\langle\vec{\nabla}\varphi|g\rangle = -(\varphi,\vec{\nabla}g) = -\int_{R^3} \varphi(\vec{r})\vec{\nabla}g(\vec{r})dV \quad .$$

Das Funktional $\vec{\nabla}\varphi$ ist aber auch selbst über dem Grundfunktionenraum durch eine Integraldarstellung wohldefiniert, weil $\varphi(\vec{r})$ außerhalb des Punktes $\vec{r} = 0$ differenzierbar ist

$$\vec{\nabla}\varphi = -\frac{\vec{r}}{r^3} = -\frac{\hat{\vec{r}}}{r^2}$$

und nur eine r^2-Singularität besitzt, die – wie man in Polarkoordinaten am einfachsten sieht – noch vom r^2 im Volumelement aufgehoben wird

$$\int_{R^3} -\frac{\hat{\vec{r}}}{r^2}\, g(\vec{r}) r^2 \, dr\, d\cos\vartheta d\varphi = -\int_{R^3} \hat{\vec{r}} g(\vec{r}) dr\, d\cos\vartheta d\varphi \quad .$$

Auch $\vec{\nabla}\varphi(\vec{r})$ ist somit selbst eine lokale dreidimensional integrierbare Funktion. Tatsächlich tritt zum erstenmal ein Problem mit der Singularität am Ursprung für die zweifache Gradientenbildung auf. Außerhalb des Punktes $\vec{r}=0$ ist $\vec{\nabla}\varphi$ gewöhnlich differenzierbar und damit gilt

$$\vec{\nabla}\otimes\vec{\nabla}\,\frac{1}{r} = -\frac{1}{r^3}\,(\underline{\underline{1}}-3\hat{\vec{r}}\otimes\hat{\vec{r}}) \quad , \quad r \neq 0 \quad .$$

Die bei $r=0$ auftretende Singularität wird vom Volumelement nicht mehr aufgehoben, so daß $\langle\vec{\nabla}\otimes\vec{\nabla}(1/r)|g\rangle$ kein gewöhnlich lokal integrierbares Funktional mehr ist. Die Definition als Distribution über dem Grundfunktionenraum geschieht jetzt mit Hilfe der Definition der Ableitung einer Distribution durch[1] (B.1)

$$\left\langle\vec{\nabla}\otimes\vec{\nabla}\,\frac{1}{r}\middle|g\right\rangle = -\left\langle\vec{\nabla}\frac{1}{r}\middle|\vec{\nabla}g\right\rangle = \left\langle\frac{1}{r}\middle|\vec{\nabla}\otimes\vec{\nabla}g\right\rangle \quad .$$

Da sowohl $1/r$ wie $\vec{\nabla}1/r$ lokal integrierbare Funktionale sind, sind beide Formen auf der rechten Seite sinnvoll. Wir gehen aus von der mittleren Form. Sie lautet explizit ausgeschrieben

$$\left\langle\vec{\nabla}\otimes\vec{\nabla}\,\frac{1}{r}\middle|g\right\rangle = -\left\langle\vec{\nabla}\,\frac{1}{r}\middle|\vec{\nabla}g\right\rangle = \left\langle\frac{\hat{\vec{r}}}{r^2}\middle|\vec{\nabla}g\right\rangle \quad .$$

Die Integralform lautet

$$\left\langle\vec{\nabla}\otimes\vec{\nabla}\,\frac{1}{r}\middle|g\right\rangle = -\int_{R^3}\vec{\nabla}\,\frac{1}{r}\otimes\vec{\nabla}g(\vec{r})dV = \int_{R^3}\frac{\hat{\vec{r}}}{r^2}\otimes\vec{\nabla}g(\vec{r})dV \quad .$$

Die beiden Integrale sind wohldefiniert. Daher können sie auch als Grenzwerte $\lim_{\varepsilon\to 0}$ von Integralen über Bereiche aufgefaßt werden, aus denen Kugeln des Radius $r=\varepsilon$ um den Punkt $r=0$ ausgestanzt wurden

$$\left\langle\vec{\nabla}\otimes\vec{\nabla}\,\frac{1}{r}\middle|g\right\rangle = \lim_{\varepsilon\to 0}\int_{r\geqq\varepsilon}\frac{\hat{\vec{r}}}{r^2}\otimes\vec{\nabla}g(\vec{r})dV \quad .$$

Im Gebiet $r\geq\varepsilon$ ist aber $\hat{\vec{r}}/r^2$ differenzierbar, so daß man durch Anwendung der partiellen Integration in 3 Dimensionen erhält

$$\left\langle\vec{\nabla}\otimes\vec{\nabla}\,\frac{1}{r}\middle|g\right\rangle = \lim_{\varepsilon\to 0}\int_{r\geqq\varepsilon} -\vec{\nabla}\otimes\frac{\hat{\vec{r}}}{r^2}\,g(\vec{r})dV + \int_{r=\varepsilon}\frac{\hat{\vec{r}}}{r^2}\,g(\vec{r})\otimes d\vec{a}$$

[1]Dabei bedeutet das Symbol $\otimes$ des direkten Produktes in der Mitte, daß stets das dyadische Produkt gemeint ist.

$$= \lim_{\varepsilon\to 0} \int\limits_{r \geq \varepsilon} -\frac{1}{r^3}(\underline{\underline{1}}-3\hat{\vec{r}}\otimes\hat{\vec{r}})g(\vec{r})dV + \int\limits_{r=\varepsilon} \frac{\hat{\vec{r}}}{r^2} g(\vec{r})\otimes d\vec{a} \quad .$$

Für die Kugeloberfläche $r = \varepsilon$ gilt

$$\vec{r} = \varepsilon\hat{\vec{r}} \quad , \quad d\vec{a} = -\hat{\vec{r}}\varepsilon^2 d\cos\vartheta d\varphi = -\hat{\vec{r}}\varepsilon^2 d\Omega \quad .$$

Das Minuszeichen tritt auf, weil die äußere Normale des Volumens $r \geq \varepsilon$ zum Kugelmittelpunkt, d.h. in Richtung $-\hat{\vec{r}}$ zeigt. Nun kann der letzte Term so ausgerechnet werden

$$\int\limits_{r=\varepsilon} \frac{\hat{\vec{r}}}{r^2} g(\vec{r})\otimes d\vec{a} = -\int\limits_0^{2\pi}\int\limits_{-1}^{+1} \frac{\hat{\vec{r}}\otimes\hat{\vec{r}}}{\varepsilon^2} g(\varepsilon\hat{\vec{r}})\varepsilon^2 d\cos\vartheta d\varphi \quad .$$

Da wir später den Grenzfall $\varepsilon \to 0$ betrachten, kann mit Hilfe des Mittelwertsatzes $g(\varepsilon\hat{\vec{r}})$ als $g(0)$ aus dem Integral herausgezogen werden und es gilt

$$\int\limits_{r=\varepsilon} \frac{\hat{\vec{r}}}{r^2} g(\vec{r})\otimes d\vec{a} = -g(0)\int \hat{\vec{r}}\otimes\hat{\vec{r}} d\Omega \quad .$$

Mit Hilfe der Polarkoordinatendarstellung von $\hat{\vec{r}}$ errechnen wir für das Integral direkt

$$\int \hat{\vec{r}}\otimes\hat{\vec{r}} d\Omega = \frac{4\pi}{3}\underline{\underline{1}} \quad .$$

Das sieht man auch direkt ein. Da das Integral einen symmetrischen Tensor darstellt, in dem die Winkelabhängigkeiten ausintegriert sind, kann es nur proportional zum Einheitstensor sein

$$\int \hat{\vec{r}}\otimes\hat{\vec{r}} d\Omega = \alpha\underline{\underline{1}} \quad .$$

Die Konstante berechnet man am einfachsten über die Spur der Tensoren auf beiden Seiten

$$\mathrm{Sp}\{\hat{\vec{r}}\otimes\hat{\vec{r}}\} = \hat{\vec{r}}^2 = 1 \quad , \quad \mathrm{Sp}\,\underline{\underline{1}} = 3 \quad ,$$

so daß als Integral

$$\int d\Omega = 4\pi$$

verbleibt und α durch

$$4\pi = 3\alpha \quad \text{d.h.} \quad \alpha = 4\pi/3$$

bestimmt wird.

Damit erhalten wir

$$\int\limits_{r=\varepsilon} \frac{\hat{\vec{r}}}{r^2}\, g(\vec{r}) \otimes d\vec{a} = -\frac{4\pi}{3}\,\underline{\underline{1}}\, g(0) = -\int\limits_{R^3} \frac{4\pi}{3}\,\underline{\underline{1}}\,\delta^3(\vec{r}) g(\vec{r}) dV \quad .$$

Die letzte Identität gilt wegen der Eigenschaften der δ-Funktion. Insgesamt folgt somit, daß das Funktional durch

$$\left\langle \vec{\nabla}\otimes\vec{\nabla}\,\frac{1}{r} \,\middle|\, g \right\rangle = \int\limits_{r \geqq \varepsilon} -\frac{1}{r^3}\,(\underline{\underline{1}} - 3\hat{\vec{r}}\otimes\hat{\vec{r}}) g(\vec{r}) dV - \frac{4\pi}{3}\,\underline{\underline{1}}\, g(0)$$

gegeben wird und die Distribution $\vec{\nabla}\otimes\vec{\nabla}\, 1/r$ durch

$$\vec{\nabla}\otimes\vec{\nabla}\,\frac{1}{r} = \lim_{\varepsilon\to 0} \frac{\Theta(r-\varepsilon)}{r^3}\,(3\hat{\vec{r}}\otimes\hat{\vec{r}} - \underline{\underline{1}}) - \frac{4\pi}{3}\,\underline{\underline{1}}\,\delta^3(\vec{r})$$

dargestellt werden kann. Das schreibt man auch in etwas großzügiger Form ohne den Limes

$$\vec{\nabla}\otimes\vec{\nabla}\,\frac{1}{r} = -\vec{\nabla}\otimes\frac{\vec{r}}{r^3} = \frac{1}{r^3}\,(3\hat{\vec{r}}\otimes\hat{\vec{r}} - \underline{\underline{1}})\Theta(r-\varepsilon) - \frac{4\pi}{3}\,\underline{\underline{1}}\,\delta^3(\vec{r}) \quad .$$

Die Behandlung des Integrals über den ersten Term geschieht, wie der oben angegebene Grenzwert $\varepsilon\to 0$ zeigt, in r im Sinne der in drei Dimensionen kugelsymmetrischen Verallgemeinerung des *Hauptwertes*. Die Kugelsymmetrie des Hauptwertes rührt davon her, daß ein Kugelvolumen vom Radius ε zur Behandlung der Singularität (Regularisierung) gewählt wurde. Das ist hier insofern wichtig, als andere Formen des Hauptwertes zu anderen Faktoren vor dem δ-Funktionsterm führen können.

Durch Bildung der Spur des Tensors $\vec{\nabla}\otimes\vec{\nabla}$ erhält man

$$\mathrm{Sp}\,\vec{\nabla}\otimes\vec{\nabla} = \Delta$$

und damit gilt

$$\Delta\,\frac{1}{r} = \mathrm{Sp}\left\{\vec{\nabla}\otimes\vec{\nabla}\,\frac{1}{r}\right\} = \lim_{\varepsilon\to 0} \frac{\Theta(r-\varepsilon)}{r^3}\,\mathrm{Sp}\{3\hat{\vec{r}}\otimes\hat{\vec{r}} - \underline{\underline{1}}\} - \frac{4\pi}{3}\,\delta^3(\vec{r})\,\mathrm{Sp}\,\underline{\underline{1}} \quad .$$

Wegen

$$\mathrm{Sp}\{\underline{\underline{1}}\} = 3 \quad \text{und} \quad \mathrm{Sp}\{\hat{\vec{r}}\otimes\hat{\vec{r}}\} = \hat{\vec{r}}\cdot\hat{\vec{r}} = 1$$

folgt für die Anwendung des Laplace-Operators auf r^{-1}

$$\Delta\,\frac{1}{r} = -4\pi\delta^3(\vec{r}) \quad .$$

Da

$$\vec{\nabla}\otimes\vec{\nabla}\,\frac{1}{r} = \frac{1}{r^3}\,(3\hat{\vec{r}}\otimes\hat{\vec{r}} - \underline{\underline{1}})\Theta(r-\varepsilon) - \frac{4\pi}{3}\,\underline{\underline{1}}\,\delta^3(\vec{r})$$

ein symmetrischer Tensor ist, verschwindet sein antisymmetrischer Anteil

$$\underline{\underline{\varepsilon}}\left(\vec{\nabla}\otimes\vec{\nabla}\,\frac{1}{r}\right) = 0 \quad .$$

Wegen

$$\underline{\underline{\varepsilon}}(\vec{\nabla}\otimes\vec{\nabla}) = \vec{\nabla}\times\vec{\nabla}$$

gilt also

$$\vec{\nabla}\times\vec{\nabla}\,\frac{1}{r} = \vec{\nabla}\times\left(\frac{-\vec{r}}{r^3}\right) = 0 \quad ,$$

d.h. das Feld $\vec{\nabla}\,1/r$ ist wirbelfrei, auch im Sinne der Distributionstheorie.

Anhang C: Formelsammlung

Diese Formelsammlung folgt nicht dem Vorgehen im Buch, d.h. vom Coulombschen Gesetz ausgehend schließlich zu den Maxwellschen Gleichungen gelangend, sondern stellt die Maxwellschen Gleichungen an die Spitze, aus denen dann die verschiedenen Phänomene als Spezialisierungen hergeleitet werden. Die mathematischen Formeln des Kapitels 2 werden wir hier nicht noch einmal zusammenfassen.

Maxwell-Gleichungen in differentieller Form

In *Abwesenheit von Materie* lauten die Gleichungen für die *elektrische Feldstärke* $\vec{E}$ und die *magnetische Induktion* $\vec{B}$

$$\vec{\nabla} \times \vec{E} = -\frac{\partial \vec{B}}{\partial t} \quad , \qquad \vec{\nabla} \cdot \vec{E} = \frac{1}{\varepsilon_0} \rho \quad ,$$

$$\vec{\nabla} \cdot \vec{B} = 0 \quad , \qquad \vec{\nabla} \times \vec{B} = \mu_0 \vec{j} + \frac{1}{c^2} \frac{\partial \vec{E}}{\partial t} \quad ,$$

ρ: Ladungsdichte,
$\vec{j}$: Stromdichte .

Die magnetische Feldkonstante wird durch die Definition der Einheit der Stromstärke (Ampère) festgelegt

$$\mu_0 = 4\pi \cdot 10^{-7}\ \mathrm{VsA^{-1}m^{-1}} \quad ,$$

die *elektrische Feldkonstante* ist dann durch

$$\varepsilon_0 = \frac{1}{\mu_0 c^2} \quad , \quad c\text{: Lichtgeschwindigkeit} \quad ,$$

gegeben und hat den Wert

$$\varepsilon_0 = 8{,}854 \cdot 10^{-12}\ \mathrm{As\,V^{-1}\,m^{-1}} \quad .$$

Die *Ladungsdichte einer Punktladung* q_0 am Ort $\vec{r}_0(t)$ ist

$$\rho_0(t,\vec{r}) = q_0 \delta^3(\vec{r}-\vec{r}_0) \quad ,$$

die *Stromdichte einer mit der Geschwindigkeit* $\vec{v}_0 = d\vec{r}_0/dt$ *bewegten Punktladung*

$$\vec{j}_0(t,\vec{r}) = q_0\vec{v}_0\delta^3(\vec{r}-\vec{r}_0) \quad .$$

Für eine große Zahl von Punktladungen an den Orten $\vec{r}_i(t)$ kann man für viele Zwecke *kontinuierliche Ladungs- und Stromdichten* einführen, indem man über ein Volumen $\Delta V = \Delta a \Delta s$, in dem hinreichend viele Punktladungen sind, mittelt

$$\rho(t,\vec{r}) = \frac{1}{\Delta V}\int_{\Delta V}\sum_{i=1}^{N} q_i\delta(\vec{r}-\vec{r}_i+\vec{r}\,')d^3\vec{r}\,'$$

$$= \frac{1}{\Delta V}\sum_{i=1}^{N} q_i\Theta(\vec{r}-\vec{r}_i,\Delta V) = \frac{Q(t,\vec{r})}{\Delta V}$$

$$\vec{j}(t,\vec{r}) = \frac{1}{\Delta V}\int\sum_{i=1}^{N} q_i\vec{v}_i\delta^3(\vec{r}-\vec{r}_i+\vec{r}\,')dV$$

$$= \frac{1}{\Delta V}\sum_{i=1}^{N} q_i\vec{v}_i\Theta(\vec{r}-\vec{r}_i,\Delta V) = \frac{I(t,\vec{r})\Delta s}{\Delta a\Delta s} = \frac{I(t,\vec{r})}{\Delta a} \quad .$$

Es gilt die *Kontinuitätsgleichung* für die Punktladung

$$\frac{\partial\rho_0}{\partial t} + \vec{\nabla}\cdot\vec{j}_0 = 0$$

und für die gemittelten Ladungsdichten

$$\frac{\partial\rho}{\partial t} + \vec{\nabla}\cdot\vec{j} = 0 \quad .$$

In *Materie* betreffen die Maxwell-Gleichungen außer den Größen $\vec{E}$ und $\vec{B}$ noch die *dielektrische Verschiebung* $\vec{D}$ und die *magnetische Feldstärke* $\vec{H}$. Sie hängen mit $\vec{E}$ und $\vec{B}$ über die *Polarisation* $\vec{P}$ bzw. die *Magnetisierung* $\vec{M}$ zusammen.

$$\vec{D} = \varepsilon_0\vec{E} + \vec{P} \qquad \vec{H} = \frac{1}{\mu_0}\vec{B} - \vec{M} \quad .$$

In *einfachen Fällen* sind $\vec{P}$ bzw. $\vec{M}$ *proportional* zu $\vec{E}$ bzw. $\vec{B}$. Dann gilt

$$\vec{P} = \varepsilon_0\chi\vec{E} \quad , \qquad \vec{M} = \frac{1}{\mu_0}\frac{\chi_M}{1+\chi_M}\vec{B} \quad ,$$

$$\vec{D} = \varepsilon_0(1+\chi)\vec{E} = \varepsilon\varepsilon_0\vec{E} \quad , \qquad \vec{H} = \frac{1}{\mu_0}\frac{1}{1+\chi_M}\vec{B} = \frac{1}{\mu\mu_0}\vec{B} \quad ,$$

χ : dielektrische Suszeptibilität ,
χ_M: magnetische Suszeptibilität ,
$\varepsilon = 1+\chi$: Dielektrizitätskonstante ,
$\mu = 1+\chi_M$: Permeabilität .

Im Vakuum gilt speziell $\chi = 0$, $\chi_M = 0$, d.h. $\varepsilon = 1$, $\mu = 1$, d.h.

$$\vec{D} = \varepsilon_0\vec{E} \quad \text{und} \quad \vec{H} = \frac{1}{\mu_0}\vec{B} \quad .$$

Der *allgemeine lineare Zusammenhang*, der mit dem Prinzip der Kausalität verträglich und zeitlich translationsinvariant ist, hat die Gestalt

$$\vec{D}(t,\vec{r}) = \varepsilon_0 \int \Theta(t-t')\underline{\underline{\varepsilon}}(t-t',\vec{r})\vec{E}(t',\vec{r})dt' \quad ,$$

$$\vec{B}(t,\vec{r}) = \mu_0 \int \Theta(t-t')\underline{\underline{\mu}}(t-t',\vec{r})\vec{B}(t',\vec{r})dt' \quad .$$

Dabei sind $\underline{\underline{\varepsilon}}$ und $\underline{\underline{\mu}}$ im allgemeinen zeit- und ortsabhängige Tensoren. Diese Darstellungen berücksichtigen lineare *Nachwirkungseffekte* der Materialien. Unabhängig von der Einschränkung der Linearität gilt im allgemeinsten Fall ein funktionaler Zusammenhang

$$\vec{D} = \vec{D}(\vec{E}) \quad , \quad \vec{H} = \vec{H}(\vec{B})$$

der charakteristisch für das Material ist. Er muß bekannt sein, damit die Maxwell-Gleichungen in Materie als vollständiger Gleichungssatz angesehen werden können. Sie lauten

$$\vec{\nabla}\times\vec{E} = -\frac{\partial\vec{B}}{\partial t} \quad , \quad \vec{\nabla}\cdot\vec{D} = \rho \quad ,$$

$$\vec{\nabla}\cdot\vec{B} = 0 \quad , \quad \vec{\nabla}\times\vec{H} = \vec{j} + \frac{\partial\vec{D}}{\partial t} \quad .$$

Maxwell-Gleichungen in Integralform

Neben den lokalen Feldgrößen $\vec{E}$, $\vec{D}$, $\vec{B}$ und $\vec{H}$ sowie den durch die Materie verursachten Größen ρ und $\vec{j}$ ist es natürlich oft günstig, die integralen Größen, die sich durch Raum-, Oberflächen- bzw. Linienintegrale bilden lassen, zu betrachten:

I) *Elektrische Spannung* U^C zwischen den Endpunkten der Kurve C

$$U^C = \int_C \vec{E}\cdot d\vec{s}$$

II) *Dielektrischer Verschiebungsfluß* Ψ^a durch die Oberfläche a

$$\Psi^a = \int_a \vec{D}\cdot d\vec{a}$$

III) *Magnetischer Induktionsfluß* Φ_m^a durch die Oberfläche a

$$\Phi_m^a = \int_a \vec{B}\cdot d\vec{a}$$

IV) *Magnetische Spannung* U_M^C zwischen den Endpunkten der Kurve C

$$U_m^C = \int_C \vec{H}\cdot d\vec{s}$$

V) *Elektrische Ladung* Q im Volumen V

$$Q^V = \int_V \rho dV$$

VI) *Elektrischer Strom* I durch die Oberfläche a

$$I^a = \int_a \vec{j} \cdot d\vec{a} \quad .$$

Die Interpretation der Maxwell-Gleichungen wird in ihrer Integralform direkt deutlich

$$U^{(a)} = \oint_{(a)} \vec{E} \cdot d\vec{s} = -\frac{d}{dt} \int_a \vec{B} \cdot d\vec{a} = -\frac{d}{dt} \Phi_m^a \quad , \quad \Psi^{(V)} = \int_{(V)} \vec{D} \cdot d\vec{a} = Q^V \quad ,$$

$$U_m^{(a)} = \int_{(a)} \vec{H} \cdot d\vec{s} = \int_a \vec{j} \cdot d\vec{a} + \frac{d}{dt} \int_a \vec{D} \cdot d\vec{a} = I^a + \frac{d}{dt} \Psi^a \quad , \quad \Phi_m^{(V)} = \int_{(V)} \vec{B} \cdot d\vec{a} = 0 \quad .$$

I) *Faradaysches Induktionsgesetz*. Die elektrische Umlaufspannung $U^{(a)}$ über den Rand (a) der Fläche a ist gleich der negativen Änderung des magnetischen Induktionsflusses Φ_m durch diese Fläche.

II) *Gaußsches Flußgesetz*. Der dielektrische Verschiebungsfluß $\Psi^{(V)}$ durch die Oberfläche (V) des Volumens V ist gleich der in diesem Volumen enthaltenen Gesamtladung Q^V.

III) *Oerstedsches Flußgesetz (Nichtexistenz magnetischer Ladungen)*. Der magnetische Induktionsfluß $\Phi_m^{(V)}$ durch den Rand (V) eines Volumens V verschwindet. In Analogie zum Coulombschen Flußgesetz besagt das, daß keine magnetischen Ladungen existieren.

IV) *Maxwellsches Verschiebungsstromgesetz*. Die magnetische Umlaufspannung $U_m^{(a)}$ über den Rand (a) der Fläche a ist gleich der Summe aus elektrischem Strom I^a und Verschiebungsstrom $I_D^a = d\Psi^a/dt$ durch diese Fläche. Der Verschiebungsstrom ist gleich der zeitlichen Änderung des dielektrischen Verschiebungsflusses.

Kontinuitätsgleichung. Ladungserhaltung

Die Kontinuitätsgleichung hat in ihrer Integralform die Gestalt

$$-\frac{d}{dt} Q^V = -\frac{d}{dt} \int_V \rho dV = \int_{(V)} \vec{j} \cdot d\vec{a} = I^{(V)} \quad .$$

Die negative zeitliche Änderung der Ladung im Volumen V ist gleich dem Strom durch seine Oberfläche (V). Sie ist der mathematische Ausdruck der *Erhaltung der Ladung*.

Skalares und Vektorpotential

Aus der Nichtexistenz magnetischer Ladungen $\vec{\nabla}\cdot\vec{B}=0$ folgt die Existenz eines *Vektorpotentials* $\vec{A}$, aus dem sich die magnetische Induktion $\vec{B}$ als Rotation ergibt

$$\vec{B} = \vec{\nabla}\times\vec{A} \quad .$$

Die homogene Maxwell-Gleichung für die Rotation der elektrischen Feldstärke erlaubt dann die Darstellung

$$\vec{E} = -\vec{\nabla}\varphi - \frac{\partial\vec{A}}{\partial t} \quad .$$

Die beiden inhomogenen Maxwell-Gleichungen liefern zwei Differentialgleichungen zweiter Ordnung für das skalare Potential φ und das Vektorpotential $\vec{A}$

$$-\Delta\varphi - \frac{\partial}{\partial t}(\vec{\nabla}\cdot\vec{A}) = \frac{1}{\varepsilon_0}\rho \quad ,$$

$$\Box\vec{A} + \vec{\nabla}\left(\frac{1}{c^2}\frac{\partial}{\partial t}\varphi + \vec{\nabla}\cdot\vec{A}\right) = \mu_0\vec{j} \quad . \qquad (C.1)$$

Eichungen der Potentiale

Jede Lösung φ und $\vec{A}$ dieser Gleichungen kann durch *Eichtransformation*, d.h. Addition der negativen Zeitableitung bzw. des Gradienten einer skalaren Funktion $\chi(t,\vec{r})$, in eine andere Lösung φ', $\vec{A}'$ überführt werden

$$\varphi' = \varphi - \frac{\partial\chi}{\partial t} \quad , \quad \vec{A}' = \vec{A} + \vec{\nabla}\chi \quad .$$

Die Feldstärken, die man aus φ' und $\vec{A}'$ berechnet, sind dieselben wie die aus φ und $\vec{A}$ bestimmten. Zwei häufig verwendete Klassen von Eichungen sind die *Lorentz-Eichung* (L) bzw. *Coulomb-Eichung* (C), in denen die Potentiale die *Lorentz-* bzw. *Coulomb-Bedingung* erfüllen

$$\frac{1}{c^2}\frac{\partial\varphi^{(L)}}{\partial t} + \vec{\nabla}\cdot\vec{A}^{(L)} = 0 \quad \text{bzw.} \quad \vec{\nabla}\cdot\vec{A}^{(C)} = 0 \quad .$$

Gleichungen für die Potentiale in Lorentz- und Coulomb-Eichung. Green-Funktion

In Lorentz-Eichung vereinfachen sich die Gleichungen (C.1) zu den *inhomogenen d'Alembert-Gleichungen*

$$\Box\varphi = \frac{1}{\varepsilon_0}\rho \quad , \quad \Box\vec{A} = \mu_0\vec{j} \quad . \tag{C.2}$$

In Coulomb-Eichung erhält man

$$\Delta\varphi^{(C)} = -\frac{1}{\varepsilon_0}\rho \quad , \quad \Box\vec{A}^{(C)} = \mu_0\vec{j} - \frac{1}{c^2}\frac{\partial}{\partial t}\vec{\nabla}\varphi^{(C)} \quad . \tag{C.3}$$

Die *Green-Funktion* dieser Gleichungen ist definiert durch die skalare Gleichung

$$\Box G(t-t',\vec{r}-\vec{r}\,') = 4\pi\delta(ct-ct')\delta^3(\vec{r}-\vec{r}\,')$$

und hat die Darstellung

$$G(t-t',\vec{r}-\vec{r}\,') = \frac{\delta(ct-ct'-|\vec{r}-\vec{r}\,'|)}{|\vec{r}-\vec{r}\,'|} \quad . \tag{C.4}$$

In Abwesenheit von Materie lassen sich die Lösungen der inhomogenen d'Alembert-Gleichungen für vorgegebene Ladungs- und Stromverteilungen ρ und $\vec{j}$ mit Hilfe der retardierten Green-Funktion (C.4) angeben

$$\varphi(t,\vec{r}) = \frac{c}{4\pi\varepsilon_0}\iint \frac{\delta(ct-ct'-|\vec{r}-\vec{r}\,'|)}{|\vec{r}-\vec{r}\,'|}\rho(t',\vec{r}\,')dt'\,dV' \quad ,$$

$$\vec{A}(t,\vec{r}) = \frac{\mu_0 c}{4\pi}\iint \frac{\delta(ct-ct'-|\vec{r}-\vec{r}\,'|)}{|\vec{r}-\vec{r}\,'|}\vec{j}(t',\vec{r}\,')dt'\,dV' \quad . \tag{C.5}$$

Mit Hilfe dieser Darstellungen lassen sich die wesentlichen elektromagnetischen Effekte berechnen. Wir unterscheiden die verschiedenen Fälle nach der Art ihrer Zeitabhängigkeit:

Elektrostatik: $\dot{\rho} = 0$, $\vec{j} = 0$, $\dot{\vec{E}} = 0$, $\dot{\vec{D}} = 0$, $\vec{B} = 0$, $\vec{H} = 0$,
Magnetostatik: $\dot{\rho} = 0$, $\dot{\vec{j}} = 0$, $\dot{\vec{E}} = 0$, $\dot{\vec{D}} = 0$, $\dot{\vec{B}} = 0$, $\dot{\vec{H}} = 0$,
Quasistationäre Vorgänge: $\dot{D} \ll j$
Schnellveränderliche Vorgänge: keine Einschränkung

Kräfte auf Ladungen

Die sich mit der Geschwindigkeit $\vec{v}$ bewegende Ladung erfährt in einem elektrischen Feld $\vec{E}$ und einem magnetischen Induktionsfeld $\vec{B}$ die Kraft

$$\vec{F} = q(\vec{E}+\vec{v}\times\vec{B}) \quad . \tag{C.6}$$

Der erste Term $q\vec{E}$ heißt *Coulomb-Kraft*, der zweite *Lorentz-Kraft*.

Energieerhaltungssatz. Poynting-Vektor

Aus den Maxwell-Gleichungen folgt der Energieerhaltungssatz für elektromagnetische Felder und Ladungs- und Stromdichten in Form des *Poyntingschen Satzes*

$$\frac{\partial}{\partial t}(w_{em}+w_A) + \vec{\nabla}\cdot\vec{S} = 0 \quad .$$

Dabei ist

$$w_{em} = w_e + w_m \quad , \quad w_e = \int_{t_0}^{t} \vec{E}\cdot\dot{\vec{D}}\,dt' \quad , \quad w_m = \int_{t_0}^{t} \vec{H}\cdot\dot{\vec{B}}\,dt'$$

die elektromagnetische Energiedichte, d.h. die Summe aus elektrischer und magnetischer Feldenergiedichte,

$$\vec{S} = \vec{E}\times\vec{H}$$

die *Energiestromdichte* (auch *Poyntingvektor* genannt) und

$$w_A = \int_{t_0}^{t} \vec{j}\cdot\vec{E}\,dt'$$

die mechanische Energiedichte, d.h. die an den Ladungsträgern des Stromes erbrachte (oder von ihnen gewonnene) Arbeit. Der Poyntingsche Satz hat die Form einer Kontinuitätsgleichung und besagt, daß die Abnahme der elektromagnetischen Feldenergiedichte w_{em} und der mechanischen Energiedichte w_A die Quelle der Energiestromdichte $\vec{S}$ ist.

Für einfache Proportionalitäten

$$\vec{D} = \varepsilon_0\varepsilon\vec{E} \qquad \vec{H} = \mu_0^{-1}\mu^{-1}\vec{B} \quad ,$$

zwischen $\vec{D}$ und $\vec{E}$ bzw. $\vec{H}$ und $\vec{B}$ haben die Energiedichten die einfache Gestalt

$$w_e = \frac{1}{2}\varepsilon_0\varepsilon\vec{E}^2 \quad , \quad w_m = \frac{1}{2\mu\mu_0}\vec{B}^2 \quad .$$

Elektrostatik

Alle Ladungen haben feste zeitunabhängige Orte, d.h.

$$\rho(t,\vec{r}) = \rho(\vec{r}) \quad , \quad \vec{j}(t,\vec{r}) = 0 \quad \text{und daher}$$

$$\dot{\vec{B}} = 0 \quad , \quad \dot{\vec{H}} = 0 \quad , \quad \dot{\vec{E}} = 0 \quad , \quad \dot{\vec{D}} = 0 \quad \text{d.h.}$$

$$\vec{A} = 0 \quad .$$

Es bleiben die Maxwell-Gleichungen

$$\vec{\nabla}\times\vec{E} = 0 \quad , \quad \vec{\nabla}\cdot\vec{D} = \rho \quad .$$

Wegen der Wirbelfreiheit von $\vec{E}$ existiert ein (wegunabhängiges) elektrostatisches Potential φ ($\varphi_0 = \varphi(\vec{r}_0)$)

$$\vec{E} = -\vec{\nabla}\varphi \quad , \quad \varphi = \varphi_0 - \int_{\vec{r}_0}^{\vec{r}} \vec{E}\cdot d\vec{r} \quad ,$$

(Spezialfall von $\vec{E} = -\vec{\nabla}\varphi - \frac{\partial}{\partial t}\vec{A}$ für $\vec{A} = 0$) .

Die Potentialdifferenz zwischen zwei Punkten heißt *Spannung* $U = \varphi_2 - \varphi_1$.

<u>Elektrostatik im Vakuum: $\vec{D} = \varepsilon_0\vec{E}$</u>

Wegen $\vec{E} = -\vec{\nabla}\varphi$ und $\vec{\nabla}\cdot\vec{E} = \frac{1}{\varepsilon_0}\rho$ gilt die *Poisson-Gleichung*

$$\Delta\varphi = -\frac{1}{\varepsilon_0}\rho$$

als Spezialfall von $\Box\varphi = \frac{1}{\varepsilon_0}\rho$.

Die Green-Funktion der Gleichung $\Delta G(\vec{r}-\vec{r}\,') = -4\pi\delta^3(\vec{r}-\vec{r}\,')$ ist

$$G(\vec{r}-\vec{r}\,') = \frac{1}{|\vec{r}-\vec{r}\,'|}$$

für die Randbedingung

$$G(\vec{r}-\vec{r}\,') \to 0 \quad , \quad \hat{\vec{r}}\cdot\vec{\nabla}G(\vec{r}-\vec{r}\,') = 0 \quad \text{für} \quad \vec{r} \to \infty \quad .$$

Lösung für $\varphi \to 0$ für $\vec{r} \to \infty$:

$$\varphi = \frac{1}{4\pi\varepsilon_0}\int \frac{\rho(\vec{r}\,')}{|\vec{r}-\vec{r}\,'|}\, dV' \quad .$$

Das gleiche Resultat erhält man aus (C.4) für zeitunabhängie Ladungsdichte. Für Punktladungsdichte $\rho(\vec{r}) = q_0\delta^3(\vec{r}-\vec{r}_0)$ einer Ladung q_0 am Ort $\vec{r}_0$ folgt

$$\varphi = \frac{1}{4\pi\varepsilon_0}\frac{q_0}{|\vec{r}-\vec{r}_0|} \quad .$$

Die Feldstärke ist dann

$$\vec{E} = -\vec{\nabla}\varphi = \frac{1}{4\pi\varepsilon_0}\frac{q_0}{|\vec{r}-\vec{r}_0|^2}\frac{\vec{r}-\vec{r}_0}{|\vec{r}-\vec{r}_0|}$$

und die Kraft auf eine Ladung q am Ort $\vec{r}$ nach (C.6) für $\vec{B} = 0$

$$\vec{F} = q\vec{E}(\vec{r}) = \frac{1}{4\pi\varepsilon_0}\frac{qq_0}{|\vec{r}-\vec{r}_0|^2}\frac{\vec{r}-\vec{r}_0}{|\vec{r}-\vec{r}_0|} \quad .$$

Das *Coulombsche Gesetz* für die Kraft zwischen den beiden Ladungen mit dem Abstand $(\vec{r}-\vec{r}_0)$ haben wir so aus den Maxwell-Gleichungen erhalten.

Ladungsdichte, Potentiale und elektrische Felder einfacher Anordnungen

Dipol am Ort $\vec{r}_0$ mit Dipolmoment $\vec{d}$, $(\vec{z} = \vec{r} - \vec{r}_0)$

$$\rho_D(\vec{r}) = -\vec{d} \cdot \vec{\nabla}\delta^3(\vec{z}) \quad , \quad \varphi_D(\vec{r}) = \frac{1}{4\pi\varepsilon_0} \frac{\vec{d}\cdot\vec{z}}{z^3} \quad ,$$

$$\vec{E}_D(\vec{r}) = \frac{1}{4\pi\varepsilon_0} \left[\lim_{\varepsilon\to 0} \frac{3(\vec{d}\cdot\hat{\vec{z}})\hat{\vec{z}} - \vec{d}}{z^3} \Theta(z-\varepsilon) - \frac{4\pi}{3} \vec{d}\delta^3(\vec{z}) \right] \quad ,$$

Dipolmoment zweier entgegengesetzt gleich großer Ladungen q im Abstand $\vec{b}$ (Vektor von negativer zu positiver Ladung)

$$\vec{d} = q\vec{b} \quad ,$$

Quadrupol am Ort $\vec{r}_0$ mit Quadrupolmoment $\underline{\underline{M}}$

$$\rho_Q = \underline{\underline{M}} \cdot (\vec{\nabla} \otimes \vec{\nabla})\delta^3(\vec{z}) = \vec{\nabla}\underline{\underline{M}}\vec{\nabla}\delta^3(\vec{r}) \quad ,$$

$$\varphi_Q(\vec{r}) = \frac{1}{4\pi\varepsilon_0} \left[\lim_{\varepsilon\to 0} \frac{3\hat{\vec{z}}\underline{\underline{M}}\hat{\vec{z}} - \mathrm{Sp}\{\underline{\underline{M}}\}}{z^3} \Theta(z-\varepsilon) - \frac{4\pi}{3} \mathrm{Sp}\{M\}\delta^3(\vec{z}) \right] \quad ,$$

$$\vec{E}_Q(\vec{r}) = -\vec{\nabla}\varphi_Q(\vec{r}) \quad ,$$

Potentielle Energie eines Dipols im elektrischen Feld

$$E_{pot}(\hat{\vec{r}}) = -\vec{d} \cdot \vec{E}(\vec{r}) \quad ,$$

Kraft auf einen Dipol im elektrischen Feld

$$\vec{F}(\vec{r}) = (\vec{d}\cdot\vec{\nabla})\vec{E}(\vec{r}) \quad ,$$

Drehmoment auf einen Dipol im elektrischen Feld

$$\vec{D}(\vec{r}) = \vec{d} \times \vec{E}(\vec{r}) \quad .$$

Multipolentwicklung des elektrostatischen Feldes einer Ladungsverteilung $\rho(\vec{r})$

$$\varphi(\vec{r}) = \frac{1}{4\pi\varepsilon_0} \left(\frac{Q}{r} + \frac{\vec{d}\cdot\hat{\vec{r}}}{r^2} + \frac{\hat{\vec{r}}\underline{\underline{M}}\hat{\vec{r}} - \mathrm{Sp}\{\underline{\underline{M}}\}}{r^3} + \ldots \right)$$

mit der *Gesamtladung*

$$Q = \int \rho(\vec{r}\,')dV' \quad ,$$

dem *Dipolmoment*

$$\vec{d} = \int \rho(\vec{r}\,')\vec{r}\,' \, dV' \quad ,$$

und dem *Quadrupolmoment*

$$\underline{\underline{M}} = \frac{1}{2} \int \rho(\vec{r}\,')(\vec{r}\,' \otimes \vec{r}\,')dV' \quad ,$$

und analogen Formeln für höhere Multipolmomente. Das elektrostatische Feld berechnet man durch Gradientbildung des Potentials.

Elektrostatik in Anwesenheit von Leitern

Auf Leitern sind elektrische Ladungen frei verschieblich, so daß ihre Oberflächen Äquipotentialflächen sind. Für vorgegebene Anordnungen von zwei Leitern besteht eine lineare Beziehung zwischen Spannung U und Ladung Q

$$Q = CU \quad .$$

Der Proportionalitätskoeffizient C heißt *Kapazität.*

Für den Plattenkondensator mit der Plattenfläche a und dem Plattenabstand b ist die Kapazität

$$C = \varepsilon_0 \frac{a}{b} \quad .$$

Ein homogenes Feld $\vec{E}_0$ influenziert auf einer Metallkugel vom Radius R um den Mittelpunkt $\vec{r}=0$ die Flächenladungsdichte

$$\sigma(\vec{r}) = 3\varepsilon_0 \vec{E}_0 \cdot \hat{\vec{r}} = 3\varepsilon_0 E_0 \cos\vartheta \quad .$$

Flächenladungen verursachen *Unstetigkeiten* der Feldstärke. Die Feldstärken $\vec{E}_1$, $\vec{E}_2$ zu beiden Seiten der ladungsbelegten Fläche mit der Normalen $\hat{\vec{n}}$ sind mit der *Flächenladungsdichte* σ verknüpft

$$(\vec{E}_1 - \vec{E}_2) \cdot \hat{\vec{n}} = \frac{1}{\varepsilon_0} \sigma \quad ,$$

die *Normalkomponente* ist unstetig.
Die *Tangentialkomponente* ist stetig

$$(\vec{E}_1 - \vec{E}_2) \times \hat{\vec{n}} = 0 \quad .$$

Elektrostatik in Materie

In Materie gelten die beiden Gleichungen

$$\vec{\nabla} \times \vec{E} = 0 \quad \text{und} \quad \vec{\nabla} \cdot \vec{D} = \rho$$

mit dem Zusammenhang

$$\vec{D} = \varepsilon_0 \vec{E} + \vec{P}$$

zwischen dielektrischer Verschiebung $\vec{D}$, elektrischer Feldstärke $\vec{E}$ und Polarisation $\vec{P}$. Die Polarisation ist durch die influenzierten oder orientierten atomaren oder molekularen Dipolmomente der Substanz bedingt. Es gilt

$$\vec{P} = n_D \vec{d} \quad ,$$

n_D: *Anzahldichte* der atomaren Dipole,
$\vec{d}$: Dipolmoment des einzelnen Atoms.

Die *Polarisationsladungsdichte* ist

$$\rho_P = - \vec{\nabla} \cdot \vec{P} \quad .$$

Die *elektronische Polarisation* beruht auf der Entstehung eines influenzierten Dipolmomentes bei kugelsymmetrischen Atomen im elektrischen Feld. Im einfachsten Fall gibt die lineare Beziehung

$$\vec{d} = \alpha \vec{E} \quad ,$$

α : *Polarisierbarkeit* eines Atoms,

die Größe des Dipolmomentes wieder. Das liefert einen linearen Zusammenhang zwischen Polarisation und elektrischer Feldstärke

$$\vec{P} = \varepsilon_0 \chi \vec{E}$$

und für die *Suszeptibilität* χ in kubischen Kristallen und amorphen Substanzen

$$\chi = \frac{\frac{n_D \alpha}{\varepsilon_0}}{1 - \frac{n_D \alpha}{3\varepsilon_0}}$$

bzw. für die *Dielektrizitätskonstante* ε die *Clausius-Mossotische Formel*

$$\varepsilon = 1 + \chi = \frac{1 + \frac{2}{3}\frac{n_D \alpha}{\varepsilon_0}}{1 - \frac{1}{3}\frac{n_D \alpha}{\varepsilon_0}} \quad .$$

Die *Orientierungspolarisation* beruht auf der Ausrichtung der permanenten Dipolmomente $\vec{d}$ von Atomen oder Molekülen mit nicht kugelsymmetrischer Ladungsverteilung im elektrischen Feld. Die hervorgerufene Polarisation ist temperaturabhängig

$$\vec{P} = n_D d \hat{\vec{E}} L\left(\frac{dE}{kT}\right) \quad , \qquad L(x) := \coth x - \frac{1}{x} \quad ,$$

$L(x)$: Langevin-Funktion,
k : Boltzmann-Konstante,
T : absolute Temperatur .

Für kleine Werte $x \ll 1$ gilt $L(x) \approx x/3$

$$\vec{P} = \frac{n_D d^2}{3kT}\vec{E} \quad , \qquad \chi = \frac{n_D d^2}{3\varepsilon_0 kT} \quad , \qquad \varepsilon = 1 + \frac{n_D d^2}{3\varepsilon_0 kT} \quad .$$

Die *Normalkomponente* der dielektrischen Verschiebung und die *Tangentialkomponente* der elektrischen Feldstärke sind an der Grenzfläche zweier Dielektrika *stetig*

$$(\vec{D}_1-\vec{D}_2)\cdot\hat{\vec{n}} = 0 \quad , \quad (\vec{E}_1-\vec{E}_2)\times\hat{\vec{n}} = 0 \quad .$$

Die *Tangentialkomponenten* der dielektrischen Verschiebung sind *unstetig*

$$(\vec{D}_1-\vec{D}_2)\times\hat{\vec{n}} = \varepsilon_0(\varepsilon_1-\varepsilon_2)\vec{E}_1\times\hat{\vec{n}} \quad .$$

Für die elektrischen Feldlinien gilt ein *Brechungsgesetz*

$$\frac{\vec{E}_1\cdot\hat{\vec{n}}}{\vec{E}_2\cdot\hat{\vec{n}}} = \frac{\varepsilon_2}{\varepsilon_1} \quad , \quad \frac{\tan\alpha_1}{\tan\alpha_2} = \frac{\varepsilon_1}{\varepsilon_2} \quad .$$

Strom in Materie

Für Substanzen, deren Dichte groß genug ist, gilt eine lineare Beziehung, das *Ohmsche Gesetz*, zwischen der Stromdichte $\vec{j}$ und der Feldstärke $\vec{E}$ an einem Ort $\vec{r}$

$$\vec{j}(\vec{r}) = \kappa\vec{E}(\vec{r}) \quad .$$

Dabei ist die spezifische Leitfähigkeit κ. Es gilt

$$\kappa = \sum_i n_i \frac{q_i^2}{m_i} \tau_i \quad ,$$

n_i: Anzahldichte der Ladungsträgerart i,
q_i: Ladung der Ladungsträgerart i,
m_i: Masse der Ladungsträgerart i,
τ_i: mittlere freie Flugzeit der Ladungsträgerart i .

Für einen ausgedehnten Leiter der Länge ℓ mit dem Querschnitt a gilt dann die Integralform des Ohmschen Gesetzes

$$I = \frac{U}{R} \quad , \quad \text{mit} \quad R = \frac{\ell}{\kappa a} \quad ,$$

I: *Strom* durch den Leiterquerschnitt,
U: *Spannung* an den Enden des Leiters,
κ: *spezifische Leitfähigkeit* des Leitermaterials,
R: *Ohmscher Widerstand* des Leiters .

Für stationäre Ströme gilt wegen $\dot{\rho} = 0$

$$\vec{\nabla}\cdot\vec{j} = 0 \quad .$$

Die *Leistungsdichte*, die das Feld an die Ladungsträger überträgt, ist

$$\nu(\vec{r}) = \vec{j}(\vec{r})\cdot\vec{E}(\vec{r}) \quad .$$

Im Leiter mit der Leitfähigkeit κ wird die elektrische Leistung

$$\nu(\vec{r}) = \vec{j}(\vec{r})\cdot\vec{E}(\vec{r}) = \kappa\vec{E}^2$$

bei Stößen in Wärme umgesetzt. Sie heißt *Joulesche Verlustleistung*.

Netzwerke

In Netzwerken mit stationären Strömen gilt

$$0 = \int_V \vec{\nabla} \cdot \vec{j}\, dV = \int_{(V)} \vec{j} \cdot d\vec{a} \quad ,$$

d.h. der Strom durch eine geschlossene Oberfläche verschwindet. Sind I_k, $k = 1, \ldots, N$, die Ströme, die durch die einzelnen Leiter auf den Knoten eines Netzwerkes zufließen, so gilt deshalb die

1. Kirchhoffsche Regel

$$\sum_{k=1}^{N} I_k = 0 \quad .$$

Sind U_k, $k = 1, \ldots, M$, die bezüglich eines Umlaufsinnes gezählten Teilspannungen längs einer Masche eines Netzwerkes, so besagt die

2. Kirchhoffsche Regel

$$\sum_{k=1}^{M} U_k = 0 \quad .$$

Eine *Reihenschaltung* Ohmscher Widerstände R_i hat den Gesamtwiderstand

$$R = \sum_{i=1}^{N} R_i \quad .$$

Für den Gesamtwiderstand R einer *Parallelschaltung* Ohmscher Widerstände R_i gilt

$$\frac{1}{R} = \sum_{i=1}^{N} \frac{1}{R_i} \quad .$$

Magnetostatik

Alle Ladungsdichten und Stromdichten sind zeitunabhängig

$$\rho(t,\vec{r}) = \rho(\vec{r}) \quad , \quad \vec{j}(t,\vec{r}) = \vec{j}(\vec{r}) \quad .$$

Die Bewegungen der Ladungen führt daher – wie die Kontinuitätsgleichung zeigt – zu stationären Strömen

$$\vec{\nabla} \cdot \vec{j}(\vec{r}) = 0 \quad .$$

Die Feldgrößen sind dann zeitunabhängig und es folgen aus den Maxwell-Gleichungen in Materie die Beziehungen

$$\vec{\nabla} \times \vec{E} = 0 \quad , \quad \vec{\nabla} \cdot \vec{D} = \rho \quad ,$$

$$\vec{\nabla} \cdot \vec{B} = 0 \quad , \quad \vec{\nabla} \times \vec{H} = \vec{j} \quad .$$

Die Gleichungen enthalten keine Kopplung der elektrischen Größen $\vec{E}$, $\vec{D}$ (deren Feldgleichungen gegenüber der Elektrostatik ungeändert sind) mit den magnetischen Größen $\vec{B}$, $\vec{H}$. Wir betrachten daher im folgenden nur die Gleichungen für $\vec{B}$ und $\vec{H}$. Die Gleichung für $\vec{H}$ in diesem Spezialfall heißt auch *Ampère'sche Gleichung*.

Magnetostatik im Vakuum: $\vec{H}=\frac{1}{\mu_0}\vec{B}$

$$\vec{\nabla}\cdot\vec{B} = 0 \quad , \quad \vec{\nabla}\times\vec{B} = \mu_0\vec{j} \quad .$$

Für das Vektorpotential ergibt sich die Gleichung

$$\Delta\vec{A} = -\mu_0\vec{j} \quad .$$

Für vorgegebene Stromdichte erhalten wir aus den Darstellungen (C.5) das Vektorpotential

$$\vec{A}(\vec{r}) = \frac{\mu_0}{4\pi}\int \frac{\vec{j}(\vec{r}\,')}{|\vec{r}-\vec{r}\,'|}\,dV'$$

und die magnetische Induktion

$$\vec{B}(\vec{r}) = \vec{\nabla}\times\vec{A}(\vec{r}) = \frac{\mu_0}{4\pi}\int \frac{\vec{j}(\vec{r}\,')\times(\vec{r}-\vec{r}\,')}{|\vec{r}-\vec{r}\,'|^3}\,dV' \quad .$$

Für einen Linienstrom I entlang der Kurve $\vec{r}\,'=\vec{r}\,'(\ell')$ mit der Bogenlänge ℓ' und der Tangente $\hat{\vec{n}}(\vec{r}\,')$ gilt das *Biot-Savartsche Gesetz* als Spezialfall

$$\vec{B}(\vec{r}) = \frac{\mu_0}{4\pi}\, I \int \frac{\hat{\vec{n}}(\vec{r}\,')\times(\vec{r}-\vec{r}\,')}{|\vec{r}-\vec{r}\,'|^3}\,d\ell' \quad .$$

Einfache magnetische Anordnungen

Induktionsfeld eines langen gestreckten Drahtes der Richtung $\hat{\vec{n}}$

$$\vec{B} = \frac{\mu_0}{2\pi}\, I\, \frac{\hat{\vec{n}}\times\vec{r}_\perp}{r_\perp}$$

$\vec{r}_\perp$: Vektor des senkrechten Abstandes vom Draht zum Aufpunkt.

Magnetischer Dipol mit Dipolmoment $\vec{m}$

Stromdichte $\vec{j}_M = -(\vec{m}\times\vec{\nabla})\delta^3(\vec{r})$,

Stationarität $\vec{\nabla}\cdot\vec{j}_M = 0$,

Vektorpotential $\vec{A}_M = -\frac{\mu_0}{4\pi}(\vec{m}\times\vec{\nabla})\frac{1}{r} = \frac{\mu_0}{4\pi}\frac{\vec{m}\times\vec{r}}{r^3}$,

Magnetische Induktion

$$\vec{B}_M = \frac{\mu_0}{4\pi}\left\{\lim_{\varepsilon\to 0}\frac{3(\vec{m}\cdot\hat{\vec{r}})\hat{\vec{r}}-\vec{m}}{r^3}\,\Theta(r-\varepsilon) + \frac{8\pi}{3}\,\vec{m}\,\delta^3(\vec{r})\right\} \quad ,$$

Potentielle Energie eines magnetischen Dipols im Induktionsfeld

$$E_{pot} = -\vec{m}\cdot\vec{B}(\vec{r}) \quad ,$$

Kraft auf einen Dipol im Induktionsfeld

$$\vec{F} = (\vec{m}\cdot\vec{\nabla})\vec{B}(\vec{r}) \quad ,$$

Drehmoment auf einen Dipol

$$\vec{D} = \vec{m}\times\vec{B}(\vec{r}) \quad .$$

Dipolmoment eines Kreisstromes

$$\vec{m} = I\pi R^2\hat{\vec{a}} \quad ,$$

I: Stromstärke des Kreisstromes,

R: Radius des Kreisstromes,

$\hat{\vec{a}}$: rechtshändige Normale auf der Kreisstromebene .

Dipolmoment einer rotierenden geladenen Kugel

$$\vec{m} = \sigma\frac{4\pi}{3}R^4\vec{\omega} \quad ,$$

σ: Oberflächenladungsdichte,
R: Kugelradius,
ω: Winkelgeschwindigkeit .

Induziertes Dipolmoment einer metallischen Kugel bei Einführung in ein magnetisches Induktionsfeld

$$\vec{m}_i = -\beta\vec{B} \quad ,$$

$$\beta = \frac{4\pi}{3}R^4\sigma\frac{q}{2m_e} \quad ,$$

β: Magnetisierbarkeit,
σ: Dichte der Leitungselektronen in der Kugel,
m_e: Elektronenmasse,
q: Ladung der Ladungsträger,
R: Kugelradius .

Induktionsfeld einer langen Spule

$$\vec{B} = \mu_0 nI\hat{\vec{a}}\Theta(R-r_\perp) \quad ,$$

n: Windungszahl pro Längeneinheit,
$\hat{\vec{a}}$: Achse der Spule,
R: Radius der Spule,
$r_\perp$: senkrechter Abstand von der Spulenachse .

Multipolentwicklung des magnetischen Induktionsfeldes einer stationären Stromdichte $\vec{j}(\vec{r})$

$$\vec{A}(\vec{r}) = \frac{\mu_0}{4\pi}\frac{\vec{m}\times\vec{r}}{r^2} + \ldots \quad .$$

Es tritt *kein Monopolterm* auf, da keine magnetischen Ladungen existieren. Das *magnetische Dipolmoment* ist

$$\vec{m} = \frac{1}{2}\int \vec{r}\,' \times \vec{j}(\vec{r}\,')dV' \quad .$$

Die höheren Terme haben analoge Formen. Das magnetische Induktionsfeld erhält man durch Bildung der Rotation des Vektorpotentials.

Magnetostatik in Materie

In Materie gelten die Gleichungen

$$\vec{\nabla}\cdot\vec{B} = 0 \quad , \quad \vec{\nabla}\times\vec{H} = \vec{j} \quad ,$$

mit der Beziehung

$$\vec{H} = \frac{1}{\mu_0}\vec{B} - \vec{M}$$

zwischen der magnetischen Feldstärke $\vec{H}$ und der magnetischen Induktion $\vec{B}$ und Magnetisierung $\vec{M}$. Die Magnetisierung ist durch die induzierten oder orientierten atomaren oder molekularen magnetischen Dipolmomente der Substanz bedingt. Es gilt

$$\vec{M} = n_M\vec{m} \quad ,$$

n_M: Anzahldichte der atomaren magnetischen Dipole,
$\vec{m}$: Dipolmoment des einzelnen Atoms oder Moleküls .

Die *Magnetisierungsstromdichte* ist

$$\vec{j}_M = \vec{\nabla}\times\vec{M} \quad .$$

Der *Diamagnetismus freier Atome* beruht auf der Entstehung eines induzierten magnetischen Momentes in der kugelsymmetrischen Hülle von Atomen oder Molekülen. Im einfachsten Fall gilt eine lineare Beziehung

$$\vec{m} = -\beta\vec{B} \quad .$$

zwischen der Induktion und dem Dipolmoment. Die *Magnetisierbarkeit* β_A eines Atoms mit der Kernladungszahl Z und den mittleren Elektronenschalenradien $\langle R_k\rangle$, $k = 1, \ldots, Z$ ist

$$\beta_A = \frac{e^2}{6m_e}\sum_{k=1}^{Z}\langle R_k^2\rangle \quad .$$

Die *magnetische Suszeptibilität* χ_M ist negativ

$$\chi_M = -\frac{\mu_0 n_M \beta}{1+\frac{1}{3}\mu_0 n_M \beta} \quad ,$$

für kleine Magnetisierbarkeit, $\mu_0 n_M \beta \ll 1$, gilt

$$\chi_M = -\mu_0 n_M \beta \quad ,$$

und für die *Permeabilität*

$$\mu = 1 + \chi_M = \frac{1 - \frac{2}{3}\mu_0 n_M \beta}{1 + \frac{1}{3}\mu_0 n_M \beta} \approx 1 - \mu_0 n_M \beta < 1 \quad .$$

Der *Paramagnetismus freier Atome* beruht auf der Orientierung bereits vorhandener permanenter Dipolmomente von Atomen oder Molekülen im magnetischen Induktionsfeld. Die dadurch hervorgerufene Magnetisierung ist temperaturabhängig

$$\vec{M} = n_M m \hat{\vec{B}} L\left(\frac{mB}{kT}\right) \quad , \quad L(x) := \coth x - \frac{1}{x} \quad ,$$

wobei L wieder die Langevin Funktion ist. Dieser Zusammenhang zwischen $\vec{B}$ und $\vec{M}$ ist nichtlinear. Für kleine Induktionen oder große Temperaturen $mB \ll kT$ gilt $x \ll 1$ und $L(x) \approx x/3$.

Dann ist ($mB \ll kT$)

$$\vec{M} = \frac{n_M m^2}{3kT}\vec{B} \quad , \quad \text{d.h.} \quad \chi_M = \mu_0 \frac{n_M m^2}{3kT}$$

und

$$\mu = 1 + \chi_M = 1 + \mu_0 \frac{n_M m^2}{3kT} > 1 \quad ,$$

so daß im Gegensatz zum Diamagnetismus die Suszeptibilität positiv und die Permeabilität größer als Eins ist.

Der *Paramagnetismus freier Elektronen* (etwa im Elektronengas eines Metalls) beruht auf der Ausrichtung der magnetischen Momente der Elektronen

$$m = \frac{1}{2}\frac{e\hbar}{m_e} = 9{,}27 \cdot 10^{-24}\,\frac{\mathrm{J}}{\mathrm{T}} \quad .$$

Er bewirkt eine Magnetisierung

$$\vec{M} = n_M m \hat{\vec{B}} L_{1/2}\left(\frac{mB}{kT}\right) \quad , \quad L_{1/2}(x) = \tanh x \quad ,$$

wobei $L_{1/2}$ die *Brillouin-Funktion* zum Spin 1/2 ist. Für kleine Werte $mB/(kT) \ll 1$ gilt wieder eine lineare Approximation

$$\vec{M} = \frac{n_M m^2}{kT}\vec{B} \quad , \quad \text{d.h.} \quad \chi_{M\,\mathrm{para}} = \mu_0 \frac{n_M m^2}{kT}$$

und für die Permeabilität

$$\mu_{\mathrm{para}} = 1 + \chi_{M\,\mathrm{para}} = 1 + \mu_0 \frac{n_M m^2}{kT} \quad .$$

Der *Diamagnetismus freier Elektronen* führt auf die Suszeptibilität

$$\chi_{M\,\mathrm{dia}} = -\frac{1}{3}\chi_{M\,\mathrm{para}} \quad ,$$

so daß insgesamt

$$\chi_M = \chi_{para} + \chi_{dia} = \frac{2}{3}\chi_{para} = \frac{2}{3}\mu_0 \frac{n_M m^2}{kT}$$

und für die gesamte *Permeabilität des Elektronengases* gilt

$$\mu = 1 + \chi_M = 1 + \frac{2}{3}\mu_0 \frac{n_M m^2}{kT} \quad .$$

Der *Ferromagnetismus* folgt der Beziehung

$$\vec{M} = \vec{M}_s L_{1/2}\left(\frac{m(B+\mu_0 WM)}{kT}\right) \quad ,$$

M : Magnetisierung,
W : Weißsche Konstante,
m : Dipolmoment des Elektrons,
M_S: Sättigungsmagnetisierung L.

Er tritt nur unterhalb der *Curie-Temperatur* T_C auf:

$$T_C = \frac{1}{k}\mu_0 m(W+1)M_S \quad .$$

Quasistationäre Vorgänge

Außer den zeitunabhängigen elektromagnetischen Phänomenen (Elektrostatik, Magnetostatik) kann man noch eine Näherung der Maxwell-Gleichungen – die quasistationäre – betrachten. Sie beschreibt langsam veränderliche Vorgänge, bei denen die Verschiebungsstromdichte $\dot{\vec{D}}$ gegen die Stromdichte $\vec{j}$ vernachlässigt werden kann. Die aus den Maxwell-Gleichungen folgenden Beziehungen lauten dann

$$\vec{\nabla} \times \vec{E} = -\frac{\partial \vec{B}}{\partial t} \quad , \quad \vec{\nabla} \cdot \vec{D} = \rho \quad ,$$

$$\vec{\nabla} \cdot \vec{B} = 0 \quad , \quad \vec{\nabla} \times \vec{H} = \vec{j} \quad .$$

Die Vernachlässigung von $\dot{\vec{D}}$ in der Gleichung für $\vec{H}$ verlangt, daß die Stromdichte – wenigstens in guter Näherung – stationär sein muß, $\vec{\nabla} \cdot \vec{j} = 0$. Die Vernachlässigung von $\dot{\vec{D}}$ ändert den Charakter der Differentialgleichungen für φ und $\vec{A}$. In Coulomb-Eichung enthält keine der Gleichungen mehr eine Zeitableitung, so daß die Lösungen auf zeitliche Veränderungen der Ströme instantan, d.h. ohne die von der endlichen Ausbreitungsgeschwindigkeit c der Feldstörung herrührende Verzögerung (Retardierung) reagieren. Deshalb kann diese Näherung nur für elektrische Systeme richtig sein, für deren Ausdehnung

$$\ell \ll cT$$

gilt, wobei T eine für die zeitlichen Änderungen typische Konstante, etwa die zeitliche Periode einer Schwingung, ist. Nur in diesem Fall ist die Vernachlässigung von $\dot{\vec{D}}$ gerechtfertigt.

Gegen- und *Selbstinduktion* induzieren Gegenspannungen in Leiterkreisen. Die von einem Leiterkreis 1 in einem Stromkreis 2 induzierte Gegenspannung ist

$$U_{21}^{ind}(t) = -L_{21}\dot{I}_1(t) \quad ,$$

L_{21}: *Gegeninduktionskoeffizient, Gegeninduktivität* .

Analog induziert der Strom 2 auch im Leiterkreis 2 eine Gegenspannung

$$U_{22}^{ind} = -L_{22}\dot{I}_2(t) = -L\dot{I}_2(t) \quad ,$$

$L_{22} = L$: *Selbstinduktionskoeffizient, Selbstinduktivität* .

Magnetische Energie eines Leiterkreises

$$W_m = \frac{1}{2} LI^2 \quad .$$

Spannungsverhältnis am *Transformator*

$$\frac{U_1}{U_2} = -\frac{N_1}{N_2} \quad ,$$

U_1: Primärspannung,
U_2: Sekundärspannung,
N_1: Windungszahl der Primärspule,
N_2: Windungszahl der Sekundärspule .

Elektrischer Schwingkreis

Differentialgleichung der gedämpften Schwingung

$$L\ddot{I} + R\dot{I} + \frac{1}{C} I = 0 \quad .$$

Komplexe Lösung:

$$I = c_1 e^{i\Omega_+ t} + c_2 e^{i\Omega_- t} \quad ,$$

c_1, c_2: Konstanten, durch Anfangsbestimmungen bestimmt,

$$\Omega_\pm = i\gamma \pm \omega_R \quad , \quad \omega_R = \sqrt{\omega_0^2 - \gamma^2} \quad , \quad \omega_0 = \frac{1}{\sqrt{LC}} \quad , \quad \gamma = \frac{R}{2L} \quad .$$

Je nach der Größe der Dämpfung unterscheidet man

- den *Schwingfall* für $R^2 < 4L/C$ mit einer gedämpften Schwingung

$$I(t) = A e^{-\gamma t} \cos(\omega_R t - \delta) \quad ,$$

- den *Kriechfall* für $R^2 > 4L/C$ mit einer exponentiell abfallenden Stromstärke, $\omega_R = i\lambda$,

$$I(t) = \frac{1}{2} e^{-\gamma t}\left(a_1 e^{-\lambda t} + a_2 e^{\lambda t}\right) \quad ,$$

- den *aperiodischen Grenzfall* $R^2 = 4L/C$, d.h. $\omega_R = 0$,

$$I(t) = e^{-\gamma t}[I_0 + (\dot{I}_0 + \gamma I_0)t] \quad .$$

Wechselstromkreise

Wechselstromkreise haben harmonisch mit einer Kreisfrequenz ω schwingende Ströme und Spannungen. Für Wechselstromnetze gelten die Kirchhoffschen Regeln, wenn man für Ströme, Spannungen und Widerstände *komplexe Größen* I_c, U_c, Z einführt.

$$I_c = I_0 \, e^{i(\omega t - \delta_I)} \quad , \quad U_c = U_0 \, e^{i(\omega t - \delta_U)} \quad , \quad Z = |Z| \, e^{i\varphi} \quad .$$

Die Widerstandsgrößen sind für

- Ohmsche Widerstände *reell* $Z_{Ohm} = R$,
- Induktivitäten *positiv imaginär* $Z_{ind} = i\omega L$,
- Kapazitäten *negativ imaginär* $Z_{kap} = 1/i\omega C = -i/\omega C$.

Das *Ohmsche Gesetz* lautet

$$U_c = ZI_c \quad , \quad Z = |Z| \, e^{i\varphi} = \frac{U_0}{I_0} \, e^{-i(\delta_U - \delta_I)} \quad .$$

Die Kirchhoffschen Regeln gelten für die komplexen Ströme und Spannungen.

Für *Reihenschaltungen* von Ohmschen Widerstand, Induktivität und Kapazität gilt

$$Z = R + i\left(\omega L - \frac{1}{\omega C}\right) \quad ,$$

für *Parallelschaltungen*

$$\frac{1}{Z} = \frac{1}{R} + \frac{1}{i\omega L} + i\omega C \quad .$$

Der Betrag des komplexen Widerstandes $|Z| = U_0/I_0$ heißt *Impedanz*; sein Argument $\varphi = \delta_U - \delta_I$ wird als *Phase* bezeichnet. Sie gibt die *Phasenverschiebung* zwischen Spannung und Strom an.
Bei einer Zerlegung von Z in Real- und Imaginärteil

$$Z = \mathrm{Re}\{Z\} + \mathrm{Im}\{Z\} \quad ,$$

heißt der Realteil *Wirkwiderstand*, der Imaginärteil *Blindwiderstand*. Die *mittlere Leistung* im Wechselstromkreis ist

$$\langle N \rangle = \frac{1}{2} U_0 I_0 \cos\varphi = U_{eff} I_{eff} \cos\varphi \quad ,$$

mit den *Effektivwerten von Spannung und Strom*

$$U_{eff} = \frac{1}{\sqrt{2}} U_0 \quad , \quad I_{eff} = \frac{1}{\sqrt{2}} I_0 \quad .$$

Im *Serienresonanzkreis* mit dem komplexen Widerstand

$$Z = R + i\left(\omega L - \frac{1}{\omega C}\right)$$

tritt ein Maximum der mittleren Leistungsaufnahme

$$\langle N \rangle = \frac{1}{2} U_0^2 \frac{R}{R^2 + (\omega L - \frac{1}{\omega C})^2} \quad ,$$

d.h. eine *Resonanz* bei der *Eigenfrequenz* ω_0 des ungedämpften Schwingkreises auf

$$\omega_0 = \frac{1}{\sqrt{LC}} \quad .$$

Ihre *Breite* ist durch $2\gamma = R/L$ gegeben.

Schnellveränderliche elektromagnetische Vorgänge

Dieser Abschnitt stellt die Formeln einfacher Anwendungen der vollständigen Maxwell-Gleichungen auf schnellveränderliche elektromagnetische Vorgänge zusammen.

Ebene Wellen: Die homogenen Maxwell-Gleichungen, d.h. für verschwindende Ladungs- und Stromdichten haben ebene Wellenlösungen, die in komplexer Darstellung die Form haben

$$\vec{E}_c = \vec{E}_0 \, e^{-i(\omega t - \vec{k}\vec{x})} \quad , \quad \vec{B}_c = \frac{1}{c} \vec{k} \times \vec{E}_c \quad .$$

Die physikalischen Felder sind die Realteile $\vec{E} = \mathrm{Re}\{\vec{E}_c\}$, $\vec{B} = \mathrm{Re}\{\vec{B}_c\}$ dieser Ansätze. Wir nennen

ω : die Kreisfrequenz

$\vec{k}$: den Wellenvektor,

$k = |\vec{k}|$: die Wellenzahl

$\nu = \frac{\omega}{2\pi}$: die Frequenz,

$T = \frac{2\pi}{\omega}$: die Periode,

$\lambda = \frac{2\pi}{k}$: die Wellenlänge .

Die *Phasengeschwindigkeit* der Wellen in Materie ist gegeben durch

$$c_M^2 = \frac{1}{\varepsilon\varepsilon_0\mu\mu_0} = \frac{c^2}{n^2} \quad ,$$

$c = \frac{1}{\sqrt{\varepsilon_0\mu_0}}$: Lichtgeschwindigkeit im Vakuum,

$n = \sqrt{\varepsilon\mu}$: *Brechungsindex* des Materials.

Eine ebene Welle hat die *Energiedichte*

$$w_{em} = \varepsilon_0 \vec{E} \cdot \vec{D}$$

und die Energieflußdichte

$$\vec{S} = c\hat{\vec{k}} w_{em} \quad .$$

Doppler-Effekt: Bewegt sich die Lichtquelle mit der Geschwindigkeit v vom Beobachter weg, so ist die beobachtete Frequenz ω' der von der Lichtquelle ausgesendeten Welle geändert (Doppler-Effekt)

$$\omega' = \omega \sqrt{\frac{1-v/c}{1+v/c}} \quad .$$

Superpositionsprinzip: Lösungen $(\vec{E}_1, \vec{B}_1)$, $(\vec{E}_2, \vec{B}_2)$ der homogenen Maxwell-Gleichungen können superponiert, d.h. linear zu einer neuen Lösung überlagert werden

$$(\vec{E},\vec{B}) = (\vec{E}_1+\vec{E}_2, \vec{B}_1+\vec{B}_2) \quad .$$

Die Superposition von Wellen führt zum physikalischen Phänomen der *Interferenz*.

Polarisation: Elektromagnetische Wellen mit fester, zeitunabhängiger Richtung des elektrischen Feldstärkevektors

$$\vec{E}_c = \vec{E}_0 \, e^{-i(\omega t - \vec{k}\vec{x})}$$

heißen *linear polarisiert* in Richtung $\hat{\vec{E}}_0$. Die Überlagerung linear polarisierter Wellen gleichen Wellenvektors führt zu *zirkular* oder *elliptisch polarisierten Wellen*.

Drahtwellen: Wir betrachten eine unendlich lange verlustfreie Leitung entlang der z-Achse in einem Material mit der Dielektrizitätskonstanten ε und der Permeabilität μ. Geeignete Anfangsbedingungen erzwingen Transversalwellen, deren Feldstärkevektoren auf der Drahtachse, die in die z-Richtung zeigt, senkrecht stehen und faktorisieren

$$\varphi(t,\vec{x}) = f(\vec{x}_\perp)U(t,z) \ , \ A_z(t,\vec{x}) = \alpha(\vec{x}_\perp)I(t,z) \ , \ \vec{A}_\perp(t,\vec{x}) = 0 \quad .$$

Das Transversalzeichen bezieht sich auf $\vec{x}_\perp = (x,y)$. Die Faktoren in der Darstellung erfüllen die *zweidimensionalen Laplace-Gleichungen*

$$\Delta_\perp f(\vec{x}_\perp) = 0 \quad , \quad \Delta_\perp \alpha(x_\perp) = 0 \quad ,$$

bzw. die *zweidimensionalen d'Alembert-Gleichungen (Telegrafengleichungen)*

$$\Box_z U(t,z) = 0 \quad , \quad \Box_z I(t,z) = 0 \quad ,$$

$$\Delta_\perp = \partial^2/\partial x^2 + \partial^2/\partial y^2 \quad , \quad \Box_z = c_M^{-2}\partial^2/\partial t^2 - \partial^2/\partial z^2 \quad .$$

Die Größe $c_M = (\varepsilon_0 \varepsilon \mu \mu_0)^{-\frac{1}{2}}$ ist die Ausbreitungsgeschwindigkeit eines *Signals* über die Leitung.

Wenn Z der *Wellenwiderstand* der Leitung ist (Berechnung siehe unten), gilt

$$\frac{f(\vec{x}_\perp)}{\alpha(\vec{x}_\perp)} = \frac{c_M}{Z}$$

und für die zeitabhängigen Faktoren sind die allgemeinen Lösungen

$$U(t,z) = u_+[c_M(t-t_0)-z] + u_-[c_M(t-t_0)+z] \quad ,$$

$$I(t,z) = \frac{1}{Z}\left\{u_+[c_M(t-t_0)-z] - u_-[c_M(t-t_0)+z]\right\}$$

Überlagerungen von zwei beliebigen in positive bzw. negative z-Richtung laufende Spannungs- und Stromverläufen. Sie können durch Anfangsbedingungen festgelegt werden.

Der Wellenwiderstand ist durch die Kapazität pro Längeneinheit C' und die Induktivität pro Längeneinheit L' gegeben

$$Z = (L'/C')^{-\frac{1}{2}} \quad .$$

Dabei gilt stets $L'C' = c_M^{-2}$.

Die *Leitung endlicher Länge* ℓ kann durch ein Spiegelungsverfahren in guter Näherung behandelt werden. Speist man in die Leitung bei $z = 0$ ein Signal $u[c_M(t-t_0)]$ ein, so ist die Lösung von dem Abschluß der Leitung bei $z = \ell$ abhängig.

a) *Offene Leitung* bei $z = \ell$

$$U(t,z) = u[c_M(t-t_0)-z] + u[c_M(t-t_0)+z-2\ell] \quad ,$$

$$I(t,z) = \frac{1}{Z}\left\{u[c_M(t-t_0)-z] - u[c_M(t-t_0)+z-2\ell]\right\} \quad .$$

Der Spannungsverlauf u und der zugehörige Stromverlauf u/Z werden am Ende der Leitung bei $z = \ell$ reflektiert.

b) Durch *Ohmschen Widerstand R abgeschlossene Leitung*

Strom und Spannung haben den Verlauf

$$U(t,z) = u[c_M(t-t_0-z] + ru[c_M(t-t_0)+z-2\ell] \quad ,$$

$$I(t,z) = \frac{1}{Z}\left\{u[(c_M(t-t_0)-z] - ru[c_M(t-t_0)+z-2\ell]\right\}$$

mit

$$r = (R-Z)/(R+Z) \quad .$$

Falls der Ohmsche Abschlußwiderstand R gleich dem Wellenwiderstand Z gewählt wird, ist $r=0$, d.h. es tritt keine Reflexion auf.

Für *Kapazität* C' bzw. *Induktivität* L' pro Länge gilt

$$C' = \varepsilon\varepsilon_0 \oint_{(a)} f(\vec{x}_\perp)\left[\vec{e}_z\times\vec{\nabla}_\perp f(\vec{x}_\perp)\right]\cdot d\vec{s} \quad , \quad L' = \frac{1}{c_M^2 C'} \quad ,$$

(a): Berandung der felderfüllten Fläche in der Ebene $z=\mathrm{const}$,

$\vec{\nabla}_\perp = \vec{e}_x\partial/\partial x + \vec{e}_y\partial/\partial y$: zweidimensionaler Gradient in (x,y)-Ebene für $z=\mathrm{const}$.

Zylindrisches Koaxialkabel: Für Kapazität, bzw. Induktivität L' pro Längeneinheit sowie Wellenwiderstand Z gilt

$$C' = \frac{2\pi\varepsilon\varepsilon_0}{\ln(R_2/R_1)} \quad , \quad L' = \frac{\mu\mu_0}{2\pi}\ln\frac{R_2}{R_1} \quad , \quad Z = \frac{1}{2\pi}\sqrt{\frac{\mu_0\mu}{\varepsilon_0\varepsilon}}\ln\frac{R_2}{R_1} \quad ,$$

R_2, R_1: Radius des Außen- bzw. Innenleiters,

ε, μ : Dielektrizitätskonstante bzw. Permeabilität des Isolationsmaterials zwischen Außen- und Innenleiter .

Lecherleitung: Für Kapazität C' bzw. Induktivität L' pro Längeneinheit sowie Wellenwiderstand Z gilt

$$C' = \frac{\pi\varepsilon_0\varepsilon}{\ln a/R} \quad , \quad L' = \frac{\mu_0\mu}{\pi}\ln\frac{a}{R} \quad , \quad Z = \frac{1}{\pi}\sqrt{\frac{\mu_0\mu}{\varepsilon_0\varepsilon}}\ln\frac{a}{R} \quad ,$$

a: Abstand der beiden Leiter,
R: Radius der beiden Leiter,
ε,μ: Dielektrizitätskonstante bzw. Permeabilität des die beiden Leiter umgebenden Mediums.

Erzeugung elektromagnetischer Wellen

Abstrahlung eines schwingenden elektrischen Dipols

Ladungsdichte	$\rho = -\vec{d}\cdot\vec{\nabla}\delta^3(\vec{r}) \quad ,$
zeitabhängiges Dipolmoment	$\vec{d} = \vec{d}(ct) \quad ,$
Stromdichte	$\vec{j} = \dot{\vec{d}}\delta^3(\vec{r}) = c\vec{d}'\delta^3(\vec{r}) \quad , \quad \vec{d}' = \frac{d}{d[ct]}\vec{d} \quad ,$
skalares Potential	$\varphi_e(t,\vec{r}) = -\frac{1}{4\pi\varepsilon_0}\vec{\nabla}\cdot\frac{\vec{d}(ct-r)}{r} \quad ,$
Vektorpotential	$\vec{A}_e(t,\vec{r}) = \frac{\mu_0 c}{4\pi}\frac{\vec{d}'(ct-r)}{r} \quad ,$
Felder in der Fernzone $kr \gg 1$	$\vec{E}_e = \frac{1}{4\pi\varepsilon_0}\frac{(\vec{d}''\cdot\hat{\vec{r}})\hat{\vec{r}}-\vec{d}''}{r} \quad , \quad \vec{B}_e = \frac{\mu_0 c}{4\pi}\frac{\vec{d}''\times\hat{\vec{r}}}{r} = \frac{1}{c}(\hat{\vec{r}}\times\vec{E}_e) \quad ,$

Poynting-Vektor in der Fernzone: $\vec{S} = \frac{(\vec{d}''\times\hat{\vec{r}})^2}{16\pi^2\varepsilon_0 c r^2}\hat{\vec{r}}$,

Abstrahlung eines schwingenden magnetischen Dipols

Ladungsdichte $\rho(t,\vec{r}) = 0$,

Stromdichte $\vec{j}(t,\vec{r}) = -(\vec{m}\times\vec{\nabla})\delta^3(\vec{r})$,

zeitabhängiges magnetisches Dipolmoment $\vec{m} = \vec{m}(ct)$,

skalares Potential $\varphi_m(t,\vec{r}) = 0$,

Vektorpotential $\vec{A}_m(t,\vec{r}) = \frac{\mu_0}{4\pi}\vec{\nabla}\times\frac{\vec{m}(ct-r)}{r}$,

Zusammenhang der Felder und des Poynting-Vektors mit den Größen des elektrischen Dipols

$$\vec{E}_m = -c\vec{B}_e\Big|_{\vec{d}=\vec{m}/c} \quad , \quad \vec{B}_m = \frac{1}{c}\vec{E}_e\Big|_{\vec{d}=\vec{m}/c} \quad , \quad \vec{S}_m = \vec{S}_e\Big|_{\vec{d}=\vec{m}/c} \quad .$$

Abstrahlung eines bewegten geladenen Teilchens der Ladung q

Bahn, Geschwindigkeit und Beschleunigung $\vec{r}_0(t)$, $\vec{v}_0(t) = \frac{d\vec{r}_0}{dt}$, $\vec{a}_0(t) = \frac{d\vec{v}_0}{dt}$,

Relativvektor $\vec{z}(t)$ vom Teilchenort $\vec{r}_0(t)$ zum Feldaufpunkt $\vec{r}$ $\vec{z}(t) = \vec{r} - \vec{r}_0(t)$,

Ladungsdichte $\rho(t,\vec{r}) = q\delta^3[\vec{z}(t)]$,

Stromdichte $\vec{j}(t,\vec{r}) = q\vec{v}_0(t)\delta^3[\vec{z}(t)]$,

Liénard-Wiechert-Potentiale

$$\varphi(t,r) = \frac{q}{4\pi\varepsilon_0}\frac{1}{|\vec{z}(t')| - \frac{1}{c}\vec{v}_0(t')\cdot\vec{z}(t')} ,$$

$$\vec{A}(t,\vec{r}) = \frac{\mu_0 q}{4\pi}\frac{\vec{v}_0(t')}{|\vec{z}(t')| - \frac{1}{c}\vec{v}_0(t')\cdot\vec{z}(t')} = \frac{\vec{v}_0(t')}{c}\frac{\varphi(t,\vec{r})}{c} .$$

Dabei ist der *retardierte Zeitpunkt* gegeben durch

$$ct' - ct + |\vec{r} - \vec{r}_0(t')| = 0 . \tag{C.7}$$

Felder des strahlenden Teilchens $[\beta' = \frac{1}{c}v_0(t')]$

$$\vec{E} = \frac{q}{4\pi\varepsilon_0}\frac{(c\vec{z}'-z'\vec{v}_0')c^2(1-\beta'^2)+\vec{z}'\times[(c\vec{z}'-z'\vec{v}_0')\times\vec{a}_0']}{(cz'-\vec{v}_0'\cdot\vec{z}')^3} \quad , \quad \vec{B} = \frac{1}{c}\hat{\vec{z}}\times\vec{E} \quad .$$

Die gestrichenen Größen sind Funktionen der retardierten Zeit t', z.B. $\vec{z}\,' = \vec{z}(t')$, die nach (C.7) durch die Zeit t substituiert werden muß.

Poynting-Vektor

$$\vec{S}(t,\vec{r}) = \frac{q^2\mu_0}{16\pi^2 c}\,\frac{1}{z'^2}\,\frac{(\hat{\vec{z}}\,'\times\vec{a}_0')^2 - 2(\vec{\beta}\,'\times\vec{a}_0')\cdot(\hat{\vec{z}}\,'\times\vec{a}_0') + (\vec{\beta}\,'\times\vec{a}_0')^2 - [\hat{\vec{z}}\,'\cdot(\vec{\beta}\,'\times\vec{a}_0')]^2}{(1-\vec{\beta}\,'\cdot\hat{\vec{z}}\,')^6} \quad .$$

Abgestrahlte Leistung des Teilchens pro Raumwinkeleinheit

$$\frac{dN(t')}{d\Omega} = z'^2(\vec{S}\cdot\hat{\vec{z}}\,')(1-\vec{\beta}\cdot\hat{\vec{z}}\,') \quad ,$$

Gesamte abgestrahlte Leistung

$$N(t') = \frac{2}{3}\,\frac{\mu_0 q^2}{4\pi c}\,a_0^2\gamma^6 \quad .$$

Relativistisch kovariante Formulierung der Elektrodynamik

Die *Ladung* q eines Teilchens ist eine *relativistische Invariante*. Die Kraft (C.6)

$$\vec{F} = q(\vec{E} + \vec{v}\times\vec{B})$$

wird zu einem Ausdruck für die relativistische *Minkowski-Kraft*, $\underset{\sim}{K} = (K^0, \vec{K})$ die auf ein mit der Geschwindigkeit $\vec{v}$ bewegtes Teilchen wirkt

$$\vec{K} = \gamma\vec{F} = q\left(\frac{\vec{E}}{c}\gamma c - \underset{\equiv}{\varepsilon}\vec{B}\gamma\vec{v}\right) \quad ,$$

$$K^0 = -\frac{\vec{v}}{c}\cdot\vec{K} = -\vec{F}\cdot\gamma\,\frac{\vec{v}}{c} = -q\,\frac{\vec{E}}{c}\cdot(\gamma\vec{v}) \quad .$$

Da die *Vierergeschwindigkeit* $\underset{\sim}{u}$ die Komponenten

$$u_0 = \gamma c \quad , \quad \vec{u} = \gamma\vec{v} \quad ,$$

$$(u)_\nu = (u_0, u_1, u_2, u_3) = (u_0, -\vec{u}) = (\gamma c, -\gamma\vec{v})$$

besitzt, gilt

$$K^0 = -q\,\frac{\vec{E}}{c}\cdot\vec{u} \quad , \quad \vec{K} = q\left[\frac{\vec{E}}{c}u_0 - \underset{\equiv}{\varepsilon}\vec{B}\vec{u}\right] \quad .$$

Da Minkowski-Kraft $\underset{\sim}{K}$ und Vierergeschwindigkeit $\underset{\sim}{u}$ Vierervektoren sind, ist die allgemeinste relativistisch kovariante Transformation zwischen ihnen ein *Vierertensor* $\underset{\approx}{F}$

$$\underset{\sim}{K} = q\underset{\approx}{F}\underset{\sim}{u} \quad , \quad K^\mu = qF^{\mu\nu}u_\nu \quad .$$

Damit sind die Felder $\vec{E}$, $\vec{B}$ Komponenten eines antisymmetrischen *Viererfeldtensors*

$$\underset{\approx}{F} = F^{\mu\nu} \underset{\sim}{e}_\mu \otimes \underset{\sim}{e}_\nu \quad ,$$

$$F^{\mu\nu} = (\underset{\approx}{F})^{\mu\nu} = \begin{pmatrix} 0 & -\frac{1}{c}E_1 & -\frac{1}{c}E_2 & -\frac{1}{c}E_3 \\ \frac{1}{c}E_1 & 0 & -B_3 & B_2 \\ \frac{1}{c}E_2 & B_3 & 0 & -B_1 \\ \frac{1}{c}E_3 & -B_2 & B_1 & 0 \end{pmatrix} ,$$

in Blockform

$$(\underset{\approx}{F}) = \begin{pmatrix} 0 & -\frac{1}{c}\vec{E} \\ \frac{1}{c}\vec{E} & -\vec{B}\underline{\underline{\varepsilon}} \end{pmatrix} .$$

In dem zu $\underset{\approx}{F}$ dualen Tensor $\overset{*}{\underset{\approx}{F}}$ tauschen $\frac{1}{c}E_i$ und $-B_i$ die Plätze

$$^*F^{\mu\nu} = (^*F)^{\mu\nu} = \begin{pmatrix} 0 & B_1 & B_2 & B_3 \\ -B_1 & 0 & -\frac{1}{c}E_3 & \frac{1}{c}E_2 \\ -B_2 & \frac{1}{c}E_3 & 0 & -\frac{1}{c}E_1 \\ -B_3 & -\frac{1}{c}E_2 & \frac{1}{c}E_1 & 0 \end{pmatrix} ,$$

in Blockform

$$(^*F)^{\mu\nu} = \begin{pmatrix} 0 & \vec{B} \\ -\vec{B} & -\frac{1}{c}\vec{E}\underline{\underline{\varepsilon}} \end{pmatrix} .$$

Die *Maxwell-Gleichungen* sind kovariante Gleichungen für den Vierertensor $\underset{\approx}{F}$ und seinen dualen $\overset{*}{\underset{\approx}{F}}$

$$\underset{\sim}{\partial}\underset{\approx}{F} = \partial_\mu F^{\mu\nu} \underset{\sim}{e}_\nu = \mu_0 \underset{\sim}{j} \quad ,$$

$$\partial \overset{*}{\underset{\approx}{F}} = \partial_\mu {}^*F^{\mu\nu} \underset{\sim}{e}_\nu = 0 \quad ,$$

wobei der *Vierervektor* $\underset{\sim}{j}$ *der Stromdichte* die Gestalt hat

$$\underset{\sim}{j} = j^\mu \underset{\sim}{e}_\mu = j^0 \underset{\sim}{e}_0 + \sum_{i=1}^{3} j^i \underset{\sim}{e}_i \quad , \quad j^0 = c\rho \quad .$$

Er erfüllt die *Kontinuitätsgleichung*

$$\underset{\sim}{\partial} \cdot \underset{\sim}{j} = \partial_\mu j^\mu = 0 \quad .$$

Das *Viererpotential* $\underset{\sim}{A}$ setzt sich aus dem skalaren und dem Vektorpotential zusammen

$$\underset{\sim}{A} = A^{\nu}\underset{\sim}{e}_{\nu} = \frac{1}{c}\,\varphi\underset{\sim}{e}_0 + \sum_{m=1}^{3} A^m\,\underset{\sim}{e}_m \quad ,$$

$$A^{\nu} = (\underset{\sim}{A})^{\nu} = \left(\frac{1}{c}\,\varphi, \vec{A}\right) \quad .$$

Der *Feldtensor* wird aus $\underset{\sim}{A}$ gewonnen durch

$$\underset{\approx}{F} = \underset{\sim}{\partial}\otimes\underset{\sim}{A} - \underset{\sim}{A}\otimes\overleftarrow{\underset{\sim}{\partial}} \quad , \quad F^{\mu\nu} = \partial^{\mu}A^{\nu} - \partial^{\nu}A^{\mu} \quad .$$

Kovariante Eichtransformationen werden mit einer beliebigen relativistisch invarianten Funktion $\chi(\underset{\sim}{x})$ gewonnen

$$\underset{\sim}{A}' = \underset{\sim}{A} - \underset{\sim}{\partial}\chi \quad .$$

Die *Lorentz-Bedingung* hat die Form

$$\underset{\sim}{\partial}\cdot\underset{\sim}{A} = \partial_{\mu}A^{\mu} = 0 \quad .$$

Potentiale in Lorentz-Eichung erfüllen die *inhomogene d'Alembert-Gleichung*

$$\Box\underset{\sim}{A} = \mu_0\underset{\sim}{j} \quad , \quad \text{d.h.} \quad \Box A^{\mu} = \mu_0 j^{\mu} \quad .$$

Ihre *retardierte Green-Funktion* hat die Form

$$G(\underset{\sim}{x}-\underset{\sim}{x}') = 2\Theta(x_0-x_0')\,\delta([\underset{\sim}{x}-\underset{\sim}{x}']^2) \quad .$$

Die partikuläre *Lösung der d'Alembert-Gleichung* ist

$$\begin{aligned}\underset{\sim}{A}(\underset{\sim}{x}) &= \frac{\mu_0}{4\pi}\int G(\underset{\sim}{x}-\underset{\sim}{x}')\underset{\sim}{j}(\underset{\sim}{x}')\,d^4\underset{\sim}{x}' \\ &= \frac{\mu_0}{2\pi}\int \Theta(x_0-x_0')\,\delta([\underset{\sim}{x}-\underset{\sim}{x}']^2)\underset{\sim}{j}(\underset{\sim}{x}')\,d^4\underset{\sim}{x}' \quad .\end{aligned}$$

Lorentz-Transformationen des Feldtensors, der Viererstromdichte und des Vektorpotentials

Transformation der Basisvektoren

$$\underset{\sim}{e}_{\lambda}' = \underset{\approx}{\Lambda}\underset{\sim}{e}_{\lambda} = \Lambda^{+}{}_{\lambda}{}^{\kappa}\underset{\sim}{e}_{\kappa} \quad ,$$

Transformationsmatrix

$$\Lambda^{+}{}_{\lambda}{}^{\kappa} = \underset{\sim}{e}_{\lambda}\underset{\approx}{\Lambda}^{+}\underset{\sim}{e}^{\kappa} = \underset{\sim}{e}^{\kappa}\underset{\approx}{\Lambda}\underset{\sim}{e}_{\lambda} \quad ,$$

Transformation des Feldstärketensors

$$\underset{\approx}{F} = F^{\rho\sigma}\underset{\sim}{e}_{\rho}\otimes\underset{\sim}{e}_{\sigma} = F'^{\mu\nu}\underset{\sim}{e}_{\mu}'\otimes\underset{\sim}{e}_{\nu}' \quad ,$$

$$F'^{\mu\nu} = \Lambda^{\mu}{}_{\rho}\Lambda^{\nu}{}_{\sigma}F^{\rho\sigma} = \Lambda^{\mu}{}_{\rho}F^{\rho\sigma}\Lambda^{+}{}_{\sigma}{}^{\nu} \quad ,$$

Transformation des Viererpotentials

$$\underset{\approx}{A} = A^{\rho}\underset{\sim}{e}_{\rho} = A'^{\mu}\underset{\sim}{e}'_{\mu} \quad , \quad A'^{\mu} = \Lambda^{\mu}{}_{\rho}A^{\rho} \quad ,$$

Transformation der Stromdichte

$$\underset{\approx}{j} = j^{\rho}\underset{\sim}{e}_{\rho} = j'^{\rho}\underset{\sim}{e}'_{\rho} \quad , \quad j'^{\mu} = \Lambda^{\mu}{}_{\rho}j^{\rho} \quad .$$

Energie-Impuls-Tensor. Energie-Impuls-Erhaltungssatz.

Die *relativistische Kraftdichte* ist

$$\underset{\sim}{k} = \underset{\approx}{F}\underset{\sim}{j} \quad .$$

Der *Energie-Impuls-Tensor* des elektromagnetischen Feldes $\underset{\approx}{F}$ und der Ladungen, dargestellt durch $\underset{\sim}{j}$, in Abwesenheit von Materie ist

$$\underset{\approx}{T} = \mu_0^{-1}\left(\frac{1}{4}\,\underset{\approx}{I}\,\mathrm{Sp}\{\underset{\approx}{F}\underset{\approx}{F}\} - \underset{\approx}{F}\underset{\approx}{F}\right) \quad ,$$

$$T^{\mu\nu} = \mu_0^{-1}\left(\frac{1}{4}\,g^{\mu\nu}F^{\kappa\lambda}F_{\lambda\kappa} - F^{\mu\lambda}F_{\lambda}{}^{\nu}\right) \quad .$$

Die physikalische Bedeutung der Komponenten geht aus der Blockdarstellung hervor

$$(\underset{\approx}{T})^{\mu\nu} = \begin{pmatrix} -\,w_{em} & -\frac{1}{c}\vec{S} \\ -\frac{1}{c}\vec{S} & \underline{\underline{T}} \end{pmatrix} \quad ,$$

elektromagnetische Feldenergiedichte: $\quad w_{em} = \frac{1}{2}\,(\varepsilon_0\vec{E}^2 + \mu_0^{-1}\vec{B}^2)$

Energieflußdichte, Poynting-Vektor: $\quad \vec{S} = \mu_0^{-1}(\vec{E}\times\vec{B})$

Impulsflußdichte des Feldes: $\quad \underline{\underline{T}} = \varepsilon_0\vec{E}\otimes\vec{E} + \mu_0^{-1}\vec{B}\otimes\vec{B} - \frac{1}{2}\,\underline{\underline{1}}(\varepsilon_0\vec{E}^2 + \mu_0^{-1}\vec{B}^2) \quad .$

Der Energie-Impuls-Erhaltungssatz lautet dann

$$\underset{\sim}{k} = \partial\underset{\approx}{T} \quad , \quad \int_V \underset{\sim}{k}\,dV = \int_V \partial\underset{\approx}{T}\,dV \quad ,$$

$\underset{\sim}{k}$: Kraftdichte des Feldes .

Anhang D: Die wichtigsten SI-Einheiten der Elektrodynamik

In der Elektrodynamik tritt zu den Grundgrößen *Länge*, *Masse*, *Zeit* mit den Basiseinheiten m, kg, s als weitere Grundgröße die *Stromstärke* mit der Basiseinheit 1A = 1 Ampère. Für die Betrachtungen über Eigenschaften der Materie benötigen wir als weitere Grundgröße die *Temperatur* mit der Basiseinheit 1 K = 1 Kelvin und die Grundgröße *Stoffmenge* mit der Basiseinheit 1 mol. (1 mol ist die Stoffmenge, die die gleiche Zahl N_A von Teilchen enthält wie 12 g des Kohlenstoff-Nuklids ^{12}C enthalten. N_A heißt *Avogadrosche Konstante*, siehe Tabelle E.1).

Tabelle D.1. Dimensionen und SI-Einheiten der wichtigsten Größen

Größe		Dimension[a]	Bildung aus Basiseinheiten	Bildung mit elektrischen Einheiten	Kurzzeichen	Name
Arbeit Energie	W	$m\ell^2t^{-2}$	kgm^2s^{-2}	VAs	J	Joule
Leistung	N	$m\ell^2t^{-3}$	kgm^2s^{-3}	VA	W	Watt
Stromstärke	I	i	A	A	A	Ampère
Ladung	Q	ti	As	As	C	Coulomb
Spannung	U	$m\ell^2t^{-3}i^{-1}$	$kgm^2s^{-3}A^{-1}$	V	V	Volt
Widerstand	R	$m\ell^2t^{-3}i^{-2}$	$kgm^2s^{-3}A^{-2}$	VA^{-1}	Ω	Ohm
Leitwert	1/R	$m^{-1}\ell^{-2}t^3i^2$	$kg^{-1}m^{-2}s^3A^2$	$AV^{-1}=\Omega^{-1}$	S	Siemens
Kapazität	C	$m^{-1}\ell^{-2}t^4i^2$	$kg^{-1}m^{-2}s^4A^2$	AsV^{-1}	F	Farad
Induktivität	L	$m\ell^2t^{-2}i^{-2}$	$kgm^2s^{-2}A^{-2}$	VsA^{-1}	H	Henry
el. Feldstärke	$\vec{E}$	$m\ell t^{-3}i^{-1}$	$kgms^{-3}A^{-1}$	Vm^{-1}		
magn. Feldstärke[b]	$\vec{H}$	$\ell^{-1}i$	$m^{-1}A$	Am^{-1}		
el. Kraftflußdichte (diel. Verschiebung)	$\vec{D}$	$\ell^{-2}ti$	$m^{-2}sA$	$As\,m^{-2}$		
magn. Kraftflußdichte[c] (Induktion)	$\vec{B}$	$mt^{-2}i^{-1}$	$kgs^{-2}A^{-1}$	Vsm^{-2}	T	Tesla
diel. Verschiebungsfluß	Ψ	ti	sA	As	C	Coulomb
magn. Fluß	Φ_m	$m\ell^2t^{-2}i^{-1}$	$kgm^2s^{-2}A^{-1}$	Vs	Wb	Weber
el. Dipolmoment	$\vec{d}$	ℓti	msA	Asm		
magn. Moment	$\vec{m}$	ℓ^2i	m^2A	Am^2		

[a] Als Abkürzungen für Dimensionen dienen m(Masse), ℓ(Länge), t(Zeit), i(Stromstärke)

[b] früher benutzte Einheit 1 Oe = 1 Oersted = $(10^3/4\pi)Am^{-1}$

[c] früher benutzte Einheit 1 G = 1 Gauß = 10^{-4}T

Anhang E: Physikalische Konstanten

Die Werte der Tabelle wurden der Arbeit der Particle Data Group (C. Bricman et al.): Phys. Lett. *75*B, 1 (1978), entnommen.

Tabelle E-1. Physikalische Konstanten

Elementarladung[a]	$e = 1{,}602\ 189\ 2(46) \cdot 10^{-19}$ C
Ruhmasse des Elektrons	$m_e = 9{,}109\ 534\ (47) \cdot 10^{-31}$ kg
	$= 0{,}511\ 003\ 4\ (14)$ MeV
Ruhmasse des Protons	$m_p = 1836{,}15152\ (70)\ m_e$
	$= 938{,}2796\ (27)$ MeV
Lichtgeschwindigkeit im Vakuum	$c = 2{,}997\ 924\ 580\ (12) \cdot 10^{8}\ \mathrm{ms}^{-1}$
magnetische Feldkonstante	$\mu_0 = 4\pi \cdot 10^{-7}\ \mathrm{VsA}^{-1}\mathrm{m}^{-1}$
elektrische Feldkonstante	$\varepsilon_0 = 8{,}854\ 187\ 818(71) \cdot 10^{-12}\ \mathrm{AsV}^{-1}\mathrm{m}^{-1}$
Plancksches Wirkungsquantum	$h = 6{,}626\ 176(36) \cdot 10^{-34}$ Js
$\hbar = h/(2\pi)$	$\hbar = 1{,}054\ 588\ 7(57) \cdot 10^{-34}$ Js
Boltzmann-Konstante	$k = 1{,}380\ 662\ (44) \cdot 10^{-23}\ \mathrm{JK}^{-1}$
Avogadro-Konstante	$N_A = 6{,}022\ 045\ (31) \cdot 10^{23}\ \mathrm{mol}^{-1}$

[a]Die Zahlen in Klammern geben den Fehler in Einheiten der letzten angegebenen Stelle wieder, also $e = (1{,}602\ 189\ 2 \pm 0{,}000\ 0046)\ 10^{-19}$ C.

Symbole und Bezeichnungen

In dieser Liste sind die Schreibweisen für Skalare, Vektoren, Tensoren, Mittelwerte und Differentialoperatoren sowie die wichtigsten im Buch benutzten Symbole für physikalische Größen zusammengestellt.

$\vec{a}$	(Dreier-)Vektor
$\hat{\vec{a}}$	(Dreier-)Einheitsvektor
$(\vec{a})$	dreikomponentige Spalte
$(\vec{a})^+$	dreikomponentige Zeile
a	Betrag eines (Dreier-)Vektors
$\underline{\underline{A}}$	Dreier-Tensor 2. Stufe
$(\underline{\underline{A}})$	3×3 Matrix
$\lvert\underline{\underline{A}}\rvert$	Determinante der Matrix $(\underline{\underline{A}})$
$\underset{\sim}{a}$	Vierervektor
$(\underset{\sim}{a})$	vierkomponentige Spalte
$\underset{\approx}{A}$	Vierer-Tensor 2. Stufe
$(\underset{\approx}{A})$	4×4 Matrix
$\underline{\underline{\underline{\varepsilon}}}, \varepsilon_{ijk}$	Levi-Cività-Tensor (total antisymmetrischer Tensor) 3. Stufe, Komponenten
$\varepsilon_{\mu\nu\rho\sigma}$	Komponenten des Levi-Cività-Tensors 4. Stufe
$\langle x \rangle$	Mittelwert von x
$\vec{\nabla}(\equiv \text{grad})$	Nabla-Operator (dreidimensionaler Differentialoperator), Gradient
$\vec{\nabla}\cdot(\equiv \text{div})$	Divergenz-Operator
$\vec{\nabla}\times(\equiv \text{rot})$	Rotations-Operator
Δ	Differenz $(\Delta\vec{r}=\vec{r}-\vec{r}_0)$
$\Delta\equiv\vec{\nabla}\cdot\vec{\nabla}$	Laplace-Operator
$\underset{\sim}{\partial}, \partial_\mu$	vierdimensionaler Differentialoperator, Komponente
$\Box=\underset{\sim}{\partial}\cdot\underset{\sim}{\partial}$	d'Alembert-Operator
$\vec{a}$	orientierte Fläche
$(\vec{a})$	Rand der Fläche $\vec{a}$
a	Fläche
$\vec{A}$	Vektorpotential
$\underset{\sim}{A}$	Viererpotential
α	Polarisierbarkeit
$\vec{B}$	magn. Induktion, magn. Kraftflußdichte
β	Magnetisierbarkeit
$\vec{\beta}$	Quotient aus Geschwindigkeit und Betrag der Lichtgeschwindigkeit
c	Lichtgeschwindigkeit
c_M	Lichtgeschwindigkeit in Materie
C	Kapazität
C'	Kapazität einer Leitung pro Längeneinheit
$\vec{d}$	Dipolmoment
$\vec{D}$	dielektrische Verschiebung
$\vec{D}$	Drehmoment
δ	Phasenwinkel
$\delta(x-x_0)$	Dirac-Funktion, Delta-Funktion
$\delta^3(\vec{r}-\vec{r}_0)$	dreidimensionale Delta-Funktion
$\delta^4(\underset{\sim}{x}-\underset{\sim}{x}_0)$	vierdimensionale Delta-Funktion
e	Elementarladung
$\vec{e}_i$	Basis-Dreiervektoren
$\underset{\sim}{e}_\mu$	Basis-Vierervektoren
$\vec{E}$	elektrische Feldstärke
ε_0	elektrische Feldkonstante
ε	Dielektrizitätskonstante
F	Fermi-Dirac-Funktion
$\vec{F}$	Kraft
$\underset{\approx}{F}, F_{\mu\nu}$	Feldstärketensor

$^{*}\underset{\approx}{F}$	dualer Feldstärketensor
φ	Potential
ϕ	elektrischer (Kraft-)Fluß
ϕ_m	magnetischer (Kraft-)Fluß
$\vec{g}$	Erdbeschleunigung
$\underset{\approx}{g}, g_{\mu\nu}$	metrischer Tensor
G	Green-Funktion
γ	Lorentz-Faktor
h	Plancksche Konstante
$\hbar = h/(2\pi)$	
$\vec{H}$	magnetische Feldstärke
I	Stromstärke
$\vec{j}$	Stromdichte
$\underset{\sim}{j}$	Viererstromdichte
k	Boltzmann-Konstante
k	Wellenzahl
$\vec{k}$	Wellenvektor
$\underset{\sim}{K}$	Minkowski-Kraft
κ	spezifische elektrische Leitfähigkeit
L	(Selbst-)Induktivität
L'	Selbstinduktivität einer Leitung pro Längeneinheit
L_{ik}	Gegeninduktivität
$\vec{L}$	Drehimpuls
λ	Wellenlänge
$\underset{\approx}{\Lambda}, \Lambda_{\mu\nu}$	Lorentz-Transformations-Tensor
m,M	Masse
m_0	Ruhmasse
m_e	Ruhmasse des Elektrons
$\vec{m}$	magnetisches Moment
$\vec{M}$	Magnetisierung
μ_0	magnetische Feldkonstante
μ	Permeabilität
n	Ladungsträgerdichte
N	Ladungsträgeranzahl
N	Leistung
N	Verteilung
ν	Leistungsdichte
ν	Frequenz
$\vec{\omega}, \vec{\Omega}$	Winkelgeschwindigkeit
ω, Ω	Kreisfrequenz
$\vec{p}$	Impuls
$\underset{\sim}{p}$	Viererimpuls
$\vec{P}$	Polarisation
Ψ	Dielektrischer Fluß
q, Q	Ladung
$\vec{r}$	Ortsvektor
R	Radius
R	Widerstand
$\underset{=}{R}$	Rotationstensor
ρ	Raumladungsdichte
$\vec{S}$	Energiestromdichte (Poynting-Vektor)
σ	Flächenladungsdichte
t	Zeit
T	Periode
T	Temperatur
$\Theta(x-x_0)$	Sprungfunktion, Heavyside-Funktion, Theta-Funktion
τ	Eigenzeit
U	Spannung
$\underset{\sim}{u}$	Vierergeschwindigkeit
$\vec{v}$	Geschwindigkeit
V	Volumen
(V)	Oberfläche des Volumens V
w	Energiedichte
w_e	elektrische Energiedichte
w_{em}	elektromagnetische Energiedichte
w_m	magnetische Energiedichte
$\vec{x}$	Ortsvektor
$\underset{\sim}{x}$	Vierer (-orts-)Vektor
χ_e	elektrische Suszeptibilität
χ_m	magnetische Suszeptibilität
Z	komplexer Widerstand
Z	Wellenwiderstand
Z	Zustandsdichte

Schaltsymbole

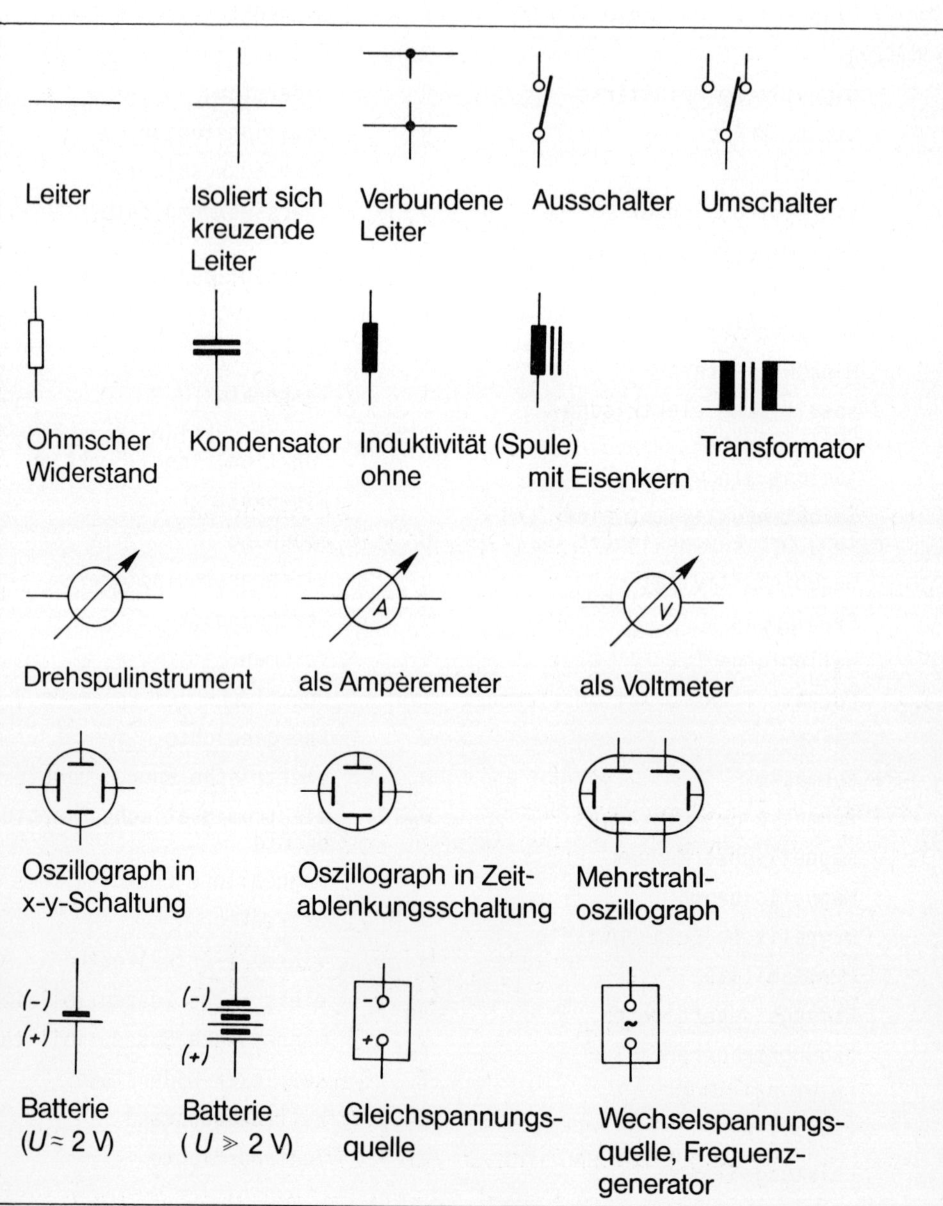

Leiter
Isoliert sich kreuzende Leiter
Verbundene Leiter
Ausschalter
Umschalter
Ohmscher Widerstand
Kondensator
Induktivität (Spule) ohne
mit Eisenkern
Transformator
A
V
Drehspulinstrument
als Ampèremeter
als Voltmeter
Oszillograph in x-y-Schaltung
Oszillograph in Zeitablenkungsschaltung
Mehrstrahloszillograph
(-)
(+)
(-)
(+)
-
+
~
Batterie (U ≈ 2 V)
Batterie (U ≫ 2 V)
Gleichspannungsquelle
Wechselspannungsquelle, Frequenzgenerator

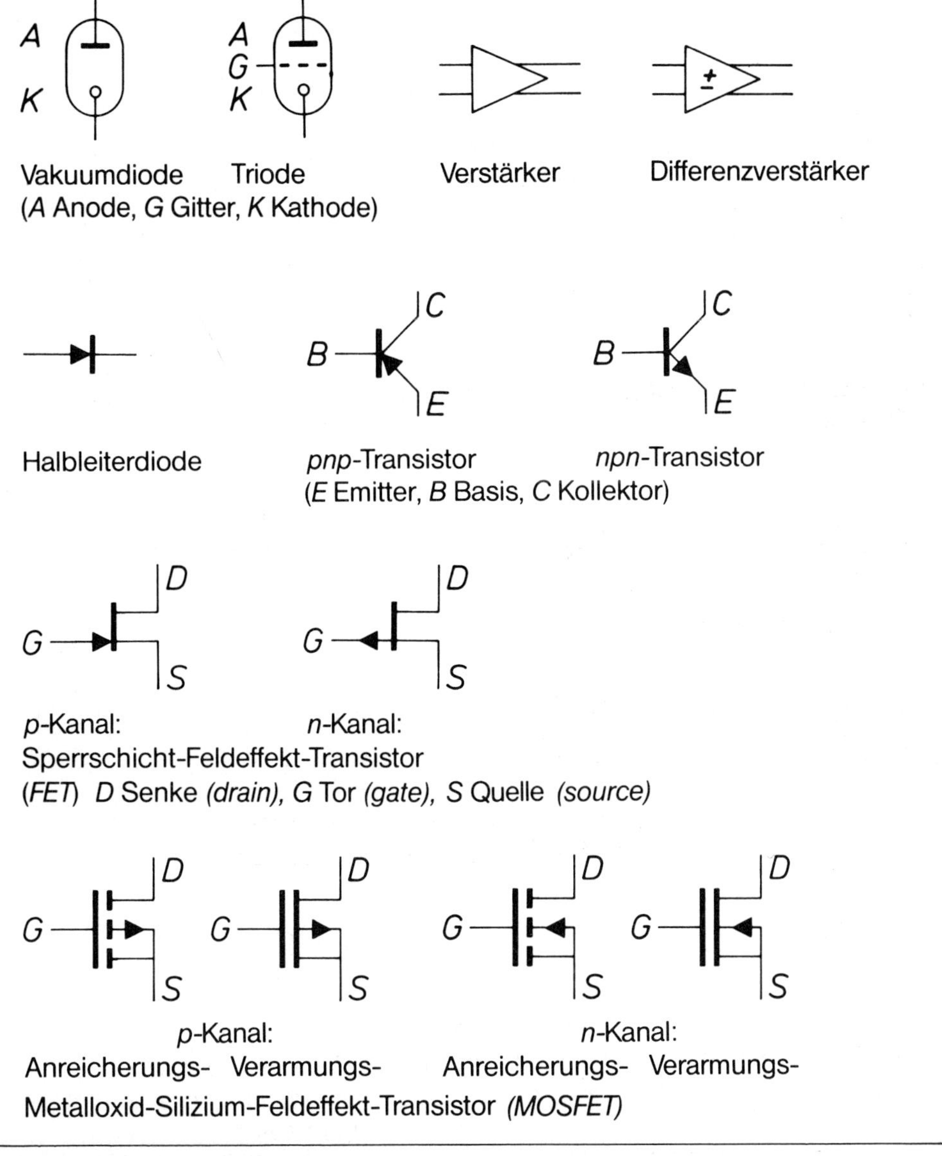

Vakuumdiode Triode Verstärker Differenzverstärker
(*A* Anode, *G* Gitter, *K* Kathode)

Halbleiterdiode *pnp*-Transistor *npn*-Transistor
(*E* Emitter, *B* Basis, *C* Kollektor)

p-Kanal: *n*-Kanal:
Sperrschicht-Feldeffekt-Transistor
(*FET*) *D* Senke *(drain)*, *G* Tor *(gate)*, *S* Quelle *(source)*

p-Kanal: *n*-Kanal:
Anreicherungs- Verarmungs- Anreicherungs- Verarmungs-
Metalloxid-Silizium-Feldeffekt-Transistor *(MOSFET)*

Sachverzeichnis

Kursiv gedruckte Seitenzahlen beziehen sich auf die Formelsammlung des Anhangs C bzw. auf die Physikalischen Konstanten des Anhangs E

Springer

Springer